Flora indicativa

CONSERVATOIRE
ET JARDIN BOTANIQUES
VILLE DE GENÈVE

Haupt

Flora indicativa

Ökologische Zeigerwerte und biologische Kennzeichen zur Flora der Schweiz und der Alpen

Ecological Indicator Values and Biological Attributes of the Flora of Switzerland and the Alps

2., völlig neu bearbeitete und erweiterte Auflage der *Ökologischen Zeigerwerte zur Flora der Schweiz (1977)*

Elias Landolt

Mitautoren:
Beat Bäumler, Andreas Erhardt, Otto Hegg, Frank Klötzli, Walter Lämmler, Michael Nobis, Katrin Rudmann-Maurer, Fritz H. Schweingruber, Jean-Paul Theurillat, Edwin Urmi, Mathias Vust und Thomas Wohlgemuth

Editions des Conservatoire et Jardin botaniques de la Ville de Genève

Haupt Verlag
Bern · Stuttgart · Wien

Dank

Die Herausgabe dieser Publikation wurde unterstützt durch:

Bundesamt für Umwelt BAFU
ETH Zürich
Stiftung Rübel

www.flora-indicativa.ch

Umschlagfoto: Das Bild zeigt die unterschiedliche Vegetation auf dem basenreichen Dolomit (oben links) und dem basenarmen Bündnerschiefer (unten rechts) an einem Hang, wo die beiden Gesteinsunterlagen aneinander stossen. Das Vorkommen der beiden nah verwandten Anemonen (die weiss blühende *Pulsatilla alpina* und die gelb blühende *Pulsatilla apiifolia*) ist eng an den pH-Bereich des Bodens gebunden. Dies äussert sich vor allem in der unterschiedlichen Reaktionszahl des Bodens der beiden Arten.

2. Auflage: 2010

Bibliografische Information der Deutschen Nationalbibliothek

Die Deutsche Nationalbibliothek verzeichnet diese Publikation in der Deutschen Nationalbibliografie;
detaillierte bibliografische Daten sind im Internet über http://dnb.d-nb.de abrufbar.

ISBN 978-3-258-07461-0

Gestaltung und Satz: Patrick Perret, Beat Bäumler & Gérard Schilling, Genf
Umschlaggestaltung: René Tschirren, Bern
Umschlagfotos: Andreas Gigon, Zürich und Hans Sigg †

Printed in Germany

www.haupt.ch

Vorwort

Die erste Auflage der *Ökologischen Zeigerwerte zur Schweizer Flora* ist seit mehreren Jahren vergriffen und eine Neuauflage war seit Langem geplant. In der Zwischenzeit wurden so viele Anregungen und Wünsche für eine Neuauflage an mich heran getragen, dass ich mich von verschiedenen Kollegen beraten und helfen liess. In mehreren Sitzungen haben wir ein neues Gesamtkonzept ausgearbeitet. Die Bearbeitung einzelner Kapitel und Teilaspekte wurde von Mitgliedern dieser Gruppe übernommen. Die Neuausgabe ist zu einem völlig eigenständigen Werk geworden.

Die beratende Kommission setzte sich aus den folgenden Mitarbeitenden zusammen, die neben der allgemeinen Beratung und der kritischen Durchsicht der Texte und Tabellen die folgenden Aufgaben übernahmen:

Prof. Dr. Elias Landolt
Institut für Integrative Biologie ETHZ, CHN, 8092 Zürich
elias.landolt@env.ethz.ch

Verantwortlich für die Gesamtausgabe und insbesondere für die Bearbeitung der Gefässpflanzen; Zusammenstellung und Gliederung der neuen Artenliste für die Gefässpflanzen; Definition und Eingabe der Zeigerwerte und der biologischen Faktoren (ausser den im Inhaltsverzeichnis erwähnten Beiträgen der Mitarbeiter)

Dr. Edwin Urmi
Institut für Systematische Botanik der Universität Zürich, Zollikerstr. 107, 8008 Zürich
urmi@systbot.unizh.ch

Bearbeitung der Moose

Dr. Mathias Vust
Rue Montolieu 5, 1030 Bussigny.
lichens.vust@rossolis.ch

Bearbeitung der Flechten

Prof. Dr. Jean-Paul Theurillat
Centre alpien de Phytogéographie, Fondation J.-M. Aubert, CH-1938 Champex-Lac
Dipartimento di Biologia, Università degli Studi Roma Tre, Viale G. Marconi 446, I-00146 Roma
Section de Biologie, Université de Genève, case postale 60, CH-1292 Chambésy
jean-paul.theurillat@unige.ch

Bearbeitung der Spalten über Klima- und Bodenindikatoren und der soziologischen Angaben zu Gefässpflanzen aus der «Flora alpina», die ausserhalb des in der ersten Auflage umgrenzten Gebietes der Schweiz und Umgebung vorkommen sowie der Spalte über die Lebensräume in denen sich die Taxa befinden

Prof. Dr. Otto Hegg
Landorfstr. 55, 3098 Köniz
hegg@ips.unibe.ch

und

Prof. Dr. Frank Klötzli
Gartenstr. 13, 8304 Wallisellen

Bearbeitung der Spalten zum Vorkommen der häufigeren Gefässpflanzen (Wald- und Gebirgspflanzen) in Pflanzengesellschaften und des Kapitels über die Bedeutung der Pflanzensoziologie

Prof. Dr. Andreas Erhardt
Institut für Natur-, Landschafts- und Umweltschutz der Universität Basel, St. Johanns-Vorstadt 10, 4056 Basel
andreas.erhardt@unibas.ch

und

Dr. Katrin Rudmann-Maurer
Botanisches Institut der Universität Basel, Schönbeinstr. 6, 4056 Basel
Katrin.Rudmann@unibas.ch

Bearbeitung der Spalte «Bestäubungsart bei Gefässpflanzen»

Prof. Dr. Fritz H. Schweingruber
WSL, Zürcherstr. 111, 8903 Birmensdorf
fritz.schweingruber@wsl.ch

Bearbeitung der Spalte «Maximales Alter von Gefässpflanzen»

Dr. Thomas Wohlgemuth
WSL, Zürcherstr. 111, 8903 Birmensdorf
thomas.wohlgemuth@wsl.ch

Erarbeitung des Kapitels «Anwendungsmöglichkeiten» im Teil I; englische Übersetzung; Computerberatung

Dr. Michael Nobis
WSL, Zürcherstr. 111, 8903 Birmensdorf
michael.nobis@wsl.ch

Erarbeitung der Software «Flora indicativa»; Computerberatung

Beat Bäumler
Directeur du CRSF, case postale 60, 1292 Chambésy
Beat.Baumler@ville-ge.ch

Verbindung zum Zentrum des Datenverbundnetzes der Schweizer Flora und zum Conservatoire et Jardin botaniques de Genève (Layout des Buches)

Walter Lämmler
Institut für Integrative Biologie ETHZ, CHN, 8092 Zürich
walter.laemmler@env.ethz.ch

Erstellung und Betreuung der Datenbank; Computerberatung; Bereitstellung der Literatur der Gefässpflanzen; Bearbeitung diverser Verzeichnisse, insbesondere des Literaturverzeichnisses für die Gefässpflanzen

Jene Kapitel, unter deren Titel kein Autor angeführt ist, wurden vom Erstautor zusammengestellt.

Für die grosszügige und uneigennützige Arbeit der Mitglieder der Gruppe bin ich ausserordentlich dankbar. Sie haben zum Gelingen des Werkes und zur termingerechten Fertigstellung wesentlich beigetragen. Zahlreiche weitere Kollegen und Bekannte haben mit Anregungen und Korrekturvorschlägen geholfen, so D. Aeschimann, M. Baltisberger, C. Carraro, F. Cordillot, W. Dietl, S. Eggenberg, A. Gygax, A. Gigon, M. Isenschmid, M. Küchler, J.-L. Richard, Ch. Scheidegger, J. Schneller, J.-M. Tison, S. Zimmerli.

An die Herstellungskosten des Werkes haben uns die folgenden Institutionen verdankenswerterweise durch einen finanziellen Beitrag unterstützt:

Bundesamt für Umwelt BAFU
ETH Zürich
Stiftung Rübel

In erster Linie danke ich den Direktoren des **Institutes für Integrative Biologie** (Prof. Dr. P. J. Edwards), der **WSL** (Prof. Dr. J. W. Kirchner) und des **Conservatoire et Jardin botaniques de la Ville de Genève** (Dr P.-A. Loizeau), die durch die grosszügige Zurverfügungstellung der Infrastruktur ihrer Institutionen einen wesentlichen Beitrag zur Herausgabe dieses Werkes erbrachten.

Conservatoire et Jardin Botaniques de la Ville de Genève CJBG übernahmen unter Anderem die Kosten für das Layout.

Die ETH Zürich und die Stiftung Rübel haben bereits die erste Auflage gesponsert.

Die WSL, Birmensdorf, stellt ihr WSL-Portal für die Bereitstellung der überarbeiteten Zeigerwerte zur Verfügung und ermöglicht dadurch, dass für die Benützer des Werkes über die gedruckten Angaben hinaus auch zusätzliche Informationen elektronisch erhältlich sind (www.flora-indicativa.ch).

Die Herausgabe des neuen Werkes ist also im Wesentlichen durch die wissenschaftliche und technische Zusammenarbeit von ETHZ und Stiftung Rübel, WSL, Birmensdorf und Conservatoire et Jardin botaniques de la Ville de Genève CJBG zustande gekommen. Dazu kommen Mitarbeiter aus den Universitäten Zürich, Basel, Bern Lausanne und Genf.

Besonderer Dank gilt **Ken Thompson**, University of Sheffield, für die Überprüfung der englischen Übersetzung sowie den Mitarbeitern der Institutionen, die für das Layout und den Druck des Werkes verantwortlich sind, insbesondere dem **Conservatoire et Jardin botaniques de la Ville de Genève (Patrick Perret, Beat Bäumler** und **Gérard Schilling)** und dem **Haupt Verlag**, Bern **(Matthias Haupt**, Verlagsleiter, **René Tschirren**, Grafiker).

Das vorliegende Werk umfasst über das Gebiet der Schweiz hinaus auch die gesamten Alpen, was etwa der dreifachen bisherigen Fläche entspricht. Es soll nicht nur bestimmte ökologische und biologische Eigenschaften der behandelten Taxa darstellen, sondern auch nahe Verwandtschaften aufzeigen und auf einzelne schwierige und in der Literatur schlecht erfasste Taxa hinweisen. Es ist immer wieder erstaunlich, wie wenig wir über einzelne Taxa in Mitteleuropa wissen und wie viele ökologische und taxonomische Studien noch notwendig sind, bis wir ein einigermassen zutreffendes Bild über das ökologische Verhalten unserer Florenbestandteile aufzeigen können.

Insgesamt wurden etwa 5500 Arten aufgenommen, von denen einige zu ebenfalls ökologisch charakterisierten Aggregaten (etwa 900) zusammengefasst sind. Die Liste der im Werk vorhandenen Taxa ist sicher nicht vollständig. Auf der anderen Seite wurden einzelne Taxa angeführt, die wahrscheinlich keiner eigenständigen Einheit angehören und auf die nach vertieften Studien verzichtet werden müsste. Trotz Benützung von umfangreicher Literatur sind verschiedene Daten unvollständig oder unkorrekt und könnten bei Berücksichtigung von weiterer Literatur oder der Erfahrung von Experten verbessert werden. Die Meldung von Fehlern, Verbesserungsvorschlägen und Ergänzungen sind uns deshalb sehr willkommen (siehe www.flora-indicativa.ch).

Aus der geplanten einfachen Neuauflage der «Zeigerwerte zur Flora der Schweiz» ist ein sehr informatives Standardwerk über ökologische und biologische Zeigerwerte und Kennzeichen geworden, das nicht nur neu gesammelte Angaben zusammenfasst, sondern auch zahlreiche neue Erhebungen für einzelne Faktoren enthält, die die Grundlage für eine Weiterentwicklung der ökologischen und biologischen Dokumentation der mitteleuropäischen Gebirgs- und Tieflandflora bildet.

Der Kurztitel *Flora indicativa* soll darauf hindeuten, dass es sich beim Werk um eine Zusammenstellung aller Arten eines Gebietes (Schweiz und Alpen) handelt, wobei nicht auf die morphologischen Eigenschaften der Taxa sondern auf das ökologische Verhalten und auf ökologisch bedeutsame Eigenschaften hingewiesen wird. «Indicativ» ist also hier kein grammatikalischer Begriff, sondern heisst, dass die ökologischen Zeigereigenschaften der Pflanzen im Mittelpunkt stehen.

Wir hoffen, dass das neue Werk erfolgreich genutzt und die ökologisch-taxonomische Forschung fördern wird.

Elias Landolt

Änderungen in der zweiten Auflage der Zeigerwerte

E. Landolt

Gegenüber der ersten Zusammenstellung der *Ökologischen Zeigerwerte zur Schweizer Flora* (LANDOLT 1977) wurden die nachfolgenden Änderungen und Anpassungen vorgenommen.

Erweiterung des Untersuchungsgebietes

Das bisherige Gebiet umfasste die Schweiz und benachbarte Gebiete (etwa 30 km über die Grenzen hinaus) wie in der *Flora der Schweiz* (HESS & al. 1967-1972) angegeben. Neu kommt nun das ganze Gebiet der Alpen hinzu, das eine ähnliche Vielfalt der Standorte wie die Schweiz aufweist. Die Umgrenzung dieses Gebietes folgt der *Flora alpina* (AESCHIMANN & al. 2004). Die Erweiterung betrifft vorwiegend einige Hundert geographisch relativ eng begrenzte Arten der Ost- und Westalpen und zahlreiche mediterrane Arten, die noch in die südlichen Alpen eindringen. Damit war es möglich fast das gesamte westliche Mitteleuropa zu erfassen und deshalb geographisch die *Zeigerwerte von Mitteleuropa* (ELLENBERG & al. 1992) wesentlich zu ergänzen. Dieses Werk umfasst vorwiegend das Gebiet nördlich und nordöstlich der Alpen und berücksichtigt das Mittelmeergebiet nur wenig.

Erweiterung der Artenliste der Tracheophyta (Gefässpflanzen)

Seit der ersten Auflage sind zahlreiche neue Taxa entweder infolge moderner taxonomischer Bearbeitungen oder auf Grund floristischer Beobachtungen im Gebiet der Schweiz und ihrer Umgebung festgestellt worden, die nun in die Listen aufgenommen wurden. Dazu gehören zahlreiche Neophyten. Viele neue Namen beziehen sich auf bereits früher unterschiedene Sippen, die aber nicht allgemein anerkannt sind. Von einigen dieser Sippen bin ich überzeugt, dass sie eine eigenständige Einheit bilden, bei anderen muss das noch abgeklärt werden. Im Zweifelsfalle habe ich diese Taxa aber aufgenommen, um zu weiteren Beobachtungen und Abklärungen zu ermuntern. In der Spalte *Taxonomische Beurteilung* wird auf Schwierigkeiten der Aggregatsgliederung und in einer weiteren Spalte auf *Spezialliteratur* hingewiesen.

Zusammenfassung von nah verwandten Arten zu Aggregaten

Nah verwandte und schwierig unterscheidbare Taxa sind zu Aggregaten zusammengefasst und diese ebenfalls mit Zeigerwerten und biologischen Kennzeichen versehen. Gelegentlich stehen auch einzelne gut unterscheidbare Arten im gleichen Aggregat, falls ihre Unterscheidung in gewissen Gebietsteilen durch häufige Bastarde erschwert wird. Die Charakterisierung von Aggregaten hat den Vorteil, dass bei schwierigen Artengruppen nicht bis zu den untersten Taxa bestimmt werden muss, wenn dies zu umständlich ist oder wenn entscheidende morphologische Merkmale bei den untersuchten Pflanzenindividuen fehlen. Dabei muss aber darauf hingewiesen werden, dass die Werte für die Aggregate weniger aussagekräftig sind. Ein Nachteil ist zudem, dass die Kleinarten in der Gattung nicht durchgehend alphabetisch geordnet sind, sondern nur innerhalb des Aggregates. Bei Schwierigkeiten muss der Artname über das Verzeichnis der wissenschaftlichen Namen nachgesucht werden. Die Aggregate zeigen auch nahe Verwandtschaften innerhalb einer Gattung auf.

Alphabetische Reihenfolge der Arten

Die Arten sind jetzt alphabetisch nach Gattung, Aggregat/Einzelart und Kleinart und nicht mehr nach einem taxonomischen System geordnet. Die Familienzugehörigkeit der Gattungen kann im Gattungsverzeichnis nachgesucht werden.

Anpassung der Nomenklatur an den Synomymie-Index (für Gefässpflanzen)

Der *Synonymie-Index der Schweizer Flora* (SISF) (AESCHIMANN & HEITZ, 2. Aufl. 2005) und die Angaben in *Flora alpina* (AESCHIMANN & al. 2004) werden mit den im Teil I, *Auswahl der bewerteten Taxa, Gliederung und Nomenklatur* erwähnten Ausnahmen übernommen.

Änderungen der bisherigen Werte und Faktoren

Die bisher unterschiedenen Faktoren werden weiterhin aufgeführt, allerdings mit folgenden Änderungen:

Die starre 5er-Skala wird fallen gelassen. Es bekommen die Werte für Feuchtigkeit F und für Temperatur T neun Zahlen (1, 1.5, 2, 2.5, 3, 3.5, 4, 4.5, 5), jene für Durchlüftung D und für Humus H drei Zahlen (1, 3, 5); die Werte für Kontinentalität K, Licht L, Nährstoffe N und Reaktion R haben wie bisher fünf Zahlen (1, 2, 3, 4, 5).

Für jeden Klima- und Bodenfaktor ausser für Wechselfeuchtigkeit W wird die Variationsbreite angegeben, unter der die Art gefunden werden kann, als Tv, Kv, Lv, Fv, Rv, Nv, Sv, Hv, Dv. I: kleine Amplitude; II: grosse Amplitude.

Die Wechselfeuchtigkeit wird als separate Ziffer W von der Feuchtezahl abgetrennt und in drei Stufen unterteilt. Die Bodenfeuchtigkeit ändert im Laufe des Jahres wie folgt: 1: wenig; 2: mässig; 3: stark.

Statt der Dispersitäts- und Durchlüftungsmangelzahl wird nur noch die Durchlüftung berücksichtigt (Durchlüftungszahl D). 1: schlecht durchlüftet; 3: mässig durchlüftet; 5: gut durchlüftet. Bisher wurde für schlecht durchlüftete Böden eine 5 und für gut durchlüftete eine 1, 2 oder 3 verwendet.

Die Wuchsform wird aufgeteilt in die Lebensform LF im engeren Sinne und die Blattdauer BD.

Neue Werte und Faktoren

Die neu hinzugekommenen Werte und Faktoren sind in zwei Gruppen eingeteilt, jene, die vorwiegend ökologische Werte enthalten und quantitativ miteinander verglichen werden können (**ökologische Zeigerwerte**) und solche, die ein rein qualitatives Merkmal umfassen (z. B. geographische oder ökologische Verbreitung, Ausbreitungsmöglichkeit, Häufigkeit des Vorkommens (**biologische Kennzeichen**). In der Aufzählung werden die einzelnen Eigenschaftsgruppen nicht streng getrennt; quantitative und qualitative Merkmale sind aber als solche in den *Erklärungen* bezeichnet: **Ökologische Zeigerwerte** für mit Zahlen charakterisierte und numerisch vergleichbare Merkmale und **biologische Kennzeichen** für nur mit Worten zu kennzeichnende biologische Eigenschaften.

Die folgenden Werte und Eigenschaften sind hinzugekommen:

- Angaben zur Schwermetalltoleranz, neu in einer Spalte M, getrennt von der Salztoleranz S
- fünf verschiedene Angaben über Wachstums- und Nutzungsstrategien
- zehn verschiedene Angaben über das Biologische Verhalten
- sechs verschiedene Angaben über das geographische, ökologische und zeitliche Vorkommen
- Angaben über Gefährdungen in der Schweiz (nur über die Internet-Version zugänglich)
- Angaben über das Vorkommen in Pflanzengesellschaften.

Neuaufnahme der Bryophyta (Moose) und Lichenes (Flechten)

Arten der Moose und Bodenflechten wurden in eigenen Listen aufgenommen, wobei allerdings der geographische Rahmen für diese Gruppen auf die Schweiz beschränkt bleibt. Die aufgeführten ökologischen Zeigerwerte und biologischen Kennzeichen wurden den beiden Pflanzengruppen angepasst und decken sich nicht genau mit jenen der Gefässpflanzen.

Teil I Tracheophyta (Gefässpflanzen)

E. Landolt

Die Tracheophyta (Gefässpflanzen) bestehen aus den Pteridophyta (Farnartige Pflanzen) und den Spermatophyta (Samenpflanzen). Sie zeichnen sich gegenüber den anderen Pflanzengruppen durch den Besitz von Gefässen aus, die zur Leitung von Wasser und Nährstoffen dienen und meist verholzt sind. Wenn die Gliederung des Vegetationskörpers betrachtet wird, spricht man auch von Cormophyta (Sprosspflanzen), die aus Wurzeln, Sprossachsen und Blättern bestehen und ebenfalls die Pteridophyta und Spermatophyta umfassen. Die Pteridophyta breiten sich mit Sporen, die Spermatophyta mit Samen aus.

Anleitung zum Gebrauch der Zeigerwerte und Kennzeichen

1 Aussagevermögen der Zeigerwerte und Kennzeichen

Die physiologischen Möglichkeiten und die Konkurrenz mit anderen Lebewesen gestatten es den Pflanzen in der Natur nur unter ganz bestimmten Umweltbedingungen zu gedeihen. Mit den Zeigerwerten und weiteren Angaben zu ökologisch-biologischen Merkmalen der einzelnen Arten soll versucht werden, diese Bedingungen und die Reaktionen der Pflanzen darauf zu charakterisieren. Der Vorteil der Zeigerwerte und biologischen Kennzeichen gegenüber ausführlichen schriftlichen Umschreibungen beruht in der Kürze und in der raschen Vergleichbarkeit. Ein Nachteil ist, dass eine Genauigkeit und Eindeutigkeit vorgetäuscht wird, die nicht immer gegeben ist. Auch lassen sich verschiedene ökologische Besonderheiten durch Zahlen und Symbole nicht erfassen.

Auch die mit Zahlen umschriebenen ökologischen Zeigerwerte können im Allgemeinen nicht gemessen werden; sie sind auch nicht experimentell abgesichert. Sie beruhen weitgehend auf der Erfahrung und auf Beobachtungen von Feldbotanikern. Selbst physiologisch mehr oder weniger einheitliche Arten verhalten sich in Bezug auf ihre Zeigerwerte an verschiedenen Orten ihres Verbreitungsgebietes nicht immer gleich. Da in jedem Gebiet zum Teil andere Arten auftreten, ist die Konkurrenz unterschiedlich. Oft wirken auch die ökologischen Faktoren nicht unabhängig voneinander. So können etwa Pflanzen unter verschiedenen klimatischen Bedingungen auf unterschiedlichen Böden wachsen, solange die Feuchtigkeitsansprüche erfüllt bleiben. Ausserdem ist eine Art im Zentrum ihrer Verbreitung oft besonders konkurrenzkräftig und deshalb dort auf jeder Gesteinsunterlage anzutreffen. Dies gilt z. B. für *Quercus pubescens*, die nördlich der Alpen nur auf Kalk wächst, während sie im Mittelmeergebiet jede Unterlage besiedelt. Kalkböden sind trockener und weisen deshalb weniger Konkurrenz auf. Fehlt die Konkurrenz, wie z. B. auf Ruderalböden, Rohböden oder Fels, kann sich die Pflanze anders verhalten, als ihre Zeigerwerte vermuten lassen.

Es ist also zu bedenken, dass die ökologischen Zeigerwerte oft nicht die physiologischen Möglichkeiten einer Pflanze wiedergeben (enge realisierte Nische). Im Gegensatz dazu könnte eine Pflanze unter Ausschluss von Konkurrenz ein viel breiteres ökologisches Spektrum (fundamentale Nische) abdecken (Hutchinson 1957). Das Vorkommen eines Taxons ist vielmehr das Resultat eines langfristigen Zusammenwirkens vieler Faktoren unter Konkurrenzverhältnissen. Um die Beurteilung der Merkmale eines Standortes zu optimieren, sollten die Zeigerwerte von möglichst vielen der dort vorkommenden Arten herangezogen werden. Nach meinen Erfahrungen im Gelände sind für eine einigermassen zuverlässige Beurteilung der Standortsfaktoren einer untersuchten Fläche mindestens 11 Arten zu berücksichtigen. Wachsen an einem Ort weniger Arten, deutet das auf eine Stresssituation bezüglich mehrerer Einflussfaktoren hin. Eine Beurteilung des ganzen Faktorenspektrums ist deshalb schwieriger.

Mit der neuen Zahleneinteilung können die ökologische Charakterisierung eines Standortes meist differenzierter und die Feuchtigkeits- und Temperaturverhältnisse präziser als bisher dargestellt werden. Auf Grund der Angaben zur Wurzeltiefe ist die Erstellung von gesonderten Listen einer untersuchten Fläche nach Bodenschichten (z. B. < 20 cm, 20-50 cm, > 50 cm) möglich.

Die zahlreichen Indikatoren zum biologischen Verhalten einer Art erweitern den Katalog der Pflanzeneigenschaften mit Bezug auf ihren Wuchsort. Dabei ist auch hier zu beachten, dass die einzelnen Angaben ein mittleres Verhalten bezeichnen, von dem sie unter bestimmten Bedingungen abweichen können. Beispielsweise kann jede Art zu ganz anderen Jahreszeiten blühen, als die Angabe vorgibt, dies infolge ungewöhnlicher Klimaverhältnisse oder extremer Nährstoffversorgung. Einjährige Arten wachsen unter ungünstigen Witterungsverhältnissen oder in stark beweideten Wiesen mehrjährig.

Für weitere biologische Kennzeichen wie Wachstumszahl, Fortpflanzungszahl, Populationsgrössenzahl, Populationsdichtezahl, Populationsarealzahl (Vorschlag Urbanska & Landolt 1990) fehlen die Grundlagen für die einzelnen Taxa weitgehend, zumal deren Quantifizierung je nach Standort stark variiert.

Sollte ein Taxon sehr grosse *Variationen* in Bezug auf einen oder mehrere Faktoren aufweisen, so erhält es statt einer Zahl ein **x**. Dieses deutet darauf hin, dass der betreffende Faktor die Art in ihrer Verbreitung nur wenig einschränkt. Weil andere Arten aber konkurrenzkräftiger sind, bleibt den anspruchslosen Pflanzen oft nur der Rand des Faktorenspektrums, wo andere Arten limitiert sind. Eine grosse Variation kann auch bedeuten, dass ein Taxon verschiedene ökologische Sippen enthält, die sich morphologisch nicht unterscheiden oder deren Unterschiede bis heute nicht erkannt wurden. Als Beispiel sei die Esche erwähnt *(Fraxinus excelsior)*, die einerseits an trockenen Kalkhängen *(Kalkesche)*, andererseits auf wechselnassen Feinerdeböden *(Wasseresche)* wächst. Besonders in Bezug auf Bodenfeuchte und Durchlüftung sind die Standorte sehr verschieden. Nach den Untersuchungen von Leibundgut (1956) und Bovet (1958) unterscheiden sich die beiden Formen weder morphologisch noch zytologisch und verhalten sich in Kulturen mit gleichen Wuchsbedingungen ähnlich. Es ist anzunehmen, dass die Art sowohl schlechte Durchlüftung toleriert als auch eine gewisse Austrocknung erträgt. An trockenen Kalkstandorten muss sie aber tief wurzeln können, um zu wasserhaltigen Schichten vorzustossen. Mit der hohen Zahl für Wurzeltiefe (WT 4) wird diese Eigenschaft auch angezeigt. Die Baumart wächst als Jungpflanze an fast allen Standorten unterhalb von rund 1200 m, wird aber später an den meisten dieser Orte durch konkurrenzkräftigere Baumarten, allen voran durch die schattentolerante Buche *(Fagus sylvatica)*, welche vor 6000 Jahren das Gebiet kolonisierte, überwachsen und verdrängt. So bleiben der Esche die wechselnassen und trockenen Standorte, wo die Buche standorts- oder nutzungsbedingt fehlt. Dass die Esche auf den beiden extremen Standorten keine besonderen ökologischen Rassen und damit allenfalls morphologisch differenzierte Taxa ausgebildet hat, hängt möglicherweise mit der kurzen Zeit zwischen heute und der Zeit ihrer Abdrängung durch die Buche zusammen oder einfach damit, dass durch natürliche Extremereignisse die buchendominierten Wälder aufgerissen wurden und Eschen immer dort wieder bis zur Fruchtreife gelangen konnten. Die in der ersten Auflage gemachte Unterscheidung zwischen *Wasser-* und *Kalkesche* ist deshalb unnatürlich. Die Feuchte- und die Durchlüftungszahlen erhalten allerdings bei der Vereinigung beider Standortstypen eine grössere Variation und sind so weniger aussagekräftig für die Standortsbeurteilung. Die Feuchtezahl erhält den einzigen Wert F 3.5 II (II bedeutet grössere, aber nicht extreme Variationsbreite) mit Wechselfeuchte W 3 statt den beiden Bewertungen 4 w *(Wasseresche)* und 2 w *(Kalkesche).* Die Durchlüftungszahl kann in diesem Fall nur mit einem D x angegeben werden.

Noch ausgeprägter sind die Verhältnisse bei der Waldföhre *(Pinus sylvestris),* die auch in Bezug auf Bodenreaktionszahl auf saure und basische Standorte abgedrängt ist. Sowohl auf nassen und sauren Hochmooren wie auch auf trockenen Kalkfels-Standorten ist diese Baumart verbreitet. Nur im Mittelbereich wird sie von schattentoleranten oder raschwüchsigen Laubbaumarten verdrängt. Auch hier ist es vorderhand nicht realistisch, etwa zwischen *Moorföhre* und *Kalkföhre* zu unterscheiden, zumindest nicht bis eine ökologisch-morphologische Differenzierung eindeutig nachgewiesen ist.

Schwierig einzuschätzen ist auch das unterschiedliche Verhalten von Taxa in verschiedenen geographisch-klimatischen Gebieten. So wächst etwa die bei uns als *Molinia arundinacea* bezeichnete Art in der Nordschweiz an Hängen über kalkhaltigem Gestein auf wechselnassen Böden. Im Südtessin gedeiht sie häufig auf sauren Humusböden über Gneis. Es ist denkbar, dass die Art den durch hohe Niederschläge ausgewaschenen Humusboden mit den Wurzeln durchdringen kann (Wurzeltiefe WT 3 und Durchlüftungszahl D 1) und dadurch mit dem nur schwach sauren mineralischen Gestein in Verbindung steht. Möglicherweise hat sich aber dort eine eigene Sippe entwickelt, die bis heute bei uns von *M. arundinacea* morphologisch nicht abgegrenzt werden konnte. Aus Untersuchungen in Ungarn von Milkowitz & Borhidi (1986) steht fest, dass dort mehrere Kleinarten von *M. arundinacea* s. l. vorkommen. Von der tetraploiden *M. arundinacea*, die auf sauren Böden wächst, wird die oktoploide *M. litoralis* abgetrennt, die in ihren Standortsansprüchen der nördlich der Alpen vorkommenden Art entspricht. Daneben ist noch die neue hexaploide *M. pocsii* beschrieben, die auch in der Schweiz in Quellflur-Vegetationen über Silikatgestein vorkommen soll. Ich habe provisorisch diese Unterteilung übernommen, um Untersuchungen über diese Gruppe bei uns anzuregen. Die Identität unserer Pflanzen müsste morphologisch und zytologisch überprüft und durch molekularbiologische Studien erweitert werden.

Generell sind Standorte nicht einfach auf Grund von gemittelten ökologischen Zeigerwerten zu beurteilen. Die Werte sind vor allem grobe Hinweise, deren Bedeutung im Vergleich sowohl zeitlich (Langzeitreihen) als auch räumlich (Vegetationsinventare) liegt. Für eine differenziertere Beurteilung von Klima- und Bodeneigenschaften sind aufwändigere Untersuchungen der entsprechenden Disziplinen nötig.

2 Auswahl der Taxa; Gliederung und Nomenklatur

Neben den bereits in der ersten Auflage vorhandenen Taxa sind neu die folgenden aufgenommen worden:

- Taxa, die im erweiterten Gebiet der West- und Ostalpen vorkommen, d. h. zusätzliche Taxa der *Flora alpina* (Aeschimann & al. 2004)
- neu beobachtete Neophyten
- Taxa aus kritischen Aggregaten, die in der Literatur unterschieden, aber nicht allgemein anerkannt oder durch neuere Untersuchungen abgetrennt wurden.

Grundlegende Einheiten und Auswahlkriterien

Grundlegende Einheiten in den Tabellen sind *Taxa, die gegenüber nächst verwandten Sippen eine eigenständige standörtliche und/oder geographische Verbreitung aufweisen und sich morphologisch unterscheiden.* Sie werden ausschliesslich mit binären Namen versehen, auch wenn sie mit nah verwandten Sippen durch zahlreiche Übergänge verbunden sind. Dies geschieht vor allem aus praktischen Gründen, weil die Zuteilung in vielen Fällen willkürlich erscheint. Bastardierungen und genetische Introgressionen sind unter verwandten Arten weit verbreitet. Die Grenzen zwischen Taxa mit breiten Übergangszonen und solchen, bei denen überhaupt kein Gentransfer mehr vorkommt, sind im Pflanzenreich fliessend. Selbst bei Taxa, deren Artrang niemand anzweifelt, kann der Genaustausch noch verbreitet sein, wie bei den europäischen sommergrünen Eichen *(Quercus).* Auch bei apomiktischen (sich asexuell fortpflanzenden) Kleinarten kommt ein Genaustausch gelegentlich vor. Diese Taxa sind meist ebenfalls mit binären Namen bezeichnet, obwohl sie sich morphologisch und standörtlich nur wenig unterscheiden. Die Einstufung vieler Sippen wird in der Literatur ganz unterschiedlich gehandhabt und bleibt, auch wenn ausgedehnte Untersuchungen vorliegen, eine Ermessenssache.

Das *Auswahlkriterium* für die Aufnahme eines Taxons war also seine Eigenständigkeit in Bezug auf Standort, Verbreitung und Gestalt. Meist fehlen objektive Untersuchungen, die dies eindeutig belegen. Wenn ich nicht überzeugt war, dass die Abtrennung einer Sippe unbegründet ist, habe ich diese aufgenommen. Deshalb können Sippen erwähnt sein, die sich bei sorgfältiger Abklärung des ganzen Aggregates nicht abtrennen lassen. Damit kommt natürlich eine subjektive Note in die Auswahl. Das vorliegende Werk will gerade aber die Notwendigkeit für wissenschaftliche Untersuchungen aufzeigen, die zum besseren Verständnis der Gliederung der Flora auch in einer der best untersuchten Gegenden Europas nötig sind. Der Leser wird aufgefordert, aus seiner Erfahrung heraus die Berechtigung von Taxa zu überprüfen und auch fehlende Taxa zu melden. In der Spalte *Taxonomische Beurteilung* TB wird summarisch auf einzelne schwierige oder fragliche Taxa hingewiesen. Ich bin dankbar, wenn man mich auf falsche Beurteilungen von Sippen aufmerksam macht.

Kritische und schwierig bestimmbare Taxa

Um *verwandtschaftliche Beziehungen* zwischen einzelnen Taxa aufzuzeigen, wurden diese in *Aggregate* eingeteilt. Auch die Aggregate sind einander nicht immer gleichwertig, entsprechen aber in der Regel Gruppen von Taxa, die voneinander schwierig zu unterscheiden sind (viele Übergänge, wenige und nicht immer erkennbare Differentialmerkmale, ungenügende Kenntnisse).

Da viele *Taxa der niedersten Stufe* in einzelnen «Floren» nicht erwähnt oder ungenügend charakterisiert sind und der Benützer deshalb die Umgrenzung dieser Sippen nicht kennen kann, wird in besonderen Spalten auf *Bestimmungs- und Spezialliteratur* BL und SL zur Unterscheidung der Sippen hingewiesen.

Apomiktische Kleinarten, also Taxa, deren Samenanlagen sich ohne Eizellenbefruchtung entwickeln und deren Nachkommen genau eltergleich sind und sich oft in lokalen oder regionalen Gruppen abtrennen lassen, wurden nur zum Teil aufgenommen, da sie im Gebiet meist ungenügend erforscht sind. Dies betrifft vor allem Kleinarten aus den Gattungen *Taraxacum* und *Hieracium*, bei denen oft nicht klar ist, ob die unterschiedenen Kleinarten nur lokal vorkommen, immer wieder unabhängig voneinander neu entstehende morphologische Typen enthalten oder ob sie eine eigenständige grössere geographisch-ökologische Verbreitung haben.

Auf die Aufnahme von stets neu gebildeten *Bastarden* wurde verzichtet, da deren Zeigerwerte irgendwo zwischen jenen der Elterarten liegen, aber noch nicht stabilisiert sind. Dagegen werden Bastarde, die sich selbständig ausbreiten, mit binärem Namen, aber ohne das Bastardzeichen × benannt. Bastardierung ist eine sehr häufige Ursache der Evolution von neuen Arten. Die hybridogene Entstehung ist aber nur selten eindeutig nachgewiesen, so dass die Entscheidung, ob das Taxon ein x erhalten soll oder nicht, oft willkürlich ist.

Benennung der Taxa

Die Namen der Taxa stimmen grösstenteils mit den Namen des *Synonymie-Indexes der Schweizer Flora* (Aeschimann & Heitz, 2. Aufl. 2005) und mit jenen der *Flora alpina* (Aeschimann & al. 2004) überein. Namen, die seither geändert haben, werden deshalb vorderhand meist nicht übernommen und nur im Namenregister als Synonyme erwähnt.

Ausnahmen der Namengebung gegenüber dem Synonymie-Index:

- Es werden nur Artnamen verwendet. Taxa, die im Index als Unterarten oder Varietäten stehen, sind deshalb mit binären Namen bezeichnet, sofern sie geographisch und standörtlich unterschieden werden können. Einzelne dieser Namen sind aus zeitlichen Gründen nomenklatorisch nicht überprüft worden und deshalb möglicherweise nach den Nomenklaturregeln nicht gültig. Oft wurde zum besseren Vergleich einfach der gleiche Name wie im Synonymie-Index, aber auf Artniveau eingesetzt. Neue Namenkombinationen sind im Verzeichnis der Neukombinationen validiert.
- Namen, die früher im Gebiet während längeren Perioden für andere Arten verwendet wurden, werden nicht mehr zur Artbezeichnung (dagegen gelegentlich als Namen für Aggregate) übernommen, um Verwechslungen zu vermeiden, so etwa: *Amaranthus hybridus, Amaranthus hypochondriacus, Arabis bellidifolia, Leucanthemum vulgaris, Muscari neglectum, Phleum alpinum, Potamogeton pusillus, Ranunculus breyninus, Rhinanthus angustifolius, Sagina apetala, Stipa pennata*. Besonders bei der Bearbeitung von älteren pflanzensoziologischen Aufnahmen führt die andere Verwendung eines Namens zu kaum vermeidbaren Verwirrungen. Es ist unverständlich, warum solche *nomina confusa* nicht rigoroser ausgeschlossen werden. Im Verzeichnis der Pflanzennamen steht hinter dem Autor eines solchen Namens in Gänsefüsschen «nom. confusum», um anzudeuten, dass spätere Botaniker den Namen für andere Arten verwendet haben und dieser deshalb mehrdeutig ist.
- Namen, die Eigenschaften bezeichnen, die für die Pflanze überhaupt nicht zutreffen und auch nicht durch eine falsche Beobachtung zu erklären sind, deren Namen also vom Autor sicher nie für die betreffende Art gedacht waren, wurden nicht übernommen, z. B.: *Epipactis viridiflora, Ranunculus tuberosus.*
- Das *Hybridzeichen* × vor dem Artnamen wird weggelassen (siehe vorherigen Abschnitt). Sehr viele unserer heutigen Arten sind sicher oder vermutlich aus Bastardierungen entstanden, ohne dass sie in der Literatur mit einem × bezeichnet sind.

Erklärung der einzelnen Zeigerwerte und Kennzeichen

Die Kurzformen nach dem Titel der einzelnen Faktoren oder Faktorengruppen beziehen sich auf die Angaben auf dem Kopf der Tabelle der Taxa.

Von den Faktoren der Kapitel 3 und 4 gehören alle zu den **ökologischen Zeigerwerten**, also zu den auf irgend eine Weise quantifizierbaren Werten, mit Ausnahme der Salz- und der Schwermetalltoleranz, die zu den **biologischen Kennzeichen** zählen und rein statische Merkmale enthalten und von 3 zusätzlichen Merkmalen der Feuchtezahl (Kapitel 4.1).

Die Faktoren der Kapitel 5-9 (*Wachstums- und Nutzungsstrategien* bis *Vorkommen in Pflanzengesellschaften*) sind dagegen nicht quantifizierbar und numerisch nicht vergleichbar und werden deshalb zu den biologischen Indikatorwerten gezählt oder sind keiner dieser Gruppen zuzuteilen. Auch hier gibt es einige Ausnahmen. So sind *Wurzeltiefe* **WT** (Kapitel 5.3), *Mahdverträglichkeit* **MV** (Kapitel 6.7) und *Samenüberdauerung* **SU** (Kapitel 6.8) sowie *Dominanz im Gelände* **DG** (Kapitel 6.9) durch Zahlen fassbar.

Leerstellen in der Tabelle, wo für eine Art weder eine Zahl noch ein charakteristisches Kennzeichen eingesetzt sind, werden in drei Gruppen gegliedert:

- **-** die Eigenschaft kann für die betreffende Art unter den vorgegebenen Bedingungen nicht festgestellt werden oder die Eigenschaft ist bei der betreffenden Art nicht vorhanden
- **leer** die Eigenschaft ist bis heute unseres Wissens bei der betreffenden Art nicht eindeutig untersucht worden
- **?** ein Fragezeichen hinter dem Wert bedeutet, dass die Angabe unsicher ist

1 Nummern

SEN Seriennummer (fortlaufende Nummer)
neben den Einzel- und den Kleinarten tragen zudem die Aggregate eine Serienummer. Die Nummer 3157 wurde als Doppel gestrichen (Synonym). Nummern mit einem nachfolgenden **a** betreffen nachträglich eingesetzte Taxa.

Die *Seriennummer* **SEN** erscheint ein zweites Mal am Schluss der Tabelle der Taxa und ersetzt dort aus Platzgründen den lateinischen Namen.

SIN Nummer des Taxons im *Synonymie-Index*
Aeschimann & Heitz, 2. Aufl. 2005. Die Zahlen stimmen zum grössten Teil mit jenen der Roten Liste der Farn- und Blütenpflanzen der Schweiz

(MOSER & al. 2002) überein. Taxa, die statt einer Nummer ein - tragen, sind im *Synonymie-Index* nicht enthalten

FAN Nummer des Taxons in der *Flora alpina*

AESCHIMANN & al. 2004. Taxa, die statt einer Nummer ein - tragen, sind in der *Flora alpina* nicht enthalten

FHN Nummer des Taxons in der *Flora Helvetica*

LAUBER & WAGNER 2007. Taxa, die statt einer Nummer ein - tragen, sind in der *Flora Helvetica* nicht enthalten. Nur in der Internet-Version!

ZWN Nummer des Taxons in *Ökologische Zeigerwerte zur Schweizer Flora*

LANDOLT 1977. Taxa, die statt einer Nummer ein - tragen, sind in den *Ökologischen Zeigerwerten* nicht enthalten. Nur in der Internet-Version!

WSN Nummer des Taxons im Verbreitungsatlas der Farn- und Blütenpflanzen der Schweiz

WELTEN & SUTTER 1982. Taxa, die statt einer Nummer ein - tragen, sind im *Verbreitungsatlas* nicht enthalten. Nur in der Internet-Version!

Falls in der Tabelle die gleiche Nummer mehr als einmal erscheint, bedeutet dies, dass das unter der Nummer erwähnte Taxon in der Tabelle in mehrere Kleinarten aufgeteilt wurde.

2 Taxa

Die Taxa sind in die drei Spalten **Gattung, Aggregat/Einzelart** und **Kleinart** unterteilt. Die Namen innerhalb der Spalten stehen in alphabetischer Folge. Die Familie, zu der eine Gattung gehört, muss im *Verzeichnis der Gattungen mit Familienzugehörigkeit* am Schluss des Teils I (S. 263) nachgeschlagen werden. Die Familien sind die gleichen wie in der *Flora alpina*. Die heute oft durchgeführten Aufspaltungen bestimmter Familien wie der *Polypodiaceae, Liliaceae* und *Scrophulariaceae* wurden vorderhand nicht berücksichtigt.

3 und 4 Klima- und Bodenindikatoren

Die Indikatorenzahlen der Kapitel 3 und 4 bezeichnen das mittlere Vorkommen einer Art in der Natur in Bezug auf den entsprechenden Faktor. Sehr oft besitzen Arten eine grössere oder kleinere Variationsbreite um diesen Mittelwert.

Die *Variationsbreite* **v** wird durch zwei römische Ziffern angezeigt.

I kleine Variation

höchstens eine Klasse über die Grenzen der angegebenen Zahl hinausgehend

II grosse Variation

in mindestens 3 Klassen verbreitet, aber höchstens $^2/_3$ der gesamten Variationsbreite einnehmend

x indifferent

steht statt der Zeigerwertzahl; die Variationsbreite ist sehr gross und wird durch die Zahl des mittleren Vorkommens nicht eindeutig charakterisiert

Arten mit hohen oder tiefen Zeigerwerten weisen meist nur eine kleine Variationsbreite auf, während Arten mit mittleren Werten eher stärker variieren. Arten, die im grössten Teil des Wert-Bereiches eines Faktors vorkommen, wie z. B. *Pinus sylvestris* bezüglich Feuchte und Reaktion, erhalten statt einer Zahl ein **x**, das besagt, dass für die Auswertung von Artenlisten diese Art nicht aussagekräftig ist. Zeigerwerte mit der Variationsbreite **II** sind dagegen für Mittelwertanalysen verwendbar; ihre Aussagekraft kann gegenüber Zeigerwerten mit der Variationsbreite **I** durch geringere Gewichtung relativiert werden.

Alle Taxa tragen sowohl bei den Indikatoren wie auch bei den Variationsbreiten eine Zahl oder ein **x**. Einzig bei Variationsbreiten steht nach einem **x** bei der entsprechenden Indikatorzahl ein -, das besagt, dass eine sehr grosse Variationsbreite im **x** enthalten ist.

3 Klimaindikatoren (Klima)

E. Landolt & J.-P. Theurillat

Die drei Klimazahlen – Temperatur, Kontinentalität und Licht – sind nicht von einander unabhängig. So bedeutet grosse Lichteinstrahlung auch vermehrte Wärmeeinstrahlung, grössere Temperaturschwankungen und zeitweise geringere relative Luftfeuchtigkeit. Arten, die vorwiegend an hellen Orten wachsen und deshalb auch eine hohe Lichtzahl besitzen, neigen zu höheren Temperatur- und höheren Kontinentalitätszahlen als Arten, die geographisch am gleichen Ort, aber im Schatten gedeihen.

Die Angaben stammen aus der eigenen Erfahrung und aus der Literatur. Es wurde versucht, möglichst alle Arten zu charakterisieren.

3.1 Temperaturzahl T

1	**alpin und nival**
1.5	**unter-alpin, suprasubalpin und ober-subalpin**
2	**subalpin**
2.5	**unter-subalpin und ober-montan**
3	**montan**
3.5	**unter-montan und ober-collin**
4	**collin**
4.5	**warm-collin**
5	**sehr warm-collin**

Die *Temperaturzahl* ist charakteristisch für die mittlere Lufttemperatur, bei der die Pflanze während der Vegetationszeit gedeiht. Sie richtet sich weitgehend nach der mittleren Höhenverbreitung der Arten in den Alpen. Niedere Zahlen entsprechen einer Verbreitung in Hochlagen, hohe Zahlen kennzeichnen Pflanzen tiefer Lagen.

Die Bezeichnung der Stufe richtet sich nach LANDOLT (2003). Es bedeuten:

nival	Stufe der einzelnen Vegetationsflecken und Einzelpflanzen oberhalb der zusammenhängenden Rasen bis zum bleibenden Schnee
alpin	Stufe der zusammenhängenden Rasenvegetationen oberhalb der Baumgrenzen
suprasubalpin	Stufe der Arven-Lärchenwälder
subalpin	Stufe der Rottannenwälder ohne Buchen bis zur oberen Grenze der Rottanne (in den äusseren Ketten bis zur Waldgrenze, in den inneren Ketten bis zur unteren Grenze von Arvenwäldern)
montan	Stufe der Laub- und Nadelwälder mit Buchen und Weisstannen (auch Rottannen), aber ohne Eichen, in den Zentralalpen auch Waldföhren
collin	Stufe der Laubmischwälder mit beigemischten Eichen

Eine Temperaturzahl **3 I** bedeutet, dass die Art vorwiegend in der montanen Stufe vorkommt, aber gelegentlich auch in der collinen und subalpinen Stufe anzutreffen ist, die Zahl **3 II** zeigt an, dass die Art von der collinen bis in die alpine Stufe, vor allem aber in der montanen Stufe vorkommt

Für Arten mit hohen Kontinentalitätszahlen ist die Variation der Höhenverbreitung **Tv** im Allgemeinen grösser als für solche mit kleinen Zahlen.

3.2 Kontinentalitätszahl K

1 **ozeanisch**
sehr hohe relative Luftfeuchtigkeit; sehr geringe Tages- und Jahrestemperaturschwankungen, relativ milde Winter

2 **subozeanisch**
hohe relative Luftfeuchtigkeit; geringe Tages- und Jahrestemperaturschwankungen, eher milde Winter

3 **subozeanisch bis subkontinental**
mittlere relative Luftfeuchtigkeit; mässige Tages- und Jahrestemperaturschwankungen; mittlere Wintertemperaturen

4 **subkontinental**
niedrige relative Luftfeuchtigkeit; grosse Tages- und Jahrestemperaturschwankungen; eher kalte Winter

5 **kontinental**
sehr niedrige relative Luftfeuchtigkeit; sehr grosse Tages- und Jahrestemperaturschwankungen; relativ kalte Winter

Die *Kontinentalitätszahl* charakterisiert das Vorkommen der Art in Bezug auf die Kontinentalität des Klimas. Sie deutet auf die klimatischen Verhältnisse in Bezug auf Sonneneinstrahlung, Wintertemperaturen und Luftfeuchtigkeit am Standort der Art. Sie zeigt also an, ob am Wuchsort der Art trockene Luft und grosse Temperaturunterschiede (hohe Zahlen), bzw. feuchte Luft und geringe Temperaturunterschiede vorherrschen (niedere Zahlen). Arten mit hohen Zahlen wachsen in Gebieten mit kontinental geprägtem Klima (bei uns in inneralpinen Tälern) und lokal an südexponierten, im Winter oft schneefreien Standorten. Arten mit niederen Zahlen trifft man dagegen in Gebieten mit ozeanisch geprägtem Klima, also entlang der Aussenketten der Alpen, im Jura und im alpennahen Mittelland sowie lokal an schattigen, luftfeuchten, nordgerichteten, im Winter schneereichen Stellen.

Die Kontinentalität ist auch relativ zur Temperaturzahl bewertet, das heisst, dass bei hohen Temperaturzahlen Pflanzen mit der Kontinentalitätszahl **1** nur schwache oder keine Fröste ertragen können, während sie bei tiefen Temperaturzahlen gegenüber starken Frösten weniger empfindlich sind.

Die hier angeführten Klimafaktoren Luftfeuchtigkeit, Temperaturschwankungen, Wintertemperaturen korrelieren nicht immer miteinander. Es wäre sinnvoll, die Zahl aufzuteilen, je für Wintertemperaturen, für Sonneneinstrahlung im Sommer und für Luftfeuchtigkeit, doch braucht es dazu mehr Abklärungen. Bei grossen Unterschieden zwischen diesen drei Faktoren werden hier extreme Faktorenwerte stärker gewichtet.

Besonders schwierig ist es, die Kontinentalitätszahl von mediterranen Arten zu bestimmen, da im Mittelmeergebiet das Klima im Winter ozeanisch und im Sommer kontinental geprägt ist. Deutlich kontinentale Arten sind deshalb eher sommeraktiv und ozeanische eher winteraktiv. Die meisten mediterranen Arten erhalten mittlere Werte.

3.3 Lichtzahl L

1 **sehr schattig**
bis unter 3 % der relativen Beleuchtungsstärke

2 **schattig**
kaum unter 3 %, aber oft unter 10 % der relativen Beleuchtungsstärke

3 **halbschattig**
meist nicht unter 10 % der relativen Beleuchtungsstärke

4 **hell**
nur gelegentlich oder kurzzeitig leicht beschattet

5 **sehr hell**
nur offene, sonnige Standorte

Die *Lichtzahl* einer Art charakterisiert die mittlere Lichtmenge, die diese an ihrem Wuchsort erhält. Hohe Lichtzahlen bedeuten, dass die Art vorwiegend an hellen Orten, niedrige Lichtzahlen, dass sie im Schatten anzutreffen ist. Die Zahlen für Bäume und Sträucher beziehen sich vor allem auf den Standort von Jungpflanzen.

Die Zahlen umschreiben die mittleren Lichtbedingungen am hauptsächlichen Standort der Art. Es gibt nur wenige vergleichende Lichtmessungen am Wuchsort der Arten. Die Werte sind deshalb reine Erfahrungswerte.

Beispiele	**L**	**v**	**T**	**v**	**K**	**v**
Soleirolia soleirolii	4	I	4.5	I	1	I
Phyllitis scolopendrium	2	I	3	I	1	II
Fagus sylvatica	1	II	3.5	I	2	I
Fraxinus excelsior	3	II	3.5	II	3	II
Dryopteris filix-mas	2	II	3	II	3	I
Poa nemoralis	3	II	3	II	3	II
Salvia pratensis	4	I	3.5	II	4	I
Pulsatilla halleri	4	I	1.5	I	5	I

Soleirolia soleirolii ist frostempfindlich und verlangt hohe Luftfeuchtigkeit. Die Art wächst deshalb nur an wenigen wintermilden und luftfeuchten Stellen, vor allem in Hinterhöfen, in städtischen Wärmeinseln, wo es lokal luftfeucht ist und die Temperaturen ausgeglichen sind. Sie ist ein ausgesprochener Zeiger für ozeanisches Klima.

Phyllitis scolopendrium meidet die kontinentalen Gebiete in der Schweiz und ist in den übrigen Gebieten vor allem an luftfeuchten und eher kühlen Standorten anzutreffen. Wo die Art sonnige offene Standorte besiedelt, zeigt sie kümmerlichen Wuchs.

Fagus sylvatica hat eine subozeanische Verbreitung und ist in kontinentalen Gebieten nicht anzutreffen. Die Art ist in Bezug auf Licht sehr anspruchslos, bzw. schattentolerant. An lufttrockenen und an südexponierten, sonnigen Standorten vermag sie ebenso gut zu wachsen, sofern sie genügend Wasser zur Verfügung hat.

Fraxinus excelsior hat ähnliche Klimaansprüche wie *Fagus*, ist aber auch noch in kontinentaleren und winterkühleren Gebieten mit guter Wasserversorgung anzutreffen.

Dryopteris filix-mas ist eine Art mit relativ breiter Amplitude in Bezug auf Temperaturextreme. Sehr lufttrockene Standorte meidet die Art indessen.

Noch breitere Amplituden hat *Poa nemoralis*, die sowohl luftfeuchte und wintermilde wie auch kontinentale Lagen besiedelt.

Salvia pratensis ist zwar im Gebiet weit verbreitet, aber auf sonnige, sich stark erwärmende, also lokal kontinentalere Standorte angewiesen.

Pulsatilla halleri wächst im Gebiet nur in den kontinentalsten Gegenden wie Vispertäler, Mt. Cenis und Aostatal zwischen 1500 und 3000 m in der subalpinen und alpinen Stufe.

4 Bodenindikatoren (Boden)

E. Landolt & J.-P. Theurillat

Ähnlich wie die Klimafaktoren sind auch die Bodenfaktoren nicht voneinander unabhängig. Eine höhere Feuchtezahl heisst beispielsweise für die Pflanze auch eine bessere Nährstoffversorgung, weil bei genügend Wasservorrat die Pflanze mehr Wasser und damit auch mehr Nährstoffe aufnehmen kann. Eine hohe Humuszahl ist meist gekoppelt mit einer schlechten Durchlüftung des Bodens; ebenso ist eine niedrige Reaktionszahl fast immer gepaart mit einer niedrigen Nährstoffzahl.

Die Bodenwerte sind nach Erfahrung oder aus Literaturangaben zusammengestellt und ausser für pH nur selten durch Messungen belegt.

4.1 Feuchtezahl F

1 **sehr trocken**
1.5 **trocken**
2 **mässig trocken**
2.5 **frisch**
3 **mässig feucht**
3.5 **feucht**
4 **sehr feucht**
4.5 **nass**
5 **überschwemmt, bzw. unter Wasser**
^ **im Bereich von fliessendem Wasser**
u **nur untergetauchte Organe ausser Blüten und Früchten**
v **mit Schwimmblättern auf der Wasseroberfläche**
\- bei Arten, die nicht im Wasser oder auf dem Boden wachsen oder ein **x** (sehr grosse Variationsbreite) aufweisen, sind keine Angaben möglich

Die *Feuchtezahl* kennzeichnet die mittlere Feuchtigkeit des Bodens während der Vegetationszeit am hauptsächlichen Standort der Art. Niedrige Zahlen zeigen geringe, hohe Zahlen grosse Bodenfeuchtigkeit an. Die Wechselfeuchtigkeit, bisher als Zusatz zur Feuchtezahl mit *w* benannt, ist nun in einer besonderen Zahl (Wechselfeuchtezahl **W**) dargestellt.

Arten, die frei schwimmen (Pleustophyten), sind daran zu erkennen, dass sie keine Zahlen für Humusgehalt und Durchlüftung erhalten. Sie stehen unter der Lebensform **LF** in einer eigenen Gruppe.

4.2 Wechselfeuchtezahl W

1 **Feuchte wenig wechselnd**
höchstens bis ± 0.5 der Feuchtezahl

2 **Feuchte mässig wechselnd**
höchstens ± 0.5-1.0 der Feuchtezahl

3 **Feuchte stark wechselnd**
mehr als ± 1.0 der Feuchtezahl

\- bei Arten, die nicht im Wasser oder auf dem Boden wachsen, sind keine Angaben möglich

Die *Wechselfeuchtezahl* ist ein Mass für die wechselnde Feuchtigkeit des Bodens im Laufe des Jahres am hauptsächlichen Standort der Art.

Beispiele	F	v	W
Ceterach officinarum	1	I	1
Ononis spinosa	2	II	2
Melampyrum sylvaticum	3	II	1
Trifolium badium	3.5	II	1
Phragmites australis	4.5	II	3
Potamogeton coloratus	5u	I	1
Ranunculus fluitans	5u^	I	1

Ceterach officinarum wächst fast immer an sehr trockenen Standorten, die während des ganzen Jahres ± trocken bleiben.

Phragmites australis ist meist an nassen, aber auch an mässig feuchten oder an überschwemmten Standorten anzutreffen. Der Standort selbst kann im Laufe des Jahres sehr unterschiedlich feucht sein.

Ranunculus fluitans kommt vorwiegend im fliessenden Wasser vor.

4.3 Reaktionszahl R

1 **stark sauer**
pH 2.5-5.5 (immer nur Variationsbreite **I**)

2 **sauer**
pH 3.5-6.5 (2.5-7.5)

3 **schwach sauer bis neutral**
pH 4.5-7.5 (3.5->8.5)

4 **neutral bis basisch**
pH 5.5-8.5 (4.5->8.5)

5 **basisch**
pH 6.5->8.5 (immer nur Variationsbreite **I**)

\- bei Arten, die nicht im Wasser oder auf dem Boden wachsen oder ein **x** (sehr grosse Variationsbreite) aufweisen, sind keine Angaben möglich

Die *Reaktionszahl* ist charakteristisch für den Gehalt an freien H-Ionen in Böden, in denen die Art wächst. Niedrige Reaktionszahlen zeigen saure, meist basenarme Böden an, hohe Zahlen dagegen basische Böden.

Die pH-Zahlen weisen auf den ungefähren pH-Bereich am Ort der Wurzeln hin; bei der Variationsbreite **II** gilt der Bereich in Klammern.

Beispiele	R	v
Vaccinium myrtillus	1	I
Stellaria alsine	3	I
Petasites albus	3	II
Arum maculatum	4	II
Petasites paradoxus	5	I

Vaccinium myrtillus wächst nur auf Böden, die sauer sind.

Arum maculatum ist meist auf neutralen bis schwach basischen Böden anzutreffen, gedeiht aber auch auf mässig sauren Böden.

4.4 Nährstoffzahl N

1 **sehr nährstoffarm**
2 **nährstoffarm**
3 **mässig nährstoffarm bis mässig nährstoffreich**
4 **nährstoffreich**
5 **sehr nährstoffreich bis überdüngt**
\- bei Arten, die nicht im Wasser oder auf dem Boden wachsen oder ein **x** (sehr grosse Variationsbreite) aufweisen, sind keine Angaben möglich

Die *Nährstoffzahl* kennzeichnet den Gehalt des besiedelten Bodens an verfügbaren Nährstoffen, insbesondere an Stickstoff, aber oft auch an Phosphor. Niedrige Zahlen zeigen wenige, hohe viele Nährstoffe an.

Beispiele	**N**	**v**
Vaccinium oxycoccos	1	I
Avenella flexuosa	2	I
Anthoxanthum odoratum	3	II
Bromus hordeaceus	4	II
Urtica dioica	5	II

Vaccinium oxycoccos ist nur auf Böden anzutreffen, die ganzjährig einen niedrigen Nährstoffgehalt aufweisen.

Urtica dioica wächst im Allgemeinen auf Böden mit sehr hohem, seltener auch auf solchen mit mässigem Nährstoffgehalt.

4.5 Salztoleranz S und Schwermetalltoleranz M

s **salztolerant**
Hinweis, dass ein Taxon auch auf leicht salzigem Boden oder in stark verdünnt salzhaltigen Gewässern gedeihen kann. Salzhaltige Standorte befinden sich oft an überdüngten Plätzen oder längs von im Winter mit Salz behandelten Strassen, zudem gelegentlich auch in sehr trockenen kontinentalen Gebieten (z. B. zentralalpine Täler)

ss **salzabhängig**
Hinweis, dass ein Taxon meist an salzhaltige Standorte gebunden ist

m **schwermetalltolerant**
Hinweis auf eine gewisse Toleranz gegenüber Schwermetallen. Im Gebiet beziehen sich die Daten vor allem auf die Serpentin-Toleranz, d. h. auf Toleranz gegenüber Nickel (Ni) und Chrom (Cr). Eine deutliche Anhäufung von schwermetalltoleranten Arten an einem Ort kann einen Hinweis auf eine mögliche Schwermetallbelastung des Bodens geben

Leerstellen bedeuten, dass über entsprechende Toleranzen keine zuverlässigen Angaben vorliegen

Die Zeichen für *Salz-* oder *Schwermetalltoleranz* geben einen Hinweis auf das Verhalten der Taxa gegenüber Salz- und Schwermetallgehalt im Boden.

Salz- und schwermetallhaltige Böden sind im Gebiet selten. Eine feine Abstufung ist deshalb wenig sinnvoll. Bei der Aufstellung der Zeichen wurden neu ELLENBERG & al. (1996) und ZARZYCKI & al. (2002) berücksichtigt, für Salztoleranz auch BÖHLING & al. (2002) und HILL & al. (1999), für Schwermetalltoleranz zusätzlich ERNST (1965). Es ist zu beachten, dass viele der als tolerant aufgeführten Taxa nur in oft regional ausgebildeten, spezialisierten physiologischen Rassen Toleranz aufweisen und die Toleranz nicht allgemein für das gesamte Taxon gilt. Wo das Zeichen **m** oder **s** beim Aggregat steht, ist nicht abgeklärt, welche untergeordneten Taxa die Toleranz aufweisen, bzw. von welchen Taxa tolerante physiologische Rassen ausgebildet wurden. J.-P. Theurillat hat viele Zeichen dieser beiden Gruppen aus seiner Erfahrung heraus am Schluss noch in die Tabelle eingesetzt.

4.6 Humuszahl H

1 **wenig bis kein Humus**

3 **mittlerer Humusgehalt**
meist in Form von Mull

5 **hoher Humusgehalt**
meist in Form von Rohhumus, Moder oder Torf

\- bei Arten, die nicht im Boden wurzeln oder ein **x** (sehr grosse Variationsbreite) aufweisen, sind keine Angaben möglich

Die *Humuszahl* ist charakteristisch für den Humusgehalt des Bodens. Hohe Zahlen bedeuten viel, niedrige Zahlen wenig Humus. Auf die einzelnen Humusformen wird nicht näher eingetreten.

Beispiele	**H**	**v**
Epilobium dodonaei	1	I
Arrhenatherum elatius	3	II
Vaccinium myrtillus	5	I
Dryopteris filix-mas	5	II

Epilobium dodonaei wächst nur auf humusarmen Böden (also Rohböden).

Dryopteris filix-mas ist meist auf humusreichen Böden anzutreffen, gedeiht aber gelegentlich auch auf Schutt- und Felsböden.

4.7 Durchlüftungszahl D

1 **schlechte Durchlüftung**
Boden verdichtet oder vernässt

3 **mittlere Durchlüftung**

5 **gute Durchlüftung**
lockerer, oft steiniger oder sandiger Boden

\- bei Arten, die nicht im Boden wurzeln oder ein **x** (sehr grosse Variationsbreite) aufweisen, sind keine Angaben möglich

Die *Durchlüftungszahl* kennzeichnet die Sauerstoffversorgung des Bodens. Niedrige Zahlen bedeuten schlechte, hohe Zahlen gute Durchlüftung. Die Durchlüftungszahl ist gegenüber der Durchlüftungsmangelzahl der ersten Auflage (LANDOLT 1977) gerade umgekehrt, das heisst, dass eine Durchlüftungsmangelzahl **5** der ersten Auflage einer Durchlüftungszahl **1** der neuen Auflage entspricht.

Beispiele	**D**	**v**
Lythrum salicaria	1	II
Daphne mezereum	3	II
Pritzelago alpina	5	I

Lythrum salicaria wächst meist, aber nicht immer auf schlecht durchlüfteten Böden.

Pritzelago alpina wird nur auf gut durchlüfteten Böden angetroffen.

5 Wachstums- und Nutzungsstrategien (Strategien)

5.1 Lebensform LF

a **Hydrophyt**
Pflanze, deren Knospen den Winter im Boden unter Wasser überleben

c **krautiger Chamaephyt**
krautige Pflanze, die mit Knospen über der Erdoberfläche überwintert

d **Nanophanerophyt-Hemikryptophyt**
Pflanze (auf *Rubus* beschränkt) mit zweijährigen knospentragenden, über 0.4 m hohen oberirdischen Triebe, die sich wie Nanophanerophyten verhalten; neue Triebe werden aber wie bei Hemikryptophyten jedes Jahr von der Bodenoberfläche her gebildet

e **Epiphyt**
Pflanze, die auf Bäumen oder Sträuchern wächst

f **Chamaephyt-Hemikryptophyt**
Pflanze (auf *Rubus* beschränkt) mit zweijährigen knospentragenden, bis 0.4 m hohen oberirdischen Triebe die sich wie Chamaephyten verhalten; neue Triebe werden aber wie bei Hemikryptophyten jedes Jahr von der Bodenoberfläche her gebildet

g **Geophyt**
Pflanze, die mit Knospen unter der Erdoberfläche überwintert (z. B. mit Rhizomen, Knollen, Zwiebeln, unterirdischen Ausläufern)

h **Hemikryptophyt (langjährig)**
Pflanze, die mit Knospen auf oder direkt unter der Erdoberfläche überwintert (Rosetten, Horste) und mehrere bis viele Jahre blüht und fruchtet (pollakanthe Arten)

k **Hemikryptophyt (wenigjährig)**
Pflanze, die während weniger Jahre mit Knospen auf der Erdoberfläche überwintert (Rosette) und nach dem einmaligen Blühen meist abstirbt, ohne weiter wachsende seitliche Organe zu bilden (hapaxanthe Arten)

k* **zwei- bis- wenigjährige hapaxanthe Art**
Pflanze, die im Boden als Geophyt oder Hemikryptophyt überwintert

n **Nanophanerophyt**
Holzpflanze, die 0.4-4 m hoch wird und strauchförmig ist

p **Phanerophyt**
Holzpflanze, die mehr als 4 m hoch wird und strauch- oder baumförmig ist

s **Pleustophyt**
Schwimmpflanze, die auf oder unter der Wasseroberfläche schwimmt, ohne im Boden zu wurzeln. Die Pflanze, falls sie nicht einjährig ist, überwintert als Knospe (Turion) oder Spross im Wasser oder auf dem Boden des Wassers

t **Therophyt**
Pflanze, die nur während einer Vegetationsperiode gedeiht, nach dem Blühen abstirbt und die kalte Jahreszeit bei Sommerannuellen als Samen oder bei Winterannuellen und Zweijährigen als Rosette oder Hemikryptophyt überlebt

z **holziger Chamaephyt**
Zwergstrauch, der mit Knospen über der Erdoberfläche überwintert und dessen Holzteile meist niedriger als 0.4 m sind

ff **Fleischfresser**
Pflanze, die ihren Bedarf an Stickstoff und Phosphor durch Verdauung von Kleinlebewesen ergänzt

hp **Halbparasit**
Pflanze, die von anderen Pflanzen Wasser und Nährstoffe bezieht, aber selbst Chlorophyll (grüne Blätter!) besitzt und Zucker aufbaut

li **Liane**
Pflanze (auch unverholzte), die über andere Pflanzen und Gegenstände in die Höhe klettern kann

sp **Saprophyt**
Pflanze, die ihre Energie mit Hilfe von Mikroorganismen über den Abbau toter organischer Substanz (meist Humus) bezieht

vp **Vollparasit**
Pflanze, die neben Wasser und Nährstoffen auch Zucker von anderen Pflanzen bezieht und kein Chlorophyll besitzt (keine grünen Blätter!)

Die *Ziffern für Lebensformen* im Sinne von Raunkiaer umschreiben die Lage der Überdauerungsknospen während der ungünstigen Jahreszeit. Gegenüber der ersten Auflage wurde der Name Lebensform vor Wuchsform bevorzugt. Ebenso ist gegenüber der früheren Auflage die Blattlebensdauer in einer eigenen Ziffer Blattdauer **BD** abgetrennt und die Einteilung der Lebensformen etwas abgeändert. So sind etwa die Wasserpflanzen in Hydrophyten und Pleustophyten unterteilt und die Hemikryptophyten in *hapaxanthe Hemikryptophyten* **k** (nach dem Blühen absterbende) und in *pollakanthe Hemikryptophyten* **h** (über mehrere Jahre blühende) gegliedert. Neben den hapaxanthen Hemikryptophyten sind auch die Therophyten hapaxanth. Alle übrigen Lebensformen gehören zu den pollakanthen Pflanzen.

Ergänzende Eigenschaften zu den Lebensformen sind durch einen Punkt **(.)** abgetrennt, z. B.: *Vicia dumetorum* **(LF: h.li)**. Die Art lebt als Hemikryptophyt und wächst lianenartig über andere Pflanzen hinweg.

Es sind für alle Taxa Ziffern angegeben.

5.2 Blattdauer BD

i **immergrün**
das ganze Jahr hindurch sind grüne Blätter oder Nadeln vorhanden, die länger als 1 Jahr leben; diese Gruppe lässt sich weiter unterteilen in streng xeromorph gebaute Blätter, die meist klein und hart sind und Trockenheit ertragen, in laurophylle (lorbeerähnliche) Blätter, die grösser und lederig sind und in malakophylle Blätter, die weich, meist dicht behaart und relativ zäh sind (in den Tabellen nicht unterschieden)

s **sommergrün**
die Blätter sind nur während der sommerlichen Vegetationszeit grün, meist relativ zart und dünn; sie werden als mesophyll bezeichnet. Selten können in milden Wintern einzelne Blätter auch längere Zeit grün bleiben. Auch einjährige Arten, die in der gleichen Vegetationsperiode keimen und blühen, tragen sommergrüne Blätter. Bei Parasiten heisst sommergrün, dass die (nicht grünen) Blätter nur während der Vegetationsperiode frisch und fleischig bleiben

t **teilweise überwinternd grün**
einzelne Blätter (bis 70%) bleiben über den Winter grün, die anderen sterben im Herbst oder im Laufe des Winters ab; bei sehr tiefen Temperaturen oder grosser Trocknis können auch alle Blätter absterben. In milden Wintern bleiben die meisten Blätter bis zum Frühjahr grün.

v **vorsommergrün**
die Blätter entstehen im späteren Winter oder frühen Frühling und bleiben bis zum Vorsommer oder frühen Sommer grün; die Pflanzen blühen mit wenigen Ausnahmen im Frühjahr

w **überwinternd grün**
die meisten Blätter (mehr als 70%) werden während der Vegetationszeit gebildet und bleiben bis zum nächsten Blattaustrieb im Frühjahr grün, sofern sie nicht sehr tiefen Temperaturen oder grosser Trocknis ausgesetzt sind; bei einzelnen Arten sterben sie erst während der frühen Vegetationsperiode ab; in diese Gruppe fallen auch alle Wintereinjährigen, die im Sommer oder Herbst keimen und erst im nächsten Frühling oder Sommer blühen

w* **herbst- bis frühjahrsgrün**
die Blätter werden im Herbst gebildet und bleiben bis zur Blüte im Frühjahr grün

\- **keine grünen Blätter**
Vollparasiten, Saprophyten

Die *Ziffern für Blattdauer* bezeichnen Länge und Jahreszeiten der Assimilationsfähigkeit eines Blattes. In klimatisch abnormen Jahren kann ein Blatt auch längere oder kürzere Zeit grün bleiben. Ebenso weisen Pflanzen mit vorwiegend sommergrünen Blättern unter mildem Winterklima oft auch wintergrüne Blätter auf. So bleiben etwa Blätter der Flaum-Eiche *(Quercus pubescens)* in Süditalien gelegentlich bis zum Blattausbruch im Frühjahr grün. Einzelne, in einer Rosette geschützte Blätter können wintergrün sein, auch wenn der Grossteil der Blätter, vor allem auch Stängelblätter im Herbst abstirbt. In der Literatur sind die Angaben zur Blattdauer deshalb oft sehr unterschiedlich, wobei wahrscheinlich auch innerhalb eines Taxons unterschiedliche Rassen bestehen. Falls keine oder nur sehr kurzzeitig grüne Blätter vorhanden sind, werden die die Photosynthese übernehmenden Stängel nach den gleichen Kriterien eingeteilt.

Im Allgemeinen sind die Blätter in der Liste der Blattdauergruppen von *immergrün* bis *vorsommergrün* abnehmend xeromorph gebaut, was sich besonders auch in der geringeren Blattdicke und Verholzung bemerkbar macht.

Die Einteilung in die Gruppen wurde zu einem grossen Teil auf Grund von Winterexkursionen im Mittelland und im nördlichen Alpenvorland sowie in den Botanischen Gärten Bern und Zürich vorgenommen. Daneben konsultierte ich vor allem auch den 4. Band der Exkursionsflora von Deutschland (Rothmaler & al. 2005). Ausnahmen wie die erwähnte wintergrüne Flaumeiche *(Quercus pubescens)* oder wintergrünes Verhalten der Individuen einzelner Arten, z. B. von *Vaccinium myrtillus* in milden Wintern, wurden meist nicht berücksichtigt. Bei zahlreichen Arten liegen keine Angaben vor oder sie sind widersprüchlich. Hier wurden aus dem Verhalten nah verwandter Taxa Schlüsse gezogen.

Zwischen den verschiedenen Blattdauergruppen gibt es beliebige Übergänge, und verschiedene Arten können sich unter verschiedenen Klimabedingungen anders verhalten.

Es sind für alle Taxa Ziffern angegeben.

5.3 Wurzeltiefe WT

1	**< 25 cm**
1.5	höchstens 20% der Wurzelmasse in Stufe 2
2	**25-50 cm**
2.5	höchstens 20% der Wurzelmasse in Stufe 3
3	**50-100 cm**
3.5	höchstens 10% der Wurzelmasse in Stufe 4
4	**100-200 cm**
4.5	höchstens 5% der Wurzelmasse in Stufe 5
5	**> 200 cm**
-	keine Wurzeln vorhanden

Die *Zahl für die Wurzeltiefe* ist ein Mass für die Tiefe der Bodendurchwurzelung. Niedrige Zahlen stehen für oberflächliche, hohe Zahlen für tiefgründige Durchwurzelung. Bei Wasserpflanzen wird nur die Länge der Wurzeln im Boden berücksichtigt. Frei schwimmende Arten mit Wurzeln erhalten die Zahl **1**.

Die Wurzeltiefe hängt von der Bodendurchlüftung und -durchlässigkeit ab. Sandige Böden werden tiefer durchwurzelt als verdichtete tonige oder nasse Böden. Die Angaben für die Wurzeltiefe beziehen sich deshalb nur auf mässig durchlässige (sandig-tonige) Böden. Einzelne Arten, die in normal durchlässigen Böden eine hohe Zahl für Wurzeltiefe aufweisen, vermögen auf schlecht durchlüfteten Böden wegen des Sauerstoffmangels nur oberflächlich zu wurzeln. So zeigt etwa die Fichte *(Picea abies),* die in der Regel recht tief wurzelt, auf vernässten Böden nur ein flaches Wurzelsystem (Ausnützung der sauerstoffreicheren Oberschicht) und ist deshalb dort trotz der hohen Zahl **(WT 4.5)** für die Wurzeltiefe sturmgefährdet. Bei der Beurteilung der Wurzeltiefe muss deshalb immer auch die Durchlüftungszahl berücksichtigt werden. Arten mit einer hohen Durchlüftungszahl (Zahlen **3** oder **5**) dringen auch bei einer hohen Zahl für Bodentiefe nur wenig tief in einen verdichteten Boden ein.

Die Vorgaben für die Wurzeltiefen stammen zu einem grossen Teil aus den Wurzelatlanten von Kutschera (1960), Kutschera & Lichtenegger (1982-2002), Kutschera & al. (1997) sowie aus Polomski & Kuhn (1998). Während vieler Jahre wurden zudem auf unseren Studentenexkursionen und -praktika die Wurzeltiefen von Arten im Gelände (besonders Wald- und Alpenpflanzen) gemessen. Von vielen anderen Arten kennen wir jedoch die Wurzeltiefe nicht. Es wurden keine Schätzungen vorgenommen. Der Platz für diese Arten bleibt leer.

5.4 Reserve- oder Speicherorgane RO

Fb **Fleischige grundständige Blätter**

Rh **dicke Rhizome**
meist deutlich dicker als der Hauptstängel

Rk **Rhizomknollen**

Rn **Rhizome mit fleischigen Organen**
z. B. Niederblätter oder Blattstiele

Rs **wenig auffällige Reserveorgane**
z. B. dünne Rhizome, unterirdische und oberirdische Ausläufer, die im Schlamm oder Moos kriechen, oder unterirdische Stängel sowie Horste mit tief liegender Grundachse

Sk **Spross- und Hypocotylknollen**
auch Stängelverdickungen am Grunde und sukkulente Sprosse

Tu **Turionen**
stärkehaltige Knospen bei Wasserpflanzen, oft von Blattteilen umhüllt, die sich von der Mutterpflanze loslösen, um ungünstige Zeiten auf dem Boden des Gewässers zu überdauern

Wd **zahlreiche dicke unverholzte Wurzeln**

Wh **dicke verholzte Hauptwurzel**

Wk **Wurzelknollen**

Wv **Wurzelverdickungen**
Hauptwurzel deutlich dicker als der Stängel, oft rüben- oder spindelartig; gelegentlich ist im oberen Teil auch ein kurzes Rhizom einbezogen

Zw **Zwiebeln**
knolliges Gebilde aus dicken, dicht stehenden, nicht grünen Blättern bestehend

\- keine besonderen Vorrichtungen zur Energiespeicherung

Ausser Samen oder Früchten dienen oft auch vegetative Organe als Reserveorgane für Kohlehydrate und seltener Fette. Diese befinden sich meist am Fusse des Sprosses oder in unterirdischen Organen. Während sommergrüne Einjährige und Halbparasiten fast nie solche von aussen sichtbare Reserven enthalten, speichern ausdauernde Arten ihre Reserven meist in Rhizomen, also in unterirdischen, gestauchten und meist verdickten Sprossen **(Rh)** oder in verdickten Wurzeln, wobei unterschieden wird zwischen seitenständigen Wurzeln **(Wd)** und Haupt- oder Pfahlwurzeln **(Wv)**. Verholzte Wurzeln **(Wh)** sind vor allem bei Holzgewächsen vorhanden. Auch Blätter können der Speicherung dienen: fleischige grundständige Blätter **(Fb)**; fleischige Niederblätter (reduzierte nicht grüne Blätter) am Rhizom **(Rn)**; knollig angeordnete fleischige Niederblätter oder Zwiebeln **(Zw)**. Besonders typische Organe sind Knollen, die sowohl von oberirdischen Stängeln **(Sk)**, von Rhizomen **(Rk)** oder von Wurzeln **(Wk)** gebildet werden können. Viele ausdauernde Arten lagern ihre Reserven in kriechenden Stängeln knapp über oder unter dem Boden oder im nur wenig verdickten, von Blättern umhüllten Stängelgrund **(Rs)**. Turionen **(Tu)** sind besondere Knospen bei Wasserpflanzen, die als Überdauerungsorgane auf den Grund der Gewässer absinken. Über Definitionen der einzelnen Organe vergleiche man von Lampe (1999).

5.5 Konkurrenzstrategie KS

ccc
vorwiegend Konkurrenzstrategen

rrr
vorwiegend Ruderalstrategen

sss
vorwiegend Stress-Strategen

ccr und **crr**
intermediär zwischen Konkurrenz- und Ruderalstrategen

ccs und **css**
intermediär zwischen Konkurrenz- und Stress-Strategen

rrs und **rss**
intermediär zwischen Ruderal- und Stress-Strategen

crs
intermediär zwischen allen drei Strategen

Die *Ziffern für die Konkurrenzstrategie* bezeichnen das Verhalten der Taxa gegenüber der Konkurrenz am Wuchsort. Die Angaben wurden teilweise aus Grime (1979, 2001) und Frank & Klotz (1990) übernommen und an die hier verwendete Skala angepasst. Es werden 3 Konkurrenzstrategien unterschieden:

1. Konkurrenzstrategen **(c)**: Arten mit hoher Konkurrenzkraft: langlebige, hohe, oft verholzte Arten mit zeitweise eher geringem Lichtbedarf.

2. Ruderalstrategen **(r)**: Arten mit Pioniercharakter: kurzlebige, niedrige, kaum verholzte Arten mit hoher Samenproduktion, rascher Ausbreitungsfähigkeit und hohem Lichtbedarf.

3. Stress-Strategen **(s)**: Spezialisten, die an besondere, für die meisten Arten nicht günstige Bedingungen angepasst sind. Meist sind es kleinere wenig üppige Pflanzen mit kleinen, oft immergrünen Blättern. Verglichen mit Grime (2001) wurde vermehrt auch Sauerstoffarmut des Bodens als Stressfaktor berücksichtigt.

Die meisten Arten sind nicht eindeutig einer dieser drei Gruppen zuzuordnen; sie weisen Eigenschaftskombinationen von zwei oder drei Gruppen auf. In der Tabelle sind deshalb die Arten mit drei Ziffern bezeichnet. Es sind alle Taxa bewertet.

6 Biologisches Verhalten

6.1 Diasporenausbreitung DA

At **Anthropochorie**
Ausbreitung durch den Menschen

Au **Autochorie**
Selbstausbreitung, hier besonders durch Wegschleudern von der Mutterpflanze, aber auch durch Einstossen in den Boden

Bo **Boleochorie**
Ausbreitung durch Windstösse: Streuflieger, Windstreuer

Dy **Dysochorie**
Ausbreitung als Nahrungsreserve durch Tiere

En **Endochorie**
Ausbreitung über den Darm von Tieren

Ep **Epichorie**
Ausbreitung durch Haftung an Tieren (oder auch an Verkehrsmitteln)

Hy **Hydrochorie**
Ausbreitung durch Wasser

Kd **nicht bekannt**

Me **Meteorochorie**
Ausbreitung durch Windtransport

My **Myrmekochorie**
Ausbreitung durch Ameisen

Unter Diasporen werden hier jene Ausbreitungseinheiten verstanden, die Samen (Einzelsamen, Einzelfrüchte oder Fruchtstände) enthalten. Vegetativ entstandene Ausbreitungseinheiten werden unter 6.2 *Vegetative Ausbreitung* angeführt. Bei farnartigen Pflanzen sind die Sporen berücksichtigt. Als Grundlage der Daten wurden die Angaben von Müller (1986) verwendet, ergänzt durch Frank & Klotz (1990), Rothmaler & al. (2005) und weitere Literaturangaben sowie eigene Beobachtungen. Müller (1986) unterscheidet die folgenden Ausbreitungstypen, von denen einige in der Tabelle zur Vereinfachung zusammengefasst wurden:

Anemochorie
Ausbreitung durch den Wind
- *Boleochorie*
  Ausbreitung durch Windstösse: Streuflieger, Windstreuer
- *Meteorochorie*
  Ausbreitung durch Windtransport: die Diasporen besitzen Vorrichtungen die den Windtransport über grössere Strecken ermöglichen
  - *Cystometeorochorie*
    Diasporen enthalten mit Luft gefüllte Hohlräume oder sind spezifisch leicht und klein
  - *Pterometeorochorie*
    Diasporen haben flügelartige Organe
  - *Trichometeorochorie*
    Flugapparat der Diasporen besteht aus Haaren

Anthropochorie oder *Hemerochorie*
Ausbreitung durch den Menschen
- *Agochorie*
  unabsichtliche Ausbreitung durch den Menschen
- *Ethelochorie*
  Ausbreitung als Saatgut im Handel
- *Speirochorie*
  Ausbreitung mit Saatgut von Nutzpflanzen

Autochorie bzw. *Selbstausbreitung*
Abfallen, Wegschleudern etc.
- *Ballochorie*
  Wegschleudern durch die Mutterpflanze
- *Blastochorie*
  Ausbreitung durch Selbstablegen der Diasporen

Zoochorie
Ausbreitung der Diasporen durch Tiere
- *Dysochorie* bzw. *Dyszoochorie*
  Ausbreitung als Nahrungsreserve durch Tiere, die Diasporen verlieren oder im Versteck vergessen
- *Endo(zoo)chorie*
  Ausbreitung über den Darm von Tieren
- *Epi(zoo)chorie*
  Ausbreitung durch Haftung auf der Aussenseite von Tieren (und Gegenständen)
- *Myrmekochorie*
  Ausbreitung durch Ameisen

Hydrochorie
Ausbreitung durch Wasser
- *Bythisochorie*
  Ausbreitung durch talwärts fliessendes Wasser
- *Nautochorie*
  Ausbreitung durch Transport auf dem Wasser
- *Ombrochorie*
  Ausbreitung durch aufschlagende Wassertropfen

Eine Art hat meist mehr als eine Möglichkeit der Ausbreitung. Bei mehreren Typen werden nur die beiden häufigeren erwähnt. Die folgenden weit verbreiteten und deshalb oft weniger charakteristischen Typen sind in der Tabelle der Taxa nicht enthalten.

Die Diasporen der meisten Arten können unter nassen Verhältnissen an Tieren (vor allem an Vögeln) und am Menschen oder dessen Geräten und mitgeführten Materialien kleben bleiben *(Verschleimung)* und werden so epichor oft über weite Strecken ausgebreitet. Dieser vor allem für die Langstreckenausbreitung wichtige Ausbreitungstyp wird nur erwähnt, wenn er für die Art sehr charakteristisch ist oder keine andere Möglichkeit der Ausbreitung vorherrscht. So konnte etwa *Geranium purpureum* nach eigenen Beobachtungen zwischen 1990 und 1998 die ganze Schweiz entlang der Bahngleise besiedeln, obwohl sie sich primär durch Wegsschleudern der Samen ausbreitet (Ballochorie). Mit dieser Methode hätte sie in acht Jahren ihr Areal um kaum 50 m erweitern können. Die rasante Ausbreitung ist nur erklärlich, wenn man annimmt, dass die Samen durch Ankleben an Wagenteile weit verschleppt werden. Sie wird in der Tabelle als **At** (Ausbreitung durch den Menschen) charakterisiert.

Auch *Selbstausbreitung* **Au** durch Abfallen der Diasporen oder durch Ablegen von mit Diasporen besetzten Stängeln auf den Boden gibt es bei den meisten Arten. Erwähnt wird die Selbstausbreitung von Arten nur, wenn sie durch besondere Einrichtungen (Wegsschleudern der Diasporen) zustande kommt (Ballochorie).

Ebenso wird die *Ausbreitung durch den Menschen* **At,** etwa durch Saatgut, Gartenanbau, Verschleppung oder Ansalbung, nur dann erwähnt, wenn sie für das Vorkommen der Art eine überragende Rolle spielt.

Die *Ausbreitung durch grosse aufschlagende Wassertropfen* (Ombrochorie) wird hier nicht berücksichtigt, da sie allgemein verbreitet und nur über sehr kurze Strecken wirksam ist. Das gleiche gilt für das oberflächliche Wegschwemmen der Diasporen durch Regenwasser.

Falls einer Art keine der definierten Ausbreitungsangaben beigegeben sind, wird sie soweit bekannt nur durch Abfallen oder Auflegen der Diasporen auf den Boden, durch Verschiebung bei heftigen Regenfällen oder bei nassem Wetter durch Ankleben an Tieren und mobilen Gegenständen ausgebreitet. Allerdings ist für viele Arten der Ausbreitungsmechanismus der Diasporen nicht vollständig abgeklärt. In der Tabelle ist für jedes Taxon wenigstens eine Ausbreitungsmöglichkeit angegeben.

6.2 Vegetative Ausbreitung VA

Ao **oberirdische Ausläufer**
oberirdisch kriechende Stängel, die sich bei den Blattansätzen bewurzeln und Tochterpflanzen bilden

Au **unterirdische Ausläufer**
lange unterirdische oder im Wasser kriechende Ausläufer und Rhizome (Stolonen). Die Internodien sind mehr als doppelt so lang wie dick

As **abbrechende Sprossteile**
durch Wasser oder Tiere verbreitet (nur bei Wasserpflanzen)

Bz **Brutzwiebeln**
eine bis mehrere bodenständige Seitenzwiebeln, seitliche Knollen oder von Niederblättern (kleine Blätter ohne Blattgrün) umgebene Sprosse

Ho **Horste**
dicht gedrängte basale Verzweigung der Triebe, die oft von Grundblättern oder Scheiden umgeben sind, sich aber nur selten bewurzeln und deshalb wenig zur Ausbreitung beitragen

Kr **kriechende Rhizome**
kurze unterirdische oder im Wasser kriechende Rhizome: es entstehen Reihen von hintereinander stehenden wurzelnden Trieben

Kt **Kriechtriebe oder Spaliere**
oberirdische Triebe, die direkt über den Boden wachsen und wurzeln; bei *Rubus* und *Buglossoides purpurocaerulea* senkt sich das Trieb-Ende auf den Boden, wurzelt dort und bildet Erneuerungssprosse (Bogentriebe); bei *Trichomanes* liegen die sich abtrennenden Teile (Gemmen) direkt auf dem Substrat (ohne Wurzeln)

Kv **keine vegetative Ausbreitungsorgane**
in der Regel nur Samen- oder Sporenausbreitung

Po **Polster**
Buschig verzweigt, mit kurzen, dicht bei einander stehenden und dem Boden aufliegenden beblätterten Trieben, die nur selten seitlich wurzeln

Sb **Brutknospen**
am Stängel, an den Blättern oder im Blütenstand stehende Dauerknospen, die abfallen oder mitsamt dem Stängel auf den Boden gelegt werden

Sr **grundständige Seitentriebe**
Ausbreitung mit grundständigen seitlichen Knospen, Trieben oder Rosetten, die sich oft oder nur selten bewurzeln; es entstehen dann bei grasähnlichen Pflanzen lockere bis dichte Rasen und bei anderen Pflanzen büschelige Lebensformen oder Gruppen von Rosetten. Sträucher oder Bäume mit seitlichen grundständigen Trieben oder Stockausschlägen werden ebenfalls hier aufgeführt

Sw **Legtriebe**
sich ablegende oder abbrechende und wurzelnde Sprossteile, Stängel oder Blätter

Ws **Wurzelsprosse**
aus seitlichen Wurzeln sprossende Triebe, die oft weit vom Haupttrieb entfernt liegen

Die *Ziffern für die vegetative Ausbreitung* weisen auf die mögliche Ausbreitung durch vegetative Organe hin, die ausserhalb der Blüte liegen. Im Gegensatz zur Diasporenausbreitung, wo eine Einteilung nach dem Ausbreitungs-Agens vorgenommen ist, wird hier auf spezielle Organe zur vegetativen Ausbreitung hingewiesen. Die Ausbreitung ist meist autochor (siehe voriges Kapitel). Brutknospen und Brutzwiebeln werden auch dysochor oder myrmekochor, wurzelnde Pflanzenteile oft epizoochor oder anthropochor und bei Wasserpflanzen vorwiegend hydrochor ausgebreitet. Es werden für die einzelnen Arten nur die beiden wichtigsten vegetativen Ausbreitungstypen erwähnt. Zwischen den einzelnen Vorrichtungen sind auch Übergänge möglich. Die Definitionen der einzelnen Ausbreitungstypen kann bei von Lampe (1999) nachgesehen werden. Für alle Taxa sind Angaben für die vegetative Verbreitung angegeben.

6.3 Fortpflanzungssystem FS

cl **kleistogam**
neben normalen Blüten sind zu bestimmten Jahreszeiten auch selbst befruchtende, wenig auffällige Blüten vorhanden

di **eingeschlechtig und zweihäusig (diözisch)**
die Individuen besitzen entweder nur männliche oder nur weibliche Blüten. Bei farnartigen Pflanzen befinden sich männliche und weibliche Organe auf verschiedenen Prothallien (heterospor)

fa **fakultativ apomiktisch**
neben der sexuellen Entwicklung in normalen zwittrigen Blüten kann es Blüten geben, die sich ungeschlechtlich fortpflanzen, das heisst, dass auch noch ungeschlechtliche Embryonen im Nucellus oder in den Integumenten entstehen und die Nachkommen deshalb zumindest teilweise muttergleich sind, da keine Bestäubung der Eizelle stattfindet. Bei farnähnlichen Pflanzen entwickelt sich entsprechend die Sporenpflanze aus dem weiblichen Gametangium ohne Befruchtung. Die Angaben stammen zu einem grossen Teil aus Naumova (1993)

mo **eingeschlechtig und einhäusig (monözisch)**
auf der gleichen Pflanze sind männliche und weiblichen Blüten vorhanden, daneben kann es auch einzelne zwittrige Blüten geben; bei farnartigen Pflanzen sind die männlichen und weiblichen Organe auf dem gleichen Prothallium (homospor)

nf **Blütenorgane nicht funktionsfähig**
Verbreitung ausschliesslich vegetativ

oa **obligat apomiktisch**
die Blüten sind meist zwitterig, aber es braucht höchstens noch für die Endosperm-Entwicklung eine Befruchtung; alle Nachkommen sind muttergleich

sb **selbstbestäubend**
meist muttergleiche Nachkommen erzeugend

ve **verschiedengeschlechtig**
neben männlichen und/oder weiblichen Blüten sind auf der gleichen Pflanze auch zwittrige Blüten vorhanden

ve-di **verschiedengeschlechtig und zweihäusig**
neben Individuen mit zwittrigen Blüten sind auch solche mit nur männlichen oder nur weiblichen Blüten vorhanden; seltener sind nur einzelne Blüten in einer Pflanze eingeschlechtig

zw **zwitterig und normal sexuell**
zur Fruchtentwicklung ist eine Bestäubung der Blüte notwendig

zwr **bivalent heterogam**
zwitterig und sexuell, aber mit besonderer Verteilung der Chromosomensätze in der meiotischen Teilung; nur bei der Gattung *Rosa*, Sektion *Caninae*

zwk **komplex heterozygot**
die in der Eizelle und in den Pollenkörnern vererbten Gene vermischen sich nicht untereinander; entstehende Bastarde bleiben erhalten (Komplexheterozygoten); nur bei *Oenothera* bekannt

( ) nur gelegentlich auftretend

Die *Ziffern für das Fortpflanzungssystem* lassen erkennen, ob eine Pflanze sich sexuell fortpflanzt und wie die männlichen (staminate) und weiblichen (karpellate) Blütenorgane zueinander positioniert sind. Oft können sich allerdings einzelne Blüten auch abweichend verhalten. Blütenstände, die dicht aus kleinen männlichen und weiblichen Blüten zusammengesetzt sind und sich in der Funktion wie eine Blüte verhalten, werden als zwittrig bezeichnet (besonders Ährchen bei *Poaceae*, bei einzelnen *Carex*-Arten, bei *Eriocaulon)*.

Angaben über das Fortpflanzungssystem sind bei allen Taxa angeführt.

6.4 Maximales Alter MA

F. H. Schweingruber

d **Jahrringe undeutlich oder fehlend**

p **Wurzelkragen**
Übergangsbereich zwischen Pfahlwurzel und Spross

r **ältester Teil des Rhizoms**

Das *maximale bekannte Alter* der Arten wird in Jahren angegeben. Die zusätzlichen Zeichen weisen darauf hin, wo die Jahrringe gezählt wurden.

Zählungen an Pfahlwurzeln vermitteln das ontogenetische Alter, solche an Rhizomen das Alter des ältesten erhaltenen Teils. Liegen Angaben mehrerer Exemplare vor, ist das Alter des ältesten Individuums vermerkt (maximales Alter). Berücksichtigt sind Individuen mit sehr deutlichen, deutlichen und nicht sehr deutlichen Jahrringabgrenzungen. Bei letztern sind Zählungen mit Fehlern im Bereiche weniger Jahre wahrscheinlich.

Nicht berücksichtigt sind:

- *Monocotyledoneae und Farne:* Sie bilden in der Regel keine Jahrringe aus.
- *Sträucher:* Die oberirdischen Teile nahe dem Boden entsprechen dem Alter des Sprosses und nicht der ganzen Pflanze. Berücksichtigt sind nur Arten, bei welchen die Jahrringe im Wurzelstock gezählt wurden.
- *Bäume:* Eigene Untersuchungen wurden nicht durchgeführt. Angaben in der Literatur beruhen meistens nicht auf Jahrringzählungen und sind deshalb wenig zuverlässig. Soweit in der Literatur ungefähre Angaben vorliegen, wurden diese jedoch mit allen Vorbehalten vom Erstautor zugefügt. Sie sind mit einem Stern (*) gekennzeichnet und enthalten keine vorangestellten Buchstaben **(p, r, d)**. Dadurch sind sie von den abgesicherten Jahrringzählungen von F. Schweingruber, die auf mikroskopischen Präparaten beruhen, klar abgetrennt. Die meisten dieser Angaben wurden Bock (1997) entnommen. Es ist zu berücksichtigen, dass sie in der Regel nur auf Zählungen einzelner besonders alter Bäume beruhen. Der Durchschnitt des maximalen Alters einer Art ist vor allem bei hohen Altersangaben deutlich tiefer und hängt auch stark von den Umweltbedingungen ab. Weitere Zahlen ohne * und ohne Kleinbuchstaben stammen aus neuen Zählungen in der Literatur. Der Platz bei Taxa ohne Angaben wurde leer gelassen.

Beispiele

Rhododendron ferrugineum **p202:** 202 gezählte Jahrringe im Kragen der Pfahlwurzel,

Viola hirta **r5:** 5 Jahrringe am ältesten Ende des Rhizoms,

Verbascum nigrum **d:** die Jahrringe sind nicht erkennbar.

6.5 Blütezeit BZ

Die *Zahlen für die Blütezeit* bezeichnen die Monate der Hauptblüte einer Art. Bei Arten, die vorwiegend am Anfang der Vegetationszeit blühen, gilt für das Vorkommen in Tieflagen der erste, für dasjenige in Hochlagen der zweite Teil der angegebenen Blühperiode. Es ist darauf hinzuweisen, dass Frühjahrsblüher oft noch ein zweites Mal im Herbst blühen, was nicht vermerkt wird. Klimatisch aussergewöhnliche Jahre können eine Blüte über die angegebene Zeit hinaus vor- oder nachverlängern, bzw. eine zweite Blütezeit bewirken. Einzelne Arten bilden zusätzlich kleistogame Blüten, deren Blütezeit hier nicht berücksichtigt wurde.

Es sind die Blütenzeiten für alle Taxa aufgeführt.

\- blüht nur sehr selten

6.6. Bestäubungsart BS

A. Erhardt & K. Rudmann-Maurer

am von Ameisen bestäubt

an **anemogam**
durch Wind bestäubt

ap **apogam**
Samen entstehen ohne sexuelle Vorgänge

au **autogam**
selbstbestäubend

ca **cantharophil**
von Käfern bestäubt

en **entomogam**
von Insekten bestäubt

hd **hydrogam**
durch Wasser bestäubt

hm **hymenopterophil**
von Hautflüglern bestäubt

le **lepidopterophil**
von Schmetterlingen bestäubt

me **melittophil**
von Bienen und Hummeln bestäubt

mo meist ohne Blüten

my **myophil**
von Fliegen bestäubt

of meist ohne reife Früchte

or **ornithophil**
von Vögeln bestäubt

ph **phalaenophil**
von Nachtfaltern bestäubt

ps **psychophil**
von Tagfaltern bestäubt

sn von Schnecken bestäubt

sp **sphingophil**
von Schwärmern bestäubt

ve **vespidophil**
von Wespen bestäubt

wa von Wanzen bestäubt

( ) untergeordnete Bedeutung

? unsichere Angabe

?? Art wird mindestens in einem der drei Werke KNUTH (1898, 1899), OBERDORFER (2001) oder ROTHMALER & al. (2005) erwähnt, allerdings ohne Bestäuberangabe

* weitere Angaben und Bemerkungen in der Internet-Version

° nicht im Gebiet beobachtet

Die *Ziffern für die Bestäubungart* geben an, durch welche Agenzien die Blüten bestäubt werden. Sie werden in der Reihenfolge ihrer Bedeutung für die Art aufgeführt. In der gedruckten Version sind aus Platzgründen nur 4 Angaben (falls Angaben in Klammern stehen, sogar nur 3) vorhanden. Die vollständigen Angaben können in der Internetversion nachgesehen werden.

Als erste Grundlage diente KNUTH (1898, 1899), noch immer das einzige synthetische Werk über die Blütenbiologie der europäischen und aussereuropäischen Floren. Arten, für die in KNUTH keine verlässlichen Angaben gefunden werden konnten, wurden weiter mit OBERDORFER (2001) und ROTHMALER & al. (2005) überprüft und wo möglich ergänzt. Von den Arten, für die in keinem der drei angeführten Standardwerke eine Angabe gefunden werden konnte, recherchierten wir für die nach LAUBER & WAGNER (2007) in der Schweiz vorkommenden Arten im Web of Science und im Floraweb (www.floraweb.de). Zusätzlich wurden noch die Werke von KIRCHNER (1911) und vor allem HEGI (einschliesslich der neuesten Bände) konsultiert, um mögliche Lücken zwischen der Erfassung im Web of Science und früheren Arbeiten zu schliessen. Weitere Detailquellen können bei A. Erhardt nachgefragt werden.

Insgesamt liegen also Angaben für die Bestäubungsagenzien vor, die mit einigermassen vernünftigem Aufwand zu gewinnen waren. Ein generelles Problem bestand darin, dass oft nur grobe Angaben vorlagen. Bei vielen Arten fehlen Hinweise, oder sie sind unpräzise. Bei Arten mit einem breiten Bestäuberspektrum stellt sich die Frage, ob tatsächlich alle oder möglicherweise nur eine kleinere Fraktion der angegebenen Blütenbesucher effiziente Bestäuber sind. Hier besteht ein grosses Informationsdefizit, das allerdings nur mit aufwändigeren Untersuchungen behoben werden könnte, welche die Pollenübertragungskapazitäten und die Bestäubungseffizienz der Blütenbesucher abklären müssten.

Apogam sich fortpflanzende Taxa sind nicht immer als solche bezeichnet. Weitere Angaben von apogamen (apomiktischen) Taxa können in der Spalte **FS** nachgesehen werden. Es muss auch darauf hingewiesen werden, dass bei vielen dieser apogamen Taxa eine Bestäubung und damit auch Bestäuber zur Entwicklung des Endosperms notwendig sind (Pseudogamie).

Ein besonderes Problem stellen die vielen Neophyten dar, die in den letzten Jahrzehnten in Europa und speziell auch in der Schweiz aufgetreten sind. Diese Arten haben in ihren Ursprungsgebieten zum Teil wohl bekannte Bestäuber (z. B. *Yucca*-Motten bei *Yucca*-Arten), die hier aber fehlen. Über die Bestäuber dieser Pflanzenarten in der Schweiz und in Europa ist wenig bekannt ausser bei den invasiv gewordenen Arten (z. B. *Impatiens glandulifera)*. Es wäre kaum sinnvoll und ausserdem ausserordentlich aufwändig gewesen, im vorliegenden Werk die Bestäuber der Ursprungsgebiete anzugeben, die hier gar nicht vorkommen. Deshalb haben wir bewusst auf Angaben verzichtet, möchten allerdings darauf hinweisen, dass eine Untersuchung der Bestäubungsagenzien dieser Neophyten ein grosses, unbearbeitetes Arbeitsfeld darstellt, das im Zusammenhang mit Abklärungen des Invasionspotentials dieser Neophyten relevant ist.

Die aufgezeigten, grossen Lücken, die durch leere Felder ausgewiesen sind, sollen nicht zuletzt auch Laien zu weiteren Arbeiten in diesem faszinierenden Forschungsfeld anregen. Abschliessend sei festgehalten, dass auch bei Arten, deren Bestäuber vordergründig gut bekannt sind, durch sorgfältige und gezielte Feldbeobachtungen bestimmt noch viel Überraschendes entdeckt werden kann.

6.7 Mahdverträglichkeit MV

1 **schlecht**
die Art erträgt keine grösseren Beschädigungen während der Vegetationsperiode und kann sich nur halten, wenn die Mahd nicht alle Jahre oder erst im Herbst durchgeführt wird; sie erträgt Beweidung nur für kurze Zeiten oder erst nach dem 15. September

2 **gering**
die Art ist an Orten anzutreffen, die jährlich nur ein- bis zweimal oder nur spät in der Vegetationsperiode gemäht oder beweidet werden

3 **mässig**
die Art erträgt zweimaliges Mähen ab etwa Ende Mai in unteren und anfangs Juli in höheren Lagen und erträgt keine intensive Beweidung

4 **gut**
die Art wächst gut in Mähwiesen und Weiden,die mehrmals im Jahr genutzt werden

5 **sehr gut**
die Art erträgt mehrere Schnitte oder starke Beweidung; hier werden auch Arten eingereiht, die infolge ihrer niederen Wuchshöhe nicht vom Schnitt betroffen sind

\- die Art wächst kaum in Wiesen, im Allgemeinen erträgt sie weder jährlichen Schnitt noch Beweidung; in dieser Kategorie sind auch Holzpflanzen eingereiht, die zwar sehr ausschlagsfähig sind, aber bei periodischem Schnitt (oder bei Beweidung) nicht aufkommen können

Für Grünlandpflanzen wird eine *Zahl für Mahdverträglichkeit* aufgeführt. Grundlage bildet die Arbeit von BRIEMLE & ELLENBERG (1994). Pflanzen mit Unverträglichkeit auf frühes und häufiges Mähen sind im Allgemeinen auch empfindlich auf frühes und intensives Beweiden. Da das Beweiden oft selektiv ist (giftige und ungeniessbare Arten werden nicht und besonders nahrhafte oder gut schmeckende Pflanzen bevorzugt gefressen), entspricht der Einfluss der Weideintensität aber nicht genau jenem der Mahdintensität. Zudem hat bei der Beweidung auch der Tritt eine Auswirkung auf die Pflanzen. Briemle & al. (2002) verwenden deshalb zusätzliche Zahlen für Trittverträglichkeit und für Weideverträglichkeit. Um aus praktischen Gründen die Zahl der Faktoren möglichst niedrig zu halten, wurde versucht, diese Faktoren in die Mahdverträglichkeit einzubeziehen.

In der Landwirtschaft wird gelegentlich auch eine Futterwertzahl verwendet (z. B. Klapp 1953, Briemle 1997, Briemle & al. 2002), die den Futterwert für Rinder (giftig, gering, mittel, hoch) erfasst. Die Zahl ist allerdings nur für einen kleineren Teil der Flora bekannt. Zudem müsste sie für verschiedene Tierarten und -rassen differenziert werden. Auf eine Aufstellung dieser Zahlen wurde deshalb vorläufig verzichtet. Die Giftigkeit der Arten ist im Kapitel 6.10 erwähnt.

6.8 Samenüberdauerung SU

1 **bis zu einem Jahr**

2 **1 bis 5 Jahre**

3 **5 bis 20 Jahre**

4 **20 bis 100 Jahre**

5 **mehr als 100 Jahre**

Die *Zahlen der Samenüberdauerung* charakterisieren die bekannte Lebensdauer der im Boden unter günstigen Bedingungen gelagerten Samen. Sie enthalten die Mindestdauer der Samenkeimfähigkeit. Entsprechend den Lagerungsbedingungen (Bodenart, Feuchtigkeit) bestehen oft grosse Unterschiede.

Die Angaben stützen sich zum grossen Teil auf die Zusammenstellung von Thompson & al. (1997). Eine grobe Übersicht der Samenüberdauerung geben Thompson & al. (1993), die nur Zeiten von weniger und solche von mehr als 5 Jahren unterscheiden. Diese Angaben wurden mit einem * hinter der Zahl übernommen, wenn die Arten bei Thompson & al. 1997 nicht aufgeführt sind, und zwar mit einer **2** für weniger als 5 Jahre und mit einer **3** für mehr als 5 Jahre. Bonn & Poschlod (1998) geben eine Liste von Arten, deren Samen in einer Waldfläche nach 30-40 Jahren noch gekeimt haben. Diese Angaben wurden mit der Zahl **4** bezeichnet, sofern die Anzahl der Keimlinge mindestens **10** betrug. Für Segetalarten (Feldunkräuter) diente auch Schneider & al. (1994) als Quelle. Die in den angeführten Werken verarbeitete Literatur zeigt teilweise sehr unterschiedliche Resultate. Für die angegebenen Werte wurde nur die längste Überdauerungszeit berücksichtigt. Für viele Arten sind indessen noch keine Angaben bekannt. Hier wurden Leerstellen offen gelassen.

6.9 Dominanz im Gelände DG

1 **vereinzelt**

2 **vereinzelt oder in kleinen Gruppen**

3 **in grösseren Gruppen**

4 **in grösseren Beständen oder Herden**

5 **in grösseren Flächen, dominierend**

Dominanz im Gelände bezeichnet nach Ellenberg & al. (1992) die Häufung der Pflanzenindividuen am Ort des Vorkommens. Diese Eigenschaft ist nicht unter allen Bedingungen gleich bleibend und kann auch regional abweichen. Die Ziffer gibt einen Hinweis auf die Konkurrenzkraft an den in einem Gebiete hauptsächlich besiedelten Standorten. Insbesondere an den Grenzen ihres Vorkommens zeigt die Art weniger Konkurrenzkraft als im Zentrum. Die Beurteilung einer Art betrifft hier vor allem ihr Verhalten an optimalen Standorten. Die Art erhält jene Zahl, die ihrem Auftreten in einer Region innerhalb des Untersuchungsgebietes entspricht, in der sie am besten gedeiht. Im Gegensatz zu Ellenberg & al. (1992) werden hier nur 5 (statt 9) Kategorien verwendet. Als Individuen werden auch Pflanzenteile bezeichnet, die miteinander durch Ausläufer in Verbindung stehen, aber bereits im Boden wurzeln.

Es wurden alle Taxa bewertet.

6.10 Gift- und Heilwirkungen, Essbarkeit GI

gg **sehr giftig**
besonders für den Menschen zumindest in einzelnen Teilen sehr giftig

mg **schwach bis mässig giftig**
für den Menschen zumindest in einzelnen Teilen entweder bei Berührung, bei Einnahme oder beim Einatmen von Ausdünstungen schwach bis mässig giftig

tg **für einzelne Tierarten giftig**
als Weide- oder Futterpflanze für bestimmte Tiere zumindest in frischem Zustand giftig; im Allgemeinen werden diese Arten von den Tieren nicht gefressen; in Ausnahmefällen findet aber eine Aufnahme mit schwerwiegenden Folgen statt; für den Menschen können die Pflanzen auch giftig sein, werden von ihm aber in der Regel weder genutzt noch eingenommen

h **heilend**
einzelne Teile werden roh oder besonders zubereitet gegen Beschwerden und Krankheiten eingenommen, sind aber oft giftig (Heilpflanzen)

e **essbar**
zumindest in einzelnen Teilen, zu bestimmten Jahreszeiten oder nach besonderer Behandlung geniessbar (Speisepflanzen); heute aber oft nicht mehr verwendet

Die *Ziffer für Giftwirkung* gibt an, wie giftig die Art als Ganzes oder in einzelnen Teilen im frischen Zustand für den Menschen ist. Dabei können nur einzelne Teile der Pflanze giftig, andere durchaus essbar sein. Sind die giftigen Teile sehr lokal und besteht kaum eine Gefahr der Vergiftung, so wurden Hinweise unterlassen. So ist etwa der Apfel *(Malus)* nicht als giftig bezeichnet, obwohl die Samen («Kerne»), die kaum je verbissen werden, das Alkaloid Amygdalin enthalten. Arten, die nur bei einzelnen Personen durch Berührung oder durch Einatmen des Pollenstaubes Allergien bewirken, wurden in der Regel nicht berücksichtigt. Bei zahlreichen Arten ist zudem die mögliche Wirkung auf den Menschen nur schlecht bekannt.

Bei verschiedenen Arten, die Gifte enthalten, kann es auch Rassen oder Individuen geben, die das Gift nicht oder nur in geringer Konzentration enthalten (z. B. beim Hanf, *Cannabis sativa*). Eine nicht angeführte Giftigkeit heisst nicht, dass die Art oder alle Teile der Art bekömmlich sind.

Bei der Auswahl der Heil- und Speisepflanzen fanden auch viele Arten Aufnahme, die früher häufig gesammelt wurden, heute aber nur noch selten oder regional beschränkt

Verwendung finden. Von den meisten dieser Arten werden zudem nur kleine Teile, z. B. Blüten, Früchte, Blütenboden oder Blätter in jungem Zustand, verwertet. Die Heilwirkung h wird immer vor der Essbarkeit e erwähnt, auch wenn die Essbarkeit möglicherweise heute die grössere Bedeutung besitzt.

Viele Heil- und Speisepflanzen sind in grösseren Mengen giftig oder erst nach besonderer Behandlung geniessbar. So muss etwa das Gift bei Bohnen durch Kochen oder durch Trocknen abgebaut werden. Bei den als essbar bezeichneten Pflanzen sind oft nur einzelne Teile ungiftig (z. B. roter Arillus, ein fleischiger Samenmantel, bei der Eibe, oder die Sammelfrucht bei der Feige). Zu den Speisepflanzen wurden auch jene Arten gezählt, die der Würzung der Speisen und der Getränkeherstellung dienen.

Allgemein ist Vorsicht geboten. Heilpflanzen sind nur nach Konsultierung von seriösen Heilkräuterbüchern oder Experten (z. B. Apothekern) anzuwenden. Auch für Genusspflanzen sind Erkundigungen unabdingbar. Beim Sammeln von Pflanzen in der Natur muss zudem abgeklärt werden, ob diese in grösserer Menge vorkommen oder ob sie geschützt sind (Rote Listen konsultieren!) und durch die Entnahme gefährdet werden. Möglicherweise sind Saatgut oder Jungpflanzen in Gärtnereien erhältlich.

Als Grundlage für die Erwähnung der Giftwirkung dienten die Arbeiten von Habermehl & Ziemer (1999), Nelson & al. (2007) und Frohne & Pfänder (1997), ergänzt durch Angaben von Hegi (Flora von Mitteleuropa), Frank & Klotz (1990) und Rothmaler & al. (2005). Für die Giftwirkung auf Rinder wurde auch die Arbeit von Klapp & al. (1953) berücksichtigt. Von einzelnen Arten, die nicht untersucht, aber mit Giftpflanzen nah verwandt sind, wurde ebenfalls Giftigkeit angenommen. Über die Bedeutung als Heil- und Speisepflanzen konsultierte ich zudem den Bildatlas von Haeupler & Muer (2007) und das Werk von Fleischhauer (2005).

Leere Stellen bedeuten, dass für das betreffende Taxon keine zuverlässigen Angaben gefunden wurden.

7 Geographisches, ökologisches und zeitliches Vorkommen (Vorkommen)

7.1 Geographische Gesamtverbreitung GV

A aussereuropäische Areale

A0 tropisch-subtropische und warm gemässigte Gebiete der ganzen Erde

A0a tropisch-subtropische und warm gemässigte Gebiete der alten Welt

A1 Südamerika und Mittelamerika
Verbreitung regional oder fast über den ganzen Kontinent, selten auch im Süden von Nordamerika

A2 Nordamerika
Verbreitung über den grössten Teil des Kontinentes

A2a Nordamerika, südlich
Hauptverbreitung in den südlichen Staaten der USA und in Mexiko

A2b Nordamerika, westlich
Hauptverbreitung im Westen des Kontinentes

A2c Nordamerika, östlich
Hauptverbreitung im Osten des Kontinentes

A2d Nordamerika und Ostasien

A1-2 warm gemässigte bis tropische Gebiete ganz Amerikas

A3 Afrika
Verbreitung in grossen Teilen des Kontinentes

A3a Südafrika
Hauptverbreitung in den südlichen Staaten von Afrika

A3b West- und Zentralafrika
Hauptverbreitung im zentralen und westlichen Teil Afrikas

A3c Ostafrika
Hauptverbreitung in den östlichen Staaten von Afrika

A3d Nordwestafrika
Hauptverbreitung von Tunesien bis Marokko

A4 Asien
Verbreitung in grossen Teilen Asiens

A4a Südwestasien
Hauptverbreitung in den südwestlichen und zentralen Teilen Asiens (subkontinentales bis kontinentales Klima), selten auch in Südosteuropa

A4b Ost- und Südostasien
Hauptverbreitung in Ost- und Südostasien von Südostsibirien bis zum Himalaja-Gebiet, mit subozeanischem bis ozeanischem Klima

A4c Nord- und Zentralasien
Hauptverbreitung in Nordasien und im nördlichen Zentralasien mit kontinentalem Klima, seltener auch in Osteuropa

A5 Australien
Hauptverbreitung in Australien, z. T. auch in Neuseeland

B grosse Areale, die neben Europa auch andere Kontinente umfassen

B1 warme Gebiete der ganzen Erde
Hauptverbreitung in warm gemässigten bis tropischen Gebieten eines Grossteils der Erde

B1a warme Gebiete der Erde ohne Amerika

B2 kühle Gebiete der ganzen Erde
Hauptverbreitung in gemässigten und kalten Gebieten eines Grossteils der Erde

B3 Eurasien und Nordamerika
Hauptverbreitung in Zonen mit Nadelwäldern und sommergrünen Laubwäldern Eurasiens und Nordamerikas

B3a Eurasien und Nordamerika ohne kontinentales Asien
meist subozeanische Gebiete

B4 Eurasien, ostwärts bis Ostasien
Hauptverbreitung in einem grossen Teil des gesamten Gebietes

B4a Eurasien, südlich
Hauptverbreitung in Zonen mit warm gemässigten Laubwäldern oder warmen Steppengebieten

B4b Eurasien, Mitte und nördlich
Hauptverbreitung in Nadelwald- und kühlen sommergrünen Laubwaldgebieten, seltener auch in kühlen Steppengebieten

B4c Eurasien, ozeanisch und subozeanisch
Hauptverbreitung im westlichen Eurasien und in Ostasien

B5 Arktis und Gebirge südlich davon (arktisch-alpin)
Hauptverbreitung in den arktischen Gebieten, also zirkumpolar in der Zone der Waldgrenze und nördlich davon und in der subalpinen und alpinen Stufe einzelner Gebirge südlich davon

B5a Arktis und Gebirge südlich davon in Eurasien

B5b Arktis und Gebirge südlich davon in Europa und Nordamerika

B6 Europa und West- und Zentralasien
Hauptverbreitung in Europa (vor allem im Osten) und in Asien (ohne Ostasien); selten auch in Nordafrika

B6a Europa und West- und Zentralasien, südlich
Hauptverbreitung in Gebieten mit warm gemässigten Laubwäldern und warmen Steppen

B6b Europa und West- und Zentralasien, Mitte und nördlich
Hauptverbreitung in kühlen bis kalten subkontinentalen bis subozeanischen Gebieten mit Nadelwäldern, kühlen sommergrünen Laubwäldern oder kühlen Steppen

B7 Europa und Afrika
Hauptverbreitung im Süden Europas und in Afrika

C Areale, die sich über mehrere Kontinente im Mittelmeergebiet erstrecken

C1 Mittelmeergebiet im weiteren Sinne
Hauptverbreitung in Gebieten mit mediterranem und submediterranem Klima rund um das Mittelmeer; ursprünglich zu einem grossen Teil mit warmen sommergrünen Laubwäldern bedeckt: mittleres und südliches Europa, Westasien, Nordafrika

C2 Mittelmeergebiet im engeren Sinn
Hauptverbreitung in weiten Teilen des gesamten Mittelmeergebietes, seltener auch ostwärts bis Zentralasien; ursprünglich zu einem grossen Teil mit Hartholzwäldern und mediterranen Steppen bedeckt

C2a Mittelmeergebiet, westlich
Hauptverbreitung in den mediterranen und submediterranen Gebieten des westlichen Mittelmeeres, z. T. auch entlang der südlichen atlantischen Küsten nordwärts

C2b Mittelmeergebiet, östlich
Hauptverbreitung in den mediterranen und submediterranen Gebieten des östlichen Mittelmeeres

C2c Mittelmeergebiet und westliches Europa
Hauptverbreitung im ganzen Mittelmeerraum und im atlantischen Gebiet Westeuropas

D Areale in Europa ohne Gebirge

D1 Südeuropa
Hauptverbreitung in den submediterranen und mediterranen Gebieten des grössten Teils von Südeuropa; selten auch im Atlas und in Kleinasien

D1a Südwesteuropa
Hauptverbreitung in submediterranen und mediterranen Gebieten Südwesteuropas

D1b Südosteuropa
Hauptverbreitung in submediterranen und mediterranen Gebieten Südosteuropas

D1c Südeuropa, Mitte
Hauptverbreitung zwischen dem Westen der Balkanhalbinsel und Südfrankreich

D1d Kanaren, Madeira, Azoren

D1e Spanien, Portugal

D1f Korsika, Sardinien

D1g Süditalien und Sizilien

D2 Westeuropa
Hauptverbreitung in subatlantischen und atlantischen Gebieten West- und Nordwesteuropas, selten disjunkt bis zur Schwarzmeerküste

D3 Europa, Mitte
Schwerpunkt in Mitteleuropa und dem westlichen Osteuropa; Hauptverbreitung in Gebieten der sommergrünen Laubwälder Europas; das Areal umfasst auch anschliessende Teile von West-, Süd-, Ost- und Nordeuropa, teilweise bis Kleinasien, Kaukasus und Ural, aber keine arktischen und engeren mediterranen Gebiete

D3a Mitteleuropa im engeren Sinn
Verbreitung auf das Gebiet des zentralen Europas oder von Teilen davon beschränkt

D4 Osteuropa
Hauptverbreitung in subkontinentalen bis kontinentalen Gebieten Osteuropas

D5 Nordeuropa (boreal)
Hauptverbreitung in Nadelwaldgebieten im nördlichen Europa und in mittel- und südeuropäischen Gebirgen

D6 arktisches Europa und mittel- und südeuropäische Gebirge

E Areale, die mehrere europäische Gebirge umfassen

E1 mittel- und südeuropäische Gebirge
Hauptverbreitung in mittel- und südeuropäischen Gebirgen (z. T. ostwärts bis Kaukasus und südwärts bis Atlas), selten isoliert auch in Nordeuropa

E1a mittel- und südeuropäische Gebirge im weitesten Sinne
ostwärts bis zu den zentralasiatischen Gebirgen

E2 mittel- und südeuropäische Gebirge, südlich
Hauptverbreitung in den Südalpen und mehreren Gebirgen südlich davon, z. B. Pyrenäen, spanische Gebirge, Korsika, Apennin, Gebirge der Balkanhalbinsel, Ostkarpaten, seltener auch Kaukasus und Atlas

E2a südeuropäische Gebirge, ohne Pyrenäen und spanische Gebirge

E2b Südalpen und Pyrenäen
z. T. auch nordspanische Gebirge, Korsika, Apennin oder Atlas

E2c Süd(ost)alpen und Gebirge der Balkanhalbinsel
seltener Südkarpaten oder Apennin

E2d Südalpen (oder Teile davon) und Apennin

E2e Süd(west)alpen und Korsika

E2f Pyrenäen
und teilweise andere Gebirge der Iberischen Halbinsel

E2g Gebirge der Balkanhalbinsel
teilweise bis Kaukasus und Nordanatolien

E2h Karpaten

E2i Kaukasus
und umgebende Gebirge

E3 mittel- und südeuropäische Gebirge, westlich
Hauptverbreitung in den Alpen und einzelnen Gebirgen westlich davon (besonders Pyrenäen und Nordapennin)

E3a Westalpen und Pyrenäen

E3b Alpen, Pyrenäen und westeuropäische Mittelgebirge
selten bis Irland

E3c Pyrenäen und westeuropäische Mittelgebirge (ohne Alpen)
selten bis Irland

E4 mittel- und südeuropäische Gebirge, östlich
Hauptverbreitung in den Ostalpen und einzelnen Gebirgen östlich davon, z. B. Karpaten, Gebirge der Balkanhalbinsel, selten Sudeten, Nordapennin oder Kaukasus; auch isoliert in Nordeuropa

E4a Ostalpen und Karpaten

E4b Ostalpen und östliche Mittelgebirge

E4c Ostalpen und Gebirge der nördlichen Balkanhalbinsel

E4d Alpen und Westkarpaten
selten auch isoliert in den Sudeten und in Nordeuropa

E5 mitteleuropäische Gebirge
Hauptverbreitung in den Alpen und in Mittelgebirgen nördlich davon, gelegentlich bis Südskandinavien oder Grossbritannien

E5a Vogesen, Schwarzwald

E5b ostfranzösische bis tschechische Mittelgebirge

F Areale der Alpen

F1 gesamte Alpen
Hauptverbreitung über einen grossen Teil der Alpen und des Juras, selten auch isoliert im Nordapennin, in anschliessenden nördlichsten Gebirgen der Balkanhalbinsel, in der Auvergne, in den Vogesen oder im Schwarzwald

F2 Südwestalpen
Hauptverbreitung im südwestlichen Teil der Alpen zwischen Aostatal und Alpes Maritimes, selten auch im nördlichen Teil des Apennin oder im Massiv Central

F2a Südwestalpen (südlich)
Hauptverbreitung im südlichsten Teil der Südwestalpen

F2b Südwestalpen (nördlich)
Hauptverbreitung in den kottischen Alpen, nordwärts z. T. bis ins Wallis

F3 Südalpen
Hauptverbreitung in den südlichen Alpenketten zwischen den Südwest- und den Südostalpen

F3a grayische und penninische Alpen
Hauptverbreitung in den südlichen und nördlichen Ketten des Aostatales und im Wallis

F3b insubrische Alpen
Hauptverbreitung zwischen dem unteren Aostatal und dem Comerseegebiet

F3c Bergamasker Alpen
Hauptverbreitung zwischen dem Comerseegebiet und den Alpen von Brescia, nördlich selten bis zu den Rätischen Alpen

F3d Alpen von Brescia und Judikarien
Hauptverbreitung zwischen dem Val Camino und dem Gardasee

F3e Alpen zwischen Unterengadin und Adamello
Hauptverbreitung in den nördlichen Südalpen zwischen oberem Veltlin und Vintschgau

F3f Alpenvorland der Südalpen
Hauptverbreitung im hügeligen Vorland der mittleren Südalpen

F4 Südostalpen
Hauptverbreitung auf der Alpensüdseite östlich des Tessins (selten auch in den anschliessenden nördlichen Bergzügen der Balkanhalbinsel)

F4a Alpen vom Gardasee bis Friaul
Hauptverbreitung zwischen Gardasee und Friaul

F4b Krainer Alpen
Hauptverbreitung zwischen Friaul und Nordostslowenien

F4c Alpenvorland der Südostalpen

F5 Westalpen
Hauptverbreitung westlich der Linie Comersee – Bodensee, seltener auch im Jura und im Nordapennin

F6 Mittelalpen
Hauptverbreitung zwischen Savoyen und Tirol; oft auch im Jura

F6a Alpenvorland der nördlichen Mittelalpen
Hauptverbreitung zwischen Waadt und Allgäu

F6b Savoyen und anschliessende Gebiete
z. B. Dauphiné, Südjura, Westschweiz

F7 Ostalpen
Hauptverbreitung im östlichen Teil der Alpen, meist östlich der Walliser Alpen, selten auch kleinflächig in anschliessenden Bergzügen der nördlichen Balkanhalbinsel und/oder im Nordapennin

F7a Alpenvorland der Ostalpen
Hauptverbreitung zwischen Bodensee und Steiermark

F8 Nordostalpen
Hauptverbreitung in den Nordostalpen zwischen Osttirol, Steiermark und Oberösterreich

F8a Nordostalpen und selten Westkarpaten
neben den Nordostalpen selten und lokal in den westlichen Karpaten

F9 Jura
Hauptverbreitung im Jura und in den anschliessenden Alpen, seltener auch in französischen Mittelgebirgen

\- ein Strich zwischen zwei geographischen Angaben (meist nur bei Aggregaten) deutet an, dass das Taxon in beiden Arealen vorkommt

* **Endemiten mit geringem Verbreitungsareal**
Areal weniger als etwa 5000 km^2

Die Ziffern der Gesamtverbreitung charakterisieren das geographische Areal der Art, wie es vor den intensiven Einwirkungen des Menschen auf die Natur bestand. Die spätere Erweiterung des Areals wird nur dann berücksichtigt, wenn die Pflanzen sich im Gebiet ohne besondere Massnahmen über sehr lange Zeit halten können. Bei Neophyten (erst nach 1500 n. Chr. eingewanderte Arten) wird die vermutete ursprüngliche Verbreitung angegeben.

Die Angaben betreffen nur die Hauptverbreitung des Taxons im engeren Sinne (ohne nicht im Gebiet vorkommende Kleinarten). Seltene, kleinflächige und isolierte Vorkommen ausserhalb des Areals werden nicht gesondert erwähnt. Die Areale sind in der Regel innerhalb der Verbreitungsgruppen nach Arealgrösse und von Süden und Westen her angeordnet. Kleine Areale können auf Relikte oder auf erst kürzlich entstandene Taxa mit noch geringer Verbreitung hinweisen.

Die Einteilung der Taxa nach Verbreitungsarealen ist aus zwei Gründen schwierig:

1. Es gibt kaum zwei Areale, die gleich sind. Zwischen den hier angeführten Gruppen gibt es alle Übergänge. Ohne eine gewisse Willkür lässt sich die Zuordnung eines Areals zu einer Gruppe nicht immer durchführen.
2. Die Angaben aus der Literatur sind nicht immer verlässlich, weil unter dem gleichen Namen oft verschiedene Taxa verstanden werden. Zudem ist oft unsicher, ob unter dem Namen ein Aggregat oder ein Taxon auf niederer Stufe gemeint ist.

Es wurden alle Taxa klassifiziert.

7.2 Lebensräume LR

J.-P. Theurillat

1 Gewässer im weiteren Sinn (permanent oder temporär)
1.1 ruhende Gewässer: Seen, Kleinseen
1.2 Fliessgewässer
1.3 aquatischer Lebensraum (Ufer, Teiche, Gräben, Altwasser, Röhricht, Grossseggenriede, Moortümpel, Schlenken)
1.4 zeitweise überschwemmte Lebensräume mit stark schwankendem Wasserhaushalt: Tümpel, Gräben, Ufer, Karrengeleise, Suhlen

2 nitrophile Landvegetation, natürlich oder vom Menschen beeinflusst
2.1 Felder, Kulturen, Rebberge, Olivenhaine, Brachen
2.2 Ruderal- und Halbruderalfluren: Wege, Schuttplätze, Deponien, Misthaufen, Umgebung von Mauern und Gebäuden, Bahnanlagen, Böschungen, Trittfluren, Pflaster
2.3 Hecken, Waldränder, Lichtungssäume
2.4 Viehläger, Balmen
2.5 Uferböschungen, Säume von Wasserläufen, Alluvionen, Kiesbänke
2.6 Waldschläge, Lichtungen, Forstwege, Brandstellen
2.7 Parks, Rasen, Gärten, Alleen, Friedhöfe, Sportplätze
2.8 Obst- und Kastanienplantagen: Hoch- und Niederstammkulturen
2.9 kultivierte Pflanzen

3 Gesteinsaufschlüsse, Sand, Tuff, Felsen, Geröllhalden, Kiesgruben, Steinbrüche
3.1 sandige Gesteinsaufschlüsse
3.2 Felsen und Mauern: Felswände, Mauern, Balmen, Höhlen, Felsfuss
3.3 Geröll im weiteren Sinne: Schuttfluren, Moränen, Erdrutsche, Blockfelder, Ruinen
3.4 Karrenfelder, Karstfluren
3.5 Kiesgruben, Steinbrüche, Mergelgruben

4 Quellen, Bäche
4.1 Quellen, Quellfluren, Rinnsale, Tuffe, Wasserfälle, Kaskaden
4.2 Bachränder

5 Moore
5.1 Flachmoore und Übergangsmoore
5.2 Hochmoore

6 Wiesen, Weiden, Rasen, Schneetälchen, Krautsäume der Wälder
6.1 mediterrane Trockenrasen (annuelle Rasen)
6.2 trockene und halbtrockene Rasen, Wiesen und Weiden von der collinen bis subalpinen Stufe, Steppenrasen, felsige Rasen, Steinfluren
6.3 meso- bis eutrophe hygrophile Wiesen und Weiden
6.4 feuchte acidophile Magerwiesen, -weiden und -rasen
6.5 subalpin-alpine Rasen im weiteren Sinn, auch felsige Rasen
6.6 Schneetälchen
6.7 thermophile Waldränder

7 Zwergstrauchheiden, Hochstaudenfluren, Garrigue, Gebüsche im weiteren Sinn
7.1 Zwergstrauchheiden im weiteren Sinn
7.2 Hochstaudenfluren, nitrophile Schleiergesellschaften, Farnfluren
7.3 niedrige Garrigue, niedriger Maquis
7.4 Gebüsch, Hecken, Waldränder, Gestrüpp, Vorwaldstadien
7.5 flussbegleitende niedrige Weidengebüsche
7.6 hochwüchsige mediterrane Gebüsche

8 Buschland im weiteren Sinn
8.1 Grünerlengebüsche, subalpine Weidengebüsche
8.2 Legföhrenbestände

9 Wälder
9.1 Nadelwälder
9.2 mesophile laubwerfende Wälder
9.3 submediterrane thermophile Eichen- und Hopfenbuchenwälder
9.4 mediterrane immergrüne Eichenwälder
9.5 Robinienpflanzungen und Sekundärwälder mit Robinie

Die Charakterisierung der häufigsten Lebensräume eines Taxons ergänzt die Zahlen der Zeigerwerte und liefert die anschauliche standörtliche Synthese der verschiedenen Werte.

Das standörtliche Vorkommen eines Taxons wurde etwas vereinfacht auf Grund der Angaben von Theurillat in der *Flora alpina* (Aeschimann & al. 2004) zusammengestellt, wobei höchstens vier der wichtigsten Standorte erwähnt werden, die in numerischer Reihenfolge angeführt sind.

Eine feinere Charakterisierung kann jederzeit anhand der Zeigerwerte oder der pflanzensoziologischen Angaben erfolgen. Für Arten, die in der *Flora alpina* nicht vorhanden sind, wurden die Zahlen nach eigener Erfahrung von J.-P. Theurillat und mit Hilfe von neuerer Literatur ergänzt, vor allem aus mitteleuropäischen *Floren* und aus floristischen Publikationen. Zusätzliche Information, für die wir sehr dankbar sind, erhielten wir von verschiedenen Personen, besonders von Jean-Marc Tison (L'Isle-d'Abeau, Frankreich).
Ein ? bedeutet, dass die Angabe unsicher ist.

7.3 Ökologische Gruppen EG

1 **Waldpflanzen**
2 **Gebirgspflanzen**
3 **Pionierpflanzen niederer Lagen**
4 **Wasserpflanzen**
5 **Sumpfpflanzen**
6 **Pflanzen magerer trockener Wiesen**
7 **Unkräuter und Ruderalpflanzen**
8 **Fettwiesenpflanzen**
\- in der Roten Liste nicht vorhanden

Die ökologischen Gruppen sind der *Roten Liste* (Moser & al. 2002) der Schweiz entnommen und geben eine grobe Einteilung der Standorte, an denen die einzelnen Taxa vorwiegend wachsen. Sie zeigen zudem auf, welche Taxa in der Gesamttabelle der *Roten Liste* aufgeführt sind. Taxa, die in der Roten Liste der Schweiz nicht aufgeführt sind, sind mit einem - bezeichnet.

7.4 Art und Zeit der Einwanderung; invasives Verhalten von Neophyten AE

I **Idiochorophyten oder Indigene**
Arten, die ohne Zutun des Menschen eingewandert sind oder die letzte Eiszeit im Gebiet überdauert haben

A **Archaeophyten**
Arten, die vor 1500 n. Chr. durch den Menschen eingebracht oder eingeschleppt wurden

N **Neophyten**
Arten, die nach 1500 n. Chr. durch den Menschen eingeschleppt wurden

Ns **invasive Neophyten («aggressiv»)**
Neophyten, die sich in bestimmten Gegenden des Gebietes rasch ausbreiten und einheimische Arten verdrängen, ökonomische Schäden verursachen oder die Gesundheit des Menschen negativ beeinflussen; sie sind für die Schweiz in einer *Schwarzen Liste* zusammengestellt, die gegenwärtig 24 Arten umfasst (Stand 2008)

Nw **invasive Neophyten (potentiell «aggressiv»)**
Neophyten, die in bestimmten Gegenden in nächster Zeit möglicherweise sich stark ausbreiten und dann auf die *Schwarze Liste* gesetzt werden müssen; sie sind gegenwärtig in der *Watch-Liste* enthalten, die in der Schweiz 21 Arten umfasst (Stand 2008)

J **junge Arten**
Arten, die nacheiszeitlich zum Teil unter der Einwirkung des Menschen neu entstanden sind. Dazu gehören z. B. Kulturpflanzen, Unkräuter oder neue Taxa, die sich an vom Menschen beeinflusste Standorte angepasst haben

Ja **junge Arten (Archaeophyten)**
wahrscheinlich vor 1500 n. Chr. im Gebiet entstanden oder ins Gebiet eingeführt

Jn **junge Arten (Neophyten)**
wahrscheinlich nach 1500 n. Chr. entstanden oder ins Gebiet eingeführt

Jns **junge Arten (Neophyten)**
invasiv und auf der *Schwarzen Liste* stehend

I/A wahrscheinlich in einzelnen Gegenden des Gebiets (z. B. Wallis oder Südwestalpen) einheimisch und erst später, aber vor 1500 n. Chr., in weitere Gegenden ausgebreitet

I/N wahrscheinlich in einzelnen Gegenden des Gebietes einheimisch und später, aber erst nach 1500, in weitere Gegenden ausgebreitet

Mit der Ausdehnung des behandelten Gebietes auf die gesamten Alpen (darunter stark mediterran getönte Gebiete) wurden zahlreiche Taxa, die in der Schweiz nur als Archaeophyten oder Neophyten auftreten, zu einheimischen Pflanzen aufgewertet **I/A** oder **I/N**.

Die Zuordnung zu einer Gruppe ist in vielen Fällen nicht eindeutig, weil Hinweise auf die Einwanderungszeit des betreffenden Taxons meist fehlen. Im Allgemeinen wurden jene Taxa, die im untersuchten Gebiet keine natürlichen Standorte besiedeln, zu den Archaeophyten oder Neophyten gezählt. Als *Archaeophyten* sind vor allem jene Arten bezeichnet, die vorwiegend in Feldkulturen als Unkraut oder in geschlossenen Wiesen vorkommen, während Taxa, die aus Gärten verwildern oder ruderal wachsen, besonders auch Taxa, die hauptsächlich Verkehrsanlagen besiedeln, eher zu den Neophyten gehören.

Bei den *Neophyten* wird besonders erwähnt, ob sie sich invasiv verhalten und in der Schwarzen oder in der Watch-Liste stehen. Die *Schwarze Liste* ist eine Zusammenstellung der invasiven fremden Arten, die sich in einem bestimmten Gebiet der Schweiz stark ausbreiten («aggressiv» verhalten), d. h. einheimische Arten verdrängen, ökonomische Schäden verursachen oder die Gesundheit der Menschen negativ beeinflussen. Die *Watch-Liste* umfasst invasive fremde Arten, die sich möglicherweise in nächster Zeit stark ausbreiten werden. Die beiden Listen werden stets nachgeführt (www.cps-skew.ch).

Es wurden alle Taxa in dieser Kolonne charakterisiert.

7.5 Einfluss des Menschen auf den Standort EM

1 **naturnah (streng urbanophob)**
fast nur in naturnaher, höchstens extensiv bewirtschafteter Vegetation vorkommend

2 **mässig naturnah (mässig urbanophob)**
vorwiegend in naturnaher oder extensiv bewirtschafteter Vegetation vorkommend; fehlt grossenteils an vom Menschen stark beeinflussten Standorten

3 **indifferent (urbanoneutral)**
sowohl in naturnaher wie auch in stark vom Menschen beeinflusster Vegetation vorkommend

4 **mässig naturfern (mässig urbanophil)**
vorwiegend in stark vom Menschen beeinflusster, gelegentlich aber auch in extensiv bewirtschafteter Vegetation vorkommend

5 **naturfremd (streng urbanophil)**
fast nur an stark vom Menschen beeinflussten Standorten vorkommend

Die *Zahlen über den Einfluss des Menschen auf den Standort* kennzeichnen das Verhalten der Arten gegenüber den menschlichen Einflüssen auf die Wuchsbedingungen. Die Zahlen lehnen sich an die Urbanitätsstufen von Wittig & al. (1985) an. Sie sind hier gleich definiert wie die Urbanitätszahlen bei Landolt (2001). Im Prinzip entsprechen die Urbanitätsstufen einem vereinfachten Hemerobie-Index nach Kowarik (1988).

Auch hier können mehrere Angaben gleichzeitig für eine Art zutreffen. Indessen würde eine Differenzierung nach Regionen zu kompliziert. Die Zahlen bezeichnen deshalb das mittlere Verhalten über das ganze Gebiet. Ein Vorkommen in einem Gebiet (z. B. in Gärten), wo die Art durch den Menschen hingebracht wurde, sich aber dort nicht selbständig ausbreiten kann, ist nicht berücksichtigt.

Es sind alle Taxa über ihr Auftreten unter menschlichem Einfluss erfasst.

7.6 Veränderungstendenz VE

> **Häufigkeit abnehmend**

>* **Häufigkeit vor allem in den tieferen Lagen der Verbreitung abnehmend**
in höheren Lagen aber mehr oder weniger stabil

= **Häufigkeit gleich bleibend**
abgesehen von lokalen Vorkommen

< **Häufigkeit zunehmend**

>0 im Gebiet wahrscheinlich nicht mehr vorhanden

</> in den letzten 50 Jahren anfänglich zu-, seither aber abnehmend

>/< in den letzten 50 Jahren abnehmend, dann aber durch Besiedlung neuer geographischer Gebiete oder anderer vom Menschen abhängiger Biotope wieder zunehmend oder aus Gärten neu verwildernd

<->, <-=, =->
Variationsbreiten des Verhaltens innerhalb eines Aggregates oder eines Taxons (z. B. regionale Unterschiede)

Die *Ziffern über die Veränderungstendenz* zeigen, wie stark eine Art in den letzten fünf Jahrzehnten ihre Häufigkeit verändert hat. Arten mit abnehmender Häufigkeit müssen überwacht werden, auch wenn sie noch nicht auf der *Roten Liste* stehen. Arten, deren Rückgang regional oder lokal durch besondere Naturschutzmassnahmen in den letzten 30 Jahren gestoppt oder teilweise rückgängig gemacht werden konnten (Arten der *Blauen Liste*, Gigon & al. 1996), sind hier trotzdem noch als abnehmend eingestuft, da ihr Vorkommen stark von gezielter menschlicher Pflege abhängt. Wird diese aus irgendwelchen Gründen vernachlässigt, ist mit einem erneuten Rückgang der Art zu rechnen. Neben eigenen Erfahrungen, Vergleichen von Neukartierungen im Mittelland mit älteren Literaturangaben und Herbarbelegen wurden auch Rothmaler & al. (2005), Sebald & al. (1990-1998) und Zimmermann & al. (1989) konsultiert.

Bei Arten, die über Jahre immer wieder eingeschleppt werden, sich aber nicht regional etablieren können, wird die Häufigkeit als gleich bleibend bezeichnet.

Unterschiedliche Populationsschwankungen von Arten in den einzelnen Regionen sind möglich, können aber hier nicht berücksichtigt werden. Es wurden alle Taxa charakterisiert.

8 Gefährdung

Geographische Regionen

CH **Schweiz**
JU **Jura**
- **JU1** **Jura Südwest**
- **JU2** **Jura Nordost**

MP **Mittelland**
- **MP1** **Mittelland West**
- **MP2** **Mittelland Ost**

NA **Nordalpen**
- **NA1** **Nordalpen West**
- **NA2** **Nordalpen Ost**

WA **Zentralalpen West**
EA **Zentralalpen Ost**
SA **Südalpen**
- **SA1** **Tessin/Misox**
- **SA2** **Bergell**
- **SA3** **Puschlav**

Gefährdungsgrad

CR **vom Aussterben bedroht**
DD **ungenügende Datengrundlage**
EN **stark gefährdet**
EX **ausgestorben**
LC **nicht gefährdet**
NT **potentiell gefährdet**
RE **im Gebiet ausgestorben**
VU **verletzlich**
\- in der Region nicht vorkommend
* auch weltweit gefährdet
( ) das Taxon ist ein aussereuropäischer Neophyt

Die Angaben zur *Gefährdung* sind der neuesten *Roten Liste der Farn- und Blütenpflanzen der Schweiz* (Moser & al. 2002) entnommen und betreffen nur die Schweiz. Dort findet man auch genaue Definitionen zu den einzelnen Zeichen.

Diese Angaben fehlen in der gedruckten Tabelle; sie müssen über die Internet-Version abgefragt werden. Aus den Hinweisen zu den *ökologischen Gruppen* **EG** (Kapitel 7.3) ist zu erkennen, welche Taxa der Tabelle in der Roten Liste aufgeführt sind.

9 Vorkommen in Pflanzengesellschaften (Pflanzengesellschaften)

Die Übersichtstabelle der Pflanzengesellschaften befindet sich im Kapitel Verzeichnisse am Schluss des ersten Teils, S. 271.

9.1 Die Bedeutung der Pflanzensoziologie für das Erkennen der standörtlichen Faktoren

O. Hegg & F. Klötzli

Pflanzen wachsen in *Pflanzengesellschaften*, die zusammen mit Tieren und Mikroorganismen ganze Lebensgemeinschaften bilden. Diese sind als Ganzes an ihre Lebensbedingungen und an alle an dieser Stelle wirkenden ökologischen Faktoren angepasst.

Einige wichtige Begriffe der Pflanzensoziologie (Vegetationskunde, Phytosoziologie):

Assoziation
Grundlegende, abstrakte Einheit der Pflanzensoziologie
Übergeordnet sind: **Verband**, **Ordnung**, **Klasse**, (Formation)
Untergeordnet: **Subassoziation, Variante, Fazies**

Charakterart
Kennart: kommt nur oder fast nur in einer bestimmten Assoziation (Verband, Ordnung, Klasse) vor.

Differenzialart
Trennart: kommt innerhalb einer Gruppe von Assoziationen (Verbänden, Ordnungen, Klassen) nur in einer davon vor, kann aber sonst daneben auch in anderen Einheiten wachsen.

Bestand
konkreter Ausschnitt von «homogener» Vegetation; wird mit einer «Aufnahme» (Liste der vorhandenen Arten mit Schätzung der Artmächtigkeit) beschrieben.

Vegetationseinheit
Vegetationstyp: ranglose Zusammenfassung von Beständen.

Die **Pflanzensoziologie** (heute oft **Phytosoziologie** genannt) wurde von J. Braun 1913 mit einer genialen Idee eingeführt. Braun hatte damals mit guter Intuition die wichtigsten Pflanzengesellschaften Graubündens erkannt und beschrieben. Er charakterisierte sie anhand der in mehreren gleichen Beständen einer Assoziation wachsenden Pflanzenarten. Er verwendete «Charakterarten» zu ihrer Kennzeichnung. Diese wachsen nach seiner Meinung nur oder fast nur in einer Assoziation.

Bei den heute über 700 für die Schweiz beschriebenen Assoziationen (in 170 Verbänden, 90 Ordnungen und 50 Klassen) und etwa 3000 hier vorkommenden Arten ist es wenig wahrscheinlich, dass für alle Assoziationen Charakterarten existieren, die nur oder fast nur in diesen wachsen. Viele Arten haben breitere ökologische Ansprüche, kommen also in mehr als einer Assoziation vor. Je mehr Details zur Vegetation bekannt wurden, je mehr Assoziationen mit immer mehr Aufnahmen beschrieben wurden, desto mehr kam die Überzeugung auf, dass stärker als eine einzelne Art die *Gesamtheit aller Arten,* mit der Artmächtigkeit im Bestand, *für das Erkennen einer Assoziation* nötig sei, ganz besonders für jene in mittleren ökologischen Bereichen. Unter extremen Bedingungen sind eher spezialisierte Arten (Charakterarten) vorhanden, ebenso bei höhere Einheiten (Verband, Ordnung, Klasse).

Dank den Beschreibungen der Vegetation durch die frühen Pflanzensoziologen konnten spätere Botaniker feststellen, dass die Vegetation an einer Stelle nicht konstant ist. Bodenreifung, andere menschliche Nutzung, Klimaeinflüsse und andere langsame äussere oder in der Vegetation selber begründete Veränderungen beeinflussen die Vegetation. Die Artenzusammensetzung an einer bestimmten Stelle verändert sich deshalb oft im Verlauf der Zeit (vgl. z. B. Gassmann & al. 2005, Hegg & al. 2001, Spiegelberger & al. 2006).

Das Gerüst der Pflanzensoziologie, wie es Braun-Blanquet vorgeschlagen hatte, ist jedoch nach wie vor gültig und wertvoll für Forschung und Praxis. Die Vegetation ist meist der bedeutendste Teil einer Lebensgemeinschaft. Sie liefert wichtige Hinweise auf viele ökologische Zusammenhänge. In den meisten Ökosystemen ist sie auch der Teil, der den Aspekt bestimmt und am längsten sichtbar ist.

Die **Assoziation** ist die Grundeinheit der pflanzensoziologischen Klassifikation. Man fasst sie heute nicht mehr als unveränderliche, scharf begrenzte Einheit auf, sondern als *«Knotenpunkt»* in einem vieldimensionalen Kontinuum. Jeder Bestand in der Natur kann mit seiner Artenliste in die Nähe eines oder mehrerer solcher Knotenpunkte gestellt werden. «Untypische» Arten geben Hinweise auf vergangene und zukünftige Entwicklung, auf abweichende ökologische Verhältnisse usw. Arten aus anderen Einheiten verhelfen zu einer genaueren Beschreibung des Bestandes. Aus Abweichungen von der typischen Ausbildung lassen sich besondere Aussagen ablesen. Jeder Bestand kann durch die Artmächtigkeit aller Arten charakterisiert werden, auch wenn er sich mit keiner Assoziation genau deckt.

Im Prinzip können in einem Gebiet beliebig viele Einheiten beschrieben werden, sei das auf der Stufe Assoziation, Subassoziation, Fazies oder Variante. Eine Beschränkung in der Anzahl Einheiten ist jedoch sinnvoll, will man die Übersicht behalten. Auch ist es vernünftig, sich ans Gerüst der herkömmlichen Pflanzensoziologie zu halten.

9.2 Vorgehen für die Zuordnung der häufigeren Schweizer Pflanzen mit Schwerpunkt im Wald und Gebirge zu den Vegetationseinheiten

O. Hegg & F. Klötzli

Für ca. 1500 Arten werden in 3 Kolonnen jene (1-)3 pflanzensoziologischen Einheiten aus einer oft erstaunlich grossen Auswahl genannt, in welchen die betrachtete Art die grösste Bedeutung hat. Hier wurde die lebenslange Felderfahrung der beiden Autoren eingearbeitet und auch diskutiert.

Arten im Wald

Frank Klötzli bearbeitete nach den Tabellen in Ellenberg & Klötzli (1972) die Arten mit hauptsächlichem Vorkommen im Wald. Die dort beschriebenen 71 Assoziationen wurden berücksichtigt. Oft hat allerdings nur eine höhere Einheit Platz.

Arten im Freiland, besonders im Gebirge

Otto Hegg bearbeitete diese Arten; bei den erstaunlich vielen nicht ganz strengen Waldarten fügte er Angaben zum Freiland bei.

Die *Exkursionsflora* von Oberdorfer (2001), die *Flora von Graubünden* von Braun-Blanquet & Rübel (1932-1936) und die *Flora Vegetativa* von Eggenberg & Möhl (2007) mit soziologischen Angaben nach dem System von Delarze & al. (1998) gaben einen Vergleich. Eine besonders reiche, nicht immer ganz leicht zu interpretierende Vergleichsquelle war die von **Robert Pantke** aufgebaute pflanzensoziologische Datenbank. Er hat darin aus der gesamten publizierten pflanzensoziologischen Literatur der Schweiz die Tabellen gesammelt. Jede Art, die mit einer minimalen Stetigkeit von 25 % in einer Assoziationstabelle vorkommt, hat er mit dieser Assoziation verknüpft.

In der Datenbank sind 25 025 derartige Verknüpfungen mit 2603 Arten aufgeführt. Zunächst bedeutete die Auswertung die Vereinigung der Notierungen für Assoziationen auf der Stufe der Verbände und höherer Einheiten. Ein Teil dieser Arbeit war durch automatisches Aussortieren möglich. Dagegen konnte nur mit kritischer Überprüfung unter Einbezug der Literatur und eigener Grundlagen für jede einzelne Art die Auswahl der zu nennenden pflanzensoziologischen Einheiten aus der z. T. grossen Zahl getroffen werden (bis zu 125 Assoziationen in 44 Verbänden für eine einzige Art).

Wir waren bestrebt, möglichst präzise Aussagen zu machen, indem wir die tiefstmöglichen Einstufungen auswählten.

Erläuterungen zur Tabelle

In der Tabelle wird aus Platzgründen nur die Nummer der soziologischen Einheit im pflanzensoziologischen System in der *Flora alpina* angegeben, ergänzt um die Wald-Assoziationen nach Ellenberg & Klötzli (1972) und um einige «Landschaftseinheiten», Zusammenfassungen, die nicht der klassischen Pflanzensoziologie entsprechen, die aber im Gebrauch sehr nützlich sein können (Formationsnummer 15); z. B. Heiden, Waldwege usw. Diese Zusammenfassungen erhalten keinen wissenschaftlichen Namen.

Die Namen der Einheiten sind in der Übersichtstabelle bei den Verzeichnissen zum Teil I (S. 271) ersichtlich. Die Zahl vor dem Punkt gibt die Formationsnummer an; nach dem Punkt folgen Klasse, Ordnung, Verband, Unterverband und Assoziation je mit einer Stelle.

Mögliche Auswertungen finden sich im Beitrag von M. Nobis in diesem Band (vgl. Kapitel «Software»).

9.3 Ergänzungen der phytosoziologischen Angaben aller im Kapitel 9.2 nicht behandelten Arten aus der *Flora alpina*

J.-P. Theurillat

Taxa, die durch O. Hegg und F. Klötzli nicht näher analysiert wurden, erhielten im Allgemeinen die Charakterisierung aus der *Flora alpina*. Diese umfasst meist nur eine Einheit und steht in der dritten Spalte der pflanzensoziologischen Angaben der Tabelle. Bei der Angabe einer zweiten Einheit liegt diese in der zweiten Spalte. Die Einteilung entspricht den Felderfahrungen von J.-P. Theurillat. Zusätzliche Information für Arten, die nicht in der *Flora alpina* stehen, wurden zur Hauptsache der Literatur entnommen. Ebenso wurde die Datensammlung *Baseflor* benützt: Julve, P. (2003). Index botanique, écologique et chorologique de la flore de France. Version: 8 septembre 2003.
http://perso.wanadoo.fr/philippe.julve/catminat.htm

10 Bestimmungs- und Spezialliteratur (Literatur)

10.1 Bestimmungsliteratur BL

a	Aeschimann & Burdet (2005)
b	Binz & Heitz (1990)
c	Fischer & al. (2005)
d	Fitschen (1994)
e	Hegi (neueste Auflagen)
f	Hess & al. (1976-1980)
g	Landolt (2001)
h	Lauber & Wagner (2007)
i	Oberdorfer (2001)
k	Pignatti (1982)
l	Rothmaler 4 (2005)
m	Tutin & al. (1964-1993)

Bei Arten, die im Gesamtgebiet nur ausserhalb der Schweiz vorkommen, aber auch bei vielen Neophyten oder bei schwierigen oder kritischen Arten ist eine Bestimmung nach den heute in der Schweiz verbreiteten Bestimmungsbüchern (Aeschimann & Burdet 1994; Binz & Heitz 1990; Hess & al. 1976-1980; Hess & al. 2006; Lauber & Wagner 2007) nicht immer möglich, weil die Taxa hier teilweise fehlen. Wenn eine Art in mehr als zwei dieser allgemein verbreiteten «Floren» fehlt, wird in der Spalte *Bestimmungsliteratur* BL mit einem Kleinbuchstaben auf Werke der im Kasten stehenden Literatur verwiesen, in der entsprechende Schlüssel vorhanden sind. Es werden höchstens 3 Hinweise gegeben. Viele der Arten sind auch in der *Flora alpina* (Aeschimann & al. 2004) abgebildet. Ein Schlüssel ist dort aber nicht vorhanden. Für krautige Zier- und Nutzpflanzen sei auf Rothmaler 5 (2007) verwiesen, der für die Hinweise in diesem Kapitel nicht mehr berücksichtigt wurde.

Zum Teil sind die Arten in den verschiedenen Werken mit einem anderen Namen angegeben, der dann im Verzeichnis der wissenschaftlichen Namen am Schluss des Teiles I nachgesehen werden muss (S. 208). Wo Hinweise auf Bestimmungsliteratur fehlen (Leerstellen!), ist auf die erwähnte Spezialliteratur abzustellen.

10.2 Spezialliteratur SL

Bei einzelnen Arten oder Aggregaten wird auf *Spezialliteratur* verwiesen, die teilweise als Grundlage für die Aufnahme von Taxa in die Tabelle diente. In diesen Bearbeitungen sind die einzelnen Taxa genauer beschrieben und gegen nah verwandte abgetrennt. Die Liste ist recht unvollständig, da viele Taxa im Rahmen von grösseren Arbeiten charakterisiert und deshalb oft übersehen werden. Die Auffassung der Autoren stimmt nicht immer mit jener in diesem Buch überein. Der Benützer soll durch andere Ansichten mehr Information über diese schwierigen Taxa oder Aggregate erhalten. Auf die Aufnahme von Mitteilungen über Neufunde von sonst im Gebiet verbreiteten Taxa musste aus Platzgründen leider verzichtet werden. Ebenso wurde ältere Literatur (vor 1970) meist nicht berücksichtigt.

Die Literaturangaben beschränken sich in der Spalte auf höchstens zwei Zahlen, die im Literaturverzeichnis für Gefässpflanzen aufgeführt sind. Viele Taxa sind noch völlig ungenügend untersucht oder von unserer Literatursuche nicht erfasst.

11 Taxonomische Beurteilung (TB)

A das Taxon umfasst verschiedene biologische, saisonale, geographische oder standörtliche Sippen, die nach heutigem Wissen morphologisch schwierig abtrennbar sind

B die Taxa des Aggregates sind durch häufige morphologische Übergangsformen oder Hybriden miteinander verbunden und deshalb nicht immer einwandfrei bestimmbar

C die Gliederung des Taxons erfolgt durch verschiedene Experten unterschiedlich

D die morphologischen Unterschiede zwischen den Taxa sind oft gering oder ohne grossen Aufwand kaum zu erkennen

E die Selbständigkeit des Taxons oder das Vorkommen typischer Vertreter im Gebiet sind nicht nachgewiesen. Möglicherweise weisen die Pflanzen dieses Namens nur besondere Merkmalskombinationen auf, die innerhalb der genetischen Variationsbreite des Aggregates liegen. Es kann sich auch um Standortsmodifikationen, um Kulturrassen oder um Hybridpopulationen handeln

F bei den Taxa handelt es sich teilweise um Abkömmlinge immer wieder neu entstehender Bastarde, die sich durch vegetative Fortpflanzung lokal ausbreiten, aber langfristig kaum selbständig halten können

G Aggregat, dessen Taxa sich ganz oder teilweise apomiktisch verhalten, sich selbst bestäuben oder auf andere Weise muttergleiche Nachkommen ausbilden. Die zahlreichen in diesen Gruppen bisher unterschiedenen Taxa sind zum Teil wenig bekannt oder schwierig gegen einander abzugrenzen und können deshalb nicht alle erwähnt werden. Zum Teil entstehen solche Taxa auch immer wieder neu und unabhängig von einander

H das Taxon umfasst (auch) Kulturpflanzen (Zier- oder Nutzpflanzen) mit vielen verschiedenen Sorten

Viele Taxa sind schwierig zu unterscheiden, weil sie von anderen morphologisch nicht klar getrennt, schlecht charakterisiert oder nur aufwendig zu bestimmen sind. Eine moderne monographische und umfassende Bearbeitung der aufgeführten Taxa ist in den wenigsten Fällen vorhanden. In dieser Spalte soll auf schwierige, schlecht abgrenzbare und fragliche Taxa aufmerksam gemacht werden. Das Fehlen eines Zeichens (Leerstelle!) deutet darauf hin, dass das Taxon mit geeigneten Methoden und im richtigen Zustand gut erkennbar und abzugrenzen ist oder dass dem Erstautor keine Hinweise auf taxonomische Schwierigkeiten bekannt sind.

Tabelle der Gefässpflanzen-Taxa

Nummern			Taxa			Klima						Boden												
SEN	SIN	FAN	Gattung	Aggregat/Einzelart	Kleinart	T	v	K	v	L	v	F	v	W	R	v	N	v	S	M	H	v	D	v
1	100	10.1.1	**Abies**	**alba**		3	I	2	I	1	II	4	I	2	3	II	3	I		m	5	II	1	I
2	150	–	**Abutilon**	**theophrastii**		5	I	4	II	4	I	2.5	I	2	4	I	4	II			3	I	3	II
3	160	64.2.1	**Acacia**	**dealbata**		5	I	1	II	4	I	2	I	2	3	II	3	II	s		3	I	3	II
4	200	80.2.1	**Acalypha**	**virginica**		5	I	2	I	4	I	2	I	1	3	I	3	II			3	I	3	I
5	–	–	**Acanthus**	**mollis**		5	I	2	I	3	I	2.5	I	1	3	I	4	I			3	I	3	I
6	300	87.1.2	**Acer**	**campestre**		4	I	3	I	3	I	2.5	I	1	3	I	3	I		m	3	I	3	II
7	400	87.1.5	**Acer**	**monspessulanum**		4.5	I	3	I	3	I	2	I	1	4	I	2	I			3	I	3	II
8	500	87.1.6	**Acer**	**negundo**		4.5	I	2	I	3	I	3.5	II	3	3	I	4	II			3	II	3	II
9	600	87.1.4	**Acer**	**opalus**		4.5	I	3	I	3	I	2	I	1	4	I	3	I			3	I	3	II
10	700	87.1.1	**Acer**	**platanoides**		4	I	3	I	2	II	3	I	1	4	II	3	I		m	3	I	1	I
11	800	87.1.3	**Acer**	**pseudoplatanus**		3	II	2	I	2	II	3.5	II	3	3	II	3	I		m	3	I	1	II
12	–	–	**Acer**	**saccharinum**		4.5	I	2	I	2	II	3	I	1	3	I	3	I			3	I	3	I
13	–	–	**Acer**	**tataricum**		4.5	I	4	I	4	I	2.5	I	3	3	I	3	I	s		3	I	5	I
14	900	148.21.1	**Aceras**	**anthropophorum**		4.5	II	2	I	4	I	2.5	I	2	4	I	2	I			3	I	3	I
15	–	124.31.22	**Achillea**	**ageratum**		5	I	2	I	4	I	3.5	I	3	3	I	2	I	s		3	I	1	I
16	–	–	**Achillea**	**atrata aggr.**		1.5	II	3	I	5	I	3	I	1	5	I	2	I			1	I	5	I
17	1000	124.31.4	**Achillea**		**atrata**	1	I	3	I	5	I	3	I	1	5	I	2	I			1	I	5	I
18	–	124.31.4	**Achillea**		**clusiana**	1.5	I	3	I	5	I	3	I	1	5	I	2	I			1	I	5	I
19	1100	124.31.6	**Achillea**	**clavenae**		1.5	I	4	I	5	I	2	I	1	5	I	2	I			1	I	5	I
20	–	–	**Achillea**	**crithmifolia**		4.5	I	4	I	4	I	2	I	2	3	I	4	I			1	I	3	I
21	–	–	**Achillea**	**erba-rotta aggr.**		1	II	3	I	5	I	3	II	1	2	I	2	I			3	I	5	I
22	–	124.31.2.3	**Achillea**		**ambigua**	1	II	3	I	5	I	2.5	I	1	2	I	2	I			3	I	5	I
23	1400	124.31.2.1	**Achillea**		**erba-rotta**	1	I	3	I	5	I	3	I	1	2	I	2	I			3	I	5	I
24	1500	124.31.2.2	**Achillea**		**moschata**	1	I	3	I	5	I	3	I	1	2	I	2	I			3	I	5	I
25	–	–	**Achillea**	**filipendulina**		4.5	I	4	I	4	I	3.5	I	2	4	I	3	II			3	I	3	II
26	1600	124.31.7	**Achillea**	**macrophylla**		2	I	2	I	3	I	3	I	1	3	I	4	I			5	I	1	I
27	–	–	**Achillea**	**millefolium aggr.**		x	–	x	–	4	II	x	–	1	3	II	x	–			3	II	3	II
28	–	124.31.14	**Achillea**		**aspleniifolia**	4	I	4	I	4	I	3.5	II	2	4	I	2	I	s		3	I	1	I
29	1200	124.31.17	**Achillea**		**collina**	4	I	5	I	4	I	1	I	1	4	I	2	I	ss	m	3	I	3	I
30	1300	124.31.9	**Achillea**		**distans**	2.5	I	3	I	3	I	3	I	1	3	I	4	II			5	I	3	II
31	1700	124.31.11.1	**Achillea**		**millefolium**	3	II	3	I	4	I	2	I	1	3	I	3	II	s	m	3	I	3	II
32	–	124.31.12	**Achillea**		**pannonica**	4	I	5	I	4	II	2	I	1	4	II	2	I			3	I	5	II
33	–	124.31.16	**Achillea**		**pratensis**	3.5	I	4	I	4	I	3	I	1	3	I	3	I			3	I	3	I
34	–	–	**Achillea**		**raxensis**	3.5	I	3	I	3	I	3	I	1	4	I	3	I			3	I	3	I
35	2300	124.31.15	**Achillea**		**roseoalba**	4.5	I	3	I	4	I	2	I	1	3	I	2	II			3	I	3	I
36	2400	124.31.13	**Achillea**		**setacea**	4	I	5	I	5	I	1	I	1	4	I	2	I	ss		3	I	3	II
37	2500	124.31.10	**Achillea**		**stricta**	2	I	3	I	4	I	3	I	1	3	I	4	II		m	5	II	3	II
38	–	–	**Achillea**		**styriaca**	3	I	3	I	4	I	3	I	1	3	I	3	I			1	I	5	I
39	–	124.31.11.2	**Achillea**		**sudetica**	2.5	I	4	I	4	I	3	I	1	3	I	3	I			3	I	3	II
40	1900	124.31.3	**Achillea**	**nana**		1	I	3	I	5	I	3	I	1	3	I	2	I			1	I	5	I
41	–	–	**Achillea**	**nobilis aggr.**		x	–	4	II	4	I	1.5	II	1	4	II	2	II			3	I	3	II
42	–	–	**Achillea**		**ligustica**	5	II	3	I	4	I	1.5	II	2	3	I	3	I			3	I	3	I
43	–	124.31.19.2	**Achillea**		**neilreichii**	4.5	I	4	I	4	I	1.5	I	1	4	I	2	I			3	I	3	I
44	2000	124.31.19.1	**Achillea**		**nobilis**	4.5	I	5	I	4	I	2	I	1	4	I	2	I			3	I	3	I
45	–	124.31.18	**Achillea**		**odorata**	3.5	I	4	I	4	I	1.5	I	1	4	I	2	I			3	II	3	II
46	–	124.31.20	**Achillea**		**virescens**	3.5	I	5	I	4	I	2	I	1	4	I	2	I			3	II	3	II
47	2100	124.31.1	**Achillea**	**oxyloba**		1.5	I	3	I	5	I	3	I	1	5	I	2	I			1	I	5	I
48	2200	124.31.8	**Achillea**	**ptarmica**		4	I	2	I	4	I	4	I	3	2	I	3	I			5	II	1	I
49	2600	124.31.21	**Achillea**	**tomentosa**		4	I	5	I	4	I	1	I	1	2	I	2	I			1	II	3	I
50	2700	139.57.1	**Achnatherum**	**calamagrostis**		3	II	4	I	4	I	1.5	I	2	5	I	2	I			1	I	3	II
51	2800	108.19.1	**Acinos**	**alpinus**		2	I	4	I	4	I	2	I	1	3	I	2	I		m	1	II	5	I
52	2900	108.19.2	**Acinos**	**arvensis**		4	I	4	I	4	I	1	I	1	4	I	1	I			1	I	5	II
53	3100	19.9.2	**Aconitum**	**anthora**		2.5	II	3	I	4	I	2.5	I	1	5	I	3	I			3	I	3	II
54	4895	–	**Aconitum**	**lycoctonum aggr.**		2.5	II	3	II	3	II	4	I	2	4	I	4	I			3	II	x	–
55	3400	19.9.1.2	**Aconitum**		**lamarckii**	1.5	I	3	I	4	I	4	I	2	5	I	4	I			1	II	5	II
56	3000	19.9.1.1	**Aconitum**		**lycoctonum**	3	II	2	I	2	II	4	I	3	4	I	3	I			5	II	1	I
57	–	–	**Aconitum**		**pauciflorum**	3	I	3	I	2	I	4	I	2	4	I	4	I			3	II	1	II
58	4000	19.9.1.1	**Aconitum**		**penninum**	2	I	3	I	3	I	4	I	2	3	I	4	I			5	II	1	I
59	5000	19.9.1.2	**Aconitum**		**platanifolium**	2	I	2	I	3	I	4	I	2	3	I	4	I			3	II	1	II
60	3600	–	**Aconitum**	**napellus aggr.**		2.5	II	2	II	3	II	x	–	3	3	II	4	I			5	II	1	II
61	–	19.9.6	**Aconitum**		**angustifolium**	3	I	2	I	4	II	2.5	I	2	4	I	3	I			3	II	3	II
62	3200	19.9.4.1	**Aconitum**		**bauhinii**	2.5	I	2	I	3	I	3.5	I	3	3	II	4	I			5	II	3	II
63	–	19.9.5	**Aconitum**		**burnatii**	2	I	2	I	4	I	4	I	3	3	I	4	I			5	II	1	I
64	3300	19.9.4.2	**Aconitum**		**compactum**	2	I	3	I	4	I	4	I	3	3	II	5	I			5	II	1	I
65	–	19.9.4.3	**Aconitum**		**hians**	2.5	I	2	I	3	I	3.5	I	3	3	I	4	I			5	II	1	I
66	3800	19.9.5	**Aconitum**		**napellus**	3	I	2	I	3	I	4	I	3	3	II	4	I			5	II	1	I
67	–	19.9.4.4	**Aconitum**		**tauricum**	1.5	I	2	I	3	I	3	I	3	3	I	4	I			5	I	1	I
68	4399	–	**Aconitum**	**variegatum aggr.**		2.5	II	2	II	3	II	3.5	II	2	3	II	4	II			3	II	3	II
69	–	19.9.3.2	**Aconitum**		**nasutum**	3	I	2	I	3	I	3.5	I	2	3	I	3	I			3	II	3	II
70	4600	19.9.3.3	**Aconitum**		**paniculatum**	2	I	3	I	3	I	4	I	2	3	I	4	I			5	II	1	I
71	–	19.9.3.1	**Aconitum**		**pilipes**	2	I	3	I	3	I	3.5	I	2	3	I	4	I			3	I	1	I
72	4700	19.9.3.1	**Aconitum**		**rostratum**	2	I	2	I	3	I	4	I	2	3	I	4	I			3	II	1	I
73	4800	19.9.3.4	**Aconitum**		**valesiacum**	2.5	I	2	I	3	I	3.5	I	2	3	I	4	I			5	II	3	II
74	4400	19.9.3.1	**Aconitum**		**variegatum**	3	I	4	I	4	I	2.5	I	2	5	I	3	I			3	II	3	II
75	5100	134.1.1	**Acorus**	**calamus**		4	I	3	I	4	I	5	I	3	4	I	4	I			5	I	1	I
76	5200	19.7.1	**Actaea**	**spicata**		3	I	3	I	1	I	3.5	I	1	4	II	3	I		m	5	II	3	I
77	–	–	**Actinidia**	**chinensis**		5	I	2	I	4	I	3	I	1	3	I	3	I			3	I	3	I
78	–	–	**Adenocarpus**	**complicatus**		5	I	2	I	4	I	1	I	1	2	I	2	I			3	I	3	I
79	5300	118.2.1	**Adenophora**	**liliifolia**		4	I	5	I	3	I	3.5	I	3	4	I	4	I			3	I	1	I
80	5400	124.44.1	**Adenostyles**	**alliariae**		2	I	2	I	2	II	3.5	I	1	3	I	4	I			5	II	1	II
81	5500	124.44.2	**Adenostyles**	**glabra**		2	I	3	I	2	II	3.5	I	1	5	I	3	I			3	I	3	II
82	5600	124.44.3	**Adenostyles**	**leucophylla**		1	I	3	I	5	I	4	I	1	2	I	2	I			1	I	3	II
83	5700	7.4.1	**Adiantum**	**capillus-veneris**		4.5	I	1	I	3	I	3.5	II	1	5	I	2	I			3	II	5	I
84	–	–	**Adonis**	**aestivalis aggr.**		4.5	I	4	II	3	I	1.5	II	1	4	I	3	I			3	I	3	I
85	5800	19.16.5.1	**Adonis**		**aestivalis**	4.5	I	4	I	3	I	2	I	1	4	I	3	I			3	I	3	I
86	–	–	**Adonis**		**microcarpa**	4.5	I	3	I	3	I	1.5	I	1	4	I	3	I			3	I	3	I
87	–	19.16.5.2	**Adonis**		**squarrosa**	4.5	I	4	I	3	I	1.5	I	1	4	I	3	I			3	I	3	I
88	–	–	**Adonis**	**annua aggr.**		4.5	I	2	I	4	I	2	I	1	4	I	3	II			3	I	3	II
89	5900	19.16.3.1	**Adonis**		**annua**	4.5	I	2	I	4	I	2	I	1	4	I	2	I			3	I	5	I

Strategien					Biologisches Verhalten										Vorkommen						Pflanzengesellschaften			Literatur			
LF	BD	WT	RO	KS	DA	VA	FS	MA	BZ	BS	MV	SU	DG	GI	GV	LR	EG	AE	EM	VE	1	2	3	BL	SL	TB	SEN
p	i	5	Wh	ccc	Me	Kv	mo	>600*	5	an	–	1	3	e	E1	2.9 9.1 9.2	1	I	2	>*	14.31	14.731	14.2		0	A	1
t	s	2	–	crr	At	Kv	zw		7-10	en	–	4	1	h	A4a	1.4 2.1 2.2 2.9	7	N	5	<			2.11	d f g	383		2
p	i	4	Wh	crr	En	Sr	zw		1-3		–		1		A5	2.9 9.2	7	N	4	<			14.411	h k m			3
t	s	1	–	rrs	Ep	Kv	mo		6-10		–		2	mg	A2	2.1	7	N	5	<			2.322?				4
h	s	3	Rh	ccr	Bo	Au	zw		6-8	me	–		2		C2	2.2 2.9	–	N	4	<			5.13	g k m			5
p	s	4.5	Wh	ccc	Me Dy	Kv	mo	120*	4-5	me	–		1	e	B6	7.4 9.1 9.2 9.3	1	I	1	=	14.733	13.31	14.811				6
n-p	s	3	Wh	ccc	Me	Kv	mo	150*	4-5	en	–		1	e	C1	2.9 7.3 7.4 9.3	–	I	2	=	14.81						7
p	s	3	Wh	ccc	Me	Sr	mo	80*	4-5	an	–		2	e	A2c	2.9 9.2 9.5	1	N	4	<			14.71				8
p	s	3	Wh	ccc	Me	Sr	mo	500*	4-5	en	–		1	e	E2b	7.4 9.2 9.3	1	I	1	=	14.811						9
p	s	4	Wh	ccc	Me Dy	Sr	mo	150*	4-5	an me	–		1	e	D3	2.9 7.4 9.2	1	I	3	=	14.72	14.735	14.736				10
p	s	3.5	Wh	ccc	Me	Sr	mo	600*	4-5	my me	–		3	e	E1	3.3 7.4 9.1 9.2	1	I	3	<	14.73	14.312	13.411				11
p	s	3	Wh	ccc	Me	Sr	mo		3-4	an	–		1	e	A2c	2.7 2.9 9.2	–	N	4	<			14.72				12
n-p	s		Wh	ccc	Me	Sr	mo		5-6	??	–		3		A4a	2.9 9.2	–	N	4	=			14.81	c d m			13
g	w	1	Wk	crs	Me	Kv	zw		5-6	me?	1		2		C2c	6.2 6.7 7.3 7.4	6	I/A	2	>	9.135						14
h	w?		Rh	ccr	Bo	Sr	ve		6-10	en	2		2	h	C2a	1.4 2.1 2.2 3.3	–	I?	3	>			11.222	k m			15
h	w	3	Rs	css	Bo	Au	ve		7-8	my (ca) (hm)*	2		3	e	F7		–	I	1	=				c e m			16
h	w	3	Rs	css	Bo	Au	ve	r15	7-9		2		3	e	F7	3.2 3.3 4.1 6.5	2	I	1	=	3.3	3.321					17
h	w	3	Rs	css	Bo	Au	ve		7-9		2		4	e	F8	3.2 6.5 6.6	–	I	1	=			3.31				18
h	w	3.5	Rh	css	Bo	Au	ve	r10	6-9	en	2		3	h	F7	3.2 3.3 6.5	2	I	1	=	10.211						19
h	w		Wd	crs	Bo	Ws	ve		5-10	en	2		3	h	D1b	2.2	–	I?	4	<			5.11	c i m			20
h	w	3	Rs	css	Bo	Au	ve	r23	7-9	en	2		3	h e	F1		–	I	1	=				k m		B	21
h	w	3	Rs	css	Bo	Au	ve	r6	7-9		2		3	h e	F2	3.2 3.3 6.5	–	I	1	=			3.341			E	22
h	w	3	Rs	css	Bo	Au	ve		7-9		2		3	h e	F2	3.2 3.3 6.5	–	I	1	=			3.341				23
h	t	3	Rs	css	Bo At	Au	ve		7-9	au le my*	2		3	h e	F7	2.5 3.2 3.3 6.5	2	I	1	=	3.341						24
h	w	3	Rs	ccr	Bo	Au	ve		6-9	ca my ve	2		3	h	A4a	2.2 2.7 2.9	–	N	5	<			5.1?	g i m			25
h	s	1	Rs	ccs	Bo	Au	ve	p3	6-8	au en	2		2	h	E2d	7.2 8.1 9.1 9.2	1	I	1	=	13.411	11.514	14.73111				26
c-h	t	2	Rs	crs	Bo En	Au	ve		5-9	au my le hm*	3		3	h e	B3		–	I	1-3	=				c	710	A B	27
c-h	t		Rs	crs	Bo	Au	ve		5-7		2		3	h e	D1b	2.2 5.1 6.3	–	I	2	>			11.231				28
c-h	t	3	Rs	crs	Bo En	Au	ve		6-9		3		2	h e	D4	2.2 6.2 6.7 9.1	6	I	2	>			9.11				29
h	t	2	Rs	crs	Bo	Au	ve		7-9		3		3	h e	E2a	2.6 6.7 9.1 9.3	6	I	1	=			11.11				30
c-h	t	2.5	Rs	ccr	Bo En	Au	ve	p7	6-9		3	4	3	h e	B6	2.2 6.2 6.3 6.7	8	I	3	=	9.1	11.2	2.3				31
h	t		Rs	crs	Bo	Au	ve	r4	6-8		3		3	h e	D4	2.2 6.2 6.7 9.3	–	I	2	>			9.11				32
h	t		Rs	crs	Bo	Ao Au	ve		6-8		4		4	h e	F1	6.3	–	I	2	=			11.2		554, 709		33
h	t		Rs	crs	Bo	Au	ve		6-10		2		3	h e	F8	6.2 6.7 9.1	–	I	2	=			11.11?	c			34
h	t	2	Rs	crs	Bo	Au	ve		6-9		4		3	h e	F4	2.2 5.1 6.3 9.2	6	I	3	=			11.241				35
h	t	3	Rs	crs	Bo	Au	ve		6-8		2		3	h e	B6a	2.2 3.2 6.2	6	I	2	>			9.11				36
h	t	2	Rs	crs	Bo	Au	ve		7-9		3		4	h e	F1	6.3 6.5 8.1 9.1	2	I	2	=			11.242?				37
h	t		Rs	crs	Bo	Au	ve		7-9		2		3	h e	F8a	3.2 3.3 6.7 7.4	–	I	1	=			11.11?				38
h	t		Rs	crs	Bo	Au	ve		6-8		3		3	h e	E4b	6.3 6.5 7.1 7.2	–	I	2	=			11.242				39
h	s	3	Rs	crs	Bo	Au	ve	r7	7-8	my	1		3	h	F5	2.5 3.2 3.3 6.5	2	I	1	=	3.331	3.34	10.311				40
h	s		Rs	crs	Bo	Sr	ve		6-9	my me en	2		2	h	B6		–	I/A	3	>				k m		B	41
h	s		Rs	crs	Bo	Sr	ve		6-8		2		2	h	C2a	2.1 2.2 6.2	–	I	3	=			9.2				42
h	s	2	Rs	crs	Bo	Sr	ve		7-9		2		2	h	D1b	2.1 2.2 2.6 6.2	–	I	3	>			9.1				43
h	s	2	Rs	crs	Bo	Sr Ws	ve		6-8		2		2	h	B6	2.2 6.2 6.7 7.4	8	I/A	3	>	9.113						44
h	s	2	Rs	crs	Bo	Sr	ve		6-7		1		2	h	D1a	6.2 6.7 7.1 9.3	–	I	2	=			9.131				45
h	s	2	Rs	crs	Bo	Au	ve		5-8		1		3	h	E2b	3.2 6.2 6.7 7.4	–	I	2	=			9.122				46
h	s	3	Rh	css	Bo	Sr	ve		7-9	en	2		2	h	F4	2.5 3.2 3.3 6.5	–	I	1	=			3.31				47
h	s	2.5	Rs	css	Bo At	Au	ve	p1	7-8	ca my me hm*	2		3	h e	B6	1.3 2.9 3.2 7.2	7	I/A	2	>	11.23						48
h	s	2	Rs	crs	Bo	Au	ve		5-7	en	2		1	h	E2b	3.2 6.2 9.1	6	I	1	=	9.11						49
h	s	3	Rs	rss	Me	Ho Sr	ve		6-9	an	2		4		E2	2.5 3.2 6.2 9.1	3	I	1	=	3.36						50
c	w	2.5	Wh	crs	En At	Kv	ve-di	r7	6-8	me my le ve	2		1	e	E2	3.3 3.4 6.2 6.5	2	I	1	=	10.21	10.421	9.1				51
c-t	s w	2	–	rrs	En My	Kv	ve-di	r6	6-9	me my	2	4	1	e	C1	2.1 3.1 6.1 6.2	6	I	3	>	4.1						52
h	s	2	Wv	css	Bo Hy	Kv	zw		8-9	me	2		1	gg h	E1	3.4 6.2 6.5 9.2	2	I	1	=	10.21	11.111					53
h	s	2	Rh	ccs	Bo	Sr	zw	r3	6-9	me	2		4	gg	E2		–	I	1	=				c f h	782	B C	54
h	s	2	Rh	ccs	Bo	Sr	zw		7-8		2		3	gg	E2	7.2 8.1 9.2	2	I	1	=			11.514				55
h	s	2	Rh	ccs	Bo	Sr	zw		6-8		2		4	gg h	E1	9.1 9.2	1	I	1	=	5.121	11.514	14.731				56
h	s		Rh	ccs	Bo	Sr	zw		6-8		2		3	gg h	F8	9.2	–	I	2	=			14.73?	c	807	E	57
h	s	2	Rh	ccs	Bo	Sr	zw		7-8		2		4	gg h	F5	7.2 8.1 9.2	–	I	1	=			11.514			E	58
h	s	2	Rh	ccs	Bo	Sr	zw		6-8		2		4	gg	F1	7.2 8.1 9.2	2	I	1	=	14.73503	14.731	11.514				59
h	s	2	Wk	ccs	Bo	Sr	zw	r4	6-9	me	2		3	gg h	E1		–	I	2	=				c	754	B C	60
h	s	2	Wk	ccs	Bo	Sr	zw		6-8		2		3	gg	F4b*	2.6 3.3 6.7 7.4	–	I	1	=			11.1				61
h	s	2	Wk	ccs	Bo	Sr	zw		6-8		2		3	gg h	F5	2.4 4.2 7.2 8.1	–	I	2	=			11.514				62
h	s	2	Wk	ccs	Bo	Sr	zw		7-8		2		3	gg	E2b	2.4 6.5 7.2	–	I	1	=			11.514				63
h	s	2	Wk	ccs	Bo Au	Sr	zw		6-8		2		3	gg h	E3	2.4 6.3 6.5 7.2	2	I	2	=	5.121	11.514	14.735				64
h	s	2	Wk	ccs	Bo	Sr	zw		6-8		2		3	gg	E4b	2.4 4.2 7.2 8.1	–	I	2	=			11.514				65
h	s	2	Wk	ccs	Bo	Sr	zw		6-8		2		3	gg h	E5	7.2 8.1 9.2	2	I	2	>*			11.514				66
h	s	2	Wk	ccs	Bo	Sr	zw		6-9		2		3	gg h	E4a	2.4 6.5 7.2	–	I	2	=			1.312				67
h	s	2	Wk	css	Bo	Sr	zw		6-9	me	1		3	gg h	E4		–	I	1	=				c	784	B C	68
h	s		Wk	css	Bo	Sr	zw		6-9		1		3	gg	E4	4.2 6.7 7.2 9.2	–	I	1	=			11.511				69
h	s	2	Wk	ccs	Bo	Sr	zw	r1	7-9		1		3	gg h	E4	7.2 8.1 9.1 9.2	2	I	1	=	13.411	14.735			583		70
h	s	2	Wk	ccs	Bo	Sr	zw		8-9		1		3	gg	F7	7.2	–	I	1	=			11.514		783	E	71
h	s	2	Wk	ccs	Bo	Sr	zw		7-9		1		3	gg	E4	7.2	2	I	1	=			11.514				72
h	s	2	Wk	ccs	Bo	Sr	zw		7-9		1		3	gg h	F3a*	7.2 8.1 9.1 9.2	2	I	1	=			11.514				73
h	s	2	Wk	ccs	Bo	Sr	zw		7-9		1		3	gg	E4	4.2 7.2 8.1 9.2	2	I	1	=	14.72102	13.312	11.514				74
g	v	2	Rh	css	Hy Ep	Au	nf		6-7	my?	–		4	h e	A2d	1.2 1.3	4	N	2	=	6.111						75
h	s	3	Rh	ccs	En	Sr	zw	r6	5-7	au ca	1		2	mg	B6	7.2 7.4 9.2	1	I	1	=	14.73	14.735					76
p.li	s	3	Wh	ccs	En	Kv	zw		6		–		1		A4b	2.9	–	N	5	<			?	d g		H	77
n-z	w	2	Wh	ccs	Bo	Sr	zw		5-6		–		1		C2	7.3	–	I/A	2	>			12.6	f k m			78
h	s	3	Wv	ccs	Bo	Sr	zw		7-8	en	2		2	e	B6	6.3 6.7 9.2 9.3	1	I	2	>			11.231				79
h	s	3	Rh	ccs	Me	Sr	zw		6-9	le my	1		4	tg	E1	3.4 4.2 7.2 8.1	2	I	1	=	11.514	14.312	14.735		881		80
h	s	3	Rh	crs	Me	Sr	zw	r2	6-8	au le ca*	2		4	tg	F1	3.3 7.2 8.2 9.2	2	I	1	=	3.312	14.73	11.514		881		81
h	s	4	Rh	css	Me	Sr	zw	r4	7-8	my	2		3	tg	F5	3.3	2	I	1	=	3.34				881		82
h	s		Rh	css	Me	Sr	zw		6-9		–		1	h	B1	3.2 4.1 9.2	3	I/N	2	=	3.111	3.211					83
t	s		–	rss	At	Sr	zw		5-7	au me my	–		1	gg	B6a		–	I/A	4	>				k m	788	B	84
t	s	3	–	rss	At	Sr	zw		5-7		–	3	1	mg	B6a	2.1 2.2	7	I/A	4	>	2.31						85
t	s		–	rss	At	Sr	zw		5-7		–		1	mg	C2	2.1	–	I/A	4	>			2.312				86
t	s	3	–	rss	At	Sr	zw		5-7		–		1	mg	D1	2.1 2.2	–	I/A	4	>			2.311				87
t	s		–	rss	At	Kv	zw		5-7	au me	–		1	mg	C2		–	I/A	4	>				k m	788	B	88
t	s		–	rss	At	Kv	zw	p1	6-7		–		1	mg	C2	2.1	7	I/A	4	>	2.312						89

Nummern			Taxa			Klima						Boden												
SEN	SIN	FAN	Gattung	Aggregat/Einzelart	Kleinart	T	v	K	v	L	v	F	v	W	R	v	N	v	S	M	H	v	D	v
90	–	–	**Adonis**		**cupaniana**	5	I	3	I	4	I	2	I	1	4	I	2	I			3	I	3	I
91	6100	19.16.4	**Adonis**	**flammea**		4.5	I	3	I	3	I	1.5	I	1	4	I	2	I			3	I	5	I
92	–	–	**Adonis**	**vernalis aggr.**		x	–	4	II	4	I	2	II	1	4	II	2	I			x	–	5	II
93	–	19.16.2	**Adonis**		**pyrenaica**	2	I	3	I	4	I	2.5	I	1	4	I	2	I			1	I	5	I
94	6200	19.16.1	**Adonis**		**vernalis**	5	I	5	I	4	I	2	I	1	5	I	2	I			5	II	5	II
95	6300	121.1.1	**Adoxa**	**moschatellina**		3	II	3	I	2	II	3.5	II	2	4	I	3	I		m	3	II	1	I
96	6400	139.25.1	**Aegilops**	**cylindrica**		5	I	4	I	5	I	1	I	1	3	I	3	I			3	II	3	I
97	–	–	**Aegilops**	**ovata aggr.**		5	I	3	II	5	I	1	I	2	3	I	3	I			3	II	1	II
98	–	139.25.4	**Aegilops**		**neglecta**	5	I	3	I	5	I	1	I	2	3	I	3	I			3	II	1	I
99	6500	139.25.3	**Aegilops**		**ovata**	5	I	3	II	5	I	1	I	1	3	I	3	I		m	3	II	3	I
100	6600	139.25.2	**Aegilops**	**triuncialis**		5	I	4	I	5	I	1	I	1	3	I	3	I	s		3	II	3	I
101	6700	–	**Aegilops**	**ventricosa**		5	I	3	I	5	I	1	I	1	3	I	3	I			3	II	3	I
102	6800	97.17.1	**Aegopodium**	**podagraria**		3.5	I	3	I	2	II	3.5	I	1	3	I	4	I		m	3	II	1	I
103	6900	86.1.1	**Aesculus**	**hippocastanum**		4	I	2	I	3	II	3.5	I	2	4	I	3	I		m	3	I	3	I
104	–	–	**Aethionema**	**saxatile aggr.**		x	–	4	II	4	I	1.5	II	1	4	I	2	I			1	I	5	II
105	–	54.51.1.2	**Aethionema**		**ovalifolium**	2	II	4	I	4	I	1.5	I	1	4	I	2	I			1	I	5	II
106	7000	54.51.1.1	**Aethionema**		**saxatile**	4	II	5	I	4	I	1	I	1	4	I	2	I			1	I	5	II
107	7100	54.51.2	**Aethionema**	**thomasianum**		2	I	5	I	4	I	3	I	1	4	I	2	I		m	1	I	5	II
108	–	97.22.1	**Aethusa**	**cynapium aggr.**		3.5	II	3	II	3	II	3	II	2	4	II	4	I			3	II	1	II
109	–	–	**Aethusa**		**cynapioides**	4	I	2	II	3	II	3.5	I	2	3	I	4	I			3	II	1	I
110	7200	–	**Aethusa**		**cynapium**	3	II	3	I	4	I	3	I	2	4	I	4	I			3	I	1	II
111	7300	146.1.1	**Agave**	**americana**		5	I	2	I	4	I	1	I	2	3	II	2	I	s		1	II	5	II
112	–	–	**Ageratum**	**houstonianum**		5	I	1	I	4	I	3	I	1	3	I	3	I			3	I	3	I
113	7400	63.7.1	**Agrimonia**	**eupatoria**		4	I	3	I	4	II	2	I	2	4	I	3	I		m	3	II	3	II
114	7600	63.7.2	**Agrimonia**	**procera**		4.5	I	2	I	4	II	3	I	1	3	I	3	I			3	I	3	I
115	–	–	**Agrimonia**	**repens**		3.5	I	2	I	3	I	3	I	1	3	I	3	I	s		3	I	3	I
116	–	–	**Agropyron**	**pectinatum aggr.**		4	II	5	I	4	I	1	I	1	5	I	3	II	s		3	II	3	I
117	–	–	**Agropyron**		**desertorum**	4.5	I	5	I	4	I	1	I	1	5	I	3	I	ss		1	I	3	I
118	–	139.24.1	**Agropyron**		**pectinatum**	4	I	5	I	4	I	1	I	1	5	I	2	I			3	I	3	I
119	8200	38.21.1	**Agrostemma**	**githago**		3	II	4	I	4	II	2	I	2	3	I	3	I			3	II	3	I
120	–	–	**Agrostis**	**alpina aggr.**		2	II	3	II	4	I	2	II	1	4	I	2	I			3	II	5	II
121	8400	139.47.3	**Agrostis**		**alpina**	1.5	I	4	I	5	I	2	II	2	4	I	2	I		m	3	I	5	II
122	9000	139.47.4	**Agrostis**		**schleicheri**	2.5	I	2	II	4	I	3	II	1	4	I	2	I			1	II	5	II
123	–	–	**Agrostis**	**canina aggr.**		3.5	II	x	–	4	I	x	–	3	2	I	2	I			3	II	1	II
124	8500	139.47.1	**Agrostis**		**canina**	3.5	II	2	I	4	I	4	I	3	2	I	2	I	s		5	II	1	II
125	–	139.47.2	**Agrostis**		**vinealis**	4.5	I	4	I	4	I	2	I	3	2	I	2	I			5	I	3	I
126	–	–	**Agrostis**	**capillaris aggr.**		3	II	3	II	3	II	3.5	II	3	x	–	3	II			3	I	1	II
127	8600	139.47.7	**Agrostis**		**capillaris**	3	II	3	I	3	II	2.5	II	2	2	II	2	II	s	m	5	II	1	II
128	–	139.47.10	**Agrostis**		**castellana**	4	I	3	I	4	I	1.5	II	2	2	II	2	II			3	I	1	II
129	8700	139.47.8	**Agrostis**		**gigantea**	3.5	I	2	I	3	II	3.5	II	3	3	II	3	II			3	II	1	I
130	9300	139.47.9	**Agrostis**		**stolonifera**	3	II	3	I	3	I	4	II	3	4	II	4	II	s	m	3	II	1	II
131	8900	139.47.5	**Agrostis**	**rupestris**		1	I	4	I	5	I	2.5	I	1	2	I	2	I		m	3	II	1	II
132	9100	139.47.6	**Agrostis**	**schraderiana**		1.5	II	2	II	4	II	3.5	II	3	2	II	3	II			3	II	3	II
133	9500	89.1.1	**Ailanthus**	**altissima**		4.5	I	3	II	4	II	2	II	1	4	II	4	II			3	II	3	I
134	–	–	**Aira**	**caryophyllea aggr.**		5	II	2	II	5	I	1	I	1	2	I	2	II			1	II	3	I
135	9700	139.42.2	**Aira**		**caryophyllea**	4.5	I	2	I	5	II	1	I	1	2	II	1	II			1	II	3	I
136	–	139.42.3	**Aira**		**cupaniana**	5	I	2	I	5	II	1	I	1	2	II	1	II	s		1	II	3	I
137	–	–	**Aira**		**multiculmis**	4.5	I	2	I	5	I	1	I	1	3	I	2	I			3	I	3	I
138	–	139.42.2	**Aira**		**tenorei**	5	I	3	I	5	I	1	I	1	2	I	2	I			1	II	3	I
139	9900	139.42.4	**Aira**	**elegantissima**		5	I	2	I	5	I	1	I	1	1	I	1	II	ss		1	I	3	I
140	10000	139.42.1	**Aira**	**praecox**		4.5	I	1	I	5	I	1.5	I	1	2	II	1	II			1	I	3	I
141	10100	108.1.4	**Ajuga**	**chamaepitys**		4.5	I	4	I	4	I	2	I	1	5	I	2	I			3	I	3	I
142	10200	108.1.1	**Ajuga**	**genevensis**		4	II	4	I	3	II	2	I	1	4	II	3	I			3	I	3	II
143	10300	108.1.2	**Ajuga**	**pyramidalis**		2	I	3	I	4	I	3	II	1	2	I	2	I			3	I	3	II
144	10400	108.1.3	**Ajuga**	**reptans**		3.5	II	3	I	3	II	3	II	1	3	I	3	I		m	3	I	1	II
145	–	–	**Albizia**	**julibrissin**		5	I	1	I	3	I	2.5	I	1	3	I	3	I			3	I	3	I
146	–	–	**Alcea**	**rosea aggr.**		4.5	I	4	II	4	I	3	I	1	3	I	4	I			3	I	1	II
147	–	45.4.2	**Alcea**		**biennis**	4.5	I	5	II	4	I	3	I	1	3	I	4	I			3	I	1	II
148	10500	45.4.1	**Alcea**		**rosea**	4.5	I	4	I	4	I	3	I	1	3	I	4	I			3	I	1	II
149	–	63.17.2	**Alchemilla**	**alpina aggr.**		2	II	x	–	4	I	2.5	II	1	x	–	2	II			3	II	5	II
150	18500	–	**Alchemilla**		**alpigena**	2	I	3	I	4	I	2.5	I	1	4	I	3	I			1	I	5	I
151	11000	–	**Alchemilla**		**alpina**	1.5	I	3	I	4	I	2.5	II	1	2	I	2	I			3	I	5	I
152	–	–	**Alchemilla**		**amphibola**	1.5	I	3	I	4	I	3	I	1	3	I	2	I			3	I	5	I
153	11300	–	**Alchemilla**		**amphisericea**	2	I	3	I	4	I	3.5	I	1	4	I	2	I			3	I	5	I
154	–	–	**Alchemilla**		**anisiaca**	2	I	3	I	4	I	3	I	1	5	I	2	I			3	I	3	I
155	–	–	**Alchemilla**		**argentidens**	2	I	3	I	4	I	3	I	1	4	I	2	I			1	I	5	I
156	11600	–	**Alchemilla**		**atrovirens**	1.5	I	2	I	4	I	3	I	1	4	I	2	I			1	I	5	I
157	–	–	**Alchemilla**		**brachetiana**	1.5	I	3	I	4	I	2.5	I	1	4	I	2	I			1	I	5	I
158	–	–	**Alchemilla**		**buseri**	2	I	3	I	4	I	2.5	I	1	4	I	2	I			1	I	5	I
159	11700	–	**Alchemilla**		**chirophylla**	2	I	3	I	4	I	2	I	1	4	I	2	I			1	I	5	I
160	11900	63.17.3	**Alchemilla**		**conjuncta**	2	I	3	I	4	I	3	I	1	4	I	2	I			3	I	5	I
161	–	–	**Alchemilla**		**coruscans**	2	I	3	I	4	I	2.5	I	1	4	I	2	I			1	I	5	I
162	–	–	**Alchemilla**		**cuneata**	1.5	I	3	I	5	I	3.5	I	1	3	I	3	I			3	I	3	I
163	–	–	**Alchemilla**		**federiciana**	1	I	3	I	5	I	2.5	I	1	3	I	2	I			3	I	5	I
164	14000	–	**Alchemilla**		**flavovirens**	2.5	I	2	I	4	I	2	I	1	4	I	2	I			1	I	5	I
165	14600	–	**Alchemilla**		**florulenta**	2.5	I	3	I	4	I	2	I	1	4	I	2	I			1	I	5	I
166	–	–	**Alchemilla**		**gemmia**	1.5	I	2	I	5	I	3.5	I	1	3	I	3	I			3	I	3	I
167	15100	–	**Alchemilla**		**glacialis**	1	I	3	I	5	I	3	I	1	5	I	2	I			1	I	5	I
168	15400	–	**Alchemilla**		**grossidens**	1	I	3	I	4	I	3	I	1	3	I	2	I			3	I	3	I
169	11400	–	**Alchemilla**		**hoppeana**	2	I	2	I	4	I	3.5	I	1	4	I	3	I			3	I	5	I
170	–	–	**Alchemilla**		**jugensis**	1.5	I	3	I	4	I	3	I	1	4	I	2	I			3	I	5	I
171	16600	–	**Alchemilla**		**leptoclada**	2	I	2	I	4	I	3	I	1	4	I	2	I			3	I	5	I
172	–	–	**Alchemilla**		**longinodis**	2	I	2	I	4	I	3	I	1	2	I	3	I			3	I	5	I
173	–	–	**Alchemilla**		**lucida**	2.5	I	4	I	4	I	2	I	1	2	I	2	I			3	I	5	I
174	–	–	**Alchemilla**		**murisserica**	2	I	3	I	4	I	2	I	1	4	I	2	I			1	I	5	I
175	17500	–	**Alchemilla**		**nitida**	2	II	3	I	4	I	3	I	1	4	I	2	I			1	II	5	I
176	17800	–	**Alchemilla**		**opaca**	2	I	3	I	4	I	2	I	1	2	I	2	I			3	I	5	I
177	18000	–	**Alchemilla**		**pallens**	2	I	3	I	3	I	3.5	I	1	4	I	2	I			3	I	5	I
178	–	–	**Alchemilla**		**pentaphylloides**	1.5	I	2	I	5	I	3.5	I	1	3	I	3	I			3	I	3	I

Strategien					Biologisches Verhalten										Vorkommen						Pflanzengesellschaften			Literatur			
LF	BD	WT	RO	KS	DA	VA	FS	MA	BZ	BS	MV	SU	DG	GI	GV	LR	EG	AE	EM	VE	1	2	3	BL	SL	TB	SEN
t	s		–	rss	At	Kv	zw		5-7		–		1	mg	D1c	2.1	–	I/A	4	>			2.312				90
t	s		–	rss	At	Kv	zw	p1	5-7	au me	–		1	mg	C2b	2.1	7	I/A	4	>	2.312						91
h	v		Rh	crs	My	Sr	zw	p2	4-7	au me my ca	–		2	gg	D1		–	I	2	>				m			92
h	v		Rh	crs	My	Sr	zw		6-7		–		2	gg	E3a	3.3 6.5	–	I	2	=			3.312				93
h	v	2.5	Rh	crs	My	Sr	zw		4-5		1		2	gg h	D1b	6.2 6.7 9.1 9.2	6	I	2	>	9.11						94
g	v	1	Rn	crs	Dy En	Au	zw		3-5	ca my hm*	1		3		B3	7.2 8.1 9.2	1	I	2	>	14.73	14.735					95
t	s		–	rrr	Ep	Kv	sb zw		5-7	an au	–		2		C2b	2.1 2.2	7	I/N	5	>			2.3				96
t	s		–	rrr	Ep	Kv	sb zw		5-7	an au	–		2		C2		–	I/N	5	>				m		B	97
t	s		–	rrr	Ep	Kv	sb zw		5-7	an au	–		2		C2	2.1 3.1 2.2 6.2	–	I/N	5	>			2.3				98
t	s		–	rrr	Ep	Kv	sb zw		5-6	an au	–		2		C2	2.1 2.2 6.1 7.3	7	I/N	5	=			2.3				99
t	s		–	rrr	Ep	Kv	sb zw		5-6	an au	–		2		B2	2.1 2.2 6.1 6.2	7	I/N	5	=			2.3				100
t	s		–	rrr	Ep	Kv	sb zw		5-6	an au	–		2		C2a	2.2	–	I/N	5	=			2.3				101
g-h	t	2.5	Rs	ccc	My	Au	ve	d	5-7	ca my hm me*	3	2	4	h e	B6	2.3 2.6 2.8 9.2	1	I	3	<	5.13	14.721	14.735				102
p	s	4	Wh	ccc	Dy	Sr	zw	200*	4-5	me	–		1	mg h e	E2g	2.9 9.2	1	N	3	<			14.721			H	103
k-t	w		Rs	rrs	Me	Sr	zw		4-6	au ca my	–		1	e	C2		–	I	2-3	>							104
k-t	w		Rs	rrs	Me	Sr	zw		4-6		–		1	e	E2b	3.2 3.3	–	I	2	>			3.3121			E	105
k-t	w	2	Rs	rrs	Me	Sr	zw	p2	4-6		–		1	e	C2	2.5 3.2 3.3 9.1	3	I	3	>	3.351	3.312	3.362				106
c	w		Rs	rss	Me	Kt	zw	p4	5-7		–		2		F2b*	3.3	–	I	1	=			3.312				107
k-t	t	2	–	crr	Me At	Kv	zw	p1	6-10	au my me hm*	–		3	mg	B6		–	I/A/N	3-5	<=				g i l		B C	108
k-t	t		–	ccr	Me At	Kv	zw		6-9		–		4	mg	D3	2.3 9.2	–	I/N	3	<			5.131		258		109
t	w	2.5	–	crr	Me At	Kv	zw		6-10		–	4	3	mg	B6	2.1 2.2 2.5 9.2	7	I?/A	4	=	2.31						110
c-k	i		Fb	css	Bo	Ws	zw	d	7-8	or	–		1		A2a	2.9 3.2 7.6	7	N	5	<			13.6			H	111
c-t	s		–	rrs	Me	Kv	zw		6-10	??	–		1		A1	2.2 2.7 2.9	–	N	5	<			?	g i m		H	112
h	s	3.5	Rs	ccr	Ep My	Sr	zw	r3	6-9	au (my) (me)	1	2	2	h e	B6	2.2 2.7 2.9	6	I	2	>	11.11	11.24					113
h	s		Rs	ccs	Ep	Sr	zw		6-8	me	1		2		D3	2.3 2.6 6.7 9.2	1	I/A	3	=	11.12	11.311					114
h	s		Rs	crs	Ep	Sr	zw		6-7		1		2		A4a	2.9	–	N	2	=			?				115
h	t		–	crs	Dy	Ho Sr	zw		5-10	an	2		3		B6a		–	I/N	2-3	<=							116
h	t		–	ccr	Dy	Ho Sr	zw		8-10	an	2		3		C2b	2.2 2.5	–	N	3	<			9.1	m	921		117
h	t		–	ccr	Dy	Ho Sr	zw		5-7	an	3		3		B6a	2.2 6.2	–	I	2	=			9.11	k m			118
t	w s	2.5	–	crs	Dy At	Kv	zw	p1	6-8	au ps	–	4	1	gg h	C2b	2.1 2.2	7	A	4	>	2.312				221		119
h	s		Rs	crs	Me	Ho Sr	zw		7-9	an	–		2	e	E1		–	I	1-2	=						B	120
h	s		Rs	crs	Me	Ho Sr	zw		7-9	an	–		2	e	E1	3.1 3.3 6.5 7.1	2	I	2	=	10.311	10.211	10.411				121
h	s		Rs	crs	Me	Ho Sr	zw		7-9	an	2		2	e	E3	2.5 3.2 6.5	2	I	1	=			10.212				122
h	t		–	crs	Me En	Ho Sw	zw		6-8	an	3		3	e	B3		–	I	2	>							123
h	t	1	–	crs	Me En	Ao Ho	zw		6-8	an	3	4	3	e	B3a	1.4 5.1 5.2 6.3	5	I	2	>	7.221						124
h	w		–	crs	Me En	Au Ho	zw		6-8	an	3		3	e	B3	3.1 6.2 6.7 9.2	–	I	2	>			4.1	c l m			125
h	w	3	Rs	crs	Me En	Au Sb	zw		6-8	an	4		3	e	B3		–	I/N	2-3	=						B	126
h	w	2.5	Rs	crs	Me En	Au Ho	zw		6-8	an	3	3*	3	e	B4b	5.1 6.2 6.5 9.2	8	I	2	=	11.2	10.21	14.312				127
h	w		Rs	crs	Me En	Au Ho	zw		6-7	an	3		3	e	D1	2.1 2.2 7.3 9.1	–	I/N	2	<			12.5	c k l			128
h	w	3	Rs	ccr	Me En	Au Ho	zw		6-8	an	4	2	4	e	B4b	1.4 2.2 2.6 6.3	3	I	2	=	6.11	7.23	11.2				129
h	w	2.5	Rs	crs	Ep En	Ao Au	zw		6-7	an	4	4	4	e	B4b	1.4 2.5 6.3 9.2	5	I	3	=	11.21	11.2	7.2				130
h	s		Rs	crs	Me	Ho Sr	zw		7-8	an	2		2	e	E1	3.1 3.3 6.5 7.1	2	I	1	=	10.4	8.11	12.311				131
h	s	1	Rs	crs	Me	Au	zw		7-8	an	3		4	e	F1	6.5 7.2 8.1 9.1	2	I	1	=	10.413	11.512					132
p	s		Wh	crr	Me	Ws	mo zw	120*	6-7	en	–		3	mg h	A4b	2.2 2.9 7.4 9.2	3	Ns	5	<			14.5				133
t	v		–	rrr	Me En	Kv	zw		4-6	an	–		1	e	C2c		–	I/N	3	=>				k m			134
t	v s		–	rrr	Me En	Kv	zw		5-9	an	–		1	e	C2c	2.2 2.5 3.1 6.2	7	I/N	3	>			4.111				135
t	v		–	rrr	Me En	Kv	zw		5-6	an	–		1	e	C2a	2.5 3.1 7.3	–	I/N	5	=			4.221				136
t	v s		–	rrr	Me En	Kv	zw		6-8	an	–		1	e	D2	2.1	–	I/N	5	=			2.3212				137
t	v		–	rrr	Me En	Kv	zw		4-5	an	–		1	e	C2	2.2 6.1 7.3	–	I?	3	=			4.221				138
t	v		–	rrr	Me En	Kv	zw		5-7	an	–		1	e	C2	3.1 6.2 7.3 9.1	7	I/N	5	>			4.111	e m			139
t	v s	1	–	rrs	Me En	Kv	zw		4-6	an	–	2	1	e	D2	2.1 2.2 3.1 6.2	7	I/N	5	>			4.111				140
k-t	s w	1.5	–	rrs	My Dy	Kv	ve-di	p5	5-9	au me	–		1	h	C2	2.1 2.5 3.1 6.2	7	I/A	4	>	9.131	2.312					141
h	s	1	Rs	crs	My En	Ws	ve-di	r4	4-6	me (le) (hm)	2		1	e	B4a	2.2 6.2 6.7 9.2	6	I/A	2	>	9.1	11.111			526		142
h	s	1	Rs	crs	My En	Ws?	ve-di	p5	6-8	au me my	3		1		D5	6.4 6.5 7.1 9.1	2	I	2	>*	10.412						143
h	w	1.5	Rs	crs	My En	Ao Ws	ve-di	r2	4-7	au me ps*	4	4	3	h e	B6	2.3 2.6 6.3 9.2	8	I	3	=	11.2	10.212	14.73				144
p	s		Wh	ccr	Dy	Kv	zw		7-8		–		1	h	A4b	2.7 2.9	–	N	5	<			?	k			145
k	t		Wv	ccr	Me At	Sr	zw		6-10		–		2	h e	B4a		–	I/A/N	3	<							146
k	t		Wv	ccr	Me At	Sr	zw		7-9		–		2	h e	C2b	2.1 2.2 2.9 6.7	–	N	3	<			5.1	c			147
k	t		Wv	ccr	Me At	Sr	zw		6-10	hm	–		3	h e	B4a	2.1 2.2 2.9	7	A/N	4	<			5.1			H	148
c	t w		Rh	css	Me En	Sr Sw	oa	r34	6-8	my ca ap	–		3	h	B5		–	I	1	=	10.4					B D G	149
c	t		Rh	css	Me En	Sr Sw	oa		6-9		–		3	h	E2b	3.2 3.3 6.5	2	I	1	=			10.21	c f k			150
c	w		Rh	css	Me En	Sr Sw	oa		6-8		–		3	h	B5b	3.2 3.3 6.5 7.1	–	I	1	=			10.41	c k l			151
c	t		Rh	css	Me En	Sr	oa		6-9		–		3	h e	F2b	3.2 3.3 6.5	–	I	1	=			10.211?				152
c	t		Rh	css	Me En	Sr	oa		6-8		–		2	h	F6	6.5 7.1	–	I	1	=			10.211?	c f			153
c	t		Rh	css	Me En	Sr	oa		6-9		–		3	h e	F7	2.5 3.3 6.5 6.6	–	I	1	=			10.2	c			154
c	w		Rh	css	Me En	Sr Sw	oa		6-8		–		3	h	F6b	6.5 7.1 7.2	–	I	1	=			12.312	f			155
c	t		Rh	css	Me En	Sr Sw	oa		6-8		–		3	h	F2	3.2 3.3 6.5	–	I	1	=			10.211?	f			156
c	t		Rh	css	Me En	Sr Sw	oa		6-8		–		3	h	F2a	6.2	–	I	1	=			9.142?				157
c	t		Rh	css	Me En	Sr	oa		6-8		–		2	h	F2b	3.2 6.5	–	I	1	=			10.211?				158
c	t		Rh	css	Me En	Sr Sw	oa		6-8		–		3	h	F6	3.2 3.3 6.5 7.1	–	I	1	=			10.211	c f k			159
c	t		Rh	css	Me En	Sr Sw	oa	r19	6-9		–		3	h	E1	3.2 3.3 6.5	–	I	1	=	10.21	10.311	14.21114	f k			160
c	t		Rh	css	Me En	Sr Sw	oa		6-9		–		3	h	F2	3.2 6.5 9.1	–	I	1	=			10.211?				161
h	s		Rh	css	Me En	Sr	oa		6-9		–		3	h e	F2b	6.5	–	I	1	=			?				162
h	s		Rh	css	Me En	Sr	oa		7-8		–		3	h e	F3c	6.5 6.6 7.1	–	I	1	=			10.41?		243		163
c	t		Rh	css	Me En	Sr	oa		6-9		–		3	h	F2	3.2 3.3 6.5	–	I	1	=			10.2113?	f k			164
c	t		Rh	css	Me En	Sr Sw	oa		6-9		–		3	h	F2	3.2 6.5 7.4	–	I	1	=			10.211	k			165
h	s		Rh	css	Me En	Sr	oa		6-9		–		3	h e	F6b	6.5 6.6	–	I	1	=			8.111?				166
c	t		Rh	css	Me En	Sr	oa		6-9		–		3	h e	F5	3.2 3.3 6.5	–	I	1	=			10.211?	c f k			167
c	t		Rh	css	Me En	Sr	oa		6-9		–		3	h e	F6	3.2 3.3 6.5	–	I	1	=			10.2?	c f l			168
c	t		Rh	css	Me En	Sr Sw	oa	r19	6-8		–		3	h	F1	3.2 3.3 6.5 7.2	–	I	1	=			10.211	c f			169
c	t		Rh	css	Me En	Sr	oa		6-9		–		3	h e	F6	3.2 3.3 6.5 7.1	–	I	1	=			10.211?	f			170
c	t		Rh	css	Me En	Sr	oa		6-9		–		2	h	F6	3.2 3.3 6.5	–	I	1	=			10.211	f k l			171
c	t		Rh	css	Me En	Sr	oa		6-8		–		2	h	F6b	3.2 3.3 6.2 6.7	–	I	1	=			9.135?				172
c	w		Rh	css	Me En	Sr Sw	oa		6-9		–		3	h	E2b	3.2 6.4 6.5 7.1	–	I	1	=			10.412?				173
c	w?		Rh	css	Me En	Sr Sw	oa		6-9		–		3	h	F2	3.2 6.5	–	I	1	=			10.2113?				174
c	t		Rh	css	Me En	Sr	oa		6-9		–		3	h e	E3	3.2 3.3 6.3 6.5	–	I	2	=			10.21	c f l			175
h	s		Rh	css	Me En	Sr	oa		6-8		–		3	h e	F3	3.2 3.3 6.5	–	I	1	=			10.4?	f k			176
c	t		Rh	css	Me En	Sr	oa		6-9		–		3	h e	E1	3.2 3.3 6.5 8.2	–	I	1	=			10.2	c f l			177
h	s		Rh	css	Me En	Sr	oa		6-9		–		3	h e	F3a	6.5 6.6	–	I	1	=			8.111?				178

Nummern			Taxa			Klima						Boden												
SEN	SIN	FAN	Gattung	Aggregat/Einzelart	Kleinart	T	v	K	v	L	v	F	v	W	R	v	N	v	S	M	H	v	D	v
179	18200	–	Alchemilla		petiolulans	2	I	3	I	4	I	2	I	1	5	I	2	I			1	I	5	I
180	–	–	Alchemilla		petraea	2	I	3	I	4	I	2	I	1	4	I	2	I			1	I	5	I
181	–	–	Alchemilla		sabauda	1.5	I	3	I	5	I	3	I	1	3	I	2	I			3	I	3	I
182	19000	–	Alchemilla		saxatilis	2.5	I	4	I	4	I	2	II	1	2	I	2	I			3	II	5	II
183	19100	–	Alchemilla		saxetana	2	I	4	I	4	I	2	I	1	2	I	2	I			3	II	5	II
184	20300	–	Alchemilla		subsericea	1.5	II	2	I	3	II	3.5	I	1	2	I	3	I			3	II	3	II
185	–	–	Alchemilla		tenerrima	1.5	I	3	I	5	I	2	I	1	4	I	2	I			1	I	5	I
186	–	–	Alchemilla		transiens	2.5	I	4	I	4	I	2	I	1	2	I	2	I			3	I	5	I
187	–	–	Alchemilla		trullata	1.5	I	2	I	4	I	3.5	I	2	3	I	3	I			3	I	3	I
188	–	–	Alchemilla		vaccariana	1.5	I	3	I	5	I	3	I	1	2	I	2	I			1	I	5	I
189	–	–	Alchemilla		velebitica	2	I	3	I	4	I	2	I	1	5	I	2	I			1	I	5	I
190	18100	63.17.1	Alchemilla	pentaphyllea		1	I	1	I	4	I	4	II	2	2	I	3	II			5	II	1	I
191	–	63.17.6	Alchemilla	vulgaris aggr.		x	–	x	–	x	–	x	–	2	x	–	x	–			x	–	x	–
192	–	–	Alchemilla		acrodon	2	I	3	I	3	I	3	I	2	4	I	3	II			5	I	3	I
193	10600	–	Alchemilla		acuminatidens	2	I	2	I	4	I	3.5	I	2	4	I	3	I			5	II	3	II
194	–	–	Alchemilla		acutata	1.5	I	3	I	4	I	2.5	I	1	2	I	2	I			3	I	3	I
195	10700	–	Alchemilla		acutidens	1.5	I	2	I	3	II	3.5	I	2	4	I	3	I			5	I	3	I
196	10800	–	Alchemilla		acutiloba	2.5	II	2	I	3	II	3.5	II	2	4	I	4	I			5	II	1	II
197	10900	–	Alchemilla		aggregata	1.5	I	2	I	3	II	4.5	I	2	3	I	3	I			3	I	3	I
198	–	–	Alchemilla		alneti	2	I	2	I	3	I	4	I	2	2	I	3	I			3	II	1	II
199	–	–	Alchemilla		antiropata	1.5	I	2	I	4	I	3.5	I	2	4	I	3	I			5	I	3	I
200	–	–	Alchemilla		bonae	2	I	3	I	4	I	3	I	2	5	I	2	I			1	I	5	I
201	–	–	Alchemilla		canifolia	2	I	3	I	4	I	3.5	I	2	4	I	4	I			3	I	1	II
202	–	–	Alchemilla		carinthiaca	2	I	3	I	4	I	3.5	I	2	4	I	4	I			3	I	3	I
203	–	–	Alchemilla		carniolica	1.5	I	3	I	5	I	2.5	I	1	4	I	2	I			3	I	3	I
204	–	–	Alchemilla		cataractarum	2	I	2	I	3	I	4^	I	2	3	I	3	I			5	I	3	I
205	–	–	Alchemilla		cavillieri	2	I	3	I	4	I	3	I	2	3	I	3	I			3	I	1	II
206	–	–	Alchemilla		cinerea	2	I	3	I	4	I	2.5	I	1	3	I	2	I			3	I	3	I
207	11800	–	Alchemilla		colorata	1.5	II	3	I	4	I	2.5	II	1	2	II	3	I			3	II	3	II
208	–	–	Alchemilla		compta	2.5	I	2	I	3	I	3.5	I	2	4	I	4	I			5	I	3	I
209	12200	–	Alchemilla		connivens	2	I	3	I	3	II	3.5	II	3	4	I	3	I			5	II	1	I
210	12300	–	Alchemilla		controversa	2.5	I	2	I	4	II	3.5	I	2	4	I	3	I			5	II	1	II
211	12400	–	Alchemilla		coriacea	2.5	I	2	I	3	II	4	I	2	4	I	3	I			3	I	1	I
212	12700	–	Alchemilla		crinita	2.5	II	2	I	4	II	3.5	II	2	3	I	4	I		m	5	I	1	II
213	–	–	Alchemilla		curta	2	I	2	I	4	I	4	I	2	2	I	3	I			5	I	1	I
214	12900	–	Alchemilla		curtiloba	2	I	3	I	4	I	3	I	2	3	I	3	I			5	I	1	I
214a	–	–	Alchemilla		cymatophylla	3	I	4	I	3	I	3	II	2	3	I	3	I			3	I	3	I
215	13000	–	Alchemilla		decumbens	1.5	I	2	I	3	I	4	I	2	3	II	2	I			5	I	3	I
216	–	–	Alchemilla		delphinensis	2	I	3	I	4	I	2.5	I	2	3	I	3	I			3	I	3	II
217	13300	–	Alchemilla		demissa	1.5	I	2	I	3	II	4.5	I	1	4	II	3	I			5	I	3	I
218	–	–	Alchemilla		diversiloba	2.5	I	3	I	3	I	3.5	I	2	4	I	3	I			5	I	3	I
219	13400	–	Alchemilla		effusa	2.5	I	2	I	3	I	4	I	2	3	II	3	I			5	I	1	I
220	–	–	Alchemilla		eurystoma	2	I	3	I	4	I	2.5	I	2	3	I	3	I			3	I	3	II
221	13500	–	Alchemilla		exigua	2.5	I	3	I	4	I	2	II	2	4	I	2	I			3	II	3	II
222	13600	–	Alchemilla		fallax	2	II	2	I	4	I	3	II	1	3	I	3	I			3	I	3	I
223	13700	–	Alchemilla		filicaulis	2	II	2	I	4	I	3	II	2	3	I	2	I			3	II	5	II
224	18600	–	Alchemilla		firma	2	I	2	I	4	I	3.5	I	1	3	I	2	I			5	I	3	I
225	13900	–	Alchemilla		fissa	1.5	I	2	I	4	II	4	I	1	2	II	2	I			3	I	3	II
226	14100	–	Alchemilla		fissimima	1.5	I	2	I	4	I	4.5	I	1	3	I	2	II			5	II	1	II
227	14200	–	Alchemilla		flabellata	1.5	I	3	I	4	I	2.5	I	1	3	II	2	I			3	I	3	I
228	14300	–	Alchemilla		flavicoma	1.5	I	2	I	4	I	3	II	2	3	I	3	I			3	I	3	I
229	14500	–	Alchemilla		flexicaulis	2	I	2	I	3	II	4	I	2	4	I	3	I			5	I	1	I
230	14700	–	Alchemilla		frigens	1.5	I	2	I	4	I	4	I	1	3	I	3	I			3	I	3	I
231	14800	–	Alchemilla		gaillardiana	2	I	3	I	4	I	3	II	2	3	I	3	I			3	I	3	I
232	–	–	Alchemilla		galkinae	1	I	2	I	4	I	3	I	1	2	I	2	I			5	I	1	I
233	–	–	Alchemilla		gingolphiana	2.5	I	3	I	4	I	3	I	2	4	I	2	I			3	I	3	I
234	14900	63.17.7	Alchemilla		glabra	2.5	II	2	I	3	II	3.5	I	2	3	I	4	I			3	II	1	I
235	16000	63.17.5	Alchemilla		glaucescens	2.5	II	4	I	4	I	2	II	2	3	II	2	I		m	3	II	3	II
236	15200	–	Alchemilla		glomerulans	1.5	I	1	I	4	II	3	I	2	3	I	2	I			5	II	1	I
237	15600	–	Alchemilla		helvetica	1.5	I	3	I	4	I	3.5	I	1	4	I	3	I			3	I	3	I
238	15700	–	Alchemilla		heteropoda	2	I	3	I	4	II	3	II	2	4	I	4	I			3	I	3	I
239	15900	–	Alchemilla		hirtipes	2.5	I	3	I	4	I	2.5	I	2	3	I	2	I			3	I	3	I
240	16200	–	Alchemilla		impexa	2	I	2	I	4	I	3.5	I	2	4	I	4	I			3	II	3	I
241	16300	–	Alchemilla		incisa	2.5	I	2	I	3	I	3.5	I	1	3	I	3	I			5	I	1	I
242	16400	–	Alchemilla		inconcinna	2	I	2	I	3	II	3.5	I	2	3	I	3	I			5	II	3	I
243	–	–	Alchemilla		infravallesia	2.5	I	2	I	3	I	3.5	I	1	4	I	4	I			3	I	3	I
244	16500	–	Alchemilla		jaquetiana	2.5	I	2	I	3	I	3	I	1	4	I	2	I			3	I	3	I
245	–	–	Alchemilla		kerneri	2	I	3	I	4	I	3	I	1	2	I	2	I			3	I	3	I
246	–	–	Alchemilla		lasenii	1.5	I	2	I	4	I	3.5	I	2	3	I	3	I			3	I	3	I
247	–	–	Alchemilla		leutei	2	I	2	I	4	I	4	I	1	3	I	3	I			3	II	3	I
248	16700	–	Alchemilla		lineata	2.5	I	2	I	3	II	3.5	I	2	4	I	4	I			3	II	3	I
249	16800	–	Alchemilla		longana	1.5	I	2	I	5	I	4	I	2	3	I	3	I			5	II	3	II
250	–	–	Alchemilla		longituba	2.5	I	2	I	4	I	4	I	2	4	I	3	I			3	I	3	I
251	16900	–	Alchemilla		longiuscula	1.5	I	2	I	3	I	4	I	2	3	II	3	I			5	II	3	II
252	–	–	Alchemilla		lunaria	2	I	3	I	3	I	3.5	I	2	3	I	4	I			5	I	1	I
253	–	–	Alchemilla		matreiensis	2	I	3	I	4	I	3	I	1	2	I	2	I			3	I	3	I
254	–	–	Alchemilla		maureri	2	I	3	I	4	I	3.5	I	2	3	I	4	I			3	I	3	I
255	15280	–	Alchemilla		micans	2.5	I	3	I	4	I	3.5	I	2	3	I	3	I			3	I	1	I
256	17200	63.17.10	Alchemilla		mollis	3.5	I	2	I	3	II	3	I	1	3	I	4	I			3	I	3	II
257	17300	–	Alchemilla		monticola	2.5	II	3	I	4	II	3	I	2	3	I	4	I			3	I	3	I
258	17400	–	Alchemilla		multidens	2	II	3	I	4	I	3.5	I	1	4	I	3	I			5	I	3	I
259	–	–	Alchemilla		niphogeton	1.5	I	3	I	4	I	3.5	I	2	3	I	2	I			3	I	3	I
260	–	–	Alchemilla		norica	2	I	2	I	4	I	4	I	2	2	I	3	I			3	I	3	I
261	–	–	Alchemilla		nydeggeriana	2	I	2	I	4	I	3.5	I	2	2	I	3	I			3	I	1	I
262	17600	–	Alchemilla		obscura	2.5	I	3	I	3	II	3.5	I	2	4	I	4	I			5	II	1	I
263	17700	–	Alchemilla		obtusa	2.5	I	2	I	4	I	3.5	I	2	4	I	3	I			5	I	1	I
264	17900	–	Alchemilla		othmarii	2.5	I	2	I	4	I	3.5	I	1	3	I	3	I			5	I	3	I
265	–	–	Alchemilla		paicheana	2	I	3	I	4	I	3.5	I	2	4	I	2	I			1	I	5	I
266	–	–	Alchemilla		philonotis	2	I	2	I	4	I	4.5^	I	2	3	I	3	I			5	I	3	I

Strategien					Biologisches Verhalten										Vorkommen						Pflanzengesellschaften			Literatur			
LF	BD	WT	RO	KS	DA	VA	FS	MA	BZ	BS	MV	SU	DG	GI	GV	LR	EG	AE	EM	VE	1	2	3	BL	SL	TB	SEN
c	t		Rh	css	Me En	Sr	oa		6-9		–		3	h e	F6b	2.5 3.2 3.3 6.5	–	I	1	=			10.2113?	f			179
c	w?		Rh	css	Me En	Sr Sw	oa		6-9		–		3	h	F2	3.2? 3.3 6.5?	–	I	1	=			10.2113?				180
c	t		Rh	css	Me En	Sr	oa		6-9		–		3	h e	F2b	6.5 6.6	–	I	1	=			10.2?				181
c	w		Rh	css	Me En	Sr Sw	oa		6-8		–		3	h	E3	3.2 3.3 6.5 7.1	–	I	1	=			10.421	c f k			182
c	w		Rh	css	Me En	Sr Sw	oa		6-8		–		3	h	E3b	3.3 6.5 7.1	–	I	1	=			10.412	f			183
c	t		Rh	css	Me En	Sr	oa		6-8		2		3	h e	E2d	3.3 6.5 7.1 9.1	–	I	1	=			12.312?	c f k			184
c	w?		Rh	css	Me En	Sr Sw	oa		6-9		–		3	h	E2b	3.2 6.5 7.1 9.1	–	I	1	=			3.221?				185
c	w		Rh	css	Me En	Sr Sw	oa		6-8		–		3	h	E2b	3.2 6.4 7.1	–	I	1	=			10.412?	k			186
h	s		Rh	css	Me En	Sr	oa		6-9		–		3	h e	F3a	6.5 6.6	–	I	1	=			8.111?				187
c	t		Rh	css	Me En	Sr	oa		6-9		–		3	h e	F3a	3.2 3.3	–	I	1	=			3.221?	k			188
c	t		Rh	css	Me En	Sr	oa		6-9		–		3	h	E2g	3.2 3.3 6.5	–	I	1	=			10.2?	c			189
c	s		Rh	css	Me En	Kt	oa	p3	7-9	my ca	–		3	h e	E2b	3.3 4.1 6.5 6.6	2	I	1	=	8.111						190
h	s	1	Rh	ccs	Me En	Sr	oa	p3	5-9	my hm ap (au)	4	4	2	h e	B6		–	I/N	2	=						B D G	191
h	s		Rh	css	Me En	Sr	oa		6-9		3		2	h e	F7	6.3 7.1 8.2 9.1	–	I	2	=			11.242	c			192
h	s		Rh	ccs	Me En	Sr	oa		5-9		3		2	h e	F6b	6.5	–	I	2	=			10.212?	f			193
h	s		Rh	ccs	Me En	Sr	oa		6-9		–		2	h e	F7	6.5 7.1	–	I	1	=			10.41?	c k			194
h	s		Rh	ccs	Me En	Sr	oa		5-9		3		2	h e	F6b	6.5 7.1 8.1 9.1	–	I	1	=			10.212?	c f l			195
h	s		Rh	ccs	Me En	Sr	oa		5-9		4		3	h e	B6b	2.2 2.5 6.3 7.2	–	I	2	=			11.24	c k l			196
h	s		Rh	ccs	Me En	Sr	oa		6-9		3		2	h e	F6	4.1 6.6	–	I	1	=			7.111?	c f k	242		197
h	s		Rh	ccs	Me En	Sr	oa		6-9		3		3	h e	F7	4.2 7.2 8.1	–	I	2	=			13.411				198
h	s		Rh	css	Me En	Sr	oa		6-9		3		2	h e	F8	4.1 6.6	–	I	1	=			?	c			199
h	s		Rh	ccs	Me	Sr	oa		6-9		–		2	h e	F3c	6.3 6.5	–	I	1	=			10.211		243		200
h	s		Rh	ccs	Me En	Sr	oa		5-9		4		3	h e	F4	6.3	–	I	2	=			11.243?	c	242		201
h	s		Rh	ccs	Me En	Sr	oa		5-9		4		2	h e	F4b	6.3	–	I	2	=			11.242	c	242		202
h	s		Rh	ccs	Me En	Sr	oa		6-9		3		2	h e	F7	6.5	–	I	1	=			10.211?	l	244		203
h	s		Rh	css	Me En	Sr	oa		5-9		–		3	h e	E2d	4.1 6.3 7.2	–	I	1	=			11.514	c			204
h	s		Rh	ccs	Me En	Sr	oa		5-9		3		2	h e	F2a	6.5 9.1	–	I	2	=			10.211?				205
h	t		Rh	ccs	Me En	Sr	oa		6-9		3		2	h e	E2d	6.5	–	I	2	=			10.21				206
h	s		Rh	ccs	Me En	Sr	oa		6-9		–		2	h e	E1	6.5 7.1	–	I	2	=			10.21	c f l			207
h	s		Rh	css	Me En	Sr	oa		6-9		3		2	h e	E2a	6.3 6.5 7.2 8.1	–	I	1	=			11.514	c f k			208
h	s		Rh	ccs	Me En	Sr	oa		5-9		3		2	h e	E1	6.3 6.5 8.1 8.2	–	I	1	=			10.212?	c f l			209
h	s		Rh	ccs	Me En	Sr	oa		5-9		3		2	h e	F6b	6.5	–	I	2	=			10.212?	c f			210
h	s		Rh	ccs	Me En	Sr	oa		6-9	?? ap	3		2	h e	E3	4.1 4.2 5.1 6.3	–	I	2	=			7.111	c f k			211
h	s		Rh	ccs	Me En	Sr	oa		5-9		4		2	h e	E4	2.2 2.4 6.3 7.2	–	I	2	>*			11.242	c f l			212
h	s		Rh	css	Me En	Sr	oa		6-9		3		2	h e	F4b	4.1 4.2	–	I	1	=			7.111	c			213
h	s		Rh	ccs	Me En	Sr	oa		5-9		4		3	h e	F6	6.5 7.2 8.1	–	I	2	=			11.514	c f			214
h	s		Rh	ccs	Me En	Sr	oa		6-9		3		2	h e	D4	2.2 6.3 7.2	–	I	2	=			11.24	c i l			214a
h	s		Rh	ccs	Me En	Sr	oa		6-9		–		2	h e	F1	4.2 6.5 6.6 7.1	–	I	1	=			8.1	c k l			215
h	s		Rh	ccs	Me En	Sr	oa		6-9		3		2	h e	F2b	6.5	–	I	2	=			10.211?				216
h	s		Rh	ccs	Me En	Sr	oa		6-9		3		2	h e	E3	4.1 4.2 6.6 7.1	2	I	1	=			8.1	c f k			217
h	s		Rh	css	Me En	Sr	oa		5-7		3		2	h e	F3d	6.3	–	I	1	=			11.243?	c k			218
h	s		Rh	ccs	Me En	Sr	oa		5-9		3		2	h e	E1	4.2 6.3 6.5 7.2	–	I	1	>*			7.111	c f l			219
h	s		Rh	ccs	Me En	Sr	oa		6-9		3		2	h e	F8	2.4 2.6	–	I	2	=			11.242?				220
h	s		Rh	ccs	Me En	Sr	oa		5-9		4		2	h e	E4	2.6 6.2 6.3 6.5	–	I	2	>*			10.211	c f l			221
c	t		Rh	ccs	Me En	Sr	oa	r6	6-9		3		2	h e	E2	3.2 6.5 7.2	–	I	2	=			10.2?	c f k	244		222
h	s	2	Rh	ccs	Me En	Sr	oa		5-9		3		1	h e	B5b	2.6 4.1 6.3 6.7	–	I	2	=			7.111?	c f l			223
h	s		Rh	ccs	Me En	Sr	oa		6-9		3		2	h e	F6	6.5 7.1 9.1	–	I	2	=			12.312?	c k l			224
h	s		Rh	ccs	Me En	Sr	oa	d	6-9	my ca	–		2	h e	E1	3.3 3.4 6.5 6.6	–	I	1	=			8.1	c f l			225
h	s		Rh	ccs	Me En	Sr	oa		6-9		–		2	h e	F3a*	4.1 4.2 6.6	–	I	1	=			8.111?	f k			226
h	t		Rh	ccs	Me En	Sr	oa		6-9		3		2	h e	E1	2.4 3.1 6.5 7.1	–	I	2	=			10.411	c f l			227
h	s		Rh	ccs	Me En	Sr	oa		6-9		–		2	h e	F6	6.5 6.6	–	I	1	=			8.111?	f k			228
h	s		Rh	ccs	Me En	Sr	oa		6-9		3		2	h e	F6b	6.3 7.2 9.1	–	I	2	>			11.242?	f			229
h	s		Rh	ccs	Me En	Sr	oa		6-9		–		2	h e	F5	2.5 4.1 6.6 7.2	–	I	1	=			8.111?	f k l			230
h	s		Rh	ccs	Me En	Sr	oa		5-9		4		2	h e	F6b	6.5 7.2	–	I	2	=			10.212?	f			231
h	s		Rh	css	Me En	Sr	oa		6-9		–		2	h e	F6	4.1 6.6	–	I	1	=			8.111				232
h	s		Rh	ccs	Me En	Sr	oa		5-9		–		2	h e	F6a	6.2 6.3	–	I	1	=			9.135?				233
h	s		Rh	ccs	Me En	Sr	oa		5-9		3		2	h e	B3	2.4 4.1 6.3 8.1	–	I	2	>*			11.2	c f l			234
h	s	2	Rh	ccs	Me En	Sr	oa		6-9		3		2	h e	B6b	3.2 6.2 6.3 6.5	8	I	2	>*			11.242?	c k l			235
h	s		Rh	ccs	Me En	Sr	oa		5-9		–		2	h e	B3a	4.2 6.5 6.6 7.2	–	I	1	=			8.111?	c f l			236
h	t		Rh	ccs	Me En	Sr	oa		6-9		3		2	h e	F3a	6.5 6.6	2	I	2	=			8.111?	c f k			237
h	s		Rh	ccs	Me En	Sr	oa		5-9		4		3	h e	F9	6.3 7.2	8	I	2	=			11.242	c f l			238
h	s		Rh	ccs	Me En	Sr	oa		5-9		4		2	h e	F6	5.1 6.3 6.5 7.2	–	I	2	=			11.242?	c f l			239
h	s		Rh	ccs	Me En	Sr	oa		5-9		3		2	h e	F1	2.4 4.1 6.3 7.2	–	I	2	=			11.242?	c f k			240
h	t		Rh	ccs	Me En	Sr	oa		6-9		3		2	h e	E4	4.2 6.3 6.5 7.2	2	I	2	=			11.514?	c f l			241
h	s		Rh	ccs	Me En	Sr	oa		5-9		3		2	h e	E3b	4.1 6.3 7.1 7.2	–	I	2	=			11.244	c f k			242
c	t		Rh	ccs	Me En	Sr	oa		6-9		3		2	h e	F6b	3.3 6.5 7.2 8.1	–	I	1	=			11.514	f			243
c	t		Rh	ccs	Me En	Sr	oa		6-9		3		2	h e	F9	3.3 6.5	–	I	2	=			10.2?	f			244
h	s		Rh	ccs	Me En	Sr	oa		6-9		–		2	h e	F7	6.5 7.1	–	I	1	=			?	c l			245
h	s		Rh	css	Me	Sr	oa		6-9		–		2	h e	F4a	6.6	–	I	1	=			8.111		241		246
h	s		Rh	ccs	Me En	Sr	oa		6-9		3		2	h e	F7	4.2	–	I	2	=			7.111	c	243		247
h	s		Rh	ccs	Me En	Sr	oa		5-9		–		2	h e	E4c	6.3 6.5 7.2 8.1	–	I	2	=			11.514?	c f l			248
h	s		Rh	ccs	Me En	Sr	oa		6-9		–		2	h e	F7	4.1 4.2 6.5 6.6	–	I	1	=			8.111?	c f k			249
h	s		Rh	ccs	Me En	Sr	oa		6-9		3		2	h e	F7	6.3 6.5 6.6	–	I	1	=			?	c			250
h	s		Rh	ccs	Me En	Sr	oa		6-9		–		2	h e	F3a	4.1	–	I	1	=			7.111	f k			251
h	s		Rh	ccs	Me En	Sr	oa		6-9		4		2	h e	E1	6.3 6.5 7.2 8.1	–	I	2	=			11.514?	c f l			252
h	s		Rh	ccs	Me En	Sr	oa		6-9		–		2	h e	F4a	6.5 6.7	–	I	1	=			10.41?	c			253
h	s		Rh	ccs	Me En	Sr	oa		6-9		4		2	h e	F8	2.2 2.4 6.5	–	I	2	=			5.121?	c k			254
h	s		Rh	ccs	Me En	Sr	oa		5-9		4		3	h e	F6b	2.2 6.3 6.7 7.2	–	I	2	>*			11.24	c k l			255
c	s		Rh	ccc	Me En	Sr	oa		5-8		2		4	h e	E2g	2.2 2.9 7.1 7.4	8	N	4	<			11.2?	c g l			256
h	s	1	Rh	ccs	Me En	Sr	oa		5-9		4		4	h e	B6b	2.2 6.2 6.3 6.4	–	I	2	>*			11.24	c f l			257
h	s		Rh	ccs	Me En	Sr	oa		6-9		4		2	h e	F6b	4.1 6.3	–	I	2	=			11.242?	d			258
h	s		Rh	ccs	Me En	Sr	oa		6-9		3		2	h e	F4a	6.5 6.6	–	I	1	=			8.111?	k			259
h	s		Rh	ccs	Me En	Sr	oa		6-9		3		2	h e	F7	4.1 4.2	–	I	2	=			7.111	c			260
h	s		Rh	ccs	Me	Sr	oa		6-9		3		2	h e	F3a	4.2 6.3	–	I	2	=			11.231		243		261
h	s		Rh	ccs	Me En	Sr	oa	4*	5-9		4		3	h e	F9	2.4 6.3 7.2	–	I	2	=			11.242?	c f			262
h	s		Rh	ccs	Me En	Sr	oa		6-9		3		2	h e	E4	4.2 6.3 6.5 7.2	–	I	1	=			11.24?	f l			263
h	s		Rh	ccs	Me En	Sr	oa		6-9		3		2	h e	F6	6.5 7.1 7.2 8.1	–	I	2	=			11.514?	c f l			264
h	s		Rh	ccs	Me En	Sr	oa		6-9		–		2	h e	F6b	3.2 3.3 4.1 6.5	–	I	1	=			10.2?	f			265
h	s		Rh	ccs	Me En	Sr	oa		6-9		–		2	h e	F4b	4.1	–	I	2	=			7.111	c			266

Nummern			Taxa			Klima						Boden												
SEN	SIN	FAN	Gattung	Aggregat/Einzelart	Kleinart	T	v	K	v	L	v	F	v	W	R	v	N	v	S	M	H	v	D	v
267	–	–	Alchemilla		platygyria	2	I	2	I	3	I	3.5	I	1	3	I	3	I			5	I	3	I
268	18300	–	Alchemilla		plicata	2.5	I	3	I	3	II	2.5	I	3	4	I	3	I			3	II	3	II
269	–	–	Alchemilla		propinqua	2.5	I	3	I	3	II	3	II	2	3	I	4	I			5	I	3	I
270	18700	–	Alchemilla		racemulosa	2.5	I	2	I	3	II	4	I	2	3	I	4	I			5	I	1	I
271	–	–	Alchemilla		radiisecta	1	I	2	I	5	I	3	I	1	2	I	2	I			5	I	3	I
272	18800	–	Alchemilla		reniformis	2	II	2	I	4	I	4	I	2	2	II	3	I			5	II	1	I
273	18900	–	Alchemilla		rhododendrophila	2	I	3	I	3	II	3.5	I	2	3	II	3	I			5	I	1	I
274	–	–	Alchemilla		rubristipula	2.5	I	3	I	4	I	2.5	I	2	4	I	3	I			5	I	3	I
275	–	–	Alchemilla		saliceti	2	I	2	I	3	I	3.5	I	2	3	II	3	I			3	I	1	II
276	19200	–	Alchemilla		schmidelyana	2	I	2	I	3	II	3	I	2	4	I	2	I			3	I	3	I
277	–	–	Alchemilla		semihirta	2	I	2	I	4	I	3.5	I	2	3	I	3	I			3	I	3	I
278	19400	–	Alchemilla		semisecta	1.5	I	2	I	4	I	4	I	1	3	I	3	I			3	I	3	I
279	19500	–	Alchemilla		sericoneura	2.5	I	2	I	4	I	3	I	1	4	I	2	I			3	I	3	I
280	19600	–	Alchemilla		sinuata	2	I	2	I	3	II	3.5	I	2	4	II	3	I			5	I	3	I
281	19700	63.17.11	Alchemilla		speciosa	3.5	II	2	I	3	II	3	I	1	3	I	4	I			3	II	3	II
282	19800	–	Alchemilla		splendens	2	II	3	II	4	II	3.5	II	2	4	II	2	II			3	II	3	II
283	–	–	Alchemilla		squarrosula	2	I	3	I	4	I	3	I	2	4	I	3	I			3	I	3	I
284	–	–	Alchemilla		stiriaca	2	I	3	I	3	I	3.5	I	2	3	I	3	I			5	I	3	I
285	20000	–	Alchemilla		straminea	2	I	2	I	3	II	4	I	2	3	II	3	I			3	II	1	I
286	20100	–	Alchemilla		strigosula	2	I	3	I	3	II	3	I	3	3	I	3	I			5	I	3	II
287	20200	–	Alchemilla		subcrenata	2.5	I	3	I	3	II	3.5	I	2	3	I	4	I			5	II	1	II
288	–	–	Alchemilla		subglobosa	2.5	I	3	I	3	I	3	I	2	3	I	4	I			5	I	3	I
289	20500	–	Alchemilla		tenuis	2.5	II	3	I	3	II	3	II	2	3	II	3	II			3	II	3	II
290	–	–	Alchemilla		tirolensis	2	I	3	I	4	I	3	I	2	4	I	3	I			3	I	3	I
291	20600	–	Alchemilla		trunciloba	2	I	3	I	3	II	3	II	2	3	II	3	I			5	I	3	I
292	20700	–	Alchemilla		undulata	2	I	2	I	4	I	3.5	I	2	3	I	4	I			3	I	3	I
293	20800	–	Alchemilla		venosula	1.5	I	2	I	3	II	4	I	2	4	I	3	I			3	I	1	I
294	20900	–	Alchemilla		versipila	2	I	2	I	3	II	4	I	2	4	I	3	I			3	II	1	II
295	21000	–	Alchemilla		vetteri	2	I	3	I	4	I	3	I	2	4	I	2	I			3	I	5	I
296	–	–	Alchemilla		westermaieri	2	I	3	I	4	I	2.5	II	2	5	I	3	I			3	I	3	I
297	21300	–	Alchemilla		xanthochlora	3	II	2	I	3	II	3.5	II	2	3	I	4	I			3	II	1	I
298	21600	–	Aldrovanda	vesiculosa		5	II	2	I	4	II	5u	I	1	3	I	2	I			–	–	–	–
299	–	–	Alisma	plantago-aquatica aggr.		4	II	3	I	4	I	5	I	3	3	II	3	I			1	II	1	II
300	21700	–	Alisma		gramineum	4.5	I	3	I	4	I	5	II	3	4	I	3	I			1	II	3	II
301	21800	126.3.2	Alisma		lanceolatum	4	I	3	I	4	I	5	I	3	4	I	3	I	ss		1	II	1	I
302	21900	126.3.1	Alisma		plantago-aquatica	4	I	3	I	4	I	5	I	3	3	I	3	I	ss		1	II	1	I
303	22100	54.5.1	Alliaria	petiolata		4	I	3	I	2	II	3.5	I	1	4	II	5	II		m	3	I	3	II
304	–	–	Allium	angulosum aggr.		x	–	4	II	4	II	x	–	x	5	II	x	–			x	–	x	–
305	22200	143.23.1	Allium		angulosum	4	I	4	I	4	II	4	II	3	5	I	3	I			5	I	1	I
306	22700	143.23.3	Allium		ericetorum	3	II	4	I	5	I	2	I	1	5	I	2	I		m	1	I	3	I
307	–	143.23.4	Allium		kermesinum	2	I	4	II	4	I	3	I	2	5	I	2	I			3	I	3	I
308	23100	143.23.2	Allium		lusitanicum	3	II	4	I	4	II	1.5	I	1	5	I	2	I			1	I	5	I
309	22300	143.23.10	Allium	ascalonicum		5	II	3	II	4	II	3	II	2	4	I	4	II			3	II	1	II
310	22600	143.23.10	Allium	cepa		5	II	3	II	4	II	2.5	II	2	4	I	4	I			3	I	3	I
311	22800	143.23.11	Allium	fistulosum		4	II	4	I	4	I	2.5	II	1	4	I	3	I			3	I	3	I
312	–	143.23.21	Allium	flavum		4	I	4	I	5	I	1	I	1	4	I	2	I			3	I	1	I
313	22900	143.23.8	Allium	insubricum		2	I	4	I	4	I	2	I	1	5	I	2	I			1	I	1	I
314	–	–	Allium	lineare aggr.		3	II	5	I	5	I	x	–	1	3	II	2	I			x	–	x	–
315	23000	143.23.6	Allium		strictum	3	I	5	I	5	I	1	I	1	3	I	2	I			1	I	5	I
316	24700	143.23.5	Allium		suaveolens	3.5	II	5	I	5	I	4	I	3	4	I	2	I			5	I	1	I
317	–	143.23.17	Allium	moschatum		5	I	4	I	4	I	1	I	1	5	I	1	I			1	I	1	I
318	23300	143.23.7	Allium	narcissiflorum		2	I	4	I	4	I	3	I	1	5	I	2	I			1	I	1	I
319	–	143.23.14	Allium	neapolitanum		5	I	2	I	3	I	2	II	3	3	II	4	I			3	I	1	II
320	23400	–	Allium	nigrum		5	I	2	I	4	I	2	I	1	3	I	3	I			3	I	3	I
321	–	–	Allium	oleraceum aggr.		4	II	4	II	4	II	2	II	2	3	II	3	II			3	II	3	II
322	22400	143.23.22.1	Allium		carinatum	3.5	I	4	II	4	II	2.5	II	3	4	I	2	I		m	3	II	1	II
323	23600	143.23.20	Allium		oleraceum	3.5	I	3	I	3	II	2.5	I	2	3	I	3	I			3	I	1	II
324	–	143.23.19	Allium		pallens	5	I	3	I	4	II	2	I	2	3	I	3	II			3	I	1	II
325	23700	143.23.18	Allium		paniculatum	4	I	4	I	4	I	2	II	1	4	I	3	I			3	I	3	I
326	23900	143.23.22.2	Allium		pulchellum	4.5	II	4	I	4	I	2	I	2	4	I	2	I		m	3	II	3	II
327	23750	143.23.15	Allium	paradoxum		4.5	I	3	I	2	II	3	II	2	3	II	4	I			3	I	1	II
328	–	–	Allium	porrum aggr.		4.5	II	3	II	4	I	2.5	II	2	3	II	3	II			3	II	3	II
329	–	143.23.24	Allium		ampeloprasum	4	I	2	II	4	I	2	I	2	3	II	3	I			3	II	1	II
330	23800	143.23.25	Allium		porrum	5	I	3	I	4	I	3	II	2	3	I	4	II			3	I	3	I
331	–	–	Allium	roseum aggr.		5	I	3	II	4	II	2	II	2	3	II	3	II			3	II	1	II
332	–	143.23.13	Allium		roseum	5	I	2	II	4	I	2	I	2	3	II	3	II			3	II	1	II
333	–	–	Allium		trifoliatum	5	I	3	I	5	I	1.5	I	2	3	II	2	II			3	II	1	II
334	24100	143.23.23	Allium	sativum		4.5	I	4	I	3	II	3	II	2	4	I	3	II			3	I	1	I
335	–	143.23.27	Allium	scaberrimum		4.5	I	3	I	4	I	2	I	2	4	I	3	I			3	I	1	I
336	24200	143.23.9	Allium	schoenoprasum		2.5	II	3	I	4	II	4	I	3	4	I	3	II			3	I	1	I
337	–	–	Allium	scorodoprasum aggr.		4.5	I	x	–	4	II	x	–	2	4	II	x	–			3	II	1	II
338	–	143.23.28	Allium		acutiflorum	4.5	I	2	II	4	I	1.5	I	2	3	II	2	II	s		3	II	1	II
339	–	143.23.26	Allium		polyanthum	4.5	I	3	I	4	I	1.5	I	2	3	I	3	I			3	II	1	II
340	24000	143.23.30	Allium		rotundum	4.5	I	5	I	4	I	2	I	2	5	I	3	I			3	I	1	I
341	24300	143.23.29	Allium		scorodoprasum	4.5	I	3	I	3	II	3.5	I	2	4	I	4	I			3	I	1	I
342	24500	143.23.31	Allium	sphaerocephalon		4.5	II	2	I	4	I	1.5	I	2	4	I	2	I	s	m	1	I	3	I
343	24800	143.23.16	Allium	ursinum		3.5	I	2	I	2	II	4	I	2	4	I	3	II			3	I	1	I
344	24900	143.23.12	Allium	victorialis		2	I	3	I	4	II	3.5	I	2	4	II	3	II			3	I	3	I
345	25000	143.23.32	Allium	vineale		4	I	2	I	4	I	2.5	I	2	3	I	3	II			3	I	1	I
346	–	31.2.4	Alnus	cordata		3.5	I	2	I	3	I	4	I	3	3	II	4	II			3	II	1	II
347	25200	31.2.2	Alnus	glutinosa		4	I	3	I	3	II	4.5	I	3	3	II	4	I	s	m	5	I	1	I
348	25300	31.2.3	Alnus	incana		3	II	3	I	3	II	4	II	3	4	I	4	II		m	3	II	1	I
349	–	–	Alnus	viridis aggr.		2	I	2	II	3	II	4	II	3	2	II	4	II			3	II	1	II
350	25100	–	Alnus		brembana	2	I	2	II	4	II	3	I	3	2	I	3	I			3	II	3	II
351	25400	31.2.1	Alnus		viridis	2	I	2	I	3	II	4	I	3	2	II	4	I		m	3	I	1	I
352	25600	139.52.5	Alopecurus	alpinus		1.5	I	4	I	4	I	3	I	1	2	I	2	I			3	II	3	I
353	–	139.52.4	Alopecurus	bulbosus		4	II	2	I	4	I	4	II	2	3	I	5	I	s		3	I	3	I
354	–	–	Alopecurus	geniculatus aggr.		3	II	3	II	4	II	4.5	II	3	3	I	3	II			3	II	1	I
355	25500	139.52.3	Alopecurus		aequalis	3	I	2	I	4	II	5	II	3	3	I	4	I	s		3	I	1	I

Strategien					Biologisches Verhalten										Vorkommen						Pflanzengesellschaften			Literatur			
LF	BD	WT	RO	KS	DA	VA	FS	MA	BZ	BS	MV	SU	DG	GI	GV	LR	EG	AE	EM	VE	1	2	3	BL	SL	TB	SEN
h	s		Rh	ccs	Me En	Sr	oa		6-9		–		2	h e	F8	6.5 6.6 7.1 8.2	–	I	1	=			10.212?	c			267
h	s		Rh	ccs	Me En	Sr	oa		5-9		4		4	h e	D3	2.6 3.3 6.2 6.3	–	I	2	>*			11.24	c f l			268
h	s		Rh	ccs	Me En	Sr	oa		5-9		4		4	h e	D4	2.2 6.3	–	I	2	=			11.242	c l			269
h	s		Rh	ccs	Me En	Sr	oa		5-9		3		2	h e	E4	6.3 8.2	–	I	2	=			11.24?	c f l			270
h	s		Rh	ccs	Me En	Sr	oa		6-9		–		2	h e	F3a	6.5	–	I	1	=			10.41	k			271
h	s		Rh	ccs	Me En	Sr	oa		5-9		3		2	h e	E4	4.1 5.1 6.3 6.5	–	I	2	=			11.24?	c f l			272
h	s		Rh	ccs	Me En	Sr	oa		5-9		4		3	h e	F6	7.1 7.2	–	I	2	=			12.3?	c f			273
h	s		Rh	ccs	Me En	Sr	oa		5-9		4		2	h e	E3b	6.3 6.5 7.2	–	I	2	=			11.24?	c l			274
h	s		Rh	ccs	Me En	Sr	oa		5-9		3		2	h e	F6	8.1	–	I	2	=			13.411				275
h	s		Rh	ccs	Me En	Sr	oa		6-9		3		2	h e	F9	2.2 6.3	–	I	2	=			11.242	f k			276
h	s		Rh	ccs	Me En	Sr	oa		6-9		3		2	h e	F6b	6.5	–	I	2	=			10.2?	c	241		277
h	s		Rh	ccs	Me En	Sr	oa		6-9		–		2	h e	F1	3.2 4.1 6.5 6.6	–	I	1	=			8.111?	c f l	242		278
h	s		Rh	ccs	Me En	Sr	oa	r4	6-9		–		2	h e	F6	6.3 6.7 7.1	–	I	2	=			11.244?	c f l			279
h	s		Rh	ccs	Me En	Sr	oa		5-9		3		2	h e	E2d	3.2 6.3 6.5 7.2	–	I	1	=			11.244?	c f k			280
c	t		Rh	ccc	Me En	Sr	oa		6-9		3		2	h e	E2i	2.9 7.1	–	N	4	<			11.514	c g l			281
h	s		Rh	ccs	Me En	Sr	oa		6-9		–		2	h e	F6	3.2 3.3 6.5 7.2	2	I	1	=			10.21	c f l			282
h	s		Rh	ccs	Me En	Sr	oa		6-9		3		2	h e	F6b	3.3 6.3 6.5 7.2	–	I	2	=			10.212?	f			283
h	s		Rh	ccs	Me En	Sr	oa		6-9		3		2	h e	F8	6.5 7.2 8.2	–	I	2	=			11.514	c			284
h	s		Rh	ccs	Me En	Sr	oa		6-9		3		2	h e	E1	4.1 5.1 6.3 7.2	–	I	2	=			7.111	c f k			285
h	s		Rh	ccs	Me En	Sr	oa		5-9		4		2	h e	E5	2.4 2.6 6.2 6.3	–	I	2	=			11.242	c f l			286
h	s		Rh	ccs	Me En	Sr	oa		5-9		4		2	h e	B6b	2.2 6.3 6.7 7.2	–	I	2	>*			11.24	c f l			287
h	s		Rh	ccs	Me En	Sr	oa		5-9		4		4	h e	D5	2.2 6.2 6.3 7.2	–	I	2	=			11.242	c l			288
h	s		Rh	ccs	Me En	Sr	oa		5-9		4		2	h e	E3	4.1 6.3 6.5 6.7	–	I	2	=			11.242	c f l			289
h	s		Rh	ccs	Me En	Sr	oa		5-9		4		3	h e	F7	2.6 3.2 6.3 6.5	–	I	1	=			11.244?	c k l			290
h	s		Rh	ccs	Me En	Sr	oa		6-9		3		2	h e	E3	2.4 6.3 7.1 8.1	–	I	2	=			13.411?	f k			291
h	s		Rh	ccs	Me En	Sr	oa		6-9		3		2	h e	E2d	4.2 6.3 6.6 7.2	–	I	2	=			11.242?	c k l			292
h	s		Rh	ccs	Me En	Sr	oa		6-9		3		2	h e	E2c	4.1 6.3 6.5 8.2	–	I	2	=			10.2?	c f k			293
h	s		Rh	ccs	Me En	Sr	oa		5-9		3		2	h e	F1	3.3 4.1 6.3 8.1	–	I	1	=			11.514?	c f k			294
h	s		Rh	ccs	Me En	Sr	oa		6-9		3		2	h e	E3a	6.5 6.7 7.1 9.2	–	I	2	=			10.211?	k			295
h	s		Rh	ccs	Me En	Sr	oa		6-9		3		2	h e	F6	6.5	–	I	2	=			10.211?				296
h	s		Rh	ccs	Me En	Sr	oa	7*	5-9		4		3	h e	D3	2.4 4.1 6.3 7.2	–	I	2	>*			11.24	c f l			297
a.ff	s		Tu	sss	Hy	As	zw		7-8	au	–		3	h e	A3	1.1 1.3	4	N	2	<			1.121				298
g	s		Rs Tu	crs	Hy Dy	As	zw		6-9	my	1		1	tg e	B2		–	I	1-2	>					51, 52		299
g	s	2	Rs Tu	crs	Hy Dy	As	sb zw		6-8	au	–		1	tg e	B4	1.1 1.2 1.3	4	I	1	>			6.1			B	300
g	s		Rs Tu	crs	Hy Dy	As	zw		5-8		–		1	tg e	B3	1.1 1.2 1.3 2.5	4	I	1	>			6.1				301
g	s	1	Rs Tu	crs	Hy Dy	As	zw		6-9		–		2	tg e	B4	1.1 1.2 1.3 2.5	4	I	2	>	6.1						302
h-t	t		Zw	ccr	Bo At	Ws	zw	p3	4-6	au ca my me	2	3	4	h e	B6	2.3 2.5 2.6 9.2	1	I	3	<	5.13	5.132	14.71201				303
g	s t		Rh Zw	crs	Bo	Bz Sr	zw		6-9		2		2	tg e	B4		–	I/N	1-2	>							304
g	t		Rh Zw	crs	Bo	Bz Sr	zw		7-9	au my me le	2		2	tg e	B6	1.3 5.1 6.3	5	I/N	2	>	11.23						305
g	s		Rh Zw	crs	Bo	Bz Sr	zw		6-8		2		2	tg e	E4	3.2 3.3 6.2 6.5	–	I	1	>			9.121				306
g	s		Rh Zw	crs	Bo	Bz Sr	zw		6-8		2		2	tg e	F4b	3.2 3.3 6.5	–	I	1	>			10.212	m			307
g	t	1	Rh Zw	crs	Bo	Bz Sr	fa zw		7-9	au my me le	2		2	tg e	B4a	3.1 3.2 6.2 9.1	6	I	2	>	9.1	10.21	10.421		239		308
g	s		Zw	crs	Bo At	Bz Sb	zw		6-8	??	2		1	tg e	A4a	2.9	–	A	5	>			?			H	309
g	t		Zw	crs	Bo At	Bz Sb	zw		6-8	me my hm ve	2		2	tg e	A4a	2.2 2.9	7	Ja	5	=			?			H	310
g	t		Zw	crs	Bo At	Bz	zw		6-8	me	2		2	tg	A4b	2.2 2.9 3.2	7	A	5	=			?			H	311
g	s	1	Zw	crs	Bo At	Bz	zw		6-7	??	2		1	tg	D1	3.1 6.2 7.3 9.3	–	I/N	2	=			9.11	c m			312
g	s		Rh Zw	crs	Bo	Bz	zw		7-8		2		1	tg	F3c	3.2 3.3 6.5 7.1	–	I	1	>			10.2116				313
g	s		Zw	crs	Bo	Bz Sr	zw		6-9		2		2	tg e	B6		–	I	2	>					143		314
g	s		Rh Zw	crs	Bo	Bz Sr	zw		6-8		2		2	tg e	B6a	3.1 3.2 6.2 6.5	6	I	2	>			9.1		143		315
g	s		Rh Zw	crs	Bo	Bz? Sr	zw		7-9	en	2		2	tg e	B6a	5.1 6.3	5	I	2	>	11.231						316
g	s		Zw	crs	Bo	Bz	zw		7-9		–		1	tg	D1	3.1 6.2 7.1 7.3	–	I	1	>			9.1	k m			317
g	v		Rh Zw	crs	Bo	Bz	zw		6-7		2		1	tg	F2	3.2 3.3 6.5	–	I	1	=			3.311				318
g	v		Zw	crs	Bo	Bz	zw		4-6		2		1	tg	C2	2.3	–	I	3	=			5.13	k m			319
g	s		Zw	crs	Bo	Bz	zw		5-6	en	2		2	tg	C2	2.1	7	N	3	>			2.3	k m			320
g	s		Zw	crs	Bo	Bz	zw		6-8		2		2	tg	B6		–	I/A	2-3	>							321
g	s		Zw	crs	Bo	Bz Sb	zw		6-7	me of	2		2	tg	D1	3.1 6.2 6.3 6.7	–	I	2	>	9.1	11.111	14.811				322
g	s	1	Zw	crs	Bo At	Bz Sb	zw		7-8	of	2		2	tg	B6	2.1 3.1 6.2 7.4	7	I/A	3	>	9.1						323
g	s		Zw	crs	Bo	Bz	zw		6-7		2		2	tg	B6a	2.1 2.3 6.2 7.3	–	I	2	>			9.21	k m			324
g	s		Zw	crs	Bo	Bz	zw		6-8		2		2	tg	B6	2.1 2.8 6.2 7.3	–	I	2	>			9.11				325
g	s		Zw	crs	Bo	Bz	zw		7-8	??	2		2	tg	C1	3.1 3.2 3.3 6.2	6	I	2	>			9.1			E	326
g	v		Zw	crs	Bo	Bz Sb	nf		4-5	?? of	2		4	tg	E2i	2.3 2.7 2.9 9.2	7	N	2	<			5.13	g h i			327
g	w		Zw	crs	Bo	Bz	zw		4-7	me ca	2		2	tg	C2		–	I/N/Ja	3-5	=							328
g	w		Zw	crs	Bo	Bz	zw		4-6	Eidechse°	2		2	tg	C2	2.1 2.2 2.9	–	I/N	3	=			9.221				329
g	w		Zw	crs	Bo At	Bz	zw		6-7		2		2	tg	C2	2.1 2.2 2.9	7	Ja	5	=			?	m		H	330
g	v		Zw	crs	Bo	Bz	zw		4-5		2		1	tg e	C2		–	I	3	=							331
g	v		Zw	crs	Bo	Bz	zw		4-5		2		1	tg e	C2	2.1 2.2 6.2 7.3	–	I	3	=			9.22				332
g	v		Zw	crs	Bo	Bz	zw		4-5		2		1	tg e	C2b	2.1 7.3	–	I	3	=			9.22?	k m			333
g	t		Zw	crs	Bo	Bz Sb	zw		6-8	of	2		2	mg e	C2b	2.1 2.7 2.9	7	Ja	4	=			?			H	334
g	t		Zw	crs	Bo	Bz	zw		6-7		2		2	tg e	F2a?	2.1 2.2	–	I?	3	=			2.312	m			335
g	t	1	Zw	crs	Bo At	Bz	zw		5-8	au my hm	3		3	tg e	B3	3.3 4.1 6.3 6.5	5	I/A	3	=	11.244	11.231	7.23			H	336
g	s		Zw	crs	Bo	Bz	zw		6-8	au ca my me*	2		1	tg e	C2		–	I/A/Ja	3	>							337
g	s		Zw	crs	Bo	Bz	zw		6-7		2		1	tg e	D1a	2.2 3.2 7.3	–	I	3	>			4.211	m			338
g	s		Zw	crs	Bo	Bz	zw		6-7		2		1	tg e	D1b	2.1 2.2 2.8	–	I	3	>			2.3a	m			339
g	s		Zw	crs	Bo	Bz Sb	zw		6-8	me my le ca	2		1	tg e	C2	2.1 6.2 7.3 7.4	7	I/A	3	>			2.3				340
g	v		Zw	crs	Bo At	Bz Sb	zw		6-8		2		2	tg e	C2b	2.1 2.3 6.3 9.2	7	Ja	2	>			5.13				341
g	s	1	Zw	crs	Bo	Bz	zw		6-7	au me my le*	2		2	tg e	C2c	3.1 3.2 6.2 7.3	6	I/A	2	>	9.131	9.113					342
g	v	2	Rh Zw	crs	My Bo	Bz	zw		4-6	au me my	2	2	5	mg h e	B6	2.3 2.8 7.4 9.2	1	I	2	<	14.73	14.721	14.735				343
g	s		Rh Zw	crs	Bo	Bz	zw		6-8	my le (me)*	2		3	tg e	B4b	6.3 6.5 7.2 8.2	2	I	1	=	10.212	11.51					344
g	t	3	Rh Zw	crr	Bo	Bz Sb	zw		6-8	me (my)	3		3	tg e	C2	2.1 2.2 6.7 7.4	7	A/N	3	<	2.31						345
p	s		Wh	ccc	Me Dy	Sr	mo		3-5	an	–		2	e	D1	2.9 7.5 9.2	–	I	2	=			13.211	k m			346
p	s	4.5	Wh	ccs	Me Dy	Sr	mo	150*	2-4	an (or)	–		4	e	B6	7.5 9.2	1	I	1	=	14.611						347
p	s	3.5	Wh	ccs	Me Dy	Sr	fa mo	100*	2-4	an (or)	–	3	4	e	B6	7.5 9.2	1	I	1	=	14.721	14.712					348
n	s		Wh	ccs	Me Dy	Sr	mo		4-7	an	1		4	e	E4		–	I	2	=						B	349
n	s		Wh	ccs	Me Dy	Sr	mo		4-6	an	1		4	e	F3b*	6.5 8.1	–	I	2	=			13.4		475		350
n	s	3.5	Wh	ccs	Me Dy	Sr	mo	64*	4-7	an	1		5	h e	E4	8.1 8.2 9.1 9.2	2	I	2	>*	13.411						351
h	t?		Rs	crs	Me	Sr	zw		7-8	an	3		2	e	E2i	3.3 6.5 6.6	–	I	1	=			10.412				352
h	t?		Rh Zw	crs	Me	Sr	zw		5-9	an	2		3	e	C2c	6.3	–	I	3	>			11.2				353
k-t	w s		Rs	crs	Me Dy	Kt Sw	zw		5-9	au	2		4	e	B3		–	I	2	>						B	354
k-t	w s		Rs	crs	Me En	Kt Sw	zw		5-9	au	2	4	4	e	B3	1.4 2.6 6.3	5	I	2	>	2.211	2.111	11.233				355

Nummern			Taxa			Klima						Boden												
SEN	**SIN**	**FAN**	**Gattung**	**Aggregat/Einzelart**	**Kleinart**	**T**	**v**	**K**	**v**	**L**	**v**	**F**	**v**	**W**	**R**	**v**	**N**	**v**	**S**	**M**	**H**	**v**	**D**	**v**
356	25700	139.52.2	**Alopecurus**		**geniculatus**	3.5	I	3	I	4	I	4.5	I	3	3	I	3	II	s		3	II	1	I
357	25900	139.52.6	**Alopecurus**	**myosuroides**		4	I	4	I	4	II	3	I	1	4	II	3	I	s		3	I	3	I
358	26000	139.52.1	**Alopecurus**	**pratensis**		3.5	II	3	II	4	I	3.5	I	2	3	I	4	I			3	I	1	I
359	26100	139.52.7	**Alopecurus**	**rendlei**		4.5	I	2	I	4	I	3	II	3	4	I	3	I			3	I	1	I
360	–	–	**Alternanthera**	**tenella**		5	I	2	I	5	I	2	I	3	3	I	3	I			1	I	5	I
361	–	45.3.2	**Althaea**	**cannabina**		4.5	I	4	I	5	I	3.5	II	3	3	I	3	I			3	II	1	II
362	26300	45.3.1	**Althaea**	**hirsuta**		5	I	4	I	4	I	2	I	1	4	I	3	II			3	I	3	I
363	26400	45.3.3	**Althaea**	**officinalis**		4.5	I	5	I	4	II	4	I	3	4	I	4	I	ss		3	I	5	I
364	–	–	**Alyssoides**	**sinuata**		5	I	4	I	4	I	2	I	1	5	I	2	I			1	I	5	I
365	26600	54.30.1	**Alyssoides**	**utriculata**		4	I	4	I	4	I	2	I	1	3	I	2	I			3	I	5	I
366	–	–	**Alyssum**	**alpestre aggr.**		x	–	4	II	4	I	1	I	1	3	II	1	I		m	3	II	1	I
367	26700	54.31.10	**Alyssum**		**alpestre**	2	I	4	I	4	I	1	I	1	3	I	1	I		m	3	I	1	I
368	–	54.31.11	**Alyssum**		**serpyllifolium**	4.5	I	3	I	4	I	1	I	1	3	II	1	I		m	3	I	1	I
369	26800	54.31.2	**Alyssum**	**alyssoides**		3.5	I	4	I	4	I	1.5	I	1	3	I	2	II			3	I	3	I
370	–	–	**Alyssum**	**argenteum aggr.**		x	–	4	I	4	I	1.5	I	1	3	II	2	II		m	1	I	5	I
371	26900	54.31.9	**Alyssum**		**argenteum**	2.5	I	4	I	4	I	1.5	I	1	3	I	1	I		m	1	I	5	I
372	–	–	**Alyssum**		**murale**	4.5	I	4	I	4	I	1.5	I	1	4	I	2	I		m	1	I	5	I
373	–	54.31.1	**Alyssum**	**ligusticum**		2.5	II	3	I	4	I	2	I	1	4	II	2	I			3	I	5	I
374	–	–	**Alyssum**	**montanum aggr.**		x	–	x	–	4	II	2	II	1	4	II	1	II		m	3	II	5	I
375	–	54.31.8	**Alyssum**		**cuneifolium**	2	I	3	I	5	I	2.5	II	1	3	II	1	I			3	II	5	I
376	–	–	**Alyssum**		**gmelinii**	4	I	4	I	5	I	1	I	1	4	I	1	I			3	I	5	I
377	27200	54.31.7.1	**Alyssum**		**montanum**	4	I	4	I	4	I	1	II	1	4	II	2	I		m	3	I	5	I
378	–	54.31.6	**Alyssum**		**ovirense**	1.5	I	2	I	4	I	2.5	I	1	5	I	1	I		m	1	I	5	I
379	–	54.31.5	**Alyssum**		**wulfenianum**	3	I	3	I	5	I	2	I	2	5	I	1	I		m	1	I	5	I
380	–	54.31.4	**Alyssum**	**repens**		3.5	I	4	I	4	I	1.5	I	1	4	II	2	I		m	3	I	5	I
381	27400	54.31.3	**Alyssum**	**simplex**		5	I	3	I	4	I	1	I	1	3	I	2	I			3	I	3	I
382	27500	36.1.8	**Amaranthus**	**albus**		4.5	I	3	I	5	I	2.5	I	1	3	II	3	I	s		3	I	3	I
383	–	36.1.5	**Amaranthus**	**blitoides**		4.5	I	3	I	4	I	2	I	1	4	II	4	I	s		3	I	3	I
384	–	–	**Amaranthus**	**blitum aggr.**		4.5	II	2	II	4	I	3	II	1	3	II	4	I			3	II	3	I
385	27600	36.1.11	**Amaranthus**		**blitum**	4	I	2	I	4	I	2.5	I	1	3	II	4	I			5	I	3	I
386	–	–	**Amaranthus**		**emarginatus**	4.5	I	2	I	4	I	3	I	1	3	II	4	I	s		3	I	3	I
387	–	36.1.6	**Amaranthus**	**crispus**		4.5	I	4	I	4	I	2.5	I	1	3	II	4	I	s		3	I	3	I
388	28100	36.1.10	**Amaranthus**	**deflexus**		5	I	2	I	4	I	2.5	I	1	3	I	4	I	s		3	I	3	I
389	28200	36.1.9	**Amaranthus**	**graecizans**		5	I	3	I	4	I	1.5	I	1	3	I	4	I			3	I	3	I
390	–	–	**Amaranthus**	**palmeri**		5	I	4	I	4	I	2	I	3	3	I	3	I			1	I	5	I
391	–	–	**Amaranthus**	**retroflexus aggr.**		4.5	II	2	II	4	I	2.5	I	1	4	II	4	I			3	I	3	II
392	27700	36.1.3	**Amaranthus**		**bouchonii**	4.5	I	2	I	4	I	2.5	II	1	4	II	4	I			3	I	3	I
393	27800	36.1.1	**Amaranthus**		**caudatus**	5	I	1	I	4	I	2.5	I	1	4	II	4	I			3	I	3	I
394	27900	36.1.2	**Amaranthus**		**cruentus**	4.5	I	2	I	4	I	2.5	I	1	4	II	4	I			3	I	3	I
395	28500	36.1.4	**Amaranthus**		**patulus**	4.5	I	2	I	4	I	2	I	1	4	II	4	I	s		3	I	3	I
396	28500	36.1.3	**Amaranthus**		**powellii**	4.5	I	2	I	4	I	2.5	II	2	4	II	4	I	s		3	I	3	I
397	28900	36.1.4	**Amaranthus**		**retroflexus**	4	I	3	I	4	I	2.5	II	2	3	II	4	II	s	m	3	I	1	II
398	–	–	**Amaranthus**	**spinosus**		5	I	2	I	4	I	2	I	2	3	I	4	I			3	I	3	I
399	–	36.1.7	**Amaranthus**	**standleyanus**		5	I	2	I	4	I	2	I	1	3	I	4	I			3	I	3	I
400	–	–	**Amaranthus**	**viridis**		5	I	2	I	4	I	2	I	1	4	I	4	I			3	I	3	I
401	29000	124.26.1	**Ambrosia**	**artemisiifolia**		5	I	2	I	4	II	2	I	1	3	I	4	I	s		3	I	3	I
402	29200	124.26.2	**Ambrosia**	**psilostachya**		4.5	I	5	I	4	I	1	I	1	3	I	4	I			3	I	3	I
403	–	–	**Ambrosia**	**trifida**		4.5	I	2	I	4	I	2	I	2	3	I	4	I			3	I	3	I
404	–	–	**Amelanchier**	**lamarckii**		4.5	I	2	I	3	II	3.5	I	1	2	I	3	I			3	I	3	I
405	–	63.24.1	**Amelanchier**	**ovalis aggr.**		3.5	II	4	I	4	I	1.5	II	2	4	II	2	I			1	II	3	II
406	29300	–	**Amelanchier**		**embergeri**	3	I	4	I	4	I	2	I	3	4	II	2	I			1	II	3	II
407	–	–	**Amelanchier**		**ovalis**	4.5	I	4	I	4	I	1	I	2	5	I	2	I			1	I	5	I
408	–	63.24.2	**Amelanchier**	**spicata**		2.5	I	3	I	3	I	3.5	II	2	2	II	2	II			3	II	1	II
409	–	–	**Ammannia**	**coccinea aggr.**		5	I	2	II	3	II	4.5	II	3	3	I	3	I			1	II	1	I
410	–	–	**Ammannia**		**auriculata**	5	I	2	I	3	II	4.5	II	3	3	I	3	I			1	II	1	I
411	–	–	**Ammannia**		**coccinea**	5	I	2	I	3	II	4.5	II	3	3	I	3	I			1	II	1	I
412	–	–	**Ammannia**		**verticillata**	5	I	3	I	3	II	4.5	II	3	3	I	3	I			1	II	1	I
413	29400	97.42.1	**Ammi**	**majus**		5	I	2	I	4	I	2	I	1	3	I	4	I			3	I	3	I
414	29500	64.20.1	**Amorpha**	**fruticosa**		4.5	I	4	I	3	I	3.5	II	3	3	I	4	I			3	I	3	I
415	–	148.23.1	**Anacamptis**	**pyramidalis**		3.5	I	4	I	4	I	2	I	2	5	I	2	I			3	II	3	II
416	–	–	**Anagallis**	**arvensis aggr.**		4	I	3	II	4	I	2.5	II	1	3	II	3	I			3	I	3	I
417	29700	60.10.3	**Anagallis**		**arvensis**	4	I	3	I	4	I	3	I	1	3	II	3	I		m	3	I	3	I
418	29900	60.10.4	**Anagallis**		**foemina**	4	I	4	I	4	I	2	I	1	4	I	3	I			3	I	3	I
419	30000	60.10.1	**Anagallis**	**minima**		4	I	2	I	4	I	4	I	3	2	I	3	I			3	I	1	I
420	30100	60.10.2	**Anagallis**	**tenella**		4	I	1	I	4	I	4.5	I	2	2	I	2	I			3	I	1	I
421	–	124.14.1	**Anaphalis**	**margaritacea**		3.5	I	2	I	4	I	2.5	I	1	3	I	2	I			3	I	3	I
422	30200	114.7.1	**Anarrhinum**	**bellidifolium**		4.5	I	2	I	4	I	2	I	1	2	I	3	I			1	I	3	I
423	30300	106.12.5	**Anchusa**	**arvensis**		4	I	4	I	4	I	2.5	I	1	3	I	4	II		m	3	I	5	I
424	30500	106.12.2	**Anchusa**	**hybrida**		5	I	2	I	4	I	2	I	1	3	I	4	I			3	I	3	I
425	30600	106.12.4	**Anchusa**	**italica**		5	I	4	I	4	I	1	I	1	4	I	3	I			3	I	3	I
426	30700	106.12.1	**Anchusa**	**ochroleuca**		5	I	3	I	4	I	2	I	1	4	I	4	I			3	I	3	I
427	30800	106.12.3	**Anchusa**	**officinalis**		4.5	I	4	I	4	I	2	I	1	4	II	4	I			3	I	3	I
428	31000	57.8.1	**Andromeda**	**polifolia**		3	I	2	I	4	I	4.5	I	2	1	I	1	I			5	I	1	I
429	–	139.81.1	**Andropogon**	**distachyos**		5	I	2	I	5	I	1	I	2	3	II	2	II			3	I	3	II
430	–	–	**Androsace**	**alpina aggr.**		1	II	x	–	5	II	x	–	1	x	–	1	I			1	I	5	I
431	31300	60.2.15	**Androsace**		**alpina**	1	I	2	I	5	I	4	I	1	2	I	1	I			1	I	5	I
432	31400	60.2.17	**Androsace**		**brevis**	1.5	I	4	I	5	I	2.5	I	1	2	I	1	I			1	I	5	I
433	32000	60.2.14	**Androsace**		**hausmannii**	1	I	3	I	5	I	1.5	I	1	5	I	1	I			1	I	5	I
434	32600	60.2.13	**Androsace**		**pubescens**	1.5	I	3	I	5	I	2	I	1	4	I	1	I			1	I	5	I
435	33200	60.2.16	**Androsace**		**wulfeniana**	1	I	3	I	5	I	2	I	1	2	I	1	I			1	I	5	I
436	31800	60.2.9	**Androsace**	**chamaejasme**		1.5	I	4	I	4	I	2	I	1	5	I	2	I			3	I	3	I
437	–	60.2.5	**Androsace**	**elongata**		4	I	3	I	5	I	1	I	1	3	II	2	I			1	I	5	I
438	–	–	**Androsace**	**halleri aggr.**		1.5	II	3	I	4	I	3	II	1	2	II	2	I			3	I	3	I
439	–	60.2.8.1	**Androsace**		**adfinis**	1.5	I	3	I	4	I	2.5	I	1	3	I	2	I			3	I	3	I
440	31500	60.2.8.2	**Androsace**		**brigantiaca**	1.5	I	3	I	4	I	3	I	1	3	I	2	I			3	I	3	I
441	31900	–	**Androsace**		**halleri**	2	I	3	I	4	I	3	I	1	2	I	2	I			3	I	3	I
442	32400	60.2.7	**Androsace**		**obtusifolia**	1.5	I	3	I	4	I	2.5	I	1	2	I	2	I			3	I	3	I
443	32500	60.2.8.3	**Androsace**		**puberula**	1.5	I	3	I	4	I	3	I	1	2	I	2	I			3	I	3	I
444	32100	60.2.11	**Androsace**	**helvetica**		1.5	I	4	I	5	I	1.5	I	1	5	I	1	I			1	I	5	I

Strategien					Biologisches Verhalten										Vorkommen						Pflanzengesellschaften			Literatur			
LF	BD	WT	RO	KS	DA	VA	FS	MA	BZ	BS	MV	SU	DG	GI	GV	LR	EG	AE	EM	VE	1	2	3	BL	SL	TB	SEN
k	ws	1.5	Rs Sk	crs	Me En	Kt Sr	zw		5-9	au	3	4	4	e	B6	1.4 2.2 6.3	5	I	2	>	11.212						356
t	ws	1.5	Rs	rrr	Me Dy	Kv	zw		5-9	an	–	4	2	e	B6	2.1 2.2 2.5 6.3	7	A	4	=	2.31				593		357
h	w	2.5	Rs	ccs	Me En	Au Ho	zw		5-7	an (me) (my)	4	2	4	e	B4b	2.4 2.5 2.8 6.3	8	I/N	3	<	11.2						358
t	sw		Rs	crs	Me	Kv	zw		4-6	an	2		2	e	C2c	2.2 6.3	7	I	1	=			11.2				359
h	t		Rs	crr	Me	Sr	zw		5-7		2		1		A2a	2.9	–	N	5	<			?				360
h	s		Rs	css	En	Sr	zw		6-9		–		1		A4a	2.1 2.2 2.5 7.4	–	N	4	=			9.221?	km			361
t	s		Rs	rrr	En At	Kv	zw	p1	6-9	??	–		1	e	C2	2.1 2.2 3.2 6.2	7	A/N	5	>			2.31				362
h	s		Rh	crs	En At	Sr	zw	p2	7-9	me (au)	–	5	1	he	A4a	2.2 2.9 6.3 7.2	7	N	5	>			11.3				363
c	w		Rs	css	Bo	Sr	zw		4-5		–		1		E2g	2.9	–	N	4	<			?	km			364
c	w		Rs	css	Bo	Sr	zw	p14	4	en	–		1		F2	3.2 3.3	3	I	1	=			3.2213				365
c	w		Rs	css	Bo	Kv	zw		6-8	??	–		2	e	C2		–	I	1	=				km		B	366
c	w		Rs	css	Bo	Kv	zw	p11	7-8		–		2	e	F2	3.2 3.3 6.5	2	I	1	=	10.211						367
c	w		Rs	css	Bo	Kv	zw		6-8		–		2	e	C2a	6.2	–	I	1	=			9.14				368
t	sw	1	–	rrs	Au Bo	Kv	zw	p1	4-5	au en	–		2	e	C2	3.1 3.2 6.1 6.2	6	I/A	3	>	4.12	4.131					369
z	i		Wh	css	Bo	Sr	zw		4-8		–		2	e	E1		–	I/N	3	=				m		BH	370
z	i		Wh	css	Bo	Sr	zw	p10	7-8		–		2	e	F2b	2.9 3.2 3.3 6.5	3	I	2	=			3.222	k			371
z	i		Wh	css	Bo	Sr	zw		4-6		–		2	e	E2g	2.2 2.9 3.2	–	N	3	=			3.3?	c			372
c	i		Wh	css	Bo	Sr	zw	p6	4-7		–		2	e	F2a*	3.2 3.3	–	I	2	=			3.2114	km			373
z	i		Wh	css	Bo	Sr	zw	p5	4-6	au my me hm*	–		2	e	B6		–	I/N	2	=						C	374
z	i		Wh	css	Bo	Sr	zw		6-8		–		2	e	E2	3.2 3.3	–	I	2	=			3.311	km			375
z	i		Wh	css	Bo	Sr	zw		4-6		–		2	e	D4	3.1 6.2	–	I?	2	=			4.1?	cm			376
z	i	2	Wh	css	Bo	Sr	zw	p5	4-6		–		2	e	D3	3.1 3.2 6.2	3	I/N	2	=	9.131	4.122				H	377
z	i	3	Wh	css	Bo	Sr	zw		6-8		–		2	e	E2c	3.2 3.3 6.5	–	I	2	=			3.311	ckm			378
z	i		Wh	css	Bo	Sr	zw		5-7		–		2	e	F4b	2.5 3.2 3.3	–	I	2	=			3.362	ckm			379
z	i		Wh	css	Bo	Sr	zw		4-5		–		3	e	E4	2.2 3.2 6.2	–	I	2	=			9.1	m			380
t	sw		–	css	Bo	Kv	zw	p2	3-5		–		2	e	C2	2.2 3.2 6.1 6.2	–	I	1	=			4.2	km			381
t	s	2.5	–	rrs	Ep At	Kv	mo		8-10	an	–		2	e	A2a	2.1 2.2	7	N	5	<	2.33						382
t	s		–	crr	Ep At	Kv	mo		7-10	??	–		2	e	A4b	2.2	–	N	5	<			2.33	klm			383
t	s		–	crr	Ep At	Kv	mo	d	7-10	an	–		2	e	C2		–	I/N	5	<=				cg	367	B	384
t	s	2.5	–	crr	Ep At	Kv	mo	d	7-9		–	3	2	e	C2	2.1 2.2 2.7	7	I/N	5	=	2.3						385
t	s		–	crr	Ep At	Kv	mo		7-10		–		2	e	D2	2.1 2.2 2.5	–	N	5	<			2.3				386
t	s		–	crr	Ep At	Kv	mo		7-10		–		2	e	A1	2.2	–	N	5	<			2.351	km			387
t	s		Wv	crr	Ep At	Kv	mo	d	7-9	an	–		2	e	A1	2.2	7	N	5	<	2.3						388
t	s		–	crr	Ep At	Kv	mo		7-9	an	–		2	e	C2	2.1 2.2 2.7	7	I?/N	5	<			2.3				389
t	s		–	crr	Ep	Kv	di		7-10		–		2	e	A2a	2.2	–	N	3	<			2.3				390
t	s		–	crr	Ep At	Kv	mo	d	7-9		–		3	e	B3		–	N/Ja/Jn	5	<=				gh	367	B	391
t	s		–	crr	Ep At	Kv	mo		7-10	??	–		3	e	A2	2.1 2.2 2.7	7	Ja	5	<			2.3		922	D	392
t	s		–	crr	Ep At	Kv	mo		7-9	an	–		2	e	A4a	2.1 2.9	7	N	5	=			2.34	cgh			393
t	s		–	crr	Ep At	Kv	mo	d	7-9	??	–		2	e	A2a	2.1 2.2 2.5 2.7	7	Jn	5	=			2.3				394
t	s		–	crr	Ep At	Kv	mo		7-9		–		3	e	A2a	2.1 2.2 2.5	7	N	5	<			2.3				395
t	s	3	–	crr	Ep At	Kv	mo		7-9	??	–	3	3	e	A2a	2.1 2.2 2.5 2.7	–	N	5	<			2.3				396
t	s	3.5	–	crr	Ep En	Kv	mo	d	7-9	an (my) (ca)	–	4	3	e	A2	2.1 2.2 2.5 2.7	7	N	5	<	2.3						397
t	s		–	crr	Ep	Kv	mo		7-10		–		2		A1	2.1	–	N	5	<			2.34	k			398
t	s		–	rrr	Ep At	Kv	mo		7-10		–		1	e	A1	2.1	–	N	5	<			2.3	clm			399
t	s		–	rrr	Ep At	Kv	mo	d	8-10		–		1	e	A2a	2.1	–	N	5	<			2.3	cgk			400
t	s	3	–	crr	At	Kv	mo	p1	8-10	an	–	4	3	mg	A2c	2.1 2.2 2.5 2.7	7	Ns	5	<			2.3b				401
g	s		–	ccr	Ep At	Ws	mo		8-10	an	–		2		A2b	2.2	7	N	5	<			5.112	afi			402
t	s		–	crr	Ep At	Kv	mo		8-10	an	–		1		A2c	2.2 2.5	–	N	5	<			2.3	cil			403
n	s		Wh	ccs	En Dy	Sr	zw		4-5	en	–		1	e	A2c	2.9 7.4	–	N	4	<			13.314	dgl			404
n	s		Wh	ccs	En Dy	Sr Ws	zw		3-5	my hm ca (au)	–		1	e	D3		–	I	2	>					214, 215	BC	405
n	s	4	Wh	ccs	En Dy	Sr Ws	zw		4-5		–		1	e	D3	3.2 7.4 9.1 9.3	3	I	2	>	14.811	14.311	13.3121				406
n	s		Wh	ccs	En Dy	Sr Ws	zw		3-5		–		1	e	D1	3.2 7.4 9.3 9.4	–	I	2	>			14.81				407
n	s		Wh	ccs	En Dy	Au Sr	zw		3-5	en	–		1	e	A2c	2.9 7.4? 9.2?	–	N	3	<			13.312	dgl			408
t	s		–	rrr	Hy Ep	Kv	zw		7-9		–		3		A0		–	N	3	<				km		BE	409
t	s		–	rrr	Hy Ep	Kv	zw		8-9		–		3		A0	2.1	–	N	3	<			5.311	km			410
t	s		–	rrr	Hy Ep	Kv	zw		7-9		–		3		A1	1.4 2.1	–	N	3	<			5.311	km			411
t	s		–	rrr	Hy Ep	Kv	zw		7-9		–		3		A4a	1.4 2.1	–	N	3	<			5.311	km			412
t	s		Wv	crr	At	Kv	fa zw		6-10	hm	–		1	mg	C2	2.1 2.2 6.3	7	I/A	5	=			2.343				413
n	s		Wh	crs	Me At	Sr	zw	r15	5-7	me (au)	–		4		A2a	2.5 2.9 7.4 7.5	1	Nw	2	<			13.211				414
g	s		Wk	crs	Me	Bz	zw		5-7	ps ph	2		1	e	C1	6.2 6.7 7.4 9.1	6	I/N	2	>	9.13	9.11	11.111				415
t	sw		–	rrs	Dy Bo	Kv	zw	p1	6-9		–		1	mg h e	C2		–	A	4	=>						B	416
t	sw	1.5	–	rrs	Dy Bo	Kv	cl zw		6-9	au (me)	–	5	1	mg h e	C2	2.1 2.2	7	A	4	=	2.3						417
t	s	1.5	–	rrs	Dy Bo	Kv	zw	p1	6-9	au (me)	–	5	1	mg h e	C2	2.1 2.2	7	A	4	>	2.31						418
t	s		–	rrr	Bo Ep	Kv	zw		6-9	au en?	–		1		B6	1.4 2.1 2.2 2.5	7	I/A	4	>	2.211						419
h	w		–	crs	Bo	Kt	zw		5-8	en	3		1		C2a	4.1 4.2 5.1 6.3	5	I	2	>	7.212						420
g-h	t		Rh	crs	Bo At	Au	di zw		7-10	my ca	–		2		A2	2.2 2.6 2.7 2.9	–	N	5	<			11.41	gil			421
h-t	s		Wv	rrs	Bo	Kv	zw	p3	6-9	me	–		1		C2a	2.1 2.2 3.2 3.3	–	I/N	2	>			3.371				422
t	w	2.5	Wv	crr	My	Kv	zw	p1	5-9	au me ps	–	3	1	he	C2b	2.1 2.2 2.5	7	A	4	>			2.322				423
h	w		Wv	crr	My	Kv	zw		6-9	??	–		1		C2	2.2 2.5 6.1	7	I/N	4	=			4.22	km			424
h	w		Wv	crr	My	Kv	zw	p3	4-8	me	–		1		B6a	2.1 2.2 2.9 6.2	7	I/A	5	>			5.11				425
k	w		Wv	crr	My	Kv	zw		5-7	me	–		1		C2b	2.2	–	N	4	=			5.11	ckm			426
h-k	w	4	Wv	crr	My	Kv	zw	p5	5-9	me ph (au)	–		1	e	D1b	2.1 2.2 6.2 7.4	7	I/A	4	>	5.11	5.211					427
z	i	2	Wh	rss	Bo	Au	sb zw	r33	5-7	me ps	–		2	gg h	B3	5.2 7.4 9.1	5	I	1	>	12.111				382		428
h	s		Wd	crs	Me	Ho	zw		5-9		2		2		B1	2.1 3.2 6.2 7.3	–	I?	3	=			9.23	km			429
c	i	1	Rs	rss	Bo	Po	zw	p8	6-8		–		1		F1		–	I	1	=							430
c	i	1	Rs	rss	Bo	Po	zw		7-8	au en	–		2		F1	3.2 3.3	2	I	1	=	3.341						431
c	i	1	Rs	rss	Bo	Po	zw		6-7		–		1		F3b*	3.2 3.3 6.5	2	I	1	=	3.341	3.221					432
c	i	1	Rs	rss	Bo	Po	zw		6-8	my	–		1		F7	3.2 3.3	–	I	1	=			3.2111	cfk			433
c	i	1	Rs	rss	Bo	Po	zw		6-7	au en	–		1		F5	3.2 3.3	2	I	1	=			3.2111				434
c	i	1	Rs	rss	Bo	Po	zw		6-8		–		1		F7	3.2 3.3 6.5	–	I	1	=			3.341	ckm			435
h	s		Rs	crs	Bo Dy	Au	zw		6-7	au my (le)*	3		2		B5	6.5	2	I	1	=	10.211	10.212					436
t	s		–	rrs	Bo	Kv	zw		4-6	au my	–		1		B4a	2.1 2.2 3.1 6.2	–	I	3	>			4.1	ckm			437
h	i		Rs	css	Bo Dy	Sr	zw	d	6-8		3		1		E1		–	I	1	=				fm	167, 450	BD	438
h	i		Rs	css	Bo Dy	Sr	zw		6-7		–		1		F2a	3.2 3.3 6.5 9.1	–	I	1	=			10.4		451		439
h	i		Rs	css	Bo Dy	Sr	zw		6-7		3		1		F2	3.2 3.3 6.5 9.1	–	I	1	=			10.4				440
h	i		Rs	css	Bo Dy	Sr	zw		6-7		3		1		E3c	3.2 3.3 6.5	–	I	1	=			10.41				441
h	i		Rs	css	Bo Dy	Sr	zw		7-8		3		1		E4	6.5	2	I	1	=	10.411						442
h	i		Rs	css	Bo Dy	Sr	zw		6-7		3		1		F5	3.3 6.5	2	I	1	=	10.411	10.412					443
c	i		Rs	css	Bo	Po	zw	p19	5-7	au my	–		1		E3	3.2	2	I	1	=	3.211						444

Nummern			Taxa			Klima						Boden												
SEN	SIN	FAN	Gattung	Aggregat/Einzelart	Kleinart	T	v	K	v	L	v	F	v	W	R	v	N	v	S	M	H	v	D	v
445	32200	60.2.6	Androsace	lactea		2.5	I	2	I	4	I	3	I	1	5	I	2	I			3	I	5	I
446	32300	60.2.2	Androsace	maxima		4.5	I	5	I	4	I	2	I	1	4	I	3	I	s		3	I	3	I
447	–	–	Androsace	septentrionalis aggr.		3	II	4	II	x	–	x	–	1	2	II	3	I			3	II	3	II
448	–	60.2.4	Androsace		chaixii	3.5	I	3	I	2	II	2.5	I	1	3	I	3	I			3	II	5	I
449	32800	60.2.3	Androsace		septentrionalis	2.5	I	5	I	4	I	1	I	1	2	I	3	I			3	I	3	I
450	32900	60.2.12	Androsace	vandellii		1	I	4	I	5	I	2	I	1	2	I	1	I			1	I	5	I
451	33000	60.2.10	Androsace	villosa		2	I	4	I	4	I	2	I	1	4	I	2	I			3	I	3	I
452	–	–	Androsace	vitaliana aggr.		1.5	II	3	II	5	I	3	II	2	3	II	2	I			3	II	3	II
453	–	60.2.1.2	Androsace		cinerea	1.5	II	3	I	5	I	2.5	I	1	3	II	2	I		m	3	II	3	I
454	–	60.2.1.3	Androsace		sesleri	1	I	3	I	5	I	2.5	I	1	3	II	2	I			3	II	3	II
455	33100	60.2.1.1	Androsace		vitaliana	1.5	I	2	I	5	I	3.5	I	3	2	I	2	I			3	I	3	I
456	–	124.98.1	Andryala	integrifolia		5	I	2	I	4	I	2	I	1	2	I	3	I	s		1	I	3	I
457	33300	19.12.6	Anemone	baldensis		1.5	I	3	I	4	I	2	I	1	4	I	2	I			3	I	3	I
458	–	–	Anemone	blanda		4	I	2	I	3	I	3	I	1	3	I	3	I			3	I	3	I
459	–	19.12.7	Anemone	coronaria		5	I	2	I	3	II	1.5	I	1	3	II	3	I			3	I	3	I
460	–	–	Anemone	hortensis		5	I	3	I	4	II	2	I	2	3	II	2	I			3	I	3	I
461	–	–	Anemone	japonica		4.5	I	2	I	3	I	3	I	1	3	I	3	I			3	I	3	I
462	33400	19.12.4	Anemone	narcissiflora		2	I	3	I	4	I	3.5	I	1	4	I	3	I			3	I	3	II
463	33600	19.12.1	Anemone	nemorosa		3.5	II	3	I	2	II	3	II	1	x	–	3	I			3	I	3	I
464	33700	19.12.3	Anemone	ranunculoides		4	II	4	I	2	II	3	I	1	3	I	4	I			3	I	3	I
465	33800	19.12.5	Anemone	sylvestris		4.5	I	5	I	4	I	2	I	1	5	I	3	II		m	3	I	3	I
466	–	19.12.2	Anemone	trifolia		4	II	4	I	2	I	2	I	1	4	I	4	I			3	I	3	I
467	33900	97.26.1	Anethum	graveolens		5	I	4	I	4	I	2	I	2	3	I	3	I			3	I	1	I
468	–	97.50.2	Angelica	archangelica		2.5	I	3	I	3	I	4.5	I	2	3	II	4	I	s		3	I	1	I
469	34000	–	Angelica	pyrenaea		3	I	2	I	4	I	4	I	2	2	I	2	I			5	I	1	I
470	–	–	Angelica	sylvestris aggr.		3	II	2	II	3	I	4	I	3	3	I	3	II			3	I	1	I
471	–	–	Angelica		montana	2.5	I	2	I	3	I	4	I	3	3	I	3	II			3	I	1	I
472	34100	97.50.1	Angelica		sylvestris	3	I	3	I	3	I	4	I	3	3	I	3	II			3	I	1	I
473	–	–	Anoda	cristata		5	I	4	I	4	I	2	II	3	3	I	3	I			3	I	3	I
474	34200	7.3.1	Anogramma	leptophylla		4.5	I	1	I	3	II	2	II	2	4	I	1	I			1	I	1	I
475	34300	124.12.2	Antennaria	carpatica		1.5	I	4	I	4	I	2.5	I	1	3	I	2	I			3	I	3	I
476	34400	124.12.1	Antennaria	dioica		2	I	3	I	4	I	2	I	1	2	I	2	I		m	3	I	3	I
477	–	–	Anthemis	altissima aggr.		4.5	II	4	II	4	I	1.5	II	1	x	–	3	II			3	I	3	I
478	34500	124.30.9	Anthemis		altissima	5	I	3	I	4	I	1.5	I	1	3	I	4	I			3	I	3	I
479	34700	124.30.11	Anthemis		austriaca	4.5	I	4	I	4	I	1.5	I	1	4	I	3	I			3	I	3	I
480	–	124.30.10	Anthemis		segetalis	4.5	I	4	I	4	I	2	I	2	2	I	3	I			3	I	1	II
481	–	–	Anthemis	arvensis aggr.		4	II	4	II	4	I	2	II	1	3	II	2	I			3	I	3	II
482	34600	124.30.4.1	Anthemis		arvensis	4	II	3	I	4	I	2.5	I	2	3	I	2	I		m	3	I	3	II
483	–	124.30.4.2	Anthemis		incrassata	5	I	3	I	4	I	1.5	I	1	3	II	2	I	s	m	3	I	3	II
484	–	124.30.5	Anthemis		ruthenica	4	I	4	I	4	I	1.5	II	1	3	II	2	I			1	I	5	II
485	34800	124.30.6	Anthemis	cotula		4	I	4	I	4	I	2	I	1	4	I	3	I			3	I	1	I
486	–	–	Anthemis	cretica aggr.		x	–	4	II	4	I	x	–	1	3	II	2	I			3	II	5	II
487	–	124.30.1	Anthemis		carpatica	1.5	I	4	I	4	I	2.5	I	2	3	I	2	I			1	I	3	II
488	–	124.30.2	Anthemis		columnae	2.5	I	3	I	4	I	1.5	I	1	2	II	2	I			1	I	5	I
489	–	124.30.3	Anthemis		gerardiana	4.5	I	4	I	4	I	1	I	1	2	II	2	I			1	I	5	I
490	–	–	Anthemis	tinctoria aggr.		4	II	4	I	4	I	1.5	I	1	2	II	2	II			3	I	3	I
491	–	–	Anthemis		australis	3.5	I	4	I	4	I	1.5	I	2	3	I	2	I			3	I	3	I
492	34900	124.30.7.1	Anthemis		tinctoria	4	I	4	I	4	I	1.5	I	1	3	I	2	I			3	I	3	I
493	35000	124.30.8	Anthemis		triumfettii	4.5	I	4	I	4	I	1.5	I	1	3	I	3	I			3	I	3	I
494	35100	143.4.1	Anthericum	liliago		4	II	4	I	4	I	1.5	I	1	3	I	2	I		m	3	I	3	I
495	35200	143.4.2	Anthericum	ramosum		3.5	II	4	I	3	II	2	I	3	4	I	2	I		m	3	I	1	I
496	–	139.44.3	Anthoxanthum	aristatum		4.5	I	1	I	3	II	1.5	II	3	2	I	3	I			1	I	3	I
497	–	–	Anthoxanthum	odoratum aggr.		x	–	3	I	4	I	3	II	1	3	II	2	I		m	3	II	3	I
498	35300	139.44.2	Anthoxanthum		alpinum	1.5	I	3	I	4	I	3	II	1	3	II	2	I		m	3	I	3	I
499	35400	139.44.1	Anthoxanthum		odoratum	3.5	II	3	I	4	I	3	II	1	2	II	2	I		m	5	II	3	I
500	35600	97.7.4	Anthriscus	caucalis		5	I	2	I	3	I	3	I	1	2	I	4	I	s		3	I	3	I
501	35700	97.7.3	Anthriscus	cerefolium		4	I	4	I	3	I	3	I	1	3	I	5	I			3	I	3	I
502	–	–	Anthriscus	sylvestris aggr.		x	–	3	II	x	–	3.5	II	2	4	II	4	II			3	II	3	II
503	–	–	Anthriscus		alpina	2	I	4	I	5	I	3	I	2	5	I	3	I			1	I	5	I
504	35800	97.7.2	Anthriscus		nitida	2.5	I	2	I	2	II	4	I	2	4	II	4	I			3	I	3	I
505	–	–	Anthriscus		stenophyllus	3.5	I	2	I	3	I	3	I	2	5	I	3	I			1	I	5	I
506	35900	97.7.1	Anthriscus		sylvestris	3.5	II	3	I	3	II	3	I	1	3	II	4	I			3	I	3	I
507	36395	–	Anthyllis	montana aggr.		3.5	I	4	I	4	I	1	I	1	5	I	2	I			3	I	5	I
508	36500	64.36.1.2	Anthyllis		jacquinii	3.5	I	4	I	4	I	1	I	1	5	I	2	I			3	I	5	I
509	36400	64.36.1.1	Anthyllis		montana	3.5	I	4	I	4	I	1	I	1	5	I	2	I			3	I	5	I
510	36790	–	Anthyllis	vulneraria aggr.		x	–	x	–	4	II	1.5	II	1	x	–	2	II			3	II	3	II
511	36900	64.36.2.7	Anthyllis		alpestris	1.5	II	4	I	5	I	2	I	1	5	I	2	I		m	3	I	3	I
512	37000	64.36.2.6	Anthyllis		carpatica	3.5	I	4	I	4	I	2	I	2	4	I	2	I			3	I	3	I
513	–	64.36.2.4	Anthyllis		forondae	3	II	4	I	4	I	2	I	1	4	II	2	I			3	I	3	I
514	–	–	Anthyllis		guyoti	1.5	I	4	I	4	I	1.5	I	1	5	I	1	I			1	I	5	I
515	37200	64.36.2.2	Anthyllis		polyphylla	4	I	5	I	3	II	1.5	I	1	3	I	3	I			3	I	3	I
516	–	64.36.2.6	Anthyllis		pseudovulneraria	4	I	4	I	4	I	1.5	I	2	3	II	2	I			3	I	3	I
517	–	–	Anthyllis		spruneri	5	II	3	I	4	I	1.5	I	2	4	I	2	I			3	I	3	II
518	37300	64.36.2.8	Anthyllis		valesiaca	2	I	4	I	4	I	2	I	1	2	I	2	I			3	I	3	I
519	–	–	Anthyllis		versicolor	4.5	I	3	I	4	I	1.5	I	1	4	I	2	I			3	I	3	I
520	36800	64.36.2.1	Anthyllis		vulneraria	4	I	2	I	4	I	1.5	I	1	4	II	2	I		m	3	I	3	I
521	–	64.36.2.3	Anthyllis		vulnerarioides	2	I	4	I	5	I	1.5	I	1	4	II	2	I			3	I	3	I
522	–	–	Anthyllis		weldeniana	3	I	4	I	4	I	1.5	I	1	4	I	2	I			3	I	3	I
523	–	–	Antirrhinum	majus aggr.		4.5	I	3	II	4	I	2	I	1	4	II	3	I			1	I	5	I
524	37500	114.8.1	Antirrhinum		latifolium	4.5	I	3	I	4	I	2	I	1	4	I	3	I			1	I	5	I
525	37600	114.8.2	Antirrhinum		majus	4.5	I	2	I	4	I	2	I	1	4	II	3	I			1	I	5	I
526	37800	139.12.2	Apera	interrupta		4.5	I	3	I	5	I	2.5	I	1	3	I	3	I	s		1	I	5	I
527	37900	139.12.1	Apera	spica-venti		4	II	4	I	3	II	2.5	I	1	2	I	4	II		m	3	I	5	I
528	–	–	Aphanes	arvensis aggr.		4.5	II	2	II	4	I	2.5	II	1	2	II	2	I			3	I	3	I
529	38000	63.18.1	Aphanes		arvensis	4.5	I	3	I	4	I	2.5	I	1	2	II	2	I		m	3	I	3	I
530	38050	63.18.2	Aphanes		australis	4	I	3	II	4	I	1.5	I	1	2	II	2	I			3	I	3	I
531	–	–	Aphanes		microcarpa	5	I	3	I	4	I	1.5	I	1	3	I	2	I			3	I	3	I
532	–	–	Aphanes		minutiflora	5	I	3	I	4	I	1.5	I	1	3	I	2	I			3	I	3	I
533	38300	143.6.1	Aphyllanthes	monspeliensis		5	I	2	I	4	I	1	I	1	3	I	2	I			3	I	3	I

	Strategien				Biologisches Verhalten										Vorkommen						Pflanzengesellschaften			Literatur			
LF	BD	WT	RO	KS	DA	VA	FS	MA	BZ	BS	MV	SU	DG	GI	GV	LR	EG	AE	EM	VE	1	2	3	BL	SL	TB	SEN
h	i		Rs	crs	Bo	Ao	zw	p4	6-7	au my le	–		1		E4	3.2 3.3 6.5	2	I	1	>*	3.212	10.211					445
t	t		Rs	rrr	Bo	Kv	zw		4-5	au	–		1		B6a	2.1 2.2	7	I/A	4	>			2.312				446
t	t		–	rrs	Bo	Kv	zw	p1	4-6		–		2		B3		–	I/A	2	>							447
t	t		–	rrs	Bo	Kv	zw		4-6		–		2		F2	2.6 6.7 9.2 9.3	–	I	2	>			14.7314	k m			448
t	t		–	rrs	Bo	Kv	zw		5-6	au my	–		2		B3	2.1 2.2 3.1 6.2	3	I/A	3	>			4.122				449
c	i		Rs	css	Bo	Po	zw		6-7		–		2		E2b	3.2	2	I	1	=	3.221						450
c	i		Rs	css	Bo	Ao	zw	p11	6-7	au my le	–		1		E2	3.2 3.3 6.5	2	I	1	=	10.211	10.311					451
c	i		Rs	css	Bo	Sr	zw	p10	5-7	le	–		1		E2b		–	I	1	=				k m	447		452
c	i		Rs	css	Bo	Sr	zw		5-7		–		1		F2a	3.2 3.3 6.5 9.1	–	I	1	=			10.211			D	453
c	i		Rs	css	Bo	Sr	zw		5-7		–		1		F4	3.2 3.3 6.5	–	I	1	=			3.331				454
c	i		Rs	css	Bo	Sr	zw		6-7		–		1		E3	3.2 3.3 6.5	2	I	1	=	3.341						455
t	s		Wv	rrs	Me	Kv	zw		4-6		1		1		C2a	2.2 3.1 6.2 7.3	–	I	3	=			4.22	f k m			456
h	t		Rs	crs	Bo	Sr	zw		7-8	au ??	2		2	tg	E2c	3.3 6.5	2	I	1	=	10.21	3.311					457
g	v		Rk	crs	My	Sr	zw		3-4		–		3	tg	E2g	2.7 2.9	–	N	3	<			?	g m		H	458
g	v		Rk	rrr	Me	Sr	zw	r2	2-4		1		2	tg	C2	2.1 6.1	–	A/N	4	<			4.21	k m			459
g	v		Rs	crs	Me	Sr	zw		3-5		–		2	tg	D1f	6.1 7.6 9.4	–	N	4	<			4.21	k m		H	460
g	s		Rs	ccs	Me	Sr	zw		8-10	au my me	–		2	tg	A4b	2.7 2.9	–	N	4	<			?	g m		H	461
h	s		Rs	crs	Bo	Sr	zw	r3	5-7	au my	3		1	tg	E1	6.2 6.5 7.2 8.2	2	I	2	>*	10.212	10.211					462
g	v	1	Rh	crs	My	Au	zw	d; 13*	3-5	au me my	3		3	tg h	D3	6.7 7.4 9.2 9.3	1	I	2	=	14.7	14.721			759		463
g	v		Rh	crs	My	Au	zw	d	4	au me	3		3	tg h	B6	7.4 9.2	1	I	2	=	14.72	14.73	14.735				464
h	s		Rs	crs	Me	Sr Ws	zw		4-5	au ca my me	1		3	tg h	B6a	6.7 7.4 9.1 9.3	6	I/A	2	>			11.111				465
g	w		Rs	crs	Me	Au	zw		5-6	au me my ca	–		3	tg	E2b	6.3 9.1 9.2 9.3	–	I/N	3	<			14.732	c f k			466
t	s		Wv	crr	At	Kv	zw		6-10	my hm (ca)	–		2	h e	B6a	2.2 2.9	7	A	5	=			2.343			H	467
k	t		Wv	ccs	Me	Kv	zw?		6-8	me hm my	2		1	h e	B4b	2.9 7.2	–	I/N	3	<			11.3	m			468
k	s		Wv	ccs	Me	Kv	zw?		6-9	my ca	2		1	mg	E3b	5.1 5.2 6.3 6.4	–	I	2	=			10.1	a m			469
k	s		Wv	ccs	Me	Kv	zw?	p4	7-9	ca my me hm*	2		2	mg h e	B6		–	I	1-2	=						B	470
k	s		Wv	ccs	Me	Kv	zw?		8-9		2		2	mg h e	E1	6.5 7.2 8.1 9.2	–	I	1	=			11.5	c i l		E	471
k	s	2.5	Wv	ccs	Me Ep	Kv	zw?		7-9		2	3	2	mg h e	B6	4.2 6.3 7.2 9.2	5	I	2	=	11.233	14.721					472
t	s		–	crr	Kd	Kv	zw		7-10		1		2		A1	2.2 2.9	–	N	4	<			?				473
t	s		–	rss	Me	Bz	mo		3-4		–		1		B1	3.2	3	I	1	>			3.22				474
h	w		Rs	crs	Me	Sr	ve-di	r13	7-8	en	3		2	h	E1	3.2 6.5 7.1	2	I	1	=	10.3	10.41					475
c	i	1.5	Rs	crs	Me My	Ao	ve-di	r5	5-7	le my hm	4		3	h	B3	6.4 6.5 7.1 9.1	2	I	2	>*	10.4	12.211	10.1				476
t	s w		–	rrr	Dy At	Kv	ve		5-9		2		2	h	C2		–	A/N	4	>						B	477
t	s w		–	rrr	Dy At	Kv	ve		5-9		2		2	h	C2	2.1 2.2 6.2 7.4	–	A/N	4	>			2.33				478
t	s w	2	–	rrr	Dy At	Kv	ve		6-9		2		2	h	C2b	2.1 2.2	–	A	5	>			2.3				479
t	s w		–	rrr	Dy At	Kv	ve		5-7		2		2	h	D1b	2.1 2.2	–	A	4	>			2.3	k m			480
t	w	1.5	–	rrr	Dy At	Kv	ve	p1	5-9	au my me hm*	–		2	h	C2		–	I/A	4	>				k m		B	481
t	w	1.5	–	rrr	Dy At	Kv	ve		5-9		–	4	2	h	C2	2.1 2.2	7	I/A	4	>			2.32				482
t	w		–	rrr	Dy At	Kv	ve		5-9		–		2	h	C2	2.1 2.2 6.2 7.3	–	A	4	>			2.3				483
t	w		–	rrr	Dy At	Kv	ve		6-9		–		2	h	C2b	2.1 2.2	–	A	4	<			2.3	c			484
t	s w	2	–	crr	Dy At	Kv	ve	p1	5-10	en au?	2	4	2	mg h	C2	2.1 2.2	7	A	5	>			2.3a		400		485
h	w		Rh	crs	Dy	Sr	ve		6-8		–		2	h	E2		–	I	2	>				m	232	B D	486
h	w	1.5	Rs	crs	Dy	Sr	ve		7-8		–		2	h	E2	3.2 3.3 6.5	–	I	1	=			10.4	c			487
h	w		Rh	crs	Dy	Sr	ve		6-8		–		2	h	E2	3.2 6.2	–	I	2	>			9.1?				488
h	w		Rh	crs	Dy	Sr	ve		6-8		–		2	h	F2a*	3.2 6.2 7.3	–	I	2	>			12.5				489
c-t	t		Rh	crr	Dy At	Kv	ve	r2	6-8	me my ca hm*	–		2	h	C2		–	I/N	2-4	>						B H	490
c-t	t		Rh	rrr	Dy At	Kv	ve		5-9		–		2	h	E2d	2.2 6.2	–	I	4	>			5.211	m			491
c-t	t	2	Rh	crr	Dy At	Kv	ve		6-9		–	4	2	h e	C2	2.1 2.2 3.3 6.2	7	I/N	4	<			5.211				492
c-t	t		Rh	crr	Dy At	Kv	ve		7-8		–		2	h	E2	3.2	7	I	2	=			11.111				493
h	s	3	Wd	crs	Bo	Sr	zw		5-6	me ca me	2		2		D1	6.2 6.7 9.1 9.3	6	I	2	>	9.131	10.211	14.81102				494
h	s	2	Wd	crs	Bo	Sr	zw		6-8	au my me hm*	1		2	tg	D3	6.2 6.7 7.4 9.2	1	I	1	>	14.811	11.111	3.36				495
t	s w	2	–	rrr	Me Ep	Kv	zw		5-9	an	2	2	1	e	C2c	2.1 2.2 6.2	–	I/N	5	=			4.111				496
h	w	1.5	Rs	crs	Me En	Au Ho	zw		4-7	an	4		3	tg h e	B4b		–	I/N	2-3	=						B	497
h	w	1.5	Rs	crs	Me En	Au Ho	zw		4-7		4		3	tg h e	B4b	5.1 6.3 6.5 9.1	2	I	2	=	10.4	11.244	10.21				498
h	w	1.5	Rs	crs	Me En	Au Ho	zw		4-6		4	4	3	tg h	B5a	6.2 6.3 6.7 9.2	8	I/N	3	=	11.2	9.135	14.211				499
t	s		–	crr	Ep At	Kv	ve		5-6	au (my)	–	3	2	e	C2	2.1 2.2 2.3 3.2	7	I/N	3	<			5.131				500
t	s t		–	crr	Ep Bo	Kv	ve		5-8	ca my me hm	–		2	h e	C2b	2.1 2.2 2.3 7.4	7	A	5	=			5.131				501
h	t		Wv	ccs	En Ep	Bz	ve		4-9		4		3	h e	D3		–	I/N	1-4	=					677	B	502
h	t		Wv	css	En Ep	Bz	ve		6-7		2		2	h	E1	3.3 6.5	–	I	1	=			3.362				503
h	t		Wv	ccs	En Ep	Bz	ve		5-6	hm	3		3	e	E4a	2.3 2.6 7.2 9.2	1	I	2	=	14.735	14.73139			799		504
h	t		Wv	crs	En Ep	Bz	ve		6-8		2		3	e	F9*	3.3	–	I	2	=			5.132?	i l	945		505
h	t	3.5	Wv	ccs	En Ep	Bz	ve		4-9	ca my me hm*	4	2	3	h e	D3	2.3 6.3 7.2 9.2	8	I/N	3	=	11.24	5.13					506
z	t		Rh	crs	Me En	Sr	zw		5-6	me ps	–		2		E2		–	I	1	=					453	B	507
z	t		Rh	crs	Me En	Sr	zw		5-6		–		2		E2c	3.2 3.3 6.2 9.1	2	I	1	=			9.132				508
z	t		Rh	crs	Me En	Sr	zw		5-6		–		2		E2b	3.2 3.3 6.2 9.1	6	I	1	=	9.1						509
h	t		Wv	crs	Me En	Sr	zw		4-8	me	3		2	h e	B7		–	I/A	2-3	=>					141	B C	510
h	t	4	Wv	crs	Me En	Sr	zw		6-7		3		2	h e	E1	3.3 6.5 7.2 8.2	2	I	2	=	10.21	10.311	3.351				511
h	t	3	Wv	crs	Me En	Sr	zw		5-6		3		2	h e	D3	6.2 9.1	6	I/A	2	>			9.135				512
h	t		Wv	crs	Me En	Sr	zw		6-7		3		2	h e	E2b	6.2 6.7?	–	I	2	=			9.1	m			513
h	t		Wv	crs	Me En	Sr	zw		7-8		–		2	h e	F3a*	6.5	–	I	1	=			10.211		276	E	514
h	s		Wv	crs	Me En	Sr	zw		5-6		3		2	h e	D4	3.2 3.3 6.2 9.1	6	I	2	=			9.1				515
h-k	t		Wv	crs	Me En	Sr	zw		5-6		3		2	h e	D3a	2.2 6.2	–	I	2	=			9.135	l m			516
k	t		Wv	crs	Me En	Sr	zw		4-6		3		2	h e	D1b	3.2 6.2 7.6	–	I	2	=			9.1	k m			517
h	t		Wv	crs	Me En	Sr	zw		6-7		3		2	h e	F5	2.5 3.3 6.2 6.5	2	I	2	=	10.421	9.113					518
h	t		Wv	crs	Me En	Sr	zw		5-7		2		2	h e	F4	6.2 6.7	–	I	2	=			9.135?	l			519
h-k	t	3	Wv	crs	Me En	Sr	zw	p9	5-6		3	2*	2	h e	D2	3.3 6.2 6.7 9.1	6	N	3	=	9.1	14.211					520
h	t		Wv	crs	Me En	Sr	zw		5-8		3		2	h e	E2b	6.5	–	I	2	=			10.211	m			521
h	t		Wv	crs	Me En	Sr	zw		5-7		3		2	h e	D1b	6.5	–	I	2	=			9.1	k m			522
c	t		Wv	crs	Bo	Ws	zw		5-9	me au	–		2		C2		–	I/N	2	<						H	523
c	t		Wv	crs	Bo My	Ws	zw		5-9		–		2		D1a	3.2 3.3	–	I	2	=			3.211				524
c	t		Wv	crs	Bo My	Ws	zw	p8	6-9		–		2		C2a	2.9 3.2 3.3 3.5	3	I/N	3	<			3.241				525
t	v s		–	rrr	Bo En	Kv	zw		6-7	an	–		2	e	C2b	2.1 2.2 3.1 3.2	7	A	5	>			4.111				526
t	v	2.5	–	crr	Me En	Kv	zw		6-8	au an	–	4	2	e	B6	2.1 2.2	7	A	5	>	2.3						527
t	w s		–	rrs	Me Ep	Kv	fa zw		5-9	au	–		2	e	C2		–	I/A	4	>						C	528
t	w s	1	–	rrs	Me Ep	Kv	fa		4-10		–	5	2	e	C2c	2.1 2.2 2.7 6.2	7	I/A	4	>	2.321	2.211					529
t	w s	1	–	rrs	Me Ep	Kv	fa? zw		5-9		–	3	2	e	D2	2.1 2.2 3.1 6.2	7	A	4	>			4.111				530
t	w s	1	–	rrs	Me Ep	Kv	fa?		4-9		–		2	e	C2a	3.1 6.1	–	I/A	4	=			4.22				531
t	w s		–	rrs	Me Ep	Kv	fa?		4-9		–		2	e	C2	2.2 5.1	–	I/A	4	=			4.22?				532
g	s		Rh	crs	Bo	Ho	zw		4-5		–		2		C2a	3.2 6.2 7.1 7.3	–	I	3	=			12.4				533

Nummern			Taxa			Klima						Boden												
SEN	**SIN**	**FAN**	**Gattung**	**Aggregat/Einzelart**	**Kleinart**	**T**	**v**	**K**	**v**	**L**	**v**	**F**	**v**	**W**	**R**	**v**	**N**	**v**	**S**	**M**	**H**	**v**	**D**	**v**
534	–	–	**Apios**	**americana**		5	I	2	I	4	I	3.5	I	3	3	I	3	I			3	II	3	I
535	38400	97.37.1	**Apium**	**graveolens**		4	I	2	I	4	I	4	I	2	4	I	4	I	ss		5	I	1	I
536	–	97.37.4	**Apium**	**inundatum**		5	I	2	I	4	I	5	I	3	3	I	2	I	s		5	I	1	I
537	–	–	**Apium**	**nodiflorum aggr.**		4.5	II	2	II	3	II	4.5^	I	3	4	II	4	I	s		3	I	1	I
538	38500	97.37.2	**Apium**		**nodiflorum**	4.5	I	1	I	3	II	4.5^	I	3	3	II	4	I			3	I	1	I
539	38600	97.37.3	**Apium**		**repens**	4	I	2	I	3	II	4.5	I	3	4	I	4	I	s		3	I	1	I
540	38700	124.80.1	**Aposeris**	**foetida**		2.5	I	2	I	3	II	3.5	I	1	4	I	3	I			3	I	3	I
541	38800	19.19.8	**Aquilegia**	**alpina**		2	I	3	I	3	II	3	I	1	4	I	3	I			3	I	3	I
542	–	–	**Aquilegia**	**einseleana aggr.**		x	–	3	I	4	II	3	II	1	5	II	2	I			1	II	5	II
543	–	19.19.7	**Aquilegia**		**bertolonii**	3	II	3	I	4	II	2	I	1	4	I	2	I			1	II	5	II
544	39000	19.19.4	**Aquilegia**		**einseleana**	2.5	I	3	I	4	I	2	I	1	5	I	2	I			1	I	5	I
545	–	19.19.6	**Aquilegia**		**thalictrifolia**	3	I	3	I	3	I	3.5	I	1	5	I	2	I			1	I	5	I
546	–	19.19.5	**Aquilegia**		**vestinae**	4	I	3	I	4	II	4	I	2	5	I	2	I			3	I	3	I
547	–	–	**Aquilegia**	**vulgaris aggr.**		3	II	3	I	3	II	3	II	2	4	I	2	II			3	I	3	II
548	38900	19.19.2	**Aquilegia**		**atrata**	3	I	3	I	3	II	3	I	3	4	I	2	I			3	I	1	I
549	–	19.19.3	**Aquilegia**		**nigricans**	2.5	I	3	I	3	II	2.5	I	1	4	I	3	I		m?	3	I	3	I
550	39100	19.19.1	**Aquilegia**		**vulgaris**	3	I	3	I	3	II	3	I	1	4	I	3	I			3	I	3	I
551	39200	54.6.1	**Arabidopsis**	**thaliana**		3.5	I	4	I	4	I	2	I	1	3	II	3	II			3	I	5	I
552	–	–	**Arabis**	**alpina aggr.**		3	II	3	II	4	I	2.5	II	1	5	I	2	I			1	I	5	I
553	39400	54.24.19.1	**Arabis**		**alpina**	2	II	3	I	4	I	3	I	1	5	I	2	I			1	I	5	I
554	39500	54.24.19.2	**Arabis**		**caucasica**	3.5	II	4	I	4	I	2	I	1	5	I	2	I			1	I	5	I
555	39600	54.24.10	**Arabis**	**auriculata**		4.5	I	4	I	4	I	1.5	I	1	3	I	2	II			1	II	3	II
556	40000	54.24.16	**Arabis**	**caerulea**		1	I	2	I	5	I	4	I	1	4	I	2	I			1	I	3	I
557	40300	54.24.8	**Arabis**	**collina**		4	I	4	I	4	I	2	I	1	4	I	2	II			1	II	5	II
558	40605	–	**Arabis**	**hirsuta aggr.**		x	–	3	II	4	II	x	–	2	x	–	x	–			3	II	3	II
559	39300	54.24.4	**Arabis**		**allionii**	1.5	I	3	I	3	II	3.5	I	1	2	I	4	I			3	I	3	I
560	40200	54.24.6	**Arabis**		**ciliata**	2.5	II	4	I	4	I	3	I	1	4	I	2	II			3	I	3	I
561	40600	54.24.3	**Arabis**		**hirsuta**	3.5	I	4	I	4	I	2	I	2	4	II	2	I		m	3	II	1	II
562	41000	–	**Arabis**		**nemorensis**	4	I	3	I	3	II	4	I	2	3	I	3	I			5	I	1	II
563	–	54.24.1	**Arabis**		**planisiliqua**	5	I	3	I	4	I	2	I	2	4	I	2	I			3	I	1	I
564	41600	54.24.2	**Arabis**		**sagittata**	4	I	2	I	3	II	3	I	2	4	I	2	I			3	I	3	II
565	–	54.24.5	**Arabis**		**sudetica**	2	I	3	I	3	I	3.5	II	1	3	I	4	I			3	I	3	I
566	41100	54.24.11	**Arabis**	**nova**		2.5	I	4	I	4	I	2	I	1	3	I	4	II			3	I	3	I
567	–	–	**Arabis**	**procurrens**		4.5	I	4	I	3	II	2	I	1	4	I	3	I			3	I	3	I
568	–	–	**Arabis**	**pumila aggr.**		1.5	I	4	II	5	I	2	II	1	4	II	2	I			1	II	5	I
569	39700	54.24.17.1	**Arabis**		**pumila**	1.5	I	3	I	5	I	3	I	1	4	I	2	I			3	I	5	I
570	39800	54.24.17.2	**Arabis**		**stellulata**	1.5	I	3	I	5	I	1.5	I	1	5	I	2	I			1	I	5	I
571	41550	–	**Arabis**	**rosea**		5	I	3	I	4	I	1	I	1	3	I	2	I			1	I	5	I
572	41700	54.24.15	**Arabis**	**scabra**		2.5	I	2	I	4	I	1.5	I	1	5	I	1	I			3	I	3	I
573	–	54.24.14	**Arabis**	**scopoliana**		1.5	I	4	I	5	I	2	I	1	5	I	2	I			3	II	3	II
574	41800	54.24.7	**Arabis**	**serpillifolia**		2	I	3	I	4	I	2.5	I	1	5	I	2	I			1	I	5	I
575	42000	54.24.18	**Arabis**	**subcoriacea**		2	I	3	I	4	I	5^	I	2	4	I	2	I			5	II	1	II
576	42100	54.24.9	**Arabis**	**turrita**		3.5	I	4	I	3	I	2	I	1	5	I	2	I			3	I	5	I
577	–	54.24.12	**Arabis**	**verna**		4.5	II	2	II	3	II	2	I	1	3	II	2	I			3	I	5	I
578	–	54.24.13	**Arabis**	**vochinensis**		2	II	3	I	4	I	3	I	1	4	I	2	I			3	I	5	I
579	–	57.6.1	**Arbutus**	**unedo**		5	II	2	I	5	II	2	I	1	2	I	2	I		m	3	I	5	I
580	–	75.3.1	**Arceuthobium**	**oxycedri**		5	I	3	I	4	I	–	–	–	–	–	–	–			–	–	–	–
581	–	–	**Arctium**	**lappa aggr.**		3	II	4	II	3	II	3	II	2	3	II	4	II			3	I	3	I
582	42200	124.56.2	**Arctium**		**lappa**	3.5	I	4	I	3	II	2.5	I	2	4	II	5	II		m	3	I	3	I
583	42400	124.56.3.1	**Arctium**		**minus**	3	I	4	I	3	II	2.5	I	2	4	II	5	II			3	I	3	I
584	42600	124.56.4	**Arctium**		**nemorosum**	3	I	3	I	2	II	3.5	I	2	3	I	4	II			3	I	3	I
585	–	124.56.3.2	**Arctium**		**pubens**	3	I	4	I	2	II	3	I	2	3	I	4	I			3	I	3	I
586	42800	124.56.1	**Arctium**	**tomentosum**		3	I	5	I	4	I	2	I	2	4	I	5	I			3	I	3	I
587	43000	57.7.2	**Arctostaphylos**	**alpina**		1.5	I	2	I	3	II	3.5	I	1	3	I	2	I			5	I	1	I
588	43100	57.7.1	**Arctostaphylos**	**uva-ursi**		2	I	4	I	3	II	2	I	1	3	I	2	I			3	I	3	I
589	43200	63.8.1	**Aremonia**	**agrimonoides**		4.5	I	3	I	3	II	3	I	1	4	I	3	I			3	II	3	II
590	–	38.1.2	**Arenaria**	**aggregata**		4.5	II	3	I	5	I	1	I	1	5	I	2	I			3	I	5	I
591	43400	38.1.5	**Arenaria**	**biflora**		1	I	1	I	4	I	4	I	1	2	I	2	I			5	I	1	I
592	–	–	**Arenaria**	**ciliata aggr.**		1.5	II	3	I	5	I	2.5	II	1	4	II	2	I			3	II	3	II
593	43300	–	**Arenaria**		**bernensis**	1.5	I	3	I	5	I	2.5	I	2	4	I	2	I			3	I	3	I
594	43500	38.1.6	**Arenaria**		**ciliata**	1	I	3	I	5	I	3	I	1	4	I	2	I			3	I	3	I
595	43800	–	**Arenaria**		**gothica**	3	I	3	I	5	I	3	I	3	4	I	2	I			1	I	3	I
596	44200	38.1.7	**Arenaria**		**multicaulis**	1.5	I	3	I	5	I	2	I	1	5	I	2	I			3	I	5	I
597	–	38.1.8	**Arenaria**	**cinerea**		4.5	II	3	I	4	I	1	I	1	5	I	2	I			3	I	5	I
598	43900	38.1.3	**Arenaria**	**grandiflora**		2	I	4	I	4	I	2	I	1	5	I	2	I			1	I	5	I
599	–	38.1.4	**Arenaria**	**huteri**		3.5	II	3	I	3	I	2.5	I	1	5	I	2	I			1	I	5	I
600	–	–	**Arenaria**	**purpurascens**		1.5	I	2	I	4	I	4	I	1	4	I	2	I			3	I	3	I
601	–	–	**Arenaria**	**serpyllifolia aggr.**		x	–	x	–	4	I	x	–	1	4	II	4	II			x	–	3	I
602	44000	38.1.10	**Arenaria**		**leptoclados**	5	I	4	I	4	I	1	I	1	4	I	4	II			1	II	3	I
603	44100	38.1.11	**Arenaria**		**marschlinsii**	1	I	2	I	4	I	3	I	1	3	I	4	I			3	II	3	I
604	44300	38.1.9	**Arenaria**		**serpyllifolia**	4	I	4	II	4	I	2	I	2	4	I	4	II		m	1	II	5	I
605	44500	64.12.1	**Argyrolobium**	**zanonii**		5	I	4	I	5	I	1	I	1	4	I	2	I			3	II	3	I
606	44600	16.2.1	**Aristolochia**	**clematitis**		4.5	I	4	I	3	II	3.5	I	1	4	I	4	I			3	I	3	I
607	–	–	**Aristolochia**	**pallida aggr.**		4.5	II	3	II	3	II	2	II	1	4	I	3	II			3	I	3	II
608	–	16.2.5	**Aristolochia**		**lutea**	4.5	II	3	I	3	II	2	I	1	4	I	3	I			3	I	3	I
609	44700	16.2.4	**Aristolochia**		**pallida**	4.5	I	3	I	3	II	2	I	2	4	I	3	I			3	I	3	I
610	–	–	**Aristolochia**	**paucinervis**		5	I	3	I	3	II	3.5	II	3	3	I	4	I	ss		5	II	1	II
611	–	16.2.2	**Aristolochia**	**pistolochia**		5	I	3	I	4	II	1.5	I	1	4	I	3	I			3	II	5	II
612	44800	16.2.3	**Aristolochia**	**rotunda**		4.5	I	3	I	4	II	3	I	3	4	I	4	I			3	I	3	I
613	–	–	**Armeria**	**arenaria aggr.**		3	II	4	I	4	I	1.5	I	1	3	II	2	I			3	II	3	II
614	45200	40.3.3.1	**Armeria**		**arenaria**	3.5	I	4	I	4	I	1.5	I	1	2	I	2	I			3	II	3	I
615	–	40.3.3.2	**Armeria**		**bupleuroides**	3	I	4	I	4	I	1.5	I	1	3	II	2	I		m	3	II	5	II
616	–	40.3.3.3	**Armeria**		**praecox**	3	I	4	I	4	I	1.5	I	1	3	I	2	I			3	II	3	II
617	–	–	**Armeria**	**maritima aggr.**		x	–	x	–	4	II	x	–	2	x	–	2	II			3	II	3	II
618	45000	40.3.2	**Armeria**		**alpina**	1	I	4	I	5	I	2	I	1	2	I	2	I		m	3	I	3	I
619	–	–	**Armeria**		**elongata**	4.5	I	4	I	4	I	1.5	I	2	2	I	2	I		m	1	I	3	I
620	–	40.3.1.1	**Armeria**		**halleri**	4	I	2	I	4	I	2	I	1	3	II	1	I		m	3	II	3	II
621	45100	–	**Armeria**		**purpurea**	4.5	I	2	I	4	I	4.5	I	3	4	I	2	I			3	II	3	II
622	45600	54.21.1	**Armoracia**	**rusticana**		4	I	3	I	3	I	3.5	I	2	3	I	4	I			3	I	1	I

Strategien					Biologisches Verhalten										Vorkommen						Pflanzengesellschaften			Literatur			
LF	BD	WT	RO	KS	DA	VA	FS	MA	BZ	BS	MV	SU	DG	GI	GV	LR	EG	AE	EM	VE	1	2	3	BL	SL	TB	SEN
g.li	s		Rk	crs	Au	Au	zw		6-9		–		2		A2a	2.1 2.9	–	N	3	<			?	k m			534
k-t	w		Wk	crs	Ep At	Kv	zw		6-10	au my	–	4	1	h e	B6	2.2 2.9	7	Ja	4	=			?			H	535
h	w		Wd	css	Ep Hy	Kt	zw		5-6	au en	–		3		D4	1.4	–	I	2	>			1.413				536
h	t		Wd	css	Ep Bo	Kt	zw		7-8		–		2	e	B6a		–	I	2	>							537
h	t		Wd	css	Ep Bo	Kt	zw		7-8	en	–	4	3	e	C2	1.1 1.2 1.3	4	I	2	>			6.113				538
h	t		Wd	css	Ep Bo	Kt	zw		7-8	au en	–		2	e	D3	1.1 1.2 1.3	5	I	2	>			6.113				539
h	t		Rh	ccs	My	Sr	zw	d	6-8	ca my ve me	2		2		E4	6.3 6.5 9.1 9.2	1	I	2	=	14.3122	14.731	10.212				540
h	s		Wv	crs	Bo	Sr	zw		7	me	2		1	mg	F5	2.6 6.5 8.2 9.1	2	I	1	=	10.21	13.411					541
h	s		Wv	rss	Bo	Sr	zw		5-7	me	–		2	mg	E2		–	I	1	=				k m			542
h	s		Wv	rss	Bo	Sr	zw		6-7		–		2	mg	E2	3.2 3.3 6.2 9.3	–	I	1	=			3.362				543
h	s		Wv	rss	Bo	Sr	zw		6-7		–		2	mg	F4	3.2 3.3 6.5 9.1	2	I	1	=	3.312	10.211					544
h	s		Wv	rss	Bo	Sr	zw		6-7		–		2	mg	F4	3.2 3.3	–	I	1	=			3.2113				545
h	s		Wv	rss	Bo	Sr	zw		5-6		–		2	mg	F3d	6.3	–	I	1	=			11.231		632		546
h	s		Wv	crs	Bo At	Sr	zw	r17	5-7		2		1	mg h	B4b		–	I/N	2-3	<=						B	547
h	s		Wv	crs	Bo	Sr	zw		6-7	me	2		1	mg	E1	2.6 6.7 7.4 9.1	2	I	2	=	14.731	14.2111	10.212				548
h	s		Wv	crs	Bo	Sr	zw		6-7		–		1	mg h	E4	6.5 6.7 8.2 9.2	–	I	2	=			14.73	c k m			549
h	s		Wv	crs	Bo At	Sr	zw		5-7	au me	2		1	mg h	B4b	2.6 6.7 9.1 9.2	1	I/N	3	<	14.73	11.111	9.135			H	550
t	s w	1.5	–	rrr	Bo	Kv	sb zw	p2	3-5	au ca my me	–	4	1	e	C2	2.1 2.2 3.1 6.2	7	I/A	5	=	4.12	2.3					551
c	i		Wv	crs	Bo Hy	Au Sr	zw	p4	3-10		–		2	e	B3		–	I/N	2-3	<=						D	552
c	i	1	Wv	crs	Bo Hy	Au Sw	zw		3-10	au me (my)*	–		3	e	B3	2.5 3.2 3.3 4.1	2	I	2	>*	3.3	3.2	3.321				553
c	i	1	Wv	crs	Bo At	Au Sw	zw		3-4	ca my me ps	–		3	e	E2i	2.2 2.5 2.9 3.2	7	N	3	<			3.3	a g h		H	554
t	w		–	rrs	Bo	Kv	zw		4-5	au en	–		1	e	C1	3.1 3.2 6.2 7.4	3	I	1	>			4.131				555
h	w		Wv	rss	Bo	Sr Ws	zw	p13	7-8	au (my)	–		1	e	F1	3.3 6.6	2	I	1	=	3.321						556
t	w		Wv	rrs	Bo	Sr	zw		3-7	??	–		1	e	D1	3.2 3.3 6.2	3	I	2	=			3.2112				557
h-t	w		Wv	crs	Bo	Kv	zw	p8	5-7		2		1	e	B3		–	I/A	2	>					832, 834	B D	558
h-t	w		Wv	crs	Bo	Kv	zw		6-7		2		1	e	F2	3.2 3.3 6.5 7.2	–	I	1	=			11.5				559
h-k	w	2	Wv	crs	Bo	Sr	zw	p8	4-7	me (ps) (my)	2		1	e	E1	3.2 6.2 6.5 6.7	2	I	2	>	10.211	10.421	4.122				560
h-t	w	1.5	Wv	crs	Bo Ep	Sr	zw		5-6	au my me hm*	2		1	e	B3	6.2 6.3 6.7 7.4	6	I/A	2	>*	9.1	11.111	14.811				561
h-t	w		Wv	rrs	Bo	Sr	zw		5-7		2		1	e	D3	2.2 6.3 6.7 9.2	3	I	2	>			11.231	a c h	833		562
h-t	w		Wv	rrs	Bo	Sr	zw		4-6		2		1	e	C2a	6.2 6.3 6.7 7.4	–	I	2	=			9.1		833		563
h-t	w		Wv	rrs	Bo	Sr	zw		5-7		2		1	e	C1	2.2 6.2 6.7 7.4	6	I	2	>			9.1				564
h-t	w		Wv	crs	Bo	Sr	zw		6-7		2		1	e	E4	2.4 3.3 6.5 7.2	–	I	2	=			11.5	c m			565
t	w	1	Wv	rrs	Bo	Kv	zw	p2	5-6		–		1	e	E1	2.4 3.3 6.7 7.4	3	I	2	>			5.111				566
c	i		Wv	ccs	Bo At	Ao	zw	r4	4-5		–		4	e	E2g	2.2 2.7 2.9	–	N	3	<			?	c g m			567
h	w		Wv	rss	Bo	Sr	zw		6-7	my?	–		1	e	E4		–	I	1	=					507, 596	B	568
h	w		Wv	rss	Bo	Sr	zw		6-7		–		1	e	F1	3.2 3.3	2	I	1	=	3.311	3.211					569
h	w		Wv	rss	Bo	Sr	zw		6-7		–		1	e	E4	3.2 3.3	2	I	1	=			3.211				570
h	w		Wv	crs	At Bo	Sr	zw	p15	4-5		–		3	e	D1f	3.2	3	N	3	<			3.2112	f k			571
h-t	w		Wv	crs	Bo	Kv	zw		5		1		1	e	E3b	2.5 3.2 3.3 6.2	3	I	1	>			3.211				572
h	w		Wv	crs	Bo	Sr	zw		6-7		–		1	e	E2c	3.3 6.5	–	I?	1	=?			10.2	k m			573
k-t	w		Wv	crs	Bo	Sr	zw		6		–		1	e	E3	3.2 3.3 6.5	3	I	1	>*			3.212				574
h	w		Wv	css	Bo	Au	zw	p14	6-7	au (my)	–		2	e	E4a	3.2 4.1	2	I	1	=	7.11						575
h-k	w		Wv	crs	Bo	Sr	zw	p4	4-6	au me?	–		2	e	C1	6.7 7.4 9.2 9.3	1	I	1	=	11.11	14.81102	13.312				576
t	w		–	rrs	Bo	Kv	zw		4-5		–		1	e	C2	3.1 3.2 6.2	–	I	3	=			4.21	k m			577
h	w		Wv	crs	Bo	Sr	zw		5-7		–		1	e	F4	3.3 3.3 3.4 6.5	–	I?	1	=			10.2116	c k m			578
n-p	i		Wh	ccc	En Dy	Ws	zw	400*	11-3	me	–		1	e	C1	7.3 9.4	–	I	2	=			13.6	d k m			579
e	i		Wh	css	En	Kv	di		1-7		1		1	mg	C2	7.3 7.6	–	I	2	=			13.6	k m			580
k	s		Wv	ccr	Ep Dy	Kv	zw		7-9		1		3	h e	B6		–	I/A	2-3	<=					175	B C	581
k	s		Wv	ccr	Ep Dy	Kv	zw	p2	7-10	me le	1	4	3	h e	B6	2.2 2.5 2.6 9.2	7	I/A	3	=	5.11	11.412					582
k	s		Wv	ccr	Ep Dy	Kv	zw	p8	7-9	me le hm	1	3	3	h e	B6	2.2 2.5 2.6 7.4	7	I/A	3	=	5.11	5.132					583
k	s		Wv	ccr	Ep Dy	Kv	zw		6-8		1		3	h e	D3	2.6 7.4 9.1 9.2	7	I	2	>	11.412	14.722	11.4				584
k	s		Wv	ccr	Ep Dy	Kv	zw		7-8		1		3	h e	D3	2.2 2.6 7.4 9.2	7	I	2	>			5.113		249	E	585
k	s		Wv	ccr	Ep Dy	Kv	zw	p2	8-9	me	1		3	h e	B6	2.2 2.5 7.4 9.2	7	I/A	3	>	5.132	5.11					586
z	s	2	Wh	ccs	En Dy	Kt	zw	r122	5-6	au me	–		3	e	B5	6.5 7.1 8.2	2	I	1	=	12.311	10.311	14.21114				587
z	i	3	Wh	ccs	En Dy	Kt	zw	r60	4-7	me (au)	–		4	tg h e	B3	3.2 7.1 8.2 9.1	1	I	1	>*	14.211	12.313					588
h	t		Rs	crs	My At	Sr	zw		5-6	??	2		2		D1b	2.3 2.6 9.2 9.3	1	I/N	3	=			14.732				589
c	i		Rs	ccs	Bo	Sr	zw	p10	6-7		–		1		E2b	3.2 6.2	–	I	1	=			9.14	k m			590
c	w		Rs	crs	Bo Dy	Ao Kt	zw	p43	7-9	au my	–		2		E1	3.2 3.3 4.1 6.6	2	I	1	=	8.111						591
c-t	w		Rs	crs	Bo	Po Sr	zw	p7	7-8	??	–		1		E4		–	I	1	=>					213	B C	592
c	w		Rs	crs	Bo	Po Sr	zw		7-8		–		1		F6*	6.5	2	I	1	=			10.3	f			593
c	w		Rs	crs	Bo	Po Sr	zw		7-8		–		1		E4	3.3 6.5	2	I	1	=	10.211	10.311	3.331				594
t	s w		–	rss	Bo	Kv	zw		7		–		1		D3*	2.5	5	I	1	>			2.11?		152		595
c	w		Rs	crs	Bo	Po Sr	zw		7-8		–		1		E4	3.3 6.5	2	I	1	=			10.211				596
c	w		Rs	crs	Bo	Sr	zw		6-8		–		1		F2a	3.2 6.2 7.3 9.1	–	I	2	=			9.142	m			597
c	w		Rs	crs	Bo	Au Po	zw		5-7		1		1		E2	3.1 3.2 6.2 6.5	2	I	2	=			9.14				598
c	w		Rs	crs	Bo	Sr	zw		6-8		–		1		F4a*	3.2	–	I	1	=			3.2113	c k m			599
c	w		Rs	css	Bo	Kt	zw		7-8		–		1		E2b	3.2 3.3 6.5 6.6	–	I	1	=			10.2	m			600
t	w s		–	rrs	Bo En	Kv	zw	p3	5-8	au en	–		2	tg e	C1		–	I/A/N	2-5	<=						B	601
t	s w	1	–	rrs	Bo En	Kv	zw		5-7		–	3	2	tg e	C2	2.2 3.1 6.1 6.2	7	I/N	5	<			4.1				602
t	w		–	rss	Bo En	Kt	zw		7-8		–		2	tg e	E3a	2.4 3.3 6.5	2	I	2	=			10.4				603
t	w s	1	–	rrs	Bo En	Kt	zw		5-7		–	4	2	tg e	D1	2.1 2.2 3.1 6.2	7	I/A	5	=	9.13	4.1	2.3				604
z	t		Wh	css	Bo	Kv	cl zw		5-6		–		1		C2a	6.2 7.3 9.1 9.3	–	I	2	=			9.1				605
g	s		Rh	ccc	Bo	Ws	zw	p7	3-10	my	–		2	gg h	C2c	2.1 2.2 2.3 9.2	7	I/A	3	>			2.332				606
g	s		Rk	ccs	Bo	Sr	zw	r15	4-6	my	–		2	gg	C2		–	I/A	2	>					588	B	607
g	s		Rk	ccs	Bo	Sr	zw		3-7		–		2	gg h	D1b	6.2 6.7 9.2 9.3	–	I	2	>			14.81				608
g	s		Rk	ccs	Bo	Sr	zw	p3	4-6		–		2	gg	D1c	3.3 7.4 9.2 9.3	–	I/A	2	>			14.812	k m			609
g	s		Rk	ccs	Bo	Sr	zw		4-6		–		2	gg h	C2a	2.1 2.2 7.3 9.2	–	I?	2	=			14.71?				610
g	s		Rs	ccs	Bo	Sr	zw		4-6		–		2	gg h	C2a	2.1 3.2 3.3 7.3	–	I	2	>			12.411	k m			611
g	s		Rk	ccs	Bo	Sr	zw		3-8	my	–		2	gg h	D1	2.1 2.3 6.3 7.4	6	I/A	3	=			14.71	k m			612
h	w		Rh Wv	crs	Me	Sr	zw		5-7	le	2		2		D1a		–	I	2	>				m		C	613
h	w		Rh Wv	crs	Me	Sr	zw	p10	6-7		2		2		D1a	6.2 6.5	6	I	2	>			9.136				614
h	w		Rh Wv	crs	Me	Sr	zw		5-7		2		2		E2b	3.1 6.2 6.5	–	I	2	>			9.1				615
h	w		Rh Wv	crs	Me	Sr	zw		5-7		2		2		E2b	3.1 6.2	–	I	2	>			9.1132				616
h	w		Rh Wv	css	Me	Sr	zw	p10	6-8		2		2		D1-4		–	I	1	=>						B C	617
h	w	4	Rh Wv	css	Me	Sr	zw	p29	7-8	au en	2		2		E1	3.2 3.3 6.5	2	I	1	=	10.421	10.411					618
h	t		Rh	css	Me	Sr	zw		6-10		2		2		D3	2.2 6.2 9.1	–	I	2	>			4.142	c i l			619
h	w		Rh Wv	css	Me	Sr	zw		6-8		–		2		E4b	3.1 3.2 6.2	–	I	1	>			9.117	i l		E	620
h	w		Rh Wv	css	Me	Sr	zw		5-6	au me my le*	2		2		D3*	1.4 4.1 5.1	5	I	1	>0			7.111?				621
g	s		Wv	ccc	Bo At	Sr	zw		5-7	en of	3		3	tg h e	C2b	1.4 2.2 2.9	7	A	4	=			5.113				622

Nummern			Taxa			Klima						Boden												
SEN	**SIN**	**FAN**	**Gattung**	**Aggregat/Einzelart**	**Kleinart**	**T**	**v**	**K**	**v**	**L**	**v**	**F**	**v**	**W**	**R**	**v**	**N**	**v**	**S**	**M**	**H**	**v**	**D**	**v**
623	–	–	**Arnica**	**chamissonis**		2	I	3	I	4	I	3.5	I	2	2	I	4	I			3	I	3	I
624	45700	124.45.1	**Arnica**	**montana**		2	I	3	I	4	I	3.5	I	2	2	I	2	I			5	I	1	I
625	45800	124.76.1	**Arnoseris**	**minima**		4.5	I	2	I	4	I	2	I	2	2	I	2	I			3	I	5	I
626	–	–	**Arrhenatherum**	**elatius aggr.**		4	II	3	II	4	II	x	–	1	3	II	3	II			3	I	3	II
627	–	–	**Arrhenatherum**		**bulbosum**	4.5	I	2	I	4	I	2	I	2	2	I	3	I			3	I	1	I
628	45900	139.33.1	**Arrhenatherum**		**elatius**	4	I	3	I	3	I	3	I	1	3	II	4	II	s	m	3	I	3	I
629	46000	124.40.7	**Artemisia**	**abrotanum**		5	I	4	I	4	II	3.5	I	1	3	I	3	I	s		3	I	3	I
630	46100	124.40.3	**Artemisia**	**absinthium**		4	I	4	I	4	I	2	I	1	4	I	4	I			3	I	3	I
631	46200	124.40.4	**Artemisia**	**alba**		4.5	I	4	I	4	I	1	I	1	4	I	2	I		m	1	I	5	I
632	46300	124.40.17	**Artemisia**	**annua**		4.5	I	5	I	4	I	3.5	I	3	3	I	4	I	s		3	I	3	I
633	46400	124.40.6	**Artemisia**	**atrata**		2	I	4	I	4	I	2	I	1	4	I	2	I			3	I	5	I
634	46450	–	**Artemisia**	**biennis**		4.5	I	4	I	4	I	2	I	1	3	I	4	I			3	I	3	I
635	–	–	**Artemisia**	**campestris aggr.**		x	–	4	I	4	II	1.5	II	1	3	II	2	I			1	II	5	I
636	46760	124.40.19.2	**Artemisia**		**alpina**	2.5	I	4	I	4	I	1.5	I	1	4	II	2	I			3	II	5	I
637	46500	124.40.20	**Artemisia**		**borealis**	1.5	I	4	I	5	I	2	I	1	3	I	2	I			1	I	5	I
638	46750	124.40.19.1	**Artemisia**		**campestris**	3.5	II	4	I	4	II	1	I	1	4	II	2	I			3	II	5	I
639	46800	124.40.9	**Artemisia**	**chamaemelifolia**		3	II	5	I	4	I	1	I	1	3	I	2	I			1	I	5	I
640	46900	124.40.18	**Artemisia**	**dracunculus**		5	I	4	I	3	II	2.5	I	3	3	I	4	I			3	I	3	I
641	–	–	**Artemisia**	**genipi aggr.**		1	II	4	I	5	I	2.5	II	1	3	II	2	I			1	I	5	I
642	–	124.40.12	**Artemisia**		**eriantha**	1	I	4	I	5	I	2.5	I	1	3	I	2	I			1	I	5	I
643	47000	124.40.13	**Artemisia**		**genipi**	1	I	4	I	5	I	3	I	2	3	I	2	I			1	I	5	I
644	47400	124.40.11	**Artemisia**		**nitida**	2	I	4	I	5	I	2	I	1	4	I	2	I			1	I	5	I
645	47500	124.40.14	**Artemisia**		**nivalis**	1	I	4	I	5	I	2.5	I	1	3	I	2	I			1	I	5	I
646	47200	124.40.15	**Artemisia**	**glacialis**		1	I	4	I	5	I	1.5	I	1	3	II	2	I			1	I	5	I
647	–	–	**Artemisia**	**insipida**		3.5	I	5	I	4	I	1.5	I	1	4	I	2	I			3	I	3	I
648	–	124.40.16	**Artemisia**	**pedemontana**		3.5	I	4	I	5	I	1.5	I	1	4	I	2	I			3	I	5	I
649	47600	124.40.8	**Artemisia**	**pontica**		4.5	I	4	I	4	I	2	I	1	4	I	4	I	s		3	I	3	I
650	–	124.40.21	**Artemisia**	**scoparia**		4.5	I	4	I	5	I	2.5	I	1	4	I	3	I			3	I	5	I
651	47700	124.40.10	**Artemisia**	**umbelliformis**		1	I	4	I	5	I	3	I	1	3	I	2	I			1	I	3	I
652	47800	124.40.5	**Artemisia**	**vallesiaca**		4.5	I	5	I	5	I	1	I	1	5	I	2	I	s		3	I	3	I
653	–	–	**Artemisia**	**vulgaris aggr.**		4	II	3	II	4	II	2.5	I	2	3	I	4	I			3	I	3	II
654	47900	124.40.2	**Artemisia**		**verlotiorum**	4.5	I	2	I	4	II	2.5	I	2	3	I	4	I			3	I	3	II
655	48000	124.40.1	**Artemisia**		**vulgaris**	4	I	4	I	4	II	2.5	I	2	3	I	4	I		m	3	I	1	I
656	48100	134.3.1	**Arum**	**italicum**		5	I	2	I	3	II	3	I	3	3	I	3	I			3	I	3	I
657	–	–	**Arum**	**maculatum aggr.**		4	I	2	I	2	II	3	I	2	3	II	3	II			3	II	3	II
658	–	134.3.3	**Arum**		**cylindraceum**	4	I	2	I	2	II	3	I	2	3	II	4	I			5	I	3	I
659	48200	134.3.2	**Arum**		**maculatum**	4	I	2	I	2	II	3	I	3	4	I	3	I			3	I	1	I
660	48300	63.3.1	**Aruncus**	**dioicus**		3.5	I	2	I	2	II	3.5	I	1	3	I	4	I			3	I	3	I
661	48500	139.58.1	**Arundo**	**donax**		5	I	2	I	3	II	4	I	3	3	I	4	I	ss		3	I	3	I
662	48600	–	**Asarina**	**procumbens**		4.5	II	4	I	4	I	1	I	1	2	I	3	I			1	I	5	I
663	48700	16.1.1	**Asarum**	**europaeum aggr.**		4	II	2	I	2	II	3.5	I	1	4	I	3	I			5	I	3	I
664	–	–	**Asarum**		**caucasicum**	4.5	I	2	I	2	II	3.5	I	1	4	I	3	I			5	I	3	I
665	–	–	**Asarum**		**europaeum**	3.5	I	2	I	2	II	3.5	I	1	4	I	3	I		m	5	I	3	I
666	–	–	**Asarum**		**italicum**	4.5	I	2	I	2	II	3.5	I	1	4	I	3	I			5	I	3	I
667	48800	100.1.1	**Asclepias**	**syriaca**		4.5	I	2	I	4	I	3	I	2	3	I	3	I			3	I	1	I
668	–	143.29.1	**Asparagus**	**acutifolius**		5	I	2	I	3	I	1	I	1	3	II	3	I		m	3	I	3	II
669	48900	143.29.2	**Asparagus**	**officinalis**		4.5	I	4	I	4	I	2	I	1	4	II	3	II	s		3	I	5	I
670	49000	143.29.3	**Asparagus**	**tenuifolius**		4.5	I	2	I	3	I	1.5	I	1	3	I	2	I			3	I	3	I
671	49100	106.15.1	**Asperugo**	**procumbens**		2.5	I	4	I	4	I	2.5	I	1	4	I	5	I			3	I	3	I
672	49300	119.3.8	**Asperula**	**arvensis**		4.5	I	4	I	4	II	2	I	2	4	I	3	I			3	I	3	I
673	–	–	**Asperula**	**cynanchica aggr.**		x	–	4	II	4	I	1.5	II	2	4	II	2	I			3	II	3	II
674	49200	119.3.1	**Asperula**		**aristata**	4.5	I	5	I	4	I	1	I	1	4	I	2	I			3	I	5	II
675	49400	119.3.4	**Asperula**		**cynanchica**	3.5	II	4	I	4	I	2	II	3	4	I	2	I			3	I	3	II
676	–	119.3.2	**Asperula**		**neilreichii**	1.5	I	3	I	4	I	2.5	I	1	5	I	2	I			1	I	5	I
677	–	119.3.3	**Asperula**		**rupicola**	2.5	I	3	I	4	I	1.5	I	1	4	I	2	I			3	I	3	II
678	–	119.3.5	**Asperula**	**hexaphylla**		3	I	4	I	4	I	1.5	I	1	5	I	2	I			3	I	5	I
679	49500	119.3.9	**Asperula**	**purpurea**		5	I	2	I	3	II	1	I	1	4	I	2	I		m	1	I	5	I
680	49600	119.3.6	**Asperula**	**taurina**		4	II	2	I	2	II	3.5	I	1	4	I	3	I			3	I	3	I
681	49700	119.3.7	**Asperula**	**tinctoria**		4.5	I	5	I	3	II	1.5	I	2	5	I	2	I			3	I	1	I
682	–	–	**Asphodelus**	**albus aggr.**		3	II	3	II	4	II	2	I	2	x	–	3	II			3	II	1	II
683	49800	143.3.1	**Asphodelus**		**delphinensis**	3	II	4	I	4	I	2	I	2	2	I	4	I			3	I	1	I
684	–	–	**Asphodelus**		**macrocarpus**	3.5	I	3	I	3	II	2	I	1	4	I	3	I			3	II	3	II
685	–	–	**Asplenium**	**adiantum-nigrum aggr.**		x	–	4	II	3	II	2	II	1	2	II	2	II			1	II	5	I
686	49900	7.12.10	**Asplenium**		**adiantum-nigrum**	4	I	4	II	3	II	2	I	1	2	II	2	I		m	1	I	5	I
687	50300	7.12.12	**Asplenium**		**cuneifolium**	3	II	4	I	3	II	2	I	1	3	I	3	I		m	3	II	5	I
688	50800	7.12.11	**Asplenium**		**onopteris**	5	I	3	II	3	II	2.5	I	1	2	I	2	I		m	1	I	5	I
689	–	–	**Asplenium**	**adulterinum aggr.**		3	II	3	II	3	II	2.5	II	1	x	–	2	II			3	II	5	I
690	49950	7.12.3	**Asplenium**		**adulterinum**	2.5	I	2	I	3	II	3	I	1	3	I	2	II		m	3	II	5	I
691	50850	7.12.4	**Asplenium**		**presolanense**	3	I	3	I	3	II	2	I	1	5	I	2	I			1	II	5	I
692	51600	7.12.13	**Asplenium**	**alternifolium**		2.5	II	3	I	4	I	1.5	I	1	2	I	1	I			1	I	5	I
693	50400	7.12.18	**Asplenium**	**fissum**		2.5	I	4	I	5	I	2	I	1	5	I	2	I			1	I	5	I
694	–	–	**Asplenium**	**fontanum aggr.**		3.5	II	2	II	3	II	2	II	1	x	–	2	II			1	II	5	I
695	50500	7.12.7	**Asplenium**		**fontanum**	3.5	I	1	I	3	II	2.5	II	1	5	I	3	I			1	II	5	I
696	50600	7.12.8	**Asplenium**		**foreziense**	4	I	2	I	4	I	2	I	1	2	I	2	I			1	II	5	I
697	50700	7.12.17	**Asplenium**	**lepidum**		3.5	I	2	I	4	I	2	I	1	5	I	2	I			1	I	5	I
698	–	–	**Asplenium**	**obovatum aggr.**		4.5	I	2	II	3	II	2	I	1	2	I	2	II			1	II	5	I
699	50100	7.12.9	**Asplenium**		**billotii**	4.5	I	1	I	3	II	3	I	1	2	I	3	I	s		1	II	5	I
700	–	–	**Asplenium**		**obovatum**	4.5	I	2	I	2	II	3	I	1	2	I	2	I			1	I	5	I
701	–	7.12.1	**Asplenium**	**petrarchae**		5	I	2	I	4	I	1	I	1	5	I	1	I			1	I	5	I
702	–	–	**Asplenium**	**ruta-muraria aggr.**		3	II	3	II	4	II	2	I	1	5	I	1	II			1	I	5	I
703	–	7.12.16.2	**Asplenium**		**dolomiticum**	3.5	II	3	I	4	II	2	I	1	5	I	1	I			1	I	5	I
704	50900	7.12.16.1	**Asplenium**		**ruta-muraria**	2.5	II	4	I	4	II	2	I	1	5	I	2	I		m	1	I	5	I
705	51100	7.12.15	**Asplenium**	**seelosii**		3	II	4	II	2	II	1	I	1	5	I	2	I			3	I	5	I
706	51200	7.12.14	**Asplenium**	**septentrionale**		2.5	I	4	I	4	I	1.5	I	1	2	I	1	I		m	1	I	5	I
707	–	–	**Asplenium**	**trichomanes aggr.**		3.5	II	3	II	3	II	2	I	1	x	–	2	I			1	II	5	II
708	–	7.12.2.2	**Asplenium**		**hastatum**	3	I	3	I	4	II	2	I	1	5	II	2	I			1	I	5	I
709	–	7.12.2.4	**Asplenium**		**inexpectans**	4	I	3	I	3	II	2	I	1	5	I	2	I			1	I	5	I
710	–	7.12.2.5	**Asplenium**		**pachyrachis**	4	II	3	I	3	II	2	I	1	5	I	2	I			1	I	5	II
711	–	7.12.2.3	**Asplenium**		**quadrivalens**	3.5	II	3	II	3	II	2	I	1	3	II	2	I		m	1	II	5	II

Strategien					Biologisches Verhalten										Vorkommen						Pflanzengesellschaften			Literatur			
LF	BD	WT	RO	KS	DA	VA	FS	MA	BZ	BS	MV	SU	DG	GI	GV	LR	EG	AE	EM	VE	1	2	3	BL	SL	TB	SEN
h	s		Rh	crs	Me	Au	ve		5-8	my me	2		2	tg h	A2b	2.9	–	N	4	<			?		616		623
h	s	2.5	Rh	crs	Me	Sr	ve	r3	6-8	au my me le*	2		3	mg h e	D5	6.4 6.5 7.1 9.1	2	I	2	>*	10.412	10.411	12.313				624
t	s w	1.5	–	rrr	Bo	Kv	zw		6-9	my	2	2	3		D2	2.1	7	I/A	5	>			2.3212				625
h	s t		Rk Rs	ccc	Me At	Sr	zw		6-7		4		3		C1		–	I/A/Jn	4	=						D	626
h	s		Rk	ccr	Me	Sr	zw		6-7		2		3		D2	2.1 2.2 6.3 6.7	–	I/A	4	>			5.2?	i l m		E	627
h	t	3.5	Rs	ccr	Me At	Sr	zw		6-7	an au my wa	4	2	4	e	C1	2.1 2.2 6.2 6.3	8	Jn	4	<	11.241	9.1					628
z	s		Rh	ccr	Bo Ep	Kv	ve	p6	7-10	an	–		2	h e	A4a	2.2 2.7 2.9	7	Ja	5	=			5.1				629
c	t		Wh	crs	Ep At	Sr	ve	p4	7-9	an my me le*	1		2	mg h e	B6	2.2 2.5 6.2 7.4	7	I?/A	3	=	5.211	5.11					630
z	s		Wh	crr	Bo Ep	Sr	ve		8-10	??	1		2	h	C2	2.2 3.2 3.3 6.2	–	I/N	2	>			9.14				631
t	s		–	crr	Bo Ep	Kv	ve		8-10	an	–		3	e	A4c	2.1 2.2 2.5 2.9	7	N	5	<			2.34		76		632
h	s?		Rh	css	Bo Ep	Sr	ve		7-8		–		2		E4	3.2 3.3 6.5	–	I	1	=			10.211				633
t	s w		–	crr	Bo At	Kv	ve		8-10	au an	–		2		A2d	2.2	7	N	5	<			2.343				634
c	t		Wh	crs	Bo Ep	Sr Ws	ve	p5	7-9	an le	1		3	e	B6		–	I	1-2	=							635
c	t		Wh	css	Bo Ep	Sr	ve		7-9		1		3	e	F1	3.2 6.2 6.5 7.4	–	I	2	=			9.1?	c k m		E	636
c	t		Wh	css	Bo Ep	Sr	ve		7-8		1		3	e	B5	3.2 3.3 6.5 7.1	2	I	1	=			3.3				637
c	t	4	Wh	crs	Bo Ep	Sr Ws	ve		7-9		2		3	e	B6	2.2 2.5 3.2 6.2	6	I	2	>	9.1	5.11					638
c	t		Wh	ccs	Bo Ep	Sr	ve	r3	7-8		–		2		E2b	3.2 3.3 6.2	–	I	1	=			9.1132	f k m			639
g-h	s		Rh	ccs	Bo At	Sr	ve		8-10	my	–		2	h e	B6a	2.2 2.5 2.9	7	A	5	=			5.1				640
c	i		Wh	rss	Bo Ep	Sr	ve		6-9	??	–		1	h e	E2		–	I	1	=					286		641
c	i		Wh	rss	Bo Ep	Sr	ve		6-8		–		1	h e	E2	3.2 3.3	–	I	1	=			3.2212	f k m			642
c	i	1	Wh	rss	Bo Ep	Sr	ve	r13	7-8		–		1	e	F1	2.5 3.2 3.3 6.5	2	I	1	=	3.211	3.331	3.311				643
c	i		Wh	rss	Bo Ep	Sr	ve		8-9		–		1		E2d	3.2 6.5	–	I	1	=			3.211	a f k			644
c	i		Wh	rss	Bo Ep	Sr	ve		8		–		1	h e	F3a*	3.2 3.3	2	I	1	=	3.331	3.221				E	645
c	i		Wh	css	Bo Ep	Sr	zw	r12	7-8	??	–		2		F2	3.2 3.3 6.5	2	I	1	=	3.211	3.221	3.331		286		646
c	i		Wh	css	Bo Ep	Sr	ve		6-9		–		1		F2a*	6.2 6.7 7.4 9.3	–	I	1	>			9.1132	m	265		647
c	i		Wh	rss	Bo Ep	Sr	ve		5-9		–		1		E2	3.2 3.3 6.2	–	I	1	=			12.4	f k m	286		648
h-z	s		Rh	ccs	Bo At	Au	ve		8-10	an	1		3	h e	C2b	2.2 3.2 6.2 7.4	7	I/N	5	=			9.1				649
k-t	t		Wv	crs	Bo Ep	Kv	ve		7-9	an	1		2		B6	2.1 2.2 2.5 6.2	–	I	3	>			5.1	i k l			650
c	i		Wh	rss	Bo Ep	Sr	ve	p9	7-8	an me	–		2	h e	E3	3.2 3.3 6.5	2	I	1	=	3.221	3.312	10.211		286		651
z	w		Wh	css	Bo Ep	Sr Ws	zw	r13	8-10		1		3	h e	F2b	2.2 3.2 6.2	6	I	2	=	9.113						652
g-h	t		Rh	ccr	Bo Ep	Au Sr	ve	p5	7-11		2		4	e	B4		–	I/A/Ns	4	<							653
g-h	t		Rh	ccr	Bo Ep	Au	ve	p4	9-11	an	2		5	mg e	A4b	2.1 2.2 2.5 2.9	7	Ns	4	<	5.1						654
g-h	t	3.5	Rh	crs	Bo Ep	Sr	ve		7-9	an	2	3	3	mg h e	B6	2.1 2.2 2.5 7.5	7	I?/A	4	<	5.11	11.311	11.212				655
g	v		Rk	crs	En	Bz	mo		4-5	my	–		2	mg	C2	2.3 2.5 7.4 9.2	7	I/N	3	<			14.711				656
g	v		Rk	crs	En	Bz	mo		4-5	my	–		2	mg	D1-3		–	I	2	=				c i l	692	B	657
g	v		Rk	crs	En	Bz	mo		4-5		–		2	mg e	D1	3.2 3.3 3.5 9.2	–	I	2	=			14.731		37, 38		658
g	v	2	Rk	crs	En	Bz	mo		4-5		–	3*	2	mg h e	D3	2.3 2.5 9.2	1	I	2	=	14.73	14.721	14.735				659
h	s	3	Rs	ccs	Bo	Sr	di zw	r12	5-7	ca my me hm	–		2	mg e	B3a	2.6 4.2 7.2 9.2	1	I	2	<	14.731	14.73301	14.735				660
g	t	2.5	Rs	ccr	Me	Au Ho	zw		9-11	me	1		3	h	A4a	1.4 2.2 2.5 7.2	5	N	5	<			11.311				661
h	w		Wv	css	Bo	Kt	zw		6-9	en	–		2		A4a	3.2	3	N	4	<			3.221				662
g	i		Rs	ccs	My	Kt	zw	d	4-5	au	–		3	mg e	B6		1	I	1	=					458	B D	663
g	i		Rs	ccs	My	Kt	zw		4-5		–		3	mg e	E4	7.4 9.2	–	I	1	=			14.73	k m			664
g	i	2	Rs	ccs	My	Kt	zw		4-5		–		3	mg e	B6	7.4 9.2	–	I	1	=	14.73						665
g	i		Rs	ccs	My	Kt	zw		4-5		–		3	mg e	E2c	9.1 9.2	–	I	1	=			14.73	k			666
g	s		Rs	ccr	Me At	Ws	zw	p4	6-8	me ph (my)	1		3	gg	A2c	2.2 2.3 2.9 9.1	7	Nw	4	<			5.11				667
g-n.li	i	2	Rs	ccs	En	Sr	di		8-9	me my	–		2	mg	C2	3.2 7.3 7.6 9.4	–	I	2	=			13.6	k m			668
g	s		Rh	css	En	Kr	di		5-6	me ca	–		1	mg h e	C2b	2.2 2.5 6.7 7.4	7	A	4	=	5.211	11.111				H	669
g	s		Rs	css	En	Sr	di		5		–		1	mg	D1	6.7 7.4 9.2 9.3	1	I	1	>	14.811	14.81101					670
t	s w		–	crs	Ep	Kt	zw	p1	5-8	au	–		3		B6	2.2 2.4	7	A	3	>	2.34						671
t	t		–	rrr	Ep Bo	Kv	zw		5-8	au en	–		1		C2	2.1 2.2 6.2	7	A	5	>			2.31				672
h	s		Rs	css	Ep Bo	Sr	zw		6-9		1		2		E2		–	I	1-2	>						B	673
h	s	2	Rs	css	Ep Bo	Sr	zw	p23	6-8	au	1		2		E2	3.2 3.3 6.2 6.5	6	I	1	>	9.113	9.131				A	674
h	s	2.5	Rs	css	Ep My	Sr	zw	p17	6-9	au my ps	2		2		D3	3.2 6.2 7.4 9.1	6	I	2	>	9.1	14.211					675
c	s		Rs	css	Ep Bo	Sr	zw		6-9		1		2		E4a	2.5 3.2 3.3 6.5	–	I	1	=			3.311	c m			676
h	s		Rs	css	Ep Bo	Sr	zw		6-8		1		2		F2a	3.2 6.2	–	I	2	>			9.132?	k m			677
h	s?		Rs	css	Ep Bo	Sr	zw		6-8		–		1		F2a*	3.2 3.3 6.2	–	I	1	=			3.2114	k m			678
c	t		Rs	crs	Ep	Au Sr	zw	r20	6-9	au my ve hm	–		1		E2a	2.2 3.2 3.3 6.2	3	I	2	=			9.1				679
g	t		Rs	ccs	Bo	Au	ve	r2	5-6	ph	–		2		E2b	7.4 9.2 9.3	1	I	1	=	14.731	14.736	14.721				680
h	s	2.5	Rs	crs	Ep Bo	Au	zw		6-7	my hm (au)	–		2		D3	6.2 6.7 9.1 9.3	6	I	2	>	14.811	9.1					681
h	s		Wv	ccs	En	Sr	zw		3-7	my le	2		3		C2		–	I	3	=					162	B	682
h	s		Wv	ccs	En	Sr	zw		5-7		2		3		E3a	6.5 6.7 7.2 7.4	6	I	3	=	10.21	11.242					683
h	s		Wv	ccs	En	Sr	zw		3-5		2		2		C2	2.6 6.2 7.3 9.3	–	I	2	=			9.14	k m			684
h	w		Rs	crs	Me	Kv	mo		5-10		–		2		C2		–	I	1-2	=						B D	685
h	w		Rs	crs	Me	Kv	mo		6-10		–		2		B1	3.2 9.2 9.3	3	I	2	=	3.221	14.811					686
h	w?		Rs	crs	Me	Kv	mo		7-10		–		2		E1	3.2 3.3	2	I	1	>			3.222				687
h	w		Rs	crs	Me	Kv	mo		5-10		–		2		C2	3.2 7.6 9.1 9.3	3	I	1	=			3.2213				688
h	w		Rs	rss	Me	Kv	mo		7-9		–		1		D3		–	I	1	=							689
h	w		Rs	rss	Me	Kv	mo		7-8		–		1		D3	3.2 3.3	3	I	1	>			3.222				690
h	w		Rs	rss	Me	Kv	mo		7-9		–		1		F3c*	3.2	–	I	1	=			3.2113		567, 869		691
h	s?		Rs	rss	Me	Kv	mo		7-9		–		1		B1	3.2	3	I	1	>			3.22				692
h	w	1.5	Rs	rss	Me	Kv	mo		7-9		–		1		E2	3.2 3.3 3.4	2	I	1	>			3.312	c f k			693
h	w		Rs	rss	Me	Kv	mo		6-9		–		1		C1		–	I	2	=>							694
h	w		Rs	rss	Me	Kv	mo		7-9		–		1		E2	3.2	1	I	2	>			3.21				695
h	w?		Rs	rss	Me	Kv	mo		6-9		–		1		C2a	3.2	3	I	2	=			3.2213				696
h	w		Rs	rss	Me	Kv	mo		7-9		–		1		E2a	3.2	–	I	1	=			3.211		94		697
h	w		Rs	rss	Me	Kv	mo		5-10		–		1		C2		–	I	1	>				k	789		698
h	w		Rs	rss	Me	Kv	mo		6-9		–		1		C2a	3.2	3	I	1	>			3.2213				699
h	w		Rs	rss	Me	Kv	mo		5-10		–		1		C2	3.2	–	I	1	>			3.224				700
h	w		Rs	rss	Me	Kv	mo		7-9		–		1		C2a	3.2	–	I	1	=			3.231	k m			701
h	w		Rs	rss	Me	Kv	mo		7-9		–		2		B3		–	I	2	=							702
h	w		Rs	rss	Me	Kv	mo		7-9		–		2		E2a	3.2	–	I	1	=			3.21	c k			703
h	w		Rs	rss	Me	Kv	mo		7-9		–		2		B3	3.2 3.3	3	I	3	=	3.21						704
h	w		Rs	rss	Me	Kv	mo		7-9		–		1		F4	3.2	–	I	1	=			3.21				705
h	w		Rs	rss	Me	Kv	mo		7-10		–		1		B3	3.2 3.3	3	I	1	=	3.221						706
h	w		Rs	rss	Me	Kv	mo		7-8		–		2		B2		–	I	1-2	=	3.211	3.221	14.735	c i l	316	D	707
h	w		Rs	rss	Me	Kv	mo zw		7-8		–		2		D5	3.2	–	I	1	=			3.21	c i l			708
h	w		Rs	rss	Me	Kv	mo		7-8		–		2		D1	3.2	–	I	1	=			3.21	c i k			709
h	w		Rs	rss	Me	Kv	mo		7-8		–		2		D1	3.2	–	I	1	=			3.21	c i l			710
h	w		Rs	rrs	Me	Kv	mo		7-8		–		2		B3	3.2 9.1 9.2 9.3	–	I	1	=			3.2	c i l			711

Nummern			Taxa			Klima						Boden												
SEN	**SIN**	**FAN**	**Gattung**	**Aggregat/Einzelart**	**Kleinart**	**T**	**v**	**K**	**v**	**L**	**v**	**F**	**v**	**W**	**R**	**v**	**N**	**v**	**S**	**M**	**H**	**v**	**D**	**v**
712	51400	7.12.2.1	**Asplenium**		**trichomanes**	3	II	3	II	3	II	2	I	1	2	I	2	I		m	1	I	5	I
713	–	–	**Asplenium**	**viride aggr.**		x	–	x	–	3	II	3	II	1	5	I	2	I			3	II	5	I
714	–	7.12.6	**Asplenium**		**jahandiezii**	4	I	3	I	3	II	2	I	1	5	I	2	I			1	I	5	I
715	51500	7.12.5	**Asplenium**		**viride**	2	II	2	I	2	II	3.5	I	1	5	I	2	I		m	3	II	5	I
716	51800	124.4.6	**Aster**	**alpinus**		2	I	4	I	5	I	2	I	1	3	II	2	I			3	I	3	I
717	51900	124.4.5	**Aster**	**amellus**		3.5	I	4	I	3	II	2	I	2	5	I	2	I			3	I	1	I
718	52000	124.4.7	**Aster**	**bellidiastrum**		2	II	3	I	3	II	3.5	I	3	4	II	2	I			3	I	1	I
719	52200	124.4.9	**Aster**	**linosyris**		4.5	I	5	I	4	I	1.5	I	1	4	I	2	I			3	I	3	I
720	52300	124.4.1	**Aster**	**novae-angliae**		5	I	3	I	4	I	3.5	I	2	4	II	4	I	ss		3	I	1	I
721	52500	124.4.3	**Aster**	**novi-belgii aggr.**		4.5	II	2	II	3	II	3	II	3	4	II	4	I	s?		3	II	1	II
722	–	124.4.2	**Aster**		**laevis**	4.5	I	2	I	3	I	3	I	3	4	I	4	I			3	II	1	II
723	52100	–	**Aster**		**lanceolatus**	4.5	I	2	I	3	II	3	I	3	4	I	4	I	s		3	II	1	II
724	52400	–	**Aster**		**novi-belgii**	4.5	I	2	I	3	II	3	I	3	4	II	4	I	s		3	II	1	II
725	52600	–	**Aster**		**salignus**	4.5	I	3	I	3	II	3	I	3	3	I	4	I	s		3	II	1	II
726	52700	–	**Aster**		**tradescantii**	4.5	I	3	I	3	II	3	I	3	4	I	4	I			3	II	1	II
727	52800	–	**Aster**		**versicolor**	4.5	I	2	I	3	II	3	I	3	4	II	4	I			3	II	1	II
728	–	124.4.8	**Aster**	**sedifolius**		4	I	4	I	4	I	1.5	I	2	4	I	2	I	s		3	I	1	II
729	–	124.4.4	**Aster**	**squamatus**		4.5	I	3	I	5	I	2.5	I	3	4	I	4	I	s		1	II	5	I
730	–	60.9.1	**Asterolinon**	**linum-stellatum**		5	I	3	I	5	I	1.5	I	2	2	II	1	I			1	I	3	I
731	–	–	**Astilbe**	**japonica**		4.5	I	2	I	3	II	3	I	1	3	I	4	I			3	I	3	II
732	53100	64.17.14	**Astragalus**	**alopecurus**		2	I	5	I	4	I	2	I	1	3	I	3	I			3	I	3	II
733	53200	64.17.8	**Astragalus**	**alpinus**		1.5	I	4	I	4	I	2.5	I	1	4	I	2	I			3	I	3	I
734	53300	64.17.11.1	**Astragalus**	**australis**		1.5	I	4	I	4	I	3	I	1	4	I	2	I			3	I	3	I
735	–	64.17.16	**Astragalus**	**austriacus**		4	I	4	I	4	I	1.5	I	2	5	I	2	I			3	I	3	I
736	53500	64.17.3	**Astragalus**	**cicer**		4	I	5	I	3	II	2	I	2	4	I	4	I			1	I	5	I
737	53700	64.17.9	**Astragalus**	**depressus**		2	I	4	I	4	I	1	I	1	4	I	2	I			3	I	3	I
738	53800	64.17.13	**Astragalus**	**exscapus**		3	I	5	I	3	II	1	I	1	5	I	2	I			1	I	3	I
739	53900	64.17.6	**Astragalus**	**frigidus**		1.5	I	3	I	4	I	3	I	1	5	I	3	I			3	I	3	I
740	54000	64.17.12	**Astragalus**	**glycyphyllos**		3.5	I	4	I	3	II	2	I	1	4	I	3	I		m	3	I	3	I
741	–	64.17.2	**Astragalus**	**hamosus**		5	I	4	I	5	I	1.5	I	2	4	II	3	I			3	II	3	II
742	–	–	**Astragalus**	**hypoglottis aggr.**		3	II	5	II	4	I	1.5	II	2	4	I	2	I			3	II	x	–
743	53600	64.17.4	**Astragalus**		**danicus**	2.5	II	5	I	4	I	1.5	I	2	4	I	2	I		m	5	I	3	I
744	54100	64.17.5.2	**Astragalus**		**gremlii**	3.5	I	5	I	4	I	2	I	1	4	I	2	I			3	I	5	I
745	–	64.17.5.1	**Astragalus**		**hypoglottis**	3.5	II	4	I	4	I	1.5	I	2	4	I	2	I			3	I	1	II
746	–	64.17.20	**Astragalus**	**incanus**		5	I	4	I	4	I	1	I	2	5	I	2	I			3	I	1	II
747	54200	64.17.18	**Astragalus**	**leontinus**		2.5	II	5	I	3	II	1	I	1	4	I	2	I			1	I	5	I
748	54300	64.17.19	**Astragalus**	**monspessulanus**		4.5	II	5	I	3	II	1	I	1	4	I	2	I			3	I	3	I
749	–	64.17.10	**Astragalus**	**norvegicus**		1.5	I	4	I	4	I	3	I	1	4	I	2	I			3	I	3	II
750	54400	64.17.17	**Astragalus**	**onobrychis**		4	II	5	I	4	I	1	I	1	5	I	2	I			1	I	5	I
751	54600	64.17.7	**Astragalus**	**penduliflorus**		2	I	3	I	4	I	2.5	I	1	2	II	2	I			3	I	3	I
752	–	–	**Astragalus**	**sempervirens aggr.**		2.5	II	4	I	3	II	1.5	II	1	3	II	2	I			3	I	5	I
753	54800	64.17.15.2	**Astragalus**		**aristatus**	2.5	I	4	I	3	II	1	I	1	4	I	2	I			3	I	5	I
754	–	64.17.15.1	**Astragalus**		**sempervirens**	2.5	II	4	I	4	I	1.5	I	1	3	II	2	I			3	I	5	I
755	–	64.17.1	**Astragalus**	**stella**		5	I	3	I	5	I	1.5	I	2	3	II	3	I			3	I	1	II
756	–	–	**Astragalus**	**vesicarius aggr.**		3.5	II	5	II	3	II	1	I	1	4	II	2	I			3	I	5	I
757	55000	64.17.21.2	**Astragalus**		**pastellianus**	3.5	I	5	I	3	II	1	I	1	3	I	2	I			3	I	5	I
758	54900	64.17.21.1	**Astragalus**		**vesicarius**	3.5	I	5	I	3	II	1	I	1	4	I	2	I			3	I	5	I
759	–	–	**Astrantia**	**bavarica aggr.**		2.5	I	3	I	3	II	2.5	II	1	4	I	3	II			3	I	3	I
760	55100	97.4.3	**Astrantia**		**bavarica**	2.5	I	3	I	3	II	2	I	1	4	I	2	I			3	I	3	I
761	–	97.4.4	**Astrantia**		**carniolica**	2.5	I	3	I	3	II	3	I	1	4	I	3	I			3	I	3	I
762	–	–	**Astrantia**	**major aggr.**		2.5	II	3	I	3	II	3.5	I	1	4	I	3	I			3	I	3	I
763	–	97.4.1.2	**Astrantia**		**carinthiaca**	2	I	3	I	4	II	3.5	I	1	4	I	3	I			3	I	1	I
764	55200	97.4.1.1	**Astrantia**		**major**	2.5	I	3	I	3	II	3.5	I	1	4	I	3	I			3	I	1	I
765	55300	97.4.2	**Astrantia**	**minor**		2.5	II	3	I	3	II	3	I	1	2	I	2	I		m	5	I	1	I
766	–	–	**Athamanta**	**cretensis aggr.**		2.5	II	x	–	4	II	2	II	1	5	I	2	I			1	I	5	I
767	55400	97.23.2	**Athamanta**		**cretensis**	2	I	4	I	5	I	2	I	1	5	I	2	I			1	I	5	I
768	–	97.23.3	**Athamanta**		**vestina**	3	II	2	I	4	II	2.5	I	1	5	I	2	I			1	I	5	I
769	–	97.23.1	**Athamanta**	**turbith**		3.5	I	4	I	5	I	1.5	I	1	5	I	2	I			1	I	5	I
770	–	–	**Athyrium**	**filix-femina aggr.**		3	II	2	I	2	II	3	II	1	2	II	3	II			5	I	3	II
771	55600	7.13.2	**Athyrium**		**distentifolium**	2	I	2	I	2	II	3.5	I	1	2	I	3	II			5	I	3	II
772	55700	7.13.1	**Athyrium**		**filix-femina**	3	II	2	I	2	II	3	I	1	2	II	3	I			5	I	3	I
773	–	–	**Atriplex**	**patula aggr.**		4.5	II	4	I	4	I	2.5	II	2	4	II	4	I	s		3	I	1	II
774	55900	35.6.1	**Atriplex**		**hortensis**	4.5	I	4	I	4	I	2.5	I	1	4	I	4	I	s		3	I	3	I
775	–	–	**Atriplex**		**micrantha**	4.5	I	4	I	4	I	2.5	I	1	3	I	4	I	s		3	I	3	I
776	56200	35.6.3	**Atriplex**		**oblongifolia**	4.5	I	4	I	4	I	2	I	1	4	I	4	I	s		3	I	3	I
777	56300	35.6.6	**Atriplex**		**patula**	4	II	4	I	4	I	2.5	I	2	4	I	4	I	s	m	3	I	1	I
778	56400	35.6.7	**Atriplex**		**prostrata**	4	I	4	I	4	I	3	I	2	4	I	4	I	s		3	I	1	I
779	56450	35.6.2	**Atriplex**		**sagittata**	4.5	I	4	I	4	I	2.5	I	1	4	I	4	I	s		3	I	3	I
780	–	35.6.4	**Atriplex**	**rosea**		5	I	4	I	5	I	2	II	2	4	I	4	I	s		3	I	3	I
781	–	35.6.5	**Atriplex**	**tatarica**		4.5	I	5	II	5	I	1.5	I	2	4	I	3	I	s		3	I	3	I
782	56500	101.3.1	**Atropa**	**bella-donna**		3.5	I	2	I	3	II	2.5	I	1	4	I	4	I		m	5	I	3	I
783	56600	54.27.1	**Aubrieta**	**deltoidea**		4.5	I	3	I	4	I	2	I	1	4	I	3	I			1	I	5	I
784	–	–	**Aucuba**	**japonica**		5	I	2	I	3	II	3	I	1	3	I	3	I			3	I	3	I
785	–	54.34.1	**Aurinia**	**petraea**		3.5	I	3	I	5	I	1.5	I	1	5	I	2	I			1	II	5	I
786	56700	54.34.2	**Aurinia**	**saxatilis**		4.5	I	4	I	4	I	2	I	1	4	I	2	I			1	I	5	I
787	–	–	**Avena**	**fatua aggr.**		4.5	II	4	I	4	I	2	II	1	x	–	3	I			3	I	3	I
788	–	–	**Avena**		**atherantha**	4.5	I	4	I	4	I	2	I	1	3	II	3	I			3	I	3	II
789	56750	139.31.1	**Avena**		**barbata**	4.5	I	4	I	4	I	1.5	I	1	2	II	3	I	ss		3	I	3	I
790	56900	139.31.3	**Avena**		**fatua**	4	I	4	I	4	I	2.5	I	1	4	I	3	I			3	I	3	I
791	–	139.31.5.2	**Avena**		**ludoviciana**	4.5	I	4	I	4	I	1.5	I	1	3	I	3	I			3	I	3	I
792	–	139.31.5.1	**Avena**		**sterilis**	4.5	I	4	I	4	I	1.5	I	1	2	I	3	I			3	I	5	I
793	–	–	**Avena**	**sativa aggr.**		4	II	2	I	4	II	2.5	II	1	3	I	3	II			3	I	3	I
794	56950	–	**Avena**		**nuda**	4	I	2	I	3	II	2.5	I	1	3	I	3	I			3	I	1	I
795	57200	139.31.4.2	**Avena**		**orientalis**	4	I	2	I	4	I	2	I	1	3	I	3	I			3	I	3	I
796	57100	139.31.4.1	**Avena**		**sativa**	4	II	2	I	4	I	2.5	I	1	3	I	4	I		m	3	I	3	I
797	57300	139.31.2	**Avena**		**strigosa**	3.5	I	2	I	4	I	3	I	1	3	I	3	I			3	I	5	I
798	–	–	**Avenella**	**flexuosa aggr.**		x	–	3	II	3	II	2.5	II	3	2	II	2	I			3	II	3	II
799	–	–	**Avenella**		**corsica**	1.5	I	3	I	4	I	2.5	I	2	3	II	2	I		m	3	I	3	I
800	57400	139.41.1	**Avenella**		**flexuosa**	3	II	3	II	2	II	2.5	II	2	1	II	2	I		m	5	II	3	II

Strategien					Biologisches Verhalten										Vorkommen						Pflanzengesellschaften			Literatur			
LF	BD	WT	RO	KS	DA	VA	FS	MA	BZ	BS	MV	SU	DG	GI	GV	LR	EG	AE	EM	VE	1	2	3	BL	SL	TB	SEN
h	w		Rs	rrs	Me	Kv	mo		7-8		–		2		B2	3.2 3.3	3	I	2	=			3.22	cil			712
h	w		Rs	rrs	Me	Kv	mo		7-8		–		2		B3		–	I	1	=						B	713
h	w		Rs	rrs	Me	Kv	mo		7-8		–		2		F2a*	3.2	–	I	1	=			3.2114	m			714
h	w		Rs	rrs	Me	Kv	mo		7-8		–		2		B3	3.2 9.1 9.2 9.3	3	I	1	=	3.21	3.31	14.3122				715
h	w	1	Rs	crs	Me	Sr	mo	p14	6-8	le (ca) (me)*	2		2	e	B5	6.2 6.5 7.1 9.1	2	I	2	=	10.21	10.311					716
h	s	3	Rs	crs	Me	Sr	mo	r7	8-9	my me hm ps*	1		2	e	B6	6.2 7.4 9.1 9.3	6	I	1	>	14.811	9.135	11.111				717
h	w	2	Rs	crs	Me	Sr	mo		5-6	my le (ca)*	1		2	e	E4	4.1 5.1 6.5 9.1	2	I	2	>*	10.21	7.23	15.001				718
h	s	1.5	Rs	crs	Me	Sr	zw		8-9	my me ph ps*	–		3	e	D1	6.2 6.7 9.1 9.3	6	I	2	>	9.131	9.112	11.111				719
g	s		Rs	ccr	Me Dy	Au	mo		9-11	me ps my	1		3	e	A2	2.2 2.5 7.2 7.5	5	N	4	<			11.311			H	720
g	s		Rs	ccr	Me Dy	Au	mo		8-11		1		3	e	A2		5	N/Jn	4	=					346, 757	C H	721
g	t		Rs	ccr	Me Dy	Au	mo		8-11	my hm	1		3	e	A2	2.2 2.5 7.1 9.2	–	N	4	=			5.1	cil			722
g	s		Rs	ccr	Me Dy	Au	mo		9-11	my (me)	1		3	e	A2c	2.5 2.6 7.2 9.2	–	N	4	=			11.31				723
g	s		Rs	ccr	Me Dy	Au	mo		8-9	my	1		3	e	A2c	1.3 2.5 7.2 7.5	–	N	4	=			11.311				724
g	s		Rs	ccr	Me Dy	Au	mo		9-11	my me ps	1		3	e	A2	2.2 2.5 7.2 9.2	–	Jn	4	=			11.31				725
g	s		Rs	ccr	Me Dy	Au	mo		7-9	en	1		3	e	A2c	2.5 7.2 7.5 9.2	–	Jn	4	=			11.31				726
g	s		Rs	ccr	Me Dy	Au	mo		9-11	??	1		3	e	A2	2.2 2.5 7.2 9.2	–	Jn	4	=			11.31				727
h	s		Rs	crs	Me	Sr	mo		9-10		1		2		D1	2.2 6.2 7.3 9.3	–	I	3	=			9.22	ckm			728
k	s		Rs	crs	Me	Kv	mo		9-10	ve	1		2		A1	1.4 2.2 2.5	–	N	4	=			2.3	km			729
t	v		Rs	rrr	Bo	Kv	zw		4-5		1		2		C2	3.1 6.1 6.2 7.3	–	I	2	=			4.2	km			730
h	s		Rs	ccs	Bo	Au	zw		6-9	??	–		3		A4b	2.2 2.9	–	N	4	<			?	g		H	731
h	s		Rs	crs	Bo En	Sr	zw		7		1		1	tg	B6	6.2 7.4 9.1	–	I	2	=			13.3123				732
h	s		Rs Wv	ccs	Bo En	Sr	zw	p9	7-8	me ps	3		2	tg	B5a	2.5 6.5	2	I	1	=	10.21	10.311					733
h	s		Rs	ccs	Bo En	Sr	zw		6-8	me le	1		1	tg	B5a	2.5 3.3 6.5	2	I	1	=	10.311	10.211					734
c	s	2	Rs	ccs	Bo En	Sr	zw		6-8		2		1	tg	B6a	6.2 6.7 9.1	–	I	2	=			9.11				735
h	s		Rh Wv	ccr	Bo En	Sr	zw		6-8	me	–		2	tg	B6a	2.2 6.7 7.4 9.1	7	I	3	>	11.111	14.211	5.2				736
h	s		Rh Wv	ccs	Bo En	Sr	zw	p22	5-6	me ph (au)	–		1	tg	E1	3.2 6.2 6.5	6	I	2	>	9.113	10.21					737
h	s	4	Rh Wv	ccs	Bo En	Sr	zw	p25	5-7	me (au)	–		1	tg	D4	6.2 7.4 9.1	1	I	1	=	14.111	9.115					738
g	s	4	Rh Wv	ccs	Bo En	Au	zw	r6	7-8	au me	2		1	tg	B5	6.5	2	I	1	=	10.212	3.321	10.211				739
h	s	3	Rs Wv	ccs	Bo En	Sr	zw	p7	6-8	me	1		2	tg h e	B6	2.6 6.7 7.4 9.1	1	I	2	>	14.81104	11.111					740
t	s		–	rss	Bo En	Kv	zw		4-7		–		1	tg	C2	2.1 2.2 6.1 6.2	–	I	2	=			4.2	km			741
h	s		Rs	css	Bo En	Au	zw		5-7	me (au)	3		2	tg	B6b		–	I	2	>				k		B	742
h	s		Rs	css	Bo En	Au	zw		5-6		3		2	tg	B6b	6.2 9.1	–	I	2	>	9.11						743
h	s		Rs	css	Bo En	Au	zw		5-7		3		2	tg	E2a	3.3 6.2	–	I	2	=			9.1				744
h	s		Rs	css	Bo En	Au	zw		5-7		3		2	tg	E2b	6.2 7.3 9.1 9.3	–	I	2	=			14.111				745
h	w?		Rs	ccs	Bo En	Au	zw		4-6		2		2	tg	C2a	3.2 6.2 7.3	–	I	2	=			12.41	m			746
h	s		Rh Wv	css	Bo En	Sr	zw	p22	6-8		2		1	tg	F1	2.5 3.3 6.5 9.1	2	I	1	=	10.211						747
h	s?		Rh Wv	crs	Bo En	Au	cl zw	p12	5-7	me ps	2		3	tg	C1	2.5 6.2 7.4 9.1	1	I	2	=	9.131	14.111					748
h	s		Rs	ccs	Bo En	Sr	zw		7-8	me le	1		2	tg	B5a	3.2 6.5	–	I	2	=			10.2?	cm			749
h	s	5	Rh	crs	Bo En	Sr	zw		5-7	me	2		2	tg	B6a	2.5 3.3 6.2 9.1	6	I	2	=	9.11	9.113	14.111				750
h	s		Rh Wv	ccs	Bo En	Sr	zw	p10	7-8	au me le	2		1	tg	E1	2.6 3.2 6.5 9.1	2	I	1	=	10.421	10.21	14.211				751
z	i		Rh Wv	ccs	Bo En	Sr	zw		5-8	me au	1		3	tg	E3a		–	I	1	=	10.211	9.113	3.312	k		B	752
z	i	2	Rh Wv	ccs	Bo En	Sr	zw		5-8		1		3	tg	E3a	3.2 3.2 6.2 9.1	1	I	1	=			10.2113				753
z	i		Rh Wv	ccs	Bo En	Sr	zw		5-8		1		3	tg	F2	3.2 6.2	–	I	1	=			9.142				754
t	s		–	rrs	Bo En	Kv	zw	p2	5-6		–		2	tg	C2a	3.1 6.1 6.2	–	I	3	=			4.211	m			755
h	s		Rh Wv	crs	Bo En	Sr	zw		5-7		1		1	tg	F2-3		–	I	2	=						B	756
h	s		Rh Wv	crs	Bo En	Sr	zw		5-7		1		1	tg	F3	9.1	–	I	2	=			14.111				757
h	s		Rh Wv	crs	Bo En	Sr	zw		5-7		1		1		F2	2.5 3.2 6.2	–	I	2	=			9.11				758
h	s		Rh	ccs	Bo Ep	Sr	ve		6-8		2		2		E2c		–	I	2	=					946	B	759
h	s		Rh	ccs	Bo Ep	Sr	ve		6-8		2		2		F7	6.5 7.1 7.2 8.2	–	I	2	=			10.2				760
h	s		Rh	ccs	Bo Ep	Sr	ve		7-8		2		1		E2c	4.2 6.5 7.2 9.2	–	I	2	=			14.732?	ckm			761
h	s		Rh	ccs	Bo Ep	Sr	ve		6-8	my me hm ve*	2		2		E1		–	I	2	=					946, 947	B	762
h	s		Rh	ccs	Bo Ep	Sr	ve		6-8		2		2	h	F7	6.3 6.5 7.2 9.2	–	I	2	=			11.514?	cm			763
h	s	3	Rh	ccs	Bo Ep	Sr	ve	r2	6-8		2		2	h	E1	6.3 6.5 7.2 9.2	2	I	2	=	10.212	11.242	14.7315				764
h	s		Rh	ccs	Bo Ep	Sr	ve	r7	7-8	my	1		1		E3	4.1 6.5 7.1 9.1	2	I	1	=	12.3	10.421	14.31222		946		765
h	w		Wv	css	Bo	Sr	zw		5-7	en	–		1	h e	E1		–	I	1	=							766
h	w	4	Wv	css	Bo	Sr	zw	p4	5-7		–		1	h e	E1	3.2 3.3 3.4 6.5	2	I	1	=	3.312	10.211				A	767
h	w		Wv	css	Bo	Sr	zw		6-7		–		1	e	F4a	3.2 3.3 6.5	–	I	1	=			3.212	km			768
h	s?		Wv	css	Bo	Sr	zw		6-7		–		1		E2c	3.2 3.3 6.5	–	I	1	=			3.2113	km			769
h	s		Rh	ccs	Me	Kv	mo		7-9		–		3	h e	B3		–	I	1	=						B	770
h	s	1	Rh	ccs	Me	Kv	mo		7-9		–		3	h e	B3a	3.2 7.2 8.1 9.2	1	I	1	=	11.514	14.31222	13.411				771
h	s	1	Rh	ccs	Me	Kv	mo		7-9		–		3	h e	B4b	3.2 7.2 9.1 9.2	1	I	1	=	14.7	14.312	13.41				772
t	s		–	crr	En Me	Kv	mo		7-9		–		2	tg e	A4		–	A/N/Ja	5	<->				cil	726		773
t	s		–	crr	En At	Kv	mo	d	7-8	an en?	–		2	h e	A4a	2.1 2.2 2.9	7	Ja	5	>			2.34			B H	774
t	s		–	crr	En Me	Kv	mo		7-9	??	–		2	tg e	A4a	2.2	–	N	5	<			2.343				775
t	s		–	crr	En Me	Kv	mo		7-9	an	–		2	tg e	A4a	2.2	7	N	5	<			2.343				776
t	s	2.5	–	crr	En At	Kv	mo	d	7-9	an en?	–	5	2	tg e	B6	2.1 2.2 2.5 2.7	7	A	5	<			2.3				777
t	s		–	crr	En Me	Kv	mo	d	7-10	an	–	3	2	tg e	D2	2.1 2.2 2.5	7	A/N	5	<			2.112		284		778
t	s		–	crr	En Hy	Kv	mo	d	7-8	an au en?	–		2	tg e	A4a	2.2 2.5	7	N	5	<			2.343		930		779
t	s		–	crr	En At	Kv	mo		7-9	an	–		2	tg e	A4a	2.2 2.2 2.5	–	N	5	>			2.34	cil			780
t	s		–	crr	En At	Kv	mo		7-10	an en?	–		2	e	A4c	2.2	–	N	5	<			2.341	cil			781
h	s		Wv	crs	En Dy	Sr	zw	p2	6-8	me (au)	–		2	gg h	D3	2.2 2.3 2.6 7.4	1	I	1	<	11.412						782
c	w		Rs	css	At Me	Kt	zw	d	3-5	en	–		2		C2b	2.9 3.2	3	N	3	<			3.241			H	783
n	i		Wh	ccc	En	Sr	di		5-6		–		1	mg	A4b	2.9	1	N	3	<			?	dgm		H	784
k	w		Wh	rss	At Me	Kv	zw		5-6		–		2		E2c	3.2 3.3 6.2	–	I	1	=			4.131?				785
z	w		Wh	css	At Me	Kv	zw	p9	4-5	my?	–		2		C2b	2.9 3.2	3	I/N	3	<			3.241				786
t	s		–	crr	Me	Kv	zw		6-8	an	1		2		C2		–	A/Ja	4	=>				em	32, 733		787
t	s		–	crr	Me	Kv	zw		6-8		1		2		C2	2.2	–	A	4	=?			2.3				788
t	s		–	crr	Me	Kv	zw		6-8	an	1		2		C2	2.1 2.2 6.2	–	A	4	=			2.3				789
t	s	3	–	crr	Me	Kv	zw		6-8	an au	1	3	2	e	C2	2.1 2.2 2.5 7.4	7	A	4	>			2.31				790
t	s		–	crr	Me	Kv	zw		7-8	an	1		2		C2	2.1 2.2	–	Ja	4	>			2.3				791
t	s		–	crr	Me	Kv	zw		7-8	an	1	2	2		C2	2.1 2.2 6.2	–	A	4	>			2.3				792
t	s w		–	crr	En At	Kv	zw		7-8		–		1	e	C2		–	Ja	5	=>				em	32	H	793
t	s w		–	crr	En Dy	Kv	zw		6-8	an au	–		1	e	C2	2.1	–	Ja	5	>			2.3a				794
t	s w		–	crr	En At	Kv	zw		7-8	an au	–		1	e	C2	2.1 2.2 2.9	7	Ja	5	=			2.3				795
t	s w	3	–	crr	En Dy	Kv	zw		6-8	an au	–		1	e	C2	2.1 2.2 2.9	7	Ja	5	=			2.3			A	796
t	s		–	crr	En Dy	Kv	zw		7	an	–		1	e	C2	2.1 2.2	7	Ja	5	>			2.321				797
h	i		–	css	Me En	Au Ho	zw		6-8	an	1		4		B2		–	I	2	=						B	798
h	i		–	css	Me En	Ho	zw		6-8	an	1		3		B5	6.5 7.1 9.1	–	I	1	=			14.312?				799
h	i	2.5	–	css	Me En	Au Ho	zw		6-8	an	1	3	4		B2	6.5 7.1 9.1 9.2	1	I	2	>*	10.412	14.413	14.312				800

Nummern			Taxa			Klima						Boden												
SEN	**SIN**	**FAN**	**Gattung**	**Aggregat/Einzelart**	**Kleinart**	**T**	**v**	**K**	**v**	**L**	**v**	**F**	**v**	**W**	**R**	**v**	**N**	**v**	**S**	**M**	**H**	**v**	**D**	**v**
801	–	–	**Azolla**	**filiculoides aggr.**		4.5	II	2	II	3	II	5	II	1	3	II	3	II			–	–	–	–
802	–	–	**Azolla**		**caroliniana**	5	I	1	I	3	II	5	II	1	3	I	2	I			–	–	–	–
803	–	–	**Azolla**		**filiculoides**	4.5	II	2	I	4	II	5	II	1	4	I	3	I			–	–	–	–
804	57800	126.2.1	**Baldellia**	**ranunculoides**		4.5	I	2	I	4	I	5	I	3	3	I	3	I			1	II	1	II
805	–	108.11.1	**Ballota**	**frutescens**		4.5	I	2	I	4	II	1.5	I	1	5	I	1	I			1	II	5	I
806	–	–	**Ballota**	**nigra aggr.**		4.5	II	4	II	4	I	2.5	I	1	3	II	5	I			3	II	3	II
807	58150	106.11.2.2	**Ballota**		**alba**	4.5	II	4	I	4	I	2.5	I	1	3	II	5	I			3	II	3	II
808	58000	108.11.2.1	**Ballota**		**nigra**	4.5	I	5	I	4	I	2.5	I	1	3	II	5	I			3	II	3	II
809	58200	54.17.5	**Barbarea**	**bracteosa**		2.5	I	2	I	3	II	4	I	2	4	I	5	I			3	I	1	I
810	–	–	**Barbarea**	**verna aggr.**		x	–	3	II	4	II	3.5	II	2	3	II	4	I			3	II	3	II
811	–	54.17.1	**Barbarea**		**arcuata**	4	I	3	I	4	I	3.5	II	3	4	I	4	I			3	II	3	II
812	58300	54.17.4	**Barbarea**		**intermedia**	3	II	2	I	4	I	3.5	I	2	4	I	4	I			3	II	3	I
813	58400	54.17.2	**Barbarea**		**stricta**	4.5	I	2	I	3	II	4.5	II	3	4	I	4	I			3	II	3	I
814	58500	54.17.3	**Barbarea**		**verna**	4.5	I	2	I	4	I	3.5	I	2	3	I	4	I	s		3	II	3	II
815	58600	54.17.1	**Barbarea**		**vulgaris**	3.5	I	3	I	4	I	3.5	I	3	3	II	4	I			3	II	1	II
816	58700	114.24.1	**Bartsia**	**alpina**		2	I	3	I	4	I	4	I	3	3	I	3	I		m	5	I	1	I
817	58800	35.7.1	**Bassia**	**prostrata**		4.5	I	4	I	5	I	1	I	3	3	I	4	I	ss		1	I	1	I
818	–	–	**Bassia**	**scoparia aggr.**		4.5	II	4	I	5	II	1.5	II	2	4	II	3	II	ss		1	I	5	I
819	–	–	**Bassia**		**laniflora**	4.5	I	4	I	5	I	1	I	1	4	I	2	I	ss		1	I	5	I
820	58900	35.7.2	**Bassia**		**scoparia**	5	I	4	I	4	I	1.5	I	3	3	I	3	I	ss		1	I	5	I
821	–	114.26.1	**Bellardia**	**trixago**		4.5	I	3	II	4	I	1.5	I	1	4	II	3	I	s		3	I	3	II
822	–	143.20.1	**Bellevalia**	**romana**		4.5	I	2	I	4	I	3.5	II	3	4	II	3	I	s		3	I	1	I
823	–	–	**Bellis**	**annua**		5	I	2	I	4	I	3	I	3	3	I	2	I	s		3	I	1	I
824	–	–	**Bellis**	**perennis aggr.**		4	II	3	II	4	II	x	–	1	4	II	3	II	s	m	3	I	3	II
825	59100	124.3.1	**Bellis**		**perennis**	3.5	I	3	I	4	I	3	I	1	4	II	3	II	s	m	3	I	3	I
826	–	124.3.2	**Bellis**		**sylvestris**	4.5	I	2	I	3	II	1.5	I	2	4	II	2	I			3	I	3	II
827	59150	124.55.1	**Berardia**	**subacaulis**		1.5	I	3	I	5	I	3	I	1	4	I	3	I			1	I	5	I
828	–	–	**Berberis**	**julianae**		4	I	2	I	3	II	3	I	1	3	I	3	I			3	I	3	I
829	59160	20.2.2	**Berberis**	**thunbergii**		4	I	2	I	3	II	3	I	1	3	I	3	I			3	I	3	I
830	–	–	**Berberis**	**verruculosa**		4.5	I	3	I	3	II	3	I	1	3	I	3	I			3	I	3	I
831	59200	20.2.1	**Berberis**	**vulgaris**		3	II	4	I	3	II	2	I	1	4	I	2	I		m	3	I	3	I
832	59300	62.2.1	**Bergenia**	**crassifolia**		3.5	I	2	I	3	II	3	I	1	3	I	3	I			3	I	3	I
833	59400	54.33.1	**Berteroa**	**incana**		4	II	4	I	4	I	1.5	I	1	3	I	3	I		m	3	I	3	I
834	59500	97.19.1	**Berula**	**erecta**		3.5	I	3	I	4	I	5^	I	3	4	II	3	I			3	I	1	I
835	59600	35.2.1	**Beta**	**vulgaris**		4	I	2	I	4	I	3	I	2	4	I	4	I	ss		3	I	3	I
836	–	–	**Betula**	**alba aggr.**		3	II	3	II	4	II	x	–	2	x	–	2	I			x	–	x	–
837	60400	31.1.1	**Betula**		**pendula**	3.5	II	3	I	4	II	x	–	2	x	–	2	I		m	x	–	x	–
838	60500	31.1.2	**Betula**		**pubescens**	3	II	3	I	4	II	4	II	2	x	–	2	I			5	II	1	II
839	–	–	**Betula**		**tortuosa**	2.5	I	2	I	4	II	3.5	II	1	3	II	2	I			5	II	3	II
840	60200	31.1.3	**Betula**	**humilis**		3	I	3	I	4	II	5	I	2	3	II	1	I			5	I	1	I
841	60300	31.1.4	**Betula**	**nana**		3	I	2	I	4	I	5	I	2	1	I	1	I			5	I	1	I
842	–	–	**Bidens**	**aurea**		4.5	I	2	I	4	I	4	I	3	3	I	4	I			5	I	1	I
843	–	–	**Bidens**	**bipinnata aggr.**		4.5	I	2	I	4	I	3.5	I	3	3	I	4	I			3	I	1	I
844	60600	124.23.5	**Bidens**		**bipinnata**	4.5	I	2	I	4	I	3.5	I	3	3	I	4	I			3	I	1	I
845	61300	–	**Bidens**		**subalternans**	4.5	I	2	I	4	I	3.5	I	3	3	I	4	I			3	I	1	I
846	60800	124.23.3	**Bidens**	**cernua**		3.5	I	2	I	4	I	4.5	I	3	3	I	4	I			3	II	1	I
847	60900	–	**Bidens**	**connata**		4.5	I	2	I	3	I	4.5	I	3	3	I	4	I			3	II	1	I
848	–	–	**Bidens**	**ferulifolia**		5	I	2	I	4	I	3.5	I	2	3	I	3	I			3	I	3	I
849	61100	124.23.4	**Bidens**	**frondosa**		4.5	I	2	I	3	I	4.5	I	3	3	I	4	I	s		3	II	1	I
850	–	–	**Bidens**	**tripartita aggr.**		4.5	II	3	II	4	I	4.5	II	3	3	I	4	I			3	II	1	I
851	61500	124.23.1.2	**Bidens**		**bullata**	4.5	I	3	I	4	I	4.5	I	3	3	I	4	I			3	II	1	I
852	61200	124.23.2	**Bidens**		**radiata**	3.5	I	4	I	4	I	4.5	I	3	3	I	4	I			3	II	1	I
853	61400	124.23.1.1	**Bidens**		**tripartita**	4	I	3	I	4	I	4	II	3	3	I	4	I		m	3	II	1	I
854	61600	97.12.2	**Bifora**	**radians**		5	I	3	I	4	I	2	I	2	4	I	4	II			1	I	3	II
855	61700	97.12.1	**Bifora**	**testiculata**		5	I	3	I	4	I	2	I	2	4	I	4	I			1	I	3	II
856	61800	54.53.6	**Biscutella**	**cichoriifolia**		4.5	I	4	I	3	II	2	I	1	4	I	3	I			3	I	5	I
857	–	–	**Biscutella**	**laevigata aggr.**		x	–	x	–	4	II	2	II	1	4	II	2	I		m	3	II	5	I
858	–	54.53.5	**Biscutella**		**ambigua**	5	I	2	I	4	I	1.5	I	1	3	II	2	I			3	I	5	I
859	–	54.53.1.2	**Biscutella**		**austriaca**	3	II	4	I	4	I	1.5	I	1	4	I	2	I		m	3	I	5	I
860	–	54.53.3	**Biscutella**		**brevicaulis**	2.5	I	3	I	5	I	2.5	I	1	5	I	2	I			1	I	5	I
861	61900	54.53.4	**Biscutella**		**coronopifolia**	4.5	II	4	I	4	I	1	I	1	4	I	2	I			3	I	5	I
862	–	–	**Biscutella**		**hispidissima**	4.5	I	2	I	4	I	2	I	1	5	I	2	I			3	I	5	I
863	62000	54.53.1.1	**Biscutella**		**laevigata**	2	I	3	I	4	I	2.5	I	1	4	I	2	I		m	3	I	5	I
864	–	54.53.1.4	**Biscutella**		**lucida**	4	I	2	I	4	I	2.5	I	1	3	I	2	I			3	I	5	I
865	–	54.53.1.3	**Biscutella**		**ossolana**	1.5	I	3	I	4	I	2	I	1	4	I	2	I			1	I	5	I
866	–	54.53.2	**Biscutella**		**prealpina**	3	II	4	I	4	I	1.5	I	1	5	I	2	I			3	I	5	I
867	62100	54.53.1.1	**Biscutella**		**tirolensis**	3	II	4	I	4	I	2	I	1	5	I	2	I			3	I	5	I
868	62200	–	**Biscutella**		**varia**	3	I	2	I	3	I	2	I	1	4	I	2	I			1	I	5	I
869	–	64.21.1	**Bituminaria**	**bituminosa**		5	I	3	I	5	I	1	I	2	4	II	2	I			3	I	3	II
870	–	–	**Blackstonia**	**perfoliata aggr.**		4	II	3	II	4	I	3.5	I	3	4	I	1	I	s		3	II	1	I
871	62300	98.2.2	**Blackstonia**		**acuminata**	4.5	I	4	I	4	I	3.5	I	3	4	I	1	I	s		1	II	1	I
872	62400	98.2.1	**Blackstonia**		**perfoliata**	4	I	3	I	4	I	3.5	I	3	4	I	1	I	s		3	II	1	I
873	62500	7.21.1	**Blechnum**	**spicant**		2.5	I	3	I	2	I	2.5	I	1	1	I	2	I			5	I	3	I
874	62600	35.4.2	**Blitum**	**capitatum**		4.5	I	4	I	4	I	2.5	I	1	3	I	5	I			3	I	3	I
875	62700	35.4.1	**Blitum**	**virgatum**		3.5	II	4	I	4	I	2.5	I	1	3	I	5	I			3	I	3	I
876	62800	138.7.1	**Blysmus**	**compressus**		3	II	3	I	4	I	4	I	3	4	I	3	I			3	II	1	I
877	62900	–	**Bolboschoenus**	**maritimus aggr.**		4.5	II	3	II	4	I	4.5	I	3	x	–	3	II	ss		3	II	1	I
878	–	–	**Bolboschoenus**		**glaucus**	5	I	4	I	4	I	4.5^	I	3	5	I	3	I	s		3	II	1	I
879	–	–	**Bolboschoenus**		**laticarpus**	4.5	I	3	I	4	I	4.5	I	3	4	I	3	I	s		3	II	1	I
880	–	138.2.1	**Bolboschoenus**		**maritimus**	4	I	4	I	4	I	4.5	I	3	4	I	3	I	ss		3	II	1	I
881	–	–	**Bolboschoenus**		**planiculmis**	4.5	I	4	I	4	I	4	II	3	4	I	3	I	s		3	II	1	I
882	–	–	**Bolboschoenus**		**yagara**	3.5	I	3	I	4	I	4.5	I	3	2	II	2	II	ss		3	II	1	I
883	63000	106.14.1	**Borago**	**officinalis**		4.5	I	3	I	4	I	3	I	1	3	I	4	I			3	I	3	I
884	63100	139.80.1	**Bothriochloa**	**ischaemum**		4.5	II	4	I	4	I	1.5	I	1	3	II	2	I		m	3	I	5	I
885	63200	5.2.4	**Botrychium**	**lanceolatum**		2	I	3	I	5	I	2	I	1	2	I	2	I			3	I	3	I
886	63300	5.2.2	**Botrychium**	**lunaria**		2	II	3	I	4	I	3	II	1	3	II	2	I			3	I	3	I
887	63400	5.2.3	**Botrychium**	**matricariifolium**		3.5	I	3	I	3	II	2	I	1	2	I	2	I			3	I	3	I
888	63500	5.2.5	**Botrychium**	**multifidum**		2.5	II	4	I	4	I	2	I	1	2	I	2	I			3	I	3	I
889	63600	5.2.1	**Botrychium**	**simplex**		2	II	4	I	5	I	4	II	3	2	I	1	I			5	I	3	I

Strategien					Biologisches Verhalten										Vorkommen						Pflanzengesellschaften			Literatur			
LF	BD	WT	RO	KS	DA	VA	FS	MA	BZ	BS	MV	SU	DG	GI	GV	LR	EG	AE	EM	VE	1	2	3	BL	SL	TB	SEN
s	t	1	–	rss	Me	As	di		7-9		–		3		A1		–	N	3	<				k l	48, 635	D	801
s	t	1	–	rss	Me	As	di		7-9		–		3		A1	1.1 1.2 1.3	–	N	3	<			1.1				802
s	t	1	–	rss	Me	As	di		7-9		–		3		A1	1.1 1.2 1.3	–	N	3	<			1.1				803
g	s		Wd	rss	Ep Hy	Ao	zw		6-7	au	–		1		C2a	1.3 1.4	4	I	2	>			1.413				804
z	t		Wh	css	Ep	Sr	zw		5-7		–		1		F2a*	3.2 3.3	–	I	1	=			3.2114	k m			805
g	t		Rs	ccr	Ep	Sr	ve	p4	6-8	au me (ps)*	–		2	h	B6a		–	I/A	3	>						B	806
g	t		Rs	ccr	Ep	Sr	ve		6-8		–		2	h	C2a	2.2 2.3 3.2	7	I/A	3	>			5.113				807
g	t		Rs	ccr	Ep	Sr	ve		6-8		–	4	2	h	C2b	2.2 2.3 3.2	7	A	3	>	5.11						808
k-t	w		Wv	crr	Bo Dy	Kv	zw		5-7		2		2	e	E2	2.2 2.4 2.5	–	I	3	=			5.113				809
k-t	t w		Wv	crr	Bo Dy	Kv	zw		4-7		2		2	e	B6		–	I/N/Jn	3-4	<=							810
k-t	w		Wv	crr	Bo Dy	Kv	zw		4-6		2		2	e	D3	1.4 2.5	–	Jn	3	<			11.212?	c i l	518		811
k-t	w		Wv	crr	Bo Dy	Kv	zw	p2	4-6	au en	2		2	e	D2	2.2 2.5	7	I/N	4	<			5.113				812
k-t	w		Wv	crr	Bo Dy	Kv	zw		4-6	au en	2		2	e	B6	1.3 2.2 2.5 7.2	–	I/N	4	<			11.311				813
k-t	w		Wv	crr	Bo Dy	Kv	zw		4-6	au? en	2		2	e	D1a	2.1 2.2 2.5	7	I/N	4	=			2.343				814
k-t	w		Wv	crr	Bo Dy	Au	zw	p3	5-7	au me my ca	2	3	2	e	B6	1.4 2.1 2.2 2.5	7	I/N	3	<	5.132	11.21					815
g.hp	s		Rn	rss	Bo	Au	zw	r12	6-8	au an me	2		2		B5	4.1 5.1 6.5 7.1	2	I	2	=	10.21	10.412	14.211				816
c	s	5	Wh	rss	Bo	Kv	ve zw	p20	7-9		–		1	tg	B4a	2.2 3.1 6.2	–	A	3	=			4.1				817
t	s		–	rrs	Bo	Kv	ve zw		7-9	an	–		1	tg	B6a		–	I/N/Nw	3	>				c i		B	818
t	s		–	rrs	Bo At	Kv	ve zw		7-9		–		1	tg	B6a	2.2	–	I/N	3	>			4.1				819
t	s		–	rrs	Bo	Kv	ve zw		7-9		–	4	1	tg	A4a	2.1 2.2 3.1 6.2	7	Nw	4	<			2.3				820
t	s		–	rrs	Bo	Kv	zw		5-7	en	–		1		C2	2.1 6.1 6.2 7.3	–	I/N	3	<			2.3	k m			821
g	v		Zw	ccr	My	Bz	zw		3-4		–		1		C2b	2.1 6.3	–	I	3	=			11.21	k m			822
t	w		–	crr	Bo En	Kv	ve		11-6		1		1	h	C2	6.1	–	I	3	=			4.23	k m			823
h	w		Rs	crs	Bo En	Sr	ve		1-12		3		2	h	B6		–	I	3	=						B	824
h	w	1	Rs	crs	Bo En	Sr	ve	d	2-11		4	2	2	h e	B6	2.2 2.6 2.7 6.3	8	I	3	=	11.243	11.244	11.241				825
h	w		Rs	crs	Bo En	Sr	ve		9-5		2		2	h	C2	2.1 2.2 6.2 7.4	–	I	3	=			4.23	k m			826
g	i		Rh	css	Me	Sr	zw		7-8		–		1	mg	F2	3.1 3.3 6.5	–	I	1	=			3.311	k m			827
n	i		Wh	ccc	En	Sr	zw	p15	4-5		–		1	mg	A4b	2.7 2.9	–	N	3	<			?	d g			828
n	s		Wh	ccc	En	Sr	zw		4-5	me	–		1	mg	A4b	2.9 7.4	–	N	3	<			?	d g			829
n	i		Wh	ccc	En	Sr	zw		4-6	??	–		2	mg	A4b	2.7 2.9	–	N	4	<			?	d g			830
n	s	5	Wh	ccs	En	Sr	zw	p22	5-6	me ca my ve*	–		1	mg h e	D3	7.4 9.1 9.2 9.3	1	I	3	>	13.31						831
c	t		Rn	ccs	Bo	Sr	zw	d	3-5	my me (au)	–		2		A4c	2.2 2.9	3	N	4	<			?				832
k-t	w		–	crs	Bo	Kv	zw	p2	6-10	my ps me	–		1	tg e	B6a	2.1 2.2	7	A	4	>			5.112				833
g	w	1.5	Rh	css	Hy	Ao Au	zw		6-8	en	–		3	mg	B3	1.1 1.2 1.3	4	I	2	>	6.113						834
k	t	2.5	Wv	crs	At	Kv	fa zw	d	7-9	my	–	4	1	e	C2c	2.9	7	Ja	5	=			?			H	835
p	s		Wh	ccs	Me Dy	Sr Ws	mo		4-5		–	4	2	h e	B6		–	I	1-3	=>					335	A B	836
p	s	5	Wh	ccs	Me Dy	Sr Ws	fa mo	120*	4-5	an	–	3	2	h e	B6	2.6 7.4 9.1 9.2	1	I	3	=	14.411	10.11	13.321		20		837
p	s	2.5	Wh	ccs	Me Dy	Sr Ws	mo	100*	4-5	an	–	3	2	h e	B6	7.4 8.1 9.1	5	I	2	=	14.32101	14.72102	13.111		20		838
p	s		Wh	ccs	Me Dy	Sr Ws	mo		4-5	an	–	3	2	h e	D5	3.3 5.2 8.1 9.1	–	I	1	>			13.4	i l m		E	839
n	s	1.5	Wh	css	Me Dy	Sr	mo		5	an	1		2	e	B6b	7.4	5	I	2	>	13.111	14.32101					840
n	s	1.5	Wh	css	Me Dy	Sr	mo	p82	5	an	1		2	e	B3a	5.2 9.1	5	I	1	>	14.32	12.11					841
h	s		–	ccr	Ep Dy	Sr	ve		8-10		–		1		A2a	2.1 2.2	–	N	3	<			2.111	k m			842
t	s		–	crr	Ep Dy	Kv	zw		7-10		–		3		A2		–	N	3	<						B	843
t	s		–	crr	Ep Dy	Kv	zw		7-10		–		3		A2c	2.1 2.2 3.2 7.4	7	N	3	<			2.3a				844
t	s		–	crr	Ep Dy	Kv	zw		9-10		–		3		A1	2.2 2.3	7	N	3	<			2.3		761		845
t	s		–	crr	Ep Dy	Kv	ve		7-9	au me	–		1	h	B3	1.3 1.4 2.2 2.5	7	I	2	>			2.111				846
t	s		–	crr	Ep Dy	Kv	zw		8-10	au en	–		3		A2c	1.3 1.4 2.5 9.2	5	N	4	<			2.111				847
t	s		–	crr	Ep Dy	Kv	zw		7-10		–		2		A2a	2.2 2.9	–	N	4	<			?			H	848
t	s		–	crr	Ep Dy	Kv	zw	d	8-10	au	–	4	4		A2	1.4 2.2 2.5 9.2	5	N	3	<			2.11				849
t	s		–	crr	Ep Dy	Kv	zw		7-10	au my me	–		3		B4		–	I/N	2-3	<->							850
t	s		–	crr	Ep Dy	Kv	zw		7-10		–		3		D1a	1.3 1.4 2.5 9.2	–	I?	2	>			2.111				851
t	s		–	crr	Ep Dy	Kv	zw		7-9		–		3		B4b	1.3 1.4 2.2 2.5	5	I	2	>			2.111				852
t	s	1.5	–	crr	Ep Dy	Kv	zw		7-10		–	3	3	h e	B4	1.3 1.4 2.1 2.5	7	I/N	3	<			2.11				853
t	s		–	crr	Ep Bo	Kv	ve	p1	5-8	au en	–		1	e	B6b	2.1 2.2	7	A/N	4	>			2.312				854
t	s		–	rrr	Ep Bo	Kv	ve		4-6		–		1	e	C2	2.1 2.2	7	A	4	=			2.312				855
t	s		–	rrs	Me	Kv	zw	p10	6		–		2		E2	2.1 3.2 6.2 7.3	3	I	3	=			9.1				856
h	s	4	Rs	crs	Me	Sr Ws	zw	p10	4-8	au my ca*	2		2	e	E1		–	I	2	=>	10.21	9.1	14.21		670	B C	857
h	s		Rs	crs	Me	Sr Ws	zw		4-6		–		2	e	E2d	3.3 6.2 9.3	–	I	2	=			9.131				858
h	s		Rs	crs	Me	Sr Ws	zw		4-7		2		2	e	F8a	3.3 6.2 6.5 9.1	–	I	1	=			10.211		619		859
h	s		Rs	crs	Me	Sr Ws	zw		5-8		–		2	e	F2	3.2 3.3 6.2	–	I	1	=			3.311				860
h	s		Rs	crs	Me	Sr Ws	zw		5-6		2		2	e	E2	3.2 3.3 6.2	–	I	3	=			9.1				861
h	s		Rs	crs	Me	Sr Ws	zw		4-5		2		2	e	F4b*	3.2	–	I	2	=			3.36				862
h	s	4	Rs	crs	Me	Sr Ws	zw		5-7		2		2	e	E1	3.3 6.2 6.5 9.1	2	I	2	=			10.211				863
h	s		Rs	crs	Me	Sr Ws	zw		4-5		2		2	e	F4a	3.2 6.2 6.5	–	I	2	=			10.211				864
h	s		Rs	crs	Me	Sr Ws	zw		7-9		2		2	e	F3b*	3.2 3.3 6.5	–	I	2	=			10.211				865
h	s		Rs	crs	Me	Sr Ws	zw		5-8		2		2	e	F4a	3.3 6.2 6.5 6.7	–	I	2	>			10.2116				866
h	s		Rs	crs	Me	Sr Ws	zw		5-7		2		2	e	F3c	2.5 3.2 3.3 6.5	–	I	2	=			10.211	f k m	332		867
h	s		Rs	crs	Me	Sr Ws	zw		4-6		2		2	e	F6a	3.2 6.2	–	I	2	>			3.2	f k m			868
h	s		Wh	ccs	Me	Sr	zw		5-10		–		1	h	C2	2.1 2.2 6.1 7.3	–	I	2	=			9.2	k m			869
t	s		–	rrr	Bo	Kv	zw		6-9	au	1		1	mg h	C2a		–	I	2	>					958	B	870
t	s		–	rrr	Bo	Kv	zw		8-9		1		1	mg h	D1b	1.4 3.5 6.2 7.3	5	I	2	>			2.211				871
t	s		–	rrr	Bo	Kv	zw	p3	6-8		1		1	mg h	C2a	1.4 6.2 7.3 9.1	5	I	2	>			9.135				872
h	w		Rh	ccs	Me	Kv	mo		7-9		2		1	e	B3	6.3 8.1 9.1 9.2	1	I	2	>*	14.312	14.413	12.313				873
t	s		–	crs	En	Kv	zw	p1	6-7		–		1	e	A4c?	2.2	7	N	4	>			2.3				874
h-t	s w		–	crs	En	Kv	zw		5-8	an	–		1	e	E1a	2.2 2.4 2.6	7	I/A	4	>	2.34						875
g	s		Rk	crs	Ep En	Au	zw		6-8	an	1		2	e	B6	1.4 4.1 5.1 6.3	5	I/A	2	>*	7.23	11.212					876
g	s		Rk	css	Me Ep	Au	zw		6-8	an	–		4	e	B1		5	I/N	3	>					364, 532	D	877
g	s		Rk	css	Me Ep	Au	zw		6-8		–		4	e	C2	1.4 2.1	–	I?	2	=?			6.11?	c			878
g	s		Rk	css	Me Ep	Au	zw		6-8		–		4	e	D3	1.4 2.1 2.5 6.3	–	I/N	2	>			6.11	c			879
g	s		Rk	css	Me Ep	Au	zw		6-8		–		4	e	B6	1.1 1.3 2.1 6.3	–	I/N	2	>			6.21	c			880
g	s		Rk	css	Ep Hy	Au	zw		6-8		–		4	e	B6a	1.4 2.1 6.3	–	I/N	2	<			6.111				881
g	s		Rk	css	Me Ep	Au	zw		6-8		–		4	e	B4	1.1 1.2 1.3	–	I	2	>			6.11	c	951		882
t	s		–	crr	My	Kv	zw	p2	5-8	au me ve ph	–		1	e	C2b	2.1 2.2 2.9	7	N	5	=			2.34				883
h	s	3	Rs	crs	Me Ep	Ho	fa zw		7-10	an	1		2	e	B4a	2.2 6.2	6	I	3	>			9.1				884
g	s		Rs	crs	Me	Kv	mo		7-8		–		1		B3	2.6 3.3 6.2 6.5	2	I	1	>			10.1				885
g	s	1	Rs	crs	Me	Kv	mo		6-8		2		1		B2	3.2 6.4 6.5 7.1	2	I	2	>*	10.412	11.244	10.21				886
g	s	2	Rs	crs	Me	Kv	mo		6-7		–		1		B3a	2.6 6.4 6.5 7.1	2	I	1	>			10.1				887
g	s		Rs	crs	Me	Kv	mo		7-8		1		1		B3	6.4 6.5 7.1 9.1	2	I	1	>			10.1				888
g	s		Rs	crs	Me	Kv	mo		7-8		1		1		B3	1.4 2.5 6.4 6.5	2	I	1	>			10.412		361		889

Nummern			Taxa			Klima						Boden												
SEN	SIN	FAN	Gattung	Aggregat/Einzelart	Kleinart	T	v	K	v	L	v	F	v	W	R	v	N	v	S	M	H	v	D	v
890	63700	5.2.6	Botrychium	virginianum		2.5	I	3	I	3	II	3.5	I	1	3	II	2	I			3	I	3	I
891	–	139.22.6	Brachypodium	distachyon		5	I	2	I	5	I	1	I	1	3	II	3	I		m	3	I	5	II
892	–	–	Brachypodium	pinnatum aggr.		x	–	x	–	3	II	2	II	2	4	II	3	II			3	I	1	II
893	–	139.22.5	Brachypodium		phoenicoides	4.5	I	2	I	4	I	1.5	I	1	3	II	2	I			3	I	1	II
894	63900	139.22.2	Brachypodium		pinnatum	3	II	4	I	3	II	2	I	2	4	II	3	I		m	3	I	1	I
895	64100	139.22.3	Brachypodium		rupestre	3.5	II	3	I	4	II	2.5	II	3	4	II	3	I		m?	3	I	1	I
896	–	139.22.4	Brachypodium	retusum		5	I	2	I	4	I	1	I	1	3	II	2	I			3	I	1	II
897	64200	139.22.1	Brachypodium	sylvaticum		3.5	I	3	I	3	II	3.5	I	2	3	II	3	I		m	3	I	3	I
898	–	–	Brassica	elongata aggr.		4.5	I	4	II	4	II	2	I	2	4	II	x	–			3	II	3	II
899	–	54.59.1.1	Brassica		elongata	4.5	I	5	I	5	I	2	I	2	5	I	2	I			3	I	3	II
900	–	–	Brassica		persica	4.5	I	4	I	4	I	2	I	2	3	I	4	I			3	I	1	I
901	–	–	Brassica	fruticulosa		5	I	3	I	4	I	1.5	I	1	3	I	3	I			1	I	5	I
902	64300	54.59.5	Brassica	juncea		4.5	I	4	I	4	I	2.5	II	2	3	I	4	I			3	I	3	I
903	64400	54.59.3	Brassica	napus		4	I	2	I	4	I	3.5	I	1	3	I	4	I			3	I	3	I
904	64500	54.59.6	Brassica	nigra		4.5	I	3	I	4	I	3	I	3	4	II	4	I			3	I	1	I
905	–	–	Brassica	oleracea aggr.		x	–	2	I	4	I	x	–	1	3	II	4	II			3	II	3	II
906	–	–	Brassica		montana	5	I	2	I	4	I	1.5	I	1	4	I	3	I			1	I	5	I
907	64600	54.59.2	Brassica		oleracea	3.5	I	2	I	4	I	3.5	I	1	3	I	5	I	ss		3	I	3	I
908	–	–	Brassica	rapa aggr.		3.5	I	2	I	4	I	3.5	II	2	3	I	4	I			3	I	3	I
909	64750	54.59.4	Brassica		campestris	3.5	I	2	I	4	I	3.5	I	2	3	I	4	I			3	I	3	I
910	64700	54.59.4	Brassica		rapa	3.5	I	2	I	4	I	3	I	2	3	I	4	I			3	I	3	I
911	–	–	Brassica	repanda aggr.		x	–	3	II	5	I	x	–	2	4	I	2	II			x	–	x	–
912	–	54.59.8	Brassica		glabrescens	4.5	I	2	I	5	I	1.5	II	3	5	I	2	I			5	I	1	I
913	64800	54.59.7.1	Brassica		repanda	1.5	I	3	I	5	I	3	I	1	4	I	2	I			1	I	5	I
914	–	54.59.7.2	Brassica		saxatilis	3.5	I	3	I	5	I	1	I	1	5	I	1	I			1	I	5	I
915	–	54.7.1	Braya	alpina		1	I	3	I	5	I	2	I	2	4	I	1	I			1	I	5	I
916	–	139.15.2	Briza	maxima		5	I	3	I	4	I	1.5	I	1	2	I	1	I			3	I	5	I
917	65200	139.15.1	Briza	media		3	II	4	I	4	I	2	II	3	4	II	2	I		m	3	I	1	I
918	–	139.15.3	Briza	minor		5	II	3	I	4	I	3	II	2	3	I	3	I			3	I	1	II
919	–	–	Bromus	arvensis aggr.		4	II	x	–	3	II	x	–	x	4	II	x	–			3	II	x	–
920	65300	139.21.12.1	Bromus		arvensis	4	I	4	I	3	II	2	I	1	4	II	3	I			3	I	3	I
921	65500	139.21.16	Bromus		commutatus	4.5	I	3	I	3	II	2.5	I	3	4	I	3	I	s		3	I	1	I
922	–	–	Bromus		decipiens	4.5	I	4	I	3	II	2	I	2	3	I	3	I			3	I	3	I
923	65900	139.21.14	Bromus		grossus	4.5	I	4	I	3	II	2	I	2	4	I	3	I			3	I	3	I
924	66200	139.21.20	Bromus		japonicus	4.5	I	4	I	3	II	2	I	2	4	I	3	I			3	I	3	I
925	66550	139.21.15	Bromus		racemosus	4	I	2	I	4	II	4	I	3	3	I	4	I	s		3	I	1	I
926	67000	139.21.13	Bromus		secalinus	3.5	I	4	I	3	II	3	II	3	3	II	3	II		m	3	I	3	I
927	–	139.21.12.2	Bromus		segetalis	3.5	I	4	I	3	I	2	I	1	4	I	3	I			3	I	3	I
928	67100	139.21.21	Bromus		squarrosus	4.5	I	4	I	4	II	1.5	I	1	3	I	4	I			1	I	5	I
929	–	–	Bromus	catharticus aggr.		4	II	2	I	4	I	2.5	II	2	3	II	4	I			3	I	3	I
930	–	139.21.23	Bromus		carinatus	4	I	2	I	4	I	3	I	2	3	I	4	I			3	I	3	I
931	–	139.21.22	Bromus		catharticus	4.5	I	2	I	4	I	2	I	1	4	I	4	I			3	I	3	I
932	–	–	Bromus	erectus aggr.		x	–	4	II	4	I	2	II	1	4	II	2	II			3	I	3	II
933	65800	139.21.10.2	Bromus		condensatus	4.5	I	4	I	4	I	1.5	I	1	4	II	2	I			3	I	3	I
934	65700	139.21.10.1	Bromus		erectus	4	I	4	I	4	I	2	II	2	4	II	2	I		m	3	I	3	I
935	–	–	Bromus		longiflorus	4.5	I	4	I	4	I	2	II	1	4	II	3	I			3	I	3	I
936	–	–	Bromus		microtrichus	4.5	I	5	I	4	I	1	I	1	5	I	2	I	s		3	I	3	I
937	–	139.21.11	Bromus		pannonicus	2.5	II	4	I	4	I	2	I	1	5	I	2	I		m	3	I	5	I
938	–	139.21.10.3	Bromus		stenophyllus	3.5	I	4	I	4	I	2	II	1	4	I	2	I			3	I	3	I
939	–	139.21.10.4	Bromus		transylvanicus	3	I	4	I	4	I	2	II	1	4	II	2	I			3	I	3	I
940	–	–	Bromus	hordeaceus aggr.		x	–	3	II	4	I	2	II	1	3	I	4	I			3	I	3	II
941	66000	139.21.17.1	Bromus		hordeaceus	3.5	I	3	I	4	I	3	I	2	3	I	4	I			3	I	3	II
942	66300	139.21.18	Bromus		lepidus	4.5	I	2	I	4	I	1.5	I	1	3	I	4	I			3	I	3	I
943	–	–	Bromus		molliformis	5	I	3	I	4	I	1.5	I	1	3	I	4	I	s		3	I	3	I
944	–	–	Bromus		pseudothominii	4	I	2	I	4	I	2	I	1	3	I	4	I			3	I	3	I
945	66100	139.21.7	Bromus	inermis		4.5	I	4	II	4	II	2	I	2	4	I	3	I			3	I	3	I
946	–	139.21.19	Bromus	lanceolatus		5	I	4	I	4	I	2	I	2	3	I	3	I			3	II	3	II
947	–	–	Bromus	madritensis aggr.		5	I	3	II	5	II	1.5	II	1	3	II	3	II			3	II	3	II
948	–	139.21.1	Bromus		diandrus	5	I	3	I	4	I	2	I	2	3	II	3	I	s		3	I	5	II
949	66400	139.21.5	Bromus		madritensis	5	I	4	I	5	I	1	I	1	3	I	3	I	ss	m	1	I	5	I
950	66900	139.21.2	Bromus		rigidus	5	I	3	I	5	I	1.5	I	1	4	I	4	I	ss		1	I	3	I
951	–	139.21.6	Bromus		rubens	5	I	3	I	4	I	1	I	1	3	II	2	I	s		3	I	5	I
952	–	–	Bromus	ramosus aggr.		3.5	II	x	–	3	II	3	I	2	3	II	3	I			3	I	3	I
953	65400	139.21.8	Bromus		benekenii	3.5	II	4	I	3	II	3	I	2	4	II	3	I		m	3	I	3	I
954	66800	139.21.9	Bromus		ramosus	3.5	II	2	I	2	II	3	I	2	3	I	3	I			3	I	3	I
955	–	–	Bromus	riparius		3	II	5	I	4	I	2	I	2	3	I	3	I		m	3	I	3	I
956	67200	139.21.3	Bromus	sterilis		4	II	4	I	3	II	2	I	1	3	I	4	I			3	I	3	I
957	67300	139.21.4	Bromus	tectorum		4.5	II	4	I	5	I	1	I	1	3	II	4	I	s		1	I	3	I
958	67400	27.1.1	Broussonetia	papyrifera		5	I	2	I	3	I	3	I	1	3	I	3	I			3	I	3	I
959	67450	–	Brunnera	macrophylla		4	I	2	I	2	I	3	I	1	3	I	3	I			3	I	3	I
960	67500	51.3.1	Bryonia	alba		4.5	I	5	I	4	I	3	I	1	4	I	4	I			3	I	3	I
961	67600	51.3.2	Bryonia	dioica		4.5	I	3	I	4	I	3	I	1	4	I	4	I			3	I	3	I
962	67700	112.1.1	Buddleja	davidii		4.5	I	2	I	4	I	2	I	1	4	I	3	I			1	II	3	II
963	67800	38.4.1	Bufonia	paniculata		5	I	3	I	5	I	1	I	1	4	I	2	I			1	I	5	I
964	–	38.4.2	Bufonia	tenuifolia		5	I	3	I	5	I	1	I	1	3	I	2	I			1	II	5	I
965	–	–	Buglossoides	arvensis aggr.		3.5	II	4	II	4	II	2	II	2	4	II	3	II	ss		3	I	3	II
966	67900	106.3.2.1	Buglossoides		arvensis	3.5	II	4	I	4	I	2.5	II	2	4	II	3	I			3	I	3	I
967	–	106.3.2.3	Buglossoides		gasparrinii	3	II	3	I	4	I	2	II	2	4	I	3	II			3	I	3	I
968	–	106.3.2.2	Buglossoides		permixta	3	I	4	I	4	I	2	II	2	4	I	3	I			3	I	3	II
969	–	–	Buglossoides		sibthorpiana	3.5	II	5	I	3	I	2	I	2	4	I	2	I			3	I	3	I
970	68000	106.3.1	Buglossoides	purpurocaerulea		4.5	I	4	I	3	I	2	I	1	4	I	2	I			3	I	3	I
971	68100	143.9.1	Bulbocodium	vernum		2.5	I	4	I	4	I	2	I	3	3	I	2	I			3	I	1	I
972	68200	54.10.1	Bunias	erucago		5	I	4	I	3	II	2	I	1	3	I	4	I			3	I	3	I
973	68300	54.10.2	Bunias	orientalis		3.5	II	4	I	3	I	2	I	1	3	I	4	I			3	I	3	I
974	68400	97.14.1	Bunium	bulbocastanum		4.5	II	2	I	4	I	2	I	1	4	I	3	I			3	I	3	I
975	–	–	Buphthalmum	salicifolium aggr.		x	–	4	I	3	II	2.5	II	3	4	I	2	I			3	I	1	I
976	68500	–	Buphthalmum		grandiflorum	4	I	4	I	3	II	3	I	2	4	I	2	I			3	I	1	I
977	68600	124.19.1	Buphthalmum		salicifolium	3	I	4	I	3	II	2	I	3	4	I	2	I		m	3	I	1	I
978	–	–	Bupleurum	falcatum aggr.		x	–	4	II	3	II	1.5	II	1	4	I	2	II			3	I	3	I

Strategien					Biologisches Verhalten										Vorkommen						Pflanzengesellschaften			Literatur			
LF	BD	WT	RO	KS	DA	VA	FS	MA	BZ	BS	MV	SU	DG	GI	GV	LR	EG	AE	EM	VE	1	2	3	BL	SL	TB	SEN
g	s	1	Rs	crs	Me	Ws	mo		6-8		–		1	e	B3	2.6 6.7 7.1 9.2	2	I	1	>			14.7				890
t	v		–	crs	Me	Kv	zw		5-6	an	2		3	e	C2	2.1 3.1 6.1 7.3	–	I/N	5	<			4.21	k m	714		891
g-h	s	3	Rs	ccs	Me Ep	Au Sr	zw		5-8	an	2		5	e	B6		–	I	2	=					714	B	892
g-h	t		Rs	ccs	Me	Au Sr	zw		5-6	an	2		2	e	C2a	2.1 2.2 6.2 7.3	–	I	3	=			9.22	k m			893
g-h	t	3	Rs	ccs	Me Ep	Au Sr	zw		6-8	an	2	2	5	e	B6	6.2 6.7 9.1 9.2	6	I	2	=	9.1	14.81101	15.001				894
g-h	t	1.5	Rs	ccs	Me Ep	Au Sr	zw		6-8	an	2		5	e	D1	2.2 6.2 6.7 9.1	2	I	2	=			9.1				895
g-h	t		Rs	ccs	Me	Au Sr	zw		5-6	an	2		2	e	C2	6.1 7.3 9.3 9.4	–	I	3	=			9.2	k m	714		896
h	t		Rs	crs	Me	Au Ho	zw		7-9	an	1	2*	3	e	B4	7.4 9.2 9.3 9.5	1	I	3	<	14.73	14.811	14.735		714		897
h-t	w		–	crr	Bo	Kv	zw		6-10	??	1		2	e	C2b		–	N	5	>						B	898
h-t	w		–	crr	Bo At	Kv	zw		6-10		1		2	e	C2b	2.2	–	N	4	=			5.2	c i l			899
h-t	w		–	crr	Bo	Kv	zw		6-10		1		2	e	A4a	2.2	–	N	5	>			5.112?	f g			900
c-h	w		Wh	crr	Bo	Kv	zw		1-12		–		1		C2a	2.1 2.2	–	N	4	<			2.3	k m			901
t	w		–	crr	Bo	Kv	zw		6-9	hm	2	2	2	e	A4c	2.1 2.2 2.9	7	N	5	>			2.3				902
t	w s	4	Wv	ccr	Bo At	Kv	zw	p1	4-5	me my	–	4	1	tg e	C2a?	2.1 2.2 2.7 2.9	7	Jn	5	=			2.3			H	903
t	t		–	ccr	Bo At	Kv	zw		6-8	my me (ps)	2	5	1	tg e	C2	2.1 2.2 2.5 6.3	7	A	5	<			2.112				904
h-t	t		–	ccr	At Bo	Kv	zw		4-5	au me ps my	–		1	tg e	C2c		–	I/Ja	2-5	=						B	905
h-t	t		–	crs	Bo	Kv	zw		4-5		–		1	tg	D2	3.2 3.3 6.2	–	I	2	=			3.361	k m			906
h-t	t		–	ccr	At Bo	Kv	zw		4-5		–		1	tg e	C2c	2.1 2.2 2.9	7	Ja	5	=			2.3			H	907
t	w s		Wv	ccr	At Bo	Kv	zw	p1	4-5	me my au?	–		1	tg e	D1		–	A/Ja	4-5	>						B	908
t	w s		–	ccr	Bo At	Kv	zw		4-5		–		1	tg e	D1a?	2.1 2.2	7	A	4	>			2.3				909
t	w s		Wv	ccr	At Bo	Kv	zw		4-5		–	5	1	tg h e	D1a?	2.1 2.2 2.9	7	Ja	5	>			2.3			H	910
c-h	w		Rh	crs	Bo	Sr	zw		6-8		–		1		E2		–	I	1	=							911
h	w		Rh	css	Bo	Sr	zw		4-5		–		2		F4b	2.5	–	I	1	=			3.362	k			912
c-h	w		Rh	crs	Bo	Sr	zw	p10	7-8		–		1		F2	2.5 3.3	–	I	1	=			3.311				913
c-h	w		Rh	crs	Bo	Sr	zw		6-8		–		1		E2b	3.2 3.3 6.2 7.3	–	I	1	=			9.14	m			914
h	t?		Wv	sss	Bo	Sr	zw	p5	7-8	en (au)	–		1		F7	3.3	–	I	2	=			3.331	c k m			915
t	s		–	rrr	Me At	Kv	zw		4-6	an	1		1	e	D1	2.1 6.1 6.2 7.3	–	N	4	<			4.22	k m			916
h	t	1.5	Rs	crs	Me My	Au Sr	zw		5-8	an	2		3	e	B4	6.2 6.3 6.4 6.5	6	I	2	>*	9.1	10.21	14.2112				917
t	s		–	rrr	Me	Kv	zw		4-6	an	1		1	e	C2	2.1 2.2 3.1 6.1	–	I/N	4	<			4.22	k m			918
t	s w		–	crr	Me At	Kv	zw		5-7	an	2		3	e	B4		–	A/N/Ja	4-5	>					732, 758	B D	919
t	w		–	crr	Me At	Kv	zw		6-8	an	2		3	e	B4	2.1 2.2 2.5	7	A	5	>			2.3				920
t	w		–	crr	Me	Kv	zw		5-6	an	2		3	e	C2c	2.1 2.2 2.5 6.3	7	A/N	4	>			11.24		15		921
t	w		–	crr	Me	Kv	zw		5-6		2		3	e	B6	2.1 2.2 6.2 6.3	–	Ja	4	>			2.3		63		922
t	s w		–	crr	Me At	Kv	cl zw		6-7	an	2		3	e	D3a	2.1 2.2	7	Ja	5	>			2.321				923
t	w		–	crr	Me Ep	Kv	cl zw		5-6	an	2		3	e	A4a	2.1 2.2 2.5 6.7	7	N	5	>			2.3				924
t	w	1.5	–	crr	Me	Kv	zw		5-6	an	2		3	e	C2c	2.1 2.2 6.3	7	A/N	5	>	11.233	11.241	14.731				925
t	w	2.5	–	crr	Me At	Kv	cl zw		6-7	an au	2	3	3	e	D3	2.1 2.2 3.5	7	Ja	5	>			2.321		63		926
t	w		–	rrr	Me At	Kv	zw		5-7	an	2		3	e	D1b	2.1	–	Ja	5	>			2.32	i			927
t	s w		–	crr	Me At	Kv	zw		5-7	an	–		3	e	A4a	2.2 3.1 6.1 6.2	7	N	4	>			2.34				928
g-t	t		Rs	ccr	At Me	Ho	cl zw		5-8		3		2	e	A1-2		–	N	4	>							929
g-k	t		Rs	ccr	At Me	Ho	cl zw		5-7	an au	3		2	e	A2b	2.2	–	N	4	<			2.34	g i l	617		930
h-t	t		Rs	rrr	At Me	Ho	cl zw		6-8	an au	3		2	h e	A1	2.2 6.3	–	N	4	<			2.34	c i l			931
h	t		Rs	ccs	Me Ep	Ho Sr	zw		5-7	an	3		3	e	C1		–	I/A/N	2	>						B	932
h	t		Rs	ccs	Me	Ho Sr	zw		5-6	an	3		3	e	E2c	3.2 6.2 6.5	6	I	2	>			9.114				933
h	t	3	Rs	ccs	Me My	Ho Sr	zw		5-7	an	3	2	4	e	C1	2.5 3.2 6.2 6.3	6	I/A	2	>	9.13	11.241	11.231				934
h	t		Rs	ccs	Me	Ho Sr	zw		5-6	an	3		3	e	C2	6.2	–	N	4	=			9.1	l		E	935
h	t		Rs	ccs	Me	Ho Sr	zw		5-7	an	2		3	e	F4c	6.2 2.5 3.3	–	I	2	>			9.12		653		936
h	t		Rs	crs	Me	Au Ho	zw		5-7	an	3		1	e	D1b	6.2	–	I	2	>?			9.1				937
h	t		Rs	ccs	Me	Ho Sr	zw		5-7	an	3		3	e	E2c	6.2	–	I?	2	=?			9.12	k m			938
h	t		Rs	ccs	Me	Ho Sr	zw		5-7	an	3		3	e	E2c	3.2 6.2	–	I	2	=			9.12	k m			939
t	s w		–	crr	At En	Kv	zw		4-7	an	–		2	e	B6		–	Ja/Jn	4	<=					732	B D	940
t	w s	1.5	–	crr	At En	Kv	zw		5-7	an au	–	4	3	e	B6	2.2 3.1 6.2 6.3	8	Ja	4	=	11.2	2.34					941
t	w		–	rrr	Me At	Kv	zw		5-7	an	–		2	e	D2	2.1 2.2 6.3	7	Ja	5	<			2.34				942
t	w		–	rrr	Me At	Kv	zw		4-6	an	–		2	e	C2	2.2 6.1 6.3 7.3	–	Ja	5	<			4.21	k l	15, 769		943
t	w		–	rrr	Me At	Kv	zw		4-6	an	–		2	e	D3	2.2 6.3	–	Jn	4	<			2.343?	i k l			944
h	t	3.5	Rs	ccr	Me At	Au Sr	fa zw		6-7	an	2		4	e	B6a	2.1 2.2 2.5 6.2	7	I/N	3	<			5.211				945
t	s		–	rrr	At Me	Kv	zw		4-6	an	–		2	e	C2	2.1 2.2 6.2	–	N	5	=			2.3	c m			946
t	s w		–	rrr	At Me	Kv	zw		3-6	an	–		2	e	C2		–	N	3-5	=							947
t	s		–	rrr	At Me	Kv	zw		5-7	an	–		2	e	C2	2.1 2.2 6.1 6.2	–	N	4	<			2.3	c k m	55, 920		948
t	s w		–	rrr	At Me	Kv	zw		3-4	an	–		2	e	C2	2.1 2.2 6.2 7.3	7	N	5	=			2.3				949
t	s		–	rrr	At Me	Kv	zw		4-6	an	–		2	e	C2	2.1 2.2 2.4 6.2	7	N	5	=			2.3				950
t	s		–	rrr	At Me	Kv	zw		4-6	an	–		2	e	C2	2.1 2.2 6.1	–	N	3	=			4.211	k m			951
h	t	3	Rs	crs	Me	Ho	zw		7-8	an	–		2	e	B6		–	I	1	=					345	B	952
h	t	3	Rs	ccs	Me	Ho	zw		5-7	an	–		2	e	B6	2.6 6.7 9.1 9.2	1	I	1	=	14.731	14.735	13.321				953
h	t	3	Rs	ccs	Me	Ho	zw		6-7	an	–		2	e	D3	2.3 2.6 9.1 9.2	1	I	1	=			11.412				954
h	t		Rs	ccs	Me	Ho	zw		5-8	an	2		3		D1b	2.1 2.2 6.2	–	N	2	<			9.11		719		955
t	w s		–	rrr	Me En	Kv	zw		5-7	an au	3	2*	3	e	B6a	2.2 6.7 7.4 9.5	7	A	4	=	2.34	11.112					956
t	w	1	–	rrr	Me At	Kv	cl zw		5-7	an au	–		2	e	B6a	2.2 2.4 3.1 6.2	7	A	4	<	2.34	4.1					957
n-p	s		Wh	ccr	En	Sr	di		5-6	an	–		1		A4b	2.9	7	N	4	=			?				958
g	s		Rh	ccs	My	Sr	zw		4-5		–		3		E2i	2.7 2.9	–	N	3	<			?	g h m			959
h.li	s		Wv	ccr	En Dy	Kv	mo		6-7	me	–		1	gg h	D4	2.2 2.3 7.4 9.2	7	I/A	2	>	5.131						960
h.li	s		Wv	ccr	En Dy	Kv	di	p5	6-9	me	–		1	gg h	C2	2.2 2.3 7.4 9.2	1	I/A	3	>	5.131	11.311					961
n	t		Wh	ccr	Me	Sr	zw		7-8	le	–		4	tg	A4b	2.5 2.9 7.4 9.2	3	Ns	3	<			13.321?				962
t	s		–	rrr	Bo	Kv	zw	p12	5-6		–		1		C2	2.1 3.1 6.1 6.2	3	I	3	=?			4.211				963
t	s		–	rrr	Bo	Kv	zw		5-6		–		1		C2	6.1 6.2	–	I	3	=			4.211	k m			964
t	w s		Wv	crr	Dy At	Kv	zw		4-7	au en	–		1		B6		–	I/A	3	>					124	B	965
t	w s	2.5	Wv	crr	Dy At	Kv	zw	p1	4-7		–	3	1		B6	2.1 2.2 6.2 7.3	7	I/A	4	>			2.312				966
t	w s		Wv	crr	Dy	Kv	zw		4-7		–		1		E2	2.2 2.4 6.1 6.2	–	I	2	>			4.21	k m			967
t	w s		Wv	crr	Dy	Kv	zw		4-7		–		1		D1a	2.1 2.2 2.4 6.2	–	I	2	>			2.3a	m			968
t	w s		Wv	crr	Dy	Kv	zw		4-7		–		1		D4	2.1 2.2 6.2	–	I/A	3	>			9.1				969
c-h	s		Wh	ccs	Dy	Kt	zw	p11	4-6	me	–		3	h	C1	7.4 9.2 9.3 9.4	1	I	2	=	14.81	13.312					970
g	v		Sk	crs	Bo My	Kv	zw		2-4		2		1		E2	6.2 6.3 6.5 9.3	6	I	2	>	9.11						971
t	w		–	crr	Ep	Kv	zw	p2	5-7	au me	–		1		C2	2.1 2.2	7	A	5	>			2.343				972
g-k	s	3.5	Wv	ccr	Ep	Kv	zw	p4	5-8	au my me hm	2		4		A4c	2.1 2.2 6.3	7	Nw	5	<			5.1				973
g	s		Sk	crs	Ep Bo	Kv	ve		6-7	en	–		1	e	D1a	2.1 2.2 6.2 7.4	6	I	2	>	2.31	5.211					974
h	s	3.5	Rh	crs	Me	Sr	ve	r6	6-9	my hm le	2		2		E1		–	I	2	>						B	975
h	s		Rh	crs	Me	Sr	ve		6-9		2		2		F5	3.3 6.7 7.1 9.3	–	I	2	>*			11.111?	f m		E	976
h	s	2.5	Rh	crs	Me	Sr	ve		6-9		2	4	2		E4	6.2 6.7 9.1 9.3	1	I	2	>*	15.001	10.21	11.111				977
h	s		Rs	crs	Bo Ep	Sr	zw	p4	7-9	ca my me ve	2		2	e	B4		–	I/A	2	>						B	978

Nummern			Taxa			Klima						Boden														
SEN	**SIN**	**FAN**	**Gattung**	**Aggregat/Einzelart**	**Kleinart**	**T**	**v**	**K**	**v**	**L**	**v**	**F**	**v**	**W**	**R**	**v**	**N**	**v**	**S**	**M**	**H**	**v**	**D**	**v**
979	–	97.35.13	**Bupleurum**		**alpigenum**	2.5	I	3	I	3	I	2.5	I	1	4	I	3	I			3	I	3	I
980	69200	97.35.12.2	**Bupleurum**		**cernuum**	4	I	4	I	3	II	1.5	I	1	4	I	1	I			3	I	3	I
981	69100	97.35.12.1	**Bupleurum**		**falcatum**	4	I	4	I	3	II	2.5	I	1	4	I	1	I		m	3	I	3	I
982	–	97.35.15	**Bupleurum**	**fruticosum**		5	I	3	I	4	II	1.5	I	1	4	II	2	I			3	I	3	II
983	69600	97.35.3	**Bupleurum**	**longifolium**		3	II	4	I	3	II	2.5	I	1	4	I	3	I			3	I	3	I
984	69700	97.35.10	**Bupleurum**	**petraeum**		2	I	4	I	5	I	2	I	1	5	I	2	I			1	I	5	I
985	–	–	**Bupleurum**	**ranunculoides aggr.**		2	II	4	I	4	II	2	II	1	5	I	2	I			3	I	3	I
986	70100	97.35.11.2	**Bupleurum**		**gramineum**	2.5	I	4	I	4	I	2	I	1	5	I	2	I			3	I	3	I
987	70000	97.35.11.1	**Bupleurum**		**ranunculoides**	2	I	4	I	5	I	2.5	I	1	5	I	2	I			3	I	3	I
988	–	–	**Bupleurum**		**telonense**	4	I	4	I	5	I	1.5	I	1	5	I	2	I			3	I	3	I
989	–	97.35.14	**Bupleurum**	**rigidum**		4.5	I	3	I	4	II	1.5	II	2	4	I	2	I			3	I	3	I
990	–	–	**Bupleurum**	**rotundifolium aggr.**		4.5	II	4	II	4	I	2	II	1	4	I	3	I			3	I	3	I
991	70200	97.35.1	**Bupleurum**		**rotundifolium**	4.5	II	4	I	4	I	2	I	1	4	I	3	I			3	I	3	I
992	–	97.35.2	**Bupleurum**		**subovatum**	5	I	3	I	4	I	1.5	I	1	4	I	3	I			3	I	3	I
993	70300	97.35.4	**Bupleurum**	**stellatum**		1.5	I	4	I	4	I	2	I	1	2	I	2	I			3	I	5	I
994	–	–	**Bupleurum**	**tenuissimum aggr.**		4.5	I	x	–	4	II	1.5	II	1	4	II	2	II			3	II	x	–
995	–	97.35.9	**Bupleurum**		**affine**	4.5	I	4	I	4	I	1.5	I	1	5	I	2	I			3	I	3	I
996	68800	97.35.5	**Bupleurum**		**baldense**	4.5	I	2	I	5	I	1.5	I	1	4	I	1	I			1	I	5	I
997	69300	97.35.8	**Bupleurum**		**gerardii**	4.5	I	4	I	4	I	1	I	1	4	I	2	I			3	I	3	I
998	69800	97.35.7	**Bupleurum**		**praealtum**	4.5	I	4	I	3	II	1	I	1	5	I	2	I			3	I	3	I
999	–	–	**Bupleurum**		**tenuissimum**	4.5	I	2	I	4	I	2.5	I	3	4	I	3	I	ss		3	II	1	I
1000	–	97.35.6	**Bupleurum**		**veronense**	4.5	I	3	I	5	I	1	I	1	4	I	2	I			3	I	5	I
1001	70400	125.1.1	**Butomus**	**umbellatus**		4.5	I	4	I	3	II	5	I	3	3	I	4	I			3	I	1	I
1002	70500	79.1.1	**Buxus**	**sempervirens**		4.5	I	2	I	3	I	2	I	1	4	I	2	I		m	3	I	3	I
1003	–	97.34.1	**Cachrys**	**trifida**		5	II	3	I	5	I	1.5	I	1	5	I	2	I			3	I	5	II
1004	70600	139.50.5	**Calamagrostis**	**arundinacea**		3	I	3	I	3	II	3.5	I	2	2	I	2	I		m	3	I	3	I
1005	–	–	**Calamagrostis**	**canescens aggr.**		3.5	I	3	II	3	II	4	II	2	2	II	3	I			5	I	1	I
1006	70700	139.50.4	**Calamagrostis**		**canescens**	3.5	I	4	I	3	II	4.5	I	3	3	II	3	I			5	I	1	I
1007	71100	139.50.2	**Calamagrostis**		**phragmitoides**	3.5	I	3	I	3	II	4	I	2	2	I	4	I			5	I	1	I
1008	70800	139.50.1	**Calamagrostis**	**epigejos**		3.5	II	3	II	3	II	3	II	2	4	II	3	I	s	m	3	I	1	II
1009	71200	139.50.2	**Calamagrostis**	**pseudophragmites**		3.5	I	4	I	3	I	3.5^	I	3	4	I	3	I			1	I	1	II
1010	71300	–	**Calamagrostis**	**stricta**		3	I	3	I	4	I	4.5	I	3	3	I	3	I			5	I	1	I
1011	71400	139.50.6	**Calamagrostis**	**varia**		3	I	3	I	3	II	3.5	I	3	4	I	2	I		m	3	I	1	II
1012	71500	139.50.3	**Calamagrostis**	**villosa**		2	I	3	I	3	II	3.5	I	1	2	I	2	I			5	II	1	II
1013	71800	108.20.1	**Calamintha**	**grandiflora**		3	I	4	I	2	II	3.5	I	1	3	I	3	I			5	II	3	I
1014	–	–	**Calamintha**	**nepeta aggr.**		4	II	x	–	3	II	2	II	1	3	II	3	I			3	II	3	II
1015	71600	108.20.3	**Calamintha**		**ascendens**	4.5	I	2	I	3	II	2	I	1	3	I	3	I			3	I	3	I
1016	–	108.20.5	**Calamintha**		**einseleana**	3.5	I	3	I	3	I	2.5	I	1	4	I	3	I			3	I	3	I
1017	71900	108.20.2	**Calamintha**		**menthifolia**	4	I	4	I	3	II	2.5	I	2	4	I	3	I			3	I	3	I
1018	71950	108.20.4	**Calamintha**		**nepeta**	4.5	I	2	I	3	II	1.5	I	1	3	I	3	I			3	I	3	I
1019	72100	–	**Calamintha**		**nepetoides**	4	I	4	I	4	I	2	I	1	4	I	3	I			1	I	1	I
1020	72300	–	**Caldesia**	**parnassifolia**		4.5	I	2	I	4	I	5v	I	3	4	I	2	I			3	I	1	I
1021	72400	124.51.2	**Calendula**	**arvensis**		5	I	3	I	4	I	1.5	I	1	4	I	3	I	s		3	I	5	I
1022	72500	124.51.1	**Calendula**	**officinalis**		4.5	I	3	I	4	I	2.5	I	1	3	I	4	I			3	I	3	I
1023	72600	54.66.1	**Calepina**	**irregularis**		4.5	I	4	I	4	I	1.5	I	1	4	II	4	I	s		3	I	3	I
1024	–	64.4.1	**Calicotome**	**spinosa**		5	I	3	I	5	I	1.5	I	1	4	II	2	I		m	3	I	3	I
1025	72700	134.2.1	**Calla**	**palustris**		4	I	3	I	3	II	5	I	3	3	I	2	I			5	II	1	I
1026	–	–	**Callianthemum**	**anemonoides aggr.**		2.5	II	4	II	4	II	2.5	II	1	5	I	2	I			3	II	3	II
1027	–	19.3.1	**Callianthemum**		**anemonoides**	3	I	4	I	3	I	3	II	1	5	I	2	I			3	II	3	II
1028	–	19.3.2	**Callianthemum**		**kernerianum**	2	I	3	I	5	I	2	I	1	5	I	2	I			3	I	3	I
1029	72800	19.3.3	**Callianthemum**	**coriandrifolium**		1.5	I	2	I	4	I	4	I	1	4	I	2	I			3	I	1	I
1030	72900	124.5.1	**Callistephus**	**chinensis**		4.5	I	1	I	4	I	3	I	1	3	I	4	I			3	I	3	I
1031	–	–	**Callitriche**	**palustris aggr.**		x	–	2	II	4	II	5	II	3	3	II	3	II			3	I	1	I
1032	–	–	**Callitriche**		**brutia**	4.5	I	2	I	4	I	4.5	I	3	3	II	3	I			3	I	1	I
1033	73000	110.1.3	**Callitriche**		**cophocarpa**	3	I	3	II	4	I	5	I	3	4	I	3	I			3	I	1	I
1034	73100	110.1.6	**Callitriche**		**hamulata**	3	I	2	I	4	I	5	I	3	2	I	2	I	s		3	I	1	I
1035	73200	110.1.2	**Callitriche**		**obtusangula**	4.5	I	2	I	4	I	5	I	3	3	I	4	I	ss		3	I	1	I
1036	73300	110.1.5	**Callitriche**		**palustris**	3	II	3	I	3	II	5	I	3	3	I	3	I			3	I	1	I
1037	73400	110.1.4	**Callitriche**		**platycarpa**	3	II	2	I	3	II	5	I	3	2	I	4	I			3	I	1	I
1038	73500	110.1.1	**Callitriche**		**stagnalis**	4	I	3	I	3	II	5	I	3	2	I	3	I	s		3	I	1	I
1039	73600	57.2.1	**Calluna**	**vulgaris**		2.5	II	2	I	3	II	3	II	3	1	I	2	I		m	5	I	1	I
1040	73700	19.8.1	**Caltha**	**palustris**		3	II	3	II	3	II	5	II	2	3	I	3	II		m	5	I	1	I
1041	–	–	**Calystegia**	**sepium aggr.**		x	–	2	I	3	II	3.5	I	2	4	II	3	II			3	I	1	I
1042	–	102.3.3	**Calystegia**		**pulchra**	3.5	I	2	I	3	I	3.5	I	2	3	I	4	II			3	I	1	I
1043	73900	102.3.1	**Calystegia**		**sepium**	3.5	II	2	I	3	II	3.5	I	2	4	II	4	II		m	3	I	1	I
1044	74000	102.3.2	**Calystegia**		**silvatica**	5	I	2	I	3	II	3.5	I	2	4	II	4	I			3	I	1	I
1045	–	–	**Camelina**	**sativa aggr.**		4	II	4	II	4	II	2	II	1	3	II	3	II			3	II	3	II
1046	74100	54.43.3	**Camelina**		**alyssum**	4	I	4	I	4	I	2	I	1	3	I	2	I			3	I	3	I
1047	–	–	**Camelina**		**macrocarpa**	3.5	I	4	I	4	I	2	I	1	3	I	2	I			3	I	3	I
1048	74200	54.43.2	**Camelina**		**microcarpa**	4.5	I	4	I	4	I	1.5	I	1	3	I	3	I			3	I	3	I
1049	74300	–	**Camelina**		**pilosa**	4	I	4	I	4	I	2	I	1	3	I	3	I			3	I	3	I
1050	–	–	**Camelina**		**rumelica**	3.5	I	5	I	4	I	2	I	1	4	I	3	I			3	II	5	II
1051	74400	54.43.1	**Camelina**		**sativa**	4	I	4	I	3	II	2	I	1	3	I	3	I			3	I	3	I
1052	–	–	**Camelina**		**sylvestris**	4	I	5	I	4	I	1.5	I	1	4	I	2	I			3	I	3	I
1053	–	–	**Camellia**	**japonica**		5	I	2	I	3	II	3	I	1	3	I	3	I			3	I	3	I
1054	–	–	**Campanula**	**alliariifolia**		4.5	I	2	I	4	I	2.5	I	3	4	I	3	I			1	I	3	I
1055	74600	118.1.12	**Campanula**	**alpestris**		1.5	I	4	I	5	I	3	I	1	4	I	3	I			1	I	5	I
1056	–	118.1.10	**Campanula**	**alpina**		2	II	3	I	4	II	2.5	I	1	2	II	2	I			3	I	1	II
1057	–	–	**Campanula**	**barbata aggr.**		2	I	3	I	4	I	3	I	1	2	I	2	I			5	II	3	I
1058	74700	118.1.9	**Campanula**		**barbata**	2	I	3	I	4	I	3	I	1	2	I	2	I			5	II	3	I
1059	–	–	**Campanula**		**strictopedunculata**	2	I	3	I	4	I	3	I	1	2	I	2	I			5	II	3	I
1060	74800	118.1.27	**Campanula**	**bononiensis**		4.5	I	5	I	3	II	2	I	1	4	I	2	I			3	I	3	I
1061	–	–	**Campanula**	**carpatica**		4	I	4	I	4	I	1.5	I	1	4	I	2	I			1	I	5	I
1062	75000	118.1.1	**Campanula**	**cenisia**		1	I	3	I	5	I	3	I	1	4	I	2	I			1	I	5	I
1063	75100	118.1.16	**Campanula**	**cervicaria**		4	II	4	I	3	II	3	I	3	4	I	3	I		m	5	I	1	I
1064	–	–	**Campanula**	**cespitosa aggr.**		2	II	3	I	4	II	3.5	II	2	5	I	2	I			1	I	5	II
1065	–	118.1.38	**Campanula**		**cespitosa**	2.5	II	3	I	4	I	3	II	2	5	I	2	I			1	I	5	I
1066	75200	118.1.37	**Campanula**		**cochleariifolia**	2	II	3	I	4	II	3.5	I	2	5	I	2	I		m	1	I	3	II
1067	–	118.1.22	**Campanula**	**elatines**		4	I	4	I	4	I	2	I	1	2	I	2	I			1	I	5	I

Strategien					Biologisches Verhalten										Vorkommen						Pflanzengesellschaften			Literatur			
LF	BD	WT	RO	KS	DA	VA	FS	MA	BZ	BS	MV	SU	DG	GI	GV	LR	EG	AE	EM	VE	1	2	3	BL	SL	TB	SEN
h	s		Rs	crs	Bo Ep	Sr	zw		7-8		2		2	e	F2	6.3 6.7 7.4 9.1	–	I	2	>			11.112?				979
h	s		Rs	crs	Bo Ep	Sr	zw		7-8		2		2	e	E2	3.3 6.5 6.7 7.4	6	I	2	>			11.111				980
h	s	3	Rs	crs	Bo Ep	Sr	zw		7-9		2		2	e	D3	6.7 9.1 9.2 9.3	6	I/A	2	>	11.111	5.211	14.81102				981
n	s		Wh	ccs	Bo Ep	Kv	zw		4-9		–		1		C2	2.9 3.2 7.3 7.6	–	I	2	=			13.6	k m			982
k	s	2	Rh	crs	Bo Ep	Kv	zw		6-8	en	–		2		E4	6.5 7.2 9.2 9.3	1	I	2	>	11.111	14.7312					983
h	s		Rh	crs	Bo Ep	Sr	zw	p6	6-8		–		1		F3	3.2 3.3 6.2 6.5	–	I	1	=			3.211				984
h	s		Rs	crs	Bo Ep	Sr	zw	p10	7-8	en	1		2		E1		–	I	2	=						B	985
h	s		Rs	crs	Bo Ep	Sr	zw		7-8		1		2		E2	3.2 6.2 7.4	2	I	2	>			9.132				986
h	s		Rs	crs	Bo Ep	Sr	zw		7-8		1		2		E1	3.2 3.3 6.2 6.5	2	I	2	>	10.211	3.3					987
h	s		Rs	crs	Bo Ep	Sr	zw		7-8		1		2		D1a	3.2 6.2	–	I	2	>			9.14		829		988
h	s		Wh	ccc	Bo Ep	Sr	zw		7-9		–		1		D1a	7.3 7.6 9.3 9.4	–	I	2	=			12.4	k m			989
t	s		–	rrr	Bo Ep	Kv	zw	p1	5-8		–		1	e	C2		–	I/A	3	>						B	990
t	s	2	–	rrr	Bo Ep	Kv	zw		5-8		–		1	e	C2b	2.1 2.2	7	A	3	>	2.312						991
t	s		–	rrr	Bo Ep	Kv	zw		2-5		–		1	e	C2	2.1 2.2	–	I	3	>			2.312				992
h	s		Rh	css	Bo Ep	Sr	zw	p10	7-8	my hm	1		1		E2e	3.2 3.3 6.5	2	I	1	=	10.421	10.412	3.221				993
t	s		–	rrr	Bo Ep	Kv	zw		5-9	en	1		1		C2		–	I/A	2	>					770	B D	994
t	s		–	rrr	Bo Ep	Kv	zw		7-9		1		1		C2b	6.2	–	I	2	>			9.11	c m			995
t	s		–	rrr	Bo Ep	Kv	zw	p1	5-7		1		1		C2a	2.2 6.1 6.2 7.3	–	I	2	>			4.211				996
t	s		–	rrr	Bo Ep	Kv	zw		5-7		1		1		C2	3.1 6.1 7.3 9.3	–	A	2	>			4.131?				997
t	s		–	rrr	Bo Ep	Kv	zw		6-9		1		1		D1	6.2 6.7 7.4 9.3	–	I	2	>			11.111				998
t	s		–	rrr	Bo Ep	Kv	zw		7-9		1		1		C2	1.4 2.1 2.2	–	I/A	3	>			2.34?	c k l			999
t	s		–	rrr	Bo Ep	Kv	zw		5-8		1		1		E2c	2.2 6.1 6.2 7.3	–	I	2	>			9.12	k m			1000
g	t	1.5	Rh	css	Hy Ep	Au Bz	zw		6-8	au hm my me	2		3	e	B4	1.1 1.2 1.3 2.1	4	I	2	>	6.111						1001
n-p	i		Wh	ccs	Bo My	Ws	mo		3-4	my me (an)	–		3	gg h	C1	3.2 7.4 9.2 9.3	1	I	2	=	14.811					H	1002
h	w?		Wv	ccs	Me	Sr	zw		7-8		–		1		C2	2.1 6.2 7.3 9.3	–	I	2	=			9.131	k m			1003
h	t	4	Rs	ccc	Me	Ho Sr	zw		6-8	an	1		4	e	B4b	6.7 7.2 9.1 9.2	5	I	1	=	14.413	11.51	14.73111				1004
h	s		Rs	ccs	Me	Au Ho	zw		6-8	an	1		4	e	B6b		–	I	2	>						B	1005
h	s		Rs	ccs	Me	Au Ho	zw		6-8	an	1	2	4	e	B6b	1.3 6.3 7.4 9.2	5	I	2	>			14.611				1006
h	s		Rs	ccs	Me	Au Ho	fa zw		6-8	an	1		4	e	D5	2.5 7.2 7.4 9.2	5	I	2	>			11.51				1007
g-h	t	4	Rs	ccs	Me En	Au Ho	zw		6-8	an	1		4	e	B4b	2.5 7.4 9.1 9.2	3	I	3	<			11.4		674		1008
h	s	4	Rs	ccs	Me	Au Ho	zw		7-8	an	1		3	e	B4b	1.3 2.5 5.1	5	I	2	>	3.351						1009
h	s		Rs	ccs	Me	Au Ho	zw		6-8	an	1		4	e	B3	5.1	–	I	2	>0			7.212				1010
h	s	3	Rs	ccs	Me	Au Ho	zw		7-8	an	1		4	e	E1	2.5 6.5 9.1 9.2	3	I	2	<	10.212	9.135	15.001				1011
h	s	3	Rs	ccs	Me	Au Ho	zw		7-9	an	1		5	e	E4	7.1 7.2 8.2 9.1	1	I	1	=	11.512	12.312	14.312				1012
g	s		Rs	crs	Ep	Au	di	r4	7-9	ph?	–		1	e	E2	2.6 6.7 9.1 9.2	1	I	1	=			14.73				1013
g	s		Rs	crs	Ep Dy	Au	ve-di		7-9	me (my)	–		2	e	C1		–	I/A	1-2	=>						B	1014
g	s		Rs	crs	Ep Dy	Au	ve-di	p12	7-9		–		2	e	D1	2.6 6.7 7.4 9.3	6	I	2	>			11.111				1015
g	s		Rs	crs	Ep Dy	Au	ve-di		7-9		–		2	e	F8	3.2 6.7 7.4 9.3	–	I	2	=			11.111	c k m			1016
g	s		Rs	crs	Ep Dy	Au	ve-di		7-9		–		2	e	D3	2.6 6.7 7.4 9.3	6	I	1	=			11.112				1017
g	s		Rs	crs	Ep Dy	Au	ve-di	r11	7-9		–		2	e	C1	6.7 7.4	6	I/A	2	>			11.111				1018
g	s		Rs	crs	Ep Dy	Au	ve-di		7-9		–		2	e	E2a	3.2 3.3 6.7 7.4	6	I	2	=			11.1?				1019
a	s		Rs Tu	css	Ep Hy	Sb	zw		7-9	?? of	–		1		D3	1.1 1.3	4	I	2	>			6.111				1020
t	s		–	rrr	Ep Me	Kv	ve		4-12	me my	–		2	e	C2	2.1 2.2	7	I?/A	4	>			2.3				1021
t	s		–	crr	Ep Me	Kv	ve		6-8	me my me	–		2	h	A4a	2.2 2.7 2.9	7	Ja	5	<			2.3			H	1022
t	s w		–	rrr	Bo Ep	Kv	zw	r3	5-6	en	–		1		C2	2.1 2.2	7	A	5	>			5.2				1023
n	i		Wh	ccc	Au	Kv	zw		4-6		–		2	gg	C2	7.3 7.6	–	I	2	=			13.6	k m			1024
a-g	s	3	Rh	css	En	Au	zw		5-7	my sn?	–		2	mg h e	B3a	1.3 5.1 5.2 9.2	4	I/N	2	<			6.112				1025
h	w		Rh	css	Au	Sr	zw		4-7		1		2		F7		–	I	1	=							1026
h	w		Rh	css	Au	Sr	zw		4-5		1		2		F8	3.2 3.3 9.1	–	I	1	=			14.211	c m			1027
h	w		Rh	css	Au	Sr	zw		5-7		1		2		F3d*	3.2 3.3 6.5	–	I	1	=			10.2116	k m			1028
h	w		Rh	css	Au	Sr	zw		6-7		1		2		E1	3.3 6.5 8.2	2	I	1	=	10.211	3.321					1029
t	s		–	crr	At Me	Sr	ve		7-10	me ps my	–		1		A4b	2.2 2.5 2.7 2.9	7	N	5	<			2.3				1030
a-t	w		–	crs	En Ep	As	mo		5-9	hd an	–		4		B6		–	I	1-2	<>	1.313				485	C D	1031
a-t	w		–	css	Hy Ep	As	mo		5-9		–		4		D2	1.4	–	I	1	=			2.22	k m			1032
a-t	w		–	crs	Hy Ep	As	mo		5-9	hd an	–		4		B6b	1.1 1.2 1.3	4	I	1	=			1.313				1033
a-t	w		–	crs	Hy Ep	As	mo		5-9	hd an au	–		4		D2	1.1 1.2 2.5	4	I	1	>			1.313				1034
a-t	w		–	crs	Hy Ep	As	mo		5-9		–		4		C2a	1.1 1.2 1.3	4	I	1	<			1.313				1035
a	w		–	crs	Hy Ep	As	fa mo		5-9	hd an au	–		4		B3	1.1 1.3 1.4	4	I	2	>			1.414				1036
a-t	w		–	crs	Hy Ep	As	mo		5-9		–		4		D2	1.1 1.2	–	I	2	<			1.313				1037
a-t	w		–	crs	Hy Ep	As	mo		5-9	hd an au	–		4		B4b	1.1 1.2	4	I	2	=			1.313				1038
n-z	i	1.5	Wh	css	Me En	Kt	zw	r39	7-9	me an my ph*	1	5	3	h e	B6	6.4 7.1 9.1 9.2	1	I	2	>*	12.313	14.11201	12.111				1039
h	t	1.5	Rh Wd	crs	Hy	Sw	fa zw	d	3-6	ca my me	2	2	2	tg	B3	4.1 4.2 5.1 6.3	5	I	2	=	11.23	14.72202	14.712			A	1040
g.li	s		Sk	ccr	Au	Au	zw		6-9	sp my me	1		4	e	B4		–	I/N	3	<						B	1041
g.li	s		Sk	ccr	Au	Au	zw		6-9		1		4	e	A4c?	2.2 2.3 2.9 7.2	–	N	3	<			11.311	c i l			1042
g.li	s	2.5	Sk	ccr	Au	Au Kt	zw	p6	6-9		1	4	4	e	B4b	1.4 7.2 7.4 9.2	7	I	3	=	11.311	5.13	14.712				1043
g.li	s		Sk	ccr	Au	Au Kt	zw		6-9		1		4	e	D1b	2.2 2.3 7.2 9.2	1	I/N	3	<			11.311				1044
t	s w		–	rrr	Bo At	Kv	sb zw		4-7	au ca	–		1	e	B6		–	I/A/N/Ja	5	>					765	B	1045
t	s		–	rrr	Bo	Kv	zw		5-7		–		1	e	D3	2.2	7	Ja	5	>			2.323				1046
t	s		–	rrr	Bo	Kv	zw		4-6		–		1	e	D3	2.2	–	Ja	5	>			2.3				1047
t	s	2	–	rrr	Bo	Kv	zw	p1	5-6		–	1	1	e	B6b	2.1 2.2	7	A/N	4	>			2.3				1048
t	w		–	rrr	Bo	Kv	zw	p1	5-7		–		1	e	D4	2.1 2.2	7	Ja	5	>			2.3				1049
t	w		–	rrr	Bo	Kv	zw		4-6		–		1	e	C2	2.2	–	I/N	4	>			2.3	c k m			1050
t	s		–	rrr	Bo At	Kv	sb zw		5-7		–	2	1	e	B6	2.1 2.2	7	Ja	5	>			2.3				1051
t	w		–	rrr	Bo	Kv	zw		4-7		–		1	e	B6a	2.1 2.2 6.2	–	A	2	>			2.3			E	1052
n-p	i		Wh	ccs	Bo	Kv	zw		2-4	??	–		1		A4b	2.7 2.9	1	A	4	<			?			H	1053
h	t		Wv	crs	Bo	Sr	zw		6-8	en	–		2	e	A4a	2.2 2.7 2.9 3.2	–	N	4	<			?	g l m			1054
h	w		Wv	rss	Bo	Sr	zw	p3	6-8		–		1	e	F2	3.2 3.3 6.5	–	I	1	=			3.311				1055
h-k	w		Wv	css	Bo	Kv	zw		6-8	en	–		1	e	E4a	3.2 6.5 7.1	–	I	1	>			10.41	c k m			1056
h-k	w		Wv	crs	Bo	Au Sr	zw		6-8	au hm me*	2		1	e	E4d		–	I	2	=							1057
h-k	w	3	Wd Wv	crs	Bo	Au Sr	zw	p7	6-8		2		1	e	E4d	6.5 7.1 8.2 9.1	2	I	2	=	10.412	12.313	12.312				1058
h-k	w		Wv	crs	Bo	Sr	zw		6-8		2		1	e	F3	3.2 3.3 6.5 7.1	–	I	2	=			10.412	c	287	E	1059
h	s		Rs	ccs	Bo	Sr	zw	p12	7-8	ca me au?	–		1	e	B6a	2.6 6.7 7.4 9.3	1	I	2	>			11.111				1060
h	s		Rs	crs	Bo At	Sr	zw		6-8	me	–		1	e	E2h	2.2 2.9	–	N	2	<			?	g m		H	1061
c	s		Rs	css	Bo	Kt	zw		7-8	en	–		1	e	F5	2.5 3.2 3.3 6.5	2	I	1	=	3.331						1062
h-k	s		Wv	crs	Bo	Kv	zw		6-8	en	–		1	e	B6	6.2 6.7 7.4 9.3	1	I	1	>	11.231	11.111	14.81				1063
h	w		Rs	css	Bo	Sr	zw		6-9		–		2	e	E1		–	I	1	=							1064
h	w	3	Rs	css	Bo	Sr	zw		7-9	en	–		2	e	E2c	2.5 3.2 3.3 9.1	–	I	1	=			3.2113	c k m			1065
h	w	1	Rs	css	Bo Hy	Sr	zw	r16	6-8	my me le	–		2	e	E1	2.5 3.2 3.3 6.5	2	I	1	>*	3.211	3.3	14.211				1066
h	w		Rs	css	Bo	Sr	zw		7-8		–		2	e	F2b*	3.2	–	I	1	=			3.2213	f k m			1067

Nummern			Taxa			Klima						Boden												
SEN	**SIN**	**FAN**	**Gattung**	**Aggregat/Einzelart**	**Kleinart**	**T**	**v**	**K**	**v**	**L**	**v**	**F**	**v**	**W**	**R**	**v**	**N**	**v**	**S**	**M**	**H**	**v**	**D**	**v**
1068	75400	118.1.21	**Campanula**	**elatinoides**		3	I	4	I	4	I	1	I	1	5	I	2	I			1	I	5	I
1069	–	118.1.23	**Campanula**	**erinus**		5	II	3	I	4	I	1	I	1	4	II	2	I			1	I	5	I
1070	75500	118.1.39	**Campanula**	**excisa**		1.5	I	4	I	4	I	2	I	1	2	I	2	I			1	I	5	I
1071	–	–	**Campanula**	**garganica aggr.**		4	I	4	II	4	I	2	I	1	4	I	2	I			1	I	5	I
1072	–	–	**Campanula**		**portenschlagiana**	4	I	3	I	4	I	2	I	1	4	I	2	I			1	I	5	I
1073	–	–	**Campanula**		**poscharskyana**	4	I	4	I	4	I	2	I	1	4	I	2	I			1	I	5	I
1074	75700	–	**Campanula**	**glomerata aggr.**		4	II	4	II	4	II	2	II	2	4	II	2	I		m	3	II	3	II
1075	–	118.1.15.4	**Campanula**		**cervicarioides**	4	II	4	I	4	II	1.5	I	2	4	II	2	I		m	3	II	3	II
1076	–	–	**Campanula**		**elliptica**	4	I	4	II	4	I	2	I	2	4	II	2	I			3	II	3	II
1077	75900	118.1.15.3	**Campanula**		**farinosa**	4	I	5	I	4	I	1.5	I	2	4	I	2	I			3	I	3	I
1078	75800	118.1.15.1	**Campanula**		**glomerata**	4	I	4	I	4	I	2	I	2	4	I	2	I		m	3	II	3	II
1079	–	118.1.15.2	**Campanula**		**serotina**	3	I	4	I	4	II	2	I	2	4	I	2	I			3	I	3	I
1080	76000	118.1.24	**Campanula**	**latifolia**		3	I	2	I	2	II	3.5	I	3	4	II	3	I			3	I	1	I
1081	76100	118.1.8	**Campanula**	**medium**		5	I	4	I	4	I	2	I	1	4	I	3	I			3	I	5	I
1082	–	118.1.20	**Campanula**	**morettiana**		1.5	I	2	I	4	I	3.5	I	1	5	I	2	I			1	I	5	I
1083	–	–	**Campanula**	**patula aggr.**		3.5	II	3	II	4	I	3	II	2	3	I	3	I			3	II	1	I
1084	76400	118.1.5.2	**Campanula**		**costae**	4	II	4	I	4	I	3	I	2	3	I	3	I			5	II	1	I
1085	–	118.1.5.3	**Campanula**		**jahorinae**	3.5	II	4	I	4	I	2.5	I	2	3	I	3	I			3	I	1	II
1086	76300	118.1.5.1	**Campanula**		**patula**	3.5	I	3	I	4	I	3.5	I	2	3	I	3	I		m	5	II	1	I
1087	76500	118.1.7	**Campanula**	**persicifolia**		4	I	4	I	3	II	2	I	1	4	II	2	I		m	3	I	3	I
1088	–	–	**Campanula**	**petraea aggr.**		4.5	I	3	I	4	II	2	I	1	5	I	2	I			1	I	3	II
1089	–	118.1.14	**Campanula**		**albicans**	4.5	I	3	I	4	II	2	I	1	5	I	2	I			1	I	3	I
1090	–	118.1.13	**Campanula**		**petraea**	4.5	I	3	I	4	I	2	I	1	5	I	2	I			1	I	5	I
1091	–	118.1.41	**Campanula**	**pulla**		1.5	I	3	I	4	II	3.5	I	1	4	I	2	I			3	II	3	II
1092	–	118.1.19	**Campanula**	**pyramidalis**		4.5	I	4	I	4	I	2	I	1	4	I	3	I			1	I	5	I
1093	76600	118.1.3	**Campanula**	**raineri**		2	II	3	I	5	I	2	I	1	5	I	2	I			1	I	5	I
1094	76700	118.1.4	**Campanula**	**ramosissima**		5	I	3	I	4	I	2	I	1	4	I	3	I			3	I	3	I
1095	76800	118.1.26	**Campanula**	**rapunculoides**		4	II	4	I	3	II	2	I	1	4	I	3	I			3	I	3	I
1096	76900	118.1.6	**Campanula**	**rapunculus**		4.5	I	4	I	3	II	2	I	1	3	I	3	I			3	I	3	I
1097	77000	118.1.35	**Campanula**	**rhomboidalis**		2.5	I	3	I	4	I	3	I	1	3	I	4	I			3	I	3	I
1098	–	–	**Campanula**	**rotundifolia aggr.**		x	–	x	–	4	II	2	II	1	x	–	2	II		m	x	–	3	II
1099	–	–	**Campanula**		**baumgartenii**	3.5	I	2	I	3	I	3	I	2	2	II	2	I			3	I	3	I
1100	–	118.1.44	**Campanula**		**beckiana**	3.5	I	3	I	3	II	2.5	I	1	4	I	3	I			3	I	3	I
1101	74750	118.1.34	**Campanula**		**bertolae**	3	I	2	I	3	II	2	I	1	2	I	2	I			5	I	3	I
1102	74900	118.1.30.1	**Campanula**		**carnica**	3	II	3	I	4	II	2.5	I	1	5	I	2	I			1	I	5	I
1103	–	118.1.32	**Campanula**		**fritschii**	3.5	I	3	I	4	II	1.5	I	1	5	I	2	II			1	II	5	I
1104	–	118.1.33	**Campanula**		**longisepala**	3	I	3	I	4	I	2	I	1	5	I	2	I			1	I	5	I
1105	–	118.1.28	**Campanula**		**macrorhiza**	3	I	3	I	3	II	2	I	1	4	I	2	I			1	I	5	I
1106	–	118.1.31	**Campanula**		**praesignis**	3	I	4	I	4	I	2	I	1	5	I	2	I			3	I	5	I
1107	–	118.1.30.2	**Campanula**		**puberula**	3	II	3	I	4	II	2.5	I	1	4	I	2	I			1	I	5	I
1108	77100	118.1.43	**Campanula**		**rotundifolia**	3.5	II	4	I	4	I	2	I	1	3	II	2	I		m	3	II	3	I
1109	–	118.1.29	**Campanula**		**sabatia**	4.5	I	4	I	4	I	1.5	I	1	4	II	2	I			1	II	5	I
1110	77200	118.1.42	**Campanula**		**scheuchzeri**	1.5	I	3	I	4	I	2.5	II	1	3	II	3	II		m	3	II	3	II
1111	–	118.1.36	**Campanula**		**witasekiana**	2	I	3	I	4	I	2	I	1	3	II	2	I			1	II	5	II
1112	77300	118.1.11.1	**Campanula**	**sibirica**		4.5	I	5	I	4	I	1	I	1	4	I	2	I			3	I	3	I
1113	77400	118.1.17	**Campanula**	**spicata**		4	II	5	I	4	I	1	I	1	3	I	2	I			3	I	5	I
1114	–	118.1.40	**Campanula**	**stenocodon**		2.5	I	3	I	4	II	2.5	I	1	4	II	2	I			3	II	3	II
1115	–	–	**Campanula**	**thyrsoides aggr.**		2.5	II	3	I	4	I	2.5	I	1	4	I	2	II			3	I	3	I
1116	–	118.1.18.2	**Campanula**		**carniolica**	3	I	3	I	4	I	2.5	I	1	4	I	2	I			3	I	3	I
1117	77500	118.1.18.1	**Campanula**		**thyrsoides**	2	I	3	I	4	I	2.5	I	1	4	I	3	I			3	I	3	I
1118	77600	118.1.25	**Campanula**	**trachelium**		3.5	I	3	I	2	II	3.5	I	1	4	I	3	I		m	3	I	3	I
1119	–	118.1.2	**Campanula**	**zoysii**		1.5	II	3	I	4	II	2	I	1	5	I	1	I			1	I	5	I
1120	77700	26.2.1	**Cannabis**	**sativa**		4.5	I	4	I	4	I	2	I	1	4	I	4	I			3	I	3	I
1121	–	–	**Capparis**	**spinosa aggr.**		5	I	2	I	4	II	1.5	I	1	4	II	3	II			3	I	5	II
1122	–	–	**Capparis**		**orientalis**	5	I	2	I	5	I	1.5	I	1	5	I	1	I	s		3	I	5	I
1123	77800	53.1.1	**Capparis**		**spinosa**	5	I	2	I	4	I	1.5	I	1	3	I	3	I			3	I	5	II
1124	–	–	**Capsella**	**bursa-pastoris aggr.**		x	–	3	II	4	II	2	II	1	3	II	4	II			3	II	3	I
1125	77900	54.45.1	**Capsella**		**bursa-pastoris**	3	II	3	I	4	II	2	II	1	3	II	4	II		m	3	I	3	I
1126	–	54.45.3	**Capsella**		**grandiflora**	4.5	I	3	I	4	I	2	I	1	3	I	4	I			3	I	3	I
1127	78000	54.45.2	**Capsella**		**rubella**	4.5	I	4	I	4	I	2	I	1	3	I	4	I			1	I	3	I
1128	78100	101.8.1	**Capsicum**	**annuum**		5	I	2	I	4	I	2.5	I	1	3	I	4	I			3	I	3	I
1129	–	–	**Caragana**	**arborescens**		3	II	4	I	4	I	2.5	I	1	3	I	3	I			3	I	3	I
1130	78200	54.22.18	**Cardamine**	**alpina**		1	I	2	I	4	I	4	I	2	2	I	2	I			3	II	3	I
1131	–	–	**Cardamine**	**amara aggr.**		3	II	3	I	4	II	5^	I	2	3	I	3	I			3	II	1	I
1132	78350	54.22.9.1	**Cardamine**		**amara**	3.5	II	3	I	4	II	5^	I	2	3	I	3	I		m	3	II	1	I
1133	78360	54.22.9.2	**Cardamine**		**austriaca**	2	I	3	I	4	I	5^	I	2	3	I	3	I			3	II	1	I
1134	78400	54.22.8	**Cardamine**	**asarifolia**		2.5	I	2	II	4	I	5	I	2	2	I	3	I			3	I	1	II
1135	78500	54.22.1	**Cardamine**	**bulbifera**		3.5	I	3	II	2	II	3.5	I	1	3	I	4	I			5	I	3	I
1136	78600	54.22.5	**Cardamine**	**enneaphyllos**		4	I	4	I	3	II	3.5	I	1	4	I	4	I		m	5	I	3	I
1137	–	54.22.16	**Cardamine**	**glauca**		2	I	3	I	4	I	2	II	1	3	II	2	I		m	1	I	5	I
1138	78800	54.22.2	**Cardamine**	**heptaphylla**		3	I	2	I	2	I	3.5	I	1	4	I	4	II			5	I	3	I
1139	–	–	**Cardamine**	**hirsuta aggr.**		3.5	II	2	II	3	II	3.5	II	2	3	I	4	I			3	I	x	–
1140	78700	54.22.21	**Cardamine**		**flexuosa**	3.5	I	2	I	3	II	4	I	2	3	I	4	I			3	I	1	I
1141	78900	54.22.22	**Cardamine**		**hirsuta**	3.5	I	3	I	4	II	3	I	1	3	I	4	I			3	I	3	II
1142	79000	54.22.20	**Cardamine**	**impatiens**		3.5	I	3	I	3	I	3.5	I	2	3	I	4	I			3	I	3	I
1143	79100	54.22.4	**Cardamine**	**kitaibelii**		3.5	I	3	I	2	I	3	I	1	4	I	4	II			5	I	3	I
1144	79500	54.22.19	**Cardamine**	**parviflora**		4.5	I	3	I	4	I	4.5	II	3	4	I	3	I	s		3	I	1	I
1145	79600	54.22.3	**Cardamine**	**pentaphyllos**		3	I	2	I	2	II	3.5	I	1	4	I	4	I			5	I	3	I
1146	79700	54.22.15	**Cardamine**	**plumieri**		1.5	I	4	I	5	I	2	I	1	2	I	2	I		m	1	I	5	I
1147	–	–	**Cardamine**	**pratensis aggr.**		x	–	x	–	4	II	4	II	2	3	II	4	II			5	II	1	II
1148	78550	54.22.11	**Cardamine**		**dentata**	3.5	I	3	I	3	II	4.5	I	3	3	I	3	I			5	I	1	I
1149	–	54.22.12	**Cardamine**		**granulosa**	3.5	I	2	I	4	I	3.5	I	2	3	I	3	I			3	I	3	I
1150	–	54.22.12	**Cardamine**		**insueta**	2.5	I	2	I	4	I	4	I	2	3	I	5	I			5	I	1	I
1151	79200	54.22.10	**Cardamine**		**matthioli**	4.5	I	2	I	3	II	4	II	3	3	I	3	I			3	II	1	I
1152	79800	54.22.12	**Cardamine**		**pratensis**	3.5	I	2	I	3	II	3.5	II	2	3	II	4	I			3	II	1	I
1153	80400	54.22.13	**Cardamine**		**pseudorivularis**	2	I	3	I	4	I	4	I	2	2	I	2	I			5	I	1	I
1154	–	54.22.12	**Cardamine**		**schulzii**	2.5	I	2	I	4	I	4.5	I	2	3	I	3	I			5	I	1	I
1155	80600	54.22.14	**Cardamine**		**udicola**	3.5	I	4	I	4	I	4	I	3	3	I	3	I			5	I	1	I
1156	80300	54.22.17	**Cardamine**	**resedifolia**		1.5	I	3	I	5	I	3	I	1	2	I	2	I		m	1	I	5	I

Strategien					Biologisches Verhalten										Vorkommen						Pflanzengesellschaften			Literatur			
LF	BD	WT	RO	KS	DA	VA	FS	MA	BZ	BS	MV	SU	DG	GI	GV	LR	EG	AE	EM	VE	1	2	3	BL	SL	TB	SEN
h	w		Rs	css	Bo	Sr	zw		7-8		–		2	e	F3a*	3.2	–	I	1	=			3.2113				1068
t	s		–	rrr	Bo	Kv	cl zw		4-8	me	–		1	e	C2	3.2 3.3 6.2 7.3	–	I	3	=			4.211	k m			1069
h	w?		Rs	crs	Bo	Sr	zw		7-8		–		1	e	F3a	2.5 3.2 3.3 6.5	2	I	1	=	3.341	3.351					1070
h	w		Rs	css	At Bo	Au Sr	zw		6-9		–		2	e	E2a		–	I	1-4	<				g m		H	1071
h	w		Rs	css	At Bo	Au Sr	zw		7-9		–		2	e	E2g	3.2 3.3	–	N	4	<			?	g m		H	1072
h	w		Rs	css	At My?	Au Sr	zw		6-9		–		2	e	E2g	3.2 3.3	–	N	4	<			?	g m		H	1073
h	s		Wv	crs	Bo	Sr Ws	zw	p3	6-9	me (my)	3		2	e	B6		–	I/Ja	2	>	9.135	11.24	11.111	m		B	1074
h	s		Wv	crs	Bo	Sr Ws	zw		6-9		3		2	e	E2	6.2 7.4 9.3	–	I	2	>			14.811?	k m			1075
h	s		Wv	crs	Bo	Sr Ws	zw		6-9		2		2	e	E2a	6.2 6.3 6.7 7.4	–	I?	2	>			9.1	k m			1076
h	s	3	Wv	crs	Bo En	Sr Ws	zw		7-9		2		2	e	D4	6.2 6.7 9.1 9.3	6	I	2	>			9.1				1077
h	s	2.5	Wv	crs	Bo En	Sr Ws	zw		6-8		3		2	e	B6	6.2 6.3 6.7 7.4	6	I	2	>			9.1				1078
h	s		Wv	crs	Bo	Sr Ws	zw		8-10		2		2	e	E2c	6.2 6.3	–	Ja	2	>			9.135?	c k m			1079
h	s	2	Wv	css	Bo	Sr	zw		6-8	me my	–		1	e	B6b	2.6 7.2 8.1 9.2	1	I	2	=	14.73503	11.514					1080
k-t	w		Wv	crr	Bo	Kv	zw		5-7	ca?	–		1	e	E2d	6.7 7.3 7.4 9.3	–	I/N	3	=			11.111	f k m			1081
h	w		Rs	crs	Bo	Sr	zw		8-9		–		1	e	F4a*	3.2 3.3	–	I	1	=			3.211	c k m			1082
k	w		Wv	crs	Bo	Kv	zw	p4	6-8	me (ps) (my)	3		1	e	D3		–	I	3	>				c	298	B	1083
k	w		Wv	crs	Bo	Kv	zw		6-8		3		1	e	E2b	6.2 6.3 6.7 7.4	6	I	3	>			11.11				1084
k	w		Wv	crs	Bo	Kv	zw		6-8		3		1	e	E2c	2.2 4.2 6.3 6.7	–	I	3	>			11.241	c k			1085
k	w	1.5	Wv	crs	Bo	Kv	zw	p4	6-8		3	4	1	e	D3	6.2 6.3 7.4 9.2	6	I	3	>*			11.241				1086
h	t	4	Rs	crs	Bo At	Au	zw	p2	6-7	ca me	1		2	e	D3	6.7 7.4 9.1 9.3	1	I/N	3	<	11.111	14.81103	14.7312				1087
h	w		Rh	css	Bo	Sr	zw		7-9		–		1	e	F1		–	I	1	=							1088
h	w		Rh Wv	css	Bo	Sr	zw		7-9		–		1	e	F2a*	3.2	–	I	1	=			3.2114				1089
h	w		Rh	css	Bo	Sr	zw		8-9		–		1	e	F3d*	3.2	–	I	1	=			3.2113	k m			1090
h	s		Rh	css	Bo	Au	zw		6-8	en	–		2	e	F8	3.2 3.3 6.5 6.6	–	I	1	=			3.321	c m			1091
k	w		Wv	crs	At Bo	Kv	zw		6-10	au en	–		2	e	E2c	3.2 3.3 6.2	–	I/N	5	<			3.2113	g k m			1092
h	w		Rs	css	Bo	Ao	zw		7-9		–		1	e	F3c	3.2 3.3	–	I	1	=			3.2113				1093
t	s		–	rrr	At Bo	Kv	zw		5-7		–		1	e	D1b	2.1 2.2 6.2	–	I?/A	5	>			2.31	f k m			1094
g	s	2.5	Wk	crs	Bo	Au	zw		6-9	me (my)	1	2	2	e	B6	6.7 7.4 9.1 9.3	3	I	3	=	11.111	13.312	14.81				1095
k	w	2.5	Wv	crs	Bo	Sr	zw	p2	5-7	au me	2		2	e	B6a	2.6 6.2 6.7 7.4	6	I	3	>	11.11	11.241	9.135				1096
h	s		Wv	ccr	Bo	Sr	zw		6-8	me	4		2	e	E3	6.3 7.2 8.1 9.2	2	I	2	<	11.242	13.411	11.514				1097
h	v w		Rs Wd	crs	Bo En	Au Sr	zw	p21	5-9		3		2	e	B3		–	I	1-2	=>					109, 648	B C	1098
h	w		Wv	crs	Bo	Au	zw		7-9		2		2	e	D3a	2.6 6.4 6.7 7.4	–	I	3	>0?			11.121	i l m			1099
h	w		Rh Wv	crs	Bo	Au Sr	zw		6-9		–		1	e	F8*	2.6 6.3 6.7 9.2	–	I	2	=			11.112	c			1100
h	w		Rs	crs	Bo	Sr	zw		6-8		2		2	e	F2b	3.2 6.2 9.1 9.3	6	I	2	=			3.2112	f k m			1101
h	w		Rh	css	Bo	Sr	zw		5-7		1		2	e	F4	3.2 3.3	–	I	1	=			3.211	f k m			1102
h	w		Rh	css	Bo	Sr	zw		5-8		2		2	e	F2a*	3.2 3.3 6.2	–	I	1	=			3.2114	m			1103
h	w		Rh	css	Bo	Sr	zw		5-8		2		2	e	F2a*	3.2 3.3 6.2	–	I	1	=			3.2114	m			1104
h	w		Rh	css	Bo	Sr	zw		5-9		1		2	e	F2a	3.2 3.3 6.2	–	I	1	=			3.2114	f m			1105
h	w		Rh	css	Bo	Sr	zw		6-9		–		2	e	F8*	3.2 6.2	–	I	1	=			3.2112	c m			1106
h	w		Rh	css	Bo	Sr	zw		6-8		1		2	e	F3c	3.2 3.3	–	I	1	=			3.211	k m		E	1107
h	w	3	Wd	crs	Bo My	Ao Sr	zw		5-9	me ca (my)*	3	3*	2	e	B3	6.2 6.7 9.1 9.2	6	I	2	>	9.1	11.24	15.001				1108
h	w		Rh	css	Bo	Sr	zw		6-7		1		2	e	F2a*	3.2 3.3	–	I	2	=			3.361	k m			1109
h	w	3	Rs Wd	crs	Bo	Au Sr	zw	p18	6-8	me le	4		2	e	E1	3.3 6.3 6.5 7.2	2	I	2	=	10.21	10.412	14.31214				1110
h	w		Rk	crs	Bo	Au	zw		7-9		2		2	e	E2c	6.3 6.5 6.7 8.2	–	I	2	=			10.2	c k m			1111
k	w	2.5	Wv	crs	Bo	Kv	zw		5-8	au me	1		1	e	B6a	3.2 6.2 6.7 9.3	–	I	2	>			9.11				1112
k	w	3	Wv	crs	Bo	Kv	zw		5-7	en (au)	1		1	e	E2a	3.2 3.3 6.2 9.3	6	I	2	=	9.113						1113
h	w		Rh	css	Bo	Sr	zw		6-8		–		1	e	F2a	3.2 6.2 6.5 9.1	–	I	1	=			9.142	k m			1114
k	w		Wv	crs	Bo	Kv	zw		6-8	my le hm	2		1	e	E4		–	I	2	=					385		1115
k	w		Wv	crs	Bo	Kv	zw		8		2		1	e	E2c	3.3 6.7 7.4 9.1	–	I	2	=			3.312	c k	647		1116
k	w		Wv	crs	Bo	Kv	zw	p23	6-8		2		1	e	F1	3.3 6.5	2	I	2	=	10.21						1117
h	s	2	Wv	ccs	Bo	Sr	zw	p6	7-9	au ca my me	–		2	e	B6	2.6 7.2 9.2 9.3	1	I	2	=	14.73	14.811	5.131				1118
h	s?		Rs	css	Bo	Au	zw		7-9	?? Thrips	–		1	e	F4b*	3.2 3.3	–	I	1	=			3.2111	c k m			1119
t	s	2.5	–	crr	Bo	Kv	di		7-8	an me	–	1	1	gg h e	B4a	2.2 2.9	7	A	5	<			2.34			H	1120
n	i		Wh	ccs	En	Sr	zw		5-6		–		1	tg e	C2		–	A	3	=							1121
n	i		Wh	ccs	En	Sr	zw		5-6		–		1	tg e	C2b	3.2	–	A?	3	<?			3.24	k m		H	1122
n	i		Wh	css	En	Sr	zw		5-6		–		1	tg e	C2	3.2 3.3	–	A	2	=			3.24				1123
t	w		–	rrr	Dy En	Kv	zw	p3	3-11	au ca my me*	2		1	e	C1		–	I/A/N	3-4	<						B	1124
k-t	w s	2.5	–	rrr	Au Dy	Kv	zw	p3	3-11		2	4	2	h e	C1	2.1 2.2 2.4 2.7	7	I/A	3	<	2.3						1125
k-t	w		–	rrr	Au At	Kv	zw		5-7		2		2	e	A4a	2.1 2.2	–	N	4	<			2.3	k m			1126
t	s w		–	rrr	Dy At	Kv	zw		4-11		2		2	h e	C2	2.1 2.2	7	I/A	4	<			2.34				1127
t	s		–	crr	En	Kv	zw		6-9	me	–		1	mg	A1	2.1 2.2 2.9	7	N	5	<			2.34			H	1128
n-p	s		Wh	ccc	Me En	Sr	zw		5-6	me	–		1	tg e	A4c	2.3 2.7 2.9 3.2	–	N	4	<			13.313	d g m			1129
h	w		Rs	rss	Au	Sr	zw	p6	7-8	au	–		1	e	E3a	3.3 4.1 6.6	2	I	1	=	8.111	7.11					1130
g	w	1	Rs	crs	Au	Au	zw		5-7	my le ca	2		4	tg h e	B6		5	I	2	=					530	B D	1131
g	w	1	Rs	crs	Au	Au	zw		5-6		2		4	tg h e	B6	4.1 4.2 9.2	–	I	2	=	7.11	14.72205	14.712				1132
g	w	1	Rs	crs	Au	Au	zw		6-7		2		3	tg h e	F7	4.1 4.2	–	I	2	=			7.111	c			1133
h	w		Rs	crs	Au	Au	zw		5-6		1		2	e	E2d	4.1 4.2 6.3 7.2	2	I	2	=			7.1				1134
g	s		Rs	crs	Au	Au Sb	zw	r2	4-5	me my	–		2	e	D3	9.2	1	I	2	<			14.7314				1135
g	v		Rn	css	Au	Kv	zw	r2	3-5	me	–		2	e	E4	7.2 9.2	–	I	1	>			14.731				1136
k	s		–	sss	Au	Kv	zw		6-7		–		1	e	E2	3.3	–	I	2	=			3.3	m			1137
g	s		Rn	css	Au	Kv	zw		4-5	en	–		2	e	E3b	9.2	1	I	1	=	14.731	14.72201					1138
h-t	w s		–	crs	Au	Kv Sw	zw	p1	3-6	au (ca) (my)*	1		2	tg e	B3		–	I/A	3-4	<							1139
h-t	w s		–	crs	Au	Sw	zw	p1	5-6		1		2	tg e	B3	2.6 4.1 4.2 9.2	1	I	3	<	7.111	15.014	7.111				1140
t	w s	1.5	–	rrs	Au En	Kv	zw	p2	3-5	au	2	3	2	tg e	C1	2.1 2.2 2.6 2.7	7	A	4	<	2.32	5.131					1141
t	t		Wv	crs	Au	Kv	zw		5-7	me?	–		2	tg e	B4b	2.6 3.2 9.2	1	I	2	<	14.735	14.72202					1142
g	s		Rn	css	Au	Sr	zw		4-5	au	–		2	e	E2a	9.2	1	I	1	=	14.731	14.73503					1143
t	s		–	crs	Au	Kv	zw		5-7	en au?	–		2	e	B4	1.4 2.2 2.5	–	I	3	>?			11.212				1144
g	s		Rn	css	Au	Sr	zw	r4	4-5	en	–		2	e	E3b	9.2	1	I	1	>	14.731						1145
h-t	w		–	crs	Au	Kv	zw		7-8		–		1	tg h e	E2a	3.2 3.3	–	I	1	=			3.221				1146
h	w		Rs	crs	Au En	Sw	zw	p4	4-7	ca my me ps	3		3	tg h e	B3		–	I/Jn	2-3	<->					473, 522	B	1147
h	w		Rs	crs	Au	Sw	zw		5		1		2	tg e	B3	1.3 6.3 9.2	5	I	2	>			6.11				1148
h	w		Rn	crs	Au	Sw	zw		4-5		3		1	tg e	F2b*	6.3	–	I	2	>			11.2	k	851		1149
h	w		Rs	crs	Au	Sw	zw		5-6		2		3	tg e	F6*	6.3	–	Jn	2	<			11.242		850		1150
h	w		Rs	crs	Au	Sw	zw		4-5		2		3	tg e	D1b	1.3 5.1 6.3 9.2	1	I	2	>			7.22				1151
h	w	1	Rs	ccs	Au En	Sw	zw		4-6		4	2	3	tg h e	D3	1.3 2.3 6.3 9.2	8	I	3	=	11.241	11.231					1152
h	w		Rs	crs	Au	Sw	zw		5-7		2		2	tg e	F1	4.2 5.1 6.3	5	I	2	>	7.221						1153
h	w		Rs	crs	Au	Sw	zw		5-6		1		3	tg e	F6*	4.2 6.3	–	Jn	2	<			11.233?		850		1154
h	w	1	Rs	crs	Au	Sw	zw		4-6		2		2	tg e	D3	1.3 4.2 5.1 6.3	5	I	2	>			6.112	f			1155
h	w		Rs	rss	Au	Sr	zw	p15	5-8	au (my) (ps)	–		2	tg e	E1	3.2 3.3	2	I	1	=	3.341	3.221	10.421				1156

Nummern			Taxa			Klima						Boden												
SEN	**SIN**	**FAN**	**Gattung**	**Aggregat/Einzelart**	**Kleinart**	**T**	**v**	**K**	**v**	**L**	**v**	**F**	**v**	**W**	**R**	**v**	**N**	**v**	**S**	**M**	**H**	**v**	**D**	**v**
1157	80500	54.22.7	**Cardamine**	**trifolia**		3	I	2	I	2	II	3.5	I	1	4	I	3	I		m	5	I	3	I
1158	–	54.22.6	**Cardamine**	**waldsteinii**		3.5	I	2	I	2	I	3	I	1	4	I	4	I			5	I	3	I
1159	–	–	**Cardaminopsis**	**arenosa aggr.**		3.5	I	3	II	4	I	2.5	I	2	3	II	3	I		m	3	I	3	II
1160	80700	54.23.1.1	**Cardaminopsis**		**arenosa**	3.5	I	4	I	4	I	2.5	I	2	3	II	3	I		m	3	I	3	I
1161	80800	54.23.1.2	**Cardaminopsis**		**borbasii**	3.5	I	3	I	4	I	2.5	I	2	4	I	3	I			3	I	5	I
1162	–	–	**Cardaminopsis**	**halleri aggr.**		2.5	I	3	I	3	II	3	I	1	2	I	4	I			3	I	3	I
1163	81000	54.23.3.1	**Cardaminopsis**		**halleri**	2.5	I	3	I	3	II	3	I	1	2	I	4	I		m	3	I	3	I
1164	–	54.23.3.2	**Cardaminopsis**		**ovirensis**	2.5	I	3	I	3	II	3	I	1	2	I	4	I			3	I	3	I
1165	–	54.23.4	**Cardaminopsis**	**pedemontana**		2	I	3	I	5	I	1.5	I	1	2	I	2	I		m	1	I	5	I
1166	–	54.23.2	**Cardaminopsis**	**petraea**		3	I	4	I	4	I	2	I	1	5	I	2	I			3	I	5	I
1167	81100	54.55.1	**Cardaria**	**draba**		4	I	4	I	3	II	2	I	1	4	II	4	I	s		3	I	3	I
1168	–	124.72.1	**Carduncellus**	**monspelliensium**		4	I	2	I	4	I	2	I	2	4	I	2	I			3	I	1	II
1169	–	–	**Carduus**	**acanthoides aggr.**		x	–	4	II	4	II	2	II	2	4	II	x	–			3	II	3	II
1170	81200	124.60.3	**Carduus**		**acanthoides**	4.5	I	4	I	4	I	1	I	2	3	I	4	I			3	I	3	I
1171	–	124.60.2	**Carduus**		**aurosicus**	2	II	3	I	5	I	2.5	I	1	5	I	2	I			1	I	5	I
1172	–	–	**Carduus**	**candicans aggr.**		x	–	3	II	3	II	3	II	1	4	II	3	I			3	I	3	II
1173	–	124.60.11	**Carduus**		**carduelis**	2.5	I	3	I	3	II	3	I	2	4	II	3	I		m	3	I	3	I
1174	–	124.60.10	**Carduus**		**collinus**	4	II	3	II	4	II	2	I	1	4	II	3	I			3	I	5	II
1175	–	–	**Carduus**	**crispus aggr.**		4	II	4	II	4	II	x	–	2	4	II	4	II			3	I	3	I
1176	81500	124.60.5	**Carduus**		**crispus**	4	II	4	I	4	II	3	I	2	4	I	4	I			3	I	3	I
1177	–	124.60.6.2	**Carduus**		**horridissimus**	3.5	I	3	I	4	I	1.5	I	1	3	II	3	I			3	I	3	I
1178	–	124.60.6.1	**Carduus**		**litigiosus**	3.5	I	3	I	4	I	2	II	1	3	II	3	I			3	I	3	I
1179	–	–	**Carduus**	**defloratus aggr.**		2.5	II	4	II	4	II	2	I	1	x	–	3	II			1	II	x	–
1180	–	124.60.9.3	**Carduus**		**carlinifolius**	2	II	3	I	4	II	2	I	1	4	I	3	I			3	II	3	II
1181	81700	124.60.9.4	**Carduus**		**crassifolius**	3	I	4	I	4	I	2	I	1	5	I	3	I		m	1	II	5	II
1182	81600	124.60.9.1	**Carduus**		**defloratus**	2.5	II	4	I	4	I	2	I	1	4	I	3	I		m	1	II	3	II
1183	–	124.60.9.2	**Carduus**		**glaucus**	3	I	3	I	4	I	2.5	I	1	5	I	2	I			3	I	1	II
1184	81900	124.60.9.5	**Carduus**		**rhaeticus**	2.5	I	4	I	4	I	2	I	1	2	II	3	I			3	II	3	II
1185	–	–	**Carduus**	**nigrescens aggr.**		4	II	4	II	4	I	1	II	1	4	II	2	II			3	I	3	II
1186	–	124.60.8	**Carduus**		**nigrescens**	4.5	I	4	I	4	I	1	I	1	3	II	2	I			3	I	3	I
1187	–	–	**Carduus**		**recurvatus**	3.5	I	3	I	4	I	1.5	I	1	4	I	3	I			3	I	3	I
1188	–	124.60.7.1	**Carduus**		**vivariensis**	3.5	II	4	I	4	I	1	I	1	3	I	2	I			1	I	5	I
1189	–	–	**Carduus**	**nutans aggr.**		x	–	4	II	4	I	2	II	2	3	II	4	I			3	II	3	I
1190	–	124.60.1.2	**Carduus**		**alpicola**	2	I	5	I	4	I	2	I	2	3	I	4	I			3	I	3	I
1191	–	–	**Carduus**		**macrolepis**	4.5	I	4	I	4	I	1.5	I	2	3	I	4	I			3	II	3	I
1192	82200	124.60.1.1	**Carduus**		**nutans**	4	II	4	I	4	I	2	I	2	4	I	4	I		m	3	I	3	I
1193	82300	124.60.1.3	**Carduus**		**platylepis**	3	II	5	I	4	I	2	I	2	3	I	4	I			3	I	3	I
1194	82400	124.60.4.1	**Carduus**	**personata**		2.5	I	2	I	3	II	4	I	2	4	I	5	I			3	II	1	I
1195	–	–	**Carduus**	**pycnocephalus aggr.**		4.5	II	3	I	4	I	1.5	II	1	4	I	4	I			3	I	3	I
1196	82600	124.60.13	**Carduus**		**pycnocephalus**	5	I	3	I	4	I	1	I	1	4	I	4	I	s	m	3	I	3	I
1197	82700	124.60.12	**Carduus**		**tenuiflorus**	4.5	I	2	I	4	I	1.5	I	1	4	I	4	I			3	I	3	I
1198	–	–	**Carex**	**acuta aggr.**		4	II	3	II	3	II	4.5	II	3	3	II	4	I			5	II	1	II
1199	82850	138.17.102	**Carex**		**acuta**	4	I	3	I	3	II	4.5	I	3	3	I	4	I			5	II	1	I
1200	93250	138.17.103	**Carex**		**randalpina**	3.5	I	2	I	3	II	4	II	3	3	II	4	I			3	II	3	I
1201	83000	138.17.35	**Carex**	**acutiformis**		3.5	II	3	I	3	II	4.5	II	3	4	I	4	I	s		5	II	1	I
1202	83100	138.17.76	**Carex**	**alba**		3	II	4	I	3	I	2.5	I	2	4	I	2	I			3	I	1	I
1203	83200	138.17.2	**Carex**	**appropinquata**		3.5	I	3	I	4	I	5	I	3	4	I	3	I			5	I	1	I
1204	–	–	**Carex**	**atrata aggr.**		1.5	II	3	II	4	II	3.5	II	2	3	II	x	–			5	II	1	II
1205	83500	138.17.90.2	**Carex**		**aterrima**	2	I	2	I	4	I	4	I	2	3	II	4	I			5	I	1	I
1206	83400	138.17.90.1	**Carex**		**atrata**	1.5	I	2	I	4	I	3.5	I	1	3	I	2	I			5	I	3	I
1207	92000	138.17.91	**Carex**		**parviflora**	1	I	3	I	5	I	3.5	I	1	5	I	2	I		m	3	I	3	I
1208	83600	138.17.86	**Carex**	**atrofusca**		1.5	I	3	I	5	I	4.5^	I	2	3	I	1	I			1	I	1	II
1209	83800	138.17.31	**Carex**	**baldensis**		2.5	II	4	I	4	I	2.5	I	1	5	I	2	I			3	I	3	I
1210	83900	138.17.95	**Carex**	**bicolor**		1.5	I	4	I	5	I	4^	I	3	4	I	1	I			3	I	3	I
1211	84000	138.17.21	**Carex**	**bohemica**		4.5	I	4	I	4	I	4.5	II	3	3	I	4	I			3	I	1	II
1212	84100	138.17.84	**Carex**	**brachystachys**		2.5	II	2	I	3	II	4	II	2	5	I	2	I			1	I	5	II
1213	84200	138.17.50	**Carex**	**brevicollis**		4.5	I	4	I	4	I	2	I	1	4	I	2	I			1	II	5	I
1214	–	–	**Carex**	**brizoides aggr.**		4	II	4	II	3	II	x	–	2	3	II	2	I			3	I	1	II
1215	84300	138.17.14	**Carex**		**brizoides**	4	I	4	I	3	I	3.5	I	3	2	II	2	I		m	3	I	1	II
1216	92800	138.17.13.2	**Carex**		**curvata**	4.5	I	4	I	3	II	1.5	I	2	3	I	2	I			3	I	1	II
1217	92700	138.17.13.1	**Carex**		**praecox**	3.5	II	5	I	4	I	2	I	2	3	II	2	I	s		3	I	3	II
1218	–	138.17.99	**Carex**	**buekii**		4	I	3	I	4	II	4	I	3	3	II	4	I			5	II	1	I
1219	–	–	**Carex**	**buxbaumii aggr.**		3.5	II	2	II	4	I	4.5	II	3	3	II	2	I			5	I	1	I
1220	84500	138.17.92	**Carex**		**buxbaumii**	3	II	2	I	4	I	4.5	I	3	3	I	2	I			5	I	1	I
1221	88400	138.17.93	**Carex**		**hartmanii**	3.5	I	3	I	4	I	4	I	3	2	II	2	I			5	I	1	I
1222	–	–	**Carex**	**canescens aggr.**		2	II	3	I	3	II	4	II	3	2	II	2	II			5	I	1	I
1223	84400	138.17.30.1	**Carex**		**brunnescens**	1.5	I	3	I	3	I	4.5	I	2	2	I	2	I			5	I	1	I
1224	84600	138.17.29	**Carex**		**canescens**	2.5	I	3	I	4	II	4.5	I	3	2	I	2	I	s		5	I	1	I
1225	–	138.17.30.2	**Carex**		**vitilis**	2	I	3	I	3	II	3.5	I	2	2	II	2	II			5	I	1	I
1226	84700	138.17.43	**Carex**	**capillaris**		1.5	I	4	I	4	I	3.5	II	3	4	I	1	I			3	I	1	I
1227	84800	138.17.107	**Carex**	**capitata**		3	I	3	I	4	I	4.5	I	3	4	I	2	I			5	I	1	I
1228	84900	138.17.68	**Carex**	**caryophyllea**		3	II	4	I	4	I	2.5	I	1	3	I	2	I		m	3	I	3	I
1229	85100	138.17.15	**Carex**	**chordorrhiza**		3.5	I	3	I	4	I	5	I	2	2	II	1	I			5	I	1	I
1230	–	–	**Carex**	**curvula aggr.**		1	I	4	I	5	I	2.5	II	2	3	II	2	I			3	II	3	I
1231	85400	138.17.32.1	**Carex**		**curvula**	1	I	4	I	5	I	2	I	1	2	I	2	I			3	I	3	I
1232	85500	138.17.32.2	**Carex**		**rosae**	1	I	4	I	5	I	2	I	1	4	I	2	I			3	II	3	I
1233	85700	138.17.25	**Carex**	**davalliana**		3	II	3	I	4	I	4.5	I	2	4	I	2	I			5	II	1	I
1234	85900	138.17.49	**Carex**	**depauperata**		4.5	I	4	I	3	II	2.5	I	2	4	I	3	I			3	I	3	I
1235	86000	138.17.3	**Carex**	**diandra**		3.5	II	3	I	4	I	4.5	I	3	2	II	2	I			5	I	1	I
1236	86100	138.17.64	**Carex**	**digitata**		3	II	3	I	2	II	2.5	I	1	3	II	2	I		m	3	I	3	I
1237	86200	138.17.24	**Carex**	**dioica**		3	II	3	I	4	I	4.5	I	2	3	I	2	I			5	I	1	I
1238	–	–	**Carex**	**distachya**		5	I	4	I	4	I	1	I	1	3	I	3	I			1	I	5	II
1239	86300	138.17.54	**Carex**	**distans**		4	I	3	I	4	I	4	II	3	4	I	3	I	ss	m	3	I	1	I
1240	–	–	**Carex**	**disticha aggr.**		4	II	3	II	4	II	x	–	3	4	II	3	II			3	II	1	II
1241	86400	138.17.11	**Carex**		**disticha**	3.5	I	3	I	4	I	4.5	I	3	4	I	3	I	s		5	I	1	I
1242	93400	138.17.12	**Carex**		**repens**	4.5	I	3	I	3	I	2.5	I	2	4	I	3	I	s		3	I	1	II
1243	–	138.17.16	**Carex**	**divisa**		5	I	2	I	4	I	4	I	2	5	I	3	I	s		3	I	3	II
1244	86700	138.17.23	**Carex**	**echinata**		3	II	2	I	3	I	4.5	I	3	2	I	2	I		m	5	I	1	I
1245	–	–	**Carex**	**elata aggr.**		3.5	II	x	–	4	II	5	I	3	3	II	2	II			5	I	1	I

Strategien					Biologisches Verhalten										Vorkommen						Pflanzengesellschaften			Literatur			
LF	BD	WT	RO	KS	DA	VA	FS	MA	BZ	BS	MV	SU	DG	GI	GV	LR	EG	AE	EM	VE	1	2	3	BL	SL	TB	SEN
g	w		Rs	ccs	Au	Au	zw		4-6	en au?	–		2	tg e	E4	6.3 9.2	1	I	2	=			14.732				1157
g	s		Rn	ccs	Au	Au	zw		4-6	??	–		1	e	E2c	9.2	–	I	2	=			14.732	c k m			1158
h-k	w		–	crs	Bo	Kv Sr	zw	p2	4-10	me my (ps)	2		3	e	E5		–	I/N	2-3	<=						B	1159
k	w		–	crs	Bo	Kv	zw		4-10		3		3	e	D3	2.2 2.5 3.2 6.3	8	I/N	3	<			4.111				1160
h	w		–	crs	Bo	Sr	zw		4-6		1		3	e	E5	3.1 3.2 3.3	3	I	2	=			3.212				1161
c-h	w		–	crs	Bo	Ao Sb	zw	p2	4-6	en	2		3	e	E4		–	I	2	=					11	B	1162
c	w	1	–	crs	Bo	Ao Sb	zw		4-6		2		3	e	E4	2.6 3.2 6.4 6.7	1	I	2	=	11.242						1163
h	w		–	crs	Bo	Ao Sb	zw		4-6		2		3	e	E4	6.3	–	I	1	=			11.242	k m			1164
h	w		Wv	sss	Bo	Sr	zw		6-8		–		2	e	F2	2.5 3.2 3.3	–	I	1	=			3.221?	k m			1165
h	w		Wv	sss	Bo	Sr	zw		5-7	en au?	–		2	e	D5	3.2 3.3 6.2 9.1	–	I	1	=			3.211	c k m			1166
h	s	4	Wd	crr	Au	Ws	zw	p6	5-7	au ca me	1	3	3	e	C2	2.1 2.2	7	N	4	<			2.34				1167
h	w?		Rs	ccr	Me	Sr	zw		6-7		–		1		D1a	6.2 7.3	–	I	3	=			9.14	k m			1168
k	t w		Wv	crr	Me	Kv	zw		6-9		1		1	e	B6		–	I/A	3-4	=>						B	1169
k	w	4	Wv	crr	Me	Kv	zw	p4	6-9	au me ps ca*	1		1	e	B6	2.2 2.4 2.6 6.2	7	I/A	4	>			5.11				1170
h	w		Rh	crs	Me	Sr	zw		7-8		1		1	e	F2a*	3.3 6.2	–	I	1	=			3.311	m			1171
h	t		Rh	crs	Me	Sr	zw		6-9		1		1	e	D1b		–	I	2	>					402, 403	B	1172
h	t		Rh	crs	Me	Sr	zw		6-9		1		1	e	E2c	2.6 6.3 6.7 7.2	–	I	2	>			11.514	c k m			1173
h	t		Wv	crs	Me	Sr	zw		6-8		1		1	e	D1b	2.1 2.2 6.2	–	I	2	>			9.1	k m			1174
k	t		Wv	crr	Me	Kv	zw		6-9		1		2		B6		–	I/A	3	=					402, 403		1175
k	t		Wv	crr	Me	Kv	zw	p3	7-9	au me my ps*	1	4	2	e	B6	2.2 2.3 2.5 7.2	7	I/A	3	=			5.1			B	1176
k	t		Wv	crr	Me	Kv	zw		6-8		1		2	e	F2a	2.1 2.2 2.5 7.3	–	I	3	=			5.11	m		E	1177
k	t		Wv	crr	Me	Kv	zw		6-8		1		2	e	C2	2.1 2.2 6.2 7.3	–	I	3	=			5.11	k m			1178
h	s		Rh	crs	Me	Sr	zw	r7	6-9		1		2	e	E1		–	I	2	=					275, 600	B	1179
h	s		Rh	crs	Me	Sr	zw		6-8		1		2	e	E2b	3.2 3.3 6.2 6.5	–	I	1	=			10.2	k m			1180
h	s		Rh	crs	Me	Sr	zw		6-9		1		2	e	F7	3.2 3.3 6.5 9.1	2	I	2	=			10.21				1181
h	s	3	Rh	crs	Me	Sr	zw		6-9	le hm my ca*	2		2	e	F1	3.3 3.4 6.5 7.2	2	I	2	>*	10.21	10.421	15.001			A	1182
h	s		Rh	crs	Me	Sr	zw		5-7	ps	1		2	e	E4a	2.6 3.2 6.7 9.1	–	I	1	=			11.11	c m			1183
h	s	3	Rh	crs	Me	Sr	zw		6-9		3		2	e	F4	3.3 6.2 6.5 9.1	2	I	2	=			10.421	a c m			1184
h	w		Wv	crr	Me	Kv	zw		6-9		1		2	e	E2b		–	I	3	>					402, 403	B	1185
k	w		Wv	crr	Me	Kv	zw		7-9		1		2	e	E2b	2.1 2.2 2.5 6.2	–	I	3	>			5.11				1186
k	w		Wv	crr	Me	Kv	zw		6-8		1		2	e	E2e	2.1 2.2 2.5 6.2	–	I	3	>			5.11	m			1187
k	w		Wv	crr	Me	Kv	zw		6-8		1		2	e	E2b	2.1 2.2 3.1 6.2	–	I	3	>			5.111?	k m			1188
k-t	w		Wv	crr	Me Dy	Kv	zw	p3	7-8	my me ps sp	–		3	e	B6		–	I/A/N	2-3	>					402, 403	B	1189
k	w		Wv	crr	Me Dy	Kv	zw		7-8		–		3	e	F2a	2.2 2.4 6.2	–	I	2	>			5.11	m			1190
k	w		Wv	crr	Me	Kv	zw		7-8		–		3	e	D1	2.3	–	I?/N	4	>			5.11	c k m			1191
k-t	w		Wv	crr	Me My	Kv	zw		7-8		–	4	3	e	B6	2.2 2.5 6.2 9.1	7	I/A	3	>	5.11						1192
k	w		Wv	crr	Me Dy	Kv	zw		7-8		–		3	e	F6	2.2 2.4 2.5 6.2	7	I	2	=			5.11				1193
h	s		Rh	ccr	Me Dy	Sr	zw	p7	6-8		2		3	e	E1	4.2 6.3 7.2 9.2	2	I	2	>*	14.735	11.514	11.242				1194
k	w		Wv	crr	Me My	Kv	zw		4-7		–		1	e	C2		–	I/A	4	=						B	1195
k	w		Wv	crr	Me My	Kv	zw		4-7		–		1	e	C2	2.1 2.2	–	I/A	4	=			2.34				1196
k	w		Wv	crr	Me	Kv	zw		4-7		–		1	e	D1a	2.1 2.2	7	I/A	4	=			2.3				1197
h	w		Rs	ccs	Me	Au	mo		5-6	an	3		4	e	B6		–	I	2	>					885	B	1198
h	w	4	Rs	ccs	Me	Au	mo		5-6	an	3		4	e	B6	1.3 1.4 5.1 9.2	5	I	2	>	6.112	11.233					1199
h	w		Rs	ccs	Me	Au	mo		5-6	an	3		4	e	F7a	1.3 1.4 4.2 6.3	–	I	2	>?			6.112	c i l	884		1200
g	t	3.5	Rs	ccs	Me	Au Sr	mo		5-6	an	3	3	5	e	B6	1.3 1.4 6.3 9.2	5	I	2	<	11.321	6.112	14.722				1201
h	t	3	Rs	crs	Me	Au	mo		4-6	an	–		4	e	B6	7.4 9.1 9.2 9.3	1	I	1	=	14.7312	14.735	15.001				1202
h	t	3	Rs	css	Me Hy	Ho Sr	zw		5-6	an	2		3	e	B6	1.3 5.1 6.3 9.2	5	I	2	>	14.611	6.112					1203
h	t w		Rs	crs	Me	Au Sr	mo		6-8	an	1		2	e	B5		–	I	1	=						B	1204
h	w		Rs	crs	Me	Au Sr	mo		6-8	an	1		2	e	E4	5.1 6.5 7.2 8.1	2	I	1	=	11.21	7.231				E	1205
h	w		Rs	crs	Me	Au Sr	mo		6-8	an	1		2	e	B5b	3.2 6.5 7.1 8.2	2	I	1	=	10.311						1206
h	t		Rs	crs	Me	Au Sr	mo		7-8	an	1		1	e	E2	3.2 3.3 6.5 6.6	2	I	1	=	3.321						1207
h	t		Rs	css	Me	Au Sr	mo		7-8	an	–		1	e	B5	2.5 4.1 5.1	2	I	1	>	7.232						1208
h	s		Rs	css	Me	Sr	zw		5-8	an en?	2		2	e	F4	6.2 6.5 9.1 9.3	2	I	1	=	10.211						1209
h	t		Rs	css	Me	Au Sr	mo		7-8	an	–		1	e	B5	2.5 4.1 5.1	2	I	1	>	7.232						1210
h	s		Rs	css	Me	Sr	zw		6-10	an	–	4	3	e	B4a	1.4	5	I	3	>			2.211				1211
h	s		Rs	css	Me	Sr	mo		5-8	an	–		2	e	E1a	3.2 3.3 4.1	3	I	1	=	3.212						1212
h	s		Rh	css	Me	Sr	mo		4-6	an	–		1	e	D1	3.2 3.3 6.2 7.4	–	I	2	=?			9.132				1213
g	s		Rs	crs	Me Ep	Au	zw		5-6		–		2	e	B6		–	I	2	=>					618		1214
g-h	s	1	Rs	ccs	Me Au	Au Sr	zw		5-6		2		5	e	D3	2.6 4.2 7.4 9.2	1	I	2	=	14.722	14.731					1215
g	s		Rs	crs	Me Ep	Au	zw		5-6	an	–		2	e	D3	2.2 6.3 6.7 7.4	–	I	2	>			5.132?	c i l			1216
g	s	1.5	Rs	crs	Me Ep	Au	zw		4-6	an	–		2	e	B6	2.2 6.2 6.3	6	I	2	>			9.11				1217
h	s	4	Rs	crs	Me	Au Sr	mo		4-6	an	–		1	e	D4	1.4 2.5 4.2 9.2	–	I	2	>			6.112	c i l			1218
h	s		Rs	css	Me	Au Sr	mo		4-6	an	1		2	e	B3a		–	I	2	>							1219
h	s		Rs	css	Me	Au Sr	mo		4-6	an	1		2	e	B3a	1.3 5.1 5.2 6.3	5	I	2	>			6.112				1220
h	s		Rs	css	Me	Au Sr	mo		4-6	an	1		2	e	B3a	1.3 4.2 5.1 6.3	5	I	2	>			11.23				1221
h	t		Rs	css	Me Hy	Ho Sr	zw		5-7	an	2		3	e	B3a		–	I	2	=					838	B	1222
h	t		Rs	css	Me Hy	Ho Sr	zw		6-7	an	2		3	e	B5	5.1 6.5 7.1 8.1	5	I	2	=	7.221	10.412					1223
h	t	2	Rs	css	Me Hy	Au Ho	zw		5-7	an	2		3	e	B3	1.3 5.1 5.2 6.3	5	I	2	>*	7.221						1224
h	t		Rs	css	Me Hy	Ho Sr	zw		7-8	an	2		3	e	B4b	9.1	–	I	2	=			14.312	c k m			1225
h	w	1	Rs	css	Me	Sr	mo		6-7	an	–		2	e	B5	2.5 4.1 5.1 6.5	2	I	1	=	10.211	7.231	7.232				1226
h	s		Rs	css	Me	Ho Sr	zw		5-6	an	–		1	e	B3a	5.1	–	I	2	>			7.23				1227
h	w	1	Rs	css	En	Au	mo		3-5	an	2		3	e	B6	6.2 6.3 6.5 7.1	6	I	3	>	9.13	10.113					1228
g	s	2	Rs	sss	Me	Ao Au	zw		5-7	an	–		2	e	B3	5.1 5.2	5	I	2	>			7.212				1229
h	t	2.5	Rs	css	Me	Sr	zw		7-8	an	3		4	e	E1		–	I	1	=						B	1230
h	t	2.5	Rs	ccs	Me	Sr	zw		7-8	an	3		4	e	E1	3.3 6.5 6.6 7.1	2	I	1	=	10.411						1231
h	t	2.5	Rs	css	Me	Sr	zw		7-8	an	2		3	e	E1	3.2 3.3 6.5	2	I	1	=	10.311						1232
h	w	1.5	Rs	css	Ep	Sr	di		4-7	an	2		4	e	D3	2.5 4.1 5.1	5	I	2	>*			7.23				1233
h	s		Rh	css	Me	Sr	mo		4-6	an	–		2	e	D1	6.7 7.4 9.2 9.3	1	I	2	>			14.81				1234
h	s		Rs	css	Me	Au Sr	zw		5-6	an	2		3	e	B3	1.3 5.1 5.2 6.3	5	I	2	>			7.212				1235
h	w	2	Rs	crs	My	Sr	mo		4-5	an	2		3	e	B6	2.6 9.1 9.2 9.3	1	I	2	=	14.73	14.811	14.735				1236
g	w	2	Rs	css	Me Hy	Au	di		4-6	an	2		1	e	B6b	5.1 5.2	5	I	2	>			7.23				1237
h	t		Rs	css	Me	Sr	zw		4-6	an	–		1	e	C2	7.6 9.4	–	A	2	>?			14.9	f k m			1238
h	w		Rs	css	Me	Sr	mo		5-6	an	2		1	e	C1	1.4 4.2 5.1 6.3	5	I	2	>			11.23				1239
g	s		Rs	css	Me	Au	zw		5-6	an	2		2	e	B4b		–	I	2	>						B	1240
g	s	2.5	Rs	css	Me	Au Sr	zw		5-6	an	2		2	e	B4b	1.3 4.2 5.1 6.3	5	I	2	>			6.112				1241
g	s		Rs	css	Me	Au	zw		5-7	an	–		2	e	D1b	2.5 6.2 6.7 9.1	–	I	1	>			9.1?	a c f			1242
g	s		Rs	css	Me	Au	zw		4-6	an	1		1	e	C1	6.3	–	I	3	>			11.21	c f k			1243
h	s	1.5	Rs	css	Ep En	Ho Sr	zw		5-7	an	2		3	e	B3a	4.1 4.2 5.1 5.2	5	I	2	>*	7.2	14.31216	14.31221				1244
h	s	3	Rs	css	Me	Ho	mo		4-6	an	1		4	e	B4		–	I	1-2	>						B D	1245

Nummern			Taxa			Klima						Boden												
SEN	SIN	FAN	Gattung	Aggregat/Einzelart	Kleinart	T	v	K	v	L	v	F	v	W	R	v	N	v	S	M	H	v	D	v
1246	85000	138.17.98	Carex		cespitosa	4	I	4	I	3	I	5	I	3	3	I	2	I			5	I	1	I
1247	86800	138.17.97	Carex		elata	3.5	I	2	I	4	II	5	I	3	3	I	3	I			5	I	1	I
1248	88900	138.17.101	Carex		juncella	2	I	4	I	4	I	5	I	3	2	I	2	I			5	I	1	I
1249	87000	138.17.26	Carex	elongata		3.5	I	4	I	3	II	4.5	I	2	3	II	3	I			5	II	1	I
1250	87100	138.17.72	Carex	ericetorum		3	II	5	I	4	II	2	I	1	3	II	1	I		m	3	I	3	I
1251	–	–	Carex	ferruginea aggr.		2.5	II	x	–	4	II	3	II	1	4	I	2	II			3	I	3	II
1252	83700	138.17.83.2	Carex		austroalpina	3	II	4	I	3	II	2.5	I	1	4	I	2	I			3	I	3	I
1253	87200	138.17.83.1	Carex		ferruginea	2	II	2	I	4	I	3.5	I	1	4	I	3	I			3	I	3	I
1254	–	138.17.83.3	Carex		tendae	2	I	3	I	4	II	3	I	1	4	I	2	I			3	I	3	I
1255	87300	138.17.85	Carex	fimbriata		1	I	3	I	5	I	3	I	1	3	II	1	I		m	1	I	5	I
1256	87400	138.17.80	Carex	firma		1.5	I	5	I	5	I	2	I	1	5	I	1	I			3	II	3	II
1257	–	–	Carex	flacca aggr.		x	–	3	I	3	II	x	–	3	4	II	2	I			3	II	1	I
1258	–	–	Carex		claviformis	2	II	3	I	3	II	3.5	II	3	4	I	2	I			3	II	1	I
1259	87500	138.17.45	Carex		flacca	3	II	3	I	3	II	2.5	II	3	4	II	2	I	s	m	3	II	1	I
1260	–	–	Carex		serrulata	4.5	I	3	I	3	II	1.5	II	3	4	I	2	I	ss		3	II	1	I
1261	–	–	Carex	flava aggr.		x	–	3	II	3	II	4	II	3	x	–	2	II			5	II	1	I
1262	85800	138.17.60	Carex		demissa	3	II	2	I	3	I	4	I	3	2	II	2	I		m	5	I	1	I
1263	87600	138.17.58	Carex		flava	3	II	2	I	3	I	4.5	I	3	3	II	3	I			5	II	1	I
1264	–	–	Carex		flavella	2	I	3	I	4	I	4.5	I	3	3	I	2	I			5	II	1	I
1265	89400	138.17.59	Carex		lepidocarpa	3.5	I	2	I	4	I	4.5	I	3	4	I	2	I			5	II	1	I
1266	–	138.17.56	Carex		mairei	4	I	3	I	3	I	3.5	I	3	4	II	4	I			5	I	1	I
1267	–	–	Carex		pulchella	3.5	I	2	I	4	I	4	I	3	2	II	2	I	s		3	I	1	I
1268	95400	138.17.61	Carex		viridula	4	II	3	I	4	I	4.5	I	3	3	II	2	I	s		3	II	1	I
1269	87700	138.17.18	Carex	foetida		1	I	2	I	4	I	3.5	I	2	2	I	3	I			3	II	1	I
1270	87800	138.17.87	Carex	frigida		1.5	I	2	I	4	I	4.5^	I	2	4	II	2	I			5	II	1	I
1271	–	138.17.82	Carex	fuliginosa		1.5	I	3	I	5	I	3.5	II	2	2	II	2	I			3	I	3	I
1272	–	–	Carex	glacialis		1	I	2	I	5	I	2.5	I	3	4	I	2	I			1	I	5	I
1273	–	–	Carex	grayii		4.5	I	3	I	3	I	4	I	3	3	I	3	I			3	I	1	I
1274	88300	138.17.63	Carex	halleriana		4.5	I	4	I	3	II	1	I	1	5	I	2	I	s		3	I	5	I
1275	88500	138.17.28	Carex	heleonastes		3	II	2	I	4	I	4.5	I	3	2	I	1	I			5	I	1	I
1276	88600	138.17.33	Carex	hirta		3.5	II	3	I	3	I	3.5	I	3	3	I	4	I		m	3	I	1	I
1277	–	138.17.46	Carex	hispida		4.5	I	2	I	4	I	4.5	I	3	4	I	3	I	s		5	I	1	I
1278	–	138.17.53	Carex	hordeistichos		4	I	4	I	5	I	3.5	II	2	4	I	3	I	s		3	I	1	II
1279	88700	138.17.57	Carex	hostiana		3	II	2	I	4	II	4.5	I	3	4	I	2	I			5	II	1	I
1280	88800	138.17.67	Carex	humilis		3.5	II	4	I	3	II	1.5	I	3	5	I	2	I		m	3	II	1	II
1281	89100	138.17.27	Carex	lachenalii		1.5	I	2	I	5	I	4	I	3	2	I	1	I			5	II	1	I
1282	89200	138.17.34	Carex	lasiocarpa		3	I	3	I	4	I	4.5	I	3	2	II	2	I			5	I	1	I
1283	89500	138.17.22	Carex	leporina		3	II	3	I	3	II	3.5	I	3	2	II	2	I			5	II	1	I
1284	89600	138.17.88	Carex	limosa		3	II	3	I	4	I	5	I	1	2	II	1	I			5	I	1	I
1285	89700	138.17.78	Carex	liparocarpos		4.5	II	4	I	4	I	1	I	1	4	I	2	I			1	I	3	I
1286	89900	138.17.19	Carex	maritima		1.5	I	3	I	5	I	4^	I	3	3	I	1	I	ss?		1	I	3	II
1287	90000	138.17.36	Carex	melanostachya		4	I	5	I	4	I	4^	I	3	4	I	4	I	s		3	I	3	II
1288	90100	138.17.51	Carex	michelii		5	I	4	I	4	II	1.5	I	1	4	I	2	I			3	I	3	I
1289	90200	138.17.104	Carex	microglochin		1.5	I	4	I	5	I	4^	I	2	4	I	1	I			3	II	1	I
1290	–	–	Carex	montana aggr.		x	–	4	I	3	II	2.5	I	2	x	–	2	I			3	II	3	I
1291	87900	138.17.74	Carex		fritschii	4.5	I	4	I	3	II	2.5	I	2	2	I	2	I			3	II	3	I
1292	90300	138.17.73	Carex		montana	3	II	4	I	3	II	2.5	I	2	4	II	2	I		m	3	II	3	I
1293	90400	138.17.81	Carex	mucronata		2.5	I	4	I	5	I	1.5	I	1	5	I	2	I			1	I	5	I
1294	–	–	Carex	muricata aggr.		x	–	x	–	3	II	3	II	2	3	II	3	II			3	I	3	II
1295	–	–	Carex		cesanensis	2.5	I	2	II	3	II	3	I	2	2	I	3	I			3	I	3	I
1296	86500	138.17.9	Carex		divulsa	4.5	I	2	I	3	II	2.5	I	2	3	II	3	I			3	I	3	II
1297	88260	138.17.10	Carex		guestphalica	4	I	4	I	3	II	3.5	I	2	3	I	4	I			3	I	3	II
1298	–	138.17.7	Carex		muricata	3	I	4	I	3	I	2	I	2	4	I	3	I			3	I	3	II
1299	–	–	Carex		nordica	3	I	1	I	4	I	3	II	2	3	I	3	I			3	I	3	II
1300	91500	138.17.8	Carex		pairae	3.5	I	2	I	3	II	2.5	I	2	3	I	3	I			3	I	3	II
1301	94200	138.17.17	Carex		spicata	3.5	I	3	I	4	I	3	I	3	3	I	4	I			3	I	3	II
1302	–	–	Carex	nigra aggr.		2.5	II	2	II	4	I	x	–	3	2	II	2	I			5	II	1	II
1303	–	138.17.96.1	Carex		fyllae	2	I	2	I	4	I	2.5	I	2	2	II	2	I			3	II	3	II
1304	90700	138.17.100	Carex		nigra	2.5	II	3	I	4	I	4.5	I	3	2	II	2	I			5	I	1	I
1305	–	–	Carex	norvegica aggr.		1.5	I	2	I	4	II	4.5	II	3	3	II	2	II			5	II	1	II
1306	90900	138.17.94.1	Carex		norvegica	1.5	I	2	I	4	I	4.5	I	3	3	I	1	I			5	II	1	I
1307	–	138.17.94.2	Carex		pusteriana	1.5	I	2	I	5	I	4	I	3	2	I	2	I			3	II	1	II
1308	–	–	Carex	ornithopoda aggr.		x	–	3	I	4	II	2.5	II	1	4	II	2	I			3	II	3	II
1309	–	–	Carex		castanea	2	I	3	I	4	I	2	I	1	4	I	2	I			3	I	1	I
1310	91200	138.17.65	Carex		ornithopoda	3.5	II	3	I	3	II	2.5	II	1	4	I	2	I		m	3	II	3	I
1311	91300	138.17.66	Carex		ornithopodioides	1	I	3	I	5	I	3	I	1	4	II	2	I			3	II	1	I
1312	91600	138.17.62	Carex	pallescens		3	II	3	I	3	I	3	II	3	2	II	3	I	s		5	I	1	I
1313	91700	138.17.47	Carex	panicea		3	II	3	I	4	I	4.5	I	3	4	II	2	I	s		5	I	1	I
1314	91800	138.17.1	Carex	paniculata		3	II	2	I	4	II	5	II	3	4	I	4	I			5	I	1	I
1315	92100	138.17.105	Carex	pauciflora		2	I	2	I	4	I	4.5	I	2	1	I	1	I			5	I	1	I
1316	92200	138.17.89	Carex	paupercula		2	I	2	I	4	I	4.5	I	2	2	I	1	I			5	I	1	I
1317	–	–	Carex	pediformis		4	II	4	I	5	I	1.5	I	1	5	I	3	I			1	I	5	I
1318	92300	138.17.41	Carex	pendula		3.5	I	2	I	2	II	4	II	3	3	II	4	I		m	3	I	1	I
1319	92400	138.17.52	Carex	pilosa		4	I	4	I	2	II	3	I	2	2	II	3	I			3	I	3	I
1320	92500	138.17.75	Carex	pilulifera		3.5	I	2	I	3	II	2.5	II	2	1	I	3	I			3	I	1	I
1321	92900	138.17.38	Carex	pseudocyperus		4	I	4	I	4	I	5	I	2	3	I	3	I	s		5	I	1	I
1322	93100	138.17.108	Carex	pulicaris		3	I	2	I	4	I	4	I	3	3	I	2	I			5	I	1	I
1323	93200	138.17.55	Carex	punctata		4.5	I	2	I	4	I	4	I	3	2	I	2	I	s		3	I	1	I
1324	93300	138.17.20	Carex	remota		3.5	I	2	I	2	II	4	I	3	3	II	3	I		m	3	I	1	I
1325	93500	138.17.37	Carex	riparia		4	I	3	I	4	I	5	I	3	4	I	4	I	s		5	I	1	I
1326	93800	138.17.106	Carex	rupestris		1.5	I	4	I	5	I	2	I	1	4	I	1	I			3	I	1	I
1327	93900	138.17.79	Carex	sempervirens		1.5	I	4	I	4	I	2	I	1	3	II	2	I		m	3	I	3	I
1328	94400	138.17.17	Carex	stenophylla		5	I	5	I	4	I	1.5	I	1	4	I	2	I	s		3	I	3	I
1329	94500	138.17.44	Carex	strigosa		3.5	I	1	I	3	II	4	I	3	3	I	3	I			3	II	1	I
1330	94600	138.17.77	Carex	supina		4.5	I	5	I	5	I	1	I	1	4	I	2	I			3	I	3	I
1331	94700	138.17.42	Carex	sylvatica		3.5	II	3	I	2	II	3.5	I	2	3	II	3	I			3	I	3	I
1332	94800	138.17.71	Carex	tomentosa		3.5	II	4	I	4	II	3.5	I	3	4	I	2	I			3	II	1	I
1333	–	138.17.70	Carex	transsilvanica		3.5	I	4	I	4	I	2.5	I	1	4	I	3	I			3	I	3	II
1334	95000	138.17.69	Carex	umbrosa		4	II	4	I	3	II	3	I	2	3	I	3	I			5	II	3	I

Strategien					Biologisches Verhalten										Vorkommen						Pflanzengesellschaften			Literatur			
LF	BD	WT	RO	KS	DA	VA	FS	MA	BZ	BS	MV	SU	DG	GI	GV	LR	EG	AE	EM	VE	1	2	3	BL	SL	TB	SEN
h	s	3	Rs	css	Me Dy	Ho	mo		4-5	an	2		4	e	B4b	2.5 6.3 9.2	–	I	2	>			11.233				1246
h	s	3.5	Rs	css	Me	Ho	mo		4-5	an	2	3	4	e	D3	1.3 4.2 6.3 9.2	5	I	2	>	6.112	14.611	7.2				1247
h	s	3	Rs	css	Me	Ho	mo		5-6	an	1		4	e	D5	1.4 5.1	5	I	1	>			6.112			C	1248
h	w	2	Rs	css	Me	Ho	zw		4-6	an	1	3	4	e	B6	1.3 4.2 6.3 9.2	1	I	2	>	14.611						1249
h	t	1	Rs	crs	My	Au Sr	mo		3-8	an	1		2	e	B6	6.2 6.5 7.1 9.1	2	I	2	>*	14.21112	10.311					1250
h	s		Rs	ccs	Ep	Sr	mo		5-8	an	3		4	e	E1		–	I	2	=						B	1251
h	s		Rs	ccs	Ep	Sr	mo		5-7	an	3		4	e	F4	6.2 6.5 9.1 9.2	2	I	2	=			10.2116				1252
h	s	1	Rs	ccs	Ep	Au Sr	mo		6-8	an	3		4	e	E4	3.3 4.1 6.5 9.1	2	I	2	=	10.212	11.514					1253
h	s		Rs	ccs	Ep	Sr	mo		5-7	an	2		4	e	F2	3.3 6.5 7.1 9.1	–	I	2	=			10.212	k m			1254
h	t		Rs	css	Ep	Au Sr	mo		7-8	an	–		1	e	F5	3.2 3.3 6.5 7.1	2	I	1	=	10.212	10.411			686		1255
h	w	1	Rs	css	Me Ep	Po Sr	mo		6-8	an	2		4	e	E4	2.5 3.2 6.5	2	I	1	=	10.2114						1256
g-h	t		Rs	css	Me	Au	mo		3-8	an	2		3	e	B6		–	I	1-2	=						B	1257
g-h	t		Rs	css	Me	Au	mo		6-8	an	2		3	e	E2d	4.1 5.1 6.3	–	I	2	=			10.41?	k m		E	1258
g-h	t	3	Rs	css	Me My	Au	mo		4-6	an	2	4	4	e	B6	2.5 6.2 9.1 9.2	5	I	2	=	9.135	10.21	14.73				1259
g-h	t		Rs	css	Me	Au	mo		3-6	an	2		3	e	C2	2.1 6.2 6.3 7.3	–	I	1	=			11.222	k m			1260
h	t		Rs	css	Ep Hy	Sr	mo		5-8	an	2		2	e	B3		–	I	2	=>	7.23	11.231			299, 716	B C	1261
h	t		Rs	css	Ep Hy	Sr	mo		5-7	an	1		2	e	D3	1.4 4.1 5.1 6.3	5	I	2	>			7.2				1262
h	t	2	Rs	css	Ep Hy	Sr	mo		5-7	an	2	3	3	e	B3a	1.4 4.1 6.3 9.2	5	I	2	>			7.23		717		1263
h	t		Rs	css	Ep Hy	Sr	mo		6-7	an	–		2	e	F7	4.1 4.2 6.5	–	I	2	=			7.23	c i		E	1264
h	t		Rs	css	Ep Hy	Sr	mo		5-7	an	2		3	e	B3a	1.4 4.1 5.1 6.3	5	I	2	>	7.231						1265
h	t		Rs	crs	Ep Hy	Sr	mo		5-6	an	–		2	e	D1	4.1 4.2 6.3	–	I	2	>			11.221	k m			1266
h	t		Rs	css	Ep Hy	Sr	mo		5-8	an	1		2	e	B3a	1.4	–	I	2	>			11.212?	c i		E	1267
h	t	2	Rs	crs	Ep En	Sr	mo		5-8	an	1	3	2	e	B3	1.4 5.1 5.2 6.3	5	I	2	>			7.2	c i l			1268
h	s		Rh	css	Me	Au Sr	zw		7-9	an	2		3	e	E3a	2.5 6.5 6.6	2	I	1	=	8.111			m			1269
g-h	s		Rs	css	Me	Au Sr	mo		6-8	an	2		3	e	E3	2.5 4.1 4.2 6.5	2	I	1	=	7.232	7.111	7.231				1270
h	w		Rs	css	Me Ep	Sr	mo		6-8	an	–		2	e	E4	3.2 4.1 4.2 6.5	–	I	2	>			10.421				1271
h	s		Rs	css	Me	Sr	mo		6-7	an	–		3	e	B5	3.3 6.5	2	I	1	=			10.3		53		1272
h	w		Rs	crs	Me	Sr	mo		5-6	an	–		1	e	A2c	2.7	7	I	5	<			?	g			1273
h	s		Rs	css	My Me	Au Sr	mo		3-6	an	–		2	e	C1	6.2 7.3 9.1 9.3	6	I	2	>			9.1				1274
h	s	1	Rs	css	Me	Sr	zw		5-7	an	–		2	e	B3a	5.1 5.2	5	I	2	>			7.212				1275
g-h	t	3	Rh	ccr	Me	Au	mo		4-7	an	3		4	e	D3	2.2 2.5 2.6 6.3	7	I/N	3	<			11.21				1276
g	t		Rs	css	Me	Au	mo		4-6	an	–		2	e	C2	1.3	–	I	2	=			6.112	k m			1277
h	t		Rs	ccr	Me Hy	Sr	mo		5-7	an	–		1	e	C1	1.3 2.2 2.5 6.3	–	I	3	=			11.212	c i l			1278
g-h	w		Rs	css	Me	Au Sr	mo		5-6	an	2		3	e	D2	1.4 4.1 5.1 6.3	5	I	2	>*	7.231						1279
h	s	3.5	Rh	css	My Me	Ho Sr	mo		2-5	an	2		3	e	B6	6.2 7.3 9.1 9.3	1	I	1	>	9.1	14.811	15.001				1280
h	t		Rs	css	Me	Au Sr	mo		6-8	an	–		3	e	B5	2.5 4.2 5.1 6.6	5	I	1	=	8.111						1281
a-g	w		Rs	css	Me	Au Sr	mo		5-6	an	2		4	e	B3	1.3 5.1 5.2 6.3	5	I	2	>	7.212						1282
h	t	1.5	Rs	crs	Me Hy	Au Sr	zw		5-7	an en?	2	4	2	e	B6	6.3 6.4 6.5 7.1	5	I	2	=			10.1				1283
g	w	2	Rs	sss	Me	Ao Au	mo		5-6	an	–		3	e	B3	5.1 5.2	5	I	2	>	7.211						1284
g	t	1	Rs	css	Me	Au	mo		4-5	an	1		2	e	C2	2.5 3.2 6.2 9.1	6	I	2	>	9.113						1285
g	s		Rs	css	Me	Au	zw		7-8	an	–		2	e	B5	2.5 3.3 4.1 6.5	2	I	1	>	7.232						1286
g-h	s		Rs	css	Me	Au	mo		5-6	an	–		2	e	B6	1.3 6.3 9.2	–	I	2	>?			6.112				1287
g-h	s		Rs	css	Me	Au	mo		4-6	an	1		2	e	D1b	6.2 6.6 7.4 9.3	–	I	2	>?			14.8				1288
g	w		Rs	css	Me Hy	Au	zw		6-8	an	–		2	e	B5	1.4 2.5 4.1 5.1	5	I	1	>	7.232						1289
h	s		Rh	ccs	My	Sr	mo		3-6	an	2		3	e	B6		–	I	2	=>							1290
h	s		Rh	ccs	My	Sr	mo		4-6	an	2		3	e	D3	6.2 6.7 9.1 9.2	1	I	2	>			14.41				1291
h	s	1	Rh	ccs	My	Sr	mo		3-5	an	2		3	e	B6	6.2 9.1 9.2 9.3	1	I	2	=	14.73	14.2111	9.1				1292
h	w		Rs	css	Ep	Sr	mo		5-8	an	–		3	e	E4	3.2 3.3 6.2 6.5	2	I	1	=	3.211	10.211					1293
h	w	4	Rs	ccs	Me Ep	Sr	zw		5-8	an	2		3	e	B3		–	I/N	3	<=				i	145, 681	B C	1294
h	w		Rs	ccs	Me Ep	Sr	zw		5-6	an	2		3	e	D5	2.2 2.6 3.2 6.3	–	I	3	=			11.41		568		1295
h	w	4	Rs	ccs	Me Ep	Sr	zw		5-8	an	2		3	e	C2c	2.2 2.6 7.4 9.2	1	I/N	3	<			11.41		569		1296
h	w	4	Rs	ccs	Me Ep	Sr	zw		5-6	an	2		3	e	D3	2.6 6.2 7.4 9.2	–	I	3	=?			11.41		517	E	1297
h	w	4	Rs	ccs	Me	Sr	zw		4-5	an	2		3	e	B4b	2.2 2.6 6.7	–	I	3	=			11.41				1298
h	w		Rs	ccs	Me	Sr	zw		6-8	an	2		3	e	D5	2.1 2.2	–	I?	3	=			5.1?		568		1299
h	w	2	Rs	ccs	Me	Sr	zw		5-7	an	2		3	e	D2	2.1 2.6 6.7 7.4	1	I	3	=			11.112				1300
h	w	4	Rs	ccs	Me	Sr	zw		5-6	an	2		3	e	B6b	2.2 2.6 6.3 7.4	7	I	3	=			11.41				1301
g	t		Rs	css	Me	Au Sr	mo		5-8	an	2		3	e	B3		–	I	2	>						B	1302
g	t		Rs Wd	css	Me	Au Sr	mo	200*	6-8	an	2	5	3	e	D2	6.5 7.2	–	I	2	>			10.412	c m	93		1303
g	t	2.5	Rs	css	Me En	Au Sr	mo		5-8	an	2	3	4	e	B3a	1.3 4.1 5.1 6.3	5	I	2	>*	7.2	11.231	12.111			A	1304
h	s		Rs	css	Me	Au Sr	mo		6-8	an	1		2	e	B5b		–	I	2	=							1305
h	s		Rs	css	Me	Au Sr	mo		7-8	an	1		2	e	B5b	3.2 3.3 4.1 5.1	2	I	2	=			7.232				1306
h	s		Rs	css	Me	Au Sr	mo		6-8	an	1		2	e	F7	2.5 4.1 4.2 6.5	–	I	2	=			8.112	c m			1307
h	t		Rs	crs	My	Sr	mo		4-7	an	1		2	e	D3		–	I	1-2	=						B	1308
h	t		Rs	crs	My	Sr	mo		5-7	an	1		2	e	E1	6.5 7.1	–	I	1	=			10.2	c k m		E	1309
h	t	3	Rs	crs	My	Sr	mo		4-6	an	1		2	e	D3	6.2 9.1 9.2 9.3	1	I	2	=	10.2	14.21	14.73124				1310
h	t		Rs	css	My	Sr	mo		6-7	an	1		2	e	E3	3.2 3.3 6.5 6.6	2	I	1	=	3.321						1311
h	s	2.5	Rs	crs	My Me	Ho Sr	mo		4-7	an	2	4	2	e	B6	5.1 6.3 6.5 9.2	8	I	2	=	10.412	11.412	11.2				1312
g-h	w	1.5	Rs	css	Me	Au	mo		4-6	an	2	3	3	e	B6	4.1 5.1 5.2 6.3	5	I	2	>*	7.23	7.221	11.23				1313
h	t		Rs	css	Me Hy	Ho Sr	zw		5-6	an	1		3	e	D3	4.1 5.1 5.2 6.3	5	I	2	=	6.112	14.611	11.233				1314
g	w	1	Rs	sss	Ep	Ao Sr	zw		5-6	an	–		2	e	B3a	5.1 5.2	5	I	1	>	12.111	12.112					1315
g-h	w		Rs	css	Me	Au	mo		6-8	an	1		2	e	B3	1.3 4.1 5.1	5	I	2	=	7.221	7.211					1316
h	w?		Rs	css	Me	Sr	mo		5-6	an	–		3	e	B3	3.2 6.2	–	I?	2	>0			9.11?	c k m			1317
h	w	3	Rs	css	Me	Sr	mo		5-6	an	–	4	3	e	B6	1.3 2.6 4.2 9.2	1	I	2	<	14.731	14.72					1318
g-h	w	2	Rs	ccs	Me Ep	Au	mo		4-6	an	–		5	e	D3	2.6 9.2	1	I	1	=	14.731	14.72					1319
h	t		Rs	css	My En	Sr	mo		4-5	an	2	5	3	e	D3	2.6 6.4 7.1 9.2	1	I	2	=	10.412	14.312	12.2				1320
a-h	w		Rs	css	Me Hy	Sr	mo		5-6	an	1		3	e	B3	1.3 9.2	5	I	2	>			6.11				1321
h	t	1	Rs	css	Ep Me	Au Sr	zw		5-6	an	2		3	e	D2	4.1 5.1	5	I	2	>	7.231	7.221					1322
h	w		Rs	css	Me	Sr	mo		5-6	an	–		1	e	C2a	4.1 4.2 6.3	5	I	2	>			11.22				1323
h	t	1	Rs	css	Me	Ho Sr	zw		5-7	an	1	4	3	e	B6	2.6 4.2 9.1 9.2	1	I	3	=	14.72202	14.721	14.731				1324
g-h	w		Rh	css	Me Hy	Au	mo		5-6	an	2		3	e	B6	1.3 6.3 9.2	5	I	2	>	6.112	14.721					1325
h	s		Rs	css	Me	Au Sr	zw		7-8	an	–		3	e	B5	3.2 3.3 6.5	2	I	1	=	10.211	10.311					1326
h	w	1.5	Rs	css	Ep	Ho Sr	mo		6-8	an	2		3	e	E1	6.2 6.5 7.1 9.1	2	I	2	=	10.2	10.4	14.21114			A	1327
g	t		Rs	css	Me	Au	zw		4-7	an	–		2	e	D1b	3.1 6.2	–	I	2	>			9.1				1328
g-h	t	2	Rs	css	Me Ep	Au Sr	mo		4-6	an	–		3	e	D2	2.6 4.2 9.2	1	I	1	>	14.72202	14.72					1329
g-h	s		Rs	crs	Me	Au	mo		4-5	an	–		2	e	B6a	6.2 6.7 9.1	–	I	2	>			9.11				1330
h	w	2	Rs	crs	Me Ep	Sr	mo		5-6	an	–		3	e	B6	6.3 7.4 9.1 9.2	1	I	3	=	14.73	14.312	10.212				1331
g-h	s	1	Rs	crs	Me Ep	Au Sr	mo		4-6	an	2	4	3	e	B6	5.1 6.2 6.3 9.2	1	I	2	>	11.23	14.722					1332
h	t?		Rs	crs	Me	Sr	mo		4-5	an	–		3	e	D1b	2.2 2.6 6.3 6.7	–	I	2	=			9.1	c m			1333
h	w	1	Rs	css	Me	Sr	mo		4-6	an	–		2	e	D3	2.6 6.3 6.7 9.2	1	I	2	>	14.731	14.733	14.811				1334

Nummern			Taxa			Klima						Boden												
SEN	SIN	FAN	Gattung	Aggregat/Einzelart	Kleinart	T	v	K	v	L	v	F	v	W	R	v	N	v	S	M	H	v	D	v
1335	95100	138.17.48	Carex	vaginata		2	I	2	I	4	I	4.5^	II	3	2	I	2	I			5	II	1	II
1336	–	–	Carex	vesicaria aggr.		3	II	3	I	4	II	5	II	3	3	II	3	II			5	II	1	I
1337	93700	138.17.39	Carex		rostrata	3	II	3	I	4	I	5	II	3	2	II	2	I			5	II	1	I
1338	95300	138.17.40	Carex		vesicaria	3.5	II	3	I	3	II	5	II	3	3	I	3	I			5	II	1	I
1339	–	–	Carex	vulpina aggr.		4	II	x	–	3	II	4	II	3	4	II	3	I			5	I	1	I
1340	91400	138.17.5	Carex		otrubae	4	I	2	I	3	II	4	I	3	4	I	3	I	s		5	I	1	I
1341	95500	138.17.4	Carex		vulpina	3.5	I	4	I	3	II	4.5	I	3	4	II	3	I			5	I	1	I
1342	95600	138.17.6	Carex	vulpinoidea		4	I	2	I	4	I	4	II	3	2	I	3	I			5	I	1	I
1343	95700	124.52.5	Carlina	acanthifolia		4	I	5	I	3	II	1	I	1	3	I	3	I		m	3	I	3	I
1344	95800	–	Carlina	acaulis aggr.		2	II	3	II	4	II	2.5	I	1	3	II	2	I		m	3	I	3	I
1345	95900	124.52.4.1	Carlina		acaulis	3	I	4	I	4	II	2.5	I	1	2	II	2	I		m	3	I	3	I
1346	96000	124.52.4.2	Carlina		simplex	2	II	3	I	4	I	2.5	I	1	3	II	2	I			3	I	3	I
1347	–	124.52.1	Carlina	corymbosa		4.5	II	3	I	4	II	1.5	I	1	4	II	2	I		m	1	I	5	I
1348	–	124.52.6	Carlina	lanata		4.5	I	3	I	4	I	1.5	I	1	5	I	3	I			3	I	3	I
1349	–	–	Carlina	vulgaris aggr.		3	II	4	II	3	II	2	II	3	4	I	2	II		m	3	I	1	II
1350	96200	124.52.3.1	Carlina		biebersteinii	2.5	I	4	I	3	II	2.5	I	3	4	I	2	I		m	3	I	1	I
1351	96250	124.52.3.2	Carlina		intermedia	3.5	I	3	I	4	II	2	I	2	4	I	2	I		m	3	I	3	I
1352	96500	124.52.2	Carlina		vulgaris	3.5	I	3	I	4	II	2	I	2	4	I	3	I		m	3	I	1	I
1353	–	124.18.2	Carpesium	abrotanoides		4	I	3	I	3	I	3.5	I	2	3	I	3	I			3	I	1	I
1354	96800	124.18.1	Carpesium	cernuum		4.5	I	4	I	3	II	3	I	1	4	I	4	I			3	I	5	I
1355	96900	31.3.1	Carpinus	betulus		4	I	3	I	2	II	3	I	2	3	II	3	I		m	3	II	3	II
1356	97000	124.71.1	Carthamus	lanatus		5	I	4	I	4	I	1	I	1	4	I	4	I	s		3	I	3	I
1357	–	–	Carthamus	tinctorius		5	I	4	I	4	I	2	I	1	3	I	3	I			3	I	1	I
1358	97100	97.45.1	Carum	carvi		2.5	II	3	I	4	I	3	I	1	3	I	3	I	s		3	I	1	I
1359	–	–	Carum	verticillatum		4.5	I	1	I	4	I	4	I	3	2	I	3	I			5	I	1	I
1360	–	–	Caryopteris	incana		4.5	I	3	I	4	I	2	I	1	4	I	3	I			3	I	3	I
1361	–	–	Cassia	obtusifolia		5	I	2	I	4	I	2.5	I	2	3	I	3	I			3	I	5	I
1362	97200	30.2.1	Castanea	sativa		4.5	I	3	I	3	I	3	I	1	2	I	2	I			3	I	3	I
1363	97300	139.11.1	Catabrosa	aquatica		3	II	3	I	4	I	4.5^	I	3	4	I	4	I	s		5	II	1	I
1364	–	–	Catalpa	bignonioides		5	I	2	I	4	I	3	I	2	3	I	3	I			3	I	3	I
1365	–	–	Catalpa	speciosa		5	I	2	I	4	I	3	I	2	3	I	3	I			3	I	3	I
1366	97400	124.75.1	Catananche	caerulea		5	I	3	I	4	I	2.5	I	1	4	I	3	I			3	I	3	I
1367	97500	139.5.1	Catapodium	rigidum		4.5	I	2	I	5	I	1	I	1	4	I	3	I	s	m	1	I	3	I
1368	97700	97.61.1	Caucalis	platycarpos		5	I	3	I	4	I	1.5	I	1	5	I	3	I			3	I	3	I
1369	–	10.5.1	Cedrus	atlantica		3.5	I	3	I	4	II	1.5	I	1	4	II	2	I			3	I	5	I
1370	97800	25.2.1	Celtis	australis		5	I	2	I	3	I	2	I	1	3	I	3	I			3	I	3	I
1371	–	–	Celtis	occidentalis		5	I	3	I	3	I	3.5	I	1	3	I	3	I			3	I	5	I
1372	98100	124.68.1	Centaurea	alpina		4.5	I	4	I	3	I	1.5	I	1	5	I	2	I			3	I	3	I
1373	–	124.68.12	Centaurea	aspera		5	I	2	I	4	I	1	I	1	3	I	3	I			3	I	3	I
1374	98400	124.68.11	Centaurea	calcitrapa		4.5	I	2	I	4	I	2	I	1	4	II	2	I			3	I	3	I
1375	–	124.68.2	Centaurea	collina		5	I	3	I	4	I	2	I	1	3	I	3	I			3	I	1	II
1376	98500	124.68.31	Centaurea	cyanus		4	I	4	I	4	I	2.5	I	3	3	II	3	II		m	3	I	3	I
1377	98600	–	Centaurea	diffusa		5	I	3	I	4	I	1	I	1	4	I	3	I			1	I	3	I
1378	–	–	Centaurea	jacea aggr.		x	–	x	–	4	II	x	–	x	3	II	3	II	s		3	II	x	–
1379	99000	124.68.16.3	Centaurea		bracteata	4.5	II	4	I	4	I	1.5	I	1	3	I	2	I			3	I	3	I
1380	–	124.68.17	Centaurea		decipiens	3.5	I	3	I	4	I	2	I	1	3	II	3	I			3	I	3	I
1381	98800	124.68.16.1	Centaurea		jacea	3	II	3	I	4	I	2.5	I	1	3	I	3	I		m	3	I	3	I
1382	–	124.68.15	Centaurea		julica	2.5	I	4	I	4	II	2	I	1	4	I	2	I			3	I	3	I
1383	–	124.68.16.4	Centaurea		macroptylon	4	II	4	I	4	I	2.5	I	3	3	I	3	I			3	I	3	I
1384	99300	124.68.19	Centaurea		nemoralis	4	I	2	I	4	I	3	I	1	2	I	3	I			3	I	3	I
1385	–	124.68.21	Centaurea		nigra	4	I	2	I	4	I	2.5	I	2	3	I	3	I			3	I	3	I
1386	–	124.68.18	Centaurea		nigrescens	3	I	4	I	4	I	3	I	1	3	I	3	I		m	3	I	3	I
1387	98900	124.68.16.1	Centaurea		pannonica	4	II	4	I	4	II	3.5	II	3	3	II	2	I		m	5	II	1	I
1388	–	124.68.16.5	Centaurea		subjacea	3	II	2	I	4	I	3.5	II	3	3	II	3	I			3	I	3	I
1389	–	124.68.20	Centaurea		thuillieri	3.5	I	2	I	4	I	3.5	I	2	3	II	3	I			3	I	3	I
1390	99600	124.68.18	Centaurea		transalpina	4	II	4	I	4	I	3	I	1	3	I	3	I			3	I	3	I
1391	–	–	Centaurea		vochinensis	3.5	I	3	I	4	I	3	I	2	3	I	3	I			3	I	1	I
1392	–	–	Centaurea	jordaniana aggr.		3.5	II	3	I	4	II	1.5	I	1	x	–	2	I			3	II	5	I
1393	–	124.68.27.3	Centaurea		aemilii	3.5	I	3	I	4	I	1.5	I	1	5	I	2	I			3	I	5	I
1394	–	124.68.27.2	Centaurea		balbisiana	3.5	I	3	I	4	I	1.5	I	1	5	I	2	I			3	II	5	I
1395	–	124.68.27.1	Centaurea		jordaniana	3.5	I	3	I	3	II	1.5	I	1	2	I	2	I			3	I	5	I
1396	–	124.68.27.4	Centaurea		verguinii	3	I	3	I	3	II	1.5	I	1	2	I	2	I			1	I	5	I
1397	–	124.68.10.1	Centaurea	ligustica		4.5	II	4	I	4	I	1	I	1	5	I	2	I		m	1	I	5	I
1398	–	–	Centaurea	montana aggr.		2.5	II	4	II	3	II	2.5	I	2	4	I	3	I			3	I	1	II
1399	99200	124.68.29	Centaurea		montana	2.5	I	3	I	3	II	3	I	2	4	I	3	I		m	3	I	1	I
1400	100400	–	Centaurea		seusana	2.5	I	4	I	4	I	2	I	2	4	I	3	I			3	I	1	I
1401	100900	124.68.30	Centaurea		triumfettii	3	I	4	I	3	II	2.5	I	2	4	I	3	I		m	3	I	3	I
1402	–	–	Centaurea	paniculata aggr.		4.5	II	4	II	4	I	1	II	1	4	II	3	II			1	II	3	II
1403	–	124.68.7	Centaurea		leucophaea	3.5	II	4	I	4	I	1.5	I	1	4	II	2	I			1	I	5	I
1404	99100	–	Centaurea		maculosa	4	II	5	I	4	I	1	I	1	4	I	2	I			1	I	5	I
1405	99700	124.68.6	Centaurea		paniculata	5	I	4	I	4	I	1	I	1	3	I	3	I			1	II	3	I
1406	100650	124.68.8	Centaurea		stoebe	4.5	I	5	I	4	I	1	I	1	4	I	3	I		m	1	II	3	I
1407	101100	124.68.9	Centaurea		valesiaca	4.5	I	5	I	4	I	1	I	1	4	I	2	I			1	II	3	I
1408	–	124.68.26	Centaurea	pectinata		4.5	II	3	I	3	II	2	I	2	2	II	2	I			1	I	3	II
1409	–	–	Centaurea	phrygia aggr.		3	II	3	I	4	II	3	II	1	3	II	3	II			3	II	3	II
1410	99800	124.68.2.3	Centaurea		pseudophrygia	2.5	I	3	I	4	I	3	I	1	3	I	4	I			3	II	3	I
1411	–	124.68.2.2	Centaurea		stenolepis	3.5	I	3	I	3	I	2.5	II	2	4	II	2	I			3	I	3	II
1412	99900	124.68.28	Centaurea	rhaetica		2.5	I	4	I	4	II	1.5	I	1	4	I	2	I			3	I	3	I
1413	–	–	Centaurea	rupestris aggr.		4	II	3	I	4	II	1.5	I	1	5	I	2	I			1	I	5	I
1414	–	124.68.3	Centaurea		dichroacantha	3.5	I	3	I	5	I	1.5	I	1	5	I	2	I			1	I	5	I
1415	–	124.68.4	Centaurea		rupestris	4	I	3	I	4	I	1.5	I	1	5	I	2	I		m	1	I	5	I
1416	–	–	Centaurea	scabiosa aggr.		x	–	3	II	4	II	2	II	1	4	II	2	II			3	I	3	II
1417	100100	124.68.5.2	Centaurea		alpestris	2	I	3	I	4	I	2.5	I	1	4	I	3	I			3	I	3	I
1418	–	124.68.5.3	Centaurea		badensis	4	I	5	I	4	I	1	I	1	5	I	2	I			3	I	3	I
1419	–	124.68.5.4	Centaurea		fritschii	3.5	I	3	I	4	I	2	I	1	4	I	2	I			3	I	3	II
1420	100200	124.68.5.5	Centaurea		grinensis	4	II	4	I	4	I	1	I	1	3	I	2	I			3	I	3	I
1421	100000	124.68.5.1	Centaurea		scabiosa	4	I	3	I	4	II	2	I	1	4	I	2	I		m	3	I	3	I
1422	100500	124.68.13	Centaurea	solstitialis		4.5	I	4	I	4	I	2	I	1	3	I	4	I	s	m	3	I	3	II
1423	100600	124.68.14	Centaurea	splendens		5	I	3	I	4	I	1	I	1	3	I	3	I			1	I	5	I

Strategien					Biologisches Verhalten										Vorkommen						Pflanzengesellschaften			Literatur			
LF	BD	WT	RO	KS	DA	VA	FS	MA	BZ	BS	MV	SU	DG	GI	GV	LR	EG	AE	EM	VE	1	2	3	BL	SL	TB	SEN
g-h	s	2	Rs	css	Me	Au	mo		6-8	an	–		3	e	B3a	2.5 5.1 5.2 7.1	5	I	2	=	7.232	7.211					1335
g	w	3	Rs	css	Me Hy	Au	mo		5-6	an	2		4	e	B3		–	I	2	>							1336
g	w	3	Rs	css	Me Hy	Au	mo		5-6	an	2		4	e	B3	1.2 1.3 5.1 5.2	4	I	2	>*	6.112	7.2	12.111				1337
g	w	3	Rs	css	Me Dy	Au	mo		5-6	an	2		3	e	B3	1.3 5.2 9.2	5	I	2	>	6.112						1338
h	s		Rk	css	Me Ep	Sr	zw		5-6	an	2		2	e	B6		–	I	2	>					768	B	1339
h	s		Rk	css	Me Ep	Sr	zw		5-6	an	2		2	e	C2c	1.3 1.4 6.3 9.2	5	I	2	>			11.212				1340
h	s	1.5	Rk	css	Me Ep	Sr	zw		5-6	an	2		2	e	B6	1.3 6.3	5	I	2	>			6.112				1341
h	s		Rs	crs	Me Ep	Sr	zw		5-6	an	2		2	e	A2c	1.3 6.3	5	N	3	<			6.112				1342
h	s		Wv	crs	Me Dy	Ws	zw		7-9	me	2		1	h e	E2	3.3 6.2 6.7 9.1	–	I	2	=			9.14				1343
h	s	3.5	Wv	crs	Me Dy	Ws	zw	p7	7-9	me ps my	2		1	e	E1		–	I	2	>*	10.21	9.135	14.2112		561	B	1344
h	s	3.5	Wv	crs	Me Dy	Ws	zw	>50*	7-9		2		1	h e	E4b	6.2 6.5 7.1 9.1	2	I	2	>*			9.135				1345
h	s	3.5	Wv	crs	Me Dy	Ws	zw		7-9		2		1	h e	E1	6.2 6.5 7.1 9.1	2	I	2	>*			10.21	f i k			1346
k	w	3	Wv	crs	Me	Kv	zw		7-8		1		1	e	D1	2.1 2.2 6.2 7.3	–	I	2	=			4.21	k m			1347
t	s		Wv	rrr	Me	Kv	zw		6-8		1		1	e	C2	2.1 2.2 6.2 7.3	–	I	2	=			2.3	k m			1348
k	w	3	Wv	rss	Me	Kv	zw	p8	7-9	me my (hm)	1		1	e	B6		–	I/A	1-3	>	9.135	11.231	10.11		561	B D	1349
k	w	3	Wv	rss	Me	Kv	zw		7-8		1		1	h e	B6	6.2 6.5 7.2 9.1	1	I	1	>			11.513	f i l			1350
k	w	3	Wv	rss	Me	Kv	zw		7-8		1		1	e	D4	2.2 6.2 6.7 9.1	–	I	2	>			9.135	f i l			1351
k	w	3	Wv	rss	Me My	Kv	zw		7-9		1	2	2	h e	D3	2.2 6.2 6.7 9.1	1	I/A	3	>			9.13				1352
h	s?		Rh	crs	Ep	Sr	ve		8-10		–		1		B4a	1.4 2.2 6.7 7.4	–	I?	3	>			11.311	m			1353
h-t	w s		–	crs	Ep	Kv	ve		7-9	au?	–		1		B4a	1.4 2.2 2.3 2.6	1	I	2	>			5.13				1354
p	s	3.5	Wh	ccc	Me Dy	Sr	mo	150*	5	an	–		2	e	B6	7.4 9.2	1	I	2	=	14.733	14.72					1355
t	s		–	crr	Me	Kv	zw	p1	6-8	??	–		1		C2	2.1 2.2 6.2 7.3	7	I/A	4	>			5.11				1356
t	s		–	crr	Me	Kv	fa zw		7-9	en	–		1		C2	2.2 2.9	–	Ja	5	>			2.3			H	1357
k-t	t	3.5	Wv	ccr	En	Kv	ve	p2	5-8	ca my me hm*	3		1	h e	B4b	2.3 2.5 6.3 6.5	8	I	3	=	2.351	11.243	11.242				1358
h	t		Wk	ccr	En	Sr	ve		7-8	??	–		1		D2	6.3	–	I	2	>			11.234	f i l			1359
n-z	s		Wh	ccc	Me	Kv	zw		8-10		–		1		A4b	2.2 2.9	–	N	4	<			13.312?	d g		H	1360
t	s		–	crr	En	Sr	zw		8-11		–		1	mg h	A2a	2.2	–	N	5	<			?				1361
p	s	4.5	Wh	ccc	Dy	Sr	mo	3000*?	6	me my ca	–		2	h e	C2	2.9 9.2 9.3	1	A	2	=	14.411	14.41101	14.73301			H	1362
g	w		Rh	css	Me Hy	Ao	zw		5-9	an?	–		3	e	B3	1.3 2.5 4.1 4.2	4	I	2	>			6.113				1363
p	s		Wh	ccc	Me	Kv	zw		6-7	??	–		1	mg	A4c	2.2 2.3 2.7 2.9	–	N	5	<			?	d g k			1364
p	s		Wh	ccc	Me	Kv	zw		6	??	–		1	mg	A4c	2.9	–	N	5	<			?	d g			1365
h	s		Rh	ccr	Me	Sr	zw		6-9		–		1		C2a	2.2 3.2 6.2 7.3	–	I	5	>			12.41				1366
t	w s	1	–	rrs	Me	Kv	sb zw		5-7	an au	–	2*	3	e	C2c	2.1 2.2 2.5 6.1	7	A	5	<			2.3		123		1367
t	s	2	–	rrr	Ep	Kv	ve	p1	5-7	au en	–	3	1		C2c	2.1 2.5 3.1 6.2	7	A	4	>			2.312				1368
p	i		Wh	ccc	Me	Kv	mo		9-10	an?	–		1		A3d	2.7 2.9 9.3	–	N	4	<			14.8	c d m			1369
p	s		Wh	ccc	En	Sr	zw	500*	3-5	??	–		1		C1	2.9 7.4 9.3	3	I	2	=			14.812				1370
p	s		Wh	ccc	En	Sr	zw		4-5	??	–		1		A2c	2.3 2.7 2.9 9.5	–	N	5	<			14.5	c d m			1371
h	t?		Rh	crs	Bo My	Sr	zw		5-7		2		1		E2	3.2 6.2 9.1 9.3	–	I	2	>?			9.132?	c f k			1372
h	w?		Rh	crr	Bo	Sr	zw		6-7		–		2		C2a	2.1 2.2 2.5 7.4	–	A	3	=?			5.11	k m			1373
k-t	w		Wv	crr	Ep Bo	Kv	zw	p2	7-10	me hm	–	2	2	e	C2a	2.1 2.2 6.2 6.3	7	A	5	>			2.34				1374
h	t?		Rh	crs	Bo	Sr	zw	p3	7-8		2		2		E2e	2.1 2.2 6.2 7.3	–	I	5	=?			9.221	k m			1375
t	w s	2.5	Wv	crr	Bo My	Kv	zw	p1	6-10	me my le (hm)	–	3	3	h e	C2	2.1 2.2 2.5	7	I/A	5	>			2.32			H	1376
t	s		–	crs	Bo	Kv	zw		7-8	en	–		2		C2b	2.2	7	N	5	=			5.11				1377
h	t		Rh	crs	Bo My	Sr	zw	p6	6-11		3		3	e	B6		–	I/N	2-3	=>					394	B C D	1378
h	t		Rh	css	Bo My	Sr	zw		7-9	le	2		3	e	E2c	6.2 6.7 9.1 9.2	6	I	2	>			9.114				1379
h	t		Rh	crs	Bo My	Sr	zw		5-9		2		3	e	D2	2.6 6.2 6.3	–	I	3	>			9.135	i m			1380
h	t	4	Rh	crs	En Dy	Sr	zw		6-9	ps me my sp*	3	2	3	e	D3	2.6 5.1 6.2 6.3	8	I	3	>	11.24	9.135					1381
h	t		Rs	crs	Bo Dy	Sr	zw		6-8		3		3	e	F4b	3.3 6.5 7.2	–	I	2	=			10.2116	k m			1382
h	t		Rh	crs	Bo My	Sr	zw		6-8		2		3	e	E4	6.3 6.7 7.4	–	I	3	>			11.23	c			1383
h	t		Rh	crs	Bo My	Sr	zw		7-10		2		3	e	D2	2.6 6.2 6.3 6.7	6	I	2	>			11.112				1384
h	t		Rh	crs	Bo My	Sr	zw		6-9	me my hm le*	2	2	3	e	D2	6.2 6.3 6.4 7.1	–	I	2	>			9.135				1385
h	t		Rh	ccs	Bo My	Sr	zw		6-8	me	2		3	e	D4	6.2 6.3 6.7 9.2	–	I/N	3	>			11.24	c			1386
h	s		Rh	css	Bo My	Sr	zw		7-8		2		3	e	D3	2.2 6.2 6.7 7.4	6	I	2	>			9.135				1387
h	t		Rh	ccs	Bo My	Sr	zw		8-9		2		3	e	D4	2.6 6.2 6.3	–	I	3	>			9.135	c			1388
h	t		Rh	ccs	Bo My	Sr	zw		6-8		2		3	e	D2	2.1 6.2 6.3 6.7	–	I	3	>			11.24	k m			1389
h	t		Rh	ccs	Bo My	Sr	zw		6-9		3		3	e	F4	2.2 6.3 6.7 7.4	6	I	3	>			11.24				1390
h	t		Rh	ccs	Bo My	Sr	zw		6-8		2		3	e	F4c	2.5 4.2 6.3 7.2	–	I	3	>			11.2	c			1391
h	w?		Rs	crs	Bo	Sr	zw		5-8		1		2		F2a		–	I	3	=?						B C	1392
h	w?		Rs	crs	Bo	Sr	zw		6-7		1		2		F2a	6.2 7.3	–	I	3	=?			9.144	m			1393
h	w?		Rs	crs	Bo	Sr	zw		5-7		1		2		F2a	3.2 6.2 7.3	–	I	3	=?			3.2114	k			1394
h	w?		Rs	crs	Bo	Sr	zw		6-8		1		2		F2a	2.6 3.2 9.2	–	I	3	=?			3.224	m			1395
h	w?		Rs	crs	Bo	Sr	zw		6-8		1		2		F2a	2.6 3.1 6.2 9.1	–	I	3	=?			4.122	m			1396
h	w		Rh	crs	Bo	Sr	zw		6-8		–		2		E2d	3.2 7.3	–	I	2	=			3.231	k m		A	1397
h	w		Rh	ccs	Bo My	Sr	zw	p6	5-8		2		2		E1		–	I	2	=							1398
h	w		Rh	ccs	Bo My	Sr Ws	zw		5-8	me	2		3	h	E3	6.3 7.2 9.1 9.2	–	I	2	=	10.212	11.514	15.001				1399
h	w		Rh	ccs	Bo My	Sr Ws?	zw		6-8		2		2		E2d	6.2 7.1	–	I	2	=			9.141	f		E	1400
h	w	3	Rh	ccs	Bo My	Sr Ws?	zw		5-7	me	2		2		E2	6.2 6.5 9.1 9.3	1	I	2	=			11.111				1401
k-t	s		Wv	crs	Bo	Kv	zw	p2	7-9		1		3		B6a		–	I	2-4	=>					610	B C	1402
k-t	s		Wv	crs	Bo	Kv Sw	zw		6-9		1		3		D1a	2.2 6.2 7.3 9.1	–	I	3	>			9.1	k m			1403
h-t	s		Wv	crs	Bo	Kv	zw	r4; >12*	7-9	le me	1		3		D3a	2.2 3.1 3.2 6.2	–	I	2	>			9.141	i m		E	1404
k-t	s		Wv	crs	Bo	Kv	zw		7-9	my me ph ps*	1		3		D1a	2.2 3.2 6.2 7.3	–	I	3	=			9.13				1405
k-t	t	4	Wv	crs	Bo	Kv	zw		7-9		1		3		B6a	3.2 6.2 6.7 7.4	6	I	3	>			9.11				1406
k-t	t	3	Wv	crs	Bo	Kv	zw	p3	7-9	me	1		3		F2b	3.1 3.2 6.2 9.1	6	I	2	>			9.1132				1407
h	s		Rs	css	Bo	Sr	zw		6-8		1		3		C2a	3.2 6.2 7.1 7.3	–	I	3	=			3.224	m			1408
h	s		Rh	ccs	Bo	Sr	zw		7-9	le me	2		3		D3		–	I	2	=					441		1409
h	s	2.5	Rh	ccs	Bo	Sr	zw		7-8		3		3		D5	2.2 6.3 6.7 9.1	2	I	2	=			11.242				1410
h	s		Rh	ccs	Bo	Sr	zw		7-9		2		3		D1b	6.2 6.7 9.2 9.3	–	I	2	=			11.1	c k m			1411
h	s		Rh	ccs	Bo	Sr	zw		7-8		1		1		F3c	6.2 6.5 7.1 9.1	1	I	2	=			10.2116				1412
h	w?		Rh	ccs	Bo	Sr	zw		6-9	ca me	–		3		E2a		–	I	2	=							1413
h	w?		Rh	ccs	Bo	Sr	zw		7-9		–		2		F4c	2.5 3.2 3.3 9.1	–	I	2	=			9.1211	k			1414
h	w?		Rh	ccs	Bo	Sr	zw		6-7		–		3		E2a	3.2 6.2 6.7 7.1	–	I	2	=			9.121	k			1415
h	s		Rh	ccs	My Dy	Sr	zw	p3	6-8	me my ph ps*	2		1		B6		–	I	2	=>						B C	1416
h	s		Rh	ccs	My Dy	Sr	zw		7-8		2		1		E1	6.5 7.2 8.2 9.1	2	I	2	=	10.21	10.421	11.242				1417
h	s		Rh	ccs	My Dy	Sr	zw		6-9		1		1		E4a	3.2 6.2 9.1	–	I	2	=			9.116	c k			1418
h	s		Rh	ccs	My Dy	Sr	zw		6-9		1		1		E2c	3.2 6.2 6.7 9.1	–	I	2	=			11.1	k			1419
h	s		Rh	ccs	My Dy	Sr	zw		6-8		1		1		F6	3.2 6.2	6	I	2	>			9.114	k			1420
h	s	4.5	Rh	ccs	My Dy	Sr	zw	p7	6-8		2	2	1		B6	6.2 6.7 9.1 9.3	6	I	2	>	9.1	11.111	14.211				1421
t	w s		–	crr	Bo Ep	Kv	zw	p2	7-9	me hm my	–	2	1	h	C2	2.1 2.2 6.3 7.3	7	I/N	3	>			2.3				1422
k-t	w		Wv	crs	Bo	Kv	zw	p2	7-9		–		3		D1	2.2 3.2 3.3 6.2	3	I	2	>			9.1				1423

Nummern			Taxa			Klima						Boden												
SEN	**SIN**	**FAN**	**Gattung**	**Aggregat/Einzelart**	**Kleinart**	**T**	**v**	**K**	**v**	**L**	**v**	**F**	**v**	**W**	**R**	**v**	**N**	**v**	**S**	**M**	**H**	**v**	**D**	**v**
1424	–	–	**Centaurea**	**uniflora aggr.**		2	II	4	II	4	I	2.5	II	1	3	II	3	II			3	II	3	II
1425	–	–	**Centaurea**		**bugellensis**	3	I	4	I	4	I	2	I	1	3	I	2	I			1	I	5	I
1426	–	124.68.25.2	**Centaurea**		**ferdinandii**	2	I	3	I	4	I	2.5	I	1	3	II	3	I			1	I	5	I
1427	99400	124.68.25.1	**Centaurea**		**nervosa**	2	I	3	I	4	I	3	I	1	3	II	3	I			3	I	3	I
1428	101000	124.68.24	**Centaurea**		**uniflora**	2	I	5	I	4	I	2	I	1	3	II	2	I			3	I	3	I
1429	–	–	**Centaurium**	**erythraea aggr.**		4	II	3	II	4	I	3.5	II	3	4	II	2	II			x	–	x	–
1430	101200	98.3.1	**Centaurium**		**erythraea**	3.5	I	3	I	4	I	3.5	II	3	3	II	2	I			5	II	1	II
1431	–	98.3.3	**Centaurium**		**favargeri**	4	I	3	I	4	I	3	II	3	4	I	3	I			1	I	5	I
1432	–	98.3.2	**Centaurium**		**uliginosum**	4	I	4	I	4	I	3.5	II	3	4	I	2	I	s		1	I	1	I
1433	101300	98.3.4	**Centaurium**	**pulchellum**		3.5	I	3	I	4	I	3	II	3	4	I	3	I	s		1	I	1	I
1434	–	98.3.5	**Centaurium**	**spicatum**		4.5	I	2	I	5	I	3	II	3	4	I	2	I	s		1	I	1	I
1435	–	122.3.4	**Centranthus**	**calcitrapae**		5	II	3	I	5	I	1.5	I	1	4	II	2	I	s		3	I	3	II
1436	–	–	**Centranthus**	**ruber aggr.**		4.5	II	3	II	4	II	2	II	1	5	I	2	I			1	II	5	I
1437	101500	122.3.2	**Centranthus**		**angustifolius**	4.5	II	4	I	4	I	2	I	1	5	I	2	I			1	I	5	I
1438	–	122.3.3	**Centranthus**		**lecoqii**	5	II	3	I	5	I	1.5	I	1	5	I	2	I			1	I	5	I
1439	101600	122.3.1	**Centranthus**		**ruber**	4.5	I	4	I	4	I	1	I	1	5	I	2	I	s		3	I	5	I
1440	101800	148.3.1	**Cephalanthera**	**damasonium**		3.5	I	3	I	3	II	2.5	I	2	4	II	2	I		m	3	I	3	I
1441	101900	148.3.2	**Cephalanthera**	**longifolia**		3.5	I	4	I	3	I	2.5	I	3	4	I	2	I		m	3	I	1	I
1442	102000	148.3.3	**Cephalanthera**	**rubra**		4	II	4	I	3	I	2.5	I	1	4	I	2	I		m	3	I	3	I
1443	102100	123.1.3	**Cephalaria**	**alpina**		2.5	I	4	I	3	II	3	I	1	4	I	4	I			3	I	3	I
1444	–	123.1.1	**Cephalaria**	**leucantha**		4.5	I	3	I	4	I	1.5	I	2	4	II	2	I			1	I	5	II
1445	–	123.1.2	**Cephalaria**	**transsylvanica**		4	I	4	I	4	I	2	I	1	4	II	2	I			3	I	3	I
1446	–	–	**Cerastium**	**alpinum aggr.**		1.5	II	x	–	5	I	2	II	1	x	–	2	I			3	II	5	II
1447	102300	38.8.7	**Cerastium**		**alpinum**	1.5	I	3	I	5	I	2	I	1	2	I	2	I			3	I	5	I
1448	102400	38.8.8	**Cerastium**		**eriophorum**	1.5	I	4	I	5	I	2.5	I	1	4	II	2	I			3	II	3	II
1449	104400	38.8.4	**Cerastium**		**lineare**	2	I	2	I	5	I	2	I	1	2	I	2	I			1	I	5	I
1450	–	–	**Cerastium**	**arvense aggr.**		x	–	4	II	4	II	2	II	1	3	II	3	II			3	I	3	II
1451	102600	38.8.6.1	**Cerastium**		**arvense**	4	I	4	I	4	I	2	I	2	4	I	3	I		m	3	I	3	I
1452	–	38.8.5	**Cerastium**		**julicum**	1.5	I	3	I	5	I	3	I	1	5	I	2	I			3	I	5	I
1453	102600	38.8.6.4	**Cerastium**		**molle**	4	I	4	I	4	I	2	I	1	3	I	3	I			3	I	3	I
1454	102700	38.8.6.2	**Cerastium**		**strictum**	2	II	4	I	5	I	2	I	1	3	I	2	I		m	3	I	3	I
1455	102800	38.8.6.3	**Cerastium**		**suffruticosum**	3	II	4	I	4	I	2	I	1	3	I	2	I			1	I	5	I
1456	103400	38.8.1	**Cerastium**	**cerastoides**		1	I	1	I	4	I	4	I	1	2	I	2	I			5	II	3	I
1457	103500	38.8.2	**Cerastium**	**dubium**		5	I	3	I	3	I	4.5	I	3	4	I	3	I	s		3	I	1	I
1458	–	–	**Cerastium**	**fontanum aggr.**		x	–	3	I	4	II	3.5	II	x	x	–	4	II			3	II	3	II
1459	103600	38.8.15.1	**Cerastium**		**fontanum**	1.5	I	3	I	4	II	3	I	1	2	I	4	I			3	II	3	I
1460	103700	38.8.15.2	**Cerastium**		**lucorum**	3.5	I	3	I	3	II	4	I	2	4	I	4	I			3	II	1	II
1461	103800	38.8.15.3	**Cerastium**		**vulgare**	3.5	II	3	I	4	II	3	I	1	3	II	4	II	s		3	II	3	II
1462	–	–	**Cerastium**	**latifolium aggr.**		1	II	3	II	5	II	3	II	1	x	–	2	I			1	I	5	I
1463	102900	38.8.12.2	**Cerastium**		**austroalpinum**	1.5	I	3	I	5	I	3	I	1	5	I	2	I			1	I	5	I
1464	–	38.8.12.1	**Cerastium**		**carinthiacum**	1.5	II	3	I	5	II	2.5	I	1	5	I	2	I			1	I	5	I
1465	104200	38.8.10	**Cerastium**		**latifolium**	1	I	3	I	5	I	3	I	1	5	I	2	I		m	1	I	5	I
1466	104600	38.8.11	**Cerastium**		**pedunculatum**	1	I	2	I	5	I	3	I	1	2	I	2	I			1	I	5	I
1467	105400	38.8.9	**Cerastium**		**uniflorum**	1	I	3	I	5	I	3	I	1	2	II	2	I			1	I	5	I
1468	–	–	**Cerastium**	**semidecandrum aggr.**		4.5	II	x	–	4	I	2	II	1	4	II	3	II			3	I	3	I
1469	103000	38.8.16.1	**Cerastium**		**brachypetalum**	4.5	I	2	I	4	I	1	I	1	4	I	3	I		m	3	I	3	I
1470	103900	38.8.17	**Cerastium**		**glomeratum**	4	I	4	I	4	I	2.5	I	1	3	II	4	I			3	I	3	I
1471	104000	38.8.21	**Cerastium**		**glutinosum**	4.5	I	2	I	4	I	1.5	I	1	4	I	3	I			3	I	3	I
1472	104300	38.8.18	**Cerastium**		**ligusticum**	5	I	2	I	4	I	1	I	1	4	I	2	I		m	3	I	3	I
1473	104700	38.8.20	**Cerastium**		**pumilum**	4.5	I	2	I	4	I	1	I	1	4	I	2	I	s		3	I	3	I
1474	104800	38.8.19	**Cerastium**		**semidecandrum**	4	I	4	I	4	I	2	I	2	3	I	3	I	s	m	3	I	3	I
1475	103100	38.8.16.2	**Cerastium**		**tenoreanum**	5	I	2	I	4	I	1	I	1	4	I	3	I			3	I	3	I
1476	–	38.8.13	**Cerastium**	**subtriflorum**		2.5	II	2	II	3	II	3	I	1	4	I	3	I			1	II	3	II
1477	–	38.8.14	**Cerastium**	**sylvaticum**		4	I	3	I	2	II	3.5	I	2	4	II	4	I		m	5	I	1	I
1478	105200	38.8.3	**Cerastium**	**tomentosum**		4.5	I	4	I	4	II	2	I	1	4	I	3	I	s		1	I	5	I
1479	–	–	**Ceratocapnos**	**claviculata**		3.5	I	1	I	3	II	3	II	1	1	I	3	I	s		5	I	3	I
1480	105500	18.1.1	**Ceratophyllum**	**demersum**		4	I	3	I	3	I	5u	I	1	4	I	4	I	s		–	–	–	–
1481	105600	18.1.2	**Ceratophyllum**	**submersum**		4.5	I	3	I	3	I	5u	I	1	4	I	4	I	s		–	–	–	–
1482	–	40.2.1	**Ceratostigma**	**plumbaginoides**		4.5	I	2	II	5	I	2.5	I	1	3	II	3	I			3	I	3	I
1483	105650	64.1.1	**Cercis**	**siliquastrum**		5	I	2	I	3	I	2	I	1	4	I	2	I			3	I	3	I
1484	105700	106.6.2	**Cerinthe**	**glabra**		2	I	2	I	3	II	3.5	I	1	4	I	4	I			3	I	3	I
1485	105800	–	**Cerinthe**	**major**		5	I	1	I	4	I	1	I	1	3	I	4	I			3	I	3	I
1486	–	–	**Cerinthe**	**minor aggr.**		x	–	4	II	4	II	2	II	1	4	II	4	I			3	I	3	I
1487	–	106.6.1.2	**Cerinthe**		**auriculata**	2.5	I	3	I	4	II	2.5	I	1	4	II	4	I			3	I	3	I
1488	105900	106.6.1.1	**Cerinthe**		**minor**	4.5	I	4	I	4	I	2	I	1	4	I	4	I			3	I	3	I
1489	–	–	**Ceterach**	**officinarum aggr.**		4.5	I	4	I	5	II	1.5	I	1	3	II	1	II			1	I	5	I
1490	–	7.12.19.2	**Ceterach**		**javorkeanum**	4.5	I	4	I	5	II	1.5	I	1	3	II	1	I			1	I	5	I
1491	106000	7.12.19.1	**Ceterach**		**officinarum**	4.5	I	4	I	5	II	1.5	I	1	4	II	1	II		m	1	I	5	I
1492	–	–	**Chaenomeles**	**japonica**		4.5	I	2	I	3	II	3	I	1	3	I	3	I			3	I	3	I
1493	–	–	**Chaenorrhinum**	**minus aggr.**		4.5	II	3	II	4	I	2	II	1	4	I	x	–			3	II	3	II
1494	–	114.10.3.2	**Chaenorrhinum**		**litorale**	4.5	I	3	I	4	I	2	I	1	4	I	2	I	s		1	I	5	I
1495	106100	114.10.3.1	**Chaenorrhinum**		**minus**	4	I	3	I	4	I	2.5	I	2	4	I	4	I			3	I	3	I
1496	–	114.10.2	**Chaenorrhinum**		**rubrifolium**	4.5	II	4	II	4	I	1.5	I	1	4	I	2	I			3	I	3	II
1497	–	114.10.1	**Chaenorrhinum**	**origanifolium**		4	II	4	I	4	I	2	I	1	5	I	2	I			1	I	5	I
1498	–	97.6.1	**Chaerophyllum**	**aromaticum**		3.5	I	5	II	3	I	3.5	I	3	3	II	4	I			3	I	3	I
1499	106200	97.6.6	**Chaerophyllum**	**aureum**		3	I	4	I	3	I	3	II	2	4	I	4	I			3	I	3	I
1500	106300	97.6.5	**Chaerophyllum**	**bulbosum**		4.5	I	5	I	3	II	4	I	2	4	I	5	I			3	I	1	I
1501	–	–	**Chaerophyllum**	**hirsutum aggr.**		2.5	II	3	II	4	II	3.5	II	2	x	–	4	II			3	I	1	I
1502	–	–	**Chaerophyllum**		**cicutariiforme**	2.5	I	2	I	3	I	3.5	I	2	3	I	4	I			3	I	1	I
1503	106600	97.6.3	**Chaerophyllum**		**elegans**	2	I	2	I	4	II	3.5^	I	2	2	I	4	I			3	I	1	I
1504	106700	97.6.2	**Chaerophyllum**		**hirsutum**	3	II	2	I	3	I	3.5	I	2	4	II	4	I		m	3	I	1	I
1505	107100	97.6.4	**Chaerophyllum**		**villarsii**	2	II	3	I	4	II	3	I	2	3	II	3	I			3	I	1	I
1506	107000	97.6.7	**Chaerophyllum**	**temulum**		4.5	I	2	I	3	II	3	I	1	3	II	5	I			3	I	1	I
1507	–	–	**Chamaecereus**	**silvestrii**		5	I	2	II	4	I	3	II	3	3	I	3	I			3	I	5	I
1508	107150	–	**Chamaecyparis**	**lawsoniana**		4.5	I	3	I	3	I	2.5^	I	1	3	I	2	I			3	I	3	I
1509	–	–	**Chamaecytisus**	**hirsutus aggr.**		x	–	4	II	4	II	2	II	1	4	II	2	I			3	I	5	II
1510	–	64.7.3	**Chamaecytisus**		**falcatus**	3	I	4	I	4	II	1.5	I	1	4	II	2	I			3	I	5	I
1511	107200	64.7.2.1	**Chamaecytisus**		**hirsutus**	4.5	II	5	I	3	II	2	I	1	3	I	2	I		m	3	I	5	I
1512	–	64.7.2.2	**Chamaecytisus**		**pumilus**	2.5	I	3	I	4	I	2.5	I	1	3	II	2	I			3	I	5	I

	Strategien				Biologisches Verhalten										Vorkommen						Pflanzengesellschaften			Literatur			
LF	BD	WT	RO	KS	DA	VA	FS	MA	BZ	BS	MV	SU	DG	GI	GV	LR	EG	AE	EM	VE	1	2	3	BL	SL	TB	SEN
h	t		Rh	ccs	Bo My	Sr	zw		7-8		1		1		E4		–	I	2	=						B	1424
h	t		Rh	ccs	Bo My	Sr	zw		7-8		1		1		F3a*	3.2 6.2	–	I	2	=			10.421?		773	E	1425
h	t		Rh	ccs	Bo My	Sr	zw		7-8		1		1		F2a*	6.3 6.5	–	I	2	=			10.421	k m			1426
h	t		Rh	ccs	Bo My	Sr	zw	p5	7-8	le me	2		1		E4	6.3 6.5 7.1 8.2	2	I	2	=	10.421	11.51					1427
h	t		Rh	ccs	Bo My	Sr	zw		7-8		1		1	e	E2d	6.3 6.5 6.7 7.1	–	I	2	=			10.421	c f m			1428
t	s w		–	rrs	Bo	Kv	zw		6-10	au my me ph*	1		1	h e	D1		–	I	2	=					958	B D	1429
t	w		–	rrs	Bo	Kv	zw	p1	7-9		1	4	1	h e	B6	2.5 2.6 6.2 6.7	5	I	2	=	11.412	9.135	15.012				1430
t	s w		–	rrs	Bo	Kv	zw		6-10		1		1	e	F2a*	2.5	–	I	3	=			2.211	m			1431
t	s w		–	rrs	Bo	Kv	zw		7-9		1		1	e	D4	2.2 6.3	–	I	2	=			11.21	c m			1432
t	s	1	–	rrs	Bo	Kv	zw		6-10	au en	1		1	e	B6	1.4 2.1 2.5 6.3	5	I	3	>	2.211						1433
t	s		–	rrs	Bo	Kv	zw		7-9		–		1	e	C2a	2.5 6.3	–	I	3	>			2.112	k m	958		1434
t	s		–	rrr	Me Ep	Sr	zw	p1	5-7	me le	–		2		C2	2.2 2.5 3.1 6.2	–	I	3	=			4.21	k m			1435
h	s		Wv	crs	Me	Sr	zw		5-8	ps	–		2	e	C2c		–	I/N	1	=					690		1436
h	s		Wv	crs	Me	Sr	zw	p6	6-8		–		2	e	E2d	3.2 3.3 6.2	3	I	1	=			3.362				1437
h	s		Wv	crs	Me	Sr	zw		5-8		–		2	e	E3a	3.2 3.3 6.2	–	I	1	=			3.361	m			1438
h	s		Wv	crs	Me	Sr	zw	p11	5-9	sp ps	–		2	h e	C2c	2.9 3.2	3	I/N	3	<			3.24				1439
g	s		Rs Wd	crs	Me	Sr	zw		5-6	au me	1		1		D3	7.4 9.1 9.2 9.3	1	I	1	=	14.7312	11.111					1440
g	s		Rh Wd	crs	Me	Sr	zw		4-6	me	–		1		B6	7.4 9.1 9.2 9.3	1	I	1	>	14.7312	14.811	14.2112				1441
g	s		Rs Wd	crs	Me	Sr	zw		6-7	me	1		1		C1	7.4 9.1 9.2 9.3	1	I	2	>	14.7312	14.81103	15.001				1442
h	s		Rh	ccs	Me Dy	Sr	zw		7-8	me	1		2		F5	6.7 7.2 7.4 9.2	2	I	2	>	11.51	11.11	14.735				1443
z	s		Wh	ccs	Me Dy	Kv	zw	p11	7-9		–		2		D1	3.2 3.3 6.2 7.3	–	I	3	=			12.41	k m			1444
t	s		Wv	crs	Me Dy	Kv	zw		7-8		–		2		D1b	2.1 2.2	–	I	3	=			2.33	k m			1445
c-h	w		Rs	css	Bo	Au Sr	zw	p7	7-9	au my	1		3		B5		–	I	1	=	10.311				69, 70	B	1446
c-h	w		Rs	css	Bo	Sr	zw		7-9		1		3		B5b	3.2 3.3 6.5	2	I	1	=			10.3				1447
c-h	w		Rs	css	Bo	Au Sr	zw		7-9		1		3		E4	3.2 3.3 5.1 6.5	2	I	1	=			10.4?	c	70		1448
c-h	w		Rs	crs	Bo	Au	zw		7-8		1		3		F2b	2.6 6.5 6.7 9.1	–	I	1	=			11.112		36		1449
c	w		Rs	crs	Bo	Ao Sw	zw	p18	4-8	ca my me hm*	3		3		B6		–	I/A	2-3	=>						B	1450
c	w	1	Rs	crs	Bo	Ao Sw	zw		4-6		3		3		B6b	2.1 2.2 3.2 6.2	7	I/A	3	>			5.2				1451
c	w		Rs	crs	Bo	Ao Sw	zw		5-7		2		3		F4b	3.2 3.3	–	I	2	=			3.2111	c k m			1452
c	w	1	Rs	crs	Bo	Ao Sw	zw		6-8		2		3		E4	3.2 3.3 6.2 6.5	7	I	3	>			10.2				1453
c	w	1	Rs	ccs	Bo	Sw	zw		6-8		2		2		E1	3.1 3.4 6.5 7.2	2	I	2	=	10.211	11.411	10.311				1454
c	w		Rs	css	Bo	Sw	zw		6-8		2		2		E2d	3.2 3.3 6.2	2	I	2	=			9.143				1455
c	w		Rs	css	Bo En	Kt	zw		7-8	my	1		3		B5	4.1 5.1 6.3 6.6	2	I	1	=	8.111	5.121	7.221				1456
t	s		–	crs	Bo	Kv	zw		4-6	??	–		1		C2	1.4 2.1 2.2 6.3	7	I	3	>			11.21				1457
c	t w		Rs	crs	Bo En	Kt	zw	p2	4-8		3		2		B6b		–	I	2-3	=>						B	1458
c	w		Rs	crs	Bo En	Kt	zw		6-8	en	4	4	2		E4a	2.4 6.3	2	I	1	=			11.24				1459
c	w		Rs	crs	Bo En	Kt	zw		6-8	au en	3		2		E1	2.3 4.2 6.3 9.2	1	I	2	=?			14.7				1460
c	t	1.5	Rs	crs	Bo En	Kt	zw		4-6	au my	5		2	e	B6b	2.1 2.2 2.7 6.3	8	I	3	>			11.24				1461
c	w		Rs	crs	Bo	Au	zw	d	7-9		–		3		E1		–	I	1	=						B	1462
c	w		Rs	css	Bo	Au	zw		7-9		–		3		F4	3.2 6.5	2	I	1	=			10.211				1463
c	w	2.5	Rs	css	Bo	Au	zw		6-9		–		3		F7	3.1 3.2 3.3 8.2	–	I	1	=			3.31	c k m			1464
c	w		Rs	crs	Bo	Au	zw		7-8	au my (me)*	–		3		E4	3.3	2	I	1	=	3.31						1465
c	w		Rs	crs	Bo En	Au	zw		7-8		–		3		F1	3.2 3.3	2	I	1	=	3.341						1466
c	w	1	Rs	crs	Bo	Au	zw		7-8	??	–		3		E4a	3.2 3.3	2	I	1	=	3.341	3.331					1467
t	s w		–	rrr	Bo	Kv	zw		3-6		1		1		B6		–	I/A/N	4-5	<>						B D	1468
t	s w		–	rrr	Bo	Kv	zw		4-6	au my? me?	1		1		C1	2.1 2.2 3.1 6.2	6	I/A	5	=			4.131				1469
t	s w	1	–	rrr	Bo	Kv	zw	p1	4-9	au me?	1	3	1		C1	2.1 2.2 2.6 6.3	7	I/A	5	<			2.3				1470
t	s w		–	rrr	Bo	Kv	zw		4-5		2		1		C2	2.2 2.7 3.1 6.2	7	I/A	5	>			4.12				1471
t	s w		–	rrr	Bo	Kv	zw		4-5		1		1		E2d	2.1 2.2 3.1 6.2	6	I	5	<			4.1				1472
t	s w		–	rrr	Bo	Kv	zw		4-5	au my me?	1		1		C2	2.1 2.2 3.1 6.2	7	I/N	5	=			4.131				1473
t	s w		–	rrr	Bo En	Kv	zw	p1	3-5	au my me	1		1	e	B6a	2.2 2.7 3.1 6.2	6	I/A	4	>			4.131				1474
t	s w		–	rrr	Bo	Kv	zw		4-5		1		1		D1	2.2 3.1 3.2 6.2	6	I/N	4	=			4.131				1475
h-t	w		Wv	crs	Bo	Kt	zw		7-8		–		2		F4b	3.2 6.5 9.2 9.3	–	I	1	=			3.212	k m			1476
h	w		Rs	crs	Bo En	Ao	zw		5-7		3		2		D4	4.2 7.4 9.2	–	I	2	>			14.7	c k m			1477
c	i		Rs	ccs	Bo	Ao Sw	zw		5-7	au	2		4		D1f	2.2 2.7 2.9 3.2	3	N	4	<			5.11		410	H	1478
t.li	s		–	rrr	My?	Kv	zw		6-9		–		2		D2	2.3 2.6 6.7 9.2	–	N	3	<?			11.411	m	776		1479
s	w		Tu	sss	Hy	As	mo		6-8	hd	–		3		B1	1.1	4	I	2	=			1.3				1480
s	w		Tu	sss	Hy	As	mo		6-8	hd	–		3		B1a	1.1	4	I	2	<			1.3				1481
g-z	s		Wh	ccs	Bo	Kt	zw		7-10		–		3		A4b	2.2 2.7 2.9	–	N	3	<			?	g k m			1482
p	s		Wh	ccc	Me	Sr	zw	100*	3-4	me	–		1	h e	C2a	2.9 7.4 9.3	–	A	3	<			14.81	d f k			1483
h	t		Rh	ccs	Me	Sr	zw	p2	6-8	me	–		2		E1	2.4 6.5 7.2 8.1	2	I	1	>*	5.121	11.514	13.411				1484
k-t	t		Wv	rrs	Me	Kv	zw	p2	6-7	me	–		2		C2	2.1 2.2	7	I	5	=			2.3				1485
h-t	t		Wv	rrs	Me	Kv	zw		5-8	me (au)	–		1		C2b		–	I/A	3	=							1486
h	t		Wv	rrs	Me	Kv	zw		5-7		–		1		E2a	2.6 6.3 6.5 6.7	–	I	3	=			5.111	k m			1487
k-t	t	1.5	Wv	rrs	Me	Kv	zw	p9	5-8		–		1		C2b	2.1 2.2 2.6 6.3	2	I/A	4	=			5.111				1488
h	w		Rs	rss	Me	Kv	zw		5-8		–		2		C1		–	I	2	=					862	B	1489
h	w		Rs	rss	Me	Kv	zw		5-8		–		2		D1b	3.2 3.3	–	I	1	=			3.2	k			1490
h	w		Rs	rss	Me	Kv	mo		5-8		–		2		C1	3.2 3.3	3	I	3	=			3.2				1491
n	t		Wh	ccc	En	Sr Ws	zw		3-5	en	–		1		A4b	2.2 2.9 9.2	–	N	5	<			?	c d g			1492
t	s		–	rrs	Bo My	Kv	zw		4-10	au	–		2		C2		–	I/A/N	3	<							1493
t	s		–	rrs	Bo My	Kv	zw		4-10		–		2		C2b	2.2 2.5 3.2 6.2	–	N	4	<			3.362	c k m			1494
t	s	1.5	–	rrs	Bo My	Kv	zw	p2	6-10		–	4	2		C2	2.1 2.2 2.5 3.3	7	A	5	<			2.3				1495
t	s		–	rrs	Bo My	Kv	zw		4-9		–		2		C2a	2.1 3.1 3.3 6.1	–	I	2	=			4.211	c k m			1496
c	s?		Wh	css	Bo My	Ao	zw		6-7	me	–		1		E2b	3.2 3.3	–	I/N	2	=			3.21	k m	756		1497
h	s		Rh	ccr	Bo Ep	Sr	ve		6-8	en	–		2		D4	2.3 2.6 4.2 9.2	–	I	2	=			5.132	c k m			1498
h	s	3.5	Rh	ccc	Bo Ep	Sr	ve	p6	6-8	my hm ca	2		3		B6	2.2 2.3 6.3 7.2	8	I	3	<	5.132	11.24					1499
k	s		Wk	ccs	Bo Ep	Kv	ve		6-8	me	2		3	tg h e	B6a	2.2 2.3 2.5 9.2	7	I/N	3	<			5.132				1500
h	s		Rh	ccs	Bo Ep	Sr	ve		5-8		3		3		D3		–	I	2	=					944	B	1501
h	s		Rh	ccs	Bo Ep	Sr	ve		5-8		3		3		F2	3.2 6.3 7.2 8.1	–	I	2	=			11.514			E	1502
h	s		Rh	ccs	Bo Ep	Sr	ve		5-8		2		3		F3a	2.5 7.2 8.1	2	I	2	=			11.514		943		1503
h	s	2.5	Rh	ccs	Bo Ep	Sr	ve		5-8	ca my me hm	4		4		E1	2.5 6.3 7.2 9.2	8	I	2	=	11.321	14.721					1504
h	s	2.5	Rh	ccs	Bo Ep	Sr	ve	p4	5-8	my ca hm le	3		3		F1	6.3 6.5 7.2 9.2	2	I	2	=	11.242	10.212	14.73				1505
t	t		Wv	crr	Bo Ep	Kv	ve		5-7	ca my me hm	–	2	3	tg h	D3	2.2 2.3 2.6 7.4	1	I	3	<			5.131				1506
c	i		Sk	css	En	Kt	zw		5-7		–		2		A1	3.2	–	N	4	<			3.24				1507
p	i		Wh	ccs	Bo	Kv	mo		3-4	an	–		1		A2b	2.7 2.9	–	N	4	<			?	c d g			1508
n-z	s		Wh	ccs	My	Kv	zw		4-7		–		2	mg	B6a		–	I	2	=					137	B C	1509
z	s		Wh	ccs	My	Sr	zw		4-7		–		2	mg	D1b	3.2 3.3 6.2 6.5	–	I	2	=			9.11	c m			1510
n-z	s		Wh	ccs	My	Sr	zw	p10	4-6	me	–		2	mg	B6a	6.2 7.1 7.4 9.2	1	I	2	=			14.4				1511
z	s		Wh	ccs	My	Sr	zw		4-6		–		2	mg	F2a	3.2 3.3 6.5 9.1	–	I	2	=			10.421	k m			1512

Nummern			Taxa			Klima						Boden												
SEN	SIN	FAN	Gattung	Aggregat/Einzelart	Kleinart	T	v	K	v	L	v	F	v	W	R	v	N	v	S	M	H	v	D	v
1513	–	64.7.4	**Chamaecytisus**		**ratisbonensis**	4	I	4	I	4	II	1.5	I	1	4	II	2	I			3	I	5	II
1514	107400	64.7.5	**Chamaecytisus**		**supinus**	4.5	I	4	I	3	II	1.5	I	1	4	II	2	I		m	3	I	5	I
1515	107300	64.7.1	**Chamaecytisus**	**purpureus**		4.5	I	4	I	3	II	2	I	1	5	I	2	I			3	I	5	I
1516	107700	148.12.1	**Chamorchis**	**alpina**		1.5	I	4	I	5	I	2	I	1	5	I	1	I			3	I	3	I
1517	107800	7.1.1	**Cheilanthes**	**acrostica**		5	I	4	I	5	I	2	I	1	4	II	1	I			1	I	5	I
1518	108200	22.5.1	**Chelidonium**	**majus**		3.5	II	3	I	3	I	3	I	1	4	II	4	I		m	3	I	3	I
1519	–	–	**Chenopodium**	**album aggr.**		x	–	x	–	4	II	2	II	1	3	II	4	I	s		3	I	3	II
1520	108300	35.3.13	**Chenopodium**		**album**	3	I	3	I	4	I	2	I	1	3	I	4	I		m	3	I	3	I
1521	–	–	**Chenopodium**		**borbasii**	4.5	I	4	I	4	I	2	I	1	3	I	4	I			3	I	3	I
1522	109500	35.3.12	**Chenopodium**		**opulifolium**	4.5	I	5	I	4	I	2	I	1	3	I	4	I			3	I	3	I
1523	–	–	**Chenopodium**		**pedunculare**	4.5	II	4	I	3	I	1.5	I	1	3	I	4	I			3	I	5	I
1524	109700	–	**Chenopodium**		**pratericola**	4.5	I	3	I	4	I	2	I	1	3	I	4	I			3	I	3	I
1525	109900	35.3.14	**Chenopodium**		**strictum**	4.5	I	4	I	4	I	2	I	1	4	I	4	I			3	I	3	I
1526	–	35.3.15	**Chenopodium**		**suecicum**	3.5	I	3	II	4	I	2.5	I	1	3	II	4	I			3	I	3	II
1527	108350	35.3.2	**Chenopodium**	**ambrosioides**		5	I	2	I	4	I	2	I	1	4	I	4	I			3	I	3	I
1528	108400	–	**Chenopodium**	**berlandieri**		5	I	3	I	4	I	3	I	1	3	I	4	I			3	I	3	I
1529	108500	35.3.3	**Chenopodium**	**bonus-henricus**		2.5	II	3	I	4	I	2	I	1	3	II	5	I			3	I	3	I
1530	108600	35.3.1	**Chenopodium**	**botrys**		5	I	4	I	4	I	1	I	1	3	I	4	I			3	I	3	I
1531	108900	35.3.11	**Chenopodium**	**ficifolium**		4.5	I	3	I	4	I	3.5	I	2	4	I	4	I			3	I	3	I
1532	109100	35.3.4	**Chenopodium**	**glaucum**		4	I	4	I	4	I	3.5	I	1	4	I	5	I	ss		3	I	1	I
1533	109200	–	**Chenopodium**	**hircinum**		5	I	2	I	4	I	1.5	I	1	3	I	5	I	s		3	I	3	I
1534	109300	35.3.6	**Chenopodium**	**hybridum**		4.5	I	4	I	4	I	3	I	1	4	I	4	I			3	I	3	I
1535	109400	35.3.10	**Chenopodium**	**murale**		5	I	3	I	4	I	2	I	1	4	II	4	I	s		3	I	3	I
1536	109600	35.3.7	**Chenopodium**	**polyspermum**		3.5	I	3	I	4	I	3.5	I	2	4	I	4	I		m	3	I	1	I
1537	–	–	**Chenopodium**	**probstii**		4.5	I	3	I	4	I	1.5	I	1	3	I	4	I			3	I	3	I
1538	–	–	**Chenopodium**	**pumilio**		5	I	3	I	4	I	2.5	I	2	3	I	4	I			3	I	3	I
1539	–	–	**Chenopodium**	**rubrum aggr.**		4	I	4	I	4	II	3.5	II	x	4	II	5	II	s		3	II	3	II
1540	–	–	**Chenopodium**		**chenopodioides**	4	I	4	I	5	I	3	I	3	4	I	5	I	s		1	I	1	I
1541	109800	35.3.5	**Chenopodium**		**rubrum**	4	I	4	I	4	I	3.5	I	1	4	I	5	I	s		3	I	1	I
1542	–	–	**Chenopodium**	**schraderanum**		4.5	I	3	I	4	I	1.5	I	1	3	I	4	I			3	I	3	I
1543	110000	35.3.9	**Chenopodium**	**urbicum**		5	I	4	I	4	I	2.5	I	1	4	I	5	I	s		3	I	3	I
1544	110100	35.3.8	**Chenopodium**	**vulvaria**		4.5	I	4	I	4	I	2	I	1	4	I	5	I			3	I	3	I
1545	110200	58.4.1	**Chimaphila**	**umbellata**		3	I	4	I	2	I	2	I	1	2	I	2	I			5	I	3	I
1546	110300	124.94.2	**Chondrilla**	**chondrilloides**		3.5	I	4	I	4	I	3	I	3	4	I	2	I			1	I	5	I
1547	110400	124.94.1	**Chondrilla**	**juncea**		4	I	4	I	4	I	1.5	I	1	4	I	3	I	s		3	I	3	I
1548	–	54.15.1	**Chorispora**	**tenella**		4	I	4	I	5	I	2	I	1	4	I	4	I	s		3	II	3	II
1549	112400	139.79.1	**Chrysopogon**	**gryllus**		4.5	I	4	I	4	I	1.5	I	1	3	II	2	I			3	I	5	I
1550	112500	62.3.1	**Chrysosplenium**	**alternifolium**		3	I	3	I	2	I	4.5	I	3	4	II	3	I		m	3	I	1	I
1551	112600	62.3.2	**Chrysosplenium**	**oppositifolium**		3	I	1	I	2	I	4.5^	I	3	3	I	3	I			3	I	3	I
1552	–	98.1.1	**Cicendia**	**filiformis**		4	I	1	I	4	I	4	I	3	2	I	3	I	s		3	I	1	I
1553	–	–	**Cicendia**	**pusilla**		4.5	I	1	I	4	I	4	I	3	2	I	3	I			3	I	1	I
1554	112700	64.24.1	**Cicer**	**arietinum**		5	I	3	I	3	I	2	I	1	3	I	2	I			3	I	3	I
1555	112800	124.90.1	**Cicerbita**	**alpina**		2	I	2	I	3	II	4	I	1	3	I	4	I			5	I	3	I
1556	112900	–	**Cicerbita**	**macrophylla**		4	I	2	I	3	II	3	I	1	3	I	4	I			3	I	3	I
1557	113000	124.90.2	**Cicerbita**	**plumieri**		2.5	I	2	I	3	II	3.5	I	1	2	I	3	I			3	I	3	I
1558	113100	124.74.2	**Cichorium**	**endivia**		4.5	I	2	I	4	I	3	I	2	3	I	4	I			3	I	3	I
1559	113200	124.74.1	**Cichorium**	**intybus**		4	I	3	I	4	I	2.5	I	2	4	I	3	I			3	I	1	I
1560	113300	97.41.1	**Cicuta**	**virosa**		3.5	I	4	I	3	II	5	I	2	3	II	3	I			5	I	1	I
1561	–	14.2.1	**Cinnamomum**	**glanduliferum**		5	I	1	I	3	II	3.5	I	2	2	I	2	I			3	I	3	I
1562	113400	72.1.3	**Circaea**	**alpina**		2.5	I	2	I	2	II	4	I	2	2	I	2	I			5	I	1	I
1563	113500	72.1.1	**Circaea**	**lutetiana**		3.5	I	2	I	2	II	3.5	I	2	4	II	4	I		m	3	I	1	I
1564	113700	124.61.13	**Cirsium**	**acaule**		2.5	II	3	I	4	I	2	I	2	4	I	3	I			3	I	3	I
1565	113800	124.61.19	**Cirsium**	**arvense**		3.5	II	3	I	3	II	3	II	3	3	II	4	I	s	m	3	I	1	II
1566	113900	124.61.16	**Cirsium**	**canum**		4	I	5	I	4	I	4	I	3	4	II	4	I			5	I	1	I
1567	–	124.61.10	**Cirsium**	**carniolicum**		2.5	I	3	I	3	II	3.5	II	1	4	I	4	I			5	I	3	II
1568	–	–	**Cirsium**	**eriophorum aggr.**		x	–	x	–	4	I	2	II	1	4	II	3	II			3	I	3	II
1569	114100	124.61.3.1	**Cirsium**		**eriophorum**	2.5	II	2	II	4	I	2	I	1	4	I	4	I			3	I	3	I
1570	–	124.61.1	**Cirsium**		**ferox**	4.5	II	3	I	4	I	1.5	I	2	5	I	2	I			3	I	3	II
1571	–	124.61.2	**Cirsium**		**morisianum**	3.5	II	3	I	4	I	2	I	1	3	II	4	I			3	I	3	I
1572	–	124.61.3.2	**Cirsium**		**spatulathum**	3.5	I	4	I	4	I	2	I	1	4	II	4	I			3	I	3	I
1573	114300	124.61.8	**Cirsium**	**erisithales**		2.5	I	4	I	2	II	3.5	I	2	4	I	3	I			3	I	1	I
1574	114400	124.61.14	**Cirsium**	**helenioides**		2.5	II	4	I	3	II	3.5	I	3	3	I	4	I			3	I	3	I
1575	114600	124.61.17	**Cirsium**	**monspessulanum**		5	I	2	I	3	II	4	I	3	3	I	4	I			3	I	1	I
1576	114700	124.61.7	**Cirsium**	**montanum**		2.5	I	4	I	3	II	4	I	3	3	I	4	I			5	I	1	I
1577	114800	124.61.11	**Cirsium**	**oleraceum**		3	II	3	I	3	II	4	I	2	4	I	4	I		m	5	I	1	I
1578	114900	124.61.18	**Cirsium**	**palustre**		3.5	II	3	I	3	II	4	I	3	3	II	3	I		m	5	I	1	I
1579	115000	124.61.15	**Cirsium**	**pannonicum**		4	I	5	I	3	II	2.5	I	3	4	I	2	I			3	I	1	I
1580	115100	124.61.6	**Cirsium**	**rivulare**		3.5	I	4	I	4	I	4	I	3	3	I	3	I			5	I	1	I
1581	115300	124.61.12	**Cirsium**	**spinosissimum**		1.5	I	3	I	4	I	3.5	I	2	3	II	4	I			3	I	3	I
1582	115400	124.61.5	**Cirsium**	**tuberosum**		3.5	I	3	I	3	II	3.5	I	2	4	I	2	I			5	II	1	I
1583	115500	124.61.4	**Cirsium**	**vulgare**		3.5	I	3	I	4	I	3	I	2	4	II	4	I	s	m	3	I	3	I
1584	–	124.61.9	**Cirsium**	**waldsteinii**		3	I	5	I	4	II	3	I	1	3	I	4	I			3	I	3	II
1585	–	48.1.1	**Cistus**	**albidus**		5	I	3	I	5	I	1.5	I	1	4	I	2	I			3	I	3	II
1586	–	48.1.2	**Cistus**	**monspeliensis**		5	I	3	I	5	I	1.5	I	1	3	II	2	I			3	I	3	II
1587	115600	48.1.3	**Cistus**	**salviifolius**		5	I	3	I	4	I	1	I	1	2	I	2	I		m	3	I	5	I
1588	–	51.4.1	**Citrullus**	**lanatus**		5	I	2	I	4	I	2.5	I	1	3	II	4	I			3	I	3	I
1589	115700	138.12.1	**Cladium**	**mariscus**		4.5	I	2	I	4	I	5	I	3	5	I	3	I	s		5	I	1	I
1590	115800	–	**Claytonia**	**perfoliata**		4.5	I	2	I	3	II	3	I	1	3	I	3	I			3	I	3	I
1591	115900	139.63.1	**Cleistogenes**	**serotina**		4.5	I	4	I	4	I	1	I	1	4	I	2	I			1	I	3	I
1592	116000	19.15.4	**Clematis**	**alpina**		2	I	3	I	3	II	3	II	1	4	II	2	I		m	3	I	3	I
1593	116100	19.15.1	**Clematis**	**flammula**		5	I	2	I	3	II	2.5	I	1	4	I	2	I			3	I	3	I
1594	116200	–	**Clematis**	**integrifolia**		5	I	4	I	3	II	2	I	1	4	II	2	I			3	I	3	I
1595	116300	19.15.3	**Clematis**	**recta**		4.5	I	4	I	3	II	2	I	2	4	I	2	I		m	3	I	1	I
1596	–	–	**Clematis**	**tangutica**		4	I	5	I	4	I	2.5	I	1	3	I	3	II			1	II	5	II
1597	116400	19.15.2	**Clematis**	**vitalba**		3.5	I	3	I	3	II	3	I	1	4	I	3	I		m	3	I	3	I
1598	116500	–	**Clematis**	**viticella**		5	I	3	I	3	II	3.5	I	1	4	I	4	I			3	I	1	I
1599	–	–	**Cleome**	**sesquiorygalis**		5	I	1	I	4	I	2	I	1	3	I	3	I			3	I	3	I
1600	–	–	**Clinopodium**	**vulgare aggr.**		4	II	3	I	3	II	2.5	II	1	4	II	2	I			3	I	3	I
1601	–	108.21.1.2	**Clinopodium**		**arundanum**	3.5	I	3	I	3	II	2	I	1	3	II	2	I			3	I	3	I

Strategien					Biologisches Verhalten										Vorkommen						Pflanzengesellschaften			Literatur			
LF	**BD**	**WT**	**RO**	**KS**	**DA**	**VA**	**FS**	**MA**	**BZ**	**BS**	**MV**	**SU**	**DG**	**GI**	**GV**	**LR**	**EG**	**AE**	**EM**	**VE**	**1**	**2**	**3**	**BL**	**SL**	**TB**	**SEN**
z	s		Wh	ccs	My	Sr	zw		4-6		–		2	mg	D1b	6.2 6.7 7.4 9.1	–	I	2	=			9.115	c m			1513
z	s		Wh	ccs	My	Sr	zw	r10	4-8		–		2	mg	B6a	6.2 7.1 9.1 9.2	6	I	2	=			14.4	k m		E	1514
z	s		Wh	ccs	My	Sr	zw	p16	4-6	??	–		2	mg	F4	6.2 7.1 7.4 9.1	–	I	2	=			14.2				1515
g	s		Wk	css	Me	Kv	zw		7-8	hm my ca	2		1		D5	5.1 6.5	2	I	1	=	10.211	10.311					1516
h	t		Rs	rss	Me	Kv	zw		4-6		–		1		C2	3.2 3.3	–	I	2	>			3.231				1517
h-k	t	1	Rs	ccr	My	Sr	zw	p6	4-9	au me my ca	–		3	tg h e	B4	2.2 2.3 2.7 9.5	7	I/A	3	=	5.13						1518
t	s		–	rrr	En Dy	Kv	zw	d	7-10	an	–		2	tg e	B3		–	I/A/N	5	<=					889	A C D	1519
t	s	2.5	–	rrr	En Dy	Kv	zw		7-9		–	5	2	tg e	B4b	2.1 2.2 2.4 2.5	7	A	5	=	2.3	14.712					1520
t	s		–	rrr	En Dy	Kv	zw		7-9		–		2	tg e	D1	2.2	–	N	5	<?			2.343	i	183	E	1521
t	s		–	rrr	En Dy	Kv	zw		7-8		–		1	tg e	B6a	2.1 2.2	7	A	5	>			2.34				1522
t	s		–	rrr	En Dy	Kv	zw		6-8		–		2	tg e	B6a	2.1 2.2	–	N	5	<?			2.3		889		1523
t	s		–	rrr	En Dy	Kv	zw		6-9		–		2	tg e	A2b	2.2	7	N	5	<			2.3				1524
t	s		–	rrr	En Dy	Kv	zw		9-10		–		2	tg e	C2	2.1 2.2	7	A	5	<			2.34		184	C	1525
t	s		–	rrr	En Dy	Kv	zw		6-8		–		2	tg	B4b	2.1 2.2	–	I/N	4	=			2.3	i l m	889		1526
k-t	s		–	rrr	En	Kv	zw		7-8	an au	–		1	tg h e	A1	2.2 2.5	–	N	5	<			2.34	i k l			1527
t	s		–	rrr	En At	Kv	zw		7-9	an	–		1	tg e	A2a	2.2	7	N	5	=			2.34?			A	1528
h	w		Wv	crs	En	Kv	ve zw	p4	5-8	an	3		3	e	D3	2.2 2.3 2.4 6.3	7	I	3	>*	5.121	5.113					1529
t	s		–	rrr	En Bo	Kv	zw		7-8	an	–		1	tg h e	B4a	2.2 2.5 3.1 3.2	7	A	5	=			2.34				1530
t	s	3	–	rrr	Bo At	Kv	zw		7-9	an	–	3	1	e	B6a	2.1 2.2 2.5 2.7	7	A	5	<			2.112				1531
t	s	2.5	–	rrr	Dy Bo	Kv	ve zw	d	7-9	an	–	3	1	e	B4	1.4 2.2 2.5 3.2	7	A	5	=			2.112				1532
t	s		–	rrr	At Bo	Kv	zw		8-10	an	–		1	e	A1	2.2	7	N	5	=			2.3				1533
t	s	3.5	–	rrr	En At	Kv	zw	d	7-9	an	–	4	1	tg e	B4a	2.1 2.2 2.4 2.7	7	A	5	>			2.313				1534
t	s		–	rrr	En Bo	Kv	zw	d	7-9	an	–		1	e	B6a	2.2	7	I/A	5	>			2.34				1535
t	s	2.5	–	rrr	En Dy	Kv	zw	d	7-9	an	–	4	2	e	B6b	2.1 2.2 2.5 2.7	7	A	5	=			2.112				1536
t	s		–	crr	At	Kv	zw		7-10	an	–		1		A5	2.2	–	N	5	>			2.3				1537
t	s		–	rrr	En At	Kv	ve zw		7-9	an	–		1	e	A5	2.2 2.5	–	N	5	<			2.3	i l			1538
t	s		–	rrr	At Bo	Kv	ve zw		7-9	an	–		3		B4a		–	A/N	5	=							1539
t	s		–	rrr	At Bo	Kv	ve zw		7-9		–		3		A4a	2.1 2.2	–	N	5	=			2.112	c i k			1540
t	s		–	rrr	At Bo	Kv	ve zw		7-9		–	4	3		B4a	1.4 2.1 2.2 2.5	7	A	5	=			2.112				1541
t	s		–	rrr	At Bo	Kv	zw		6-8	an	–		1	e	A3c	2.2	–	N	5	>			2.34				1542
t	s		–	rrr	At Bo	Kv	zw	d	7-9	an	–		1		B4a	2.2	7	A	5	>			2.34				1543
t	s w		–	crr	At Bo	Kv	zw	d	5-8	an	–		2		B6a	2.1 2.2 2.7	7	A	5	>			2.341				1544
c.hp	i	1	–	rss	Me	Au	zw	r6	6-8	me	–		1	h	B3	9.1	1	I	1	>	14.311						1545
h	w		Wv	css	Me	Sr	zw		7-8	en	–		1	e	F7	2.2 2.5	3	I	2	>			3.351				1546
h	w	4	Wv	css	Me	Ws	fa zw	p9	6-9	me ve (au?)	–		1	e	B6a	2.1 2.2 6.2 9.1	6	I/A	3	>			5.211				1547
t	s		–	rrs	Bo	Kv	zw		4-6		–		2		A4a	2.1 2.2 2.4	–	N	3	<			2.3	c m			1548
h	t	4	Rh	ccs	Me	Ho	zw		6	an?	1		3		B6a	3.1 3.2 6.2	5	I	2	>			9.12				1549
h	w		Rs	css	Hy	Au	zw		4-6	ca my hm (au)	2		3	e	B4b	4.2 7.2 8.1 9.2	1	I	2	=	14.721	7.12	14.73503				1550
h	w		Rs	css	Hy	Ao	zw		4-7	au my (ca)*	2		3	e	D2	2.6 4.1 4.2 9.2	1	I	2	=	14.72205	7.11	7.12				1551
t	s		–	rrr	Bo	Kv	zw		7-10	??	–		1		D2	1.4 2.5	–	I	2	>			2.2	f i m			1552
t	s		–	rrr	Bo	Kv	zw		5-8		–		1		C2a	1.4 2.5	–	A	2	>			2.2	f m			1553
t	s		Wv	crs	Dy	Kv	zw	p1	6	me	–		1	e	C2b	2.2 2.9	7	Ja	5	>			2.343				1554
h	s	2	Rh	ccc	Me	Au	zw		7-9	me (le) (ca)	1		4	e	E1	4.2 7.2 8.1 9.2	2	I	2	=	11.514	13.411	14.73139				1555
g	s		Rh	ccc	Me	Au	zw		7-8	my me	–		4		E2i	2.3 2.7 2.9	2	N	4	<			5.132				1556
h	s		Rh	ccs	Me	Sr	zw		7-8	??	–		3		E3b	3.2 4.2 7.2 9.2	2	I	2	=	11.514				906		1557
t	w s		Wv	crr	Bo Dy	Kv	zw		7-9	my ps	–		1	e	C2b	2.2 2.9	7	Ja	5	=			5.11			H	1558
h	s	3.5	Wv	crs	Bo Dy	Sr Ws	zw	r5	7-9	my me ca (ps)	1	2	1	h e	B6	2.2 2.5 6.2 6.3	7	A	3	>			5.11			H	1559
g	s		Sk	css	Me Hy	Sw	ve		7-9	my me ve hm	1		1	gg h	B4	1.3 1.4 6.3 9.2	4	I	2	>			6.1				1560
p	i		Wh	ccc	Me	Sr	zw		3-5		–		1	mg h e	A4b	2.9 9.2	1	N	3	<			14.733				1561
g	s		Rk	crs	Ep	Au	sb zw		6-8	au my	–		3		B3a	2.6 9.1 9.2	1	I	2	=	14.73111	14.312	11.514		73		1562
g	s	1	Rk	ccr	Ep	Au	zw	p1	6-8	my	–		4		B4c	2.3 2.6 9.1 9.2	7	I	3	=	14.73	14.735	14.721		73		1563
h	s	3.5	Rh	crs	Me My	Sr	ve-di	p16	7-9	me le	2		2	e	D3	6.2 6.3 6.5 9.1	2	I	2	>*	9.135	10.412	10.21				1564
g	s	3.5	Rh	ccr	Me Dy	Au Ws	di	p2	7-9	au ca me my*	3	4	4	e	B6b	2.1 2.2 2.6 6.3	7	I	3	=			2.3			A	1565
h	s	3.5	Rh Wk	crs	Me	Kv	ve-di	p1	6-9	en	2		2	e	D4	1.4 2.5 5.1 6.3	5	I	2	>			11.23		682		1566
h	s	4.5	Rh	ccs	Me	Sr	ve-di		6-8		2		3	e	F4	6.3 6.5 7.2 8.1	–	I	1	=			11.514	c k m			1567
k-t	t		Wv	ccs	Me Dy	Kv	ve-di		6-9	me le my	2		2	e	E1		–	I	3	=						B D	1568
k-t	t		Wv	ccs	Me Dy	Kv	ve-di	r2	6-9		2		2	e	D3	2.2 2.6 6.2 7.4	2	I	3	=	5.11	11.11	11.244		837		1569
k-t	t		Wv	ccs	Me	Kv	ve-di		6-9		2		1	e	E2b	2.1 2.2 6.2 7.3	–	I	3	=			5.11	m			1570
k-t	t		Wv	ccs	Me Dy	Kv	ve-di		6-9		2		2	e	E2d	2.1 2.2 6.2	–	I	3	=			5.11	m			1571
k-t	t		Wv	ccs	Me Dy	Kv	ve-di		6-9		2		2	e	E2d	2.2 2.6 6.2 7.4	–	I	3	=			5.11				1572
g	s	3	Rh	ccs	Me	Sr	ve-di	r9	7-9	me ps	2		2	e	E1	6.3 7.2 9.1 9.2	2	I	2	=	11.511	14.735	11.111				1573
g	s	2.5	Rh	ccs	Me	Au	ve-di		7-8	me ca (au)	3		3	e	B6b	2.6 4.2 6.3 7.2	2	I	2	=	11.514	11.3					1574
h	s		Rh	ccs	Me	Sr	ve-di		5-7	me le my ps	2		2	e	D1a	1.4 4.2 5.1 6.3	–	I	2	<			11.221				1575
g	s		Rh	ccs	Me	Sr	ve-di		7-8		2		2	e	E1	7.2 8.1 9.1 9.2	2	I	1	=			11.5				1576
h	t	4	Rh	ccs	Me Dy	Sr	ve-di	r3	6-9	me ps ph	3		3	h e	B6b	2.6 4.2 6.3 7.2	5	I	2	=	11.23	14.721	14.735				1577
k	w	3.5	Wv	crs	Me Dy	Kv	ve-di	r2	7-10	ca my sp me*	2	4	2	e	B6b	2.6 5.1 6.3 9.2	5	I	2	<	11.231	14.735					1578
g	s	3	Rh	ccs	Me	Sr	ve-di		5-8		2		2	e	D4	6.2 6.3 7.2 9.3	–	I	3	>			9.115	c k m			1579
h	s	2.5	Rh	ccs	Me	Sr	ve-di	p2	6-8	me	3		3	e	D4	1.4 4.1 5.1 6.3	5	I	2	>			11.233				1580
h	s	2.5	Rh	ccs	Me Dy	Sr	ve-di	r9	7-8	ca my hm ps*	2		2	e	F1	2.4 4.2 6.5 7.2	2	I	1	=	5.121	7.11	11.514				1581
g	s		Rh Wk	ccs	Me	Sr	ve-di	p3	6-8	en	2		2	e	D3	2.6 5.1 6.3 9.1	5	I	2	>	11.231	14.21124					1582
k	w	4	Wv	crr	Me Dy	Kv	ve-di	p2	7-10	me (my) (ps)*	3	3	2	e	B6b	2.2 2.5 2.6 6.3	7	I/A	3	=	5.1	11.4					1583
h	s		Rh	ccs	Me	Sr	ve-di		7-8		2		2	e	E2c	2.6 4.2 7.2 7.4	–	I	2	=			11.513	c m			1584
n-z	i		Wh	ccs	Bo	Kv	zw		4-5		–		3	tg	C2a	3.2 7.3 7.6 9.4	–	I	2	>			12.4	k m			1585
n-z	i		Wh	ccs	Bo	Kv	zw		4-5	me	–		3	tg	C2	3.2 7.3 7.6 9.4	–	I	2	=			12.5	c k m			1586
n-z	i		Wh	ccs	Bo	Kv	zw	r15	4-5	au ca me	–		3	tg	C2	3.2 7.3 7.6 9.4	6	I	1	>			12.5				1587
t.li	s		–	crr	En	Kv	mo		5-8		–		1	e	A0a	2.2 2.5 2.9	–	N	4	<			?	c i k			1588
g	w	1	Rh	ccs	Hy	Au	zw		6-7	an	1		4	e	B6a	1.3 5.1 6.3	5	I	2	>	6.111	6.112					1589
t	w s	1	–	rrr	My	Kv	zw		4-7	au	–		1	e	A2b	2.2 2.7 2.9 3.2	7	N	5	<			5.131				1590
h	s		Rs	crr	Me	Au	cl zw		7-10	an?	2		2		D1	3.2 6.2 7.3 7.4	6	I	2	>			9.1				1591
n.li	s		Wh	ccs	Me	Sr	zw	r26	5-7	me au?	–		1	tg e	E4	3.2 7.1 8.2 9.1	2	I	1	=	14.312	14.31217					1592
n.li	s		Wh	ccs	Me	Sr	zw	r4	5-8		–		1	tg e	C2	7.3 7.4 7.6 9.3	–	I	2	>			13.6				1593
h	s		Rs	ccs	Me	Sr	zw		5-6	me au	–		1	tg e	B6a	6.3	1	I	4	<			11.2				1594
c	s		Wh	ccs	Me	Sr	zw	r2	5-7	me my au	1		2	tg h e	D1	2.6 6.7 7.4 9.3	6	I	4	>	11.111	14.811	14.812				1595
n.li	s		Wh	ccs	Me	Sr	zw		6-10		–		2	tg	A4b	2.2 2.5 2.9	–	I	1	=			5.1?	d			1596
p.li	s		Wh	ccc	Me	Sr	zw	r16	7-8	me my au	–		2	tg h e	D3	6.7 7.4 7.5 9.2	1	I	2	=	14.735	14.811	13.31				1597
n.li	s		Wh	ccs	Me	Kv	zw		6-9	??	–		2	tg e	D1b	6.7 7.4 9.2	6	N	4	<			14.721				1598
t	s		–	rrr	Au	Kv	zw		8-9		–		1		A1	2.2 2.7 2.9	–	N	5	<			?	g			1599
g	t		Rs	ccs	Me Dy	Au	ve-di		7-9	ps me my	2		3	e	B6		–	I	2	=					431, 872	B	1600
g	t		Rs	ccs	Me Dy	Au	ve-di		7-9		2		3	e	C2b	2.6 6.7 9.2 9.3	–	I	2	<?			11.1	k m			1601

Nummern			Taxa			Klima						Boden												
SEN	**SIN**	**FAN**	**Gattung**	**Aggregat/Einzelart**	**Kleinart**	**T**	**v**	**K**	**v**	**L**	**v**	**F**	**v**	**W**	**R**	**v**	**N**	**v**	**S**	**M**	**H**	**v**	**D**	**v**
1602	116600	108.21.1.1	**Clinopodium**		**vulgare**	4	I	3	I	3	II	2.5	I	1	4	II	2	I			3	I	3	I
1603	116700	54.36.1	**Clypeola**	**jonthlaspi**		4.5	I	4	I	4	I	1	I	1	3	I	2	I			1	I	3	I
1604	116800	124.70.1	**Cnicus**	**benedictus**		5	I	3	I	4	I	2	I	1	3	I	4	I			3	I	3	I
1605	116900	97.46.1	**Cnidium**	**silaifolium**		4.5	I	4	I	3	II	2	I	1	4	I	2	I			3	I	3	I
1606	–	–	**Cochlearia**	**danica**		3.5	I	2	I	4	I	3.5	I	3	4	I	4	I	s		3	I	1	I
1607	–	–	**Cochlearia**	**officinalis aggr.**		x	–	2	II	4	II	4.5	II	x	3	II	3	II			x	–	x	–
1608	–	–	**Cochlearia**		**bavarica**	2.5	I	2	I	3	II	4.5	I	3	4	I	2	I			5	I	1	I
1609	–	54.40.2.2	**Cochlearia**		**excelsa**	1	I	3	I	5	I	4.5	I	1	3	I	3	I			1	I	5	I
1610	117000	54.40.1	**Cochlearia**		**officinalis**	3.5	I	2	I	4	I	4	I	3	3	I	3	I	s		3	II	1	I
1611	117100	54.40.2.1	**Cochlearia**		**pyrenaica**	2.5	I	2	I	3	II	4.5	I	3	4	I	2	I			5	I	1	I
1612	117200	148.16.1	**Coeloglossum**	**viride**		2	II	3	I	4	I	3	I	3	3	II	2	I			3	I	1	I
1613	–	–	**Coincya**	**cheiranthos aggr.**		x	–	2	I	4	I	3	II	2	2	I	3	I			1	I	5	II
1614	117300	54.63.2.1	**Coincya**		**cheiranthos**	4.5	I	2	I	4	I	2.5	II	2	2	I	3	I			1	I	5	I
1615	117400	54.63.2.2	**Coincya**		**montana**	2.5	I	2	I	4	I	3.5	I	2	2	I	3	I			1	I	5	I
1616	117500	54.63.1	**Coincya**	**richeri**		1.5	I	3	I	4	I	3	I	1	2	I	2	I			1	I	5	I
1617	117600	143.8.1	**Colchicum**	**alpinum**		2.5	II	4	I	4	I	3	I	1	2	I	3	I			3	I	3	I
1618	–	–	**Colchicum**	**autumnale aggr.**		3.5	II	3	I	3	II	x	–	2	4	II	3	I			3	I	1	II
1619	117700	143.8.2	**Colchicum**		**autumnale**	3	II	3	I	3	II	3	I	2	4	II	3	I		m	3	I	1	I
1620	–	143.8.4	**Colchicum**		**lusitanum**	4	II	3	I	3	II	2	II	2	4	II	3	I			3	I	1	II
1621	–	143.8.3	**Colchicum**		**neapolitanum**	4	I	3	I	3	I	1.5	I	1	4	II	3	I			3	I	3	II
1622	–	–	**Coleanthus**	**subtilis**		4	I	4	I	4	I	4	I	3	2	I	2	I			3	I	1	I
1623	117900	124.38.1	**Coleostephus**	**myconis**		5	I	3	I	4	I	1.5	I	1	2	I	3	I	s		3	I	3	I
1624	–	–	**Collomia**	**grandiflora aggr.**		4	II	4	I	4	II	2.5	II	2	3	II	3	II			3	II	3	II
1625	118000	–	**Collomia**		**grandiflora**	4	II	4	I	3	I	2.5	I	2	3	I	4	I			3	I	3	I
1626	–	104.2.1	**Collomia**		**linearis**	4	II	4	II	4	I	2	I	3	3	II	2	I			1	I	5	I
1627	118100	–	**Colutea**	**arborescens aggr.**		4.5	I	4	I	3	II	2	I	1	4	I	2	I			3	I	3	I
1628	118100	64.16.1.1	**Colutea**		**arborescens**	4.5	I	4	I	3	II	2	I	1	4	I	2	I			3	I	3	I
1629	–	64.16.1.2	**Colutea**		**gallica**	4.5	I	4	I	3	II	2	I	1	4	I	2	I			3	I	3	I
1630	118300	136.1.1	**Commelina**	**communis**		5	I	2	I	3	II	3	I	1	3	I	3	I			3	I	3	I
1631	–	97.49.1	**Conioselinum**	**tataricum**		2.5	I	4	I	4	II	2.5	I	1	5	I	3	I			3	I	3	II
1632	118400	97.31.1	**Conium**	**maculatum**		4.5	I	4	I	4	I	3.5	I	2	4	II	5	I			3	I	1	I
1633	–	97.15.1	**Conopodium**	**majus**		3.5	II	1	I	3	II	2.5	I	2	2	II	2	I			3	II	3	I
1634	–	54.57.2	**Conringia**	**austriaca**		4	I	5	I	4	I	4	I	2	4	II	2	I			3	I	5	I
1635	118500	54.57.1	**Conringia**	**orientalis**		4.5	I	4	I	4	I	2	I	1	5	I	3	I			3	I	3	I
1636	–	–	**Consolida**	**ajacis aggr.**		4.5	II	3	II	4	II	2	II	1	4	II	3	I			3	I	3	II
1637	118600	19.11.2	**Consolida**		**ajacis**	4.5	I	4	I	3	II	2.5	I	1	3	I	3	I			3	I	3	I
1638	–	19.11.1	**Consolida**		**hispanica**	4	I	3	I	4	I	2	I	2	4	I	3	I			3	I	3	II
1639	–	19.11.4	**Consolida**		**pubescens**	4.5	I	3	I	5	I	2	I	1	5	I	3	I			3	I	3	I
1640	–	–	**Consolida**	**regalis aggr.**		4	I	4	I	3	II	2.5	II	1	4	I	3	I			3	I	3	II
1641	–	19.11.3.2	**Consolida**		**paniculata**	4	I	4	I	3	II	2	I	1	4	I	3	I			3	I	3	II
1642	118700	19.11.3.1	**Consolida**		**regalis**	4	I	4	I	3	II	2.5	I	1	4	I	3	I		m	3	I	3	II
1643	118800	143.24.1	**Convallaria**	**majalis**		3.5	II	3	I	3	II	2.5	I	2	3	II	2	I		m	3	I	1	II
1644	118900	102.4.2	**Convolvulus**	**arvensis**		4	I	4	I	4	I	2.5	I	2	4	II	4	II		m	3	I	1	I
1645	119000	102.4.1	**Convolvulus**	**cantabrica**		5	I	3	I	4	I	1.5	I	1	4	I	4	II		m	3	I	3	I
1646	–	–	**Conyza**	**canadensis aggr.**		4.5	II	3	II	4	I	2.5	II	1	3	II	3	II			3	I	3	I
1647	–	124.7.2	**Conyza**		**bonariensis**	5	I	2	I	4	I	2.5	I	1	3	I	4	I			3	I	3	I
1648	119300	124.7.1	**Conyza**		**canadensis**	4	I	3	I	4	I	2.5	I	1	4	I	3	I		m	3	I	3	I
1649	–	124.7.3	**Conyza**		**sumatrensis**	5	I	3	I	4	I	2	I	1	4	I	4	I	s		3	I	3	I
1650	119400	148.26.1	**Corallorhiza**	**trifida**		2.5	I	3	I	1	II	3.5	I	2	3	I	2	I			5	I	1	I
1651	119450	–	**Coreopsis**	**lanceolata**		4.5	I	3	I	4	II	2.5	I	1	3	I	3	I			3	I	3	I
1652	–	–	**Coreopsis**	**tinctoria**		5	I	3	I	4	I	3	I	1	3	I	3	I			3	I	3	I
1653	119500	97.11.1	**Coriandrum**	**sativum**		5	I	4	I	4	I	2.5	I	1	3	I	3	I			3	I	3	I
1654	–	21.1.1	**Coriaria**	**myrtifolia**		4.5	I	3	I	4	II	2	I	1	4	II	2	I			3	I	5	I
1655	–	60.12.1	**Coris**	**monspeliensis**		5	II	3	I	5	I	1.5	I	2	5	I	2	I			3	I	3	II
1656	–	–	**Corispermum**	**leptopterum**		4	I	5	I	4	I	1.5	I	3	4	I	2	I			3	I	3	I
1657	–	–	**Cornus**	**alba aggr.**		4	II	x	–	3	II	4	II	3	3	I	3	I			3	II	3	II
1658	–	–	**Cornus**		**alba**	3.5	I	4	I	3	II	3.5	I	2	3	I	3	I			3	II	3	II
1659	119800	73.1.2	**Cornus**		**sericea**	4.5	I	2	I	3	II	4	I	3	3	I	3	I			5	I	1	I
1660	119600	73.1.3	**Cornus**	**mas**		4.5	I	4	I	3	I	2.5	I	1	4	I	3	I			3	I	3	I
1661	–	–	**Cornus**	**sanguinea aggr.**		3.5	II	3	II	3	II	3	II	1	4	I	3	I			3	I	3	I
1662	–	–	**Cornus**		**hungarica**	4	I	4	I	3	II	3.5	I	2	4	I	3	I			3	I	3	I
1663	119700	73.1.1	**Cornus**		**sanguinea**	3.5	II	3	I	3	II	3	II	1	4	I	3	I		m	3	I	3	I
1664	120000	64.38.3	**Coronilla**	**coronata**		4	I	4	I	3	II	2	I	2	5	I	2	I			1	I	3	I
1665	–	–	**Coronilla**	**juncea**		5	I	3	I	5	I	1	I	2	5	I	2	I			3	I	3	II
1666	120200	64.38.2	**Coronilla**	**minima**		5	I	4	I	3	II	1	I	1	4	I	2	I			3	I	3	I
1667	120300	64.38.4	**Coronilla**	**scorpioides**		5	I	3	II	4	I	1	I	1	3	I	2	I			3	I	3	I
1668	120400	64.38.1	**Coronilla**	**vaginalis**		2.5	I	4	I	3	II	2	I	2	5	I	2	I			1	I	3	I
1669	120600	54.56.2	**Coronopus**	**didymus**		4.5	I	2	I	4	I	3	I	2	4	I	4	I	s		3	I	1	I
1670	120800	54.56.1	**Coronopus**	**squamatus**		4.5	I	2	I	4	I	3.5	I	3	4	I	4	I	s		3	I	1	I
1671	120900	38.13.1	**Corrigiola**	**litoralis**		4.5	I	1	I	4	I	3.5	I	2	2	I	3	I	ss		1	I	1	I
1672	121000	60.3.1	**Cortusa**	**matthioli**		2	I	2	I	3	II	4^	I	1	4	I	4	I			3	I	1	I
1673	121400	23.1.7	**Corydalis**	**alba**		4	II	3	I	4	I	2	I	1	5	I	3	I			1	I	5	I
1674	–	23.1.1	**Corydalis**	**capnoides**		3	I	3	I	3	II	3	I	1	4	I	4	I			1	II	5	II
1675	121100	23.1.2	**Corydalis**	**cava**		3.5	I	2	I	3	II	3.5	I	1	4	I	4	I			3	I	3	I
1676	121200	23.1.3	**Corydalis**	**intermedia**		2.5	II	2	I	3	II	3.5	I	1	4	I	4	I			3	I	3	I
1677	121300	23.1.6	**Corydalis**	**lutea**		4	II	2	I	3	II	2.5	I	1	5	I	3	I			1	I	5	I
1678	–	23.1.4	**Corydalis**	**pumila**		3.5	I	3	I	2	I	3	I	2	3	II	4	I			3	I	1	I
1679	121500	23.1.5	**Corydalis**	**solida**		3.5	I	3	I	2	I	2.5	I	1	3	II	3	I		m	3	I	3	I
1680	121600	31.5.1	**Corylus**	**avellana**		3	II	3	I	3	II	3	I	2	3	II	3	I		m	3	I	3	I
1681	–	139.46.1	**Corynephorus**	**canescens**		4.5	I	2	I	5	I	1	I	1	2	II	1	I			1	I	3	I
1682	–	–	**Corynephorus**	**divaricatus**		5	I	3	I	4	I	1	I	1	3	I	3	I			3	I	3	I
1683	–	–	**Cosmos**	**bipinnatus**		5	I	2	I	4	I	3	I	1	3	I	4	I			3	I	3	I
1684	121700	88.2.1	**Cotinus**	**coggygria**		4.5	I	3	I	4	I	1.5	I	1	4	I	2	I		m	3	I	3	I
1685	121750	–	**Cotoneaster**	**bullatus**		4.5	I	3	I	3	II	2.5	I	1	4	I	2	I			3	I	3	I
1686	–	–	**Cotoneaster**	**dammeri aggr.**		4.5	I	4	I	4	I	2	I	1	3	II	3	I			3	I	3	I
1687	121760	–	**Cotoneaster**		**dammeri**	4.5	I	4	I	4	I	2	I	1	4	I	3	I			3	I	3	I
1688	–	–	**Cotoneaster**		**microphyllus**	4.5	I	4	I	4	I	2	I	1	3	I	3	I			3	I	3	I
1689	–	–	**Cotoneaster**	**dielsianus**		4.5	I	3	I	3	II	2.5	I	1	4	II	2	I			3	I	3	I
1690	–	–	**Cotoneaster**	**granatensis**		3	I	4	I	4	I	2	I	1	5	I	3	I			3	I	5	I

Strategien					Biologisches Verhalten										Vorkommen						Pflanzengesellschaften			Literatur			
LF	BD	WT	RO	KS	DA	VA	FS	MA	BZ	BS	MV	SU	DG	GI	GV	LR	EG	AE	EM	VE	1	2	3	BL	SL	TB	SEN
g	t	3	Rs	ccs	Me Dy	Au	ve-di	p2	7-9		2		3	e	B6	2.6 6.7 9.2 9.3	6	I	2	=	14.735	14.811	11.111				1602
t	v		–	rrr	Bo	Kv	zw	p1	3-4		–		1		C2	2.4 3.1 3.2 6.2	3	I	2	=			4.131				1603
t	t		–	crr	Me	Kv	zw		5-6	en	2		1	mg h	C2	2.1 2.2 2.7 7.3	–	A	4	>			2.3a				1604
h	s		Wv	ccs	Me	Sr	ve		6-8		2		2		E2a	3.2 6.7 7.4 9.3	1	I	2	=			11.111				1605
t	w s		Wv	crr	Bo	Kv	zw		5-6	my (au)	2		2	e	D2	2.2	–	N	4	<			2.3	i l m			1606
h-t	t		Wv	crs	Bo Ep	Kv	zw		4-8	au me my ca	2		2	h e	D2		–	I/N	2	=					870	B	1607
h-t	t		Wv	crs	Bo Ep	Kv	zw		4-6		2		3	h e	F7a*	4.1 4.2	–	I	1	=			7.1	l	1		1608
h-t	t		Wv	crs	Bo Ep	Kv	zw		6-8		2		2	h e	F4b	3.2 3.3	–	I	1	=			3.341	c			1609
k-t	t		Wv	crs	Bo Ep	Kv	zw		5-6		2		2	h e	D2	2.2	5	N	3	>			2.112?				1610
k-t	t		Wv	crs	Bo Ep	Sr	zw		4-6		2		3	h e	E3b	4.1 4.2 5.1	2	I	1	>	7.111				1		1611
g	s		Wk	crs	Me	Kv	zw		5-8	au me ca	2		1		B3	6.2 6.4 6.5 7.1	2	I	2	>*	10.21	10.11	11.244				1612
h-t	t s		Rh	crs	En	Kv Sr	zw		5-10	le	2		1	e	C2c		–	I	1-5	=>					494	B	1613
k-t	t s		Wv	crr	En	Kv	zw	p5	5-10		2		1	e	D2	2.1 2.2 3.2	3	I	5	>			5.112				1614
h	t		Wv	css	En	Sr	zw		6-8		2		1	e	E2b	3.2 3.3 7.1	–	I	1	=			3.3712				1615
h	t		Wv	css	En	Sr	zw		7-8		–		1	e	F2	2.5 3.2 3.3 6.5	–	I	1	=			3.3712				1616
g	s		Sk	crs	En My	Kv	zw		7-8		2		1	gg	E2b	6.3 6.5	2	I	2	=	11.242						1617
g	s		Sk	crs	En My	Kv	zw		8-11	me my ps	3		2	gg	C1		–	I	3	>						B	1618
g	s	1	Sk	crs	En My	Kv	fa zw		8-10		3		2	gg h	D3	2.6 6.3 6.5 9.2	8	I	2	>	11.23	11.241	14.722				1619
g	s		Sk	crs	En My	Kv	zw		8-10		3		2	gg	E2b	6.2 6.3	–	I	2	>			11.2	k m			1620
g	s		Sk	crs	En My	Kv	zw		9-11		3		2	gg	C2a	6.2 6.7 9.3	–	I	2	>			9.221	k m			1621
t	s w		–	rrr	Ep	Kv	zw		8-10	??	–		1		B4b	1.4	–	I?	2	>0			2.2	c k m			1622
t	s		–	rrr	Bo	Kv	ve		4-7		–		1		C2	2.1 2.2	–	I?/A	4	=			2.3a				1623
t	s		–	rrs	Me	Kv	zw		6-8	au en	–		1		A2b		–	N	5	<							1624
t	s		–	rrs	Me	Kv	cl zw		7-9		–		1		A2b	2.1 2.2 2.3 2.5	7	N	5	<			2.3				1625
t	s		–	rrs	Me	Kv	zw		6-9		–		1		A2b	2.2 2.5 2.9	–	N	5	<			2.3	f g l			1626
n	s		Wh	ccs	Me	Sr	zw	r6	5-7	me	–		1	tg h	D1		1	I	2	=						B	1627
n	s		Wh	ccs	Me	Sr	zw		5-7		–		1	tg h	D1a	2.2 7.4 9.1 9.2	–	I	2	=	14.811						1628
n	s		Wh	ccs	Me	Sr	zw		5-7		–		1	tg h	D1b	2.2 7.4 9.1 9.2	–	I	2	=			14.81	m			1629
c-t	w		Wd	ccs	Bo	Sw	zw		7-10	??	2		1		A4b	2.1 2.2 2.3 2.9	7	N	4	<			5.131				1630
h	s		Wv	ccs	Me	Sr	zw		7-9	my (hm)	–		2		B4b	3.4 7.2 7.4 9.2	–	I	1	=			11.5	c m			1631
k-t	t		Wv	crr	At Me	Kv	ve		6-9	me my hm ve	2	3	4	gg h	C2	2.1 2.2 2.3 2.7	7	A	4	<			5.113				1632
g	v		Sk	rss	Me	Sr	ve		5-6	my (hm) (ca)*	–		1	e	D2	2.4 6.3 7.1 9.2	–	I	1	=			14.4	i l m			1633
t	s		–	rrr	At	Kv	zw		6-7		–		1	e	D1b	2.1 6.2 7.4	–	I/N	2	=			9.112	c k m			1634
t	w s	2	–	rrr	At	Kv	zw		5-7	en	–	3	1	mg e	C2b	2.1 2.2	7	A	5	>			2.312				1635
t	s		–	rrr	Bo	Kv	zw		5-8	me	–		1	gg h	C2		–	A/N	4	>						B	1636
t	s		–	rrr	Bo At	Kv	zw		6-8		–		1	gg h	C2	2.1 2.2	7	A/N	4	>			2.34				1637
t	s	3	–	rrr	Bo At	Kv	zw		6-8		–		1	gg h	C2	2.1 2.9	–	A	4	>			2.312	c i k			1638
t	s		–	rrr	Bo At	Kv	zw		5-8		–		1	gg h	C2a	2.1	–	A	4	>			2.312	k			1639
t	s		–	rrr	Bo At	Kv	zw		6-9	me le	–		1	gg h	C1		–	A	4	>						C	1640
t	s		–	rrr	Bo At	Kv	zw		6-9		–		1	gg h	D1b	2.1 2.2	–	A	4	>			2.321	c k m			1641
t	s	2	–	rrr	Bo At	Kv	zw	p1	6-9		–	3	1	gg h	C1	2.1 2.2	7	A	4	>			2.312				1642
g	s	2	Rs	ccs	En	Au	zw		4-6	me au	–	2	3	gg h	D3	3.4 7.1 9.1 9.2	1	I/N	3	<	14.7312	14.811	3.3			H	1643
g.li	s	4.5	Rs	crr	Dy	Ws	zw	p3	6-9	au my me ps	2	4	3	tg h	B6a	2.1 2.2 2.5 6.2	7	A	4	<			5.211				1644
c	s	1.5	Rs	crs	Dy	Sr	zw	p9	5-10	me	1		1		C2	3.2 6.1 6.2 7.3	–	I	2	=			4.211	a f k			1645
t	w		Wv	crr	Me	Kv	ve		7-10	me	1		2		A0		–	N	5	<=							1646
t	w		Wv	crr	Me	Kv	ve		8-10		1		1		A1	2.1 2.2	–	N	5	<			2.341	c g h			1647
t	w	2.5	Wv	crr	Me	Kv	ve		7-9		1	3*	2	h e	A2	2.1 2.2 2.5 2.6	7	N	5	=			2.3				1648
t	w		Wv	crr	Me	Kv	ve		8-10		1		2		A1	2.2	–	N	5	<			2.3	g h			1649
g.sp	–		Rk	css	Me	Sr	zw		5-7	au en?	1		1		B3a	9.1 9.2	2	I	1	>	14.312						1650
h	s		–	ccs	Me	Sr	zw		6-9		–		2		A2c	2.2 2.9	–	N	4	<			?	c h			1651
t	s		–	crr	Bo	Kv	zw		7-9	??	–		1		A2b	2.2 2.9	–	N	5	<			?	g k			1652
t	s		–	crr	Me At	Kv	ve		6-7	me	–		1	mg e	C2b	2.1 2.2 2.9	7	A	5	=			2.312				1653
n	s		Wh	ccc	En	Kv	ve		3-4	??	–		1	mg	C2a	3.2 3.3 7.4 9.3	–	I	3	=			13.315	k m			1654
c-h	i		Wh	ccs	Bo	Kv	zw		4-7		–		1		C2	3.2 6.1 7.3	–	I	2	=			12.411	k m			1655
t	s		–	rrr	Me	Kv	mo		6-9	an	–		2		C2	2.2	–	N	5	<			2.34	c k l			1656
n	s		Wh	ccc	En	Au Sr	zw		5-6	en	–		2		A2d		–	N/Nw	3-4	<=						B H	1657
n	s		Wh	ccc	En	Sr	zw		4-6		–		2		A4c	2.7 2.9	–	N	4	=			?	d g			1658
n	s		Wh	ccc	En	Au	zw		5-6	me	–		5		A2	2.9 3.5 7.4 9.2	1	Nw	3	<			14.721				1659
n-p	s	2	Wh	ccc	En Dy	Sr	zw	15*	3-4	my	–		1	e	C1	2.9 7.4 9.2 9.3	1	I/N	3	=	14.811	14.73601				H	1660
n	s		Wh	ccc	En Dy	Ws	zw		5-6	ca my (hm)	–		3	e	D3		–	I/N	4	=						B	1661
n	s		Wh	ccc	En Dy	Ws	zw		5-6		–		3	e	D4	7.4 9.2	–	I/N	4	<			13.3	c l	653		1662
n	s	3.5	Wh	ccc	En Dy	Ws	zw	p35	5-6		–	2	3	e	D3	3.3 7.4 9.2 9.3	1	I	4	=	13.31	14.735	14.7		437		1663
c	s	3	Rh	css	Me	Sr	zw	p10	5-6	me	–		1	mg	E1	6.2 6.7 9.1 9.3	1	I	1	>	14.811	11.111					1664
n-z	s		Wh	css	Me	Sr	zw		4-5		–		1	mg	C2a	3.2 7.3	–	I/N	2	=			12.411	k m			1665
z	t		Wh	css	Me	Sr	zw	p28	5-7	me	–		1	mg	C2a	3.2 6.2 7.3 9.1	1	I	1	=			9.1				1666
t	s		–	rrr	Me	Kv	zw		4-5		–		1	mg	C2	2.1 2.2	–	I/A	5	=			2.343				1667
z	w	2	Wh	css	Me	Sr	zw	p34	5-7	me	1		1	mg	E4	3.2 3.3 6.2 9.1	2	I	2	=	10.211	14.2111					1668
t	s		–	rrr	Ep	Kv	zw	p3	6-9	au en	–	3	2	e	A1	2.2 2.7	7	N	5	<			2.351				1669
t	s	2	–	crr	Ep	Kv	zw	p3	6-9	au en my	–	3	1	e	C2	2.2	7	I?/A	5	>			2.351				1670
t	s		Wv	rrr	Au Hy	Kv	zw		6-9	au	–		1		C2c	2.1 2.2 2.5	7	I/A	2	>			2.112				1671
h	s		Rh	ccs	Me	Sr	zw		5-8	en	2		2		D5	4.2 7.2 8.1 9.1	2	I	2	=	13.411						1672
h	w		Rs	rss	My	Sr	zw		6-9		–		2	mg	E2	3.2 3.3	3	I/N	5	=			3.212				1673
k	w		Rs	rss	My	Kv	zw		6-8		–		2	mg	A4c	2.2 2.4 3.2 3.3	–	N	5	=			2.343	k m			1674
g	v		Sk	crs	My	Bz	zw	d	3-4	me	2		3	mg h	D3	2.1 6.3 9.2	1	I	3	=	14.73	14.73501					1675
g	v		Sk	crs	My	Bz	zw		3-5	au me	2		2	mg h	D3	2.4 6.3 7.2 9.2	1	I	2	=	5.121	5.131	14.73				1676
h	w		Rs	rss	My	Sr	zw	d	3-9	au me	–		3	mg	F4	3.2 3.3	3	I/N	3	<			3.211				1677
g	v		Sk	crs	My	Bz	zw	15*	3-5	en (au)	–		2	mg	D4	2.7 9.2 9.3	–	I	1	>			14.7	c k l	795		1678
g	v		Sk	crs	My Dy	Bz	zw	d	3-5	me	–		3	mg h	D3	6.2 6.3 9.2 9.3	1	I	2	=			14.73				1679
n-p	s	5	Wh	ccc	Dy	Sr	mo		2-4	an	–		3	h e	D3	7.4 9.1 9.2 9.3	1	I	3	=	13.3	14.7	14.811				1680
h	w	1	Rs	ccs	Me En	Ho	zw		5-8	an	2	2	2	e	D2	3.1 6.2 9.1	–	A	2	=			4.11	c i k			1681
t	s		–	rrr	Me	Kv	zw		4-6		1		2	e	C2	6.1 7.3	–	N	3	=			4.2	k m			1682
t	s		–	crr	Me Ep	Kv	ve		6-9	??	–		1	e	A2a	2.2 2.9	–	N	5	<			?	f i k			1683
n	s		Wh	ccc	Me Dy	Sr	ve		6	en	–		1	tg	C1	2.9 3.3 7.4 9.3	1	I/N	3	>	14.812	13.312					1684
n-p	s		Wh	ccc	En	Sr Ws	fa zw		5		–		1	tg	A4b	2.2 2.9	–	N	2	<			?	d			1685
z	i		Wh	ccr	En	Kt Ws	fa zw		4-5	en	2		4	tg	A4b		–	N	4	<						H	1686
z	i		Wh	ccr	En	Kt Ws	fa zw		5		2		4	tg	A4b	2.7 2.9	–	N	4	<			?	d			1687
z	i		Wh	ccr	En	Kt Ws	fa zw		4-5		2		4	tg	A4b	2.9	–	N	4	<			?	d			1688
n	t		Wh	ccc	En	Sr Ws	fa zw		4-5		–		1	tg	A4b	2.7 2.9	–	N	3	<			?	d			1689
n-t	s		Wh	ccc	En	Sr Ws	fa zw		4-5		–		1	tg	E2f	6.2 7.1	–	I?	2	=?			13.3121			E	1690

Nummern			Taxa			Klima						Boden												
SEN	SIN	FAN	Gattung	Aggregat/Einzelart	Kleinart	T	v	K	v	L	v	F	v	W	R	v	N	v	S	M	H	v	D	v
1691	–	–	Cotoneaster	horizontalis aggr.		4	I	x	–	4	II	2	II	1	4	II	3	I			3	I	3	I
1692	121770	–	Cotoneaster		divaricatus	4	I	3	I	3	II	2	I	1	4	I	3	I			3	I	3	I
1693	121780	63.25.1	Cotoneaster		horizontalis	4	I	4	I	4	I	2	I	1	4	I	2	I			3	I	3	I
1694	–	–	Cotoneaster		simonsii	4	I	2	I	3	I	2.5	I	1	3	I	2	I			3	I	3	I
1695	–	–	Cotoneaster	integerrimus aggr.		x	–	x	–	3	II	2	II	2	4	II	2	II			x	–	3	II
1696	–	–	Cotoneaster		delphinensis	3	I	3	I	3	I	2.5	I	1	5	I	3	I			3	I	3	I
1697	121800	63.25.3	Cotoneaster		integerrimus	3	I	4	I	4	I	1.5	I	2	4	I	2	I			1	II	3	I
1698	–	–	Cotoneaster		intermedius	3	I	4	I	3	I	2	I	2	4	I	2	I			3	I	3	I
1699	–	–	Cotoneaster		juranus	2.5	I	4	I	4	I	2	I	1	4	II	2	I			5	I	3	I
1700	–	–	Cotoneaster		raboutensis	3	I	3	I	4	I	2	I	1	5	I	2	I			3	I	3	I
1701	122000	63.25.4	Cotoneaster		tomentosus	3.5	II	4	I	4	I	1.5	II	2	5	I	2	I			1	II	3	II
1702	121950	63.25.2	Cotoneaster	salicifolius		4.5	I	4	I	4	I	2	I	1	4	I	2	I			3	I	3	I
1703	–	63.28.5	Crataegus	azarolus		5	I	3	I	3	I	1.5	I	1	4	II	2	I			3	I	3	I
1704	–	–	Crataegus	monogyna aggr.		4	II	x	–	3	II	3	II	2	3	II	3	II			3	I	3	II
1705	122200	63.28.1	Crataegus		laevigata	3.5	I	2	I	3	II	3.5	I	2	3	II	3	I		m	3	I	1	I
1706	122300	63.28.2	Crataegus		lindmanii	4	I	3	I	3	II	3	I	2	3	II	3	I			3	I	3	I
1707	122400	63.28.4	Crataegus		monogyna	4	II	4	I	4	I	3	I	2	4	II	3	I			3	I	3	I
1708	122700	63.28.3	Crataegus		rhipidophylla	4	I	4	I	3	I	3	I	2	3	I	2	I			3	I	3	I
1709	–	–	Crataegus	persimilis		5	I	2	I	3	II	2.5	I	2	3	I	3	I			3	I	3	I
1710	122800	124.97.13	Crepis	albida		4.5	II	4	I	5	I	2	I	1	4	I	2	I			1	I	5	I
1711	122900	124.97.12	Crepis	alpestris		2	II	4	I	4	I	2.5	I	1	5	I	2	I			3	I	3	I
1712	123000	124.97.7	Crepis	aurea		2	II	3	I	4	I	3	I	1	3	I	4	I			3	I	3	I
1713	123100	124.97.15	Crepis	biennis		3.5	I	3	I	4	I	3	I	1	3	I	4	I	s	m	3	I	3	I
1714	123300	124.97.9	Crepis	bocconei		2	I	3	I	4	I	3.5	I	1	4	I	3	I			3	I	1	I
1715	123400	124.97.24	Crepis	capillaris		3.5	I	3	I	4	I	2.5	I	2	3	II	3	I		m	3	I	1	I
1716	–	124.97.16	Crepis	chondrylloides		4.5	I	4	I	5	I	1.5	I	1	5	I	1	I			1	II	5	I
1717	123500	124.97.10	Crepis	conyzifolia		2	I	3	I	4	I	2.5	I	2	2	I	3	I			5	I	1	I
1718	–	–	Crepis	foetida aggr.		4.5	I	4	II	4	II	2	I	1	4	I	3	II			3	II	3	II
1719	123600	124.97.21.1	Crepis		foetida	4.5	I	4	I	4	I	2	I	1	4	I	4	I			3	I	3	I
1720	–	124.97.21.2	Crepis		rhoeadifolia	4.5	I	4	I	5	I	2	I	1	4	I	3	I			1	II	5	I
1721	–	–	Crepis	jacquinii aggr.		1.5	II	4	I	5	I	3	II	1	5	I	2	II			3	I	3	II
1722	–	124.97.4	Crepis		jacquinii	1.5	II	4	I	5	I	2.5	I	1	5	I	3	I			3	I	5	I
1723	123900	124.97.5	Crepis		kerneri	1.5	I	4	I	5	I	3	I	1	5	I	2	I			3	I	3	I
1724	–	124.97.14	Crepis	leontodontoides		4.5	II	3	I	3	II	2	I	1	2	I	2	II		m	3	I	3	I
1725	124000	124.97.8	Crepis	mollis		2.5	I	2	I	3	I	3.5	I	3	2	II	3	I			3	I	1	I
1726	–	124.97.26	Crepis	neglecta		5	I	3	I	4	I	1	II	2	3	I	3	I		m	3	I	3	I
1727	124100	124.97.25	Crepis	nemausensis		5	I	2	I	4	I	1	I	1	3	I	4	I			3	I	3	I
1728	124200	124.97.23	Crepis	nicaeensis		5	I	3	I	4	I	1.5	I	1	4	I	4	I	s		3	I	3	I
1729	124300	124.97.1	Crepis	paludosa		3	I	2	I	3	I	4.5	I	2	3	II	3	I			3	II	1	I
1730	–	–	Crepis	praemorsa aggr.		3	II	4	I	3	II	2.5	II	2	5	I	2	II			3	II	1	II
1731	–	124.97.18.2	Crepis		dinarica	2.5	I	4	I	3	II	2	I	1	5	I	3	I			5	II	3	I
1732	123700	124.97.18.1	Crepis		froelichiana	3.5	I	4	I	3	II	2.5	I	2	5	I	2	I			3	I	1	I
1733	124500	124.97.17	Crepis		praemorsa	3.5	I	4	I	3	II	2.5	I	2	5	I	2	I			3	I	1	I
1734	124600	124.97.20	Crepis	pulchra		4.5	I	4	I	3	II	2	I	1	4	I	4	I			3	I	3	I
1735	124700	124.97.2	Crepis	pygmaea		1.5	I	3	I	5	I	3	I	1	5	I	2	I			1	I	5	I
1736	124800	124.97.11	Crepis	pyrenaica		2.5	I	2	I	3	II	3.5	I	1	4	I	4	I			3	I	3	I
1737	124900	124.97.6	Crepis	rhaetica		1	I	3	I	5	I	2	I	1	4	I	2	I			1	I	5	I
1738	125200	124.97.28	Crepis	setosa		4.5	I	4	I	4	I	1.5	I	1	4	I	4	I	s		3	I	5	I
1739	125400	124.97.19	Crepis	tectorum		4	I	5	I	4	I	2	I	1	3	I	4	I			1	I	5	I
1740	125500	124.97.3	Crepis	terglouensis		1	I	3	I	5	I	3	I	1	5	I	2	I			1	I	5	I
1741	–	–	Crepis	vesicaria aggr.		4.5	II	3	II	4	I	2	I	1	3	II	4	I			3	I	3	II
1742	125700	124.97.27.2	Crepis		taraxacifolia	4	I	4	I	4	I	2	I	1	4	I	4	I			3	I	3	I
1743	125600	124.97.27.1	Crepis		vesicaria	5	I	3	I	4	I	2	I	1	3	I	4	I	s		3	I	3	I
1744	–	124.97.22	Crepis	zacintha		5	I	3	I	5	I	1.5	I	1	3	II	3	I		m	3	I	3	II
1745	125900	145.4.4	Crocus	biflorus		4.5	I	4	I	3	I	2	I	2	4	I	3	I			3	I	1	I
1746	–	–	Crocus	chrysanthus		4.5	I	3	I	4	I	2	I	1	4	I	3	I			3	I	3	I
1747	–	145.4.6	Crocus	ligusticus		4	II	3	I	4	I	2	I	1	3	I	2	I		m	5	I	3	I
1748	126000	145.4.5	Crocus	sativus		4.5	I	4	I	4	I	1.5	I	1	3	I	3	I			3	I	3	I
1749	126050	–	Crocus	tommasinianus		4	I	3	I	3	I	2	I	2	4	II	3	I			3	I	1	I
1750	–	–	Crocus	vernus aggr.		3	II	3	I	3	II	3	II	2	4	II	4	II			3	I	3	II
1751	125800	145.4.3	Crocus		albiflorus	2.5	I	3	I	4	I	3	I	2	4	II	4	I			3	I	1	I
1752	–	145.4.2	Crocus		vernus	3.5	I	3	I	2	II	2.5	II	2	4	II	3	I			3	I	3	I
1753	–	145.4.1	Crocus	versicolor		3.5	II	3	I	4	I	2	I	1	4	II	2	I			3	I	5	I
1754	–	–	Crucianella	angustifolia aggr.		5	I	4	II	4	II	1	I	1	4	II	2	II			3	II	3	II
1755	126100	119.2.1	Crucianella		angustifolia	5	I	4	I	4	I	1	I	1	4	I	2	I			3	I	3	I
1756	–	119.2.2	Crucianella		latifolia	5	I	3	I	5	I	1	I	1	3	II	1	I			1	I	5	I
1757	126200	119.5.2	Cruciata	glabra		4.5	I	4	I	3	II	3	I	1	3	I	3	I			3	I	3	I
1758	126300	119.5.1	Cruciata	laevipes		3.5	II	3	I	3	II	3	I	1	3	I	3	I		m	3	I	3	I
1759	126400	119.5.3	Cruciata	pedemontana		4.5	I	4	I	3	I	2	I	1	3	II	2	I			3	I	3	I
1760	126500	124.69.1	Crupina	vulgaris		4.5	I	5	I	4	I	1	I	1	4	I	2	I			3	I	3	I
1761	–	–	Crypsis	alopecuroides		5	I	3	I	4	I	4	I	3	3	I	3	I	ss		3	I	3	I
1762	126600	7.5.1	Cryptogramma	crispa		1.5	II	2	I	4	I	3	I	1	1	I	3	I			1	I	5	I
1763	126700	38.23.1	Cucubalus	baccifer		5	I	2	I	3	II	4	I	3	4	I	4	I			3	I	1	I
1764	126800	51.5.1	Cucumis	melo		5	I	1	I	4	I	3.5	I	1	3	I	4	I			3	I	3	I
1765	126900	51.5.2	Cucumis	sativus		5	I	1	I	4	I	3.5	I	1	3	I	4	I			3	I	3	I
1766	127000	51.6.2	Cucurbita	maxima		5	I	1	I	4	I	3.5	I	1	3	I	4	I			3	I	3	I
1767	127100	51.6.1	Cucurbita	pepo		5	I	2	I	4	I	3.5	I	1	3	I	4	I			3	I	3	I
1768	127200	11.1.1	Cupressus	sempervirens		5	I	2	I	4	I	2.5	I	1	3	I	3	I			3	I	3	I
1769	–	–	Cuscuta	australis aggr.		4.5	II	3	II	4	II	x	–	x	3	II	4	II			3	I	1	II
1770	127500	102.1.2	Cuscuta		campestris	5	I	2	I	4	II	2.5	I	2	3	I	4	I	s		3	I	1	I
1771	127600	102.1.1	Cuscuta		cesatiana	5	I	3	I	3	II	3	I	3	3	I	4	I			3	I	1	I
1772	–	–	Cuscuta		gronovii	4	I	3	I	4	I	4	I	3	3	I	4	I			3	I	1	I
1773	–	–	Cuscuta		suaveolens	4	I	3	I	4	I	2.5	I	1	3	II	3	I			3	I	3	I
1774	–	–	Cuscuta	epithymum aggr.		x	–	3	I	4	I	2	II	1	3	II	2	I			3	I	3	II
1775	–	–	Cuscuta		approximata	4.5	I	3	I	4	I	1.5	I	1	3	I	2	I			3	I	3	I
1776	–	–	Cuscuta		brevistyla	5	I	3	I	4	I	1.5	I	1	3	II	2	I			3	I	3	I
1777	127800	102.1.5.1	Cuscuta		epithymum	3	II	3	I	4	I	2.5	I	3	4	II	2	I		m	3	I	1	I
1778	–	102.1.5.2	Cuscuta		kotschyi	4.5	II	3	I	4	I	1.5	I	1	4	I	2	I			3	I	3	II
1779	–	–	Cuscuta		planiflora	4.5	II	3	I	4	I	1.5	I	1	3	II	2	I			3	I	3	II

Strategien					Biologisches Verhalten										Vorkommen						Pflanzengesellschaften			Literatur			
LF	BD	WT	RO	KS	DA	VA	FS	MA	BZ	BS	MV	SU	DG	GI	GV	LR	EG	AE	EM	VE	1	2	3	BL	SL	TB	SEN
n	t		Wh	ccc	En	Sr Ws	fa zw		4	en	–		2	tg	A4b		–	N	3	<				d			1691
n	t		Wh	ccc	En	Sr Ws	fa zw		4		–		2	tg	A4b	2.7 2.9	–	N	3	<			?				1692
n	t		Wh	ccc	En	Sr Ws	fa zw		4	me	2		2	tg	A4b	2.9 3.2	1	N	3	<			?				1693
n	t		Wh	ccc	En	Sr Ws	fa zw		4		–		2	tg	A4b	2.7 2.9	–	N	3	<			?	d			1694
n	t		Wh	ccc	En Dy	Sr Ws	fa zw	13*	4-5	au ve	–		2	tg e	E1		–	I/Jn	1	=					226	B D	1695
n	t		Wh	ccc	En	Sr Ws	fa zw		4-5		–		2	tg e	F2a*	3.2 7.1 9.1	–	Jn	1	=			13.3121				1696
n	t	4	Wh	ccc	En Dy	Sr Ws	fa zw		4-5		–		2	tg e	E1?	3.2 7.1 9.1 9.3	1	I	1	>*	13.312	12.313	14.811				1697
n	t		Wh	ccc	En	Sr Ws	fa zw		4-5		–		2	tg e	F2	7.4 9.1 9.3	–	Jn	1	=			13.3121				1698
n	t		Wh	ccc	En	Sr Ws	fa zw		4-5		–		2	tg e	E1	6.2 6.5 7.1 9.1	–	I	1	=			12.313				1699
n	t		Wh	ccc	En	Sr Ws	fa zw		4-5		–		2	tg e	F2b*	7.4 9.3	–	Jn	1	=			13.3121		226		1700
n	t		Wh	ccc	En	Sr Ws	fa zw		5-7		–		1	tg e	E1	3.2 7.4 9.1 9.3	1	I	1	>*	13.312	14.811					1701
n-p	i		Wh	ccc	En	Sr Ws	zw		5-6	??	–		1	tg	A4b	2.9 7.4 9.3	1	N	3	<			14.811	d			1702
n-p	s		Wh	ccs	En Dy	Sr Ws	fa? zw		4-5		–		1	h e	C2	2.9 7.6 9.3 9.4	–	A	3	=			13.6	k m	119		1703
n-p	s		Wh	ccs	En Dy	Sr Ws	fa? zw	p97	5-6		–		1	h e	B6b		–	I/Ja	2-3	=					505, 514	B G	1704
n-p	s	4	Wh	ccs	En Dy	Sr Ws	fa? zw		5-6	my me hm ca*	–		1	h e	D3	7.4 9.2 9.3 9.5	1	I	3	=	13.3	14.733	14.73119		110		1705
n-p	s		Wh	ccs	En Dy	Sr Ws	fa? zw		5-6		–		1	h e	D3a	7.4 9.2 9.3 9.5	1	I	2	>			14.733	i l	119		1706
n-p	s	2.5	Wh	ccs	En Dy	Sr Ws	fa? zw	300*	5-6	my me hm ca*	–		1	h e	C1	7.4 9.2 9.3 9.5	1	Ja	2	=	13.31	14.731	14.811	i l	119		1707
n-p	s		Wh	ccs	En Dy	Sr Ws	fa? zw		5-6		–		1	h e	D3	7.4 9.2 9.3 9.5	1	Ja	2	>			14.733				1708
n-p	s		Wh	ccc	En Dy	Sr Ws	fa? zw		5-6	ca my me? hm*	–		2		A2c	2.7 2.9	–	N	4	<			?	d g			1709
h	s		Rh	ccs	Me	Sr	zw		6-7	me my ca (le)	1		2		C2a	3.2 3.3 6.2 6.5	–	I	2	=			9.14				1710
h	s		Rh	ccs	Me	Sr	zw		6-8	en	1		1		E4	3.3 6.2 6.5 9.1	2	I	2	>*	10.211	11.111	14.211				1711
h	w	1	Rh	ccs	Me Dy	Sr	zw	p2	6-8	ps (my) (hm)*	3		2		E4	2.4 2.5 6.3 6.5	2	I	2	=	11.244	11.242	10.412				1712
k	w	3	Wv	ccr	Me Dy	Kv	zw	p1	5-9	au me	3		2	e	D3	2.2 6.3 7.4 9.2	8	I	3	>			11.241				1713
h	s		Rh	ccs	Me	Sr	zw		6-8	me	2		2		E2c	2.6 6.5 7.1 7.2	2	I	2	>	10.212	11.242					1714
k-t	w s	1.5	–	rrs	Me	Kv	zw		6-10	me my le hm*	5	3	3	e	D3	2.1 2.2 2.5 6.3	8	I/A	3	=			11.243				1715
h	t		Rh	css	Me	Sr	zw		5-6		–		1		E2c	3.2 3.3 6.2	–	I	2	=			9.121	k m			1716
h	t	4	Rh	ccs	Me Dy	Sr	zw		7-9	ca me	2		1		E1	6.3 6.5 7.2 9.1	2	I	2	=	10.412	10.212	10.421				1717
t	w		Wv	crr	Me	Kv	zw		6-9	en	–		2		C2		–	I/N	3	<=						B	1718
t	w		Wv	crr	Me	Kv	zw		5-10		–		2		D1a	2.1 2.2 2.5 6.2	7	I/N	3	<			2.3				1719
t	w		Wv	crr	Me	Kv	zw		6-9		–		2		C2b	2.2 2.5 3.2 3.3	–	I/N	3	=			5.1	c k m			1720
h	s		Rh	css	Me	Sr	zw		7-8	en	–		1		E4		–	I	1	=							1721
h	s		Rh	css	Me	Sr	zw		7-8		–		1		E4d	3.2 3.3 6.5 8.2	–	I	1	=			10.2114	c k m			1722
h	s		Rh	css	Me	Sr	zw		7-8		–		1		E4c	3.2 3.3 6.5 7.1	2	I	1	=	10.211	3.311					1723
h	s		Wk	crs	Me	Kv	zw		4-10		–		1		E2a	2.1 2.2 3.2 7.4	–	I	3	=			12.511	k m			1724
h	s		Rh	crs	Me	Sr	zw		6-8	me	2		2		E5	2.5 5.1 6.3 7.2	6	I	2	>*			11.242				1725
t	w		–	rrr	Me	Kv	zw		5-7		2		2		C2b	2.1 2.2 6.2	–	I/N	5	=			4.2	f k m			1726
t	s		–	rrr	Me	Kv	zw		4-5		2		1		C2b	2.1 2.2 6.3	7	I/N	3	<			2.3a				1727
k	w		Wv	crr	Me	Kv	zw		5-7	en	3		2		D1	2.1 2.2 6.2 6.3	6	I/N	3	=			2.34				1728
h	s	1.5	Rh	ccs	Me Dy	Sr	zw	p2	5-7	me my (le)	3		3		B6b	4.2 5.1 6.3 9.2	5	I	2	=	11.233	11.514	14.722				1729
h	s		Rh	crs	Me	Sr	zw		5-6	en	1		1		B6b		–	I	2	>						B	1730
h	s		Rh	css	Me	Sr	zw		5-6		1		1		E2c	6.2 7.4 8.2 9.1	–	I	2	>			14.21	c k			1731
h	s		Rh	css	Me	Sr	zw		5-6		1		1		F3c	3.2 6.2 6.5 6.7	6	I	2	>			10.211				1732
h	s		Rh	css	Me	Sr	zw		5-6		1		1		B6b	6.2 6.7 9.1 9.3	6	I	2	>	11.111	9.135					1733
t	s		–	rrr	Me	Kv	zw		6-7	en	–		2		C2	2.1 2.2 2.3 9.3	7	I/N	3	=			2.3				1734
h	w		Rh	css	Me	Sr	fa	r4	7-8	ap	–		1		E3	3.2 3.3	2	I	1	=	3.311	3.331					1735
h	s		Rh	ccs	Me	Sr	zw		6-8	en	2		3		E1	6.3 7.2 8.2 9.2	2	I	2	=	10.21	11.514	14.72202				1736
h	s		Rh	css	Me	Sr	zw		7-8		–		1		F6	3.2 3.3 6.5	2	I	1	=	3.331	3.311					1737
t	s		–	rrr	Me	Kv	zw		6-8	en	–		2		C2b	2.1 2.2 6.2 6.3	7	I/N	5	=			2.3				1738
t	s w	2	–	crr	Me	Kv	zw	p4	6-9	my me (ps)*	–		3	h	B6	2.1 2.2 2.5 3.2	7	I/N	5	>			2.343				1739
h	s		Rh	css	Me Dy	Sr	zw	r2	7-8	en	–		1		F7	3.2 3.3 3.4 6.5	2	I	1	=	3.311	3.331					1740
k-t	w		Wv	crr	Me	Kv	zw		5-6		2		2	e	C2		–	I/A/N	3	=						B	1741
k	w		Wv	crr	Me	Kv	zw		5-6	au en	2		3	e	C2c	2.1 2.2 6.2 6.3	8	I/N	3	=			2.34				1742
k-t	w		Wv	crr	Me	Kv	zw		5-6		2		2	e	C2	2.1 2.2	7	I/A	3	=			2.34				1743
t	s		–	rrr	Me	Kv	zw		5-6		–		2		C2	2.1 2.2 6.2	–	I	3	=			2.3	k m			1744
g	v		Sk	css	My	Sr	zw		2-4		2		1	mg	D1b	2.1 6.2 6.3 9.3	–	I/N	2	=			9.1	k m	545		1745
g	v		Sk	css	My	Sr	zw		2-4		2		2	mg	E2g	2.7 2.9	–	N	4	=			?		545		1746
g	v		Sk	css	My	Sr	zw		9-11		2		1	mg	E2d*	6.2 7.1 9.2 9.3	–	I	1	=			14.811	k m	534, 545		1747
g	w		Sk	crs	Au At	Sr	nf zw		9-11	me	–		1	mg e	C2b	2.1 2.9 6.2	7	Jn	5	>			?		545	H	1748
g	v		Sk	crs	My	Sr	zw		2-4	en	2		3	mg	E2g	2.7 2.9	–	N	4	<			?	c g h	545	H	1749
g	v		Sk	css	My	Sr	zw		2-7		3		2	mg	B6		–	I	2	=				k m	545	B H	1750
g	v	1	Sk	css	My	Sr	zw		3-7	me	3		2	mg	E1	2.4 6.3 6.5 9.2	2	I/N	2	=	11.244	10.412	11.242				1751
g	v		Sk	css	My	Sr	zw		2-6	au me (le)*	3		2	mg	E2a	4.2 6.3 7.4 9.2	–	I	2	=			14.734				1752
g	v		Sk	css	My	Sr	zw		2-4		3		2	mg	F2a*	6.2 7.3 9.3	–	I	2	=			9.141				1753
t	s		–	rrr	En	Kv	zw		4-7	ca me	–		1		C2		–	I/A	3	=							1754
t	s		–	rrr	En	Kv	zw		5-7		–		1		C2	2.2 6.2 7.3	–	I/A	3	=			4.2	k m			1755
t	s		–	rrr	En	Kv	zw		4-6		–		1		C2	3.3 6.2	–	I	3	=			3.36	k m			1756
g	s	1	Rs	crs	En	Ao	zw		4-6	au en	1		3		D1	6.7 7.4 9.2 9.3	6	I	2	>	11.1	14.73302	14.811				1757
g	w	1.5	Rs	ccr	En	Ao Au	zw		4-6	me hm my	2		3		D3	2.3 2.6 6.3 6.7	1	I	3	>	5.13	11.31					1758
t	s		–	rrs	En	Kv	zw		4-5		1		1		D1	3.1 6.2 7.4 9.1	6	I	2	>			9.1				1759
t	t		–	rrr	Me	Kv	zw	p1	5-7		–		1		B6a	2.2 6.1 6.2 7.3	6	I	2	>			4.2				1760
t	s	1	–	rrr	Me	Kv	zw		7-10	an	–		2		C2	1.4 2.1 2.5 6.3	–	A	2	>			2.2	c k m			1761
h	s		Rs	crs	Me	Kv	mo		8-9		–		3		B5a	3.2 3.3	2	I	1	=	3.342				839		1762
g	s		Wd	ccs	En	Au	zw	r4	7-9	en	–		2	e	B4b	2.3 2.6 7.2 9.2	1	I	2	>			11.311				1763
t	s		–	crr	En At	Kv	mo		6-9	me	–		2		A3	2.2 2.5 2.9	7	Jn	5	<			?			H	1764
t.li	s		–	crr	En At	Kv	mo	p1	6-8	me hm	–		2		A4b	2.2 2.9	7	Jn	5	=			?			H	1765
t	s		–	crr	En At	Kv	mo	p1	6-9	me	–		2		A2a	2.2 2.9	7	Jn	5	=			?			H	1766
t.li	s		–	crr	En At	Kv	mo		6-9	me	–		2	mg	A2a	2.2 2.9	7	Jn	5	=			?			H	1767
p	i		Wh	ccc	Dy	Kv	mo		2-4	an	–		1		C2b	2.7 2.9	1	A	5	<			?	h k m			1768
t.li.vp	–		–	rss	En Me	Kt	zw	d	6-9	au ve	1		2		A0a		–	N	3	<						D	1769
t.li.vp	–		–	rss	En Me	Kt	zw		6-8		1		2		A2	2.1 2.2 6.3	7	N	3	<			2.3a				1770
t.li.vp	–		–	rss	En Me	Kt	zw		6-9		1		2		C2b	2.1 2.2 2.5	7	N	3	<			2.3				1771
t.li.vp	–		–	rss	En Me	Kt	zw		7-9		1		2		A2c	7.2	–	N	3	<			11.311	i k l			1772
t.li.vp	–		–	rss	En Me	Kt	zw		7-9		1		2		A1	2.1 6.3	–	N	3	<			2.3	k l			1773
t.li.vp	–		–	rss	En Me	Kt	zw	d	5-9	au hm	2		2	tg	B6		–	I/N	3	<>						D	1774
t.li.vp	–		–	rss	En Me	Kt	zw		5-7		2		3	tg	A0a	2.1	–	N	3	<			2.3	k m			1775
t.li.vp	–		–	rss	En Me	Kt	zw		6-7		2		2	tg	A0a	2.1	–	N	3	<			?	k m			1776
t.li.vp	–		–	rss	En Me	Kt	zw		7-9		2		3	tg	B6b	6.2 6.3 7.1 7.3	2	I	2	>	10.21	10.412	9.1				1777
t.li.vp	–		–	rss	En Me	Kt	zw		6-7		2		2	tg	C2	6.2 6.3 7.1 7.3	–	I/N	3	<			9.1?	k m			1778
t.li.vp	–		–	rss	En Me	Kt	zw		5-7		2		2	tg	C2	2.2 6.2 6.6 7.3	–	I/N	3	<			9.1	k m			1779

Nummern			Taxa			Klima						Boden												
SEN	SIN	FAN	Gattung	Aggregat/Einzelart	Kleinart	T	v	K	v	L	v	F	v	W	R	v	N	v	S	M	H	v	D	v
1780	–	–	Cuscuta	europaea aggr.		4	II	3	I	3	II	3	II	2	3	II	4	II			3	I	3	II
1781	127700	102.1.4	Cuscuta		epilinum	4.5	I	3	I	4	II	2.5	I	1	3	II	3	I			3	I	3	I
1782	127900	102.1.3	Cuscuta		europaea	4	I	3	I	3	II	3.5	I	2	3	II	4	I		m	3	I	3	I
1783	–	–	Cuscuta	lupuliformis aggr.		4.5	II	4	I	3	II	x	–	2	3	II	3	II			3	I	3	II
1784	–	–	Cuscuta		lupuliformis	4.5	I	4	I	3	I	3.5	I	3	3	I	4	I			3	I	1	I
1785	–	–	Cuscuta		monogyna	5	I	4	I	4	I	1.5	I	1	3	II	2	I			3	I	3	II
1786	–	–	Cyclamen	coum		4.5	I	4	I	2	II	2.5	I	1	3	I	2	I			3	I	3	I
1787	128100	60.6.1	Cyclamen	hederifolium		4.5	I	2	I	3	II	3	I	1	4	I	3	I		m	3	I	3	I
1788	128400	60.6.2	Cyclamen	purpurascens		4	II	4	I	2	I	3	I	1	4	II	3	I		m	3	I	3	I
1789	–	–	Cyclanthera	pedata		4	I	3	I	4	I	2.5	I	1	3	I	4	I			3	I	3	I
1790	128500	63.19.1	Cydonia	oblonga		4.5	I	2	I	3	II	3	I	1	4	I	3	I			3	I	3	I
1791	279750	34.1.2	Cylindropuntia	imbricata		5	I	3	I	5	I	1	I	1	3	II	2	I			3	I	3	II
1792	128600	114.12.1	Cymbalaria	muralis		4.5	I	2	I	4	I	3.5	I	2	4	I	3	I			1	I	5	I
1793	–	–	Cynara	cardunculus aggr.		5	I	2	I	4	I	2.5	I	1	4	II	4	I			3	I	3	I
1794	128700	–	Cynara		cardunculus	5	I	2	I	4	I	2.5	I	1	3	I	4	I			3	I	3	I
1795	128800	–	Cynara		scolymus	5	I	2	I	4	I	2.5	I	1	3	I	4	I			3	I	3	I
1796	129000	139.68.1	Cynodon	dactylon		5	I	3	I	4	I	2	I	1	4	I	3	I	s		3	I	3	I
1797	–	106.20.5	Cynoglossum	cheirifolium		5	II	3	I	5	I	1.5	I	1	4	II	4	I			3	I	3	I
1798	129100	106.20.4	Cynoglossum	creticum		5	I	2	I	4	I	1	I	1	4	I	4	I			3	I	3	I
1799	129200	–	Cynoglossum	germanicum aggr.		3.5	I	2	II	3	II	3	I	1	4	I	4	I			3	I	3	I
1800	–	106.20.3	Cynoglossum		germanicum	3.5	I	4	I	3	I	3	I	1	4	I	4	I			3	I	3	I
1801	–	–	Cynoglossum		pellucidum	3.5	I	3	I	3	I	3	I	1	4	I	4	I			3	I	3	I
1802	–	–	Cynoglossum		rotundum	3	I	3	I	3	I	3	I	1	4	I	4	I			3	I	3	I
1803	–	–	Cynoglossum	officinale aggr.		x	–	4	II	3	II	1.5	II	1	4	II	4	II			3	I	5	I
1804	–	106.20.2	Cynoglossum		dioscoridis	2.5	II	3	I	4	I	2	I	1	4	II	4	II			3	I	5	I
1805	129300	106.20.1	Cynoglossum		officinale	4	I	4	I	3	I	1.5	I	1	4	I	4	I	s		3	I	5	I
1806	–	106.13.1	Cynoglottis	barrelieri		4.5	II	3	I	5	I	1.5	I	1	4	II	2	I			3	I	3	I
1807	129400	139.10.1	Cynosurus	cristatus		3	II	2	I	4	I	3	I	1	3	I	3	II			3	I	1	I
1808	129500	139.10.2	Cynosurus	echinatus		5	II	2	I	4	I	1	I	1	3	I	4	I		m	3	I	3	I
1809	129600	–	Cyperus	difformis		5	I	2	I	4	I	4.5	I	3	3	I	4	I			3	I	1	I
1810	129650	138.11.5	Cyperus	eragrostis		4.5	I	2	I	4	I	3.5	II	2	4	II	3	I			3	II	1	I
1811	129660	138.11.3	Cyperus	esculentus		5	I	2	I	4	I	4	I	3	3	I	3	I			3	II	1	I
1812	129700	138.11.9	Cyperus	flavescens		4	I	2	I	4	I	4	I	3	3	I	3	I	s		3	II	1	I
1813	–	–	Cyperus	flavus		5	I	3	I	4	I	3	I	3	3	I	3	I			1	I	3	I
1814	129800	138.11.6	Cyperus	fuscus		4	II	2	I	4	I	4.5	I	3	3	II	3	I			3	II	1	I
1815	129900	138.11.4	Cyperus	glomeratus		5	I	3	I	4	I	4	I	3	3	I	3	I			3	I	1	I
1816	130000	138.11.1	Cyperus	longus		4.5	I	1	I	4	I	4.5	I	3	3	I	3	I			5	I	1	I
1817	130100	138.11.7	Cyperus	michelianus		5	I	2	I	4	I	4.5	I	3	3	I	3	I			3	I	1	I
1818	130150	–	Cyperus	microiria		4.5	I	2	I	4	I	4	II	3	4	I	3	I			3	I	1	II
1819	130200	138.11.2	Cyperus	rotundus		5	I	2	I	4	I	4.5	I	3	3	I	3	I			3	I	1	I
1820	130300	138.11.8	Cyperus	serotinus		5	I	2	I	4	I	5	I	3	3	I	3	I			3	I	1	I
1821	–	–	Cyperus	strigosus		5	I	2	I	4	I	4	I	3	3	I	3	I			1	II	1	I
1822	130400	148.1.1	Cypripedium	calceolus		3.5	II	3	I	3	II	3	I	2	4	I	2	I			3	I	3	I
1823	–	7.19.1	Cyrtomium	fortunei		5	I	2	I	5	I	3.5	I	1	3	I	3	I			1	I	5	I
1824	–	–	Cystopteris	fragilis aggr.		x	–	2	II	4	II	3.5	I	1	4	II	2	I			1	I	5	I
1825	130500	7.14.2	Cystopteris		alpina	1.5	I	2	I	4	I	3.5	I	1	5	I	2	I			1	I	5	I
1826	130600	7.14.3	Cystopteris		dickieana	1.5	I	3	I	4	I	3.5	I	1	4	I	2	I			1	I	5	I
1827	130700	7.14.1	Cystopteris		fragilis	3	II	2	I	3	II	3.5	I	1	4	I	2	I		m	1	I	5	I
1828	–	–	Cystopteris	montana aggr.		2.5	II	2	I	3	II	3.5	I	1	4	I	2	I			1	II	5	I
1829	130800	7.14.4	Cystopteris		montana	2	I	2	I	3	II	3.5	I	1	4	I	2	I			1	I	5	I
1830	–	7.14.5	Cystopteris		sudetica	2.5	I	2	I	3	II	3.5	I	1	4	I	2	I			3	I	5	I
1831	130950	76.1.1	Cytinus	hypocistis		5	I	3	I	4	I	1	I	2	2	II	2	I			3	I	3	II
1832	131000	64.5.1	Cytisophyllum	sessilifolium		4	II	4	I	3	II	2	I	1	4	I	2	I		m	3	I	5	I
1833	–	–	Cytisus	ardoinoi aggr.		3	I	4	II	4	II	2	II	1	5	I	2	I			3	II	3	II
1834	–	64.6.4	Cytisus		ardoinoi	3	I	4	I	4	II	1.5	I	1	5	I	2	I			3	I	3	I
1835	–	64.6.5	Cytisus		sauzeanus	3	I	3	I	3	II	2	I	2	5	I	2	I			3	I	5	I
1836	–	–	Cytisus	decumbens aggr.		4	II	x	–	4	II	2	II	1	3	II	2	I			3	I	5	I
1837	131100	–	Cytisus		decumbens	3.5	I	2	I	4	II	2	I	1	3	I	2	I			3	I	5	I
1838	131400	64.6.6	Cytisus		pseudoprocumbens	4.5	I	4	I	4	II	1.5	I	1	4	I	2	I			3	I	5	I
1839	131200	64.6.3	Cytisus	emeriflorus		3.5	I	3	I	3	II	2	I	2	5	I	2	I			3	I	3	II
1840	–	–	Cytisus	nigricans aggr.		4.5	I	4	I	3	II	2	I	1	3	I	2	I			3	I	5	I
1841	–	–	Cytisus		atratus	4.5	I	4	I	3	II	2	I	1	3	I	2	I			3	I	5	I
1842	131300	64.6.1.1	Cytisus		nigricans	4.5	I	4	I	3	II	2	I	1	3	I	2	I		m	3	I	5	I
1843	131500	64.6.7	Cytisus	scoparius		4	I	2	I	3	II	2.5	I	1	2	II	3	I			5	I	1	I
1844	–	64.6.2	Cytisus	villosus		5	II	3	I	3	II	2	I	1	2	II	3	I			3	I	3	I
1845	–	–	Dactylis	glomerata aggr.		x	–	x	–	4	II	x	–	1	3	II	x	–			3	II	3	II
1846	131800	139.9.1.1	Dactylis		glomerata	4	II	3	I	4	II	3	II	1	3	II	4	II	s	m	3	I	3	I
1847	–	139.9.1.2	Dactylis		hispanica	5	II	3	I	5	II	1	I	1	3	II	2	I	s		3	I	3	II
1848	132000	139.9.2	Dactylis		polygama	4.5	I	4	I	3	II	2.5	I	1	2	II	3	I			3	I	3	I
1849	–	139.9.1.3	Dactylis		reichenbachii	2.5	I	4	II	4	II	2	I	1	4	I	2	I			3	II	3	I
1850	–	139.9.1.4	Dactylis		slovenica	2.5	I	2	I	3	II	3.5	I	3	4	I	4	I			3	I	1	I
1851	–	–	Dactylorhiza	maculata aggr.		x	–	3	II	4	II	4.5	II	3	x	–	2	II			5	II	1	I
1852	–	–	Dactylorhiza		alpestris	2	I	3	I	4	I	4.5	I	3	2	I	2	I			5	I	1	I
1853	–	–	Dactylorhiza		angustata	2.5	I	3	I	4	I	4.5	I	3	4	I	3	I			5	I	1	I
1854	132100	148.17.3	Dactylorhiza		cruenta	2	I	4	I	4	I	4.5	I	2	5	I	2	I			5	I	1	I
1855	132250	148.17.7	Dactylorhiza		fuchsii	3.5	II	3	I	3	II	3.5	II	3	4	II	2	I			3	I	1	I
1856	132350	148.17.2.1	Dactylorhiza		incarnata	3.5	I	3	I	4	I	4.5	I	3	4	II	2	I	s		5	I	1	I
1857	132500	148.17.6	Dactylorhiza		lapponica	2.5	I	3	I	4	I	4	I	3	3	II	3	I			5	I	1	I
1858	132600	148.17.7	Dactylorhiza		maculata	3	I	2	I	4	I	4	I	3	1	I	2	I			5	II	1	I
1859	132700	148.17.4	Dactylorhiza		majalis	2.5	II	3	I	4	I	4.5	I	3	4	II	3	I			5	I	1	I
1860	132360	148.17.2.2	Dactylorhiza		ochroleuca	3.5	I	3	I	4	I	4.5	I	2	4	I	2	I			5	I	1	I
1861	–	–	Dactylorhiza		pulchella	4	I	3	I	4	I	4.5	I	2	4	I	2	I			5	I	1	I
1862	–	–	Dactylorhiza		savogiensis	2	I	3	I	4	I	4	I	3	2	I	2	I			5	I	1	I
1863	132900	148.17.5	Dactylorhiza		traunsteineri	3	I	2	I	4	I	4	I	3	4	II	3	I			5	I	1	I
1864	–	–	Dactylorhiza		wirtgenii	4	I	2	I	4	I	4	I	3	4	I	3	I			5	I	1	I
1865	132800	148.17.1	Dactylorhiza	sambucina		3	II	4	I	4	I	2.5	I	3	2	II	3	I			3	I	1	I
1866	–	–	Dahlia	pinnata		5	I	1	I	4	I	3	I	1	3	I	4	I			3	I	3	I
1867	–	–	Damasonium	alisma		5	I	2	I	4	I	5	I	2	3	I	2	I			3	I	1	I
1868	133000	139.60.2	Danthonia	alpina		4.5	II	4	I	4	I	1.5	I	1	4	II	2	I		m	3	I	3	I

Strategien					Biologisches Verhalten										Vorkommen						Pflanzengesellschaften			Literatur			
LF	BD	WT	RO	KS	DA	VA	FS	MA	BZ	BS	MV	SU	DG	GI	GV	LR	EG	AE	EM	VE	1	2	3	BL	SL	TB	SEN
t.li.vp	–		–	rss	En Me	Kt	zw		6-8	au ve	1		3	tg	B4		–	I/A	3	>							1780
t.li.vp	–		–	rss	En Me	Kt	zw		6-7		1	3	2	tg	A4a	2.1	7	Ja	5	>0			2.323				1781
t.li.vp	–		–	rss	En Me	Kt	zw		6-8		1		3	tg	B6b	2.5 7.4 7.5 9.2	7	I	3	>			11.311				1782
t.li.vp	–		–	rss	En Me	Kt	zw		6-9	au ve	1		3	tg	B6		–	I/N	2	<						D	1783
t.li.vp	–		–	rss	En Me	Kt	zw		7-9		1		3	tg	B6	7.2 9.2	–	I/N	1	<			14.712	i l m			1784
t.li.vp	–		–	rss	En Me	Kt	zw		6-8		1		2	tg	D1b	9.2	–	I?	2	<?			14.71	k m			1785
g	w		Sk	css	My	Sr	zw		1-4		–		2	gg	C2b	2.2 2.7 2.9	1	N	3	<			14.8	g h m			1786
g	w		Sk	css	My	Sr	zw		7-11	au?	–		1	gg	E2g	9.3 9.4	1	N	2	=			14.8				1787
g	w		Sk	css	My	Sr	zw	r3	6-10	au me my	–		1	gg h	E4	9.1 9.2 9.3	1	I	2	=	14.73	14.811	14.735				1788
t.li	s		–	rrr	En	Kv	mo		7-8		–		3		A2a	2.2 2.3 2.9 7.4	–	N	4	<			5.1	k			1789
p	s		Wh	ccc	En	Ws	zw		5	me	–		1	e	A4a	2.9 7.4	1	Ja	5	>			13.312			H	1790
n	i		Sk	css	En Ep	Sw	zw		6-7		–		2	e	A2c	2.9 3.1 6.2	3	N	2	=			4.1	h	158		1791
c-h	w		Rs	crs	Au Bo	Kt	zw		4-10	me (ps) (my)	–		1	e	E2a	2.2 2.5 3.2 3.3	3	I/N	4	=			3.241				1792
h	s		Rh	ccr	Me Dy	Sr	zw		6-8	en	–		1	h e	C2		–	A, Jn	4	<=						H	1793
h	s		Rh	ccr	Me Dy	Sr	zw		6-8		–		1	h e	C2	2.2 2.3	7	A	5	=			5.11				1794
h	s		Rh	ccr	Me Dy	Sr	zw		6-8		–		1	h e	C2a	2.2 2.3 2.9	7	Jn	5	<			?				1795
g-h	s	3.5	Rs	ccs	Me At	Ao Au	zw		7-9	an	4		3	e	A0	2.1 2.2 2.5 2.7	7	A	3	=			2.3				1796
k	w		Wv	crr	Ep	Kv	zw		4-6	me	–		1	tg e	C2	6.1 6.2 7.3	–	I	2	=			4.211	k m			1797
k	s		Wv	crr	Ep	Kv	zw		4-6	??	–		1	tg e	C2	2.2 6.1 6.2 7.3	–	I	5	=			5.11	k m		B	1798
k	s		Wv	ccr	Ep	Kv	zw		6-7		–		1	tg e	D3		1	I/N	3	>					805		1799
k	s		Wv	ccr	Ep	Kv	zw		6-7		–		1	tg e	D1b	2.3 2.4 2.6 9.2	–	I/N	3	>			5.131				1800
k	s		Wv	ccr	Ep	Kv	zw		6-7		–		1	tg e	D2	2.3 2.4 2.6 9.2	–	I	3	>			5.131				1801
k	s		Wv	ccr	Ep	Kv	zw		6-7		–		1	tg e	D3a	2.3 2.4 2.6 3.3	–	I	3	>			5.131				1802
k	s		Wv	crr	Ep	Kv	zw		4-8		–		1	tg e	B6		–	I/A	2-4	=>					147		1803
k	s		Wv	crr	Ep	Kv	zw		5-8		–		1	tg e	E2b	2.1 2.2 6.2 6.7	–	I	3	>			5.11	k m			1804
k-t	s	2	Wv	ccr	Ep	Kv	zw	p2	5-7	au me ps	–	2	1	tg h e	B6	2.1 2.2 2.4 9.2	7	I/A	3	>			5.111				1805
h	s		Wv	crr	Ep	Sr	zw		5-7		–		2		E2	2.2 2.5 6.2	–	I	2	=			9.1	k m			1806
h	w	1.5	Rs	crs	Me En	Ho	zw		6-7	an au	4		3		B6	2.2 2.6 2.8 6.3	8	I	3	>*	11.243	11.231	11.241				1807
t	s w		–	rrr	Me	Kv	zw		5-7	an	2	2	1		C2	2.1 2.2 6.1 7.3	7	A	5	>			4.22				1808
t	s		–	rrs	Bo Ep	Kv	zw		7-10	an	2		3	e	A0	2.1	–	N	2	=			5.3	k m			1809
g	s		Rs	crs	Bo Ep	Ho	zw		8-9	an	2		3	e	A1	1.4	–	N	3	<			2.111	h l m	631		1810
g	t?		Rk	crs	Bo Ep	Au	zw		7-9	an	2		5	e	A3c?	1.4 2.1 2.5 2.9	5	Nw	4	<			2.3	h m			1811
t	s		–	rrs	Bo Ep	Kv	zw		7-9	an au?	1		3	e	B3a	1.4 2.1 2.5	5	I	2	>			2.211				1812
t	s		–	rrs	Bo Ep	Kv	zw		7-9	an	–		2	e	A1	2.9	–	N	4	<			?				1813
t	s		–	rrs	Bo Ep	Kv	zw		7-9	au	1		3	e	B4a	1.4 4.1 5.1 6.3	5	I	2	>			2.2				1814
h	s		Rs	crs	Bo Ep	Sr	zw		7-9	an	2		3	e	B1a	1.3 1.4 2.1 2.5	5	I/N	2	=		2.11	6.111				1815
g	s		Rk	crs	Bo Ep	Au	zw		6-9	an	2		3	e	B1a	1.3 6.3	5	I/A	2	>			6.112				1816
t	s		–	rrs	Bo Ep	Kv	zw		7-10	an	2		3	e	B4a	1.4 2.5	5	I?	2	>			2.21	f k l			1817
t	s		–	rrs	Bo Ep	Kv	zw		8-9	an	1		3	e	A4b	1.4 2.1 2.2 2.5	–	N	2	<			5.3	h k			1818
g	s		Rk	crs	Bo Ep	Au	zw		7-9	an (me)	2		3	e	B1	1.4 2.5	5	I?	2	>			2.3				1819
g	s		Rk	crs	Bo Ep	Au	zw		7-9	an	2		3	e	B4a	1.3 2.1	5	I	2	>			6.11				1820
h	s		Rs	crs	Bo Ep	Sr	zw		9-10		2		3	e	A2a	1.4 2.5 6.3	–	N	3	<			2.1				1821
g	s	2	Rh Wd	ccs	Me	Au Sr	zw		5-7	me my	–		1		B4b	7.4 8.2 9.1 9.2	1	I	1	>	14.721	14.7312	15.001		460		1822
h	w		Rs	ccs	Me	Sr	mo		12-3		–		3		A4b	3.2 2.9 9.2	–	N	3	<			3.2	e m			1823
g	s		Rs	rss	Me	Kv	mo		6-9		–		1		B3		–	I	1-2	=>					863		1824
h	s		Rs	rss	Me	Kv	mo		7-8		–		1		E1	3.2 3.3	2	I	1	=	3.212	3.211	3.312				1825
h	s		Rs	rss	Me	Kv	mo		6-9		–		1		B3	3.2 3.3 6.2 7.4	1	I	1	=?			3.2		620	C D E	1826
h	s		Rs	rss	Me	Kv	mo		7-9		–		1		B2	3.2 3.3 9.2 9.3	3	I	2	>*	3.2	3.212	14.73501				1827
h	s		Rh	rss	Me	Au	mo		6-9		–		1		B3		–	I	1	=						B	1828
h	s		Rh	rss	Me	Au	mo		6-9		–		1		B3a	3.3 8.1 9.1 9.2	2	I	1	=	3.312	14.312					1829
h	s		Rh	rss	Me	Au	mo		6-9		–		1		D5	3.3 8.1 9.1 9.2	–	I	1	=			3.3122	i l m			1830
g.vp	–		Rn	rss	Me	Sr	zw		4-6		–		1		C2	7.3	–	I	2	=			12.51	k m			1831
n	t		Wh	ccs	Au My	Sr	zw	r8	4-7		–		2		E3	7.3 7.4 9.3	–	I	2	>?			14.81	f k m			1832
z	t		Wh	ccc	Au My	Sr	zw		4-5		–		2		F2		–	I	2	=				k m		B	1833
z	t		Wh	ccc	Au My	Sr	zw		4-5		–		2		F2a	6.2 7.3 7.4	–	I	2	=			9.143	k			1834
z	t		Wh	ccc	Au My	Sr	zw		4-5		–		2		F2b	6.2 7.3 9.1 9.2	–	I	2	=			9.14	m			1835
z	t		Wh	ccs	Au My	Sr	zw		4-6	me au	–		3		E2		–	I	2	>						B	1836
z	t		Wh	ccs	Au My	Sr	zw	r9	5-6		–		3		E2a	3.2 6.2 6.7	2	I	2	>			9.13				1837
z	t		Wh	ccs	Au My	Sr	zw		4-5		–		3		E2c	6.2 6.7 7.4 9.1	–	I	2	=?			9.12	k m			1838
n	t		Wh	ccs	Au	Sr	zw	r18	5-6		–		2		F3c	6.2 6.5 7.1 7.4	2	I	2	=			12.321				1839
n	t		Wh	ccc	Au	Sr	zw		6-7	me	–		2		D4		–	I	3	>						B	1840
n	t		Wh	ccc	Au	Sr	zw		6-7		–		2		D1b	6.7 7.1 9.1 9.3	–	I?	2	>			14.4				1841
n	t		Wh	ccs	Au	Sr	zw	p23	6-7		–		2		D4	6.7 7.1 9.1 9.3	1	I	3	>	14.4	14.81105	14.2111				1842
n	w		Wh	ccs	Au My	Sr	zw		5-6	me	–	4	3	mg h e	D2	7.1 7.3 9.1 9.2	2	I	2	=	12.611	14.41101	10.412				1843
n	t		Wh	ccc	Au My	Sr	zw		4-5		–		2		C2a	7.3 7.4 7.6 9.4	–	I	2	=			12.511	k m			1844
h	t		Rs	crs	Me En	Ho	zw		5-9	an au my	4		3	e	B4b		–	I	2-3	=>						A B	1845
h	t	4	Rs	crs	En Ep	Ho	zw		5-9		4	2	3	e	B4b	2.2 6.3 7.2 9.2	8	I	3	=	11.2	10.212	5.1			H	1846
h	t		Rs	crs	Me En	Ho	zw		5-7		2		3	e	C2	2.1 2.2 6.2 7.3	–	I	2	>			9.2	k m			1847
h	t		Rs	crs	Me En	Au Ho	zw		6-8		2		3	e	D3	2.6 7.4 9.2 9.3	1	I	2	>	14.733						1848
h	t		Rs	crs	Me En	Ho	zw		4-6		2		3	e	F4a	2.6 3.3 9.1	–	I	2	>			14.211	m	525	E	1849
h	t		Rs	crs	Me En	Ho	zw		5-8		2		2	e	E4a	4.2 7.2 9.2	–	I	2	>			11.5	m			1850
g	s	1	Wk	crs	Me	Bz	zw		5-7		2		1	e	B6		–	I	2	=>					891	B D	1851
g	s	1	Wk	crs	Me	Bz	zw		5-7	en	2		2	e	E3	4.1 5.1 6.3	–	I	1	=			7.22?	c i			1852
g	s		Wk	crs	Me	Bz	zw		6-7	en	2		2	e	F2	4.1 5.1 6.4	–	I	2	=			7.231		74	B	1853
g	s	1	Wk	crs	Me	Bz	zw		6-7	en	2		2	e	B4b	4.1 5.1 6.3	5	I	2	=			7.231				1854
g	s	1	Wk	crs	Me	Bz	zw		5-7	en	2		2	e	B4b	4.1 4.2 5.1 9.1	1	I	2	=		7.2	14.312	h i l			1855
g	s	1	Wk	crs	Me	Bz	zw		5-6	me	2		2	e	B4b	4.1 5.1 6.3	5	I	2	>	7.231	11.231			300		1856
g	s	1	Wk	crs	Me	Bz	zw		6-7	en	2		2	e	D5	4.1 4.2 5.1 9.1	5	I	2	>			7.2		680		1857
g	s	1	Wk	crs	Me	Bz	zw		5-6	ca my me	2		2	e	B4b	2.6 5.1 6.3 9.2	5	I	2	>	7.2	11.23	14.73				1858
g	s	1	Wk	crs	Me	Bz	zw		5-7	me	2		2	e	D3	4.1 5.1 6.3 9.2	5	I	2	>	11.23						1859
g	s	1	Wk	crs	Me	Bz	zw		5-7	en	2		2	e	D3	1.3 4.1 5.1 6.3	5	I	2	>			7.231			E	1860
g	s	1	Wk	crs	Me	Bz	zw		6-7	en	2		2	e	D3	4.1 5.1 6.3	–	I	2	>			7.23?			E	1861
g	s	1	Wk	crs	Me	Bz	zw		7	en	2		2	e	F6	4.1 5.1	–	I	2	>			7.22?		891		1862
g	s	1	Wk	crs	Me	Bz	zw		5-7	ca my hm?	2		2	e	F1	4.1 5.1 5.2 6.3	5	I	2	>	7.2	11.231					1863
g	s		Wk	crs	Me	Bz	zw		6	en	2		2	e	F9	5.1	–	I	2	>			7.23		74		1864
g	s	1	Wk	crs	Me	Bz	zw		5-6	me	2		1	e	B6b	6.2 6.4 6.5 7.4	6	I	2	=	9.13	10.211	10.4				1865
g	s		Wk	ccs	At	Sr	mo ve		6-9		–		1		A2a	2.2 2.9	–	N	5	<				g i k		H	1866
a-t	s	1	–	css	Hy	Kv	zw		4-5		–		1		C1	1.4	–	A	2	>			2.2	f k m			1867
h	s		Rs	css	My En	Sr	cl zw		5-7	an	2		2	e	D1b	6.2 6.3 7.4 9.3	6	I	2	=?	9.1		?				1868

Nummern			Taxa			Klima						Boden												
SEN	SIN	FAN	Gattung	Aggregat/Einzelart	Kleinart	T	v	K	v	L	v	F	v	W	R	v	N	v	S	M	H	v	D	v
1869	–	–	Danthonia	decumbens aggr.		3	II	3	II	4	II	3	II	3	x	–	2	I		m	5	II	1	II
1870	–	–	Danthonia		decipiens	3	II	3	I	4	I	3.5	II	3	4	I	2	I		m	3	II	3	II
1871	133100	139.60.1	Danthonia		decumbens	3	II	3	I	4	I	3.5	II	3	2	II	2	I		m	5	II	1	II
1872	–	–	Daphne	alpina aggr.		3.5	II	4	I	4	II	1.5	I	1	5	I	2	I			3	I	5	I
1873	133300	68.1.3	Daphne		alpina	3	II	4	I	4	I	1.5	I	1	5	I	2	I			3	I	5	I
1874	–	–	Daphne		scopoliana	4	II	4	I	3	I	1.5	I	1	5	I	2	I			3	I	5	I
1875	–	68.1.4	Daphne	blagayana		3.5	I	4	I	4	I	1.5	I	1	4	I	2	I		m	3	I	5	I
1876	133400	68.1.5	Daphne	cneorum		4	II	4	I	4	I	1.5	I	2	4	II	2	I		m	3	I	5	I
1877	133500	68.1.2	Daphne	laureola		3.5	I	2	I	2	I	2.5	I	1	4	I	2	I			3	I	3	I
1878	133600	68.1.1	Daphne	mezereum		3	II	3	I	2	II	3	I	2	4	II	3	I		m	3	I	3	II
1879	–	68.1.7	Daphne	petraea		2.5	I	3	I	4	I	2	I	1	5	I	1	I			3	I	5	I
1880	–	68.1.8	Daphne	reichsteinii		4	I	4	I	4	I	1.5	I	1	4	I	3	I			3	I	5	I
1881	133700	68.1.6	Daphne	striata		1.5	I	3	I	3	II	2.5	I	1	4	II	2	I		m	3	I	3	I
1882	–	–	Darmera	peltata		4.5	I	2	II	2	II	3.5	I	2	3	I	4	I			3	I	1	I
1883	–	139.27.1	Dasypyrum	villosum		5	I	3	I	4	II	1.5	I	1	4	II	3	I			1	I	3	I
1884	133800	101.11.1	Datura	stramonium		5	I	2	I	4	I	3	I	1	3	I	4	I	s		3	I	3	I
1885	133900	97.64.1	Daucus	carota		4	II	3	I	4	I	2.5	I	1	4	II	2	I	s	m	3	I	3	I
1886	–	–	Delphinium	elatum aggr.		2	I	2	II	3	II	4	I	1	3	II	4	I			5	I	3	II
1887	–	–	Delphinium		apolanum	2	I	3	I	3	I	4	I	1	2	I	4	I			5	I	3	I
1888	–	19.10.2.3	Delphinium		austriacum	2	I	3	I	3	I	4	I	1	4	I	4	I			5	I	3	I
1889	134200	19.10.1	Delphinium		dubium	2	I	2	I	3	II	4	II	1	4	I	4	I			5	I	3	II
1890	134300	19.10.2.1	Delphinium		elatum	2	I	2	I	3	II	4	I	1	4	I	4	I			5	I	3	I
1891	–	19.10.2.2	Delphinium		helveticum	2	I	2	I	3	II	4	I	1	4	I	4	I			5	I	3	I
1892	–	–	Delphinium		macropetalum	2	I	2	I	4	II	4	I	1	4	I	4	I			5	I	3	I
1893	–	–	Delphinium		polatschekii	2	I	2	I	3	I	4	I	1	4	I	4	I			5	I	3	I
1894	–	–	Delphinium		stiriacum	2	I	2	I	3	I	4	I	1	4	I	4	I			5	I	3	I
1895	–	–	Delphinium		tiroliense	2	I	2	I	3	I	4	I	1	4	I	4	I			5	I	3	I
1896	–	19.10.3	Delphinium	fissum		3.5	I	3	I	5	II	2	I	1	5	I	2	I			3	I	5	I
1897	–	–	Deschampsia	cespitosa aggr.		x	–	3	II	3	II	4	II	3	x	–	3	II	s		3	II	1	II
1898	134800	139.40.1	Deschampsia		cespitosa	3	II	3	I	3	II	4	II	3	x	–	3	II		m	3	I	1	I
1899	–	–	Deschampsia		gaudinii	2	I	3	I	4	I	4.5	I	3	3	I	4	I			3	I	1	I
1900	135000	–	Deschampsia		littoralis	3	II	3	I	4	I	4	I	3	3	I	3	I			1	I	3	I
1901	–	139.40.2	Deschampsia		media	4	II	2	I	4	I	3.5	II	3	4	II	3	I			3	I	1	I
1902	–	–	Deschampsia		rhenana	4	I	3	I	4	I	4	I	3	3	I	3	I			1	I	3	I
1903	135200	54.3.1	Descurainia	sophia		3.5	II	4	I	4	I	1.5	I	1	4	II	4	I			3	I	3	I
1904	–	–	Deutzia	scabra		4.5	I	2	I	3	I	2.5	I	1	4	I	3	I			3	I	3	I
1905	–	38.29.11	Dianthus	alpinus		1	I	4	I	5	I	2	I	1	5	I	1	I			3	I	3	II
1906	135300	38.29.1	Dianthus	armeria		4.5	II	3	I	3	II	2.5	I	1	3	I	3	I			3	I	3	I
1907	135400	38.29.2	Dianthus	barbatus		3	II	4	I	3	II	3	I	1	3	I	3	I			3	I	3	I
1908	–	–	Dianthus	carthusianorum aggr.		x	–	4	II	4	II	2	II	1	x	–	2	II			3	II	3	II
1909	–	38.29.5.4	Dianthus		alpestris	3	II	4	I	4	I	2	II	2	4	II	2	I			3	I	3	I
1910	–	38.29.5.2	Dianthus		atrorubens	2.5	I	4	I	4	I	2	I	1	4	II	2	I			3	I	3	I
1911	–	36.29.3	Dianthus		balbisii	4.5	II	3	I	4	II	1.5	I	1	4	II	2	I			3	I	3	II
1912	–	38.29.5.3	Dianthus		capillifrons	3	I	4	I	4	I	2	I	1	3	I	1	I		m	3	I	3	I
1913	135600	38.29.5.1	Dianthus		carthusianorum	4.5	I	4	I	4	I	1.5	I	1	4	II	2	I		m	3	I	3	I
1914	–	–	Dianthus		giganteus	4.5	I	4	I	4	I	2	I	1	4	I	2	I			1	I	5	I
1915	–	38.29.4	Dianthus		pontederae	4	I	4	I	4	I	2	I	1	5	I	2	I			3	I	3	I
1916	–	38.29.6	Dianthus		sanguineus	4	I	3	I	4	I	2	I	1	5	I	2	I		m	3	I	3	I
1917	135700	38.29.5.5	Dianthus		vaginatus	2.5	I	4	I	4	I	2	I	1	2	I	2	I			3	I	3	I
1918	135800	38.29.16	Dianthus	caryophyllus		4.5	II	3	I	4	I	2.5	I	1	3	I	3	I			1	I	5	I
1919	135900	38.29.21	Dianthus	deltoides		3	II	4	I	4	I	2.5	I	2	2	II	3	I		m	3	I	3	I
1920	–	–	Dianthus	furcatus aggr.		2	I	3	I	4	I	2	I	1	4	II	2	I			3	I	5	II
1921	–	38.29.8.3	Dianthus		dissimilis	2	I	3	I	4	I	2	I	1	4	I	2	I			3	I	5	I
1922	–	38.29.8.1	Dianthus		furcatus	2	I	3	I	4	I	2	I	1	4	II	2	I			3	I	5	II
1923	–	38.29.8.2	Dianthus		lereschii	2	I	3	I	4	I	2	I	1	3	I	2	I			3	I	5	I
1924	136000	38.29.12	Dianthus	glacialis		1	I	4	I	5	I	2	I	1	3	I	1	I			3	I	3	I
1925	136100	38.29.14	Dianthus	gratianopolitanus		3.5	I	4	I	4	I	1	I	1	5	I	2	I		m	1	I	5	I
1926	–	–	Dianthus	hyssopifolius aggr.		2	II	4	II	3	II	2	I	1	4	II	2	I			3	II	3	II
1927	136300	38.29.9	Dianthus		hyssopifolius	2.5	I	4	I	3	II	2	I	1	4	I	2	I			3	I	3	I
1928	–	38.29.10	Dianthus		sternbergii	1.5	II	3	I	4	I	2	I	1	5	I	2	I			3	II	5	II
1929	136500	38.29.13	Dianthus	pavonius		1.5	I	4	I	5	I	1.5	II	1	3	I	2	I		m	1	I	5	I
1930	136600	38.29.19	Dianthus	plumarius		3	I	4	I	4	I	2	I	2	5	I	2	I			1	I	3	II
1931	–	38.29.18	Dianthus	scaber		3	I	4	I	4	II	1.5	I	1	5	I	2	I			3	I	3	I
1932	–	–	Dianthus	seguieri aggr.		4	II	x	–	3	II	3	II	2	2	II	3	I			3	II	1	I
1933	136700	38.29.7.1	Dianthus		seguieri	3.5	I	4	I	4	II	2	II	2	3	II	3	I		m	3	I	1	II
1934	–	38.29.7.2	Dianthus		sylvaticus	4.5	I	2	II	3	II	3	I	2	2	I	2	I			3	I	1	I
1935	–	38.29.17	Dianthus	subacaulis		2.5	I	4	I	5	I	2	I	1	5	I	2	I			3	II	5	II
1936	–	–	Dianthus	superbus aggr.		x	–	3	I	4	II	3	II	2	4	II	2	I			3	II	1	II
1937	–	38.29.20.2	Dianthus		speciosus	2	I	3	I	4	I	2.5	I	2	4	I	2	I			3	I	3	I
1938	136800	38.29.20.1	Dianthus		superbus	3.5	I	3	I	3	I	3.5	I	3	4	II	2	I			5	I	1	I
1939	–	–	Dianthus	sylvestris aggr.		3.5	II	4	I	4	II	1	II	1	3	II	2	I			3	II	5	II
1940	–	38.29.15.2	Dianthus		longicaulis	4.5	II	4	I	4	II	1.5	I	1	4	II	2	I			3	II	3	II
1941	136900	38.29.15.1	Dianthus		sylvestris	3	II	4	I	5	I	1	I	1	3	I	2	I		m	3	I	5	I
1942	–	102.2.1	Dichondra	micrantha		4.5	I	3	I	3	II	3	I	1	3	II	2	I	s		3	I	3	II
1943	137000	90.2.1	Dictamnus	albus		4.5	I	4	I	3	II	1.5	II	1	4	I	2	II			3	I	3	I
1944	137100	114.14.2	Digitalis	grandiflora		2.5	I	4	II	3	II	3	I	1	3	I	4	I		m	3	I	3	I
1945	137200	–	Digitalis	lanata		5	I	4	I	4	I	2	I	1	4	I	3	I			3	I	3	I
1946	137300	114.14.3	Digitalis	lutea		3.5	II	2	I	3	II	3	I	1	3	I	3	I			3	I	3	I
1947	137400	114.14.1	Digitalis	purpurea		3.5	I	2	I	3	II	3	I	1	2	II	4	I			3	I	3	I
1948	–	–	Digitaria	sanguinalis aggr.		4.5	II	3	II	4	I	x	–	x	3	II	4	II			3	I	1	II
1949	137500	139.74.2	Digitaria		ischaemum	4	I	4	I	4	I	3	I	2	3	II	3	II			3	I	5	I
1950	–	–	Digitaria		pectiniformis	5	I	4	I	4	I	4	I	3	3	I	4	I			3	I	3	I
1951	137600	139.74.1	Digitaria		sanguinalis	4	I	3	I	4	I	2.5	I	1	3	I	4	I			3	I	3	I
1952	–	–	Diospyros	kaki		5	I	3	I	3	II	3	I	1	3	I	3	I			3	I	3	I
1953	137700	59.1.1	Diospyros	lotus		5	I	2	I	3	II	3	I	1	3	I	3	I			3	I	3	I
1954	–	143.21.1	Dipcadi	serotinum		4.5	II	3	I	5	I	1	I	2	3	II	2	I			3	II	5	II
1955	–	–	Diphasiastrum	complanatum aggr.		2.5	II	2	II	4	II	3	II	1	1	I	1	I			5	II	3	II
1956	137800	1.4.5	Diphasiastrum		alpinum	2	II	2	I	4	II	3	I	1	1	I	1	I			5	II	5	I
1957	137900	1.4.1	Diphasiastrum		complanatum	2.5	II	3	I	3	II	3.5	I	1	1	I	1	I		m	5	I	3	I

Strategien					Biologisches Verhalten										Vorkommen						Pflanzengesellschaften			Literatur			
LF	**BD**	**WT**	**RO**	**KS**	**DA**	**VA**	**FS**	**MA**	**BZ**	**BS**	**MV**	**SU**	**DG**	**GI**	**GV**	**LR**	**EG**	**AE**	**EM**	**VE**	**1**	**2**	**3**	**BL**	**SL**	**TB**	**SEN**
h	w		Rs	crs	My	Sr	cl zw		6-7	au	2		2	e	D3		–	I	2	>						B	1869
h	w		Rs	crs	My	Sr	cl zw		6-7		2		2	e	D2	3.3 6.2 9.1	–	I	2	>			9.135	c k m			1870
h	w	1.5	Rs	crs	My	Sr	cl zw		6-7	au	2	2	2	e	D3	6.2 6.3 6.4 7.1	5	I	2	>*	10.412	10.1	14.41101				1871
n	s		Wh	ccs	My	Sr	zw		5-6		2		1	gg	E2		–	I	1	=					848		1872
n	s		Wh	ccs	My	Kv	zw	p24	5-6	le my	–		1	gg	E2	3.2 3.3 6.2 9.1	3	I	1	=	3.211						1873
n	s		Wh	ccs	My	Kv	zw		5-6		–		1	gg	E2c	3.2 3.3 9.1	–	I	1	=			3.211				1874
z	i		Wh	ccs	My	Kv	zw		4-5		–		1	gg	E2c	6.7 9.1 9.2 9.3	–	I	1	=			14.212	k m			1875
z	i		Wh	ccs	My	Kv	zw	p14	4-6	au le	–		1	gg	E1	3.4 6.2 6.5 9.1	6	I	2	>	14.211	14.111			931		1876
n	i		Wh	ccs	My	Kv	zw	26	3-4	le me	–		1	gg	D2	9.2 9.3	1	I	1	=	14.73	14.811					1877
n	s	2	Wh	ccs	En Dy	Kv	zw	38	2-6	me my ps (au)	–		1	gg h	B6b	3.3 7.1 7.2 9.2	1	I	1	=	14.73	13.312	10.21				1878
z	i		Wh	css	My	Kv	zw		5-6		–		1	gg	F3d	3.2 3.3	–	I	1	=			3.2113	k m			1879
z	i		Wh	css	My	Kv	zw		5-6		–		1	gg	F3d*	3.2 7.4	–	I	1	=			13.3122		480		1880
z	i	1.5	Wh	ccs	My	Kv	zw	p29	6-7	au le	–		1	gg	F1	6.5 7.1 8.2 9.1	2	I	1	=	10.21	14.2111	10.4				1881
g	s		Rh	ccs	Bo	Sr	zw		4-5		–		1		A2b	2.9	–	N	4	<			?	g			1882
t	s		–	rrr	Ep	Kv	zw		5-6		–		3	e	C2	2.1 2.2 6.2 7.3	–	N	4	<			2.3	k m			1883
t	s	2.5	Wd	crr	Me At	Kv	zw	p1	6-10	au ca	–	4	1	gg h	A2a	2.1 2.2 2.9 3.3	7	N	5	=			2.34				1884
k-t	w	3	Wv	rss	Ep Dy	Kv	cl ve	p3	6-8	ca my me hm	3	4	2	h e	C2	2.2 2.5 6.2 6.3	6	A	3	=			5.112			A H	1885
h	s		Rh	ccs	Bo	Sr	zw		7-8	me	2		3	mg	E4		–	I/Ja	1	=					785	B C	1886
h	s		Rh	ccs	Bo	Sr	zw		7-8		2		3	mg	F4b*	7.2 8.2	–	I	1	=			13.411	c		E	1887
h	s		Rh	ccs	Bo	Sr	zw		7-8		2		3	mg	F7	2.6 4.2 7.2 9.1	–	I	2	=			11.514	c			1888
h	s		Rh	ccs	Bo	Sr	zw		7-8		2		3	mg	F3	3.3 4.2 7.2 8.1	–	I	1	=			11.514	k m			1889
h	s		Rh	ccs	Bo	Sr	zw		7-8		2		3	mg	E4	3.3 4.2 7.2 8.1	2	I	1	=	11.514	14.735					1890
h	s		Rh	ccs	Bo	Sr	zw		7-8		2		3	mg	F5	3.3 7.2	–	I	1	=			11.514	c			1891
h	s		Rh	ccs	Bo	Sr	zw		7-8		2		3	mg	F4a*	4.2 6.7 7.2	–	Ja?	1	=			11.514			E	1892
h	s		Rh	ccs	Bo	Sr	zw		7-8		2		3	mg	F3e?	3.3 4.1 6.5 7.2	–	I	1	=			11.514			E	1893
h	s		Rh	ccs	Bo	Sr	zw		7-8		2		3	mg	F7	3.4 7.2 7.4 9.1	–	I	1	=			11.514			E	1894
h	s		Rh	ccs	Bo	Sr	zw		7-8		2		3	mg	F6?	3.2 3.3 6.5 7.2	–	I	1	=			11.514				1895
h	s		Rk	ccs	Bo	Sr	zw		6-8		2		3	mg	E4	3.3 6.2 7.1 7.4	–	I	1	=			9.1	k m			1896
h	w		Rs	ccs	Me En	Ho	zw		7-8	an	3		3		B1		–	I/Ja	2	=>						B	1897
h	w	3.5	Rs	ccs	Me En	Ho	zw		6-8	an	3	4	3		B1	4.2 5.1 6.3 9.2	5	I	2	=	14.73	11.23	7.11		146		1898
h	w		Rs	ccs	Me En	Ho	zw		7-8	an	2		3		E4a	4.1 4.2	–	I	2	=			7.11	c			1899
h	w		Rs	css	Me En	Ho	zw		7-8	an	1		3		F6	1.4	5	I	1	>			1.411	f l	152		1900
h	w		Rs	ccs	Me En	Ho	zw		5-7	an	2		1		D1	2.5 6.3 7.3	–	I	2	>			11.222	i k l			1901
h	w		Rs	css	Me En	Sb	zw		5-6	an	1	3	3		F6a*	1.4	5	Ja	1	>			1.411	c f i		E	1902
t	s w	2.5	–	crr	Bo En	Kv	zw	p2	4-8	au my ca	–	3	1	e	B6	2.1 2.2 2.4 3.2	7	I/A	5	>			2.343				1903
p	s		Wh	ccs	Bo	Kv	zw		5-7	me	–		1		A4b	2.2 2.3 2.9 3.2	–	N	4	<			?	d g		H	1904
c-h	w		Rs	css	Bo	Sr	zw		6-8		1		1		F8	3.2 3.3 6.5 7.1	–	I	1	=			10.2114	c k m			1905
k	w		–	crr	Bo	Kv	zw	p2	6-8	au ps	–		1		C1	6.2 6.7 7.4 9.2	7	I/N	5	<			11.121				1906
h	w		Rs	ccs	Bo	Kt Sr	zw		6-9	ps	2		2		E2	2.2 6.5 6.7 7.4	6	I/N	3	=			11.112?				1907
h	w		Rs	crs	Bo	Sr	zw		6-10		2		2		D3		–	I/N	2-4	=>	9.135	9.112				B	1908
h	w		Rs	crs	Bo	Sr	zw		5-9		2		2		E4	6.2 6.5	–	I	1	=			9.1				1909
h	w		Rs	crs	Bo	Sr	zw		5-9	ps	2		2		F1	6.2	–	I	1	=			9.1	k		E	1910
h	w		Rs	crs	Bo	Sr	zw		6-9		2		2		E2d	3.2 3.3 6.1 6.7	–	I	1	=			9.1	k			1911
h	w		Rs	crs	Bo	Sr	zw		5-9		2		2		F8	6.2	–	I	1	=			9.117				1912
h	w	4	Rs	crs	Bo	Sr	zw	p15	6-10	ps	2		2		D3	6.2 7.4 9.3	6	I	3	>			9.1			H	1913
h	w		Rs	crs	Bo	Sr	zw		6-10		2		2		E2g	2.2 2.5 6.2	–	N	5	<			9.1	g k m		H	1914
h	w		Rs	crs	Bo	Sr	zw		5-7		–		1		E4a	6.2	–	I	1	=			9.11	m			1915
h	w		Rs	crs	Bo	Sr	zw		6-8		2		2		E2c	6.2	–	I	1	=			9.122	k			1916
h	w		Rs	crs	Bo	Sr	zw		6-10		2		2		F3	6.2 6.5 7.4 9.1	6	I	2	=			9.113	h k		E	1917
c	w		Rs	crs	Bo	Sr	zw	p8	5-7		–		1		E2?	2.9	6	Ja	5	=			?			H	1918
c	w	1	Rs	crs	Bo	Kt	zw	p8	6-8	ps	3		3		B6b	6.2 7.4 9.2	6	I/N	3	>	9.136	12.211					1919
h	w		Rs	crs	Bo	Au Sr	zw		6-8		–		3		F2		–	I	1	=						B	1920
h	w		Rs	crs	Bo	Au Sr	zw		6-8		–		3		F2a	3.2 3.3 6.2 6.5	–	I	1	=			9.142	k			1921
h	w		Rs	crs	Bo	Au Sr	zw		6-8		–		3		F2	3.2 6.2 6.5	–	I	1	=			10.211	k m			1922
h	w		Rs	crs	Bo	Au Sr	zw		6-8		–		2		F2b	3.2 6.2 6.5	–	I	1	=			10.421				1923
h	w		Rs	css	Bo	Sr	zw	p13	7-8	au ps	–		1		E4	6.5	2	I	1	=	10.311						1924
h	t		Rs	crs	Bo	Au Po	zw		5-7	ps ph	–		2		E5	3.2 6.2	3	I	1	>	9.132	4.131					1925
h	t		Rs	crs	Bo	Ao Au	zw		6-8	sp	–		3		E2		–	I	2	>						B	1926
h	t		Rs	crs	Bo	Ao Au	zw		6-8		–		3		E2	6.2 6.5 7.1 7.2	2	I	2	>			9.13				1927
h	t	4	Rs	crs	Bo	Ao Au	zw		6-8		–		3		F4	2.5 3.2 3.3 6.5	–	I	2	=			10.211	c k			1928
h	w		Rs	crs	Bo	Po	zw	p7	7-8		–		1		F2	6.5	–	I	1	=			10.41	k			1929
h	w		Rs	crs	Bo	Au Po	zw		4-7	me?	–		3		E4a	2.9 3.2 6.2	6	I/N	4	<			9.11	c g k			1930
c-h	w		Rs	crs	Bo	Sr	zw		6-9		–		1		E2b	6.2 7.1 7.2 7.4	–	I	1	=			9.1	m			1931
c	t		Rs	crs	Bo	Sr	zw		6-9	ps	2		3		E1		–	I	2	=>							1932
c	t		Rs	crs	Bo	Sr	zw	p6	6-9		2		3		F1	3.2 6.2 6.7 7.4	6	I	2	=	10.112	9.1					1933
c	t		Rs	crs	Bo	Au Sr	zw		6-8		2		3		E5	6.2 6.7 7.4	–	I	2	>			10.112	f i l			1934
c-h	w		Rs	css	Bo	Po	zw		6-8		–		2		F2a	3.2 3.3 6.2 6.5	–	I	1	=			9.142	m			1935
h	w		Rs	crs	Bo	Sr	zw		6-8	sp ph	2		2		B4		2	I	2	=>	11.231	10.412	10.212			B	1936
h	w		Rs	crs	Bo	Sr	zw		7-8		2		2		E4	6.5 7.2	–	I	2	=			10.212	i k l			1937
h	w	1	Rs	crs	Bo	Sr	zw	p9	7-8		3		2		B4	5.1 6.3 9.2	–	I	2	>*			11.231	i k l			1938
h	w		Rs	crs	Bo	Sr	zw		6-8	ps	–		2		E1		–	I	2	=						B	1939
h	w		Rs	crs	Bo	Sr	zw		6-8		–		2		E2	3.2 6.2 7.1 7.3	–	I	2	=			9.1	k			1940
h	w	3	Rs	crs	Bo	Sr	zw	p14	6-7		–		2		E1	3.1 3.2 6.2	2	I	2	=	9.135	10.211	9.11				1941
g.li	w		Rs	crs	Bo	Kt	zw		7-9		–		4		A4b	2.2 2.9	–	N	3	<			2.351				1942
h	w		Rh	ccs	Au	Sr	zw	p12; 30*	5-6	me	1		2	mg h	B4a	3.2 6.2 6.7 9.3	6	I	2	>	11.111	14.811	14.111				1943
g-h	w		Rh	ccs	Bo	Sr Ws	zw	p22	6-8	me	2		2	gg h	B6b	2.6 7.2 7.4 9.2	2	I	2	>*	11.51	11.111	14.811				1944
h-k	w		Rs	ccs	Bo	Sr	zw		6-7	en	–		2	gg h	E2g	2.2 3.2 2.9	–	N	5	<			14.81	i l m			1945
h	w		Rh	ccs	Bo	Sr Ws	zw	p5	6-8	au me	–		2	gg h	D2	2.6 3.3 7.4 9.2	1	I	2	>	11.111	11.412	14.731				1946
k-t	w		Wv	crs	Bo At	Ws	zw	p3; 4	6-9	me au	–	4	2	gg h	D2	2.6 9.2	1	I/N	3	<			11.411				1947
t	s		–	rrr	Dy En	Kv	zw		7-9	an au	2		2	e	B6a		–	A	5	<						B	1948
t	s	2	–	rrr	Dy My	Kv	zw		7-9		2	2	2	e	B6a	2.1 2.2 2.5 2.7	7	A	5	<			2.322				1949
t	s		–	rrr	Dy My	Kv	zw		7-9		2		2	e	B6a	2.2	–	A	5	<			2.3	i l m			1950
t	s	2	–	rrr	Dy My	Kv	zw		7-10		2	4	3	e	B6	2.1 2.2 2.5 2.7	7	A	5	<			2.3				1951
p	s		Wh	ccc	En At	Kv	di	50*	5-7		–		1	e	A4b	2.9	–	N	5	<			?	d h k		H	1952
p	s		Wh	ccc	En At	Kv	di	500*	5-6		–		1	e	A4b	2.9 7.4 9.2	1	N	5	=			14.7				1953
g	s?		Zw	crs	Bo	Kv	zw		7-8		–		2		C2	3.2 6.2	–	I	2	=			9.2	k			1954
c	i	1	Rs	css	Me	Kr	mo		7-9		1		2	mg	B2		–	I	1	>				e l	360	B	1955
c	i	1	Rs	css	Me	Kr	mo		7-9		1		2	mg	B5	3.2 6.5 7.1	2	I	1	>*	12.313	10.412					1956
c	i	1	Rs	css	Me	Kr	mo		7-9		1		2	mg	B3	6.5 7.1 9.1	2	I	1	>	14.3	14.311					1957

Nummern			Taxa			Klima						Boden												
SEN	SIN	FAN	Gattung	Aggregat/Einzelart	Kleinart	T	v	K	v	L	v	F	v	W	R	v	N	v	S	M	H	v	D	v
1958	138100	1.4.6	Diphasiastrum		issleri	2.5	II	2	I	4	II	3.5	I	1	1	I	1	I			5	I	3	I
1959	138150	1.4.4	Diphasiastrum		oellgaardii	3	I	2	I	4	II	3	I	1	1	I	1	I			5	I	5	II
1960	138000	1.4.3	Diphasiastrum		tristachyum	3.5	II	2	I	4	II	3	I	1	1	I	1	I			5	I	5	I
1961	138200	1.4.2	Diphasiastrum		zeilleri	3.5	II	3	I	4	II	3	I	1	1	I	1	I			5	I	3	I
1962	138800	54.58.2	Diplotaxis	erucoides		5	I	2	I	4	I	2	I	1	3	I	4	I			3	I	1	I
1963	138900	54.58.4	Diplotaxis	muralis		4.5	I	3	I	4	I	2.5	I	1	4	I	4	I	s		3	I	3	I
1964	139000	54.58.1	Diplotaxis	tenuifolia		4.5	I	3	I	4	I	2.5	I	1	4	I	4	I	s		3	I	3	I
1965	139100	54.58.3	Diplotaxis	viminea		5	I	2	I	4	I	2.5	I	1	3	I	4	I			3	I	3	I
1966	139200	123.2.1	Dipsacus	fullonum		4.5	I	3	I	4	I	3.5	I	2	4	I	4	I			3	I	1	I
1967	139300	123.2.2	Dipsacus	laciniatus		4.5	I	4	I	4	I	3.5	I	2	4	I	4	I			3	I	1	I
1968	–	–	Dipsacus	pilosus aggr.		4.5	I	x	–	4	II	3.5	II	2	3	II	4	I			3	I	1	I
1969	139400	123.2.3	Dipsacus		pilosus	4.5	I	2	I	3	II	4	I	2	4	I	4	I			3	I	1	I
1970	–	–	Dipsacus		strigosus	4.5	I	4	I	4	I	3.5	I	2	3	I	4	I			3	I	1	I
1971	139600	124.46.1	Doronicum	austriacum		2.5	I	3	II	3	II	4	I	2	4	I	4	I		m	5	I	1	I
1972	–	124.46.5	Doronicum	cataractarum		2	I	2	I	4	I	4.5	I	3	2	I	2	I			3	I	1	I
1973	–	–	Doronicum	clusii aggr.		1.5	II	3	I	5	II	3.5	I	1	2	II	3	I			3	II	5	I
1974	139700	124.46.8.1	Doronicum		clusii	1	I	3	I	5	II	3.5	I	1	2	I	3	I			3	I	5	I
1975	–	124.46.8.2	Doronicum		stiriacum	1.5	I	3	I	5	II	3.5	I	1	2	II	3	I			3	II	5	I
1976	139800	124.46.2	Doronicum	columnae		2	I	3	I	3	II	3.5	I	1	5	I	4	I		m	3	I	5	I
1977	–	–	Doronicum	glaciale aggr.		1.5	I	3	II	4	I	3	II	1	3	II	2	II			3	II	5	II
1978	–	124.46.7.2	Doronicum		calcareum	1.5	I	3	I	4	I	3	I	1	5	I	2	I			1	I	5	I
1979	139900	124.46.7.1	Doronicum		glaciale	1.5	I	2	I	4	I	3.5	I	1	3	I	3	I			3	I	5	I
1980	140000	124.46.6	Doronicum	grandiflorum		1.5	I	2	I	5	I	3.5	I	1	4	I	3	I			3	I	5	I
1981	140100	124.46.4	Doronicum	pardalianches		4.5	I	2	I	2	II	3.5	I	1	3	I	3	I			5	I	3	I
1982	–	124.46.3	Doronicum	plantagineum		3	I	2	I	2	II	2.5	I	1	3	I	3	I			3	I	3	II
1983	140400	64.34.1	Dorycnium	hirsutum		5	I	4	I	3	II	1	I	1	4	I	2	I		m	3	I	5	I
1984	–	–	Dorycnium	pentaphyllum aggr.		4.5	II	4	II	3	II	1	II	1	5	I	2	I			3	I	3	II
1985	140200	64.34.3.2	Dorycnium		germanicum	4.5	I	4	I	3	II	1	I	1	5	I	2	I		m	3	I	5	I
1986	140300	64.34.4	Dorycnium		herbaceum	5	I	3	I	3	II	1	I	1	5	I	2	I		m	3	I	3	I
1987	–	64.34.3.1	Dorycnium		pentaphyllum	4.5	II	4	I	4	II	2.5	I	2	4	II	2	I	s		3	I	3	II
1988	–	64.34.2	Dorycnium	rectum		5	I	3	I	4	I	3.5	I	3	4	I	2	I	s		5	I	1	I
1989	–	–	Draba	aizoides aggr.		x	–	3	II	4	II	x	–	2	4	II	2	II			1	II	5	II
1990	140500	54.37.1.1	Draba		aizoides	1.5	I	3	I	4	I	2	I	2	5	I	2	I			1	I	5	I
1991	–	54.37.3	Draba		aspera	1.5	I	3	I	5	I	2	I	1	4	I	2	I			1	I	5	I
1992	–	54.37.1.2	Draba		beckeri	3	I	4	I	5	I	2	I	1	4	I	2	I			1	II	5	I
1993	–	54.37.4	Draba		dolomitica	1	I	3	I	4	I	2.5	I	1	5	I	2	I			1	I	5	I
1994	140900	54.37.2	Draba		hoppeana	1	I	3	I	5	I	3	I	1	3	I	2	I			1	I	5	I
1995	–	54.37.5	Draba		lasiocarpa	4.5	I	4	I	4	I	1	I	1	5	I	1	I			3	I	3	I
1996	–	–	Draba	fladnizensis aggr.		1	I	4	I	5	II	2	II	1	2	II	1	I			1	II	5	I
1997	140800	54.37.13	Draba		fladnizensis	1	I	4	I	4	I	2.5	I	1	2	I	1	I			3	I	5	I
1998	141400	54.37.10	Draba		siliquosa	1	I	4	I	4	I	2	I	1	3	II	1	I			3	I	5	I
1999	–	–	Draba	incana aggr.		1.5	I	3	II	5	I	1.5	II	1	4	II	4	II			1	II	5	I
2000	141000	54.37.15	Draba		incana	1.5	I	2	I	5	I	2	I	1	4	I	2	II			1	I	5	I
2001	141550	54.37.16	Draba		thomasii	1.5	I	4	I	5	I	1.5	I	1	3	I	3	II			3	I	5	I
2002	141100	54.37.7	Draba	ladina		1	I	4	I	5	I	2	I	1	5	I	1	I			1	I	5	I
2003	141200	54.37.18	Draba	muralis		4.5	I	2	I	4	I	2.5	I	1	4	I	3	I			1	I	5	I
2004	141300	54.37.17	Draba	nemorosa		3	I	5	I	4	I	1.5	I	1	4	I	3	I			3	I	3	I
2005	–	54.37.9	Draba	norvegica		1	I	4	I	4	I	3	I	1	5	I	2	I		m	1	I	5	I
2006	–	54.37.14	Draba	pacheri		1	I	4	I	4	I	2.5	I	1	4	I	2	I			3	II	5	II
2007	–	54.37.6	Draba	sauteri		1.5	I	4	I	5	I	3	I	1	5	I	2	I			1	I	5	I
2008	–	–	Draba	stellata aggr.		1	I	4	I	5	II	2.5	II	1	3	II	2	II			1	I	5	I
2009	140700	54.37.11	Draba		dubia	1	I	4	I	5	I	2	I	1	3	II	1	I			1	I	5	I
2010	–	54.37.8	Draba		stellata	1	I	4	I	4	I	3	I	1	5	I	2	I			1	I	5	I
2011	141600	54.37.12	Draba		tomentosa	1	I	4	I	5	I	2	I	1	5	I	1	I			1	I	5	I
2012	141700	108.15.2	Dracocephalum	austriacum		2.5	I	5	I	4	I	1	I	1	5	I	3	I			3	II	3	I
2013	141800	108.15.1	Dracocephalum	ruyschiana		2	I	4	I	4	I	2	I	1	4	II	3	I			3	II	3	I
2014	141900	134.4.1	Dracunculus	vulgaris		5	I	2	I	3	II	2	I	1	3	I	3	I			3	I	3	I
2015	142200	47.1.3	Drosera	anglica		3	II	3	I	4	I	4.5	I	2	3	II	1	I			5	I	1	I
2016	142100	47.1.4	Drosera	intermedia		3.5	I	2	I	4	I	5	I	2	2	I	1	I			5	I	1	I
2017	142300	47.1.1	Drosera	rotundifolia		3	II	3	I	4	I	4	I	2	1	II	1	I		m	5	I	1	I
2018	142500	63.10.1	Dryas	octopetala		1.5	II	3	I	5	I	2.5	I	1	5	I	2	I		m	1	II	5	II
2019	–	7.20.2	Dryopteris	affinis aggr.		3	II	2	II	2	II	3.5	II	2	3	II	3	II			5	II	1	II
2020	–	–	Dryopteris		affinis	3.5	II	2	I	2	I	3	I	1	3	II	3	I			5	II	1	II
2021	143000	–	Dryopteris		borreri	3.5	I	3	I	2	I	3	I	2	3	II	3	I			5	II	1	II
2022	–	–	Dryopteris		cambrensis	3	I	2	I	3	I	3	I	2	3	II	2	I			3	II	5	II
2023	143200	7.20.10	Dryopteris	cristata		3.5	I	2	I	3	II	4.5	I	3	2	I	2	I			5	I	1	I
2024	–	–	Dryopteris	dilatata aggr.		2.5	II	2	II	2	II	3.5	II	2	2	II	2	II			5	I	1	I
2025	143100	7.20.9	Dryopteris		carthusiana	3	II	3	I	2	II	3.5	II	3	1	II	2	I			5	I	1	I
2026	143300	7.20.6	Dryopteris		dilatata	2.5	I	3	I	2	II	3.5	I	2	2	I	3	I		m	5	I	1	I
2027	143400	7.20.7	Dryopteris		expansa	2.5	I	2	I	2	II	3.5	I	2	2	I	3	I			5	I	1	I
2028	143700	7.20.8	Dryopteris		remota	2.5	I	2	I	2	II	3.5	I	3	2	I	3	I			5	I	1	I
2029	–	–	Dryopteris	filix-mas aggr.		3	II	3	II	2	II	3.5	II	1	3	II	2	II			x	–	3	II
2030	143500	7.20.1	Dryopteris		filix-mas	3	II	3	I	2	II	3.5	I	2	3	II	3	I		m	5	II	3	I
2031	142600	–	Dryopteris		oreades	2.5	I	1	I	3	II	3	I	1	2	I	2	I			1	I	5	I
2032	–	–	Dryopteris	villarii aggr.		3	II	3	II	4	II	3	II	1	x	–	2	II			3	II	5	I
2033	–	–	Dryopteris		pallida	4.5	I	4	I	4	I	2.5	I	1	3	I	2	I			3	II	5	I
2034	–	7.20.4	Dryopteris		submontana	2.5	I	3	I	4	II	3	I	1	5	I	2	I			3	I	5	I
2035	–	7.20.3	Dryopteris		tyrrhena	3	II	3	I	4	II	3	I	1	2	II	3	I			1	I	5	I
2036	143900	7.20.5	Dryopteris		villarii	2	I	2	I	4	II	3	II	1	5	I	2	I		m	3	II	5	I
2037	–	38.24.1.1	Drypis	jacquiniana		4	I	4	I	5	I	1.5	I	1	5	I	1	I			1	I	5	I
2038	144000	63.16.1	Duchesnea	indica		4.5	I	2	I	3	II	3	I	1	3	I	4	I			3	II	3	I
2039	–	51.2.1	Ecballium	elaterium		4.5	I	3	I	4	II	2	I	1	3	II	5	II			3	II	3	II
2040	–	–	Echinacea	purpurea		5	I	3	I	3	II	3	I	1	3	I	3	I			3	I	3	I
2041	–	139.18.1	Echinaria	capitata		5	II	3	I	5	I	1.5	I	2	4	II	2	I			3	I	3	I
2042	–	–	Echinochloa	colona		5	I	1	I	4	I	3.5	I	3	3	I	4	I			1	I	1	I
2043	–	–	Echinochloa	crus-galli aggr.		4.5	II	3	II	4	I	3	II	3	3	II	4	I	s		3	I	1	I
2044	144100	139.73.1	Echinochloa		crus-galli	4	I	3	I	4	I	3.5	I	3	3	II	4	I			3	I	1	I
2045	–	–	Echinochloa		muricata	5	I	2	I	4	I	2.5	I	3	3	I	4	I			3	I	1	I
2046	–	–	Echinochloa	esculenta		5	I	2	I	4	I	2.5	I	2	3	I	4	I			3	I	1	I

Strategien					Biologisches Verhalten										Vorkommen						Pflanzengesellschaften			Literatur			
LF	BD	WT	RO	KS	DA	VA	FS	MA	BZ	BS	MV	SU	DG	GI	GV	LR	EG	AE	EM	VE	1	2	3	BL	SL	TB	SEN
c	i	1	Rs	css	Me	Kr	mo		7-9		1		2	mg	B3a	6.5 7.1 9.1	2	I	1	>			12.3				1958
c	i	1	Rs	css	Me	Kr	mo		7-9		1		2	mg	D5	6.5 7.1	–	I	1	>			12.3	l	868		1959
c	i	1	Rs	css	Me	Kr	mo		8-9		1		2	mg	B3a	6.5 7.1 9.1	1	I	1	>			12.211				1960
c	i	1	Rs	css	Me	Kr	mo		7-9		1		2	mg	B3	2.6 7.1 9.1	2	I	1	>			12.211				1961
t	w		–	crr	Bo	Kv	zw		3-10	au?	–		1	e	C2a	2.1 2.2	7	I/A	5	=			2.33				1962
t	w s	2.5	–	crr	Bo	Kv	zw	p1	6-9	au me (my)	–		2	e	C2	2.1 2.2 3.2	7	I/A	4	<			2.33				1963
h	w s		Wv	crr	Bo	Kv	zw	p4	5-9	en (au)	–		2	e	C2a	2.2 2.5	7	I/A	4	<			2.34				1964
t	w s		–	crr	Bo	Kv	zw		5-8	??	–		1	e	C2	2.1 2.2 2.7	7	I/A	4	>			2.3a				1965
k	w		–	crr	Ep Dy	Kv	zw	p2	7-8	me ca (hm)	1	3	2	h	C1	2.2 2.5 2.6 7.4	7	Ja	4	=	5.1	11.311					1966
k	w		Wv	crr	Ep Dy	Kv	zw		7-8	en	1		2		C2b	2.3 2.5 7.4 9.2	7	A	3	>			5.1				1967
k	s		Wv	ccr	Me Ep	Kv	zw		7-8	en	1		3		B6a		–	I/N	2-3	<=					649		1968
k	s		Wv	ccr	Me Ep	Kv	zw	p1	7-8		1		3		B6a	2.2 2.5 7.4 9.2	7	I	2	=			5.13				1969
k	s		Wv	ccr	Me Ep	Kv	zw		7-8		1		3		A4a	2.2 2.3	–	N	3	<			2.343	g i l	107		1970
g	s		Rh	ccs	Me	Sr	ve		6-8	ca my me ps	–		2		E1	7.2 8.2 9.1 9.2	2	I	1	=			11.51	c k m			1971
g	s?		Rh	ccs	Me	Sr	ve		7-9		–		3		F4b*	4.2	–	I	1	>			11.514	c m			1972
g	w		Rh	ccs	Me	Sr	ve		7-9	my le (me)	–		2		E1		–	I	1	=							1973
g	w		Rh	ccs	Me	Sr	ve	r2	7-9		–		2		E1	3.2 3.3 6.5	–	I	1	=	3.341			c m			1974
g	w		Rh	ccs	Me	Sr	ve		7-9		–		2		E4a	3.2 3.3	–	I	1	=			3.341	c m		E	1975
g	w		Rh	ccs	Me	Sr	ve		5-8	en	–		2		E2a	3.3 7.2 8.1 9.2	–	I	1	>			11.514	c k m			1976
g	w		Rh	ccs	Me	Sr	ve		7-8	my le (me)	–		2		F7		–	I	1	=>				m			1977
g	w		Rh	ccs	Me	Sr	ve		7-8		–		1		F8	3.2 3.3 6.6	–	I	1	=			3.32	c m			1978
g	w		Rh	ccs	Me	Sr	ve		7-8		–		2		F7	3.3 6.6 8.2	–	I	1	>			3.331	c m			1979
h	w		Rh	ccs	Me	Sr	ve	r6	7-8	my le	–		3		E2	3.2 3.3 6.5 6.6	2	I	1	=	3.3	3.312					1980
g	w		Rh Rk	ccs	Me	Au	ve	r4	5-7	ca my me	2		4	h	D2	2.6 2.7 4.2 9.2	1	I/N	3	=	14.731	5.131					1981
g	v		Rh	ccs	Me	Au	ve		4-6	ca me hm	–		2		D1a	2.9 3.2 6.2 6.7	–	I/N	3	<			14.9	m		H	1982
z	w		Wh	ccs	Au	Sr	zw	p3	5-7	me hm	–		1		C2	3.2 3.3 6.2 7.4	–	I	2	=			12.4	k m			1983
z	w		Wh	ccs	Au	Sr	zw		6-8		–		1		D1		–	I	2	>						B	1984
z	w	3.5	Wh	ccs	Au	Sr	zw	p10	6-8	my hm	–		1		D1b	6.2 6.7 9.1 9.3	6	I	2	>	14.211						1985
z	t		Wh	css	Au	Sr	zw	p2	6-8	me hm	–		1		D1b	6.2 6.7 9.1 9.3	6	I	2	>	9.1	11.111					1986
z	w		Wh	ccs	Au	Sr	zw	r12	4-7		–		1		D1a	6.2 7.3 9.1 9.3	–	I	2	=			12.4	k m			1987
c-h	w?		Wh	css	Au	Sr	zw		4-7		–		1		C2	1.4 6.3	–	I	2	=			11.221	k m			1988
c	w		Rs	css	Bo	Po	zw		3-8		–		1	e	E1		–	I	1	=					106	B	1989
c	w	1.5	Rs	css	Bo	Po	zw	p43	3-7	au my le	–		1	e	E1	3.2 3.3 6.2 6.5	2	I	1	>*	3.311	3.331	10.311				1990
c	w		Rs	css	Bo	Po	zw		6-7		–		1	e	E2	3.2 3.3	–	I	1	=			3.2	c k			1991
c	w		Rs	css	Bo	Po	zw		3-6		–		1	e	F8a	3.1 3.2 6.2	–	I	1	=			9.133	c	356		1992
c	w		Rs	css	Bo	Po	zw		6-8		–		1	e	F4a*	3.2 3.3	–	I	1	=			3.311	c k			1993
c	w		Rs	css	Bo	Po	zw		7-8	au en?	–		1	e	F6	3.3 3.3 6.6	2	I	1	=	3.331						1994
c	w		Rs	css	Bo	Po	zw		3-4		–		1	e	E4a	3.2 6.2	–	I	1	=			9.132				1995
c	w		Rs	css	Bo	Po	zw		7-8	au my	–		1	e	B5		–	I	1	=					106		1996
c	w		Rs	css	Bo	Po	zw		7-8		–		1	e	B5	3.2 3.3 6.5	2	I	1	=	3.331	10.311					1997
h	w		Rs	css	Bo	Sr	zw	p6	7-8		–		1	e	E1	3.2 3.3 6.5	2	I	1	=	10.311						1998
h-t	t		–	css	Bo	Sr	zw		6-7	au	–		1	e	B5b		–	I	1	>					106		1999
h-t	t		–	css	Bo	Sr	zw		6		–		1	e	B5b	2.4 3.1 3.2	2	I	1	>			3.2111				2000
h-t	t		–	css	Bo	Sr	zw		6-7		–		1	e	F1	2.4 3.1 3.2 6.5	2	I	1	>			3.2111				2001
c	w		Rs	css	Bo	Po	zw		7-8		–		1	e	F3d*	3.2 3.3	2	I	1	=			3.2111				2002
t	w	1	–	rrr	Bo	Kv	zw	p1	4-6	au en	–		2	e	C2c	2.2 3.1 3.2 6.2	3	I/N	4	<			4.1				2003
t	w		–	rrr	Bo	Kv	zw		4-6	au? en	–		2	e	B3	2.2 3.1 3.2 6.2	3	I	4	=			4.12				2004
c	w		Rs	sss	Bo	Kv	zw		6-7		–		2	e	B5b	3.2 3.3	–	I	1	=			3.2111	c m			2005
c	w		Rs	css	Bo	Sr	zw		6-8		–		2	e	E4a	3.2 3.3 6.5 6.6	–	I	1	=			10.421?	c m			2006
c	w		Rs	css	Bo	Sr	zw		6-7	au? en	–		1	e	F8*	3.2 3.3 6.5	–	I	1	>			3.2111	c m			2007
c	w		Rs	css	Bo	Sr	zw		6-8		–		1	e	E1		–	I	1	=					106	B	2008
c	w		Rs	css	Bo	Sr	zw	p10	7-8	au (my?)	–		1	e	E1	3.2	2	I	1	=	3.2						2009
c	w		Rs	css	Bo	Sr	zw		6-7		–		1	e	F8	3.2 3.3	–	I	1	=			3.2111	c m			2010
c	w i		Rs	css	Bo	Sr	zw		7-8		–		1	e	E4	3.2 3.3	2	I	1	=	3.211						2011
h	s?		Rh Wh	css	Bo	Sr	ve-di		5-6	me	2		3		D4	3.2 6.2 7.4 9.3	6	I	2	=	9.131	9.113					2012
h	s		Rh	css	Bo	Sr	ve-di		7-8	me	2		2		B6b	3.2 6.2 6.5 9.1	2	I	2	>	10.211	11.111	10.421				2013
g	v?		Rk	ccs	En	Kv	mo		5	my	–		4	mg h	C2	2.2 2.3 7.3 9.2	7	A	2	=?			14.71				2014
h.ff	t	1	Rs	sss	Me	Sw	cl zw		7-8	au	–		1	mg h	B3a	5.1 5.2 6.3	5	I	2	>			7.21		139		2015
h.ff	t	1	Rs	sss	Me	Sw	cl zw		7-8	au (my)	–		1	mg h	B3a	5.1 5.2	5	I	1	>	7.211				139		2016
h.ff	t	1	Rs	sss	Me	Sw	cl zw	d	7-8	au my	–	2	1	mg h	B3a	4.1 5.1 5.2	5	I	2	>	12.111	7.211	7.212		139		2017
z	i	2	Wh	crs	Me Hy	Kt	zw	r85;108*	5-8	au me my*	–	2*	3		B5	3.2 6.5 8.2 9.1	2	I	1	=	10.311	3.311	14.211		196		2018
h	w		Rh	ccs	Me	Kv	fa mo		7-9		–		1	mg	D3		1	I	1	=				c	111, 234	C G	2019
h	w		Rh	ccs	Me	Kv	fa mo		7-9		–		1	mg	D2	9.2	–	I	1	=			14.73				2020
h	w		Rh	ccs	Me	Kv	fa mo		7-9		–		1	mg	D3	2.6 7.2 9.1 9.2	–	I	1	=	14.731	14.72202					2021
h	w		Rh	ccs	Me	Kv	fa mo		7-9		–		1	mg	E5	3.3 7.2 8.1 9.2	–	I	1	=			3.34?				2022
h	t		Rh	css	Me	Kv	mo		7-9		1		1	mg	E1	5.1 5.2 7.4 9.2	5	I	2	>	14.611						2023
h	t		Rh	ccs	Me	Kv	mo		7-9		1		3	mg	B3a		–	I	1	<=					44, 750	B G	2024
h	t	1	Rh	ccs	Me	Kv	mo		7-8		1		3	mg	B	5.1 7.1 8.1 9.2	1	I	1	<	14.7	14.312	14.413				2025
h	t	2	Rh	ccs	Me	Kv	mo		7-8		1		3	mg	D3	3.3 7.2 9.1 9.2	1	I	1	<	14.312	14.73138					2026
h	s	2	Rh	ccs	Me	Kv	mo		7-9		1		3	mg	E1	3.3 8.1 9.1 9.2	1	I	1	<			14.312		750		2027
h	t	1	Rh	ccs	Me	Kv	oa		7-8		1		3	mg	D3	9.1 9.2	1	I	1	=			14.7		729		2028
h	s		Rh	ccs	Me	Kv	mo		7-9		1		3	mg	B3a		–	I	1	=							2029
h	t	1	Rh	ccs	Me	Kv	mo		7-9		1		3	mg	B3a	3.3 7.2 8.1 9.2	1	I	3	=	14.73	14.312					2030
h	s		Rh	ccs	Me	Kv	mo		7-9		–		3	mg	A0a	3.2 3.3 7.1	–	I	1	=			3.342				2031
h	s		Rh	ccs	Me	Au	mo		7-9		–		2	mg	B6b		–	I	2	=					233		2032
h	s		Rh	css	Me	Au	mo		7-8		–		2	mg	C2	3.2 3.3	–	I	1	=			3.31	m			2033
h	s		Rh	ccs	Me	Au	mo		7-9		–		2	mg	E2	3.2 3.3 3.4	–	I	2	=			3.3122				2034
h	s		Rh	ccs	Me	Au	mo		7-9		1		3	mg	B6b	3.2 3.4	–	I	2	=			3.342				2035
h	s	2	Rh	css	Me	Au	mo	>150*	7-8		–		2	mg	E3c	3.3 3.4 7.2 8.1	2	I	1	=	3.311	3.312			263		2036
c	w		Wh	crs	Ep	Sr	zw		6-8		–		1		E2c	3.3	–	I	1	=			3.3121	k m			2037
h	w		Rh	ccs	En	Ao	zw		4-7	me my	3		5	e	A4b	2.3 2.7 6.3 9.2	1	N	3	<			11.21				2038
g	s		Wk	crr	Au	Sr	mo		7-9	??	–		2	gg	C2	2.2 2.3	–	I/N	3	<			2.341	c k m			2039
g	s?		Rh	ccr	Me	Au	ve		6-9	me	–		2	mg h	A2c	2.2 2.9	–	N	4	<			?	c g i			2040
t	s		–	rrr	Ep	Kv	zw		4-5		–		1		C2	2.1 6.2 7.3	–	I	3	=			4.21	k m			2041
t	s		–	rrr	Ep At	Kv	zw		7-9	an	–		1	e	A0	2.1 2.2 2.5	–	N	5	<			2.3	k			2042
t	s		–	crr	Ep En	Kv	zw		7-9	an au	1		2	e	A4		–	N	5	<							2043
t	s	3.5	–	crr	Ep At	Kv	zw		7-9	an au	1	2	2	e	A4a	2.1 2.2 2.5 2.7	7	A/N	5	<			2.3				2044
t	s		–	crr	Ep At	Kv	zw		8-9	an au	1		2	e	A4	2.1 2.2 2.5	–	N	5	<			2.1?	c g	735		2045
t	s		–	crr	Ep At	Kv	zw		8-9	an	–		2	e	A4	2.2	–	N	5	<			2.3	c g			2046

Nummern			Taxa			Klima						Boden												
SEN	**SIN**	**FAN**	**Gattung**	**Aggregat/Einzelart**	**Kleinart**	**T**	**v**	**K**	**v**	**L**	**v**	**F**	**v**	**W**	**R**	**v**	**N**	**v**	**S**	**M**	**H**	**v**	**D**	**v**
2047	–	51.7.1	**Echinocystis**	**lobata**		5	I	2	I	3	I	4^	I	1	4	I	4	I			3	I	1	I
2048	–	–	**Echinops**	**sphaerocephalus aggr.**		4.5	II	4	II	4	II	2.5	II	2	4	II	3	II			3	I	3	II
2049	–	–	**Echinops**		**bannaticus**	4.5	I	4	I	4	I	2.5	I	2	4	II	3	I			3	I	3	I
2050	–	124.54.2	**Echinops**		**exaltatus**	4	I	4	I	4	II	3	II	2	4	II	4	I			3	I	3	II
2051	–	124.54.3	**Echinops**		**ritro**	5	II	3	I	5	II	2	II	1	3	II	2	I			3	I	3	II
2052	–	–	**Echinops**		**ruthenicus**	4	I	5	I	4	I	2	I	2	4	I	4	I			3	I	1	I
2053	144300	124.54.1	**Echinops**		**spaerocephalus**	4	II	5	I	4	I	2	I	2	4	II	4	I			3	I	1	I
2054	144400	106.8.1	**Echium**	**italicum**		5	I	3	I	4	I	1	I	1	4	I	3	I			3	I	3	I
2055	–	106.8.3	**Echium**	**plantagineum**		5	II	3	I	5	I	1.5	I	1	3	I	3	I			3	I	3	I
2056	144500	106.8.2	**Echium**	**vulgare**		4	II	4	I	5	I	2	I	1	3	II	3	II	s	m	3	II	3	I
2057	144550	65.2.1	**Elaeagnus**	**pungens**		5	I	2	I	3	II	2.5	I	1	3	I	3	I			3	II	3	II
2058	144600	43.1.1	**Elatine**	**alsinastrum**		4.5	I	2	I	4	I	4.5	I	3	2	I	4	I	s		3	I	1	I
2059	–	–	**Elatine**	**hydropiper aggr.**		4.5	II	2	II	4	I	4.5	I	3	3	II	4	I			3	I	1	I
2060	–	–	**Elatine**		**ambigua**	4	I	3	I	4	I	4.5	I	3	3	I	4	I			3	I	1	I
2061	144700	43.1.4	**Elatine**		**hexandra**	4	I	2	I	4	I	4.5	I	3	3	I	4	I			3	I	1	I
2062	144800	43.1.2	**Elatine**		**hydropiper**	4	I	2	I	4	I	4.5	I	3	3	I	4	I			3	I	1	I
2063	144900	43.1.3	**Elatine**		**triandra**	4	I	2	I	4	I	4.5	I	3	2	I	4	I			3	I	1	I
2064	145000	138.9.2	**Eleocharis**	**acicularis**		3.5	I	3	I	4	I	5	I	3	4	II	2	I	s		3	I	1	I
2065	145100	138.9.4	**Eleocharis**	**atropurpurea**		5	I	2	I	4	I	5	I	3	2	I	2	I			3	I	1	I
2066	145300	138.9.9	**Eleocharis**	**carniolica**		5	I	2	I	4	I	4.5	I	3	3	I	3	I			3	I	1	I
2067	–	–	**Eleocharis**	**multicaulis**		4	I	1	I	4	I	5	I	3	2	II	1	II			5	II	1	I
2068	–	–	**Eleocharis**	**ovata aggr.**		4.5	II	3	II	4	I	4.5	I	3	3	II	4	II			3	II	1	I
2069	–	–	**Eleocharis**		**obtusa**	5	I	3	I	4	I	4.5	I	3	3	I	3	I			3	II	1	I
2070	145600	138.9.3	**Eleocharis**		**ovata**	4.5	I	4	I	4	I	4.5	I	3	4	I	4	I			3	I	1	I
2071	–	–	**Eleocharis**	**palustris aggr.**		3	II	3	II	4	I	4.5	II	3	3	II	3	II			3	II	1	I
2072	145200	138.9.6	**Eleocharis**		**austriaca**	3.5	II	2	I	4	I	4.5	I	3	3	II	2	I			3	II	1	I
2073	145400	138.9.7	**Eleocharis**		**mamillata**	3.5	I	3	I	4	I	4.5	I	3	3	II	3	I			3	II	1	I
2074	145700	138.9.5	**Eleocharis**		**palustris**	3.5	I	3	I	4	I	4.5	I	3	4	I	3	I	s	m	5	II	1	I
2075	146000	138.9.8	**Eleocharis**		**uniglumis**	3	I	3	I	4	I	4.5	I	3	4	I	2	I	s		3	II	1	I
2076	–	–	**Eleocharis**		**vulgaris**	3	I	2	I	4	I	4.5	I	3	4	I	3	I			5	II	1	I
2077	145900	138.9.1	**Eleocharis**	**quinqueflora**		3	I	3	I	4	I	4.5	I	3	4	I	1	I	s		3	I	1	I
2078	–	–	**Eleogiton**	**fluitans**		5	I	2	I	4	I	5^	I	3	3	I	2	I			3	I	1	I
2079	146100	139.67.1	**Eleusine**	**indica**		5	I	2	I	4	I	2	I	2	3	I	4	I			3	I	5	I
2080	–	–	**Elodea**	**callitrichoides**		5	I	1	I	4	I	5u	I	2	3	I	4	I			–	–	–	–
2081	146200	127.3.2	**Elodea**	**canadensis**		3.5	I	3	I	3	I	5u	I	1	4	I	3	I			–	–	–	–
2082	146300	127.3.1	**Elodea**	**densa**		5	I	1	I	3	I	5u	I	1	3	I	3	I			–	–	–	–
2083	146400	127.3.3	**Elodea**	**nuttallii**		4.5	I	2	I	3	I	5u	I	1	4	I	3	I	s		–	–	–	–
2084	146460	139.23.1	**Elymus**	**caninus**		3.5	II	3	I	3	II	3.5	I	2	4	II	4	I			3	II	3	II
2085	–	–	**Elymus**	**obtusiflorus**		4.5	I	4	I	4	I	2.5	I	2	3	I	4	I	ss		1	II	3	I
2086	–	–	**Elymus**	**repens aggr.**		4	II	4	II	4	II	2.5	II	3	4	II	4	II	s		1	II	5	II
2087	146450	139.23.2	**Elymus**		**athericus**	4.5	I	4	I	4	I	3	II	3	4	I	4	I	s		1	II	5	II
2088	146550	139.23.4	**Elymus**		**hispidus**	4	I	4	I	4	I	2	II	2	5	I	3	I		m	1	I	5	II
2089	146560	139.23.3	**Elymus**		**repens**	3.5	II	3	I	4	II	3	II	3	4	II	4	I	s	m	1	II	3	II
2090	146600	138.15.1	**Elyna**	**myosuroides**		1.5	I	4	I	5	I	2	I	1	3	I	1	I		m	5	I	5	I
2091	–	–	**Empetrum**	**nigrum aggr.**		x	–	2	II	4	II	3.5	I	1	1	II	2	II			5	II	1	I
2092	146900	56.1.1.2	**Empetrum**		**hermaphroditum**	1.5	I	2	I	4	I	3.5	I	1	1	I	2	I		m	5	II	1	I
2093	146800	56.1.1.1	**Empetrum**		**nigrum**	3	I	1	I	3	II	3.5	I	1	2	II	1	I			5	II	1	I
2094	–	–	**Ephedra**	**distachya aggr.**		4.5	I	5	I	5	I	1	II	1	5	I	2	I			1	I	5	II
2095	147000	13.1.2	**Ephedra**		**helvetica**	4.5	I	5	I	5	I	1	I	1	5	I	2	I			1	I	5	II
2096	–	–	**Ephedra**		**negrii**	4.5	I	5	I	5	I	1.5	I	2	5	I	2	I			1	I	3	II
2097	–	13.1.1	**Ephedra**	**nebrodensis**		4	II	4	I	5	I	1.5	I	1	5	I	3	I			1	I	5	I
2098	147300	72.4.10	**Epilobium**	**alpestre**		2.5	I	2	I	3	II	4	I	1	4	I	4	I			5	I	1	I
2099	147500	72.4.17	**Epilobium**	**alsinifolium**		2	I	2	I	4	I	4.5	I	2	3	I	3	I			5	I	1	I
2100	147600	72.4.16	**Epilobium**	**anagallidifolium**		1.5	I	2	I	4	I	4.5	I	2	3	I	2	I			3	I	3	I
2101	147700	72.4.1	**Epilobium**	**angustifolium**		3	I	4	I	3	II	3	I	1	3	II	3	I		m	3	I	3	I
2102	–	–	**Epilobium**	**brachycarpum**		4.5	I	2	I	4	I	1.5	I	1	3	I	3	I			3	I	3	I
2103	–	72.4.18	**Epilobium**	**ciliatum aggr.**		4.5	II	2	I	4	I	3.5	II	2	3	II	3	II			3	I	3	II
2104	147800	–	**Epilobium**		**adenocaulon**	4.5	I	2	I	4	I	3.5	I	2	3	II	4	I			3	I	3	I
2105	–	–	**Epilobium**		**ciliatum**	5	I	2	I	4	I	3	I	2	3	I	3	I			3	I	3	II
2106	148000	72.4.2	**Epilobium**	**dodonaei**		4	II	4	I	4	I	1.5	I	2	4	I	3	I			1	I	5	I
2107	148200	72.4.3	**Epilobium**	**fleischeri**		2	I	3	I	5	I	3.5	I	3	4	I	3	I			1	I	5	I
2108	148300	72.4.4	**Epilobium**	**hirsutum**		3.5	I	3	I	3	II	4	I	3	4	I	4	I	s		5	I	1	I
2109	–	–	**Epilobium**	**montanum aggr.**		x	–	3	II	3	II	x	–	2	3	II	3	II			3	II	3	II
2110	147900	72.4.8	**Epilobium**		**collinum**	2.5	I	3	I	4	I	2.5	I	2	3	II	3	I			3	II	5	I
2111	148100	72.4.6	**Epilobium**		**duriaei**	2.5	I	2	I	3	II	3.5	I	2	3	I	4	I			3	I	5	I
2112	148500	72.4.9	**Epilobium**		**lanceolatum**	4.5	I	2	I	3	II	2	I	2	2	I	3	I			3	I	5	I
2113	148600	72.4.7	**Epilobium**		**montanum**	3	II	3	I	3	II	3	I	2	4	II	4	I		m	3	I	3	I
2114	148700	72.4.15	**Epilobium**	**nutans**		2	I	2	I	4	I	4.5	I	2	2	I	3	I			5	I	1	I
2115	148900	72.4.14	**Epilobium**	**palustre**		3	II	3	I	4	I	4.5	I	2	3	II	2	I	s		5	I	1	I
2116	149000	72.4.5	**Epilobium**	**parviflorum**		3.5	II	3	I	3	II	4	I	3	4	II	4	I		m	3	I	1	I
2117	149100	72.4.13	**Epilobium**	**roseum**		3.5	I	3	I	3	II	4	I	3	4	I	4	I			3	I	1	I
2118	–	–	**Epilobium**	**tetragonum aggr.**		3.5	II	2	I	3	II	4	II	2	2	II	4	II			5	II	1	I
2119	149300	72.4.11.2	**Epilobium**		**lamyi**	4	I	2	I	3	II	4	I	3	2	I	4	I			5	I	1	I
2120	148800	74.4.12	**Epilobium**		**obscurum**	3.5	I	2	I	3	II	4	I	2	3	II	3	I			5	I	1	I
2121	149200	72.4.11.1	**Epilobium**		**tetragonum**	3.5	I	2	I	3	II	3.5	II	2	3	I	4	I	s		5	I	1	I
2122	149400	20.1.1	**Epimedium**	**alpinum**		4.5	I	2	I	2	II	3	I	1	2	II	3	I			3	I	3	I
2123	–	–	**Epimedium**	**pinnatum**		4.5	I	2	I	2	II	3	I	1	3	I	3	I			3	I	3	I
2124	–	–	**Epipactis**	**helleborine aggr.**		x	–	x	–	x	–	x	–	3	4	II	x	–			3	II	x	–
2125	149600	148.2.11	**Epipactis**		**atrorubens**	3	II	4	I	3	II	2	I	3	4	I	1	I		m	3	II	1	II
2126	–	–	**Epipactis**		**autumnalis**	3.5	I	2	I	2	I	3	I	3	2	I	3	I			3	I	3	I
2127	149650	148.2.3	**Epipactis**		**distans**	3.5	II	4	I	4	I	2	I	1	5	I	2	I			1	I	5	I
2128	–	–	**Epipactis**		**flaminia**	4.5	I	3	I	2	I	3	I	3	4	I	2	I			3	I	1	I
2129	149660	148.2.2	**Epipactis**		**helleborine**	3	II	4	I	3	II	2	I	3	4	I	3	I		m	3	I	1	I
2130	150000	148.2.5	**Epipactis**		**leptochila**	4.5	II	4	I	1	I	2	I	3	5	I	2	I			3	I	1	I
2131	–	–	**Epipactis**		**leutei**	3.5	I	3	I	2	I	2.5	I	1	4	I	3	I			3	I	3	I
2132	150100	148.2.12	**Epipactis**		**microphylla**	3.5	II	4	I	2	II	3.5	I	3	4	I	3	I		m	3	I	1	I
2133	150150	148.2.8	**Epipactis**		**muelleri**	4	I	4	I	3	I	2	II	3	4	I	2	I			3	II	1	I
2134	–	–	**Epipactis**		**neglecta**	4.5	II	4	I	2	I	3	I	2	4	I	3	I			3	I	1	I
2135	–	–	**Epipactis**		**nordeniorum**	4.5	I	3	I	2	II	3.5	I	3	3	I	4	I			1	I	3	II

Strategien					Biologisches Verhalten										Vorkommen						Pflanzengesellschaften			Literatur			
LF	BD	WT	RO	KS	DA	VA	FS	MA	BZ	BS	MV	SU	DG	GI	GV	LR	EG	AE	EM	VE	1	2	3	BL	SL	TB	SEN
t.li	s		–	crr	En	Kv	mo		6-9	??	–		2		A2c	2.5 7.2 7.5 9.2	–	N	5	=			11.311	c i k			2047
h-k	s		Wv	ccs	Ep Me	Sr	zw	p2	6-9		1		2		B6a		–	I/N	3	<->					523	B H	2048
h	s		Wv	ccs	Ep Me	Sr	zw		6-9		1		2		D1b	2.2 2.9	–	I?/N	4	<			9.1	c k l			2049
h	s		Wv	ccs	Ep Me	Sr	zw		7-8	ca my me ps	1		2		D1b	2.1 2.3 2.5 9.2	–	N	4	<			5.113	e k l			2050
h	s		Wv	ccs	Ep Me	Sr	zw		7-9	en	1		2		C2b	2.1 2.2 6.2 7.3	–	I/N	3	=			9.22	i k m			2051
h	s		Wv	ccs	Ep Me	Sr	zw		7-9		1		2		D4	2.9 3.2 3.3 6.2	–	I/N	3	=			9.1	c k m			2052
h-k	s		Wv	ccs	Ep Me	Sr	zw	p2	6-9	me ve	1		2		B6a	2.1 2.2 6.2 7.4	7	I/N	3	>			5.111		375	A	2053
t	w		Wv	crr	Me Dy	Sr	zw	d	4-8	me	–		2	tg	B6a	2.1 2.2 6.2	–	A	5	=			5.111	c k m			2054
t	s w		Wv	crr	Me Dy	Kv	zw		5-9		–		2	tg	C2	2.2 3.1 6.2 7.3	–	I	3	=			2.34	k m			2055
k-t	w	4	Wv	crr	Me Dy	Kv	zw	p2	5-10	me my ps ph*	2	2	2	tg e	B6a	2.2 3.1 3.2 7.3	6	I/A	3	=	5.11	4.12					2056
n-p	i		Wh	ccs	En	Kv	mo zw		5-6		–		3	e	A4b	2.7 2.9 7.4 9.2	1	N	3	<			14.411	a c d			2057
a-t	t		–	rss	Ep	Kt	cl zw		6-9	au en	–		4		B4c	1.4	5	A	1	>			2.211				2058
a-t	t		–	rss	Ep	Kt Sw	cl zw		6-9		–		3		B3		–	I/N	1	=>						B	2059
a-t	t		–	rss	Ep	Kt Sw	cl zw		6-9		–		3		A4b	1.4	–	N	1	=			2.2	k m			2060
a-t	t		–	rss	Ep	Kt Sw	cl zw		6-9	au en	–		3		D3	1.4 2.1	5	I	1	>			2.2				2061
a-t	t		–	rss	Ep	Kt Sw	cl zw		6-9	au en?	–		3		B3a	1.4	5	I	1	>			1.4				2062
a-t	t		–	rss	Ep	Kt Sw	cl zw		6-9	au en	–	5	3		B3a	1.4 2.1	5	I	1	>			2.2				2063
h	w		Rs	crs	Hy Ep	Au	zw		6-9	an	–		2	e	B3	1.4	5	I	2	>			1.414				2064
t	s		–	css	Hy	Kv	zw		8-9	an	–		1	e	B1	1.4	5	I	1	>			1.414				2065
h	s?		Rs	css	Hy	Ho	zw		6-9	an	–		1	e	D1b	2.1 2.5	–	I	2	>			2.2	c f k			2066
h	w		Rs	css	Hy	Ho	zw		6-10	an	2		3	e	C2a	1.4	–	I	4	>?			1.413	f k l	636		2067
a-t	s w		–	rss	Hy	Kv	zw		6-10	an	–		3	e	A0		–	A/N	3	<							2068
a-t	s w		–	rss	Hy	Kv	zw		6-10	an	–		3	e	A2a	1.4 2.1	–	N	3	<			2.2	k m			2069
a-t	s w		–	rss	Hy	Kv	zw		6-8	an	–		3	e	B4a	1.4	5	A/N	3	<			2.2				2070
g	w s?		Rs	crs	Ep Dy	Au	zw		5-8	an	2		3	e	B2		–	I	3	>						B D	2071
g	s?	1.5	Rs	crs	Hy Dy	Au	zw		5-8	an	2		3	e	B6b	1.3 1.4 5.1 6.3	5	I	3	>			6.11				2072
g	w		Rs	crs	Hy Dy	Au	zw		5-8	an	2		3	e	B3	1.4 5.1 5.2	5	I	3	>			7.212				2073
g	w	3	Rs	crs	Hy Ep	Au	zw		5-8	an	2		3	e	B3	1.2 1.3 5.1 6.3	5	I	3	>	6.11						2074
g	w		Rs	crs	Hy Dy	Au	zw		5-8	an	2		3	e	B6b	1.3 1.4 5.1 6.3	5	I	3	>			6.1				2075
g	s		Rs	crs	Hy Dy	Au	zw		5-8	an	2		3	e	D5?	1.2 1.3 5.1 6.3	–	I	3	>			6.11				2076
h	w		Rk	css	Hy	Au Ho	zw		5-7	an	–		3	e	B3	2.5 4.1 5.1 6.3	5	I	3	>			7.23				2077
g	w		Rs	css	Me Ep	Ao	zw		6-10	an	–		2		B1	1.4	–	A	2	>			1.413				2078
t	s		–	rrr	Me	Kv	zw		7-10	an	–		2		A0	2.1 2.2 2.5	7	N	5	<			2.33				2079
a	w		Rs Tu	css	Kd	As Sw	di		7-9		–		4		A1	1.1 1.2	–	N	3	<			1.31	l m			2080
a	t		Rs Tu	css	Kd	As Sw	di		6-9	hd	–		5		A2c	1.1 1.2 1.3	4	Ns	2	>			1.31		133		2081
a	w		Rs	css	Kd	As Sw	di		6-8	??	–		4		A1	1.1 1.3	4	N	1	<			1.31				2082
a	w		Rs Tu	css	Kd	As Sw	di		5-8	??	–		5		A2c	1.1 1.2 1.3	4	Ns	2	<			1.31		133		2083
h	s	3	Rs	crs	Dy En	Ho Sr	zw		6-8	an	3	2	3		B6	2.3 2.6 7.5 9.2	1	I	3	<	14.721	14.735	11.5				2084
h	s		Rs	ccr	Dy En	Ho	zw		7-8	an	3		2		C2b	2.2 2.5	–	N	4	<			5.2?	e l			2085
g	s		Rs	ccs	Dy En	Au Sr	zw		5-8	an	3		3	h e	B3		–	I	3	=					556	B C	2086
g	s	3	Rs	ccs	Dy Ep	Au Sr	zw		6-8	an	3		3		C1	2.1 2.2 2.5	3	I	2	>			9.22				2087
g	s	3	Rs	ccs	Dy En	Au Sr	zw		5-7	an	3		3	h e	B6	2.1 2.2 3.3 6.2	3	I	2	>	5.21	9.113	13.312				2088
g	t	3	Rs	ccs	Dy En	Au Sr	zw		6-8	an	3	3	4	h e	B3	2.1 2.2 2.5 6.3	7	I	3	=	11.2	5.2	2.3				2089
h	s	1.5	Rs	ccs	Ep	Ho	zw		6-8	an	2		4		B5	2.5 3.2 6.5	2	I	1	=	10.311						2090
n-z	i		Wh	ccs	En	Kt	ve-di	r63	5-7	an (my)	1		3	tg h e	B3		–	I	1	=>					956	D	2091
z	i	1.5	Wh	css	En	Kt	zw		5-7		1	3	3	tg h	B5	3.3 7.1 8.2 9.1	2	I	1	=	14.31215	12.311					2092
n-z	i	1.5	Wh	css	En	Kt	di		3-5		1		3	tg h e	B4c	5.2 7.1 9.1	5	I	1	>			12.1		42		2093
c	i	4	Wh	css	En	Au	di		4-5	an	–		3	gg	B4a		–	I	1	>					603, 691	C	2094
c	i		Wh	css	En	Au	di	r11	4-5		–		3	gg	F2	3.2 6.2	3	I	2	>			9.1132		602, 918		2095
c	i		Wh	css	En	Au	di		4-5		–		3	gg	F2	3.2 6.2	–	I	2	>			9.1132			E	2096
n-z	i		Wh	css	En	Au	di		5-6		–		2	gg	C2	3.2 6.2	–	I	2	=?			13.611	k m			2097
h	t		Rh	ccs	Me	Bz Sr	zw	p2	6-8	au	2		2	e	E1	2.4 7.2 8.1 9.2	2	I	2	=	11.514	13.411	5.121				2098
h	w		Rs	ccs	Me	Au	zw		6-9	au	–		3	e	D5	4.1 4.2 5.1 7.2	2	I	2	=	7.11						2099
h	w		Rs	css	Me Hy	Ao	zw		6-9	au en	–		2	e	B5	3.3 4.1 5.1 6.6	2	I	1	=	7.11	3.321	3.341				2100
g-h	s	2.5	Rh	ccr	Me En	Ws	zw	r5	6-8	me hm (au?)*	–	2	4	h e	B3	2.2 2.6 3.3 7.2	3	I	3	=	11.411	11.514	13.31		587		2101
t	s		–	rrs	Me At	Kv	zw		6-9		–		3		A2b	2.2 3.1 3.5	–	N	3	<			5.11?	l	340		2102
c-h	w		Rs	crr	Me At	Sr	sb zw		6-9	au	–	4	2	e	A2		–	N	3-4	<					108	C	2103
c-h	w		Rs	crr	Me En	Sr	sb zw		6-9		–		2	e	A2	2.2 3.2	7	N	3	<			5.1?	g			2104
c-h	w		Rs	crr	Me	Sr	sb zw		7-8		–		2	e	A2	2.1 2.2 2.3 2.6	–	N	4	<			5.1	g			2105
c	w	4	Rs	crs	Me	Au	zw	p5	6-9	me ps my (au)	–		3	e	E4	2.5 3.2 3.3 3.5	3	I	2	>/<			3.362				2106
c	w	3	Rs	crs	Me Hy	Au	zw	p4	7-9	au my me hm*	–		3	e	F5	2.5 3.3 6.5 9.1	2	I	1	=	3.351	3.311					2107
h	s		Rs	ccc	Me	Ao Au	zw	p1	6-9	au me ps (my)	1	3*	4	e	B6b	1.3 2.5 7.2 9.2	5	I	3	=	11.311	11.321					2108
h	t		Rs	crs	Me	Au Bz	zw		6-9		–		2	e	B6		–	I	3	=						B	2109
h	t		Rs	crs	Me	Bz Sr	zw	p1	6-9	au	–		2	e	D3	2.2 2.5 3.2 3.3	7	I	3	=			3.371				2110
h	t		Rs	crs	Me	Au	zw		7		–		2	e	E3b	2.6 7.2 8.1 9.2	1	I	1	>			13.411				2111
h	t		Rs	ccr	Me	Au	zw		6-9		2		2	e	C1	3.2 3.3 3.5 7.4	7	I	3	>			3.371				2112
c-h	t		Rs	crs	Me	Au Bz	zw		6-9	au	–	4	2	e	B6b	2.3 2.5 2.6 9.2	7	I	3	=	14.73	5.131	11.411				2113
h	w		Rs	crs	Me	Ao	zw		7-9	au en	–		2	e	E1	4.1 4.2 5.1	2	I	1	=	7.11	7.221					2114
h	t	2	Rs	crs	Me En	Au Bz	zw	p1	6-9	au en	2		1	e	B3	1.3 4.1 4.2 5.1	5	I	2	>*			7.221				2115
h	t		Rs	crs	Me	Au	zw		6-9	au (me) (ca)*	1		2	e	D3	1.3 2.5 4.2 7.2	5	I	3	=			11.3				2116
h	t		Rs	crs	Me	Bz Sr	zw		7-9	au	1		2	e	B4	1.3 2.5 4.2 7.2	7	I	3	=			6.114				2117
c-h	w		Rs	ccr	Me	Ao Sr	zw		6-9	au	1		3	e	B6		–	I	2-3	=						B	2118
c-h	w		Rs	crs	Me	Sr	zw		6-9		1		3	e	D3	2.2 2.3 2.6 9.2	1	I	2	=			5.131				2119
c-h	w		Rs	ccr	Me	Ao	zw		6-9		1		2	e	D3	1.3 2.5 2.6 7.2	7	I	3	=	14.72205	7.121					2120
c-h	w		Rs	ccr	Me	Sr	zw		7-9		1		2	e	B6	2.5 2.7 4.2 7.2	5	I	3	=			11.3				2121
g	t		Rn	ccs	Dy?	Au	zw	r3	3-5	au me	–		4		D1b	9.3	1	I/N	3	<			14.73				2122
g	w		Rn	ccs	Dy?	Au	zw		3-5	au me	–		4		E2i	2.9	–	N	3	<			?			H	2123
g	s		Rs Wd	crs	Me	Sr	zw		6-9	ve (me)	–		1		B6		–	I/Jn	1	=					630, 891	C G	2124
g	s	2	Rs Wd	crs	Me	Sr	zw		6-8		–		1		B6	2.6 3.3 9.1 9.2	1	I	1	>*	15.001	3.362	3.31				2125
g	s		Rs Wd	crs	Me	Sr	sb		8-12	au	–		1		F4a*	9.2	–	Jn	1	=			14.812		172		2126
g	s		Rs Wd	crs	Me	Sr	sb		6-8	au	–		1		E1	2.6 6.7 9.1 9.2	–	I	1	=			14.2	c h l	420		2127
g	s		Rs Wd	crs	Me	Sr	sb		7-9	au	–		1		D1b	9.1 9.2	–	Jn	1	=			14.731	l			2128
g	s	2	Rs Wd	crs	Me	Sr	zw		6-8	au	–		1		B6	2.6 6.7 9.1 9.2	1	I	1	=	14.73	14.735	14.3122				2129
g	s		Rs Wd	crs	Me	Sr	cl (sb)		7-8	(au)	–		1		D2	7.4 9.1 9.2	1	I	1	=			14.731				2130
g	s		Rs Wd	crs	Me	Sr	cl sb		7-8	au	–		1		F2b*	9.2	–	Jn	1	=			14.731	c			2131
g.sp	–		Rs Wd	crs	Me	Sr	cl sb		5-8	au	–		1		B6a	2.6 9.1 9.2 9.3	1	I	1	=	14.731	14.733					2132
g	s	2	Rs Wd	crs	Me	Sr	sb		6-8	au	–		1		D3a	6.7 9.1 9.2 9.3	1	I	1	=			11.11				2133
g	s		Rs Wd	crs	Me	Sr	sb		7-8	au	–		1		D3a	7.4 9.2	–	I	1	=			14.731	c h l			2134
g	s		Rs Wd	crs	Me	Sr	sb		8-9	au	–		1		F4c*	9.2	–	I	1	=			14.7	c	693		2135

Nummern			Taxa			Klima						Boden												
SEN	**SIN**	**FAN**	**Gattung**	**Aggregat/Einzelart**	**Kleinart**	**T**	**v**	**K**	**v**	**L**	**v**	**F**	**v**	**W**	**R**	**v**	**N**	**v**	**S**	**M**	**H**	**v**	**D**	**v**
2136	150350	148.2.9	**Epipactis**		**placentina**	4.5	I	4	I	3	II	2	I	3	4	I	2	I			1	I	1	I
2137	–	–	**Epipactis**		**pontica**	3.5	I	2	I	2	I	2	I	1	4	I	2	I			3	I	3	I
2138	–	–	**Epipactis**		**preinensis**	3.5	I	3	I	2	I	3.5	I	2	3	I	3	I			3	I	3	I
2139	–	148.2.6	**Epipactis**		**provincialis**	4	II	3	I	3	II	2	I	2	4	II	2	I			3	I	3	II
2140	150400	148.2.10	**Epipactis**		**purpurata**	4	I	3	I	1	I	3	I	3	3	II	2	I			5	I	1	I
2141	150450	148.2.4	**Epipactis**		**rhodanensis**	4.5	II	3	II	2	II	3.5	I	3	4	II	3	I			1	II	1	II
2142	150460	–	**Epipactis**		**stellifera**	4.5	I	2	I	2	II	3.5	I	3	4	I	3	I			3	II	1	I
2143	–	–	**Epipactis**		**thesaurensis**	3.5	I	3	I	3	I	2	I	1	4	I	2	I			1	I	3	I
2144	–	–	**Epipactis**		**tremolsii**	4.5	I	3	I	5	II	2	II	1	5	I	2	I			1	I	5	II
2145	–	–	**Epipactis**		**zaupolensis**	4.5	I	2	I	3	II	3.5	II	3	3	I	3	I			3	II	3	II
2146	150300	148.2.1	**Epipactis**	**palustris**		3.5	I	3	I	3	II	4	I	3	4	I	2	I			5	II	1	I
2147	150500	148.5.1	**Epipogium**	**aphyllum**		3	I	4	I	1	I	2.5	I	1	2	I	3	I			5	I	1	I
2148	–	–	**Equisetum**	**arvense aggr.**		x	–	3	I	3	II	4	II	3	3	II	3	I			3	II	1	I
2149	–	–	**Equisetum**		**alpestre**	1.5	I	2	I	4	I	4^	I	3	3	I	2	I			3	I	1	I
2150	150600	4.1.8	**Equisetum**		**arvense**	3.5	II	3	I	3	II	3.5	II	3	4	II	3	I		m	3	II	1	I
2151	150700	4.1.4	**Equisetum**	**fluviatile**		3	II	3	I	4	I	5	I	3	3	II	3	I			5	I	1	I
2152	150800	4.1.1	**Equisetum**	**hyemale**		3.5	I	2	I	2	II	4	I	3	4	I	3	I			3	I	1	I
2153	151100	4.1.5	**Equisetum**	**palustre**		3	II	3	I	4	I	4.5	I	3	3	II	2	I			5	II	1	I
2154	151200	4.1.7	**Equisetum**	**pratense**		2	I	4	I	3	II	4	I	3	3	II	2	I			5	II	1	I
2155	151300	4.1.2	**Equisetum**	**ramosissimum**		3.5	II	4	I	4	I	3	I	3	4	II	2	I			1	I	5	II
2156	151400	4.1.6	**Equisetum**	**sylvaticum**		3	II	3	I	2	II	4	I	3	2	II	3	I		m	5	II	1	I
2157	151500	4.1.9	**Equisetum**	**telmateia**		3.5	I	2	I	3	II	4.5	I	3	4	I	3	I		m	3	I	1	I
2158	151700	–	**Equisetum**	**trachyodon**		4	I	2	I	3	II	4	I	3	4	I	2	I			1	I	1	I
2159	151600	4.1.3	**Equisetum**	**variegatum**		2.5	II	3	I	4	I	4.5	I	2	4	II	3	I			1	I	3	II
2160	–	–	**Eragrostis**	**curvula**		5	I	2	I	4	I	2	II	3	3	I	3	I			1	I	3	I
2161	–	–	**Eragrostis**	**mexicana aggr.**		5	I	3	II	4	I	2	II	2	3	I	3	I			1	I	3	II
2162	–	–	**Eragrostis**		**mexicana**	5	I	3	I	4	I	2	I	2	3	I	3	I			1	I	1	II
2163	–	139.64.7	**Eragrostis**		**virescens**	5	I	4	I	4	I	2.5	I	2	3	I	3	I			1	I	3	II
2164	–	–	**Eragrostis**	**minor aggr.**		4.5	II	4	I	4	I	1.5	I	1	3	II	3	I			1	I	5	I
2165	–	139.64.8	**Eragrostis**		**barrelieri**	5	I	4	I	4	I	1.5	I	1	3	I	3	I			1	I	5	I
2166	151800	139.64.5	**Eragrostis**		**cilianensis**	5	I	4	I	4	I	1.5	I	1	4	I	3	I			1	I	5	I
2167	152000	139.64.6	**Eragrostis**		**minor**	4.5	I	4	I	4	I	1.5	I	1	3	I	3	I			1	I	5	I
2168	–	–	**Eragrostis**	**pilosa aggr.**		4.5	II	x	–	4	I	2	II	1	3	II	3	I			1	I	3	II
2169	–	139.64.4	**Eragrostis**		**frankii**	5	I	3	I	4	I	1.5	I	1	3	I	3	I			1	I	3	II
2170	152050	139.64.2	**Eragrostis**		**multicaulis**	4	I	3	I	4	I	2	I	1	3	I	3	I			1	I	5	II
2171	–	139.64.3	**Eragrostis**		**pectinacea**	4.5	I	2	I	4	I	2	I	1	3	I	3	I			1	I	3	I
2172	152100	139.64.1	**Eragrostis**		**pilosa**	4.5	I	3	I	4	I	2	I	2	2	II	3	I			1	I	3	I
2173	–	–	**Eragrostis**		**tef**	4.5	I	1	I	4	I	2	I	2	3	I	3	I			1	I	3	I
2174	152200	19.2.1	**Eranthis**	**hyemalis**		4.5	I	2	I	3	I	3	I	1	4	I	3	I			3	I	3	I
2175	–	124.47.1	**Erechtites**	**hieraciifolia**		4	I	3	I	4	I	2.5	I	1	3	I	4	I		m	3	I	3	II
2176	152300	57.1.3	**Erica**	**arborea**		5	I	2	I	3	I	1	I	1	2	I	2	I			3	I	3	I
2177	152400	57.1.4	**Erica**	**carnea**		2	I	4	I	3	II	2	I	1	4	I	2	I		m	5	I	3	I
2178	152450	57.1.2	**Erica**	**cinerea**		4	I	2	I	5	I	2	I	1	2	I	1	I			3	I	5	I
2179	–	–	**Erica**	**multiflora**		5	I	3	I	5	II	1.5	I	1	4	II	2	I			3	II	1	II
2180	–	57.1.5	**Erica**	**scoparia**		4	I	3	I	3	II	2	I	2	2	I	1	I		m	3	II	3	II
2181	152600	57.1.1	**Erica**	**tetralix**		3	I	1	I	4	I	4	I	2	1	I	1	I			5	I	1	I
2182	152700	–	**Erica**	**vagans**		5	I	2	I	3	II	3	I	1	2	I	1	I			5	I	1	I
2183	–	–	**Erigeron**	**acer aggr.**		x	–	4	II	5	I	3	II	x	4	II	2	I		m	1	II	1	II
2184	152900	124.6.3.1	**Erigeron**		**acer**	4	II	4	I	5	I	2	I	2	4	II	2	I		m	1	I	3	I
2185	153000	124.6.3.2	**Erigeron**		**angulosus**	2	I	4	I	5	I	3.5	I	3	4	I	2	I			1	I	1	I
2186	–	124.6.3.3	**Erigeron**		**macrophyllus**	3	I	4	I	5	I	3	I	1	3	I	2	I			3	I	3	I
2187	–	–	**Erigeron**		**muralis**	4	I	3	I	5	I	2.5	I	2	3	I	2	I			1	II	3	I
2188	–	–	**Erigeron**	**alpinus aggr.**		1.5	II	4	I	5	II	2.5	II	1	3	II	2	I			3	I	3	II
2189	153600	124.6.6	**Erigeron**		**alpinus**	1.5	I	4	I	4	I	2	I	1	3	I	2	I			3	I	3	I
2190	–	124.6.10	**Erigeron**		**candidus**	1.5	I	4	I	4	I	2.5	I	1	4	I	2	I			3	I	3	I
2191	154500	124.6.8	**Erigeron**		**glabratus**	1.5	I	4	I	5	I	2.5	I	1	5	I	2	I			3	I	5	I
2192	154700	124.6.7	**Erigeron**		**neglectus**	1	I	4	I	5	I	2.5	I	1	4	I	2	I			3	I	3	I
2193	155000	124.6.9	**Erigeron**		**uniflorus**	1	I	4	I	5	I	2.5	I	2	3	I	2	I			3	I	3	I
2194	153900	124.6.1.1	**Erigeron**	**annuus**		4	I	3	I	4	I	2.5	I	2	3	I	4	I		m	3	I	3	I
2195	154200	124.6.4	**Erigeron**	**atticus**		2	I	4	I	4	I	3	I	1	2	II	2	I			3	I	3	I
2196	154400	124.6.5	**Erigeron**	**gaudinii**		2	I	4	I	4	I	1.5	I	1	3	I	2	I			1	I	5	I
2197	154600	124.6.2	**Erigeron**	**karvinskianus**		5	I	2	I	4	I	1.5	I	3	4	I	2	I			1	I	5	I
2198	155100	114.15.1	**Erinus**	**alpinus**		2.5	I	3	I	5	I	1.5	I	1	5	I	2	I			1	I	5	I
2199	155150	63.23.1	**Eriobotrya**	**japonica**		5	I	2	I	4	I	3	I	1	3	I	3	I			3	I	3	I
2200	–	–	**Eriocaulon**	**cinereum**		5	I	2	I	4	I	4	II	3	3	I	3	I			1	II	1	I
2201	–	–	**Eriophorum**	**angustifolium aggr.**		3	II	3	I	4	I	4.5	I	3	x	–	2	I			5	I	1	I
2202	155200	138.8.1	**Eriophorum**		**angustifolium**	2.5	II	3	I	4	I	4.5	I	3	2	I	2	I			5	I	1	I
2203	155300	138.8.3	**Eriophorum**		**gracile**	3.5	I	3	I	4	I	4.5	I	2	2	I	2	I			5	I	1	I
2204	155400	138.8.2	**Eriophorum**		**latifolium**	3	I	3	I	4	I	4.5	I	3	4	I	2	I			5	I	1	I
2205	155500	138.8.5	**Eriophorum**	**scheuchzeri**		1.5	I	3	I	5	I	5	I	3	2	I	2	I			5	I	1	I
2206	155600	138.8.4	**Eriophorum**	**vaginatum**		2.5	I	3	I	4	II	4.5	I	3	1	I	1	I			5	II	1	I
2207	155700	106.17.1	**Eritrichium**	**nanum**		1	I	3	I	5	I	3	I	1	2	I	2	I			1	I	5	I
2208	–	93.2.2	**Erodium**	**botrys**		5	II	3	I	5	I	1.5	I	1	3	I	2	I	s		3	II	3	II
2209	155900	93.2.3	**Erodium**	**ciconium**		5	I	3	I	4	I	1.5	I	1	4	I	4	I			3	I	3	I
2210	–	–	**Erodium**	**cicutarium aggr.**		4	II	4	I	4	II	2	II	1	3	II	3	I			3	II	3	II
2211	–	93.2.8	**Erodium**		**acaule**	5	II	3	I	5	I	1.5	I	2	3	I	3	I			3	II	3	II
2212	156000	93.2.5	**Erodium**		**cicutarium**	3.5	I	4	I	4	I	2	I	1	4	I	3	I			3	I	3	I
2213	156300	93.2.6	**Erodium**		**pilosum**	4.5	I	4	I	5	I	2	I	1	3	I	3	I	s		1	I	5	I
2214	–	93.2.1	**Erodium**	**malacoides**		5	II	3	I	4	II	1.5	II	2	3	II	4	I	s		3	II	3	II
2215	156200	93.2.7	**Erodium**	**moschatum**		5	I	3	I	4	I	2	I	1	3	I	3	I	s		3	I	3	I
2216	–	93.2.4	**Erodium**	**rodiei**		3.5	I	3	I	5	I	1	I	1	5	I	2	I			1	I	5	I
2217	–	–	**Erophila**	**verna aggr.**		4	II	3	II	4	I	1.5	II	1	3	II	2	II			3	II	x	–
2218	–	–	**Erophila**		**glabrescens**	4	II	3	II	4	I	3	II	3	3	I	3	I			3	II	1	I
2219	–	–	**Erophila**		**majuscula**	4	I	3	I	4	I	1.5	I	2	3	I	3	I			3	I	3	I
2220	156500	54.38.2	**Erophila**		**praecox**	4.5	I	4	I	4	I	1.5	I	2	4	I	2	I			3	I	5	I
2221	156600	54.38.1	**Erophila**		**verna**	4	I	4	I	4	I	2.5	I	1	3	I	2	II			3	I	5	I
2222	156800	54.61.1	**Eruca**	**sativa**		4.5	I	4	I	4	I	2.5	I	1	3	I	4	I			3	I	3	I
2223	157000	54.62.2	**Erucastrum**	**gallicum**		4.5	I	2	I	4	I	2	I	3	4	I	3	II			3	I	1	I
2224	–	–	**Erucastrum**	**nasturtiifolium aggr.**		x	–	3	II	4	I	3.5	II	3	4	I	3	II			1	I	3	II

Strategien					Biologisches Verhalten										Vorkommen						Pflanzengesellschaften			Literatur			
LF	BD	WT	RO	KS	DA	VA	FS	MA	BZ	BS	MV	SU	DG	GI	GV	LR	EG	AE	EM	VE	1	2	3	BL	SL	TB	SEN
g	s		Rs Wd	crs	Me	Sr	sb		6-8	au	–		1		E2d	2.6 6.7 9.2	–	Jn	1	=?			14.73?	h	64		2136
g	s		Rs Wd	crs	Me	Sr	cl sb		7-8	au	–		1		D1b	9.2	–	Jn	1	=			14.73				2137
g	s		Rs Wd	crs	Me	Sr	sb		8-9	au	–		1		F8	9.2	–	Jn	1	<			14.73	c	751		2138
g	s		Rs Wd	crs	Me	Sr	sb		6-8	au	–		1		D1a	6.2 6.7 9.3	–	Jn	1	=			9.144				2139
g.sp	s		Rs Wd	crs	Me	Sr	zw		6-9	ve	–		1		D3	6.7 9.1 9.2	1	I	1	=	14.731	14.733					2140
g	s		Rs Wd	crs	Me	Sr	sb		6-7	au	–		1		D1a	2.5 6.7 7.5 9.2	–	Jn	1	=			14.71	c l			2141
g	s		Rs Wd	crs	Me	Sr	cl sb		7-8	au	–		1		F9	6.7 7.4 9.1	–	Jn	1	=?			14.7313	h	161		2142
g	s		Rs Wd	crs	Me	Sr	sb		6-8	au	–		1		F4a*	9.2 9.3	–	Jn	1	=?			14.8		10		2143
g	s		Rs Wd	crs	Me	Sr	sb		6-8	au	–		1		D1a	3.3 6.7 9.1 9.3	–	Jn	1	=			11.111?				2144
g	s		Rs Wd	crs	Me	Sr	sb		7-9	au	–		1		F4a*	9.2	–	Jn	1	=?			14.734?		29		2145
g	s		Rs Wd	crs	Me	Au	zw		5-8	ca me (my)*	2		2		B6	1.4 4.1 5.1 6.3	5	I	3	>*	7.231	6.112	11.23				2146
g.sp	–		Rk	sss	Me	Au	zw		7-8	me	–		1		B4b	8.2 9.1 9.2	1	I	1	>			14.312				2147
g	s		Rs Sk	ccr	Me	Au	di mo		3-8		2		3		B3		–	I	3	=						B	2148
g	s		Rs Sk	ccr	Me	Au	di mo		6-8		2		3		B5	2.5 4.1 6.6	–	I	1	>			7.1?	c	740	E	2149
g	s	4	Rs Sk	ccr	Me	Au	di mo		3-5		2		3	tg h e	B3	2.1 2.2 2.6 5.1	7	I	3	=	5.211	2.34	14.31224				2150
g	t	3	Rs	crs	Me	Au	di mo		5-7		–		3	tg e	B3	1.1 1.3 5.1 9.2	4	I	2	>	14.611	6.1					2151
c	i		Rs	ccs	Me	Au	di mo		5-7		–		5	tg e	B3	7.4 9.2	1	I	1	=	14.721	14.72102					2152
g	s	4	Rs Sk	ccs	Me	Au	di mo		6-9		2		3	tg h	B3	1.3 5.1 6.3 9.2	5	I	2	>*	11.23	7.221	7.231				2153
g	s		Rs	crs	Me	Au	di mo		5-6		2		3	tg	B3	5.1 6.7 7.4 9.2	5	I	2	>			14.72				2154
c	t	4	Rs	crs	Me	Au	di mo		6-7		–		3	tg	B2	2.2 2.5 5.1	3	I	2	>			3.351				2155
g	s	4	Rs Sk	ccs	Me	Au	di mo		4-5		–		4	tg	B3	5.1 6.3 7.2 9.2	1	I	2	=	14.3122	14.31212	14.721				2156
g	s		Rs Sk	crs	Me	Au	di mo		3-5		2		4	tg	B3a	4.1 5.1 6.3 9.2	1	I	2	=	14.721	14.72102					2157
g	i		Rs	crs	Me	Au	di mo		7-8		–		3	tg	B3	4.2 6.3	3	I	2	>			11.231			E F	2158
c-g	i	1.5	Rs	crs	Me	Au	di mo		5-8		1		3	tg	B3	2.5 4.1 5.1 6.5	3	I	2	>	7.232	7.231					2159
h	s?		–	crs	Bo At	Ho	zw		8-9		–		3	e	A3a	2.2 2.9	–	N	4	<			11.21?	i			2160
k-t	s		–	rrr	Bo At	Kv	zw		6-9		–		3	e	A1		–	N	2	<					432		2161
k-t	s		–	rrr	Bo	Kv	zw		6-9	an	–		3	e	A1	2.9	–	N	5	<			?	h	696		2162
t	s		–	rrr	Bo At	Kv	zw		6-9	an	–		3	e	A1	2.1 2.2 2.7	–	N	5	<			2.3		696		2163
t	s		–	rrr	Bo At	Kv	zw		7-9	an	–		3	e	C2		–	I/N	5	<					696		2164
t	s		–	rrr	Bo At	Kv	zw		6-9	an	–		3	e	C2	2.1 2.2 2.5	–	I/N	5	<			2.33	h k m			2165
t	s		–	rrr	Bo	Kv	zw		6-9	an	–		3	e	B4a	2.1 2.2 2.5 2.7	7	I/N	5	>			2.33	a h k			2166
t	s		–	rrr	At	Kv	zw		7-10	an	–		3	e	B4a	2.1 2.2 2.5 3.5	7	I/N	5	<			2.33				2167
t	s		–	rrr	Bo At	Kv	zw		6-9	an	–		3	e	B3		–	I/A/N/Ja	5	<					696	B	2168
t	s		–	rrr	Bo At	Kv	zw		6-9	an	–		1	e	A2a	2.2 2.5	–	N	5	<			2.3		696		2169
t	s		–	rrr	Bo At	Kv	zw		6-9	an	–		3	e	A4b	2.2 2.7	–	N	5	<			2.351	h i	369	E	2170
t	s		–	rrr	Bo At	Kv	zw		6-9	an	–		3	e	A4b	1.4 2.2 2.5 3.5	–	N	5	<			2.3	h k m			2171
t	s		–	rrr	Bo At	Kv	zw		7-10	an	–		3	e	B4a	2.2 2.5	7	I?/A	5	<			2.3				2172
t	s		–	rrr	Bo At	Kv	zw		8-10	an	–		3	e	A3c	2.2 2.5 2.9	–	Ja	4	<?			2.34?	i k m	470		2173
g	v		Rk	crs	At Bo	Au	zw	d	1-3	au me	1		3	gg	D1	2.3 2.7 2.8 2.9	1	I/N	3	<			2.313				2174
t	s		–	rrs	Me Ep	Kv	zw		7-9	??	–		3	h e	A1-2	2.2 2.6	–	N	3	<			11.4	c i			2175
n-p	i		Wh	ccc	Bo Me	Sr	zw		2-4	me ve	–		1	e	C2	3.2 7.3 7.6 9.4	–	I	2	=			13.612				2176
z	i	1.5	Wh	ccs	Bo At	Kt	zw	p82	2-6	ps an (me)	–		3	e	E4	6.5 7.1 8.2 9.1	2	I	2	=	15.001	14.7312	10.211				2177
n-z	i		Wh	ccs	Bo Me	Sr	zw		6-7	me my ps	–		3	e	D2	7.1 7.3 7.4 7.6	–	I	2	>			12.2	k m			2178
n	i		Wh	ccs	Bo Me	Sr	zw		9-11	en	–		3	e	C2	7.3 9.4	–	I?	2	=			12.411	k m			2179
n	i		Wh	ccs	Bo Me	Sr	zw		5-6	an	–		3	e	C2a	7.3 7.6	–	I	2	=			12.5	k m			2180
z	i		Wh	css	Bo En	Sr	zw	p11	7-8	au my me ph*	1	4	3	h e	D2	5.1 5.2 6.4	5	N	2	=			12.1				2181
z	i		Wh	ccs	Bo Me	Sr	zw		6-9		–		3	e	D2	6.3 7.1 9.2	1	I	2	>			12.2				2182
h-t	t		Rh	rrs	Me	Kv	ve	p6	6-9	en	2		2		B6		–	I	2-3	=					760	B	2183
h-t	t	1.5	Rh	rrs	Me	Kv	ve		6-9		2		2	h	B6	2.2 2.5 3.5 6.2	3	I	3	=			9.1				2184
h-t	t		Rh	rrs	Me Hy	Kv	ve	p2	7-9		–		2		E1	2.2 2.5 3.3 6.2	3	I	2	=			3.351	c f m			2185
h-t	t		Rh	rrs	Me	Kv	ve		6-9		–		2		E4a	2.6 3.2 6.2	–	I	2	=			5.112	c m	285		2186
h-t	t		Rh	rrs	Me	Kv	ve		6-9		–		2		B6	2.2 6.2 9.1 9.3	–	I	3	=			9.1				2187
h	s		Rh	css	Me	Sr	ve	p6	7-9		2		1		B5		–	I	1	=						B	2188
h	s		Rh	css	Me	Sr	ve		7-8	my le (au?)	2		1		E1	3.2 6.2 6.3 6.5	2	I	1	=	10.21	10.4	10.412				2189
h	w?		Rh	css	Me	Sr	ve		7-8		2		1		F4b*	6.5	–	I	1	=			10.211	c m			2190
h	w	1	Rh	css	Me	Sr	ve		7-8		2		1		E1	3.2 3.3 3.4 6.5	2	I	1	=	3.211	3.311	10.211				2191
h	w		Rh	css	Me	Sr	ve		7-8		2		1		F1	3.2 6.5	2	I	1	=	10.211				365		2192
h	w		Rh	css	Me	Sr	ve		7-9	le (my) (ca)*	2		1		B5	3.2 3.3 6.5	2	I	1	=	10.411	10.311	3.331				2193
k-t	w	3	–	ccr	Me	Kv	fa ve	p1	6-10	my ps	2		2		A2	2.2 2.5 6.2 6.7	7	Nw	3	<	11.31	5.1	11.24		235		2194
h	s		Rh	crs	Me	Sr	ve		7-9	en	2		2		E1	3.3 6.3 6.5	2	I	2	=	10.421	10.212	10.412				2195
h	s		Rh	crs	Me	Sr	ve		7-8	en	2		2		F1	3.2 3.3 6.5	2	I	2	=			3.221				2196
c-h	w		Rs	rss	Me At	Sr	ve	p4	4-11		–		2		A2a	2.9 3.2	3	N	4	<			3.24				2197
c-h	w i		Rs	css	Bo	Au	zw	r11	5-7	au le my	–	2	3		E3	3.2 3.3 3.4 6.5	2	I	1	=	3.211	10.211					2198
n-p	i		Wh	ccc	En	Sr	zw		10-2		–		1	tg e	A4b	2.9 9.2	1	N	5	<			14.736	a k m			2199
t	s		–	rrs	Au Hy	Kv	zw		9		–		2		A4b	1.3 1.4 2.2 2.5	–	N	3	<			1.4?	k m			2200
g	t	3	Rs	css	Me	Au Ho	zw		4-6	an	2		2	e	B3		–	I	2	>*							2201
g	t	3	Rs	css	Me	Au	zw		3-6	an	2	2	2	e	B3	1.4 4.1 5.1 5.2	5	I	2	>*	6.112	7.2					2202
g	t	3	Rs	css	Me	Au	zw		5-6	an	1		3	e	B6b	5.1 5.2	5	I	2	>			7.212				2203
g	t	3	Rs	css	Me	Ho	zw		4-5	an	2		2	e	B4b	4.1 5.1 6.3	5	I	2	>*	7.23						2204
g	t		Rs	css	Me	Au	zw		6-8	an	1		4	e	B5	1.3 1.4 4.1 5.1	2	I	1	=	7.221						2205
g	t	2	Rs	css	Me	Ho	zw	>100*	3-5	an	1		4	e	B6b	5.1 5.2 9.1	5	I	2	>*	12.111	14.31216	7.2		911		2206
c	s	1	Wv	css	Me	Po	zw	p32	7-8	hm le my (au)	–		2		E4	3.1 3.2 6.5	2	I	1	=	3.341	3.221					2207
t	s		–	rrr	Au Ep	Kv	zw		4-6		–		1		C2	2.1 2.2 3.1 6.1	–	I	3	=			4.2	k m			2208
t	w		–	crr	Au Ep	Kv	zw	p1	4-8	??	–		2		C2	2.1 2.2 6.1 6.2	7	N	5	=			2.34				2209
t	w s		–	crr	Au Ep	Kv Sr	ve-di	p2	3-9	au me my ps	2		2	h e	C1		–	I/N	3-4	=						B	2210
h	w s		Wv	crr	Au Ep	Sr	ve-di		3-9		–		1	e	C2	2.1 2.2 6.1	–	I	3	=			9.221	k m			2211
t	w s	3.5	–	rrr	Au Ep	Kv	ve-di		3-9		2	3	2	h e	C1	2.1 2.2 3.1 6.1	7	I/N	4	=			2.3				2212
t	w s		–	rrr	Au Ep	Kv	ve-di		6-8		2		2	e	D2	3.1 6.2	7	I	3	=			4.131				2213
t	w		–	rrr	Au Ep	Kv	zw		2-4	me	–		2		C2	2.1 2.2 3.1 3.2	–	N	4	=			2.3	k m			2214
t	w s		–	rrr	Au Ep	Kv	zw		5-9	??	–		2	h	C2	2.1 2.2	7	N	5	>			2.343				2215
h	t?		–	rrr	Au Ep	Kv	zw		5-7		–		1		F2a	3.2 3.3 6.2	–	I	1	=			9.14	k m			2216
t	v	1	–	rrr	Bo	Kv	sb zw	p1	1-5	au (me) (my)	–		3	e	B6		–	I/N/Jn	4-5	<=					62	C F G	2217
t	v	1	–	rrr	Bo	Kv	sb zw		2-4	au	–		3	e	D3	2.1 2.2 3.1 6.2	–	Jn	3	<			4.1?				2218
t	v	1	–	rrr	Bo	Kv	sb zw		1-3	au	–		3	e	D3	2.1 2.2 3.1 6.2	–	I/N	3	<			4.1				2219
t	v	1	–	rrr	Bo	Kv	sb zw		2-4	au	–		3	e	C2	2.1 3.1 3.2 6.2	3	Jn	3	<			4.1				2220
t	v	1	–	rrr	Bo	Kv	sb zw		2-5	au	–	3*	3	e	B6	2.1 2.2 3.1 6.2	7	I/N	4	=			4.1				2221
t	s w		–	crr	Bo	Kv	zw	p1	5-8	au me	–		1	h e	C2	2.1 2.2 2.7	7	A	5	<			2.34				2222
t	s w	2	–	crr	Bo	Kv	zw	p2	5-8	en	1	3	1	e	D3	2.1 2.2 2.5 3.5	7	I/N	3	<			2.313				2223
k-t	t	2	–	crs	Bo Hy	Kv	zw	p3	3-8	me my	1		2	e	D1a		–	I/N	2	=						B	2224

Nummern			Taxa			Klima						Boden												
SEN	SIN	FAN	Gattung	Aggregat/Einzelart	Kleinart	T	v	K	v	L	v	F	v	W	R	v	N	v	S	M	H	v	D	v
2225	–	–	**Erucastrum**		**benacensis**	4.5	I	3	I	4	I	3.5	I	3	4	I	3	II			1	I	5	I
2226	157100	54.62.1	**Erucastrum**		**nasturtiifolium**	3.5	II	4	I	4	I	3.5	II	3	4	I	3	II			1	I	3	II
2227	157200	97.5.1	**Eryngium**	**alpinum**		2	I	2	I	4	I	3	I	1	4	I	4	I			3	I	3	I
2228	–	97.5.3	**Eryngium**	**amethystinum**		5	I	4	I	4	I	1	I	1	3	I	2	I			3	I	3	I
2229	157300	97.5.4	**Eryngium**	**campestre**		5	I	3	I	4	I	1.5	I	1	4	I	2	I	s		3	I	3	I
2230	–	–	**Eryngium**	**giganteum**		2	II	4	I	4	I	1.5	I	1	4	I	4	I			3	I	3	I
2231	–	97.5.2	**Eryngium**	**spinalba**		2.5	I	3	I	4	I	2	I	1	4	I	3	I			3	II	3	II
2232	157400	54.11.17	**Erysimum**	**cheiranthoides**		4	I	4	I	4	I	3.5	I	1	4	I	4	I			3	I	3	I
2233	157500	54.11.1	**Erysimum**	**cheiri**		4.5	I	3	I	4	I	2	II	2	4	I	3	I	s		1	I	5	I
2234	–	–	**Erysimum**	**marshallii**		4.5	I	4	I	4	I	2.5	I	1	4	I	3	I			3	I	3	I
2235	–	–	**Erysimum**	**odoratum aggr.**		x	–	4	II	4	II	x	–	1	4	II	x	–			1	II	5	II
2236	–	54.11.11	**Erysimum**		**aureum**	4	I	4	I	3	I	3	I	1	3	I	4	I			3	I	3	I
2237	–	54.11.13	**Erysimum**		**carniolicum**	2.5	I	4	I	4	I	2	I	1	5	I	2	I			3	II	3	II
2238	157600	54.11.12	**Erysimum**		**crepidifolium**	4.5	I	5	I	4	I	1	I	1	4	I	2	I		m	1	I	5	I
2239	–	54.11.15	**Erysimum**		**marschallianum**	4	I	5	I	4	I	1.5	I	1	5	I	2	I			3	I	3	II
2240	–	54.11.12	**Erysimum**		**odoratum**	4.5	I	5	I	4	I	1	I	1	4	I	3	I			1	I	5	I
2241	158700	54.11.14	**Erysimum**		**virgatum**	3.5	I	5	I	3	II	2	I	2	3	I	4	I			1	I	5	I
2242	158400	54.11.16	**Erysimum**	**repandum**		5	I	5	I	4	I	2	I	1	4	I	4	I	s		3	I	3	I
2243	–	–	**Erysimum**	**sylvestre aggr.**		x	–	4	II	4	II	1.5	II	1	4	II	2	I		m	1	II	5	II
2244	–	54.11.10	**Erysimum**		**andrzejowskianum**	4	I	4	I	5	II	1.5	I	1	4	II	2	I			3	II	5	II
2245	–	54.11.3	**Erysimum**		**aurantiacum**	3.5	I	3	I	5	I	1.5	I	1	4	II	2	I			1	I	5	I
2246	–	54.11.7	**Erysimum**		**burnatii**	2.5	I	3	I	4	I	1.5	I	1	4	I	2	I			3	I	3	I
2247	–	54.11.8	**Erysimum**		**collisparsum**	4.5	II	3	I	4	II	1.5	I	1	4	I	2	I			3	II	3	II
2248	–	–	**Erysimum**		**diffusum**	4	I	4	I	4	I	1	I	1	4	II	2	I			1	II	5	II
2249	158100	54.11.5	**Erysimum**		**jugicola**	1.5	II	4	I	5	I	2	I	1	4	II	2	I		m	3	II	3	II
2250	–	54.11.4	**Erysimum**		**montosicola**	2.5	I	4	I	5	II	2	I	1	4	I	2	I			3	II	3	II
2251	158200	54.11.9	**Erysimum**		**ochroleucum**	3	I	4	I	5	I	1	I	1	5	I	2	I			1	I	5	I
2252	158500	54.11.6	**Erysimum**		**rhaeticum**	3	I	4	I	4	I	2	I	1	2	I	2	I			3	I	5	I
2253	158600	54.11.2	**Erysimum**		**sylvestre**	4	I	4	I	4	I	1	I	1	4	I	2	I		m	3	I	5	I
2254	158800	143.12.1	**Erythronium**	**dens-canis**		5	I	2	I	2	II	3	I	1	4	I	3	I			3	I	3	I
2255	–	–	**Eschscholzia**	**californica**		4	I	3	I	5	I	2	I	1	3	I	2	I			1	I	5	I
2256	158900	54.16.1	**Euclidium**	**syriacum**		5	I	4	I	4	I	1	I	1	4	I	4	I			3	I	5	I
2257	159000	77.1.1	**Euonymus**	**europaeus**		3.5	I	3	I	3	II	3.5	II	3	4	II	3	I			3	I	1	I
2258	159050	–	**Euonymus**	**japonicus**		5	I	2	I	3	II	3	I	1	3	I	3	I			3	I	3	I
2259	159100	77.1.2	**Euonymus**	**latifolius**		3.5	I	2	I	3	II	3.5	I	1	4	I	3	I			3	I	3	I
2260	159200	77.1.3	**Euonymus**	**verrucosus**		4.5	I	5	I	3	II	2	I	1	4	I	2	I			3	I	3	I
2261	159300	124.1.1	**Eupatorium**	**cannabinum**		3.5	I	3	I	3	II	4	I	3	4	I	4	I	s	m	3	I	1	I
2262	159400	80.3.40	**Euphorbia**	**amygdaloides**		4	I	2	II	2	II	3	I	1	4	II	3	I		m	3	I	3	I
2263	–	–	**Euphorbia**	**chamaesyce aggr.**		4.5	II	2	II	5	I	2	II	2	3	II	3	I			3	I	x	–
2264	159700	80.3.3	**Euphorbia**		**chamaesyce**	5	I	2	I	5	I	2	I	3	3	I	3	I			3	I	1	I
2265	160300	80.323	**Euphorbia**		**humifusa**	5	I	3	I	5	I	3	I	3	4	I	3	I			3	I	1	I
2266	160600	80.3.4	**Euphorbia**		**maculata**	4.5	I	2	I	5	I	1.5	I	2	4	I	3	I			3	I	5	I
2267	161100	80.3.5	**Euphorbia**		**prostrata**	5	I	2	I	5	I	2	I	2	3	I	3	I			3	I	1	I
2268	–	–	**Euphorbia**		**serpens**	5	I	3	I	5	I	1.5	I	2	3	I	3	I			3	I	3	I
2269	–	–	**Euphorbia**	**characias aggr.**		5	II	3	I	4	II	1.5	I	1	4	II	2	I			1	II	x	–
2270	–	80.3.41	**Euphorbia**		**characias**	5	II	3	I	4	II	1.5	I	1	4	II	2	I	ss		1	II	5	I
2271	–	–	**Euphorbia**		**veneta**	5	II	3	I	4	II	1.5	I	1	4	II	2	I	ss		1	II	1	II
2272	–	–	**Euphorbia**	**dulcis aggr.**		4	II	x	–	2	II	3	II	1	4	II	3	I			3	I	3	I
2273	159500	80.3.13	**Euphorbia**		**angulata**	4.5	I	4	I	3	II	2.5	I	1	4	I	3	I			3	I	3	I
2274	159900	–	**Euphorbia**		**dulcis**	3.5	I	4	I	2	I	3	I	1	4	II	3	I			3	I	3	I
2275	159900	80.3.12	**Euphorbia**		**purpurata**	3.5	I	2	I	2	I	3	I	1	4	II	3	I			3	I	3	I
2276	–	–	**Euphorbia**	**epithymoides aggr.**		4.5	I	4	I	4	I	x	–	1	4	II	3	I			3	II	x	–
2277	–	80.3.11	**Euphorbia**		**epithymoides**	4.5	I	4	I	4	I	4	I	2	5	I	3	I		m	3	I	1	II
2278	–	–	**Euphorbia**		**fragifera**	4.5	I	4	I	4	I	1.5	I	1	4	I	3	I			1	I	5	I
2279	–	–	**Euphorbia**	**esula aggr.**		x	–	4	II	4	II	x	–	x	4	II	x	–			3	II	1	II
2280	159800	80.3.39	**Euphorbia**		**cyparissias**	3	II	4	I	3	II	2	I	1	4	II	2	I		m	3	I	3	I
2281	–	80.3.36	**Euphorbia**		**esula**	4.5	I	4	I	4	I	2.5	I	2	4	I	3	I			3	I	1	I
2282	–	80.3.37	**Euphorbia**		**graminifolia**	4	I	3	I	4	II	3.5	II	3	4	I	3	I			3	II	1	II
2283	161900	80.3.38	**Euphorbia**		**virgata**	4.5	I	4	I	4	I	2.5	I	3	4	I	4	I	s		3	I	1	I
2284	160000	80.3.23	**Euphorbia**	**exigua**		4.5	I	4	I	4	I	2	I	1	5	I	4	II			3	I	1	I
2285	–	–	**Euphorbia**	**falcata aggr.**		5	II	3	I	4	I	2	II	1	4	II	x	–			3	II	3	II
2286	160100	80.3.24	**Euphorbia**		**falcata**	5	I	3	I	4	I	2	I	1	4	I	4	I			1	I	1	I
2287	–	80.3.25	**Euphorbia**		**sulcata**	5	II	3	I	4	I	1.5	I	2	5	I	2	I			3	I	3	II
2288	160200	80.3.20	**Euphorbia**	**helioscopia**		3.5	I	3	I	4	I	3	I	1	4	I	4	I			3	I	3	I
2289	–	–	**Euphorbia**	**hyberna aggr.**		3	II	3	II	3	II	2.5	I	1	4	I	3	I			3	I	3	II
2290	–	80.3.10.1	**Euphorbia**		**canuti**	3.5	I	3	I	3	II	2.5	I	1	4	I	3	I			3	I	3	II
2291	–	–	**Euphorbia**		**hyberna**	2.5	I	2	I	3	I	2.5	I	1	4	I	3	I			3	I	3	I
2292	160400	80.3.22	**Euphorbia**	**lathyris**		5	I	2	I	3	II	2.5	I	2	4	I	3	I			3	I	3	I
2293	160650	80.3.21	**Euphorbia**	**myrsinites**		3.5	I	4	I	4	II	1.5	I	1	4	II	2	I		m	3	II	5	II
2294	–	–	**Euphorbia**	**nicaeensis aggr.**		4.5	II	4	II	4	II	1.5	II	1	4	II	2	I			3	II	3	II
2295	–	80.3.29.2	**Euphorbia**		**glareosa**	4.5	I	5	I	4	I	2	I	1	5	I	2	I			3	I	3	II
2296	–	80.3.29.1	**Euphorbia**		**nicaeensis**	4.5	II	3	I	5	II	1.5	I	2	4	II	2	I			3	II	5	I
2297	160700	80.3.1	**Euphorbia**	**nutans**		5	I	2	I	4	I	2.5	I	2	4	I	3	I			3	I	5	I
2298	160800	80.3.9	**Euphorbia**	**palustris**		4.5	I	2	I	3	II	4.5	I	3	4	I	3	I	s		5	I	1	I
2299	160900	80.3.26	**Euphorbia**	**peplus**		4	II	3	I	3	II	3	I	1	4	II	4	I			3	I	3	I
2300	–	–	**Euphorbia**	**platyphyllos aggr.**		4	I	2	I	3	II	3	I	2	4	II	3	I			3	I	1	I
2301	161000	80.3.18	**Euphorbia**		**platyphyllos**	4	I	2	I	3	II	3	I	2	4	II	3	I			3	I	1	I
2302	161600	80.3.19	**Euphorbia**		**stricta**	4	I	2	I	3	II	3	I	2	4	II	3	I			3	I	1	I
2303	–	–	**Euphorbia**	**saxatilis aggr.**		3.5	II	4	II	4	II	1.5	I	1	4	II	2	I			1	II	5	II
2304	–	80.3.30	**Euphorbia**		**barrelieri**	4.5	I	3	I	5	I	1.5	I	1	4	II	2	I	s		3	I	5	I
2305	–	80.3.31.1	**Euphorbia**		**kerneri**	3.5	II	4	I	5	I	1.5	I	3	5	I	2	I			1	I	5	I
2306	–	80.3.32	**Euphorbia**		**saxatilis**	3.5	I	4	I	3	II	1.5	I	1	5	I	2	I			1	II	5	II
2307	161200	80.3.28	**Euphorbia**	**segetalis**		5	I	3	I	4	II	2	I	1	4	I	4	I			3	I	3	I
2308	–	–	**Euphorbia**	**seguieriana aggr.**		4	II	5	I	4	I	1	I	1	4	II	2	I			3	I	5	I
2309	161400	80.3.35.2	**Euphorbia**		**loiseleurii**	3	I	5	I	4	I	1	I	1	5	I	2	I			3	I	5	I
2310	161300	80.3.35.1	**Euphorbia**		**seguieriana**	4.5	II	5	I	4	I	1	I	1	4	I	2	I			3	I	5	I
2311	161500	80.3.6	**Euphorbia**	**serrata**		5	I	3	I	4	I	1.5	I	1	3	I	3	I			3	I	3	I
2312	–	80.3.17	**Euphorbia**	**spinosa**		3.5	I	3	I	5	I	1.5	I	1	4	II	2	I		m	1	I	5	I
2313	–	80.3.27	**Euphorbia**	**taurinensis**		4	II	4	I	4	I	2	I	1	3	I	3	I			3	I	5	I

Strategien					Biologisches Verhalten										Vorkommen						Pflanzengesellschaften			Literatur			
LF	**BD**	**WT**	**RO**	**KS**	**DA**	**VA**	**FS**	**MA**	**BZ**	**BS**	**MV**	**SU**	**DG**	**GI**	**GV**	**LR**	**EG**	**AE**	**EM**	**VE**	**1**	**2**	**3**	**BL**	**SL**	**TB**	**SEN**
k-t	t	2	–	crs	Bo Hy	Kv	zw		3-6		1		2	e	F3d*	2.2 3.2 3.3	–	I	2	=			3.2113		539		2225
k-t	t		–	crs	Bo Hy	Kv	zw		5-8		1		2	e	D1a	2.2 2.5 6.2 9.1	3	I/N	2	=	11.31	3.351					2226
h	s		Wv	ccs	Bo Ep	Sr	zw	p2	7-8	ca my me ve*	1		2		E2c	2.9 6.3 6.5 7.2	2	I	2	>	11.514	10.212					2227
h	w?		Wv	ccs	Bo Ep	Sr	zw		6-9	ve	1		2		D1b	2.2 3.2 3.3 6.2	–	A	3	>?			9.1	c k m			2228
h	s	5	Wv	ccs	Bo Ep	Sr	ve	p3	7-9	my me ps hm*	1		2	h e	C2	2.2 6.2 7.4 9.1	6	I	3	>			9.1				2229
k	w		Wv	crs	Bo Ep	Sr	zw	d	6-9		1		2		E2i	2.2 2.9	–	N	4	=			?	c			2230
h	w		Wv	crs	Bo Ep	Sr	zw		6-8		1		2		F2a	3.3 6.2 6.5 9.1	–	I	2	=			9.142	k m			2231
k	w	2.5	–	rrs	Bo	Kv	zw		6-8	au (me) (ps)*	–	3	2	tg h e	B6	2.1 2.2 2.5 2.7	7	I/N	4	<			2.112				2232
c	w		Wh	rss	Bo	Sr	zw	p4	3-6	au me my hm	–		2	gg	C2b	2.9 3.2	7	Jn	3	=			3.241			H	2233
c	w		–	crs	Bo At	Kv	zw		4-6	en	–		2	tg	D3	2.2 2.7 2.9	–	Jn	5	=			?	g		H	2234
t	w		Wv	crs	Bo	Sr	zw	p3	4-9	en	1		2	tg	B4		–	I/N	2-5	=>						B C	2235
t	w		Wv	crs	Bo	Kv	zw		5-7		1		2	tg	E2g	2.2 9.5	–	N	4	<			14.5	m			2236
t	w		Wv	crs	Bo	Kv	zw		6-7		1		2	tg	D1b	6.2 6.7 7.4	–	I	1	=			9.1	m			2237
k	w		Wv	crs	Bo	Sr	zw		4-6	au? ps me my*	–		2	tg	D4	2.2 6.2	–	I/N	2	>			9.11		507		2238
t	w		Wv	crs	Bo	Kv	zw		6-9		1		2	tg	D4	6.2	–	I	2	>			9.1	c i m			2239
k-t	w		Wv	crs	Bo	Kv	zw		6-7		2		2	tg	D4	2.1 2.2 3.2 6.2	7	I	3	>			9.11	c i m	507		2240
k	w	2.5	Wv	crs	Bo	Kv	zw		6-8		1		2	tg	B4b	2.2 2.3 2.5 2.6	7	I	3	>			5.132				2241
k-t	w		Wv	crs	Bo	Kv	zw		4-6	au en	1		2	tg	B6a	2.1 2.2	7	I	5	>			2.343				2242
k-t	w		Wv	crs	Bo	Sr	zw		4-8		–		2	tg	D4		–	I	1-2	=>						B C	2243
k-t	w	3	–	crs	Bo	Kv	zw		4-7		–		2	tg	D1b	6.7	–	I	1	=			9.1	c			2244
h	w		Wv	crs	Bo	Sr	zw		6-7		–		2	tg	F3d	3.2 3.3 6.2	–	I	1	=			9.1	k			2245
h	w		Wv	crs	Bo	Sr	zw		6-8		–		2	tg	F2a	3.2 3.3 6.2 6.5	–	I	1	=			9.143	k			2246
h	w		Wv	crs	Bo	Sr	zw		6-8		–		2	tg	E3a	2.2 3.2 6.2 7.3	–	I	2	=			9.14	k			2247
t	w		–	crs	Bo	Kv	zw		4-6		–		2	tg	D1b	2.2 3.2 6.2	–	I	2	=?			9.11	k m			2248
k-t	w		Wv	crs	Bo	Sr	zw		6-8		–		2	tg	F2	3.2 3.3 6.5	–	I	1	=			10.2	k			2249
h	w		Wv	crs	Bo	Sr	zw		5-7		–		2	tg	F2a	3.2 3.3 6.2 6.5	–	I	1	=			9.1				2250
h	w		Rs Wv	crs	Bo	Sr	zw	p9	6	au en	–		2	tg	F5	3.3 6.2	2	I	1	=	3.362			m			2251
h	w	2	Rs Wv	crs	Bo	Sr	zw	p11	6-7	my (ca) (le)	1		2	tg	F1	3.2 3.3 6.2 6.5	2	I	2	=	14.111	9.1	10.311				2252
h	w		Wv	crs	Bo	Sr	zw		4-8		1		2	tg	E4	3.2 3.3 6.2 6.5	–	I	2	=			9.1				2253
g	v	1	Zw	css	My	Bz	zw		3-4	me	–		3	mg	B6a	6.5 6.7 7.4 9.2	1	I	1	=			14.7				2254
h-t	s w		Wv	crr	Bo	Kv	zw	p1	6-10	my	–		3	mg h e	A4a	2.2 2.7 2.9	–	N	5	<			2.34	g i k			2255
t	s		–	rrr	Bo	Kv	zw		5-6	??	–		1		B6	2.1 2.2 3.5	7	A	5	=			2.343				2256
n	s	2.5	Wh	ccc	En Dy	Ws	fa zw		5-6	my	–		1	mg h	B6	2.9 7.4 9.2	1	I	2	=	14.72	13.31	14.721				2257
n-p	i		Wh	ccc	En Dy	Kv	fa zw		6-9	hm	–		2	mg	A4b	2.3 2.7 2.9 9.2	1	N	4	<			?	d g k		H	2258
n	s		Wh	ccc	En Dy	Au	fa zw		5-6	my	–		1	mg	E2	2.9 7.4 9.2	1	I	2	=	14.73119	14.73601	14.731				2259
n	s		Wh	ccc	En Dy	Kv	zw		5-6		–		1	mg	D4	3.2 7.4 9.3	–	I/N	2	=			14.8	c d f			2260
h	s		Rh	ccr	Me Dy	Au	zw	d	7-9	ps (my) (me)*	2		3	tg h	B6	1.4 2.5 4.2 7.2	5	I	2	<	11.311	11.321	11.412				2261
c	w		Rh	ccs	My Au	Sr	mo	p6	4-6	my	–		2	gg	D3	2.6 7.4 9.2	1	I	1	=	14.73	14.72					2262
t	s		–	rrr	Au My?	Kv	mo	p1	6-9		–		3	gg	A0		–	A/N	5	<					368, 697		2263
t	s		–	rrr	Au My?	Kv	mo		6-9	my	–		3	gg	B6a	2.1 2.2 2.7	7	A/N	5	<			2.331			D	2264
t	s		–	rrr	Au My?	Kv	mo		6-9	my	–		3	gg	A4b	2.1 2.7	7	N	5	<			2.351				2265
t	s		–	rrr	Au My?	Kv	mo	p1	6-9	my	–		3	gg	A2	2.2 2.7	7	N	5	<			2.351				2266
t	s		–	rrr	Au My?	Kv	mo	p1	6-9	my	–		3	gg	A2a	2.2	7	N	5	=			2.351				2267
t	s		–	rrr	Au My?	Kv	mo		5-8	my	–		3	gg	A2a	2.2 2.7	–	N	5	<			2.3a	c k l			2268
n-z	w		Rh	ccs	Au My	Sr	mo		3-6		–		3	gg	C2		–	I	2	=							2269
n-z	w		Rh	ccs	Au My	Sr	mo		3-6	my	–		3	gg	C2	6.2 7.3 7.6 9.4	–	I	2	=			13.6	k m			2270
n-z	w		Wh	ccs	Au My	Sr	mo		3-5	my	–		3	gg	C2b	3.2	–	I?	2	=			3.23	k m		E	2271
g	s		Rh Rk	crs	Au My	Au	fa mo	p2	4-6		–		2	mg	D3		–	I/N	1	=						B	2272
g	s		Rh Rk	crs	Au My	Au	mo		4-6	my	–		2	mg	D1	2.6 6.7 9.1 9.2	–	I/N?	1	>			14.7		398		2273
g	s		Rh Rk	crs	Au My	Au	mo		4-6	my	–		2	mg	D4	8.2 9.1 9.2 9.3	–	I	1	=	14.73	14.811					2274
g	s	2	Rh Rk	crs	Au My	Au	mo		4-6	my	–		2	mg	D2	8.2 9.1 9.2 9.3	1	I	1	=			14.7	c i k			2275
g-h	s		Rh	css	Au My	Sr	mo		4-7		–		2	gg	D1b		–	I/N	1	>						C H	2276
g-h	s		Rh	css	Au My	Sr	mo		4-7	my	–		2	gg	D1b	6.2 6.7 7.4 9.3	–	I/N	1	>			14.8	k l m			2277
g-h	s		Rh	css	Au My	Sr	mo		4-7	my	–		2	gg	E2c	3.2 3.3 6.2 9.3	–	I/N	1	>			9.12	k m			2278
h	s		Rs	crs	Au My	Au Ws	mo		4-8		1		2	gg	B6		–	I/N	3	<>						B	2279
h	t	3	Rh	crs	Au My	Au	mo	p9	4-7	en my au am?	2	4	2	gg h	B6	6.2 6.7 9.1 9.3	6	I	2	>*	10.21	9.1	14.811				2280
h	s		Rh	crs	Au My	Au Ws	mo	p2	5-8	my	1	3	2	gg	B6a	1.4 2.2 2.5 6.3	–	I	3	<			5.11?				2281
h	s		Rh	crs	Au My	Au	mo		5-6	my	1		2	gg	D1a	1.4 6.3 7.5 9.1	–	I	3	=			14.2112?				2282
h	s		Rh	crs	Au My	Au	mo		5-8	my	1		2	gg	B6a	2.1 2.5 2.2 6.2	7	I/N	3	=			5.112				2283
t	s	1.5	–	rrr	Au My	Kv	mo		5-10	my	–	4	1	gg	C2	2.1 2.2 2.5 7.3	7	A	5	>			2.312				2284
t	s		–	rrr	Au My	Kv	mo		3-9		–		1	gg	C2		–	I/A	3	>							2285
t	s	1.5	–	rrr	Au My	Kv	mo		6-9	my	–		1	gg	C2	2.1 2.2 6.2	7	A	4	>			2.31				2286
t	s		–	rrr	Au My	Kv	mo		3-5	my	–		1	gg	C2a	2.2 6.2 7.3	–	I/A	3	>			4.21	k m			2287
t	w	2.5	–	rrr	Au My	Kv	mo	p2	4-9	my	–	4	3	gg	C2	2.1 2.2 2.5 2.7	7	A	4	=			2.31				2288
g-h	s		Rh	css	Au My	Au	mo		5-7		1		2	gg	D2		–	I	2	=						B	2289
g-h	s		Rh	css	Au My	Au	mo		5-7	my	1		2	gg	F2	2.6 6.3 9.2 9.3	–	I	2	=			14.73	c m			2290
g-h	s		Rh	css	Au My	Au	mo		5-7	my	1		2	gg	D2	7.4 9.2	–	I	2	=			14.73	c m			2291
k-t	w		–	ccr	Au My	Kv	mo		6-8	my	–		2	gg h	C2b	2.1 2.2 2.7 2.9	7	N	3	<			2.343				2292
c	i	5	Rh	ccs	Au My	Sr	mo		5-6	my	–		2	gg	C2	2.9 3.2 3.3 6.2	–	N	5	<			9.1	c g k		H	2293
c-g	w		Wv	crs	Au My	Sr	mo	p10	5-7		–		2	gg	C2		–	I	2	>						B	2294
c-g	w		Wv	crs	Au My	Sr	mo		6-7	my	–		2	gg	D1b	6.2	–	I	2	>			9.112	c m			2295
c-g	w		Wv	crs	Au My	Sr	mo		5-7	my	–		2	gg	C2	3.2 3.3 6.2 7.3	–	I	2	>			12.4	k m			2296
t	s		–	rrr	Au My	Kv	mo		7-9	my	–		2	gg	A2a	2.1 2.2 2.7	7	N	5	<			2.331		697		2297
h	s		Rh	ccs	Au My	Au	mo		5-6	my	2		2	gg	B6	1.3 6.3 7.2 9.2	5	I	2	>			11.321				2298
t	s t	2	–	rrr	Au My	Kv	mo		6-10	my	–	4	4	gg	B6	2.1 2.2 2.5 2.7	7	A	4	=	2.3						2299
h-t	s		–	crs	Au My	Kv	mo		6-9		–		2	gg	B6		–	I/A	2-3	=>							2300
t	s	1.5	–	crr	Au My	Kv	fa mo	p1	6-8	my	–		2	gg	C2a	2.1 2.2 2.5 2.7	1	I/A	3	>			2.3a				2301
h-t	s		Rs	crs	Au My	Kv	mo		5-9	my	2		3	gg	B6	2.3 2.5 2.6 7.2	1	I	2	=			5.131				2302
c	t		Rh	css	Au My	Sr	mo		5-7		–		1	gg	E2		–	I	2	=							2303
c	t		Rh	css	Au My	Sr	mo		5-7	my	–		1	gg	E2a	3.2 6.2	–	I	2	=			9.13	k m			2304
c	t		Rh	css	Au My	Sr	mo		5-7	my	–		1	gg	F4b	2.5 3.3 6.2 9.1	–	I	2	=			14.212	k m			2305
c	t		Rh	css	Au My	Sr	mo		5-6	my	–		1	gg	E2c	3.2 3.3 6.2 9.1	–	I	2	=			14.2	c m			2306
t	s		–	rrr	Au My	Kv	mo		5-7	my	–		1	gg	C2	2.1 2.2 6.2	7	A	5	>			2.312				2307
c	w		Rh Wv	crs	Au My	Sr	mo		5-8		1		2	gg	B6		–	I	2	>						B	2308
c	w		Wv	crs	Au My	Sr	mo		6-7	my	1		2	gg	F2a*	3.2 6.2	–	I	2	>			3.312	f			2309
c	w	4	Rh Wv	crs	Au My	Sr	mo	p10	5-8	my	1		2	gg	B6a	3.2 6.2 7.3 9.1	3	I	2	>			9.11				2310
g	s		Rh	crs	Au My	Sr	mo		3-5	my	–		2	gg	C2a	2.2 6.1 6.2 7.3	–	I	3	>?			9.22				2311
c	w		Wh	ccs	Au My	Sr	mo		3-6	my	–		3	gg	D1	3.2 3.3 6.2 7.3	–	I	2	=			9.1	k m			2312
t	s		–	rrr	Au My	Kv	mo		5-6	my	–		3	gg	D1	2.1 2.2 3.3 6.2	–	I	3	=			2.3	c k m			2313

Nummern			Taxa			Klima						Boden												
SEN	SIN	FAN	Gattung	Aggregat/Einzelart	Kleinart	T	v	K	v	L	v	F	v	W	R	v	N	v	S	M	H	v	D	v
2314	–	–	Euphorbia	variabilis aggr.		x	–	4	I	4	II	2	II	1	4	II	2	I			3	II	5	I
2315	–	80.3.33	Euphorbia		valliniana	2.5	I	4	I	5	I	1.5	I	1	4	II	2	I			1	I	5	I
2316	161700	80.3.34	Euphorbia		variabilis	4	II	4	I	4	I	2	I	1	5	I	2	I			3	I	5	I
2317	–	–	Euphorbia	verrucosa aggr.		4	II	x	–	x	–	2	II	1	4	II	2	II			3	II	3	II
2318	159600	80.3.14	Euphorbia		carniolica	4	II	4	I	2	II	2.5	I	1	3	I	3	I			3	I	3	I
2319	–	80.3.16	Euphorbia		flavicoma	3.5	I	4	I	5	I	1.5	I	1	4	II	2	I		m	1	II	3	II
2320	161800	80.3.15	Euphorbia		verrucosa	4.5	I	2	I	4	I	2.5	I	2	4	I	2	I			3	I	3	I
2321	–	–	Euphorbia	villosa aggr.		3	II	4	II	3	II	x	–	x	3	II	3	II			3	II	3	II
2322	–	80.3.8	Euphorbia		austriaca	2.5	I	5	I	4	II	2.5	I	1	4	II	3	I			3	I	3	II
2323	–	80.3.7	Euphorbia		villosa	3.5	I	3	I	3	II	4	I	3	3	I	4	I		m	5	I	5	I
2324	–	–	Euphrasia	alpina aggr.		x	–	x	–	x	–	2.5	II	1	2	II	2	I			3	II	3	II
2325	162000	114.22.7	Euphrasia		alpina	1.5	I	4	I	5	I	2.5	I	1	2	I	2	I			3	I	3	I
2326	162200	114.22.8	Euphrasia		christii	1.5	I	4	I	5	I	2.5	I	1	2	I	2	I			3	I	5	I
2327	162300	114.22.9	Euphrasia		cisalpina	4	I	2	II	3	II	2	I	1	1	I	2	I			5	I	3	I
2328	162500	114.22.2	Euphrasia	hirtella		2	I	4	I	4	I	2	I	1	3	I	2	I			3	I	3	I
2329	–	–	Euphrasia	minima aggr.		1.5	II	3	I	5	I	2.5	I	1	x	–	2	I			3	I	3	I
2330	–	114.22.11	Euphrasia		inopinata	1.5	I	3	I	5	I	2.5	I	1	3	I	2	I			3	I	3	I
2331	162800	114.22.10	Euphrasia		minima	1.5	II	3	I	5	I	2.5	I	1	2	II	2	I			3	I	3	I
2332	–	114.22.12	Euphrasia		sinuata	2	I	3	I	5	I	2.5	I	1	4	I	2	I			3	I	3	I
2333	–	–	Euphrasia	nemorosa aggr.		3.5	II	3	II	3	II	3	II	1	2	II	2	II			5	I	3	I
2334	162700	114.22.13	Euphrasia		micrantha	3.5	I	2	I	3	II	2.5	I	1	1	I	1	I			5	I	3	I
2335	163000	114.22.4	Euphrasia		nemorosa	3.5	II	2	I	4	I	3	I	1	2	I	2	I		m	5	I	3	I
2336	–	–	Euphrasia	rostkoviana aggr.		3	II	3	I	4	II	x	–	3	3	I	2	I			5	II	1	I
2337	–	114.22.1.3	Euphrasia		campestris	3	II	3	I	4	I	2.5	I	2	3	I	2	I			5	II	1	I
2338	163800	114.22.1.2	Euphrasia		montana	2.5	II	3	I	4	I	3.5	I	3	3	I	2	I			5	II	1	I
2339	–	114.22.3.1	Euphrasia		picta	2	I	3	I	4	I	3.5	I	2	3	II	2	I			5	II	3	II
2340	163500	114.22.1.1	Euphrasia		rostkoviana	3	II	3	I	4	II	4	II	3	3	I	2	I		m	5	II	1	I
2341	–	–	Euphrasia	salisburgensis aggr.		3	II	4	II	5	II	1.5	II	1	5	I	2	I			3	II	5	I
2342	–	114.22.16	Euphrasia		cuspidata	3	II	4	I	5	I	2	I	1	5	I	2	I			1	I	5	I
2343	–	–	Euphrasia		illyrica	3.5	I	3	I	5	I	1.5	I	1	5	I	2	I			3	I	5	I
2344	–	114.22.15	Euphrasia		portae	2.5	II	4	I	5	I	1.5	I	1	5	I	2	I			3	I	5	I
2345	163900	114.22.14	Euphrasia		salisburgensis	2.5	II	4	I	4	I	2	I	1	5	I	2	I		m	3	I	5	I
2346	–	114.22.17	Euphrasia		tricuspidata	3.5	II	4	I	5	I	1.5	I	1	5	I	2	I			1	I	5	I
2347	–	–	Euphrasia	stricta aggr.		x	–	4	II	4	II	x	–	1	3	II	2	I			3	II	3	II
2348	163100	114.22.6	Euphrasia		pectinata	3	I	5	I	4	I	1	I	1	4	II	2	I			3	I	5	I
2349	–	–	Euphrasia		pumila	1.5	I	3	I	5	I	1.5	I	1	3	I	2	I			3	I	5	I
2350	164000	114.22.5	Euphrasia		stricta	3	I	4	I	3	II	1.5	I	1	3	I	2	I		m	5	I	3	I
2351	164700	39.4.1	Fagopyrum	esculentum		4.5	I	2	I	4	I	2.5	I	1	4	I	3	I			3	I	5	I
2352	164800	39.4.2	Fagopyrum	tataricum		4.5	I	3	I	4	I	2.5	I	1	2	I	3	I			3	I	5	I
2353	165000	30.1.1	Fagus	sylvatica		3.5	II	2	I	1	II	3	I	1	3	II	3	I		m	3	I	3	I
2354	165100	97.44.1	Falcaria	vulgaris		4.5	I	4	I	4	I	2.5	I	1	4	I	3	I		m	3	I	3	I
2355	165150	–	Fallopia	baldschuanica		5	I	2	I	4	I	2	I	2	3	I	4	I			3	I	3	I
2356	165200	39.2.1	Fallopia	convolvulus		3.5	I	3	I	4	I	2.5	I	1	3	I	4	I		m	3	I	3	I
2357	165300	39.2.2	Fallopia	dumetorum		3.5	I	4	I	3	II	2.5	I	1	3	I	4	I		m	3	I	3	I
2358	–	–	Fargesia	murieliae		4.5	I	2	I	3	I	3.5	I	1	3	I	3	I			3	I	3	I
2359	–	97.52.1	Ferulago	campestris		5	I	3	I	3	I	1	I	1	4	I	2	I			3	I	3	I
2360	165800	139.1.3	Festuca	altissima		2.5	I	2	I	2	II	3.5	I	2	2	I	3	I		m	5	I	1	I
2361	165900	139.1.20	Festuca	amethystina		3.5	I	4	I	3	II	2.5	I	2	4	I	2	I		m	3	I	3	II
2362	–	139.1.4	Festuca	drymeia		3	I	3	I	2	I	3	I	1	3	II	3	I			3	I	5	I
2363	167400	139.1.5	Festuca	gigantea		3.5	I	3	I	2	II	4	I	3	3	II	3	I		m	5	I	1	I
2364	–	–	Festuca	halleri aggr.		1.5	II	x	–	5	II	x	–	1	x	–	2	II			1	II	5	II
2365	165700	139.1.35.1	Festuca		alpina	1	II	4	I	5	I	1.5	I	1	5	I	1	I			1	I	5	I
2366	–	139.1.34	Festuca		austrodolomitica	1	I	2	I	5	I	3	I	1	5	I	2	I			3	I	5	I
2367	167600	139.1.32.1	Festuca		halleri	1.5	I	4	I	5	I	2	I	1	2	I	2	I			3	I	3	I
2368	168000	139.1.31	Festuca		intercedens	1	I	4	I	5	I	1	I	1	2	II	2	I			1	I	5	I
2369	169400	139.1.37	Festuca		pseudodura	1.5	I	4	I	5	I	1.5	I	1	2	I	2	I		m	3	I	5	I
2370	–	139.1.35.2	Festuca		riverae	1	I	3	I	4	I	2.5	I	1	5	I	2	I			1	I	5	I
2371	170400	139.1.33	Festuca		rupicaprina	1.5	I	3	I	5	I	2	I	1	5	I	2	I			3	I	5	I
2372	170900	139.1.36	Festuca		stenantha	2.5	I	4	I	4	I	1	I	1	5	I	1	I			1	I	5	I
2373	–	139.1.32.2	Festuca		yvesii	1.5	I	4	I	5	I	2	I	1	2	I	2	I			3	I	3	I
2374	–	–	Festuca	ovina aggr.		x	–	x	–	4	II	1.5	II	1	x	–	2	I			3	II	3	II
2375	165450	139.1.43	Festuca		airoides	1.5	I	4	I	5	I	1.5	I	1	2	I	1	I			1	I	5	I
2376	–	–	Festuca		bauzanina	4	I	4	I	4	I	1.5	I	1	3	I	2	I			3	I	5	I
2377	–	139.1.50	Festuca		breistrofferi	4	I	4	I	5	I	1.5	I	1	5	I	2	I			3	I	3	II
2378	171400	139.1.59	Festuca		brevipila	4	II	4	I	4	I	1.5	I	1	3	II	2	I		m	3	I	3	I
2379	166560	–	Festuca		burgundiana	3.5	II	4	I	5	I	1.5	I	1	5	I	2	I			3	I	3	II
2380	166650	139.1.48	Festuca		cinerea	3	I	4	I	4	I	1.5	I	2	4	II	2	I			3	I	3	II
2381	–	139.1.38	Festuca		circummediterranea	3	II	4	I	5	I	1.5	I	1	4	II	2	I			3	I	3	I
2382	–	–	Festuca		costei	2.5	I	3	I	5	I	1.5	I	1	2	I	2	I			3	I	3	II
2383	168170	139.1.53.2	Festuca		crassifolia	3	II	4	I	5	II	2	I	1	3	II	2	I			3	II	3	II
2384	–	–	Festuca		csikhegyensis	4	I	5	I	5	I	1	I	1	4	I	2	I			1	I	5	I
2385	–	–	Festuca		duvalii	4.5	I	4	I	4	I	1.5	I	1	3	I	2	I			3	I	3	I
2386	–	139.1.44	Festuca		eggleri	3	I	4	I	3	II	2	I	1	3	I	1	I		m	3	I	3	II
2387	167250	139.1.41	Festuca		filiformis	4	I	2	I	3	II	2	I	1	2	II	2	I			3	I	5	I
2388	167450	139.1.51	Festuca		gracilior	4	II	4	I	4	II	1.5	I	1	4	II	2	I			3	II	3	II
2389	167500	139.1.46	Festuca		guestfalica	3.5	II	4	I	4	I	2	I	2	4	I	2	I		m	3	I	3	I
2390	–	–	Festuca		guinochetii	2.5	I	4	I	4	I	1.5	I	1	4	I	2	I			3	II	5	II
2391	–	139.1.39	Festuca		hervieri	3.5	II	4	I	4	II	2	I	1	4	II	2	I			3	II	3	II
2392	167800	139.1.45	Festuca		heteropachys	4.5	I	3	I	4	I	1.5	I	1	2	I	2	I			1	I	5	I
2393	168160	139.1.53.1	Festuca		laevigata	2	II	4	I	4	I	1.5	I	1	4	I	2	I		m	3	II	3	II
2394	168180	139.1.47	Festuca		lemanii	3.5	I	3	I	4	II	2	I	1	3	II	2	I		m	3	II	3	II
2395	168500	139.1.42	Festuca		ovina	4	I	4	I	3	II	2	I	2	2	I	2	I	s	m	5	I	3	I
2396	168800	139.1.49	Festuca		pallens	4	I	4	I	5	I	1	I	1	4	II	2	I			3	I	5	I
2397	169050	139.1.40	Festuca		patzkei	3.5	I	4	I	5	I	2	I	1	3	II	2	I			3	II	3	II
2398	–	139.1.57	Festuca		pseudodalmatica	3.5	I	4	I	5	I	1.5	I	1	3	I	2	I		m	3	I	3	I
2399	–	–	Festuca		pulchra	4.5	I	4	I	5	I	1.5	I	1	4	I	2	I	s		3	I	5	I
2399a	–	–	Festuca		rhaetica	2	I	5	I	4	II	1.5	I	1	3	I	2	I			3	I	3	I
2400	170500	139.1.56	Festuca		rupicola	3	II	5	I	3	I	1.5	I	1	4	I	2	I		m	3	I	5	I
2401	–	139.1.58	Festuca		stricta	3.5	I	4	I	5	II	1.5	I	1	5	I	1	I		m	3	I	3	I

Strategien					Biologisches Verhalten										Vorkommen						Pflanzengesellschaften			Literatur			
LF	BD	WT	RO	KS	DA	VA	FS	MA	BZ	BS	MV	SU	DG	GI	GV	LR	EG	AE	EM	VE	1	2	3	BL	SL	TB	SEN
g	s		Rh	css	Au My	Sr	mo		5-7		–		2	gg	F2-4		–	I	1	=						B	2314
g	s		Rh	css	Au My	Sr	mo		6-7	my	–		2	gg	F2a*	3.2 3.3 6.5	–	I	1	=			3.211	k m			2315
g	s		Rh	css	Au My	Sr	mo		4-7	my	–		2	gg	F3c	3.3 6.2 6.5 7.4	–	I	1	=			10.2116	k m			2316
g-h	s		Rh	css	Au My	Au	mo	p22	4-7		1		1	gg	D1		–	I	2	>						B	2317
h	s		Rh	css	Au My	Au	mo		5-6	my	1		1	gg	E2c	2.6 6.7 9.1 9.2	1	I	1	=			14.732				2318
h	s		Rh	css	Au My	Au	mo		4-6	my	1		1	gg	E2	3.2 6.2 7.3	–	I	1	>			12.4	m			2319
h	s		Rh	css	Au My	Au	mo		5-6	my	1		1	gg	D1	6.2 7.4 9.1 9.3	6	I	2	>			9.135				2320
g	s		Rh	ccs	Au My	Au	mo		5-7		–		4	gg	B6a		–	I	2	=							2321
g	s		Rh	ccs	Au My	Au	mo		5-7	my	–		4	gg	F8	6.3 7.2 8.2 9.1	–	I	2	=			11.5	c			2322
g	s		Rh	ccs	Au My	Au	mo		5-7	my	–		4	gg	B6a	1.3 2.5 6.3 7.2	–	I	2	>			11.32	c k l			2323
t.hp	s	1	–	rrs	Bo	Kv	zw		7-10		2		2	tg h	E3		–	I	2	=>							2324
t.hp	s	1	–	rrs	Bo	Kv	zw		7-9		2		2	tg h	E3	6.5	2	I	1	=	10.421	10.411					2325
t.hp	s	1	–	rrs	Bo	Kv	zw		7-8		2		2	tg h	F3a	6.5	2	I	1	=	10.421	10.412					2326
t.hp	s	1	–	rrs	Bo	Kv	zw		7-10		2		2	tg	F3b*	6.2 7.1 9.2	1	I	2	>			14.411				2327
t.hp	s	1	–	rrs	Bo	Kv	sb zw		7-9	au hm my	2		3	tg h	E1	6.5	2	I	2	=			10.4		864	A B	2328
t.hp	s	1	–	rrs	Bo	Kv	sb zw		7-9	au my le	2		3	tg	E1		–	I	2	=					193, 865	B D G	2329
t.hp	s	1	–	rrs	Bo	Kv	sb zw		7-9	au	2		3	tg	F7*	6.5	–	I	2	=			10.311	c			2330
t.hp	s	1	–	rrs	Bo	Kv	sb zw	p1	7-9	au	2		3	tg h	E1	3.3 6.5 7.1 9.1	2	I	2	=	10.4	10.311				A	2331
t.hp	s	1	–	rrs	Bo	Kv	sb zw		7-9	au	2		2	tg	F7*	3.1 6.5	–	I	2	=			10.211	c			2332
t.hp	s	1	–	rrs	Bo	Kv	sb zw		6-9	au	2		2	tg h	D3		–	I	2	>							2333
t.hp	s	1	–	rrs	Bo	Kv	sb zw		6-9	au	2	2	2	tg h	D2	6.2 6.4 7.1 9.1	–	I	2	>			12.211	c i l			2334
t.hp	s	1	–	rrs	Bo	Kv	zw		6-10		2	2	2	tg h	D3	2.6 6.4 6.7 7.1	1	I	3	>	10.113						2335
t.hp	s	1	–	rrs	Bo	Kv	zw	p1	5-10	au me my le	3		3	tg h	D3		–	I	2	>*					712, 969	A B C	2336
t.hp	s	1	–	rrs	Bo	Kv	zw		7-10		3		3	tg h	D3	2.2 6.2 6.3	–	I	2	>			9.135			E	2337
t.hp	s	1	–	rrs	Bo	Kv	zw		5-6		3		3	tg h	D3	5.1 6.3 6.5 9.1	2	I	2	>*			11.2			E	2338
t.hp	s	1	–	rrs	Bo	Kv	zw		6-9		2		2	tg h	E4	5.1 6.3 6.5	–	I	2	=			11.244			E	2339
t.hp	s	1	–	rrs	Bo	Kv	zw		6-10		3	2*	3	tg h	D3	2.6 5.1 6.3 9.1	5	I	2	>*	11.242	11.241	11.233				2340
t.hp	s	1	–	rrs	Bo	Kv	sb zw	p1	6-9	au my me le	2		2	tg	E1		–	I	1	=					952		2341
t.hp	s	1	–	rrs	Bo	Kv	sb zw		7-9	au	–		2	tg	E2c	3.3 3.4 6.2 9.1	–	I	1	=			3.362	c i k			2342
t.hp	s	1	–	rrs	Bo	Kv	sb zw		6-9	au	2		2	tg	E2c	3.3 6.2	–	I	1	=			9.121	k m			2343
t.hp	s	1	–	rrs	Bo	Kv	sb zw		7-9	au	2		2	tg	F4	3.3 6.2 6.5	–	I	1	=			10.2	c k m		E	2344
t.hp	s	1	–	rrs	Bo	Kv	sb zw		6-9	au	2		2	tg	E1	3.3 6.2 6.5 9.1	2	I	1	=	10.211	3.312	15.001				2345
t.hp	s	1	–	rrs	Bo	Kv	sb zw		7-9	au	–		2	tg	F4	3.2 3.3 6.2 6.7	–	I	1	=			3.362	c k m			2346
t.hp	s	1	–	rrs	Bo	Kv	zw	p1	5-9	au hm my	2		2	tg h	D1-3		–	I	2	=						B C	2347
t.hp	s	1	–	rrs	Bo	Kv	zw		5-9		2		2	tg h	D1	6.2 9.1	1	I	2	=			9.1				2348
t.hp	s	1	–	rss	Bo	Kv	zw		7-9		2		2	tg	F7*	6.5	–	I	2	=			10.41?	i			2349
t.hp	s	1	–	rrs	Bo	Kv	zw	p1	7-9		2	2	2	tg h	D3	3.3 6.2 6.5 9.1	6	I	2	>			9.13				2350
t	s		–	crr	At	Kv	zw	p1	7-10	me my ps (au)	–		1	mg h e	B6a	2.1 2.2 2.5 2.9	7	A	5	<			2.3			H	2351
t	s		–	crr	At	Kv	zw	p1	7-10	my me hm ps*	–		1	mg h e	B6a	2.1 2.2 2.9	7	A	5	<			2.3			H	2352
p	s	4.5	Wh	ccc	Dy	Sr	mo	300*	4-5	an	–		5	mg h e	D3	7.4 8.1 9.2 9.3	1	I	1	=	14.73						2353
h-k	s	4.5	Wv	crr	Ep Bo	Ws	ve	p2	7-10	my ca	–		1		B6a	2.1 2.2 6.2 6.7	7	A	4	>			5.211				2354
p.li	s		Wh	ccs	Me	Sr	zw		6-10		–		3		A4b	2.1 2.9	–	N	4	<			2.3	c g i		H	2355
t.li	s	3	Wv	crr	En Dy	Kv	zw	p1	7-9	au	–	4	2	e	C1	2.1 2.2 2.5 2.7	7	A	4	=			2.3				2356
t.li	s		Wv	crr	Me	Kv	zw	p1	7-9	au	–		2	e	B3	2.3 2.5 7.5 9.2	1	I	2	=			5.1				2357
z	w		Wh	ccs	Me	Au	zw		–		–		3		A4b	2.3 2.7 2.9	–	N	3	<			?	g			2358
h	w?		Wv	crs	Me	Sr	ve		6-8		–		2		D1	6.2 6.7 7.4 9.3	–	I	2	=?			9.1	k m			2359
h	w	1	Rs	ccs	Me	Ho Sr	zw		5-8	an	–		4	e	B4c	9.1 9.2	1	I	1	=	14.731	14.73501	14.3122				2360
h	w		Rs	ccs	Me	Ho Sr	zw		5-7	an	–		2	e	E4	6.2 7.4 9.1 9.2	1	I	1	>	14.2112	9.135	10.212				2361
h	w		Rs	ccs	Me	Ao Au	zw		6-7	an	–		3	e	D1b	2.6 9.1 9.2	–	I	2	=			14.73	c k m			2362
h	t	1	Rs	crs	Me	Ho Sr	zw		7-9	an	1		2	e	B6	2.5 2.6 4.2 9.2	1	I	2	=	14.721	14.722	14.731				2363
h	t		Rs	ccs	Me	Ho	zw		6-8	an	2		3	e	E1		–	I	1	=					643	D	2364
h	t		Rs	ccs	Me	Ho	zw		7-8	an	2		3	e	E1	2.4 3.2 3.3 6.5	2	I	1	=	3.211						2365
h	t		Rs	ccs	Me	Ho	zw		7-8	an	2		3	e	F4a*	3.3 6.6	–	I	1	=			3.321				2366
h	t	1	Rs	ccs	Me	Ho	zw		7-8	an	2		3	e	E2	3.2 3.3 6.5 7.1	2	I	1	=	10.421	10.411	10.412				2367
h	t		Rs	ccs	Me	Ho	zw		6-7	an	2		3	e	F1	2.2 2.5 3.3 6.5	2	I	1	=			10.311	c k			2368
h	t	1.5	Rs	ccs	Me	Ho	zw		7-8	an	2		3	e	F7	3.1 3.2 3.3 6.5	–	I	1	=			10.411	c k			2369
h	t		Rs	ccs	Me	Ho	zw		7-8	an	2		3	e	E2d	3.2 6.5	–	I	1	=			10.2113				2370
h	t		Rs	ccs	Me	Ho	zw		6-8	an	2		3	e	F7	2.5 3.2 3.3 6.5	2	I	1	=	3.311	10.211	10.311				2371
h	t		Rs	ccs	Me	Ho	zw		7-8	an	2		3	e	E4c	3.2 3.3 6.2 6.5	2	I	1	=			3.211				2372
h	t		Rs	ccs	Me	Ho	zw		7-8	an	2		3	e	E2d	3.2 6.5	–	I	1	=			10.411				2373
h	t		Rs	crs	Me En	Ho	zw		5-8	an	2		3	e	B4		–	I/N	2-3	=>	9.1	11.111	14.21121		409, 644	B D H	2374
h	t	1	Rs	css	Me	Ho	zw		6-8	an	2		3	e	E1	3.2 3.3 6.5 9.1	2	I	2	=			10.41	c k l			2375
h	t		Rs	ccs	Me	Ho	zw		5-7	an	2		3	e	F3d	3.2 3.3 6.2 9.1	–	I	2	=			9.1131		18		2376
h	t		Rs	css	Me	Ho Sr	zw		6-7	an	3		4	e	E2b	3.2 6.2	–	I	2	=			9.131				2377
h	t	2	Rs	ccs	Me	Ho	zw		5-7	an	2		3	e	D3	3.2 6.2	6	I/N	2	>/<			9.1	c l			2378
h	t		Rs	css	Me	Ho	zw		6-8	an	2		3	e	E3b?	2.2 3.2 6.2	–	I	2	=			9.131				2379
h	t		Rs	css	Me	Ho	zw		6-7	an	2		3	e	E2d	3.1 6.2	–	I	2	=			9.14	k l			2380
h	t		Rs	css	Me	Ho	zw		5-7	an	2		3	e	E2d	6.2	–	I	2	=			9.13				2381
h	t		Rs	css	Me	Ho	zw		5-7	an	2		3	e	D2	2.2 2.5 3.2 6.2	–	I	2	=			9.14				2382
h	t		Rs	css	Me	Ho	zw		5-6	an	2		3	e	F3a	3.1 3.2 3.3 6.2	–	I	2	=			9.1				2383
h	t		Rs	css	Me	Ho	zw		5-6	an	2		3	e	D3	3.2 3.3 6.2 9.1	–	I	1	=			9.11?		764		2384
h	t		Rs	css	Me	Ho	zw		5-7	an	2		3	e	D3a*	2.2 3.2 6.2	–	I	2	>			9.11	l			2385
h	t		Rs	css	Me	Ho	zw		5-8	an	2		3	e	F8*	3.2 6.2 9.1	–	I	2	=			14.311				2386
h	t	1.5	Rs	css	Me	Ho	zw		5-7	an	3		4	e	D2	3.1 6.2 6.4 9.2	6	I/N	2	>			14.411				2387
h	t		Rs	css	Me	Ho	zw		6-7	an	2		2	e	E2b	2.2 3.2 6.2 7.3	–	I	2	=			9.14	k			2388
h	t		Rs	css	Me	Ho	zw		5-7	an	2		3	e	D3a	2.2 2.6 3.2 6.2	6	I	2	>			9.13	c k			2389
h	t		Rs	css	Me	Ho	zw		5-7	an	2		2	e	F3e*	3.2 6.2	–	I	2	=			9.1131		18		2390
h	t		Rs	css	Me	Ho	zw		5-7	an	2		3	e	F9	2.2 3.2 6.5 7.3	–	I	2	>			9.13	k l			2391
h	t		Rs	css	Me	Ho	zw		6-7	an	2		3	e	E5a	2.2 3.2 6.2 6.7	6	I	2	>			9.1	c k l			2392
h	t	4	Rs	css	Me	Ho	zw		5-7	an	2		3	e	E3	3.2 3.3 6.2 6.5	6	I	3	>			10.211	c l	953		2393
h	t		Rs	css	Me	Ho	zw		5-7	an	2		3	e	D2	2.2 2.6 3.2 6.2	–	I	2	>			9.135	k l			2394
h	t	3	Rs	css	Me Ep	Ho	zw		5-7	an	3	2*	4	e	B4	6.2 6.7 9.1 9.2	6	I/N	3	>			4.14				2395
h	t	1.5	Rs	css	Me	Ho	zw		5-6	an	2		3	e	D3	3.2 3.3 6.2 9.1	6	I/N	2	=			9.11	c k l	764		2396
h	t		Rs	css	Me	Ho	zw		4-7	an	2		3	e	F9	3.2 6.2	–	I	2	=			9.132	k l			2397
h	t		Rs	ccs	Me	Ho	zw		5-7	an	2		3	e	D4	6.2 9.1 9.2	–	I	2	=			9.11	c k			2398
h	t		Rs	ccs	Me	Ho	zw		5-7	an	2		3	e	D4	2.2 6.2	–	I	2	>			2.351	c l			2399
h	t		Rs	ccs	Me	Ho	zw		5-8	an	2		3	e	F3e	3.2 3.3 6.2 6.5	–	I	2	=			9.1131		18		2399a
h	t	1.5	Rs	ccs	Me	Ho	zw		5-7	an	2		3	e	B6a	2.2 6.2 7.4 9.1	6	I	2	=?			9.1	c l	18		2400
h	t		Rs	ccs	Me	Ho	zw		5-7	an	2		3	e	E4	3.2 9.1	–	I	2	=			9.11	c k l	18		2401

Nummern			Taxa			Klima						Boden												
SEN	SIN	FAN	Gattung	Aggregat/Einzelart	Kleinart	T	v	K	v	L	v	F	v	W	R	v	N	v	S	M	H	v	D	v
2402	171300	139.1.52	Festuca		ticinensis	4.5	I	4	I	5	I	1	I	1	5	I	2	I			3	I	3	I
2403	171600	139.1.55.1	Festuca		valesiaca	4	II	5	I	4	I	1	I	1	4	I	2	I			1	I	3	I
2404	172150	139.1.54	Festuca		vivipara	1	I	3	I	5	II	2.5	II	2	2	II	2	I			3	II	3	II
2405	169000	139.1.1	Festuca	paniculata		3	I	4	I	4	I	2	I	1	2	I	3	I			3	I	3	I
2406	–	–	Festuca	pratensis aggr.		x	–	x	–	4	II	3.5	II	3	3	II	4	II			3	I	1	I
2407	169300	139.1.6.2	Festuca		apennina	2.5	I	2	I	3	II	3.5	I	2	3	I	4	I	s		3	I	1	I
2408	166200	139.1.7.1	Festuca		arundinacea	3.5	I	3	I	4	I	4	I	3	4	I	4	I	s	m	3	I	1	I
2409	166400	139.1.7.3	Festuca		fenas	5	I	4	I	4	I	3	I	3	3	I	3	I	s		3	I	1	I
2410	169200	139.1.6.1	Festuca		pratensis	3	II	3	I	4	I	3	I	2	3	I	4	I	s	m	3	I	1	I
2411	–	139.1.7.2	Festuca		uechtritziana	3.5	I	3	I	4	I	3.5	I	3	3	I	4	I			3	I	1	I
2412	–	–	Festuca	pulchella aggr.		2	II	2	II	4	II	3.5	II	2	4	II	3	II			3	II	3	II
2413	169800	139.1.10.2	Festuca		jurana	1.5	I	3	I	4	I	3	II	3	5	II	2	I			1	I	5	I
2414	169700	139.1.10.1	Festuca		pulchella	1.5	I	2	I	4	II	3.5	I	2	4	I	2	I			3	I	3	I
2415	–	–	Festuca	rubra aggr.		x	–	x	–	3	II	x	–	2	3	II	x	–	s	m	3	II	1	II
2416	171560	139.1.28.2	Festuca		asperifolia	2.5	I	4	I	4	I	2.5	II	2	3	II	2	I	s		3	II	3	II
2417	16770	139.1.29	Festuca		heteromalla	2.5	I	2	I	3	II	3.5	I	2	3	I	4	I			3	I	1	I
2418	167900	139.1.21	Festuca		heterophylla	4	II	4	II	3	II	3	II	3	3	II	2	II		m	3	II	1	I
2419	168300	139.1.26	Festuca		nigrescens	2.5	II	2	I	3	I	2.5	II	2	2	I	3	I			5	II	1	I
2420	170050	139.1.30	Festuca		rivularis	2.5	I	2	I	4	I	4	II	3	2	I	2	I			5	I	1	I
2421	170250	139.1.27.1	Festuca		rubra	3	II	3	I	3	II	3	I	2	3	II	3	I			3	II	1	I
2422	170300	–	Festuca		steineri	2.5	I	3	I	4	I	3	II	2	2	I	2	I	s		3	II	3	II
2423	171500	139.1.28.1	Festuca		trichophylla	4	I	2	I	4	I	3.5	I	3	3	I	2	I			5	I	1	I
2424	–	–	Festuca	spectabilis aggr.		x	–	3	II	4	II	2	II	1	4	II	2	II			1	II	5	II
2425	–	139.1.9	Festuca		dimorpha	2	I	3	I	5	II	1.5	I	1	4	II	1	I			1	I	5	I
2426	–	139.1.8	Festuca		laxa	2.5	I	3	I	5	I	2	I	1	5	I	2	I			1	I	5	I
2427	–	139.1.2	Festuca		spectabilis	4	II	4	I	3	I	2	I	1	5	I	2	I			1	I	5	I
2428	–	–	Festuca	varia aggr.		2	II	4	II	4	II	2	II	1	x	–	2	I			3	II	3	II
2429	165400	139.1.16	Festuca		acuminata	2.5	II	4	I	5	II	2	I	1	2	I	2	I		m	1	I	5	I
2430	165600	139.1.11	Festuca		alpestris	2.5	II	4	I	5	I	2	I	1	5	I	2	I			3	I	3	I
2431	–	139.1.15.1	Festuca		brachystachys	1.5	I	4	I	5	I	2	I	1	5	I	2	I			3	I	5	II
2432	–	139.1.18	Festuca		calva	2	I	4	I	4	I	2	I	1	5	I	2	I			3	I	5	II
2433	167300	139.1.12	Festuca		flavescens	2.5	I	4	I	3	II	2	I	1	2	II	2	I			3	I	3	I
2434	170700	139.1.13.2	Festuca		luedii	1.5	I	4	I	5	I	2	I	1	2	I	2	I		m	3	I	5	I
2435	–	139.1.15.2	Festuca		pallidula	2.5	I	4	I	5	I	1.5	I	1	5	I	2	I			1	I	5	I
2436	–	–	Festuca		pseudovaria	1.5	I	4	I	5	I	2	I	1	2	I	2	I			3	I	3	I
2437	170000	139.1.14	Festuca		quadriflora	1	II	4	I	5	I	2.5	I	2	5	I	2	I		m	3	I	5	I
2438	170650	139.1.13.1	Festuca		scabriculmis	1.5	I	4	I	5	I	1.5	I	1	2	II	2	I			3	I	5	I
2439	–	139.1.17	Festuca		varia	1.5	I	4	I	5	I	2	I	1	2	I	2	I		m	3	I	5	I
2440	–	–	Festuca		winnebachensis	1.5	I	3	I	5	I	2	I	1	2	I	2	I			3	I	3	I
2441	–	–	Festuca	violacea aggr.		1.5	II	4	II	4	II	3	II	1	x	–	3	II			3	II	3	II
2442	168250	139.1.24	Festuca		melanopsis	1.5	I	4	I	4	I	2.5	I	1	3	I	3	I		m	3	I	3	I
2443	–	139.1.23	Festuca		nitida	2	I	3	I	4	I	2.5	I	1	5	I	2	I			1	II	5	II
2444	168400	139.1.19	Festuca		norica	1.5	I	4	I	5	I	3	I	1	5	I	3	I			3	I	3	I
2445	–	139.1.25	Festuca		picturata	1.5	I	3	I	4	I	3	I	1	2	I	2	I			3	I	3	II
2446	172000	139.1.22	Festuca		violacea	1.5	I	3	I	4	I	3	I	1	3	I	3	I			3	I	3	I
2447	–	54.32.1	Fibigia	clypeata		5	I	3	I	4	I	1	I	1	4	I	2	I			3	II	3	II
2448	172200	27.3.1	Ficus	carica		5	I	2	I	3	I	2	I	2	3	I	3	I	s		3	I	3	I
2449	172300	124.8.4	Filago	arvensis		4.5	I	4	I	4	I	1	I	1	2	I	3	I			1	I	5	I
2450	172400	124.8.6	Filago	gallica		5	I	2	I	4	I	1	I	1	2	I	3	I	s		1	I	5	I
2451	172700	124.8.5	Filago	minima		4.5	I	2	I	4	I	1	I	1	2	II	2	I			1	I	5	I
2452	–	–	Filago	pyramidata aggr.		5	II	x	–	4	I	1	I	1	2	II	3	II			1	I	5	I
2453	172600	124.8.2	Filago		lutescens	5	I	2	I	4	I	1	I	1	2	I	3	I			1	I	5	I
2454	172800	124.8.3	Filago		pyramidata	5	I	2	I	4	I	2	I	1	3	I	3	I			1	I	5	I
2455	172900	124.8.1	Filago		vulgaris	4.5	I	4	I	4	I	1	I	1	3	II	3	I	s		1	I	5	I
2456	173100	63.4.2.1	Filipendula	ulmaria		3	I	3	I	3	II	4	I	3	3	II	4	I			5	I	1	I
2457	173200	63.4.1	Filipendula	vulgaris		3.5	I	4	I	3	II	2.5	I	3	4	II	2	I		m	3	I	1	I
2458	–	–	Fimbristylis	dichotoma aggr.		5	I	2	I	4	I	4	II	3	3	II	2	I			3	II	1	I
2459	173300	138.10.1	Fimbristylis		annua	5	I	2	I	4	I	4.5	I	3	2	I	2	I			5	II	1	I
2460	–	–	Fimbristylis		dichotoma	5	I	2	I	4	I	4	I	3	3	I	2	I			3	I	1	I
2461	–	–	Foeniculum	vulgare aggr.		5	I	3	I	4	II	2	II	1	4	II	3	I			3	I	3	I
2462	–	97.25.1.2	Foeniculum		piperitum	5	I	3	I	5	I	1	I	1	4	II	3	I			3	I	3	I
2463	173400	97.25.1.1	Foeniculum		vulgare	5	I	3	I	4	I	2.5	I	1	4	I	3	I	s		3	I	3	I
2464	–	–	Forsythia	intermedia		4.5	I	3	I	4	I	2.5	I	1	3	I	3	I			3	I	3	I
2465	173500	54.25.1	Fourraea	alpina		3	I	4	I	3	I	2	I	1	4	I	2	I		m	3	I	3	I
2466	–	–	Fragaria	ananassa		5	I	2	I	3	I	3	I	1	4	I	3	I			5	II	3	I
2467	173700	63.15.2	Fragaria	moschata		3.5	II	4	I	3	I	3.5	I	3	3	I	4	I			3	I	3	I
2468	173800	63.15.1	Fragaria	vesca		3	II	3	I	3	I	3	I	1	3	I	3	I		m	3	I	3	I
2469	173900	63.15.3	Fragaria	viridis		4.5	I	4	I	3	I	2	I	1	4	I	4	II		m	3	I	3	I
2470	174000	81.3.1	Frangula	alnus		3.5	I	3	I	3	II	3.5	II	3	3	II	2	I		m	5	II	1	I
2471	174100	81.3.2	Frangula	rupestris		4.5	I	3	I	3	II	1	I	1	5	I	2	I			3	I	5	I
2472	–	–	Fraxinus	excelsior aggr.		4	II	3	II	3	II	4	II	3	4	I	3	II			3	II	1	II
2473	174200	113.2.2	Fraxinus		excelsior	3.5	II	3	II	3	II	3.5	II	3	4	I	3	II		m	3	I	1	II
2474	–	113.2.3	Fraxinus		oxycarpa	4.5	I	4	I	3	II	4	II	3	4	I	3	II			3	II	1	II
2475	174300	113.2.1	Fraxinus	ornus		4.5	II	3	I	3	II	2	I	1	4	II	2	I		m	3	I	5	II
2476	–	143.14.3	Fritillaria	involucrata		3.5	II	3	I	4	II	2	I	2	4	II	3	I			3	II	3	II
2477	–	–	Fritillaria	meleagris aggr.		3	II	2	II	4	I	3.5	II	2	4	I	3	I			3	I	1	I
2478	174400	143.14.1	Fritillaria		meleagris	3.5	I	2	I	4	I	3.5	II	3	4	I	3	I			3	I	1	I
2479	–	–	Fritillaria		moggridgei	2	I	3	I	4	I	3	I	2	4	I	3	I			3	I	1	I
2480	174500	143.14.2	Fritillaria		tubaeformis	2.5	I	3	I	4	I	2.5	I	1	4	I	2	I			3	I	3	I
2481	–	143.14.4	Fritillaria	orientalis		3.5	I	3	I	4	I	2	I	1	4	I	2	I			3	I	3	I
2482	–	–	Fuchsia	magellanica		5	I	2	I	3	II	3.5	I	1	3	I	3	I			3	I	3	I
2483	–	–	Fumana	ericoides aggr.		5	II	4	II	4	I	1	I	1	4	I	2	I			3	I	5	I
2484	174600	48.4.2	Fumana		ericoides	5	I	3	I	4	I	1	I	1	4	I	2	I			3	I	5	I
2485	174700	48.4.1	Fumana		procumbens	4.5	I	4	I	4	I	1	I	1	4	I	2	I			3	I	5	I
2486	–	48.4.3	Fumana	thymifolia		5	I	3	I	5	I	1	I	1	x	–	2	I			3	I	5	I
2487	–	–	Fumaria	agraria		5	I	3	I	4	I	1.5	I	1	3	I	3	I			3	I	3	I
2488	–	–	Fumaria	barnolae		5	I	3	I	4	I	1.5	I	1	2	I	3	I			3	I	3	I
2489	174800	23.2.1	Fumaria	capreolata		4.5	I	2	I	3	II	3.5	I	1	3	I	4	I			3	I	1	I
2490	–	–	Fumaria	officinalis aggr.		x	–	x	–	4	I	2.5	II	2	3	II	4	II			3	I	3	II

Strategien					Biologisches Verhalten										Vorkommen						Pflanzengesellschaften			Literatur			
LF	**BD**	**WT**	**RO**	**KS**	**DA**	**VA**	**FS**	**MA**	**BZ**	**BS**	**MV**	**SU**	**DG**	**GI**	**GV**	**LR**	**EG**	**AE**	**EM**	**VE**	**1**	**2**	**3**	**BL**	**SL**	**TB**	**SEN**
h	t		Rs	css	Me	Ho	zw		5-7	an	2		2	e	F3b	3.2 6.2	6	I	2	>			9.114				2402
h	t	1.5	Rs	ccs	Me	Ho	zw		5-7	an	2		3	e	B6a	3.1 6.2 9.1 9.3	6	I	2	>	9.11	4.122	14.111		18		2403
h	t		Rs	css	Me	Ho Sb	zw		7-8	an	2		2	e	D5	3.2 3.3 6.5 7.1	–	I	2	=			10.411	c k		C	2404
h	t	3	Rh Zw	crs	Me	Ho	zw		6-8	an	3		3	e	E2	3.3 6.2 6.3 6.5	2	I	2	=	10.421						2405
h	s w		Rs	crs	Me En	Ho Sr	zw		5-8	an	3		3	e	B6		–	I/N	2-3	<=	11.2	5.121	9.135			B C	2406
h	s	3	Rs	crs	Me En	Ho Sr	zw		6-8	an	3		3	e	E4	2.4 4.2 7.2 8.1	2	I	2	=			11.51	k			2407
h	w	5	Rs	ccr	En At	Au Ho	zw		5-8	an	4	2	3	e	B6	1.4 2.5 4.2 6.3	5	I	2	<	11.23	11.212			261	H	2408
h	s?		Rs	ccs	Me	Ho Sr	zw		6-7	an	2		3	e	C2	2.2 6.2 6.3	–	I/N	2	=?			11.22	k			2409
h	s	4	Rs	crs	Me At	Ho Sr	zw		5-8	an (me)	3	2	3	e	B6	2.2 2.5 6.3 6.7	8	I/N	3	=			11.2			H	2410
h	w		Rs	crs	Me At	Ho Sr	zw		6-8	an	3		3	e	F2	2.2 2.5 4.2 6.3	–	I/N	4	<			11.21?	k		E	2411
h	s	3	Rs	css	Me	Au Sr	zw		6-8	an au	–		3	e	F1		–	I	1	=	10.212	3.311			507	D	2412
h	s		Rs	css	Me	Ho Sr	zw		6-8	an	–		3	e	F1	3.2 3.3 6.5	2	I	1	=			3.31				2413
h	s		Rs	css	Me	Au Sr	zw		6-8	an	–		3	e	F1	2.5 6.5 7.2 8.1	2	I	1	=			10.212				2414
h	t w		Rs	crs	Me En	Au Sr	zw		5-10	an	4		3	e	B4		–	I/N	2-3	<>						B D H	2415
h	t		Rs	crs	Me	Au Sr	zw		7-8	an	2		3	e	E3b	3.1 6.3 6.5 7.1	–	I	2	=			10.412				2416
h	t		Rs	crs	Me	Au Sr	zw		5-8	an	3		2	e	D3	2.3 6.3 7.2 9.1	8	I/N	3	=			11.2?	c l			2417
h	t	2.5	Rs	crs	En	Ho Sr	zw		6-8	an	2		2	e	B6	2.6 7.4 9.1 9.2	1	I	1	=	14.81105	14.733			953		2418
h	w		Rs	crs	Me	Ho Sr	zw		6-8	an	4		3	e	D3	6.3 6.4 6.5 7.1	8	I	3	=	11.242	10.412		c k l			2419
h	w		Rs	crs	En	Au Sr	zw		5-6	an	3		2	e	E2b	4.2 5.1	–	I	2	=			7.111				2420
h	w	2.5	Rs	crs	Ep En	Au Sr	zw		5-9	an	5	2	4	e	B4	2.7 6.2 6.3 6.7	8	I	3	=	11.2	10.212	14.31214				2421
h	w		Rs	crs	Me	Au Sr	zw		5-10	an	2		3	e	D2	2.2 2.5 6.5	–	I/N	3	<			10.4				2422
h	s		Rs	crs	Me	Au Sr	zw		5-8	an	3		2	e	E1	3.3 4.1 5.1 6.3	2	I	2	>			11.231	c k l			2423
h	s		Rs	ccs	Me	Au Sr	zw		6-8	an	2		4	e	F3		–	I	1	=							2424
h	s		Rs	ccs	Me	Ho Sr	zw		5-7	an	3		4	e	F2a	3.2 3.3 6.2 6.5	–	I	1	=			3.31	k			2425
h	s	2.5	Rs	ccs	Me	Au Sr	zw		6-8	an	2		4	e	F4b	2.5 3.2 3.3	–	I	1	=			3.312	c k			2426
h	s		Rs	ccs	Me	Ho Sr	zw		6-8	an	2		4	e	F4	3.2 3.3 9.1 9.3	–	I	1	=			3.362				2427
h	w		Rs	ccs	Me	Ho	zw		6-8	an	2		5	e	E1		–	I	1-2	=					887, 888	B D	2428
h	w	1.5	Rs	ccs	Me	Ho	zw		7-8	an	2		5	e	F5	3.2 3.3 6.2 6.5	2	I	2	=			9.1133	k			2429
h	w		Rs	ccs	Me	Ho	zw		7-8	an	2		5	e	F4	3.2 3.3 6.5 8.2	2	I	1	=			10.2116	c k			2430
h	w		Rs	ccs	Me	Ho	zw		7-8	an	2		5	e	F8	3.2 6.5	–	I	1	=			10.2114				2431
h	w	1	Rs	ccs	Me	Ho	zw		6-7	an	2		5	e	F4b*	3.2 3.3 6.5 7.2	–	I	1	=			10.2116	c k			2432
h	w		Rs	ccs	Me	Ho	zw		7-8	an	2		5	e	F2	2.6 3.3 6.5 9.1	6	I	2	=?			14.312	k			2433
h	w		Rs	ccs	Me	Ho	zw		7-8	an	2		5	e	F3	3.1 3.2 3.3 6.5	2	I	1	=			10.421				2434
h	w		Rs	ccs	Me	Ho	zw		7-8	an	2		5	e	F8	3.2 3.3 6.2 6.5	–	I	1	=			10.2113				2435
h	w		Rs	ccs	Me	Ho	zw		7-8	an	2		5	e	F4a*	3.2 6.5	–	I	1	=			10.421				2436
h	w		Rs	css	Me Dy	Ho	zw		7-8	an	2		3	e	E3	3.2 3.3 3.4 6.5	2	I	1	=	10.211	10.311	3.3				2437
h	w		Rs	ccs	Me	Ho	zw		6-8	an	2		5	e	F2a*	3.1 3.2 3.3 6.5	–	I	1	=			10.421	c k			2438
h	w		Rs	ccs	Me	Ho	zw		6-8	an	2		5	e	E4b	3.2 3.3 6.5	–	I	1	=	10.421	14.41101			229		2439
h	w		Rs	ccs	Me	Ho	zw		6-8	an	2		4	e	F4a*	3.2 6.5	–	I	1	=			10.421	c	229		2440
h	s		Rs	ccs	Me	Ho Sr	zw		6-8	an	3		4	e	E1		–	I	2	=	10.21	10.42	11.244	c	642	B D	2441
h	s		Rs	ccs	Me	Ho Sr	zw		6-8	an	3		4	e	F5	2.2 3.3 6.3 6.5	2	I	2	=			10.212	c			2442
h	s?		Rs	ccs	Me	Ho Sr	zw		6-8	an	2		4	e	E4c	3.3 6.5 8.2 9.1	–	I	2	=			3.312	c k			2443
h	s		Rs	ccs	Me	Ho Sr	zw		6-8	an	3		4	e	F7	3.2 3.3 6.2 6.5	2	I	2	=			10.21	c h l			2444
h	s?		Rs	ccs	Me	Ho Sr	zw		6-8	an	3		4	e	E4	3.2 3.3 6.5 7.1	–	I	2	=			10.413	c k			2445
h	s?		Rs	ccs	Me	Ho Sr	zw		6-8	an	3		4	e	F2	3.3 6.5 6.6	2	I	2	=			10.212				2446
t	w		–	rrr	Bo	Kv	zw		4-6		–		1	h	C2b	2.2 3.2 6.2	–	I/N	5	=			9.1	f k m			2447
p	s		Wh	ccc	En	Sr	mo	300*	5-8	Feigenwespen	–		1	tg e	C2	2.9 3.2 7.4	3	I/N	3	<			13.312			H	2448
t	w	1.5	–	rrr	Bo Ep	Kv	ve	p2	7-9	au?	–		1	h	B6a	2.2 2.5 3.1 6.2	7	I/A	4	>			4.1				2449
t	w		–	rrr	Bo Ep	Kv	ve		7-9	au?	–		1	h	C2c	2.1 2.2 6.2	7	I/A	4	>			4.22				2450
t	w		–	rrs	Bo Ep	Kv	ve		6-9	my au?	–	4	1	h	C2c	2.1 2.2 3.1 6.2	7	I/A	4	>			4.111				2451
t	w		–	rrs	Bo Ep	Kv	ve		7-9		–		1	h	C1		–	I/A	4	>							2452
t	w		–	rrs	Bo Ep	Kv	ve		7-9	au?	–		1	h	D2	2.1 2.2 3.1 6.2	7	I/A	4	>			4.111				2453
t	w		–	rrs	Bo Ep	Kv	ve	p1	7-9	au?	–		1	h	C2	2.1 2.2 3.1 6.2	7	I/A	4	>			4.2				2454
t	w		–	rrs	Bo Ep	Kv	ve	p2	7-9	au?	–		1	h	C2	2.1 2.2 3.1 6.2	7	I/A	4	>			4.111				2455
h	t	2	Rh	ccs	Me Dy	Sr	zw	r3	7-8	ca my me hm*	3	2	4	tg h e	B4b	1.3 4.2 7.2 7.4	5	I	2	=	14.721	14.72101	11.3		479		2456
h	w	2	Rh Wk	crs	Me	Sr	zw	r18	5-7	an au ca my*	2		2	tg h e	B6	6.2 7.4 9.1 9.3	6	I	2	>			9.1				2457
t	s		–	rrr	Me	Kv	zw		7-9		–		1		B1		–	I/N	3	>						C	2458
t	s		–	rrr	Me	Kv	zw		7-8		–		1		B1	1.4 2.5	5	I?	2	>			2.2	f k m			2459
t	s		–	rrr	Me	Kv	zw		8-9		–		1		A1	1.4 2.5	–	N	3	>			2.2	f k m			2460
k-t	t		Wv Zw	ccr	Bo At	Kv	zw	p1	6-10	hm ve me	–		1	h e	C1		–	I/Ja	2-4	=						H	2461
k-t	t		Wv	ccr	Bo At	Kv	zw		6-9		–		1	e	C2	2.1 2.2 6.2	–	I	2	=			9.221	k m			2462
k-t	t		Wv Zw	ccr	Bo At	Kv	zw		6-10		–	2*	1	e	C1	2.1 2.2 2.9 3.2	7	Ja	4	=			2.343				2463
n	s		Wh	ccc	Me	Sr	zw		3-4	au en	–		1		A4b	2.9 7.4	–	N	3	<			13.3	d		H	2464
h	t		Rs	rss	Bo	Sr	zw	p2	5-7	au (ca)	–		1		E1	6.2 6.7 7.1 9.3	2	I	2	>	14.811	10.21	13.312				2465
h	s		Rh	crs	En At	Ao	zw		4-7	au en	–		3	e	A2	2.1 2.2 2.7 2.9	–	Jn	4	=			?	g i l		H	2466
h	w	2	Rh	crs	En	Ao	di		5-6	ca my	2		3	e	D3	2.3 6.7 7.4 9.2	1	I	3	=	14.7	14.721	14.733		506		2467
h	w	2	Rh	crs	En Dy	Ao	zw	p8	4-7	ca my me	2		3	h e	B6	2.6 6.7 9.1 9.2	1	I	3	=	14.7	14.811	11.411				2468
h	w	2	Rh	crs	En	Ao	zw	r3	5	my	2		3	e	B6	6.7 9.1 9.2 9.3	1	I	2	>	14.811	11.111					2469
n	s	1.5	Wh	ccc	En Dy	Ws	zw		5-6	au me ve my*	–		1	mg h	B6	7.4 9.1 9.2	1	I	1	=	13.1	14.733	13.111				2470
n	s		Wh	ccs	En Dy	Sr	zw		5-7		–		1	mg	D1b	3.2 3.3 7.4 9.3	–	I	1	=?			13.3122				2471
p	s		Wh	ccc	Me	Sr	di		11-5	an	–		4	e	B6		–	I	2	=						B	2472
p	s	4	Wh	ccc	Me Dy	Sr	di	200*	4-5		–	2	4	h e	D3	7.4 9.1 9.2 9.3	1	I	2	=	14.72	14.73					2473
p	s	3.5	Wh	ccc	Me	Sr	di	200*	11-2		–		4	h e	B6a	2.9 9.2	–	I	2	=			14.711	c k m			2474
p	s	3	Wh	ccc	Me	Sr	zw	100*	4-6	ca	–		2	h e	B6a	7.4 9.1 9.2 9.3	1	I	2	=	14.812						2475
g	v		Zw	crs	Bo	Bz	zw		4-5		2		2	mg	F2a	3.4 6.2 9.1 9.3	–	I	1	=			14.811	k m			2476
g	v		Zw	crs	Bo	Bz	zw		4-7	me (au)	2		2	mg	D3		–	I	2	>						C	2477
g	v		Zw	crs	Bo	Bz	zw		4-7		2	2	2	mg	D3	2.9 6.3	5	I/N	3	>			11.2		350		2478
g	v		Zw	crs	Bo	Bz	zw		5-7		2		2	mg	F2a*	6.5 9.1	–	Ja	2	>?			10.212?				2479
g	v		Zw	crs	Bo	Bz	zw		5-7		2		2	mg	F3	6.2 6.3 6.5 9.1	–	I?	2	>?			10.21	k m			2480
g	v		Zw	crs	Bo	Bz	zw		4-5		2		2	mg	E2c	3.5 6.2 7.4 9.3	–	I	1	=			9.1	k m			2481
c-n	s		Wh	ccs	En	Kv	zw		5-9	au? me	–		1		A1	2.9	–	N	5	<			?	d g m		H	2482
z	i		Wh	crs	Me Ep	Sr	zw		5-7		1		1		B6a		–	I	2	>							2483
z	i		Wh	crs	Me Ep	Sr	zw	p20	5-7		1		1		C2	3.2 6.1 6.2 7.3	6	I	2	>	9.131	9.113	12.4				2484
z	i	2	Wh	crs	Me Ep	Sr	zw	p23	5-7	au me my (ca)	1		1		B6a	3.1 3.2 6.2 7.3	6	I	2	>	9.131	9.113					2485
z	i		Wh	crs	Me Ep	Sr	zw		4-6		1		1		C2	3.2 6.1 6.2 7.3	–	I	2	=			12.4	k m			2486
t	s		–	rrr	My	Kv	zw		4-7		–		2	tg h	C2a	2.1 2.2	–	I/A	4	=			2.3				2487
t	s		–	rrr	My	Kv	zw		5-7		–		2	tg h	C2a	2.1 2.2	–	I/A	4	=			2.3				2488
t.li	s		–	rrr	My	Kv	zw		5-9	au me	1		2	tg	C2	2.1 2.2 2.7	7	I/N	4	>			2.3				2489
t	s		–	rrr	My	Kv	zw	p2	4-9	au me	–		2	tg h	B6		–	A	4	>					501	B	2490

Nummern			Taxa			Klima						Boden												
SEN	SIN	FAN	Gattung	Aggregat/Einzelart	Kleinart	T	v	K	v	L	v	F	v	W	R	v	N	v	S	M	H	v	D	v
2491	–	23.2.2	Fumaria		densiflora	5	I	2	I	4	I	2	I	2	4	I	3	I			3	I	3	I
2492	175000	23.2.4.1	Fumaria		officinalis	3.5	I	3	I	4	I	3	I	2	4	I	4	I		m	3	I	3	I
2493	175200	23.2.7	Fumaria		parviflora	5	I	2	I	4	I	2	I	2	3	I	4	I			3	I	3	I
2494	–	23.2.3	Fumaria		rostellata	3.5	I	3	I	4	I	2	I	1	4	II	4	I			3	I	5	I
2495	175300	23.2.5	Fumaria		schleicheri	4.5	II	4	I	4	I	2	I	2	4	I	3	I			3	I	3	I
2496	175400	23.2.6	Fumaria		vaillantii	4	I	4	I	4	I	2	I	2	4	I	3	I			3	I	3	I
2497	175100	23.2.4.2	Fumaria		wirtgenii	4	I	4	I	4	I	2.5	I	2	4	II	4	I			3	I	3	I
2498	–	–	Gagea	lutea aggr.		3	II	x	–	4	II	3	II	1	4	I	3	II			3	I	3	II
2499	175700	143.11.2.1	Gagea		lutea	3.5	II	2	I	3	I	3.5	I	1	4	I	4	I		m	3	I	1	I
2500	–	143.11.2.2	Gagea		reverchonii	2.5	I	4	I	4	I	2	II	1	4	I	3	I			3	I	3	I
2501	175800	143.11.3	Gagea	minima		3	I	2	I	4	I	3	I	1	4	I	4	I			3	I	1	I
2502	–	–	Gagea	pratensis aggr.		4.5	II	4	I	4	II	2	II	2	4	I	4	II			3	I	3	I
2503	175900	143.11.1	Gagea		pratensis	4.5	I	4	I	4	I	2	I	2	4	I	4	I			3	I	3	I
2504	–	–	Gagea		pusilla	4	I	4	I	4	II	1.5	I	1	4	I	3	I			3	I	3	I
2505	176000	143.11.7	Gagea	saxatilis		4.5	I	3	I	5	I	1.5	II	1	3	I	4	I			1	I	3	I
2506	–	–	Gagea	villosa aggr.		x	–	x	–	4	II	2.5	II	1	3	II	3	II			3	I	x	–
2507	175620	143.11.4	Gagea		fragifera	2	I	2	I	4	I	3	I	1	3	I	4	I			3	I	1	I
2508	–	143.11.6	Gagea		granatellii	3.5	I	3	I	5	II	2	I	1	3	II	2	I			3	I	5	I
2509	–	–	Gagea		polidorii	2.5	I	3	I	4	I	2	I	1	3	II	3	I			3	I	3	II
2510	176100	143.11.5	Gagea		villosa	4.5	II	4	I	4	I	2	I	1	3	I	4	I			3	I	3	I
2511	–	–	Gaillardia	grandiflora		4.5	I	4	I	4	I	3	I	1	3	I	4	I			3	I	1	I
2512	–	–	Galanthus	nivalis aggr.		4	II	4	I	3	I	3	II	1	3	II	3	I			3	I	3	I
2513	–	–	Galanthus		elwesii	4.5	I	4	I	3	I	3	II	1	3	I	3	I			3	I	3	I
2514	176200	144.3.1	Galanthus		nivalis	4	I	4	I	3	I	3	I	1	4	I	3	I			3	I	3	I
2515	176300	64.15.1	Galega	officinalis		4.5	I	2	I	3	I	3.5	I	2	4	I	4	I			3	I	1	I
2516	–	64.15.2	Galega	orientalis		2.5	I	4	I	3	II	3	I	2	3	I	3	I			3	I	3	I
2517	–	–	Galeopsis	ladanum aggr.		3	II	4	II	4	II	2	II	1	x	–	3	II			1	I	5	I
2518	176400	108.8.3	Galeopsis		angustifolia	3.5	II	4	I	4	I	2	I	1	5	I	3	I			1	I	5	I
2519	176600	108.8.2	Galeopsis		ladanum	2.5	II	4	I	4	I	2	I	1	3	I	3	I		m	1	I	5	I
2520	–	108.8.4	Galeopsis		reuteri	3.5	II	3	I	5	I	1.5	I	1	4	II	2	I			1	I	5	I
2521	176900	108.8.1	Galeopsis		segetum	4	II	2	I	4	I	3	I	1	2	I	3	I			1	I	5	I
2522	–	–	Galeopsis	tetrahit aggr.		3	II	x	–	3	I	3	II	1	3	II	4	II			3	II	1	II
2523	176500	108.8.8	Galeopsis		bifida	3	I	3	I	3	I	3.5	I	1	2	I	4	I			5	I	1	I
2524	–	–	Galeopsis		murriana	3.5	I	3	I	3	I	3	I	1	3	I	4	I			3	I	3	I
2525	–	–	Galeopsis		pernhofferi	3.5	I	4	I	3	I	3	I	1	3	I	4	I			3	I	3	I
2526	176800	108.8.6	Galeopsis		pubescens	4	I	2	I	3	I	3	I	1	3	I	4	I		m	3	I	3	I
2527	177000	108.8.5	Galeopsis		speciosa	3	I	4	I	3	I	3	I	1	3	I	5	I		m	3	I	3	I
2528	177100	108.8.7	Galeopsis		tetrahit	3	I	3	I	3	I	3	I	1	3	II	5	I		m	3	II	1	I
2529	–	–	Galinsoga	parviflora aggr.		4	I	2	I	4	I	3	I	2	3	II	4	II			3	I	3	II
2530	177200	124.28.2	Galinsoga		ciliata	4	I	2	I	4	I	3	I	2	3	I	4	I			3	I	3	II
2531	177300	124.28.1	Galinsoga		parviflora	4	I	2	I	4	I	2.5	I	1	2	I	4	II			3	I	3	I
2532	–	–	Galium	aparine aggr.		3.5	II	3	II	3	II	3	I	2	3	II	4	II			3	I	1	I
2533	177600	119.4.44	Galium		aparine	3.5	II	3	I	3	II	3	I	2	3	II	5	II	s	m	3	I	1	I
2534	–	119.4.43	Galium		spurium	4	II	4	I	3	II	3	I	2	4	I	3	I			3	I	1	I
2535	180300	–	Galium		vaillantii	4	II	4	I	3	II	3	I	2	4	I	4	I			3	I	1	I
2536	–	–	Galium	baldense aggr.		1.5	II	3	II	5	I	2	II	1	x	–	2	II			3	II	5	I
2537	177900	119.4.41	Galium		baldense	1.5	I	4	I	5	I	2	I	1	5	I	2	I			3	I	5	I
2538	–	119.4.40	Galium		margaritaceum	2	II	3	I	5	I	1.5	II	1	5	I	1	I			1	I	5	I
2539	–	119.4.42	Galium		noricum	1.5	I	3	I	5	I	2.5	I	1	4	II	2	I			3	II	5	I
2540	–	119.4.39	Galium		tendae	1.5	I	3	I	5	I	2	I	1	2	I	1	I			1	I	5	I
2541	178000	119.4.2	Galium	boreale		3	II	4	I	3	I	3	I	3	4	I	2	I			5	II	1	II
2542	–	–	Galium	glaucum aggr.		3.5	I	4	II	4	II	1.5	I	1	4	II	2	I			3	I	3	I
2543	–	–	Galium		eruptivum	4.5	I	4	I	3	I	1.5	I	1	3	II	2	I			3	I	3	I
2544	178300	119.4.21	Galium		glaucum	4	I	4	I	3	I	1.5	I	1	5	I	2	I		m	3	I	3	I
2545	–	–	Galium	lucidum aggr.		x	–	4	II	4	II	1.5	II	1	x	–	2	I			1	I	5	I
2546	–	119.4.20	Galium		cinereum	3.5	I	4	I	4	II	1.5	II	1	2	I	2	I			3	II	5	I
2547	178100	119.4.15	Galium		corrudifolium	5	I	3	I	4	I	1	I	1	4	I	2	I		m	1	I	5	I
2548	178700	119.4.19	Galium		lucidum	4.5	I	4	I	4	I	1	I	1	4	II	2	I		m	1	I	5	I
2549	–	119.4.18	Galium		meliodorum	2.5	I	4	I	4	II	2	I	1	5	I	2	I			1	I	5	I
2550	179100	119.4.17	Galium		montis-arerae	1.5	I	3	I	5	I	2	I	1	5	I	2	I			1	I	5	I
2551	–	119.4.16	Galium		truniacum	2.5	I	4	I	5	I	2	I	1	5	I	2	I			1	I	5	I
2552	179000	–	Galium	mollugo aggr.		3.5	II	3	II	3	II	3	II	2	3	II	4	II			3	II	1	II
2553	177400	119.4.14.1	Galium		album	3.5	II	3	I	3	II	3	I	2	3	II	4	I		m	3	II	1	I
2554	178900	119.4.13	Galium		mollugo	3.5	II	2	I	3	I	3.5	I	2	3	I	4	I		m	3	I	1	I
2555	–	119.4.14.2	Galium		pycnotrichum	4	I	4	I	3	II	2.5	I	1	4	I	3	I			3	I	3	I
2556	–	–	Galium	murale		5	I	3	I	3	II	2	I	2	3	I	2	II	s	m	1	I	5	I
2557	179300	119.4.4	Galium	odoratum		3.5	I	2	I	1	I	3	I	2	3	II	3	I			3	I	3	I
2558	–	–	Galium	palustre aggr.		x	–	3	II	3	II	4	II	2	3	II	2	II	s		5	I	1	I
2559	–	119.4.7	Galium		debile	5	I	2	I	3	II	4	I	2	3	I	2	I			5	I	1	I
2560	178200	119.4.9	Galium		elongatum	4	I	2	I	3	I	4.5	I	2	3	I	3	I			5	I	1	I
2561	179400	119.4.8	Galium		palustre	3	I	3	I	3	II	4	I	2	3	II	2	I		m	5	I	1	I
2562	–	–	Galium	parisiense aggr.		4	II	3	II	4	II	2	II	2	x	–	2	II			3	I	x	–
2563	–	119.4.48	Galium		divaricatum	4.5	II	3	I	5	I	1.5	I	1	2	II	2	I	s		3	I	5	II
2564	179500	119.4.47	Galium		parisiense	4	I	2	I	4	I	2	I	2	2	I	3	I		m	3	I	1	I
2565	–	–	Galium	pusillum aggr.		x	–	4	II	4	II	x	–	2	4	II	2	II			3	II	5	II
2566	177500	119.4.34	Galium		anisophyllon	2	I	3	I	4	I	2.5	I	1	3	II	2	I		m	3	I	3	I
2567	–	119.4.32	Galium		austriacum	3.5	I	4	I	4	II	2	I	1	5	I	2	I			3	I	3	II
2568	178800	119.4.36	Galium		megalospermum	1.5	I	3	I	5	I	3.5	I	1	5	I	2	I			1	I	5	I
2569	179600	119.4.35	Galium		pseudohelveticum	1.5	I	3	I	5	I	3.5	I	1	5	I	2	I			1	I	5	I
2570	179700	119.4.31	Galium		pumilum	4	I	4	I	4	I	2	II	2	3	II	2	I		m	3	I	3	I
2571	179800	119.4.37	Galium		pusillum	2.5	I	4	I	5	I	1.5	I	1	5	I	1	I			1	I	5	I
2572	–	119.4.30	Galium		timeroyi	3.5	II	3	I	4	II	2	I	1	4	II	2	I			3	I	5	I
2573	179900	119.4.1	Galium	rotundifolium		3	I	3	I	1	I	3	I	1	2	I	2	I		m	5	I	1	I
2574	180000	119.4.3	Galium	rubioides		4.5	I	4	I	3	I	3.5	I	3	4	I	3	I			3	I	1	I
2575	–	–	Galium	rubrum aggr.		4	II	4	I	4	I	2	I	1	4	II	2	I			3	I	3	I
2576	–	119.4.33	Galium		carmineum	3	I	4	I	4	I	2	I	1	3	I	2	I			3	I	3	I
2577	–	119.4.29	Galium		centroniae	4	I	4	I	4	I	2	I	1	3	I	2	I			3	I	3	I
2578	179200	119.4.27	Galium		obliquum	4	I	4	I	4	I	2	I	1	5	I	2	I			3	I	3	I
2579	180100	119.4.28	Galium		rubrum	4	I	4	I	4	I	2	I	1	3	II	2	I			3	I	3	I

	Strategien				Biologisches Verhalten										Vorkommen						Pflanzengesellschaften			Literatur			
LF	BD	WT	RO	KS	DA	VA	FS	MA	BZ	BS	MV	SU	DG	GI	GV	LR	EG	AE	EM	VE	1	2	3	BL	SL	TB	SEN
t	s		–	rrr	My	Kv	zw		5-9		–		2	tg h	C2a	2.1 2.2	–	A	4	>			2.3	k m			2491
t	s	2.5	–	rrr	My	Kv	zw		5-9		–	5	2	tg h	C1	2.1 2.2 2.7	7	A	4	>			2.313				2492
t	s		–	rrr	My	Kv	zw		5-9		–		2	tg h	B6a	2.1 2.2 2.7	–	A	4	>			2.3	k l m			2493
t	s		–	rrr	My	Kv	zw		6-9		–		2	tg h	D1b	2.1 2.2	–	A	4	>			2.31	c m			2494
t	s		–	rrr	My	Kv	zw		5-9		–	3	2	tg h	B6a	2.1 2.2 2.4 2.7	7	A	4	>			2.313				2495
t	s	2.5	–	rrr	My	Kv	zw	pl	5-9		–	3	2	tg h	B6a	2.1 2.2 2.4 2.7	7	A	4	>			2.31				2496
t	s		–	rrr	My	Kv	zw		5-9		–		2	tg h	C2a	2.1 2.2	7	A	4	>			2.3	c k l		E	2497
g	v	1.5	Zw	crs	My	Bz	zw		3-5	au ca me my	2		2	mg	B4		–	I/A	2	>							2498
g	v	1.5	Zw	crs	Bo My	Bz	zw		4-5		2		2	mg e	B4c	2.3 2.4 2.8 9.2	7	I/A	2	>	14.735	14.72	14.733				2499
g	v	1.5	Zw	crs	Au My	Bz	zw		3-5		2		2	mg	E2b	3.1 6.2 7.1	–	I	1	>			9.1	k			2500
g	v	1.5	Zw	crs	My	Bz	zw		5-6	au me ca	–		2	mg	B6b	2.3 2.4 6.3 7.4	2	I	4	>			5.13				2501
g	v	1.5	Zw	crs	My?	Bz	zw		3-4	au me	2		2	mg	D4		–	I	3	>							2502
g	v	1.5	Zw	crs	My?	Bz	zw		3-5		2		2	mg	D4	2.1 2.7 6.2 6.3	7	I	3	>			9.1				2503
g	v	1.5	Zw	crs	My?	Bz	zw		3-4		2		2	mg	D1b	2.2 6.2 6.7 7.4	–	I	3	>			9.1	c k m			2504
g	v	2	Zw	crs	My?	Bz	zw		3-4	au	–		2	mg	D1	3.1	6	I	2	>			4.121				2505
g	v	1.5	Zw	crs	Bo En	Bz	zw		3-7	me ca	2		2	mg	C1		–	I/A	3	>							2506
g	v	1.5	Zw	crs	Bo En	Bz	zw		5-7		2		2	mg	E1	2.4 6.3 6.5 6.6	2	I	2	>	5.121						2507
g	v	1.5	Zw	crs	Bo En	Bz	zw		3-5		2		2	mg	C2	3.1 6.2 6.7 7.3	–	I	2	>			9.1	k m			2508
g	v		Zw	crs	Bo En	Bz	zw		3-5		2		2	mg	E2d	2.4 6.2 9.1	–	I	2	=			9.1		830		2509
g	v	2	Zw	crs	Bo En	Bz	zw		3-4		2		2	mg	C2	2.1 2.2 6.2 6.3	7	I/A	4	>			2.3				2510
h	s		Rs	crr	Me	Sr	zw		6-9	??	2		1	mg	A2b	2.2 2.9	–	Jn	5	<			?			H	2511
g	v	1	Zw	crs	My	Bz	zw		1-3	me le	2		3	mg	D3		–	I/N	3	<						H	2512
g	v	1	Zw	crs	My	Bz	zw		1-3		–		3	mg	E2g	2.9 7.4 9.2	–	N	3	<			?	m	407		2513
g	v	1	Zw	crs	My	Bz	zw		2-3		2		4	mg h	D1	2.3 2.7 7.4 9.2	2	I/N	3	<	14.7	11.242					2514
h	s		Wv	ccr	Au At	Sr	zw		6-8	me	3		2	mg h	C2b	2.1 2.2 7.2 9.2	1	N	4	<			11.3				2515
h	s		Wv	crr	Au At	Sr	zw		5-8	me	3		2	mg	E2i	2.9	–	N	4	<			?	c m			2516
t	s	3	–	rrr	Dy	Kv	zw		6-10	me (au) (my)*	–		2	e	B6b		–	I/A	3	<>						B	2517
t	s	3.5	–	rrr	Dy	Kv	zw	p2	6-10		–		2	e	D1	2.2 2.5 3.1 3.3	3	I/A	3	>/<	3.362	2.312					2518
t	s	3	–	rrr	Dy	Kv	zw		6-10		–		2	e	B6b	2.2 2.5 3.3 6.5	7	I/A	3	>*	3.3	2.3					2519
t	s		–	rrr	Dy	Kv	zw		6-9		–		2	e	F2a*	2.2 2.5 3.3	–	I	3	>			3.362	k m			2520
t	s	2	–	crr	Dy	Kv	zw		7-8	me	–		2	h e	D2	2.1 2.2 2.5 3.3	7	I/A	3	>			3.371				2521
t	s	2	–	crr	En Dy	Kv	zw		6-10	me (my) (ps)	2		3	e	D3		–	I/A/Jn	2-3	=>						B C	2522
t	s	2	–	crr	En Dy	Kv	zw		6-10		2		3	e	D3	2.2 2.3 2.6 7.4	7	I/A	2	>			5.132				2523
t	s		–	crr	Dy En	Kv	zw		6-10		2		3	e	F4c	2.1 2.2 2.6	–	Jn	2	=?			5.13	c l		E	2524
t	s		–	crr	Dy En	Kv	zw		7-9		2		3	e	E4b	2.1 2.6	–	Jn	2	=?			5.131	c	871	E	2525
t	s	2	–	crr	Dy En	Kv	zw	pl	7-9		3		3	e	D4	2.2 2.5 3.3	7	I	2	=			5.13				2526
t	s	2.5	–	crr	Dy En	Kv	zw		7-9	au me (sp)	2		3	e	D4	2.1 2.5 2.6 7.4	7	I	3	>			2.3222				2527
t	s	2.5	–	crr	Dy En	Kv	cl zw	p3	6-10		2	4	3	e	D3	2.1 2.6 9.1 9.2	7	I/A	3	=	2.31	3.311	14.73				2528
t	s	2.5	–	crr	At En	Kv	ve		4-10	au	–		3	e	A2a		–	N	4	=					114		2529
t	s	2.5	–	crr	At My	Kv	ve		7-10		–	3	3	e	A2a	2.1 2.2 2.7	7	N	4	<			2.322				2530
t	s	2.5	–	crr	At My	Kv	ve	p2	4-10		–	3	3	e	A2a	2.1 2.2 2.7	7	N	4	=			2.322				2531
t.li	s w		–	crr	Ep En	Kv	zw		5-10	au my hm ve	2		3	e	B6		–	I/A/Ja	3	<>					660	B	2532
t.li	s w	1.5	–	crr	Ep En	Kv	zw		5-10		2	2	3	tg h e	B6	2.1 2.3 2.6 9.2	7	I	3	<	5.131	14.72202	14.71201		811		2533
t.li	s		–	crr	En At	Kv	zw		5-8		–		2	e	D3	2.1	–	Ja	5	>0?			2.3a	i l			2534
t.li	s	1.5	–	crr	Ep En	Kv	zw		5-9		2		2	e	B6	2.1 2.2	7	I/A	3	>			2.3				2535
h	w		Rs	css	Ep	Sr	zw		7-9		1		2		F1		–	I	1	=							2536
h	w		Rs	css	En	Sr	zw		7-9		1		2		F4a	3.2 3.3 6.5	–	I	1	=			10.211	c f k			2537
h	w		Rs	css	En	Kt Sr	zw		7-9		1		2		F4a*	3.3	–	I	1	=			3.3121	c k m			2538
h	w		Rs	css	En	Sr	zw		7-9		1		2		E4c	3.2 3.3 6.5	–	I	1	=			3.321	c k l			2539
h	w		Rs	css	En	Sr	zw		7-9		1		2		F2	3.2 3.3	–	I	1	=			3.2212	k m			2540
g	s	2.5	Rs	crs	En Ep	Au	zw	r5	6-8	au ca my	2		3		B3	5.1 6.3 9.1 9.2	6	I	2	>*			11.23				2541
g-h	t?		Rs	crs	Ep	Sr	zw		5-8		2		2		E2a		–	I	2	>					446		2542
g-h	t?		Rh	crs	Ep	Sr	zw		5-8		2		2		E2g	6.2 6.7 9.2 9.3	–	I	2	>			11.111		446		2543
g	w		Rs	crs	Ep	Sr	zw		5-7	au my hm ca	3		2		D3	6.2 6.7 7.4 9.3	6	I	2	>			11.111				2544
c	s		Rs	crs	Ep	Au Sr	zw	p4	6-10	my ca hm	1		2		D1		–	I	1-2	=	9.1	15.001	14.811		445	B D	2545
c	s		Rs	css	En	Au	zw		6-10		1		2		D1a	6.2 6.7 7.3 9.1	–	I	2	=			9.1	f k m			2546
c	s		Rs	css	En	Sr	zw		6-10		1		2		D1	3.2 6.2 7.3 9.3	–	I	2	=			9.1	f k m			2547
c	s	2	Rs	css	En	Au Sr	zw		6-10		1		2		E2	3.2 3.3 6.2 9.1	3	I	2	=			9.1				2548
c-h	s		Rs	css	En	Sr	zw		6-8		1		2		F8*	3.2 3.3 6.5 8.2	–	I	1	=			3.312	c k m			2549
g-h	s?		Rs	css	En	Au	zw		6-8		1		2		F3c*	3.3	–	I	1	=			3.311	f k m			2550
c-h	s?		Rs	css	En	Sr	zw		6-8		1		2		F8	3.2 3.3	–	I	1	=			3.312	c i k			2551
h	t	3	Rs	crs	En	Au	zw	p14	5-10	au ca my hm*	4		3	h e	B6		–	I	2-3	=					445, 507	B	2552
h	t	3.5	Rs	crs	En	Au	zw		6-10		4	2	3	h e	B6	2.3 2.6 7.2 7.4	8	I	3	=			11.241				2553
h.li	t	3	Rs	crs	En	Au	zw		5-9		3		3	h e	D3	6.3 6.7 9.2 9.3	1	I	2	=	11.2	14.7312	14.735				2554
h	t		Rs	crs	En	Au	zw		5-9		3		3	h e	D1b	2.2 6.2 6.7 9.3	–	I	3	=			11.111	c i l			2555
t	w		–	rrr	En	Kv	zw		3-6		–		2		C2	2.2 3.2	–	N	4	<			4.2?	k m			2556
g	t	1	Rs	ccs	Ep	Au	zw		4-6	au ca my me*	–		4	mg h e	B4b	7.4 9.2	1	I	1	=	14.73	14.312					2557
g	w		Rs	css	Hy	Kt	zw	r1	5-8	au my	2		3		B4		–	I/N	2-3	>					817	B C	2558
g	w		Rs	css	Hy	Kt	zw		5-7		2		3		C2c	1.3 1.4 5.1 6.3	–	I	2	=?			11.22	k m			2559
g.li	w		Rs	css	Hy	Kt	zw		5-8		1		3		C1	1.3 6.3 7.4 9.2	5	I	2	>			6.1				2560
g	w	1	Rs	crs	Hy	Kt	zw		5-8		2		3		B6b	1.3 6.3	5	I/N	3	>*	6.112	11.231	14.722				2561
t	t		–	rrr	Ep	Kv	zw		5-8	??	–		2		C2		–	I/A	3	=							2562
t	t		–	rrr	Ep	Kv	zw		5-7		–		2		C2	2.2 3.1 6.2 7.3	–	I	3	=			4.221	c k m			2563
t	w		–	rrr	Ep	Kv	zw		6-9		–		2		C2	2.2 3.1 6.2 7.3	7	I/A	4	>			4.2				2564
h	s w		Rs	ccs	En	Kt Sr	zw	p4	5-9		2		2		D3		–	I	1-2	=>						B	2565
h	t	1	Rs	crs	En	Sr	zw	r9	6-9		3		2		E1	3.3 6.3 6.5 8.2	2	I	2	=	10.21	10.4	11.244				2566
h	t		Rs	css	En	Sr	zw		6-8		1		2		D4	3.3 6.2 9.1	–	I	2	=			9.116	c k m			2567
h	w		Rs	css	En	Kt	zw		7-8	au my ca me*	–		2		F1	2.5 3.3	2	I	1	=	3.312	3.311					2568
h	w		Rs	css	En	Kt	zw		7-8		–		2		F5	2.5 3.3	–	I	1	=			3.311				2569
h	t	2	Rs	crs	En	Sr	zw		5-7	au le ph my	2		2		D3	6.2 6.4 6.5 6.7	6	I	2	>	9.135	11.231	10.112				2570
h	w		Rs	css	En	Sr	zw		6-8		1		2		F2	3.2 3.3 6.2 6.5	–	I	1	=			3.211	f k m			2571
h	w		Rs	css	En	Sr	zw	r5	6-8		2		2		F2	6.2 7.3 9.1 9.2	–	I	1	=			9.1	m			2572
g	w	1	Rs	ccs	Ep	Au	zw	p5	5-7	en	–		3		B6b	2.6 9.1 9.2	1	I	1	<	14.731	14.312					2573
g	s		Rs	ccs	Ep	Au	zw		6-8	??	2		3		D4	6.3 7.2 7.4 9.2	3	I/N	3	>			11.321				2574
h	t		Rs	crs	En	Sr	zw		7-8	au	2		2		E2d		–	I	2	=						B	2575
h	t		Rs	crs	En	Sr	zw		7-8		2		2		E2d	6.5 7.1	–	I	2	=			12.321?	c f k		E	2576
h	t		Rs	crs	En	Sr	zw		7-8		2		2		E2d	2.6 6.2 6.3 6.7	–	I	2	=			11.12	c f k		E	2577
h	t		Rs	crs	En	Sr	zw		7-8		2		2		E2d	6.2 6.7 7.4 9.1	–	I	2	=			9.1	f k m			2578
h	t		Rs	crs	En	Sr	zw		7-8		2		2		E2d	2.2 7.1 7.4 9.2	3	I	2	=	14.73302	14.411					2579

Nummern			Taxa			Klima						Boden												
SEN	**SIN**	**FAN**	**Gattung**	**Aggregat/Einzelart**	**Kleinart**	**T**	**v**	**K**	**v**	**L**	**v**	**F**	**v**	**W**	**R**	**v**	**N**	**v**	**S**	**M**	**H**	**v**	**D**	**v**
2580	180200	119.4.38	**Galium**	**saxatile**		3	I	2	I	4	I	3.5	I	2	2	I	2	I			5	I	1	I
2581	–	119.4.26	**Galium**	**saxosum**		1.5	I	4	I	5	I	2	I	1	5	I	2	I			1	I	5	I
2582	–	–	**Galium**	**sylvaticum aggr.**		3.5	II	x	–	2	II	3	II	1	x	–	3	I			3	II	3	II
2583	177700	119.4.22	**Galium**		**aristatum**	3.5	II	4	II	2	I	3	I	1	2	I	3	I		m	3	I	3	I
2584	178600	119.4.23	**Galium**		**laevigatum**	3.5	II	3	I	2	I	2.5	I	1	4	I	3	I			3	I	3	I
2585	–	119.4.24	**Galium**		**schultesii**	3.5	I	4	I	3	I	2.5	II	2	3	I	3	I			3	I	5	II
2586	180400	119.4.25	**Galium**		**sylvaticum**	3.5	I	2	I	2	I	2.5	I	1	3	I	3	I		m	5	I	3	I
2587	180500	119.4.45	**Galium**	**tricornutum**		4.5	I	4	I	4	I	2.5	I	1	4	I	4	I	s		3	I	3	I
2588	–	119.4.10	**Galium**	**trifidum**		2	I	3	I	4	I	4.5	II	3	2	I	2	I			5	I	1	I
2589	180600	119.4.5	**Galium**	**triflorum**		2.5	I	4	I	1	I	3.5	I	2	3	I	2	I			5	I	3	I
2590	180700	119.4.6	**Galium**	**uliginosum**		3	I	3	I	3	II	4	II	2	3	I	3	I			5	I	1	I
2591	180800	119.4.46	**Galium**	**verrucosum**		5	I	3	I	4	I	1.5	I	1	3	II	3	I	s		3	I	3	I
2592	–	119.4.49	**Galium**	**verticillatum**		4.5	II	4	I	5	I	1.5	I	1	4	II	4	I			3	I	3	II
2593	–	–	**Galium**	**verum aggr.**		4	II	4	I	4	I	2.5	II	3	3	II	2	I			3	I	1	I
2594	181000	119.4.11.1	**Galium**		**verum**	3.5	I	4	I	4	I	2.5	II	3	4	I	2	I		m	3	I	1	I
2595	181100	119.4.11.2	**Galium**		**wirtgenii**	4.5	I	4	I	4	I	2	I	3	3	I	2	I			3	I	1	I
2596	–	139.48.1	**Gastridium**	**ventricosum**		5	I	3	I	4	I	1.5	I	1	4	I	2	I			3	I	3	I
2597	181300	139.34.1	**Gaudinia**	**fragilis**		5	I	3	I	5	I	3.5	I	3	4	I	3	I			3	I	1	I
2598	181400	–	**Genista**	**anglica**		4.5	I	1	I	3	I	2.5	I	1	2	I	2	I			3	I	3	I
2599	181500	64.8.3	**Genista**	**cinerea**		4.5	I	4	I	4	I	2	I	1	4	II	2	I			3	I	3	I
2600	181600	64.8.9	**Genista**	**germanica**		3.5	II	4	I	3	I	2	II	3	2	II	2	I		m	5	I	3	I
2601	–	64.8.8	**Genista**	**hispanica**		4.5	II	4	I	4	II	2	II	2	4	II	2	I			3	I	5	II
2602	–	64.8.2	**Genista**	**januensis**		3.5	I	4	I	4	I	2	I	1	4	II	2	I		m	3	I	5	I
2603	181700	64.8.6	**Genista**	**pilosa**		3.5	I	2	I	4	I	2	I	1	2	II	1	I		m	3	I	3	I
2604	–	64.8.5	**Genista**	**pulchella**		3.5	I	4	I	5	I	1.5	I	1	5	I	2	I			3	I	5	I
2605	181800	64.8.10	**Genista**	**radiata**		3.5	I	4	I	4	I	1.5	I	1	4	I	2	I			3	I	3	I
2606	–	–	**Genista**	**sagittalis aggr.**		3.5	II	4	I	4	II	2	I	1	x	–	2	I			3	I	3	II
2607	–	64.8.11.2	**Genista**		**delphinensis**	3	I	4	I	5	I	2	I	1	5	I	2	I			3	I	5	I
2608	181900	64.8.11.1	**Genista**		**sagittalis**	3.5	I	4	I	4	I	2	I	1	2	I	2	I			3	I	3	I
2609	182000	64.8.7	**Genista**	**scorpius**		5	I	2	I	3	I	1.5	I	1	4	II	2	I			3	I	3	I
2610	–	64.8.4	**Genista**	**sericea**		4.5	I	4	I	5	II	1.5	I	1	5	I	2	I			1	I	5	I
2611	182100	64.8.1	**Genista**	**tinctoria**		4.5	I	3	I	4	I	2.5	II	2	2	II	2	I	s	m	5	I	1	I
2612	–	–	**Gentiana**	**acaulis aggr.**		1.5	II	3	I	5	II	2.5	II	1	x	–	2	I			3	II	3	II
2613	182200	98.4.14	**Gentiana**		**acaulis**	1.5	I	3	I	4	I	2.5	I	1	2	II	2	I		m	3	I	3	I
2614	182300	98.4.15	**Gentiana**		**alpina**	1	I	3	I	5	I	2.5	I	1	2	I	2	I			3	I	3	I
2615	182500	98.4.16	**Gentiana**		**angustifolia**	1.5	I	3	I	5	I	2.5	I	1	5	I	2	I			3	I	3	I
2616	183500	98.4.12	**Gentiana**		**clusii**	1.5	I	3	I	5	I	2.5	I	1	5	I	2	I			3	I	3	I
2617	–	98.4.13	**Gentiana**		**ligustica**	2.5	II	3	I	4	II	2	II	2	5	I	2	I			3	II	3	II
2618	–	–	**Gentiana**		**undulatifolia**	2.5	I	3	I	5	I	2.5	I	1	5	I	2	I			3	I	3	I
2619	182700	98.4.6	**Gentiana**	**asclepiadea**		3	I	3	I	3	I	3	I	3	4	I	3	I		m	3	I	1	I
2620	–	–	**Gentiana**	**campestris aggr.**		2	II	3	I	4	I	3.5	II	2	3	II	2	I			3	I	1	I
2621	183300	–	**Gentiana**		**baltica**	3	I	3	I	4	I	4	I	3	2	I	2	I			3	I	1	I
2622	183200	98.4.30.1	**Gentiana**		**campestris**	2	I	3	I	4	I	3	I	2	3	II	2	I	s		3	I	1	I
2623	183400	98.4.29	**Gentiana**	**ciliata**		3	II	3	I	3	II	3	I	3	4	I	2	I			1	I	1	II
2624	183600	98.4.10	**Gentiana**	**cruciata**		3	II	4	II	3	II	1.5	I	2	4	I	2	I			3	I	1	I
2625	–	98.4.8	**Gentiana**	**frigida**		1	I	3	I	4	I	2.5	I	1	2	I	2	I			3	II	3	II
2626	–	–	**Gentiana**	**froelichii aggr.**		1.5	II	3	I	5	I	2.5	I	1	5	I	2	I			3	II	3	II
2627	–	98.4.9.1	**Gentiana**		**froelichii**	1.5	I	3	I	5	I	2.5	I	1	5	I	2	I			3	II	3	II
2628	–	98.4.9.2	**Gentiana**		**zenariae**	2	I	3	I	5	I	2.5	I	1	5	I	2	I			3	II	3	II
2629	–	–	**Gentiana**	**germanica aggr.**		x	–	x	–	4	II	2.5	II	2	x	–	2	I			3	I	x	–
2630	182400	98.4.31	**Gentiana**		**amarella**	2.5	I	3	I	4	I	2	I	2	4	II	2	I			3	I	1	I
2631	182600	98.4.35	**Gentiana**		**anisodonta**	1.5	I	3	I	4	II	2	I	1	3	II	2	I			3	I	3	II
2632	182800	98.4.36	**Gentiana**		**aspera**	2.5	I	3	I	4	I	2	I	1	4	II	2	I			3	I	3	I
2633	–	98.4.39	**Gentiana**		**austriaca**	3.5	II	4	I	4	I	2	II	2	4	I	2	I		m	3	I	3	II
2634	183700	98.4.34	**Gentiana**		**engadinensis**	1.5	I	3	I	4	I	2	I	1	5	I	2	I			3	I	3	I
2635	183800	98.4.38	**Gentiana**		**germanica**	3	II	2	I	4	I	2.5	I	3	4	I	2	I			3	I	1	I
2636	183900	98.4.37	**Gentiana**		**insubrica**	2.5	I	2	I	4	I	2.5	I	2	4	I	2	I			3	I	1	I
2637	–	–	**Gentiana**		**liburnica**	1.5	I	3	I	4	I	2.5	I	1	5	I	2	I			3	I	3	I
2638	–	98.4.40	**Gentiana**		**lutescens**	2.5	I	3	I	4	I	2.5	I	1	3	II	2	I			3	I	3	I
2639	–	98.4.33	**Gentiana**		**pilosa**	2.5	II	3	I	4	I	2	I	1	5	I	2	I			3	I	5	I
2640	185000	98.4.32	**Gentiana**		**ramosa**	1.5	I	4	I	4	I	2.5	I	1	2	I	2	I			3	I	1	I
2641	–	–	**Gentiana**	**lutea aggr.**		2.5	II	3	II	4	II	2.5	II	1	4	II	3	II			3	I	3	II
2642	184100	98.4.1.1	**Gentiana**		**lutea**	2.5	I	3	II	4	I	3	I	1	4	II	3	I			3	I	3	I
2643	–	98.4.1.2	**Gentiana**		**symphyandra**	2.5	II	3	I	4	II	2	I	1	4	I	2	I			3	I	3	I
2644	–	98.4.1.3	**Gentiana**		**vardjanii**	2.5	II	3	I	4	I	2.5	I	1	4	I	3	I			3	I	5	I
2645	184200	98.4.28	**Gentiana**	**nana**		1	I	3	I	4	I	3	II	2	2	II	3	I			3	I	3	I
2646	184300	98.4.24	**Gentiana**	**nivalis**		1.5	I	2	I	4	I	3	I	2	3	II	2	I			3	I	3	I
2647	184500	98.4.3	**Gentiana**	**pannonica**		2	I	3	I	4	I	3	I	2	3	I	4	I			3	I	1	I
2648	184600	98.4.7	**Gentiana**	**pneumonanthe**		3.5	I	2	I	4	I	4	I	3	3	II	2	I		m?	5	I	1	I
2649	184700	98.4.11	**Gentiana**	**prostrata**		1	I	3	I	4	I	2.5	I	1	4	II	4	I			3	I	5	I
2650	–	–	**Gentiana**	**punctata aggr.**		1.5	II	3	I	4	II	3	II	1	2	II	2	I			3	I	3	II
2651	184800	98.4.2	**Gentiana**		**punctata**	1.5	I	3	I	4	I	3	I	1	1	I	2	I			3	I	3	I
2652	–	98.4.5	**Gentiana**		**villarsii**	2	I	3	I	4	II	2.5	I	1	2	I	2	I		m	3	I	3	II
2653	18490	98.4.4	**Gentiana**	**purpurea**		2	I	3	I	4	I	3	I	2	2	II	2	I			3	I	3	I
2654	185200	98.4.27	**Gentiana**	**tenella**		1	I	3	I	4	I	3	I	2	3	I	4	I			3	I	1	I
2655	185300	98.4.26	**Gentiana**	**utriculosa**		2.5	II	3	I	4	I	4	I	3	4	I	2	I			5	I	1	I
2656	–	–	**Gentiana**	**verna aggr.**		x	–	x	–	5	II	3	II	x	x	–	2	I			3	II	x	–
2657	182900	98.4.21	**Gentiana**		**bavarica**	1.5	II	2	I	4	I	4	I	3	3	I	2	I			3	II	1	I
2658	183000	98.4.18	**Gentiana**		**brachyphylla**	1	I	4	I	5	I	3	I	1	2	I	2	I			3	I	3	I
2659	–	98.4.17.2	**Gentiana**		**delphinensis**	2.5	II	3	I	4	I	3	I	2	4	II	2	I			3	I	1	II
2660	184400	98.4.19	**Gentiana**		**orbicularis**	1	I	4	I	5	I	3	I	1	4	I	2	I			3	I	3	I
2661	–	98.4.20	**Gentiana**		**pumila**	1.5	II	4	I	5	I	3.5	II	1	5	I	2	I			3	II	3	II
2662	–	98.4.22	**Gentiana**		**rostanii**	1.5	I	3	I	4	I	3	I	2	3	I	2	I			1	I	1	I
2663	185100	98.4.25	**Gentiana**		**schleicheri**	1	I	4	I	5	I	3	I	1	3	I	2	I			1	I	5	I
2664	–	–	**Gentiana**		**tergestina**	3	II	4	I	4	I	2.5	I	2	4	I	2	I			3	I	3	I
2665	–	98.4.23	**Gentiana**		**terglouensis**	1	I	4	I	5	I	2	I	1	5	I	2	I			1	II	5	I
2666	185400	98.4.17.1	**Gentiana**		**verna**	2.5	II	3	I	4	I	3	I	3	4	II	2	I			3	I	1	I
2667	186900	93.1.2	**Geranium**	**argenteum**		1.5	I	4	I	5	I	2.5	I	1	4	II	2	I			1	I	5	I
2668	–	–	**Geranium**	**asphodeloides**		5	II	3	I	3	I	2.5	II	1	4	II	2	I	s		3	I	3	II

Strategien					Biologisches Verhalten										Vorkommen						Pflanzengesellschaften			Literatur			
LF	**BD**	**WT**	**RO**	**KS**	**DA**	**VA**	**FS**	**MA**	**BZ**	**BS**	**MV**	**SU**	**DG**	**GI**	**GV**	**LR**	**EG**	**AE**	**EM**	**VE**	**1**	**2**	**3**	**BL**	**SL**	**TB**	**SEN**
c	w	2	Rs	css	En Ep	Ao	zw		6-9	my	2	5	3		D2	5.1 6.4 7.1 9.1	–	I/N	2	<	10.11	14.411	14.413				2580
h	w?	1	Rs	css	En Ep	Sr	zw		7-8		–		2		F2	3.3 6.2	–	I	1	=?			3.311	k m			2581
g	s		Rh	ccr	Ep En	Au Sr	zw		6-8	au my ca	–		2	e	D3		–	I	1	=						B	2582
g	s		Rh	ccs	Ep En	Sr	zw		6-8		–		2	e	E2b	2.6 6.7 7.4 9.2	1	I	1	=	14.812	11.11	14.811				2583
g	s		Rh	ccs	Ep En	Au	zw		6-8		–		2	e	E2a	6.7 7.2 7.4 9.2	1	I	1	=			14.73				2584
g	s		Rh	ccs	Ep En	Au	zw		6-8		–		2	e	D1b	6.7 7.4 9.1 9.2	–	I	1	=			14.733	c k l			2585
g	s	2	Rh	ccs	Ep En	Sr	zw	p2	7-9		–		2	e	D3	2.6 6.7 7.4 9.2	1	I	1	=	14.733	14.73119	14.811				2586
t	s	2.5	–	rrr	Ep	Kv	zw		6-8	au my	–	3	2		C2	2.1 2.2	7	I/A	5	>			2.31				2587
h	s		Rs	crs	Ep	Kt Sr	zw		6-7		–		2		B5	5.1	–	I	2	=			14.32	c m			2588
g	s		Rs	css	Ep	Kt	zw		7-8		–		2		B3	9.1 9.2	1	I	1	=			14.31				2589
g	s	1	Rs	css	Ep En	Ao Sr	zw		5-9	au my	3		2		D3	1.4 5.1 6.3	5	I	2	>*	11.23						2590
t	s		–	rrr	Ep	Kv	zw		6-7	au en	–		2		C2	2.1 2.2	7	A/N	5	=			2.3a				2591
t	s		–	rrr	Ep	Kv	zw		5-6		3		2		C2	3.2 6.2 7.3	–	I	3	=			4.2	k m			2592
h	t		Rs	crs	Ep En	Ao Au	zw	r8	5-9	au my ca me*	3		2	h e	B6		–	I	3	>					426	B	2593
h	t	3	Rs	crs	Ep My	Ao Au	zw		6-9		3		2	h e	B6	6.2 6.3 6.7 9.1	6	I	3	>	9.135	11.231	14.2112				2594
h	t		Rs	crs	Ep En	Ao Au	zw		5-6		3		2	h e	D1	6.2 6.3	6	I	3	>			9.1				2595
t	s		–	rrr	Ep Me	Kv	zw		5-7		2		2		C2	2.1 2.2 6.1 6.2	–	I	4	>?			4.21				2596
t	s w		–	rrr	Me	Kv	zw		5-6	an	2		1	e	C2	2.1 2.2 6.2 6.3	6	A	5	>			11.24				2597
z	w		Wh	ccs	Au	Sr	zw		5-6	me	1		3	tg	D2	2.2 6.3 6.7 7.1	–	I/N	2	>			12.211	k m			2598
n	w?		Wh	ccs	Au	Sr	zw		4-7		–		3	tg	C2a	2.6 6.2 7.1 7.4	–	I	2	=?			12.412	k m			2599
z	w	3	Wh	ccs	Au	Sr	zw	r21	5-6	me	1		4	tg	D3	6.7 7.1 7.4 9.2	6	I/N	2	>	12.211	14.41101					2600
z	i		Wh	ccs	Au	Au Sr	zw	r10	4-9		–		3	tg	E2b	6.2 7.3 9.1 9.3	–	I	2	=			12.412	k m			2601
z	w		Wh	ccs	Au	Sr	zw		5-6		–		2	tg	D1b	3.2 6.2 7.1 9.1	–	I	2	=			14.212	k m			2602
z	w	2	Wh	ccs	Au	Sr	zw	p22	4-7	me	1		3	tg	D2	6.2 6.7 7.1 7.4	1	I	2	>	12.211	10.412	9.135				2603
z	i		Wh	css	Au	Sr	zw		6-8		–		2	tg	E2c	3.2 6.2	–	I	2	=			9.143	m			2604
z	i	3.5	Wh	ccc	Au	Sr	zw	p25	5-7	me hm ca my	–		3	tg	E4	6.7 7.1 7.4 9.1	6	I	2	=	13.312	14.2					2605
h	w		Wh	css	Au	Kt	zw		5-8	me	2		3		D3		–	I	2	>							2606
h	w		Wh	css	Au	Kt	zw		5-8		2		3		E3a	3.3 6.2 9.1 9.3	–	I	2	>			9.141	m			2607
h	w	4	Wh	css	Au	Kt	zw	p13	5-7		2		3		D3	6.2 6.4 6.7 7.4	6	I	2	>	12.211	9.13	14.811				2608
n	i		Wh	ccs	Au	Sr	zw		5-7		–		3	tg	D1a	3.2 7.3 7.4 7.6	–	I	2	=?			12.41	m			2609
z	w		Wh	ccs	Au	Sr	zw		5-6		–		3	tg	E2a	3.1 3.2 6.2 7.3	–	I	2	=			9.12	k m			2610
z	w	4	Wh	ccs	Au	Sr	zw	p21	6-8	me	2		2	tg h	B6a	6.3 6.4 9.1 9.2	6	I	2	>	11.231	9.135				A	2611
h	w	1	Rh	css	Bo	Au	zw		4-8		3		2		E1		–	I	1-2	=					873		2612
h	w	1	Rh	css	Bo	Au	zw	d	5-8	me au	3		2		E1	3.3 6.5 7.1	2	I	2	=	10.412	11.244	10.21				2613
h	w	1	Rh	css	Bo	Au	zw		6-7		3		2		E2b	3.1 6.5 7.1	2	I	1	=	10.412	10.411					2614
h	w	1	Rh	css	Bo	Au	zw		5-7	au me?	3		2		F2	3.2 3.3 6.5	–	I	1	=	10.211			k m			2615
h	w	1	Rh	css	Bo	Au	zw	r8	5-8	me au	3		2		E1	3.4 6.5 7.1 9.1	2	I	1	=	10.211						2616
h	w	1	Rh	css	Bo	Au	zw		4-7		3		2		F2a*	3.2 6.2 6.5 9.1	–	I	1	=			10.2115	k m			2617
h	w	1	Rh	css	Bo	Au	zw		4-7		3		2		F3c?	3.2 3.3 6.5	–	I	1	=			10.2113?	k m		E	2618
h	s	2.5	Rh	ccs	Bo Me	Sr	zw	r9	8-10	me au	2		2	h	E1	2.6 6.3 7.2 9.1	1	I	2	>*	11.231	11.321	14.722				2619
k-t	s w		–	crs	Bo En	Kv	zw		7-10	me le (au)	2		2		D5		–	I	2	>							2620
k-t	s w		–	rrr	Bo En	Kv	zw		8-10		2		2		D5	6.3	5	I	2	>			11.23	h i l			2621
k-t	s w	1	–	crs	Bo En	Kv	zw	p1	7-10		2		2		D5	6.3 6.4 6.5 7.1	2	I	2	>*	10.412	11.244	12.211				2622
g-t	s	1	–	crs	Bo	Ws	zw		8-10	me (au) (le)	1		1		E1	3.3 6.2 6.5 7.1	3	I	2	>*	9.135	10.211					2623
h	w		Rh	crs	Bo En	Sr	zw	p3	7-9	me	2		2		B6	6.2 6.7 9.1 9.2	6	I	2	>	9.1	9.115					2624
h	w		Rh	css	Bo	Sr	zw		7-9		2		1		E2c	3.2 6.5 7.1	–	I	1	=			10.411	c m			2625
h	w		Rh	css	Bo	Sr	zw		7-9	me	2		1		F4		–	I	1	=					540		2626
h	w		Rh	css	Bo	Sr	zw		7-9		2		1		F4b	3.2 3.3 3.4 6.5	–	I	1	=			10.2114	c k m			2627
h	w		Rh	css	Bo	Sr	zw		7-9		2		1		F4a	6.5	–	I	1	=			10.2114				2628
k-t	w	1	–	crs	Bo En	Kv	zw	p1	6-10		2		3		B3		–	I	2	>					273	A C	2629
k-t	w	1	–	crs	Bo En	Kv	zw		7-10	au me	1		3		B4b	5.1 6.3 6.4 6.5	6	I	2	>			11.231				2630
k-t	w		–	crs	Bo En	Kv	zw		6-10		2		3		E2a	3.2 3.3 6.5 7.1	–	I	1	=			10.2				2631
k-t	w	1	–	crs	Bo En	Kv	zw		6-9	au me le	2		3		E4b	3.3 6.2 6.5 7.1	2	I	2	>*			10.2				2632
k-t	w	1	–	crs	Bo En	Kv	zw		6-10		2		3		E4b	6.2 6.3 6.5	–	I	2	>			9.135	c k m			2633
k-t	w	1	–	crs	Bo En	Kv	zw		7-8		2		2		F3c	6.5	2	I	2	>			10.211				2634
k-t	w	1	–	crs	Bo En	Kv	zw		8-10	me	2	2	2		E5	5.1 6.2 6.3 6.5	3	I	2	>*			9.135		274		2635
k-t	w	1	–	crs	Bo En	Kv	zw	p1	6-9		2		3		F3b	6.2 6.7 7.4	1	I	2	>			9.135				2636
k-t	w		–	crs	Bo En	Kv	zw		6-10		2		3		E2c	6.5 8.2	–	I	2	=			10.2		550		2637
k-t	w	1	–	crs	Bo En	Kv	zw		5-9		2		3		E4	6.3 6.4 6.7 7.4	–	I	2	>			10.1	c k m			2638
k-t	w	1	–	crs	Bo En	Kv	zw		8-9		2		3		E2c	3.3 6.2 6.5	–	I	2	>			9.135	k m			2639
k-t	w	1	–	crs	Bo En	Kv	zw		7-9		2		3		F6	6.5 7.1	2	I	2	=	10.411	10.421					2640
h	s	2.5	Rh Wv	ccs	Bo Me	Sr	zw		6-8	au ca my hm*	2		2	h e	E1		–	I	2	=						B	2641
h	s	2.5	Rh Wv	ccs	Bo Me	Sr	fa? zw	r10	6-8		2		2	h e	E1	3.4 6.5 7.1 7.2	2	I	2	>*	10.21	14.21124	11.244				2642
h	s	2.5	Rh Wv	css	Bo Me	Sr	zw		6-8		2		2	h e	E2c	3.4 6.5 7.1 7.2	–	I	2	=			10.2	k m			2643
h	s	2.5	Rh Wv	css	Bo Me	Sr	zw		6-8		2		2	h e	F4	3.4 6.5 7.1 7.2	–	I	2	=			10.2				2644
k	w		–	crs	Bo	Kv	zw	p1	7-9	me le au	2		1		F7	3.3 6.5	–	I	1	=			3.341	c k m			2645
t	s		–	css	Bo	Kv	zw	p2	7-8	au	2		1		B5b	3.2 3.3 4.1 6.5	2	I	2	=	10.311	10.211					2646
h	s	2.5	Rh Wv	ccs	Bo Me	Sr	zw		8-9	me	2		2	h e	E4	3.4 6.4 6.5 7.1	2	I	2	=	10.412						2647
h	s	2.5	Rh	crs	Bo	Sr	zw		7-9	me au (my)	2		2	h	B6b	5.1 6.3	5	I/N	2	>			11.231				2648
t	s		–	rss	Bo	Kv	zw		7-8	au	1		1	h	B5	2.2 2.4 6.5	2	I	1	=			10.311		679		2649
h	s		Rh Wv	ccs	Bo Me	Sr	zw		7-8	me	2		2	h e	E1		–	I	1	=					654	B	2650
h	s	2.5	Rh Wv	ccs	Bo Me	Sr	fa? zw	p16	7-8		2		2	h e	E4	3.3 6.5 7.1 7.2	2	I	1	=	10.421	10.412	14.31214				2651
h	s	2.5	Rh Wv	ccs	Bo Me	Sr	zw		7-8		2		2	h e	F2a	3.3 6.5 7.1 9.1	–	I	1	=			11.514	k m			2652
h	s	2.5	Rh Wv	ccs	Bo Me	Sr	zw	d	7-8	me my	2		2	h e	D6	3.3 6.5 7.1 7.2	2	I	1	=	10.412	12.313	14.31216				2653
t	w		Rh	crs	Bo	Kv	zw	p2	7-9	au	2		1		B5	2.4 3.2 3.3 6.5	2	I	1	=	10.311						2654
t	s		–	crs	Bo	Kv	zw		5-8	en	1		1		E4	4.1 5.1 6.3 6.5	5	I	2	>*	7.231	11.231	10.211				2655
c-h	w	1	Rs	css	Bo	Au	zw		4-8		2		2		E1		–	I	1-2	=>							2656
c	w	1	Rs	css	Bo	Au	zw	d	7-8	sp	2		2		F1	3.3 4.1 5.1 6.6	2	I	1	=	10.211	11.244	3.321				2657
h	w	1	Rs	css	Bo	Au	zw		7-8		2		2		E3	3.2 3.3 6.5 6.6	2	I	1	=	10.311	10.411	3.321				2658
c	w	1	Rs	css	Bo	Au	zw		4-6		–		2		E3a	5.1 6.2 6.3 6.5	–	I	2	=			10.2	k m			2659
h	w	1	Rs	css	Bo	Au	zw		7-8		2		2		E1	3.2 3.3 6.5	2	I	1	=			10.211				2660
c	w	1	Rs	css	Bo	Au	zw		7-8		–		2		F4	3.2 4.1 6.5 6.6	–	I	1	=			10.212	c k m			2661
c	w	1	Rs	css	Bo	Au	zw		7-8		–		2		F2	4.1 5.1	–	I	1	=			7.111				2662
c	w	1	Rs	css	Bo	Au	zw		7-8		–		2		F5	3.2 3.3	2	I	1	=	3.331						2663
h	w		Rs	crs	Bo	Au	zw		4-6		–		2		E2c	6.2	–	I	2	>*			9.1				2664
c	w	1	Rs	css	Bo	Au	zw		7-8		–		2		F4	3.2 3.3 6.5	–	I	1	=			10.2114				2665
h	w	1	Rs	crs	Bo	Au	zw	d	4-6	sp	2		2		E1	5.1 6.2 6.3 6.5	2	I	2	>*	10.211	11.231	10.311				2666
h	t		Rh	css	Ep	Sr	zw		7-8	en	–	2	1		E2d	3.2 3.3 6.5	–	I	1	=			10.211	k m			2667
h	s		Rh	crs	Au	Sr	zw		5-8		–		1		D1f	2.9 6.3 6.7 7.4	–	N	3	<			11.1?	g k m			2668

Nummern			Taxa			Klima						Boden												
SEN	**SIN**	**FAN**	**Gattung**	**Aggregat/Einzelart**	**Kleinart**	**T**	**v**	**K**	**v**	**L**	**v**	**F**	**v**	**W**	**R**	**v**	**N**	**v**	**S**	**M**	**H**	**v**	**D**	**v**
2669	187000	93.1.11	**Geranium**	**bohemicum**		2.5	I	5	I	3	II	2	I	1	3	I	4	I	s		3	I	3	I
2670	187100	93.1.17	**Geranium**	**columbinum**		4	I	3	I	3	II	2.5	I	1	4	I	3	I	s		3	I	3	I
2671	187200	93.1.18	**Geranium**	**dissectum**		4	I	3	I	4	I	3	I	2	3	I	3	I		m	3	I	1	I
2672	187300	93.1.10	**Geranium**	**divaricatum**		3.5	I	5	I	4	I	2	I	1	3	I	4	I			3	I	3	I
2673	–	–	**Geranium**	**endressii**		4	I	2	I	3	I	3	I	2	4	I	3	I			3	I	1	I
2674	187500	93.1.19	**Geranium**	**lucidum**		3.5	II	2	I	2	I	3	I	1	4	I	3	I			3	I	3	I
2675	187600	93.1.1	**Geranium**	**macrorrhizum**		4	II	4	I	3	I	2.5	I	1	4	I	3	I			3	II	5	I
2676	–	–	**Geranium**	**molle aggr.**		4	II	2	II	4	I	2.5	I	1	3	II	3	I			3	I	3	I
2677	–	–	**Geranium**		**aequale**	4.5	I	1	I	4	I	2.5	I	1	3	I	3	I		m	3	I	3	I
2678	187700	93.1.15	**Geranium**		**molle**	4	I	2	I	4	I	2.5	I	1	3	I	3	I	s	m	3	I	3	I
2679	187800	93.1.7	**Geranium**	**nodosum**		4	II	2	I	2	I	3	I	2	3	I	3	I			3	I	1	I
2680	187900	93.1.9	**Geranium**	**palustre**		4	I	2	I	3	I	4	I	3	4	I	4	I			5	I	1	I
2681	–	93.1.8	**Geranium**	**phaeum aggr.**		3	II	3	II	3	I	3.5	I	1	3	II	4	I			3	I	3	I
2682	188200	–	**Geranium**		**lividum**	2.5	I	3	I	3	I	3.5	I	1	3	I	4	I			3	I	3	I
2683	188000	–	**Geranium**		**phaeum**	3	I	4	I	3	I	3.5	I	1	4	I	4	I			3	I	3	I
2684	188300	93.1.4	**Geranium**	**pratense**		3.5	I	4	I	4	I	3	I	2	4	I	4	I			3	I	1	I
2685	188500	93.1.16	**Geranium**	**pusillum**		3.5	I	4	I	4	II	2.5	I	1	3	I	4	I			3	I	3	I
2686	188600	93.1.13	**Geranium**	**pyrenaicum**		4	I	2	I	3	I	3	I	1	3	I	3	I			3	I	3	I
2687	–	–	**Geranium**	**robertianum aggr.**		4	II	3	I	3	II	3	II	1	3	II	4	I			3	II	3	I
2688	–	93.1.20.2	**Geranium**		**purpureum**	5	I	3	I	4	I	1.5	I	1	3	I	4	I	s		1	II	5	I
2689	188800	93.1.20.1	**Geranium**		**robertianum**	3.5	II	3	I	3	II	3	I	1	3	II	4	I		m	3	II	3	I
2690	189000	93.1.14	**Geranium**	**rotundifolium**		4.5	I	4	I	4	I	2	I	1	4	I	3	I	s		3	II	3	I
2691	189100	93.1.3	**Geranium**	**sanguineum**		3.5	II	4	I	3	I	2	I	2	4	II	2	I		m	3	I	3	I
2692	189200	93.1.12	**Geranium**	**sibiricum**		4.5	I	5	I	3	I	3	I	1	4	I	4	I			3	I	3	I
2693	–	–	**Geranium**	**sylvaticum aggr.**		2.5	II	3	I	3	II	3.5	I	2	3	II	3	II			3	I	1	I
2694	188700	93.1.6	**Geranium**		**rivulare**	2	I	3	I	3	I	3	I	2	2	I	3	I			3	I	1	I
2695	189300	93.1.5	**Geranium**		**sylvaticum**	2.5	I	3	I	3	II	3.5	I	2	3	II	4	I		m	3	I	1	I
2696	–	–	**Geum**	**coccineum**		3.5	I	4	I	3	I	4	I	2	3	I	4	I			5	I	1	I
2697	–	63.11.3	**Geum**	**heterocarpum**		2.5	I	4	I	4	II	2	I	1	4	II	2	I			1	I	5	I
2698	189400	63.11.2	**Geum**	**montanum**		1.5	I	3	I	4	I	3	I	1	2	I	2	I			3	I	3	I
2699	189500	63.11.1	**Geum**	**reptans**		1	I	2	I	5	I	3	I	1	2	I	2	I			1	I	5	I
2700	189600	63.11.4	**Geum**	**rivale**		3	I	3	I	3	I	4	I	3	3	II	4	I			5	I	1	I
2701	–	–	**Geum**	**urbanum aggr.**		4	II	3	II	3	II	x	–	1	3	II	4	II			3	I	3	II
2702	–	–	**Geum**		**aleppicum**	4.5	I	4	I	3	I	3	I	1	4	I	4	I			3	I	3	I
2703	–	63.11.5	**Geum**		**sylvaticum**	3.5	I	3	I	3	II	1.5	I	1	3	I	3	I			3	I	3	I
2704	189700	63.11.6	**Geum**		**urbanum**	3.5	I	3	I	2	II	3.5	I	1	3	II	4	I		m	3	I	1	I
2705	–	–	**Gladiolus**	**communis aggr.**		4	II	3	II	3	II	x	–	3	3	II	2	II			3	II	1	II
2706	189800	145.5.2	**Gladiolus**		**communis**	4.5	I	3	I	4	I	2.5	I	3	3	I	2	I			5	I	1	I
2707	–	145.5.1	**Gladiolus**		**illyricus**	3.5	I	4	I	3	II	2.5	II	2	3	I	2	I			3	I	1	II
2708	189900	145.5.4	**Gladiolus**		**imbricatus**	4.5	I	4	I	3	I	2.5	I	3	4	I	2	I			5	I	1	I
2709	190000	145.5.5	**Gladiolus**		**italicus**	5	I	3	I	3	I	2	I	2	3	I	3	I	s		3	I	3	I
2710	190100	145.5.3	**Gladiolus**		**palustris**	3.5	I	3	I	4	I	4	II	3	4	I	3	I			5	I	1	I
2711	190300	22.4.2	**Glaucium**	**corniculatum**		5	I	4	I	4	I	2	I	1	4	I	4	I			1	I	3	I
2712	190400	22.4.1	**Glaucium**	**flavum**		4.5	I	2	I	4	I	2	I	1	3	I	4	I	s		1	I	3	I
2713	–	124.34.2	**Glebionis**	**coronarium**		5	I	3	I	4	I	2	I	1	3	I	3	I	s		3	I	3	I
2714	190450	124.34.1	**Glebionis**	**segetum**		4.5	I	2	I	4	I	3	I	1	2	I	4	I	s		3	I	3	I
2715	–	–	**Glechoma**	**hederacea aggr.**		4	II	x	–	3	II	3.5	I	2	3	II	3	I			3	I	1	I
2716	190600	108.14.1.1	**Glechoma**		**hederacea**	3.5	I	3	I	3	II	3.5	I	2	4	II	3	I		m	3	I	1	I
2717	190700	108.14.1.2	**Glechoma**		**hirsuta**	4	I	5	I	3	II	3.5	I	2	4	I	3	I			3	I	1	I
2718	190850	–	**Gleditsia**	**triacanthos**		4.5	I	2	I	3	I	2.5	II	3	3	I	3	I			3	I	3	I
2719	–	115.1.2	**Globularia**	**alypum**		4.5	I	3	I	5	I	1	I	1	4	II	1	I			3	I	5	I
2720	–	–	**Globularia**	**cordifolia aggr.**		2.5	II	4	I	5	I	2	II	3	5	II	2	II			1	I	5	I
2721	191000	115.1.3	**Globularia**		**cordifolia**	2.5	II	4	I	5	I	2	I	3	5	I	2	I			1	I	5	I
2722	–	–	**Globularia**		**meridionalis**	2.5	II	4	I	5	I	2	I	3	5	I	2	I			1	I	5	I
2723	–	115.1.4	**Globularia**		**repens**	2.5	II	4	I	5	I	1	I	2	4	II	1	I			1	I	5	I
2724	191200	115.1.5	**Globularia**	**nudicaulis**		2	I	3	I	4	I	2.5	I	1	4	I	2	I			3	I	3	I
2725	–	–	**Globularia**	**vulgaris aggr.**		4.5	I	4	I	4	II	1.5	II	2	4	II	2	I			3	I	3	II
2726	190900	115.1.1	**Globularia**		**bisnagarica**	4.5	I	4	I	4	I	1.5	I	2	5	I	2	I			3	I	3	I
2727	–	–	**Globularia**		**vulgaris**	4.5	I	4	I	5	I	1.5	II	2	4	II	2	I			3	I	3	II
2728	–	–	**Glyceria**	**fluitans aggr.**		3.5	II	3	II	3	I	4.5^	II	3	x	–	4	I			3	I	1	I
2729	191400	139.20.3	**Glyceria**		**declinata**	4	I	2	I	3	I	4.5^	I	3	2	II	4	I			3	I	1	I
2730	191500	139.20.4	**Glyceria**		**fluitans**	3.5	I	2	I	3	I	5^	I	3	3	II	4	I	s		3	I	1	I
2731	191700	139.20.6	**Glyceria**		**notata**	3	II	3	I	3	I	4.5	I	3	4	I	4	I	s	m	3	I	1	I
2732	191600	139.20.1	**Glyceria**	**maxima**		4	I	3	I	4	I	5^	I	2	3	I	4	I	s		3	I	1	I
2733	191900	139.20.2	**Glyceria**	**striata**		3.5	I	2	I	3	II	4.5	II	3	2	II	4	II			3	I	1	I
2734	192000	64.23.1	**Glycine**	**max**		5	I	2	I	4	I	3	I	1	3	I	3	I			3	I	3	I
2735	192100	64.19.1	**Glycyrrhiza**	**glabra**		5	I	4	I	3	I	4	I	3	4	I	3	I			3	I	1	I
2736	192300	124.10.6	**Gnaphalium**	**luteoalbum**		4.5	I	2	I	4	I	4	I	3	3	I	3	I		m	3	I	1	I
2737	–	–	**Gnaphalium**	**supinum aggr.**		1	II	2	I	5	II	4	II	1	x	–	2	I			3	II	1	II
2738	192200	124.10.3	**Gnaphalium**		**hoppeanum**	1.5	I	2	I	4	I	3.5	I	1	4	I	2	I			3	I	3	I
2739	192500	124.10.4	**Gnaphalium**		**supinum**	1	I	2	I	5	I	4	I	1	2	I	2	I			3	II	1	I
2740	–	–	**Gnaphalium**	**sylvaticum aggr.**		2.5	II	3	II	3	I	3	II	1	2	I	2	I			5	II	1	II
2741	192400	124.10.2	**Gnaphalium**		**norvegicum**	2	I	2	I	3	I	3	I	1	2	I	2	I			5	I	1	I
2742	192600	124.10.1	**Gnaphalium**		**sylvaticum**	3	II	3	I	3	I	2.5	I	1	2	I	2	I		m	5	II	3	I
2743	192700	124.10.5	**Gnaphalium**	**uliginosum**		4	I	2	I	4	I	4	I	3	2	I	3	I	s		3	I	1	I
2744	192800	148.9.1	**Goodyera**	**repens**		3	I	4	I	2	I	2	I	1	2	I	1	I		m	5	I	3	I
2745	–	97.24.1	**Grafia**	**golaka**		3	I	2	I	3	I	2.5	I	1	5	I	3	I			3	I	3	I
2746	192900	–	**Gratiola**	**neglecta**		4.5	I	2	I	4	I	4	I	3	3	I	3	I			3	I	1	I
2747	193000	114.1.1	**Gratiola**	**officinalis**		4	II	4	I	3	I	4.5	I	3	4	I	3	I	s		3	II	1	I
2748	193100	130.2.1	**Groenlandia**	**densa**		3.5	I	2	I	4	I	5u^	I	1	4	I	3	II	s		3	II	1	I
2749	–	124.22.1	**Guizotia**	**abyssinica**		5	I	2	I	4	I	2.5	I	1	3	I	4	I			3	I	3	I
2750	193200	148.13.1	**Gymnadenia**	**conopsea aggr.**		3	II	3	I	4	I	3.5	II	3	4	I	3	II		m	5	I	1	I
2751	193200	–	**Gymnadenia**		**conopsea**	3.5	II	3	I	4	I	3	II	3	4	I	2	I			5	I	1	I
2752	–	–	**Gymnadenia**		**densiflora**	3	II	3	I	4	I	4	II	3	4	I	3	I			5	I	1	I
2753	193300	148.13.2	**Gymnadenia**	**odoratissima**		3	II	4	I	4	I	2.5	II	3	5	I	2	I			3	II	1	II
2754	193400	7.16.1	**Gymnocarpium**	**dryopteris**		2.5	II	2	I	2	I	3	I	2	2	I	3	I		m	3	I	1	I
2755	193500	7.16.2	**Gymnocarpium**	**robertianum**		2.5	II	2	I	3	I	2.5	I	1	4	I	3	I		m	3	II	3	I
2756	–	–	**Gypsophila**	**elegans**		4	I	4	I	4	I	2	I	1	3	I	3	I			1	I	5	I
2757	193600	38.25.4	**Gypsophila**	**muralis**		4	I	4	I	4	I	3.5	I	3	2	II	3	II	s		1	I	3	I

Strategien					Biologisches Verhalten										Vorkommen						Pflanzengesellschaften			Literatur			
LF	**BD**	**WT**	**RO**	**KS**	**DA**	**VA**	**FS**	**MA**	**BZ**	**BS**	**MV**	**SU**	**DG**	**GI**	**GV**	**LR**	**EG**	**AE**	**EM**	**VE**	**1**	**2**	**3**	**BL**	**SL**	**TB**	**SEN**
t	s w		–	crr	Ep	Kv	zw		7-9	au?	–	5	2		D4	2.6 9.1 9.2	1	I?	2	>			11.412				2669
t	w		Wv	crr	Au	Kv	ve-di	p2	5-9	au en?	3		1		B6a	2.1 2.2 6.1 7.3	7	A	4	=			2.3a				2670
t	s w	2	–	crr	Au En	Kv	ve-di	p2	6-10	au	3	3	1	e	B6a	2.1 2.2 2.3 6.7	7	A	4	=			2.31				2671
t	s		–	crr	Ep	Kv	zw	p2	6-7	??	–		1		B6a	2.2 2.3 6.2 7.4	7	I?	2	>			13.312				2672
h	t		Rh	ccs	Au	Au	ve-di		5-8		–		3		E2f	2.9 4.2	–	N	3	<			11.514	g m		H	2673
t	s w		–	crs	Au Ep	Kv	ve-di		5-7	au my	–		2		C2c	2.3 2.6 3.2	1	I	1	>			5.131				2674
h	w	3	Rn	ccs	Au	Sr	ve-di		6-8	me	–		3		E2a	2.3 3.2 3.3 7.4	–	I/N	3	<			3.31	c g k		H	2675
t	w s		Wv	crr	Ep Au	Kv	ve-di		5-10	au my me	3		3	e	D3		–	I/N	3	=					860	B	2676
t	w s		Wv	crr	Ep Au	Kv	ve-di		5-10		3		3	e	D2	2.2	–	I/N	3	<?							2677
t	w s	1.5	Wv	crr	Ep	Kv	ve-di	p2	5-9		4	3	3	e	B6	2.1 2.2 2.3 2.6	7	I/N	3	=			11.243				2678
h	t		Rh	ccs	Au	Sr	zw	r3	5-8	en	–	3	3		E2	4.2 7.4 9.2 9.3	1	I	2	=			14.7314				2679
h	t	3	Rh	ccs	Au	Sr	ve-di		6-10	my me ps	2		2		D3	1.4 4.2 6.3 7.2	5	I	2	>*			11.321				2680
h	t		Rh	ccs	Ep	Sr	ve-di	p3	5-6	me	3		2		E1		–	I/N	2	=>							2681
h	t		Rh	ccs	Ep	Sr	ve-di		5-6		3		2		F1	2.4 3.3 6.3 7.2	2	I	2	>			11.2				2682
h	t	1.5	Rh	ccs	Ep	Sr	ve-di		5-6		3		2	e	E1	2.4 6.3 7.2 7.4	7	I/N	2	=	11.241	11.1	14.722				2683
h	s	2.5	Rh	ccc	Au En	Sr	ve-di	p2	6-7	me my ps ve*	3		2		B4	2.3 2.9 6.3	6	I/N	3	<			11.241				2684
t	s w	2	Wv	crr	Ep En	Kv	ve-di		5-9	au en	4	4	2	e	B6a	2.1 2.2 2.5 3.2	7	A	4	=			2.3				2685
h-t	w		Wv	crr	Ep En	Sr	ve-di	p4	5-9	me my	3	2	2		E2	2.1 2.2 2.3 6.3	7	I/N	3	<	5.1	11.241					2686
t	w	1	–	crs	Ep Dy	Kv	ve-di	p2	4-10	ca my me ps	–		2	h	B3		–	I/N	3-5	<=							2687
t	w s	1	–	rrs	Ep Dy	Kv	ve-di		4-9		–		3	h	C2	2.2 2.3 2.5 3.5	7	N	5	<			2.343		376		2688
t	w	1	–	crr	Ep Dy	Kv	ve-di		5-10	au	–	3	3	h	B3	2.2 2.3 2.6 9.2	7	I	3	=	5.131	14.735	14.73				2689
t	s w		Wv	rrr	Ep En	Kv	ve-di	p2	6-10	au (my) (ps)	–		1		C2	2.1 2.2 6.1 7.4	7	A/N	5	<			2.313				2690
h	t	4	Rn Wd	ccs	Au	Ws	ve-di	r10	5-7	au me my	1		2		D3	6.7 7.4 9.1 9.3	1	I	2	>	11.111	14.811	14.81101				2691
h-t	s		–	ccr	Ep	Kv	zw		6-9	my?	–		2		A4c	1.4 2.2 6.7 7.4	1	N	4	</>			11.311				2692
h	s		Rh	ccs	Au En	Sr	ve-di	r2	6-8		3		2	e	B6b		–	I	2	=							2693
h	s		Rh	ccs	Au En	Sr	ve-di		6-8	my hm ps	2		2	e	F5	3.3 7.1 7.2 9.1	2	I	2	=	11.512						2694
h	s	1.5	Rh	ccs	Au En	Sr	ve-di		6-8	ca my ps me	3		2	e	B6b	6.3 7.2 9.1 9.2	2	I	2	=	11.242	11.5	14.735				2695
h	w		Rh	ccs	Ep At	Sr	zw		5-7	me	2		2		E2g	2.9	–	N	4	<			11.5?	g m		H	2696
h	w		Rh	ccs	Ep	Sr	zw		7-8		–		2		D1	2.4 3.2	–	I	2	=			4.131?	k m			2697
h	w	1	Rh	ccs	Bo	Sr	zw	r10	5-8	my hm	3		1	h	E1	3.3 6.5 7.1 9.1	2	I	2	=	10.412	10.421	11.244				2698
h	w	1	Rh	ccs	Me	Ao	zw	r28	7-8	en my?	–		2		E4	2.5 3.2 3.3	2	I	1	=	3.341						2699
h	t	1.5	Rh	ccs	Ep	Sr	zw	r2	4-7	au ca my me	2		3	h e	B3	4.2 6.3 7.2 9.2	5	I	2	>	11.233	14.721	11.514		810		2700
h	w		Rh	crs	Ep	Sr	zw	r2	5-9	au (ca) (my)	2		2		B6		–	I/N	2-4	=							2701
h	w		Rh	ccs	Ep At	Sr	zw		5-8		2		2		A4a	2.9 7.4	–	N	4	<			14.7	g m			2702
h	w		Rh	ccs	Ep Me	Sr	zw		5-8		1		2		D1a	2.6 7.4 9.2 9.3	–	I	2	=			14.811				2703
h	w	2	Rh	crs	Ep Me	Sr	zw		5-9		2	2	2	h e	B6	2.3 2.5 7.4 9.2	1	I	3	=	5.13	14.73	14.721		809		2704
g	s		Sk	crs	Bo	Kv	zw		5-7	me	1		2	h	B6a		–	I/Jn	2	>						B	2705
g	s		Sk	crs	Bo	Kv	zw		5		1		2	h	D2	2.1 6.2 7.3 7.4	5	Jn	2	>			9.221				2706
g	s		Sk	crs	Bo	Kv	zw		5-6		1		2		D1b	6.2 6.3 9.1	–	I	2	>			11.23	c k m			2707
g	s		Sk	crs	Bo	Kv	zw		7		1		2		D1b	6.2 6.3 7.4 9.2	6	I	2	>			11.231				2708
g	s		Sk	crs	Bo	Kv	zw		6		1		2		B6a	2.1 6.2 7.4	7	I	3	>			2.31				2709
g	s		Sk	crs	Bo	Kv	zw		6-7		1		2	h	D3	2.6 5.1 6.2 6.3	5	I	2	>	11.231						2710
t	s w		–	rrr	Bo My	Kv	zw	d	6-8	my ps me	–		2	mg	C2	2.1 2.2	3	N	4	>			2.3				2711
k-t	w		–	crs	Bo My	Kv	zw	p2	6-8	my ps me	–		2	mg e	C2	1.4 2.2	3	N	3	>			3.351				2712
t	s		–	rrr	Me Ep	Kv	ve		4-7		–		2	e	C2	2.1 2.9	–	I/A	5	=			2.342	i k m		H	2713
t	s	1.5	–	rrr	Me Ep	Kv	ve		6-9	my (ps) (me)	–	4	2	mg	C2c	2.1 2.2 2.5	7	I?/A	5	>			2.3		363	H	2714
h	w	1	Rs	ccr	Au My	Ao	ve-di		4-5		4		3	tg h e	B6		–	I	3	=						B	2715
h	w	1	Rs	crs	My En	Ao	ve-di	d	4-5	me my	4	5	4	tg h e	B4	2.3 2.6 7.4 9.2	8	I	3	=	11.2	5.131	14.721		379		2716
h	w	1	Rs	ccr	My	Ao	ve-di		4-5		4		3	tg h e	D1b	2.3 2.6 7.4 9.2	–	I	3	=			14.72?				2717
p	s		Wh	ccc	En	Kv	zw		5-6	me	–		1	h e	A2c	2.3 2.5 2.7 2.9	–	N	4	=			13.3?				2718
n-z	i		Wh	ccs	Me	Kv	zw		2-4		1		2	tg	C2	2.9 3.2 3.3 7.3	–	I	2	=			12.411	k m			2719
z	i		Wh	css	Me	Kt	zw		5-7	au le me my	–		3	tg	E1		–	I	1	=							2720
z	i	2.5	Wh	css	Me	Kt	zw	r60	5-7		–		3	tg	E1	3.2 3.4 6.5 8.2	2	I	1	=	10.211	9.135	14.211				2721
z	i		Wh	css	Me	Kt	zw		5-7		–		3	tg	E2a	3.1 3.2 6.2 7.1	–	I	1	=			9.1	k m		E	2722
z	i		Wh	css	Me	Kt	zw		5-7		–		3	tg	E2b	3.1 3.2 3.3 6.5	–	I	1	=			3.21	k m			2723
h	w		Rh	ccs	Me	Sr	zw	p27	6-8	le me my	2		2	tg	E3	3.1 3.4 6.5 8.2	2	I	2	=	10.21	9.135	14.21114				2724
h	w	2.5	Rh	crs	Me	Sr Ws	zw		4-6	le me ca au	2		2	tg	B6a		–	I	2	>							2725
h	w	2.5	Rh	crs	Me	Sr Ws	zw	p14	4-6		2		2	tg	B6a	3.2 3.3 6.2 6.5	6	I	2	>			9.1				2726
h	w	2.5	Rh	crs	Me	Sr Ws	zw	p22	4-6		2		2	tg	E3b	6.2 7.3	–	I	2	>			9.144	m			2727
a-g	w		Rs	crs	Me Hy	Au Ho	zw		6-9	an	3		3	e	B4		–	I	2	=>							2728
a-g	w		Rs	crs	Me Hy	Ho	zw		6-9	an	3		2	e	D2	1.4 2.5 4.2 6.3	4	I	2	=?			11.21				2729
a-g	w	1.5	Rs	css	Me Hy	Au Ho	zw		6-9	an	3		3	e	B4c	1.3 4.1 4.2 6.3	4	I	2	>			6.113				2730
a-g	w		Rs	crs	Me Hy	Ao Sr	zw		6-9	an	3	2	3	e	B6	1.2 1.3 2.5 4.2	4	I	2	=			6.113				2731
g	t	3	Rs	css	Me Hy	Au Sr	zw		7-8	an	–	2	4	tg e	B4	1.2 1.3 6.3	4	I	2	>			6.111				2732
g	w		Rs	css	Me Hy	Au Ho	zw		6-7	an	2		4		A2	1.3 5.1 6.3	5	Nw	2	<			11.212		250		2733
t	s		–	crr	At	Kv	zw		7-8	au me	–		1	tg e	A4b	2.9	7	Jn	5	<			?			H	2734
h	s		Rs	ccs	At	Sr	zw		6-7	??	–		1	mg h	B6a	2.2 6.2 7.2 7.4	7	A	5	>			11.311				2735
t	s		–	rrr	Me My	Kv	ve		7-9	my me hm	–		1		B6a	1.4 2.1 2.6	7	I	3	>			2.2				2736
h	w		Rh	css	Me	Sr	ve		7-8	au?	–		2		B5		–	I	1	=						B	2737
h	w		Rh	css	Me	Sr	ve	p2	7-8		–		2		E1	2.5 3.3 6.5 6.6	2	I	1	=	3.321						2738
h	w		Rh	css	Me	Sr	ve	d	7-8		–		2	h	B5b	3.2 3.3 6.5 6.6	2	I	1	=	8.111						2739
h-k	w		Rh	crs	Me	Sr	ve		6-8	au my	2		2	h	B3		–	I	2	=							2740
h-k	w		Rh	crs	Me My	Kv	ve	p2	7-8		2		2	h	B3a	2.6 6.5 7.1 9.1	1	I	2	=	10.212	10.412	11.512				2741
h-k	w		Rh	crs	Me My	Au Sr	ve		6-8		2		2	h	B3	2.6 6.4 7.1 7.2	1	I	2	>*	10.412	11.4					2742
t	s	1	–	rrr	Me My	Kv	ve	p1	6-9	au me	–	5	2		B6	1.4 2.1 2.5 2.6	7	I	3	>			2.21				2743
g	s	1	Rh	crs	Me	Ao	zw		6-8	au me	–		2		B3	8.2 9.1 9.2	1	I	1	>	14.311	14.21112	14.31217				2744
h	s		Wv	ccs	Me	Sr	ve		6-8		–		2		E2a	3.2 3.3 6.2 6.7	–	I	2	=?			11.513	f k m			2745
t	s w		–	rss	Hy	Kv	zw		6-10		–		3	gg	A2c	3.5	–	N	2	<			2.2	m			2746
g	w		Rs	crs	Hy	Au	zw	d	7-8	me	3		3	gg h	B6a	1.3 1.4 5.1 6.3	5	I	1	>			11.232				2747
a	t		Rs	sss	Hy	Au	zw		6-8	an au hd	–		3		B6a	1.1 1.2 1.3	4	I	1	>	1.311	1.313					2748
t	s		–	crr	Me At	Kv	mo		8-10	??	–		1	e	A3c	2.1 2.7	–	N	5	=			2.3	c g i			2749
g	s	1	Wk	crs	Me	Bz	fa zw		5-7	me ps ph	2		1		E1		–	I	2	>*					533	B	2750
g	s	1	Wk	crs	Me	Bz	zw		5-6		2		1		B4b	5.1 6.2 6.3 9.1	5	I	2	>*	11.23	10.21	14.2112		711, 775		2751
g	s	1	Wk	crs	Me	Bz	zw		6-8		2		1		D3?	4.1 5.1 6.2 6.3	–	I	2	>*			7.231	c i l	576		2752
g	s	1	Wk	crs	Me	Bz	zw		6-7	ph	2		1		D3	3.3 4.1 6.5 8.2	1	I	2	>*	10.21	7.23	14.2111				2753
g	s	1	Rs	css	Me	Au	mo		6-9		–		2		E1	3.3 7.2 9.1 9.2	3	I	1	=	14.731	14.3122	3.342				2754
g	s		Rs	css	Me	Au	mo		6-9		–		2		E1	3.3 8.1 9.1 9.2	3	I	1	=	14.211	14.31227	3.312				2755
t	s		–	crr	Bo	Kv	zw		6-8		2		2		A4a	2.1 2.2 2.9	–	N	2	=			?	k m			2756
t	s w	1.5	–	rrs	Bo	Kv	zw	p7	7-10	en	–	3	1		B6	1.4 2.1 2.2	7	I/A	4	>			2.211				2757

Nummern			Taxa			Klima						Boden												
SEN	SIN	FAN	Gattung	Aggregat/Einzelart	Kleinart	T	v	K	v	L	v	F	v	W	R	v	N	v	S	M	H	v	D	v
2758	193700	38.25.3	Gypsophila	paniculata		4.5	I	5	I	4	I	1.5	I	1	4	I	2	I			3	I	5	I
2759	–	38.25.2	Gypsophila	papillosa		4.5	I	4	I	5	I	1.5	I	1	4	I	2	I			1	I	5	I
2760	193800	38.25.1	Gypsophila	repens		2	II	3	I	5	I	3.5	I	2	5	I	2	I		m	1	I	3	I
2761	–	97.3.1	Hacquetia	epipactis		3.5	I	3	I	2	I	2.5	I	1	4	I	3	I			3	I	3	I
2762	–	–	Hainardia	cylindrica		5	I	3	I	4	I	1	I	1	4	I	4	I	s		1	I	3	I
2763	193900	148.29.1	Hammarbya	paludosa		3.5	I	2	I	4	I	4.5	I	2	1	I	2	I			5	I	1	I
2764	194000	96.1.1	Hedera	helix		4	I	2	I	2	II	3	I	1	3	II	3	II		m	3	I	3	I
2765	–	124.78.1	Hedypnois	cretica		5	I	3	I	4	I	1.5	I	1	3	I	3	I			1	I	3	I
2766	–	64.41.1	Hedysarum	coronarium		4.5	I	3	I	4	I	2	II	2	4	I	3	I	s		3	I	1	II
2767	–	–	Hedysarum	hedysaroides aggr.		2	II	4	II	4	II	2	II	1	4	II	2	I			3	II	5	II
2768	–	64.41.4	Hedysarum		boutignyanum	2	II	4	II	4	II	1.5	I	2	5	I	2	I			1	I	5	II
2769	–	64.41.3	Hedysarum		brigantiacum	2	I	4	I	4	II	2	I	1	4	II	2	I			1	I	5	I
2770	–	64.41.2.2	Hedysarum		exaltatum	2	I	4	I	4	I	2	I	1	5	I	2	I			3	I	5	I
2771	194100	64.41.2.1	Hedysarum		hedysaroides	1.5	II	3	I	4	I	3	I	1	4	I	3	I			3	I	3	I
2772	–	–	Helenium	autumnale		4.5	I	3	I	3	I	3.5	I	1	3	I	4	I			3	I	3	I
2773	194400	48.3.3	Helianthemum	apenninum		4.5	I	2	I	4	I	1	I	1	4	I	1	I	s		3	I	5	I
2774	–	48.3.1	Helianthemum	hirtum		5	II	3	I	5	I	1	I	1	4	I	2	I			3	I	5	II
2775	–	48.3.8	Helianthemum	lunulatum		2.5	II	4	I	5	I	1.5	I	1	5	I	2	I			3	I	5	I
2776	–	–	Helianthemum	nummularium aggr.		x	–	4	II	4	II	2	II	1	4	II	2	I			3	I	3	I
2777	195000	48.3.2.4	Helianthemum		glabrum	2.5	I	4	I	4	I	2	I	1	4	I	2	I			3	I	5	I
2778	195100	48.3.2.7	Helianthemum		grandiflorum	1.5	I	4	I	4	I	2	I	1	3	II	2	I		m	3	I	3	I
2779	194900	48.3.2.1	Helianthemum		nummularium	4.5	I	4	I	5	I	1.5	I	1	4	I	2	I			3	I	3	I
2780	195200	48.3.2.3	Helianthemum		ovatum	4	I	4	I	4	I	2	I	1	4	I	2	I		m	3	I	3	I
2781	195300	48.3.2.2	Helianthemum		tomentosum	2	I	5	I	4	I	1.5	I	1	3	I	2	I			3	I	3	I
2782	–	–	Helianthemum	oelandicum aggr.		x	–	4	I	5	II	2	II	1	4	II	2	II			3	I	5	I
2783	194300	48.3.5	Helianthemum		alpestre	1.5	I	4	I	5	I	2	I	1	5	I	2	I			3	I	5	I
2784	194500	48.3.7.1	Helianthemum		canum	4.5	I	4	I	4	I	1	I	1	5	I	1	I			3	I	5	I
2785	194700	48.3.6	Helianthemum		italicum	4.5	I	4	I	5	I	1.5	I	1	4	I	2	I			3	I	5	I
2786	195500	48.3.4	Helianthemum	salicifolium		4.5	I	4	I	4	I	1	I	1	3	I	2	I			3	I	5	I
2787	195700	124.25.1	Helianthus	annuus		5	I	4	I	4	I	3	I	1	3	I	4	I			3	I	3	I
2788	–	124.25.2	Helianthus	tuberosus aggr.		4.5	I	3	I	3	II	3.5	II	2	3	I	4	I			3	I	1	II
2789	195800	–	Helianthus		decapetalus	4.5	I	3	I	3	II	3.5	I	2	3	I	4	I			3	I	1	I
2790	195900	–	Helianthus		giganteus	4.5	I	2	I	3	II	3.5	I	2	3	I	4	I			3	I	1	I
2791	19600	–	Helianthus		multiflorus	4.5	I	2	I	3	II	3.5	I	2	3	I	4	I			3	I	1	I
2792	196050	124.25.3	Helianthus		pauciflorus	4.5	I	3	I	4	II	2.5	I	2	3	I	4	I			3	I	3	II
2793	196100	–	Helianthus		tuberosus	4.5	I	3	I	3	II	3.5	I	2	3	I	4	I			3	I	1	I
2794	–	–	Helichrysum	arenarium		4.5	I	5	I	4	I	1.5	I	2	3	I	2	I			3	I	1	I
2795	196200	124.11.2	Helichrysum	italicum		5	I	3	I	4	I	1.5	I	1	4	I	2	I	s	m	3	I	3	I
2796	196300	124.11.1	Helichrysum	stoechas		5	I	3	I	4	I	2	I	1	3	I	2	I			3	I	3	I
2797	–	139.32.11	Helictotrichon	bromoides		4.5	I	4	I	4	I	1.5	II	2	3	I	2	I		m	3	I	3	I
2798	196500	139.32.3	Helictotrichon	parlatorei		1.5	I	4	I	5	I	2	I	1	4	I	2	I			1	I	5	I
2799	–	–	Helictotrichon	pratense aggr.		x	–	4	II	4	II	2	II	1	3	II	2	I			3	I	3	II
2800	–	139.32.1.1	Helictotrichon		adsurgens	3.5	I	4	I	4	I	1.5	II	1	3	II	2	I		m	3	I	3	I
2801	–	139.32.1.2	Helictotrichon		ausserdorferi	2	I	3	I	4	II	2.5	I	2	2	I	2	I			3	II	3	II
2802	–	–	Helictotrichon		hirtifolium	4	I	4	I	5	I	2	I	1	4	II	2	I		m	3	II	3	II
2803	196600	139.30.10.1	Helictotrichon		praeustum	2.5	I	4	I	4	I	2	I	1	4	II	2	I			3	I	5	I
2804	196700	139.32.9.1	Helictotrichon		pratense	3.5	II	4	I	4	I	1.5	I	1	4	I	2	I		m	3	II	3	II
2805	–	139.32.10.2	Helictotrichon		pseudoviolaceum	1.5	I	3	I	4	I	2	I	1	4	I	2	I			3	I	3	I
2806	–	–	Helictotrichon	pubescens aggr.		x	–	4	I	4	I	2	II	1	4	I	2	II			3	I	3	II
2807	–	139.32.7.2	Helictotrichon		laevigatum	1.5	I	4	I	4	I	2	I	1	4	I	2	I			3	I	5	I
2808	196800	139.32.7.1	Helictotrichon		pubescens	3	II	4	I	4	I	2.5	I	1	4	I	3	I	s	m	3	I	3	I
2809	196900	139.32.2	Helictotrichon	sedenense		2	I	4	I	3	II	2	I	1	4	I	2	I			3	I	5	I
2810	–	–	Helictotrichon	sempervirens aggr.		2	II	4	II	4	II	2	II	1	5	I	2	I			1	II	5	I
2811	–	139.32.5	Helictotrichon		petzense	2	I	4	I	5	I	2	I	1	5	I	2	I			3	I	5	I
2812	197000	139.32.6	Helictotrichon		sempervirens	2	I	5	I	4	I	1.5	I	1	5	I	2	I			3	I	5	I
2813	–	139.32.4	Helictotrichon		setaceum	2.5	I	4	I	3	I	2	I	1	5	I	2	I			1	I	5	I
2814	–	–	Helictotrichon	versicolor aggr.		2	II	3	I	4	I	2	I	1	2	I	2	I			3	I	3	I
2815	–	–	Helictotrichon		praetutianum	2.5	I	3	I	4	I	2	I	1	2	I	2	I			3	I	3	I
2816	197100	139.32.8	Helictotrichon		versicolor	1.5	I	3	I	4	I	2	I	1	2	I	2	I		m	3	I	3	I
2817	197200	106.1.1	Heliotropium	europaeum		4.5	I	4	I	4	I	2	I	1	4	I	4	I	s		3	I	3	I
2818	–	19.1.4	Helleborus	dumetorum		3.5	I	3	I	2	II	2.5	I	2	4	I	3	I			3	I	3	II
2819	197300	19.1.1	Helleborus	foetidus		3.5	I	4	I	2	I	2	I	1	4	I	3	I			3	I	3	I
2820	–	–	Helleborus	niger aggr.		3.5	II	4	I	3	I	2.5	II	1	4	I	3	I			3	I	3	I
2821	–	19.1.5.2	Helleborus		macranthus	3.5	II	4	I	3	I	2	I	1	4	I	3	I			3	I	3	I
2822	197400	19.1.5.1	Helleborus		niger	3.5	I	4	I	3	I	2.5	I	1	4	I	3	I			3	I	3	I
2823	–	19.1.3	Helleborus	odorus		4	II	4	I	2	II	2	I	1	4	II	3	I			3	I	5	I
2824	197450	–	Helleborus	orientalis		4	I	2	I	2	I	3	I	1	3	I	3	I			3	I	3	I
2825	–	–	Helleborus	viridis aggr.		4	II	2	II	2	I	3	I	1	4	II	3	I			3	II	3	II
2826	–	–	Helleborus		bocconei	4.5	II	2	I	2	I	3	I	1	4	II	3	I			3	I	3	I
2827	197500	19.1.2	Helleborus		viridis	3.5	II	2	I	2	I	3	I	1	4	I	3	I			5	I	5	I
2828	197700	143.7.2	Hemerocallis	fulva		4	I	2	I	3	I	3.5	I	2	3	I	4	I			3	I	1	I
2829	197800	143.7.1	Hemerocallis	lilio-asphodelus		4.5	I	2	I	3	I	3.5	I	2	3	I	3	I			3	I	1	I
2830	197900	19.13.1	Hepatica	nobilis		4	I	4	I	2	I	2	I	1	4	II	2	I		m	5	I	3	I
2831	–	–	Heracleum	austriacum aggr.		2.5	I	2	I	3	I	3.5	II	1	4	I	3	I			3	I	3	II
2832	198200	97.56.2.1	Heracleum		austriacum	2.5	I	2	I	3	I	3.5	I	1	4	I	3	I			3	I	1	I
2833	–	97.56.2.2	Heracleum		siifolium	2.5	I	2	I	3	I	3	I	1	4	I	3	I			3	I	3	II
2834	198300	97.56.4	Heracleum	mantegazzianum		3.5	II	4	I	3	I	3.5	II	2	3	II	5	II			3	I	1	I
2835	–	97.56.1	Heracleum	pumilum		2.5	I	3	I	5	I	2.5	I	1	5	I	2	I			1	I	5	I
2836	198595	–	Heracleum	sphondylium aggr.		x	–	x	–	4	II	3	II	2	4	II	4	II	s	m	3	I	3	I
2837	198700	–	Heracleum		alpinum	3	I	2	I	3	I	3	I	2	4	I	3	I			3	I	3	I
2838	198800	97.56.3.3	Heracleum		elegans	2.5	II	3	I	4	I	3.5	II	1	4	I	4	II			3	I	3	I
2839	199000	97.56.3.2	Heracleum		pyrenaicum	2	I	3	I	4	I	2.5	I	1	4	I	3	I			3	I	3	I
2840	–	–	Heracleum		sibiricum	3.5	I	4	II	4	II	2.5	II	2	3	II	4	I			3	I	3	I
2841	198600	97.56.3.1	Heracleum		sphondylium	3	II	3	I	3	II	3	I	1	3	II	4	I			3	I	3	I
2842	199100	148.10.1	Herminium	monorchis		3	I	3	I	4	I	3.5	I	3	4	I	2	I			5	I	1	I
2843	–	145.2.1	Hermodactylus	tuberosus		5	I	3	I	4	I	1.5	I	2	3	II	3	I			3	I	3	I
2844	199200	38.15.1	Herniaria	alpina		1	I	4	I	5	I	2.5	I	1	3	I	2	I			1	I	5	I
2845	199300	38.15.2	Herniaria	glabra		4.5	I	4	I	5	I	1.5	I	1	3	I	3	I		m	3	I	5	I
2846	199400	38.15.4	Herniaria	hirsuta		4.5	I	4	I	4	I	1.5	I	1	3	I	4	I	s		3	I	5	I

Strategien					Biologisches Verhalten										Vorkommen						Pflanzengesellschaften			Literatur			
LF	BD	WT	RO	KS	DA	VA	FS	MA	BZ	BS	MV	SU	DG	GI	GV	LR	EG	AE	EM	VE	1	2	3	BL	SL	TB	SEN
c	s		Wv	css	Bo	Sr	zw	p9	6-9	my me hm ve	–		2	mg	B6a	2.2 2.9 3.1	3	I/N	5	<			9.1			H	2758
c	s		Rs	css	Bo	Au Sr	zw		8-9		–		1		F3d*	3.3 6.2	–	I	4	=?			9.131	k m			2759
c	t		Rs	crs	Bo Hy	Kt	zw	p21	5-8	my me le (au)	1		3		E1	2.5 3.2 3.3 6.5	2	I	1	=	3.31	3.211	10.211				2760
h	v		Rh	ccs	Me	Sr	ve		3-5	??	–		2		E4a	9.1 9.2	–	I	1	=			14.732	c m			2761
t	s	1	–	rrs	Me	Kv	zw		5-6	an	–		2		C2b	2.2 2.9	–	A	5	<?			4.21	k m	140		2762
g	s		Wk	crs	Bo	Sb	zw		7-8	au en	1		1		B4c	5.1 5.2	5	I	1	>			7.21				2763
c-p.li	i	1	Wh	ccs	En Dy	Kt	zw	>450*	8-10	ve my hm	–	2*	5	mg h	D3	2.7 7.4 9.2 9.3	1	I	3	<	14.73	14.811	14.722				2764
t	s		Wv	crr	Bo Dy	Kv	zw		3-6		–		2		C2	2.1 2.2 6.2 7.3	–	I	3	=			4.2	k m			2765
h	s		Rh	ccs	Me Ep	Sr	zw		4-7	me	–		2		C2a	2.2 2.9 6.3	–	I/N	3	=			2.3	k m			2766
h	s		Wv	ccs	Me	Sr	zw		6-8	me le	2		2		E1		–	I	1	=						B	2767
h	s		Wv	ccs	Me	Sr	zw		7-8		2		2		F2a	3.2 6.5 9.1	–	I	1	=			10.21	k m			2768
h	s		Wv	ccs	Me	Sr	zw		7-8		2		2		F2	3.2 3.3 6.5	–	I	1	=			10.211		572		2769
h	s		Wv	ccs	Me	Sr	zw		6-8		2		2		F4	3.2 6.5	–	I	1	=			10.2116	k m			2770
h	s	4	Wv	ccs	Me	Au	zw	p18	6-8		2		2	e	E1	4.1 6.5 7.1 8.2	2	I	1	=	10.212	10.311					2771
h	s		Rs	ccr	Me	Sr	ve		8-10	my me ps	–		2		A2c	2.2 2.9	–	N	5	<			?	c g		H	2772
z	i	3	Wh	ccs	En	Sr	zw	p6	5-7	au me	–		3		C2c	3.2 6.2 7.3	3	I	2	>			9.14				2773
z	w		Wh	ccs	En	Sr	zw		6-7		–		3		C2a	6.1 6.2 7.3	–	I	2	=			12.4	k m			2774
z	w		Wh	css	En	Sr	zw		6-7		–		3		F2a*	3.2 6.2 6.5	–	I	1	=			3.2114	k m			2775
z	i		Wh	ccs	En	Sr	zw	p55	5-9		2		3		B6		–	I	2	=>						B H	2776
z	i		Wh	ccs	En	Sr	zw		5-8		2		3		E4	3.2 6.2 6.5	–	I	2	>			10.211			E	2777
z	i	3	Wh	ccs	En	Sr	zw		6-9		2		3		E1	3.4 6.5 7.1 8.2	2	I	2	=	10.21	10.421	14.21114				2778
z	i		Wh	ccs	En	Sr	zw		5-8	au ca my me*	2	3*	3		B6a	3.2 6.2 6.7	6	I	2	>	9.13	11.111	14.811				2779
z	i	4	Wh	ccs	En	Sr	zw		5-8		2		3		D3	3.1 6.2 6.7 9.1	6	I	2	>			9.1				2780
z	i		Wh	ccs	En	Sr	zw		6-8		2		3		E2	6.2 6.5	2	I	2	>			9.1			E	2781
z	i		Wh	ccs	En	Sr	zw		5-7	en	2		2		C1		–	I	3	=>						B	2782
z	i		Wh	ccs	En	Sr	zw	p40	6-7		2		3	e	E1	3.2 3.4 6.2 6.5	2	I	3	=	10.211						2783
z	i	2	Wh	css	En	Sr	zw	p42	5-6		2		3		C2	3.1 6.2 7.3 7.4	3	I	2	>			9.14				2784
z	i		Wh	ccs	En	Sr	zw	p25	5-6		2		3		D1	3.2 6.2 9.1	–	I	2	>			9.14	f k m			2785
t	s		–	rrr	En	Kv	zw		4-5	au me	–		1		C2	3.1 6.1 6.2 7.3	6	I	2	>			4.2				2786
t	s	3.5	–	crr	Dy At	Kv	zw	p1	7-10	au ca me my	–	4	1	h e	A2c	2.2 2.5 2.9	7	N	4	<			2.3b			H	2787
g	s		Rk	ccs	Dy	Au	zw		8-11		3		4	e	A2		–	N/Nw/Jn	4	=						C H	2788
g	s		Rk	ccs	Dy	Au	zw		8-11	my me	3		3	e	A2c	2.2 2.5 2.9 7.2	–	N	4	=			11.31	f i			2789
g	s		Rk	ccs	Dy	Au	zw		8-11		3		3	e	A2c	2.2 2.5 2.9 7.2	–	N	4	=			11.31	f i			2790
g	s		Rk	ccs	Dy	Au	zw		8-11	me my	3		3	e	A2c	2.2 2.5 2.9 7.2	–	Jn	4	=			11.31	f i			2791
g	s		Rk	ccs	Dy	Au	zw		8-11		3		3	e	A2b	1.4 2.1 2.5 2.9	–	N	4	<			2.3b	h i k			2792
g	s		Rk	ccs	Dy	Au	zw		8-11	en	3		4	e	A2c	2.1 2.5 2.9 7.2	7	N	4	=			11.311				2793
h	w	2.5	Rh	ccs	Me	Sr Ws	ve zw		7-9		1		2	h	B6	2.2 3.1 6.2 9.1	–	I	2	>			4.14	c i l			2794
z	w		Wh	ccs	Me My	Sr	ve		5-9	me hm	–		2	h	D1	3.2 3.3 6.2 7.3	–	I	2	>			12.4	f k m			2795
z	w		Wh	ccs	Me My	Sr	ve	p12	5-8	au? en	–		2	h	C2a	3.1 3.2 6.2 7.3	–	I	2	=			12.4	f k m			2796
h	w?		Rs	css	Me	Sr	zw		5-7	an	2		2		C2a	2.5 3.2 6.2 7.3	–	I	2	=			9.21	m	694		2797
h	w		Rs	css	Me	Au Sr	zw		6-8	an	2		2		F1	3.2 3.3 6.5 8.2	–	I	2	=			10.21	c f k	694		2798
h	t		Rs	ccs	Me	Au Sr	zw		5-8	an	2		2		D3-4		–	I	2	=>	9.1	12.211			705	B D	2799
h	t		Rs	css	Me	Au Sr	zw		5-8	an	2		2		E2a	6.2 9.1	–	I	2	>			9.11	c	481		2800
h	t		Rs	css	Me	Au Sr	zw		6-7	an	2		2		F4	3.2 6.5 7.1 7.2	–	I	2	>			10.412?	c			2801
h	t		Rs	css	Me	Au Sr	zw		6-8	an	2		2		D4	3.1 3.2 6.2	–	I	2	>			9.1			E	2802
h	t		Rs	css	Me	Sr	zw		6-8	an	2		2		F7	3.2 3.3 6.2 6.5	–	I	2	>			9.1221	c m			2803
h	t	3	Rs	css	Me Ep	Au Sr	zw		6-7	an	2	2	2		D3	3.4 6.2 6.3 9.1	6	I	2	>			9.1		169		2804
h	t		Rs	css	Me	Sr	zw		6-8	an	2		2		F3e*	3.2 6.5	–	I	2	=			10.211				2805
h	t		Rs	css	Me	Au Sr	zw		5-8	an au?	3		2		B6		–	I	2	>						B	2806
h	t		Rs	css	Me	Au Sr	zw		6-8	an	3		2		E4	3.3 6.3 6.5	–	I/A	2	>			11.242?				2807
h	t	1.5	Rs	css	Me Ep	Au Sr	zw		5-7	an	3		2		B6	2.2 6.2 6.3 6.7	8	A	2	>	9.135	11.241	11.242		169		2808
h	t		Rs	css	Me	Au Ho	zw		6-8	an	2		2		E2b	3.2 3.3 6.2 6.5	–	I	1	=			10.21	f k m	694		2809
h	t		Rs	css	Me	Ho	zw		6-8	an	2		3		F1		–	I	1	=					694	B D	2810
h	t		Rs	css	Me	Ho	zw		6-8	an	2		3		F4b*	3.2 6.5	–	I	1	=			10.2116	c m			2811
h	t		Rs	css	Me	Ho	zw		6-8	an	2		3		F2a	3.2 3.3 6.2 6.5	–	I	1	=			9.142	f k m			2812
h	t		Rs	css	Me	Ho	zw		6-8	an	2		3		F2a	3.2 3.4 6.5	–	I	1	=			9.142	k			2813
h	s		Rs	css	Me	Au Sr	zw		6-8	an	2		2		E1		–	I	2	=						B	2814
h	s		Rs	css	Me	Au Sr	zw		6-7	an	2		2		E2d	6.2 6.5	–	I	2	=			9.1	k			2815
h	s	1	Rs	css	Me	Au Sr	zw		7-8	an	2		2		E1	3.2 6.5 7.1	2	I	1	=	10.412	10.4	14.31214				2816
t	s		–	crr	Ep	Kv	zw		7-9	me my le	–		1	mg h	C2	2.1 2.2 2.7	7	A	5	>			2.33				2817
g	s?		Rh Wd	ccs	My	Sr	zw		3-4		–		2	gg h	D4	2.3 2.6 7.4 9.2	–	I	2	=			14.73	c k m			2818
c	w	2	Rs Wd	ccs	My	Sr	zw	p8	2-4	au me	–		2	gg h	D1a	2.6 6.7 9.2 9.3	1	I	1	=	14.7312	13.312	14.811			H	2819
g	w		Rh Wd	ccs	My	Sr	zw	r4	12-5	me	–		2	gg h	E2a		–	I	2	=					546	B H	2820
g	w		Rh Wd	ccs	My	Sr	zw		12-5		–		2	gg h	F3	8.2 9.1 9.2 9.3	–	I	2	=			14.8	k m			2821
g	w		Rh Wd	ccs	My	Sr	zw		12-5		–		2	gg h	E2a	7.4 9.1 9.2 9.3	1	I	2	=	14.81101	14.811					2822
g	w		Rh Wd	ccs	My	Sr	zw		2-4		–		2	gg h	E2c	6.7 7.4 9.2 9.3	–	I/N	2	=			14.7	k m	546	H	2823
g	w		Rh Wd	ccs	My	Sr	zw		2-5		–		3	gg h	E2g	2.2 2.3 2.7 7.4	1	N	4	<			5.113?	c g m	546	H	2824
g	t		Rh	ccs	My	Sr	zw		2-4	me	–		3	gg	E3		–	I	2	>					546	C H	2825
g	t		Rh	ccs	My	Sr	zw		2-4		–		3	gg	E2d	6.7 7.4 9.2 9.3	–	I	2	>			14.812	i l m			2826
g	t		Rh Wd	ccs	My	Sr	zw	p10	2-4	hm	–		3	gg h	E3b	2.3 2.6 7.4 9.2	1	I	2	>	14.731	14.811	14.812				2827
g	s		Wd	ccs	At En	Sr	zw		6-8	ps of	–		3	tg e	A4b	2.2 2.5 2.9 6.3	7	N	3	<			?			H	2828
g	s		Wd	ccs	At	Sr	zw		6	le?	–		3	tg e	F4	2.5 2.9 6.3 9.2	1	I/N	4	=			14.732			H	2829
h	i	2	Rh	css	My	Sr	zw	r3	3-5	en	–		2	mg h	D3	7.4 9.1 9.2 9.3	1	I	2	=	11.111	14.811	14.7312				2830
h	s		Wv	crs	Me En	Sr	ve		7-9	en	2		2	mg	F7		–	I	1	=						B	2831
h	s		Wv	crs	Me En	Sr	ve		7-9		2		2	mg	F7	6.5 7.2 8.1 9.1	2	I	1	=			10.212				2832
h	s		Wv	crs	Me En	Sr	ve		7-9		2		2	mg	F4	6.5 7.2 8.1 8.2	–	I	1	=			10.212	c k m			2833
k	t	2	Wv	crs	Me Hy	Kv	ve	d	7-10	en	3	3	4	gg e	E2i	2.2 2.3 2.9 7.2	7	Ns	3	<			5.1		609, 828		2834
h	s		Wv	css	Me En	Sr	ve		6-8		2		2	mg	F2a	3.2 3.3	–	I	1	=			3.31	m			2835
h-k	s		Wv	crs	Me En	Sr	ve zw	p3	5-9		3		3	mg e	B4		–	I/N	1-3	=					840	B	2836
h	s		Wv	ccs	Me En	Sr	ve zw		5-7		3		3	mg e	F9	3.3 7.2 9.2	1	I	2	=	14.731						2837
h	s		Wv	ccs	Me En	Sr	ve zw		7-8		3		3	mg e	E1	3.4 6.3 6.5 7.2	2	I	2	=			11.5				2838
h	s		Wv	crs	Me En	Sr	ve zw		7-8	my (hm) (ca)	3		3	mg e	E3	3.3 8.2	2	I	1	=			3.312				2839
h-k	s		Wv	crs	Me En	Sr	ve zw		5-9	my hm me	3		3	mg	B4b	2.6 6.3 6.7 7.2	–	I?/N	3	=?			11.24	l m			2840
h	s	4	Wv	ccr	Me En	Sr	ve zw		6-9	ca my me hm*	4	3	3	mg h e	D3	2.3 2.6 6.3 7.2	8	I	3	=	11.24	5.121	14.735		758		2841
g	s		Wk	crs	Me	Au	zw		6-7	hm my ca	1		1		B3	4.1 5.1 6.2 6.3	2	I	2	>*	11.231						2842
g	v		Rh Rk	crs	Bo	Sr	zw		2-4	me	2		1		D1b	2.1 3.2	–	I?	2	=			9.221	k m			2843
c	w		Rs	crs	Me	Po	ve zw		7-8	au	–		2		E3	3.2 3.3	2	I	1	=	3.331	10.211					2844
k-t	s w		–	rrr	Me En	Kt	ve zw	p13	6-8	au my hm ca	–		3	h	B6a	2.1 2.2 2.5 3.1	3	I/N	5	<			4.1				2845
c-t	s w		–	rrr	Me	Kt	ve zw	p12	7-9	au	–		3	h	C2	2.1 2.2 2.5 3.1	3	I/N	5	<			4.1				2846

Nummern			Taxa			Klima						Boden												
SEN	**SIN**	**FAN**	**Gattung**	**Aggregat/Einzelart**	**Kleinart**	**T**	**v**	**K**	**v**	**L**	**v**	**F**	**v**	**W**	**R**	**v**	**N**	**v**	**S**	**M**	**H**	**v**	**D**	**v**
2847	199500	38.15.3	**Herniaria**	**incana**		4.5	I	5	I	4	I	1	I	1	4	I	4	I			1	I	5	I
2848	–	54.12.2	**Hesperis**	**laciniata**		4	I	4	I	4	I	1.5	I	1	4	II	2	I			3	I	5	I
2849	–	–	**Hesperis**	**matronalis aggr.**		3.5	II	4	II	3	I	3	II	x	4	II	4	II			3	II	3	II
2850	–	54.12.5	**Hesperis**		**inodora**	3	I	3	I	3	I	3	I	1	3	I	4	I			5	I	1	I
2851	199600	54.12.3.1	**Hesperis**		**matronalis**	4	I	4	I	3	I	3.5	I	3	3	I	4	I			3	I	3	I
2852	–	54.12.3.2	**Hesperis**		**nivea**	3.5	I	3	I	3	I	3	I	1	4	I	4	I			3	I	3	II
2853	–	54.12.4	**Hesperis**		**sylvestris**	4	I	4	I	3	II	2	I	1	4	I	3	I			3	I	3	I
2854	–	54.12.1	**Hesperis**	**tristis**		4.5	I	4	I	4	I	2	I	1	5	I	3	I			3	I	3	I
2855	–	–	**Heteranthera**	**limosa aggr.**		5	I	2	II	4	I	4.5	II	3	3	I	3	I			1	II	1	I
2856	–	–	**Heteranthera**		**limosa**	5	I	2	I	4	I	4.5	II	3	3	I	3	I			1	II	1	I
2857	–	–	**Heteranthera**		**reniformis**	5	I	3	I	4	I	4.5	II	3	3	I	3	I			1	II	1	I
2858	–	–	**Heteranthera**		**rotundifolia**	5	I	3	I	4	I	4.5	II	3	3	I	3	I			1	II	1	I
2859	199700	139.83.1	**Heteropogon**	**contortus**		5	I	4	I	5	I	1	I	1	3	I	2	I			3	I	5	I
2860	–	–	**Heuchera**	**americana**		4	I	3	I	3	I	2	I	1	3	I	3	I			3	I	3	I
2861	–	–	**Hibiscus**	**syriacus**		4.5	I	2	I	3	I	2.5	I	1	3	I	3	I			3	I	3	I
2862	199750	45.5.1	**Hibiscus**	**trionum**		4.5	I	4	I	4	I	3	I	2	3	I	3	I			3	I	1	I
2863	199800	124.99.9	**Hieracium**	**alpicola**		1	I	3	I	4	I	3	I	1	2	I	1	I			1	I	5	I
2864	199900	124.99.29	**Hieracium**	**alpinum**		1.5	I	3	I	4	I	3	I	2	2	I	2	I			3	I	3	II
2865	200000	124.99.31	**Hieracium**	**amplexicaule**		2.5	II	4	I	4	I	2	I	1	3	I	2	I			1	I	5	I
2866	–	–	**Hieracium**	**angustifolium aggr.**		x	–	3	II	4	II	3	II	2	2	I	2	I			3	I	1	II
2867	200100	124.99.8	**Hieracium**		**angustifolium**	1.5	I	4	I	5	I	2	I	1	2	I	2	I			3	I	3	I
2868	202100	124.99.7	**Hieracium**		**lactucella**	3	I	3	I	4	I	3	I	2	2	I	2	I			3	I	1	I
2869	200200	124.99.14	**Hieracium**	**aurantiacum**		2.5	II	4	I	4	I	3	I	2	2	II	2	I			3	I	3	I
2870	–	–	**Hieracium**	**cerinthoides aggr.**		1.5	I	3	I	4	I	3	I	1	3	II	2	I			1	I	5	I
2871	202400	124.99.23	**Hieracium**		**lawsonii**	1.5	I	3	I	4	I	3	I	1	3	I	2	I			1	I	5	I
2872	–	–	**Hieracium**		**longifolium**	1.5	I	3	I	4	I	3	I	1	4	I	2	I			1	II	5	II
2873	–	–	**Hieracium**		**vogesiacum**	1.5	I	3	I	4	I	3	I	1	3	II	2	I			3	II	3	II
2874	–	–	**Hieracium**	**cymosum aggr.**		4	II	4	II	4	II	2	II	x	4	II	2	I			1	II	5	II
2875	200400	124.99.11	**Hieracium**		**bauhinii**	4.5	I	4	I	4	I	2	I	2	4	I	2	I		m	1	I	5	I
2876	200800	124.99.13	**Hieracium**		**caespitosum**	4.5	II	4	I	3	I	3	I	3	4	I	2	I			3	II	1	I
2877	201000	124.99.12	**Hieracium**		**cymosum**	4	I	5	I	3	I	2	I	1	4	I	2	I		m	3	I	3	I
2878	–	–	**Hieracium**		**densiflorum**	4	I	4	I	4	I	2	I	1	4	I	2	I			1	I	3	I
2879	–	124.99.15	**Hieracium**		**echioides**	4	I	5	I	4	I	1.5	I	1	4	I	1	I			3	I	3	I
2880	203500	124.99.10	**Hieracium**		**piloselloides**	4	I	4	I	4	I	2	I	1	4	I	2	I		m	1	I	3	I
2881	–	–	**Hieracium**		**zizianum**	4	I	4	I	4	I	2	I	1	4	I	2	I			3	I	3	I
2882	201800	124.99.30	**Hieracium**	**humile**		2.5	II	3	I	4	I	2	I	1	5	I	2	I			1	I	5	I
2883	201900	124.99.32	**Hieracium**	**intybaceum**		2	I	4	I	4	I	2	I	1	2	I	2	I			3	I	3	I
2884	–	–	**Hieracium**	**murorum aggr.**		x	–	4	II	x	–	2	II	1	x	–	2	II			5	II	3	II
2885	200600	124.99.18	**Hieracium**		**bifidum**	2	I	4	I	4	II	2.5	I	1	4	I	2	I		m	3	I	3	I
2886	–	124.99.19	**Hieracium**		**caesium**	3	II	3	I	4	II	2	I	1	4	I	2	I			3	I	5	II
2887	201500	124.99.17	**Hieracium**		**glaucinum**	4	II	4	I	3	I	2	I	1	3	II	2	I			3	I	3	I
2888	202000	124.99.20	**Hieracium**		**lachenalii**	3.5	II	4	I	3	I	3	I	1	3	II	3	II		m	5	I	3	I
2889	202600	124.99.16	**Hieracium**		**murorum**	3	II	3	I	2	II	2	I	1	3	II	3	I		m	5	I	3	I
2890	203000	124.99.27	**Hieracium**		**pictum**	4.5	II	4	I	3	I	1.5	I	1	3	I	2	I			1	I	5	I
2891	204700	124.99.22	**Hieracium**		**schmidtii**	3.5	I	4	I	4	I	1.5	I	1	2	I	2	I			3	I	5	I
2892	205400	–	**Hieracium**		**tenuiflorum**	3.5	II	4	I	3	I	2	I	1	3	I	2	I			5	I	3	I
2893	–	124.99.21	**Hieracium**		**transsylvanicum**	3.5	II	4	I	2	I	2.5	I	1	2	I	2	I			5	I	3	I
2894	–	–	**Hieracium**	**piliferum aggr.**		1	I	4	II	5	I	2	II	1	2	I	2	I			1	II	5	I
2895	201200	–	**Hieracium**		**glanduliferum**	1	I	3	I	5	I	2.5	I	1	2	I	2	I			3	I	5	I
2896	203105	124.99.26	**Hieracium**		**piliferum**	1	I	4	I	5	I	2	I	1	2	I	2	I			3	I	5	I
2897	205100	–	**Hieracium**		**subnivale**	1	I	4	I	5	I	2	I	1	2	I	2	I			3	I	5	I
2898	–	–	**Hieracium**	**pilosella aggr.**		x	–	4	II	4	I	2	II	1	x	–	2	I			3	I	3	I
2899	–	124.99.10	**Hieracium**		**fallax**	4	I	5	I	4	II	1.5	I	1	4	I	2	I			1	I	3	I
2900	–	124.99.2	**Hieracium**		**hoppeanum**	2.5	I	4	I	4	I	2	I	1	2	I	2	I		m	3	I	3	I
2901	–	–	**Hieracium**		**macranthum**	3	I	4	I	4	I	2	I	1	4	I	2	I			3	I	3	I
2902	202900	124.99.3	**Hieracium**		**peletierianum**	3.5	II	4	I	4	I	2	I	1	2	I	2	I			3	I	3	I
2903	203400	124.99.4	**Hieracium**		**pilosella**	3	II	4	I	4	I	2	I	1	3	II	2	I		m	3	I	3	I
2904	–	124.99.6	**Hieracium**		**pseudopilosella**	4.5	II	3	I	4	I	1.5	I	1	3	II	2	I			3	I	5	I
2905	204500	124.99.5	**Hieracium**		**saussureoides**	3	II	4	I	4	I	1	I	1	4	I	2	I			3	I	3	I
2906	205700	–	**Hieracium**		**velutinum**	2	I	4	I	5	I	2	I	1	2	II	2	I			3	I	3	I
2907	–	–	**Hieracium**	**porrifolium aggr.**		x	–	4	II	5	II	2	II	2	x	–	2	I			1	II	5	II
2908	200700	124.99.43	**Hieracium**		**bupleuroides**	2.5	I	4	I	4	I	2	II	2	5	I	2	I			1	I	5	I
2909	201600	124.99.35	**Hieracium**		**glaucum**	2.5	I	4	I	5	I	2	I	2	4	I	2	I			1	I	5	I
2910	203700	124.99.33	**Hieracium**		**porrifolium**	4	II	5	I	5	I	2	I	2	5	I	2	I			1	I	5	I
2911	–	124.99.36	**Hieracium**		**sparsum**	2	I	3	I	4	I	2.5	I	1	2	I	2	I			3	II	3	II
2912	203900	124.99.37	**Hieracium**	**prenanthoides**		2	I	3	I	2	I	3	I	1	3	I	3	I			3	I	3	I
2913	205000	124.99.1	**Hieracium**	**staticifolium**		2.5	I	4	I	4	I	2	I	2	4	II	2	I			1	I	5	I
2914	205500	124.99.28	**Hieracium**	**tomentosum**		3	I	4	I	4	I	1.5	I	2	3	I	2	I			1	I	5	I
2915	–	–	**Hieracium**	**umbellatum aggr.**		4	II	3	II	3	II	2.5	II	2	2	II	3	II			3	II	3	II
2916	202300	124.99.41	**Hieracium**		**laevigatum**	3	II	3	I	3	II	2.5	I	2	2	II	2	I		m	3	II	3	II
2917	204100	124.99.38	**Hieracium**		**racemosum**	4.5	I	4	I	3	I	2.5	I	2	2	I	2	I		m	5	II	3	I
2918	204400	124.99.39	**Hieracium**		**sabaudum**	4	I	3	I	3	II	2.5	I	2	2	II	3	I			5	II	3	II
2919	205600	124.99.40	**Hieracium**		**umbellatum**	4	I	3	I	3	I	2.5	I	2	2	II	2	I		m	5	II	1	I
2920	205800	124.99.24	**Hieracium**	**villosum**		2	I	4	I	4	I	3	I	1	5	I	2	I		m	3	I	3	I
2921	206000	139.43.1	**Hierochloë**	**australis**		3.5	I	4	I	3	I	2	I	2	4	I	4	I		m	3	I	3	I
2922	–	–	**Hierochloë**	**odorata aggr.**		3.5	II	3	I	4	I	3.5	II	3	3	II	3	II			3	II	3	II
2923	–	139.43.3	**Hierochloë**		**arctica**	3.5	II	3	I	4	I	3.5	I	3	3	II	3	I			3	I	3	II
2924	206100	139.43.2	**Hierochloë**		**odorata**	3	I	3	I	4	I	4	I	3	3	II	3	I	s		5	I	1	I
2925	–	–	**Himantoglossum**	**hircinum aggr.**		4.5	II	3	I	4	I	1.5	I	2	4	II	2	I			3	I	1	II
2926	–	148.22.2	**Himantoglossum**		**adriaticum**	4.5	I	3	I	4	I	1.5	I	1	4	I	2	I			3	I	3	I
2927	206200	148.22.1	**Himantoglossum**		**hircinum**	4.5	II	3	I	4	I	1.5	I	2	5	I	2	I			3	I	1	I
2928	206250	148.22.3	**Himantoglossum**	**robertianum**		5	I	3	I	3	I	1.5	I	2	4	II	2	I			3	I	3	II
2929	206300	64.40.2	**Hippocrepis**	**comosa**		3	II	4	I	4	I	2	I	1	5	II	2	I		m	3	I	3	I
2930	–	–	**Hippocrepis**	**emerus aggr.**		4	II	4	I	3	II	2	II	2	4	II	2	I			1	II	3	II
2931	–	64.40.1.2	**Hippocrepis**		**emeroides**	4.5	II	4	I	4	II	1.5	I	1	5	I	2	I			3	I	3	II
2932	206400	64.40.1.1	**Hippocrepis**		**emerus**	4	I	4	I	3	I	2	I	2	4	I	2	I			1	I	3	I
2933	–	65.1.1	**Hippophaë**	**rhamnoides aggr.**		3.5	II	4	I	4	I	2.5	I	3	4	I	2	II	s		1	I	3	I
2934	–	–	**Hippophaë**		**carpatica**	4	II	4	I	4	I	2	I	3	4	I	2	I			1	I	3	I
2935	206500	–	**Hippophaë**		**fluviatilis**	3.5	II	4	I	4	I	2.5	I	3	4	I	3	II			1	I	3	I

Strategien					Biologisches Verhalten										Vorkommen						Pflanzengesellschaften			Literatur			
LF	BD	WT	RO	KS	DA	VA	FS	MA	BZ	BS	MV	SU	DG	GI	GV	LR	EG	AE	EM	VE	1	2	3	BL	SL	TB	SEN
c	w		Wv	crr	Me	Po	ve zw		7-8	au? en	–		3		C2	3.1 3.2 3.3 6.2	–	N	3	=			9.113	f k m			2847
k-t	t		Wv	ccs	Bo	Kv	zw		5-7		2		2	e	D1	3.2 3.3	–	I	2	=			3.211	k m			2848
k-t	t		Wv	ccs	Bo	Kv	zw		5-7	au ca my me*	2		2	e	B6		–	I/N	2-3	<=	14.722	5.132	11.321			B H	2849
k-t	t		Wv	ccs	Bo	Kv	zw		5-7		2		2	e	F2a*	2.3 2.6 6.7 7.4	–	I	2	=			5.132	m			2850
k-t	t		Wv	ccs	Bo	Kv	zw		5-6		2		2	e	B6	2.1 2.5 2.9 7.4	1	I/N	3	<			14.721				2851
k-t	t		Wv	ccs	Bo	Kv	zw		5-7		2		3	e	D1	7.2 9.2	–	I	1	=			14.735	m			2852
k-t	t		Wv	ccs	Bo	Kv	zw		6-7		2		2	e	D1b	2.6 6.7 7.4 9.3	–	I	2	=			11.111	c m			2853
k-t	t		Wv	ccs	Bo	Kv	zw		5-6	ph au	2		2	e	D4	2.9 6.2 6.7	–	I	2	=			9.1	c m			2854
a-t	s w		–	rrs	Bo	Kv	zw		6-10		–		2		A0		–	N	2	<							2855
a-t	s w		–	rrs	Bo	Kv	zw		6-10		–		2		A1	2.1	–	N	2	<			6.11				2856
a-t	s w		–	rrs	Bo	Kv	zw		6-10		–		2		A2a	2.1 2.5	–	N	2	<			6.11	k m			2857
a-t	s w		–	rrs	Bo	Kv	zw		6-10		–		2		A0	2.1 2.5	–	N	2	<			6.11				2858
h	t		Rs	crs	Me	Ho	zw		7-10	an?	2		1		A0	2.2 3.1 3.2 6.2	6	A	2	>			9.114				2859
h	w		Rh	ccs	My?	Sr	zw		5-8		–		2		A2	2.7 2.9	–	N	3	<			?	g		H	2860
n	s		Wh	ccc	Bo At	Kv	zw		7-9		–		2		A4b	2.2 2.7 2.9	–	N	5	<			?	c d g			2861
t	s	3	–	rrr	Bo At	Kv	zw		6-9	en	–		3		C2b	2.1 2.2 2.9 6.2	–	A/N	5	=			2.33				2862
h	w		Rh	crs	Me	Sr	fa		7-8	ap	2		1	e	E4	3.2 3.3 6.5	2	I	1	=			10.4				2863
h	w		Rh	css	Me	Sr	oa		7-8	ap	–		1	e	D6	3.2 3.3 6.5 7.1	2	I	1	=	10.4	14.31214					2864
h	w		Rh	crs	Me	Sr	fa oa		6-8	??	–		1	e	E1	3.2 3.3 6.5	3	I	1	=			3.2				2865
h	w		Rh	crs	Me	Ao Sr	oa zw		5-10	ap le (ca)*	3		3	e	D3		–	I	1-3	=>						G	2866
h	w		Rh	crs	Me	Sr	zw		7-8		3		3	e	F1	3.3 6.5 7.1	2	I	1	=			10.4	c i l			2867
h	w		Rh	crs	Me	Ao	oa zw		5-10	au	3		3	e	D3	6.2 6.3 6.4 6.5	6	I	3	>*	10.4	11.231	11.244				2868
h	t w		Rh	crs	Me	Ao Au	oa zw		6-8	ap ps (sp)	3		3	e	E5	2.2 2.7 6.4 6.5	2	I/N	3	<	10.4	11.5					2869
h	s		Rh	crs	Me	Sr	fa oa		6-8	??	2		2	e	E3		–	I	1	=						G	2870
h	s		Rh	crs	Me	Sr	fa oa		6-8		2		2	e	E3	3.2 3.3	–	I	1	=			3.21	f k			2871
h	s		Rh	crs	Me	Sr	fa oa		6-8		2		2	e	F5	3.2 3.3 3.4 3.5	–	I	1	=			10.2?	f k			2872
h	s		Rh	crs	Me	Sr	fa?		6-8		2		2	e	E3	3.2 3.3 6.5 7.1	–	I	1	=			11.513	f			2873
h	w		Rh	crs	Me	Ao Sr	oa zw		5-9	my	2		2	e	B6		–	I/N/Ja	2-3	=>						G	2874
h	w	2.5	Rh	crs	Me	Ao	fa oa		6-7		2		2	e	B6a	2.2 6.2 6.7	6	I/N	3	=			9.11				2875
h	w		Rh	crs	Me	Ao Au	oa zw		6-7	ap	2		2	e	B6a	5.1 6.3 7.1 7.4	3	I	2	>			11.23				2876
h	w		Rh	crs	Me	Ao Sr	oa zw		5-7	ap	2		2	e	B6	6.2 6.5 6.7 7.1	3	I	2	>			9.1				2877
h	w		Rh	crs	Me	Ao Sr	oa zw		5-7		2		2	e	D3a	2.1 2.2 6.2 6.7	–	Ja	4	>			9.1	c k l			2878
h	w		Rh	crs	Me	Sr	oa zw		7-9		2		2	e	B3	3.1 6.2 9.1	–	I	2	>			9.11	c f l			2879
h	w	1	Rh	crs	Me	Sr	oa zw		6-9		2		2	e	C1	2.2 2.5 6.2 9.1	6	I	3	=			3.35				2880
h	w		Rh	crs	Me	Sr	oa zw		5-7		2		2	e	D3	2.2 6.2 6.7 7.4	–	I	3	>			9.1	c k l			2881
h	w		Rh	css	Me	Sr	oa		6-8	??	–		1	e	E1	3.2 3.3 6.2	3	I	1	=	3.211						2882
h	w		Rh	css	Me	Sr	oa zw	p11	7-9	??	2		1	e	F1	3.2 3.3 6.5 7.1	2	I	2	=	10.421	3.221					2883
h	w		Rh	crs	Me	Sr	oa zw	r8	5-9		2		2	h e	B6		–	I	1-3	=						G	2884
h	w	2	Rh	crs	Me	Sr	oa zw		6-8		2		2	e	D5	3.2 6.2 6.5 9.1	2	I	2	=	10.21	3.211	14.21114				2885
h	w		Rh	crs	Me	Sr	fa oa		5-8		2		2	e	D5	3.2 3.3 6.2 9.1	–	I	2	=			10.211				2886
h	w	2	Rh	crs	Me	Sr	oa zw		4-7		2		2	e	E2	6.2 9.1 9.2 9.3	6	I	3	=			14.41				2887
h	s		Rh	crs	Me	Sr	fa oa		6-9	my ps me	2		2	e	B6	2.6 7.1 7.4 9.2	1	I	3	=	14.411	10.412	15.012				2888
h	w	2	Rh	crs	Me	Sr	oa zw		5-9	me (ca) (ps)	2		2	e	B6b	7.1 9.1 9.2 9.3	1	I	3	=	14.7	15.012	10.21				2889
h	w	2	Rh	crs	Me	Sr	fa?		6-7		2		2	e	E2a	3.2 6.2 9.1	1	I	1	=			3.211				2890
h	w		Rh	crs	Me	Sr	oa		5-7		2		2	e	D5	3.2 3.3 6.2	6	I	1	>*			3.22				2891
h	w		Rh	crs	Me	Sr	oa zw		6-8		2		2	e	F3	6.7 7.4 9.2 9.3	–	I	2	=			11.1?	c k			2892
h	w		Rh	crs	Me	Sr	fa?		6-8		2		2	e	E4	9.1 9.2	–	I	2	=			14.31	c			2893
h	w		Rh	css	Me	Sr	fa oa?		7-8		2		1	e	E1		–	I	1	=						G	2894
h	w		Rh	css	Me	Sr	fa?		7-8	my	–		1	e	F1	3.2 3.3 6.5 7.1	–	I	1	=	10.421	10.412	10.411	c k			2895
h	w		Rh	css	Me	Sr	fa oa		7-8	??	–		1	e	E1	3.2 3.3 6.5 7.1	2	I	1	=	10.421	10.412	10.411	c k			2896
h	w		Rh	css	Me	Sr	fa?		7-8		–		1	e	F2	3.2 3.3 6.5	–	I	1	=			10.4?	f k			2897
h	w		Rh	crs	Me	Ao	oa zw	r5	5-10	au me ps my*	3		3	e	B6		–	I	1-3	=>						G	2898
h	w		Rh	crs	Me	Sr	oa zw		6-7		2		2	e	D4	2.1 2.2 6.2 6.7	–	I	2	>			9.11	c i l			2899
h	w	2	Rh	crs	Me	Ao	oa zw		6-8		3		3	e	E4	6.2 6.5 6.7 7.4	2	I	2	=	10.412	10.421					2900
h	w		Rh	crs	Me	Ao	oa zw		5-8		3		3	e	E2a	6.2	–	I	2	=			9.1	k l			2901
h	w	2	Rh	crs	Me	Ao	oa zw		5-8		3		3	e	D2	3.3 6.2 6.5 9.1	2	I	2	=	4.122	10.421	14.811				2902
h	w	1.5	Rh	crs	Me	Ao	oa zw		5-10	ap au	3	3	3	h e	B6	6.2 6.4 6.5 9.1	6	I	3	=	10.412	14.411	9.1				2903
h	w		Rh	crs	Me	Ao	fa?		5-8		3		3	e	E2	2.5 3.1 6.2	–	I	1	=			9.131				2904
h	w		Rh	crs	Me	Ao	fa		6-8		2		3	e	E3	6.2	6	I	2	>			9.1				2905
h	w	1	Rh	crs	Me	Ao	fa oa		5-8		2		3	e	F5	3.1 3.3 6.5 7.1	–	I	2	=			10.412?				2906
h	w		Rh	css	Me	Sr	oa zw	p7	7-9		–		2	e	E4		–	I	1	=						G	2907
h	w		Rh	css	Me	Sr	oa		7-8	my me	–		2	e	E4	3.2 3.3 6.5 7.4	3	I	1	=			3.211				2908
h	w		Rh	css	Me	Sr	fa oa		7-9		–		2	e	E4	3.2 3.3 6.2 9.1	3	I	1	=			3.362				2909
h	w		Rh	css	Me	Sr	zw		7-9		–		2	e	E2c	2.5 3.2 3.3 6.2	–	I	1	=			3.211				2910
h	w		Rh	css	Me	Sr	fa?		7-9		–		2	e	E2c	7.1 9.1	–	I	1	=			12.31	c			2911
h	s		Rh	ccs	Me	Sr	oa zw		6-9	??	–		2	e	B6b	6.3 7.2 8.1 8.2	1	I	2	=			11.51				2912
h	w		Rh	crs	Me Hy	Au	zw	p3	7-8	le my me	–		2	e	E4	2.5 3.2 3.3 9.1	3	I	1	>*	3.351	3.312					2913
h	s	2	Rh	css	Me	Sr	fa?	r8	6-7		–		1	e	E2d	3.2 6.2 6.5 9.1	3	I	1	=	9.113	3.211	3.221				2914
h	s		Rh	css	Me	Sr	oa zw		6-10		–		2	e	B4		–	I	2-3	<->						G	2915
h	s		Rh	css	Me	Sr	fa zw		6-8	ca	–		2	e	B6b	2.6 6.4 7.4 9.2	1	I	3	>	14.411	14.41301	15.012				2916
h	s		Rh	css	Me	Sr	oa		8-10	me	–		2	e	D1	6.7 7.4 9.1 9.2	1	I	2	>			11.121				2917
h	s		Rh	css	Me	Sr	oa zw		8-10	me	–		2	e	D3	6.7 7.4 9.1 9.2	1	I	3	<	14.811	14.411	15.012				2918
h	s	3.5	Rh	css	Me En	Sr	fa zw		8-10	au me ps*	–	2	2	e	B4	6.7 7.4 9.1 9.2	1	I	2	>	14.411	11.111	15.012				2919
h	w		Rh	css	Me	Sr	fa oa		7-8	hm le my	3		2	e	E4	3.3 6.5 7.1 8.2	2	I	2	=	10.21					G	2920
h	s	3	Rs	ccs	Me	Au Ho	fa zw		4-5	an	2		2	e	D3a	2.6 7.4 9.1 9.3	–	I	1	=?			14.81	c k l	910		2921
g-h	s		Rs	ccs	Me	Au	fa zw		5-6	an	2		2	e	B3		–	I	2	>					910		2922
h	s		Rs	ccs	Me	Au	fa zw		5-6	an	2		2	e	B3	6.3	–	I	1	>			11.21?	c k l			2923
g	s	1	Rs	ccs	Me	Au	fa zw		5-6	an	2		3	e	B3a	4.2 5.1 6.3 9.2	5	I	2	>			11.23	c k l			2924
g	w		Wk	crs	Me	Kv	zw		5-6	me	1		1		C2		–	I	2	>							2925
g	w		Wk	crs	Me	Kv	zw		5-6		1		1		D1b	2.6 6.2 6.7 7.4	–	I	2	>			11.111	c			2926
g	w		Wk	crs	Me	Kv	zw		5-6		1		1		C2	2.6 6.2 6.7 7.4	6	I	2	>	9.135	11.111					2927
g	s		Wk	crs	Me	Kv	zw		2-4		1		1		C2	2.2 6.2 7.3	–	I	2	>			9.221				2928
c	w	3	Wh	crs	Me En	Sr	zw	p18	5-7	me le?	2	2	2	e	D3	3.2 6.2 6.5 9.1	6	I	2	>*	9.1	10.21	14.811		216		2929
n	s		Wh	ccs	Me	Ws	zw		4-6	me	–		2		C1		–	I	1	=						B	2930
n	s		Wh	ccs	Me	Ws	zw		4-6		–		2		C2b	7.3 7.6 9.3 9.4	–	I	1	=			14.8	k m			2931
n	t		Wh	ccs	Me	Kv	zw	p18	4-6		–		2		C1	7.4 9.1 9.2 9.3	1	I	1	=	14.811	14.7312					2932
n-p	s		Wh	ccs	En Dy	Ws	di		3-5	an	–		3	e	B4		–	I/N	2	=	13.31	13.312	14.72102		701	B	2933
n-p	s		Wh	ccs	En Dy	Ws	di		3-5		–		3	e	E4a	7.4 7.5	–	I/N	2	=			13.211?				2934
n-p	s	4	Wh	ccs	En Dy	Ws	di	40	3-5		–		3	e	E3b	2.5 3.2 7.4 9.1	3	I	2	=			13.312			H	2935

Nummern			Taxa			Klima						Boden												
SEN	SIN	FAN	Gattung	Aggregat/Einzelart	Kleinart	T	v	K	v	L	v	F	v	W	R	v	N	v	S	M	H	v	D	v
2936	206600	109.1.1	**Hippuris**	**vulgaris**		3	II	3	I	4	I	5	I	3	4	I	3	I	s		5	I	1	I
2937	206700	54.64.1	**Hirschfeldia**	**incana**		5	I	2	I	4	I	2.5	I	1	4	I	3	I			3	I	3	I
2938	–	97.32.1	**Hladnikia**	**pastinacifolia**		3	I	4	I	5	I	1.5	I	1	5	I	2	I			1	I	3	I
2939	–	–	**Holcus**	**lanatus aggr.**		4	II	3	II	3	II	3	II	2	3	II	2	II			3	I	3	I
2940	206800	139.45.1	**Holcus**		**lanatus**	3.5	I	3	I	4	I	3	I	2	3	II	3	I		m	3	I	3	I
2941	206900	139.45.2	**Holcus**		**mollis**	3.5	I	2	I	3	I	3	I	2	2	I	2	I		m	3	I	3	I
2942	–	–	**Holcus**		**notarisii**	4.5	I	3	I	3	I	2.5	I	2	3	I	2	I			3	I	3	I
2943	–	–	**Holosteum**	**umbellatum aggr.**		4	II	4	I	4	II	2.5	II	2	x	–	3	II			3	II	x	–
2944	–	38.7.1.2	**Holosteum**		**hirsutum**	3.5	I	4	I	5	I	1.5	I	1	5	I	2	I			3	II	5	I
2945	207200	38.7.1.1	**Holosteum**		**umbellatum**	4.5	I	4	I	4	I	1.5	I	3	2	II	3	I			3	I	1	I
2946	207300	124.43.1	**Homogyne**	**alpina**		2	I	3	I	3	I	3.5	I	1	2	II	2	I		m	5	I	1	I
2947	–	124.43.2	**Homogyne**	**discolor**		1.5	I	2	I	4	II	3.5	II	2	4	I	2	I			3	II	3	II
2948	–	124.43.3	**Homogyne**	**sylvestris**		3	I	3	I	2	II	2.5	I	1	4	I	2	I			3	I	3	I
2949	207400	139.30.1	**Hordelymus**	**europaeus**		3	I	2	I	3	I	3	I	1	4	I	3	I		m	3	I	3	I
2950	207600	139.29.5	**Hordeum**	**jubatum**		4.5	I	4	I	4	I	2.5	I	2	3	I	3	I	s		3	I	3	I
2951	–	–	**Hordeum**	**murinum aggr.**		4	II	4	I	4	I	2	I	1	3	I	4	I			3	I	3	I
2952	207900	139.29.3.2	**Hordeum**		**leporinum**	4.5	I	4	I	4	I	2	I	1	3	I	4	I	s		3	I	3	I
2953	207800	139.29.3.1	**Hordeum**		**murinum**	4	I	4	I	4	I	2	I	1	3	I	4	I	s		3	I	3	I
2954	208100	139.29.4	**Hordeum**	**secalinum**		4.5	I	2	I	4	I	3.5	I	3	3	I	4	I	ss		3	I	1	I
2955	–	–	**Hordeum**	**vulgare aggr.**		4	II	4	I	4	I	2.5	II	2	3	II	3	II			3	I	3	II
2956	207500	139.29.1	**Hordeum**		**distichon**	4	I	4	I	4	I	2.5	I	1	4	I	3	I			3	I	3	I
2957	208300	139.29.2.2	**Hordeum**		**hexastichon**	3.5	I	4	I	4	I	2.5	I	1	4	I	4	I			3	I	5	I
2958	208200	139.29.2.1	**Hordeum**		**vulgare**	4	I	4	I	4	I	2.5	I	1	3	I	3	I			3	I	3	I
2959	208400	108.31.1	**Horminum**	**pyrenaicum**		2	I	4	I	4	I	3	I	1	5	I	2	I			3	I	3	I
2960	208500	54.48.1	**Hornungia**	**petraea**		4.5	I	4	I	4	I	1	I	2	5	I	1	I			3	I	3	I
2961	–	–	**Hosta**	**longipes**		4	I	2	I	3	II	3	I	1	3	I	3	I			3	I	3	I
2962	208600	60.5.1	**Hottonia**	**palustris**		4.5	I	3	I	3	II	5	I	3	3	I	3	I			5	I	1	I
2963	208700	54.4.1	**Hugueninia**	**tanacetifolia**		2	I	2	I	3	I	3.5	I	1	3	I	4	I			3	I	1	I
2964	208800	26.1.1	**Humulus**	**lupulus**		4	II	4	I	3	I	4	I	3	3	I	4	I		m	3	I	1	I
2965	–	–	**Humulus**	**scandens**		5	I	2	I	4	I	3.5	II	2	3	I	3	I			3	I	3	I
2966	208900	1.1.1	**Huperzia**	**selago**		2	I	3	I	3	I	3	I	1	2	I	1	I		m	5	I	3	I
2967	–	143.18.2	**Hyacinthoides**	**italica**		5	I	4	I	4	I	3	I	3	3	I	2	I			3	I	3	I
2968	–	–	**Hyacinthoides**	**non-scripta aggr.**		4	II	2	II	3	I	3	II	1	3	II	3	I			3	I	3	I
2969	–	143.18.1	**Hyacinthoides**		**hispanica**	4.5	I	2	I	3	I	2.5	I	1	3	I	3	I			3	I	3	I
2970	209250	–	**Hyacinthoides**		**non-scripta**	4	I	1	I	3	I	3	I	1	2	I	3	I			3	I	3	I
2971	–	143.19.1	**Hyacinthus**	**orientalis**		4.5	I	3	I	4	I	2	I	1	4	I	3	I			3	I	3	I
2972	209300	127.1.1	**Hydrocharis**	**morsus-ranae**		4.5	I	4	I	4	I	5v	I	1	4	I	4	I			–	–	–	–
2973	–	–	**Hydrocotyle**	**ranunculoides**		5	I	2	I	3	I	4.5	I	3	3	I	3	I	s		3	I	1	I
2974	209400	97.1.1	**Hydrocotyle**	**vulgaris**		4.5	I	2	I	3	I	4.5	I	3	3	I	2	I	s		5	I	1	I
2975	–	–	**Hymenolobus**	**procumbens aggr.**		x	–	x	–	4	I	x	–	3	4	I	5	II	ss		3	I	1	II
2976	209500	54.47.1	**Hymenolobus**		**pauciflorus**	2.5	I	4	I	4	I	2	I	2	4	I	5	I	ss		3	I	1	II
2977	209600	–	**Hymenolobus**		**procumbens**	4.5	I	2	I	4	I	4	I	3	4	I	4	I	s		3	I	1	I
2978	–	–	**Hymenophyllum**	**thunbrigense**		3.5	I	1	I	2	I	3	I	1	1	I	1	I			3	I	5	I
2979	–	101.5.2	**Hyoscyamus**	**albus**		4.5	I	3	I	4	I	1.5	I	1	x	–	5	I	s		1	I	5	I
2980	209700	101.5.1	**Hyoscyamus**	**niger**		4.5	I	4	I	4	I	2.5	I	1	3	I	5	I	s		3	I	3	I
2981	–	124.77.1	**Hyoseris**	**radiata**		5	I	3	I	5	I	1.5	II	2	x	–	2	I	s		1	I	5	I
2982	–	139.82.1	**Hyparrhenia**	**hirta**		5	I	3	I	5	I	1	I	1	4	I	2	I		m	3	I	3	II
2983	209900	42.1.3	**Hypericum**	**androsaemum**		3.5	I	2	I	3	I	3.5	I	2	3	I	3	I			3	I	1	I
2984	–	42.1.12	**Hypericum**	**barbatum**		4	I	3	I	4	I	2	I	1	4	I	3	I		m	3	I	3	I
2985	210000	42.1.1	**Hypericum**	**calycinum**		4.5	I	2	I	3	I	3	I	1	3	I	3	I			3	I	3	I
2986	210100	42.1.4	**Hypericum**	**coris**		3	I	4	I	4	I	2	I	1	5	I	2	I			1	I	5	I
2987	–	–	**Hypericum**	**elodes**		3	I	1	I	4	I	4.5	I	2	1	I	1	I			5	II	1	I
2988	210400	42.1.2.1	**Hypericum**	**hircinum**		4.5	I	2	I	3	I	3.5	I	1	3	I	2	I			3	I	3	I
2989	210500	42.1.5	**Hypericum**	**hirsutum**		4	I	3	I	3	I	3.5	I	2	4	II	3	I		m	3	I	1	I
2990	210600	42.1.13	**Hypericum**	**humifusum**		3	I	2	I	3	I	3.5	II	2	2	I	3	I			3	I	1	I
2991	–	42.1.8	**Hypericum**	**hyssopifolium**		3.5	II	4	I	4	II	1.5	I	1	4	II	2	I			3	I	3	II
2992	210900	42.1.9	**Hypericum**	**montanum**		3.5	I	3	I	3	I	2.5	I	2	4	I	2	I		m	3	II	1	I
2993	–	–	**Hypericum**	**mutilum**		4.5	I	2	I	4	I	4	I	3	3	I	3	I			3	I	1	I
2994	211000	42.1.7	**Hypericum**	**nummularium**		2.5	I	2	I	4	I	3.5	I	1	5	I	2	I			3	I	5	I
2995	–	–	**Hypericum**	**olympicum**		4.5	I	4	I	4	I	1.5	I	1	4	I	2	I			3	I	5	I
2996	–	–	**Hypericum**	**perforatum aggr.**		x	–	x	–	3	II	x	–	2	x	–	3	II			3	II	1	II
2997	211700	42.1.16	**Hypericum**		**desetangsii**	3.5	I	2	I	3	I	3.5	II	2	4	I	3	I			3	I	1	I
2998	210800	42.1.15.2	**Hypericum**		**dubium**	3	I	2	I	3	I	3.5	II	3	4	I	3	I			5	I	1	I
2999	210700	42.1.15.1	**Hypericum**		**maculatum**	2	II	3	I	3	II	3.5	I	2	2	II	3	I		m	5	I	1	I
3000	211100	42.1.17.1	**Hypericum**		**perforatum**	4	II	3	I	3	II	3	II	2	3	II	3	I		m	3	I	1	I
3001	211500	42.1.14	**Hypericum**		**tetrapterum**	4	I	2	I	3	II	4	I	3	3	I	3	I		m	5	I	1	I
3002	211200	42.1.17.2	**Hypericum**		**veronense**	4.5	I	4	I	4	I	1.5	I	2	4	I	2	I			3	I	3	I
3003	211300	42.1.6	**Hypericum**	**pulchrum**		3.5	I	2	I	3	I	3	I	1	1	I	1	I			5	I	3	I
3004	–	–	**Hypericum**	**richeri aggr.**		2.5	II	2	II	3	I	3	I	1	4	II	3	I			3	II	3	II
3005	–	42.1.11.2	**Hypericum**		**grisebachii**	2	I	3	I	3	I	3	I	1	4	I	3	I			3	II	3	I
3006	211400	42.1.11.1	**Hypericum**		**richeri**	2.5	I	2	I	3	I	3	I	1	5	I	3	I			3	I	5	I
3007	–	42.1.10	**Hypericum**	**tomentosum**		5	I	2	I	4	I	4	I	3	4	I	2	I	s		5	I	1	I
3008	–	–	**Hypochaeris**	**achyrophorus**		5	I	3	I	5	I	1.5	I	1	x	–	2	I	s		3	I	3	II
3009	211900	124.82.4	**Hypochaeris**	**glabra**		4.5	I	2	I	4	I	2	I	1	2	I	2	I	s		3	I	3	I
3010	212000	124.82.1	**Hypochaeris**	**maculata**		4	I	4	I	3	I	3	I	3	4	II	3	I		m	3	I	1	I
3011	212100	124.82.5	**Hypochaeris**	**radicata**		4	I	2	I	4	I	2.5	I	2	3	II	2	II	s	m	3	I	3	I
3012	–	–	**Hypochaeris**	**uniflora aggr.**		2	II	3	II	4	I	3	I	2	x	–	2	I			3	I	3	I
3013	211800	124.82.3	**Hypochaeris**		**facchiniana**	2	I	4	I	4	I	3	I	2	4	I	2	I			3	I	3	I
3014	212200	124.82.2	**Hypochaeris**		**uniflora**	2	I	3	I	4	I	3	I	2	2	I	2	I			5	I	3	I
3015	–	–	**Hyssopus**	**officinalis aggr.**		4.5	II	4	I	5	II	1	I	1	4	II	2	I			3	II	5	II
3016	–	108.23.1.2	**Hyssopus**		**canescens**	4.5	I	4	I	5	I	1	I	1	4	II	2	I			3	I	5	I
3017	–	108.23.1.3	**Hyssopus**		**montanus**	4	I	4	I	5	I	1	I	1	4	I	2	I			1	II	5	I
3018	212400	108.23.1.1	**Hyssopus**		**officinalis**	4.5	I	4	I	4	I	1	I	1	4	I	2	I			1	II	3	I
3019	–	108.23.1.4	**Hyssopus**		**pilifer**	4	I	4	I	4	I	1.5	I	1	4	I	2	I			3	I	5	I
3020	–	–	**Iberis**	**amara aggr.**		4.5	I	3	I	4	I	1.5	I	1	4	I	2	I			1	I	3	II
3021	212500	54.52.5	**Iberis**		**amara**	4.5	I	2	I	4	I	1.5	I	1	4	I	2	I			1	I	3	I
3022	212600	54.52.6	**Iberis**		**intermedia**	4.5	I	3	I	4	I	1.5	I	1	5	I	2	I			1	I	5	I
3023	–	–	**Iberis**	**aurosica aggr.**		2.5	II	4	I	5	I	2	I	1	5	II	1	II			1	I	5	I
3024	–	54.52.4	**Iberis**		**aurosica**	2	I	4	I	5	I	2	I	1	5	I	1	II			1	I	5	I

Strategien					Biologisches Verhalten										Vorkommen						Pflanzengesellschaften			Literatur			
LF	BD	WT	RO	KS	DA	VA	FS	MA	BZ	BS	MV	SU	DG	GI	GV	LR	EG	AE	EM	VE	1	2	3	BL	SL	TB	SEN
a	t	1	Rh	css	Hy	As Au	zw	d	5-8	an	–		3	e	B2	1.1 1.2	4	I	2	>/<			1.31				2936
t	w s		–	crr	Bo	Kv	zw	p1	6-9	me	–		1	e	C2	2.1 2.2	7	A	5	=			2.343				2937
h	w		Wv	css	Me	Sr	ve		6-7		–		2		E2c	3.2 3.3	–	I	1	=			3.211	k m			2938
h	t		Rs	crs	Me	Au Sr	zw		6-8		2		3	e	D3		–	I	2	=					954		2939
h	t	3.5	Rs	crs	Me En	Ho	zw		5-8	an au	3	4	3	e	D3	2.5 2.6 6.3 6.7	8	I	3	=	11.24	11.233					2940
h	t	2.5	Rs	crs	Me	Au Sr	zw		6-8	an	2	2	3	e	D3	2.6 6.7 7.4 9.2	7	I	2	=	11.12	14.411	10.112				2941
h	t		Rs	crs	Me	Au Sr	zw		6-7	an	2		3	e	D1a	6.7? 7.1 7.2?	–	I	2	=			11.12?	k m	386		2942
t	w		–	rrs	Bo Dy	Kv	zw		3-5	au (my) (me)	–		1	e	C2		–	I/A	2	>						B	2943
t	w s		–	rrs	Bo Dy	Kv	zw		3-5		–		1	e	F2a	2.1 3.2 6.2 7.3	–	I	2	>			9.141		81		2944
t	w s	1	–	rrs	Bo Dy	Kv	zw	p2	3-5		–	3	1	e	C2	2.1 3.1 3.2 6.2	7	I/A	3	>			9.141				2945
h	i	1	Rh	crs	Me	Ao	ve	r3	5-7	my le	3		3		E1	6.5 7.1 8.2 9.1	2	I	2	=	10.4	11.244	14.312				2946
h	i		Rh	crs	Me	Sr	ve		6-8	en	2		3		E4c	3.3 6.5 6.6 7.1	–	I	2	=			10.2	c k m			2947
h	i		Rh	crs	Me	Sr	ve		5-6		2		3		E4	7.1 8.2 9.1 9.2	–	I	1	=			14.732	c k m			2948
h	w	2	Rs	ccs	Me	Au Sr	zw		6-8	an	–		3	e	B6b	2.6 9.1 9.2	1	I	1	=	14.731	14.721					2949
h	s		–	crs	Me Dy	Ho	zw		5-8	an	–	2	2	e	A2d	2.2 2.9	7	N	5	<			2.343				2950
t	s		–	rrr	Me Dy	Kv	zw		5-8	an	–		3	e	A4a		–	A/N	4-5	<=						B	2951
t	s		–	rrr	Me Dy	Kv	zw		5-8	an	–		2	e	A4a	2.2 2.5 2.7 3.3	7	N	5	<			2.342				2952
t	s		–	rrr	Ep Dy	Kv	zw		5-8	an	–	2	4	e	C2b	2.2 2.5 2.7 3.3	7	A	4	=			2.343				2953
h	s	3	–	crs	Ep At	Ho Sr	zw		6-8	an	–		1	e	C2c	2.2 6.3	7	Jn	4	>			11.243				2954
t	s w		–	crr	Ep At	Kv	zw		5-7	au	–		1	e	A3-4		–	Ja	4	=>						H	2955
t	s	3	–	crr	Ep At	Kv	zw		6-7		–		1	e	C2b	2.1 2.2 2.9	7	Ja	4	>			?				2956
t	s		–	crr	Ep At	Kv	zw		5-7		–		1	e	C2b	2.1 2.2 2.9	–	Ja	4	=			?				2957
t	s w	3	–	crr	Ep At	Kv	zw		5-6		–		1	e	A2b	2.1 2.2 2.9	7	Ja	4	=			?				2958
h	t	3.5	Rh	css	Hy Dy	Sr	ve-di	r9	6-8	me	2		3		E3	3.2 3.3 6.5 8.2	2	I	2	=	10.211	9.135					2959
t	v		–	rrs	Bo	Kv	zw	d	4	au	–		1	e	C2c	3.1 3.2 3.3 6.2	3	I	2	>			4.131				2960
g	s		Rh	ccs	Me	Au	zw		7-9		–		3		A4b	2.2 2.9	–	N	3	=			?				2961
a	s		Tu	css	Hy	Kt	zw	d	4-7	au me my ps*	–		3		B6a	1.1 1.3 9.2	4	I	1	>	1.312	1.313					2962
g	t		Rh	crr	Bo	Sr	zw	r4	7	my ve me ps	2		3		F2	3.3 6.3 7.2 8.1	2	I	2	=	11.514	13.411					2963
h.li	s		Rh	ccs	Me	Au	di	r10	5-8	an	–		3	h e	B6	2.3 7.2 7.4 9.2	1	I/N	3	=	11.311	13.31	14.72101				2964
t.li	s		–	crr	Me	Kv	di		5-8		–		2		A4b	2.5 2.9 7.2 9.2	–	N	3	<			11.311	k			2965
c	i		–	css	Me	Sb Sw	mo		6-10		–		2	tg h	B5	3.3 7.1 8.2 9.1	1	I	1	=	14.312	12.313	10.412				2966
g	v		Zw	crs	En Bo	Bz	zw		3-4	my me	2		3	mg	F2a	2.9 6.2 7.4 9.3	–	I	1	=			14.811	k m			2967
g	v		Zw	rss	En Bo	Bz	zw		4-5		2		3	mg	D2		1	N	3	<						B H	2968
g	v		Zw	rss	En Bo	Bz	zw		4-5	me ps	2		3	mg	D1d	2.3 2.7 2.9	–	N	3	<			2.3	g m			2969
g	v		Zw	rss	En Bo	Bz	zw		4-5	my	2	2*	3	mg	D2	2.3 2.7 2.9 9.2	–	N	3	<			14.733	f h m			2970
g	v		Zw	crs	En Bo	Kv	zw		3-4	ca me ps (my)	–		1		A4a	2.2 2.7 2.9	–	N	4	=			?	k m			2971
s	s	1	Tu	css	Hy	Au Sb	di		5-8	me	–		3		B6	1.1 1.2	4	I	2	>			1.121				2972
h	s		Rs	crs	Me Hy	Kt	zw		4-10		2		3	tg	A2a	1.2 1.3	–	N	2	<			1.313	k m	378		2973
h	t	1	Rs	crs	Me Hy	Kt	zw		6-8	au en	2		4	tg	D3	1.3 1.4 5.1 5.2	5	I	2	>			7.2				2974
t	w		–	rrs	En	Kv	zw		4-7	au en?	–		2	e	B3		–	I/N	1-3	=>							2975
t	w		–	rrs	En	Kv	zw		6-7		–		2	e	D1a	2.4 3.2 3.3	3	I	1	>			2.343				2976
t	w		–	rrs	En	Kv	zw		4		–		2	e	B3	2.2 3.2	3	I/N	3	>			2.112?				2977
c-e	w		Rs	css	Me	Kr	mo		6-8		–		2		B2	3.2	–	I	1	>			3.22	f i l			2978
k	t		Wv	crs	Bo	Kv	zw		4-8	au	–		1	gg h	C2	2.2 3.2 3.3	–	I/A	4	>			2.34	k m			2979
k-t	t s	2	Wv	crr	Bo	Kv	cl zw		6-9	au me	–	5	1	gg h	B6	2.1 2.2 3.2 3.3	7	I/A	4	>			5.111				2980
h	t		Wv	crr	Me	Sr	ve		4-11	me	–		1	e	C2	2.1 2.2 3.2 6.2	–	I	3	>			4.2	k m			2981
h	s		Rs	ccr	Me	Ho	zw		5-10		–		2		A0a	2.2 3.2	–	N	4	<			9.23	k m			2982
z	t w		Rh	ccs	En Bo	Sr	zw		6-7		–		3	mg h	C2a	6.7 7.4 9.2	1	I/N	3	<			14.71				2983
h	t		Rs	ccs	Bo	Au	zw		5-6		–		2	mg	D1b	2.6 6.2 6.7 7.4	–	I	2	>			11.1?	c k m			2984
z	w		Rh	ccs	Bo	Au	zw		6-8	??	–		4	mg	C2b	2.2 2.9	7	N	4	<			?				2985
z	i		Rh	css	Bo	Sr	zw	p44	6-7		–		3	mg	E2d	3.2 3.4 6.2 6.5	2	I	1	=			3.211				2986
h	w		Rs	css	Bo	Kt	zw		7-9		–		1	mg	D2	5.1 5.2 7.1	–	I	1	>			1.413	i k l			2987
n-z	w		Wh	ccs	Bo	Kv	zw		6-9		–		1	mg	C2	2.9 3.2 4.2	–	N	4	<			3.24?	d g m			2988
h	t		Rs	ccr	Bo	Sr	zw	r3	6-8	au me my	–	3	3	mg	B6	2.6 6.7 7.4 9.2	1	I	2	=	11.4						2989
h-t	w	1.5	Rs	crs	Bo	Kt	zw	p4	6-9	au my	–	5	3	mg h	D3	2.1 2.6 3.2 9.2	7	I	2	>			2.2				2990
h	w?		Wh	crs	Bo	Sr	zw		6-8		–		1	mg	E2a	6.2 6.7 7.4 9.3	–	I	2	=			11.111	k m			2991
h	s	2	Rs	crs	Bo	Sr	zw	p7	6-7	en	–		1	mg	D3	6.7 9.1 9.2 9.3	1	I	2	>	11.111	14.811	14.735				2992
k-t	s w		–	rrs	Bo	Kt	zw		6-9		1		2	mg	A2a	1.4	–	N	3	<			2.2	k m			2993
z	t?		Rs	css	Bo	Sr	zw	d	7-9		–		2	mg	E3a	3.2 3.3	–	I	2	=			3.212	f k m			2994
h	w		Wh	css	Bo	Sr	zw		6-9		–		2	mg	E2g	2.2 2.9	–	N	1	=			?	g m			2995
h	t		Rh	crs	Bo	Au Ws	zw	p7	6-9		2		3	mg h	B6		–	I	2-5	<->*					544	B C	2996
h	t	2	Rh	crs	Bo Dy	Au Ws	fa? zw		6-8	ap	2		3	mg h	D3	4.1 4.2 5.1 6.3	5	I	3	<	11.23	11.321					2997
h	t	2	Rh	crs	Bo Dy	Au Ws	fa zw		6-8		2		3	mg h	D2	4.2 6.3 7.2 9.2	5	I	2	=			11.321		543		2998
h	t	2	Rh	ccs	Bo Dy	Au Ws	zw	p7	6-8	au my me	2		3	mg h	D5	2.6 6.7 7.2 8.1	5	I	2	>*	10.212	11.321	11.244				2999
h	t	2.5	Rh	crs	Ep Dy	Kt Ws	fa zw		6-9	au ca my ap*	2	4	3	mg h e	B6	2.6 6.2 6.7 7.4	6	I	3	=	11.1	3.31	14.811				3000
h	t	2	Rh	ccs	Bo Dy	Au Ws	zw		7-8	ca my me	1		2	mg h	D3	1.3 4.2 5.1 7.4	5	I	2	=			11.321				3001
h	t		Rh	crs	Bo Dy	Au Ws	zw		7-8		1		3	mg h	D1b	2.6 6.7 7.4 9.3	–	I	5	<			14.8	f k l			3002
h	w		Rh	ccs	Bo	Au	zw		6-8	my me	–	4	2	mg	D3	2.6 6.7 7.4 9.2	1	I	2	>	14.41						3003
z	t		Rh	css	Bo	Au	zw		6-8	en	–		2	mg	E2		–	I	1	=							3004
z	t		Rh	css	Bo	Au	zw		6-8		–		2	mg	E2c	3.3 3.4 7.2 8.2	–	I	1	=			11.5	k m			3005
z	t		Rh	css	Bo	Au	zw	r3	6-8		–		2	mg	E2d	3.3 3.4 7.2 7.4	2	I	1	=	10.421						3006
h	t?		Wh	css	Bo	Sr	zw		5-6		–		2	mg	C2a	1.4 4.2 6.3	–	I	2	=			11.221				3007
t	s		–	rrr	Me	Kv	zw		2-7		–		2		C2	2.1 2.2 5.1 5.2	–	I	3	=			4.21	k m			3008
t	s	2	–	rrs	Me	Kv	zw		6-9	me	2	3	1	e	C2c	2.1 4.1 6.2 7.1	7	I/A	3	>			4.22				3009
h	t	4.5	Rh Wv	crs	Me	Sr	zw	p5	6-8	me	2		1	h e	B6	6.2 6.3 6.4 9.1	6	I	2	>			9.1		912		3010
h	t	3	Rh Wd	crs	Me	Sr	zw	p3	5-10	me (my) (ca)*	3	2	2	h e	B6	2.6 6.2 6.3 9.1	8	I/A	3	=	11.243	11.241	4.12				3011
h	t		Rh	crs	Me	Sr	zw	p3	7-8	le ca my me*	2		1	e	E4		–	I	2	=							3012
h	t		Rh	ccs	Me	Sr	zw		7-8		2		1	e	F4a	6.2 6.5 7.1 9.1	–	I	2	=?			10.2116	f k m			3013
h	t	2.5	Rh	crs	Me	Sr	zw		7-8		2		1	e	E4d	6.3 6.5 7.1 9.1	2	I	2	=	10.412	10.421					3014
z	t		Wh	ccs	Bo My	Sr	zw	p8	6-9	me	–		3	mg h	B6a		–	I/A	2	=						A C	3015
z	t		Wh	ccs	Bo My	Sr	zw		6-9		–		3	mg	D1a	6.2	–	I?	2	=			9.131	m		E	3016
z	t		Wh	ccs	Bo My	Sr	zw		6-9		–		3	mg	D1	2.5 6.2	–	I?	2	=			9.1	m		E	3017
z	t		Wh	ccs	Bo	Sr	zw		6-9		–		3	mg h e	B6a	2.9 3.2 3.3 6.2	6	I/A	3	=	9.113	9.131					3018
z	t		Wh	ccs	My	Sr	zw		7-9		–		3	mg	C2	3.2 6.2	–	I?	2	=			9.141	m		E	3019
t	w s		–	rrs	Me	Kv	zw		6-10		–		1	e	D1		–	I	1	>						B C	3020
t	w s		–	rrs	Me	Kv	zw		6-10	au my?	–		1	h e	D1a	2.1 2.2 2.5 3.3	7	I	1	>			2.312				3021
t	w s		–	rrs	Me	Kv	zw		6-8	??	–		1	e	E2	2.2 2.9 3.3 6.2	3	I	1	=			3.362				3022
h	w		–	rss	Me	Sr	zw		6-8		–		1	e	F2a		–	I	1	=							3023
h	w		–	rss	Me	Sr	zw		7-8		–		1	e	F2a*	2.5 3.3 6.5	–	I	1	=			3.311	k m			3024

Nummern			Taxa			Klima						Boden												
SEN	SIN	FAN	Gattung	Aggregat/Einzelart	Kleinart	T	v	K	v	L	v	F	v	W	R	v	N	v	S	M	H	v	D	v
3025	–	54.52.3	Iberis		nana	3	I	4	I	5	I	2	I	1	4	I	2	I			1	I	5	I
3026	212900	54.52.10	Iberis	pinnata		4.5	I	3	I	4	I	2	I	1	4	I	2	I			1	I	3	I
3027	213000	54.52.2	Iberis	saxatilis		3.5	I	4	I	4	I	1	I	1	5	I	2	I			1	I	5	I
3028	213100	54.52.1	Iberis	sempervirens		3	I	4	I	4	I	1.5	I	1	4	I	3	I		m	1	I	5	I
3029	–	–	Iberis	umbellata aggr.		4.5	II	4	I	5	II	1.5	I	1	4	II	3	II			3	II	5	II
3030	–	54.52.9	Iberis		ciliata	4.5	I	4	I	5	I	1.5	I	1	4	I	3	I			1	I	5	II
3031	–	54.52.7	Iberis		linifolia	4	I	4	I	5	I	1.5	I	1	4	I	2	I			3	I	5	I
3032	213200	54.52.8	Iberis		umbellata	4.5	I	4	I	4	I	1.5	I	1	3	I	4	I		m	3	I	3	II
3033	213300	78.1.1	Ilex	aquifolium		3.5	I	2	I	2	I	2.5	I	1	3	II	3	I		m	3	I	3	II
3034	213400	38.16.1	Illecebrum	verticillatum		5	I	1	I	4	I	3.5	I	3	2	I	2	I			3	I	3	I
3035	213500	95.1.4	Impatiens	balfourii		5	I	2	I	3	I	3.5	I	3	4	I	4	I			3	I	1	I
3036	–	95.1.5	Impatiens	balsamina		4	I	2	I	3	II	2.5	I	1	3	I	4	I			5	I	3	I
3037	213600	95.1.3	Impatiens	glandulifera		4	I	2	I	3	I	3.5	II	3	4	I	4	I			3	I	1	II
3038	213700	95.1.1	Impatiens	noli-tangere		3.5	I	2	I	2	I	4	I	2	4	I	4	I		m	3	I	1	I
3039	213800	95.1.2	Impatiens	parviflora		4	I	3	I	3	I	3	II	3	3	II	4	I			3	I	1	I
3040	213900	124.16.12	Inula	bifrons		5	I	3	I	3	I	1.5	I	1	4	I	2	I			3	I	3	I
3041	214000	124.16.8	Inula	britannica		4.5	I	4	I	3	I	4	I	3	4	I	3	I	s		3	I	1	I
3042	214100	124.16.11	Inula	conyzae		3.5	I	4	I	3	I	2.5	I	1	4	I	3	I		m	3	I	3	I
3043	214200	124.16.7	Inula	ensifolia		4.5	I	4	I	3	I	1.5	I	1	4	I	2	I			3	I	3	I
3044	–	124.16.3	Inula	germanica		4	I	4	I	4	I	2	I	1	4	II	2	I			1	I	3	I
3045	214300	124.16.14	Inula	graveolens		5	I	2	I	4	I	2	I	2	3	I	3	I	ss		3	I	1	I
3046	214400	124.16.1	Inula	helenium		4.5	I	2	I	3	I	3.5	I	2	3	I	4	I			3	I	1	I
3047	214600	124.16.6	Inula	hirta		4.5	I	4	I	3	II	1.5	I	1	4	I	2	I		m	3	I	3	I
3048	214700	124.16.10	Inula	montana		4.5	I	5	I	4	I	1	I	1	4	I	2	I			1	I	3	I
3049	–	124.16.9	Inula	oculus-christi		4.5	I	4	I	4	I	1.5	I	1	5	I	2	I			3	I	3	I
3050	–	–	Inula	orientalis		3.5	I	2	I	3	I	3.5	I	3	4	I	3	I			3	I	1	I
3051	–	–	Inula	salicina aggr.		3.5	II	3	II	4	II	3.5	II	3	4	I	2	I			5	I	1	I
3052	214500	124.16.2	Inula		helvetica	4.5	I	2	I	3	I	4	I	3	4	I	2	I			5	I	1	I
3053	214800	124.16.4	Inula		salicina	3.5	I	3	I	4	I	3.5	I	3	4	I	2	I	s		5	I	1	I
3054	214900	124.16.5	Inula	spiraeifolia		4.5	I	5	I	3	I	1.5	I	1	4	I	2	I			3	I	3	I
3055	–	124.16.13	Inula	viscosa		5	II	3	I	5	I	1.5	I	1	4	I	4	I	s	m	3	I	5	I
3056	–	–	Ipomoea	hederacea		5	I	4	I	4	I	3.5	I	3	3	I	3	I			1	I	5	II
3057	–	–	Ipomoea	lacunosa		4.5	I	4	I	4	I	4	I	3	3	I	3	I			1	I	5	II
3058	–	–	Ipomoea	purpurea		5	I	3	I	4	I	3.5	I	2	3	I	3	I			3	I	3	I
3059	215100	145.3.2	Iris	foetidissima		5	I	2	I	4	I	2	I	1	3	I	3	I	s		3	II	5	I
3060	–	–	Iris	germanica aggr.		x	–	x	–	4	II	1.5	II	1	4	II	3	II			3	II	5	II
3061	215000	145.3.7	Iris		aphylla	3	I	5	I	4	I	1.5	I	1	4	I	2	I			1	I	5	I
3062	–	145.3.10.2	Iris		cengialti	3.5	I	4	I	4	I	1.5	I	1	4	I	2	I			3	I	5	I
3063	215900	145.3.9	Iris		germanica	4.5	I	4	I	4	I	2	I	1	4	I	3	I			3	II	3	I
3064	215300	145.3.6	Iris		lutescens	4.5	I	4	I	4	I	1	I	1	3	I	2	I			3	II	5	I
3065	215400	145.3.10.1	Iris		pallida	5	I	2	I	3	I	2	I	1	4	I	3	I			3	II	5	I
3066	216000	145.3.11	Iris		sambucina	4.5	I	4	I	4	I	1	I	1	4	I	2	I			3	II	5	I
3067	216100	145.3.12	Iris		squalens	4.5	I	4	I	4	I	1	I	1	3	I	3	I			3	II	5	I
3068	215700	145.3.8	Iris		variegata	4.5	I	4	I	4	I	1	I	1	4	I	3	I			3	II	5	I
3069	215200	145.3.4	Iris	graminea		4.5	I	3	I	3	I	2	I	1	4	I	3	I		m	3	II	3	I
3070	215500	145.3.3	Iris	pseudacorus		4	I	3	I	3	I	4.5	I	3	3	II	4	I	s		5	II	1	I
3071	–	145.3.5	Iris	pumila		4	I	4	I	5	I	1.5	I	1	5	I	2	I			3	I	5	I
3072	215600	145.3.1	Iris	sibirica		4	I	3	I	4	I	4	I	3	4	I	2	I			5	I	1	I
3073	–	–	Isatis	tinctoria aggr.		x	–	4	II	4	II	2	II	1	4	II	2	I			3	II	5	II
3074	–	54.9.1	Isatis		alpina	1.5	I	3	I	5	I	2.5	I	1	4	II	2	I			1	I	5	I
3075	–	54.9.2	Isatis		praecox	4	I	4	I	4	I	1.5	I	1	4	I	2	I			3	I	5	I
3076	216200	54.9.3	Isatis		tinctoria	4.5	I	4	I	4	I	1.5	I	1	4	I	2	I			3	I	5	I
3077	216500	3.1.2	Isoëtes	echinospora		2	II	2	I	3	I	5u	I	1	3	I	1	I			1	I	1	I
3078	216600	3.1.1	Isoëtes	lacustris		2	II	2	I	3	I	5u	I	1	2	II	1	I			1	I	1	I
3079	–	3.1.3	Isoëtes	malinverniana		4.5	I	2	I	4	I	5u	I	1	3	I	2	I			1	I	1	I
3080	–	138.5.2	Isolepis	cernua		4.5	II	2	I	4	I	4.5	I	3	3	II	2	I	s		3	II	1	I
3081	216300	138.5.1	Isolepis	setacea		4	I	2	I	4	I	4.5	I	3	2	I	3	I			3	II	1	I
3082	216400	19.6.1	Isopyrum	thalictroides		4.5	I	4	I	2	I	3.5	I	1	4	I	3	I			3	I	3	I
3083	–	–	Iva	xanthiifolia		5	I	3	I	4	I	3	I	2	3	I	4	I			3	I	3	I
3084	216800	–	Jasione	laevis		4.5	I	2	I	3	I	2.5	I	1	1	II	2	I			3	II	1	II
3085	216900	118.6.1	Jasione	montana		4.5	I	3	I	4	I	2	I	1	2	II	1	I	s	m	3	I	3	I
3086	217100	113.1.3	Jasminum	fruticans		5	I	3	I	4	I	1	I	1	4	I	2	I			3	I	3	I
3087	217200	113.1.1	Jasminum	nudiflorum		4.5	I	2	I	4	I	2	I	1	3	I	2	I			3	I	3	I
3088	217300	113.1.2	Jasminum	officinale		5	I	2	I	4	I	2	I	1	3	I	3	I			3	I	3	I
3089	–	–	Jovibarba	globifera aggr.		2.5	II	4	I	5	I	1	II	1	x	–	1	I			1	II	5	I
3090	–	61.3.2	Jovibarba		allionii	2	I	4	I	5	I	1.5	I	1	2	I	1	I			1	I	5	I
3091	217400	61.3.3.1	Jovibarba		arenaria	2	I	4	I	5	I	1	I	1	3	I	1	I			3	I	5	I
3092	–	–	Jovibarba		globifera	3	I	4	I	5	I	1	I	1	2	I	1	I			1	I	5	I
3093	–	61.3.1	Jovibarba		hirta	3.5	I	4	I	5	I	1	I	1	4	I	1	I		m	1	I	5	I
3094	–	61.3.3.2	Jovibarba		pseudohirta	2	I	4	I	5	I	1	I	1	2	I	1	I			3	I	5	I
3095	217500	29.1.1	Juglans	regia		4	I	2	I	3	I	2.5	I	1	4	I	4	I			3	I	3	I
3096	218000	137.1.3	Juncus	arcticus		1.5	I	3	I	5	I	4^	I	2	3	I	1	I			3	I	1	I
3097	–	–	Juncus	articulatus aggr.		x	–	3	II	4	II	4.5	II	2	x	–	3	II			x	–	1	I
3098	217600	137.1.20	Juncus		acutiflorus	3.5	I	2	I	3	I	4.5	I	2	2	II	3	I			5	II	1	I
3099	–	–	Juncus		alpinoarticulatus	2	I	3	I	4	I	4.5	I	2	4	I	3	I			5	II	1	I
3100	–	137.1.23	Juncus		anceps	4	I	1	II	4	I	4.5	I	2	3	I	3	II	s		1	II	1	I
3101	218100	137.1.24	Juncus		articulatus	3	I	3	I	4	I	4.5	I	3	3	II	3	I	s	m	3	II	1	I
3102	217700	137.1.22	Juncus		fuscoater	3.5	I	3	I	4	I	4.5	I	2	4	I	2	I	s		5	II	1	I
3103	–	137.1.21	Juncus		striatus	4.5	I	3	I	4	I	4	I	3	3	I	3	I	s		5	I	1	I
3104	–	137.1.25	Juncus	biglumis		1	I	2	I	5	I	4.5	I	3	4	I	2	I			1	I	1	I
3105	–	–	Juncus	bufonius aggr.		3.5	II	x	–	4	I	4	I	3	3	II	3	I			1	II	1	I
3106	217900	137.1.16	Juncus		ambiguus	3.5	I	2	I	4	I	4	I	3	4	II	3	I	ss		1	I	1	I
3107	218200	137.1.15	Juncus		bufonius	3.5	I	3	I	4	I	4	I	3	3	II	3	I	s	m	1	I	1	I
3108	–	–	Juncus		minutulus	3.5	I	3	I	4	I	4	I	3	3	I	3	I			3	I	1	I
3109	218300	137.1.19	Juncus	bulbosus		3.5	I	2	I	4	I	4.5	I	3	2	I	2	I			5	II	1	I
3110	218400	137.1.17	Juncus	capitatus		4.5	I	2	I	4	I	3.5	I	3	1	I	1	I			1	I	1	I
3111	218500	137.1.28	Juncus	castaneus		1.5	I	2	I	5	I	4	I	3	4	I	2	I			3	I	1	I
3112	–	–	Juncus	compressus aggr.		3.5	II	3	I	4	II	4	I	3	3	II	3	I	s		3	I	1	I
3113	218600	137.1.10	Juncus		compressus	3	II	3	I	4	I	4	I	3	3	I	3	I	s	m	3	I	1	I

Strategien					Biologisches Verhalten										Vorkommen						Pflanzengesellschaften			Literatur			
LF	BD	WT	RO	KS	DA	VA	FS	MA	BZ	BS	MV	SU	DG	GI	GV	LR	EG	AE	EM	VE	1	2	3	BL	SL	TB	SEN
h	w		–	rss	Me	Sr	zw		6-8		–		1	e	F2a	3.2 3.3	–	I	1	=			3.311	k m			3025
t	w		–	rrs	Me	Kv	zw		5-7		–		2	e	D1	2.1 2.2 2.5	7	I	5	>			2.312				3026
z	i		Wh	ccs	Me	Kv	zw		4-5	my ve me le	–		3	e	E2	3.2 3.3 6.2	3	I	1	=			9.14				3027
z	i		Wh	ccs	Me At	Kv	zw	p30	4-5	??	–		2	e	E2	2.9 3.2 3.3 6.2	3	I/N	3	<			9.142				3028
t	w		–	rrs	Me	Kv	zw		5-7	me my	–		2	e	B6a		–	I/N	3	<						B C	3029
t	w		–	rrs	Me	Kv	zw		6-7		–		2	e	E2b	2.1 2.2 3.3 6.2	–	I	2	=			4.211	k m			3030
t	w		–	rrs	Me	Kv	zw		6-10		–		1	e	D1a	3.2 3.3 6.2	–	I	2	=			9.14	k m			3031
t	w		–	rrs	Me At	Kv	zw		6-9		–		2	e	D1	2.2 2.9 3.2	7	I/N	5	<			2.343				3032
n-p	i	3	Wh	ccc	En	Ws	di	300*	5-6	me	–		3	mg h	C1	9.1 9.2 9.3 9.4	1	I	3	=	14.731	14.733					3033
t	s		–	rrr	Me	Kv	cl ve	p1	6-10	au	–		2		C2c	1.4 2.1 2.2 3.1	7	I/A	3	>			2.2				3034
t	s		–	crs	Au	Kv	zw		7-10		–		4	mg e	A4b	2.2 2.3 2.5 2.9	7	Nw	2	<			5.131				3035
t	s		–	crs	Au	Kv	zw		6-9	me	–		2	mg e	A4b	2.2 2.9	–	N	3	=			?	g k m		H	3036
t	s	3.5	–	ccr	Au	Kv	zw		7-9	me	–	2*	5	mg e	A4b	2.3 2.5 2.9 7.2	7	Ns	2	<	5.131	11.31	14.712				3037
t	s	1	–	ccs	Au	Kv	cl zw	p2	6-9	me au	–		4	mg e	B4c	2.3 2.6 4.2 9.2	1	I	1	=	14.722	14.71201	14.735				3038
t	s		–	crr	Au	Kv	zw	p1	6-10	au my	–		2	mg e	A4b	2.3 2.6 2.7 9.2	1	N	3	<	5.131	14.73					3039
h-k	w		Rh	crs	Me	Kv	ve		7-9		–		1		E2a	2.1 6.2 6.7 9.3	–	I	2	>?			11.111				3040
h	s	1.5	Rh	css	Me	Ws	ve		7-9	my me	2		2	h	B4a	1.4 2.2 2.5 6.3	5	I	3	>			11.212				3041
h-k	w		Rh	crs	Me	Kv	ve	p6	7-10	my me	2		1	tg h	B6a	6.7 9.1 9.2 9.3	6	I	2	=	11.1	14.811	14.211				3042
h	s		Rh	css	Me	Au	ve		7-8	my	–		2		D1b	6.2 6.7 7.4 9.3	–	I	2	>			9.1				3043
h	s		Rh	ccs	Me	Au	ve		7-8	en	–		2		B6a	6.2 6.7 7.4 9.3	–	I	2	>			11.111				3044
t	s		Wv	crr	Me	Kv	ve		8-10	en?	–		3		C2	2.1 2.2 2.5	7	N	4	<			2.3				3045
h	s		Rh	ccs	Me	Sr	ve		7-8	my me	1		3	h e	E2c	2.2 2.3 2.9 6.3	7	I/A	3	=			11.31				3046
h	s		Rh	css	Me	Sr	ve	p16	6-7	my me hm ps*	2		3		B6a	6.2 6.7 9.1 9.3	6	I	2	>	11.111	9.115					3047
h	w		Rh	css	Me	Au	ve	r10	6-7		2		1		C2a	3.2 3.3 6.2 6.7	–	I	2	>			9.14				3048
h	w		Rh	css	Me	Au	ve		6-8		–		1		D1b	6.2 6.7	–	I	1	=			9.11	c k m			3049
h	s		Rh	ccs	Me	Au	ve		6-9		2		2		E2i	2.2 2.9	–	N	3	<			?				3050
h	s		Rh	css	Me	Au	ve		7-8	sp	2		3		E1		–	I	2	>							3051
h	s		Rh	css	Me	Au	ve		7-8		2		3		D1a	2.3 2.5 7.2 9.2	5	I	2	>	11.31	13.111	11.231		584		3052
h	s		Rh	css	Me	Au	ve		7-8		2		3		D3	5.1 6.2 6.3 6.7	5	I	2	>			11.231				3053
h	s		Rh	css	Me	Au	ve		7-8		2		2	h	D1b	3.2 6.2 6.7 9.3	1	I	1	=			11.111				3054
h	t		Wh	crs	Me	Sr	ve		8-10	ps	–		2		C2	2.1 2.2 2.5 6.1	–	I/N	2	=			9.2	k m			3055
t.li	s		–	crr	Bo	Kv	zw		6-9		–		2	mg	A1	2.2 2.9 9.2	–	N	4	<			?				3056
t.li	s		–	crr	Bo	Kv	zw		6-9		–		2	mg	A2c	2.2 9.2	–	N	4	<			?				3057
t.li	s		–	crr	Bo	Kv	zw		6-10		–		2		A1	2.2 2.3 2.9 9.2	–	N	4	<			11.31?	k m			3058
h	t		Rh	ccs	Bo	Sr	zw		6		–		3	tg e	D1a	2.9 6.2 6.3 9.2	6	I?/N	3	>			14.71				3059
h	s t		Rh	ccs	Bo	Sr	zw		4-6	me	–		3	tg	B6		–	I/N/Ja	3	>						B H	3060
h	s		Rh	crs	Bo	Sr	zw		4-5		–		2	tg	D4	3.2 3.3 6.2	3	I/N	2	>			9.11	a k l			3061
h	t		Rh	ccs	Bo	Sr	zw		4-5		–		3	tg	F4	3.2 3.3 6.2 6.5	–	I	2	>			9.1	k m			3062
h	t		Rh	ccs	Bo	Sr	zw		5-6		–		3	tg h	D1	2.9 3.1 3.2 6.2	6	Ja	3	=			3.24				3063
h	t		Rh	ccs	Bo	Sr	zw		4-5		–		3	tg	D1	2.9 3.2 6.2 7.3	6	I/N	3	>			9.2				3064
h	t		Rh	ccs	Bo	Sr	zw		4-5		–		3	tg	E2g	2.2 2.9 3.2 7.4	3	N	3	>			3.24	m			3065
h	s		Rh	ccs	Bo	Sr	zw		5-6		–		2	tg	D1	2.2 3.2 3.5 6.2	6	Ja	3	>			3.24				3066
h	s		Rh	ccs	Bo	Sr	zw		6		–		3	tg	D1b	2.9 3.2	6	Ja	3	>			?				3067
h	s		Rh	ccs	Bo	Sr	zw		6		–		3	tg	D1b	2.9 6.2 6.7 9.3	6	I?/N	3	>			11.111				3068
h	s	3	Rh	ccs	Bo	Sr	zw		5	me	–		2	tg	D1	2.6 6.7 7.4 9.3	1	I	1	=			11.111				3069
h	t	1.5	Rh	css	Hy	Sr	zw		5-6	me my	2		3	tg h e	B6	1.2 1.3 7.2 9.2	5	I	2	=	6.11	14.721	14.712		804		3070
g	t		Rh	css	Bo	Sr	zw		4-5	en	–		2	tg	B6b	2.9 3.2 3.3	–	I	3	>			9.11	c m			3071
g-h	s	2.5	Rh	css	Bo	Sr	zw		5-6	me	2		3	tg e	B4	6.3 9.2	5	I/N	2	>	11.23						3072
k-t	w		Wv	rrs	Me	Kv	zw		4-8	my me ca	–		2	e	B6a		–	I/N	1-3	=>						B	3073
k-t	w		Wv	rss	Me	Sr	zw		7-8		–		2	e	E2d	3.2 3.3 6.2	–	I	1	=			3.311	k m			3074
k-t	w		Wv	rss	Me	Kv	zw		6-7		–		2	e	D4	2.2 6.1	–	I?/N	3	>?			5.211	k m			3075
k-t	w		Wv	crs	Me	Kv	zw	p3	4-7		–		2	e	B6a	2.1 2.2 3.2 6.2	7	I/N	3	>			5.211				3076
a	w	1	Zw	css	Hy	As	di		7-9		–		3		B3a	1.1	4	I	1	>			1.412				3077
a	w	1	Zw	css	Hy	As	di		7-9		–		3		B3a	1.1	4	I	1	>			1.412				3078
a	w		Zw	css	Hy	As	di		7-10		–		4		F3f*	1.2	–	I?	3	=?			1.31	k m			3079
k-t	w		Rh	crs	Hy	Kv	zw		5-10	an	–		2	e	A0	1.4	–	N	3	<			2.21	k m			3080
k-t	s w		–	rrr	Hy	Au Kv	zw		6-9	an	–	4	2		B1a	1.4 2.1 2.6	7	I	3	>			2.211				3081
g	v?		Wd	css	Au	Au	zw		4-5		2		2	gg	D1	6.7 7.4 9.2	1	I	2	=			14.733				3082
t	s		–	crr	Bo At	Kv	mo		8-10		–		3		A2b	2.2	–	N	5	=			2.34	c i l			3083
c	w	2	Rs	crs	Bo My	Au Sr	zw		6-8	ps me my ca	2		2	e	E3c	2.2 2.6 6.4 7.1	–	I	2	>			10.112				3084
k-t	w	2.5	–	crs	Bo	Kv	zw	r2	6-8	my me ps*	2		2	e	D3	3.1 3.2 6.2 9.1	6	I	2	>	9.11	4.12			621		3085
n	s		Wh	ccc	Bo	Sr	zw	r10	4-6	hm le	–		1		C2	2.9 7.3 7.4 7.6	7	I/N	5	<			13.6				3086
n	s		Wh	ccc	Bo	Sr	zw		12-5	??	–		3		A4b	2.9 7.3 7.4 7.6	7	N	4	<			13.6				3087
n	s		Wh	ccc	Bo	Sr	zw		5-9		–		2		C2b	2.9 7.3 7.4 7.6	7	N	5	<			13.6				3088
c	i		Wv	sss	Bo	Ao Sr	zw		7-9	au	–		2		D4		–	I/N	1	=					498	D	3089
c	i		Wv	sss	Bo	Ao Sr	zw		7-8		–		2		F2	3.2 6.5	–	I	1	=			3.2212	k m			3090
c	i		Wv	sss	Bo	Ao Sr	zw	d	7-9		–		2		F7	3.2 6.5	–	I	1	=			3.221	c k m			3091
c	i		Wv	sss	Bo	Ao Sr	zw		7-9		–		2		D4	3.1 3.2 6.2	–	I?/N	1	=?			9.118	c m			3092
c	i		Wv	sss	Bo	Ao Sr	zw	d	7-8		–		2		E4	3.1 3.2 6.2	–	I	1	=			9.11	c k m			3093
c	i		Wv	sss	Bo	Ao Sr	zw		7-9		–		2		F3d	3.2 6.2 6.5	–	I	1	=			10.421	c k			3094
p	s	4.5	Wh	ccc	Dy	Kv	mo	160*	5	an	–		1	h e	C2b	2.9 9.2 9.5	1	A	2	<			14.72				3095
g	w		Rh	css	Bo Hy	Kr Sr	zw		7-8	an	2		2	e	B5	2.5 5.1	2	I	1	>	7.232	7.231			282		3096
h	w	1	Rh	crs	Bo	Kr Sr	zw		6-8	an	2		2	e	B3		–	I	2	=>						B C	3097
h	w	1	Rh	crs	Bo Ep	Kr Sr	zw		6-8	an	2		2	e	D3	2.5 5.1 6.3 7.4	5	I	2	>			11.23				3098
h	w		Rh	crs	Bo Ep	Kr Sr	zw		6-8	an	2		2	e	D5	2.5 4.1 4.2 5.1	–	I	2	=?			7.2	m		E	3099
h	w	1	Rh	crs	Bo Ep	Kr Sr	zw		6-8	an	2		2	e	D2	5.1	–	I	2	>			7.231	i k l			3100
h	w	1	Rh	crs	Bo Ep	Kr Sr	zw		6-8	an	3	4	3	e	B3	4.1 5.1 5.2 6.3	5	I	2	=	7.231	11.233					3101
h	w	1	Rh	crs	Bo Hy	Kr Sr	zw		6-8	an	3		2	e	B6b	1.4 2.5 5.1 6.3	5	I	2	>	7.23	7.232					3102
h	w		Rh	crs	Bo	Kr Sr	zw		5-7	an	2		2	e	C2a	1.4	–	I	2	=			11.222	k			3103
h	t		Rh	crs	Bo	Au Kr	zw		7-8	an	–		1	e	B5	2.5	–	I	1	=			7.232	c			3104
t	s		–	rrs	Bo Ep	Kv	cl zw		6-9	an au	–		2	e	B3		–	I	2-3	=>					134		3105
t	s		–	rrs	Bo Ep	Kv	cl zw		6-9		–		2	e	B3a	1.4 2.1 2.2 2.5	5	I	2	>			2.2				3106
t	s	1.5	–	rrs	Bo Ep	Kv	cl zw		6-9		–	2	2	e	B3	1.4 2.1 2.5 6.3	5	I	3	=			2.2				3107
t	s		–	rrs	Bo Ep	Kv	cl zw		5-8		–		2	e	B3	2.2 2.5	–	I	3	>			2.2	c i l	351	D	3108
a-h	w		Sk	crs	Bo Ep	Sb Sr	zw		6-9	an	–	4	2	e	B3a	1.3 5.1 5.2 6.3	5	I	2	>			1.4				3109
t	s		–	css	Bo	Kv	cl zw		6-9	an au	–		1	e	B3a	1.4 2.1 2.2 2.5	7	I	2	>			2.2				3110
g	s		Rs	css	Me	Au Sr	zw		7-8	an	–		1	e	B5	2.5 4.1 4.2 5.1	5	I	1	>			7.232				3111
g	s		Rh	crs	Bo	Kr	zw		6-8	an	2		2	e	B6b		–	I	2	>*							3112
g	w	3	Rh	crs	Bo	Kr	zw		6-8	an	3		2	e	B6b	1.4 2.2 2.5 6.3	5	I	2	>*			11.21				3113

Nummern			Taxa			Klima						Boden												
SEN	**SIN**	**FAN**	**Gattung**	**Aggregat/Einzelart**	**Kleinart**	**T**	**v**	**K**	**v**	**L**	**v**	**F**	**v**	**W**	**R**	**v**	**N**	**v**	**S**	**M**	**H**	**v**	**D**	**v**
3114	219000	137.1.11	**Juncus**		**gerardii**	3.5	II	3	I	5	I	4	I	3	4	I	3	I	ss		3	I	1	I
3115	–	–	**Juncus**	**effusus aggr.**		3.5	I	3	II	4	II	4	II	3	3	II	4	II			3	II	1	I
3116	218700	137.1.6	**Juncus**		**conglomeratus**	3.5	I	2	I	4	I	3.5	I	3	2	I	3	I			5	I	1	I
3117	218800	137.1.5	**Juncus**		**effusus**	3.5	I	3	I	3	I	4	I	3	2	II	4	I		m	3	II	1	I
3118	–	–	**Juncus**	**ensifolius**		3	I	2	I	4	I	4.5	I	3	2	I	3	I			3	II	3	I
3119	218900	137.1.2	**Juncus**	**filiformis**		2.5	II	3	II	5	I	4.5	I	3	2	I	2	I			5	I	1	I
3120	219100	137.1.4	**Juncus**	**inflexus**		3	I	3	I	4	I	4	I	3	4	II	4	I	s		3	II	1	I
3121	219200	137.1.1	**Juncus**	**jacquinii**		1.5	I	3	I	4	I	3.5	I	2	2	I	2	I		m	3	I	1	I
3122	–	–	**Juncus**	**pygmaeus**		4.5	I	1	I	4	I	3.5	I	3	3	I	2	I	s		3	I	1	I
3123	219600	137.1.9	**Juncus**	**squarrosus**		2.5	II	2	I	4	I	4	I	3	1	I	2	I			5	II	1	I
3124	219700	137.1.27	**Juncus**	**stygius**		3	I	2	I	4	I	4.5	I	3	1	I	1	I			5	I	1	I
3125	219800	137.1.18	**Juncus**	**subnodulosus**		3.5	I	2	I	4	I	4	I	3	4	I	4	I	s		5	II	1	I
3126	–	–	**Juncus**	**tenageia aggr.**		4.5	I	x	–	4	II	4	I	3	2	II	3	I			3	I	1	I
3127	219500	137.1.14	**Juncus**		**sphaerocarpus**	4.5	I	4	I	4	I	4	I	3	2	II	3	I			3	I	1	I
3128	219900	137.1.13	**Juncus**		**tenageia**	4.5	I	2	I	3	I	4	I	3	2	I	3	I			3	I	1	I
3129	220000	137.1.12	**Juncus**	**tenuis**		3.5	I	3	I	4	I	3.5	I	3	2	II	4	I			3	I	1	I
3130	–	–	**Juncus**	**trifidus aggr.**		1.5	I	3	II	5	I	2	I	1	x	–	2	I			3	I	5	I
3131	219300	137.1.8	**Juncus**		**monanthos**	1.5	I	3	I	5	I	2	I	1	5	I	2	I			3	I	5	I
3132	220100	137.1.7	**Juncus**		**trifidus**	1.5	I	4	I	5	I	2	I	1	1	I	2	I		m	3	II	5	I
3133	220300	137.1.26	**Juncus**	**triglumis**		1.5	I	2	I	4	I	4.5	I	3	3	I	2	I			3	II	1	I
3134	–	–	**Juniperus**	**communis aggr.**		x	–	4	I	4	II	2	I	2	3	II	2	II			3	II	3	II
3135	220400	11.3.1.1	**Juniperus**		**communis**	3.5	II	4	I	4	I	2	I	2	3	II	2	I		m	3	II	1	II
3136	–	11.3.1.2	**Juniperus**		**hemisphaerica**	3.5	I	4	I	3	I	2	I	1	3	I	3	I			3	I	3	I
3137	220500	11.3.1.3	**Juniperus**		**nana**	1.5	I	4	I	4	I	2	I	1	3	II	2	I		m	3	II	3	I
3138	–	11.3.2	**Juniperus**	**oxycedrus**		5	I	3	I	4	I	1.5	I	1	3	II	2	I		m	3	II	3	II
3139	–	11.3.3	**Juniperus**	**phoenicea**		4.5	I	3	II	5	I	1.5	I	1	4	I	2	I	s		3	II	3	II
3140	220800	11.3.5	**Juniperus**	**sabina**		3	II	5	I	4	I	1.5	I	1	3	I	2	I			3	I	3	I
3141	220900	11.3.4	**Juniperus**	**thurifera**		4.5	I	4	I	5	I	1	I	1	4	I	2	I			3	I	1	I
3142	–	124.59.1	**Jurinea**	**mollis**		4.5	I	4	I	4	I	1.5	I	1	5	I	2	I			3	I	5	II
3143	–	–	**Kalmia**	**angustifolia**		4.5	I	2	I	4	I	4.5	I	2	1	I	2	I			5	I	1	I
3144	221000	54.41.1	**Kernera**	**saxatilis**		2.5	I	4	I	5	I	1.5	I	1	5	I	2	I		m	1	I	5	I
3145	–	–	**Kerria**	**japonica**		4.5	I	2	I	2	I	3	I	1	3	I	3	I			3	I	3	I
3146	221200	114.13.1	**Kickxia**	**elatine**		4.5	I	2	I	4	I	3	I	2	3	I	3	I			5	II	3	I
3147	221300	114.13.2	**Kickxia**	**spuria**		4.5	I	3	I	4	I	3	I	2	4	I	3	I			3	I	3	I
3148	–	–	**Knautia**	**arvensis aggr.**		x	–	4	II	4	II	2	II	1	4	II	3	II			3	I	3	II
3149	221400	123.5.13	**Knautia**		**arvensis**	3.5	II	4	I	4	I	2.5	I	1	3	I	3	I		m	3	I	3	I
3150	–	–	**Knautia**		**budensis**	4	I	4	I	4	I	2	I	1	4	I	3	I			3	I	3	I
3151	–	123.5.11	**Knautia**		**carinthiaca**	3	I	4	I	3	II	2	I	1	4	I	2	I			3	I	3	I
3152	–	–	**Knautia**		**fleischmannii**	3.5	I	4	I	4	I	1.5	I	1	5	I	2	I			3	I	3	I
3153	–	123.5.16	**Knautia**		**illyrica**	4	I	4	I	3	II	2	I	1	4	I	2	I		m	3	I	3	I
3154	–	123.5.14	**Knautia**		**leucophaea**	3.5	I	4	I	4	I	2	I	1	4	I	3	I			3	I	3	I
3155	–	123.5.12	**Knautia**		**mollis**	2.5	I	4	I	4	I	1.5	I	1	4	II	2	I			3	I	3	II
3156	–	123.5.10	**Knautia**		**norica**	3.5	I	4	I	4	I	2	I	1	4	I	2	I			3	I	5	I
3158	–	123.5.9	**Knautia**		**persicina**	2.5	I	4	I	4	I	2	I	1	4	I	2	I			3	I	3	II
3159	222100	123.5.15	**Knautia**		**purpurea**	4	II	4	I	4	I	2	I	1	3	I	3	I			3	I	3	I
3160	222200	123.5.5	**Knautia**		**subcanescens**	2	I	4	I	4	I	2.5	I	1	3	I	3	I			3	I	3	I
3161	222400	123.5.8	**Knautia**		**transalpina**	3.5	II	4	I	4	I	2	I	1	4	I	3	I			3	I	3	I
3162	222500	123.5.7	**Knautia**		**velutina**	2.5	I	4	I	4	I	1	I	1	5	I	2	I			3	I	5	I
3163	–	–	**Knautia**	**dipsacifolia aggr.**		3	II	x	–	3	II	3.5	II	1	3	II	3	II			3	I	3	II
3164	–	123.5.6	**Knautia**		**baldensis**	2.5	I	3	I	3	I	3	I	1	4	I	3	I			3	I	3	I
3165	221500	123.5.2.1	**Knautia**		**dipsacifolia**	3	II	3	I	3	I	3.5	I	1	3	I	3	I			3	I	3	I
3166	–	–	**Knautia**		**gracilis**	2.5	I	2	I	3	I	3.5	I	1	4	I	3	I			3	I	3	I
3167	–	125.5.3	**Knautia**		**ressmannii**	3.5	I	4	I	3	II	2	I	1	4	I	2	I			3	I	5	I
3168	221600	123.5.2.2	**Knautia**		**sixtina**	2	I	2	I	3	I	3	I	1	3	I	3	I			3	I	3	I
3169	–	–	**Knautia**	**drymeia aggr.**		x	–	3	II	3	II	3	I	1	3	II	3	I			3	I	3	II
3170	–	123.5.1.2	**Knautia**		**centrifrons**	4	II	4	I	2	I	3	I	1	3	I	3	I			3	I	1	I
3171	221700	123.5.1.1	**Knautia**		**drymeia**	3.5	I	3	I	3	I	3	I	1	4	II	3	I		m	3	I	3	I
3172	–	123.5.1.3	**Knautia**		**intermedia**	2.5	I	3	I	3	II	3	I	1	3	II	3	I		m	3	I	3	I
3173	–	123.5.17	**Knautia**	**integrifolia**		4.5	I	3	I	4	I	2	I	1	3	II	2	I			3	I	3	II
3174	–	–	**Knautia**	**longifolia aggr.**		2.5	I	2	I	3	II	3.5	I	1	4	I	3	II			3	I	3	I
3175	221900	–	**Knautia**		**godetii**	2.5	I	2	I	3	II	3.5	I	1	4	I	2	I			3	I	3	I
3176	222000	123.5.4	**Knautia**		**longifolia**	2.5	I	2	I	3	I	3.5	I	1	4	I	3	I			3	I	3	I
3177	222700	138.16.1	**Kobresia**	**simpliciuscula**		1.5	I	3	I	5	I	4^	I	3	4	I	1	I			3	II	3	I
3178	223500	139.36.3	**Koeleria**	**hirsuta**		1.5	I	4	I	4	I	2	I	1	2	I	2	I			3	I	3	I
3179	223600	139.36.5	**Koeleria**	**lobata**		5	I	4	I	4	I	1	I	1	4	I	2	I		m	3	I	3	I
3180	–	–	**Koeleria**	**pyramidata aggr.**		x	–	4	II	4	I	1.5	II	1	x	–	2	I			3	I	3	II
3181	223100	139.36.2	**Koeleria**		**cenisia**	2	I	4	I	4	I	1	I	1	3	I	2	I			3	I	3	I
3182	223300	139.36.6	**Koeleria**		**eriostachya**	2	I	4	I	4	I	1	I	1	4	I	2	I			3	I	5	I
3183	223700	139.36.4	**Koeleria**		**macrantha**	4	II	4	II	4	I	1.5	I	1	x	–	2	I		m	3	I	3	I
3184	–	139.36.7	**Koeleria**		**montana**	2.5	I	4	I	4	I	1.5	I	1	4	I	2	I			3	I	5	I
3185	223900	139.36.7	**Koeleria**		**pyramidata**	3.5	II	4	I	4	I	2	I	2	4	II	2	I		m	3	I	3	I
3186	224100	139.36.1	**Koeleria**	**vallesiana**		4	II	5	I	5	I	1	I	1	4	I	1	I		m	1	I	5	I
3187	–	–	**Koelreuteria**	**paniculata**		5	I	2	I	3	I	3	I	1	4	I	3	I			3	I	3	I
3188	–	–	**Kolkwitzia**	**amabilis**		5	I	3	I	4	I	3	I	1	3	I	3	I			3	I	3	I
3189	–	–	**Laburnum**	**alpinum aggr.**		4.5	II	3	I	3	I	2.5	II	1	3	II	3	I			3	I	3	I
3190	224200	64.3.2	**Laburnum**		**alpinum**	4	II	3	I	3	I	3	I	1	3	I	3	I			3	I	3	I
3191	–	64.3.2	**Laburnum**		**alschingeri**	4.5	II	3	I	3	I	2.5	I	1	4	I	3	I			3	I	3	I
3192	224300	64.3.1	**Laburnum**		**anagyroides**	4.5	II	3	I	3	I	2.5	I	1	4	I	3	I			3	I	3	I
3193	–	–	**Lactuca**	**perennis aggr.**		4.5	II	4	I	5	I	1.5	I	1	4	II	2	I			3	I	5	I
3194	224400	124.89.7	**Lactuca**		**perennis**	4.5	II	4	I	5	I	1.5	I	1	5	I	2	I			3	I	5	I
3195	224800	124.89.8	**Lactuca**		**tenerrima**	5	I	4	I	5	I	1	I	1	3	I	2	I			3	I	5	I
3196	–	–	**Lactuca**	**quercina aggr.**		3.5	II	3	II	3	I	2	I	2	4	I	3	I			3	I	3	II
3197	–	124.89.2.2	**Lactuca**		**chaixii**	3	I	3	I	3	I	2	I	2	4	I	3	I			3	I	3	I
3198	–	124.89.2.1	**Lactuca**		**quercina**	4	I	4	I	3	I	2	I	2	4	I	3	I			3	I	3	II
3199	224500	124.89.5	**Lactuca**	**saligna**		4.5	I	4	I	4	I	1	I	1	4	I	4	I	s		3	I	3	I
3200	224600	124.89.4	**Lactuca**	**sativa**		4.5	I	3	I	4	I	3	I	1	3	I	4	I			3	I	3	I
3201	224700	124.89.3	**Lactuca**	**serriola**		4.5	I	4	I	4	I	2	I	1	4	II	4	I	s		3	I	3	I
3202	–	–	**Lactuca**	**viminea aggr.**		4.5	I	3	II	4	II	1.5	I	1	4	II	2	I			3	II	3	II
3203	–	124.89.1.2	**Lactuca**		**chondrilliflora**	4.5	I	4	I	3	I	1.5	I	1	4	I	2	I			3	I	3	I

Strategien					Biologisches Verhalten										Vorkommen						Pflanzengesellschaften			Literatur			
LF	BD	WT	RO	KS	DA	VA	FS	MA	BZ	BS	MV	SU	DG	GI	GV	LR	EG	AE	EM	VE	1	2	3	BL	SL	TB	SEN
g	w	3.5	Rh	crs	Bo	Kr	zw		6-8	an	2		2	e	B3	6.3	–	I	3	>*			11.212	cik			3114
h	t		Rs	ccs	Bo	Kr Sr	zw		6-8	an	2		3	e	B3		–	I	2-3	=							3115
h	t	1.5	Rs	ccs	Bo	Kr Sr	zw		6-8	an	2	5	3	e	B3	1.4 2.6 5.1 6.3	5	I	2	=	11.23						3116
h	t	2.5	Rs	ccs	Bo Ep	Kr Sr	zw		6-8	an	2	5	3	e	B3	1.4 2.6 5.1 6.3	5	I	3	=	11.233	11.231	14.31224				3117
h	s		Rh	ccs	Bo Ep	Au Sr	zw		5-8		2		3		A2b	1.4 2.5 2.9 6.3	–	N	3	<			11.21?	cil	411, 742		3118
g	w	2.5	Rh	css	Bo	Kr	zw		6-8	an	3		3	e	B3	1.4 5.1 5.2 6.4	2	I	2	>*	7.221	12.111					3119
h	t	2.5	Rs	ccs	Bo	Kr Sr	zw		6-8	an	3	4	3	e	B3	1.4 2.5 2.6 6.3	5	I	3	=	11.23	11.321	11.21				3120
h	w	3.5	Rh	ccs	Me	Kr Sr	zw		7-8	an	2		2	e	F1	2.5 4.1 4.2 6.5	2	I	1	=	10.411	10.421	10.413				3121
t	s		–	css	Bo	Kv	zw		4-5	an au	–		2	e	C2c	1.4	–	A	3	>			2.2	ik			3122
h	i	1.5	Rh	crs	Bo Ep	Ho Sr	zw		6-8	an (au)	3	4	2	e	D2	5.1 6.4	5	I	2	>	12.111	10.111					3123
h	w	1	Rs	css	Bo	Sr	zw		7-9	an	–		2	e	B6b	5.2 9.1	5	I	1	>			7.212				3124
g	w		Rh	ccs	Bo	Kr Sr	zw		6-8	an	2		4	e	C2c	1.3 4.1 5.1 6.3	5	I	2	>	11.233	7.231	11.231				3125
t	s		–	rrs	Bo Ep	Kv	zw		6-9	an	–		2	e	B6a		–	I	2	>							3126
t	s		–	rrs	Bo Ep	Kv	zw		6-9		–		2	e	B6a	1.4 2.1 2.2 2.5	5	I	2	>			2.2				3127
t	s		–	rrs	Bo	Kv	zw		6-9		–		2	e	C2c	1.4 2.1	5	I	2	>			2.2				3128
h	t		Rs	crs	Bo	Sr	zw		6-9	an	3		2	e	A2	2.2 2.6 3.5 9.2	7	N	3	<	2.351	11.211					3129
h	w		Rh	css	Me	Kr	zw		7-8	an	–		3	e	B5		–	I	1	=							3130
h	w		Rh	css	Me	Kr Sr	zw		7-8	an	–		3	e	F1	3.2 3.3 6.5	2	I	1	=	10.211	10.311					3131
h	w	1.5	Rh	css	Me	Kr Sr	zw		7-8	an	–		3	e	B5	3.2 3.3 6.5 7.1	2	I	1	=	10.411	10.421					3132
h	w		Rh	css	Me	Au Kr	zw		6-8	an au	–		1	e	B5a	2.5 4.1 4.2 5.1	2	I	1	=	7.23	7.232					3133
z	i		Wh	ccs	En Dy	Kv	di mo	p352	4-6	an	–		2	mg e	B3		–	I	2	=>						B	3134
n-p	i	4.5	Wh	ccs	En Dy	Kv	di mo	297*	4-5	an	–		2	mg	B6b	3.2 7.4 9.1 9.2	1	I	2	>*	14.811	14.2111					3135
n-z	i		Wh	ccc	En Dy	Kv	di mo		4-5	an	–		3	mg e	C2a	7.3 9.1	–	I	2	=			12.412	km			3136
n-z	i	2.5	Wh	ccs	En Dy	Kv	di mo		5-6	an	–		3	mg h e	B5	3.3 6.5 7.1 9.1	2	I	2	=	12.313	14.31215	10.211				3137
n-p	i		Wh	ccc	En Dy	Kv	di	200*	3-4	an	–		2		C2	3.2 7.3 7.4 7.6	–	I	2	=			13.6	km			3138
n-p	i		Wh	ccc	En Dy	Kv	mo	100*	2-4	an	–		2	mg	C2	3.2 7.6	–	I	2	=			13.611	km			3139
z	i		Wh	ccs	En Dy	Kv	di mo	103*	4-5	an	–		3	gg	B6	3.2 6.2 7.4 9.1	6	I	2	=	14.11	5.21	13.3123				3140
n-p	i		Wh	ccs	En Dy	Kv	di	250*	4-5	an	–		1	gg?	C2a	3.2 6.2 9.1 9.4	–	I	2	=			14.9	akm			3141
h	s	3	Wv	ccs	Me My	Ws	zw		5-6	en?	–		1		D1b	3.2 6.2	–	I	3	=			9.1	km			3142
z	w		Wh	css	En	Sr	zw		6-7		–		2	gg	A2c	2.9 5.2	–	N	3	<			12.1	cil			3143
h	w		Rh	crs	Bo Hy	Sr	zw	p5	5-7	au my (me)	–		1	e	E1	3.2 3.3	2	I	1	=	3.211	3.212	3.311				3144
n	s		Wh	ccc	Bo	Kv	nf zw		4-5	en	–		1		A4b	2.3 2.7 2.9 7.4	–	N	4	<			13.321	dfi			3145
t	s	1.5	–	rrr	Au At	Kv	zw	p1	7-10	au	–	4	2		C2	2.1 2.5	7	A	4	>			2.312				3146
t	s	1.5	–	rrr	Au At	Kv	cl zw	p1	7-10	au	–	3	2		C2	2.1 2.5	7	A	4	>			2.312				3147
h	t		Rh Wv	ccs	My Dy	Sr	zw	p6	5-9	me (ca) (my)*	3		2	h e	B6		–	I/A	2-3	>						BD	3148
h	t	3.5	Rh Wv	ccs	My Dy	Sr Ws	zw		5-9		3	4	2	h e	B6	2.2 6.2 6.3 6.7	8	I	3	>	11.24	9.135					3149
h	t		Rh Wv	css	My Dy	Sr	zw		6-8		2		2	h e	D4	2.2 6.2 6.3 6.7	–	I	2	=			9.11	cm			3150
h	t		Rh Wv	css	My	Sr	zw		6-8		2		2	h e	F4b*	3.2 6.2 9.1 9.3	–	I	1	=			14.212	cm			3151
h	t		Wv	ccs	My Dy	Sr	zw		5-9		3		2		E2g	6.5 6.7 9.1	–	I	3	=			9.1				3152
h	t		Rh Wv	ccs	My Dy	Sr	zw		6-7		3		2	h e	E2c	6.2 6.7 7.4 9.3	–	I	2	>			11.111	k			3153
h	t		Rh Wv	ccs	My Dy	Sr	zw		6-7		3		2	h e	F9	6.2 6.3? 6.7?	–	I	2	>			9.135?				3154
h	t		Rh Wv	ccs	My Dy	Sr	zw		7-8		3		2	h e	F2a*	3.3 6.2 6.7 7.4	–	I	2	>			9.14	k			3155
h	t		Rh Wv	css	My Dy	Sr	zw		6-8		2		2	h e	F4b*	3.2 6.2 9.1	–	I	2	=			14.211	c			3156
h	t		Rh Wv	ccs	My Dy	Sr	zw		7-8		3		2	h e	F4	3.2 6.2 6.5 7.1	–	I	2	>			10.2113	k			3158
h	t	3.5	Rh Wv	ccs	My Dy	Sr	zw		6-8		3		2	h e	E3	3.2 6.2 6.7 7.4	6	I	2	>			9.1				3159
h	t		Rh Wv	ccs	My Dy	Sr	zw		6-8		3		2	h e	E2	6.3 7.2 7.4 9.1	–	I	2	>			11.242?				3160
h	t	3.5	Rh Wv	ccs	My Dy	Sr	zw	r3	5-8		3		2	h e	F3	6.3 6.5 6.7 7.4	6	I	2	>			11.242?				3161
h	t	3.5	Rh Wv	ccs	My Dy	Sr	zw		7-8		2		2	h e	F3	3.2 6.2 6.5 7.1	6	I	2	>			10.2113				3162
h	t		Rh	ccs	My	Kv Sr	zw		6-9	le me ca my	2		3		E1		–	I	2	=>						BD	3163
h	t		Rh	ccs	My	Sr	zw		6-8		2		3		F3d*	6.3 6.7 7.2 7.4	–	I	2	=			11.5	km			3164
h	t	3	Rh	ccs	My	Sr	zw		6-9		2		3		E1	6.3 7.2 9.1 9.2	1	I	2	=	10.212	11.242	14.735				3165
h	t		Rh	ccs	My	Sr	zw		6-8		2		3		E5b	6.5 6.7 7.2	–	I	2	>			11.513	m			3166
h	t		Rh	ccs	My	Sr	zw		6-8		2		3		F4a*	3.3 6.2 9.1	–	I	1	=			14.211	km			3167
h	t		Rh	ccs	My	Sr	zw		6-8		2		3		F2	6.3 6.5 7.1 7.2	–	I	2	>			11.5	fkm			3168
h	t		Rh Wv	ccs	My	Sr	zw	r2	5-9	en	2		3		E4		–	I	2	=						BD	3169
h	t		Rh Wv	ccs	My	Sr	zw		5-9		2		3		E2d	2.6 6.7 7.1 7.2	1	I	2	=			11.513?	km			3170
h	t		Rh Wv	ccs	My	Sr	zw		5-9		2		3		E4	6.3 6.7 7.2 9.2	–	I	2	=	14.73302	14.733					3171
h	t		Rh Wv	ccs	My	Sr	zw		5-9		2		3		E2d	2.6 6.3 6.7 7.2	–	I	2	=			11.5	ckm			3172
t	s		–	rrr	My	Kv	zw		6-8		1		2		C2	2.1 2.2 6.2 7.3	–	I	3	>			2.3	km			3173
h	t		Rh	ccs	My	Sr	zw		6-8		2		2		E1		–	I	2	>						BD	3174
h	t		Rh	ccs	My	Sr	zw		6-8		2		2		F9	3.3 3.4 5.2 6.3	5	I	2	>			11.242				3175
h	t		Rh	ccs	My	Sr	zw		6-8		2		2		E4a	6.5 6.7 7.1 7.2	–	I	2	>			10.212	afk			3176
h	s	1	Rs	css	Ep	Ho Sr	zw		7-8	an	1		3	e	B5	2.5 4.1 4.2 5.1	5	I	1	>	7.232						3177
h	t		Zw	css	Me	Ho Sr	zw		7-9	an	2		2	e	F6	2.5 3.2 3.3 6.5	6	I	1	=	10.421						3178
h	t	1.5	Zw	css	Me	Ho Sr	zw		5-7	an	2		2	e	E2	3.1 6.2 9.1	–	I	4	>			9.12	afk			3179
h	t		Rs	css	Me Ep	Au Ho	zw		6-8	au an	2		2	e	B4		–	I	1-2	=>					19, 847	B	3180
h	t	2	Rs	css	Me	Au Ho	zw		7-8		2		2	e	F5	3.2 3.3 6.2 6.5	–	I	2	=			10.211				3181
h	t		Rs	css	Me	Au Ho	zw		7-8		2		2	e	E4	3.2 3.3 6.2 6.5	6	I	2	>			10.2				3182
h	t	2.5	Rs	css	Me Ep	Au Ho	zw		6-8		2	2*	2	e	B6	6.2 5.2 9.1 9.3	6	I	2	>			9.1		171		3183
h	t		Rs	css	Me	Au Ho	zw		6-8		2		2	e	F3c*	6.2 6.5 9.1	–	I	1	=			9.1?	k		E	3184
h	t	1.5	Rs	css	Me Ep	Au Ho	zw		5-7		2		2	e	D3	6.2 6.7 6.5 9.1	6	I	2	>	9.13	10.211	11.231				3185
h	t	1.5	Rs	css	Me	Au Ho	zw		5-7	an	2		2	e	C2a	3.1 3.3 6.2 7.3	6	I	2	=	9.11	4.121	4.131				3186
n-p	s		Wh	ccc	Me	Sr	zw		6-7	??	–		1		A4b	2.2 2.3 2.7 2.9	–	N	5	<			?	cdg			3187
n-p	s		Wh	ccc	Me	Au	zw		5-6		–		1		A4b	2.7 2.9	–	N	5	<			?	cdg			3188
n-p	s		Wh	ccc	Me En	Sr	zw		4-7		–		1	gg h	E4		–	I/N	1-2	=						B	3189
n-p	s	3.5	Wh	ccc	Me En	Sr	zw	30*	5-7		–		1	gg h	E4	3.2 3.3 7.4 9.2	1	I	1	=	14.81101	14.73	13.312				3190
n-p	s		Wh	ccc	Me En	Sr	zw		4-6		–		1	gg h	F3	3.3 7.4 9.2 9.3	–	I	1	=			14.812	k		E	3191
n-p	s		Wh	ccc	Me En	Sr	zw	30*	5-6	me	–		1	gg h	E4	3.3 7.4 9.2 9.3	1	I/N	2	=	14.81101	14.811	14.73601			H	3192
h	s		Rh	css	Me Ep	Sr	zw		5-8	ca my me	1		1	e	B6		–	I	2	=>							3193
h	s	4	Rh	css	Me Ep	Sr	zw	p4	5-7		1		1	e	D3	3.1 3.3 6.2 9.1	6	I	2	>	9.131	9.113					3194
h	s		Rh	css	Me Ep	Sr	zw	p3	6-8		1		1	e	C2a	3.2 3.3	–	I	1	=			3.31	afk			3195
t	t		Wv	crr	Me Ep	Kv	zw	p2	6-9	en	–		1	e	D4		–	I	2	=							3196
t	t		Wv	crr	Me Ep	Kv	zw		6-9		–		1	e	D1b	6.7 7.4 9.2 9.3	–	I	2	=			11.11	km			3197
t	t		Wv	crr	Me Ep	Kv	zw		6-9		–		1	e	D4	6.7 7.4 9.2 9.3	–	I	2	=			14.81	ckm			3198
t	t		Wv	crr	Me Ep	Kv	zw	r2	7-10	au en	–		1		C2	2.1 2.2 6.2 6.7	7	I/A	4	>			2.3				3199
t	w		Wv	crr	Me Ep	Kv	zw		7-8	au my	–		1	h e	D3	2.2 2.9	7	Ja	5	=			2.3			H	3200
k-t	w	3.5	Wv	crr	Me Ep	Kv	zw	p1	7-9	au me	1	3	2	e	B6a	2.1 2.2 2.5 6.7	7	I/N	4	<	9.113	5.11	2.3				3201
k-t	t		Wv	crr	Me Ep	Kv	zw		6-8	ca me	–		2		C2		–	I/A	2-3	=>							3202
k-t	t		Wv	crr	Me Ep	Kv	zw		6-8		–		2		C2a	2.2 2.5 3.2 6.2	–	I	2	=			3.36	km			3203

Nummern			Taxa			Klima						Boden												
SEN	SIN	FAN	Gattung	Aggregat/Einzelart	Kleinart	T	v	K	v	L	v	F	v	W	R	v	N	v	S	M	H	v	D	v
3204	–	–	Lactuca		ramosissima	4.5	I	3	I	5	I	1.5	I	1	3	II	2	I	s	m	1	I	5	I
3205	224900	124.89.1.1	Lactuca		viminea	4.5	I	4	I	3	I	1.5	I	1	4	I	2	I		m	3	I	3	I
3206	225000	124.89.6	Lactuca	virosa		4.5	II	4	I	3	I	2.5	II	1	3	I	4	I			3	I	3	I
3207	225100	127.4.1	Lagarosiphon	major		5	I	2	I	3	I	5u	I	1	4	I	3	I			3	I	1	I
3208	–	–	Lagurus	ovatus		5	I	3	I	4	I	1	I	1	3	I	2	I	s		1	I	3	I
3209	225500	108.9.4	Lamium	album		4	II	4	I	3	I	3	I	1	3	II	5	I			3	I	3	I
3210	225600	108.9.7	Lamium	amplexicaule		4	II	4	I	4	I	2.5	I	1	3	II	4	I			3	I	3	I
3211	–	–	Lamium	galeobdolon aggr.		3.5	II	x	–	1	II	3.5	II	1	3	II	3	I			3	I	3	I
3212	–	–	Lamium		argentatum	3.5	I	3	I	2	I	3.5	I	1	3	II	3	I			3	I	3	I
3213	225900	108.9.8.2	Lamium		flavidum	3.5	II	4	I	1	I	3.5	I	1	3	II	3	I			3	I	3	I
3214	225800	–	Lamium		galeobdolon	3.5	I	4	I	1	I	3	II	1	4	II	3	I			3	I	3	I
3215	226000	108.9.8.1	Lamium		montanum	3	II	2	I	1	I	3.5	I	1	3	II	3	I			3	I	3	I
3216	–	108.9.2	Lamium	garganicum		2.5	I	3	I	4	II	2	I	1	4	II	2	I			3	II	5	I
3217	226100	108.9.6	Lamium	hybridum		3.5	I	2	I	4	I	3	I	1	3	I	4	I			3	I	3	I
3218	226200	108.9.3	Lamium	maculatum		3.5	I	2	I	3	I	3.5	I	1	3	II	5	I			3	I	3	I
3219	226400	108.9.1	Lamium	orvala		4.5	I	3	I	2	I	4	I	1	3	I	4	I			3	I	3	I
3220	226500	108.9.5	Lamium	purpureum		3	II	3	I	4	I	3	I	1	4	I	4	I		m	3	I	3	I
3221	–	–	Landoltia	punctata		4	II	1	I	4	I	5v	I	1	3	I	3	II			–	–	–	–
3222	226600	106.18.1	Lappula	deflexa		2.5	I	4	I	4	I	2	I	1	3	II	5	I			3	I	3	I
3223	226800	106.18.2	Lappula	squarrosa		3.5	II	4	I	4	I	2	I	1	4	II	4	I			3	I	3	I
3224	–	–	Lapsana	communis aggr.		4	II	3	I	3	I	3	I	1	4	II	4	I			3	I	3	I
3225	227000	124.96.1.1	Lapsana		communis	3.5	II	3	I	3	I	3.5	I	1	3	II	4	I		m	3	I	3	I
3226	227100	124.96.1.2	Lapsana		intermedia	4.5	I	3	I	3	I	3	I	1	4	I	4	I			3	I	3	I
3227	227200	10.4.1	Larix	decidua		2	II	4	I	4	I	3	I	1	2	II	2	I		m	3	I	3	I
3228	–	97.58.1	Laser	trilobum		3.5	I	4	I	3	I	2	I	1	4	II	2	I			3	I	3	I
3229	227300	97.59.7	Laserpitium	gallicum		3	I	4	I	5	I	2	I	1	5	I	2	I			3	I	5	I
3230	227500	97.59.6	Laserpitium	halleri		2	I	4	I	4	I	2	I	1	2	I	2	I			3	I	3	I
3231	–	–	Laserpitium	krapfii aggr.		2.5	II	4	I	3	I	2	I	2	3	I	2	I			3	I	3	I
3232	227400	97.59.3	Laserpitium		gaudinii	2	I	4	I	3	I	2	I	2	3	I	2	I			3	I	3	I
3233	–	–	Laserpitium		krapfii	3	I	4	I	3	I	2	I	2	3	I	2	I		m	3	I	3	I
3234	227700	97.59.2	Laserpitium	latifolium		3	II	4	I	3	I	2.5	I	3	4	I	3	I			3	II	1	I
3235	227800	97.59.5	Laserpitium	nitidum		3	I	4	I	4	I	2	I	3	4	I	2	I			3	I	3	I
3236	227900	97.59.4	Laserpitium	peucedanoides		3	I	4	I	4	I	2	I	1	4	I	2	I			3	I	5	I
3237	228000	97.59.8	Laserpitium	prutenicum		4	I	4	I	3	I	3.5	I	3	4	I	2	I			3	II	1	I
3238	228100	97.59.1	Laserpitium	siler		3.5	II	4	I	4	I	2	I	1	4	I	2	I			3	I	5	I
3239	–	–	Lathraea	clandestina		4.5	I	2	I	1	I	2	I	1	3	I	2	I			3	I	3	I
3240	–	–	Lathraea	squamaria aggr.		3.5	II	3	I	1	I	3.5	II	2	3	II	3	I			3	II	3	II
3241	228700	114.29.1	Lathraea		squamaria	4	I	3	I	1	I	3.5	I	2	4	I	3	I			3	I	3	II
3242	–	–	Lathraea		tatrica	3	I	3	I	1	I	3	I	2	3	I	3	I			5	I	3	I
3243	–	64.27.20	Lathyrus	annuus		4.5	I	3	I	4	I	2	I	2	3	II	3	I			3	I	3	II
3244	228900	64.27.24	Lathyrus	aphaca		4.5	I	4	I	4	I	2	I	1	3	II	2	I			3	II	1	II
3245	229100	64.27.18	Lathyrus	cicera		4.5	I	3	I	4	I	2	I	1	3	I	3	I			3	I	3	I
3246	–	–	Lathyrus	filiformis aggr.		4.5	II	4	I	4	II	2.5	II	2	4	I	2	I			3	I	3	II
3247	229000	–	Lathyrus		bauhinii	4.5	I	4	I	3	I	3	I	2	4	I	2	I			3	I	1	I
3248	–	64.27.5	Lathyrus		filiformis	4	I	4	I	4	I	2	I	1	4	I	2	I			3	I	3	I
3249	229400	64.27.21	Lathyrus	hirsutus		4.5	I	4	I	3	I	2	I	1	4	I	3	I			3	I	3	I
3250	229700	64.27.7	Lathyrus	linifolius		4	I	2	I	3	I	2.5	I	2	2	I	2	I			3	I	1	I
3251	230000	64.27.3	Lathyrus	niger		4.5	I	4	I	3	I	2	I	1	3	II	2	I		m	3	I	3	I
3252	230100	64.27.23	Lathyrus	nissolia		5	I	4	I	4	I	2.5	I	1	2	II	3	I	s		3	I	1	I
3253	–	–	Lathyrus	ochraceus aggr.		2	II	4	II	3	I	3	I	1	4	II	3	II			3	I	1	I
3254	230200	64.27.4.2	Lathyrus		occidentalis	2	I	3	I	3	I	3	I	1	5	I	3	I			3	I	1	I
3255	–	64.27.4.1	Lathyrus		ochraceus	2.5	I	4	I	3	I	3	I	1	4	II	4	I			3	I	1	I
3256	–	64.27.22	Lathyrus	ochrus		4.5	I	3	I	4	I	1.5	I	1	3	II	2	I			3	I	3	I
3257	–	–	Lathyrus	odoratus		5	I	1	I	4	I	2.5	I	1	3	I	3	I			3	I	3	I
3258	230300	64.27.9	Lathyrus	palustris		4	I	4	I	4	I	4.5	I	2	4	I	2	I	s		5	I	1	I
3259	–	–	Lathyrus	pannonicus aggr.		4	II	4	II	4	I	x	–	3	4	I	3	II			3	II	3	II
3260	–	64.27.6.3	Lathyrus		asphodeloides	3.5	I	3	I	4	I	3.5	II	3	4	I	2	I			3	I	3	I
3261	–	64.27.6.2	Lathyrus		collinus	4.5	I	4	I	4	I	2	II	3	4	I	3	I			3	I	3	II
3262	–	64.27.6.1	Lathyrus		pannonicus	4	I	4	I	4	I	3.5	I	3	4	I	3	I			5	I	1	I
3263	–	64.27.6.4	Lathyrus		varius	4	I	3	I	4	I	2	I	2	4	I	2	I			3	I	3	I
3264	–	64.27.8	Lathyrus	pratensis aggr.		3.5	II	x	–	3	I	x	–	2	3	I	3	II		m	3	II	1	II
3265	229800	–	Lathyrus		lusseri	2.5	I	2	I	3	I	4	I	2	3	I	4	I			3	II	1	I
3266	230400	–	Lathyrus		pratensis	3.5	I	3	I	3	II	3.5	I	2	3	I	3	II			3	II	1	I
3267	231000	–	Lathyrus		velutinus	3.5	I	5	I	3	I	2	I	1	3	I	3	I			3	I	3	I
3268	230500	64.27.19	Lathyrus	sativus		4.5	I	3	I	3	I	3	I	2	4	I	3	I			3	I	1	I
3269	–	–	Lathyrus	setifolius aggr.		5	II	4	II	3	II	1.5	II	1	3	II	3	II			3	II	3	I
3270	228800	64.27.15	Lathyrus		angulatus	5	I	4	I	3	I	1.5	I	1	3	I	3	I			3	I	3	I
3271	–	64.27.16	Lathyrus		inconspicuus	4.5	I	3	I	4	I	1.5	I	2	2	I	2	I			1	II	3	I
3272	230600	64.27.17	Lathyrus		setifolius	5	I	4	I	3	I	1.5	I	1	3	I	3	I			3	I	3	I
3273	230700	64.27.14	Lathyrus		sphaericus	5	I	4	I	3	I	2	I	1	3	I	3	I			3	I	3	I
3274	–	–	Lathyrus	sylvestris aggr.		x	–	4	II	3	II	2.5	II	1	4	II	3	II			3	I	3	II
3275	229300	64.27.13	Lathyrus		heterophyllus	3.5	I	5	I	4	I	2	I	2	5	I	2	I			3	II	5	I
3276	229600	64.27.12	Lathyrus		latifolius	4.5	I	4	I	4	I	2.5	I	2	4	I	3	I		m	3	I	3	I
3277	230800	64.27.11	Lathyrus		sylvestris	3.5	I	4	I	3	I	2.5	I	2	4	I	3	I		m	3	I	3	II
3278	230900	64.27.10	Lathyrus	tuberosus		4.5	I	4	I	4	I	2	I	2	4	I	3	I			3	II	1	I
3279	231100	64.27.2	Lathyrus	venetus		4.5	I	4	I	2	I	2	I	1	3	I	3	I			3	I	3	I
3280	–	–	Lathyrus	vernus aggr.		3.5	II	4	I	3	I	2.5	II	2	4	II	2	I			3	I	1	II
3281	231400	64.27.1.2	Lathyrus		gracilis	4	I	4	I	3	I	2	I	1	5	I	2	I			3	I	3	II
3282	231200	64.27.1.1	Lathyrus		vernus	3.5	I	4	I	3	I	2.5	I	2	4	I	2	I		m	3	I	1	I
3283	231500	14.1.1	Laurus	nobilis		5	I	2	I	2	I	2	I	1	3	I	2	I			3	I	3	I
3284	231600	108.30.1	Lavandula	angustifolia		4	II	4	I	3	I	1.5	I	1	3	I	2	I			3	I	3	I
3285	–	108.30.2	Lavandula	latifolia		4	I	3	I	4	I	1.5	I	1	3	II	2	I			3	I	3	II
3286	–	45.2.1	Lavatera	maritima		5	I	3	I	4	I	1.5	I	1	3	II	3	I	s		3	I	5	I
3287	–	45.2.2	Lavatera	thuringiaca		4	I	4	I	4	I	2	I	1	3	II	3	I	s		3	I	3	I
3288	–	–	Lavatera	trimestris		5	I	3	I	4	I	2	I	1	3	I	3	I	s		3	II	3	I
3289	–	–	Ledum	palustre		2.5	I	5	I	4	I	4	I	2	1	I	2	I			5	I	1	I
3290	231800	139.70.1	Leersia	oryzoides		4	I	2	I	4	I	5	I	3	3	I	4	I			5	I	1	I
3291	–	118.3.1	Legousia	falcata		4.5	II	3	I	4	I	1.5	I	2	4	II	2	I	s		3	I	3	I
3292	231900	118.3.3	Legousia	hybrida		4.5	I	2	I	4	I	2	I	1	3	I	3	I			3	I	3	I

Strategien					Biologisches Verhalten										Vorkommen						Pflanzengesellschaften			Literatur			
LF	BD	WT	RO	KS	DA	VA	FS	MA	BZ	BS	MV	SU	DG	GI	GV	LR	EG	AE	EM	VE	1	2	3	BL	SL	TB	SEN
k-t	t		Wv	crr	Me Ep	Kv	zw		6-8		–		2		C2	2.1 2.2 3.2	–	I?	2	=			12.4?	k m			3204
k-t	t		Wv	crr	Me Ep	Kv	zw	p2	6-8		–		2		C2	2.2 2.5 3.2 6.2	7	I/A	3	>			9.1				3205
t	t		Wv	crr	Me Ep	Kv	zw	p2	7-9	en	2	3	2	mg h e	C2c	2.1 2.2 2.5 3.3	7	I/A	4	>			5.11				3206
a	w		Rs	css	Me	As Sw	di		7-8	??	–		3		A3a	1.1	4	N	1	<			1.3				3207
t	s w		–	rrr	Me Ep	Kv	zw		6-8		–		2		C2	2.1 2.2 5.1 7.3	–	A	5	=			4.2	f g k			3208
h	w		Rs	crr	My	Ao Au	zw		5-8	me (au)	3	5	3	h e	B4a	2.2 2.3 2.4 7.2	7	I/A	3	=	5.1	2.11					3209
t	s	1.5	–	rrr	My	Kv	cl zw	d	3-9	au (me)	–	4	2	e	B6a	2.1 2.5 3.2 6.2	7	I/A	4	>	2.3						3210
c	w		Rs	crs	My	Ao Sr	zw	r2	5-7		–		3	e	D3		–	I/Jn	1-3	<=					519, 905		3211
c	w		Rs	crs	My	Ao	zw		5-6	me	–		3	e	D3	2.3 2.6 2.9 9.2	–	Jn	3	<			14.7	c g l	766	B	3212
c	w		Rs	crs	My	Sr	zw		5-7	me	–		3	e	E2a	2.5 3.3 9.1 9.2	1	I	1	=	14.7	14.722	13.321				3213
c	w	1.5	Rs	crs	My	Ao	zw		5-7	me au (my)	–		3	e	D4	9.2	1	I	2	=			14.73		615		3214
c	w	2	Rs	crs	My	Ao	zw		5-7	au me	–		3	e	D3	2.3 6.7 7.2 9.2	1	I	1	=	14.7	14.3122	13.321		615		3215
h	s?		Rh	ccs	My	Sr	zw		5-8	me	–		2	e	C1	3.3 6.2 7.4 9.2	–	I	2	=			3.362	k m			3216
t	s w		–	rrr	My	Kv	cl zw		4-9	au en	–		1	e	C2c	2.1 2.2 2.7	7	Ja	5	>			2.3a				3217
h	t	1	Rs	crs	My	Ao Au	zw	r10	4-9	me (my) (hm)	2		3	e	D3	2.2 2.3 2.5 9.2	7	I	3	=	5.131	5.1	14.72102				3218
h	t?		Rh	crs	My	Sr	zw		4-6	me	1		2	e	E2c	2.3 2.6 7.2 9.2	–	I	1	=			14.732	a f k			3219
k-t	s w	1	–	rrr	My	Kv	cl zw	p1	2-11	me au (my)*	–	5	2	e	C2c	2.1 2.2 2.5 2.7	7	A	4	=	5.131	2.3	2.11				3220
a	t		–	sss	Hy Ep	As	zw		6-9		–		4		A1	1.3 2.1	–	N	2	<			1.11	k			3221
t	w		–	crr	Ep	Kv	zw		6-8	au en	–		1		B6	2.2 2.4 2.6	7	I?	3	>			2.343				3222
t	w	2.5	–	crr	Ep	Sr	zw	p2	6-9	au my me hm*	–		1		E1	2.1 2.2 6.2	7	A	4	>			2.343				3223
h-t	s w	2	–	crr	Bo	Kv	zw	p1	6-10	au my me (le)	1		2	e	B6		–	I/N	2-3	=					105	B	3224
h-t	s w	1.5	–	crr	Bo	Kv	zw		6-9		1	3	2	e	B6	2.1 2.3 2.6 9.2	1	I	3	=	5.131	11.411	14.811				3225
h	t		–	crr	Bo	Kv	zw		6-10		1		2	e	D1b	2.2 9.2	–	I/N	2	=			5.13	a c h			3226
p	s	4.5	Wh	ccc	Me Dy	Kv	mo	1100	5-6	an	–		3	e	E4a	7.1 8.1 8.2 9.1	2	I/N	2	=	14.312	14.31213				H	3227
h	s		Wv	ccs	Me	Kv	ve		5-6	en	–		2	e	B6	6.7 7.4 9.2 9.3	–	I	2	=			11.111	c i k			3228
h	s		Wv	ccs	Me	Sr	ve	p7	6-7		2		2		E2b	3.2 3.3 6.2 9.1	–	I	2	=			3.36				3229
h	s	4	Wv	ccs	Me	Sr	ve		6-8	my hm (le)*	2		2		F5	3.2 3.3 6.5 9.1	2	I	2	=	10.41	10.421	12.313				3230
h	s		Wv	ccs	Me	Sr	ve		6-8		2		2		E2c		–	I	2	=						B	3231
h	s		Wv	ccs	Me	Sr	ve		7-8		2		2		F6	3.3 6.2 6.5 9.1	2	I	2	=	3.312	14.211	14.21111				3232
h	s		Wv	ccs	Me	Sr	ve		6-8		2		2		E2c	7.1 8.2 9.1 9.2	–	I?	2	=			14.31	k			3233
h	s		Wv	ccs	Me	Sr	ve	p3	7-8	en	2		2	h e	D3	3.2 3.3 6.5 6.7	2	I	2	>*	11.1	10.21	14.2112				3234
h	s		Wv	ccs	Me	Sr	ve		7-8		1		2		F3c	6.5 7.1 7.2 8.2	–	I	2	=			10.2	a f k			3235
h	s		Wv	ccs	Me	Sr	ve		6-8		–		2		E2c	3.2 6.5 7.2 8.2	–	I	2	=			10.211	a c f			3236
k	s		Wv	ccs	Me	Kv	ve		6-9	en	2		2		D3	6.2 6.3 7.4 9.1	5	I/A	2	>	11.231						3237
h	s		Wv	ccs	Me	Sr	ve	d	6-8	en	2		3	h e	E1	3.2 3.3 6.5 8.2	2	I	2	=	11.111	14.211	10.211				3238
g.vp	–		Rn	sss	Me	Sr	cl zw		4-6	me	–		2		C2a	9.2	–	I/N	2	=			14.7	k m			3239
g.vp	–		Rn	sss	Me	Sr	cl zw		3-5	an me	–		2		B6		–	I	1	=						D	3240
g.vp	–		Rn	sss	Me	Sr	cl zw	d	3-4		–		2		B6	2.3 7.4 9.2	1	I	1	=	14.7						3241
g.vp	–		Rn	sss	Me	Sr	cl zw		4-5		–		2		E4a	9.1	–	I	1	=			14.3123	c l m			3242
t	s		–	rrr	Au	Kv	zw		5-6		–		1	e	C2	2.1 2.2 6.1 6.2	–	N	4	<			2.3	k m			3243
t.li	s	2	–	rrr	Au	Kv	zw		5-7	en	–		1	mg e	C2b	2.1 2.2 6.7 7.4	7	A	5	>			2.312				3244
t	s		–	rrr	Au	Kv	zw		4-7		–		2	mg e	C2	2.1 2.2 6.2 6.3	7	A	4	>			2.312				3245
h	s		Sk Rs	ccs	Au	Au	zw		4-7		–		2	e	E2		–	I	1-2	>							3246
h	s		Rs	ccs	Au	Au	zw		6-7		–		2	e	E2	6.2 6.3 6.7 7.4	1	I	1	>			11.1?				3247
h	s		Sk	ccs	Au	Au	zw		4-7		–		2	e	C2a	3.2 6.2 7.4	–	I	2	>			9.1	k m			3248
t.li	s w		–	crr	Au	Kv	zw		6-8	me	1		2	e	C2	2.1 2.2 6.2 6.7	7	A/N	5	>			2.312				3249
h	s		Rk	crs	Au My	Au	zw		4-6	me	–		3	mg h e	D3	6.7 7.4 9.1 9.2	1	I	1	>	14.733	14.411	11.112				3250
g	s	3	Rh Wv	crs	Au	Sr	zw	p2	6-7	me	–		1	e	B6a	7.4 9.1 9.2 9.3	1	I	1	>	14.81105	14.733					3251
t	s		–	crr	Au	Kv	cl zw		5-7	au	–		1	e	C2	2.1 6.2 7.4 9.3	7	A	3	>			2.321				3252
g	s		Rh	ccs	Au	Sr	zw		5-8		2		2	e	D3		–	I	2	>						B	3253
g	s		Rh	ccs	Au	Sr	zw		6-7		2		2	e	E3	6.5 7.2 9.1 9.2	2	I	2	>	10.212						3254
g	s		Rh	ccs	Au	Sr	zw		5-8		2		2	e	D4	6.5 7.2 8.1 9.2	–	I	2	>			11.514	c k m			3255
t	w		–	rrr	Au	Kv	zw		4-6		–		2	e	C2	2.1 6.2 7.4	–	N	4	>			2.3	k m			3256
t.li	s w		–	crr	Au	Kv	zw		6-9	me	–		2	mg e	D1f	2.1 2.2 2.7 2.9	–	N	5	=			2.3?	c g k			3257
g.li	s		–	css	Au	Au	zw		5-7	me	2		2	e	B3	1.3 6.3	5	I	2	>	11.23	6.112					3258
g	s		Wk	ccs	Au	Sr	zw		5-8	me	–		1	e	B6a		–	I	2	>				m		B	3259
g	s		Wk	ccs	Au	Sr	zw		5-7		–		1	e	D1a	6.2 6.3 6.7 9.3	–	I	2	>			11.231	k m			3260
g	s		Wk	ccs	Au	Sr	zw		5-6		–		1	e	D1b	6.2 6.7 7.4	–	I	2	>			11.111	c m			3261
g	s	2.5	Wk	ccs	Au	Au Sr	zw		5-7		–		1	e	D4	5.1 6.3	–	I	2	>			11.23	c k m			3262
g	s		Wk	ccs	Au	Sr	zw		5-7		–		1	e	E2a	6.2 6.7 7.4	–	I	2	>			9.1	k m			3263
g	s		Rs	crs	Au En	Au	zw		6-8	me	3		2	tg e	B6		8	I	2-3	=						B	3264
g	s		Rs	ccr	Au En	Au	zw		6-8		2		2	tg e	E1?	2.2 6.2 6.3 6.7	–	I	2	=			11.242	c f g			3265
g	s	2.5	Rs	crs	Au En	Au	zw		6-7		3	3	2	tg e	B6	2.6 6.2 6.3 6.7	–	I	3	=	11.2	11.11	14.21122				3266
g	s		Rs	crs	Au En	Au	zw		6-7		2		2	tg e	D4	6.2	–	I	2	=			9.1?	f			3267
t.li	s		Wv	crr	Au	Kv	cl zw		5-7	me	–		1	mg e	B6a	2.2 2.9 6.3	7	A/N	5	=			2.3				3268
t	s w		–	rrr	Au	Kv	zw		4-7	au	–		1	e	C2		–	I/A	5	>							3269
t	s w		–	rrr	Au	Kv	zw		5-6		–		1	e	C2	2.1 2.2 6.1 6.2	6	I	3	>			4.221	a k m			3270
t	s w		–	rrr	Au	Kv	zw		5-7	??	–		1	e	C2	2.1 2.2 6.2 6.7	–	I	3	>			4.221	k m			3271
t	s w		–	rrr	Au	Kv	cl zw		4-7		–		1	e	C2	2.2 3.3 6.2 7.3	–	I	2	>			4.2	a f k			3272
t	s w		–	rrr	Au	Kv	zw		4-7		–		1	e	C2	2.1 2.2 6.2 6.7	7	I/A	3	>			2.3				3273
g.li	s t		Rh	ccs	Au En	Au	zw	r5	6-8		1		3	mg e	C1		–	I/N	2-3	<>							3274
g.li	s		Rh	ccs	Au En	Au	zw	p12	7-8	me	1		3	mg e	E5	2.2 3.3 6.7 7.4	1	I	2	>	11.111						3275
g.li	t		Rh	ccs	Au En	Au	zw		6-8	me ps	1		3	mg e	D1	6.7 7.4 9.2 9.3	3	I/N	3	<	11.111	14.811					3276
g.li	s	3	Rh	ccs	Au En	Au	zw	>23*	6-8	me	2		3	mg e	D3	2.6 3.3 6.7 7.4	1	I	3	=	11.1	11.11					3277
g.li	v	3	Wk	ccr	Au	Au Ws	zw	d	6-7	me ps	–	2	1	mg e	A4a	2.1 2.2 6.7 7.4	7	A	5	>			2.312				3278
g	s		Rh	css	Au	Sr	zw		5-6	me	–		2	e	D1b	7.4 9.2 9.3	1	I	1	>			14.812				3279
g	s		Rh	css	Au	Sr	zw	r6	4-5	me	–		2	e	B6		–	I	1	=	14.73	14.811	14.735			B	3280
g	s		Rh	css	Au	Sr	zw		4-5		–		2	e	E2a	7.4 9.2 9.3	1	I	1	=			14.732				3281
g	s	3	Rh	css	Au	Sr	zw		4-5		–		2	e	B6	7.2 7.4 9.1 9.2	1	I	1	=			14.7				3282
n-p	i		Wh	ccc	En	Sr	di		4-5	me	–		3	mg e	C2	2.9 9.2 9.3 9.4	1	A	3	<			14.9				3283
z	w		Wh	ccs	Bo	Sr	zw	p35	6-8	au me ps ph	–		2	h e	C2a	3.2 6.2 7.3 9.1	3	I/N	3	<			9.14				3284
z	w		Wh	ccs	Bo	Sr	zw		7-9	en	–		2	h e	C2	2.6 3.2 6.2 7.3	–	I/N	4	<			12.411	f k m			3285
c-z	t		Wh	css	Ep	Sr	zw		2-7		–		2		C2a	3.2 3.3	–	I	2	=			3.24	k m			3286
h	s		Wv	css	Ep	Sr	zw		6-8	me	–		2	h e	D4	2.2 2.5 6.7 7.4	–	I/N	3	<			5.113	c i k			3287
t	s		–	crs	Ep	Kv	zw		5-10	hm	–		3		C2	2.1 2.2 2.9	–	N	4	<			2.3	c m			3288
n-z	i	2	Wh	ccc	Bo	Au Kt	zw		5-7	au my	–		3	mg h	B3	5.2 9.1	–	I	2	>			12.1	i l m			3289
g	w		Rs	ccs	Bo Ep	Au	zw		8-9	au	2		3	e	B4c	1.3 2.1 4.2 5.2	5	I	2	>	6.111	6.113					3290
t	s		–	rrr	Bo	Kv	zw		4-7		–		1		C2	2.1 2.2 6.2 6.4	–	I	3	=			4.211	k m			3291
t	w	1	–	rrr	Bo	Kv	zw		5-6	au en	–	3	1		C2c	2.1 2.2 6.1 6.2	7	I/A	4	>			2.31				3292

Nummern			Taxa			Klima						Boden												
SEN	SIN	FAN	Gattung	Aggregat/Einzelart	Kleinart	T	v	K	v	L	v	F	v	W	R	v	N	v	S	M	H	v	D	v
3293	–	118.3.2	Legousia	scabra		5	I	3	I	4	I	1.5	I	2	3	II	2	I			3	I	3	II
3294	232000	118.3.4	Legousia	speculum-veneris		4.5	I	3	I	4	I	2.5	I	2	4	II	3	I		m	3	I	3	I
3295	–	–	Lemna	aequinoctialis		5	I	1	II	4	I	5v	I	1	3	I	3	I			–	–	–	–
3296	–	–	Lemna	minor aggr.		3.5	II	x	–	3	II	5v	I	1	3	II	3	II			–	–	–	–
3297	232200	135.1.2	Lemna		gibba	4	I	2	I	3	I	5v	I	1	4	I	4	I	s		–	–	–	–
3298	232300	135.1.3	Lemna		minor	3.5	I	2	I	3	I	5v	I	1	3	I	3	I			–	–	–	–
3299	–	–	Lemna		turionifera	3.5	I	4	I	3	I	5v	I	1	3	I	3	I			–	–	–	–
3300	232410	135.1.4	Lemna	minuta		4.5	I	2	I	3	I	5v	I	1	3	I	3	I			–	–	–	–
3301	232500	135.1.1	Lemna	trisulca		3.5	I	4	I	3	I	5u	I	1	4	I	3	I			–	–	–	–
3302	–	–	Lens	culinaris aggr.		4.5	I	3	I	4	II	2	II	1	4	II	3	II			3	I	3	II
3303	232600	64.26.2	Lens		culinaris	4.5	I	3	I	3	I	2	I	1	4	II	3	I			3	I	3	II
3304	–	64.26.1	Lens		nigricans	4.5	I	3	I	5	I	1.5	I	1	4	II	2	I			3	I	5	II
3305	232700	124.83.4	Leontodon	autumnalis aggr.		3	II	3	I	4	I	3	I	3	3	I	3	I	s	m	3	I	1	I
3306	–	–	Leontodon		autumnalis	3.5	II	3	I	4	I	3	I	3	3	I	3	I	s		3	I	1	I
3307	–	–	Leontodon		pratensis	2	I	3	I	4	I	3	I	3	3	I	3	I			3	I	1	I
3308	–	124.83.9	Leontodon	berinii		3.5	I	4	I	5	I	2	I	3	4	II	2	I			1	I	5	I
3309	232800	124.83.7	Leontodon	crispus		4.5	I	4	I	4	I	1.5	I	3	4	I	2	I			3	I	5	I
3310	–	124.83.6	Leontodon	hirtus		4.5	I	4	I	4	I	1.5	II	2	4	I	2	I			3	I	1	II
3311	–	124.83.5	Leontodon	hispidus aggr.		x	–	3	II	4	II	x	–	2	3	II	2	II	s		x	–	x	–
3312	–	–	Leontodon		alpinus	1	I	2	I	5	I	2.5	I	2	3	II	2	I			3	I	3	I
3313	233200	–	Leontodon		danubialis	3	II	2	I	4	I	3.5	I	2	3	I	2	I		m	5	I	1	I
3314	–	–	Leontodon		dubius	1.5	I	3	I	5	I	1.5	I	2	5	I	2	I			1	I	5	I
3315	233100	–	Leontodon		hispidus	3	II	3	I	4	I	2.5	II	2	4	II	3	I		m	3	I	1	I
3316	233400	–	Leontodon		hyoseroides	2	II	3	I	4	I	3	I	2	4	I	2	I			1	I	5	II
3317	233600	–	Leontodon		pseudocrispus	2	I	3	I	4	I	2.5	I	2	3	II	2	I			1	II	5	II
3318	–	–	Leontodon	incanus aggr.		3.5	II	4	I	4	I	1.5	I	1	5	I	2	I			3	I	3	II
3319	233800	124.83.8.1	Leontodon		incanus	3	II	4	I	4	I	1.5	I	1	5	I	2	I			3	I	5	I
3320	233900	124.83.8.2	Leontodon		tenuiflorus	4	II	4	I	4	I	1.5	I	1	5	I	2	I			3	I	3	I
3321	–	–	Leontodon	montanus aggr.		1	II	2	I	5	II	3.5	II	1	4	II	2	I			1	II	5	II
3322	–	124.83.3.2	Leontodon		montaniformis	1.5	I	2	I	4	II	3.5	II	1	4	I	2	I			3	I	3	I
3323	234000	124.83.3.1	Leontodon		montanus	1	I	2	I	5	I	3.5	I	1	5	I	2	I			1	I	5	I
3324	–	–	Leontodon	pyrenaicus aggr.		1.5	II	3	II	4	I	3	II	1	3	II	2	I			3	I	3	II
3325	–	124.83.2	Leontodon		croceus	2	I	4	I	4	I	3	II	2	3	II	2	I			3	I	3	II
3326	232900	124.83.1	Leontodon		helveticus	1.5	I	3	I	4	I	3	I	1	2	I	2	I		m	3	I	3	I
3327	234200	124.83.11	Leontodon	saxatilis		4.5	I	2	I	4	I	2.5	I	2	3	II	3	I	s		3	I	1	I
3328	234500	124.83.10	Leontodon	tuberosus		5	I	3	I	4	I	2.5	I	3	4	I	2	I	s		3	I	5	I
3329	234600	124.13.1	Leontopodium	alpinum		1.5	I	4	I	4	I	2	I	1	4	II	2	I			3	I	3	I
3330	–	108.10.1	Leonurus	cardiaca aggr.		4.5	I	4	II	4	I	2.5	I	1	4	I	5	I			3	I	3	I
3331	234700	–	Leonurus		cardiaca	4.5	I	4	I	4	I	2.5	I	1	4	I	5	I			3	I	3	I
3332	–	–	Leonurus		intermedius	4.5	I	4	I	4	I	2.5	I	1	4	I	5	I			3	I	3	I
3333	–	–	Leonurus		quinquelobatus	4	I	5	I	4	I	2.5	I	1	3	I	3	I			3	I	3	I
3334	234800	108.10.2	Leonurus	marrubiastrum		5	I	3	I	3	I	3.5	I	2	4	I	4	I			3	I	3	I
3335	–	–	Lepidium	campestre aggr.		x	–	x	–	4	II	x	–	1	4	II	3	II			3	I	3	II
3336	234900	54.54.1	Lepidium		campestre	4.5	I	4	I	4	I	2.5	I	1	4	I	4	I	s		3	I	1	I
3337	–	–	Lepidium		heterophyllum	4	I	1	I	4	I	3.5	I	1	3	I	4	I			3	I	3	I
3338	–	54.54.3	Lepidium		hirtum	4.5	I	3	I	5	I	1.5	I	1	4	I	2	I			3	I	3	I
3339	–	54.54.2	Lepidium		villarsii	2.5	I	3	I	4	I	2	I	2	4	II	2	II			3	I	3	I
3340	235200	54.54.11	Lepidium	graminifolium		4.5	I	2	I	4	I	2	I	1	3	I	3	I			3	I	3	I
3341	235300	54.54.10	Lepidium	latifolium		4.5	I	2	I	4	I	3	I	3	3	I	5	I	ss		3	I	1	I
3342	235500	54.54.9	Lepidium	perfoliatum		4.5	I	5	I	4	I	3	I	3	4	I	4	I	ss		3	I	1	I
3343	235600	54.54.8	Lepidium	ruderale		4.5	I	4	I	4	I	2	II	2	4	I	4	I	ss		3	I	3	I
3344	235700	54.54.4	Lepidium	sativum		5	I	3	I	4	I	2.5	I	1	3	I	4	I			3	I	3	I
3345	–	–	Lepidium	virginicum aggr.		4.5	I	3	II	4	I	2	I	1	3	II	4	I			3	I	3	I
3346	235000	54.54.6	Lepidium		densiflorum	4.5	I	3	I	4	I	1.5	I	1	3	I	4	I			3	I	3	I
3347	235400	54.54.7	Lepidium		neglectum	4.5	I	4	I	4	I	1.5	I	1	3	I	4	I			3	I	3	I
3348	235800	54.54.5	Lepidium		virginicum	4.5	I	3	I	4	I	2	I	1	3	II	4	I	s		3	I	3	I
3349	235900	124.36.1	Leucanthemella	serotina		4.5	I	3	I	4	I	4	I	3	3	II	3	I			5	II	1	I
3350	–	124.37.1	Leucanthemopsis	alpina aggr.		1	I	3	I	5	I	3	I	1	2	II	2	I		m	3	II	3	II
3351	236000	–	Leucanthemopsis		alpina	1	I	3	I	5	I	3	I	1	2	I	2	I			3	II	3	II
3352	236100	–	Leucanthemopsis		minima	1	I	3	I	5	I	3	I	1	3	I	2	I			3	II	3	II
3353	–	–	Leucanthemum	atratum aggr.		x	–	3	II	4	II	2.5	II	1	4	II	2	II			3	II	5	II
3354	–	124.39.8.1	Leucanthemum		atratum	1.5	I	3	I	4	I	2.5	I	1	5	I	2	I			3	II	3	II
3355	–	124.39.8.4	Leucanthemum		ceratophylloides	2	I	3	I	5	I	2.5	I	1	3	I	1	I			1	II	5	I
3356	236300	124.39.8.3	Leucanthemum		coronopifolium	1.5	I	3	I	5	I	3	I	1	3	I	2	I			1	I	5	I
3357	236500	124.39.8.2	Leucanthemum		halleri	1.5	I	3	I	5	I	3	I	1	5	I	2	I			1	I	5	I
3358	–	124.39.8.6	Leucanthemum		lithopolitanicum	1.5	I	3	I	4	I	3	I	1	5	I	2	I			3	II	3	II
3359	–	124.39.8.5	Leucanthemum		platylepis	4	I	4	I	4	I	2.5	I	1	4	I	2	I			3	I	3	II
3360	–	124.39.9	Leucanthemum	discoideum		3.5	I	3	I	3	II	2	I	1	3	II	3	I			3	I	3	II
3361	236900	–	Leucanthemum	vulgare aggr.		x	–	3	II	4	II	2.5	II	x	3	II	3	II	s		3	II	3	II
3362	236200	124.39.2.1	Leucanthemum		adustum	2.5	II	3	I	3	I	3	I	3	4	I	2	I		m	3	II	1	II
3363	–	124.39.7	Leucanthemum		burnatii	3.5	I	4	I	4	I	2	I	1	4	I	2	I			3	I	3	I
3364	–	124.39.3	Leucanthemum		cuneifolium	2.5	I	3	I	4	I	3	I	2	4	I	2	I			3	I	3	I
3365	236400	124.39.1	Leucanthemum		gaudinii	3	II	3	I	4	I	3	II	3	3	I	2	I			3	II	3	II
3366	236600	124.39.3	Leucanthemum		heterophyllum	2.5	I	3	I	4	I	2.5	II	1	3	II	3	I		m	3	I	3	I
3367	236800	124.39.1	Leucanthemum		ircutianum	3.5	I	3	I	4	I	3	I	1	3	II	3	I			3	I	3	I
3368	–	124.39.2.2	Leucanthemum		margaritae	3	II	3	I	4	I	2.5	I	1	4	I	2	I			3	I	5	II
3369	–	–	Leucanthemum		maximum	3	I	4	I	4	I	3	I	1	3	I	3	I			3	I	3	I
3370	–	124.39.5	Leucanthemum		pallens	4.5	I	4	I	4	I	2	I	1	4	I	2	I			3	I	3	I
3371	236700	124.39.1	Leucanthemum		praecox	4.5	I	4	I	4	I	2.5	I	1	3	II	3	I			3	I	3	I
3372	–	124.39.6	Leucanthemum		subglaucum	3.5	I	3	I	4	II	2	I	1	3	II	2	I			3	I	5	II
3373	–	–	Leucanthemum		superbum	3.5	I	3	I	4	I	3	I	1	3	I	3	I			3	I	3	I
3374	237000	144.2.3	Leucojum	aestivum		4.5	I	2	I	3	I	4	I	3	4	I	4	I			3	I	1	I
3375	–	–	Leucojum	nicaeense aggr.		5	I	3	I	4	I	1.5	I	1	4	I	2	I			3	I	3	I
3376	–	–	Leucojum		fabrei	5	I	3	I	4	I	1.5	I	1	4	I	2	I			3	I	3	I
3377	–	144.2.1	Leucojum		nicaeense	5	I	3	I	4	I	1.5	I	1	4	I	2	I			3	I	3	I
3378	237100	144.2.2	Leucojum	vernum		3.5	I	2	I	3	I	3.5	I	2	3	I	4	I			3	I	1	I
3379	237300	124.66.1	Leuzea	conifera		5	I	3	I	4	I	1	I	1	2	II	2	I			1	I	5	I
3380	237400	97.51.1	Levisticum	officinale		4.5	I	4	I	3	I	3	I	1	3	I	3	I			3	I	1	I
3381	–	124.50.1	Ligularia	sibirica		3	II	4	I	4	I	4.5	I	3	3	I	3	I			3	I	1	I

	Strategien				Biologisches Verhalten										Vorkommen						Pflanzengesellschaften			Literatur			
LF	BD	WT	RO	KS	DA	VA	FS	MA	BZ	BS	MV	SU	DG	GI	GV	LR	EG	AE	EM	VE	1	2	3	BL	SL	TB	SEN
t	s		–	rrr	Bo	Kv	zw		4-6		–		1		D1a	2.1 3.2 7.2	–	I	3	=			4.2	k m			3293
t	w	1	–	rrr	Bo	Kv	d zw	pl	6-7	au me	–		1	e	C2	2.1 2.2	7	A	5	>	2.31						3294
s	s	1	–	rss	Hy Ep	As	zw		5-9		–		4	e	A0	1.3 2.1	–	N	3	<			1.11	k			3295
s	t	1	Tu	rss	Hy Ep	As	zw	d	5-10		–		5	e	B2		–	I	3	<=				i l		D	3296
s	t	1	–	rss	Ep Hy	As	zw		5-10	en	–	2	5	e	B2	1.1 1.3	4	I	3	=	1.112						3297
s	t	1	–	rss	Hy Ep	As	zw		6-9	mo	–		5	e	B3	1.1 1.2 1.3	4	I	3	=	1.11	6.111	6.112				3298
s	t	1	Tu	rss	Ep Hy	As Sb	zw		6-8	mo	–		5	e	B3a	1.1 1.2 1.3	–	I?	3	<			1.11	c i l	941		3299
s	t	1	–	rss	Hy Ep	As	zw		6-9	mo	–		5	e	A1-2	1.3	4	N	3	<			1.11	a h i	940		3300
s	w	1	–	sss	Hy Ep	As	zw		5-8	mo	–		3	e	B2	1.1 1.2 1.3	4	I	2	>	1.111						3301
t	t		–	crr	Dy At	Kv	zw		4-7		–		1	e	C2		–	I/A	3-5	>						H	3302
t	t	2	–	crr	Dy At	Kv	zw	pl	6-7	au me	–		1	e	C2	2.1 2.2 2.9	7	Ja	5	>			2.3				3303
t	t		–	crr	Dy At	Kv	zw		4-6		–		1	e	C2	2.1 2.2 3.1 6.2	–	I	3	>			4.211	f k m			3304
h	w	1.5	Rh	crr	Me En	Sr	zw	r3	7-9	my me le ps*	3		3	e	B6b		–	I	2-3	=>						B D	3305
h	w	1.5	Rh	crr	Me	Sr	zw		7-9		3	3	3	e	B6b	2.2 2.5 2.7 6.3	8	I	3	>	11.243	2.351	10.412				3306
h	w	1.5	Rh	crr	Me	Sr	zw		7-9		3		3	e	D5	4.1 5.1 6.3 6.5	–	I	2	=			11.244	f i k			3307
h	t		Rh	crs	Me	Sr	zw		5-6		–		3	e	F4b	2.5	–	I	2	=			3.351	k m			3308
h	t		Wv	crs	Me	Sr	zw	r3	6-7	me	–		2	e	D1	3.2 3.3 6.2 7.3	2	I	2	>			9.14				3309
h	t		Rh	crr	Me	Sr	zw		5-7	me my ps*	–		2	e	D1a	2.2 3.2 6.2 7.3	–	I	2	=			12.41	k m			3310
h	t		Rh	crs	Me	Sr	zw	r4	5-8	me le my ca*	3		3	e	D3		–	I	1-3	=>					964	B	3311
h	t		Rh	crs	Me	Sr	zw		6-8		2		3	e	E4	3.2 3.2 6.5	–	I	2	=			10.41?	i k m		E	3312
h	t	2	Rh	crs	Me	Sr	zw		5-7		2		2	e	D3	4.1 5.1 6.3 6.5	5	I	2	>*			11.2	h i k	509		3313
h	t		Rh	crs	Me	Sr	zw		6-8		–		2	e	F7	3.3	–	I	1	>*			3.31?	c k	510		3314
h	t	1.5	Rh	crs	Me En	Sr	zw		6-8		3	3	3	e	D3	6.2 6.3 6.5 9.1	8	I	3	>*	11.2	10.21	14.31216				3315
h	t		Rh	crs	Me	Sr	zw		6-8		–		3	e	E5	2.5 3.2 3.3 6.5	2	I	1	>*			3.312	c f h	509		3316
h	t		Rh	crs	Me	Sr	zw		7-8		–		2	e	F6?	2.2 3.2 3.3	2	I	1	=			3.3	c h k			3317
h	t		Wv	crs	Me	Sr	zw	r7	4-7	en	–		2	e	E4		–	I	2	>	9.1	14.2111	14.811				3318
h	t	2.5	Wv	crs	Me Dy	Sr	zw		6-7		–		2	e	E4	3.2 6.2 6.5 9.1	2	I	2	>*			9.1				3319
h	t		Wv	crs	Me Dy	Sr	zw		4-6		–		2	e	F4	3.2 6.2 6.5 9.1	2	I	2	>			9.1				3320
h	w		Rh	crs	Me	Sr	zw		7-8	en	–		1	e	E4		–	I	1	=						B	3321
h	w		Rh	css	Me	Sr	zw		7-8		–		2	e	F8*	3.3 3.4 6.6	–	I	1	=			3.32	c			3322
h	w	1.5	Rh	crs	Me Hy	Sr	zw	p4	7-8		–		1	e	E2c	2.5 3.3 6.5	2	I	1	=	3.311	3.321					3323
h	t		Rh	crs	Me	Sr	zw		7-8	my	–		2	e	E1		–	I	2	=						B	3324
h	t		Rh	crs	Me	Sr	zw		7-8		–		2	e	E2c	6.5 7.1	–	I	1	=			10.4	c m			3325
h	t	1.5	Rh	crs	Me	Sr	zw	p4	7-8		3		2	e	E5	3.3 6.5 7.1 9.1	2	I	2	>*	10.4	8.111	12.31				3326
k	w		Rh	crs	Me	Sr	zw		7-9	me	3	2	1	e	E2	2.1 2.2 5.1 6.3	7	I/N	4	<			11.243				3327
h	t	2.5	Wk	crs	Me	Sr Ws	zw		5-11		–		1	e	C2	2.1 6.1 6.2 7.6	–	I?	3	=?			9.221	a f k			3328
h	t		Rh	ccs	Me	Sr	fa ve	r10	7-8	my ca	2		2	h	E1	3.2 3.3 6.5 9.1	2	I	1	=	10.211	3.33	10.311				3329
h	t		Rh	crs	Ep	Sr	zw	pl	6-9	me	–		3	h	B6		–	I/A/N/Jn	4	<>					108		3330
h	t		Rh	crs	Ep	Sr	zw		6-9		–		3	h	B6	2.2 2.6 6.7 7.4	7	I?/A	4	>			5.113			B	3331
h	t		Rh	crs	Ep	Sr	zw		6-9		–		3	h	D3	2.2 2.3 2.5 4.2	–	Jn	4	<?			5.1		352		3332
h	t		Rh	crs	Ep	Sr	zw		6-8		–		3	h	A4c	2.2 2.3 2.5 2.9	–	N	4	<?			5.13	c k m			3333
k-t	t s		–	crr	Ep	Kv	zw		7-8	au me	–		2		B6a	2.3 2.6 7.4 9.2	–	I/A	3	>			11.311				3334
h-t	w		Rh Wd	crs	Me	Sr	zw		5-7		–		2	e	C1		–	I/N	3	=						B	3335
k-t	t		–	rrs	Me	Kv	zw	p2	4-6	au	1	3	2	e	B6	2.1 2.2	7	I/N	4	>			2.313				3336
h-k	w		Wv	crs	Me	Sr	zw		5-6		–		2	e	D2	2.1 2.2 2.5	–	N	4	=			2.3				3337
h-k	w		Rh Wv	crs	Me	Sr	zw		5-6		–		2	e	C2a	2.2 6.1 7.3 9.3	–	I	3	=			9.221	k m			3338
h	w		Rh Wv	crs	Me	Sr	zw		5-7	??	–		2	e	E2b	3.3 6.5 9.1	–	I	1	=			10.2	k m			3339
h	w		Rs	rrr	Me	Sr	zw		6-10	me hm	1		2	e	C2	2.2	7	A	5	=			2.34				3340
h	w		Wv	ccs	Me	Sr	zw		7-10	au en	1		2	h e	C2c	2.1 2.5 3.2	7	A	5	>			11.212				3341
k-t	w s		–	rrr	Me	Kv	zw	p4	5-6	au en	1	3	2	e	A4a	2.1 2.2 2.5	7	N	5	>			2.351				3342
k-t	w s		–	rrr	Me	Kv	zw		6-10	au	3		2	e	B6a	2.2	7	A	5	>			2.351				3343
t	s		–	rrr	Me At	Kv	zw		6-7	ca my me hm*	3		2	h e	A3c	2.2 2.9	7	Ja	5	=			2.343				3344
k-t	w s		–	rrr	Me	Kv	zw		5-9	au en	–		2	e	A2		–	N	5	<>						B	3345
k-t	w s		–	rrr	Me	Kv	zw	pl	5-8		–		2	e	A2	2.2	7	N	5	=			2.343				3346
k-t	w s		–	rrr	Me	Kv	zw		6-8		–		2	e	A2	2.2	7	N	5	>			2.343			E	3347
k-t	w s		–	rrr	Me	Kv	zw		5-9		–	4	2	e	A2a	2.2	7	N	5	<			2.34				3348
h	s		Rh	crs	Bo	Sr	ve		7-9	en	2		2	e	C2b	1.3 2.2 2.5 2.9	5	N	3	=			6.11				3349
h	w		Rh	ccs	Bo	Sr	ve	r8	7-8	au my le*	2		2	e	E1		–	I	1	=						D	3350
h	w		Rh	ccs	Me	Sr	ve		7-8		2		2	e	E1	3.3 6.5 6.6 7.1	2	I	1	=	10.411	8.111	3.341				3351
h	w		Rh	ccs	Bo	Sr	ve		7-8		2		2	e	E3a	3.3 6.5 6.6 7.1	2	I	1	=			10.41			E	3352
h	w		Rh	css	Bo	Sr	ve		7-9	my	–		2	e	E1		–	I	1	=						B	3353
h	w		Rh	css	Bo	Sr	ve		7-9		–		3	e	F8	3.2 3.3 6.5 6.6	–	I	1	=			10.21	c m			3354
h	w		Rh	css	Bo	Sr	ve		7-9		–		2	e	E2d	3.2 3.3 6.5 8.2	–	I	1	=			3.31	f k m			3355
h	w		Rh	css	Bo	Sr	ve		7-8		–		2	e	F2	3.3 4.2 6.5 9.1	–	I	1	=			3.31	f k m			3356
h	w		Rh	css	Bo	Sr	ve	r5	7-8		–		2	e	F7	2.5 3.3 6.5	2	I	1	=	3.311	3.312					3357
h	w		Rh	css	Bo	Sr	ve		7-8		–		2	e	F4b*	2.5 3.2 3.3 6.5	–	I	1	=			10.21	c m			3358
h	w		Rh	css	Bo	Sr	ve		7-8		–		2	e	E2c	2.5 3.2 6.2	–	I	1	=			9.12	k m			3359
h	w		Rh	crs	Bo	Sr	zw		6-8		2		2	e	F2a	2.6 6.7 7.4 9.3	–	I	2	=			11.11	m			3360
h	w		Rh	crs	Bo En	Sr	ve	r5	5-10	au ca my me*	3		2	e	B6		–	I/N/Jn	2-4	<>						B C	3361
h	w	2	Rh	crs	Bo En	Sr	ve		6-9		3		2	e	E1	3.3 6.5 6.7 7.2	2	I	2	>*	10.21	14.7315	14.21124				3362
h	w		Rh	crs	Bo En	Sr	ve		5-7		2		2	e	F2a	3.2 6.2 7.1	–	I	2	=			9.14				3363
h	w		Rh	crs	Bo En	Sr	ve		5-8		2		2	e	F2a*	6.2 6.5 7.2 9.1	–	I	2	=			10.21				3364
h	w	2	Rh	crs	Bo En	Sr	ve		5-8		2		2	e	E1	3.3 6.2 6.5	–	I	2	=	10.412	10.421		c f k			3365
h	w		Rh	crs	Bo En	Sr	ve		7-9		2		2	e	E2d	6.2 6.3 6.5 7.2	2	I	2	=			10.211				3366
h	w	1.5	Rh	crs	Bo En	Sr	ve		5-10		3	4	3	e	B6	2.1 2.2 6.2 6.3	8	I/N	3	=	11.241	11.242	9.135				3367
h	w		Rh	crs	Bo En	Sr	ve		5-8		2		2	e	E4a	3.2 6.2 9.1	–	I	2	=			14.211	c m			3368
h	w		Rh	crs	Bo En	Sr	ve		5-9		2		2	e	E2f	2.2 2.7 2.9 3.3	–	N	2	<			9.13?			H	3369
h	w		Rh	crs	Bo En	Sr	ve		6-8		2		2	e	E2	2.6 6.2 7.3 9.3	–	I	3	=?			12.41				3370
h	w		Rh	crs	Bo At	Sr	ve		5-10		3		2	e	B6a	2.2 6.2 6.3 7.3	6	I/N	4	<			11.24?	c k m			3371
h	w		Rh	crs	Bo En	Sr	ve		5-6		2		2	e	E2b	6.2 6.7 7.4 9.3	–	I	2	=			14.811?				3372
h	w		Rh	crs	Bo At	Sr	ve		6-9		3		2	e	D3	2.2 2.7 2.9 3.3	–	Jn	5	<			?				3373
g	v	1.5	Zw	crs	My	Bz	zw		4-5	au me	–		3	mg	B6a	1.4 2.9 6.3 9.2	5	I/N	2	=	14.721	11.231					3374
g	v		Zw	crs	My	Bz	zw		1-4		–		3	mg	F2a*		–	I	2	=							3375
g	v		Zw	crs	My	Bz	zw		1-3		–		3	mg	F2a*	7.3	–	I	2	=			12.411				3376
g	v		Zw	crs	My	Bz	zw		1-4		–		3	mg	F2a*	3.2 6.2 7.3	–	I	1	=			9.21	m			3377
g	v	1	Zw	crs	My	Bz	zw		2-4	au me ps	2		4	mg	D3	2.3 2.7 6.3 9.2	1	I/N	2	<	14.722	14.735				H	3378
h	w		Rh	crs	Me	Sr	zw	p6	5-7		–		1		C2a	6.2 7.3 7.6 9.1	–	I	2	>?			12.41	a f k			3379
k	s		Wv	ccs	Bo	Sr	zw		6-8	my me hm	–		1	mg h e	A4a	2.2 2.5 2.7 2.9	7	A	5	=			5.1				3380
h	s?		Rh	ccs	Me	Sr	ve		7-9		–		2	tg	B4	1.3 5.2	–	I/N	2	>?			6.112	c m			3381

Nummern			Taxa			Klima						Boden												
SEN	SIN	FAN	Gattung	Aggregat/Einzelart	Kleinart	T	v	K	v	L	v	F	v	W	R	v	N	v	S	M	H	v	D	v
3382	237500	97.48.4	Ligusticum	ferulaceum		2	I	3	I	5	I	2	I	1	5	I	2	I			1	I	5	I
3383	237600	97.48.3	Ligusticum	lucidum		2.5	I	3	I	4	I	2	I	1	5	I	2	I			3	I	3	I
3384	237800	97.48.2	Ligusticum	mutellina		1.5	I	2	I	4	I	3.5	I	2	2	I	3	I			3	I	3	I
3385	237900	97.48.1	Ligusticum	mutellinoides		1	I	4	I	5	I	3	I	1	3	I	2	I			3	I	3	I
3386	–	–	Ligustrum	ibota		4.5	I	2	I	3	I	2.5	I	1	3	I	3	I			3	I	3	I
3387	238050	113.4.2	Ligustrum	lucidum		5	I	2	I	3	I	2.5	I	1	3	I	3	I			3	I	3	I
3388	–	–	Ligustrum	ovalifolium		4.5	I	2	I	3	I	2.5	I	1	4	I	3	I			3	I	3	I
3389	–	–	Ligustrum	sinense		4.5	I	2	I	3	I	3	I	1	3	I	2	I			3	I	3	I
3390	238100	113.4.1	Ligustrum	vulgare		4	I	3	I	3	I	2.5	II	3	4	II	3	I		m	3	I	3	I
3391	–	–	Lilium	bulbiferum aggr.		3	II	4	I	4	I	2	I	1	3	I	2	II			3	I	5	I
3392	238200	143.15.3.1	Lilium		bulbiferum	2.5	II	4	I	4	I	2	I	1	3	I	3	I			3	I	5	I
3393	238300	143.15.3.2	Lilium		croceum	3	II	4	I	4	I	2	I	1	3	I	2	I			3	I	5	I
3394	–	143.15.2	Lilium	candidum		4	I	3	I	4	I	2	I	1	4	I	3	I			3	I	3	I
3395	–	143.15.5	Lilium	carniolicum		2.5	II	3	I	4	II	2.5	II	1	4	I	3	I			3	I	3	I
3396	238500	143.15.1	Lilium	martagon		3	II	3	I	3	I	3	I	2	4	I	3	I		m	3	I	1	I
3397	–	143.15.4	Lilium	pomponium		2.5	II	3	I	4	II	2	I	1	4	I	3	I			3	II	3	II
3398	238600	148.4.1	Limodorum	abortivum		4.5	I	3	I	3	I	2	I	1	4	I	2	I		m	5	I	3	I
3399	238700	114.3.1	Limosella	aquatica		3	II	3	I	4	I	4.5	I	3	3	II	3	I	s		1	I	1	I
3400	–	–	Linaria	alpina aggr.		2	II	4	I	5	I	3	II	1	4	II	2	I			1	I	5	I
3401	238900	114.11.9.1	Linaria		alpina	1.5	I	4	I	5	I	3.5	I	1	4	II	2	I		m	1	I	5	I
3402	239000	114.11.9.2	Linaria		petraea	2.5	I	4	I	5	I	2.5	I	1	5	I	2	I			1	I	5	I
3403	239200	114.11.10	Linaria	arvensis		4.5	II	2	I	4	I	2.5	I	1	2	II	4	I	s		3	I	3	I
3404	–	114.11.3	Linaria	chalepensis		4.5	I	3	I	4	I	1.5	I	1	4	I	2	I			1	I	5	I
3405	–	–	LInaria	genistifolia aggr.		4.5	I	4	I	4	II	1.5	I	1	4	I	2	II			3	II	3	II
3406	239560	–	Linaria		dalmatica	4.5	I	4	I	5	I	1.5	I	1	4	I	2	I			1	II	5	II
3407	239500	114.11.2	Linaria		genistifolia	4.5	I	4	I	4	I	1.5	I	1	4	I	3	I			3	I	3	I
3408	–	114.11.5	Linaria	pelisseriana		5	I	2	I	4	I	1.5	I	1	3	I	2	I	s		3	I	3	I
3409	–	–	Linaria	purpurea		4.5	I	4	I	4	I	2.5	I	1	4	I	3	I		m	3	I	3	I
3410	239800	114.11.4	Linaria	repens		4.5	II	2	I	4	I	3	I	1	2	II	4	I			3	I	3	I
3411	239900	114.11.11	Linaria	simplex		5	II	3	I	4	I	3	I	1	2	I	4	I			3	I	3	I
3412	240100	114.11.8	Linaria	supina		4.5	II	4	I	4	I	2	I	1	4	I	2	I		m	1	I	5	I
3413	240200	114.11.1	Linaria	tonzigii		1.5	I	3	I	4	I	2	I	1	5	I	2	I			1	I	5	I
3414	–	–	Linaria	vulgaris aggr.		4	II	3	II	4	I	2	II	1	3	II	4	II			3	I	3	I
3415	239100	114.11.7	Linaria		angustissima	4.5	II	4	I	4	I	1.5	I	1	4	I	3	I			3	I	3	I
3416	240300	114.11.6	Linaria		vulgaris	3.5	II	3	I	4	I	2	I	1	3	II	4	I		m	3	I	3	I
3417	–	–	Lindernia	dubia aggr.		4	II	3	I	4	I	4	I	3	3	I	4	I			3	II	1	I
3418	–	–	Lindernia		anagallidea	4.5	I	3	I	4	I	4	I	3	3	I	4	I			3	II	1	I
3419	–	–	Lindernia		dubia	4	I	3	I	4	I	4	I	3	3	I	4	I			3	II	1	I
3420	240400	114.2.1	Lindernia	procumbens		4.5	I	2	I	4	I	4.5	I	3	4	I	4	I			3	II	1	I
3421	240600	120.4.1	Linnaea	borealis		2	I	4	I	2	I	3	I	1	2	I	1	I			5	I	3	I
3422	–	83.1.13.1	Linum	appressum		4.5	II	3	I	5	I	1.5	I	2	4	II	2	I			3	I	3	II
3423	–	83.1.2	Linum	campanulatum		3.5	II	3	I	5	I	1.5	I	1	4	I	2	I		m	3	I	3	II
3424	–	–	Linum	catharticum aggr.		x	–	3	I	3	II	2.5	II	3	4	II	2	I	s	m	3	II	1	I
3425	241100	83.1.15	Linum		catharticum	4	I	3	I	3	II	2.5	II	3	4	II	2	I	s	m	3	II	1	I
3426	–	–	Linum		suecicum	2.5	I	3	I	3	II	2.5	II	2	4	II	2	I			3	II	1	I
3427	–	83.1.1	Linum	flavum		4	I	4	I	4	II	2	I	1	4	II	2	I			3	I	3	II
3428	–	83.1.9	Linum	hirsutum		4.5	I	5	I	5	I	1.5	I	1	4	II	2	I			1	I	5	II
3429	–	83.1.10	Linum	maritimum		5	I	3	I	5	I	4	II	3	4	I	3	I	ss		3	I	1	I
3430	241300	83.1.3	Linum	narbonense		5	I	4	I	4	I	1	I	1	4	I	2	I			3	I	3	I
3431	–	–	Linum	nodiflorum		4.5	I	3	I	4	I	2	I	1	4	I	2	I			3	I	3	II
3432	–	–	Linum	perenne aggr.		x	–	x	–	4	I	2	II	1	4	II	2	I			3	II	3	II
3433	240700	83.1.4	Linum		alpinum	2	I	4	I	4	I	2.5	I	1	4	I	2	I			3	I	3	I
3434	240900	83.1.5.1	Linum		austriacum	4	I	5	I	4	I	1	I	1	4	I	2	I			3	I	3	I
3435	–	83.1.5.2	Linum		collinum	4.5	II	4	I	4	I	1.5	I	1	4	II	2	I			3	I	3	I
3436	–	–	Linum		leonii	3.5	I	3	I	4	I	2	I	2	4	I	2	I			1	I	5	I
3437	–	–	Linum		montanum	2.5	I	3	I	4	I	2	I	1	4	I	2	I			1	I	3	II
3438	–	–	Linum		perenne	4	I	5	I	4	I	1.5	I	1	4	I	2	I			3	I	3	I
3439	–	–	Linum	strictum aggr.		5	II	4	I	5	I	1.5	I	1	4	II	2	I			3	II	3	II
3440	–	–	Linum		corymbulosum	5	I	4	I	5	I	1.5	I	1	4	II	2	I		m	3	II	3	I
3441	–	83.1.14.1	Linum		strictum	5	II	4	I	5	I	1.5	I	1	4	II	2	I		m	3	II	3	II
3442	241500	83.1.12	Linum	tenuifolium		4.5	I	4	I	4	I	1.5	I	1	4	I	3	I		m	3	I	3	I
3443	241600	83.1.11	Linum	trigynum		5	I	2	I	4	I	1.5	I	1	4	I	2	I			3	I	3	I
3444	–	–	Linum	usitatissimum aggr.		x	–	3	II	4	I	2.5	I	1	3	I	3	I			3	I	3	I
3445	241000	83.1.6	Linum		bienne	5	I	2	I	4	I	2	I	1	4	I	3	I			3	I	3	I
3446	241700	83.1.7	Linum		usitatissimum	3.5	II	4	I	4	I	2.5	I	1	4	I	3	I			3	I	3	I
3447	–	83.1.8	Linum	viscosum		3.5	II	4	I	4	I	2	I	2	4	II	2	I			3	I	3	I
3448	241800	148.27.1	Liparis	loeselii		4	I	2	I	4	I	4.5	I	2	4	II	1	I			5	II	1	I
3449	–	–	Liriodendron	tulipifera		4.5	I	2	I	2	I	3	I	1	3	I	3	I			3	I	3	I
3450	241900	148.7.2	Listera	cordata		2.5	I	2	I	1	I	4	I	2	1	I	1	I			5	I	1	I
3451	242000	148.7.1	Listera	ovata		3	II	3	I	3	I	3.5	I	3	3	I	3	I			3	II	1	I
3452	–	106.4.1	Lithodora	fruticosa		4.5	I	3	I	5	I	1.5	I	2	5	I	2	I			1	I	1	II
3453	242200	106.2.1	Lithospermum	officinale		4	I	3	I	3	I	3.5	I	2	4	I	3	I			3	I	1	I
3454	242400	111.2.1	Littorella	uniflora		4	I	2	I	4	I	4.5	I	3	3	I	2	I			1	I	1	II
3455	242500	143.10.1	Lloydia	serotina		1	I	3	I	4	I	2.5	I	1	2	I	1	I		m	3	I	3	I
3456	242550	–	Lobelia	erinus		4.5	I	1	I	4	I	3	I	1	3	I	3	I			3	I	1	I
3457	242560	54.35.1	Lobularia	maritima		4.5	I	3	I	4	I	1.5	I	1	3	I	2	I	s		3	I	3	I
3458	242600	57.5.1	Loiseleuria	procumbens		1.5	I	4	I	5	I	2	II	2	2	I	1	I		m	5	I	3	I
3459	242700	139.2.2	Lolium	multiflorum		4.5	II	2	I	4	I	3.5	I	3	3	II	4	I	s		3	I	1	I
3460	242800	139.2.1	Lolium	perenne		3.5	I	3	I	4	I	3	I	3	3	II	4	I	s	m	3	I	1	I
3461	242900	139.2.5	Lolium	remotum		4.5	I	4	I	4	I	3	I	1	4	I	3	I			3	I	3	I
3462	243000	139.2.3	Lolium	rigidum		4.5	I	4	I	4	I	2	I	1	3	I	4	I	s		3	I	3	I
3463	243100	139.2.4	Lolium	temulentum		4	I	4	I	3	I	3	I	1	4	I	4	I			3	I	3	I
3464	243200	98.5.1	Lomatogonium	carinthiacum		1.5	I	3	I	4	I	4.5	I	3	3	I	1	I			3	I	3	I
3465	243300	123.7.1	Lomelosia	graminifolia		4.5	I	4	I	4	I	1.5	I	1	5	I	2	I			1	I	5	I
3466	–	–	Lomelosia	stellata aggr.		4.5	II	3	I	4	II	2	I	1	4	I	2	I			3	I	3	I
3467	–	123.7.3	Lomelosia		simplex	4.5	I	3	I	4	I	2	I	1	4	I	2	I			3	I	3	I
3468	–	123.7.2	Lomelosia		stellata	5	I	3	I	4	I	2	I	2	4	I	2	I			3	I	3	I
3469	243400	120.5.3	Lonicera	alpigena		2.5	I	2	I	2	I	3	I	2	4	I	3	I			3	I	1	I
3470	–	–	Lonicera	caerulea aggr.		2	II	3	II	3	I	3	II	1	2	I	2	I			3	II	3	I

Strategien					Biologisches Verhalten										Vorkommen						Pflanzengesellschaften			Literatur			
LF	BD	WT	RO	KS	DA	VA	FS	MA	BZ	BS	MV	SU	DG	GI	GV	LR	EG	AE	EM	VE	1	2	3	BL	SL	TB	SEN
h	w		Wv	ccs	Me	Sr Ws	ve		7-8		2		2		F5	3.2 3.3 6.5	–	I	1	=			3.312	a f k			3382
h	w		Wv	crs	Me	Sr	ve		7-8		2		2		F3	3.2 6.5 7.2 7.4	2	I	2	>			3.36				3383
h	w	2.5	Wv	ccs	Me En	Sr Ws	ve	p5	6-8	my (ca) (hm)*	3		2	h e	E4	4.1 6.5 7.2 9.1	2	I	2	=	11.244	10.212	11.242				3384
h	w	1	Wv	crs	Me	Sr	ve	p7	7-8	en	2		1		E4	3.2 3.3 6.5	2	I	1	=	10.311	10.4					3385
n	s		Wh	ccc	Dy	Kv	zw		5-6		–		3	mg	A4b	2.3 2.7 2.9	–	N	4	<			?	d g			3386
n-p	t w		Wh	ccc	En Dy	Kv	zw	p2	7-9		–		2	mg	A4b	2.9 9.2	1	N	4	<			14.733	m			3387
n	t w		Wh	ccc	En Dy	Kv	zw		5-6	en	–		2	mg	A4b	2.2 2.3 2.7 2.9	–	N	3	<			?	d g m			3388
n	s		Wh	ccc	En	Kv	zw		6-7		–		2	mg	A4b	2.3 2.7 2.9	–	N	3	<			?	d			3389
n	t	3	Wh	ccc	En Dy	Au	zw	p33	5-7	au my me ps*	–		3	mg	B6	7.4 9.1 9.2 9.3	1	I	2	=	14.731	13.321	13.312				3390
g	s		Zw	crs	Bo	Kv	zw		6-7	au ps	2		2	mg e	E1		–	I	1	>						H	3391
g	s		Zw	crs	Bo	Sb	zw		6-7		2		2	mg e	E4	6.3 6.7 7.2 9.3	2	I	1	>	10.21	11.111					3392
g	s		Zw	crs	Bo	Kv	di zw		6-7		2		2	mg e	E2d	6.2 6.7 7.4 9.3	6	I	1	>	9.131	14.81	11.111				3393
g	s		Zw	crs	Bo	Kv	zw		5-7	ph°	2		2	mg e	C2b	2.1 2.9 6.7 7.4	–	A	5	=			?	c k m		H	3394
g	s		Zw	crs	Bo	Kv	zw		5-7		2		2	mg e	E2c	6.3 6.7 7.2 8.2	–	I	1	>			11.514	c k m			3395
g	s		Zw	crs	Bo	Kv	zw		6-8	ph au (ps)	2		2	mg e	B6	6.5 7.2 8.1 9.2	1	I	1	=	11.514	14.731	14.735	k m			3396
g	s		Zw	crs	Bo	Kv	zw		5-7		2		2	mg e	F2a	6.2 6.5 7.1 7.4	–	I	1	>			12.412				3397
g.sp	–		Rh Wd	rss	Me	Au	cl zw	d	5-7	au	–		1		C2	6.2 6.5 9.1 9.3	1	I	1	>	14.811						3398
t	w		–	rss	Hy Ep	Ao	zw		6-9	au	–		3		B3	1.4 2.5	5	I	1	>			2.211				3399
c	w		Rs	rss	Bo Hy	Au	zw	p12	6-8	me	–		2	e	E1		–	I	1	=							3400
c	w	1	Rs	rss	Bo Me	Au	zw		6-8		–		2	e	E1	2.5 3.2 3.3	2	I	1	=	3.3	3.351				B	3401
c	w		Rs	rss	Bo Me	Au	zw		6-8		–		2	e	F1?	2.5 3.2 2.3	3	I	1	=			3.362				3402
t	s		–	rrr	Bo Me	Kv	zw		6-8	au	–		2	e	C2a	2.1 2.2	7	I/A	5	>			2.322				3403
t	s		–	rrr	Bo	Kv	zw		4-6		–		2	e	C2	2.1 6.2 7.3	–	I	3	=			2.33	k m			3404
g-h	s		Rs	crs	Bo	Ws	zw		6-9	me	–		2	h e	B6a		–	I/N	3	<						B	3405
g-h	s		Rs	crs	Bo	Ws	zw		6-9		–		2	e	E2g	2.2 2.9	–	N	4	<			5.112	k m			3406
g-h	t		Rs	crs	Bo	Ws	zw		6-9		–		2	h	B6a	2.2 2.5 6.2	7	I/N	3	<			9.1	c k m			3407
t	s		–	rrr	Bo	Ws	zw		5-7		–		2	e	C2	2.1 3.1 6.1 7.3	–	I	4	=			4.221	k m			3408
h	t		Wv	crs	Bo	Ws	zw		6-8	me	–		2	e	D1f	2.2 2.5 2.9 3.2	7	N	4	<			3.36	g k m			3409
g-h	s		Wv	crs	Bo	Ws	zw		6-9	me	–		2	mg e	D2	2.2 2.6 3.3 6.7	7	I/N	3	>			3.371				3410
t	s		–	rrr	Bo	Kv	zw	p2	6-8	au	–		2	e	C2	2.1 2.2 3.3 6.2	7	A	5	>			4.2				3411
c	t		Rs	rss	Bo	Kt	zw	p2	6-9		–		2	e	D1a	2.2 3.3 6.2	3	I	3	>			3.36				3412
g	s?		Rs	rss	Bo	Au	zw		7-8		–		2	e	F3c*	3.3	–	I	1	=			3.311	a f k			3413
g-h	t		Rs	crs	Bo Me	Ws	zw		6-10		3		3	tg e	B6		–	I/A	3	=							3414
g-h	t	1	Rs	crs	Bo Me	Ws	zw		6-8	me	2		2	tg e	E2	2.2 3.3 6.2 7.4	7	I	2	=			9.11				3415
g-h	t	2.5	Rs	crs	Bo En	Ws	zw	p5	6-10	me	3	3	3	tg h e	B6	2.1 2.2 3.1 3.3	7	I/A	4	=	5.11	11.411					3416
t	s		–	rrs	Hy	Ao	cl zw		7-9	au	–		2		A2c		–	N	3	<							3417
t	s		–	rrs	Hy	Ao	cl zw		6-9		–		2		A2c	1.4	–	N	3	<			2.2	k m			3418
t	s		–	rrs	Hy	Ao	cl zw		5-10		–		2		A2c	1.4 2.1 2.5	–	N	3	<			2.2	k m			3419
t	s		–	rrs	Hy	Kv	cl zw		7-9	au	–		2		B4c	1.4 2.1	5	I	2	>			2.211				3420
z	i	1	Rs	crs	Ep	Kt	zw	r16	7-8	my	–		3		B3	9.1	2	I	1	=	14.312						3421
z	i?		Rs	css	Bo	Sr	zw		5-7		–		2		C2a	6.2 7.3	–	I	2	=			9.14	k m			3422
c	w		Rs	css	Bo	Sr	zw		4-6		–		2		C2	3.2 3.3 6.2 7.3	–	I	2	=			12.4	k m			3423
h-t	s w	1	Rs	rss	Bo En	Kv Sr	zw		5-8	au my	2		2	mg h	B6		–	I	2	=>						B	3424
k-t	s w	1	Rs	rss	Bo My	Kv	zw	p3	5-7		2	5	2	mg h	B6	6.2 6.3 6.5 6.7	5	I	2	>	9.135	7.231	10.21				3425
k	w	1	Rs	rss	Bo	Sr	zw		6-8		2		2	h	E1	3.3 6.2 6.3 6.5	–	I	2	=			9.135?	c k l		E	3426
h	s		Wv	ccs	Bo	Ws	zw		6-7	en	–		2	e	D1b	6.2 6.7 7.4 9.1	–	I	2	>			9.115	c k l			3427
h	s		Wv	crs	Bo	Sr	zw		6-8		–		2		D1b	6.2 6.7	–	I	2	>			9.11	c k m			3428
h	t?		Wv	css	Bo	Sr	zw		6-8		–		2		C2	1.3 6.3	–	I	2	>			11.221	c k m			3429
h	t		Rh	crs	Bo	Sr	zw	p6	5-7		–		2		C2a	3.3 6.2 7.3 7.4	6	I/N	2	=			9.14				3430
t	w		–	rrr	Bo	Kv	zw		5-6		–		2		C2	2.2 6.1 6.2	–	I?	3	=			4.21	k m			3431
h	s		Wv	crs	Bo	Ws	zw		5-8		2		2	e	B3		–	I/N	2	>					553	A B	3432
h	s		Wv	crs	Bo	Ws	zw	p8	6-7		2		2	e	E2	3.3 3.4 6.5 7.2	2	I	2	>	10.21	9.112					3433
h	s	3	Wv	crs	Bo	Ws	zw	p6	6-7	me	2		2	e	D4	2.2 2.9 3.3 6.2	6	I/N	2	>	9.115	9.113					3434
h	s		Wv	crs	Bo	Ws	zw		5-6		2		2	e	D1	6.2	–	I	2	>			9.131	k m			3435
h	s		Wv	crs	Bo	Ws	zw		5-6	au en	2		2	e	E5b	6.2	–	I	2	>			9.13	l m			3436
h	s		Wv	crs	Bo	Ws	zw		6-7	en	2		2	e	F9	6.5	–	I	2	>			10.211	m			3437
h	s		Wv	css	Bo	Ws	zw	p4	6-8	au? en	2		2	e	D3	6.2 9.1	–	I	2	>			9.115	c l			3438
t	t		–	rrs	Bo	Kv	zw		4-6		–		2		C2		–	I?	3	=							3439
t	t		–	rrs	Bo	Kv	zw		4-6		–		2		C2	2.2 6.2 7.3	–	I?	2	=?			4.21	k m			3440
t	t		–	rrs	Bo	Kv	zw		4-6		–		2		C2	6.2 7.3	–	I	2	=			4.2	k m			3441
h	t	1.5	Wv	ccs	Bo Ep	Sr	zw	p6	6-7	en	2		2	e	C2	3.2 6.2	6	I	2	>			9.1				3442
t	s		–	rrr	Bo	Kv	zw		5-7		–		2		C2	3.1 3.2 6.2 7.3	–	I	2	>			4.221	k m			3443
h-t	s w		–	crs	Bo	Kv	zw	p2	6-7	au me my	–		2	e	C2		–	I/Ja	2-4	>							3444
h-t	s w		–	crs	Bo	Kv	zw		5-8		–		2	e	C2	3.1 6.2 6.3 6.7	6	I	3	>			11.24				3445
t	s w		–	crr	Bo At	Kv	zw		6-8		–		2	tg	C2	2.1 2.2 2.9	7	Ja	4	>			2.3			H	3446
h	s		Rh	ccs	Bo	Sr	zw		5-7	en	–		2	e	E2	6.2 6.7 7.4 9.1	–	I	2	=			9.13	c k l			3447
g	s		Wk	crs	Me	Kv	zw		5-7	au en	1		1		B3a	4.1 5.1 6.3	5	I	2	>	7.231						3448
p	s		Wh	ccc	Me	Sr	zw	500*	6		–		1		A2	2.7 2.9	–	N	4	<			?	d f k			3449
g	s	1	Rs	crs	Me	Sr	zw		6-7	my hm	1		2		B3a	7.1 8.2 9.1	1	I	1	>*	14.312	14.31212	12.312				3450
g	s	1	Rh Wd	crs	Me	Sr	zw		5-7	au hm ca (me)	2		1		B6b	6.2 6.3 6.5 9.2	5	I	3	=	14.72204	11.233	10.212				3451
z	w		Wh	ccs	En	Sr	zw		4-6		–		2		C2a	6.2 7.3	–	I	2	=			12.411	m			3452
h	s		Rh	ccs	En Hy	Sr	zw	p1	5-7	me	1		1	h e	B6	2.5 6.7 7.4 9.2	1	I	2	>	11.112	14.722					3453
h	w		Rh	rss	Bo	Ao	di mo	d	4-6	an	–		3		D2	1.1	5	I	1	>	1.41						3454
g	s		Zw	crs	Bo	Sr	zw		6-7	my (au) (me)*	1		2		B5	3.2 3.3 6.5 7.1	2	I	1	=	10.311						3455
h-t	w		–	rrr	At Bo	Kv	zw		5-10	my me ps	–		1	mg	A3a	2.2 2.7 2.9	–	N	5	<			?	c f h			3456
h-t	w		–	crs	At Bo	Kv	zw		6-10	my	–		2	e	C2	2.1 3.2 2.9	–	N	4	<			5.111				3457
z	i	1	Wh	css	Bo Me	Kt	zw	r110	6-7	au my me le	2		4	mg	B5	3.3 5.1 6.5 7.1	2	I	1	=	12.311	14.31215					3458
h-t	w	3.5	–	ccr	Me At	Kv	zw		6-8	an	4	3	3	e	C2	2.1 2.2 2.8 6.3	8	N	4	=	11.24	2.3			39	H	3459
h	w	2.5	Rs	ccr	Me En	Ho	zw		5-9	an	4	4	3	e	B6	2.1 2.2 6.3 6.7	8	I/N	3	=	11.24	2.3				H	3460
t	s		–	crr	Me At	Kv	zw		6-8	an	–		2	mg e	B6a	2.1 2.2	7	Ja	5	>0?			2.3				3461
t	s		–	crr	Me At	Kv	zw		5-7	au an	–	2	2	e	C2	2.1 2.2	7	A	5	>			2.3				3462
t	s		–	crr	Me At	Kv	zw		6-7	an	–	2	2	gg h	C2	2.1 2.2 2.5	7	A	5	>			2.31				3463
t	s		–	rrr	Me Hy	Kv	zw		8-9	??	1		2		B5	2.5 6.5	2	I	1	>	10.311	7.232	8.111				3464
c	t		Wh	ccs	Me Dy	Sr	zw	r19	6-8		–		1		E2	3.3 6.2 6.7 7.4	6	I	2	>			9.1				3465
t	s		–	crs	Me Dy	Kv	zw		5-9		–		1		D1a		–	I/N	3	=						B	3466
t	s		–	crs	Me Dy	Kv	zw		5-9		–		1		D1a	2.1 2.2	–	I	3	=			4.21	k m			3467
t	s		–	crs	Me Dy	Kv	zw		5-8		–		1		D1d	2.1 2.2	–	N	3	=			4.21	m			3468
n	s		Wh	ccc	En Dy	Sr	zw		4-6	ve me au	–		2	mg e	E1	7.1 8.1 9.1 9.2	1	I	1	=	14.73	14.735					3469
n	s		Wh	ccc	En	Sr	zw		6-7		–		2	mg	D5		–	I	1	=							3470

Nummern			Taxa			Klima						Boden												
SEN	**SIN**	**FAN**	**Gattung**	**Aggregat/Einzelart**	**Kleinart**	**T**	**v**	**K**	**v**	**L**	**v**	**F**	**v**	**W**	**R**	**v**	**N**	**v**	**S**	**M**	**H**	**v**	**D**	**v**
3471	243500	120.5.1	**Lonicera**		**caerulea**	2	I	3	I	3	I	3	I	1	2	I	2	I			3	I	3	I
3472	–	–	**Lonicera**		**pallasii**	2.5	I	4	I	3	I	3.5	I	1	2	I	2	I			5	I	3	I
3473	243600	120.5.9	**Lonicera**	**caprifolium**		4.5	I	3	I	3	I	3	I	1	4	I	3	I		m	3	I	3	I
3474	243700	120.5.10	**Lonicera**	**etrusca**		5	I	3	I	3	I	2	I	1	3	I	3	I		m	3	I	3	I
3475	243750	–	**Lonicera**	**henryi**		4.5	I	2	I	3	I	3	I	1	3	I	3	I			3	I	3	I
3476	–	120.5.8	**Lonicera**	**implexa**		5	II	3	I	4	II	1.5	I	1	3	II	2	I			3	I	3	II
3477	243800	120.5.7	**Lonicera**	**japonica**		5	I	2	I	2	I	3	I	1	3	I	4	I			3	I	3	I
3478	243900	120.5.4	**Lonicera**	**nigra**		2.5	I	3	I	2	I	3	I	1	3	II	3	I			5	II	1	I
3479	243950	–	**Lonicera**	**nitida**		4.5	I	2	I	3	I	3	I	1	3	I	3	I			3	I	3	I
3480	244000	120.5.11	**Lonicera**	**periclymenum**		4	I	2	I	3	I	3	I	1	2	II	3	I			3	I	3	I
3481	244050	120.5.2	**Lonicera**	**pileata**		4.5	I	3	I	2	I	3	I	1	3	I	3	I			3	I	3	I
3482	244100	120.5.5	**Lonicera**	**tatarica**		4.5	I	4	I	3	I	2.5	I	2	3	I	3	I			3	I	3	I
3483	244200	120.5.6	**Lonicera**	**xylosteum**		3.5	II	3	I	3	I	3	II	1	4	II	3	I			3	I	3	I
3484	–	75.1.1	**Loranthus**	**europaeus**		5	I	4	I	4	I	–	–	–	–	–	–	–			–	–	–	–
3485	–	64.35.6	**Lotus**	**angustissimus**		5	II	3	I	5	II	1.5	II	3	2	I	2	I	s		3	II	3	II
3486	244410	–	**Lotus**	**corniculatus aggr.**		x	–	x	–	4	II	x	–	x	3	II	x	–	s	m	3	II	3	II
3487	244300	64.35.4	**Lotus**		**alpinus**	1.5	I	3	I	5	I	3	I	1	3	II	3	I	s	m	3	I	3	I
3488	244400	64.35.3	**Lotus**		**corniculatus**	3	I	3	I	4	I	2.5	I	1	3	II	3	I	s	m	3	I	1	II
3489	–	64.35.2	**Lotus**		**delortii**	4.5	II	3	I	4	II	2	I	1	4	I	2	I	s		3	I	3	II
3490	244900	64.35.5	**Lotus**		**pedunculatus**	3.5	I	2	I	3	I	4	I	3	3	II	4	I	s		5	II	1	I
3491	245100	64.35.1	**Lotus**		**tenuis**	4.5	I	2	I	4	I	3.5	I	3	4	I	3	I	ss		3	I	1	I
3492	244500	–	**Lotus**		**valdepilosus**	4	I	4	I	4	I	1.5	I	1	3	II	2	I			3	I	3	I
3493	–	64.35.7	**Lotus**	**longisiliquosus**		5	I	3	I	5	II	1.5	I	1	4	II	2	I		m	3	I	5	II
3494	–	–	**Lotus**	**maritimus aggr.**		4	II	x	–	4	I	2.5	I	2	4	II	2	I	s		3	I	x	–
3495	244800	64.35.8	**Lotus**		**maritimus**	4	I	3	I	4	I	2.5	I	3	4	I	2	I	s		3	I	1	I
3496	–	–	**Lotus**		**purpureus**	4.5	I	2	I	4	I	2.5	I	2	3	I	2	I	s		3	I	3	I
3497	–	–	**Lotus**	**ornithopodioides**		5	I	3	I	5	II	1.5	I	1	4	II	2	I	s		3	I	5	II
3498	–	–	**Ludwigia**	**grandiflora**		5	I	2	I	3	I	5	I	3	3	I	4	I			5	II	1	I
3499	245300	72.3.1	**Ludwigia**	**palustris**		4.5	I	2	I	4	I	5	I	3	2	I	3	I			5	II	1	I
3500	–	–	**Lunaria**	**annua aggr.**		4.5	II	3	I	4	II	3	II	3	4	II	4	II			5	II	3	II
3501	245400	54.28.2.1	**Lunaria**		**annua**	4.5	I	3	I	3	I	3	I	3	3	I	4	I			3	I	3	I
3502	–	–	**Lunaria**		**pachyrhiza**	5	II	3	I	4	II	2.5	II	1	4	II	3	I	s		3	I	5	II
3503	245500	54.28.1	**Lunaria**	**rediviva**		3	I	2	I	2	I	3.5	I	2	4	I	4	I			3	I	3	I
3504	245600	64.11.2	**Lupinus**	**albus**		5	I	3	I	4	I	2	I	1	3	I	3	I			3	I	3	I
3505	–	–	**Lupinus**	**angustifolius aggr.**		4.5	I	2	I	4	I	1.5	I	2	2	I	2	I			3	I	3	I
3506	245700	64.11.1.1	**Lupinus**		**angustifolius**	4.5	I	2	I	4	I	1.5	I	2	2	I	2	I			3	I	3	I
3507	–	–	**Lupinus**		**reticulatus**	4.5	I	2	I	4	I	1.5	I	2	2	I	2	I	s		3	I	3	I
3508	–	–	**Lupinus**	**luteus**		5	I	1	I	4	I	2	I	1	1	I	3	I			3	I	3	I
3509	–	–	**Lupinus**	**perennis**		4	I	3	I	4	I	2	I	1	3	I	2	I			3	I	3	I
3510	245800	64.11.3	**Lupinus**	**polyphyllus**		3	II	2	I	3	I	3	I	1	2	II	3	I			3	I	3	I
3511	–	–	**Luronium**	**natans**		4.5	I	1	I	4	I	5	I	3	2	I	3	I			3	I	1	I
3512	–	–	**Luzula**	**alpinopilosa aggr.**		2	II	2	II	3	II	3.5	I	2	x	–	2	II			3	II	1	II
3513	246000	137.2.15.1	**Luzula**		**alpinopilosa**	1	I	2	I	4	I	3.5	I	2	2	I	2	I			3	II	1	II
3514	–	137.2.15.2	**Luzula**		**candollei**	1	I	2	I	4	I	3.5	I	2	2	I	2	I			3	II	1	II
3515	246200	–	**Luzula**		**desvauxii**	2.5	I	1	I	2	I	3.5	I	2	2	I	3	I			5	I	1	I
3516	246500	137.2.16	**Luzula**		**glabrata**	1.5	I	2	I	4	I	3.5	I	1	4	I	3	I			5	II	3	I
3517	–	–	**Luzula**	**campestris aggr.**		x	–	x	–	3	II	x	–	2	x	–	2	I			5	II	1	II
3518	245900	137.2.6	**Luzula**		**alpina**	1.5	I	3	I	4	I	2.5	I	2	2	I	2	I			5	I	3	I
3519	246100	137.2.1	**Luzula**		**campestris**	3.5	I	3	I	4	I	2.5	II	2	2	II	2	I		m	5	II	1	II
3520	–	137.2.3.2	**Luzula**		**congesta**	3.5	I	2	I	3	I	4	I	3	1	I	2	I			5	I	1	I
3521	–	137.2.2	**Luzula**		**divulgata**	4	I	4	I	3	I	2	I	2	2	I	2	I			3	II	3	I
3522	–	–	**Luzula**		**divulgatiformis**	4.5	I	4	I	3	I	2.5	I	2	4	I	2	I			5	I	3	I
3523	–	–	**Luzula**		**exspectata**	2	II	3	I	5	I	3	I	2	4	I	2	I			5	I	3	I
3524	247100	137.2.3.1	**Luzula**		**multiflora**	3	II	3	I	3	II	2.5	I	3	1	II	2	I		m	5	I	1	I
3525	–	137.2.4	**Luzula**		**pallidula**	3.5	I	5	I	3	I	2.5	I	2	2	I	2	I			5	I	1	I
3526	248100	137.2.5	**Luzula**		**sudetica**	2	I	2	I	4	I	4	II	2	2	I	2	I			5	I	1	I
3527	246400	137.2.18	**Luzula**	**forsteri**		4.5	I	2	I	2	I	2	I	1	2	I	2	I			5	I	3	II
3528	246600	137.2.11	**Luzula**	**lutea**		1.5	I	3	I	4	I	2	I	1	2	I	2	I		m	5	II	3	I
3529	246700	137.2.19	**Luzula**	**luzulina**		2.5	I	2	I	1	I	3	I	1	2	I	1	I			5	I	1	I
3530	–	–	**Luzula**	**luzuloides aggr.**		3	II	3	II	3	I	2.5	II	1	2	II	2	I			5	II	3	I
3531	246900	137.2.14.1	**Luzula**		**luzuloides**	3.5	I	3	I	3	I	2.5	I	1	2	II	2	I		m	5	II	3	I
3532	–	137.2.13	**Luzula**		**pedemontana**	3	I	4	I	2	I	2	I	1	2	I	2	I			3	I	3	I
3533	247050	137.2.14.2	**Luzula**		**rubella**	2.5	I	3	I	3	I	2.5	I	1	2	I	2	I			5	II	3	I
3534	247300	137.2.12	**Luzula**	**nivea**		2.5	I	4	I	2	I	2.5	I	1	2	I	2	I			5	II	3	I
3535	247500	137.2.17	**Luzula**	**pilosa**		3	I	3	I	2	I	3	I	1	2	I	2	I		m	5	I	1	I
3536	247800	–	**Luzula**	**spicata aggr.**		1.5	II	3	II	5	II	2.5	I	1	2	I	1	I			3	II	3	I
3537	248000	137.2.7.2	**Luzula**		**mutabilis**	1.5	I	3	I	5	I	2.5	I	1	2	I	1	I			3	II	3	I
3538	247400	137.2.8	**Luzula**		**nutans**	2.5	I	2	I	3	I	2	I	1	4	I	2	I			5	II	3	I
3539	247900	137.2.7.1	**Luzula**		**spicata**	1.5	I	3	I	5	I	2.5	I	1	2	I	1	I			3	II	3	I
3540	–	–	**Luzula**	**sylvatica aggr.**		x	–	2	II	2	I	3.5	II	1	2	I	2	I			5	I	1	I
3541	247600	137.2.10	**Luzula**		**sieberi**	2	I	3	I	2	I	3.5	I	1	2	I	2	I			5	I	1	I
3542	248300	137.2.9	**Luzula**		**sylvatica**	3	I	2	I	2	I	3.5	I	1	2	I	2	I		m	5	I	1	I
3543	–	–	**Lycium**	**barbarum aggr.**		4	I	3	II	4	I	2	II	1	3	I	3	II	s		3	I	3	I
3544	249000	101.2.2	**Lycium**		**barbarum**	4	I	3	I	4	I	2	I	1	3	I	3	I	s		3	I	3	I
3545	249100	101.2.3	**Lycium**		**chinense**	4	I	2	I	4	I	2.5	I	1	4	I	2	I	s		3	I	3	I
3546	–	101.2.1	**Lycium**	**europaeum**		4	I	3	I	5	I	2	I	1	3	I	3	I	s		3	I	3	II
3547	249300	101.10.1	**Lycopersicon**	**esculentum**		4.5	I	1	I	4	I	2.5	I	1	3	I	5	I			3	I	3	I
3548	249400	1.2.1	**Lycopodiella**	**inundata**		3	II	2	I	5	I	4.5	I	3	1	II	1	I			5	I	1	I
3549	–	–	**Lycopodium**	**annotinum aggr.**		2	II	3	II	1	II	3	II	2	1	I	1	I			5	I	1	I
3550	249700	1.3.1	**Lycopodium**		**annotinum**	2.5	I	2	I	1	I	3	I	1	1	I	1	I		m	5	I	1	I
3551	250200	–	**Lycopodium**		**dubium**	2	I	3	I	2	I	4	I	2	1	I	1	I			5	I	1	I
3552	–	–	**Lycopodium**	**clavatum aggr.**		3	II	2	II	3	II	2.5	II	1	1	II	1	I			5	I	1	I
3553	249950	1.3.2.1	**Lycopodium**		**clavatum**	3	II	2	II	3	II	3	I	1	1	I	1	I			5	I	1	I
3554	250000	1.3.2.2	**Lycopodium**		**lagopus**	1.5	I	2	II	3	II	3	I	1	1	I	1	I			5	I	1	I
3555	250900	–	**Lycopus**	**europaeus aggr.**		4	II	3	I	3	I	4.5	I	3	3	II	3	II			5	II	1	I
3556	251000	108.26.1.1	**Lycopus**		**europaeus**	3.5	I	3	I	3	I	4.5	I	3	3	I	3	I	s	m	5	II	1	I
3557	251100	108.26.1.2	**Lycopus**		**mollis**	4.5	I	3	I	3	I	4.5	I	3	3	I	3	I			5	II	1	I
3558	251200	108.26.2	**Lycopus**	**exaltatus**		4.5	I	4	I	3	I	4.5	I	3	4	I	4	I			5	I	1	I
3559	–	–	**Lysichiton**	**americanus**		3.5	I	2	I	4	I	4.5	I	3	2	I	4	I			5	II	1	I

Strategien					Biologisches Verhalten										Vorkommen						Pflanzengesellschaften			Literatur			
LF	BD	WT	RO	KS	DA	VA	FS	MA	BZ	BS	MV	SU	DG	GI	GV	LR	EG	AE	EM	VE	1	2	3	BL	SL	TB	SEN
n	s		Wh	ccc	En	Sr	zw	p97	6-7	me au	–		2	mg e	E1	7.1 8.1 8.2 9.1	2	I	1	=	14.312	14.31214	13.51				3471
n	s		Wh	ccc	En	Sr	zw		6-7		–		2	mg e	D5	9.1 8.1?	–	I?	1	=			14.3	m		E	3472
n.li	s		Wh	ccc	En	Au	zw		5-6	au sp ph	–		2	mg e	D1b	6.7 7.4 9.2 9.3	1	I/A	2	=			13.312				3473
n.li	s		Wh	ccc	En	Au	zw		5-6	me hm sp ve	–		2	mg e	C2	2.9 7.4 7.6 9.3	1	I/N	2	=			13.6				3474
p.li	w		Wh	ccc	En	Kt	zw		6-8		–		4	mg?	A4b	2.3 2.6 2.9 3.5	–	Nw	3	<			?	g h			3475
n.li	i		Wh	ccc	En	Sr	zw		5-6	hm	–		2	mg?	C2	2.9 7.4 7.6 9.4	–	I	2	=			13.6	d k m			3476
p.li	t		Wh	ccc	En	Kt	zw		6-9	me sp	–		5	mg?	A4b	2.9 7.4 9.2 9.5	1	Ns	2	<			13.312				3477
n	s		Wh	ccc	En Dy	Sr	zw		5-6	me au	–		2	mg e	E1	7.1 8.1 9.1 9.2	1	I	1	=	14.312	14.731					3478
n	i		Wh	ccc	En	Sr	zw		5-6		–		2	mg?	A4b	2.2 2.3 2.9 7.5	–	N	4	<			?				3479
n.li	t		Wh	ccs	En	Au	zw	38	6-8	ca sp my*	–		3	mg e	D2	2.6 6.7 7.4 9.2	1	I	2	=	14.411	14.73303					3480
z	i		Wh	ccc	En	Sr	zw		5-6		–		3	mg?	A4b	2.2 2.6 2.9 7.4	1	N	3	<			14.733				3481
n	s		Wh	ccc	En	Sr	zw		5-6	au my me	–		1	mg e	A4a	7.4 9.2	1	N	4	<			14.721				3482
n	s	3.5	Wh	ccc	En	Sr	zw	p48	4-5	au me	–		2	mg h e	B6	7.4 9.1 9.2 9.3	1	I	3	=	14.7	13.3	14.811				3483
e.hp	s		–	rss	En	Kv	di		4-5	en	–		2	mg	B6a	9.2 9.3	–	I	3	=?			14.811	c k m			3484
t	s		–	rss	Ep Hy	Kv	zw		4-7		3		2	e	C2	1.4 2.2 2.5 6.3	–	I	2	=			2.221	k m			3485
h	t s		Rs	crs	My En	Sr	zw	p16	5-8		3		2	tg e	B6		–	I/N	2-4	=>						B C	3486
h	t		Rs	crs	Au En	Sr	zw	p13	6-8	en	3		2	e	E1	2.5 3.3 3.4 6.5	2	I	2	=	10.21	10.412					3487
h	t	4	Rs	crs	En My	Sr	zw		5-7	me ps ph sp	3	5	2	e	B6	6.2 6.3 6.5 6.7	8	I	3	=	9.135	11.2	15.001		388	H	3488
h	t		Rs	crs	Au En	Sr	zw		5-8		2		2	e	D1a	2.2 2.2 6.2 7.3	–	I	2	=			9.14	k m			3489
h	s	2.5	Rs	crs	Au My	Au	zw		6-7	me my	2	2	3	e	D3	1.4 2.5 5.1 6.3	5	I	2	=	11.233	11.231					3490
h	s		Rs	crs	Au My	Sr	zw		5-7	en	3		2	e	D2	1.4 2.2 5.1 6.3	6	I/N	4	>			11.21				3491
h	t	3	Rs	crs	Au En	Sr	zw	p5	5-7		2		2	e	D3	2.2 6.2 6.7 9.1	–	I	3	=	9.131	14.11		f			3492
h	s		Rs	css	Au	Sr	zw		4-6		2		2	e	C2	6.1 6.2	–	I	2	=			4.2	m			3493
h-t	w		Rs	crs	Au	Au Kv	zw		3-7		2		2	e	C1		–	I/N	2-4	=							3494
h	w		Rs	crs	Au	Au	zw	p6	5-7	me	2		2	e	D1	1.4 4.1 6.3 9.1	6	I	2	>	11.231	7.231	9.135				3495
t	w		Wv	rrs	Au	Kv	zw		3-5		–	2	2	e	C2a	2.2	–	N	4	>			2.3	m			3496
t	s		–	rrs	Au	Kv	zw		4-5		–		2		C2	2.1 2.2 7.3	–	N	2	=			4.2	k m			3497
h	w		Rs	css	Hy	As Kt	zw		6-9		–		5		A1	1.2 1.3 1.4	–	Ns	2	<			1.31	h	858		3498
h-t	w		Rs	css	Hy	As Kt	zw		7-8	au en	–		3		B1	1.3 1.4 2.5	5	I/A	2	>			2.211				3499
t	w		Wk	crr	Me	Kv	zw		4-6	au ps me	–		2	e	D1b		–	I/Jn	3	<=						B	3500
t	w		–	crr	Me	Kv	zw	p3	4-6		–		2	e	C2b	2.2 2.3 2.9 6.7	7	Jn	3	<			5.132			H	3501
t	w		Wk	crr	Me	Kv	zw		4-6		–		2	e	D1b	3.2	–	I	3	=			3.212?	k m			3502
h	s	1	Rh	ccs	Me	Au	zw		5-6	me	–		3	e	D3	7.2 9.2	1	I	1	=	14.731	14.735					3503
t	s		Wv	crr	Au	Kv	zw		5-7	au me	–		2	mg e	C2	2.2 2.9	7	N	4	>			2.3				3504
t	s		Wv	crr	Au	Kv	zw	p2	4-7	me	–		2	mg e	C2		–	I/N	4	>							3505
t	s		Wv	crr	Au	Kv	zw		4-7		–		2	mg e	C2	2.2 6.1 7.3 2.9	7	I/N	4	>			2.3				3506
t	s		Wv	crr	Au	Kv	zw		4-7		–		2	mg e	C2	2.1 2.2 2.9	–	I/N	4	>			2.3	k m			3507
t	s		Wv	crr	Au	Kv	zw	p2	6-9		–		2	mg e	C2a	2.1 2.2 2.9 6.3	–	N	4	>			2.3	k l m			3508
h	t		Wv	ccs	Au	Sr	zw		6-9		–		2	mg e	A2c	2.1 2.2 2.9 6.3	–	N	4	>			?	i m			3509
h	t		Wv	ccs	Au En	Sr	zw		4-9	me	2		4	mg e	A2b	2.2 2.6 2.9	2	Nw	3	<			11.411				3510
a	s		Rs	sss	Hy Dy	Sw	zw		6-9	au	–		2		D2	1.3	–	I	1	>			1.4				3511
h	s		Rs	css	My En	Au Sr	zw		6-8	an	–		2	e	E1		–	I	1-2	=						B	3512
h	s	1	Rs	css	My En	Au Sr	zw		7-8	an	–		3	e	E3	3.2 3.3 4.2 6.5	2	I	1	=	8.11	3.341					3513
h	s		Rs	css	My En	Au Sr	zw		7-8	an	–		2	e	E3a	3.2 3.3 4.2 6.5	–	I	1	=			8.111?	m			3514
h	s		Rs	css	My En	Au Sr	zw		6-7	an	–		3	e	E3b	2.2 3.2 3.3 7.2	–	I	2	=			11.514				3515
h	s		Rs	css	My En	Au Sr	zw		6-7	an	–		3	e	E4	3.3 6.3 6.5 7.1	–	I	2	=			10.212				3516
h	t		Rs	crs	My En	Au Sr	zw		3-8	an	2		3	e	B3		–	I	1-2	=>					22, 414	B D	3517
h	t	1	Rs	crs	My En	Sr	zw		6-8	an	2		3	e	E3	6.3 6.5 7.1	2	I	2	=			10.412		415		3518
h	t	1	Rs	crs	My En	Au Sr	zw		3-5	an	3	5	3	e	B6b	2.6 6.4 6.7 9.2	6	I	2	>*	9.135	10.1	12.211		416		3519
h	t		Rs	crs	My En	Sr	zw		5-7	an	2		3	e	D2	7.4	–	I	2	>			10.112	c i	414		3520
h	t		Rs	crs	My En	Sr	zw		3-5	an	2		3	e	D4	2.6 6.2 9.2 9.3	–	I	1	=			14.81	c i	174		3521
h	t		Rs	crs	My En	Sr	zw		3-5	an	2		3	e	F4c	2.6 6.7 7.4 9.3	–	I	1	=			14.81		22		3522
h	t		Rs	crs	My En	Sr	zw		5-8	an	2		3	e	F4b	6.5	–	I	1	=			10.2		22		3523
h	t	1	Rs	crs	My En	Sr	zw		5-6	an	2	4	3	e	B3	2.6 6.4 6.5 7.1	2	I	2	=	10.412	10.4	7.221				3524
h	t		Rs	crs	My En	Sr	zw		4-5	an	2		3	e	B4	2.6 5.1 6.4 9.1	–	I	2	>			10.1	c i			3525
h	t		Rs	crs	My En	Au Sr	zw		6-8	an au	2		3	e	D5	4.1 5.1 6.4 6.5	2	I	1	=	10.311	10.412	7.221				3526
h	w		Rs	css	My En	Au Sr	zw		4-5	an	–		2	e	C2c	9.1 9.2 9.4	1	I	2	>			14.41				3527
h	t		Rs	css	Bo	Au Sr	zw		6-8	an au	2		2	e	E3	3.2 3.3 6.5 7.1	2	I	2	=	10.4	12.313					3528
g	t	1	Rs	css	My	Au Sr	zw		5-6	an	–		2	e	E1	8.2 9.1	1	I	1	=	14.312	14.312					3529
h	t		Rs	crs	My	Au Sr	zw		5-7	an	–		3	e	D3		–	I	1	=	14.413	14.73305					3530
h	t	2	Rs	crs	My	Au Sr	zw		5-6	an	–		3	e	D3	2.6 7.4 9.1 9.2	1	I	1	=			14.413				3531
h	t		Rs	crs	My	Au Sr	zw		5-7	an	2		2	e	E2d	2.6 7.4 9.1 9.2	–	I	1	=?			14.7316	f k m			3532
h	t		Rs	ccs	My	Au Sr	zw		6-7	an	–		3	e	E4a	7.1 7.2	2	I	1	=			11.512	h k m		E	3533
h	t	1	Rs	ccs	Bo My	Au Sr	zw		6-7	an en (au)	1		3	e	E3	2.6 7.2 9.1 9.2	1	I	1	=	14.41303	14.411	14.3				3534
h	w	2	Rs	css	My	Au Sr	zw		3-5	an	–	4	2	e	B6b	2.6 7.4 9.1 9.2	1	I	1	=	14.73	14.41					3535
h	s		Rs	crs	Bo	Au Sr	zw		6-8	an	2		2	e	B5		–	I	1	=						B	3536
h	s		Rs	crs	Bo	Sr	zw		6-8	an	2		2	e	E4	2.5 3.2 3.3 6.5	2	I	1	=			10.4	a h k			3537
h	s?		Rs	crs	Bo	Au Sr	zw		6-8	an	2		2	e	E2b	3.2 6.5 9.1	–	I	2	=			10.42				3538
h	s		Rs	crs	Bo	Sr	zw		7-8	an	2		2	e	D6	2.5 3.2 3.3 6.5	2	I	1	=	10.311	10.4					3539
h	w		Rh	ccs	My	Au Sr	zw		5-7	an	–		3	e	D3		–	I	1	=						B D	3540
h	w	2	Rh	ccs	My	Au Sr	zw		6-8	an	2		3	e	E4	7.1 7.2 8.2 9.1	1	I	1	=			14.312			E	3541
h	w	3	Rh	ccs	My	Au Sr	zw		5-6	an	–		3	e	D3	7.2 9.1 9.2	1	I	1	=	14.731	14.312	10.212				3542
n	s		Wh	ccs	En	Ws	zw		6-9	au me my hm*	–		3	gg	B4		–	I?/N	5	=				f k		B	3543
n	s		Wh	ccc	En	Ws	zw		6-8		–		3	gg h	C2b	1.1 3.2 2.9 7.4	3	I?/N	5	=			13.312				3544
n	s		Wh	ccc	En	Ws	zw		6-9		–		3	gg	A4b	1.1 3.2 2.9 7.4	3	N	5	=			13.312	d f l			3545
n	s		Wh	ccr	En	Ws?	zw		4-9		–		3	gg	C2	2.2 2.9 7.4	–	A	3	=			13.312	d k m			3546
t	s		–	crr	En At	Kv	fa zw		7-10	an au me	–	2	1	mg e	A1	2.2 2.5 2.9	7	Jn	5	=			2.112			H	3547
c	i	1	Rs	css	Me	Kt Sr	mo		7-10		1		3		B3	5.2	5	I	2	>	7.211						3548
c	i	1	Rs	css	Me	Kt	mo		7-9		–		3	tg	B5		–	I	1	=				h		D	3549
c	i	1	Rs	css	Me	Kt	mo		7-9		–		3	tg h	E1	3.3 7.1 8.2 9.1	1	I	1	=	14.312	13.511	14.31215				3550
c	i	1	Rs	css	Me	Kt	mo		7-9		–		3	tg	B5	5.2 6.5 7.1 9.1	2	I?	1	=			12.3	b c	843		3551
c	i	1	Rs	css	Me	Kt	mo		7-9		1		3	tg	B2		–	I	2	>						D	3552
c	i	1	Rs	css	Me	Kt	mo		7-9		1		3	tg	B2	3.3 6.5 7.1 9.1	1	I	2	>	10.412	12.21					3553
c	i	1	Rs	css	Me	Kt	mo		7-9		1		3	tg	D6	3.3 6.5 7.1	–	I	1	=			12.3	c	844		3554
g	w		Rh	css	Hy Ep	Au	ve-di	r4	7-9	me hm my ps*	2		3	e	B4		–	I	2	>						B	3555
g	w		Rh	css	Hy Ep	Au	ve-di		7-9		2		3	e	B4	1.3 1.4 2.5 9.2	5	I	2	>	6.11	14.611					3556
g	w		Rh	css	Hy	Au	ve-di		7-9		2		3	e	E4a	1.3 1.4 2.5 9.2	5	I	2	>			6.1				3557
g	w		Rh	css	Ep	Au	ve-di		7-8	en	2		3	e	B6a	1.3 9.2	–	I	1	>			14.712				3558
a-g	s		Rh	css	Dy Hy	Sr	zw		3-5	en	–		4	e	A2b	5.1 5.2	–	Ns	3	<			?	l	13		3559

Nummern			Taxa			Klima						Boden												
SEN	SIN	FAN	Gattung	Aggregat/Einzelart	Kleinart	T	v	K	v	L	v	F	v	W	R	v	N	v	S	M	H	v	D	v
3560	251400	60.7.1	**Lysimachia**	**nemorum**		3	II	2	I	2	II	3.5	I	3	2	II	3	I		m	3	I	1	I
3561	251500	60.7.3	**Lysimachia**	**nummularia**		3.5	II	2	I	3	I	3.5	I	1	3	II	4	I		m	3	I	1	I
3562	251600	60.7.4	**Lysimachia**	**punctata**		4.5	I	4	I	3	I	3.5	I	2	3	I	4	I		m	5	I	1	I
3563	251700	60.7.5	**Lysimachia**	**thyrsiflora**		3.5	I	3	I	3	I	4.5	I	3	3	I	2	I			5	I	1	I
3564	251800	60.7.2	**Lysimachia**	**vulgaris**		3.5	I	3	I	3	I	4	I	3	2	II	3	II			5	II	1	I
3565	–	–	**Lythrum**	**hyssopifolia aggr.**		4.5	II	3	II	4	I	4.5	II	3	3	II	3	II			3	I	1	I
3566	251900	67.1.3	**Lythrum**		**hyssopifolia**	4.5	I	2	I	4	I	5	I	3	4	II	3	I	s		3	I	1	I
3567	–	67.1.4	**Lythrum**		**thymifolia**	5	I	3	I	4	I	4.5	I	3	2	I	2	I			3	I	1	I
3568	–	67.1.5	**Lythrum**		**tribracteatum**	4.5	I	3	I	4	I	4.5	I	3	4	I	3	I	s		3	II	1	I
3569	–	–	**Lythrum**	**portula aggr.**		4.5	II	3	II	4	I	4.5	I	3	2	II	3	I	s		3	I	1	I
3570	–	–	**Lythrum**		**borysthenicum**	5	I	3	I	4	I	4.5	I	3	2	I	3	I	s		3	I	1	I
3571	252000	67.1.6	**Lythrum**		**portula**	4.5	II	2	I	4	I	4.5	I	3	2	II	3	I	s		3	I	1	I
3572	252100	67.1.1	**Lythrum**	**salicaria**		4	I	3	I	3	I	4	I	3	3	I	3	I	s		3	I	1	I
3573	252200	67.1.2	**Lythrum**	**virgatum**		4.5	I	4	I	3	I	4	I	3	4	I	4	I			3	I	1	I
3574	–	–	**Macleya**	**cordata**		4.5	I	2	I	3	I	3	I	1	3	I	4	I			3	I	3	I
3575	252300	20.3.1	**Mahonia**	**aquifolium**		4.5	I	2	I	2	I	2.5	I	1	3	I	3	I			3	I	3	I
3576	252400	143.25.1	**Maianthemum**	**bifolium**		3	II	3	I	1	I	3	I	2	2	I	2	I		m	5	I	1	I
3577	252600	148.28.1	**Malaxis**	**monophyllos**		3	I	2	I	3	I	4	I	2	3	I	2	I			5	II	1	I
3578	–	–	**Malcolmia**	**africana**		5	I	3	I	5	I	1	I	3	4	I	4	I	ss		1	I	1	I
3579	–	–	**Malus**	**prunifolia**		4.5	I	3	I	3	II	3	I	2	3	I	3	I			3	I	3	I
3580	–	–	**Malus**	**sylvestris aggr.**		4	II	2	II	3	II	3	II	1	3	II	3	I			3	I	3	I
3581	–	63.21.1	**Malus**		**dasyphylla**	4	I	3	I	4	I	2.5	I	1	3	II	3	I			3	I	3	I
3582	252800	63.21.3	**Malus**		**domestica**	4	I	2	I	4	I	3	I	1	3	II	3	I			3	I	3	I
3583	252900	63.21.2	**Malus**		**sylvestris**	3.5	I	3	I	3	I	3	I	2	4	II	3	I			3	II	3	I
3584	253100	45.1.1	**Malva**	**alcea**		4	I	4	I	4	I	2.5	I	1	4	I	4	I			3	I	3	I
3585	253300	45.1.2	**Malva**	**moschata**		4	I	3	I	4	I	2	I	1	4	I	3	I			3	I	3	I
3586	–	–	**Malva**	**parviflora aggr.**		4	II	4	II	4	I	2.5	II	1	3	I	5	II			3	I	3	II
3587	253400	45.1.7	**Malva**		**neglecta**	3.5	I	4	I	4	I	2.5	I	2	3	I	5	I		m	3	I	1	I
3588	–	45.1.5	**Malva**		**parviflora**	5	I	4	I	4	I	2	I	1	3	II	4	I			3	I	3	I
3589	–	45.1.6	**Malva**		**pusilla**	4.5	I	5	I	4	I	2	I	1	3	I	5	I	s		3	I	3	I
3590	–	–	**Malva**	**sylvestris aggr.**		4	II	3	II	4	I	2.5	II	2	3	II	4	I			3	I	3	I
3591	–	–	**Malva**		**mauritiana**	4.5	I	2	I	4	I	3	I	1	3	I	4	I			3	I	3	I
3592	–	45.1.4	**Malva**		**nicaeensis**	5	I	3	I	4	I	2	I	1	3	II	4	I			3	I	3	II
3593	253500	45.1.3	**Malva**		**sylvestris**	4	I	4	I	4	I	2.5	I	2	4	I	4	I		m	3	I	3	I
3594	253600	45.1.8	**Malva**	**verticillata**		4.5	I	2	II	4	I	3	I	1	3	I	4	I			3	I	3	I
3595	–	–	**Mandragora**	**officinarum**		4.5	I	3	I	3	II	2.5	I	2	4	I	3	I			3	I	3	II
3596	–	–	**Marrubium**	**peregrinum**		4.5	I	4	I	5	I	1.5	I	1	4	II	3	I			3	I	3	I
3597	253800	108.4.1	**Marrubium**	**vulgare**		4.5	I	4	I	4	I	2	I	1	4	I	5	I			3	I	3	I
3598	253900	8.1.1	**Marsilea**	**quadrifolia**		4.5	I	2	I	4	I	4.5	II	3	3	I	3	II			1	I	1	I
3599	254000	124.33.1	**Matricaria**	**chamomilla**		4	II	3	I	4	I	3	I	2	4	I	4	I			3	I	1	I
3600	254100	124.33.2	**Matricaria**	**discoidea**		3.5	II	3	I	4	I	3	I	3	4	I	4	I	s		3	I	1	I
3601	254500	7.17.1	**Matteuccia**	**struthiopteris**		4	I	3	I	2	II	3.5	I	2	3	I	4	I			5	I	1	I
3602	–	–	**Matthiola**	**fruticulosa aggr.**		4	II	5	II	4	II	1.5	II	2	4	II	2	I			1	I	5	I
3603	–	54.14.2	**Matthiola**		**fruticulosa**	4.5	I	4	I	5	I	1.5	I	2	4	II	2	I			1	I	5	I
3604	254700	54.14.3	**Matthiola**		**valesiaca**	3.5	I	5	I	4	I	2	I	1	4	I	2	I			1	I	5	I
3605	–	54.14.1	**Matthiola**	**incana**		4.5	I	2	I	4	I	1.5	I	1	5	I	1	I	s		1	I	5	I
3606	–	–	**Mazus**	**pumilio**		5	I	1	I	4	I	3.5	I	1	2	I	2	I			3	I	3	I
3607	254800	22.2.1	**Meconopsis**	**cambrica**		4.5	I	2	I	3	I	3	I	1	4	I	3	I			3	I	3	I
3608	254900	64.32.11	**Medicago**	**arabica**		5	I	2	I	4	I	2	I	1	3	I	4	I	s		3	I	3	I
3609	255000	64.32.7	**Medicago**	**carstiensis**		5	I	2	I	4	I	1	I	1	3	I	3	I			3	I	3	I
3610	–	64.32.13	**Medicago**	**coronata**		5	I	3	I	5	I	1.5	I	1	4	II	2	I			1	I	5	I
3611	–	–	**Medicago**	**intertexta**		5	I	3	I	5	I	1.5	I	1	3	I	3	I			3	I	3	I
3612	255300	64.32.1	**Medicago**	**lupulina**		4	II	3	I	3	I	2	I	1	4	I	3	I	s	m	3	I	3	I
3613	255400	64.32.14	**Medicago**	**minima**		4.5	I	4	I	4	I	1.5	I	2	4	I	2	I	s		3	I	3	I
3614	255600	64.32.6	**Medicago**	**orbicularis**		5	I	4	I	4	I	1	I	1	4	I	3	I			3	I	3	I
3615	–	64.32.10	**Medicago**	**pironae**		4	I	4	I	4	I	2	I	1	5	I	2	I			1	I	5	I
3616	255700	64.32.12	**Medicago**	**polymorpha**		5	I	2	I	4	I	1	I	1	3	I	4	I	s		3	I	3	I
3617	255900	64.32.9	**Medicago**	**rigidula**		5	I	2	I	4	I	1	I	1	4	I	3	I			3	I	3	I
3618	–	–	**Medicago**	**sativa aggr.**		4	II	4	II	4	I	1.5	II	1	4	I	3	II			3	I	3	II
3619	255100	64.32.3	**Medicago**		**falcata**	4	II	4	I	4	I	1.5	I	1	4	I	2	I		m	3	I	3	I
3620	–	64.32.4	**Medicago**		**glutinosa**	4.5	I	3	I	4	I	1.5	I	2	4	I	2	I			3	I	3	II
3621	255800	64.32.5	**Medicago**		**prostrata**	5	I	4	I	4	I	1	I	1	4	I	2	I			3	I	3	I
3622	256000	64.32.2	**Medicago**		**sativa**	4	I	4	I	4	I	2	I	1	4	I	3	I			3	I	3	I
3623	–	64.32.8	**Medicago**	**scutellata**		5	I	3	I	5	I	1.5	I	2	3	II	2	I			3	I	1	I
3624	–	–	**Melampyrum**	**arvense aggr.**		4	I	4	I	4	II	2	I	1	4	I	3	I			3	I	3	I
3625	256200	114.20.2	**Melampyrum**		**arvense**	4	I	4	I	4	I	2	I	1	4	I	3	I			3	I	3	I
3626	–	114.20.3.1	**Melampyrum**		**barbatum**	4	I	4	I	4	I	2	I	1	4	I	3	I			3	I	3	I
3627	–	–	**Melampyrum**		**carstiense**	4	I	4	I	4	II	2	I	2	4	I	3	I			3	I	3	I
3628	256300	114.20.1	**Melampyrum**	**cristatum**		4.5	I	4	I	3	I	2	I	2	4	I	2	I			3	I	1	I
3629	–	–	**Melampyrum**	**nemorosum aggr.**		4	II	x	–	3	I	2	II	2	2	II	3	II			3	II	1	II
3630	–	114.20.6	**Melampyrum**		**catalaunicum**	3.5	I	3	I	3	I	2	I	1	3	II	2	I			3	I	3	I
3631	–	114.20.7	**Melampyrum**		**italicum**	4	II	3	I	3	I	3	I	2	3	I	3	I			3	II	3	I
3632	256400	114.20.4	**Melampyrum**		**nemorosum**	4.5	I	4	I	3	I	3	I	2	2	II	3	I			3	II	1	II
3633	–	114.20.8	**Melampyrum**		**subalpinum**	3.5	I	4	I	3	I	2.5	I	1	3	II	3	I			3	I	3	I
3634	256700	114.20.5	**Melampyrum**		**velebiticum**	4.5	I	2	I	3	I	2	I	2	2	I	3	I			3	II	1	I
3635	256500	114.20.10	**Melampyrum**	**pratense**		3	II	4	II	3	II	2	II	3	2	II	2	I		m	5	I	1	I
3636	256600	114.20.9	**Melampyrum**	**sylvaticum**		2.5	I	3	I	2	I	3.5	I	2	1	I	2	I			5	I	1	I
3637	–	–	**Melica**	**ciliata aggr.**		4.5	II	4	II	4	II	1.5	II	1	4	II	2	I			3	II	5	I
3638	256800	139.19.5.1	**Melica**		**ciliata**	4.5	II	4	I	4	I	1.5	I	2	4	I	2	I		m	1	I	5	I
3639	–	139.19.5.2	**Melica**		**magnolii**	5	II	4	I	4	II	1.5	I	1	4	II	2	I			3	II	5	I
3640	257000	139.19.6	**Melica**		**transsilvanica**	4	II	5	I	4	I	1	I	1	4	II	2	I			3	I	5	I
3641	–	139.19.4	**Melica**	**minuta**		5	II	4	I	4	II	1.5	I	1	4	II	2	I		m	1	II	5	I
3642	–	–	**Melica**	**nutans aggr.**		4	II	4	II	3	II	2	II	2	4	II	2	II			3	II	3	II
3643	–	139.19.7	**Melica**		**amethystina**	4.5	I	4	I	4	II	1.5	I	1	4	II	2	I			1	I	5	I
3644	256900	139.19.1	**Melica**		**nutans**	3.5	II	4	I	2	I	2.5	I	2	4	II	3	I		m	3	I	3	I
3645	–	139.19.2	**Melica**		**picta**	4.5	I	4	II	4	I	2	I	2	4	II	3	I			3	I	3	II
3646	257100	139.19.3	**Melica**	**uniflora**		4	I	2	I	2	I	2.5	I	2	2	II	3	I			3	I	1	I
3647	257200	64.30.2	**Melilotus**	**albus**		4	II	4	I	4	I	2.5	I	2	4	I	3	I			3	I	3	I
3648	–	–	**Melilotus**	**officinalis aggr.**		4.5	II	3	II	4	II	x	–	1	3	II	3	I			3	I	3	I

Strategien					Biologisches Verhalten										Vorkommen						Pflanzengesellschaften			Literatur			
LF	BD	WT	RO	KS	DA	VA	FS	MA	BZ	BS	MV	SU	DG	GI	GV	LR	EG	AE	EM	VE	1	2	3	BL	SL	TB	SEN
h	w	1	Rs	ccs	Au	Kt	zw		5-7	au my	–	4	3	e	D3	2.6 4.2 6.3 9.2	1	I	2	=	14.72	14.312	7.121				3560
h	w	1.5	Rs	css	Au	Kt	zw	r4	6-7	au me	3		3	h	D3	1.4 2.3 6.3 9.2	1	I	2	=	11.2	5.131	14.712				3561
h	s		Rh	ccc	Bo Dy	Au	zw	d	6-7	en	–		3		D4	1.3 2.9 7.2 9.2	1	I/N	3	<			11.3				3562
g	s	2	Rh	css	Bo Hy	Au	zw	d	5-7	my	1		3		B3	1.3 6.3 7.4	5	I	2	>			6.112				3563
h	s	2.5	Rh	ccs	Bo Dy	Au	zw	p1	6-8	au me (my)	2	2	3	e	B4	1.3 6.3 7.4 9.2	5	I	2	=	11.3	14.721	11.231				3564
t	s		–	rrs	Bo Ep	Kv	zw	p2	5-9	au me my ps	–		2		B6a		–	I/A	1-3	>							3565
t	s	1	–	rrs	Hy Ep	Kv	zw		4-9		–		2		B6a	1.4 2.1 2.2 2.5	7	I/A	3	>			2.211		112		3566
t	s		–	rrs	Bo Ep	Kv	zw		4-6		–		2		C2	1.4 2.1 4.2	–	I	1	>			2.221	k m			3567
t	s		–	rrs	Bo Ep	Kv	zw		4-7		–		2		C2	1.4 2.1	–	I	1	>			2.221	k m			3568
t	s w		–	rrs	Hy Ep	Kv	zw		6-9	au	–		2		D3		–	I/N	1	>							3569
t	s		–	rrs	Hy Ep	Kv	zw		6-9		–		2		C2	1.4	–	N	3	>			2.2	k m			3570
t	s w	1.5	–	rrs	Hy Ep	Kt	zw		6-9		–		2		D3	1.4 2.1 2.2 2.5	7	I	2	>			2.211				3571
h	s	2.5	Rh	ccs	Bo Ep	Sr	zw	r14	6-9	me my ps	2	3	3	h e	B4	1.3 1.4 6.3 7.2	5	I	3	=	11.3	6.11					3572
h	s		Rh	ccs	Bo Ep	Sr	zw		6-8		–		2		B6	1.3 6.3 7.2 9.2	–	I	3	>			11.321				3573
g	s		Rs	ccs	Bo At	Sr	zw		6-8		–		2		A4b	2.7 2.9	–	N	3	<			?	g			3574
n	i		Wh	ccc	En	Sr	zw		3-5	en	–		3	mg e	A2b	2.9 7.4	1	Nw	3	<			?				3575
g	s	1	Rs	css	Dy En	Au	zw		5-6	au my	–		3	mg	B4b	6.5 7.1 9.1 9.2	1	I	1	=	14.73	14.312	14.4				3576
g	s		Wk	crs	Me	Bz	zw		6-8	au my?	1		1		B4b	2.3 2.6 6.3 9.2	–	I	1	>*			14.72				3577
t	s		–	crr	Bo	Kv	zw		4-7		–		2		C2	2.1 2.2 7.3	–	N	4	=			4.2	k m			3578
p	s		Wh	ccc	En At	Ws	zw		4-5		–		1		A4b	2.9	–	N	3	=			?	d g			3579
p	s	3	Wh	ccc	En	Ws	zw		4-5		–		1	e	B6		–	I/Jn	3	=	14.811					B	3580
p	s		Wh	ccc	En	Ws	zw		4-5		–		1	h e	D1b	7.4 9.2 9.3	–	I	4	=			13.312	c d m			3581
p	s	3	Wh	ccc	En	Ws	fa zw	100*	4-5	my me ph	–		1	h e	D3	2.9 3.3 7.4 9.2	1	Jn	3	=			13.31			H	3582
p	s	4.5	Wh	ccc	En	Ws	zw	100*	4-5		–		1	h e	D3	3.3 7.4 9.2 9.3	1	I?	3	=			14.721				3583
h	s		Wv	ccs	Bo Dy	Sr	zw		7-9	me ps my	–		1	h e	D1	2.2 6.3 6.7 7.4	7	I/N	2-4	=			5.11				3584
h	w	4	Wv	ccs	Bo Dy	Sr	zw	p4	6-9	my me ps	2	3	1	h	C2	2.2 6.2 6.3 7.4	7	I/N	2-4	<	11.241	11.11	9.135				3585
t	t		Wv	crr	En Ep	Kt Kv	zw	p4	3-9		–		3	h e	B4		–	I/A	3-4	=							3586
k-t	t s		Wv	crr	En Ep	Kt	zw		6-9		–	3	3	h e	B6	2.1 2.2 2.5 2.7	7	A	3	=	2.34						3587
k-t	t s		Wv	crr	En Ep	Kv	zw		3-5		–		3	h e	C2	2.2	–	A	4	=			2.341	k m			3588
k-t	t s		Wv	crr	En Ep	Kv	zw		6-9		2	5	3	h e	B6a	2.1 2.2 3.2	–	A	4	=			2.351				3589
k-t	w s		Wv	crs	Bo At	Kv	zw	p3	5-10		2		2	h e	B6		–	I/A/N	4	<>						B	3590
k-t	t		Wv	crs	Bo At	Kv	zw		6-10		2		2	h e	C2	2.1 2.2 2.7 2.9	–	N	4	<			2.34?	c g k			3591
k-t	s w		Wv	rrr	Bo At	Kv	zw		5-7		2		2	h e	C2	2.1 2.2 6.2	–	I	3	=			2.343				3592
k-t	w	4	Wv	crs	Bo At	Kv	zw		5-9	my me (ve)*	2	5	2	h e	B6	2.1 2.2	7	I/A	3	>	5.11	2.343					3593
t	w		–	crs	Bo En	Kv	zw		7-9	au en	–		2	h e	A4b	2.9	7	N	4	=			2.3			H	3594
h	s		Wv	crs	En	Sr	zw		3-5	me	–		1	gg	E2c	2.2 2.3 2.9 9.3	–	I?/A	3	>			5.1?	k m			3595
h	t		Wh	crs	Ep	Sr	ve-di		6-8	au (en)	–		1	mg	D1b	2.1 2.2	–	A	4	=			5.111	k m			3596
c-h	t		Wh	crs	Ep	Sr	ve-di	r4	6-9	au me	–		1	mg h	C2	2.2 2.4	7	A	4	>			5.111				3597
g	s		Rs	css	Me	As Kr	ve-di		7-10		–		3		B4a	1.2 1.4 2.1	5	I	2	>			1.414				3598
t	w	2.5	–	rrr	Ep At	Kv	ve		5-9	my me ca ve*	–	4	2	h e	C2b	2.1 2.2 2.7 3.2	7	I/A	5	>			2.3				3599
k-t	w s	1.5	–	rrr	Ep At	Kv	zw	p1	5-10	my	3	3	3	h e	A2d	2.1 2.2 2.7	7	N	4	=			2.351				3600
h	s		Rh	ccs	At Me	Au	mo		6-8		–		3	mg e	B4	2.5 4.1 7.2 9.2	1	I/N	3	<	14.72						3601
c-h	w		Wv	rss	Bo	Sr	zw		4-7		–		1	e	C2		–	I	1-2	>				k m			3602
c	w		Wv	rss	Bo	Sr	zw		4-7		–		1	e	C2	3.2 6.2 7.3	–	I	2	>			3.31				3603
h	w		Wv	rss	Bo	Sr	zw	r5	5-7	ps me	–		1	e	F3	2.2 2.5 3.2 3.3	3	I	1	>	3.312	9.11					3604
c	w		Wv	rss	Bo	Sr	zw		5-7	au ps	–		2	e	C2	2.2 2.9 3.2	–	A	3	>?			3.24				3605
c	t		Rs	ccs	At	Au Kt	zw		5-9		4		3		A5	2.7 2.9	–	N	4	<			?				3606
h-t	t		Wv	crs	Bo	Sr	zw	p3	6-8		–		2		E2f	2.6 2.7 2.9 9.2	1	N	3	<			11.51				3607
k-t	s		–	crr	Ep	Kt	zw		4-6	me le?	2		2	e	C2	2.1 2.2 6.3	7	A	4	=			2.3				3608
h	t		Rs	css	Ep	Au	zw		4-7		–		2	e	E2c	3.2 6.7 7.4 9.3	–	I	1	=?			11.111				3609
t	s		Rs	rrs	Ep	Kv	zw		4-6		–		2	e	C2	6.1 6.2	–	I	3	=			4.211	k m			3610
t	s		–	rrs	Ep	Kv	zw		4-5		–		2	e	C2	2.1 2.2	–	I	3	=			2.3	k m			3611
h-t	t	2	–	rrs	En Dy	Kv Sr	zw	p4	5-9	me (au) (my)	4	4	2	e	C1	2.1 2.2 6.2 6.3	8	A	3	=	11.241	9.1					3612
k	w	1	Wv	rrs	Ep	Kv	zw	p2	5-6	au en	–		2	e	C1	2.2 3.1 6.1 6.2	6	I/A	3	>	9.131	4.122					3613
t	w		–	crr	Me	Kv	zw		5-7		–		2	e	C2	2.1 2.2 6.2	–	A	4	=			2.3				3614
h	t		Rs	css	Ep	Au	zw		5-6		–		2	e	F4b	3.2 3.3	–	I	1	=?			3.2113	k m			3615
t	s		–	rrs	Ep	Kv	zw		5-7	??	–	2	2	e	C2	2.1 2.2 6.2 6.3	7	A	3	>			2.343				3616
t	s?		–	rrr	Ep	Kv	zw	p1	5-7		–		2	e	C2	2.1 2.2 6.2	–	A	3	>			2.3	i k m			3617
h	t		Wd	ccs	En Dy	Au Sr	zw		4-9		3		2	e	B6		–	I/A	2-4	=>						B	3618
h	t	5	Wd	ccs	En Dy	Au	zw	p9	5-8	au me	3		2	e	B6	2.2 6.2 6.7 7.4	6	I	3	>	11.111	11.21					3619
h	t		Wd	ccs	En Dy	Au	zw		5-9		3		2	e	C2	2.1 2.2 6.2 6.7	–	I	2	=?			11.111	k m			3620
h	t?		Wh	ccs	En Dy	Sr	zw		4-8	??	3		2	e	D1b	3.1 3.2 6.2	–	I	2	=?			9.11	c f k			3621
h	t	3	Wd	ccs	En Dy	Au	zw	p6	6-8	me le	3	4	2	e	C2b	2.1 2.2 2.5 6.3	8	A	3	=			5.2			H	3622
t	s		–	rrs	Me Dy	Kv	zw		5-8		–		2	e	C2	2.2 6.3	–	I	2	=			2.3	k m			3623
t.hp	s	1	–	rrs	My	Kv	zw		5-8	me au	–		2	tg	B6		–	I/A	3	>							3624
t.hp	s	1.5	–	rrs	My	Kv	zw	p1	6-8		–	2	2	tg	B6a	2.1 2.2 6.2 7.4	7	I/A	4	>	2.312	11.111	9.113				3625
t.hp	s	1	–	rrs	My	Kv	zw		5-7		–		2	tg	D4	2.1 2.2 6.2 7.4	–	I	2	>			2.312	c k			3626
t.hp	s	1	–	rrs	My	Kv	zw		6-8		–		2	tg	E4c	6.7 7.4 9.3	–	I	2	>			11.111?	c k			3627
t.hp	s	1	–	rrs	My	Kv	zw		5-8	me	2		2	tg	B6a	6.7 7.4 9.1 9.3	1	I	1	>	11.111	14.811			362		3628
t.hp	s	1	–	rrs	My	Kv	zw	p1	6-9	me au (ca)	–		2	tg	E2b		–	I	2	>	14.733	14.811	11.111			B	3629
t.hp	s	1	–	rrs	My	Kv	zw		6-9		–		2	tg	E2b	6.7 7.4 9.2	–	I	2	>			11.11	k m			3630
t.hp	s	1	–	rrs	My	Kv	zw		6-8		–		2	tg	E2d	6.7 7.4 9.2 9.3	–	I	2	>			11.1	k m			3631
t.hp	s	1	–	rrs	My	Kv	zw		6-9		–		2	tg	B6	6.7 7.4 9.2 9.3	1	I	1	>			11.11				3632
t.hp	s	1	–	rrs	My	Kv	zw		6-9		–		2	tg	F8	6.7 7.4 9.1	–	I	2	>			11.111?	c k			3633
t.hp	s	1	–	rrs	My	Kv	zw		6-9		–		2	tg	E2c	6.7 7.4 9.2 9.3	–	I	2	>			11.11	c k			3634
t.hp	s	1	–	rrs	My	Kv	zw	p1	5-9	au me	1		2	tg	B4b	6.7 7.1 9.1 9.2	1	I	2	>*	14.41	14.731	12.31			A C	3635
t.hp	s	1	–	rrs	My	Kv	zw	p1	6-9	au me ve	1		2	tg	D5	6.7 7.4 9.1	1	I	2	>*	14.312	14.413	15.001			A C	3636
h	t		Rs	css	Me	Ho Sr	zw		4-9		–		2	e	B4a		–	I	1-2	=							3637
h	t	2	Rs	css	Me	Ho Sr	zw		5-8	an	–		3	e	C1	2.2 3.2 3.3 6.2	6	I	2	=	9.131	4.122	4.1				3638
h	t		Rs	css	Me	Ho Sr	zw		5-9	an	–		2	e	C2a	3.2 3.3 6.2 7.1	–	I	2	=			9.22	k			3639
h	t		Rs	css	Me	Ho Sr	zw		6-7	an	–		2	e	B6a	3.2 6.2 6.7 7.4	6	I	2	=			9.11				3640
h	t		Rs	css	Me	Ho	zw		4-5	an	–		2	e	C2	3.2 3.3	–	I	1	=			3.23	k m			3641
h	t		Rs	crs	Me My	Au Sr	zw		5-6		–		2	e	B4		–	I	1-2	=	14.73	14.811					3642
h	t		Rs	css	Me	Ho Sr	zw		4-6	an	–		2	e	C2a	2.4 3.2 3.5 6.2	–	I	1	=			3.231	m			3643
h	t	2	Rs	crs	Me My	Au Sr	zw		5-6	an	–		3	e	B4	2.6 9.1 9.2 9.3	1	I	2	=			14.7				3644
h	t		Rs	crs	Me My	Au Sr	zw		5-6	an	–		3	e	D4	6.7 7.4 9.2 9.3	–	I	1	=			14.81	c k m			3645
g	s	2	Rs	css	Me	Au Sr	zw		5-7	an	–		4	e	C1	2.6 9.2 9.3	1	I	1	=	14.811	14.731	14.733				3646
k-t	s	2.5	Wv	crr	Bo At	Kv	zw	p3	6-8	me hm ve my	–		3	tg h e	B4	2.1 2.2 2.5 3.5	7	A	3	=	5.11	5.21	13.21				3647
k-t	s		Wv	crr	Au At	Kv	zw		4-10		2		2	tg h e	B4a		–	I/A/N	3-5	=							3648

Nummern			Taxa			Klima						Boden												
SEN	SIN	FAN	Gattung	Aggregat/Einzelart	Kleinart	T	v	K	v	L	v	F	v	W	R	v	N	v	S	M	H	v	D	v
3649	257300	64.30.1	Melilotus		altissimus	4.5	I	3	I	3	I	3	II	3	4	I	3	I	s		3	I	1	I
3650	–	–	Melilotus		dentatus	4	I	4	I	4	II	3	II	3	4	I	3	I	s		3	I	1	I
3651	257400	64.30.6	Melilotus		indicus	5	I	3	I	4	I	1.5	I	1	3	I	3	I	s		3	I	3	I
3652	–	64.30.4	Melilotus		italicus	5	I	3	I	4	I	1.5	II	2	3	II	3	I			3	I	3	I
3653	257500	64.30.5	Melilotus		neapolitanus	5	I	2	I	4	I	1.5	I	1	3	I	3	I			3	I	3	I
3654	257600	64.30.3	Melilotus		officinalis	4.5	I	3	I	4	I	3	I	2	4	I	3	I		m	3	I	3	I
3655	257700	64.30.7	Melilotus		sulcatus	5	I	2	I	4	I	1	I	1	3	I	3	I	s		3	I	3	I
3656	257800	108.17.1	Melissa	officinalis		4.5	I	2	I	3	I	3	I	1	4	I	4	I			3	I	3	I
3657	257900	108.6.1	Melittis	melissophyllum		4	I	4	I	3	I	2.5	I	2	4	I	2	I		m	3	I	3	I
3658	258300	108.27.1	Mentha	pulegium		4.5	I	2	I	3	I	4	I	3	4	I	4	I	s		1	I	3	I
3659	–	–	Mentha	requienii		4.5	I	2	I	4	I	3.5	I	2	3	I	4	I			3	I	1	I
3660	–	–	Mentha	spicata aggr.		x	–	x	–	3	II	x	–	2	x	–	4	II			3	II	1	I
3661	258000	108.27.3	Mentha		aquatica	3.5	I	3	I	3	I	4.5	I	3	3	I	3	I			5	II	1	I
3662	258100	108.27.2	Mentha		arvensis	3.5	I	3	I	3	I	3.5	I	3	2	II	4	I			3	I	1	I
3663	–	–	Mentha		gentilis	4	I	3	I	3	I	3.5	I	2	4	I	4	I			3	I	1	I
3664	258200	108.27.5	Mentha		longifolia	3	I	3	I	3	I	4	I	3	4	I	4	I		m	3	II	1	I
3665	258700	108.27.7	Mentha		piperita	4	I	3	I	3	I	3.5	I	2	4	I	4	I			3	I	1	I
3666	258500	108.27.6	Mentha		spicata	4.5	I	3	I	4	I	3.5	I	2	3	I	4	I			3	I	1	I
3667	258600	108.27.4	Mentha		suaveolens	5	I	2	I	4	I	4	I	3	2	I	4	I			3	I	1	I
3668	–	–	Mentha		verticillata	3.5	I	3	I	3	I	4	I	3	3	II	4	I			3	I	1	I
3669	–	–	Mentha		villosa	4.5	I	3	I	4	I	3.5	I	3	3	I	4	I			3	I	1	I
3670	258800	103.1.1	Menyanthes	trifoliata		3	II	3	I	4	I	4.5	I	3	3	I	2	I			5	I	1	I
3671	258900	80.1.1	Mercurialis	annua		4.5	I	3	I	4	I	2.5	I	2	4	I	4	I			3	I	1	I
3672	–	–	Mercurialis	perennis aggr.		3.5	I	3	II	3	II	3	II	1	4	II	3	II			3	I	3	I
3673	259000	80.1.3	Mercurialis		ovata	3.5	I	4	I	3	I	3	II	1	4	I	2	I		m	3	I	3	I
3674	259100	80.1.2	Mercurialis		perennis	3.5	I	2	I	1	II	3.5	I	1	4	II	3	I		m	3	I	3	I
3675	259200	63.27.1	Mespilus	germanica		4.5	I	2	I	3	I	2	I	1	3	I	3	I			3	I	3	I
3676	259300	97.29.1	Meum	athamanticum		2.5	I	2	I	4	I	2.5	I	1	1	II	2	I			5	I	1	I
3677	259400	139.14.1	Mibora	minima		4.5	I	1	I	5	I	1.5	I	1	2	I	1	I			1	I	5	I
3678	–	108.22.2	Micromeria	marginata		3.5	II	4	I	5	I	1	I	1	5	I	1	I			1	I	5	I
3679	–	108.22.1	Micromeria	thymifolia		4.5	I	4	I	5	I	1	I	1	5	I	1	I			1	I	5	I
3680	–	–	Micropus	erectus aggr.		5	I	3	I	4	II	1	I	1	4	II	2	I			3	I	3	I
3681	–	124.9.2	Micropus		discolor	5	I	3	I	5	I	1	I	1	4	II	2	I			3	I	3	I
3682	259500	124.9.1	Micropus		erectus	5	I	3	I	4	I	1	I	1	4	I	2	I			3	I	3	I
3683	259600	139.4.1	Micropyrum	tenellum		5	I	2	I	4	I	1	I	1	2	I	3	I			1	I	5	I
3684	–	–	Milium	effusum aggr.		3	II	2	I	2	II	3	II	1	2	II	3	II			5	I	3	II
3685	–	–	Milium		alpicolum	2	I	2	I	3	II	3.5	I	1	2	I	4	I			5	I	1	I
3686	259800	139.54.1	Milium		effusum	3.5	II	2	I	2	I	3	I	1	2	II	3	I		m	5	I	3	I
3687	–	–	Milium	vernale		4	I	2	I	2	II	3	I	1	3	II	4	I	s		3	I	3	I
3688	259900	114.4.1	Mimulus	guttatus		3.5	I	2	I	4	I	4.5^	I	3	2	I	3	I	s		3	I	3	I
3689	260000	114.4.2	Mimulus	moschatus		3.5	I	2	I	4	I	4^	I	3	3	I	3	I			3	I	3	I
3690	–	–	Minuartia	austriaca aggr.		2	II	4	I	4	I	2	I	1	5	I	1	I			1	I	5	I
3691	260200	38.3.12	Minuartia		austriaca	1.5	I	4	I	4	I	2	I	1	5	I	1	I			1	I	5	I
3692	260900	38.3.10	Minuartia		grignensis	2	I	4	I	4	I	2	I	1	5	I	1	I			1	I	5	I
3693	262100	38.3.13	Minuartia		villarii	2.5	II	4	I	4	I	2	I	1	5	I	1	I			1	I	5	I
3694	260300	38.3.17	Minuartia	biflora		1	I	2	I	5	I	3.5	I	2	4	I	3	I			5	I	3	I
3695	260400	38.3.15	Minuartia	capillacea		3	I	4	I	4	I	1	I	1	5	I	2	I			1	I	5	I
3696	–	–	Minuartia	cherlerioides aggr.		1	I	3	I	5	I	2	I	1	x	–	1	I			1	I	5	I
3697	260500	38.3.11.1	Minuartia		cherlerioides	1	I	3	I	5	I	2	I	1	5	I	1	I			1	I	5	I
3698	260600	38.3.11.2	Minuartia		herniarioides	1	I	3	I	5	I	2	I	1	2	I	1	I			1	I	5	I
3699	–	38.3.8	Minuartia	graminifolia		2	I	4	I	5	I	1.5	I	1	5	I	2	I			1	I	5	I
3700	–	–	Minuartia	hybrida aggr.		4.5	II	4	II	4	II	1.5	I	1	x	–	3	I			3	II	3	II
3701	26100	38.3.2	Minuartia		hybrida	4.5	I	3	I	4	I	1.5	I	1	3	I	3	I			3	I	3	I
3702	–	38.3.3	Minuartia		mediterranea	5	II	3	I	5	I	1.5	I	2	4	II	3	I	s		3	II	1	II
3703	–	38.3.2	Minuartia		vaillantiana	4.5	I	3	I	4	I	1.5	I	1	5	I	3	I			3	I	3	I
3704	26200	38.3.1	Minuartia		viscosa	4.5	I	5	I	4	I	1	I	1	2	I	3	I			3	I	3	I
3705	–	–	Minuartia	laricifolia aggr.		2.5	I	4	I	4	II	2	II	1	x	–	2	I			3	II	3	II
3706	–	38.3.16.2	Minuartia		kitaibelii	2.5	I	4	I	5	I	2.5	I	1	5	I	2	I			3	II	5	I
3707	261200	38.3.16.1	Minuartia		laricifolia	2.5	I	4	I	3	I	2	I	1	2	I	2	I		m	3	I	3	I
3708	261400	38.3.7	Minuartia	recurva		1.5	I	4	I	5	I	2	I	1	2	I	1	I			3	I	3	I
3709	–	–	Minuartia	rostrata aggr.		x	–	5	I	4	I	1	I	1	4	I	2	I			3	I	5	I
3710	261450	38.3.5	Minuartia		rostrata	3	II	5	I	4	I	1	I	1	4	I	2	I			3	I	5	I
3711	261500	38.3.4	Minuartia		rubra	4.5	II	5	I	4	I	1	I	1	4	I	2	I			3	I	5	I
3712	261800	38.3.6	Minuartia		setacea	4.5	I	5	I	4	I	1	I	1	4	I	2	I			3	I	5	I
3713	–	–	Minuartia	rupestris aggr.		1.5	I	4	I	5	I	1.5	I	1	4	II	2	II			1	I	5	I
3714	–	38.3.9.2	Minuartia		lanceolata	1.5	I	4	I	5	I	1.5	I	1	4	II	2	I			1	I	5	I
3715	261600	38.3.9.1	Minuartia		rupestris	1.5	I	4	I	5	I	1.5	I	1	4	II	1	I			1	I	5	I
3716	261700	38.3.18	Minuartia	sedoides		1	I	4	I	5	I	2.5	I	1	3	I	1	I		m	3	I	5	I
3717	261900	–	Minuartia	stricta		2.5	I	2	I	4	I	4.5	I	2	2	II	1	I			3	I	1	I
3718	–	–	Minuartia	verna aggr.		2.5	II	4	I	5	I	1.5	II	1	4	II	1	II		m	1	I	5	I
3719	262000	38.3.14.1	Minuartia		gerardii	2	II	4	I	5	I	2	I	1	4	II	1	I		m	1	I	5	I
3720	–	–	Minuartia		glaucina	3.5	I	4	I	5	I	1.5	I	1	4	II	2	I			1	I	5	I
3721	–	38.3.14.1	Minuartia		verna	3.5	I	4	I	5	I	1	I	1	4	I	1	I		m	1	I	5	I
3722	–	–	Mirabilis	jalapa		5	I	1	I	4	I	2	I	1	3	I	3	I			3	I	3	I
3723	262250	–	Miscanthus	sinensis		4.5	I	4	I	4	I	3	I	1	3	I	4	I			3	I	3	I
3724	–	–	Misopates	orontium aggr.		4.5	I	2	II	4	II	2	II	2	x	–	2	II			3	I	3	II
3725	–	–	Misopates		calycinum	4.5	I	3	I	4	I	1.5	I	1	4	II	2	I			3	I	3	I
3726	262300	114.9.1	Misopates		orontium	4.5	I	2	II	4	I	3	I	2	2	II	1	II	s		3	I	3	II
3727	–	–	Mitella	pentandra		4	I	3	I	2	I	3.5	I	1	3	I	3	I			5	I	3	I
3728	–	–	Moehringia	bavarica aggr.		x	–	3	II	4	II	2	II	1	5	I	2	I			1	I	5	I
3729	–	38.2.11.1	Moehringia		bavarica	3.5	II	3	I	4	II	2	I	1	5	I	2	I			1	I	5	I
3730	262700	38.2.12	Moehringia		dielsiana	3	I	3	I	4	II	2	I	1	5	I	2	I			1	I	5	I
3731	–	38.2.10	Moehringia		glaucovirens	2.5	I	3	I	4	II	2.5	I	1	5	I	2	I			1	I	5	I
3732	262800	38.2.11.2	Moehringia		insubrica	4	I	4	I	4	I	1.5	I	1	5	I	2	I			1	I	5	I
3733	–	38.2.3	Moehringia		lebrunii	3	I	3	I	4	II	2	I	1	5	I	2	I			1	I	5	I
3734	–	38.2.4	Moehringia		villosa	3	I	3	I	4	II	2	I	1	5	I	2	I			1	I	5	I
3735	–	–	Moehringia	ciliata aggr.		1	I	3	I	5	I	x	–	1	4	II	2	I			1	I	5	I
3736	262500	38.2.8	Moehringia		ciliata	1	I	2	I	5	I	3.5	I	1	4	I	2	I			1	I	5	I
3737	262600	38.2.9	Moehringia		concarenae	1	I	3	I	5	I	1.5	I	1	5	I	2	I			1	I	5	I

Strategien					Biologisches Verhalten										Vorkommen						Pflanzengesellschaften			Literatur			
LF	BD	WT	RO	KS	DA	VA	FS	MA	BZ	BS	MV	SU	DG	GI	GV	LR	EG	AE	EM	VE	1	2	3	BL	SL	TB	SEN
k-t	s		Wv	crr	Bo At	Kv	zw	p1	6-9	me (au)	2	3	3	tg h e	B4a	2.5 6.3 7.2 9.2	7	I/A	3	=	11.311						3649
k-t	s		Wv	crr	Bo At	Kv	zw		5-9	me	2		2	tg h e	A4a	1.4 2.2 2.5	–	N	3	=			11.212	c i k			3650
k-t	s		Wv	rrr	Bo At	Kv	zw		6-8	??	2		2	tg h e	A4b	2.2	7	N	5	=			2.3				3651
k-t	s		Wv	rrr	Bo At	Kv	zw		4-5		2		2	tg h	C2	2.2 6.1 6.2 7.3	–	I/N	4	=			2.3				3652
k-t	s		Wv	rrr	Bo At	Kv	zw		4-7		2		2	tg h e	C2	2.2 2.5 6.1 6.2	–	A	5	=			4.21	k m			3653
k-t	s	3	Wv	rrr	Bo At	Sr	zw		6-10	me (hm) (my)	2	4	2	tg h e	B4a	2.2 2.5 3.5 6.2	7	A	4	=	5.11	11.311					3654
k-t	s		Wv	crr	Bo At	Kv	zw		6-8		2		2	tg h e	C2	2.2	7	A	5	=			2.343				3655
g-h	t		Rh	ccc	En My	Au	ve-di		6-8	au me my	1		3	h e	C2b	2.2 2.3 2.7 6.7	7	A/N	3	<			5.113				3656
g-h	s	2	Rh	css	My	Sr	zw	r6	5-6	me ph	1		2	h	D3	6.7 7.4 9.1 9.2	1	I	2	>*	14.811	14.81101	14.7312				3657
g-h	w		Rs	crs	En	Ao Au	ve-di	r1	7-9	en	1		3	mg h e	C2	1.4 2.5 6.3	5	I/N	5	>			11.212				3658
g-h	s		Rs	crs	At	Ao Au	ve-di		7-9		4		3	h	D1e	2.7 2.9	–	N	4	<			?	g m			3659
g-h	s t		Rs	crs	At En	Ao Au	ve-di		7-10		3		3	h e	B6		–	I/A/Jn	3	=>						H	3660
g-h	t		Rs	crs	Hy	Ao Au	ve-di	r1	7-10	me my hm ps*	2		4	h e	B6	1.3 4.2 7.2 9.2	5	I	2	=	6.1	14.72202	14.611				3661
g-h	t	1.5	Rs	crs	En At	Ao Au	ve-di	r4	7-9	my me (ps)*	2	4	3	h e	B3	1.4 2.1 2.2 2.6	7	I	3	>			2.32				3662
g-h	s		Rs	crs	At	Ao Au	ve-di		7-9	??	3		3	h e	D3	1.4 2.1 2.2 2.9	–	Jn	4	=			5.113	g k m		F	3663
g-h	t	2.5	Rs	crs	En	Au	ve-di	r3	7-9	my me ps ve	3		3	h e	B6	1.4 2.6 6.3 7.2	5	I	2	=	11.212	11.231	11.3				3664
g-h	s		Rs	crs	At	Ao	ve-di		7-9	me my ps ca	3		3	h e	D3	2.2 2.9	–	Jn	4	=			?			F	3665
g-h	s		Rs	crs	At	Au	ve-di		7-9		3		3	h e	D1	1.4 2.1 2.2 2.9	7	I/A	4	=			5.113				3666
g-h	s		Rs	crs	At	Ao Au	ve-di		7-9	en	3		3	h e	C2a	1.4 2.2 2.5 6.3	5	I	3	>			11.212			F	3667
g-h	s		Rs	crs	At	Ao Au	ve-di		7-9		3		3	h e	B6	1.4 2.2 2.5	–	Jn	4	=			11.21?	g k l		F	3668
g-h	s		Rs	crs	At	Ao Au	ve-di		7-9		3		3	h e	B6	1.4 2.2 2.5 6.3	–	Jn	4	=			11.212	g k l		F	3669
g	s	2.5	Rh	css	Me En	Kt	zw	d	5-7	me ca my ps	1		3	tg h e	B3	1.1 1.3 5.1 5.2	4	I	2	>*	12.11	7.2	6.112				3670
t	s	2	–	rrr	Au My	Kv	di	r4	5-10	an	–	4	3	tg h e	B6a	2.1 2.2 2.5 2.7	7	A	4	=	2.31						3671
g	t		Rh	ccs	Au My	Au	di		3-6	an	–		4	gg h	B6		–	I	1	=						B	3672
g	t		Rh	ccs	Au My	Au	di		5-6		–		4	gg	D1b	7.4 9.1 9.2 9.3	1	I	1	=	14.811						3673
g	t	2	Rh	ccs	Au My	Au	di	r3	3-5		–		4	gg h	B6	7.4 9.1 9.2 9.3	1	I	1	=	14.73	14.721	14.73305				3674
p	s		Wh	ccc	En	Sr Ws	zw	100*	5-6	au	–		1		B6a	2.9 7.4 9.2 9.3	1	A	1	>	13.31	14.81101					3675
h	s	3.5	Wv	ccs	Me	Sr	ve	p7	5-8	en	3		2	h e	E5	6.3 6.4 6.5 7.1	2	I	3	>	10.412	11.242	10.421				3676
t	w		–	rrr	Me	Kv	zw		2-5	an	–		1	e	C2a	2.1 2.2 3.1	–	I	3	>			4.11	a f i			3677
z	i		Wh	ccs	Bo	Kv	ve-di		6-9		–		3		F2a*	3.2 3.3 6.2	–	I	1	=			3.2114	k m			3678
z	i		Wh	ccs	Bo	Kv	ve-di		6-8		–		2		E2c	3.2 3.3	–	I	1	=			3.21	k m			3679
t	s		–	rrr	Me	Kv	ve		5-7	??	–		1		C2		–	I/A	3	=							3680
t	s		–	rrr	Me	Kv	ve		5-7		–		1		C2	2.1 2.2 6.1 7.3	–	I	3	=			4.21	k m			3681
t	s		–	rrr	Me	Kv	ve	p1	6-7		–		1		C2	2.1 2.2 6.1 6.2	7	I/A	3	>	4.131	4.21					3682
t	s w		–	rrr	Me	Kv	zw		5-7	an	–		1	e	C2	2.1 2.2 2.5 3.1	3	I/N	3	>			4.111				3683
g	t	1	Rs	crs	En Bo	Au	zw		5-7	an	–		1	e	B3a		–	I	1	=						B	3684
g	t	1	Rs	crs	Bo	Au	zw		6-7	an	–		1	e	E4	2.4 6.5 7.2 8.1	–	I	1	=			13.4	c i		E	3685
g	t	1	Rs	crs	En Dy	Au Ho	zw		5-6	an	–		1	e	B3a	7.2 8.1 9.1 9.2	1	I	1	=	14.73	14.735	14.72				3686
t	s		–	crr	En Dy	Kv	zw		4-6		–		3	e	C2	9.2	–	N	3	<			14.7?	k m			3687
g	s		Rs	css	Bo Hy	Ao Au	zw	p1	6-9	me	–		2	e	A2b	1.4 2.9 4.1 4.2	5	N	3	=			7.111				3688
g	s		Rs	css	Bo Hy	Ao	zw		7-9	??	–		2		A2b	1.4 2.9 4.1 4.2	5	N	3	=			11.23				3689
c-h	w		Rs	css	Bo	Sr	zw		6-8	??	–		2		E1		–	I	1	=							3690
c	w	3	Rs	css	Bo	Sr	zw		6-8		–		2		F7	3.2 3.3	–	I	1	=			3.311				3691
c	w		Rs	css	Bo	Sr	zw		7-8		–		2		F3c*	3.2 3.3	–	I	1	=			3.2113				3692
h	w		Rs	css	Bo	Sr	zw		7-8		–		2		E2b	3.2 6.2	–	I	1	=			3.21				3693
c	w		Rs	crs	Bo	Po Sr	zw		7-8	au	–		2		B5	3.2 6.5 6.6	2	I	1	=			10.3				3694
c	w		Rs	css	Bo	Sr	zw	r6	6-8		–		2		E2	3.2 3.3 6.2	2	I	2	>			9.14				3695
c	w		Rs	css	Bo	Po	zw	p20	7-8	??	–		1		F1		–	I	1	=							3696
c	w		Rs	css	Bo	Po	zw		7-8		–		1		F7	3.2 3.3	–	I	1	=	3.221						3697
c	w		Rs	css	Bo	Po	zw		7-8		–		1		F6	3.3	2	I	1	=			3.2211				3698
c	w		Rh	css	Bo	Sr	zw		6-8		–		2		E2d	3.3	–	I	1	=			3.2113	k m			3699
t	s		–	rrr	Bo	Kv	zw		5-6	??	–		2		B6b		–	I/A/N	3	<->					83	B	3700
t	s		–	rrr	Bo	Kv	zw		5-6		–		2		C2	2.1 2.5 3.1 6.2	7	I/N	4	<			4.1		117		3701
t	s		–	rrr	Bo	Kv	zw		5-6		–		2		C2	3.1 6.2	–	I/N	3	=			4.211	k m			3702
t	s		–	rrr	Bo	Kv	zw		5-6		–		2		D2	2.2 2.5 3.1 6.2	–	I/N	3	=			4.131				3703
t	s		–	rrs	Bo	Kv	zw		5-6		–		2		D3	2.1 2.2 3.1 6.2	7	I/A	2	>			4.1		822		3704
c	t		Rs	ccs	Bo	Sr	zw		6-8		2		2		E1		–	I	2	=							3705
c	t		Rs	ccs	Bo	Sr	zw		6-7		2		2		E4a	2.5 3.2 3.3	–	I	2	=			3.2112	c k m			3706
c	t	2	Rs	ccs	Bo	Sr	zw	p20	7-8		2		2		E2b	2.5 3.2 3.3 9.1	2	I	2	=	4.122	14.111	9.11				3707
c	w		Rs	css	Bo	Po	zw	p13	7-8	my (le)	1		2		E1	3.2 3.3 6.5	2	I	1	=	10.41	3.341					3708
c-t	w		Rs	css	Bo	Sr	zw		5-8		–		1		C1		–	I	2	>							3709
c	w		Rs	css	Bo	Sr	zw		7-8		–		1		E3	3.2 3.3 6.2 6.5	2	I	2	>			3.21				3710
t	w s		Wv	css	Bo	Kv	zw	p4	6-8		–		1		C2	2.1 3.2 6.2	6	I	2	>			4.131				3711
c	w		Rs	css	Bo	Sr	zw		5-7		–		1		D1b	6.2	–	I	1	>			9.112				3712
c	w		Rs	css	Bo	Kt	zw		7-8	en	–		1		F1		–	I	1	=							3713
c	w		Rs	css	Bo	Kt	zw		7-8		–		1		F2b	3.2 3.3 6.5	–	I	1	=			3.2111	k m			3714
c	w		Rs	css	Bo	Kt	zw		7-8		–		1		F1	3.2 3.3 6.5	2	I	1	=	3.211						3715
c	w	1.5	Rs	css	Bo	Po	zw	p40	7-8	my	–		2		E1	3.3 6.5	2	I	1	=	10.411	10.311	3.331				3716
c	w		Rh	css	Bo	Sr	zw		6-8	au	–		1		B3a	5.1 5.2	5	I	2	>			7.21		99		3717
c	w		Rs	css	Bo	Po	zw		5-8	au? my (ca)*	1		2		E1		–	I	2	=>						B	3718
c	w		Rs	rss	Bo	Po Sr	zw	p26	7-8		1		2		E5	2.5 3.3 6.2 6.5	2	I	2	=	10.211	3.311	10.31	i		A	3719
c	w		Rs	css	Bo	Po	zw		5-8		1		2		E4	3.1 6.2	–	I	2	=			9.1	c k m	186		3720
c	w		Rs	rss	Bo	Sr	zw		5-6		1		2		D3	3.1 3.2 6.2	–	I?	2	>			9.1	i			3721
h-t	s		Wv	crs	Dy?	Sr	zw		6-11	au sp	–		2		A2a	2.2 2.9	–	N	3	<			2.3	k m			3722
h	t		Rs	ccr	At Me	Ho	zw		8-10	an?	–		3		A4b	2.2 2.9	–	N	5	>			?	c h k		H	3723
t	s		–	rrr	Bo	Kv	zw		5-10	me au	–		1	tg	C2a		–	A/N	4	>							3724
t	s		–	rrr	Bo	Kv	zw		5-9		–		1	tg	C2a	2.1	–	N	4	>			2.3?	k m			3725
t	s	3	–	rrr	Bo	Kv	zw	p2	5-10		–		1	tg	C2a	2.1 2.2 3.1 3.2	7	A	4	>			2.3				3726
h	t		Rh	ccs	At	Sr	zw		5-6		–		3		A2b	2.3 2.7 2.9	–	N	3	<			?	g			3727
c	w		Rh	css	My	Po	zw		5-8		–		2		F1		–	I	1	=							3728
c	w		Rh	css	My	Po	zw		5-8		–		3		E2c	3.2	–	I	1	=			3.21	c k			3729
c	w		Rh	css	My	Po	zw		7-8		–		2		F3c*	3.2	–	I	1	=			3.2113	a f k			3730
c	w		Rh	css	My	Po	zw		5-7		–		2		F4a	3.2 3.3	–	I	1	=			3.2113	c k m			3731
c	w		Rh	css	My	Po	zw		7-8		–		2		F3c*	3.2	–	I	1	=			3.2113				3732
c	w		Rh	css	My	Po	zw		4-8		–		2		F2a*	3.2	–	I	1	=			3.2114	k			3733
c	w		Rh	css	My	Po	zw		5-8		–		2		F4b*	3.2 3.3	–	I	1	=			3.2113	k			3734
c	w		Rs	css	My	Kt	zw	p20	7-8	??	–		3		E1		–	I	1	=							3735
c	w		Rs	css	My	Kt	zw		7-8		–		3		E1	3.3 6.5	2	I	1	=	3.311						3736
c	w		Rs	css	My	Kt	zw		7-8		–		3		F3c*	3.3	–	I	1	=			3.311	a k m		D	3737

Nummern			Taxa			Klima						Boden												
SEN	SIN	FAN	Gattung	Aggregat/Einzelart	Kleinart	T	v	K	v	L	v	F	v	W	R	v	N	v	S	M	H	v	D	v
3738	–	38.2.2	**Moehringia**	**diversifolia**		3	I	3	I	3	II	2.5	I	1	2	I	2	I		m	1	I	5	I
3739	–	–	**Moehringia**	**muscosa aggr.**		3.5	II	3	II	3	II	2.5	II	1	5	II	2	I			1	II	5	I
3740	–	38.2.6	**Moehringia**		**intermedia**	4	I	3	I	3	II	2.5	I	1	5	I	2	I			1	I	5	I
3741	–	38.2.7	**Moehringia**		**markgrafii**	4	I	3	I	4	II	2	I	1	5	I	2	I			1	I	5	I
3742	262900	38.2.5	**Moehringia**		**muscosa**	3	II	2	I	3	I	3	I	1	4	I	2	I		m	3	II	5	I
3743	–	38.2.13	**Moehringia**	**sedoides**		3	II	4	I	3	II	2.5	I	1	5	I	2	I			1	I	5	I
3744	–	–	**Moehringia**	**trinervia aggr.**		x	–	3	I	3	II	3	II	1	3	II	3	I			3	II	3	II
3745	–	–	**Moehringia**		**pentandra**	5	I	3	I	3	II	2	I	1	3	I	3	I	s		3	II	3	II
3746	263000	38.2.1.1	**Moehringia**		**trinervia**	3	I	3	I	3	I	3	I	1	2	II	3	I		m	3	I	3	I
3747	263100	38.9.1	**Moenchia**	**erecta**		4.5	I	2	I	4	I	1	I	1	2	I	3	I			3	I	5	I
3748	263200	38.9.2	**Moenchia**	**mantica**		5	I	2	I	3	I	3	I	1	3	I	3	I			3	I	3	I
3749	–	–	**Molinia**	**caerulea aggr.**		3	II	3	II	4	II	4	II	3	x	–	3	II	s	m	5	II	1	I
3750	–	139.61.2	**Molinia**		**arundinacea**	3.5	I	2	I	3	I	3	I	3	4	II	3	I		m	3	II	1	I
3751	263400	139.61.1	**Molinia**		**caerulea**	3	I	3	I	4	I	4	I	3	3	II	2	I			5	I	1	I
3752	263300	–	**Molinia**		**litoralis**	3	I	2	I	3	I	3	II	3	2	II	2	II			5	II	1	I
3753	–	–	**Molinia**		**pocsii**	3	I	2	I	4	I	4.5	I	3	3	I	3	I			3	I	1	I
3754	–	–	**Mollugo**	**verticillata**		5	I	2	I	4	I	3.5	I	3	3	I	4	I			3	I	3	I
3755	263600	97.10.1	**Molopospermum**	**peloponnesiacum**		3	I	2	I	3	I	2	I	1	2	I	3	I			3	I	5	I
3756	–	106.7.1	**Moltkia**	**suffruticosa**		3.5	I	4	I	5	I	1.5	I	1	5	I	2	I			1	II	5	I
3757	263700	58.3.1	**Moneses**	**uniflora**		2.5	I	3	I	1	I	3	I	1	2	I	1	I		m	5	I	1	I
3758	–	–	**Monotropa**	**hypopitys aggr.**		3	II	3	I	1	I	2.5	I	1	2	I	2	I			5	I	1	I
3759	263800	58.5.2	**Monotropa**		**hypophegea**	3.5	II	3	I	1	I	2.5	I	1	2	I	2	I			5	I	1	I
3760	263900	58.5.1	**Monotropa**		**hypopitys**	3	II	3	I	1	I	2.5	I	1	2	I	2	I			5	I	1	I
3761	–	–	**Montia**	**fontana aggr.**		x	–	2	I	4	I	4.5^	II	3	2	I	3	II			3	II	1	II
3762	264300	37.2.1.4	**Montia**		**arvensis**	4.5	I	2	I	4	I	4	I	3	2	I	3	I			3	I	1	I
3763	264100	37.2.1.1	**Montia**		**fontana**	2.5	II	2	I	4	I	5^	I	3	2	I	2	I			3	II	3	I
3764	264200	37.2.1.3	**Montia**		**lusitanica**	4	I	2	I	4	I	4.5^	I	3	2	I	3	I			3	I	1	I
3765	264500	37.2.1.2	**Montia**		**variabilis**	3.5	I	2	I	4	I	4.5	I	3	2	I	3	I			3	I	1	I
3766	264800	27.2.2	**Morus**	**alba**		5	I	2	I	3	I	3	I	1	4	I	3	I			3	I	3	I
3767	264900	27.2.1	**Morus**	**nigra**		4.5	I	2	I	3	I	3	I	1	4	I	3	I			3	I	3	I
3768	265000	139.66.2	**Muhlenbergia**	**schreberi**		5	I	3	I	3	I	2	I	1	3	I	3	I			3	I	3	I
3769	–	139.66.1	**Muhlenbergia**	**vaginiflora**		4.5	I	3	I	4	I	2	I	3	3	II	2	I	ss		1	I	5	I
3770	265100	54.2.1	**Murbeckiella**	**pinnatifida**		1.5	I	2	I	5	I	3.5	I	1	2	I	2	I			1	I	3	II
3771	–	–	**Murdannia**	**keisak**		5	I	2	I	4	I	4.5	I	3	3	I	4	I			1	I	1	I
3772	–	–	**Muscari**	**commutatum**		5	I	3	I	4	I	1.5	I	1	3	I	3	I			3	I	3	I
3773	–	–	**Muscari**	**comosum aggr.**		4.5	II	4	II	4	II	1.5	I	2	4	I	3	I			3	II	3	II
3774	265300	143.22.1	**Muscari**		**comosum**	4.5	II	4	I	4	I	1.5	I	2	4	I	3	I		m	3	I	3	I
3775	–	–	**Muscari**		**tenuiflorum**	4	II	5	I	5	II	2	I	2	4	I	3	I			3	II	3	II
3776	–	–	**Muscari**	**latifolium**		4	I	2	I	3	I	2.5	I	1	3	I	3	I			3	I	1	I
3777	–	–	**Muscari**	**racemosum aggr.**		4.5	II	4	II	4	I	2.5	II	1	3	II	3	I			3	I	3	II
3778	–	–	**Muscari**		**armeniacum**	4.5	I	3	I	4	I	2.5	I	1	3	I	3	I			3	I	1	I
3779	265200	143.22.2	**Muscari**		**botryoides**	4	II	4	I	3	I	3	I	2	4	I	3	I			3	I	3	I
3780	265400	143.22.3	**Muscari**		**neglectum**	4.5	II	4	I	4	I	2.5	I	2	4	I	3	I			3	I	3	I
3781	265500	143.22.4	**Muscari**		**racemosum**	4.5	II	4	I	4	I	2	I	1	4	I	3	I		m	3	I	3	I
3782	265600	54.8.1	**Myagrum**	**perfoliatum**		5	I	3	I	3	I	1	I	1	4	I	3	I			3	I	3	I
3783	265700	124.92.1	**Mycelis**	**muralis**		3.5	II	3	I	2	I	3.5	I	1	4	II	4	I		m	5	I	1	I
3784	265900	106.16.1	**Myosotis**	**arvensis**		3.5	II	4	I	4	I	2	I	1	3	II	3	I		m	3	I	3	I
3785	266200	106.16.3	**Myosotis**	**discolor**		4.5	I	2	I	4	I	2	I	1	4	I	2	I			3	I	3	I
3786	266600	106.16.2	**Myosotis**	**ramosissima**		3.5	I	4	I	4	I	1	I	1	4	I	2	I			3	I	3	I
3787	–	–	**Myosotis**	**scorpioides aggr.**		x	–	3	II	4	II	4.5	II	3	3	II	x	–	s		x	–	1	I
3788	266000	106.16.12	**Myosotis**		**cespitosa**	4.5	I	3	I	4	I	4.5	I	3	2	I	3	I	s		3	II	1	I
3789	–	–	**Myosotis**		**michaelae**	3.5	I	2	I	4	I	4	I	3	3	I	3	I			1	II	1	I
3790	266400	106.16.15	**Myosotis**		**nemorosa**	3.5	I	3	I	3	I	4	I	2	3	I	4	I			3	II	1	I
3791	266700	106.16.14	**Myosotis**		**rehsteineri**	4.5	I	3	I	4	I	4.5	I	3	3	I	2	I			1	II	1	I
3792	266800	106.16.13	**Myosotis**		**scorpioides**	3	I	2	I	3	I	4	I	3	3	II	4	I		m	5	I	1	I
3793	–	–	**Myosotis**	**secunda**		3	I	2	I	3	I	4.5	I	3	3	I	2	I			3	I	1	I
3794	–	106.16.16	**Myosotis**	**sparsiflora**		3.5	I	4	I	3	I	3	I	3	4	I	4	I			3	I	1	I
3795	–	–	**Myosotis**	**stricta aggr.**		x	–	x	–	x	–	2	II	1	x	–	x	–			1	I	5	II
3796	–	106.16.5	**Myosotis**		**minutiflora**	2.5	I	3	I	3	II	2	I	1	5	I	3	I			1	I	3	I
3797	–	106.16.6	**Myosotis**		**speluncicola**	3.5	I	2	I	2	II	2	I	2	4	I	4	I			1	I	5	I
3798	266900	106.16.4	**Myosotis**		**stricta**	4	II	4	I	4	I	1	I	1	2	II	2	I			1	I	5	I
3799	–	–	**Myosotis**	**sylvatica aggr.**		x	–	3	II	3	II	x	–	x	4	II	3	II			5	II	1	II
3800	265800	106.16.9	**Myosotis**		**alpestris**	1.5	I	3	I	4	I	3	I	1	4	I	3	I			3	I	3	I
3801	266100	106.16.8.1	**Myosotis**		**decumbens**	2	I	3	I	3	I	4	I	3	3	I	4	I			5	I	1	I
3802	–	106.16.10	**Myosotis**		**gallica**	1.5	I	3	I	4	I	3	I	1	3	I	2	I			3	I	3	I
3803	–	106.16.8.3	**Myosotis**		**kerneri**	2.5	I	3	I	3	I	3	I	2	4	I	3	I			3	I	3	II
3804	–	106.16.11	**Myosotis**		**stenophylla**	4	I	4	I	5	I	1.5	I	1	5	I	1	I		m	3	I	3	I
3805	267100	106.16.7	**Myosotis**		**sylvatica**	3	II	3	I	3	I	3.5	I	3	3	I	3	I		m	5	II	1	I
3806	–	106.16.8.2	**Myosotis**		**variabilis**	2.5	I	3	I	3	II	3.5	I	1	3	I	4	I			5	I	1	I
3807	267300	38.10.1	**Myosoton**	**aquaticum**		3.5	II	3	I	3	II	4^	I	3	3	I	4	I	s	m	3	II	1	I
3808	267400	19.18.1	**Myosurus**	**minimus**		4.5	I	2	I	4	I	4	I	3	2	II	4	II	s		3	I	1	I
3809	267500	50.1.1	**Myricaria**	**germanica**		3	II	4	I	4	I	3.5^	I	3	4	I	2	I			1	I	5	II
3810	267600	66.1.3	**Myriophyllum**	**alterniflorum**		3.5	I	2	I	4	I	5	I	1	2	I	2	I			3	I	1	I
3811	267700	–	**Myriophyllum**	**heterophyllum**		5	I	2	I	4	I	5	I	1	3	I	4	I			3	I	1	I
3812	267800	66.1.2	**Myriophyllum**	**spicatum**		3	II	4	I	4	I	5	I	1	4	I	4	I	s		3	I	1	I
3813	267900	66.1.1	**Myriophyllum**	**verticillatum**		4.5	I	3	I	4	I	5	I	1	3	I	3	I			3	I	1	I
3814	268000	97.9.1	**Myrrhis**	**odorata**		3	I	3	I	3	I	3	I	1	4	II	4	I			5	I	1	I
3815	–	–	**Myrrhoides**	**nodosa**		4.5	I	3	I	3	I	2.5	I	1	3	I	3	I			3	I	3	I
3816	268100	70.1.1	**Myrtus**	**communis**		5	I	2	I	3	I	2	I	1	3	I	2	I	s	m	3	I	3	I
3817	268200	–	**Najas**	**flexilis**		4.5	I	2	I	3	I	5u	I	1	4	I	2	I	s		3	I	1	I
3818	–	131.1.3	**Najas**	**gracillima**		4.5	I	2	I	4	I	5u	I	3	4	I	5	I			3	I	1	I
3819	–	131.1.1	**Najas**	**marina aggr.**		4	I	2	I	3	I	5u	I	1	4	I	3	I	s		3	II	1	I
3820	–	–	**Najas**		**intermedia**	4	I	2	I	3	I	5u	I	1	4	I	3	I	s		3	II	1	I
3821	268400	–	**Najas**		**marina**	4	I	2	I	3	I	5u	I	1	4	I	3	I	s		3	II	1	I
3822	268500	131.1.2	**Najas**	**minor**		4.5	I	2	I	3	I	5u	I	1	4	I	2	I	s		3	I	1	I
3823	–	144.4.6	**Narcissus**	**assoanus**		5	II	3	I	5	I	2	I	2	3	II	2	I			3	I	3	II
3824	268600	144.4.5	**Narcissus**	**jonquilla**		5	I	2	I	4	I	3	I	1	3	I	3	I			3	I	3	I
3825	–	–	**Narcissus**	**minor**		5	I	2	I	4	I	3	I	1	3	I	3	I			3	I	3	I
3826	–	–	**Narcissus**	**poëticus aggr.**		3.5	II	x	–	4	II	3	II	2	3	I	3	II			3	I	3	I

Strategien					Biologisches Verhalten										Vorkommen						Pflanzengesellschaften			Literatur			
LF	**BD**	**WT**	**RO**	**KS**	**DA**	**VA**	**FS**	**MA**	**BZ**	**BS**	**MV**	**SU**	**DG**	**GI**	**GV**	**LR**	**EG**	**AE**	**EM**	**VE**	**1**	**2**	**3**	**BL**	**SL**	**TB**	**SEN**
k	s		–	css	My	Kv	zw		5-7		–		2		F4b	3.2 3.3	–	I	1	=			3.22	c			3738
c	w		Rs	css	My	Sw	zw	p4	4-7	my me	–		2		E1		–	I	1	=						B	3739
c	w		Rs	css	My	Sw	zw		4-7		–		2		F2a*	3.2	–	I	1	=			3.2114				3740
c	w		Rs	css	My	Sw	zw		5-7		–		2		F3d*	3.2	–	I	1	=			3.212	k m			3741
c	w		Rs	css	My	Sw	zw		5-8		–		2		E1	3.2 3.3	1	I	1	=	3.212	14.735	14.21114				3742
c	w		Rs	css	My	Po	zw		4-7		–		1		F2a*	3.2	–	I	1	=			3.2114	k m			3743
h-t	w		–	crs	My	Kv	zw		4-6	au ca my	–		2		B6		–	I	2	=							3744
h-t	w		–	crs	My	Kv	zw		4-6		–		2		C2	2.6 7.6	–	I	2	=			2.3?	k m			3745
h-t	w	1	–	crs	My En	Kv	zw		5-7		–	4	2		B6b	2.6 7.4 9.1 9.2	1	I	2	=	14.731	5.131	13.321				3746
k-t	w		–	rrs	Bo	Kv	zw		4-5	au my	–		1		C2c	2.1 2.2 3.1 6.1	7	I	3	>			4.1				3747
t	s w		–	rrs	Bo	Kv	zw		5-6		–		1		C2b	2.2 6.2 6.3 7.4	6	I	4	>			11.241				3748
h	s		Wd Zw	css	Me Dy	Ho	zw		7-9	an	2		4	e	B6		–	I	2-3	=>					565		3749
h	s	3.5	Wd Zw	css	Me En	Ho	zw		7-9	an	2		4	e	D3	6.3 7.2 9.1 9.2	5	I	2	=		14.2	14.4			B	3750
h	s	2.5	Wd Zw	css	Me En	Ho	zw		7-9	an	2	2	4	e	B6b	5.1 6.3 9.1 9.2	5	I	3	>*	12.11	11.23	14.312		814		3751
h	s		Wd Zw	css	Me Dy	Ho	zw		7-9	an	2		4	e	E1	6.2 6.7 9.1 9.2	1	I	2	<	11.231	9.135	14.41101				3752
h	s		Wd Zw	css	Me En	Ho	zw		7-9	an	2		4	e	E4?	4.1	–	I	2	=			7.11				3753
t	s		–	rrr	Bo	Kv	zw		5-10		–		2		A1	2.2 2.5	–	N	5	<			2.11	k m			3754
h	s		Wv	ccs	Me	Sr	ve		6-7	ca my me (hm)	2		1		E2b	6.7 7.2 9.1 9.2	3	I	2	=	11.242	11.513					3755
z	w		Wh	ccs	My?	Kv	zw	p14	5-6		–		1		E2d	3.2 3.3	–	I	1	=			3.211	k m			3756
h.hp	w	1	Rs	sss	Me	Ws	zw		6-8	au me	–		2		B3	9.1 9.2	2	I	1	>*	14.312						3757
g.sp	–		Rn	sss	Me	Ws	zw		6-8	me	–		2	e	B3		–	I	1	>	14.312					D	3758
g.sp	–		Rn	sss	Me	Ws	zw		6-8		–		2	e	D3	9.1 9.2	1	I	1	>			14.4				3759
g.sp	–		Rn	sss	Me	Ws	zw		6-8		–		2	e	B3	9.1 9.2	1	I	1	>			14.312				3760
k-t	w		–	rrs	Au	Sw	zw		3-9	au	–		2	e	B3a		–	I/A	1-3	>						C D	3761
k-t	w		–	rrs	Au	Sw	zw		4-5		–		2	e	D1	1.4	–	A	3	>			2.211				3762
k-t	w		–	rrs	Au	Sw	zw		5-8		–		2	e	B3	1.2 1.3 4.1	5	I	1	>			7.111				3763
k-t	w		–	rrs	Au	Sw	zw		3-9		–		2	e	B3a	1.3 4.1	–	I	1	>			7.111				3764
k-t	w		–	rrs	Au	Sw	zw		5-9		–		2	e	B3a	1.3 4.1	–	I	1	>			7.111				3765
n-p	s		Wh	ccc	En	Ws	mo	150*	5	an	–		1		A4b	2.9 7.4	3	N	4	=			?				3766
n-p	s		Wh	ccc	En	Ws	mo	150*	5	an	–		1		B6a	2.9 7.4	3	A	4	=			?				3767
h	s		Rn	crs	Me	Sw	zw		6-10	an?	2		2		A2c	2.2 2.7 7.4 9.2	7	N	5	<			5.131				3768
t	s		–	rrr	Me	Kv	zw		8-9	an?	2		2		A2	2.2 2.5 3.5	–	N	5	<			4.131	c			3769
h	w		Rh	css	Bo	Sr	zw		7-8		–		1		E3a	3.3	2	I	1	=	3.341						3770
c-t	t		Wd	crs	Hy	Ao	zw		8-9		–		4		A4b	1.4 2.1	–	N	2	<			6.11?	k			3771
g	v		Zw	crs	Me	Kv	zw		3-4		–		2		D1b	2.1	–	I	3	=			2.3	k m			3772
g	v		Zw	crs	Me	Bz	zw		4-6		2		2	e	B4a		–	I	3	>							3773
g	v		Zw	crs	Me	Bz	zw		4-6	me le au	2		2	e	C2	2.2 3.1 6.2 6.7	7	I	3	>	5.211	9.135	9.22				3774
g	v		Zw	crs	Me	Bz	zw		5-6		2		2	e	B4a	6.2 6.7	–	I	3	=			9.11		330		3775
g	v		Zw	crs	At	Kv	zw		4-5		–		2		A4a	2.7 2.9	–	N	4	<			?	g			3776
g	v w	1	Zw	crs	Me	Bz	zw		3-5	me (ps)	2		3	e	C1		–	I/A/N	4	<->						C	3777
g	w	1	Zw	crs	At	Bz	zw		3-5		2		3	e	E2i	2.2 2.3 2.7 2.9	–	N	4	<			5.131	c g m	3	H	3778
g	w	1	Zw	crs	Me	Bz	zw		3-5		2		3	e	E2a	2.1 2.7 2.9 6.3	7	I/N	4	>			11.24				3779
g	w	1	Zw	crs	Me	Bz	zw		3-5		2		2	e	E2a	2.1 2.7 6.2 6.7	7	I/A	3	>			9.1		251	E	3780
g	v	1	Zw	crs	Me	Bz	zw		3-5		2		3	e	C2	2.1 2.2 6.2 6.7	7	I/A	4	>	2.31	9.1					3781
t	s w		–	rrr	Bo	Kv	zw		5-6	au me	–		1	e	C2b	2.1 2.2	7	A	5	>			2.312				3782
h	t	2	Rh	crs	Me	Sr	zw	p2	7-9	au my me	–		2	e	B6	2.3 2.6 9.1 9.2	1	I	3	=	14.73	15.013			122		3783
k-t	w s	1.5	–	crr	Ep En	Kv	di	r2	4-10	au me my ps	3	4	1	h	B6	2.1 2.6 6.2 6.3	7	I	4	=	2.3	10.412					3784
t	w		–	rrs	Bo	Kv	zw		4-6	au me my (ps)	2		2		D1a	2.1 3.1 6.2	7	I	4	>			4.111				3785
t	w		–	rrs	Bo	Kv	zw		4-6	me le my hm	2	4	2		C1	2.2 3.1 3.2 6.2	7	I	3	>			4.1				3786
h-t	w		Rs	crs	Bo	Ao Kv	zw	r3	4-8		3		3		B6		–	I	2	=>					515	B C	3787
t	w		–	crs	Bo	Kv	zw?	p1	5-7	au	2		3		B6	1.3 5.1 6.3	5	I	2	>			6.112				3788
h	w		Rs	crs	Bo En	Ao	zw?		5-8		3		3		E1?	4.2 6.3 7.2	–	I	2	=?			11.3		791	E	3789
h	w	1	Rs	crs	Bo En	Au	ve-di		5-8		3		3		D3	4.1 4.2 5.1 6.3	5	I	2	>			11.233				3790
h	w		Rs	crs	Bo	Ao	ve-di		4-5		–		3		F6a*	1.4	5	I	1	>			1.411				3791
h	w	1	Rs	crs	Bo	Ao	ve-di		5-7	my ps hm	3		3		B6	1.4 5.1 5.2 6.3	5	I	2	=?	14.712	6.112	11.233				3792
t	s w		–	rrs	Bo	Kv	zw		4-6		–		2		D2	1.4	–	I?	2	=?			1.4?	m			3793
t	s		–	rrs	Bo	Kv	zw		4-6	au my	–		2		B6	2.3 7.4 9.2	–	I	2	=			14.72	i l			3794
t	w		–	rrs	Bo	Kv	zw		3-7		2		2		B6		–	I	2	=>							3795
t	w		–	rrs	Bo	Kv	zw		5-7		2		2		E2	3.2 6.2	–	I	2	=			4.131				3796
t	w		–	rrs	Bo	Kv	zw		4-7		2		2		D1	3.1 3.2	–	I	1	=			2.343?	k m			3797
k-t	w	1	–	rrs	Bo	Kv	zw	p1	3-5		2	4	2		B6	2.1 3.1 6.2 9.1	6	I	3	>			4.121				3798
h-t	t w		Rs	crs	En	Sr	zw		5-8		3		2		B6		–	I	2	=					269	B	3799
h	w		Rs	crs	Bo	Sr Sw	zw	p6	6-8	au le my (me)*	2		2		E3	6.3 6.5 7.1 7.2	2	I	2	=	10.21	11.242	10.311				3800
h	w	2	Rs	crs	En	Sw	zw		6-8	??	3		3		D5	4.2 6.3 7.2 8.1	5	I	2	=			11.514				3801
h	w		Rs	crs	Bo	Sr	zw		6-8		–		2		F2a	3.3 6.3 6.5 7.1	–	I	1	=			10.4	m			3802
h	t		Rs	crs	En	Sr	zw		6-8		3		2		E4a	3.2 3.4 7.2	–	I	1	=			11.514	c m			3803
h	w		Rs	crs	Bo	Sr	zw		5-8		–		1		D4	3.2 6.2	–	I	2	>			9.117	c m			3804
k-t	w	1	Rs	crs	En	Sr	zw		5-7	au my me ps	3		2		B6	2.6 6.3 7.2 9.2	1	I	2	=	11.411	11.242	14.731			H	3805
h	t		Rs	crs	En	Au	zw		6-8		3		2		E4a	2.4 2.6 6.3 7.2	–	I	2	=			11.514	c m			3806
h	t	1.5	Rs	ccs	Au	Au	zw		6-10	au me my	2		3		B4c	1.4 2.5 7.2 9.2	1	I	3	=	14.712	11.311					3807
k-t	s w	1	–	rrr	Bo	Kv	zw		4-6	au my	–		1		B3	1.4 2.1 2.2	7	I	3	>			2.211				3808
z	s		Wh	ccs	Me Hy	Sr	zw	p12; 70*	6-8	au en	–		3		E1a	2.5 3.5 7.5	3	I	1	>	13.111	13.211					3809
a	w		Rs	css	Hy	As Au	mo	d	7-9	an	–		3		B3a	1.1 2.1	4	I	2	>	1.311						3810
a	w		Rs	css	Hy	As Au	ve	d	6-9	an	–		3		A2	1.2 1.3	4	N	2	<			1.3		925		3811
a	w	1.5	Rs Tu	css	Hy	As Au	ve		6-9	an	–		4	e	B3	1.1 1.2	4	I	2	=	1.312						3812
a	w		Tu	css	Hy	As Au	ve		6-9	an	–		3	e	B4	1.1 1.2	4	I	2	>			1.312				3813
h	s		Wv	ccr	Ep Bo	Sr	ve	p5	5-7	ca my hm (me)	2	3	3	h e	E2b	2.3 2.6 7.2 8.1	8	I/N	2	>	5.121	11.514	11.11				3814
t	w		Wv	crs	Ep	Kv	ve		5-6	??	–		2		C2	2.3 2.6 6.7 9.3	–	I?	2	=			5.131	k m			3815
n	i		Wh	ccc	En My	Kv	zw	r12	6-8	??	–		1	h e	C2	2.9 7.3 7.4 7.6	–	A	2	<			13.6	k m			3816
t	s		–	sss	Hy Ep	As	mo	d	7-8	hd	–		3	e	B3a	1.1	4	I	1	>			1.311				3817
t	t		–	sss	Hy Ep	As	mo		6-8		–		3	e	A2	1.3 1.4 2.1	–	N	2	<			1.31	k m			3818
t	s		–	sss	Hy Ep	As	di		7-8	hd	–		3	e	B4		–	I	1	<->						B	3819
t	s		–	sss	Hy Ep	As	di		6-9		–		3	e	B4c	1.1 1.2 1.3	–	I	1	>/<			1.311				3820
t	s		–	sss	Hy Ep	As	di		6-9		–		3	e	B4	1.1 1.2 1.3	4	I	1	=			1.311				3821
t	s		–	sss	Hy Ep	As	mo	d	6-9	hd	–		3	e	B4c	1.1 1.2 1.3 2.1	4	I	1	>			1.311				3822
g	v		Zw	crs	At Bo	As	zw		3-5		2		3	gg	D1a	2.6 6.2 7.3	–	I	1	>			9.14	m			3823
g	v		Zw	crs	At Bo	As	zw		3-4	le?	2		3	gg	D1d	2.2 2.9 6.2	8	N	4	=			?				3824
g	v		Zw	crs	At Bo	As	zw		3-4		1		2	gg	E2f	2.9	–	N	3	<			11.24				3825
g	v		Zw	crs	At Bo	Bz	zw		3-5		2		3	gg h	B6		–	I/N/Jn	3-4	=>						B H	3826

Nummern			Taxa			Klima						Boden												
SEN	SIN	FAN	Gattung	Aggregat/Einzelart	Kleinart	T	v	K	v	L	v	F	v	W	R	v	N	v	S	M	H	v	D	v
3827	269200	–	**Narcissus**		**incomparabilis**	5	I	2	I	4	I	3	I	1	3	I	3	I			3	I	3	I
3828	269300	144.4.2	**Narcissus**		**medioluteus**	5	I	2	I	4	I	3	I	1	3	I	3	I			3	I	3	I
3829	268700	144.4.3	**Narcissus**		**poëticus**	3.5	II	4	I	4	I	3	I	2	3	I	4	I			3	I	3	I
3830	269000	144.4.4	**Narcissus**		**radiiflorus**	3	I	2	I	4	I	3.5	I	2	3	I	4	I			3	I	3	I
3831	269400	–	**Narcissus**		**verbanensis**	3.5	I	3	I	4	II	3	I	1	3	I	3	I			3	I	3	I
3832	268900	144.4.7	**Narcissus**	**pseudonarcissus**		3	II	2	I	4	II	3	I	1	3	II	2	I			3	I	1	I
3833	–	144.4.1	**Narcissus**	**tazetta**		5	I	3	I	4	I	3	I	3	3	I	3	I	s		3	I	1	I
3834	269700	139.62.1	**Nardus**	**stricta**		2.5	II	3	I	4	I	3	II	2	2	I	2	I		m	3	II	1	I
3835	–	–	**Nasturtium**	**officinale aggr.**		3.5	II	2	II	3	I	5^	I	2	x	–	4	I			3	I	1	I
3836	269800	54.20.2	**Nasturtium**		**microphyllum**	3.5	I	1	I	3	I	5^	I	2	2	I	4	I			3	I	1	I
3837	269900	54.20.1	**Nasturtium**		**officinale**	4	II	2	I	3	I	5^	I	2	4	I	4	I	s		3	I	1	I
3838	270000	17.3.1	**Nelumbo**	**nucifera**		5	I	1	I	4	I	5	I	1	3	I	3	I			3	I	1	I
3839	–	148.18.1	**Neotinea**	**maculata**		5	I	2	I	4	II	2	II	1	3	I	2	I			3	I	3	I
3840	270100	148.6.1	**Neottia**	**nidus-avis**		3.5	I	3	I	1	I	3	I	1	4	I	3	I		m	5	I	1	I
3841	270200	108.13.1	**Nepeta**	**cataria**		4.5	II	4	I	4	I	2	I	1	4	I	4	I			3	I	3	I
3842	270300	108.13.2	**Nepeta**	**nepetella**		4.5	I	5	I	4	I	1	I	1	3	I	2	I			3	I	3	I
3843	270400	108.13.3	**Nepeta**	**nuda**		4.5	I	5	I	3	II	1	I	1	4	I	3	I			3	I	3	I
3844	–	–	**Nepeta**	**racemosa**		4.5	I	4	I	4	I	1.5	I	1	3	I	2	I			3	I	3	I
3845	–	99.1.1	**Nerium**	**oleander**		5	I	1	I	5	I	3	I	3	3	I	2	I	s		3	I	3	I
3846	–	–	**Neslia**	**paniculata aggr.**		4.5	II	4	I	3	II	2	I	1	4	I	3	I			3	I	3	I
3847	270800	54.44.1.2	**Neslia**		**apiculata**	4.5	II	4	I	3	I	2	I	1	4	I	3	I			3	I	3	I
3848	270700	54.44.1.1	**Neslia**		**paniculata**	4	II	4	I	4	I	2	I	1	4	I	3	I			3	I	3	I
3849	270900	101.1.1	**Nicandra**	**physalodes**		5	I	3	I	4	I	3	I	1	3	I	4	I			3	I	3	I
3850	–	101.12.3	**Nicotiana**	**alata**		4.5	I	1	I	4	I	3	I	1	3	I	4	I			3	I	3	I
3851	271000	101.12.1	**Nicotiana**	**rustica**		4.5	I	4	I	4	I	3	I	1	3	I	4	I			3	I	3	I
3852	271100	101.12.2	**Nicotiana**	**tabacum**		4.5	I	1	I	4	I	3	I	1	3	I	4	I			3	I	3	I
3853	271300	19.4.1	**Nigella**	**arvensis**		4.5	I	3	I	4	I	2	I	1	4	I	3	I			3	I	5	I
3854	271400	19.4.2	**Nigella**	**damascena**		5	I	3	I	4	I	2	I	1	4	I	3	I			3	I	3	I
3855	–	–	**Nigritella**	**nigra aggr.**		1.5	II	3	II	4	I	2.5	II	1	x	–	2	I			3	I	3	I
3856	–	148.15.8	**Nigritella**		**archiducis-joannis**	1.5	I	3	I	4	I	2.5	I	1	5	I	2	I			3	I	3	I
3857	271450	148.15.3	**Nigritella**		**austriaca**	2	I	3	I	4	I	2.5	I	1	5	I	2	I			3	I	3	I
3858	–	–	**Nigritella**		**bourneriasii**	1.5	I	3	I	4	I	2.5	I	1	4	I	2	I			3	I	3	I
3859	–	148.15.11	**Nigritella**		**buschmanniae**	1	I	3	I	4	I	2.5	I	1	4	I	2	I			3	I	3	I
3860	271460	148.15.2	**Nigritella**		**cenisia**	1.5	I	3	I	4	I	2.5	I	1	4	I	2	I			3	I	3	I
3861	271470	148.15.5	**Nigritella**		**corneliana**	1.5	I	3	I	4	I	2.5	I	1	4	I	2	I			3	I	3	I
3862	–	148.15.10	**Nigritella**		**dolomitensis**	1	I	3	I	4	I	2.5	I	1	5	I	2	I			3	I	3	I
3863	–	–	**Nigritella**		**gallica**	1.5	I	3	I	4	I	2.5	I	1	4	I	2	I			3	I	3	I
3864	–	148.15.6	**Nigritella**		**lithopolitanica**	1.5	I	4	I	4	I	2.5	I	1	4	I	2	I			3	I	3	I
3865	–	–	**Nigritella**		**minor**	1.5	I	3	I	4	I	2.5	I	1	4	I	2	I			3	I	3	I
3866	271660	148.15.1	**Nigritella**		**rhellicani**	2	II	3	I	4	I	2.5	I	1	3	II	2	I			3	I	3	I
3867	271800	148.15.4	**Nigritella**		**rubra**	2	I	3	I	4	I	3	I	1	5	I	2	I			3	I	3	I
3868	–	148.15.9	**Nigritella**		**stiriaca**	1.5	I	3	I	4	I	2.5	I	1	5	I	2	I			3	I	3	I
3869	–	148.15.7	**Nigritella**		**widderi**	1.5	I	3	I	4	I	2.5	I	1	5	I	2	I			3	I	3	I
3870	271900	106.10.2	**Nonea**	**erecta**		4.5	I	4	I	3	I	2	I	1	4	I	4	I			3	I	3	I
3871	272000	106.10.1	**Nonea**	**lutea**		5	I	3	I	4	I	2	I	1	3	I	3	I			3	I	3	I
3872	272200	7.2.1	**Notholaena**	**marantae**		4.5	II	4	I	5	I	1.5	I	1	3	I	1	I		m	1	I	5	I
3873	–	–	**Nuphar**	**lutea aggr.**		3.5	II	3	II	4	I	5v	I	1	3	II	3	II			3	I	1	I
3874	272300	17.2.1	**Nuphar**		**lutea**	3.5	I	3	I	4	I	5v	I	1	4	I	3	I	s		3	I	1	I
3875	272400	17.2.2	**Nuphar**		**pumila**	3	I	2	I	4	I	5v	I	1	3	I	2	I	s		3	I	1	I
3876	–	–	**Nymphaea**	**alba aggr.**		4	II	3	II	4	I	5v	I	1	3	I	3	I	s		3	I	1	I
3877	272500	17.1.1	**Nymphaea**		**alba**	4	I	2	I	4	I	5v	I	1	3	I	3	I			5	I	1	I
3878	272600	17.1.2	**Nymphaea**		**candida**	3.5	I	4	I	4	I	5v	I	1	3	I	3	I			5	I	1	I
3879	272700	103.2.1	**Nymphoides**	**peltata**		4.5	I	4	I	4	I	5v	I	1	4	I	3	I			5	I	1	I
3880	272800	108.29.1	**Ocimum**	**basilicum**		5	I	1	I	4	I	3.5	I	1	3	I	3	I			3	I	3	I
3881	–	114.23.1	**Odontites**	**glutinosus**		3	I	4	I	4	I	1.5	I	1	4	I	2	I			3	I	3	I
3882	–	–	**Odontites**	**luteus aggr.**		4.5	II	5	II	4	I	1	I	1	3	II	2	I			3	I	3	I
3883	272900	114.23.4	**Odontites**		**lanceolatus**	4.5	I	5	I	4	I	1	I	1	3	I	2	I			3	I	3	I
3884	273000	114.23.3	**Odontites**		**luteus**	4.5	II	5	I	4	I	1	I	1	4	II	2	I		m	3	I	3	I
3885	–	–	**Odontites**		**provincialis**	4.5	I	5	I	4	I	1	I	1	4	I	2	I			3	I	3	I
3886	–	–	**Odontites**	**vernus aggr.**		4	I	4	II	4	II	3	II	2	4	I	4	I			3	I	3	II
3887	273150	114.23.5	**Odontites**		**vernus**	4	I	4	I	4	I	3	I	1	4	I	4	I			3	I	3	I
3888	273500	114.23.6	**Odontites**		**vulgaris**	4	I	3	I	3	I	3.5	I	3	4	I	4	I	s		3	I	1	I
3889	273400	114.23.2	**Odontites**	**viscosus**		3.5	II	5	I	3	I	1	I	2	3	I	2	I			3	I	3	I
3890	–	–	**Oenanthe**	**aquatica aggr.**		4.5	I	2	II	3	I	5	I	3	4	II	4	II			3	I	1	I
3891	273600	97.21.6	**Oenanthe**		**aquatica**	4.5	I	2	I	3	I	5	I	3	4	I	4	I			3	I	1	I
3892	273800	–	**Oenanthe**		**fluviatilis**	4	I	1	I	4	I	5^	I	3	3	I	4	I			3	I	1	I
3893	273700	97.21.1	**Oenanthe**	**fistulosa**		4.5	I	2	I	4	I	4.5	I	3	3	I	3	I			3	I	1	I
3894	–	–	**Oenanthe**	**pimpinelloides aggr.**		4.5	II	2	II	4	II	4.5	II	3	x	–	3	I			3	II	1	I
3895	–	–	**Oenanthe**		**crocata**	4.5	I	1	I	4	I	5	I	3	4	I	3	I	s		3	I	1	I
3896	273900	97.21.5	**Oenanthe**		**lachenalii**	4.5	I	2	I	4	I	4.5	I	3	4	I	3	I	s		5	II	1	I
3897	274000	97.21.4	**Oenanthe**		**peucedanifolia**	5	I	1	I	4	I	4	I	3	2	I	3	I			5	II	1	I
3898	–	97.21.2	**Oenanthe**		**pimpinelloides**	4.5	I	3	I	3	II	3.5	I	3	3	I	3	I			3	I	1	I
3899	–	97.21.3	**Oenanthe**		**silaifolia**	4	I	3	I	4	I	4	I	2	4	I	3	I	s		3	I	1	I
3900	–	–	**Oenothera**	**biennis aggr.**		4.5	II	3	I	4	I	2	I	1	3	II	3	I			3	I	3	II
3901	–	–	**Oenothera**		**angustissima**	4.5	I	3	I	4	I	2	I	1	3	I	3	I			3	I	3	I
3902	–	72.2.1	**Oenothera**		**biennis**	4	II	3	I	4	I	2	I	1	4	I	3	I			3	I	3	I
3903	–	–	**Oenothera**		**canovirens**	4.5	I	3	I	4	I	2	I	1	3	I	3	I			3	I	1	I
3904	–	–	**Oenothera**		**deflexa**	4.5	I	3	I	4	I	3	I	1	3	I	3	I			3	I	3	I
3905	–	–	**Oenothera**		**depressa**	4.5	I	3	I	4	I	2	I	1	3	I	3	I			3	I	3	I
3906	–	–	**Oenothera**		**fallax**	4	I	3	I	4	I	2	I	1	4	I	3	I			3	I	3	I
3907	274300	72.2.3	**Oenothera**		**glazioviana**	4	II	3	I	4	I	2	I	1	4	I	3	I			3	I	3	I
3908	274400	–	**Oenothera**		**issleri**	4.5	I	3	I	4	I	2	I	1	3	I	3	I			3	I	3	I
3909	–	–	**Oenothera**		**oakesiana**	4.5	I	3	I	4	I	2	I	1	3	I	3	I			3	I	3	I
3910	–	–	**Oenothera**		**oehlkersii**	4.5	I	3	I	4	I	3	I	1	3	I	3	I			3	I	3	I
3911	274700	72.2.4	**Oenothera**		**parviflora**	4.5	I	2	I	4	I	2	I	1	3	I	3	I	s		3	I	3	I
3912	–	–	**Oenothera**		**perangusta**	4.5	I	3	I	4	I	2	I	1	3	I	3	I			3	I	3	I
3913	–	–	**Oenothera**		**pycnocarpa**	4.5	I	3	I	4	I	2	I	1	3	I	3	I			3	I	3	I
3914	–	–	**Oenothera**		**rubricaulis**	4.5	I	3	I	4	I	2	I	1	3	I	3	I			3	I	3	I
3915	–	–	**Oenothera**		**suaveolens**	4.5	I	3	I	4	I	2	I	1	3	I	3	I			3	I	3	I

Strategien					Biologisches Verhalten										Vorkommen						Pflanzengesellschaften			Literatur			
LF	BD	WT	RO	KS	DA	VA	FS	MA	BZ	BS	MV	SU	DG	GI	GV	LR	EG	AE	EM	VE	1	2	3	BL	SL	TB	SEN
g	v		Zw	crs	Bo	Bz	zw		3-5		2		3	gg	E2f	6.3 9.3	8	Jn	4	=			11.24				3827
g	v		Zw	crs	Bo	Bz	zw		4	ph?	2		3	gg h	E2f	2.9 6.2 9.2 9.3	7	Jn	3	>			?				3828
g	v		Zw	crs	At Bo	Bz	zw		4-5	le au	2		3	gg	D1	2.9 6.3 6.7 9.2	8	I/N	3	=			11.24				3829
g	v	1	Zw	crs	Bo	Bz	zw		5	le	2		3	gg h	E2	6.2 6.3 7.4 9.2	2	I	4	>*	10.212	11.242					3830
g	v		Zw	crs	Bo	Bz	zw		4-5		2		3	gg	F3b	2.6 6.2 6.3 6.5	6	I	3	>			11.241				3831
g	v		Zw	crs	At	Bz	zw		3-4	me	2		3	gg h	D2	6.3 6.4 6.7 9.2	2	I/N	3	=	11.242	10.412	14.73			H	3832
g	v		Zw	crs	At	Bz	zw		3-5	me ph?	2		2	gg	C2	1.4 2.1 2.2 6.3	–	N	3	=			11.241	f k m			3833
h	t	3	Rs	css	Ep En	Ho Sr	zw		5-7	an	2		4	e	B6b	5.1 6.4 6.5 7.1	2	I	3	>*	10.4	7.221	14.31216				3834
a	t		Rs	css	Bo	Kt	zw	p2	6-9	au my me	3		4	h e	B2		–	I	2	=						B	3835
a	t		Rs	css	Bo	Kt	zw		6-9		3		3	h e	D2	1.3 4.2	4	I	2	>			6.113				3836
a	t		Rs	css	Bo	Kt	zw		5-9		3		4	h e	B3a	1.3 4.2	4	I	2	>			6.113				3837
a	s		Rh	css	Hy At	Au	zw		6-9		1	5	3		A4b	1.1	–	N	2	=?			1.312				3838
g	s		Wk	css	Me	Kv	zw		4-5		–		2		C2	6.7 7.6 9.2	–	I	2	=			13.6	k m			3839
g.sp	–	2	Rh Wd	sss	Me	Sr	zw	d	5-7	au my	–		2		B6	9.1 9.2 9.3	1	I	1	=	14.7312	14.733	14.312				3840
h	w		Wv	ccs	Bo My	Sr	ve	p2	7-9	me my	–		2	h e	B6a	2.2 2.6 3.2 3.3	7	I/A	4	>			5.111				3841
h	w		Wh	ccs	Bo My	Sr	zw	r8	6-9	??	–		2		C2a	2.5 3.2 3.3 6.2	–	I/N	2	=			9.14				3842
h	w		Rh	crs	Bo My	Sr	zw		7-8	me (ps)	–		2	e	B6a	6.2 6.7 7.4 9.3	6	I	3	>			5.111				3843
c	w		Rs	ccr	At My	Sr	zw		4-9		–		3		A4a	2.2 2.9 3.2 3.3	–	N	4	<			?	g l		H	3844
n-p	i		Wh	ccc	Me	Sr	zw		6-10	sp	–		1	gg	C2	2.9 7.4	–	A	4	<			?	k m			3845
t	s		–	crr	Ep	Kv	zw		5-9	au	–		2	e	C2		–	I/A	4	>?							3846
t	w		–	crr	Ep	Kv	zw		5-9		–		2	e	C2	2.1 2.2	–	I/A	4	=			2.312				3847
t	w	2.5	–	crr	Ep	Kv	zw	p2	5-9		–	3	2	e	C2b	2.1 2.2	7	I/A	4	>			2.312				3848
t	s		–	crr	Me En	Kv	zw		7-10	me	–		1	mg	A1	2.1 2.2 2.5 2.9	7	N	5	=			2.34				3849
t	s		–	crr	Bo	Kv	zw		6-10		–		1	mg	A1	2.2 2.9	–	N	5	<			2.34	g m		H	3850
t	s		–	crr	Bo	Kv	zw		7-10	au	–		1	mg	A1	2.2 2.7 2.9	7	Jn	5	=			2.34				3851
t	s		–	crr	Bo	Kv	zw		7-10	au ph me	–	4	1	mg	A2c	2.2 2.9	7	Jn	5	=			2.34			H	3852
t	s	3	–	rrr	Me	Kv	zw	p1	6-9	au me	–		1	mg e	C2	2.1	7	A	5	>			2.312				3853
t	t		–	rrr	Me	Kv	zw	p1	5-7	au me	–		2	mg e	C2	2.1 2.2 6.1	7	N	5	=			2.312				3854
g	s	1	Wk	crs	Me	Bz	fa zw		6-8	ps le en	2		1		E1		–	I	1-2	=>					14	G	3855
g	s	1	Wk	crs	Me	Bz	fa		7-8		2		1		F8*	6.5	–	I	2	=			10.2111	c			3856
g	s	1	Wk	crs	Me	Bz	fa		6-8		2		1		E3	6.5	2	I	2	=			10.21	c			3857
g	s	1	Wk	crs	Me	Bz	zw		6-8		2		1		F2	6.5	–	I	2	=			10.21		80		3858
g	s	1	Wk	crs	Me	Bz	fa		6-8		2		1		F4a*	6.5	–	I	2	=			10.2111				3859
g	s	1	Wk	crs	Me	Bz	zw		6-8		2		1		F2b	6.5	–	I	2	=			10.21				3860
g	s	1	Wk	crs	Me	Bz	zw		6-8		2		1		F2	6.5 9.1	–	I	1	=			10.21				3861
g	s	1	Wk	crs	Me	Bz	fa		6-8		2		1		F4a*	6.5	–	I	2	=			10.2111	c	819		3862
g	s	1	Wk	crs	Me	Bz	zw		5-7		2		1		F2	6.5	–	I	1	=			10.21		80		3863
g	s	1	Wk	crs	Me	Bz	zw		6-8		2		1		F4b*	6.5	–	I	2	=			10.21	c			3864
g	s	1	Wk	crs	Me	Bz	zw?		6-8		2		1		F8*	6.5	–	I	2	=			10.211		227		3865
g	s	1	Wk	crs	Me	Bz	zw		6-8		2		1		E4	6.2 6.5 7.1 9.1	2	I	2	=	10.211	10.412	10.311	c	818		3866
g	s	1	Wk	crs	Me	Bz	fa		6-7		2		1		E4a	6.3 6.5	2	I	2	=	10.211	11.242	10.421				3867
g	s	1	Wk	crs	Me	Bz	fa		6-8		2		1		F8*	6.5	–	I	2	=			10.2111	c			3868
g	s	1	Wk	crs	Me	Bz	fa		6-7		2		1		F7	6.5	–	I	2	=			10.2111	c			3869
h	s	3	Rh Wv	crs	My	Sr	zw	p2	4-8	me	–		2		B6a	2.1 2.2 6.2	7	I?/N	4	>			9.11				3870
t	w		Wv	crr	My	Kv	zw		4-6	??	–		2		C2b	2.1 2.2 3.5 7.4	7	I/N	4	>			2.34				3871
h	w		Rh	rss	Me	Sr	zw		5-7		–		2		C1	3.2 3.3 7.3	3	I	2	>			3.222				3872
a	s		Rh	css	Hy	Au	zw		6-8	ca my	–		3	mg h e	B3		–	I	1	>							3873
a	s	1.5	Rh	css	Hy	Au	zw		6-8		–		3	mg h e	B4	1.1	4	I	1	=	1.312						3874
a	s		Rh	css	Hy	Au	zw		7-8		–		3	mg h e	B3	1.1	4	I	1	>	1.312				443		3875
a	s		Rh	css	Hy	Au	zw	d	6-8	au (me) (my)	–		3	mg h e	B4		–	I	1	>						B H	3876
a	s	1.5	Rh	css	Hy	Au	zw		6-8		–		3	mg h e	D3	1.1	4	I	2	=	1.312						3877
a	s		Rh	css	Hy	Au	zw		6-8		–		3	mg h e	B6a	1.1	–	I	2	>			1.312	a c f			3878
a	s		Rh	css	Hy	Au	zw	d	7-9	hm my	–	2	3	e	B4a	1.1 1.2	4	I/N	2	<			1.312				3879
t	s		–	rrr	Me En	Kv	zw		6-10	me	–		1	e	A4b	2.1 2.2 2.7 2.9	7	A	5	=			?			H	3880
t.hp	s		–	rrs	Bo	Kv	zw		7-9		1		1		C2b	6.2	–	N	2	=			9.11	m			3881
t.hp	s	1	–	rrs	Bo	Kv	zw		6-9	au me	2		1		D1		–	I	3	>					60	A	3882
t.hp	s	1	–	rrs	Bo	Kv	zw		6-9		2		1		F2	2.1 6.2 6.7 9.3	–	I	3	>			9.13				3883
t.hp	s	1	–	rrs	Bo	Kv	zw	p1	8-9		2		1		D1	2.1 6.2 9.1 9.2	6	I	2	>			9.1				3884
t.hp	s	1	–	rrs	Bo	Kv	zw		7-9		2		2		F2a*	3.3 6.2 6.7 7.1	–	I	2	>?			12.412				3885
t.hp	s		–	rrs	Bo Dy	Kv	zw	p1	6-10	au an me	2		2		B4		–	I/A/Ja	3-4	>					60		3886
t.hp	s	1.5	–	rrs	Bo Dy	Kv	zw		6-7		2	4	2		D3	2.1	7	Ja	4	>			2.321				3887
t.hp	s		–	rrs	Bo Dy	Kv	zw		8-10		2		2		B6b	2.1 2.2 2.5 6.3	5	I/A	3	>			11.243				3888
t.hp	s		–	rrs	Bo	Kv	zw		7-9	en an	2		1		C2a	6.2 7.3 7.4 9.1	1	I	1	=			14.111			A	3889
k*-t	t s		Rh	crs	Ep Hy	Kv	ve		6-8		2		1	gg	B6		–	I	2	>							3890
k*-t	t s		Rh	crs	Ep Hy	Au	ve		6-8	ca my me hm*	2		1	gg h	B6	1.3 9.2	4	I	2	>			6.1				3891
k*-t	t		Rh Wd	crs	Ep Hy	Kv	ve		6-7	??	2		1	gg	D2	1.2	–	I	2	>			1.313				3892
k*	s		Rh Wd	ccs	Ep Hy	Au	ve		5-7	my me (ca)	2		1	gg	C1	1.3 1.4 2.5 6.3	4	I	2	>			6.1				3893
g	s		Rh Wd	ccs	Ep Hy	Sr	ve		5-9		2		1	gg	C2c		–	I	2	>							3894
g	s		Rh Wd	ccs	Ep Hy	Sr	ve		6-8	my hm	2		1	gg	C2a	1.4	–	I?	2	>?			6.113	f k m			3895
g	s		Rh Wd	ccs	Ep Hy	Sr	ve		7-9	en	2		1	gg	C2c	1.3 1.4 6.3	4	I	2	>			11.231				3896
g	s		Rh Wd	ccs	Ep Hy	Sr	ve		5-7	my (hm)	2		1	gg	C2c	1.4 5.1 6.3	5	I	2	>			11.231				3897
g	s		Rh Wd	ccs	Ep Hy	Sr	ve		5-7		2		1	gg	C2c	1.4 4.1 6.3 6.7	–	I	2	>			11.22	k m			3898
g	s		Rh Wd	ccs	Ep Hy	Sr	ve		6-8	en	2		1	gg	C2c	1.4 6.3	–	I	2	>			11.2				3899
k-t	w		Wv	crr	Bo	Kv	zw	p1	6-9	au me my sp	1		2	e	A2		–	N/Jn	4	<					695	D G	3900
k-t	w		Wv	crr	Bo	Kv	zw		6-9		1		3	e	A2	2.2	–	N	4	<			5.11	c l			3901
k-t	w		Wv	crr	Bo	Kv	zw		6-9		2	5	2	e	A2	2.1 2.2 2.5 3.5	7	N	4	<			5.112	c g l			3902
k-t	w		Wv	crr	Bo	Kv	zw		6-9		1		2	e	A2	2.2	–	N	4	<			5.11	c g l			3903
k-t	w		Wv	crr	Bo	Kv	zw		6-9		1		2	e	A2	2.2	–	N	4	<			5.112	c g l			3904
k-t	w		Wv	crr	Bo	Kv	zw		6-9		1		2	e	A2	2.1 2.2 2.5	–	N	4	<			2.343?	c g l			3905
k-t	w		Wv	crr	Bo	Kv	zw		6-9		2		2	e	D3	2.1 2.2 2.5	–	Jn	4	<			5.11	c g l			3906
k-t	w		Wv	crr	Bo	Kv	fa zw	p2	6-9		2		2	e	A2	2.1 2.2 2.5 3.5	7	N	4	<			5.112	c g l			3907
k-t	w		Wv	crr	Bo	Kv	zw		6-9		1		2	e	D3	2.2 2.5 3.5	–	Jn	4	<			5.112	c g l			3908
k-t	w		Wv	crr	Bo	Kv	zw		6-9		1		2	e	A2	2.2	–	N	4	<			5.11	c g l			3909
k-t	w		Wv	crr	Bo	Kv	zwk		6-9		1		2	e	D3	2.2 2.5	–	Jn	4	<			5.11	c g l			3910
k-t	w	3.5	Wv	crr	Bo	Kv	zwk		6-9		1		2	e	A2	2.1 2.2 2.5 3.5	7	N	4	>0			5.112	c g l			3911
k-t	w		Wv	crr	Bo	Kv	zwk		6-9		1		2	e	D3	2.2	–	Jn	4	<			5.11?	g			3912
k-t	w		Wv	crr	Bo	Kv	zwk		6-9		1		2	e	A2	2.2 2.5 3.5	–	N	4	<			5.11	c g l			3913
k-t	w		Wv	crr	Bo	Kv	zwk		6-9		1		2	e	A2	2.2 2.5	–	N	4	<			5.112	c g l			3914
k-t	w		Wv	crr	Bo	Kv	zwk		6-9		1		2	e	A2	2.1 2.2 2.5 2.9	–	N	4	<			5.11	c g l			3915

Nummern			Taxa			Klima						Boden												
SEN	SIN	FAN	Gattung	Aggregat/Einzelart	Kleinart	T	v	K	v	L	v	F	v	W	R	v	N	v	S	M	H	v	D	v
3916	–	–	**Oenothera**		**subterminalis**	4.5	I	3	I	4	I	2	I	1	3	I	3	I			3	I	3	I
3917	–	–	**Oenothera**		**victorini**	4.5	I	3	I	4	I	2	I	1	3	I	3	I			3	I	3	I
3918	275000	72.2.2	**Oenothera**		**villosa**	4.5	I	3	I	4	I	2	I	1	3	I	3	I			3	I	3	I
3919	–	–	**Oenothera**	**rosea**		4.5	I	3	I	5	I	2	I	1	3	I	3	II			3	I	3	I
3920	275100	113.5.1	**Olea**	**europaea**		5	I	1	I	4	I	2	I	1	3	I	2	I			3	I	3	I
3921	–	106.19.3	**Omphalodes**	**linifolia**		5	I	3	I	4	I	1.5	I	1	3	II	2	I		m	3	I	3	II
3922	–	106.19.1	**Omphalodes**	**scorpioides**		4	I	3	I	2	II	3	I	3	3	II	4	I			3	II	1	II
3923	275200	106.19.2	**Omphalodes**	**verna**		4.5	I	2	I	2	I	3.5	I	1	3	I	3	I			3	I	3	I
3924	275500	64.42.1	**Onobrychis**	**saxatilis**		5	II	4	I	4	I	1	I	1	3	I	2	I			3	I	3	I
3925	–	64.42.2	**Onobrychis**	**supina**		4.5	II	4	I	4	I	1.5	I	3	4	II	2	I			3	I	3	II
3926	–	–	**Onobrychis**	**viciifolia aggr.**		x	–	4	II	4	I	2	II	1	4	II	2	II			3	I	3	I
3927	275300	64.42.4.1	**Onobrychis**		**arenaria**	4	II	5	I	4	I	1.5	I	1	5	I	2	I		m	3	I	3	I
3928	275400	64.42.3	**Onobrychis**		**montana**	2	I	4	I	4	I	2	I	1	5	I	3	I			3	I	3	I
3929	–	64.42.4.2	**Onobrychis**		**taurerica**	3	I	4	I	4	I	2	I	1	3	I	2	I			3	I	3	I
3930	275600	64.42.5	**Onobrychis**		**viciifolia**	4	II	4	I	4	I	2	I	1	4	I	2	I			3	I	3	I
3931	–	64.29.6	**Ononis**	**breviflora**		5	I	3	I	4	I	1	I	1	4	I	2	I			3	I	3	I
3932	275800	64.29.3	**Ononis**	**cristata**		4.5	II	4	I	4	I	1.5	I	1	4	I	2	I			3	I	3	I
3933	276000	64.29.2	**Ononis**	**fruticosa**		4.5	II	4	I	3	I	1	I	1	4	I	2	I			3	I	5	I
3934	–	64.29.8	**Ononis**	**minutissima**		5	II	3	I	5	I	1	I	1	5	I	2	I			3	II	5	II
3935	276100	64.29.4	**Ononis**	**natrix**		4.5	I	4	I	4	I	2	II	2	4	I	2	I			1	I	3	I
3936	276200	64.29.7	**Ononis**	**pusilla**		5	I	4	I	4	I	1	I	1	4	I	2	I			3	I	3	I
3937	–	64.29.5	**Ononis**	**reclinata**		5	I	3	I	5	I	1	I	1	3	II	3	I	s		3	I	5	I
3938	276500	64.29.1	**Ononis**	**rotundifolia**		4	I	5	I	3	I	1	I	1	4	I	2	I			3	I	5	I
3939	–	–	**Ononis**	**spinosa aggr.**		4	II	3	II	4	I	x	–	3	3	II	2	II	s		3	II	1	II
3940	–	64.29.10.2	**Ononis**		**antiquorum**	4.5	II	3	I	4	I	2	I	2	4	I	2	I			3	I	3	I
3941	–	64.29.12	**Ononis**		**arvensis**	4	I	4	I	4	I	2.5	II	1	4	I	3	I			3	I	1	II
3942	276800	64.29.10.3	**Ononis**		**foetens**	4	II	4	I	4	I	3.5	I	3	4	I	2	I			5	II	1	I
3943	276300	64.19.11	**Ononis**		**procurrens**	3.5	I	3	I	4	I	2.5	II	2	3	I	2	I			3	I	1	I
3944	276700	64.29.10.1	**Ononis**		**spinosa**	4	I	3	I	4	I	2	II	3	4	I	2	I			3	II	1	I
3945	–	64.29.9	**Ononis**	**striata**		3.5	II	3	I	4	I	2	I	2	5	I	2	I			3	I	3	II
3946	276900	124.63.1	**Onopordum**	**acanthium**		4.5	I	4	I	4	I	2	I	1	4	I	5	I			3	I	1	I
3947	–	–	**Onopordum**	**illyricum**		5	I	3	I	5	I	1.5	I	1	4	II	5	I			3	II	3	I
3948	–	–	**Onosma**	**echioides aggr.**		x	–	5	II	4	I	1	II	1	4	II	2	I			1	II	3	II
3949	–	106.5.5	**Onosma**		**echioides**	5	I	4	I	4	I	1.5	I	1	4	II	2	I		m	3	I	3	II
3950	–	106.5.2	**Onosma**		**fastigiata**	3.5	II	4	I	4	I	1.5	I	3	4	II	2	I			3	I	3	II
3951	277200	106.5.4	**Onosma**		**helvetica**	4.5	I	5	I	4	I	1	I	1	4	I	2	I			1	I	5	I
3952	277400	106.5.3	**Onosma**		**pseudoarenaria**	5	I	5	I	4	I	1	I	1	4	I	2	I			1	I	5	I
3953	–	106.5.1	**Onosma**		**visianii**	3.5	I	4	I	5	I	1	I	1	4	II	2	I			3	I	5	I
3954	277900	5.1.1	**Ophioglossum**	**vulgatum**		3	I	3	I	3	I	4	I	3	4	I	2	I			5	II	1	I
3955	–	–	**Ophrys**	**apifera aggr.**		4.5	II	2	I	3	I	2	I	3	5	II	2	I			3	I	1	II
3956	277950	148.25.12	**Ophrys**		**apifera**	4.5	II	2	I	3	I	2	I	3	5	I	2	I			3	II	1	II
3957	278100	148.25.12	**Ophrys**		**botteronii**	5	I	2	I	3	I	2	I	3	5	I	2	I			3	I	1	I
3958	–	148.25.2	**Ophrys**	**fusca**		5	I	3	I	4	I	1.5	I	2	4	I	2	I			3	I	1	II
3959	–	–	**Ophrys**	**holosericea aggr.**		4.5	II	2	II	4	II	1.5	I	3	5	II	2	I			3	I	1	II
3960	278900	148.25.11.1	**Ophrys**		**holosericea**	4.5	II	3	I	4	I	2	I	3	5	I	2	I			3	I	1	II
3961	–	148.25.10	**Ophrys**		**scolopax**	4.5	I	3	I	4	I	1.5	I	3	4	II	2	I			3	I	1	II
3962	279000	148.25.11.2	**Ophrys**		**tetraloniae**	4.5	I	2	I	4	II	1.5	I	2	5	I	2	I			3	I	3	II
3963	279100	148.25.1	**Ophrys**	**insectifera**		3.5	II	4	I	3	I	2.5	I	3	5	I	1	I			3	I	1	I
3964	–	–	**Ophrys**	**lutea**		5	I	3	I	4	II	2	I	3	4	I	2	I			3	I	1	I
3965	–	–	**Ophrys**	**sphegodes aggr.**		4.5	II	2	II	3	II	2	II	3	4	II	2	II			3	II	1	II
3966	–	148.25.5	**Ophrys**		**arachnitiformis**	5	II	2	I	3	II	2	I	3	4	II	2	I			3	I	1	II
3967	278300	148.25.3	**Ophrys**		**araneola**	4.5	II	2	I	3	II	2	I	3	5	I	1	I			3	I	1	II
3968	–	148.25.4.2	**Ophrys**		**atrata**	5	II	3	I	4	II	2	I	3	3	II	2	I			3	I	3	I
3969	–	128.25.7	**Ophrys**		**aurelia**	5	II	3	I	4	I	2	I	1	5	I	2	I			3	I	3	I
3970	278400	148.25.9	**Ophrys**		**benacensis**	5	I	3	I	4	I	1.5	I	3	5	I	2	I			3	I	1	I
3971	–	–	**Ophrys**		**bertolonii**	5	II	3	I	4	I	2.5	II	3	5	I	2	I			1	I	3	I
3972	–	148.25.6	**Ophrys**		**drumana**	4.5	II	3	I	3	II	2	I	3	4	II	2	I			3	I	1	II
3973	–	–	**Ophrys**		**massiliensis**	5	I	3	I	4	I	1.5	II	3	4	I	2	I			1	I	3	I
3974	–	–	**Ophrys**		**passionis**	5	II	3	I	4	I	2	I	1	5	I	2	I			3	I	3	I
3975	–	–	**Ophrys**		**provincialis**	5	I	3	I	4	II	2	I	1	5	I	2	I			3	I	3	I
3976	–	148.25.8	**Ophrys**		**saratoi**	5	II	3	I	4	II	2	II	1	5	I	2	I			3	I	3	II
3977	279200	148.25.4.1	**Ophrys**		**sphegodes**	4.5	I	2	I	3	I	2	I	3	5	I	1	I			3	I	1	I
3978	–	–	**Ophrys**		**splendida**	5	I	3	I	4	II	2	I	1	4	I	2	I			3	I	3	I
3979	–	–	**Ophrys**	**sulcata**		4	I	3	I	4	II	2	I	2	4	I	2	I			3	I	3	II
3980	279400	139.72.1	**Oplismenus**	**undulatifolius**		5	I	2	I	3	I	3.5	I	2	2	I	2	I			3	I	1	I
3981	–	97.53.1	**Opopanax**	**chironium**		4	I	3	I	4	I	2	I	1	4	I	3	I			3	I	3	I
3982	–	–	**Opuntia**	**humifusa aggr.**		5	I	2	II	4	II	1	I	2	2	II	2	I			3	I	3	I
3983	–	–	**Opuntia**		**engelmannii**	5	I	3	I	5	I	1	I	1	3	I	2	I			3	I	5	II
3984	279600	34.1.1	**Opuntia**		**humifusa**	5	I	3	I	4	I	1	I	2	3	II	2	I			3	I	3	II
3985	–	–	**Opuntia**		**macrorhiza**	5	I	3	I	5	I	1	I	1	3	II	2	I			3	I	3	II
3986	–	–	**Opuntia**		**phaeacantha**	5	I	3	I	5	I	1	I	1	3	II	2	I			3	I	3	II
3987	–	–	**Opuntia**		**robusta**	5	I	2	I	5	I	1	I	1	4	I	2	I			3	I	3	I
3988	–	–	**Opuntia**		**scheeri**	5	I	2	I	5	I	1	I	1	4	I	2	I			3	I	3	I
3989	–	–	**Opuntia**		**stricta**	5	I	3	I	4	I	1	I	1	3	II	2	I			3	I	3	II
3990	–	–	**Orchis**	**coriophora aggr.**		4.5	II	3	I	4	I	3.5	II	1	4	II	2	I	s		3	II	1	II
3991	280000	148.20.3.1	**Orchis**		**coriophora**	4.5	II	3	I	4	I	3.5	I	1	4	II	2	I	s		3	II	1	II
3992	–	148.20.3.2	**Orchis**		**fragrans**	5	I	3	I	4	I	3	II	3	4	II	2	I	s		3	I	1	II
3993	–	–	**Orchis**	**laxiflora aggr.**		4.5	I	2	II	4	I	4.5	I	3	x	–	2	I	s		5	I	1	I
3994	280700	148.20.13	**Orchis**		**laxiflora**	4.5	I	2	I	4	I	4.5	I	3	2	I	2	I	s		5	I	3	I
3995	281300	148.20.14	**Orchis**		**palustris**	4.5	II	3	I	4	I	4.5	I	2	4	I	2	I	s		5	I	1	I
3996	–	–	**Orchis**	**mascula aggr.**		x	–	3	II	3	II	3	II	2	4	II	3	II			3	II	3	II
3997	280950	148.20.10.1	**Orchis**		**mascula**	3.5	II	4	I	3	II	3	I	2	4	I	3	I			3	I	3	I
3998	–	148.20.10.3	**Orchis**		**olbiensis**	4.5	II	3	I	3	II	2	I	1	4	II	2	I			3	I	3	I
3999	280960	148.20.10.2	**Orchis**		**signifera**	2	II	4	I	4	I	3	I	2	4	I	3	I			3	I	3	I
4000	281000	148.20.7	**Orchis**	**militaris**		3.5	II	4	I	4	I	2.5	I	3	4	I	2	I			5	II	1	I
4001	–	–	**Orchis**	**morio aggr.**		4	II	3	I	4	II	2.5	II	3	4	I	2	I			5	II	1	II
4002	281100	148.20.2.1	**Orchis**		**morio**	4	II	3	I	4	I	2.5	I	3	3	I	2	I	s		5	II	1	I
4003	–	148.20.2.2	**Orchis**		**picta**	4.5	II	3	I	4	II	2	I	1	4	I	2	I			3	I	3	I
4004	–	–	**Orchis**	**pallens aggr.**		4.5	II	4	I	3	II	2.5	II	2	4	I	2	II			3	II	3	I

Strategien					Biologisches Verhalten										Vorkommen						Pflanzengesellschaften			Literatur			
LF	BD	WT	RO	KS	DA	VA	FS	MA	BZ	BS	MV	SU	DG	GI	GV	LR	EG	AE	EM	VE	1	2	3	BL	SL	TB	SEN
k-t	w		Wv	crr	Bo	Kv	zwk		6-9		1		2	e	A2	2.2 2.5	–	N	4	<			2.343?	c g l			3916
k-t	w		Wv	crr	Bo	Kv	zwk		6-9		1		2	e	A2	2.2	–	N	4	<			5.112	g l			3917
k-t	w		Wv	crr	Bo	Kv	zwk		6-9		1		2	e	A2	2.1 2.2 2.5 3.5	7	N	4	<			5.112?	c			3918
k-t	w		Rh	ccr	Bo	Kv	zw		6-9		–		2	e	A2b	2.2	–	N	4	<			5.11	k m			3919
p	i		Wh	ccc	En	Kv	ve-di	>1000*	4-6	an	–		1	e	C2	2.9 3.2 7.4 7.6	1	A	4	=			13.6			H	3920
t	w		–	rrs	My Ep	Kv	zw		3-6		–		2		C2a	2.2 2.5 2.9 7.3	–	I	3	=			4.2	m			3921
t	w		–	rrs	My Ep	Kv	zw		4-5	me my le	–		2		D4	2.3 3.2 9.2	–	I	4	>			14.72	c m			3922
h	s		–	ccs	My Ep	Ao Au	zw		4-6	me au my	–		3		E2a	2.7 2.9 7.2 9.2	1	I/N	3	<			14.73				3923
h	s		Wv	css	Ep	Sr	zw		5-6		–		2		C2a	2.5 3.2 6.2 9.1	–	I	2	=			12.411	a f k			3924
h	t		Wv	css	Ep	Sr	zw		5-7		2		2		C2a	6.2 7.3 7.4 9.3	–	I	2	=			9.14	k m			3925
h	s t		Wv	ccs	Ep En	Sr	zw		5-8		2		2		B6a		–	I/Jn	2-4	=>						B	3926
h	s	4	Wv	css	Ep	Sr	zw	p7	5-7	me	2		2		B6a	3.3 6.2 7.4 9.1	6	I	3	>	9.115					A	3927
h	t	4	Wv	ccs	Ep	Sr	zw	p12	7-8	me	2		2		E1	3.3 3.4 6.2 6.5	2	I	2	=	10.21						3928
h	t		Wv	css	Ep	Sr	zw		6-7		2		2		F4b*	3.3 6.2 7.4 9.1	–	I	2	>?			9.115	c k m			3929
h	t	3	Wv	ccs	Ep Me	Sr	zw	p4	5-8	me (ps) (sp)	3		2		D3	2.2 3.3 6.2 6.7	6	Jn	4	=	9.135	11.111				H	3930
t	t		–	rrs	Au	Kv	zw		5-6		–		2		C2	2.2 6.1 7.3	–	I	3	=			4.211	k			3931
c	s		Rh	ccs	Au	Sr	zw	p19	6-9		–		2		E2b	3.1 6.2 7.3 9.1	–	I	2	=?			9.142	a f k			3932
n	s		Wh	ccs	Au	Kv	zw		6-9		–		2		E2b	3.2 3.3 7.4 9.3	–	I	1	=?			14.811	a f k			3933
z	t		Wh	crs	Au	Kv	zw		4-9		–		2		C2	3.2 6.2 7.3	–	I	2	=			12.41	k m			3934
h	s	4	Wh	ccs	Au	Sr	zw	p3	5-7	me	–		2		C2	2.5 6.2 6.7 9.1	3	I	1	=	9.115	5.211	14.111				3935
c	s		Wh	css	Au	Sr	cl zw		6-7	au	–		2		C2	2.2 6.2 7.3 9.1	6	I	2	>			9.14				3936
t	t		–	crs	Au	Kv	zw		4-7		–		2		C2	3.1 3.2 6.2 7.3	–	I	2	>			4.21	k m			3937
z	s		Wh	ccs	Au	Kv	zw	p7	5-9	me le (au)	–		2		E3	3.3 6.7 7.4 9.1	1	I	2	>	14.111						3938
c-h	s		Rh Wv	ccs	Au En?	Sr	zw	p14	6-9		2		2	h e	B6		–	I	2	>					203	B	3939
c	s		Rh Wv	ccs	Au	Sr	zw		4-9		2		2	h e	C2	2.2 6.2 7.3 7.4	–	I	2	>			9.1				3940
c-h	s		Rh Wv	ccs	Au	Sr	zw		7-8	me	2		2	h e	D4	2.2 6.2 6.3	–	I	2	>			11.2	c k			3941
c-h	s	4	Rh Wv	ccs	Au	Au Sr	zw		6-9		2		2	h e	D3a	6.3	6	I	2	>			11.231	a c f			3942
c-h	s	4	Rh Wv	ccs	Au	Au	zw	p18	6-9	me	2		2	h e	D2	2.2 6.2 6.3 6.7	6	I	2	>*	9.135	11.11					3943
c-h	s	4	Rh Wv	ccs	Au	Sr	zw		6-9	me	2		2	h e	D3	2.1 2.2 6.2 7.4	6	I	2	>*	9.135						3944
c	s		Wh	crs	Au	Kv	zw		6-7		–		2		E2b	3.3 6.2 7.1 7.3	–	I	2	=			9.141	k m			3945
k-t	w		Wv	ccr	Me Dy	Kv	zw	p2	7-9	me ps my*	–	4	2	h e	C2b	2.2 2.4	7	A	4	>	5.111						3946
k-t	w		Wv	ccr	Me Dy	Kv	zw		6-8		–		2	h e	C2b	2.2	–	N	4	=			5.11	k m			3947
k	w	3.5	Wv	css	Ep	Kv	zw	p4	5-7		–		2	h	D1		–	I	1	>						B	3948
k	w	3.5	Wv	css	Ep	Kv	zw		5-7		–		2	h	D1b	3.2 6.2	–	I	2	>			9.12	k m			3949
k	w		Wv	css	Ep	Kv	zw	p12	5-7		–		2	h	D1a	3.3 6.2	–	I	1	=			9.14	k m			3950
k	w	3.5	Wv	css	Ep	Kv	zw		5-7		–		2	h	F6	6.2 7.4 9.1 9.3	1	I	1	>			9.113		877		3951
k	w	3.5	Wv	css	Ep	Kv	zw		5-7		–		2	h	E4	6.2 7.4 9.1 9.3	1	I	1	>			9.113		877		3952
k	w		Wv	css	Ep	Kv	zw		5-6		–		2	h	D1b	6.2	–	I	1	=			9.11	k m			3953
g	s		Rh	css	Me	Au Ws	mo		6-7		1		2		B3	2.6 5.1 6.3	5	I	2	>	11.231						3954
g	w*		Wk	crs	Me	Bz	zw		6-7	au	1		2	e	C1		–	I/Jn	2-3	>					160	A B	3955
g	w*		Wk	crs	Me	Bz	sb		5-6	au	1		2	e	C1	2.6 6.2 6.7 7.4	6	I	2	>			9.135				3956
g	w*		Wk	crs	Me	Bz	sb		6-7	au	1		2	e	C2	6.2	6	Jn	2	>			9.135	a h m		E	3957
g	w*		Wk	crs	Me	Bz	zw		3-4		1		2	e	C2a	2.1 6.2 7.3 9.1	–	I	2	>			12.41	k m			3958
g	w*		Wk	crs	Me	Bz	zw		3-9	me	1		2	e	D1		–	I	2	>					160	B	3959
g	w*		Wk	crs	Me	Bz	zw		5-6		1		2	e	D3a	6.2 6.7 7.4 9.3	6	I	2	>			9.13				3960
g	w*		Wk	crs	Me	Bz	zw		4-6		1		2	e	C2a	2.1 6.2 6.7	–	I	2	>			9.13	k m			3961
g	s		Wk	crs	Me	Bz	zw		6-9		1		2	e	D1c	6.2 6.7 7.4	6	I	2	>			9.13	h l	797		3962
g	w*		Wk	crs	Me	Bz	zw		5-7	hm (my)	1		1	e	D3	6.2 6.7 7.4 9.1	1	I	2	>	9.135						3963
g	w*		Wk	crs	Me	Bz	zw		3-5		1		1	e	C2a	2.1 6.2 7.3 9.1	–	I	2	>			12.4	k m			3964
g	w*		Wk	crs	Me	Bz	zw		4-5	au	1		1	e	C2		–	I	2-3	>					160	B	3965
g	w*		Wk	crs	Me	Bz	zw		3-4		1		2	e	C2a	2.1 6.2 7.3	–	I	2	>			12.41	k m			3966
g	w*		Wk	crs	Me	Bz	zw		4-5	me	1		1	e	D1a	6.2 6.7 7.4	6	I	2	>			9.135				3967
g	w*		Wk	crs	Me	Bz	zw		3-5		1		1	e	D1a	6.2 6.7 7.3	–	I	2	>			9.221	k m			3968
g	w*		Wk	crs	Me	Bz	zw		3-4		1		1	e	C2	2.1 2.2 6.2	–	I	2	>			9.135				3969
g	w*		Wk	crs	Me	Bz	zw		4-5		1		2	e	F3f	2.1 2.2 6.2	6	I	2	>			9.135	a			3970
g	w*		Wk	crs	Me	Bz	zw		4-6		1		2	e	D1b	6.2 6.7	–	I	3	>			9.135	k m			3971
g	w*		Wk	crs	Me	Bz	zw		5-6		1		1	e	F2a	2.1 2.2 6.2	–	I	2	>			9.135				3972
g	w*		Wk	crs	Me	Bz	zw		1-3		1		2	e	D1c	3.3 6.2 7.3	–	I	2	=			9.21		859		3973
g	w*		Wk	crs	Me	Bz	zw		4-5		1		1	e	D1a	2.1 6.2 7.3 9.1	–	I	2	>			12.41				3974
g	w*		Wk	crs	Me	Bz	zw		4-6		1		1	e	C2a	2.1 6.2 7.3 9.1	–	I	2	>			12.41				3975
g	w*		Wk	crs	Me	Bz	zw		4-6		1		1	e	F2a	2.1 2.2 6.2	–	I	2	>			9.144				3976
g	w*		Wk	crs	Me	Bz	zw		3-5	me	1		1	e	D1	2.6 6.2 6.7 7.3	6	I	2	>			9.135				3977
g	w*		Wk	crs	Me	Bz	zw		4-5		1		1	e	F2a	2.2 6.2 6.7	–	I	2	>			9.13				3978
g	w*		Wk	crs	Me	Bz	zw		4-6		1		1	e	D1a	6.2	–	I	2	>			9.1		160		3979
c	t		Rs	crs	Ep	Sw	zw		7-9	an?	–		2		B4a	2.3 2.6 9.2 9.3	1	I	2	<			14.7				3980
h	s?		Wv	crs	Me	Kv	zw		5-7		–		2	h	C2	2.3 6.2 6.7 7.3	–	I	3	=			5.13	k m			3981
c	i		Sk	css	En Ep	Sw	zw		6	au ca my me	–		2	e	A2c		–	N	2	=					158	E H	3982
c	i		Sk	css	En Ep	Sw	zw		6		–		2	e	A2c	3.1 3.2	–	N	2	=			4.1				3983
c	i		Sk	css	En Ep	Sw	zw		6		–		2	e	A2c	2.1 3.1 3.2 6.2	6	N	2	=			4.1	f m			3984
c	i		Sk	css	En Ep	Sw	zw		6		–		2	e	A2c	2.1 3.1 3.2	–	N	2	=			4.1				3985
c	i		Sk	css	En Ep	Sw	zw		6		–		2	e	A2c	2.2 3.1 3.2 3.3	–	N	2	=			4.1				3986
c	i		Sk	css	En Ep	Sw	zw		6		–		2	e	A2c	2.9 3.1 3.2	–	N	2	=			4.1				3987
c	i		Sk	css	En Ep	Sw	zw		6		–		2	e	A2c	2.2 3.1 3.2 3.3	–	N	2	=			4.1				3988
c	i		Sk	css	En Ep	Sw	zw		6		–		2	e	A2c	2.2 3.1 3.2 3.3	–	N	2	=			4.1		756		3989
g	w*	1	Wk	crs	Me	Bz	zw		4-6	hm	1		1	e	C1		–	I	2	>							3990
g	w*	1	Wk	crs	Me	Bz	zw		5-7		1		1	e	C1	6.3 6.7 7.1 9.1	6	I	2	>			11.2				3991
g	w*	1	Wk	crs	Me	Bz	zw		4-6		1		1	e	C2	6.2 6.3 6.7 7.4	–	I	2	>			9.135	k m		E	3992
g	w	1	Wk	crs	Me	Bz	zw		5-7		1		1	e	C1		–	I	2	>							3993
g	w	1	Wk	crs	Me	Bz	zw		5-6	??	1		1	e	C2	1.4 4.1 5.1 6.3	5	I	2	>			11.2				3994
g	s	1	Wk	crs	Me	Bz	zw		5-7		1		1	e	C1	4.1 5.1 6.3	5	I	2	>			7.2312				3995
g	v	1	Wk	crs	Me	Bz	zw		4-8	me	2		1	e	B6		–	I	2	=>	9.135	10.412	14.7312			B	3996
g	v	1	Wk	crs	Me	Bz	zw		4-7		2		1	e	B6	6.2 6.3 6.5 9.2	1	I	2	>*			14.7				3997
g	v	1	Wk	crs	Me	Bz	zw		4-6		2		1	e	C2c	6.2 7.3 7.4	–	I	2	>			9.1	k			3998
g	v	1	Wk	crs	Me	Bz	zw		6-8		2		1	e	E5	6.2 6.3 6.5 9.2	–	I	2	=			14.7	c m			3999
g	v	1	Wk	crs	Me	Bz	zw		5-6	me	2		1	e	B6	2.6 6.2 7.4 9.2	6	I/N	2	>	9.135	11.231					4000
g	w*	1	Wk	crs	Me	Bz	zw		3-6	me	2		1	e	C1		–	I	2	>						B	4001
g	w*	1	Wk	crs	Me	Bz	zw		3-6		2		1	e	D3	6.2 6.7 7.4 9.3	6	I	2	>	9.135	11.231					4002
g	w*	1	Wk	crs	Me	Bz	zw		3-6		2		1	e	C2	6.2 6.7 7.3 9.3	–	I	2	>			9.1	m			4003
g	v	1	Wk	crs	Me	Bz	zw		4-5	me	1		1	e	C2		–	I	2	>	14.731	11.111	14.811				4004

Nummern			Taxa			Klima						Boden												
SEN	SIN	FAN	Gattung	Aggregat/Einzelart	Kleinart	T	v	K	v	L	v	F	v	W	R	v	N	v	S	M	H	v	D	v
4005	281200	148.20.11	Orchis		pallens	4.5	II	4	I	3	I	3	I	2	4	I	3	I			3	I	3	I
4006	281500	148.20.12.1	Orchis		provincialis	5	I	4	I	3	I	2	I	2	4	I	2	I			3	I	3	I
4007	281400	148.20.1	Orchis	papilionacea		5	I	2	I	4	I	2	I	2	4	I	2	I	s		3	I	3	I
4008	–	–	Orchis	pauciflora		5	II	3	I	4	II	2	I	1	5	I	2	I			3	I	3	I
4009	281600	148.20.8	Orchis	purpurea		4.5	I	2	I	3	I	3	I	3	4	I	3	I			5	II	3	I
4010	281800	148.20.6	Orchis	simia		4.5	I	2	I	4	I	2	I	2	4	I	2	I			3	I	1	I
4011	281900	148.20.9	Orchis	spitzelii		2.5	I	5	I	4	I	2	I	2	4	I	2	I			3	I	3	I
4012	–	–	Orchis	tridentata aggr.		4.5	II	3	I	4	II	2	II	2	4	I	2	I			3	II	1	II
4013	–	–	Orchis		lactea	5	I	3	I	4	II	2	I	2	4	I	2	I			3	I	3	I
4014	282100	148.20.5	Orchis		tridentata	4.5	II	3	I	4	I	2.5	I	2	4	I	2	I			5	II	1	I
4015	282200	148.20.4	Orchis	ustulata aggr.		3	II	x	–	4	I	3	II	2	3	II	2	I			5	II	1	I
4016	–	–	Orchis		aestivalis	3.5	I	3	I	4	I	3.5	II	3	3	I	2	I			5	I	1	I
4017	–	–	Orchis		ustulata	3	II	4	I	4	I	2.5	II	3	4	I	2	I			5	II	1	I
4018	–	–	Oreochloa	disticha aggr.		1	I	4	II	5	II	2.5	I	1	2	II	2	II			3	II	3	II
4019	282300	139.17.1	Oreochloa		disticha	1	I	4	I	5	I	2.5	I	1	1	I	1	I			3	I	3	I
4020	–	139.17.2	Oreochloa		seslerioides	1	I	3	I	4	I	2.5	I	1	2	I	2	I			3	II	3	II
4021	282400	7.10.1	Oreopteris	limbosperma		2.5	I	2	I	2	I	4	II	2	1	I	2	I			5	I	1	I
4022	282500	108.24.2	Origanum	majorana		5	I	1	I	4	I	2	I	1	3	I	3	I			3	I	3	I
4023	–	–	Origanum	vulgare aggr.		x	–	x	–	3	I	2	I	1	4	II	3	I			3	I	3	I
4024	–	108.24.1	Origanum		prismaticum	5	I	2	I	3	I	2	I	1	3	I	3	I			3	I	3	I
4025	282600	108.24.1	Origanum		vulgare	3.5	I	4	I	3	I	2	I	1	4	II	3	I		m	3	I	3	I
4026	–	97.63.1	Orlaya	daucoides		4.5	I	3	I	4	I	2	I	1	4	II	3	I			3	I	3	I
4027	282700	97.63.2	Orlaya	grandiflora		5	I	4	I	4	I	1	I	1	4	I	3	I		m	3	I	3	I
4028	282800	–	Ormenis	nobilis		5	I	2	I	4	I	3	I	1	2	I	3	I			3	I	3	I
4029	–	–	Ornithogalum	nutans aggr.		5	I	x	–	3	I	2.5	II	1	3	II	3	I			3	I	3	I
4030	282900	143.16.9	Ornithogalum		boucheanum	5	I	4	I	3	I	2	I	1	4	I	3	I			3	I	3	I
4031	283200	143.16.8	Ornithogalum		nutans	5	I	2	I	3	I	3	I	1	4	I	3	I			3	I	3	I
4032	–	–	Ornithogalum	pyrenaicum aggr.		4.5	II	x	–	4	II	x	–	2	3	II	3	I			3	I	3	II
4033	–	143.16.3	Ornithogalum		brevistylum	4.5	I	4	I	4	I	2	I	2	3	I	3	I			3	I	3	II
4034	283100	143.16.2	Ornithogalum		narbonense	5	I	4	I	4	I	2	I	2	3	I	3	I			3	I	3	I
4035	283400	143.16.1.1	Ornithogalum		pyrenaicum	5	I	2	I	3	I	3.5	I	2	4	II	3	I			3	I	1	II
4036	283500	143.16.1.2	Ornithogalum		sphaerocarpum	5	I	4	I	3	I	2	I	2	3	I	3	I			3	I	3	I
4037	–	–	Ornithogalum	umbellatum aggr.		4.5	II	3	II	3	II	x	–	1	4	I	x	–			3	I	1	II
4038	–	–	Ornithogalum		angustifolium	4.5	I	3	I	4	II	2.5	I	1	4	I	3	I			3	I	3	II
4039	–	143.16.4	Ornithogalum		comosum	4	I	4	I	4	I	1.5	I	1	4	I	2	I			3	I	3	II
4040	–	143.16.7	Ornithogalum		divergens	5	II	3	I	4	II	2	I	1	4	I	3	I			3	I	3	II
4041	283000	143.16.6	Ornithogalum		gussonei	4.5	II	4	I	4	I	1.5	I	1	4	I	3	I			3	I	1	II
4042	–	143.16.6	Ornithogalum		kochii	4.5	I	4	I	4	I	1.5	I	1	4	I	3	I			3	I	1	II
4043	–	–	Ornithogalum		orbelicum	4.5	I	4	I	3	I	3.5	II	3	3	I	3	I			3	II	1	I
4044	283800	143.16.5	Ornithogalum		umbellatum	4.5	I	4	I	3	II	3	I	2	4	I	4	I			3	I	1	II
4045	283900	64.37.1	Ornithopus	perpusillus		4.5	I	1	I	3	I	2	I	1	2	I	2	I			1	I	3	I
4046	–	–	Ornithopus	sativus		4.5	I	1	I	4	I	1.5	I	1	2	I	3	I			3	I	5	I
4047	284000	116.1.6	Orobanche	alba		4.5	II	4	I	4	I	2	I	1	4	I	2	I		m	3	I	3	I
4048	–	–	Orobanche	alsatica aggr.		4	II	4	II	3	II	2	I	1	4	I	2	I			3	I	3	I
4049	284100	116.1.18.1	Orobanche		alsatica	4.5	I	4	I	3	I	2	I	1	4	I	2	I			3	I	3	I
4050	284150	116.1.18.2	Orobanche		libanotidis	3.5	I	3	II	4	II	2	I	1	4	I	2	I			3	I	5	I
4051	284400	116.1.2	Orobanche	arenaria		4.5	II	4	I	4	I	1.5	I	1	4	I	2	II			3	I	3	I
4052	284700	116.1.14	Orobanche	caryophyllacea		4.5	I	4	I	4	I	2	I	1	4	I	2	I			3	I	3	I
4053	–	–	Orobanche	cernua aggr.		4.5	II	3	II	4	II	2	II	1	4	II	3	II			3	I	3	II
4054	284800	116.1.4	Orobanche		cernua	5	I	4	I	4	I	1	I	1	3	I	2	I			3	I	3	I
4055	–	116.1.5	Orobanche		coerulescens	4	I	4	I	4	I	1.5	I	1	4	II	2	I			3	I	5	I
4056	–	116.1.5	Orobanche		crenata	4.5	II	3	I	4	II	2	I	1	3	I	3	I			3	I	3	I
4057	284900	116.1.17	Orobanche	elatior		4.5	II	3	I	3	I	2	I	1	4	I	3	I			3	I	1	I
4058	285100	116.1.24	Orobanche	gracilis		4.5	II	4	I	4	I	2	I	1	4	I	2	I	s		3	I	3	I
4059	285200	116.1.13	Orobanche	hederae		4.5	I	2	I	2	I	2	I	1	3	I	3	I			3	I	3	I
4060	285400	116.1.19	Orobanche	laserpitii-sileris		3	II	4	I	3	I	1	I	1	3	I	2	I			3	I	3	I
4061	–	–	Orobanche	lucorum aggr.		3.5	II	4	II	3	II	3.5	II	1	4	II	3	II			3	II	3	II
4062	285000	116.1.20	Orobanche		flava	2.5	II	3	I	4	II	2.5	I	2	4	II	3	I			1	I	5	II
4063	285600	116.1.21	Orobanche		lucorum	4.5	II	4	I	3	I	3	I	1	3	I	3	I			3	I	3	I
4064	286500	116.1.22	Orobanche		salviae	3	I	3	I	2	I	3.5	I	2	4	I	4	I			3	I	3	I
4065	285700	116.1.16	Orobanche	lutea		4.5	II	4	I	4	I	2	I	1	4	I	2	I		m	3	I	3	I
4066	–	–	Orobanche	minor aggr.		x	–	x	–	4	I	2	II	1	4	II	3	II			3	I	3	II
4067	284300	116.1.8	Orobanche		amethystea	5	I	3	I	4	I	1	I	1	4	I	3	I			3	I	3	I
4068	284500	116.1.9	Orobanche		artemisiae-campestris	4.5	I	5	I	4	I	1	I	1	3	I	3	I			3	I	3	I
4069	285900	116.1.11	Orobanche		minor	4.5	II	2	I	4	I	2.5	I	1	4	I	3	I			3	I	1	I
4070	–	116.1.12	Orobanche		ozanonis	3	I	4	I	4	I	1	I	1	4	I	2	I			3	I	3	I
4071	286000	116.1.10	Orobanche		picridis	4.5	I	3	I	4	I	2.5	I	2	4	II	3	I			3	I	3	I
4072	286100	116.1.3	Orobanche	purpurea		4.5	II	4	I	4	I	2	I	1	4	I	2	I			3	I	3	I
4073	–	–	Orobanche	ramosa aggr.		5	I	3	I	4	II	2	II	1	4	I	3	I			3	I	3	II
4074	–	116.1.1.3	Orobanche		mutelii	5	I	3	I	4	II	1.5	I	1	4	I	2	I		m	3	I	3	I
4075	–	116.1.1.2	Orobanche		nana	5	I	3	I	4	II	1.5	I	1	4	I	2	I			3	I	3	II
4076	286200	116.1.1.1	Orobanche		ramosa	5	I	3	I	3	II	2.5	I	1	4	I	3	II			3	I	3	I
4077	–	–	Orobanche	rapum-genistae aggr.		4.5	II	2	I	3	I	2	I	1	2	I	3	I			3	I	3	I
4078	–	–	Orobanche		benthamii	4.5	I	2	I	3	I	2	I	1	2	I	3	I			3	I	3	I
4079	286300	116.1.23.1	Orobanche		rapum-genistae	4.5	II	2	I	3	I	2	I	1	2	I	3	I			3	I	3	I
4080	286400	116.1.7	Orobanche	reticulata		4.5	II	4	I	4	I	2.5	I	1	4	I	3	I			3	I	3	I
4081	286600	116.1.15	Orobanche	teucrii		4	II	4	I	4	I	1	I	1	4	I	2	I			3	I	3	I
4082	–	116.1.25	Orobanche	variegata		3.5	I	4	I	4	I	2	I	1	4	II	2	I			3	I	3	I
4083	286800	58.2.1	Orthilia	secunda		2.5	I	4	I	2	I	3	II	2	3	I	2	I		m	5	II	1	I
4084	–	–	Oryza	sativa		5	I	4	I	4	I	4.5	II	3	3	I	3	I			3	II	1	I
4085	287000	6.1.1	Osmunda	regalis		4	I	2	I	3	II	4	II	3	2	I	3	I	s	m	5	II	1	II
4086	287100	31.4.1	Ostrya	carpinifolia		4.5	I	3	I	2	I	2	I	1	4	I	3	I		m	3	I	3	I
4087	287200	74.1.1	Osyris	alba		5	I	2	I	3	I	1	I	1	4	I	2	I	s		3	I	3	II
4088	287300	92.1.4	Oxalis	acetosella		3	II	3	I	1	II	3	I	1	2	II	2	I		m	5	II	3	I
4089	–	–	Oxalis	corniculata aggr.		4	II	3	II	4	II	2.5	II	1	3	I	4	I			3	II	3	II
4090	287400	92.1.1	Oxalis		corniculata	4.5	I	3	I	4	I	2	I	1	3	I	4	I			3	II	3	I
4091	287500	92.1.2	Oxalis		dillenii	4.5	I	2	I	4	I	2.5	I	1	3	I	4	I			3	I	3	I
4092	–	–	Oxalis		repens	4.5	I	2	I	4	I	2.5	I	1	3	I	4	I			3	I	3	I
4093	287750	92.1.3	Oxalis		stricta	4	I	2	I	3	I	3	I	2	3	I	4	I			3	I	1	I

Strategien					Biologisches Verhalten										Vorkommen						Pflanzengesellschaften			Literatur			
LF	BD	WT	RO	KS	DA	VA	FS	MA	BZ	BS	MV	SU	DG	GI	GV	LR	EG	AE	EM	VE	1	2	3	BL	SL	TB	SEN
g	v	1	Wk	crs	Me	Bz	zw		4-6		1		1	e	D1	7.4 9.1 9.2 9.3	1	I	1	>			14.73				4005
g	v	1	Wk	crs	Me	Bz	zw		4-5		1		1	e	C2	6.2 7.4 9.2 9.3	6	I	2	>			14.81				4006
g	v	1	Wk	crs	Me	Bz	zw		4-5		1		1	e	C1	2.1 2.6 6.2 7.3	6	I	2	>			9.21				4007
g	v?	1	Wk	crs	Me	Bz	zw		4-5		1		1	e	C2b	2.1 6.2 6.7 7.3	–	I	2	>			9.1	k			4008
g	v	1	Wk	crs	Me	Bz	zw		5-6	me?	1		1	e	D1	6.2 7.4 9.2 9.3	1	I	2	>	14.811	14.731	11.111				4009
g	v	1	Wk	crs	Me	Bz	zw		4-5	me	1		1	e	C1	2.6 6.2 6.7 7.4	6	I/N	2	>			9.13				4010
g	v	1	Wk	crs	Me	Bz	zw		5-7		1		1	e	D1	6.5 7.1 8.1 9.1	2	I/N	2	>			14.2				4011
g	w*	1	Wk	crs	Me	Bz	zw		3-6	me	1		1	e	C1		–	I	2	>							4012
g	w*	1	Wk	crs	Me	Bz	zw		3-4		1		1	e	C2	6.2 6.3 6.7	–	I	2	>			9.1	k m			4013
g	w*	1	Wk	crs	Me	Bz	zw		4-6		1		1	e	C1	6.2 6.7 7.4 9.3	6	I	2	>			9.1				4014
g	s w*	1	Wk	crs	Me	Bz	zw		4-8	le	1		1	e	B4b		–	I	2	>*	9.135	10.211	11.231		294	B	4015
g	s	1	Wk	crs	Me	Bz	zw		6-8		1		1	e	D5	6.2 6.3 6.7 7.4	6	I	2	>*			9.135	c			4016
g	w*	1	Wk	crs	Me	Bz	zw		4-6		1		1	e	B4b	6.2 6.5 6.7 7.4	6	I	1-3	>*			9.13				4017
h	s		Rs	crs	Me	Au Ho	zw		7-8	an	2		1		E1		–	I	1	=						B	4018
h	s		Rs	crs	Me	Ho	zw		7-8	an	2		2		E4	3.3 3.3 6.5 7.1	2	I	1	=	10.411	10.421					4019
h	s		Rs	crs	Me	Au	zw		7-8	an	2		2		F2a*	3.2 3.3 6.5 7.1	–	I	3	=			10.411	k m			4020
h	s		Rh	css	Me	Kv	mo		6-9		–		1		B3	7.2 8.1 9.1 9.2	1	I	1	=	14.312	14.73	11.514				4021
c-t	s		Wv	rrr	Bo	Kv	ve-di		7-10	me	–		1	h e	C2b	2.2 2.7 2.9	7	A	5	=			?				4022
c-h	t w		Rh	crs	Bo My	Ao Au	ve-di		7-9	me my ps (ca)*	2		3	h e	B6		–	I/Ja	2-4	=				c k l		H	4023
c-h	w		Rh	crs	Bo	Ao Au	ve-di		7-9		–		2	h e	C2	2.9 6.2 6.7 7.4	–	Ja?	4	=			11.111?				4024
c-h	t	3	Rh	crs	Bo My	Ao Au	ve-di	r10	7-9		2	4	3	h e	B6	2.6 6.7 7.3 7.4	6	I	2	=	11.11	9.135	14.811				4025
t	s		–	rrr	Ep	Kv	ve		4-6	au hm	–		1		C2	2.1 2.2	–	I/N	3	>			2.312	k m			4026
t	s w	2.5	–	rrr	Ep	Kv	ve		5-8	ca my hm (ve)	–		1		D1	2.1 2.2 3.1 6.2	7	A	4	>	2.31	9.113	4.131				4027
h	w		Rh	ccs	Bo	Sr	ve		6-9		–		1	h	C2a	2.2 2.9	7	A	5	=			11.212				4028
g	v		Zw	crs	My	Bz	zw		3-5	au en	1		1	mg	B6a		–	I/A	4	>							4029
g	v		Zw	crs	My	Bz	zw		4-5		1		1	mg	D1b	2.1 6.7 7.4 9.2	8	I/A	4	>			5.1				4030
g	v		Zw	crs	My	Bz	zw		3-5		1		1	mg	B6a	2.1 2.7 2.8 6.3	7	I/A	4	>			5.13				4031
g	v		Zw	crs	My	Bz	zw		5-7	en	2		1	mg e	C1		–	I/N	2	>							4032
g	v		Zw	crs	My	Bz	zw		6-7		2		1	mg e	D1b	2.1 6.2	–	I	3	>			2.3	m			4033
g	v		Zw	crs	My	Bz	zw		5-6		2		1	mg e	C2	2.1 6.2 6.3 7.3	–	I	2	>			9.22	k m			4034
g	v	1	Zw	crs	My	Bz	zw		5-7		2		1	mg e	D1	2.2 6.3 7.4 9.2	1	I	2	>	14.733	14.812					4035
g	v	1	Zw	crs	My	Bz	zw		5-6		2		1	mg e	C2b	2.1 6.3 6.7 7.4	7	I/N	2	>			11.111	a f k			4036
g	v		Zw	crs	My	Bz	fa zw		4-5	au me (my)*	2		2	mg e	C1		–	I/A/N	2-3	=					841, 854	B C	4037
g	w		Zw	crs	My	Bz	zw		4-5		2		2	mg e	D2	2.1 6.3 7.4 9.2	–	I	3	=			2.31		856		4038
g	v		Zw	crs	My	Kv	zw		4-6		–		1	mg	E2c	6.2	–	I	3	=			9.1	k m			4039
g	v		Zw	crs	My	Bz	zw		4-5		2		2	mg e	C2	2.1	–	I	2	=			2.3	k m			4040
g	v		Zw	crs	My?	Bz	zw		4-5		2		2	mg e	C1	6.2 6.3 7.1 7.3	6	I	3	=			9.1		856		4041
g	v	1	Zw	crs	My?	Sr	zw		4-5		2		2	mg e	B6a	3.1 6.2 6.7	–	I	3	=			9.1		575		4042
g	v		Zw	crs	My?	Bz?	zw		4-5		2		2	mg e	E2g	6.7 9.2	–	N	4	<			?	c m			4043
g	v	1	Zw	crs	My	Bz	zw		4-5		2		2	mg e	D1	2.1 2.3 6.3 6.5	7	I/A	3	<>	11.24						4044
t	s w	1	Wv	rrs	Ep	Kv	zw		5-9	au	–		2	mg e	D2	2.1 2.2 3.1 9.1	7	I	4	>			4.111				4045
k-t	s		Wv	rrs	Au At	Kv	zw		6-9		2		3		D1a	2.2 2.9 6.2 6.3	–	N	4	<			4.22	i m			4046
k*.vp	–	1	Sk	rss	Me	Kv	zw	d	5-8	au me	1		2		B4a	3.1 6.2 6.5	6	I	3	>			9.1				4047
k*.vp	–	1	Sk	rss	Me	Kv	zw		6-7		1		1		B4a		–	I	1	>					846		4048
k*.vp	–	1	Sk	rss	Me	Kv	zw		6-7	au hm	1		1		B4a	6.7 7.4 9.1 9.3	6	I	1	>			11.111				4049
k*.vp	–	1	Sk	rss	Me	Kv	zw		6-7	au hm	1		1		D3	6.2 6.7	6	I	2	>			11.111				4050
k*.vp	–	1	Sk	rss	Me	Kv	zw		6-8	au hm	1		1		C1	2.2 3.2 6.2 6.7	6	I	2	>			9.11				4051
k*.vp	–	1	Sk	rss	Me	Kv	zw		5-7	au me	1		2		B6	3.2 6.2 6.7 7.4	6	I	2	>			9.1				4052
k*.vp	–	1	Sk	rss	Me	Kv	zw		5-7		1		1		B6		–	I/A	3	>					846		4053
k*.vp	–	1	Sk	rss	Me	Kv	zw		4-6		1	3	1		C1	6.2 6.7 7.4	–	I	2	>			9.1				4054
k*.vp	–	1	Sk	rss	Me	Kv	zw		5-7	au hm	1		1		B4a	6.2	–	I	2	>			9.11	c k l			4055
k*.vp	–	1	Sk	rss	Me	Kv	zw		5-7	au hm	1		1		C2	2.1 2.7	–	A	2	>			2.3a	k m			4056
k*.vp	–	1	Sk	rss	Me	Kv	zw		5-8	au hm	1		1		B6a	6.2 6.3 6.7 7.4	6	I	2	>			9.1				4057
k*.vp	–	1	Sk	rss	Me	Kv	zw	d	5-8	au me	1		2		C1	6.2 6.5 6.7 7.4	6	I	2	>			9.13				4058
k*.vp	–	1	Sk	rss	Me	Kv	zw		5-7	au hm	–		2		C1	2.2 2.7 7.4 9.2	1	I	2	<	14.811	14.733					4059
k*.vp	–	1	Sk	rss	Me	Kv	zw		6-8		1		1		E4c	3.2 6.5 6.7 7.4	6	I	2	>			11.111				4060
k*.vp	–	1	Sk	rss	Me	Kv	zw		6-8		1		1		E1		–	I	2	>							4061
k*.vp	–	1	Sk	rss	Me	Ws	zw		6-8	au hm	1		1		E1	2.5 3.3 7.2 7.5	6	I	2	>			3.3				4062
k*.vp	–	1	Sk	rss	Me	Kv	zw		6-8	au hm	1		1		E2d	2.6 7.4 9.2	6	I	2	>			13.312				4063
k*.vp	–	1	Sk	rss	Me	Kv	zw		6-8		1		1		E1	7.4 9.2	1	I	1	>			14.7				4064
k*.vp	–	1	Sk	rss	Me	Kv	zw		5-7	au hm	1		2		B6a	6.2 6.7 7.4	6	I	3	>			11.11				4065
k*.vp	–	1	Sk	rss	Me	Kv	zw		6-9	au hm	2		2		C2		–	I/N	3	>							4066
k*.vp	–	1	Sk	rss	Me	Kv	zw		6-7		1		1		C2	2.2 6.2 6.7	–	I	2	>			9.1	k l			4067
k*.vp	–	1	Sk	rss	Me	Kv	zw		6-8	au hm	2		1		D1	2.2 3.2 6.2	6	I	2	>			9.11		846		4068
k*.vp	–	1	Sk	rss	Me	Kv	zw		5-7		2		2		C2	2.2 6.3 6.7 7.4	7	I/N	3	>			11.241				4069
k*.vp	–	1	Sk	rss	Me	Kv	zw		5-7		2		2		F2a	3.2 6.2	–	I	2	>			12.412?	m			4070
k*.vp	–	1	Sk	rss	Me	Kv	zw		6-7	au hm	2		1		B6a	2.1 2.2 6.2	6	I	3	>			5.112				4071
k*.vp	–	1	Sk	rss	Me	Kv	zw		5-8	au hm	1		1		C1	2.2 2.5 6.2 6.3	6	I	3	>			9.1				4072
k*.vp	–	1	Sk	rss	Me	Kv	zw		3-9	au hm	1		2		C2		–	A	4	>							4073
k*.vp	–	1	Sk	rss	Me	Kv	zw		4-6		1		2		C2	2.1 2.2 2.7 6.2	–	A	4	>			2.3	k m			4074
k*.vp	–	1	Sk	rss	Me	Kv	zw		3-6		1		2		C2	2.1 2.2 6.2 7.3	–	A	4	>			9.22?	m			4075
k*.vp	–	1	Sk	rss	Me	Kv	zw		7-9		1	3	2		C2	2.1 2.2	6	A	4	>			2.3				4076
k*.vp	–	1	Sk	rss	Me	Kv	zw		5-6	au me	1		2		C2a		–	I	2	>							4077
k*.vp	–	1	Sk	rss	Me	Kv	zw		5-6		1		2		D1a	6.7 7.1 7.4 9.2	–	I	2	>			12.611	m		E	4078
k*.vp	–	1	Sk	rss	Me	Kv	zw		5-8		1		2		C2a	6.7 7.1 7.4 9.2	1	I	2	>	10.412						4079
k*.vp	–	1	Sk	rss	Me	Kv	zw		6-8	au hm	1		2		B6b	2.2 3.3 6.2 6.5	6	I	2	>	9.1	10.211					4080
k*.vp	–	1	Sk	rss	Me	Kv	zw		5-8	au hm	1		2		E1	3.3 6.2 6.7 9.1	6	I	1	>			9.1				4081
k*.vp	–	1	Sk	rss	Me	Kv	zw		5-7		1		1		C2a	3.2 6.2 6.7 7.3	–	I	2	>			9.1	k m			4082
h.hp	i	1	Rs	sss	Me	Au Ws	zw		6-7	en	–		2		B3	7.1 9.1 9.2	1	I	1	>	14.413	14.312	14.211				4083
t	s		–	crr	Dy	Kv	zw		6-9	an	3		3		A4b	2.1 2.9	–	Jn	4	=			5.3	k m		H	4084
g-h	s		Rh	ccs	Me	Sr	mo		6-7		–		3	h e	B1	1.3 4.1 7.4 9.2	1	I/N	1	<>	14.611						4085
p	s	3	Wh	ccc	Me	Sr	mo	150*	4-5	??	–		2		D1	7.4 9.1 9.2 9.3	1	I	1	=	14.812	14.81101	14.73601				4086
n-z	w		Wh	ccs	En	Kv	ve-di	r6	3-6		–		2		C2	6.2 7.3 7.4 9.4	–	I	2	>?			13.6				4087
c-g	w	1.5	Rn	rss	Au	Au	cl zw	d	4-5	au (ca) (me)	–	2*	3	mg h e	B4b	7.1 8.2 9.1 9.2	1	I	1	=	14.7	14.312	13.41		614		4088
k-t	w		–	rrr	Au My	Au Sw	zw		6-10		3		3	mg e	B3		–	N	4	<=						B	4089
k-t	s w		–	rrr	Au My	Ao	zw	p1	6-10	au	2		3	mg e	A2a?	2.1 2.7	7	I/N	4	<			2.3				4090
k-t	s w		–	rrr	Au My	Ao Sw	zw		6-10		2		3	mg e	A2b	2.2 2.7 2.8	–	N	4	=			2.3		524	E	4091
k-t	s w		–	rrr	Au My	Ao Sw	zw		6-10		3		3	mg	A3a?	2.2 2.7 2.9	–	N	4	<			2.3		520		4092
g-t	s t	1.5	Rk	rrr	Au My	Au Sw	zw		6-10	au (me) (my)*	3	3	3	mg e	A2c	2.1 2.2 2.7 2.8	7	N	3	<			2.3				4093

Nummern			Taxa			Klima						Boden												
SEN	**SIN**	**FAN**	**Gattung**	**Aggregat/Einzelart**	**Kleinart**	**T**	**v**	**K**	**v**	**L**	**v**	**F**	**v**	**W**	**R**	**v**	**N**	**v**	**S**	**M**	**H**	**v**	**D**	**v**
4094	–	–	**Oxalis**	**debilis**		4.5	I	1	I	3	I	2.5	I	1	3	I	4	I			3	I	3	I
4095	–	–	**Oxalis**	**decaphylla**		4.5	I	2	I	4	I	3	I	1	3	I	3	I			3	I	3	I
4096	–	–	**Oxalis**	**latifolia**		4.5	I	1	I	3	I	3	I	1	3	I	3	I			3	I	3	I
4097	288100	39.5.1	**Oxyria**	**digyna**		1	I	2	I	5	I	3.5	I	1	4	II	2	I			1	I	5	I
4098	288200	–	**Oxytropis**	**campestris aggr.**		1.5	II	3	I	4	I	2	I	1	4	I	2	I			3	I	3	I
4099	288300	64.18.8.1	**Oxytropis**		**campestris**	1.5	II	3	I	4	I	2	I	1	4	I	2	I			3	I	3	I
4100	288400	64.18.8.2	**Oxytropis**		**tyroliensis**	1.5	I	3	I	4	I	2	I	1	4	I	2	I			3	I	3	I
4101	288500	64.18.11	**Oxytropis**	**fetida**		1	I	4	I	4	I	3	I	1	4	I	2	I			1	I	5	I
4102	–	–	**Oxytropis**	**halleri aggr.**		1.5	I	4	II	4	II	1	I	1	4	II	2	I			3	I	5	I
4103	288800	64.18.9.1	**Oxytropis**		**halleri**	1.5	I	4	I	5	I	1	I	1	5	I	2	I			3	I	5	I
4104	289000	64.18.9.2	**Oxytropis**		**velutina**	1.5	I	5	I	4	I	1	I	1	4	I	2	I			3	I	5	I
4105	–	–	**Oxytropis**	**jacquinii aggr.**		1.5	II	3	II	5	II	2	II	1	5	II	2	I			3	II	5	II
4106	–	64.18.5	**Oxytropis**		**amethystea**	1.5	I	4	I	4	I	2	I	1	5	I	2	I			3	I	3	I
4107	–	64.18.3	**Oxytropis**		**carinthiaca**	1.5	I	3	I	5	I	2	I	1	5	I	2	I			3	I	5	I
4108	289200	64.18.4	**Oxytropis**		**helvetica**	1.5	I	3	I	5	I	1.5	I	1	5	I	2	I			3	I	5	I
4109	289300	64.18.2	**Oxytropis**		**jacquinii**	1.5	I	3	I	5	I	2	I	1	5	I	2	I			3	I	5	I
4110	289500	64.18.6	**Oxytropis**		**neglecta**	1.5	I	3	I	5	I	1.5	I	1	5	I	2	I			3	I	5	I
4111	–	64.18.7	**Oxytropis**		**triflora**	1	I	4	I	5	I	2	I	1	4	I	2	I			1	I	5	I
4112	289400	64.18.1	**Oxytropis**	**lapponica**		1.5	I	4	I	4	I	2	I	1	4	I	2	I			3	I	3	I
4113	289600	64.18.10	**Oxytropis**	**pilosa**		4	II	5	I	3	I	1	I	1	4	I	2	I			3	I	3	I
4114	–	–	**Pachysandra**	**terminalis**		4.5	I	2	I	3	I	3	I	1	3	I	3	I			3	I	3	I
4115	289900	114.19.1	**Paederota**	**bonarota**		2	I	4	I	4	I	2	I	1	5	I	2	I			1	I	5	I
4116	–	114.19.2	**Paederota**	**lutea**		3	II	3	I	3	I	2.5	I	1	5	I	2	I			1	I	5	I
4117	–	–	**Paeonia**	**mascula**		4	I	3	I	3	I	2	I	1	3	I	3	I			3	I	3	I
4118	–	–	**Paeonia**	**officinalis aggr.**		x	–	3	II	3	I	2	I	1	4	II	3	I			3	I	3	II
4119	–	–	**Paeonia**		**banatica**	4.5	II	4	I	3	I	2	I	1	5	I	3	I			3	I	3	I
4120	–	41.1.1.2	**Paeonia**		**huthii**	3.5	II	3	I	3	I	2	I	1	4	II	3	I			3	I	5	I
4121	–	–	**Paeonia**		**microcarpa**	3.5	II	3	I	3	I	2	I	1	4	I	3	I			3	I	3	I
4122	290000	41.1.1.1	**Paeonia**		**officinalis**	3	I	2	I	3	I	2	I	1	4	I	3	I			3	I	3	I
4123	290100	81.1.1	**Paliurus**	**spina-christi**		5	I	2	I	3	I	1	I	1	4	I	2	I			3	I	3	I
4124	290200	124.21.1	**Pallenis**	**spinosa**		5	I	3	I	4	I	1	I	1	3	I	3	I			3	I	3	I
4125	–	–	**Panicum**	**capillare aggr.**		4.5	II	3	I	4	I	x	–	x	3	II	4	II			3	II	3	II
4126	290300	139.71.2	**Panicum**		**capillare**	4.5	I	3	I	4	I	2	I	1	3	II	4	I			3	I	3	I
4127	–	139.71.3	**Panicum**		**hillmanii**	4.5	I	3	I	4	I	2	I	1	3	II	4	I			3	I	3	I
4128	–	–	**Panicum**		**riparium**	4	I	3	I	4	I	3.5	I	3	3	I	4	I			1	I	5	I
4129	290400	139.71.4	**Panicum**	**dichotomiflorum**		4.5	I	2	I	3	I	2.5	I	1	3	I	4	I			3	I	3	I
4130	–	–	**Panicum**	**laevifolium**		5	I	2	I	3	I	3.5	I	3	3	I	5	I			3	I	1	I
4131	–	–	**Panicum**	**lanuginosum**		5	I	3	I	4	I	4	I	1	3	I	2	I			5	I	1	I
4132	–	139.71.1	**Panicum**	**miliaceum aggr.**		5	I	3	I	4	I	2	II	1	3	I	4	I			3	I	3	II
4133	290600	–	**Panicum**		**miliaceum**	5	I	3	I	4	I	2	II	1	3	I	4	I			3	I	3	I
4134	–	–	**Panicum**		**ruderale**	5	I	3	I	4	I	2	II	1	3	I	4	I			3	I	5	I
4135	–	–	**Papaver**	**alpinum aggr.**		1.5	II	3	I	5	I	3	II	1	4	II	2	I			1	I	5	I
4136	–	22.1.8	**Papaver**		**alpinum**	1.5	I	3	I	5	I	3	I	1	4	II	2	I			1	I	5	I
4137	290900	22.1.9	**Papaver**		**aurantiacum**	1.5	I	3	I	5	I	3	I	1	4	I	2	I			1	I	5	I
4138	–	22.1.10	**Papaver**		**ernesti-mayeri**	1.5	I	3	I	5	I	3	I	1	4	I	2	I			1	I	5	I
4139	–	22.1.11	**Papaver**		**kerneri**	1.5	I	3	I	5	I	3	I	1	4	I	2	I			1	I	5	I
4140	291900	22.1.13	**Papaver**		**sendtneri**	1.5	I	3	I	5	I	3	I	1	5	I	2	I			1	I	5	I
4141	291600	22.1.12	**Papaver**		**tatricum**	1.5	I	3	I	5	I	3	I	1	5	I	2	I			1	I	5	I
4142	–	22.1.14	**Papaver**		**victoris**	2	I	3	I	5	I	2	I	1	5	I	2	I			1	I	5	I
4143	–	–	**Papaver**	**atlanticum**		3.5	II	3	I	5	I	2	I	1	3	II	2	I			1	I	5	I
4144	291000	22.1.7	**Papaver**	**croceum**		2	I	4	I	4	I	2	I	1	3	I	3	I			1	I	5	I
4145	–	–	**Papaver**	**hybridum aggr.**		4.5	II	x	–	4	I	1.5	I	1	4	II	4	I			3	I	3	I
4146	290700	22.1.5	**Papaver**		**apulum**	5	I	2	I	4	I	1.5	I	1	4	I	4	I			3	I	3	I
4147	290800	22.1.6	**Papaver**		**argemone**	4.5	I	4	I	4	I	1.5	I	1	3	I	4	I			3	I	3	I
4148	291300	22.1.4	**Papaver**		**hybridum**	4.5	I	4	I	4	I	1.5	I	1	4	I	4	I			3	I	3	I
4149	–	–	**Papaver**	**rhoeas aggr.**		4	II	x	–	4	I	2	II	1	x	–	3	II			3	I	3	I
4150	–	–	**Papaver**		**confine**	4.5	I	3	I	4	I	1.5	I	1	3	II	3	I			3	I	3	I
4151	291100	22.1.1.1	**Papaver**		**dubium**	4.5	I	4	I	4	I	2	I	1	3	I	3	I			3	I	3	I
4152	291200	22.1.1.2	**Papaver**		**lecoqii**	4	I	4	I	4	I	1.5	I	1	4	I	3	I			3	I	3	I
4153	–	22.1.1.3	**Papaver**		**maculosum**	4.5	I	5	I	4	I	1.5	I	1	3	II	2	I			3	I	3	I
4154	291800	22.1.2	**Papaver**		**rhoeas**	4	I	4	I	4	I	2	II	1	4	I	3	I	s		3	I	3	I
4155	292000	22.1.3	**Papaver**	**somniferum**		4	I	3	I	4	I	2.5	I	1	3	I	4	I			3	I	3	I
4156	292100	143.5.1	**Paradisea**	**liliastrum**		2	I	3	I	4	I	3	I	1	3	I	3	I			3	I	3	I
4157	–	114.25.2	**Parentucellia**	**latifolia**		5	I	3	I	4	I	1.5	I	1	3	I	3	I	s		3	I	5	I
4158	–	114.25.1	**Parentucellia**	**viscosa**		4.5	I	2	I	5	I	4.5	I	2	3	I	3	I			3	I	3	I
4159	–	28.2.3	**Parietaria**	**lusitanica**		5	I	2	I	2	II	2.5	I	1	3	II	3	I			1	II	5	II
4160	–	–	**Parietaria**	**officinalis aggr.**		5	I	2	II	4	II	3	II	2	4	I	4	II			x	–	x	–
4161	292300	28.2.2	**Parietaria**		**judaica**	5	I	2	I	4	I	2.5	I	2	4	I	3	I	s		1	II	5	I
4162	292400	28.2.1	**Parietaria**		**officinalis**	5	I	3	I	3	II	3	I	2	4	I	4	I			3	I	1	I
4163	292600	143.28.1	**Paris**	**quadrifolia**		3	I	3	I	2	I	3.5	I	2	4	I	3	I		m	5	I	1	I
4164	292700	62.4.1	**Parnassia**	**palustris**		2	II	3	I	4	I	4	I	3	4	I	2	I		m	3	II	1	I
4165	–	38.14.1	**Paronychia**	**argentea**		5	I	3	I	5	I	1	I	1	3	I	2	I	s		1	I	5	I
4166	–	–	**Paronychia**	**kapela aggr.**		2.5	II	3	II	5	II	1.5	II	1	4	II	2	I			1	I	5	I
4167	–	38.14.3.3	**Paronychia**		**galloprovincialis**	3	I	3	I	5	I	1	I	1	5	I	2	I			1	I	5	I
4168	–	38.14.3.1	**Paronychia**		**kapela**	2	I	3	I	5	I	1.5	I	1	4	I	2	I			1	I	5	I
4169	293000	38.14.3.2	**Paronychia**		**serpyllifolia**	2.5	I	4	I	4	I	2	I	1	4	I	2	I			1	I	5	I
4170	292900	38.14.2	**Paronychia**	**polygonifolia**		2	I	4	I	5	I	3	I	1	2	I	2	I			1	I	5	I
4171	–	–	**Parthenocissus**	**quinquefolia aggr.**		4.5	II	2	I	3	I	3	II	1	3	I	3	I			3	I	3	I
4172	293100	82.2.2	**Parthenocissus**		**inserta**	4.5	I	2	I	3	I	3	I	1	3	I	3	I			3	I	3	I
4173	293200	82.2.1	**Parthenocissus**		**quinquefolia**	5	I	2	I	3	I	2.5	I	1	3	I	3	I			3	I	3	I
4174	293250	82.2.3	**Parthenocissus**	**tricuspidata**		4.5	I	2	I	3	I	3	I	1	3	I	3	I			3	I	3	I
4175	–	139.39.1	**Parvotrisetum**	**myrianthum**		4.5	I	4	I	4	I	2	I	1	2	I	3	I			3	I	3	I
4176	293260	139.75.1	**Paspalum**	**dilatatum**		4.5	I	2	I	4	I	4.5	I	3	3	II	4	I			3	I	1	I
4177	–	139.75.2	**Paspalum**	**distichum**		4.5	I	2	I	4	I	4.5	I	3	3	II	4	I			3	I	1	I
4178	–	–	**Pastinaca**	**sativa aggr.**		4.5	II	x	–	4	II	2.5	II	2	4	I	3	II			3	I	1	I
4179	293300	–	**Pastinaca**		**pratensis**	4	I	4	I	4	I	2.5	I	2	4	I	3	I			3	I	1	I
4180	–	97.55.1.1	**Pastinaca**		**sativa**	4	I	4	I	4	I	2.5	I	2	4	I	4	I		m	3	I	1	I
4181	293400	97.55.1.2	**Pastinaca**		**sylvestris**	4.5	I	2	I	4	I	2.5	I	2	4	I	3	I			3	I	1	I
4182	293500	97.55.1.3	**Pastinaca**		**urens**	4.5	I	2	I	3	II	3	I	3	4	I	4	I			3	I	1	I

Strategien					Biologisches Verhalten										Vorkommen						Pflanzengesellschaften			Literatur			
LF	BD	WT	RO	KS	DA	VA	FS	MA	BZ	BS	MV	SU	DG	GI	GV	LR	EG	AE	EM	VE	1	2	3	BL	SL	TB	SEN
g	s		Zw	crr	At Au	Bz	zw		5-9		2		3	mg e	A1	2.2 2.7 2.9	–	N	4	<			5.1	g			4094
g	t		Zw	crr	At Au	Bz	zw		6-8		2		3	mg	D2	2.1 2.7	–	N	4	>			2.3	i	524		4095
g	t		Zw	crr	At Au	Bz	zw		4-9	??	2		3	mg e	A2a	2.2 2.7 2.9	–	N	4	<			2.3	g i			4096
h	s	1	Wv	css	Me	Sr	zw	p4	7-8	an	–		2	e	B5	3.3 6.5	2	I	1	=	3.341						4097
h	w		Rh Wv	ccs	Bo	Sr	zw	p38	7-8	me ps	2		2		D5		–	I	1	=						B	4098
h	w	3	Rh Wv	ccs	Bo	Sr	zw		7-8		2		2		E1	2.5 3.2 6.2 6.5	2	I	1	=	10.31	10.211					4099
h	w		Rh Wv	ccs	Bo	Sr	zw		7-8		2		2		F7	2.5 3.2 6.2 6.5	2	I	1	=			10.3		741	E	4100
h	s		Rh Wv	ccs	Bo	Sr	zw		7-8	le? me?	–		2		F5	3.2 3.3 6.5	2	I	1	=	3.331						4101
h	w		Rh Wv	ccs	Bo	Sr	zw		4-7		2		2		E1		–	I	2	=						B	4102
h	w	2	Rh Wv	ccs	Bo	Sr	zw		4-7		2		2		E1	3.2 3.3 6.2 6.5	2	I	2	=	10.211						4103
h	w		Rh Wv	ccs	Bo	Sr	zw		4-7		2		2		F5	6.2 6.5 7.4 9.1	2	I	2	=	9.11	9.115					4104
h	s		Rh Wv	css	Bo	Sr	zw		7-8		2		2		E1		–	I	1	=							4105
h	s		Rh Wv	css	Bo	Sr	zw		7-8		2		2		E2b	6.2 6.5	–	I	1	=			10.211	m			4106
h	s		Rh Wv	css	Bo	Sr	zw		7-8		2		2		F7	3.2 3.3 6.5	–	I	1	=			10.211	c k m		E	4107
h	s		Rh Wv	css	Bo	Sr	zw	p22	7-8	me	1		2		F2	3.3 6.2 6.5	2	I	1	=	10.211	10.311					4108
h	s		Rh Wv	ccs	Bo	Sr	zw	p14	7-8	me	2		2		F1	3.3 6.5	2	I	1	=	10.211	10.311					4109
h	s		Rh Wv	ccs	Bo	Sr	zw		7-8		1		2		E2	2.5 6.5 7.1	2	I	1	=	10.211	3.211					4110
h	s		Rh Wv	css	Bo	Sr	zw		6-8		–		3		F7	3.3 6.2 6.5	–	I	1	=			10.3				4111
h	s?		Rh	ccs	Bo En	Sr	zw		7-8	ps (Zygaena?)	2		2		E5a	2.5 6.5	2	I	1	=	10.311						4112
h	s	3	Rh	ccs	Bo	Sr	zw	p4	5-7	me ps	–		2		B6a	2.5 6.2 7.4 9.1	6	I	2	=	9.113	9.115					4113
c	w		Wh	ccs	My?	Au	mo	r4	4-5		–		3		A4b	2.6 2.7 2.9	–	N	4	<			?	d g			4114
h	s		Rh	css	Bo	Sr	zw		7-8	au	–		1		F4a	3.2	–	I	1	=			3.211				4115
h	s		Rh	css	Bo	Sr	zw		5-7		–		1		F4	3.2 3.3	–	I	1	=			3.211				4116
h	s		Rh Wv	ccc	My	Kv	zw		5-6		–		2	mg h	E2	2.6 6.7 7.4 9.3	–	I	1	=			11.111	c k m			4117
h	s		Rh Wv	ccc	My	Kv	zw	d	5-6		–		2	mg h	E2		–	I	1	=					624	H	4118
h	s		Rh Wv	ccc	My	Kv	zw		5-6		–		2	mg h	E2c*	7.4 9.3	–	I	1	=			14.8	m	653		4119
h	s		Rh Wv	ccc	My	Kv	zw		5-6		–		2	mg h	E2b	2.6 6.7 7.4 9.3	–	I	1	=			11.111	k m			4120
h	s		Rh Wv	ccc	My	Kv	zw		5-6		–		2	mg h	E2b	2.9 6.7 7.4 9.3	–	I	1	=			11.111?	m			4121
g	s		Rh Wv	ccc	My	Kv	zw		5-6	en	–		2	mg h	E2a	2.9 6.7 7.4 9.3	1	I	1	=	14.81101	14.731	10.212				4122
n	s		Wh	ccc	Me	Kv	zw		5-7	my hm me	–		3		C2b	3.2 3.3 7.3 7.6	–	I/N	2	>			13.3121				4123
k	t		–	crr	Me Ep	Kv	ve	p3	5-8		–		1		C2	2.1 2.2 6.2 7.3	–	I	3	>?			9.22	a f k			4124
t	s		–	crr	Me	Kv	zw		7-8	an	–		3	e	A2		–	N/Jn	4	<					861	B	4125
t	s	2	–	crr	Me Ep	Kv	zw		7-10	an	–		4	e	A2	2.1 2.2 2.5 2.9	7	N	4	<			2.3				4126
t	s		–	crr	Me Ep	Kv	zw		7-10	an	–		3	e	A2c	2.1 2.2	–	N	4	<			2.322	c			4127
t	s		–	crr	Me Ep	Kv	zw		7-10	an	–		3	e	D3*	2.2 2.5	–	Jn	3	<			2.1?		736		4128
t	s		–	crr	Me At	Kv	zw		8-10	an	–		3	e	A2c	2.1 2.2 2.5	7	N	4	<			2.322		861		4129
t	s		–	crr	Me At	Kv	zw		8-10	an	–		2	e	A2a	2.1 2.2	–	N	5	<			2.322		861		4130
h	s		–	crr	Me Ep	Kv	zw		5-9	an	–		1	e	A2c	6.3	–	N	5	=?			11.231	f			4131
t	s		–	crr	At Dy	Kv	zw		6-9	an au	–		1		B4a		–	A/N	5	=?					737		4132
t	s	3	–	crr	At Dy	Kv	zw		6-9		–		1	e	B4a	2.1 2.2 2.5 2.7	7	A	5	=			2.3			H	4133
t	s		–	crr	At Dy	Kv	zw		7-9		–		1	e	A4b	2.1 2.2	–	N	5	<?			2.322	c			4134
h	s		Rh	sss	Bo	Po Sr	zw		7-8	my	–		2		E1		–	I	2	=					50, 392		4135
h	s		Rh	sss	Bo	Po Sr	zw	20	7-8		–		2		F8	3.3	–	I	2	=			3.311	c m			4136
h	s		Rh	sss	Bo	Po Sr	zw	p17	7-8		–		2		F3	2.5 3.2 3.3	2	I	2	=	3.311						4137
h	s		Rh	sss	Bo	Po Sr	zw		7-8		–		2		E2d	2.5 3.3	–	I	2	=			3.311	k m			4138
h	s	4	Rh	sss	Bo	Po Sr	zw		7-8		–		2		E4	3.3	–	I	2	=			3.311	c k m			4139
h	s		Rh	sss	Bo	Po Sr	zw		7-8		–		2		F7	3.3	2	I	2	=	3.311						4140
h	s		Rh	sss	Bo	Po Sr	zw		7-8		–		2		E4a	3.3	2	I	2	=	3.311						4141
h	s		Rh	sss	Bo	Po Sr	zw		7-8		–		2		F4b*	3.3	–	I	2	=			3.312		763	E	4142
h	s		Rh	sss	Bo	Sr	zw		7-8		–		2		A3d	2.2 2.9	–	N	5	<			2.34	m	393		4143
h	s		Rh	css	Bo	Sr	zw		7-8	au me my	–		2		A4c	2.2 2.9 3.2 3.3	2	N	1	=			3.3			H	4144
t	w		–	rrr	Bo	Kv	zw		4-6		–		2	mg e	C2		–	I/A	5	>							4145
t	w		–	rrr	Bo	Kv	zw		5-6	au	–		2	mg e	D1b	2.1 2.2	–	A	4	>			2.312				4146
t	w	1	–	rrr	Bo	Kv	zw	p1	4-6	ca me my	–	3	2	mg e	C2	2.1 2.2	7	A	5	>			2.3211				4147
t	w		–	rrr	Bo	Kv	zw		5-6	au me	–	4	2	mg e	B6a	2.1 2.2 6.2	7	I/A	5	>			2.3				4148
t	s w		–	rrr	Bo	Kv	zw	p1	5-9		–		2	mg e	C1		–	A/Ja/Jn	4-5	>					355	B	4149
t	s w		–	rrr	Bo	Kv	zw		5-7		–		2	mg e	D2	2.2 6.2	–	Jn	4	>			2.343?	c l			4150
t	s w	2	–	rrr	Bo En	Kv	zw	p1	5-7	my	–	4	2	mg e	C2	2.1 2.2 3.1 6.2	7	Ja	4	>			2.32		418		4151
k-t	s w		–	rrr	Bo	Kv	zw		5-7	??	–	3	2	mg e	C1	2.1 2.2 3.1 6.2	7	Ja	5	>			4.121		418		4152
t	w s		–	rrr	Bo	Kv	zw		5-7	me	–		2	mg e	D1b	2.2 6.2 6.7	–	Jn	5	>			4.1	c			4153
t	s w	3	–	rrr	Bo	Kv	zw	p1	5-9	ca my me	–	4	3	mg h e	C1	2.1 2.2 2.5 2.7	7	A	4	>	2.3	2.111					4154
t	s		–	crr	At	Kv	zw	p1	5-7	my me (au)	–		2	gg e	C2a	2.2 2.9	7	Ja	4	=			2.34		390	H	4155
h	s		Wd	ccs	Bo	Sr	zw		6-7	ph	2		3		E3	6.2 6.3 6.5 7.1	2	I	2	=	10.21	10.421	10.412				4156
t.hp	s		–	rrs	Me	Kv	zw	p1	3-6		–		2		C2	2.5 3.1 3.2 6.2	–	I	2	=			4.21	k m			4157
t.hp	s		–	rrs	Me	Kv	zw	p1	5-9	en	–		2		C2c	1.4 2.1 2.2 2.5	–	I	3	<			2.3	k m			4158
t	w		–	crs	Me My	Kt	ve		1-6		–		2		C2	3.2	–	I/N	3	>			3.23	k m			4159
h	w		Rs	crs	Me My	Au Sr	ve	r15	6-8		–		3	h e	C2		–	I/N	4	<>						B	4160
h	w		Rs	crs	Me My	Sr	ve		6-8	an	–		3	h e	C2c	2.2 3.2	3	I/N	4	<	3.241						4161
h	w		Rs	crs	Me My	Au	ve		6-8	an	–		3	h e	D1	2.2 2.3 3.2 9.2	7	I	4	>	5.13						4162
g	s	2	Rh	crs	En	Au	zw		4-5	my	–		2	gg h	B6b	8.1 8.2 9.1 9.2	1	I	1	=	14.73	14.722	14.73601				4163
h	s	1	Rs	css	Me	Sr	zw	d	7-9	ca my hm ps*	2		2	h	B3	2.6 4.1 5.1 6.5	5	I	2	>*	7.2	10.212					4164
ch	w		Rs	css	Me	Kt	zw	p2	4-6		–		2		C2	2.1 6.1 7.3	–	I/N	1	=			4.211?	k m			4165
c-h	w		Rs	css	Me	Kt	zw	p6	5-7		–		2		E2		–	I	1	=							4166
c-h	w		Rs	css	Me	Kt	zw		5-7		–		2		F2a*	3.2 3.3 6.2	–	I	1	=			9.14	m			4167
c-h	w		Rs	css	Me	Kt	zw		5-7		–		2		E2	2.5 3.2 3.3 6.2	–	I	1	=			9.14	k m			4168
c-h	w		Rs	css	Me	Kt	zw	p3	5-7		–		2		E2b	2.5 3.2 3.3 6.2	–	I	1	=			9.14	k m			4169
c-h	w		Rs	css	Me	Kt	zw		7-9		–		2		E2b	3.2 6.2	–	I	2	=			3.34	k m			4170
p.li	s		Wh	ccc	En	Kv	ve		5-8		–		3	mg e	A2		–	N/Nw	3	<							4171
p.li	s		Wh	ccc	En	Kv	ve		5-7	me my	–		3	mg e	A2c	2.9 3.2 3.3 7.4	1	Nw	3	<			13.3				4172
p.li	s		Wh	ccc	En	Kv	ve		6-8		–		3	mg e	A2b	2.9 3.2 3.3 7.4	3	N	3	<			13.3	g h k			4173
p.li	s		Wh	ccc	En	Kv	ve		6-8	??	–		3	mg	A4b	2.9 3.2 3.3	–	N	4	<			?	g h k			4174
t	s		–	rrr	Me	Kv	zw		5-6		–		3		C2b	2.1	–	N	4	=			2.32?	k m			4175
h	t		Rs	crs	Me	Au	zw		7-9	an?	–		3		A1	1.4 2.2 2.5	–	N	4	<			11.213	h k m			4176
g	t		Rh	crs	Me	Au	zw		7-9	an?	–		3		A1	1.4 2.5	–	N	4	<			11.213	c k m			4177
k-t	t		Wv	crs	Me	Kv	ve		7-9	my hm	3		3	mg e	B6a		–	I/N/Ja	3-4	<=					513	B	4178
k-t	s	4	Wv	crr	Me	Kv	ve	p2	7-9		3	4	3	mg e	B6a	2.2 2.5 6.3 7.5	8	I/A	4	=			5.1			E	4179
k-t	s		Wv	crr	Me At	Kv	ve		5-7		2		2		B6a	2.1 2.7 2.9 6.3	–	Ja	5	=			2.3			H	4180
k-t	s		Wv	crs	Me	Kv	ve		7-9		2		2	mg h e	D2	2.1 2.2 2.4 9.2	6	I/N	3	=			5.1			E	4181
k-t	s		Wv	crr	Me	Kv	ve		7-9		2		3	mg e	D1	2.2 2.5 6.3 7.5	7	I/N	3	<			14.71		259		4182

Nummern			Taxa			Klima						Boden												
SEN	**SIN**	**FAN**	**Gattung**	**Aggregat/Einzelart**	**Kleinart**	**T**	**v**	**K**	**v**	**L**	**v**	**F**	**v**	**W**	**R**	**v**	**N**	**v**	**S**	**M**	**H**	**v**	**D**	**v**
4183	293550	114.30.1	**Paulownia**	**tomentosa**		5	I	2	I	3	I	3	I	1	3	I	3	I			3	I	3	I
4184	293600	114.27.1	**Pedicularis**	**acaulis**		2.5	I	3	I	3	I	3.5	I	1	4	I	2	I			3	I	3	I
4185	293800	114.27.23	**Pedicularis**	**aspleniifolia**		1	I	2	I	5	I	3	I	1	4	I	2	I			1	I	5	I
4186	293900	114.27.20	**Pedicularis**	**cenisia**		1.5	I	4	I	4	I	2	I	1	3	I	2	I		m	3	I	3	I
4187	294000	114.27.12	**Pedicularis**	**comosa**		2	I	4	I	3	I	1.5	I	1	3	I	3	I			3	I	3	I
4188	–	–	**Pedicularis**	**foliosa aggr.**		2.5	II	3	II	3	II	3.5	II	1	4	I	3	II			3	I	1	II
4189	294200	114.27.3	**Pedicularis**		**foliosa**	2	I	2	I	3	I	4	I	2	4	I	4	I			3	I	1	I
4190	–	114.27.5	**Pedicularis**		**hacquetii**	2.5	I	3	I	3	II	3	I	1	4	I	3	I			3	I	3	II
4191	–	114.27.4	**Pedicularis**		**hoermanniana**	2.5	I	3	I	4	I	3	I	1	4	I	3	I			3	I	1	I
4192	294300	114.27.21	**Pedicularis**	**gyroflexa**		2	I	4	I	5	I	2	I	1	5	I	2	I			3	I	5	I
4193	294400	114.27.19	**Pedicularis**	**kerneri**		1	I	4	I	5	I	2	I	1	2	I	2	I		m	3	I	5	I
4194	294500	114.27.8	**Pedicularis**	**oederi**		1.5	I	4	I	4	I	3	II	2	5	I	2	I			3	I	3	I
4195	294600	114.27.10	**Pedicularis**	**palustris**		3	II	3	I	4	I	4.5	I	3	3	I	2	I			5	II	1	I
4196	–	114.27.22	**Pedicularis**	**portenschlagii**		1	I	3	I	5	I	2.5	I	1	3	I	2	I			3	I	3	II
4197	294700	114.27.6	**Pedicularis**	**recutita**		2	I	2	I	3	I	4	I	3	4	I	4	I			5	I	1	I
4198	–	–	**Pedicularis**	**rosea aggr.**		1.5	II	4	II	5	I	2	I	1	4	II	2	I			1	I	5	I
4199	294900	114.27.7.2	**Pedicularis**		**allionii**	2	I	3	I	5	I	2	I	1	4	I	2	I			1	I	5	I
4200	294800	114.27.7.1	**Pedicularis**		**rosea**	1.5	I	4	I	5	I	2	I	1	5	I	2	I			1	I	5	I
4201	295000	114.27.18	**Pedicularis**	**rostratocapitata**		1.5	I	4	I	4	I	2	I	1	5	I	2	I			3	I	3	I
4202	–	–	**Pedicularis**	**rostratospicata aggr.**		1.5	I	4	I	4	I	2.5	I	1	4	II	2	I			3	II	3	I
4203	295200	114.27.17.2	**Pedicularis**		**helvetica**	1.5	I	4	I	4	I	2.5	I	1	4	I	2	I			3	I	3	I
4204	–	114.27.17.1	**Pedicularis**		**rostratospicata**	1.5	I	4	I	4	I	2.5	I	1	5	I	2	I			5	I	3	I
4205	–	114.27.2	**Pedicularis**	**sceptrum-carolinum**		3.5	I	4	I	3	I	4	I	3	4	I	2	I			5	I	1	I
4206	295300	114.27.11	**Pedicularis**	**sylvatica**		3	I	2	I	4	I	4.5	I	3	1	I	1	I			5	I	1	I
4207	–	–	**Pedicularis**	**tuberosa aggr.**		1.5	II	3	I	4	I	2.5	II	1	x	–	2	I			3	I	3	I
4208	293700	114.27.16	**Pedicularis**		**ascendens**	1.5	I	3	I	4	I	2.5	I	1	5	I	2	I			3	I	3	I
4209	294100	114.27.14	**Pedicularis**		**elongata**	1.5	I	3	I	4	I	2.5	I	1	5	I	2	I			3	I	3	I
4210	–	114.27.15	**Pedicularis**		**julica**	2.5	I	3	I	4	I	2	I	1	4	I	2	I			3	I	3	I
4211	295400	114.27.13	**Pedicularis**		**tuberosa**	1.5	I	3	I	4	I	2.5	I	1	2	I	2	I			3	I	3	I
4212	295500	114.27.9	**Pedicularis**	**verticillata**		1.5	I	3	I	4	I	3.5	I	2	4	I	2	I			3	I	1	II
4213	–	54.29.1	**Peltaria**	**alliacea**		4	I	3	I	3	II	3	II	3	4	I	4	I			3	I	3	II
4214	–	–	**Pennisetum**	**alopecuroides**		5	I	2	I	4	I	2	I	1	3	I	4	I			3	I	3	I
4215	–	139.77.1	**Pennisetum**	**villosum**		5	I	3	I	5	I	1.5	I	1	x	–	2	I			1	I	5	I
4216	295700	124.42.1	**Petasites**	**albus**		3	I	3	I	2	I	4	I	3	3	I	4	I		m	3	I	1	I
4217	295900	124.42.2	**Petasites**	**hybridus**		3	II	2	I	3	I	4	I	3	4	I	4	I		m	3	I	1	I
4218	296000	124.42.3	**Petasites**	**paradoxus**		2	I	3	I	5	I	4	I	2	5	I	3	I			1	I	3	I
4219	296050	124.42.4	**Petasites**	**pyrenaicus**		5	I	2	I	2	I	3.5	I	3	3	I	3	I			3	I	1	I
4220	296100	54.39.1	**Petrocallis**	**pyrenaica**		1.5	I	4	I	5	I	2	I	1	5	I	1	I			1	I	5	I
4221	296200	38.28.2	**Petrorhagia**	**prolifera**		4.5	I	2	I	4	I	1.5	I	1	4	I	2	I		m	3	I	3	I
4222	296300	38.28.1	**Petrorhagia**	**saxifraga**		4.5	I	4	I	4	I	1.5	I	1	4	I	2	I		m	1	I	5	I
4223	296400	97.38.1	**Petroselinum**	**crispum**		4	II	3	I	4	I	2.5	I	1	3	I	4	I	ss		3	I	3	I
4224	–	–	**Petunia**	**atkinsiana**		5	I	2	I	4	I	3	I	1	3	I	3	I			3	I	3	I
4225	–	–	**Peucedanum**	**alsaticum aggr.**		4.5	II	5	I	3	II	2	II	2	3	II	2	II			1	I	3	II
4226	296600	97.54.4	**Peucedanum**		**alsaticum**	4.5	I	5	I	3	I	2	I	2	4	I	3	I			1	I	3	I
4227	297600	97.54.5	**Peucedanum**		**venetum**	5	I	5	I	3	I	1.5	I	2	3	I	2	I			1	I	5	I
4228	–	–	**Peucedanum**	**austriacum aggr.**		4	II	4	I	3	I	2	I	1	5	I	2	I			3	I	5	I
4229	296750	97.54.6.1	**Peucedanum**		**austriacum**	3.5	II	4	I	3	I	2	I	1	5	I	2	I			3	I	5	I
4230	296760	97.54.6.2	**Peucedanum**		**rablense**	4	I	4	I	3	I	2	I	1	5	I	2	I			3	I	5	I
4231	–	–	**Peucedanum**	**carvifolia aggr.**		4.5	I	x	–	3	II	2.5	II	2	5	II	2	I			3	I	3	I
4232	296800	97.54.2	**Peucedanum**		**carvifolia**	4.5	I	2	I	3	I	3	I	2	4	I	2	I			3	I	3	I
4233	297500	97.54.3	**Peucedanum**		**schottii**	4.5	I	4	I	3	I	2.5	I	2	5	I	2	I			3	I	3	I
4234	296900	97.54.9	**Peucedanum**	**cervaria**		4	I	4	I	3	I	2	I	3	4	I	2	I			3	II	1	I
4235	–	–	**Peucedanum**	**gallicum aggr.**		4	I	x	–	3	I	2.5	I	2	3	II	2	I			3	I	3	I
4236	–	–	**Peucedanum**		**coriaceum**	4	I	4	I	4	I	2.5	I	2	4	I	2	I			3	I	3	I
4237	–	–	**Peucedanum**		**gallicum**	4	I	2	I	3	II	2	I	2	3	I	2	I			3	I	3	I
4238	297000	97.54.1	**Peucedanum**	**officinale**		5	I	3	I	3	I	2.5	I	3	4	I	2	I	s	m	3	I	1	I
4239	297100	97.54.7	**Peucedanum**	**oreoselinum**		4.5	I	4	I	3	I	1.5	I	2	3	II	2	I		m	3	I	3	I
4240	297200	97.54.10	**Peucedanum**	**ostruthium**		2	I	3	I	3	I	3	I	1	3	II	4	I			3	I	3	I
4241	297300	97.54.8	**Peucedanum**	**palustre**		4	I	3	I	3	I	4.5	I	2	3	I	2	I	s		5	I	1	I
4242	297700	97.54.11	**Peucedanum**	**verticillare**		4	I	4	I	3	I	2	I	2	4	I	3	I			3	I	3	I
4243	297800	105.1.1	**Phacelia**	**tanacetifolia**		5	I	2	I	4	I	2	I	1	3	I	4	I			3	I	3	I
4244	–	–	**Phagnalon**	**saxatile aggr.**		5	I	3	I	4	II	1	I	1	4	II	2	I			1	I	5	II
4245	–	124.15.2	**Phagnalon**		**rupestre**	5	I	3	I	4	II	1	I	1	4	II	2	I			1	I	5	II
4246	–	124.15.3	**Phagnalon**		**saxatile**	5	I	3	I	4	II	1	I	1	3	II	2	I		m	1	I	5	I
4247	–	124.15.1	**Phagnalon**	**sordidum**		5	I	2	I	4	I	1	I	1	5	I	2	I	s		1	I	5	I
4248	297900	139.53.1	**Phalaris**	**arundinacea**		4	II	3	I	4	I	4^	I	3	4	I	4	I	s		3	I	1	I
4249	298100	139.53.2	**Phalaris**	**canariensis**		5	II	2	I	4	I	2	I	2	3	I	3	I			1	I	3	I
4250	298200	64.22.2	**Phaseolus**	**coccineus**		4.5	I	1	I	3	I	3	I	1	4	I	3	I			3	I	3	I
4251	298300	64.22.1	**Phaseolus**	**vulgaris**		4.5	I	1	I	3	I	3	I	1	4	I	3	I			3	I	3	I
4252	298400	7.11.1	**Phegopteris**	**connectilis**		3	I	3	I	2	I	3	I	2	2	I	2	I		m	5	I	1	I
4253	298500	62.5.1	**Philadelphus**	**coronarius**		4.5	I	3	I	3	I	3.5	I	2	4	I	3	I			3	I	3	I
4254	–	–	**Phillyrea**	**latifolia aggr.**		5	I	2	I	4	II	1.5	II	1	3	II	2	I			3	I	3	I
4255	–	113.6.1	**Phillyrea**		**angustifolia**	5	I	2	I	4	II	1	I	1	3	II	2	I			3	I	3	I
4256	298600	113.6.2	**Phillyrea**		**latifolia**	5	I	2	I	3	I	1.5	I	1	3	II	2	I	ss	m	3	I	3	I
4257	–	–	**Phleum**	**alpinum aggr.**		2	II	2	II	4	I	3	II	1	3	II	x	–			3	II	3	II
4258	298800	139.51.3	**Phleum**		**commutatum**	1.5	I	2	I	4	I	4	I	2	2	II	2	I			5	II	1	I
4259	300200	139.51.4	**Phleum**		**rhaeticum**	2	I	3	I	4	I	3.5	I	1	3	II	4	I			3	I	3	I
4260	299200	–	**Phleum**	**arenarium**		4.5	I	2	I	4	I	2	I	3	3	I	3	I	s		1	I	5	I
4261	299600	139.51.6	**Phleum**	**hirsutum**		2	I	3	I	4	I	3.5	I	2	4	I	3	I		m	3	I	3	I
4262	299800	139.51.7	**Phleum**	**paniculatum**		5	I	5	I	4	I	1.5	I	1	3	I	3	I			3	I	3	I
4263	299900	139.51.5	**Phleum**	**phleoides**		4.5	II	4	I	4	I	1	I	1	4	I	2	I		m	3	I	5	I
4264	–	–	**Phleum**	**pratense aggr.**		3.5	II	3	II	4	I	3	II	2	3	II	3	II			3	I	3	II
4265	299300	139.51.2	**Phleum**		**bertolonii**	2.5	II	4	I	4	I	2	II	2	4	I	2	I		m	3	I	5	I
4266	300000	139.51.1	**Phleum**		**pratense**	3.5	II	3	I	4	I	3	II	2	3	I	4	I		m	3	I	3	I
4267	–	–	**Phleum**	**subulatum**		5	I	3	I	4	I	1.5	I	1	3	I	3	I			3	I	3	I
4268	–	108.7.1	**Phlomis**	**herba-venti**		4.5	I	3	I	5	II	1.5	I	2	4	II	2	I			3	I	3	II
4269	–	108.7.2	**Phlomis**	**lychnitis**		5	I	3	I	4	I	1	I	1	5	I	2	I			3	I	5	I
4270	–	–	**Phlomis**	**russeliana**		4.5	I	4	I	4	I	2	I	1	4	I	3	I			3	I	3	I
4271	–	–	**Phlox**	**paniculata**		4.5	I	2	I	3	I	3	I	1	3	I	3	I			3	I	3	I

Strategien					Biologisches Verhalten										Vorkommen						Pflanzengesellschaften			Literatur			
LF	BD	WT	RO	KS	DA	VA	FS	MA	BZ	BS	MV	SU	DG	GI	GV	LR	EG	AE	EM	VE	1	2	3	BL	SL	TB	SEN
p	s		Wh	ccr	Me	Kv	zw		5-6	??	–		1		A4b	2.2 2.9 3.2 3.5	1	Nw	3	<			13.321?				4183
h.hp	s		Wk	css	Bo	Kv	zw		4-6		–		1	tg	F4	2.6 6.2 6.3 7.4	–	I	2	=?			9.1221	k m			4184
h.hp	s		Rh Wd	css	Bo	Sr	zw	p10	7-8	au me ph	2		1	tg	F7	3.3 6.5	2	I	1	=			3.331				4185
h.hp	s		Rh	css	Bo	Sr	zw		7-8		2		1	tg	E2b	6.2 6.5	–	I	1	=			10.2				4186
h.hp	s		Wk	css	Bo	Kv	zw		6-7	au	2		1	tg	E2	6.2 6.5	–	I	2	=			10.211				4187
h.hp	s		Rh Wv	css	Bo	Sr	zw		6-8	au? me	2		2	tg	E1		–	I	2	=							4188
h.hp	s		Rh Wv	css	Bo	Sr	zw	p10	6-7		2		2	tg	E1	4.2 6.5 7.2 8.1	2	I	2	=	10.212	11.514					4189
h.hp	s		Rh Wv	css	Bo	Sr	zw		7-8		2		2	tg	E4a	6.3 6.5 7.2 7.4	–	I	2	=			11.513	c k m			4190
h.hp	s		Rh Wv	css	Bo	Sr	zw		6-8		2		2	tg	E2c	6.3 6.5 7.2 7.4	–	I	2	=			11.513?	k m			4191
h.hp	s		Rh Wd	css	Bo	Sr	zw	p6	6-8		–		1	tg	E2b	3.2 6.2 6.5	2	I	1	=	10.211						4192
h.hp	s		Rh Wd	css	Bo	Sr	zw	r6	7-8	me au	2		1	tg	E3a	3.3 6.5	2	I	1	=	10.411	10.421					4193
h.hp	s		Rh Wk	css	Bo	Sr	zw		6-8	au me	1		1	tg	B5	3.3 6.5 7.1	2	I	1	=	10.211						4194
k.hp	s	1	Wv	css	Bo Hy	Sr	zw		5-7	me	2		3	tg h	E1	5.1 5.2 6.3	5	I	2	>	7.2						4195
h.hp	s		Rh Wd	css	Bo	Sr	zw		6-8		–		1	tg	F8	3.2 6.5	–	I	1	=			10.4	c m			4196
h.hp	s		Rh	css	Bo	Sr	zw	r8	6-7	me	2		2	tg	F7	4.2 6.5 7.2 8.1	2	I	1	=	10.212	13.411					4197
h.hp	s		Rh Wd	css	Bo	Sr	zw		7-8		–		1	tg	E2		–	I	1	=							4198
h.hp	s		Rh Wd	css	Bo	Sr	zw		6-8		–		1	tg	E2b	3.2 3.3 6.5	–	I	1	=			10.2				4199
h.hp	s		Rh Wd	css	Bo	Sr	zw		7-8		–		1	tg	E2c	3.2 3.3 6.5	–	I	1	=			10.2114				4200
h.hp	s		Rh	css	Bo	Sr	zw		6-8	me	2		1	tg	F7	3.2 3.3 6.5	2	I	1	=	10.211						4201
h.hp	s		Rh	css	Bo	Sr	zw		7-8	au me	2		1	tg	E1		–	I	2	=	10.21						4202
h.hp	s		Rh	css	Bo	Sr	zw		7-8		2		1	tg	E3a	3.3 6.5	2	I	2	=			10.212				4203
h.hp	s		Rh	css	Bo	Sr	zw		7-8		2		1	tg	E4a	3.3 6.5	–	I	2	=			10.212	c k m			4204
h.hp	s	1	Rh	css	Bo	Sr	zw		6-8	me	1		2	tg	B3	5.1 6.3	–	I	2	>			7.2	c f l			4205
k.hp	s	1	Wv	css	Bo My	Sr	zw		5-6	me	2		1	tg h	D2	5.1 5.2 6.3 9.1	5	I	2	>	7.221	10.1					4206
h.hp	s	1	Rh Wk	css	Bo	Sr	zw	p7	6-8	me ps sp	2		2	tg	E3		–	I	2	=							4207
h.hp	s	1	Rh Wk	css	Bo	Sr	zw	r7	7-8		2		2	tg	E2d	6.5	2	I	2	=	10.21						4208
h.hp	s	1	Rh Wk	css	Bo	Sr	zw		7-8		2		2	tg	F4	6.5 7.4 8.2	–	I	2	=			10.2	c k m			4209
h.hp	s	1	Rh Wk	css	Bo	Sr	zw		6-8		2		2	tg	F4b	6.5	–	I	2	=			10.211	c k m			4210
h.hp	s	1	Rh Wk	css	Bo	Sr	zw	r7	6-8		2		2	tg	E3	3.2 3.3 5.1 6.5	2	I	2	=	10.412	7.221					4211
h.hp	s	1	Wv	css	Bo	Sr	zw	r4	6-8	me le	2		2	tg	B5	3.2 3.3 5.1 6.5	2	I	2	=	10.211	7.23					4212
h	s?	1	Rh	crs	Bo	Au	zw		5-7		–		2		E4	2.6 3.3 7.4	–	I	2	=			5.13	c m			4213
h	t		Rs	ccr	Me At	Ho	zw		7-10		2		3		A4b	2.2 2.7 2.9	–	N	4	<			?	c g			4214
h-t	t		Rs	ccr	Me At	Ho	zw		8-11		2		2		A3c	2.2 2.5 2.9	–	N	4	<			2.3	k m			4215
g	s	2	Rh	ccs	Me	Au	ve-di	r2	3-5	my le ca	–		3	mg e	B6b	2.6 7.2 9.1 9.2	1	I	1	=	14.731	14.721	11.51				4216
g	s		Rk	ccs	Me	Au	ve-di		3-5	me le my	1		5	mg h e	B6b	2.5 4.2 7.2 7.5	5	I	2	=	14.72102	5.13					4217
g	s		Rh	ccs	Me Hy	Au	ve-di	r4	3-5	en	–		4	mg e	E1	2.5 3.3 6.5 7.2	2	I	1	>*	3.312	3.351					4218
g	s		Rh	ccs	Me	Au	ve-di		5		–		3	mg e	C2a	1.4 2.3 2.9 4.2	1	N	2	<?			5.13				4219
c	w	1.5	Rh	css	Bo	Po	zw		6-7	au en	–		2	e	E1	3.2 3.3 6.5	2	I	1	=	3.211	3.311					4220
t	s		–	rrs	Bo	Kv	zw	p1	6-10	au (my) (ps)	–		2	e	C1	2.2 3.1 6.2	6	I	3	>	9.131	9.136	4.1				4221
c	t	3	Wv	crs	Bo	Sr	zw	p11	6-9	my me ps (ca)	2		2		D1	2.2 3.1 6.2	6	I/N	3	>/<	9.136	4.1					4222
k	t		Wv	crr	Bo At	Kv	ve		5-7	my me hm ve	4		2	mg e	C2	2.2 2.9	7	A	5	=			?			H	4223
k-t	s t		–	crr	At Bo	Kv	zw		6-9		–		2		A1	2.2 2.9	–	Jn	5	>			2.3	g i k		H	4224
h	s		Wv	ccs	Me	Sr	zw		7-9		–		2		D1		–	I/A	2	>							4225
h	s		Wv	ccs	Me	Sr	zw		7-9	en	–		2		D1b	6.2 6.7 7.4 9.3	–	I/A	2	>			11.111				4226
h	s		Wv	ccs	Me	Sr	zw	p16	7-8	en	–		2		D1a	6.2 6.7 7.4 9.3	6	I	2	>			11.111				4227
k	s		Wv	ccs	Me	Sr	zw		7-8		–		2		E2a		–	I	2-4	=						B	4228
k	s		Wv	ccs	Me	Sr	zw		7-8		–		2		E2a	2.6 3.3 6.5 6.7	6	I	3	=			11.112				4229
k	s		Wv	ccs	Me	Sr	zw		7-8		–		2		F4	6.2 6.7 7.4 9.1	2	I	4	=			11.112?	a f k			4230
h	s		Wv	ccs	Me	Sr	ve		7-10		1		2		D1		–	I	2	=					237		4231
h	s		Wv	ccs	Me	Sr	ve		6-10		1		2		D1	6.2 6.3 6.7 7.4	6	I	2	>			11.111				4232
h	s		Wv	ccs	Me	Sr	ve		7-9		1		2		D1b	6.2 6.7 7.4 9.3	–	I	2	>?			11.111				4233
h	s	5	Wv	ccs	Me	Sr	ve		7-9	my me hm (ca)*	1		3	h	D3	6.2 6.7 7.4 9.3	1	I	2	>*	9.135	11.111	15.001				4234
h	s		Wv	ccs	Me	Sr	zw		7-9		1		2		D3		–	I/N	2	>					237		4235
h	s		Wv	ccs	Me	Sr	zw		7-9		1		2		E2c	6.3 6.7 7.2 7.4	–	I/N	2	=?			11.23	k m			4236
h	s		Wv	ccs	Me	Sr	zw		7-9		1		2		D2	2.6 6.7 9.2	–	I	2	>			11.121				4237
h	s	3.5	Wv	ccs	Me	Sr	ve		7-9	en	1		3	mg h	D1	3.2 6.2 6.7 7.4	–	I/N	2	>			11.111				4238
h	s	5	Wv	ccs	Me	Sr	ve	p13	7-9	ca my me hm*	2		2	h	D1	6.2 6.7 7.4 9.3	6	I/A	2	>	9.113	11.111	14.811				4239
h	s	2.5	Rh	ccc	Me Hy	Au	zw		6-8	ca my hm (le)	2		3	h e	E3	3.4 4.2 7.2 8.1	2	I/N	2	=	11.514	5.121	14.73111				4240
k	s	1.5	Wv	css	Me Hy	Sr	ve		7-8	my ca hm me*	2		2	h e	B6	1.3 6.3 7.4 9.2	5	I	2	>	7.21	6.112	14.611				4241
k	s		Wv	ccs	Me Hy	Kv	zw		7-8		2		3		E2d	2.5 3.3 7.4 9.1	3	I	2	>			3.362?				4242
t	s		–	crr	At Me	Kv	zw	p2	6-10	ca my me au	–		2		A2b	2.1 2.2 2.9 6.3	7	N	4	<			2.3				4243
z	i		Wh	ccs	Me	Sr	ve		3-8		–		2		C2a		–	I	2	=							4244
z	i		Wh	ccs	Me	Sr	ve		3-6		–		2		C2a	3.2	–	I	2	=			3.23	k m			4245
z	i		Wh	ccs	Me	Sr	ve		3-8		–		2		C2a	3.2	–	I	2	=			9.2	k m			4246
z	i		Wh	ccs	Me	Sr	ve	r5	6-7		–		2		C2a	3.2	–	I	2	=			3.23	k m			4247
g	s	3.5	Rh	ccs	Me En	Au	zw		6-8	an	3	4	4	e	B2	1.3 1.4 7.2 7.5	5	I	2	=	6.112	14.712					4248
t	s		–	rrr	At Dy	Kv	zw		6-8	an au	–		1	e	A3d	2.2 2.5 2.7 2.9	7	N	5	=			2.3				4249
k.li	s		Wv	crr	At Dy	Kv	sb zw	p1	6-9	me	–		1	gg e	A1	2.2 2.9	7	Jn	5	=			?			H	4250
t.li	s		–	crr	At Dy	Kv	sb zw	p1	6-9	au (me)	–		1	gg h e	A1	2.1 2.9	7	Jn	5	=			?			H	4251
g	s		Rh	ccs	Me	Au	zw		6-9		–		1		E1	3.3 7.2 9.1 9.2	1	I	1	=	14.41304	14.3122	14.731				4252
n	s		Wh	ccc	Bo At	Ws	zw	p17	5-7	au me my ca*	–		1		D1b	2.9 7.4 9.3	1	I/N	4	=			14.811				4253
n	i		Wh	ccc	En	Ws	zw		3-5	me	–		3		C2		–	I	2	=							4254
n	i		Wh	ccc	En	Ws	zw		3-5		–		3		C2a	7.3 7.6	–	I	2	=			13.6	k m		B	4255
n	i		Wh	ccc	En	Ws	zw		3-5		–		3		C2	7.3 7.4 7.6 9.4	–	I	2	=			13.6	k m			4256
h	t		Rs	ccs	Me	Au Sr	zw		7-8	an	3		3	e	B5		–	I	1-2	=					959	B	4257
h	t	1.5	Rs	ccs	Me En	Au Sr	zw		6-8	an	3		3	e	B5	3.3 5.1 6.5 6.6	2	I	1	=	11.244	11.242	10.412				4258
h	t	1.5	Rs	ccs	Me	Au Sr	zw		6-8	an	3		3	e	E1	2.4 6.3 6.5 7.2	2	I	2	=	11.244	11.242	5.121				4259
t	w	1	–	rrs	Me	Sr	zw		5-7	an	2	3	2	e	C2c	2.2 3.1	–	N	2	>			4.1		209		4260
h	t	1.5	Rs	ccs	Me	Sr	zw		7-8	an	2		2	e	E4	2.5 6.5 7.2 9.1	2	I	2	=	10.21	11.244	10.212				4261
t	s w		–	rrr	Me	Kv	zw		5-8	an	1		2	e	B6a	2.1 2.2 3.2	7	I/A	4	>			2.3				4262
h	t	1	Rs	crs	Me	Sr	zw		6-7	an	2		2	e	B6a	2.2 3.2 6.2 9.1	6	I	2	>	9.113	9.131	9.115				4263
h	t		Sk	crs	Me En	Sr	zw		6-8	an	4		3	e	B6		–	I/A/Jn	3	=					182	C	4264
h	t	3	Sk	crs	Me En	Ao Sw	zw		6-8	an	2		2	e	B6	2.2 6.2 6.3 6.7	8	I/A	3	=			11.243				4265
h	t	2.5	Sk	crs	Me En	Sr	zw		6-8	an	4	4	3	e	B6	2.2 6.2 6.3	8	Jn	3	=	11.2	9.13					4266
t	s		–	rrr	Me	Kv	zw		5-10	an	1		2		C2	2.2	–	I/N	3	>			4.21	k m			4267
h	w		Rh	ccs	Me	Sr	zw		5-7		–		3		C2	2.1 2.2 2.5 6.2	–	I	2	=			9.221	k m			4268
c	w		Rh	ccs	Me	Sr	zw	p3	5-7		–		3		C2	2.2 6.2 7.3	–	I	2	=			12.411	k m			4269
c	w		Rh	ccc	Me At	Sr	zw		6-9	me	–		3		A4a	2.2 2.9	–	N	5	<			?	g			4270
g	s		Rh	ccs	At	Sr	zw		6-10	sp ph my me	–		2		A4	2.2 2.9	–	N	5	=			?	g l		H	4271

Nummern			Taxa			Klima						Boden												
SEN	**SIN**	**FAN**	**Gattung**	**Aggregat/Einzelart**	**Kleinart**	**T**	**v**	**K**	**v**	**L**	**v**	**F**	**v**	**W**	**R**	**v**	**N**	**v**	**S**	**M**	**H**	**v**	**D**	**v**
4272	300300	139.59.1	**Phragmites**	**australis**		4	II	3	I	3	I	4.5	II	3	3	II	4	II	s	m	3	II	1	I
4273	–	–	**Phygelius**	**capensis**		5	I	2	I	4	I	3.5	I	3	3	I	2	I			3	I	5	I
4274	300500	7.12.20	**Phyllitis**	**scolopendrium**		3	II	2	I	2	II	3.5	I	1	4	I	3	I		m	3	II	5	I
4275	–	–	**Physalis**	**alkekengi aggr.**		4.5	II	3	I	3	I	3	I	1	4	I	4	I			3	I	3	II
4276	300600	101.6.1	**Physalis**		**alkekengi**	4	I	3	I	3	I	3	I	2	4	I	4	I		m	3	I	1	II
4277	–	–	**Physalis**		**franchetii**	4.5	I	3	I	3	I	3	I	2	4	I	4	I			3	I	1	II
4278	–	–	**Physalis**	**angulata**		5	II	2	I	3	I	3	I	1	3	I	4	I			3	I	3	I
4279	–	101.6.2	**Physalis**	**peruviana**		5	II	2	I	4	I	3	I	1	3	I	4	I			3	I	3	I
4280	–	–	**Physalis**	**pubescens**		4	I	3	I	3	I	3	I	1	3	I	4	I			3	I	3	I
4281	300650	63.1.1	**Physocarpus**	**opulifolius**		4.5	I	2	I	3	I	3.5	I	3	3	I	3	I			3	I	1	I
4282	300700	118.5.1	**Physoplexis**	**comosa**		3	I	3	I	4	I	3	I	1	5	I	2	I			1	I	5	I
4283	–	97.30.1	**Physospermum**	**cornubiense**		4	I	3	I	3	I	2.5	I	1	2	I	3	I		m	3	I	3	I
4284	–	–	**Physostegia**	**virginiana**		4.5	I	2	I	4	I	3.5	I	3	3	I	3	I			5	I	3	I
4285	–	–	**Phyteuma**	**betonicifolium aggr.**		x	–	3	II	4	II	3	II	1	2	II	2	I			3	II	3	I
4286	300800	118.4.6	**Phyteuma**		**betonicifolium**	2	II	3	I	3	I	3	I	1	2	II	2	I		m	3	I	3	I
4287	301600	118.4.3	**Phyteuma**		**michelii**	2	I	3	I	4	I	3	I	1	2	I	2	I			3	I	3	I
4288	302200	118.4.4	**Phyteuma**		**scorzonerifolium**	3.5	II	2	I	3	I	3	I	1	2	I	2	I			3	I	3	I
4289	–	118.4.5	**Phyteuma**		**zahlbruckneri**	2.5	II	3	I	3	II	2.5	I	1	2	II	2	I			5	I	3	I
4290	–	118.4.7	**Phyteuma**	**cordatum**		2	I	3	I	4	I	2	I	1	5	I	2	I			1	I	5	I
4291	–	–	**Phyteuma**	**globulariifolium aggr.**		1	II	4	I	5	II	2	II	1	2	II	2	I			3	II	5	II
4292	–	118.4.17	**Phyteuma**		**confusum**	1.5	I	4	I	4	I	3	I	1	2	I	2	I			3	I	3	II
4293	301100	118.4.16.1	**Phyteuma**		**globulariifolium**	1	I	4	I	5	I	2	I	1	2	II	2	I			3	II	5	II
4294	–	118.4.16.2	**Phyteuma**		**pedemontanum**	1	I	4	I	5	I	2	I	1	2	I	2	I		m	3	II	3	II
4295	301300	118.4.14	**Phyteuma**	**hedraianthifolium**		1	I	4	I	5	I	2	I	1	2	I	2	I			3	I	5	I
4296	301400	118.4.13	**Phyteuma**	**hemisphaericum**		1.5	I	3	I	4	I	2.5	I	1	1	I	2	I		m	3	II	3	I
4297	301500	118.4.15	**Phyteuma**	**humile**		1	I	4	I	5	I	2	I	1	2	I	2	I			3	I	5	I
4298	301700	–	**Phyteuma**	**nigrum**		3.5	I	2	I	3	I	3.5	I	1	2	I	3	I			3	I	3	I
4299	–	–	**Phyteuma**	**orbiculare aggr.**		x	–	3	II	4	I	3	II	2	4	II	2	I			x	–	x	–
4300	301800	118.4.8	**Phyteuma**		**orbiculare**	2.5	II	3	I	4	I	3	I	2	4	I	2	I			3	I	3	I
4301	302300	118.4.9	**Phyteuma**		**sieberi**	1.5	I	4	I	4	I	2	I	1	5	I	2	I			1	I	5	I
4302	301900	118.4.2	**Phyteuma**	**ovatum**		2	I	2	I	3	I	4	I	1	3	I	4	I			3	I	1	I
4303	–	–	**Phyteuma**	**scheuchzeri aggr.**		2.5	II	4	II	4	I	2.5	I	1	3	II	2	II			1	II	5	II
4304	300900	118.4.11	**Phyteuma**		**charmelii**	2.5	I	4	I	4	I	2.5	I	1	3	I	2	I			1	I	5	I
4305	–	118.4.10.2	**Phyteuma**		**columnae**	3	II	4	I	4	I	2.5	I	1	5	II	2	I			1	I	5	I
4306	302000	118.4.10.1	**Phyteuma**		**scheuchzeri**	2.5	I	4	I	4	I	2.5	I	1	3	II	2	I			1	I	5	I
4307	–	118.4.12	**Phyteuma**		**villarsii**	3.5	I	3	I	4	I	2.5	I	1	3	I	3	I			3	I	3	I
4308	302400	118.4.1.1	**Phyteuma**	**spicatum**		3	II	2	I	2	I	3	I	1	3	I	3	I		m	3	I	3	I
4309	302600	32.1.1	**Phytolacca**	**americana**		4.5	I	1	I	3	I	3	I	1	3	I	4	I			3	I	3	I
4310	302700	32.1.2	**Phytolacca**	**esculenta**		4.5	I	2	I	3	II	3	I	1	2	I	4	I			3	I	3	I
4311	302800	10.3.1	**Picea**	**abies**		2.5	II	3	I	1	II	3	I	1	x	–	3	I		m	5	II	3	II
4312	–	124.62.1	**Picnomon**	**acarna**		4.5	I	3	I	5	I	1.5	I	1	3	I	4	I			3	I	3	I
4313	303000	124.84.1	**Picris**	**echioides**		4.5	I	2	I	4	I	3	I	1	3	I	4	I			3	I	3	I
4314	–	–	**Picris**	**hieracioides aggr.**		x	–	3	II	4	I	3	II	1	4	II	3	II			3	I	3	I
4315	–	124.84.2.4	**Picris**		**grandiflora**	2.5	I	2	I	4	I	2.5	I	1	3	I	4	I			3	I	3	I
4316	303200	124.84.2.1	**Picris**		**hieracioides**	4	I	3	I	4	I	2.5	I	1	4	I	3	I		m	3	I	3	I
4317	303400	124.84.2.3	**Picris**		**sonchoides**	2	I	2	I	4	I	3.5	I	1	3	I	3	I			3	I	3	I
4318	–	124.84.2.2	**Picris**		**spinulosa**	4.5	II	3	I	4	I	1.5	I	1	3	II	3	I			3	I	3	I
4319	–	–	**Picris**	**pauciflora aggr.**		5	II	3	I	4	II	1.5	I	1	3	II	2	I			3	I	3	II
4320	–	124.84.4	**Picris**		**altissima**	5	I	3	I	4	I	1.5	I	1	3	II	2	I			3	I	3	II
4321	–	124.84.3	**Picris**		**pauciflora**	5	II	3	I	5	I	1.5	I	1	4	II	2	I		m	3	I	3	I
4322	–	–	**Pilea**	**muscosa**		5	I	1	I	4	I	2	I	1	3	I	3	I			3	I	3	I
4323	303600	–	**Pilularia**	**globulifera**		4.5	I	1	I	4	I	4.5	II	3	2	I	2	I			1	I	1	I
4324	–	–	**Pimpinella**	**anisum**		5	I	4	I	4	I	2	I	1	3	I	3	I			3	I	3	I
4325	303800	97.16.3	**Pimpinella**	**major aggr.**		3	II	3	II	3	II	3.5	II	1	3	I	4	I			3	I	3	I
4326	–	–	**Pimpinella**		**major**	3.5	II	2	I	3	I	3.5	II	1	3	I	4	I			3	I	3	I
4327	–	–	**Pimpinella**		**rubra**	2.5	I	3	I	4	I	3.5	I	1	3	I	4	I		m	3	I	3	I
4328	303950	97.16.1	**Pimpinella**	**peregrina**		4.5	I	4	I	4	I	2	I	2	3	I	3	I			3	I	1	I
4329	–	–	**Pimpinella**	**saxifraga aggr.**		x	–	x	–	4	I	x	–	1	3	II	2	I			3	I	3	I
4330	303700	97.16.5	**Pimpinella**		**alpina**	2.5	I	3	I	4	I	2.5	I	1	3	I	2	I			3	I	3	I
4331	303900	97.16.6	**Pimpinella**		**nigra**	3.5	I	5	I	4	I	1.5	I	1	4	I	2	I		m	3	I	3	I
4332	304000	97.16.4	**Pimpinella**		**saxifraga**	4	I	4	I	4	I	2	I	1	3	II	2	I		m	3	I	3	I
4333	–	97.16.2	**Pimpinella**	**tragium**		4.5	II	4	I	4	I	1.5	I	1	4	I	2	I			1	I	5	I
4334	304300	117.1.2	**Pinguicula**	**alpina**		2	II	3	I	4	I	4	II	3	4	I	2	I			3	II	1	I
4335	–	–	**Pinguicula**	**grandiflora aggr.**		x	–	2	II	4	II	4	II	3	4	II	2	II			3	II	x	–
4336	–	117.1.6	**Pinguicula**		**arvetii**	1.5	I	3	I	4	I	4	I	3	3	I	2	I			3	II	1	I
4337	304400	117.1.5.1	**Pinguicula**		**grandiflora**	2	I	2	I	4	I	4^	I	3	3	II	1	I			3	II	1	I
4338	304700	117.1.3	**Pinguicula**		**leptoceras**	1.5	I	3	I	4	I	4	I	3	3	I	2	I			3	II	1	I
4339	–	117.1.4	**Pinguicula**		**reichenbachiana**	4	I	2	I	3	I	4	I	1	5	I	2	I			1	I	5	I
4340	304600	117.1.5.2	**Pinguicula**		**rosea**	2	I	3	I	4	I	4	I	3	4	I	2	I			3	II	1	I
4341	–	117.1.1	**Pinguicula**	**hirtiflora**		5	II	1	II	3	I	4	I	2	4	II	2	I	s	m	3	II	3	II
4342	–	117.1.8	**Pinguicula**	**poldinii**		4	I	2	I	3	II	4	I	1	5	I	2	I			1	II	5	I
4343	304800	117.1.7	**Pinguicula**	**vulgaris**		3	II	3	I	4	I	4	I	3	4	I	2	I			3	II	1	I
4344	304900	10.6.6	**Pinus**	**cembra**		2	I	4	I	3	II	3	I	1	2	II	2	I			5	II	3	II
4345	–	10.6.5	**Pinus**	**halepensis**		5	II	3	I	5	I	1.5	I	1	4	I	2	I	s		3	II	3	I
4346	–	–	**Pinus**	**mugo aggr.**		2	II	4	II	4	I	x	–	3	x	–	2	I		m	x	–	x	–
4347	305500	10.6.4.1	**Pinus**		**mugo**	2	I	4	I	4	I	2.5	II	2	x	–	2	I		m	1	II	3	II
4348	–	–	**Pinus**		**rotundata**	3	I	3	I	4	I	4.5	I	2	1	I	2	I			5	I	1	I
4349	305800	10.6.4.2	**Pinus**		**uncinata**	2	I	4	I	4	I	2.5	I	2	3	II	2	I		m	3	II	x	–
4350	305900	10.6.2	**Pinus**	**nigra**		4.5	I	4	I	4	I	2	II	2	4	II	2	I		m	3	II	3	I
4351	–	10.6.1.1	**Pinus**	**pinaster**		4.5	I	3	I	5	I	1.5	I	1	2	II	2	I		m	3	II	3	II
4352	306000	10.6.7	**Pinus**	**strobus**		4	I	3	I	3	I	3	I	1	x	–	2	I			3	I	3	I
4353	306100	10.6.3	**Pinus**	**sylvestris aggr.**		x	–	4	I	4	I	x	–	3	x	–	2	II		m	3	II	3	II
4354	–	–	**Pinus**		**engadiniensis**	2.5	I	4	I	4	I	x	–	3	x	–	2	II			x	–	x	–
4355	–	–	**Pinus**		**sylvestris**	4	II	4	I	4	I	x	–	3	x	–	2	II		m	x	–	x	–
4356	–	139.55.4	**Piptatherum**	**coerulescens**		5	I	3	I	4	I	1.5	I	1	4	II	2	I		m	1	II	5	I
4357	–	139.55.1	**Piptatherum**	**miliaceum**		5	I	3	I	4	I	1.5	II	2	3	II	3	I			3	II	3	II
4358	–	–	**Piptatherum**	**paradoxum aggr.**		4	I	x	–	4	II	2	II	1	4	I	3	I			3	I	3	I
4359	306200	139.55.3	**Piptatherum**		**paradoxum**	4	I	2	I	4	II	2.5	I	1	4	I	3	I			3	I	3	I
4360	–	139.55.2	**Piptatherum**		**virescens**	4	I	4	I	3	I	2	I	1	4	I	3	I			3	I	3	I

Strategien					Biologisches Verhalten										Vorkommen						Pflanzengesellschaften			Literatur			
LF	**BD**	**WT**	**RO**	**KS**	**DA**	**VA**	**FS**	**MA**	**BZ**	**BS**	**MV**	**SU**	**DG**	**GI**	**GV**	**LR**	**EG**	**AE**	**EM**	**VE**	**1**	**2**	**3**	**BL**	**SL**	**TB**	**SEN**
g	s	4	Rh	ccs	Me Dy	Au	zw		7-10	an	2		5	h e	B2	1.1 1.2 1.3 6.3	4	I	2	<>	6.11	11.231	13.111		297		4272
c	s		Rh	ccs	Kd	Sr	zw		7-10	au	–		2	h	A3a	2.5 2.9	–	N	3	<			11.31?				4273
h	w i		Rh	css	Me	Kv	zw		6-8		–		2	h	B4	3.2 3.3 3.4 9.2	1	I	2	=	14.73501	3.212					4274
g	s		Rh	ccs	En Me	Au	zw		5-8	au en	–		3	mg h e	B4		–	I/A/N	4	=						B H	4275
g	s		Rh	ccs	En Me	Au	zw	r2	5-8		–		3	mg h e	B6a	2.2 2.3 2.9 9.2	7	I/A/N	4	>			11.311				4276
g	s		Rh	ccs	En Me	Au	zw		7-8		–		3	mg	A4b	2.2 2.3 2.9 9.2	–	Jn	4	=			11.311	i			4277
t	s		–	crr	En Me	Kv	zw		5-7		–		2	mg h e	A2a	2.2 2.5	–	N	5	=			?	m			4278
t	s		–	crr	En Me	Kv	zw		5-8	??	–		1	mg e	A1	2.2 2.9	–	Jn	5	<			?	c g k			4279
t	s		–	crr	En Me	Kv	zw		5-7		–		1	mg	A2a	2.1 2.5 2.9	–	N	5	=			?	k m			4280
n	s		Wh	ccc	Me	Sr	zw		5-7	me (hm)	–		2		A2c	2.9 9.2	–	N	3	<			14.721				4281
h	t		Rh	css	Bo	Sr	zw		7-8		–		1		F4	3.2	–	I	1	=			3.2113				4282
h	s?		Rs	ccs	Me	Sr	zw		7-8		–		2		C2c	2.6 6.7 9.2	–	I	1	=			14.4	k m			4283
h	s		Rh	ccs	Bo	Au	zw		6-9	me ps	–		1		A2c	2.2 2.5 2.7 2.9	–	N	3	<			?	e g			4284
h	s		Wv	ccs	Bo	Sr	zw	p9	5-8		2		2	e	E1		–	I	2	=							4285
h	s	2	Wv	ccs	Bo	Sr	zw		5-8	me ph my	2		2	e	F1	6.5 7.1 9.1 9.2	6	I	2	=	10.412	12.313	14.41101				4286
h	s		Wv	ccs	Bo	Sr	zw	p10	6-8	au le me my*	2		2	e	F2	3.3 6.5	–	I	2	=			10.41	a f k			4287
h	s		Wv	ccs	Bo	Sr	zw		6-7		2		2	e	E2d	6.3 6.7 7.1 7.4	1	I	2	=			11.12				4288
h	s	1	Wv	ccs	Bo	Sr	zw		6-8		2		2	e	E2c	2.6 6.3 6.7 7.2	–	I	2	=			11.411	c k m			4289
h	s		Wv	css	Bo	Sr	zw		7-8		–		1	e	F2a*	3.2 6.2	–	I	1	=			3.2114	k m			4290
h	w		Rh	css	Bo	Sr	zw	p5	7-9		1		2	e	E1		–	I	1	=						B C	4291
h	w		Rh	css	Bo	Sr	zw		7-9		1		2	e	E4c	3.2 6.5 7.1	–	I	1	=			10.4	c m			4292
h	w		Rh	css	Bo	Sr	zw		7-9	??	1		2	e	F7	3.2 3.3 6.5	2	I	1	=	10.411						4293
h	w		Rh	css	Bo	Sr	zw		7-9	me	1		2	e	E3a	3.2 3.3 6.5	–	I	1	=	10.411			c k m		E	4294
h	w		Rh	css	Bo Hy	Sr	zw		7-8		–		1	e	F3c*	3.2 6.5	2	I	1	=	3.221						4295
h	t		Rh Wd	css	Bo	Sr	zw	p15	7-8	au le (my)*	2		2	e	E3	3.2 3.3 6.5 7.1	2	I	2	=	10.311	10.411					4296
h	w		Rh	css	Bo	Sr	zw	p20	7-8	au le	–		1	e	F3a*	3.2 6.5	2	I	1	=	3.221						4297
h	s	2	Wv	ccs	Bo	Sr	zw		5-6	me (my)	2		1	e	E5b	6.3 9.2	1	I	2	=			11.242				4298
h	s		Wv	css	Bo	Au Sr	zw	p12	5-8	au le (ca)*	2		1	e	D3		–	I	1	=							4299
h	s	2	Wv	css	Bo En	Au Sr	zw		5-7		2		1	e	D3	6.2 6.5 6.7 7.2	2	I	2	>*	10.21	10.421	15.001				4300
h	s		Wv	css	Bo	Au Sr	zw		7-8		2		1	e	F4	3.2 3.3 6.5	–	I	1	=			3.2111	c k			4301
h	s		Wv	ccs	Bo	Sr	zw	p4	6-8	au me (my)	3		2	e	E1	6.3 6.7 7.2 8.1	2	I	2	=	11.514	11.242	14.73503				4302
h	s		Rh	css	Bo	Sr	zw		5-8	au me (hm)*	–		1	e	E2		–	I	1	=						B C	4303
h	s		Rh	css	Bo	Sr	zw		7-8		–		1	e	E2b	3.2	–	I	1	=			3.21	c k			4304
h	s		Rh	css	Bo	Sr	zw		6-8		–		1	e	E2c	3.2 3.3 6.5	–	I	1	=			3.211	c k		E	4305
h	s		Rh	css	Bo	Sr	zw		5-7		–		1	e	F6	3.2	2	I	1	=	3.221	10.421					4306
h	s		Rh	css	Bo	Sr	zw		7-8		–		1	e	F2a*	3.2	–	I	1	=			3.2114	m		E	4307
h	s	3	Wv	ccs	Bo	Sr	zw	d	5-7	au me ca	3		1	e	D3	6.3 7.2 9.1 9.2	1	I	2	=	14.73	11.242	10.212				4308
h	s		Wv	ccr	En	Kv	zw	d	7-8	en	–		2	mg h e	A2	2.2 2.9 7.4 9.2	7	Nw	3	=			5.1				4309
h	s		Wv	ccr	En	Kv	zw	d	7-8	en	–		2	mg h e	A4b	2.2 2.9 7.4	7	Nw	3	<			5.1				4310
p	i	4.5	Wh	ccc	Me Dy	Kv	mo	600*	5	an	–		5	h e	D5	8.1 8.2 9.1 9.2	1	I/N	2	=	14.312	14.413	14.7			A H	4311
h	s		Rh	crr	Me	Sr	zw		6-7		–		2		C2	2.1 2.2 6.2 7.3	–	I	3	=			2.3	k m			4312
t	s	3.5	Wv	crr	Me Dy	Kv	zw		7-10	me	2		2	e	C2	2.1 2.2 2.5 7.3	7	I/A	4	<			2.3				4313
h-t	t		Wv	ccr	Me Dy	Ws	zw	p2	6-10	my me ps*	3		2	e	B6		–	I/N	2-3	=						B C	4314
h?	t		Wv	ccr	Me Dy	Ws	zw		5-7		3		2	e	E4	2.2 3.3 6.3 6.7	–	I	3	=			11.242	c l m			4315
h-k	t	3.5	Wv	ccr	Me Dy	Ws	zw		6-10		2	4	2	e	B6	2.1 2.2 6.2 6.3	8	I/N	3	=			5.112				4316
h?	t		Wv	ccr	Me Dy	Ws	zw		6-10		2		2	e	E1	2.1 2.6 6.3 7.2	2	I	2	=			11.514	a c h			4317
k-t	t		Wv	ccr	Me Dy	Ws	zw		6-10		3		2	e	C2	2.2 3.2	–	I/N	2	<			5.111	c l m			4318
t	s		–	rrr	Me	Kv	zw		6-8		2		2		D1b		–	I	2	=							4319
t	s		–	rrr	Me Dy	Kv	zw		6-8		2		2		D1b	2.1 2.2 3.2 6.1	–	I	2	=			4.2	k			4320
t	s		–	rrr	Me	Kv	zw		6-8		2		2		D1b	2.1 2.2 6.1 6.2	–	I	2	=			4.211	k m			4321
t	s		–	rrr	At	Kt	mo		6-8		–		3		A1	2.2 2.7 2.9	–	N	5	<			?	g m			4322
h	s		Rs	sss	Me	As Kr	di		7-9		–		4		D2	1.1 1.4	5	I	2	>			1.413				4323
t	s		–	rrr	At Me	Kv	ve		7-8	??	–		1	h e	B4a	2.2 2.7 2.9	–	A	5	=			2.31	c g k			4324
h	s		Wv	ccr	Bo Ep	Sr	ve	p8	6-9	me hm ca my*	3		2	mg h e	D3		8	I	2-3	=>						B	4325
h	s	3.5	Wv	ccr	Bo Ep	Sr	ve		6-9		3	2	2	mg h e	D3	4.2 6.3 7.2 8.1	–	I	3	>	10.212	11.242	14.211				4326
h	s		Wv	ccr	Bo Ep	Sr	ve		6-9		3		2	mg h	E1	2.4 6.3 6.5 7.2	–	I	2	=			11.242	c k			4327
h	w		Wv	crr	At Bo	Kv	ve		6-10	hm	2		3	e	C2	2.2 6.2 6.7 7.4	7	N	4	<			9.1	g h k	257		4328
h	w		Wv	rss	Bo Ep	Sr	ve		6-9	ca my me hm*	2		2	h e	B6		–	I/A	2	=>					907	B	4329
h	w		Wv	rss	Bo Ep	Sr	ve		7-9		2		2	h e	E2a	3.3 6.2 6.5	6	I	2	>			3.3121	c h k			4330
h	w	4	Wv	rss	Bo Ep	Sr	ve	p5	6-9		2		2	h e	D4	6.2 9.1	6	I	2	>			9.11				4331
h	w	5	Wv	rss	My Ep	Sr	ve		6-9		2	2	3	h e	B6	2.5 6.2 6.7 9.1	6	I/A	2	>	9.135	14.211	13.31				4332
c	t		Wh	css	Bo Ep	Sr	ve		6-8		–		3		C2	3.2 3.3 6.2	–	I	2	=			3.361	k m			4333
h.ff	s	1	Rh Wd	sss	Me Hy	Bz	zw	d	4-7	my (me) (le)*	1		2		B5a	4.1 4.2 5.1 6.5	5	I	2	>*	7.231	10.311	14.211				4334
h.ff	s	1	Rh	sss	Me Hy	Bz	zw	d	5-8	me	1		2	h	E3		–	I	1	>					116		4335
h.ff	s	1	Rh	sss	Me Hy	Bz	zw		6-8		1		2	h	F2b*	4.1 4.2 6.5	–	I	2	>			7.111			E	4336
h.ff	s	1	Rh	sss	Me Hy	Bz	zw		5-8		1		2	h	E3b	3.2 4.1 5.1 6.5	2	I	2	>			7.231				4337
h.ff	s	1	Rh	sss	Me Hy	Bz	zw		6-8		1		2	h	E2d	3.2 4.1 4.2 5.1	2	I	1	=	7.111	7.231					4338
h.ff	s	1	Rh	sss	Me Hy	Bz	zw		4-5		1		2	h	E2d	3.2	–	I	1	=			3.111	k m			4339
h.ff	s	1	Rh	sss	Me Hy	Bz	zw		6-7		1		2	h	F6b*	3.2 4.1 5.1 6.5	–	I	1	>			7.231	m			4340
h.ff	s	1	Rh	sss	Me Hy	Bz	zw		4-5		1		2	h	E2a	3.2	–	I	1	=			3.111	k m			4341
h.ff	s	1	Rh	sss	Me Hy	Bz	zw		5-6		1		2	h	F4b*	3.2 6.2	–	I	1	>			3.111				4342
h.ff	s	1	Rh	sss	Me Hy	Bz	zw	d	5-7	me au	1		2	h	B3a	3.2 4.1 4.2 5.1	5	I	2	>*	7.231						4343
p	i	2.5	Wh	ccc	Dy	Kv	mo	>1000*	6-8	an	–		4	e	E4a	6.5 7.1 8.2 9.1	2	I/N	1	=	14.31214	14.31215	14.312				4344
p	i		Wh	ccc	Me Dy	Kv	mo	200*	4-5	an	–		3	e	C2	7.6 9.3 9.4	–	I	2	=			14.911	k m			4345
n-p	i		Wh	ccc	Me Dy	Kv	mo		5-7	an	–		4	h e	E1		–	I	1	=					66	B H	4346
n	i	2.5	Wh	ccc	Me Dy	Kv	mo	500*	6-7	an	–		4	h e	E4	6.5 8.1 8.2 9.1	2	I	1	=	13.511						4347
n-p	i	4	Wh	ccc	Me Dy	Kv	mo		5-7	an	–		4	h e	E5	9.1	–	I	1	>	12.111			i l		E	4348
p	i	5	Wh	ccc	Me Dy	Kv	mo	200*	5-7	an	–		4	h e	E3	2.9 3.2 9.1	2	I	1	>*			14.31				4349
p	i	5	Wh	ccc	Me Dy	Kv	mo	600*	5-6	an	–		3	e	E2c	2.9 3.2 9.1 9.3	1	I/N	2	=			14.212			H	4350
p	i		Wh	ccc	Dy	Kv	mo	500*	2-5	an	–		3	e	C2a	2.9 9.4	–	I/N	2	=			14.911				4351
p	i	4	Wh	ccc	Me Dy	Kv	mo		5	an	–		1	e	A2c	2.9 9.2	1	N	2	=			?				4352
p	i	5	Wh	ccc	Me Dy	Kv	mo		5-6	an	–		4	e	B3		1	I/N	1	=					66, 500	A H	4353
p	i	5	Wh	ccc	Me Dy	Kv	mo		5	an	–		4	e	F7	9.1	–	I	1	=	14.2111	14.31213		c i l			4354
p	i	5	Wh	ccc	Me Dy	Kv	mo	600*	5-6	an	–		4	e	B3	2.9 9.1 9.2 9.3	–	I/N	1	=	14.811	14.7	15.001				4355
h	s		Rs	crs	Dy	Ho	zw		4-5	an	–		2	e	C2	3.2 7.3	–	I	2	=			9.231	k m			4356
h	s		Rh	crs	Dy	Sr	zw		5-10	an	–		2	e	C2	2.2 3.2 6.2 7.3	–	I	3	>			9.231	k m			4357
h	s		Rs	crs	Dy	Ho	zw		5-7	an	–		2	e	B6a		–	I	3	=							4358
h	s		Rs	crs	Dy	Ho Sr	zw		5-7		–		2	e	C2a	2.6 6.2 7.4 9.3	–	I	2	=			14.811	k m			4359
h	s		Rs	crs	Dy	Sr	zw		5-7		–		2	e	B6a	2.6 6.7 9.2 9.3	–	I	3	=			14.8	c k m			4360

Nummern			Taxa			Klima						Boden												
SEN	**SIN**	**FAN**	**Gattung**	**Aggregat/Einzelart**	**Kleinart**	**T**	**v**	**K**	**v**	**L**	**v**	**F**	**v**	**W**	**R**	**v**	**N**	**v**	**S**	**M**	**H**	**v**	**D**	**v**
4361	–	88.3.2	**Pistacia**	**lentiscus**		5	I	3	I	4	I	1	I	1	3	II	2	I	ss		3	I	3	I
4362	306300	88.3.1	**Pistacia**	**terebinthus**		5	I	3	I	4	I	1	I	1	4	I	2	I			3	I	3	I
4363	–	–	**Pisum**	**sativum aggr.**		4.5	I	4	II	4	II	3	II	1	3	II	3	I			3	I	3	I
4364	306800	64.28.1.3	**Pisum**		**arvense**	4.5	I	4	I	4	I	2	I	1	4	I	3	I			3	I	3	I
4365	306850	64.28.1.2	**Pisum**		**biflorum**	4.5	I	4	I	4	I	2	I	1	3	I	3	I			3	I	3	I
4366	306600	64.28.1.1	**Pisum**		**sativum**	4.5	I	3	I	3	I	2.5	I	1	4	I	3	I			3	I	3	I
4367	–	–	**Pittosporum**	**tobira**		5	I	2	I	4	I	2	I	1	3	I	3	I	s		3	I	3	I
4368	–	–	**Plantago**	**alpina aggr.**		x	–	3	II	4	II	2.5	II	1	x	–	2	II			3	I	3	II
4369	307000	111.1.5	**Plantago**		**alpina**	1.5	I	3	I	4	I	3	I	1	2	I	2	I			3	I	3	I
4370	–	111.1.4	**Plantago**		**holosteum**	4.5	I	4	I	5	I	2	I	1	4	II	2	I		m	3	I	3	II
4371	–	111.1.3.1	**Plantago**		**maritima**	4	I	4	I	4	I	3	I	2	4	I	3	I	ss		3	I	3	I
4372	308300	111.1.3.2	**Plantago**		**serpentina**	2.5	I	4	I	4	I	2	I	1	3	II	2	I		m	3	I	3	I
4373	307100	111.1.12	**Plantago**	**arenaria**		4.5	I	4	I	4	I	1.5	I	1	3	I	4	I	s		3	I	3	I
4374	–	–	**Plantago**	**atrata aggr.**		1.5	II	3	II	4	I	x	–	1	3	II	3	I			3	I	3	I
4375	307300	111.1.7.1	**Plantago**		**atrata**	1.5	I	3	I	4	I	3.5	I	1	4	I	3	I			3	I	3	I
4376	307400	111.1.7.2	**Plantago**		**fuscescens**	2	I	4	I	4	I	1.5	I	1	3	I	3	I			3	I	3	I
4377	307450	111.1.2	**Plantago**	**coronopus**		5	I	1	I	4	I	3	I	3	3	I	3	I	ss		3	I	3	I
4378	–	111.1.11	**Plantago**	**lagopus**		5	I	3	I	5	I	1.5	I	1	3	II	3	I	ss		3	I	3	I
4379	–	–	**Plantago**	**lanceolata aggr.**		x	–	4	II	4	I	x	–	2	3	II	3	I			3	I	3	II
4380	–	111.1.9	**Plantago**		**altissima**	4.5	I	4	I	4	I	3.5	I	3	3	I	3	I	s		3	I	1	I
4381	307200	111.1.10	**Plantago**		**argentea**	3	II	5	I	4	I	1.5	I	2	4	I	3	I			3	I	3	I
4382	307800	111.1.8	**Plantago**		**lanceolata**	3	II	3	I	4	I	2.5	II	2	3	I	3	I	s	m	3	I	3	I
4383	–	–	**Plantago**	**major aggr.**		3.5	I	3	II	4	II	3.5	II	3	3	I	4	I	s		3	I	1	I
4384	308000	111.1.1.2	**Plantago**		**intermedia**	4	I	2	I	4	I	4	I	3	3	I	4	I	s		3	I	1	I
4385	307900	111.1.1.1	**Plantago**		**major**	3	II	3	I	4	II	3	I	3	3	I	4	I	s	m	3	I	1	I
4386	308100	111.1.6	**Plantago**	**media**		3.5	I	4	I	4	I	2	I	1	4	I	3	II	s		3	I	3	I
4387	308200	111.1.13	**Plantago**	**sempervirens**		5	II	4	I	4	I	1.5	I	1	4	I	3	I			3	I	3	I
4388	308400	148.11.1	**Platanthera**	**bifolia**		3.5	II	3	I	3	I	3.5	I	3	3	I	2	I		m	5	I	1	I
4389	308500	148.11.2	**Platanthera**	**chlorantha**		3.5	II	2	I	3	I	3.5	I	3	3	I	2	I		m	5	I	1	I
4390	308600	24.1.2	**Platanus**	**hispanica**		4.5	I	2	I	3	I	3.5	I	2	3	I	3	I			3	I	3	I
4391	308800	24.1.1	**Platanus**	**orientalis**		4.5	I	1	I	3	I	3.5	I	2	3	I	4	I			3	I	3	I
4392	308900	97.33.1	**Pleurospermum**	**austriacum**		3	II	2	I	3	I	3.5	I	3	4	I	4	I			3	I	1	I
4393	–	40.1.1	**Plumbago**	**europaea**		5	I	3	I	4	I	1.5	I	1	3	I	3	I			3	I	3	II
4394	309000	139.6.23	**Poa**	**alpina**		1.5	II	3	I	4	I	3.5	II	1	3	II	4	II		m	3	I	3	I
4395	–	–	**Poa**	**annua aggr.**		x	–	3	I	4	II	3.5	II	2	3	II	4	II			3	II	1	II
4396	309200	139.6.1	**Poa**		**annua**	3.5	II	3	I	4	I	3	II	2	3	II	4	II	s	m	3	I	1	I
4397	–	–	**Poa**		**infirma**	5	I	4	I	4	I	1.5	I	2	3	I	4	I			1	I	3	I
4398	311100	139.6.2	**Poa**		**supina**	2.5	II	2	II	5	I	3.5	I	2	3	I	4	II	s		3	I	1	I
4399	–	–	**Poa**	**badensis aggr.**		x	–	4	II	5	I	1	II	1	4	II	2	I		m	1	II	3	II
4400	309300	139.6.22	**Poa**		**badensis**	4.5	II	4	I	5	I	1	I	1	5	I	2	I			3	II	3	I
4401	310400	139.6.21	**Poa**		**molinerii**	4	II	5	I	5	I	1	I	1	4	I	2	I		m	1	I	5	I
4402	–	139.6.20	**Poa**		**pumila**	2.5	I	3	I	5	I	1.5	I	1	4	I	2	I			1	II	5	II
4403	–	–	**Poa**	**bulbosa aggr.**		4	II	4	II	4	II	1.5	II	1	3	I	3	II			1	I	5	II
4404	309500	139.6.18	**Poa**		**bulbosa**	4.5	I	4	I	4	II	1.5	I	1	3	I	3	II	s	m	1	I	3	I
4405	310700	139.6.19	**Poa**		**perconcinna**	3.5	I	5	I	5	I	1	I	1	3	I	3	I			1	I	3	I
4406	309600	139.6.6	**Poa**	**cenisia**		1.5	I	2	I	4	I	3.5	I	2	4	II	2	I		m	1	I	5	I
4407	–	–	**Poa**	**chaixii aggr.**		3	II	3	II	3	I	4	II	2	x	–	3	II			5	II	1	I
4408	309700	139.6.7	**Poa**		**chaixii**	2.5	II	3	I	3	I	3.5	I	3	2	I	3	I			5	I	1	I
4409	310100	139.6.8	**Poa**		**hybrida**	2.5	I	3	I	3	I	4	I	3	3	I	4	I			5	I	1	I
4410	311000	139.6.9	**Poa**		**remota**	3	I	2	I	3	I	4	I	3	4	I	3	I			5	I	1	I
4411	309800	139.6.13	**Poa**	**compressa**		4	I	4	I	5	I	1.5	I	3	4	I	4	I			1	I	3	I
4412	310000	139.6.16	**Poa**	**glauca**		1.5	I	4	I	4	I	2.5	I	1	3	I	2	I			1	I	5	I
4413	–	–	**Poa**	**laxa aggr.**		1	I	2	I	5	I	3.5	I	1	x	–	2	I			1	I	5	I
4414	310200	139.6.11	**Poa**		**laxa**	1	I	2	I	5	I	3.5	I	1	2	I	2	I			1	I	5	I
4415	310300	139.6.12	**Poa**		**minor**	1	I	2	I	5	I	3.5	I	1	5	I	2	I			1	I	5	I
4416	310500	139.6.17	**Poa**	**nemoralis**		3	II	3	I	3	I	2.5	II	1	3	II	3	I		m	3	I	3	I
4417	–	–	**Poa**	**palustris aggr.**		4.5	II	3	I	3	II	x	–	1	4	I	3	I			x	–	x	–
4418	–	139.6.14	**Poa**		**flaccidula**	4.5	II	3	I	3	I	2	I	1	4	I	3	I			1	II	5	II
4419	310600	139.6.15	**Poa**		**palustris**	4	II	3	I	4	I	4.5	I	3	4	I	3	I			5	II	1	I
4420	–	–	**Poa**	**pratensis aggr.**		3	II	x	–	4	II	x	–	2	3	II	3	II			3	II	3	II
4421	309100	139.6.5	**Poa**		**angustifolia**	3	II	4	I	4	I	2	I	2	4	I	3	I		m	3	I	3	I
4422	–	–	**Poa**		**humilis**	3	II	2	I	4	I	3.5	I	3	3	I	4	I	ss		3	I	1	I
4423	310800	139.6.4	**Poa**		**pratensis**	3	II	3	I	4	I	3.5	I	1	3	II	4	I	s	m	3	I	1	I
4424	–	139.6.10	**Poa**		**stiriaca**	2.5	I	3	I	3	II	2.5	I	1	3	II	3	I			3	II	3	II
4425	–	–	**Poa**	**trivialis aggr.**		x	–	3	II	3	II	3.5	II	3	3	II	4	I			3	I	1	I
4426	311400	139.6.3.2	**Poa**		**sylvicola**	4.5	I	2	I	3	II	4	I	3	3	II	4	I			3	I	1	I
4427	311300	139.6.3.1	**Poa**		**trivialis**	3	II	3	I	3	I	3.5	I	3	4	II	4	I		m	3	I	1	I
4428	311450	139.6.24	**Poa**	**variegata**		2	I	4	I	4	I	2	I	1	2	I	3	I		m	3	I	3	I
4429	–	–	**Polanisia**	**dodecandra**		5	I	3	I	4	I	2	I	1	3	I	2	I			3	II	5	II
4430	311900	104.1.1	**Polemonium**	**caeruleum**		2.5	II	4	I	4	I	3	I	1	3	I	4	I			3	I	3	I
4431	312000	38.17.1	**Polycarpon**	**tetraphyllum**		5	I	1	I	4	I	1.5	I	1	2	I	4	I	s		3	I	3	I
4432	–	–	**Polycnemum**	**arvense aggr.**		4.5	I	4	I	4	I	1	I	1	3	I	3	I			1	I	3	I
4433	312100	35.1.2	**Polycnemum**		**arvense**	4.5	I	4	I	4	I	1	I	1	3	I	3	I			1	I	3	I
4434	–	35.1.3	**Polycnemum**		**verrucosum**	4.5	I	3	I	4	I	2	I	1	3	I	3	I			3	I	3	I
4435	312200	35.1.1	**Polycnemum**	**majus**		4.5	I	4	I	4	I	1	I	1	4	I	3	I			1	I	5	I
4436	–	–	**Polygala**	**alpestris aggr.**		2	II	3	I	4	I	3	I	1	4	II	2	I			3	I	3	I
4437	312300	84.1.8	**Polygala**		**alpestris**	2	I	3	I	4	I	3	I	1	4	II	2	I		m	3	I	3	I
4438	–	–	**Polygala**		**croatica**	2.5	I	3	I	4	I	3	I	1	4	I	2	I			3	I	3	I
4439	312400	84.1.13	**Polygala**	**alpina**		1.5	I	4	I	4	I	2	I	1	3	I	2	I			3	I	3	I
4440	–	–	**Polygala**	**amara aggr.**		3	II	3	II	4	I	x	–	3	4	II	2	I			3	II	1	I
4441	312450	84.1.11	**Polygala**		**amara**	3	II	4	I	4	I	3	I	3	5	I	2	I			5	II	1	I
4442	312500	84.1.12	**Polygala**		**amarella**	3	II	3	I	4	I	3.5	II	3	4	I	2	I		m	5	II	1	I
4443	–	–	**Polygala**		**amblyptera**	3.5	II	4	I	4	I	2	II	3	4	I	2	I			3	I	1	I
4444	312600	84.1.10	**Polygala**	**calcarea**		4	I	1	I	4	I	1.5	I	2	5	I	2	I			3	I	3	I
4445	312700	84.1.1	**Polygala**	**chamaebuxus**		2.5	II	3	I	3	I	2	I	2	4	II	2	I		m	3	I	3	I
4446	–	–	**Polygala**	**comosa aggr.**		4	II	4	I	3	II	2	I	2	3	II	2	I			3	I	3	I
4447	313000	84.1.5.3	**Polygala**		**carniolica**	4	I	4	I	4	I	2	I	2	3	I	2	I			3	I	3	I
4448	312800	84.1.6	**Polygala**		**comosa**	3.5	II	4	I	4	I	2	I	2	4	II	2	I		m	3	I	3	I
4449	–	84.1.5.2	**Polygala**		**gariodiana**	4	II	4	I	4	I	1.5	I	1	4	I	2	I			3	I	3	II

Strategien					Biologisches Verhalten										Vorkommen						Pflanzengesellschaften			Literatur			
LF	BD	WT	RO	KS	DA	VA	FS	MA	BZ	BS	MV	SU	DG	GI	GV	LR	EG	AE	EM	VE	1	2	3	BL	SL	TB	SEN
n	i		Wh	ccc	En	Sr	di	r12	4-6		–		2	h	C2	7.3 7.6 9.4	–	I	2	=			13.6	k m			4361
n-p	s		Wh	ccc	En	Sr	di	r12	4-7		–		2	h	C2	7.4 7.6 9.3 9.4	–	I	2	=			13.6				4362
t.li	s w		–	crr	At	Kv	sb zw	p1	5-8	au (me)	–		2	e	B6a		–	A/Ja	4	=						H	4363
t.li	s w		–	crr	At	Kv	zw		5-8		–		2	e	C2	2.1 2.2 2.9	7	A	4	=			2.3				4364
t.li	s w		–	crr	At	Kv	zw		5-8		–		2	e	B6a	2.2 6.7 7.4 9.3	6	A	2	>			13.312				4365
t.li	s w		–	crr	At	Kv	zw		5-8		–		2	e	C2	2.1 2.2 2.9	7	Ja	4	=			2.3				4366
n	i		Wh	ccc	Bo	Sr	zw		3-5		–		3		A4b	2.2 2.9	1	N	4	<			?	k m			4367
h	w		Wh	css	En	Sr	zw	p23	5-10		2		2	h e	D3		–	I/N	2	=						B	4368
h	w		Wh	css	En	Sr	zw		5-7	an (me) (my)*	2		2	h e	E3	3.3 6.5 6.6 7.1	2	I	1	=	10.4	11.244					4369
h	w		Wh	css	En	Sr	zw		5-9		2		2	h e	E2	3.2 3.3 6.2	–	I	2	=			9.12	c k m			4370
h	w	3	Wh	css	En	Sr	zw		5-10	an	2		2	h e	D3	2.2	7	I/N	3	=			7.2312	c h k			4371
h	w	3	Wh	css	En	Sr	zw		5-8	an en	2		2	h e	E3	2.2 3.2 6.2 6.5	3	I	2	=	4.122	10.4					4372
t	s		–	crr	En Ep	Kv	zw		6-9	an my	2		2	h e	B6a	2.1 2.2 3.1 6.3	6	I/N	5	>			2.344				4373
h	s		Wh	css	En	Sr	zw		5-8	an	2		2	h e	E1a		–	I	1	=					115		4374
h	s		Wh	css	En	Sr	zw		5-8		2		2	h e	E1	3.3 6.3 6.5 6.6	2	I	1	=	10.21	11.244					4375
h	s		Wh	css	En	Sr	zw		6-8		2		2	h e	E2d	2.2 3.3 6.2 6.5	–	I	1	=			9.142	a f k			4376
h-t	w s		Wv	crs	En	Kv	zw		4-10	an	2		2	e	C1	2.2 2.2 6.3	–	I/N	2	>			2.351	k m			4377
t	s		–	rrs	En	Kv	zw		4-6	an	2		2	e	C2	2.1 2.2 6.1	–	I	3	=			2.342	k m			4378
h	t		Rh Wv	crs	En My	Sr	zw	p3	5-9	an me (my)	4		2	h e	B6		–	I	3	=						B	4379
h	t		Rh Wv	crs	En Dy	Sr	zw		5-8		4		2	h e	D1b	2.5 6.3 9.2	–	I	3	=			11.232	k			4380
h	t		Rh Wv	crs	En Dy	Sr	zw		5-8		3		2	h e	E2	3.2 6.2 7.3 9.3	–	I	2	=			9.1				4381
h	t	2.5	Rh Wv	crs	En Dy	Sr	di zw	p3	4-9		4	3	3	h e	B6	2.1 2.2 6.3 6.5	8	I	3	=	11.2	9.135				A	4382
h	t		Rh	crs	En Ep	Sr	zw	p2	6-10	an au	3		3	h e	B3		–	I	3	=					626	B	4383
k-t	t	1.5	Rh	crs	En Ep	Sr	zw		6-10		3		2	h e	B3	2.1 2.2 2.5	7	I	3	>	2.211	11.2					4384
h	t	2.5	Rh	crs	En Ep	Sr	zw	p2	6-10		3	4	3	h e	B4b	2.2 2.6 2.7 6.3	7	I	3	=	11.2	2.3	5.1			A	4385
h	w	3	Wh	crs	En My	Sr	cl zw	p4	5-8	an me au my*	2	2	2	e	E3	2.2 6.2 6.3 6.5	6	I	3	=	9.135	11.2					4386
c	w		Wh	crs	En	Kv	zw	p13	5-8	an?	–		2	e	D1a	3.1 3.2 6.2 9.3	–	I/N	5	=			9.1				4387
g	s	1	Wk	crs	Me	Kv	zw		5-7	ph sp	2		1	e	B6b	6.2 9.1 9.2 9.3	5	I	2	>*	9.135	14.7312	14.211				4388
g	s		Wk	crs	Me	Kv	zw		5-7	ph	2		1	e	D3	2.6 6.3 9.1 9.2	5	I	2	>*	14.7	11.231	10.212				4389
p	s		Wh	ccc	Me	Kv	mo	>300*	5	an	–		3		D1	2.9	1	Jn	5	<			?			H	4390
p	s		Wh	ccc	Me	Kv	mo	2000*	5	an	–		1		C2b	2.9	1	N	5	=			?				4391
k	s		Wv	ccc	Hy	Kv	ve	p3	5-8	en	–		2	e	E4	6.5 6.7 7.2 9.2	3	I	1	=			11.11				4392
z	s		Wh	ccs	Bo	Kv	zw		7-10		–		3	h	C2	2.2 2.9 3.2 6.2	–	I	3	=			5.111?	g k m			4393
h	t	1.5	Rs	crs	Me Ep	Ho Sb	fa zw		6-9	an	3		3	e	B5	2.4 6.3 6.5 6.6	2	I	2	=	11.244	10.4	10.21				4394
h-t	w		–	crs	Me En	Au Sr	zw		1-12		5		3	e	B4		–	I/N	2-4	=						B	4395
h-t	w s	1.5	–	crr	Me En	Au Sr	zw		1-12	au an	5	3	3	e	B4	2.1 2.2 2.5 6.3	7	I	3	=	2.351	5.1	11.2		380	A	4396
t	w		–	rrr	Me En	Kv	zw		3-5		5		3	e	C2	2.1 2.2 2.5	–	N	4	=			2.35		572		4397
h	w	1	Rs	crs	Me En	Au Sr	zw		4-7	an	5		4	e	B4b	2.2 2.4 4.1 6.3	2	I	2	=	5.121	11.244			260		4398
h	w		Rs	crs	Me	Ho	zw		6-8	an	1		2	e	E1		–	I	1	>							4399
h	w	1	Rs	crs	Me	Ho	zw		6-8	an	1		2	e	E1	3.1 6.2	6	I	1	>			4.1				4400
h	w		Rs	crs	Me	Ho	zw		6-8	an	1		4	e	E1	3.1 6.2 6.5 9.1	2	I	1	>	4.122	9.1					4401
h	w		Rs	crs	Me	Ho	zw		6-8	an	1		2	e	E4	3.2 3.3 6.2 6.5	–	I	1	>			10.211?	k m			4402
h	w		Zw	crs	Me	Ho Sb	zw		4-7	an	2		3	e	B6a		–	I/N	1-3	<=							4403
g-h	t	1	Zw	crs	Ep Me	Ho Sb	fa zw		4-6	an	2		3	e	B6a	2.2 3.1 6.1 6.2	7	I/N	3	<	4.122	9.131					4404
g-h	t	1	Zw	crs	Me	Ho Sb	zw		4-7	an	2		3	e	F3	3.1 3.3 6.2 6.5	6	I	1	=	9.113	9.11					4405
g	s		Rs	css	Ep	Au Sr	zw		7-8	an	1		3	e	F1	2.5 3.2 3.3	2	I	1	=	3.31						4406
h	s		Rs	ccs	Me Ep	Ho Kt	zw		5-8	an	2		3	e	B4		–	I/N	2	=>					142		4407
h	s		Rs	ccs	Me Ep	Ho Kt	zw		5-8	an	3		3	e	E1	6.3 7.1 7.2 9.1	1	I/N	2	=	11.242	14.31212	11.512				4408
h	s		Rs	crs	Me Ep	Ho Kt	zw		7-8	an	2		3	e	E4	7.2 8.1 8.2 9.2	1	I	1	=	11.514	13.411					4409
h	s		Rs	ccs	Me	Ho Kt	zw		6-7	an	2		3	e	B4b	4.2 7.2 7.4 9.2	6	I	1	>	14.72						4410
g-h	t	1.5	Rs	crs	Me	Au Sr	fa zw		6-8	an	2		3	e	B6	2.2 3.1 3.3 6.2	7	I/N	4	<			5.2				4411
h	t		Rs	crs	Ep	Ho Sr	fa zw		6-7	an	2		2	e	B5	2.5 3.2 3.3 6.5	6	I	1	=	3.311	3.211					4412
h	s		Rs	css	Me	Ho Sr	zw		7-8	an	–		3	e	E1		–	I	1	=							4413
h	s		Rs	css	Me	Au Ho	zw		7-8	an	–		3	e	E1	3.2 3.3	2	I	1	=	3.341						4414
h	s		Rs	css	Me Ep	Au Ho	zw		7-8	an	–		3	e	E1	2.5 3.2 3.3 6.5	2	I	1	=	3.311						4415
h	t	1	Rs	crs	Me	Ho Sr	fa zw		6-7	an	–		3	e	B4	6.7 9.1 9.2 9.3	1	I	2	=	14.73	14.811	13.312				4416
h	s		Rs	crs	Me	Ho Kt	zw		5-7	an	2		3	e	B3		–	I	2	>							4417
h	s		Rs	crs	Me	Sr	zw		5-7	an	2		3	e	E2b	2.6 3.3 6.2 9.4	–	I	2	>			14.9	m			4418
h	s	1.5	Rs	crs	Me	Ho Kt	zw		6-8	an	3		3	e	B3	1.3 1.4 6.3 7.2	5	I	2	>	6.112	6.111					4419
h	w		Rs	crs	Ep En	Au Sr	fa zw		4-7	an	4		3	e	B3		–	I/N	3	=						B H	4420
h	w	3	Rs	crs	Ep En	Ho Sr	zw		4-7	an	4		3	e	B4	2.2 6.2 6.3 6.7	6	I	3	=	9.135	5.211	11.1				4421
h	w		Rs	crs	Ep En	Au Sr	zw		5-7	an	4		3	e	D2	2.5 2.6 6.3 6.7	–	I/N	4	<			11.21?	c i l	280		4422
h	w	2.5	Rs	crs	Ep En	Au Sr	zw		5-7	an	5	4	3	e	B3	2.6 6.2 6.3 6.5	8	I	3	=	11.241	11.242					4423
h	w		Rs	crs	Ep En	Au Sr	zw		6-7	an	4		3	e	E4	2.6 6.7 7.4 9.2	–	I	2	=			14.73	c m			4424
h	w		Rs	crs	Ep En	Ao Sr	zw		6-7	an	4		3	e	B3		–	I	3	=							4425
h	w		Sk	crs	Ep En	Ao Sr	zw		6-7	an	3		3	e	C1	6.3 7.4 9.2	1	I	2	=			11.2?				4426
h	w	2.5	Rs	crs	Ep En	Ao Sr	zw		6-7	an	4	4	4	e	B3	2.1 2.5 6.3 9.2	8	I	3	=	11.2	14.721	14.712				4427
h	t		Rs	css	Me	Ho Sr	zw		7-8	an	2		2	e	E1	3.2 3.3 6.5 7.1	2	I	1	=	10.421	10.412					4428
t	s		–	rrr	Bo	Kv	zw		6-10		–		4		A2b	2.2 2.5	–	N	3	<			2.3?	k			4429
h	t		Rh	crs	Bo	Sr	zw	r3	6-8	me	2		3		B6b	2.2 4.2 6.3 7.2	2	I/N	2	=	11.321	5.11					4430
t	s		–	rrr	Bo	Kv	cl zw		6-9	au	–		2		C2	2.1 2.2 3.1 3.2	7	I/N	4	<			2.351				4431
t	s		–	rrr	Bo	Kv	zw		7-9	an	–		2	e	B6a		–	I/A	3-4	>						B	4432
t	s		–	rrr	Bo	Kv	zw	d	7-9		–		2	e	B6a	2.1 2.2 6.2	7	I/A	4	>			2.312				4433
t	s		–	rrr	Bo	Kv	zw		8-9		–		2	e	D1b	2.1 2.2 6.2	–	I	3	>			2.32	c m			4434
t	w	3	–	rrr	Bo	Kv	zw	d	7-9	an	–		2	e	B6a	2.1 2.2 2.5 2.7	7	I/N	4	>			2.312				4435
h	t		Rs	ccs	My Me	Sr	zw		6-7		2		1		E1		–	I	1-2	=					334	B	4436
h	t		Rs	ccs	My Me	Sr	zw	p9	6-7	au ps	3		1		E1	3.4 6.5 7.1 8.2	2	I	1	=	10.21	10.412	11.244				4437
h	t		Rs	ccs	My Me	Sr	zw		6-7		2		1		E2c	3.2 3.3 6.2 6.5	–	I	2	=			10.2?	m			4438
h	w		Rs	css	My Me	Sr	zw		6-8		2		1		E3	6.2 6.5	2	I	1	=			10.211				4439
h	w		Wh	css	My Me	Sr	zw		4-7	au me	2		1	h	D5		–	I	2	>					334	B D	4440
h	w		Rs	css	My Me	Sr	zw		4-6		2		1	h	F8	4.1 6.2 6.5 8.2	–	I	2	>			10.2				4441
h	w	1	Rs	css	My Me	Sr	zw		4-7		2		1	h	D5	4.1 5.1 6.2 6.3	5	I	2	>	9.135	7.23					4442
h	w		Rs	css	My Me	Sr	zw		4-6		1		1	h	E4b	3.2 6.2 6.5 9.1	6	I	1	>			10.2	c g i			4443
c-h	w		Rs	css	My Me	Kt	zw		4-6	au me en	1		2	h	D2	3.1 6.2 6.5 6.7	6	I	1	>			9.13				4444
z	i	1	Rh	ccs	My Me	Ao	zw	p33	3-6	au me	1		3		E4	6.5 7.1 8.2 9.1	2	I	1	>*	14.211	10.21	14.31227				4445
h	t		Rs	css	My Me	Sr	zw		4-7		2		1		B6a		–	I	2	>					334	B D	4446
h	t		Rs	css	My Me	Sr	zw	p4	5-7		2		1		D1	6.2 6.5 6.7 9.3	6	I	2	>			9.1	c			4447
h	t	2	Rs	css	My Me	Sr	zw	p6	5-7	me au	2		1		B6a	6.2 6.5 6.7	6	I	2	>	9.1						4448
h	t		Rs	css	My Me	Sr	zw		4-7		2		1		F2a	3.2 6.2 6.7 7.4	–	I	2	>			9.134	k m			4449

Nummern			Taxa			Klima						Boden												
SEN	**SIN**	**FAN**	**Gattung**	**Aggregat/Einzelart**	**Kleinart**	**T**	**v**	**K**	**v**	**L**	**v**	**F**	**v**	**W**	**R**	**v**	**N**	**v**	**S**	**M**	**H**	**v**	**D**	**v**
4450	–	84.1.5.1	**Polygala**		**nicaeensis**	4	II	4	I	4	I	1.5	I	1	4	I	2	I		m	3	I	3	I
4451	–	84.1.2	**Polygala**	**exilis**		5	I	2	I	4	I	3.5	I	3	3	I	2	I			3	I	3	I
4452	–	84.1.4	**Polygala**	**major**		4.5	II	4	I	4	I	1.5	I	3	4	I	3	I		m	3	I	3	II
4453	–	84.1.3	**Polygala**	**monspeliaca**		5	I	3	I	4	I	1.5	I	1	4	I	2	I		m	3	I	3	I
4454	313100	84.1.9	**Polygala**	**serpyllifolia**		3	I	1	I	4	I	3.5	I	3	2	I	2	I	s		5	II	1	I
4455	–	–	**Polygala**	**vulgaris aggr.**		3.5	II	x	–	4	I	x	–	3	x	–	2	I			3	II	1	II
4456	–	–	**Polygala**		**calliptera**	3.5	I	2	I	4	I	2	I	3	4	I	2	I			3	I	1	II
4457	313300	84.1.7.2	**Polygala**		**oxyptera**	3	II	3	I	4	I	3.5	I	3	2	I	2	I			5	I	1	I
4458	–	–	**Polygala**		**subcollina**	3.5	I	1	I	4	I	2.5	I	3	2	I	2	I	s		3	I	3	I
4459	313200	84.1.7.1	**Polygala**		**vulgaris**	3.5	II	4	I	4	I	2	I	3	2	I	2	I		m	3	I	3	I
4460	–	143.27.2	**Polygonatum**	**latifolium**		4	I	4	I	3	I	3	I	3	4	I	3	I			5	I	1	II
4461	313400	143.27.3	**Polygonatum**	**multiflorum**		3.5	I	3	I	2	I	3	I	1	4	I	3	I			3	I	3	I
4462	313500	143.27.4	**Polygonatum**	**odoratum**		3	II	4	I	3	I	2	I	2	4	II	3	I		m	3	II	3	II
4463	313700	143.27.1	**Polygonatum**	**verticillatum**		2.5	I	2	I	2	I	3.5	I	2	3	I	3	I			3	I	3	I
4464	313900	39.1.16	**Polygonum**	**alpinum**		2.5	I	3	I	4	I	3.5	I	1	2	I	4	I		m	3	I	3	I
4465	314000	39.1.10	**Polygonum**	**amphibium**		3.5	I	3	I	4	I	4.5	II	3	3	II	3	I	s		3	I	1	I
4466	–	–	**Polygonum**	**aviculare aggr.**		x	–	3	II	4	I	3	II	2	3	I	4	I	s		3	I	3	II
4467	314100	39.1.4	**Polygonum**		**arenastrum**	3.5	I	3	I	4	I	3	I	3	3	I	4	I			3	I	1	I
4468	314200	39.1.2	**Polygonum**		**aviculare**	4	I	2	I	4	I	3.5	I	1	3	I	4	I	s	m	3	I	3	I
4469	–	39.1.1	**Polygonum**		**bellardii**	5	II	3	I	4	I	2	II	1	4	I	4	I	s	m	3	I	3	I
4470	–	–	**Polygonum**		**calcatum**	4.5	I	3	I	4	I	2	I	2	3	I	4	I			3	I	3	I
4471	314400	39.1.14	**Polygonum**	**bistorta**		2.5	II	3	I	3	I	4	I	2	3	I	4	I			5	II	1	I
4472	–	39.1.13	**Polygonum**	**capitatum**		4.5	I	2	I	3	I	2.5	I	1	3	I	3	I			3	I	3	I
4473	–	–	**Polygonum**	**hydropiper aggr.**		3.5	II	2	II	3	I	4	I	3	3	II	4	I			3	I	1	II
4474	314900	39.1.7	**Polygonum**		**hydropiper**	3.5	I	3	I	3	I	4	I	3	3	II	4	I		m	3	I	1	I
4475	315300	39.1.5	**Polygonum**		**minus**	4	I	2	I	3	I	4	I	2	3	I	4	I		m	3	I	1	I
4476	315400	39.1.6	**Polygonum**		**mite**	4	I	2	I	3	I	4	I	3	4	I	4	I		m	3	I	1	I
4477	–	39.1.9	**Polygonum**	**lapathifolium aggr.**		3.5	II	x	–	4	I	3.5	II	2	3	II	4	II			3	II	1	II
4478	315100	–	**Polygonum**		**brittingeri**	4	I	2	I	4	I	4	I	3	4	I	4	I			1	I	1	I
4479	315000	–	**Polygonum**		**lapathifolium**	3.5	I	2	I	4	I	3.5	I	2	3	I	5	I	s	m	3	I	3	I
4480	–	–	**Polygonum**		**leptocladum**	3.5	I	4	I	4	I	3	I	2	3	I	4	I			3	I	3	I
4481	–	–	**Polygonum**		**pallidum**	3.5	I	3	I	4	I	3.5	I	3	3	I	4	I			3	I	1	I
4482	–	–	**Polygonum**		**pensylvanicum**	4.5	I	2	I	4	I	3.5	I	3	3	I	4	I			3	I	1	I
4483	–	39.1.12	**Polygonum**	**nepalense**		4	I	4	I	3	II	3	II	3	4	I	3	I			3	II	3	II
4484	315500	39.1.11	**Polygonum**	**orientale**		5	I	2	I	3	I	4	I	2	2	I	4	II			3	I	1	I
4485	315600	39.1.8	**Polygonum**	**persicaria**		3.5	II	3	I	4	I	3	II	2	3	II	4	I			3	I	1	II
4486	315700	39.1.17	**Polygonum**	**polystachyum**		4.5	I	3	I	3	I	3.5	I	2	3	I	4	I			3	I	1	I
4487	315800	39.1.15	**Polygonum**	**viviparum**		1.5	I	3	I	4	I	3	II	2	3	II	2	I		m	3	I	3	I
4488	–	–	**Polypodium**	**vulgare aggr.**		x	–	2	I	3	I	2.5	I	1	x	–	2	I			1	I	5	I
4489	316000	7.7.1	**Polypodium**		**cambricum**	5	I	2	I	3	I	3	I	1	4	I	2	I			1	I	5	I
4490	316100	7.7.3	**Polypodium**		**interjectum**	4.5	I	2	I	3	I	2.5	I	1	3	I	2	I			1	I	5	I
4491	316400	7.7.2	**Polypodium**		**vulgare**	3	II	2	I	3	I	2.5	I	1	2	I	2	I		m	1	I	5	I
4492	316450	139.49.1	**Polypogon**	**monspeliensis**		5	I	2	I	4	I	4	I	3	4	I	3	I	ss		1	I	3	I
4493	–	139.49.2	**Polypogon**	**viridis**		5	I	2	I	4	I	4	I	3	3	I	3	I			3	I	1	I
4494	316500	7.18.2	**Polystichum**	**aculeatum**		3	I	2	I	3	I	3.5	I	1	3	I	3	I		m	5	I	3	I
4495	316600	7.18.4	**Polystichum**	**braunii**		3	I	2	I	2	I	3.5	I	1	2	I	3	I			5	I	3	I
4496	316800	7.18.1	**Polystichum**	**lonchitis**		2.5	I	2	I	2	I	3	I	1	4	I	3	I			3	I	5	I
4497	316900	7.18.3	**Polystichum**	**setiferum**		4.5	I	2	I	2	I	3.5	I	1	2	I	2	I			5	I	3	I
4498	317000	142.1.1	**Pontederia**	**cordata**		5	I	2	I	3	I	5	I	3	3	I	3	I			3	I	1	I
4499	317100	52.2.1	**Populus**	**alba**		4.5	I	3	I	4	I	3.5	II	3	4	I	4	I			3	I	1	I
4500	317600	52.2.2	**Populus**	**canescens**		4	II	3	II	3	I	3	II	3	4	II	3	I			3	I	1	II
4501	–	–	**Populus**	**deltoides**		4.5	I	3	I	4	I	3.5	I	3	3	I	4	I			3	I	1	I
4502	–	–	**Populus**	**nigra aggr.**		4	I	3	I	3	I	4	I	3	3	II	4	I			3	I	1	I
4503	317400	52.2.4.2	**Populus**		**italica**	4	I	3	I	3	I	4	I	3	3	I	4	I			3	I	1	I
4504	317300	52.2.4.1	**Populus**		**nigra**	4	I	3	I	3	I	4	I	3	4	I	4	I			3	I	1	I
4505	317500	52.2.3	**Populus**	**tremula**		3	II	3	I	4	I	3	II	3	3	I	3	I		m	3	I	1	II
4506	–	37.1.2	**Portulaca**	**grandiflora**		5	I	3	I	5	I	2	I	1	3	I	3	I			1	I	5	I
4507	–	–	**Portulaca**	**oleracea aggr.**		4.5	I	3	I	4	I	2.5	II	2	3	II	4	I			3	I	1	II
4508	317700	37.1.1.1	**Portulaca**		**oleracea**	4.5	I	3	I	4	I	2.5	I	2	4	I	4	I	s		3	I	1	I
4509	317800	37.1.1.2	**Portulaca**		**sativa**	4.5	I	3	I	4	I	3	I	1	3	I	4	I			3	I	3	I
4510	318100	130.1.9	**Potamogeton**	**alpinus**		3	I	3	I	4	I	5v	I	2	2	I	2	I	s		3	I	1	I
4511	318300	130.1.3	**Potamogeton**	**coloratus**		4.5	I	2	I	4	I	5u	I	1	4	I	2	I			5	I	1	I
4512	–	–	**Potamogeton**	**compressus aggr.**		4	II	2	II	4	II	5u	I	2	4	II	3	II			3	II	1	I
4513	318000	130.1.17	**Potamogeton**		**acutifolius**	4.5	I	2	I	4	I	5u	I	1	4	I	4	I	s		3	I	1	I
4514	318400	–	**Potamogeton**		**compressus**	3.5	I	3	I	4	I	5u	I	1	4	I	3	II			3	I	1	I
4515	318800	130.1.12	**Potamogeton**		**friesii**	4	I	2	I	4	I	5u	I	1	4	I	3	I			3	I	1	I
4516	319500	130.1.14	**Potamogeton**		**obtusifolius**	4	I	2	I	4	I	5u	I	2	3	I	3	I			3	I	1	I
4517	320400	130.1.16	**Potamogeton**		**trichoides**	3.5	I	2	I	4	I	5u	I	1	4	I	3	I			3	I	1	I
4518	318500	130.1.18	**Potamogeton**	**crispus**		4	I	4	I	3	I	5u	I	2	3	I	3	II	s		3	I	1	I
4519	318900	130.1.7	**Potamogeton**	**gramineus**		3	II	3	I	4	I	5v	II	1	4	I	2	I			3	I	1	I
4520	319100	130.1.5	**Potamogeton**	**lucens**		3.5	I	3	I	3	I	5u	I	1	4	I	3	I	s		3	I	1	I
4521	–	–	**Potamogeton**	**natans aggr.**		4	II	x	–	4	I	5v	I	2	x	–	3	II			3	II	1	I
4522	319200	130.1.1	**Potamogeton**		**natans**	3.5	II	3	I	4	I	5v	I	2	3	II	3	I			3	I	1	I
4523	319300	130.1.4	**Potamogeton**		**nodosus**	4	I	2	I	4	I	5v^	I	1	4	I	3	I			3	I	1	I
4524	320000	130.1.2	**Potamogeton**		**polygonifolius**	4.5	I	1	I	4	I	5v	I	2	2	I	2	I			3	I	1	I
4525	–	–	**Potamogeton**	**pectinatus aggr.**		3.5	II	3	I	3	II	5u	I	1	4	II	x	–			3	I	1	I
4526	318700	130.1.19	**Potamogeton**		**filiformis**	3.5	I	3	I	4	I	5u	I	1	3	I	2	I	s		3	I	1	I
4527	319000	130.1.21	**Potamogeton**		**helveticus**	4	I	3	I	3	I	5u	I	1	4	I	3	II			3	I	1	I
4528	319700	130.1.20	**Potamogeton**		**pectinatus**	3.5	I	3	I	3	I	5u	I	1	4	I	4	I	s		3	I	1	I
4529	319800	130.1.11	**Potamogeton**	**perfoliatus**		3	I	3	I	3	I	5u	I	1	4	I	3	I	s		3	I	1	I
4530	320100	130.1.10	**Potamogeton**	**praelongus**		2.5	II	3	I	3	I	5u	I	1	3	I	2	I	s		3	I	1	I
4531	–	–	**Potamogeton**	**pusillus aggr.**		3.5	II	3	I	3	I	5u	I	1	4	I	3	II	s		3	I	1	I
4532	318200	130.1.15	**Potamogeton**		**berchtoldii**	3.5	II	3	I	3	I	5u	I	1	4	I	4	I			3	I	1	I
4533	320200	130.1.13	**Potamogeton**		**panormitanus**	4	I	2	I	3	I	5u	I	1	4	I	3	I	s		3	I	1	I
4534	320700	63.13.37	**Potentilla**	**alba**		4.5	I	4	I	3	I	2.5	II	3	2	I	3	I		m	5	I	3	I
4535	320900	63.13.3	**Potentilla**	**anserina**		3	I	3	I	4	I	3	I	3	3	I	4	I	s		3	I	1	I
4536	–	–	**Potentilla**	**argentea aggr.**		x	–	4	II	4	I	1.5	I	2	3	II	2	I			1	II	1	II
4537	321100	63.13.8	**Potentilla**		**argentea**	3	I	4	I	4	I	1.5	I	2	3	II	2	I		m	1	I	1	I
4538	322900	63.13.10	**Potentilla**		**inclinata**	4.5	I	5	I	4	I	1	I	1	3	I	2	I			1	I	3	I

Strategien					Biologisches Verhalten										Vorkommen						Pflanzengesellschaften			Literatur			
LF	BD	WT	RO	KS	DA	VA	FS	MA	BZ	BS	MV	SU	DG	GI	GV	LR	EG	AE	EM	VE	1	2	3	BL	SL	TB	SEN
h	t		Rs	css	My Me	Sr	zw		5-7		2		1		C2	6.2 6.7 7.3 7.4	–	I	2	>			9.1				4450
t	t		Rs	rrs	My Me	Kv	zw		5-9		1		1		D1a	1.4 2.5 6.2 6.3	–	I	3	>			9.131?	f k m			4451
h	s		Wv	css	My Me	Sr	zw		6-7		1		1		C2b	6.2 6.7	–	I	2	>			9.11	c k m			4452
t	s		–	rss	My Me	Kv	zw		4-6		1		1		C2	3.1 6.1 6.2 7.3	–	I	3	>			4.21	k m			4453
c	w		Rs	css	My Me	Sr	zw		5-9	au me	2		1		D2	4.1 5.1 6.4 7.1	5	I	2	>	10.412						4454
h	t		Rs	css	My Me	Sr	zw		5-7	me au le	2		1		D3		–	I	2	>	9.135	11.231			334	B D	4455
h	t		Rs	css	My Me	Sr	zw		5-7		2		1		E3b	6.2 6.7	–	I	2	>			9.1				4456
h	t		Rs	css	My Me	Sr	zw		6-7		2		1		D3a	6.2 6.4 6.7 7.1	6	I	2	>*			12.211				4457
h	t		Rs	css	My Me	Sr	zw		5-7		2		1		D2	6.4 7.1	–	I	2	>			10.1				4458
h	t		Rs	css	My Me	Sr	zw		5-7		2		1		D3	6.2 6.4 6.7 7.4	6	I	2	>			9.13				4459
g	s		Rh	css	En Dy	Sr	zw		5-6		–		2	mg e	D1b	2.7 7.4 9.2	–	I	1	>			14.7	c m			4460
g	s	2	Rh	crs	En Dy	Kv	zw		4-6	me my	–		3	mg e	B4	2.6 7.2 7.4 9.2	1	I	1	=	14.73	14.735					4461
g	s		Rh	crs	En Dy	Kv	zw	r8	5-6	me	1		2	mg h e	B4b	6.7 9.1 9.2 9.3	6	I	1	>*	11.111	14.811	14.81101				4462
g	s	2	Rh	crs	En Dy	Kv	zw		5-7	au me le	–		3	mg e	B6b	7.2 8.1 9.1 9.2	1	I	1	=	13.411	14.312	14.73				4463
g	s		Rh	ccs	En Dy	Sr	zw		6-7		3		3		B4b	6.3 7.2 8.1 9.1	2	I	2	=	11.242	13.4	12.312				4464
a-g	s	3.5	Rh	crs	En Dy	Au	ve zw		6-9	my me ps	3		4	e	B3	1.1 1.3 1.4 6.3	5	I	2	=	1.312	6.111	11.212		623		4465
t	s		–	rrr	En Dy	Kv	sb zw		5-10	au	2		3	mg h e	B3		–	I/A/N	3-5	=					552, 718	B C	4466
t	s	2.5	–	rrr	En Dy	Kv	sb zw		6-10	au	2		3	mg h e	B3	2.1 2.2	–	I/N	3	=			2.35		252		4467
t	s	2.5	–	rrr	En Dy	Kv	sb zw	p4	5-7	au	2	5	3	mg h e	B6	2.1 2.2 2.7	7	I/N	3	=	2.351	2.11					4468
t	s		–	rrr	En Dy	Kv	sb zw		5-10	au	–		3	mg h e	C2	2.1 2.2	–	I	3	=			2.3	c k			4469
t	s		–	rrr	En Dy	Kt	sb zw		6-10	au	–		3	mg h e	C2	2.2 2.7	7	A/N	5	<			2.35	g l			4470
h	t	2.5	Rh	ccs	En Dy	Au	zw	p2	5-8	me	3	3	4	h e	B4b	2.4 4.2 6.3 7.2	2	I	2	>*	11.242	11.233	5.121				4471
g	s		Rs	crs	En Dy	Kt	zw		5-7		–		3		A4b	2.2 2.9	–	N	4	<			?				4472
t	s		–	crr	Dy	Kv	zw	p2	7-10		–		3		B4		–	I	2	=>					622		4473
t	s	3.5	–	crr	Dy	Kv	cl zw		7-10	au	–	5	3	mg h e	B4	1.4 2.1 2.2 2.5	7	I	2	=			2.11				4474
t	s		–	crr	Dy	Kv	zw	p2	7-10	au my	–		2	e	B6b	1.4 2.1 2.2 2.5	7	I	2	>			2.11				4475
t	s		–	crr	Dy	Kv	zw	p1	7-10	au	–		2	e	D3	1.4 2.1 2.2 2.5	7	I	2	=	2.11						4476
t	s		–	crr	En Dy	Kv	sb zw	p1	7-10	au my	–		3	e	B4		–	I/N/Jn	2-4	<>					927, 928	B C	4477
t	s		–	crr	En Dy	Kv	sb zw		7-10		–		3	e	D3a	1.4 2.2 2.5	3	I	2	>			2.112				4478
t	s	3.5	–	crr	En Dy	Kv	sb zw		7-10		–	4	3	e	D3	1.4 2.1 2.2 2.5	7	I	3	=			2.11				4479
t	s		–	crr	En At	Kv	sb zw		6-8		–		3	e	D3	2.1	–	Jn	4	>			2.323	c i l			4480
t	s	1.5	–	crr	En Dy	Kv	sb zw		6-8		–		2	e	B6	1.4 2.1 2.2 2.5	–	Jn	4	=			2.3	c g l			4481
t	s		–	crr	En Dy	Kv	sb zw		7-9		–		2	e	A2c	2.2 2.5	–	N	4	<			2.3?	l			4482
t	s		–	rrr	Dy At	Kt	zw		8-9		–		3		A4b	2.2 2.5	–	N	3	<			13.211?	k			4483
t	s		–	crr	Dy At	Kv	zw		7-10		–		3		A4b	2.2 2.5 2.9 7.4	7	N	5	=			2.3				4484
t	s	2.5	–	crr	En Dy	Kv	zw		7-10	au me my	–	5	3	e	B2	1.4 2.1 2.2 2.5	7	I	3	<	2.3	11.21					4485
g	s		Rh	ccc	Me	Sr	zw	p2	7-10	??	3		4		A4b	2.2 7.4	7	Ns	4	<			5.1				4486
h	t	1	Rh	crs	Bo En	Sb	di zw	d	6-8	(au) (my) (me)*	2		2		B5	5.1 6.5 7.1 8.2	2	I	1	=	10.4	10.21	10.311				4487
h	w		Rh	css	Me	Kv	mo		5-12		–		3	h e	B4		–	I	1	=					597		4488
h	w		Rh	css	Me	Kv	mo		5-6		–		3	h e	C2	3.2 9.3	3	I	1	=			3.211				4489
h	w		Rh	css	Me	Kv	mo		8-12		–		3	h e	D3	3.2 9.2 9.3	3	I	1	=			3.212				4490
h	w		Rh	css	Me	Kv	mo		6-8		–		3	h e	B4c	3.2 3.3 9.1 9.2	3	I	1	=	14.411	14.31	3.2				4491
t	s		–	rrr	Me	Kv	zw		6-8	an	–		2		C2c	1.3 2.2 2.5	–	N	4	<?			2.112?	k m			4492
h	s		–	rrs	Me	Ao	zw		4-5	an	–		3		C2	1.4 2.1 2.2 2.5	–	N	4	<?			11.213	k m			4493
h	w		Rh	ccs	Me	Kv	mo		6-9		–		2	e	B4	3.3 8.1 9.2	1	I	1	=	14.735	14.731	14.413				4494
h	t		Rh	ccs	Me	Kv	mo		7-9		–		2	e	B4	3.3 8.1 9.2	1	I	1	=	14.731	14.73111	14.735				4495
h	w i		Rh	css	Me	Kv	mo		7-9		–		2	e	B3	3.2 3.3 9.1 9.2	1	I	1	=	3.31	14.73503	14.3122				4496
h	w		Rh	ccs	Me	Kv	mo		6-8		–		2	e	B4	9.2	1	I	1	=	14.731	14.735	14.73304				4497
g	s		Rh	ccs	Hy At	Au	zw		7-9	me	–		3		A0	1.1 1.3 2.9	5	N	2	=?			6.11				4498
p	s	4.5	Wh	ccc	Me	Ws	di	400*	3-4	an	–		2	e	B6a	2.9 9.2	1	N	3	=	14.72	14.71					4499
p	s		Wh	ccc	Me	Ws	di		3-4	an	–		2	e	B6	1.4 2.9 9.2	–	Jn	3	=			14.71			F	4500
p	s	4.5	Wh	ccc	Me	Ws	di		3-4	an	–		2	e	A2c	2.7 2.9 9.2	–	N	4	<			14.71	c d m			4501
p	s		Wh	ccc	Me	Ws	di		3-4		–		2	e	B6a		–	I/Ja	2-4	=						H	4502
p	s		Wh	ccc	Me	Ws	di		3-4	an	–		2	e	A4a	2.9 9.2	1	Ja	4	=			14.71				4503
p	s	3.5	Wh	ccc	Me	Ws	di	400*	3-4	an	–		2	h e	B6a	2.5 2.9 7.4 9.2	1	I	2	=	13.111	14.712					4504
p	s	4.5	Wh	ccc	Me	Ws	di	100*	3-4	an (or)	–		3	h e	B4b	7.4 8.1 8.2 9.2	1	I	2	=	13.321	13.31	14.4				4505
t	s		–	rrs	Bo Dy	Kv	zw		7-8	au	–		2	e	A1	2.5 2.9 3.5	–	N	2	=			3.241				4506
t	s		–	rrr	At My	Kv	zw	p2	6-9	au my	–		2	h e	C2b		–	A/Ja	5	<>				a k	683		4507
t	s	1.5	–	rrr	Bo My	Kv	zw		6-9		–	4	2	h e	C2b	2.1 2.2 2.5 2.7	7	A	5	<			2.3			A	4508
t	s		–	rrr	Bo At	Kv	zw		6-9		–		2	h e	C2b	2.1 2.9	7	Ja	5	>			2.3	a i k		H	4509
a	t		Rs Tu	css	Hy	Au Bz	zw		6-8	an	–		3	e	D5	1.1 1.2 1.3	4	I	1	>			1.311				4510
a	t		Rs	css	Hy	Au	zw		7-9	an	–		3	e	D2	1.1 1.2 1.3	4	I	1	>			1.3				4511
a	w		Rs Tu	sss	Hy	Au Sb	zw		6-9		–		3	e	B3		–	I	1	>						D	4512
a	w		Rs Tu	sss	Hy	Au Sb	zw		6-8	an	–		3	e	D3	1.1 1.2 1.3	4	I	1	>			1.311				4513
a	w		Rs Tu	sss	Hy	Au Sb	zw		6-8	an	–		3	e	B4b	1.1 1.3	–	I	1	>			1.311				4514
a	w		Rs Tu	sss	Hy	Au Sb	zw		6-7	an	–		3	e	B3	1.1 1.2 1.3	4	I	1	=			1.31				4515
a	w		Rs Tu	sss	Hy	Au Sb	zw		6-8	an	–		3	e	B3	1.1 1.2 1.3	4	I	1	>			1.311				4516
a	w		Rs Tu	sss	Hy	Au Sb	zw		6-9	an	–		3	e	B6	1.1 1.3	4	I	1	>			1.311				4517
a	s w*		Rs Tu	css	Hy Dy	Au Sb	zw		6-9	an	–		3	e	B4	1.1 1.2 1.3	4	I	2	=			1.31				4518
a	w		Rk Tu	css	Hy	Au Sb	zw		6-8	an	–		3	e	B3	1.1 1.2 1.3	4	I	1	>			1.311				4519
a	w	1	Rk Tu	css	Hy Dy	Au Bz	zw		6-8	an	–		4	e	B4b	1.1 1.2	4	I	1	=	1.312	1.313					4520
a	s w		Rk Tu	css	Hy Dy	Au	zw	d	6-9		–		3	e	B2		–	I	1	=>							4521
a	s w	1	Rk Tu	crs	Hy Dy	Au Sb	zw		5-8	an	–		4	e	B2	1.1 1.2	4	I	1	=	1.312						4522
a	s w		Rs Tu	crs	Hy Dy	Au Bz	zw		7-9	an	–		4	e	B3a	1.1 1.2	4	I	1	>			1.313				4523
a	s w		Rs	crs	Hy Dy	Au Bz	zw		6-8	an	–		3	e	C2c	1.1 1.2 1.3 1.4	4	I	1	>			1.4				4524
a	t		Rk	rss	Hy	Au	zw		7-10		–		3	e	B2		–	I	1	=>							4525
a	t		Rk Tu	rss	Hy	Au	zw		6-8	an	–		3	e	B3	1.1 1.2 1.3	4	I	1	>			1.311				4526
a	w		Rk	rss	Hy	Au	zw		9-10	an	–		3	e	D3?	1.1 1.2	4	I	1	>			1.313			E	4527
a	t		Rk Tu	rss	Hy Dy	Au	zw		7-8	an	–		3	e	B2	1.1 1.2 1.3	4	I	1	=			1.31			A	4528
a	w	1	Rs Tu	css	Hy Dy	Au Sb	zw	d	6-8	an	–		4	e	B2	1.1 1.2 1.3	4	I	1	=			1.31				4529
a	w		Rh Tu	css	Hy	Au Sb	zw		7-8	an	–		3	e	B3	1.1 1.2 1.3	4	I	1	>			1.311				4530
a	w		Rs Tu	rss	Hy Dy	Au Sb	zw		6-9		–		4	e	B3		–	I	1	>					82, 396	D	4531
a	w		Rs Tu	rss	Hy Dy	Au Sb	zw		6-9	an	–		4	e	B3	1.1 1.2 1.3	4	I	1	=			1.31				4532
a	w		Rs Tu	rss	Hy Dy	Au Sb	zw		6-9	an	–		4	e	B4c	1.1 1.2 1.3	4	I	1	>			1.31				4533
h	t	1.5	Rh	crs	My En	Sr	zw	>8	4-6	en	–		2		D3	6.7 9.1 9.2 9.3	6	I	2	>	14.811	9.115					4534
h	t	2	Wk	crs	My En	Ao	fa	r2	5-9	au ca my me*	4		3	h e	B3	1.4 2.2 2.5 6.3	7	I	3	=	11.212	2.351					4535
h	t		Wv	crs	Bo En	Sr	fa	p9	5-8	me my	2		2	e	B6		–	I	2-4	=>						G	4536
h	t	3	Wv	crs	Bo En	Sr	fa		6-8		2	4	2	e	B6	2.2 3.1 3.2 6.2	6	I	2-4	=	4.12	9.131					4537
h	t		Wv	crs	Bo En	Sr	fa		5-7		2		2	e	B6a	2.2 3.2 6.2 7.4	6	I	2	>			4.121				4538

Nummern			Taxa			Klima						Boden												
SEN	**SIN**	**FAN**	**Gattung**	**Aggregat/Einzelart**	**Kleinart**	**T**	**v**	**K**	**v**	**L**	**v**	**F**	**v**	**W**	**R**	**v**	**N**	**v**	**S**	**M**	**H**	**v**	**D**	**v**
4539	–	63.13.9	**Potentilla**		**neglecta**	4.5	I	4	I	4	I	1.5	I	1	3	I	2	I			3	I	3	I
4540	321300	63.13.23	**Potentilla**	**aurea**		1.5	II	3	I	4	I	2.5	I	1	2	I	2	I			3	I	3	I
4541	321400	63.13.20	**Potentilla**	**brauneana**		1	I	2	I	5	I	3.5	I	2	5	I	3	I			1	I	3	I
4542	321600	63.13.31	**Potentilla**	**caulescens**		2.5	I	3	I	4	I	2	I	1	5	I	2	I			1	I	5	I
4543	–	63.13.32	**Potentilla**	**clusiana**		1.5	I	4	I	5	I	1.5	I	1	5	I	1	I			1	I	5	I
4544	–	63.13.11	**Potentilla**	**collina aggr.**		4.5	I	5	I	4	I	1.5	I	2	3	II	2	I			3	I	3	I
4545	320800	–	**Potentilla**		**alpicola**	4.5	I	5	I	4	I	1.5	I	2	2	I	2	I			3	I	3	I
4546	–	–	**Potentilla**		**alsatica**	4.5	I	5	I	4	I	1.5	I	2	3	II	2	I			3	I	3	I
4547	321900	–	**Potentilla**		**collina**	4.5	I	5	I	4	I	1.5	I	2	3	I	2	I			3	I	3	I
4548	–	–	**Potentilla**		**johanniniana**	4.5	I	5	I	4	I	1.5	I	2	2	I	2	I			3	I	3	I
4549	323100	–	**Potentilla**		**leucopolitana**	4.5	I	5	I	4	I	1.5	I	2	3	I	2	I			3	I	3	I
4550	324100	–	**Potentilla**		**praecox**	4.5	I	5	I	4	I	1.5	I	2	3	I	2	I			3	I	3	I
4551	–	–	**Potentilla**	**crantzii aggr.**		2	II	3	II	4	I	2	II	2	3	II	2	II		m	3	II	3	II
4552	322100	63.13.22	**Potentilla**		**crantzii**	1.5	I	4	I	4	I	2.5	I	2	4	I	2	II		m	3	I	3	I
4553	–	–	**Potentilla**		**saxatilis**	3	I	3	I	4	I	2	I	2	3	I	2	I		m	1	I	5	I
4554	–	–	**Potentilla**		**serpentini**	3	I	3	I	4	I	2	I	2	3	I	2	I		m	1	I	5	I
4555	322200	63.13.18	**Potentilla**	**delphinensis**		1.5	I	4	I	4	I	2	I	1	5	I	3	I			3	I	5	I
4556	–	–	**Potentilla**	**erecta aggr.**		3	II	3	II	3	II	3	II	3	2	II	2	II			3	II	1	I
4557	–	–	**Potentilla**		**anglica**	4	I	2	I	4	II	3	I	3	3	I	3	I			3	I	1	I
4558	322400	63.13.29	**Potentilla**		**erecta**	3	I	3	I	3	I	3	II	3	2	II	2	I		m	5	II	1	I
4559	322500	63.13.21	**Potentilla**	**frigida**		1	I	4	I	5	I	2	I	1	2	I	2	I			3	I	3	I
4560	322550	63.13.1	**Potentilla**	**fruticosa**		2.5	I	4	I	4	I	2.5	I	1	4	I	2	I			3	I	3	I
4561	322600	63.13.36	**Potentilla**	**grammopetala**		1.5	I	4	I	5	I	1	I	1	2	I	2	I			1	I	5	I
4562	322700	63.13.17	**Potentilla**	**grandiflora**		1.5	I	4	I	4	I	2	I	1	2	I	3	I			3	I	5	I
4563	–	–	**Potentilla**	**heptaphylla aggr.**		4.5	II	4	I	3	II	1.5	I	1	4	I	2	I		m	3	II	3	II
4564	–	63.13.24	**Potentilla**		**australis**	4.5	II	4	I	4	I	1.5	I	1	4	I	2	I		m	1	I	5	I
4565	322800	63.13.25	**Potentilla**		**heptaphylla**	4.5	II	4	I	3	I	1.5	I	1	4	I	2	I		m	3	I	3	I
4566	323000	63.13.14	**Potentilla**	**intermedia**		4	I	4	I	4	I	2	I	2	4	I	4	I			3	I	3	I
4567	323300	63.13.5	**Potentilla**	**multifida**		1	I	4	I	4	I	3	I	1	3	I	4	I			3	I	3	I
4568	323500	63.13.33	**Potentilla**	**nitida**		1.5	I	3	I	5	I	2	I	1	5	I	2	I			3	I	5	I
4569	–	63.13.35	**Potentilla**	**nivalis**		1.5	II	4	I	5	I	2	I	1	4	II	2	I			1	I	5	I
4570	323600	63.13.7	**Potentilla**	**nivea**		1.5	I	5	I	5	I	2	I	1	4	I	4	I			3	I	5	I
4571	323700	63.13.13	**Potentilla**	**norvegica**		4.5	I	3	I	3	I	3.5	II	3	3	I	4	I			3	I	1	I
4572	323800	63.13.2	**Potentilla**	**palustris**		3	I	3	I	4	I	5	I	2	2	II	2	I			5	I	1	I
4573	324000	63.13.6	**Potentilla**	**pensylvanica**		3	I	5	I	3	I	1	I	1	3	I	3	I			3	I	3	I
4574	–	–	**Potentilla**	**recta aggr.**		4.5	II	4	II	4	I	2	II	2	3	II	3	II			3	II	5	II
4575	–	63.13.16	**Potentilla**		**hirta**	5	I	3	I	4	I	1.5	I	1	5	I	2	I		m	1	I	5	I
4576	324400	63.13.15	**Potentilla**		**recta**	4.5	I	4	I	4	I	2	I	2	4	I	3	I		m	3	I	3	I
4577	324500	63.13.30	**Potentilla**	**reptans**		3.5	I	3	I	4	I	3	II	3	4	I	4	I	s	m	3	I	1	I
4578	324600	63.13.4	**Potentilla**	**rupestris**		3.5	II	4	I	4	I	2	I	1	2	II	3	I			1	I	5	I
4579	–	63.13.41	**Potentilla**	**saxifraga**		4	II	3	I	3	II	1.5	I	1	5	I	2	I			1	I	5	I
4580	–	–	**Potentilla**	**sterilis aggr.**		4	II	3	II	3	II	3	II	1	3	I	3	II			3	I	3	II
4581	–	63.13.40	**Potentilla**		**carniolica**	4.5	II	4	I	4	I	1.5	I	1	5	I	2	I			3	I	3	II
4582	323200	63.13.39	**Potentilla**		**micrantha**	4.5	I	4	I	3	I	2	I	1	3	I	3	I		m	3	I	3	I
4583	324700	63.13.38	**Potentilla**		**sterilis**	3.5	I	2	I	3	II	3	I	1	3	I	3	I			3	I	3	I
4584	324800	63.13.12	**Potentilla**	**supina**		4.5	I	5	I	4	I	4	I	3	2	II	4	I	s		3	I	1	I
4585	325000	63.13.19	**Potentilla**	**thuringiaca**		4	II	4	I	3	I	2	I	2	3	I	4	I			3	I	3	I
4586	–	63.13.34	**Potentilla**	**valderia**		1.5	II	4	I	4	II	2	I	1	3	I	2	I			3	I	3	II
4587	–	–	**Potentilla**	**verna aggr.**		4	I	4	II	4	I	1.5	II	1	4	II	2	I			1	I	5	I
4588	321700	63.13.28	**Potentilla**		**cinerea**	4.5	II	5	I	4	I	1	I	1	4	I	2	I		m	1	I	5	I
4589	322850	–	**Potentilla**		**incana**	4	I	5	I	4	I	1	I	1	4	I	2	I		m	1	I	5	I
4590	323400	63.13.26	**Potentilla**		**neumanniana**	4.5	I	3	I	4	I	1.5	I	1	3	I	2	I		m	1	I	5	I
4591	324300	63.13.27	**Potentilla**		**pusilla**	4	II	5	I	4	I	1	I	1	4	I	2	I			1	I	5	I
4592	–	–	**Prenanthes**	**purpurea aggr.**		3	II	3	II	2	I	3	I	1	3	I	3	I			3	I	3	I
4593	325200	124.91.1	**Prenanthes**		**purpurea**	3	II	3	I	2	I	3	I	1	3	I	3	I		m	3	I	3	I
4594	325400	–	**Prenanthes**		**tenuifolia**	3.5	II	2	I	2	I	3	I	1	2	I	3	I			3	I	3	I
4595	325500	60.1.1	**Primula**	**acaulis**		4.5	II	2	I	3	I	3	I	1	4	I	3	I		m	3	I	3	I
4596	–	–	**Primula**	**auricula aggr.**		2	II	x	–	4	I	3.5	I	1	5	I	2	I			1	II	5	I
4597	325700	60.1.18	**Primula**		**auricula**	1.5	I	3	I	4	I	3.5	I	1	5	I	2	I			3	II	5	I
4598	–	–	**Primula**		**balbisii**	2	II	4	I	5	I	3.5	I	1	5	I	2	I			1	I	5	I
4599	–	–	**Primula**		**widmerae**	3	I	2	I	4	I	3.5	I	1	2	I	2	I			1	I	5	I
4600	–	–	**Primula**	**carniolica aggr.**		x	–	3	II	4	II	2.5	II	1	5	II	2	II			1	II	5	II
4601	325600	60.1.21	**Primula**		**albenensis**	2.5	I	4	I	5	I	2	I	1	5	I	1	I			1	I	5	I
4602	–	60.1.17	**Primula**		**carniolica**	3	II	3	I	4	II	2.5	I	2	5	I	2	I			1	II	5	II
4603	326900	60.1.15	**Primula**		**cynoglossifolia**	1	I	3	I	4	I	3	I	1	2	I	2	I		m	3	II	5	I
4604	–	60.1.16	**Primula**		**marginata**	1.5	II	3	I	4	II	2	I	1	4	II	2	I			1	II	5	II
4605	–	60.1.22	**Primula**		**recubariensis**	2	I	3	I	4	I	2.5	I	1	5	I	2	I			1	I	5	I
4606	–	–	**Primula**	**elatior aggr.**		3	II	3	I	2	I	3.5	II	1	3	II	3	I			3	I	3	I
4607	326000	60.1.2.1	**Primula**		**elatior**	3	II	2	I	2	I	3.5	II	1	4	II	3	I		m	3	I	3	I
4608	326100	60.1.2.2	**Primula**		**intricata**	3	II	3	I	3	I	3.5	II	1	3	I	3	I			3	I	3	I
4609	326200	60.1.4	**Primula**	**farinosa**		2	II	4	II	4	I	3.5	II	3	4	I	1	I			5	II	1	I
4610	326400	60.1.6	**Primula**	**glutinosa**		1	I	2	I	4	I	2	I	1	2	I	1	I			3	I	3	I
4611	326500	60.1.5	**Primula**	**halleri**		1.5	I	4	I	5	I	2	I	1	4	I	1	I			3	II	3	I
4612	–	–	**Primula**	**hirsuta aggr.**		x	–	3	I	4	II	3	II	1	x	–	2	I			3	II	5	II
4613	–	60.1.14	**Primula**		**allionii**	2.5	II	3	I	3	II	2	I	1	5	I	2	I			1	I	5	I
4614	–	–	**Primula**		**commutata**	3	I	3	I	4	I	3	I	1	2	I	2	I			3	I	5	I
4615	–	–	**Primula**		**cottia**	2	I	3	I	4	I	3	I	1	2	I	2	I			3	I	5	I
4616	325900	60.1.24	**Primula**		**daonensis**	1.5	I	3	I	4	I	3	I	1	2	I	2	I			1	I	5	I
4617	326450	60.1.20	**Primula**		**grignensis**	1.5	I	3	I	4	I	2.5	I	1	5	I	2	I			3	II	5	I
4618	326600	60.1.19	**Primula**		**hirsuta**	1.5	II	3	I	4	I	3	I	1	2	I	2	I			3	II	5	II
4619	–	–	**Primula**		**infecta**	1.5	I	3	I	4	I	3	I	1	2	I	2	I			3	I	5	I
4620	–	–	**Primula**		**irmingardis**	1.5	I	3	I	4	I	3	I	1	2	I	2	I			3	II	5	I
4621	327100	60.1.23	**Primula**		**pedemontana**	1.5	I	3	I	4	I	3	I	1	2	I	2	I		m	1	II	5	I
4622	327500	60.1.25	**Primula**		**villosa**	1.5	I	3	I	4	I	2.5	I	1	2	I	2	I			3	II	5	II
4623	–	–	**Primula**	**integrifolia aggr.**		1.5	II	2	I	4	I	3.5	I	1	x	–	2	I			3	I	3	II
4624	326700	60.1.12	**Primula**		**integrifolia**	1.5	I	2	I	4	I	3.5	I	1	2	I	2	I			3	I	1	I
4625	–	60.1.13	**Primula**		**tyrolensis**	2	I	2	I	4	I	3.5	I	1	4	I	2	I			3	I	3	I
4626	327000	60.1.11	**Primula**	**minima**		1.5	I	3	I	4	I	3	I	1	2	I	2	I			3	I	3	I
4627	–	–	**Primula**	**spectabilis aggr.**		2	II	3	I	4	II	3	II	1	4	II	2	I			3	II	3	II

Strategien					Biologisches Verhalten										Vorkommen						Pflanzengesellschaften			Literatur			
LF	BD	WT	RO	KS	DA	VA	FS	MA	BZ	BS	MV	SU	DG	GI	GV	LR	EG	AE	EM	VE	1	2	3	BL	SL	TB	SEN
h	t		Wv	crs	Bo En	Sr	fa		6-7		2		2	e	D3	2.2 3.1 6.5	–	I	2	>			4.1	k m		E	4539
h	t	1.5	Rh	ccs	En Bo	Sr	fa zw	p21	6-8	my (me) (le)	2		1	h	E1	6.5 6.6 7.1 9.1	2	I	2	=	10.4	12.313	11.244				4540
h	w		Rh	css	Bo En	Sr	zw	d	6-8	au	–		1		E1	3.3 6.5 6.6	2	I	1	=	3.321						4541
h	t		Rh	css	Me	Sr	zw	r14	7-9	me au	–		2		E2a	3.2	2	I	1	=	3.211						4542
h	w		Rh	css	Me	Sr	zw		7-8	au hm	–		1		E2c	3.2 3.3	–	I	1	=			3.21	c k m			4543
h	t		Wv	crs	My	Sr	fa		4-8	hm	–		2		B6		–	I	2	>						G	4544
h	t		Wv	crs	My	Sr	fa		5-7		–		2		E2d	2.2 6.2	6	I/Jn	2	>			9.1	c m			4545
h	t		Wv	crs	My	Sr	fa		5-7		1		2		D3a*	2.2 3.2	–	Jn	2	>			4.1		270		4546
h	t		Wv	crs	My	Sr	fa		5-7		1		2		B6	2.2 3.1 6.2	6	I	2	>			9.1				4547
h	t		Wv	crs	My	Sr	fa		5-7		1		2		F4a	2.2 3.1 6.2	–	I	2	>			9.1?				4548
h	t		Wv	crs	My	Sr	fa		5-8		1		2		D4	6.2	6	I	2	>			9.1				4549
h	t		Wv	crs	My	Sr	fa		4-7		1		2		D3a*	2.2 6.2	6	Jn	2	>			9.1		271		4550
h	w		Rh	ccs	Bo En	Sr	fa		6-8	en	2		2		B3		–	I	2	=						G	4551
h	w	1.5	Rh	ccs	Bo En	Sr	fa	r13	6-8		2		2		B3	3.3 3.4 6.2 6.5	2	I	2	=	10.21	10.311					4552
h	w		Rh	ccs	Bo En	Sr	fa?		6-8		–		2		E5a*	3.2 6.2 6.5	–	I	1	=			10.2?	e			4553
h	w		Rh	ccs	Bo En	Sr	fa?		6-8		–		2		F8a	3.2 6.2	–	I	1	=			9.117	c m		E	4554
h	t		Rh	css	Bo En	Sr	zw		6-8	me	2		1		F2	3.2 6.2 6.5	–	I	1	=?			10.211	k m			4555
h	t w		Rh	crs	My En	Sr	zw		5-9	my me (ps)	2		2		B6		–	I	2	=							4556
h	w	3	Rh	crs	My En	Sr	zw		5-9		2		2	e	D5	1.4 2.6 6.3 6.7	–	I	2	=			11.21	c i k			4557
h	t	1.5	Rk	crs	My En	Sr	zw	r7	6-9		2	5	2	h e	B6	5.1 6.4 6.5 9.1	6	I	2	>*	15.011	14.2111					4558
h	w		Rh	css	Bo En	Sr	zw	r7	7-8	au en	–		1		E3a	3.2 6.5	2	I	1	=	10.411						4559
n	t		Wh	css	Bo	Sr	di zw	p120	5-8	ca my me hm	–		3		B1	2.9 3.2 5.1 6.5	–	I/N	4	<			7.2	f h k			4560
h	t		Rh	css	Me	Sr	zw		7-8		–		2		F3	3.2	2	I	1	=			3.2211				4561
h	t		Rh	ccs	Bo En	Sr	zw	p15	6-8	my me le (au)	2		2		E3a	3.2 6.2 6.5	2	I	1	=	10.421	12.313					4562
h	t		Rh	crs	My	Sr	zw		4-5	en	2		2		D3		–	I	2	=>						G	4563
h	t		Rh	crs	My	Sr	zw		4-5		2		2		D1	6.2	–	I	2	=?			9.12				4564
h	t	2.5	Rh	crs	My	Sr	zw		4-5		2		2		D3	6.2 6.7 9.1	6	I	2	>	9.1	9.13	14.211				4565
k-t	w		Wv	crs	My	Sr	zw		6-7	en	–		3		D4	2.2	7	N	5	=			5.11				4566
h	w		Wv	ccs	Bo En	Sr	zw		7-8	au (my)	–		2		B5	2.4 6.5	2	I	1	=	3.311	2.34	5.121				4567
c	t	2.5	Rh	css	Me	Po	zw	r15	7-8		–		2		F4	3.2 3.3 6.5	–	I	1	=			3.211				4568
h	t		Rh	sss	Bo	Sr	zw	r12	7-8		–		2		E2b	3.2 3.3	–	I	1	=			3.21	k m			4569
h	t		Rh	sss	Bo	Sr	fa		7-8	my?	–		2		D6	3.2 3.3 6.5	2	I	1	=	10.311						4570
k-t	t		Wv	crs	My Bo	Kv	fa		6-7	en	–	4	3		D5	1.4 2.2 2.5 5.2	7	N	5	=			2.343				4571
g	s	1	Rh	ccs	Hy En	As Kr	zw	p5	5-7	me my	1	2	2	e	B3	1.3 5.1 5.2	5	I	2	>	7.212	6.112					4572
h	t		Rh	crs	Bo	Sr	zw		6-8		2		2		B3	2.2 6.2 7.5	–	I	2	=?			9.11?				4573
h	s		Rh	crs	My	Sr	zw	p5	5-7		1		2	e	B6		–	I/N	4	=							4574
h	s		Rh	crs	My	Sr	zw		5-7	me	1		2	e	C2	3.1 6.2 7.3 9.1	–	I	4	>			4.1	k m			4575
h	s		Rh	crs	My	Sr	zw		6-7	en	1	2	2	e	B6	2.1 2.2 6.2 6.7	7	I/N	4	=			5.112				4576
h	s	2.5	Wv	crs	My En	Ao	fa zw	r4	6-8	ca my me hm	4	4	3	h e	B6	1.4 2.1 2.2 6.3	7	I	3	=	2.351	11.212					4577
h	s	3	Wv	css	Bo	Sr	zw	>14	5-7	au (my) (ca)*	–		1	e	B6	3.1 6.2 6.7 7.4	6	I	2	>*	4.122	11.111					4578
c	t		Rh	css	Bo	Sr	zw		5-6		–		1		F2a*	3.2	–	I	1	=			3.2114	k m			4579
h	w		Rh	crs	My	Ao Sr	zw		3-6		2		3		C1		–	I	3	=							4580
h	w		Rh	crs	My	Sr	zw		3-5		2		3		E2c	6.2 6.7	–	I	3	=			14.212	k m			4581
h	w		Rh	crs	My	Sr	zw	r26	3-5	en	2		3		C1	6.2 7.4 9.2 9.3	6	I	3	=			14.811				4582
h	w	2	Rh	crs	My	Ao	zw	p10	3-6	au my (ca)*	2		3		D2	2.6 6.7 7.4 9.2	1	I	3	=	14.731	13.314	11.112				4583
k-t	s		Wv	css	En Hy	Kv	zw		6-9	en	1		2	e	B6a	1.4 2.1 2.2 2.5	6	I/N	2	>			2.111				4584
h	w		Rh	crs	My	Sr	zw	p10	5-7	en	2		2		D4	2.2 6.7 7.4 9.3	6	I	2	>			11.111				4585
c	t		Rh	sss	Bo	Sr	zw		7-8		–		2		F2a*	3.2 6.5	–	I	1	=			10.421	k m			4586
c	t		Rh	crs	My	Sr	fa	p20	4-5	au my ca me	2		2		B6a		–	I	2-3	>						G	4587
c	t		Rh	crs	My	Sr	fa		4	my ca me	2		2		D1a	2.2 3.2 6.2 9.1	6	I	2	>			9.11				4588
c	t	1.5	Rh	crs	My	Sr	fa		4-5		2		2		D4	2.2 3.1 6.2 9.1	6	I	2	>			9.11				4589
c	t		Rh	crs	My	Sr	fa		4-5		2	4	2		D2	3.1 6.1 6.2 9.1	6	I	3	>	9.13	14.211					4590
c	t	3.5	Rh	crs	My	Sr	fa	p4	4-5		2		2		D3	3.1 6.2 6.5 9.1	6	I	2	>			9.11				4591
h	s		Rh	ccs	Me	Sr	zw	r6	7-9	me (au) (ca)*	–		3		D3		1	I	1	=						B	4592
h	s	2.5	Rh	crs	Me	Sr	zw		7-9		–		3		D3	4.2 7.2 9.1 9.2	–	I	1	=	14.73	14.312	11.411				4593
h	s		Rh	crs	Me	Sr	zw		7-9		–		3		E5	8.1 9.2	–	I	1	=			11.51	f		E	4594
h	w	1	Rh	ccs	My En	Sr	zw	d	3-4	me ps my	3		2	e	C1	2.7 6.7 9.2 9.3	1	I/N	3	<	11.241	14.733	14.81101			H	4595
h	i		Rh	css	Bo	Sr	zw		4-7	au ps	–		2	e	E4		–	I	1	=					449, 963	D	4596
h	i	1	Rh	css	Bo	Sr	zw	d	4-6		–		2	e	E4	3.2 3.3 5.1 6.5	2	I	1	>*	3.21	10.211					4597
h	i		Rh	css	Bo	Sr	zw		5-7		–		2	e	E4	3.2 6.5	–	I	1	=			3.21	c k			4598
h	i t		Rh	css	Bo	Sr	zw		4-6		–		1	e	E5a*	6.5	–	I	1	=			10.411				4599
h	t		Rh	css	Bo	Sr	zw		5-7		–		2		E1		–	I	1	=						D	4600
h	t		Rh	css	Bo	Sr	zw		5-6		–		2		F3c*	3.2	–	I	1	=			3.2113		28		4601
h	t		Rh	css	Bo	Sr	zw		5-6		–		2		F4b*	3.2 6.5 9.2	–	I	1	=			3.212	k			4602
h	t		Rh	css	Bo	Sr	zw	d	6-7		–		2		F5	3.2 3.3 6.5	2	I	1	=			3.2211		963		4603
h	t		Rh	css	Bo	Sr	zw		5-7		–		2		F2	3.2 3.3 6.5	–	I	1	=			3.2	k			4604
h	t		Rh	css	Bo	Sr	zw		5-6		–		2		F4a*	3.2	–	I	1	=			3.2113		662		4605
h	t	1.5	Rh	ccs	Bo En	Sr	zw		3-7	me ps	3		2	h e	B6		–	I	2	>*							4606
h	t	1.5	Rh	ccs	Bo En	Sr	zw		3-7		3		2	h e	D3	2.6 6.3 7.4 9.2	1	I	3	>*	11.241	14.73	14.721				4607
h	t	1.5	Rh	ccs	Bo En	Sr	zw		3-6		3		2	h	E2	2.4 6.3 6.5 9.2	–	I	2	=			11.2?				4608
h	s	1	Rh Zw	css	Bo	Sr	zw	d	5-7	le (my)	2		2	e	B3	4.1 4.2 5.1 6.5	5	I	2	>*	7.23	10.311					4609
h	i	1.5	Rh	css	Bo	Sr	zw	d	6-8	au	–		2		F7	3.2 3.3 6.5 6.6	2	I	1	=	10.4	8.111					4610
h	s		Rh	css	Bo	Sr	zw	d	6-7	sp (au)	1		2		E4	3.2 3.3 6.5	2	I	1	=	10.211						4611
h	i		Rh	css	Bo	Sr	zw	d	5-7		–		2		E3		–	I	1	=					963	B C D	4612
h	i		Rh	css	Bo	Sr	zw		3-5		–		2		F2a*	3.2	–	I	1	=			3.2114	k m			4613
h	i		Rh	css	Bo	Sr	zw		4-6		–		2		F4b*	3.2	–	I	1	=			3.2213			E	4614
h	i		Rh	css	Bo	Sr	zw		5-7		–		2		F2b*	3.2 3.3 6.5	–	I	1	=			3.2211	a f			4615
h	i		Rh	css	Bo	Sr	zw		6-7		–		2		F3e	3.2 3.3 6.5	2	I	1	=	10.411						4616
h	i		Rh	css	Bo	Sr	zw		5-6		–		2		F3c*	3.2	–	I	1	=	3.221	3.2113			578	E	4617
h	i	2	Rh	css	Bo	Sr	zw		5-7	le	–		2		E3a	3.2 3.3 6.5 7.1	2	I	1	=	3.221						4618
h	i		Rh	css	Bo	Sr	zw		5-7		–		2		F3a*	3.2 3.3	–	I	1	=			3.2211			E	4619
h	i		Rh	css	Bo	Sr	zw		6-7		–		1		F4b*	3.2	–	I	1	=			3.2211				4620
h	i		Rh	css	Bo	Sr	zw		6-7		–		2		F3a	3.2 3.3 6.5	–	I	1	=			3.2211	a f k			4621
h	i		Rh	css	Bo	Sr	zw		5-7	ps	–		2		F4	3.2 3.3 6.5 7.1	–	I	1	=			3.2211	c k m			4622
h	t		Rh	sss	Bo	Sr	zw		5-7	le (my) (ca)	–		3		E1		–	I	1	=						B D	4623
h	t		Rh	sss	Bo	Sr	zw	d	6-7		–		3		E3a	3.3 5.1 6.5 6.6	2	I	1	=	10.411						4624
h	t		Rh	sss	Bo	Sr	zw		5-7		–		2		F4a*	3.2	–	I	1	=			3.2113	c k			4625
h	i		Rh	sss	Bo	Sr	zw		6-7	au le	–		2		E4	3.2 3.3 6.5 6.6	–	I	1	=			10.41				4626
h	i		Rh	css	Bo	Sr	zw		4-7		–		2		E4		–	I	1	=					963		4627

Nummern			Taxa			Klima						Boden												
SEN	**SIN**	**FAN**	**Gattung**	**Aggregat/Einzelart**	**Kleinart**	**T**	**v**	**K**	**v**	**L**	**v**	**F**	**v**	**W**	**R**	**v**	**N**	**v**	**S**	**M**	**H**	**v**	**D**	**v**
4628	–	60.1.10	**Primula**		**clusiana**	1.5	II	3	I	4	I	2.5	I	1	5	I	2	I			3	I	3	II
4629	326300	60.1.8	**Primula**		**glaucescens**	2	II	3	I	4	I	3.5	I	2	4	I	2	I			1	I	3	I
4630	–	60.1.7	**Primula**		**spectabilis**	2.5	II	3	I	4	I	2.5	I	2	4	I	2	I			3	I	3	II
4631	–	60.1.9	**Primula**		**wulfeniana**	2	II	3	I	4	II	2.5	I	2	4	I	2	I			3	II	3	II
4632	–	–	**Primula**	**veris aggr.**		x	–	4	I	4	II	2.5	II	2	4	I	2	I			5	II	3	II
4633	327300	60.1.3.2	**Primula**		**columnae**	4.5	I	4	I	3	I	2.5	I	2	4	I	2	I			5	II	3	I
4634	327200	60.1.3.1	**Primula**		**veris**	3	II	4	I	4	I	2.5	II	3	4	I	2	I		m	5	II	1	I
4635	–	–	**Pritzelago**	**alpina aggr.**		1	II	2	II	5	I	3.5	I	1	3	II	2	I			1	II	5	I
4636	327700	54.46.1.1	**Pritzelago**		**alpina**	1	I	2	I	5	I	3.5	I	1	4	I	2	I			3	II	5	I
4637	–	54.46.1.2	**Pritzelago**		**austroalpina**	1.5	II	2	II	5	I	3.5	I	1	4	I	2	I			3	II	5	I
4638	327800	54.46.1.3	**Pritzelago**		**brevicaulis**	1	I	3	I	5	I	3.5	I	1	3	I	2	I			1	I	5	I
4639	327900	108.16.2	**Prunella**	**grandiflora**		3.5	II	4	I	4	I	2	I	3	4	I	2	I			3	I	1	I
4640	328000	108.16.1	**Prunella**	**laciniata**		4.5	I	3	I	4	I	2	I	1	4	II	2	I		m	3	I	3	I
4641	–	–	**Prunella**	**vulgaris aggr.**		x	–	3	II	4	II	x	–	1	4	II	2	II			3	I	3	II
4642	–	108.16.4	**Prunella**		**hyssopifolia**	4.5	II	3	I	5	I	2	II	3	4	I	2	I			3	I	1	I
4643	328100	108.16.3	**Prunella**		**vulgaris**	3	II	3	I	4	I	3.5	I	1	3	II	3	I		m	3	I	3	I
4644	328300	63.29.3	**Prunus**	**armeniaca**		4.5	I	2	I	4	I	2	I	1	4	I	3	I			3	I	3	I
4645	328400	63.29.10	**Prunus**	**avium**		4	I	3	I	3	I	3.5	I	1	3	II	3	I		m	3	I	3	I
4646	–	63.29.4	**Prunus**	**brigantina**		3	I	3	I	4	II	2	I	1	3	II	2	I			3	I	3	I
4647	328500	63.29.5	**Prunus**	**cerasifera**		4.5	I	3	I	3	I	2.5	I	1	3	I	3	I			3	I	3	I
4648	–	63.29.11	**Prunus**	**cerasus aggr.**		4.5	I	4	I	3	I	3	I	1	3	I	3	I			3	I	3	I
4649	328800	–	**Prunus**		**acida**	4.5	I	4	I	3	I	3	I	1	3	I	3	I			3	I	3	I
4650	328700	–	**Prunus**		**cerasus**	4.5	I	4	I	3	I	3	I	1	3	I	3	I			3	I	3	I
4651	–	–	**Prunus**	**domestica aggr.**		4.5	I	3	II	3	II	3	I	1	3	II	3	I			3	I	3	I
4652	329000	63.29.7	**Prunus**		**domestica**	4.5	I	2	I	3	I	3	I	2	4	I	3	I			3	I	3	I
4653	329300	63.29.8	**Prunus**		**insititia**	4.5	I	3	I	4	I	3	I	1	3	I	3	I			3	I	3	I
4654	329200	63.29.2	**Prunus**	**dulcis**		5	I	1	I	4	I	1	I	1	3	I	3	I			3	I	3	I
4655	–	63.29.9	**Prunus**	**fruticosa**		4.5	I	4	I	3	I	2	I	1	4	I	3	I			3	I	3	I
4656	329400	63.29.15	**Prunus**	**laurocerasus**		4.5	I	2	I	2	I	2.5	II	1	3	I	3	I			3	I	3	I
4657	329500	63.29.12	**Prunus**	**mahaleb**		4.5	I	4	I	3	I	1.5	I	1	4	I	2	I			1	II	3	II
4658	–	–	**Prunus**	**padus aggr.**		3.5	II	x	–	3	II	3.5	II	3	3	II	3	II			3	I	3	II
4659	329700	63.29.13.1	**Prunus**		**padus**	4	I	2	I	2	I	3.5	I	3	3	II	3	II			3	I	1	I
4660	329900	63.29.13.2	**Prunus**		**petraea**	3	I	4	I	3	I	3	II	3	3	I	3	I			3	I	5	II
4661	330000	63.29.1	**Prunus**	**persica**		4.5	I	2	I	4	I	2	I	1	4	I	3	I			3	I	3	I
4662	330200	63.29.14	**Prunus**	**serotina**		4.5	I	4	I	2	I	2.5	I	2	2	I	3	I			3	I	3	I
4663	330300	63.29.6	**Prunus**	**spinosa**		3.5	I	3	I	4	I	2.5	I	1	3	I	3	I	s	m	3	I	3	I
4664	–	–	**Psathyrostachys**	**juncea**		4.5	I	5	I	4	I	1	I	1	4	I	3	I	ss		1	I	3	I
4665	330350	114.18.1	**Pseudolysimachion**	**longifolium**		3.5	I	4	I	3	I	4	I	2	4	I	4	I			5	I	1	I
4666	–	–	**Pseudolysimachion**	**spicatum aggr.**		4	II	4	II	4	II	1.5	II	1	4	II	2	I			3	I	3	II
4667	–	114.18.4.1	**Pseudolysimachion**		**barrelieri**	4.5	I	4	I	4	I	1.5	I	1	4	I	2	I			3	I	3	II
4668	–	114.18.4.2	**Pseudolysimachion**		**nitens**	4.5	I	4	I	4	I	1.5	I	1	4	I	2	I			3	I	3	II
4669	–	114.18.3	**Pseudolysimachion**		**orchideum**	4.5	II	4	I	4	II	2	I	2	4	I	2	I			3	I	3	I
4670	–	114.18.5	**Pseudolysimachion**		**pallens**	3.5	I	4	I	4	I	1.5	I	1	4	I	2	I			3	I	3	I
4671	330360	114.18.2	**Pseudolysimachion**		**spicatum**	3.5	I	5	I	4	I	1.5	I	1	4	II	2	I			3	I	3	I
4672	–	–	**Pseudorchis**	**albida aggr.**		2	I	2	II	4	I	3	II	2	x	–	1	II			5	II	3	II
4673	330400	148.14.1	**Pseudorchis**		**albida**	2	II	2	I	4	I	3	I	2	1	I	1	I			5	I	1	I
4674	–	–	**Pseudorchis**		**tricuspis**	2	I	3	I	5	I	2.5	I	2	4	II	2	I			3	II	3	I
4675	–	–	**Pseudosasa**	**japonica**		4.5	I	2	I	3	I	3	I	1	3	II	4	I			3	I	3	I
4676	330500	38.6.1	**Pseudostellaria**	**europaea**		4.5	I	2	I	2	I	3.5^	I	2	2	I	3	I			3	I	1	I
4677	330600	10.2.1	**Pseudotsuga**	**menziesii**		3.5	I	2	I	2	I	3	I	1	2	I	2	I			5	I	3	I
4678	–	139.13.1	**Psilurus**	**incurvus**		5	I	4	I	5	I	2	I	1	4	I	4	I		m	3	I	3	I
4679	–	–	**Pteridium**	**aquilinum aggr.**		3	I	2	I	3	II	3	II	3	x	–	2	II			5	II	1	I
4680	330800	7.8.1	**Pteridium**		**aquilinum**	3	I	2	I	3	II	3	I	3	2	II	2	II		m	5	II	1	I
4681	–	–	**Pteridium**		**pinetorum**	3	I	2	I	2	I	2.5	!	1	2	I	2	II			3	II	3	I
4682	330900	7.6.1	**Pteris**	**cretica**		5	I	1	I	2	I	3.5	I	1	3	I	2	I			1	I	5	I
4683	330960	7.6.2	**Pteris**	**vittata**		5	I	2	I	5	I	3.5	I	1	3	I	2	I			1	I	5	I
4684	–	–	**Pterocarya**	**fraxinifolia**		4.5	I	2	I	4	I	2.5	I	1	4	I	3	I			3	I	3	I
4685	331000	97.43.1	**Ptychotis**	**saxifraga**		4.5	I	1	I	4	I	2	I	1	4	I	2	I			3	I	5	II
4686	–	–	**Puccinellia**	**distans aggr.**		3.5	II	4	II	4	I	3.5	II	3	4	I	4	I			3	I	1	I
4687	331100	139.7.1	**Puccinellia**		**distans**	3.5	II	4	I	4	I	3.5	I	3	4	I	4	I	ss		3	I	1	I
4688	–	139.7.2	**Puccinellia**		**fasciculata**	4	II	4	II	4	I	3	I	2	4	I	4	I	s		3	I	1	I
4689	331160	–	**Pueraria**	**lobata**		5	I	1	I	3	I	3	I	1	3	I	3	I			3	I	3	I
4690	331200	124.17.2	**Pulicaria**	**dysenterica**		4	II	3	I	4	I	4	I	3	4	I	3	I	s		3	I	1	I
4691	–	124.17.1	**Pulicaria**	**odora**		5	I	3	I	3	II	2	I	1	2	II	3	I	s		3	I	3	I
4692	–	–	**Pulicaria**	**sicula**		5	I	2	I	4	I	4	I	3	3	I	4	I	s		5	II	1	I
4693	331300	124.17.3	**Pulicaria**	**vulgaris**		4.5	I	4	I	4	I	4	I	3	2	I	5	I	s		3	I	1	I
4694	–	–	**Pulmonaria**	**angustifolia aggr.**		3	II	4	II	3	I	3.5	II	1	3	II	3	II			3	II	3	II
4695	–	106.9.12	**Pulmonaria**		**angustifolia**	3.5	I	4	I	3	I	2.5	I	2	3	I	2	I			3	I	3	II
4696	331500	106.9.13	**Pulmonaria**		**australis**	2	II	4	I	3	I	3	I	1	3	I	3	I			3	I	3	I
4697	–	106.9.14	**Pulmonaria**		**kerneri**	2.5	I	3	I	3	I	2.5	I	1	4	I	3	I			3	II	3	I
4698	–	–	**Pulmonaria**	**montana aggr.**		3.5	II	4	II	3	II	3.5	II	1	x	–	3	I			3	I	3	I
4699	332400	106.9.5.2	**Pulmonaria**		**alpigena**	3	I	4	I	3	I	3.5	I	1	4	I	3	I			3	I	3	I
4700	–	106.9.11.1	**Pulmonaria**		**cevennensis**	4	II	3	I	3	II	2.5	I	1	4	I	3	I			3	I	3	I
4701	331600	106.9.6	**Pulmonaria**		**collina**	3	II	4	I	3	I	3.5	I	1	3	I	3	I			3	I	3	I
4702	–	106.9.11.2	**Pulmonaria**		**delphinensis**	4	I	3	I	2	II	2.5	I	1	3	I	3	I			3	I	3	I
4703	332700	–	**Pulmonaria**		**jurana**	3	I	4	I	3	I	3.5	I	1	4	I	3	I			3	I	3	I
4704	–	106.9.5.1	**Pulmonaria**		**mollis**	4	I	4	I	3	I	3.5	I	1	4	I	3	I			3	I	3	I
4705	332600	106.9.10	**Pulmonaria**		**montana**	4	I	3	I	3	I	3.5	I	1	2	I	3	I			3	I	3	I
4706	–	–	**Pulmonaria**	**officinalis aggr.**		4	II	4	I	2	I	3.5	I	1	4	II	3	I			3	II	3	I
4707	331800	–	**Pulmonaria**		**helvetica**	3.5	I	4	I	2	I	3.5	I	1	4	I	3	I			5	II	3	I
4708	332800	106.9.1	**Pulmonaria**		**obscura**	3.5	I	4	I	2	I	3.5	I	1	4	II	3	I			5	II	3	I
4709	332900	106.9.2	**Pulmonaria**		**officinalis**	4.5	II	4	I	2	I	3.5	I	1	4	II	3	I		m	5	II	3	I
4710	–	–	**Pulmonaria**	**saccharata aggr.**		3	II	3	II	2	II	2.5	II	1	x	–	3	I			3	II	3	I
4711	–	106.9.8	**Pulmonaria**		**apennina**	3.5	I	3	I	2	I	2.5	I	1	4	I	3	I			3	I	3	I
4712	–	106.9.4	**Pulmonaria**		**carnica**	2.5	I	3	I	3	I	2.5	I	1	4	I	3	I			3	I	3	I
4713	–	106.9.9	**Pulmonaria**		**picta**	3	I	4	I	2	II	2.5	I	1	4	I	3	I			3	I	3	I
4714	–	–	**Pulmonaria**		**saccharata**	3.5	I	3	I	2	II	3	I	2	3	I	3	I			3	I	3	I
4715	–	106.9.3	**Pulmonaria**		**stiriaca**	3	I	3	I	2	I	3	I	2	2	I	3	I		m	5	I	3	I
4716	–	106.9.7	**Pulmonaria**		**vallarsae**	3	I	3	I	2	I	2.5	I	1	4	I	3	I			3	I	3	I

Strategien					Biologisches Verhalten										Vorkommen						Pflanzengesellschaften			Literatur			
LF	**BD**	**WT**	**RO**	**KS**	**DA**	**VA**	**FS**	**MA**	**BZ**	**BS**	**MV**	**SU**	**DG**	**GI**	**GV**	**LR**	**EG**	**AE**	**EM**	**VE**	**1**	**2**	**3**	**BL**	**SL**	**TB**	**SEN**
h	i		Rh	css	Bo	Sr	zw		5-7	en	–		3	e	F8	3.2 3.3 6.5 6.6	–	I	1	>			3.21?	c			4628
h	i		Rh	css	Bo	Sr	zw		4-7		–		2		F3c	3.2 3.3 6.5 6.6	–	I	1	=			10.2116	a f k			4629
h	i		Rh	css	Bo	Sr	zw		5-7		–		2		F3d	3.2 3.3 3.4 6.5	–	I	1	=			3.2113?	f k m			4630
h	i		Rh	css	Bo	Sr	zw		5-7		–		2		E4a	3.2 3.3 6.5 6.6	–	I	1	=			10.2114	c k m			4631
h	t		Rh	crs	Bo Dy	Sr	zw	r2	4-6	me ps (ca)	2		2	h e	B6		–	I	3	=>					482	B	4632
h	t	3	Rh	crs	Bo Dy	Sr	zw		4-5		2		2	h e	B6a	6.2 9.1 9.3	1	I	2	=	14.811	11.11	9.135				4633
h	t	1.5	Rh	crs	Bo Dy	Sr	zw		4-6		2		1	h e	D3	6.2 7.4 9.2 9.3	6	I	3	>*	9.135	11.11					4634
h	w		Rs	rss	Bo	Sr	zw	p8	6-9	au? my	–		2	e	D3		–	I	1	=					205	B	4635
h	w		Rs	rss	Bo	Sr	zw		6-8		–		2	e	E1	3.2 3.3 6.5 6.6	2	I	1	=	3.311	3.321					4636
h	w		Rs	rss	Bo	Sr	zw		7-9		–		2	e	F4	2.5 3.2 6.6	–	I	1	=			3.311	c k			4637
h	w		Rs	rss	Bo	Sr	zw		6-8		–		2	e	E4	3.2 3.3 6.5 6.6	2	I	1	=	3.311						4638
h	s	2.5	Rs	crs	En	Ao	ve-di	r6	6-10	me le	2		2	h e	B6	6.2 6.7 7.2 9.3	1	I	2	>*	9.135	14.811	10.21				4639
h	w		Rh	crs	En Ep	Ao	ve-di	r4	6-8	me	–		1		C1	2.7 6.2 6.7 9.3	7	I/A	3	>	9.135	11.111					4640
h	w		Rs	crs	En	Au	ve-di		5-9	au me (ps)*	4		3	h	B3		–	I	3	=							4641
h	w		Rs	crs	En	Au	ve-di		5-8		4		3	h	D1a	6.2 6.3 7.3	–	I	3	=			11.222	k m			4642
h	w	1	Rs	crs	En	Au	ve-di		6-9		4	4	3	h e	B3	2.6 2.7 6.3 6.7	8	I	3	=	11.2						4643
p	s		Wh	ccc	En	Ws	zw		3-4	me hm	–		1	mg e	A4b	2.9 7.4	3	A	4	=			13.312			H	4644
p	s	4.5	Wh	ccc	En	Ws	zw	120*	4-5	my me ps ca	–		1	e	B6	2.9 7.4 9.2	1	I/J	3	=	14.733					H	4645
n	s		Wh	ccs	En	Ws	zw		4-5		–		1	h e	F2b*	7.4 9.2	–	I	2	=			13.312	k m			4646
p	s		Wh	ccc	En	Ws	zw		3-4	me	–		1	e	B6a	2.9 7.4 9.2	1	A	3	=			?			H	4647
n-p	s		Wh	ccc	En	Ws	zw		4-5	me (my) (ps)	–		2	e	B6a		–	A/Ja	3	=						H	4648
n	s		Wh	ccc	En	Ws	zw		4-5		–		2	e	B6a	2.9 7.4	3	A	2	=			13.312				4649
p	s		Wh	ccc	En Dy	Ws	zw		4-5		–		2	e	B6a	2.9 7.4	3	Ja	3	=			?				4650
p	s		Wh	ccc	En	Ws	zw		4-5		–		1	e	B6a		–	A/Ja	4	=						H	4651
p	s		Wh	ccc	En	Ws	zw		4-5	au my me ps	–		1	e	B6a	2.9 7.4 9.2	1	Ja	4	=			?				4652
p	s		Wh	ccc	En	Ws	zw		4-5	me	–		1	e	B6a	2.9 7.4	1	A	4	=			?				4653
n-p	s		Wh	ccc	Dy	Ws	zw		3	au my me ve	–		1	mg e	B6a	2.9 7.4	1	A	4	=			13.312			H	4654
n	s		Wh	ccc	En	Ws	zw		4-5	en	–		1	e	B6a	3.2 3.3 6.2 7.4	–	I	1	>			13.313	c f k			4655
n-p	i		Wh	ccc	En Dy	Sr	zw		4-5	??	–		4	mg	A4a	2.9 7.4 9.2	1	Ns	3	<			14.411			H	4656
n-p	s		Wh	ccc	En Dy	Sr	zw	100*	4-5	me ve	–		2	mg e	B6a	7.4 9.1 9.3 9.4	1	I	1	=	14.811	13.3121					4657
n-p	s		Wh	ccc	En Dy	Ws	zw		3-6	au my ca	–		2	mg h e	B4		–	I	1-2	=					599	B	4658
n-p	s	3.5	Wh	ccc	En Dy	Ws	zw	80*	3-5		–	2	2	mg h e	B4	7.4 9.2	1	I	1	=	14.72	14.31224			495		4659
n	s		Wh	ccc	En Dy	Ws	zw		5-6		–		2	mg h e	E4	7.4 7.5 8.1 9.2	1	I	2	=	11.514	13.411	14.735				4660
p	s		Wh	ccc	En	Ws	zw		3-4	me	–		1	mg h	B6a	2.9 7.4 9.3	3	A	5	=			?			H	4661
n-p	s		Wh	ccc	En Dy	Ws	zw		5-6	au en	–	2	4	mg h e	A2c	2.9 7.4 9.2	1	Ns	2	<			14.411				4662
n	s	4	Wh	ccc	En Dy	Ws	zw		3-4	my me hm ps*	–		3	h e	B6	7.4 9.1 9.2 9.3	1	I	2	=	13.31	14.811					4663
h	s		Rs	ccs	Dy	Au Ho	zw		6-7		3		3		C2b	6.2	–	N	2	<			9.11	m	921		4664
g	s		Rh	ccs	Bo	Sr	zw		6-8	au me my	2		2		B4b	1.4 6.3 7.2 9.2	5	I/N	4	=			11.321	c i k		H	4665
h	w		Rh	css	Bo	Sr	zw	r3	6-10	me le my hm	2		2		B6a		–	I	2	>							4666
h	w		Rh	css	Bo	Sr	zw		6-9		2		2		E2c	6.2 6.7 7.4 9.3	–	I	2	>			11.111	k m			4667
h	w		Rh	css	Bo	Sr	zw		6-9		2		2		F4a	6.2 6.7 7.4 9.3	–	I	2	>			11.111	k			4668
h	w		Rh	css	Bo	Sr	zw		7-10		2		2		D1b	6.2 7.4 9.3	–	I	2	>			9.1	c i l			4669
h	w		Rh	css	Bo	Sr	zw		6-9		2		2		E2c	6.2 6.7	–	I	2	>			9.11	k			4670
h	w	1	Rh	css	Bo	Au Sr	zw		6-10		2		2		B6a	2.5 3.1 6.2 6.7	6	I	2	>	9.131	9.113			923		4671
g	s		Wk	crs	Me	Kv	zw		6-8	le	2		1		B3a		–	I	2	=>					950		4672
g	s		Wk	crs	Me	Kv	zw		6-8		2		1		D5	6.5 7.1 7.2 9.1	2	I	2	>*	10.412						4673
g	s		Wk	crs	Me	Kv	zw		6-8		2		1		E4	6.5	–	I	1	=			10.211	c l	421	E	4674
g-n	w		Wh	ccs	At	Au	zw		–		–		3		A4b	2.3 2.5 2.9 9.2	–	N	4	<			14.71	d g m			4675
g	v		Wk	ccc	Bo	Au	cl zw		4-5	of	–		2		E2c	4.1 4.2 7.5 9.2	1	I	3	=			14.72				4676
p	i	5	Wh	ccc	Me Dy	Kv	mo	600*	5	an	–	2	1	e	A2b	2.9 9.2	1	N	3	=			14.4			H	4677
t	s?		–	rrr	Me	Kv	zw		4-5		–		2		C2	2.2 2.5 6.2 7.3	–	I/N	2	>?			4.22	k m			4678
g	s		Rh	ccs	Me	Au	mo		7-9		2		4	mg e	B2		–	I	2	=					826		4679
g	s	3	Rh	ccs	Me	Au	mo		7-9		2		5	mg e	B2	6.3 6.7 7.4 9.2	1	I	2	=	14.41	14.413	12.211			A	4680
g	s		Rh	ccs	Me	Au	mo		7-9		2		3	mg e	D5?	6.3 6.7 7.4	–	I?	2	=			?	m		E	4681
h	w		Rh	css	Me	Kv	mo		6-8		–		2		B1	3.2	3	I/N	3	<			3.111				4682
h	w		Rh	css	Me	Kv	mo		7-10		–		2		A0a	2.9 3.2	–	N	3	<			3.2	a f h			4683
p	s		Wh	ccc	Me Dy	Ws	mo		5-6	??	–		3		E2i	2.3 2.6 2.7 2.9	–	N	3	<			?	g i m			4684
k	w		Wv	crr	Me	Kv	ve		7-8		–		2		D1a	2.5 3.3 6.2 7.4	3	I	4	>			3.362				4685
h	w		Rs	crs	Me	Ho	zw		6-9	an	–		3	e	B6		–	I/N	3	<							4686
h	w	1.5	Rs	crs	Me	Ho Sr	zw		5-9	an	–		3	e	B6	2.2 2.5	7	I/N	3	<			2.351?				4687
h	w		Rs	crs	Me	Ho Sr	zw		6-8	an	–		3	e	D2	1.4 2.2	–	I	3	<?			11.21?	k m			4688
p.li	s	4	Wv	ccs	Dy	Kt Sw	zw	p15	8-10		–		5	e	A4b	2.2 2.3 3.2 2.9	7	Ns	2	<			?				4689
g	t	3.5	Rh	ccs	Me	Au	ve	p2	6-9	ps my me ca	2		2	h	C1	1.4 2.5 6.3 7.2	5	I/A	3	>	11.23	11.21	5.211				4690
h	w		Rh	crs	Me	Sr	ve		6-7		–		2		C2	2.6 7.4 7.6 9.4	–	I	2	=			14.9	k m			4691
t	s		–	rrs	Me	Kv	ve		7-10		–		2		C2	1.4 2.1	–	I	2	=			2.2	k m			4692
t	s		–	rrs	Me	Kv	ve		7-8	au en	2		2	h	B6a	1.4 2.2 9.2	5	I/A	3	>	5.211	11.231	2.1				4693
h	t		Rh	ccs	My	Sr	zw		3-6	me ps	2		2	h e	F8		–	I	1	=						D	4694
h	t		Rh	ccs	My	Sr	zw		4-6		2		2	h e	D4	6.5 7.4 9.1 9.3	–	I	1	>	14.811	13.511	10.212	c k l			4695
h	t	2	Rh	ccs	My	Sr	zw	r4	4-6		2		2	h e	F7	6.5 7.4 9.1 9.3	2	I	1	=	10.421	12.313	11.1				4696
h	t		Rh	ccs	My	Sr	zw		4-6		2		2	h e	F8	7.4 8.2 9.1 9.2	–	I	1	=			14.731	c m			4697
h	t		Rh	css	My	Sr	zw		4-6	me	–		2	h e	D1-4		–	I/Ja	1	=					58, 706	D	4698
h	t		Rh	ccs	My	Sr	zw		3-6		–		2	h e	F6a	6.5 8.2 9.1 9.2	–	I	1	=			14.3122	b c l			4699
h	t		Rh	ccs	My	Sr	zw		4-6		–		2	h e	E2b	6.7 7.4 9.2 9.3	–	I	1	=			14.811				4700
h	t		Rh	ccs	My	Sr	zw		3-6		–		2	h e	D3a	6.3 6.7 7.4 9.2	–	Ja	1	>			14.7	b l			4701
h	t		Rh	ccs	My	Sr	zw		4-6		–		2	h e	E2b	6.7 7.4 9.2 9.3	–	I	1	=			14.811				4702
h	t		Rh	ccs	My	Sr	zw		3-5		–		2	h e	F9	2.6 3.4 6.5 6.7	1	I	1	=			11.112?	b			4703
h	t		Rh	ccs	My	Sr	zw		4-5		–		2	h e	D3a	6.3 7.4 9.2 9.3	–	I	2	>			14.8	b c l			4704
h	t		Rh	ccs	My	Sr	zw		3-5		–		2	h e	D3a	2.6 6.7 7.4 9.2	–	I	2	>	14.733	13.31	11.112				4705
h	t		Rh	ccs	My	Kt Sr	zw	r2	3-5	me ca ps	–		2	h e	D4		–	I/N/Ja	1	=					59, 706	D	4706
h	t		Rh	ccs	My	Kt Sr	zw		3-5		–		2	h e	F6a*	2.6 7.4 9.2	1	Ja	1	=			14.73	a b h			4707
h	t	3	Rh	ccs	My	Kt Sr	zw	d	3-5		–		2	h e	D4	2.6 6.7 7.4 9.2	1	I	1	=	14.73						4708
h	t	2	Rh	ccs	My	Kt Sr	zw		3-5		–		2	h e	E2c	6.7 7.4 9.1 9.2	1	I/N	1	=	14.73	14.722					4709
h	t		Rh	ccs	My	Sr	zw		3-5	me	–		2	h e	E2		–	I/N	1	=					665	D	4710
h	t		Rh	ccs	My	Sr	zw		3-5		–		2	h e	E2d	2.6 9.2 9.3	–	I	1	=			14.81?				4711
h	t		Rh	ccs	My	Sr	zw		4-5		–		2	h e	F4a	2.6 6.5 8.2 9.1	–	I	1	=			14.3123	c			4712
h	t		Rh	ccs	My	Sr	zw		3-5		–		2	h e	E2d	6.7 7.4 9.1 9.2	–	I	1	=			14.7				4713
h	t		Rh	ccs	My	Sr	zw		3-5		–		2	h e	E2d	2.3 2.7 2.9	–	I/N	1	=			14.73?	k l			4714
h	t		Rh	ccs	My	Sr	zw		4-5		–		2	h e	E4c	6.3 7.4 9.1 9.2	–	I	1	=			14.7	c k m			4715
h	t		Rh	ccs	My	Sr	zw		3-5		–		2	h e	F4	2.6 6.7 7.4 9.2	–	I	1	=			14.73	k			4716

Nummern			Taxa			Klima						Boden												
SEN	**SIN**	**FAN**	**Gattung**	**Aggregat/Einzelart**	**Kleinart**	**T**	**v**	**K**	**v**	**L**	**v**	**F**	**v**	**W**	**R**	**v**	**N**	**v**	**S**	**M**	**H**	**v**	**D**	**v**
4717	–	–	**Pulsatilla**	**alpina aggr.**		2	II	3	II	4	II	3	II	1	x	–	3	II			3	II	3	I
4718	333200	19.14.1.1	**Pulsatilla**		**alpina**	2	I	3	I	4	I	3	I	1	4	I	3	I		m	3	I	3	I
4719	333400	19.14.1.7	**Pulsatilla**		**apiifolia**	2	I	3	I	3	II	3	I	1	2	I	3	I			3	I	3	I
4720	333550	19.14.1.4	**Pulsatilla**		**austroalpina**	2	I	3	I	4	I	2.5	I	1	5	I	2	I			3	I	3	I
4721	333560	19.14.1.3	**Pulsatilla**		**cottianaea**	2	I	3	I	3	II	3	II	1	2	I	3	I			3	I	3	I
4722	333300	–	**Pulsatilla**		**micrantha**	2.5	I	3	I	4	I	3	I	1	1	I	2	I			5	I	3	I
4723	333570	19.14.1.6	**Pulsatilla**		**millefoliata**	1.5	I	3	I	5	I	3	I	1	4	I	3	I			3	I	3	I
4724	333500	19.14.1.5	**Pulsatilla**		**scherfelii**	1.5	I	4	I	5	I	3	I	1	2	I	2	I			3	I	3	I
4725	–	19.14.1.2	**Pulsatilla**		**schneebergensis**	2	I	3	I	4	I	2.5	I	1	5	I	2	I			3	I	3	I
4726	–	–	**Pulsatilla**	**halleri aggr.**		x	–	5	I	5	I	1.5	II	1	5	II	2	I			3	II	3	II
4727	333700	19.14.6.1	**Pulsatilla**		**halleri**	1.5	I	5	I	5	I	1.5	I	1	4	I	2	I			3	I	3	I
4728	–	19.14.6.2	**Pulsatilla**		**styriaca**	3	I	5	I	4	I	2	I	1	5	I	2	I			3	II	3	II
4729	–	–	**Pulsatilla**	**pratensis aggr.**		3.5	II	5	II	4	I	1.5	I	1	4	I	2	I			3	I	3	I
4730	333800	19.14.4	**Pulsatilla**		**montana**	3.5	II	5	I	4	I	1.5	I	1	4	I	2	I			3	I	3	I
4731	–	19.14.3	**Pulsatilla**		**pratensis**	4	I	4	I	4	I	1.5	I	1	4	I	2	I			3	I	3	I
4732	333900	–	**Pulsatilla**		**rubra**	4	I	5	I	4	I	1.5	I	1	4	I	2	I			3	I	3	I
4733	334100	19.14.2	**Pulsatilla**	**vernalis**		2	I	4	I	4	I	2.5	I	1	2	II	2	I			5	I	3	I
4734	–	–	**Pulsatilla**	**vulgaris aggr.**		4	I	5	II	4	I	1.5	I	1	4	I	2	I			3	I	3	I
4735	–	19.14.5.2	**Pulsatilla**		**grandis**	4	I	4	I	4	I	1.5	I	1	4	I	2	I			3	I	3	I
4736	334200	19.14.5.1	**Pulsatilla**		**vulgaris**	4	I	5	I	4	I	1.5	I	1	4	I	2	I			3	I	3	I
4737	334300	71.1.1	**Punica**	**granatum**		5	I	2	I	4	I	2	I	1	3	I	2	I			3	I	5	I
4738	–	–	**Puschkinia**	**scilloides**		3.5	II	4	I	3	I	3.5	I	2	3	I	3	I			3	I	3	I
4739	334350	63.26.1	**Pyracantha**	**coccinea**		4.5	I	2	I	4	I	3	I	3	3	I	3	I			3	I	3	I
4740	334400	58.1.3	**Pyrola**	**chlorantha**		3.5	I	4	I	3	I	2	I	2	3	I	1	I			5	I	3	I
4741	334500	58.1.2	**Pyrola**	**media**		2.5	I	4	I	2	I	3	I	1	2	I	2	I			5	I	3	I
4742	334600	58.1.1	**Pyrola**	**minor**		2	I	3	I	3	I	3	I	1	2	I	2	I		m	5	II	3	I
4743	334700	58.1.4	**Pyrola**	**rotundifolia**		2.5	I	4	I	2	I	3.5	I	1	4	I	2	I			5	I	3	I
4744	–	–	**Pyrus**	**communis aggr.**		4	II	x	–	3	II	2	II	2	4	II	3	I			3	I	3	I
4745	–	63.20.4	**Pyrus**		**austriaca**	4	I	3	I	3	I	2	I	1	3	I	3	I			3	I	3	I
4746	335000	63.20.5	**Pyrus**		**communis**	4	I	3	I	3	I	2.5	I	2	3	I	3	I			3	I	3	I
4747	335200	63.20.3.1	**Pyrus**		**nivalis**	4.5	I	4	I	3	I	2	I	1	4	I	3	I			3	I	3	I
4748	335300	63.20.1	**Pyrus**		**pyraster**	4	I	4	I	3	I	2	I	2	4	I	3	I		m	3	I	3	I
4749	–	–	**Pyrus**		**salviifolia**	4.5	II	4	I	3	I	2	I	1	4	I	3	I			3	I	3	I
4750	–	63.20.2	**Pyrus**		**spinosa**	5	II	3	I	4	I	2	I	1	4	I	3	I			3	I	3	I
4751	–	30.3.2	**Quercus**	**coccifera**		5	I	3	I	4	I	1.5	I	1	4	I	2	I			3	II	3	II
4752	335800	30.3.3	**Quercus**	**ilex**		5	I	2	I	2	II	1	I	2	3	II	3	I	s		3	I	3	I
4753	–	–	**Quercus**	**robur aggr.**		4	II	3	II	3	II	x	–	2	3	II	2	II			3	I	x	–
4754	335600	30.3.4	**Quercus**		**cerris**	4.5	I	4	I	4	I	2	I	2	3	II	2	I		m	3	I	3	I
4755	–	30.3.9	**Quercus**		**crenata**	4.5	I	3	I	3	I	2	I	1	3	I	2	I		m	3	I	3	I
4756	–	30.3.6	**Quercus**		**dalechampii**	4.5	I	3	I	3	I	2	I	1	3	II	2	I		m	3	I	3	I
4757	335900	30.3.5	**Quercus**		**petraea**	4	I	3	I	3	I	2	I	2	3	II	2	I		m	3	I	3	I
4758	336000	30.3.8	**Quercus**		**pubescens**	4.5	I	3	I	3	II	2.5	II	2	3	II	2	I			3	I	3	I
4759	336100	30.3.7	**Quercus**		**robur**	4	I	3	I	3	I	3.5	I	3	3	II	3	I		m	3	I	1	I
4760	–	–	**Quercus**		**virgiliana**	4.5	I	4	I	3	I	1	II	1	2	II	2	I			3	I	3	I
4761	–	–	**Quercus**	**rubra aggr.**		4.5	I	2	I	4	I	2.5	II	2	3	I	3	I			3	I	3	I
4762	335700	–	**Quercus**		**coccinea**	4.5	I	2	I	4	I	2	I	2	3	I	2	I			3	I	3	I
4763	335850	–	**Quercus**		**palustris**	4.5	I	2	I	4	I	3.5	I	3	3	I	3	I			3	I	1	I
4764	336200	30.3.1	**Quercus**		**rubra**	4.5	I	2	I	3	I	3	I	1	3	I	3	I			3	I	3	I
4765	336300	83.2.1	**Radiola**	**linoides**		4	II	1	I	4	I	4	I	3	1	I	2	I	ss		3	I	1	I
4766	–	–	**Ranunculus**	**aconitifolius aggr.**		2.5	II	3	II	3	II	3.5	II	3	3	I	4	II			3	II	1	I
4767	336500	19.17.33	**Ranunculus**		**aconitifolius**	2.5	II	2	I	3	I	4	I	3	3	I	4	I			5	II	1	I
4768	340300	19.17.34	**Ranunculus**		**platanifolius**	2.5	I	3	I	2	I	3	I	2	3	I	3	I			3	I	1	I
4769	–	–	**Ranunculus**	**acris aggr.**		3	II	x	–	3	I	3	II	2	3	II	4	II			3	I	1	II
4770	336600	19.17.9.1	**Ranunculus**		**acris**	3	II	4	I	3	I	3	II	3	3	I	3	I	s	m	3	I	1	II
4771	336700	19.17.9.2	**Ranunculus**		**friesianus**	3	II	2	I	3	I	3	II	2	3	I	4	I			3	I	1	II
4772	–	–	**Ranunculus**	**alpestris aggr.**		1.5	I	2	I	4	I	3.5	II	2	4	I	2	I			3	II	3	II
4773	336800	19.17.29	**Ranunculus**		**alpestris**	1.5	I	2	I	4	I	3.5	II	2	4	I	2	I			3	I	3	I
4774	–	19.17.30	**Ranunculus**		**traunfellneri**	1.5	I	2	I	4	I	3	I	1	4	I	2	I			3	I	3	II
4775	–	–	**Ranunculus**	**aquatilis aggr.**		x	–	x	–	4	II	5u-v	I	x	x	–	x	–			3	II	1	I
4776	336900	19.17.45	**Ranunculus**		**aquatilis**	4	I	2	I	4	I	5v	I	1	4	I	2	I			3	I	1	I
4777	337400	19.19.17.2317.43.2	**Ranunculus**		**baudotii**	4.5	I	1	I	3	I	5u	I	1	4	I	4	I	ss		3	I	1	I
4778	338000	19.17.48	**Ranunculus**		**circinatus**	4	I	3	I	3	I	5u	I	1	4	I	3	I			3	I	1	I
4779	342000	19.17.46.2	**Ranunculus**		**confervoides**	1.5	I	2	I	4	I	5u	I	3	3	I	3	I			3	I	1	I
4780	338500	19.17.49	**Ranunculus**		**fluitans**	4	I	2	I	3	I	5u^	I	1	3	II	4	I			3	I	1	I
4781	339000	–	**Ranunculus**		**hederaceus**	4	I	1	I	4	I	5v	I	2	2	II	2	I			5	I	1	I
4782	340000	19.17.43.1	**Ranunculus**		**peltatus**	3	II	4	I	3	I	5v	I	3	2	I	2	I	s		3	I	1	I
4783	340100	19.17.44	**Ranunculus**		**penicillatus**	4	I	1	I	4	I	5u^	I	1	4	I	3	I			3	I	1	I
4784	–	–	**Ranunculus**		**pseudofluitans**	3.5	II	2	I	4	I	5u^	I	1	2	I	2	I			3	I	1	I
4785	341100	19.17.47	**Ranunculus**		**rionii**	4.5	I	4	I	3	I	5u	I	1	4	I	2	I			1	I	1	I
4786	341900	19.17.46.1	**Ranunculus**		**trichophyllus**	3	II	4	I	4	I	5u^	I	3	4	II	2	I	s		3	I	1	I
4787	337100	19.17.19	**Ranunculus**	**arvensis**		4.5	I	4	I	4	I	2.5	II	3	4	II	3	I			1	I	3	I
4788	337300	19.17.23	**Ranunculus**	**auricomus aggr.**		x	–	4	II	3	II	3.5	I	3	3	II	3	II			3	II	1	II
4789	–	–	**Ranunculus**		**aemulans**	4.5	I	5	I	3	I	2.5	I	3	4	I	3	I			3	I	3	I
4790	–	–	**Ranunculus**		**aesontinus**	4.5	I	4	I	3	I	3.5	I	3	3	I	3	I			5	I	3	I
4791	336750	–	**Ranunculus**		**allemannii**	2	I	5	I	3	I	4	I	3	3	I	3	I			3	II	3	II
4792	–	–	**Ranunculus**		**alnetorum**	4.5	I	4	I	3	I	3.5	I	3	3	I	3	I			5	I	3	II
4793	–	–	**Ranunculus**		**alsaticus**	4.5	I	4	I	3	I	3.5	I	3	4	I	3	I			5	II	1	I
4794	–	–	**Ranunculus**		**argoviensis**	4.5	I	4	I	3	I	3	I	3	3	I	3	I			5	II	1	I
4795	–	–	**Ranunculus**		**augustanus**	3.5	II	4	I	3	II	3	I	3	3	I	3	I			3	I	1	I
4796	–	–	**Ranunculus**		**bergeri**	4	I	4	I	3	II	4	I	3	3	I	4	I			3	I	1	I
4797	–	–	**Ranunculus**		**biformis**	3.5	I	4	I	3	I	3	I	3	4	I	4	I			5	II	1	I
4798	–	–	**Ranunculus**		**braun-blanquetii**	2.5	I	5	I	4	I	3.5	I	3	3	I	3	I			3	I	3	I
4799	–	–	**Ranunculus**		**cassubicifolius**	4	I	4	I	2	I	4	I	3	3	I	3	I			3	I	1	I
4800	–	1	**Ranunculus**		**crenatolobus**	3.5	I	4	I	4	I	4	I	3	3	I	4	I			3	I	1	I
4801	–	–	**Ranunculus**		**doerrii**	4	I	4	I	4	I	3.5	I	3	3	I	3	I			3	I	1	I
4802	–	–	**Ranunculus**		**fiorii**	3	I	4	I	4	I	3	I	3	4	I	3	I			3	I	1	I
4803	–	–	**Ranunculus**		**graecensis**	4	I	4	I	3	I	3	I	3	3	I	3	I			3	I	1	I
4804	–	–	**Ranunculus**		**gratiosus**	4	I	4	I	3	I	3	I	3	3	I	3	I			3	I	1	I
4805	–	–	**Ranunculus**		**grossidens**	4	I	4	I	3	I	4	I	3	3	I	4	I			5	I	1	I

Strategien					Biologisches Verhalten										Vorkommen						Pflanzengesellschaften			Literatur			
LF	BD	WT	RO	KS	DA	VA	FS	MA	BZ	BS	MV	SU	DG	GI	GV	LR	EG	AE	EM	VE	1	2	3	BL	SL	TB	SEN
h	s		Rh Wv	crs	Me	Sr	zw	r11	5-8	au me my ca?	2		2	tg	E1		–	I	1-2	=					577, 961	B D	4717
h	s		Rh Wv	crs	Me	Sr	zw		5-7		2		2	tg	F1	6.5 7.2 8.2 9.1	2	I	2	=	10.212	10.211		c			4718
h	s	3	Rh Wv	crs	Me	Sr	zw		5-8		2		2	tg	E3	6.5 7.1 8.2 9.1	2	I	2	=	10.412	10.421	12.313				4719
h	s		Rh Wv	crs	Me	Sr	zw		5-7		2		2	tg	F4	3.2 3.3 6.5	–	I	1	=			10.2116	c			4720
h	s		Rh Wv	crs	Me	Sr	zw		5-7		2		2	tg	F2b*	6.5 7.1 7.2 9.1	–	I	1	=			10.41				4721
h	s		Rh Wv	crs	Me	Au Sr	zw		5-7		2		2	tg	E1	3.3 6.5 7.1	–	I	1	=			10.113	k m			4722
h	s		Rh Wv	crs	Me	Sr	zw		5-7		2		2	tg	E2d	6.5	–	I	2	=			10.212				4723
h	s	1.5	Rh Wv	crs	Me	Au Sr	zw		5-7		2		2	tg	F7	6.3 6.5 7.1	–	I	1	=			10.4	c h	598		4724
h	s		Rh Wv	crs	Me	Sr	zw		5-7		2		2	tg	F8	6.5	–	I	1	=			10.211	c			4725
h	s		Rh Wv	crs	Me	Sr	zw		3-7		–		2	tg	F1		–	I	1	=							4726
h	s		Rh Wv	crs	Me	Sr	zw		5-7		–		2	tg	F2	3.2 6.2 6.5 9.1	2	I	1	=	9.11						4727
h	s		Rh Wv	crs	Me	Sr	zw		3-5		–		3	tg	F7	6.2 9.1	–	I	1	=			9.1131	c m			4728
h	s		Rh Wv	crs	Me	Sr	zw	r12	3-6		–		2	tg	D1		–	I	2	>						B	4729
h	s	3	Rh Wv	crs	Me	Sr	zw	r12	3-6	me	–		2	tg	E2c	6.2 6.5	6	I	2	>	9.113						4730
h	s	3	Rh Wv	crs	Me	Sr	zw	r12	4-5	me	–		2	tg	D4	6.2 9.1	–	I	2	>			9.11	c			4731
h	s		Rh Wv	crs	Me	Sr	zw		3-5		–		2	tg	D1b	3.1 6.2 7.1	6	I	2	>			9.13	h m			4732
h	t	1.5	Rh Wv	crs	Me	Sr	zw	r8	3-7	au hm my le*	2		2	tg	D5	6.5 7.1	2	I	2	>*	10.311	10.4	12.311				4733
h	s		Rh Wv	crs	Me	Sr	zw		3-4	me	2		2	tg h	D3		–	I	2	>						B	4734
h	s	2	Rh Wv	crs	Me	Sr	zw		3-4		2		2	tg h	D4	6.2 9.1	–	I	2	>			9.11	c			4735
h	s	1.5	Rh Wv	crs	Me	Sr	zw	r6	3-4		2		2	tg h	D3a	6.2 6.7 9.1	6	I	2	>	9.131	9.135	14.81105		913		4736
n	s		Wh	ccc	En	Sr	zw	350*	5-8	ca (au)	–		1	h e	C2b	2.9 3.2 7.4	3	A	4	<			13.6			H	4737
h	v		Zw	crs	My	Kv	zw		3-5		–		1		A4a	2.3 2.7 2.9	–	N	4	<			?				4738
n	w		Wh	ccc	En	Sr	zw		4-6	en	–		3	mg	C2b	2.9 7.4 7.6 9.4	3	N	3	<			14.8			H	4739
h.hp	w	1	Rs	css	Me	Au	zw		6-8	au en	–		2	e	B3	9.1	1	I	1	>	14.211	14.111					4740
h.hp	w	2	Rs	css	Me	Au	zw		6-8	au	1		2	e	B6b	9.1 9.2	2	I	1	>*	12.313	14.312					4741
h.hp	w	1	Rs	css	Me	Au	zw	r1	6-8	au (ca) (my)	1	2	3	e	B3	6.5 7.1 8.2 9.1	2	I	1	>*	12.312	14.312	14.41301				4742
h.hp	w	1	Rs	css	Me	Au	zw	r3	6-9	au en	1		3	e	B3	7.1 8.2 9.1 9.2	2	I	1	>*	14.3	14.41301	14.211				4743
n-p	s	4	Wh	ccs	En	Ws	zw		4-5	ca my me hm	–		1	e	B6		–	I/A/N/Ja	1-3	>						B	4744
n-p	s		Wh	ccs	En	Ws	zw		4-5		–		1	e	D4	2.9 7.4 9.2	–	I/N	2	=			14.41	c m			4745
p	s	4	Wh	ccs	En	Ws	zw		4-5		–		1	e	B6	2.9	1	Ja	3	>			?		347	H	4746
n-p	s		Wh	ccs	En	Ws	zw		4-5		–		1	e	D1b	2.9 7.4 9.3	3	I	1	>			14.8				4747
n-p	s	4.5	Wh	ccs	En	Ws	zw	120*	4-5		–		1	e	B6	2.9 7.4 9.2 9.3	1	I	1	>	14.7	14.811	14.733				4748
n-p	s		Wh	ccs	En	Ws	zw		4-5		–		1	e	C2b	2.9 7.4 9.3	–	I?/A	3	=			14.8	m			4749
n-p	s		Wh	ccc	En	Ws	zw		4-5		–		1	e	D1	7.4 7.6 9.3	–	I	1	=			14.8	k m			4750
n	i		Wh	ccc	Dy	Kv	mo		4-5	an	–		3		C2	7.6 9.4	–	I	2	=			13.6	k m			4751
n-p	i		Wh	ccs	Dy	Kv	mo	1500*	4-5	an	–		3		C2	7.4 7.6 9.3 9.4	1	I/N	2	=			14.9				4752
p	s t	5	Wh	ccs	Dy	Kv	mo		4-5		–		2	tg h e	B6		–	I	1	=						B	4753
p	s t	4	Wh	ccs	Dy	Kv	mo	200*	5	an	–		2	tg h	D1b	2.9 7.4 9.2 9.3	1	I	1	=	14.811	14.812	14.73601				4754
p	s		Wh	ccc	Dy	Kv	mo		4-5		–		1		E2d	9.2 9.3	–	I	2	=			14.812	m	138	E	4755
n-p	s t		Wh	ccs	Dy	Kv	mo		4-5	an	–		2	tg	D1b	9.3	–	I	2	=			14.8	c k m			4756
p	s	4.5	Wh	ccs	Dy	Kv	mo	1500*	4-5	an	–		2	tg h e	D3	9.1 9.2 9.3	1	I	1	=	14.811	14.7	14.4				4757
p	s t	4.5	Wh	ccs	Dy	Kv	mo	500*	4-5	an	–		3	tg h e	D1	7.4 9.1 9.3	1	I	1	=	14.811	14.733					4758
p	s	4.5	Wh	ccs	Dy	Kv	mo	800*	4-5	an	–		3	tg h e	D3	9.2 9.3	1	I	2	=	14.411	14.7	14.811				4759
p	s		Wh	ccs	Dy	Kv	mo		4	an	–		2		C2b	9.3 9.4	–	I	2	=?			14.8?	k m	572	E	4760
p	s		Wh	ccs	Dy	Kv	mo		4		–		2		A2c		–	N	3	=						B	4761
p	s		Wh	ccs	Dy	Kv	mo		4	an	–		2		A2c	2.9	1	N	3	=			?	d			4762
p	s		Wh	ccs	Dy	Kv	mo		4	an	–		3		A2c	2.9	–	N	3	<			?	d m			4763
p	s	4.5	Wh	ccs	Dy	Kv	mo		4	an	–		2		A2c	2.9 9.1 9.2	1	N	3	=			14.411				4764
t	s		–	rrr	Ep	Kv	zw		7-8	au my	–		4		B6	1.4 2.1 2.2 3.1	7	I	2	>			2.2				4765
h	s		Rh	ccs	Me	Sr	zw	d	5-7	ca my hm le	3		3		D5		–	I	2	=>*					755		4766
h	s		Rh	ccs	Me	Sr	zw		5-7		3		3		E1	4.2 6.3 7.2 9.2	5	I	2	>*	11.514	11.233	14.73111				4767
h	s		Rh	ccs	Me	Sr	zw	d	6-7		2		3		D5	7.2 8.2 9.1 9.2	1	I	2	=	11.514	13.411	14.735				4768
h	t		Rh	crs	Me En	Sr	zw	d	4-9	au my me ca*	4		3	mg h	B4b		–	I/N	3	=					125	B	4769
h	t	1.5	Rh	crs	Me En	Sr	zw		4-9		3	2	3	mg	B4b	2.4 5.1 6.3 6.5	2	I/N	3	=	11.2						4770
h	t		Rh	crs	Me En	Au Sr	zw		4-9		4		3	mg	D3	2.7 6.2 6.3 6.5	8	I/N	3	=	11.2						4771
h	s		Rh	css	Me Ep	Sr	zw	d	6-8	au my	1		2	tg	E1		–	I	1	=					585		4772
h	s		Rh	css	Me	Sr	zw		6-8		1		3	tg	E1	3.3 3.4 6.5 6.6	2	I	1	=	3.3	10.211	3.321				4773
h	s		Rh	css	Me	Sr	zw		5-8		1		2	tg	F4b	3.2 3.3 6.5 6.6	–	I	1	=			3.321	c k m			4774
a-k	w		Rs	css	Hy Ep	As Sw	zw	d	4-9	au ca my me	–		3	mg	B3		–	I	1-2	<>					130	D	4775
a-k	w		Rs	css	Hy Ep	As Sw	zw		4-8		–		3	mg	B3a	1.1	4	I	1	>			1.3				4776
a-k	w		Rs	css	Hy Ep	As Sw	zw		4-8		–		3	mg	D2	1.4	4	I	1	>			2.2				4777
a-k	w	2	Rs	css	Hy Ep	As Sw	zw	d	5-8		–		3	mg	B4b	1.1	4	I	1	>			1.312				4778
a-k	w		Rs	css	Hy Ep	As Sw	zw		5-8		–		3	mg	B5	1.1	–	I	1	>			1.4				4779
a-k	w		Rs	css	Hy Ep	As Sw	zw	d	6-8		–		4	mg	D3	1.2 2.5	4	I	2	<			1.313				4780
a-k	w		Rs	css	Hy Ep	Sw	zw		5-9		–		3	mg	D2	1.4 4.1 4.2	–	I	1	>			7.111	b f l			4781
a-k	w s		Rs	css	Hy Ep	As Sw	zw		4-9		–		2	mg	C2c	1.1 1.2 1.3	4	I	1	>			1.312				4782
a-k	w		Rs	css	Hy Ep	As Sw	zw		5-8		–		3	mg	D3	1.1 1.2	4	I	1	>			1.313				4783
a-k	w		Rs	css	Hy Ep	As Sw	zw		4-7		–		3	mg	D2	1.2	–	I	1	>			1.313				4784
a-k	w		Rs	css	Hy Ep	As Sw	zw		5-8		–		3	mg	B4a	1.1 1.4	4	I	1	>			1.311		942		4785
a-k	w		Rs	css	Hy Ep	As Sw	zw	d	5-9		–		3	mg	B2	1.1 1.2	4	I	1	>			1.313				4786
t	s w	1	–	rrr	Ep Dy	Kv	zw		5-7	au en	–	3	3	mg	C2	2.1 2.7	7	A	4	>			2.3a				4787
h	t	1.5	Rh	crs	My Ep	Sr	oa zw	d	4-6	au ca my me*	–		3		B6		1	I/Ja	1-2	=	14.731	14.722	11.233		358, 359	D G	4788
h	t		Rh	crs	My Ep	Sr	oa		4-5		–		3		E5	2.7 6.6 7.4 9.2	–	Ja	1	=			13.312?	l	67		4789
h	t		Rh	crs	My Ep	Sr	oa		4-5		–		3		F4b	1.4 4.1 6.3	–	Ja	2	>			11.233?	k			4790
h	t		Rh	crs	My Ep	Sr	oa		5-7		2		3		F3e*	5.1 6.3 9.1 9.2	1	I	1	>			11.233	c h k	177		4791
h	t		Rh	crs	My Ep	Sr	oa		4-5		2		3		D3a*	9.2	–	Ja	1	=			14.72	l			4792
h	t		Rh	crs	My Ep	Sr	oa		4-5		2		3		F9	2.8 4.2 7.4 9.2	–	Ja	2	=			14.722	l			4793
h	t		Rh	crs	My Ep	Sr	oa		4-5		2		3		F6a	6.3 9.2	–	Ja	2	=			14.733	c l			4794
h	t		Rh	crs	My Ep	Sr	oa		4-6		–		3		F3a	6.3	–	Ja	2	=			?	k			4795
h	t		Rh	crs	My Ep	Sr	oa		4-5		2		3		F6a*	4.2 6.3 7.4	–	Ja	2	>			14.72?		91		4796
h	t		Rh	crs	My Ep	Sr	oa		4-6		–		3		F9	6.3 7.4 9.2	–	Ja	1	=			14.733	l			4797
h	t		Rh	crs	My Ep	Sr	oa		5-6		–		3		F4	6.7 8.2 9.1 9.2	–	Ja	1	>			14.312?	k	177		4798
h	t		Rh	crs	My Ep	Sr	zw		4-5		–		3		F7a	4.2 6.3 9.2	–	I	1	=			14.722	c l			4799
h	t		Rh	crs	My Ep	Sr	oa		4-5		2		3		F7a*	5.1 6.3 7.2	–	Ja	3	>			11.233?	c			4800
h	t		Rh	crs	My Ep	Sr	oa		4-5		2		3		F6a*	1.3 6.3 7.2	–	Ja	3	>			11.23?	l	67		4801
h	t		Rh	crs	My Ep	Sr	oa		4-5		–		3		F3f*	6.3	–	Ja	2	=			11.2?	k			4802
h	t		Rh	crs	My Ep	Sr	oa		4-5		–		3		F4c	2.8	–	Ja	2	=			?				4803
h	t		Rh	crs	My Ep	Sr	oa		4-5		–		3		D3a	2.6 6.3 7.4 9.2	–	Ja	2	=			14.733		91		4804
h	t		Rh	crs	My Ep	Sr	oa		4-5		–		3		F6a*	4.2 7.2 7.4 9.2	–	Ja	2	>			14.72?				4805

Nummern			Taxa			Klima						Boden												
SEN	SIN	FAN	Gattung	Aggregat/Einzelart	Kleinart	T	v	K	v	L	v	F	v	W	R	v	N	v	S	M	H	v	D	v
4806	–	–	Ranunculus		haasii	4	I	4	I	3	I	4	I	3	3	I	4	I			5	I	1	I
4807	339050	–	Ranunculus		helveticus	4	I	4	I	2	I	3.5	I	3	3	I	3	I			3	I	3	I
4808	–	–	Ranunculus		hevellus	4	I	4	I	2	I	3.5	I	3	3	I	3	I			5	I	1	I
4809	–	–	Ranunculus		indecorus	4	I	4	I	4	I	3.5	I	3	3	I	4	I			3	I	1	I
4810	–	–	Ranunculus		integerrimus	4	I	4	I	2	I	3.5	I	3	3	I	4	I			3	I	1	I
4811	–	–	Ranunculus		juratensis	3	I	4	I	3	I	3.5	I	3	3	I	4	I			3	I	1	I
4812	–	–	Ranunculus		kunzii	4.5	I	4	I	3	I	3.5	I	3	3	I	4	I			5	I	1	I
4813	–	–	Ranunculus		latisectus	4	I	4	I	2	I	3.5	I	3	3	I	4	I			3	I	1	I
4814	–	–	Ranunculus		leptomeris	4	I	4	I	3	I	4	I	3	3	I	3	I			5	I	1	I
4815	–	–	Ranunculus		lingulatus	3.5	I	4	I	3	I	3.5	I	2	3	I	4	I			5	II	1	I
4816	–	–	Ranunculus		luminarius	3.5	I	4	I	3	I	3	I	3	3	I	3	I			3	I	1	I
4817	–	–	Ranunculus		lunaris	4.5	I	4	I	2	I	4	I	3	3	I	3	I			5	II	3	II
4818	–	–	Ranunculus		lyratus	4.5	I	4	I	3	I	3.5	I	3	3	I	3	I			5	II	3	II
4819	–	–	Ranunculus		macrotis	4.5	I	4	I	2	I	4	I	3	3	I	3	I			3	I	3	I
4820	–	–	Ranunculus		megacarpus	4	I	4	I	2	I	3.5	I	3	3	I	4	I			3	I	1	I
4821	–	–	Ranunculus		melzeri	2	I	4	I	5	I	3.5	I	3	2	I	3	I			5	I	3	I
4822	–	–	Ranunculus		nicklesii	4	I	4	I	3	I	4	I	3	3	I	3	I			5	II	1	I
4823	–	–	Ranunculus		notabilis	4	I	4	I	3	I	3.5	I	3	3	I	3	I			3	II	1	I
4824	–	–	Ranunculus		palaeoeuganeus	4.5	I	4	I	2	I	4.5	I	3	3	I	3	I			5	I	1	I
4825	–	–	Ranunculus		phragmiteti	4	I	4	I	3	I	4	I	3	3	I	3	I			5	II	1	I
4826	–	–	Ranunculus		pilisiensis	4.5	I	4	I	3	I	3	I	3	3	I	3	I			3	I	1	I
4827	–	–	Ranunculus		praetermissus	3.5	I	4	I	4	I	3	I	3	3	I	4	I			3	I	1	I
4828	–	–	Ranunculus		prosseri	3.5	I	3	I	2	I	2.5	I	3	3	I	4	I			3	I	3	I
4829	–	–	Ranunculus		pseudocassubicus	4.5	I	3	I	2	I	3.5	I	3	4	I	4	I			5	II	1	I
4830	–	–	Ranunculus		pseudopimus	4	I	3	I	2	I	3.5	I	3	3	I	4	I			5	I	1	I
4831	–	–	Ranunculus		puberulus	4	I	4	I	3	I	3	I	3	3	I	3	I			3	I	1	I
4832	–	–	Ranunculus		quinatus	4	I	4	I	3	I	3.5	I	3	4	I	3	I			5	II	3	I
4833	–	–	Ranunculus		roessleri	4	I	4	I	3	I	3.5	II	3	4	I	3	I			3	II	3	I
4834	–	–	Ranunculus		rostratulus	4	I	4	I	4	I	3.5	I	3	3	I	4	I			3	I	1	I
4835	–	–	Ranunculus		rotundatus	4	I	4	I	3	I	3.5	II	3	3	I	3	I			3	I	1	I
4836	–	–	Ranunculus		sphinx	4.5	I	4	I	3	I	3.5	I	3	3	I	3	I			3	I	1	I
4837	–	–	Ranunculus		stellaris	4	I	4	I	3	I	3.5	I	3	3	I	4	I			3	I	1	I
4838	–	–	Ranunculus		stricticaulis	4	I	3	I	2	I	3.5	I	3	3	I	4	I			3	I	1	I
4839	–	–	Ranunculus		subtruncatus	4	I	4	I	3	I	3.5	I	3	3	I	3	I			5	I	1	I
4840	–	–	Ranunculus		suevicus	4	I	4	I	4	I	3.5	I	3	3	I	4	I			3	II	1	I
4841	–	–	Ranunculus		udicola	4	I	4	I	3	I	4	I	3	3	I	3	I			5	I	1	I
4842	–	–	Ranunculus		variabilis	2.5	I	4	I	3	I	4	I	3	3	I	3	I			5	I	1	I
4843	–	–	Ranunculus		walo-kochii	4	I	4	I	3	I	3.5	I	3	3	I	3	I			3	I	1	I
4844	–	–	Ranunculus		wraberi	2.5	I	4	I	3	I	3.5	I	3	3	I	3	I			3	I	1	I
4845	337500	19.17.32	Ranunculus	bilobus		2	I	3	I	4	I	3	I	1	5	I	2	I			3	II	3	II
4846	–	–	Ranunculus	bulbosus aggr.		x	–	4	II	4	II	x	–	1	4	I	2	II		m	3	I	3	II
4847	–	–	Ranunculus		adscendens	4.5	I	4	I	4	I	4	I	3	4	I	3	I	s		3	II	1	II
4848	–	19.17.16.2	Ranunculus		aleae	4.5	I	3	I	3	I	3.5	I	2	4	I	3	I			3	I	1	I
4849	337700	19.17.16.1	Ranunculus		bulbosus	3	II	4	I	4	I	2	I	1	4	I	2	I		m	3	I	3	I
4850	–	19.17.31	Ranunculus	crenatus		1	I	2	I	4	I	3.5	I	2	2	I	2	I			3	I	3	II
4851	–	19.17.50	Ranunculus	falcatus		3.5	I	4	I	4	I	2	I	1	4	I	3	I			3	I	3	I
4852	–	–	Ranunculus	ficaria aggr.		3.5	II	2	II	3	II	3.5	I	3	3	II	4	I			3	I	1	I
4853	–	19.17.26.3	Ranunculus		calthifolius	3.5	I	2	I	3	I	3.5	I	3	3	I	4	I			3	I	1	I
4854	–	19.17.26.2	Ranunculus		fertilis	4	I	3	I	3	II	3.5	I	3	3	I	4	I			3	I	1	I
4855	338200	19.17.26.1	Ranunculus		ficaria	3.5	I	2	I	2	II	3.5	I	3	4	I	4	I			3	I	1	I
4856	–	–	Ranunculus	flammula aggr.		x	–	2	II	4	II	4.5	I	3	3	II	2	II			3	II	1	I
4857	338400	19.17.37	Ranunculus		flammula	3.5	I	2	I	4	II	4.5	I	3	3	II	2	I		m	5	II	1	I
4858	–	–	Ranunculus		ophioglossifolius	4.5	I	1	I	4	I	4.5	I	3	3	I	3	I			5	II	1	I
4859	341000	19.17.38	Ranunculus		reptans	2.5	II	3	I	5	I	4.5	I	3	3	I	2	I			1	II	1	I
4860	–	19.17.22	Ranunculus	garganicus		4	I	3	I	4	I	2	I	1	4	I	2	I			3	I	3	I
4861	338700	19.17.36	Ranunculus	glacialis		1	I	4	I	5	I	3.5	I	2	2	I	2	I			3	II	5	I
4862	338800	19.17.41	Ranunculus	gramineus		4.5	I	4	I	4	I	1	I	1	4	I	2	I			3	I	3	I
4863	339100	19.17.28	Ranunculus	hybridus		1.5	I	4	I	5	I	2	I	1	4	I	2	I			3	I	5	I
4864	–	–	Ranunculus	illyricus		4.5	II	4	I	4	I	1.5	I	1	4	I	2	I			3	I	3	I
4865	339200	19.17.40	Ranunculus	kuepferi		1.5	I	2	I	4	I	3	I	2	2	I	3	I			3	I	3	I
4866	339300	19.17.8	Ranunculus	lanuginosus		2.5	I	2	I	2	I	3.5	I	2	3	I	4	I		m	5	II	1	I
4867	339400	19.17.39	Ranunculus	lingua		4	I	3	I	4	I	4.5	I	3	3	I	3	I			5	II	1	I
4868	341400	19.17.21	Ranunculus	monspeliacus		5	I	4	I	4	I	1	I	1	2	I	3	I			3	I	3	I
4869	–	–	Ranunculus	montanus aggr.		2	II	x	–	3	II	3	II	1	x	–	x	–			3	II	3	II
4870	–	19.17.15	Ranunculus		aduncus	2.5	I	4	I	3	I	2.5	I	1	4	I	3	I			3	I	3	I
4871	337800	19.17.10	Ranunculus		carinthiacus	2	I	2	I	4	I	2.5	I	1	5	I	3	I			3	I	3	I
4872	339500	19.17.11	Ranunculus		montanus	2	I	3	I	3	I	3.5	I	1	4	I	4	I			3	I	3	II
4873	337600	19.17.14	Ranunculus		oreophilus	2.5	I	4	I	4	I	2.5	I	1	5	I	2	I			3	II	5	I
4874	342300	19.17.12	Ranunculus		venetus	2	I	2	I	3	I	3	I	1	3	I	4	II			3	I	3	I
4875	342400	19.17.13	Ranunculus		villarsii	2	I	3	I	3	I	3	I	1	2	I	3	I			3	I	3	I
4876	–	19.17.18	Ranunculus	muricatus		5	I	2	I	4	I	2	I	3	3	I	3	I			5	I	1	I
4877	–	–	Ranunculus	nodiflorus		4.5	I	2	I	4	I	3.5	I	3	2	I	2	I			5	I	1	I
4878	339800	–	Ranunculus	paludosus		5	I	1	II	4	I	4	I	3	3	I	2	I	s		3	I	1	I
4879	339900	19.17.42.1	Ranunculus	parnassiifolius		1.5	I	3	I	5	I	2.5	I	1	4	I	3	I			1	I	3	I
4880	–	19.17.20	Ranunculus	parviflorus		5	I	2	I	4	I	2.5	I	1	3	I	3	I			3	I	3	I
4881	–	–	Ranunculus	polyanthemos aggr.		x	–	x	–	3	II	3	II	3	3	II	2	II			3	I	1	II
4882	342200	19.17.5	Ranunculus		nemorosus	3	II	3	I	3	I	3.5	II	3	3	I	2	I			3	I	1	I
4883	340400	19.17.3	Ranunculus		polyanthemoides	4	I	2	I	3	I	3	II	3	2	I	2	I			3	I	1	I
4884	340500	19.17.6	Ranunculus		polyanthemophyllus	4	I	4	I	3	I	3.5	II	3	3	I	3	I			3	I	1	I
4885	–	19.17.2	Ranunculus		polyanthemos	4	I	5	I	3	I	2	I	2	3	I	2	I			3	I	3	I
4886	341700	19.17.4	Ranunculus		serpens	2.5	I	2	I	2	I	3	I	2	3	I	3	I			3	I	3	II
4887	340700	19.17.24	Ranunculus	pygmaeus		1	I	1	I	4	I	4	I	1	2	I	2	I			5	I	1	I
4888	340900	19.17.7	Ranunculus	repens		3	I	3	I	3	I	3.5	II	3	3	II	4	I	s	m	3	I	1	I
4889	341200	19.17.17	Ranunculus	sardous		4.5	I	2	I	4	I	4	I	3	3	I	3	I	s		3	II	1	I
4890	341500	19.17.25	Ranunculus	sceleratus		4	I	4	I	4	I	4.5	I	3	4	I	5	I	s		3	II	1	I
4891	341600	19.17.35	Ranunculus	seguieri		1.5	I	4	I	5	I	3	I	2	5	I	2	I			1	I	3	I
4892	341800	19.17.27	Ranunculus	thora		2	I	4	I	4	I	2	I	1	5	I	2	I			3	I	5	I
4893	–	19.17.1	Ranunculus	velutinus		5	II	3	I	3	I	3.5	I	3	4	I	3	I	s		3	I	1	I
4894	–	–	Raphanus	raphanistrum aggr.		4	II	3	I	4	I	2.5	II	1	3	I	4	I			3	I	3	I

Strategien					Biologisches Verhalten										Vorkommen						Pflanzengesellschaften			Literatur			
LF	BD	WT	RO	KS	DA	VA	FS	MA	BZ	BS	MV	SU	DG	GI	GV	LR	EG	AE	EM	VE	1	2	3	BL	SL	TB	SEN
h	t		Rh	crs	My Ep	Sr	oa		4-5		–		3		F7a	6.3 9.2	–	Ja	2	>			14.722	l	67		4806
h	t		Rh	crs	My Ep	Sr	oa		4-5		–		3		F6a	2.3 4.2 7.4 9.2	–	Ja	1	=			14.722		91		4807
h	t		Rh	crs	My Ep	Sr	oa		4-5		–		3		D3a	9.2	–	Ja	1	=			14.733	l	91		4808
h	t		Rh	crs	My Ep	Sr	oa		4-5		2		3		F6a	1.4 6.3	–	Ja	2	=			11.23	l			4809
h	t		Rh	crs	My Ep	Sr	oa		4-5	??	2		3		F6a	6.3 7.2 9.2	–	Ja	1	>			11.23?	l			4810
h	t		Rh	crs	My Ep	Sr	oa		4-6		–		3		F9	2.3 6.3 7.4 9.2	–	Ja	2	=			11.242?				4811
h	t		Rh	crs	My Ep	Sr	oa		4-5		2		3		F9*	2.8 4.2 7.4 9.2	–	Ja	2	=			14.72	l			4812
h	t		Rh	crs	My Ep	Sr	oa		4-5		–		3		F6a	9.2	–	Ja	1	=			14.733	l			4813
h	t		Rh	crs	My Ep	Sr	oa		4-5		–		3		D3a	6.3 9.2	–	Ja	2	>			11.233?	l	67		4814
h	t		Rh	crs	My Ep	Sr	oa		4-5		–		3		F9*	1.4 4.2 9.2	–	Ja	2	=			11.321?				4815
h	t		Rh	crs	My Ep	Sr	oa		4-5		–		3		F4a*	9.2	–	Ja	1	=			?	k			4816
h	t		Rh	crs	My Ep	Sr	oa		4-5		–		3		D3a*	9.2	–	Ja	2	=			14.72?		90		4817
h	t		Rh	crs	My Ep	Sr	oa		4-5		–		3		F9*	4.2 6.3 7.2 9.2	–	Ja	2	=			14.722				4818
h	t		Rh	crs	My Ep	Sr	oa		4-5		–		3		D3a*	2.7 9.2	–	Ja	2	=			14.7?		90		4819
h	t		Rh	crs	My Ep	Sr	oa		4-5		–		3		F6a	6.3 9.2	–	Ja	1	=			14.72	c l			4820
h	t		Rh	crs	My Ep	Sr	oa		5-7		2		3		F4a*	3.2 3.3	–	I	1	>			3.34?	c	177		4821
h	t		Rh	crs	My Ep	Sr	oa		4-5		–		3		F9*	4.2 6.3 7.2 9.2	–	Ja	1	=			14.73?	l			4822
h	t		Rh	crs	My Ep	Sr	zw		4-5		–		3		F7a*	6.3 7.4 9.2	–	I	2	=			14.733?	c			4823
h	t		Rh	crs	My Ep	Sr	oa		4-5		–		3		F4c	9.2	–	Ja	2	=			14.733?	k			4824
h	t		Rh	crs	My Ep	Sr	oa		4-5		2		3		D3a	1.3 6.3	–	Ja	2	>			11.233?	c l	67		4825
h	t		Rh	crs	My Ep	Sr	oa		4-5		–		3		D4	2.6 6.7 9.2	–	Ja	1	=			14.733	c			4826
h	t		Rh	crs	My Ep	Sr	oa		4-5		2		3		F7a*	4.2 6.3 9.2.2	–	Ja	3	>			11.241	c			4827
h	t		Rh	crs	My Ep	Sr	oa		4-5		–		3		F3e*	9.2	–	Ja	2	>			14.733?		179		4828
h	t		Rh	crs	My Ep	Sr	oa		4-5		–		3		F9*	6.3 7.2 9.2	–	Ja	1	=			14.73	l			4829
h	t		Rh	crs	My Ep	Sr	oa		4-5		–		3		D3a	6.3 7.4 9.2	–	Ja	1	=			14.733	l			4830
h	t		Rh	crs	My Ep	Sr	oa		4-5		1		3		D3a	6.3 9.2	–	Ja	2	=			14.733	l			4831
h	t		Rh	crs	My Ep	Sr	oa		4-5		–		3		F9*	6.2 6.7 7.4 9.2	–	Ja	1	=			13.312?		90		4832
h	t		Rh	crs	My Ep	Sr	oa		4-5		2		3		F6a	6.3 7.4 9.2	–	Ja	2	>			14.73?	l	67		4833
h	t		Rh	crs	My Ep	Sr	oa		4-5		2		3		F9*	6.3	–	Ja	3	=			11.233?	l	178		4834
h	t		Rh	crs	My Ep	Sr	oa		4-5		2		3		F6a	6.3 9.2	–	Ja	2	>			11.23?	l	67		4835
h	t		Rh	crs	My Ep	Sr	oa		4-5		–		3		D3a*	9.2	–	Ja	1	=			14.733?				4836
h	t		Rh	crs	My Ep	Sr	oa		4-5		–		3		D3a*	2.3 6.7 9.2	–	Ja	1	=			14.733?				4837
h	t		Rh	crs	My Ep	Sr	oa		4-5		–		3		F6a*	6.3 9.2	–	Ja	1	=			14.733	l	90		4838
h	t		Rh	crs	My Ep	Sr	oa		4-5		2		3		F6a*	2.6 4.2 6.3 9.2	–	Ja	2	>			14.722				4839
h	t		Rh	crs	My Ep	Sr	oa		4-5		2		3		D3a	1.4 6.3 7.4 9.2	–	Ja	2	>			?	l	67		4840
h	t		Rh	crs	My Ep	Sr	oa		4-5		–		3		F8	9.2	–	Ja	2	>			14.721?	c			4841
h	t		Rh	crs	My Ep	Sr	oa		5-6		2		3		F8	4.2 6.3 6.7 9.2	–	Ja	2	>			11.2?	c	177		4842
h	t		Rh	crs	My Ep	Sr	oa		4-5		2		3		F6a*	6.3 7.2 9.2	–	Ja	2	=			11.321?	l			4843
h	t		Rh	crs	My Ep	Sr	oa		4-5		–		3		F4b*	9.2	–	Ja	1	=			14.731?	k			4844
h	s		Rh	css	Me	Sr	zw		6-8		1		2	tg	F3d*	2.5 3.2 3.3 6.5	–	I	1	=			10.2	f k			4845
h	t		Sk	crs	Me	Kv	zw	d	5-7	au my me ca*	3		1	tg	C1		–	I/A/N	3	>					126	B	4846
h	t		Sk Wd	crs	Me	Kv	zw		4-6		3		1	tg	C2	1.3 6.3	–	I?	3	>			11.21?			E	4847
h	t		Sk Wd	crs	Me	Kv	zw		5-7		3		1	tg	D1a	1.3 6.3	–	I/N	3	>			11.2	k m			4848
h	t	1.5	Sk	crs	Me	Kv	zw		5-7		3	4	1	tg	C1	6.2 6.3 6.7 7.4	6	I/A	3	>	9.135						4849
h	s		Rh	css	Me	Sr	zw		6-7		1		3	tg	E4	3.3 6.5 6.6	–	I	1	=			8.1	c k m			4850
t	s		–	rrr	Me Ep	Kv	zw		3-5		–		2		C2	2.1 2.2	–	I/A	3	>			2.3	c k m			4851
g	v		Wk	rrs	My	Sw Ws	zw	d	3-4	au ca my me	4		4	tg h e	D3		–	I	3	=					813		4852
g	v		Wk	rrs	My	Sw	zw		3-4		4		4	tg e	D1b	2.7 6.2 9.2 9.3	–	I	2	=			14.811	c k			4853
g	v		Wk	rrs	My	Sw	zw		3-4		4		4	tg e	D2	2.3 6.3 7.4 9.2	–	I	3	=			14.7				4854
g	v	1	Wk	rrs	My En	Sb Sw	zw		3-4		4		4	tg e	D3	6.3 6.7 7.4 9.2	1	I	2	=	11.241	14.721	14.735		246		4855
h	t		Rs	css	Dy Ep	Ao Sw	zw	d	4-9	au ca my me*	2		3	tg	B3		–	I	2	>							4856
h	t	1	Rs	css	Dy En	Sw	zw		5-9		3	2	4	tg	D3	1.3 5.1 6.3	5	I	2	>*	11.233	6.112	7.23				4857
h	t		Rs	css	Dy Ep	Sw	zw		5-8		2		3	tg	C2	1.3 1.4	–	I	2	>			6.113	g k m			4858
h	t		Rs	css	Ep Hy	Ao Sw	zw		4-9		–		3	tg	B3	1.1 1.4	5	I	1	>			1.4		661		4859
h	s		Wv	crs	Me	Kv	zw		4-5		–		2		D1	2.6 6.2 9.3	–	I	3	=			9.1	k m			4860
h	w		Rh	css	Me Dy	Sr	zw	d	7-8	au my le	–		1	tg h	D6	3.3 4.1 5.1 6.6	2	I	1	=	3.31	3.341					4861
h	t		Wd	crs	Me	Kv	zw		4-5		2		2	tg	C2a	6.2	6	I	2	>			9.14				4862
h	w	1	Wd	css	Me	Kv	zw		6-8		2		1	gg	F7	3.3 6.5 8.2 9.1	–	I	1	=			10.211				4863
h	s		Wk	crs	Me	Au	zw		5-7	me ve	–		1		D1b	6.2	–	I	2	>			9.112	c k m			4864
h	s	2	Rh	css	Me	Sr	fa zw	d	6-7	au my ca?	2		2	tg	F1	6.3 6.5 7.1	2	I	2	=	10.412	10.411					4865
h	w	2.5	Rh	ccs	Me	Sr	zw	d	5-8	en	2		3	tg	D3	4.2 7.2 9.2	1	I	1	=	14.731	14.735	13.411				4866
g	t	1	Rh	css	Dy Ep	Au	zw		6-8	my	–		2		B6	1.3	4	I	1	>	6.111	6.112					4867
h	s		Wv	ccs	Me	Kv	zw		4-6		–		2		D1a	2.1 2.2 6.2 7.3	–	I	2	=?			9.1	a f k			4868
h	s		Rh	ccs	Me	Sr	zw	d	4-7	au ca my hm*	3		3	tg	E1		–	I	1-2	=							4869
h	s		Rh	css	Me	Sr	zw		5-7		2		3	tg	E2b	2.6 6.3 9.1 9.2	–	I	2	=			14.731	f k m		B	4870
h	s		Rh	ccs	Me	Sr	zw		4-7		3		3	tg	E1	6.2 6.5 8.2 9.1	2	I	2	>	10.211						4871
h	s	1.5	Rh	ccs	Me En	Sr	zw		4-7		3		3	tg	F1	6.3 6.5 7.2 9.1	2	I	2	=	11.244	10.4	10.21				4872
h	s	1.5	Rh	ccs	Me	Sr	zw		5-8		2		3	tg	E4	3.3 6.5 8.2 9.1	2	I	1	>*	3.311	10.211					4873
h	s		Rh	ccs	Me	Sr	zw		4-7		3		3	tg	F4	3.3 6.3 6.5 9.1	–	I	2	=			10.2	f k m		D	4874
h	s	2	Rh	ccs	Me	Sr	zw		4-8		3		3	tg	F1	6.3 6.5 7.2 9.1	2	I	2	=	10.4	12.313					4875
t	s		–	crr	Ep	Kv	zw		3-4		–		1		C2	1.4 5.1 6.3	–	A	4	=			2.2				4876
t	s		–	css	Me	Kv	zw		3-5		–		1		D1a	1.4	–	I/N	2	>			2.211	k m			4877
h	t		Sk	css	Dy Ep	Kv	zw		4-5		–		1		C2	3.1 6.1 6.2 7.3	–	I	5	=			12.5	a f k			4878
h	s		Rh	css	Me	Sr	fa zw		7	au my	–		1	gg	E3a	3.3	2	I	1	=	3.311						4879
t	s		–	rrr	Me	Kv	zw		3-5		–		1	tg	C2a	2.1 2.2 2.7	–	A	5	=			2.3	f k m			4880
h-k	s		Rh	ccs	Ep	Sr	zw		5-8		2		3	tg	B6		–	I	1-3	=>					25	B	4881
h	s	1.5	Rh	ccs	Ep	Sr	zw	d	5-7	en	2		3	tg	D3	6.3 6.7 9.1 9.2	1	I	2	>*	14.73	14.735	10.212				4882
h	s		Rh	ccs	Ep	Sr	zw		5-7	en	2		3	tg	D3a	6.3 6.7 9.2 9.3	–	I	2	>			11.231	a c f	26		4883
h	s		Rh	ccs	Ep	Sr	zw		5-7	en	2		3	tg	F6a	2.2 6.2 6.7 9.1	1	I	2	=			9.135				4884
h-k	s		Rh	ccs	Ep	Sr	zw		5-7	en	2		3	tg	B6	6.7 7.4 9.2 9.3	–	I	3	>			9.115	c f l			4885
k	s		Rh	ccs	Ep	Sw	zw		5-7	en	–		2	tg	E3	7.2 8.2 9.2	1	I	1	=	11.514	14.735	14.721				4886
h	s		Rh	sss	Me	Sr	zw		7-8	au	1		2		B5	3.2 3.3 6.6	2	I	1	=	8.111						4887
h	w	1.5	Wd	crr	Me En	Ao	zw	d	5-9	au my me ca*	4	5	4	tg	B6	1.4 2.2 2.5 6.3	7	I	3	=	11.2	11.21	14.73			A	4888
k-t	w	1	–	rrs	Me Ep	Kv	zw		5-7	au my me ca*	–		1	tg	C2	1.4 2.1 2.2 6.3	7	I/A	4	>			11.21				4889
t	s w		–	rrs	En Hy	Kv	zw		6-8	au my	2	5	2	gg h	B6	1.4 2.1 2.5 6.3	7	I	2	>			2.1				4890
h	w		Rh	css	Me	Sr	zw		5-7		–		2		E2b	3.2 3.3	2	I	1	=	3.311				685		4891
h	w		Rh Wd	css	Me	Sr	zw		5-7		2		2	gg	E2	3.2 3.3 6.5 8.2	2	I	1	=	10.211	14.211					4892
h	w		Rh	ccs	Me	Sr	zw		4-6		2		2		D1b	2.6 6.3 9.2	–	I	1	=			11.23?	k m			4893
t	s		–	crr	Dy	Kv	zw		5-10	ca my me hm*	–		2	e	B6		–	I/A	4	>							4894

Nummern			Taxa			Klima						Boden												
SEN	SIN	FAN	Gattung	Aggregat/Einzelart	Kleinart	T	v	K	v	L	v	F	v	W	R	v	N	v	S	M	H	v	D	v
4895	–	54.67.2.2	Raphanus		landra	5	I	3	I	4	I	2	I	1	3	I	4	I	s		3	I	3	I
4896	342500	54.67.2.1	Raphanus		raphanistrum	4	II	3	I	4	I	2.5	I	1	3	I	4	I	s	m	3	I	3	I
4897	342600	54.67.1	Raphanus	sativus		4	I	4	I	3	I	3	I	1	3	I	4	I			3	I	3	I
4898	342700	54.65.1	Rapistrum	perenne		4.5	I	5	I	4	I	2	I	1	4	I	4	I			3	I	3	I
4899	–	–	Rapistrum	rugosum aggr.		4.5	II	x	–	4	I	2	I	1	4	I	4	I			3	I	3	I
4900	–	–	Rapistrum		hispanicum	5	I	2	I	4	I	2	I	1	4	I	4	I	s		3	I	3	I
4901	–	54.65.2.2	Rapistrum		orientale	4.5	I	3	I	4	I	2	I	1	4	I	4	I			3	I	3	I
4902	342800	54.65.2.1	Rapistrum		rugosum	4.5	I	4	I	4	I	2	I	1	4	I	4	I			3	I	3	I
4903	–	124.87.1	Reichardia	picroides		5	II	3	I	4	I	1.5	I	1	3	I	2	I	ss	m	1	II	5	II
4904	342900	55.1.3	Reseda	lutea		4.5	II	4	I	4	I	2	I	1	4	I	4	I			1	I	5	I
4905	343000	55.1.1	Reseda	luteola		5	I	4	I	4	I	2	I	1	4	I	4	I			3	I	3	I
4906	343100	55.1.2	Reseda	phyteuma		5	I	4	I	4	I	1	I	1	4	I	4	I			3	I	3	I
4907	–	–	Reynoutria	japonica aggr.		4	II	2	I	3	I	3.5	II	3	3	II	4	II			3	II	1	II
4908	–	–	Reynoutria		bohemica	4.5	I	2	I	3	I	4	II	3	3	I	4	I			3	I	1	I
4909	–	–	Reynoutria		compacta	3.5	I	2	I	3	I	3.5	I	3	3	II	2	I		m	1	I	3	I
4910	343200	39.3.1	Reynoutria		japonica	4	I	2	I	3	I	3.5	II	3	3	I	4	I			3	I	1	I
4911	343250	39.3.2	Reynoutria		sachalinensis	4.5	II	2	I	3	I	3	II	3	4	I	4	I			3	I	1	I
4912	–	124.79.1	Rhagadiolus	stellatus		5	I	3	I	4	I	1	I	1	3	I	3	I	s		3	I	3	I
4913	343300	81.2.1	Rhamnus	alaternus		5	I	2	I	4	I	1	I	1	4	I	2	I		m	3	I	3	I
4914	–	–	Rhamnus	alpina aggr.		3.5	II	4	II	3	I	2	I	2	4	I	2	I			3	I	5	II
4915	343400	81.2.4.1	Rhamnus		alpina	3.5	II	4	I	3	I	2	I	2	4	I	2	I			3	I	5	II
4916	–	81.2.4.2	Rhamnus		fallax	3	II	3	I	3	I	2	I	1	4	I	2	I			3	I	5	II
4917	343500	81.2.3	Rhamnus	cathartica		3.5	I	4	I	3	I	2.5	II	3	4	I	2	I		m	3	I	1	I
4918	343600	81.2.5	Rhamnus	pumila		2	I	4	I	4	I	1	I	1	5	I	2	I			1	I	5	I
4919	343700	81.2.2	Rhamnus	saxatilis		4.5	II	4	I	3	I	1	I	1	5	I	2	I		m	3	I	5	I
4920	344000	39.6.1	Rheum	rhabarbarum		3	I	2	I	4	I	3.5	I	2	3	I	5	I			3	I	1	I
4921	–	–	Rhinanthus	alectorolophus aggr.		4	II	3	II	4	I	2.5	II	3	4	II	3	II			3	I	1	II
4922	344100	114.28.14	Rhinanthus		alectorolophus	3	II	3	I	4	I	3	I	3	4	II	3	I		m	3	I	1	I
4923	–	114.28.15	Rhinanthus		facchinii	2	I	3	I	4	I	2.5	I	1	4	I	3	I			3	I	1	II
4924	–	114.28.13	Rhinanthus		freynii	2.5	II	4	I	4	I	2.5	I	1	4	I	2	I			3	I	1	II
4925	–	–	Rhinanthus		helenae	2.5	II	4	I	4	I	2.5	I	1	4	I	2	I			3	I	1	II
4926	–	–	Rhinanthus	alpinus aggr.		2.5	II	4	II	4	II	3	II	3	4	II	2	II			3	II	1	II
4927	–	114.28.6	Rhinanthus		alpinus	2	I	3	I	4	I	3	I	1	3	I	3	I			3	I	3	I
4928	–	114.28.8	Rhinanthus		burnatii	3.5	II	3	I	4	II	2	I	2	4	II	2	I			3	I	3	II
4929	–	114.28.7	Rhinanthus		carinthiacus	2	I	3	I	3	I	3.5	I	1	3	I	2	I			3	I	3	I
4930	344700	114.28.4	Rhinanthus		glacialis	2.5	II	4	I	4	I	3	II	3	4	I	2	I			3	II	1	I
4931	344900	114.28.11	Rhinanthus		ovifugus	2	II	4	I	4	I	3	II	3	4	II	2	I			3	I	1	I
4932	–	114.28.5	Rhinanthus		pampaninii	3.5	I	4	I	4	I	2	I	1	4	I	2	I			3	I	3	I
4933	–	114.28.9	Rhinanthus		pumilus	3.5	II	3	I	4	I	2	I	1	3	II	2	I			3	I	3	II
4934	345100	114.28.10	Rhinanthus		songeonii	2.5	II	4	I	4	I	3	II	3	4	I	2	I			3	I	1	I
4935	–	–	Rhinanthus	antiquus aggr.		1.5	II	4	II	4	I	3	I	1	3	I	2	II			3	II	3	II
4936	344400	114.28.2	Rhinanthus		antiquus	1.5	I	4	I	4	I	3	I	1	3	I	2	I			3	I	3	I
4937	–	114.28.3	Rhinanthus		pseudoantiquus	2	I	3	I	4	I	3	I	1	3	I	2	I			1	II	5	II
4938	344800	114.28.1	Rhinanthus	minor		3	II	3	I	4	I	3.5	I	3	3	I	2	I			5	I	1	I
4939	344200	114.28.12	Rhinanthus	serotinus		3.5	I	3	I	4	I	3.5	I	3	3	I	3	I			5	II	1	I
4940	–	54.42.1	Rhizobotrya	alpina		1	I	3	I	4	I	3	I	1	4	I	2	I			1	I	5	I
4941	345200	61.5.1	Rhodiola	rosea		1.5	I	3	I	3	I	3.5	I	1	3	I	2	I			3	I	3	I
4942	–	–	Rhododendron	ferrugineum aggr.		2	II	2	I	3	I	3	I	1	x	–	2	I			5	I	1	I
4943	345300	57.3.2	Rhododendron		ferrugineum	2	II	2	I	3	I	3	I	1	2	I	2	I		m	5	I	1	I
4944	345400	57.3.3	Rhododendron		hirsutum	2	I	2	I	3	I	3	I	1	4	I	2	I		m	5	I	1	I
4945	–	57.3.1	Rhododendron	luteum		4	I	4	I	3	I	3	I	1	3	I	3	I			3	I	3	I
4946	345500	57.4.1	Rhodothamnus	chamaecistus		2	I	4	I	3	I	3	I	1	4	I	2	I			5	I	3	I
4947	345600	88.1.1	Rhus	typhina		4.5	I	2	I	4	I	2	I	1	3	I	3	I			3	I	3	I
4948	345800	138.13.1	Rhynchospora	alba		3	I	2	I	4	I	4.5	I	3	2	I	1	I			5	II	1	I
4949	345900	138.13.2	Rhynchospora	fusca		3	I	1	I	4	I	4.5	I	3	1	I	1	I			5	II	1	I
4950	346000	62.6.6	Ribes	alpinum		2.5	I	3	I	3	I	3	I	1	4	I	3	I			3	I	3	I
4951	–	62.6.1	Ribes	aureum		3.5	I	3	I	3	I	3	I	3	3	I	3	I			3	I	3	I
4952	346100	62.6.4	Ribes	nigrum		3.5	I	4	I	2	I	4	I	3	2	I	4	I			5	II	1	I
4953	346200	62.6.3	Ribes	petraeum		2.5	I	3	I	3	I	3	I	1	2	I	4	I			3	I	3	I
4954	–	–	Ribes	rubrum aggr.		3.5	II	x	–	2	I	3.5	I	2	3	I	4	I			3	I	3	I
4955	346300	62.6.2	Ribes		rubrum	3.5	I	2	I	2	I	3.5	I	2	3	I	4	I			3	I	1	I
4956	–	–	Ribes		spicatum	3	I	4	I	2	I	3.5	I	2	3	I	4	I			3	I	1	I
4957	–	–	Ribes	sanguineum		4.5	I	2	I	3	I	3.5	I	2	3	I	3	I			3	I	3	I
4958	346400	62.6.5	Ribes	uva-crispa		3.5	I	4	I	3	I	3	I	2	3	I	4	I			3	I	1	I
4959	–	–	Ricinus	communis		5	I	3	I	5	I	2.5	I	1	3	I	4	I			3	I	3	I
4960	–	97.39.1	Ridolfia	segetum		5	I	3	I	5	I	2	I	1	4	I	2	I			3	I	3	I
4961	346500	64.13.1	Robinia	pseudoacacia		4.5	I	3	I	3	I	2.5	I	1	3	I	4	II		m	3	I	3	I
4962	–	–	Rodgersia	podophylla		4	I	2	I	2	I	3.5	I	1	3	I	4	I			3	I	3	I
4963	–	22.3.1	Roemeria	hybrida		5	I	3	I	5	I	2	I	1	3	II	2	I			3	I	3	I
4964	–	–	Romulea	bulbocodium		5	I	3	I	4	I	1.5	I	1	3	II	2	I			3	I	3	I
4965	–	–	Rorippa	palustris aggr.		x	–	3	II	4	I	4	II	3	3	I	4	II			3	I	1	I
4966	346800	54.19.5	Rorippa		islandica	1.5	I	2	I	4	I	4.5	I	3	3	I	3	I			3	I	1	I
4967	346900	54.19.6	Rorippa		palustris	3.5	I	3	I	4	I	4	II	3	3	I	4	I			3	I	1	I
4968	–	–	Rorippa	stylosa aggr.		4.5	II	4	I	4	I	2	II	3	3	II	3	II			3	I	3	I
4969	–	54.19.8	Rorippa		lippizensis	4	II	4	I	4	I	1.5	I	1	4	I	2	I			3	I	3	I
4970	347150	54.19.7	Rorippa		stylosa	4.5	II	4	I	4	I	2.5	II	3	2	I	4	I		m	3	I	3	I
4971	–	–	Rorippa	sylvestris aggr.		4	II	x	–	4	I	4	II	3	4	I	4	I			3	I	1	I
4972	346600	54.19.2	Rorippa		amphibia	4.5	I	2	I	4	I	4.5^	I	3	4	I	4	I			1	I	1	I
4973	347300	54.19.3	Rorippa		anceps	4.5	I	2	I	4	I	4	I	3	4	I	4	I	s		3	I	1	I
4974	–	–	Rorippa		armoracioides	3.5	I	4	I	4	I	3.5	I	3	4	I	4	I			3	I	1	I
4975	346700	54.19.1	Rorippa		austriaca	4.5	I	5	I	4	I	4	I	3	4	I	4	I	s		3	I	1	I
4976	347200	54.19.4	Rorippa		sylvestris	3.5	I	2	I	4	I	3.5	I	3	4	I	4	I	s		3	I	1	I
4977	347600	63.6.3	Rosa	arvensis		3.5	I	2	I	3	I	3	I	2	4	I	3	I			3	I	3	I
4978	–	63.6.9	Rosa	blanda		4	I	3	I	4	I	3	II	1	4	II	3	I			3	I	3	I
4979	–	–	Rosa	canina aggr.		x	–	x	–	3	II	2	II	1	3	II	3	II			3	I	3	II
4980	347650	63.6.20	Rosa		caesia	3	I	3	I	3	I	2.5	I	1	4	I	3	I	s	m	3	I	3	I
4981	347800	63.6.16	Rosa		canina	3	I	3	I	3	I	2.5	I	1	3	I	3	II			3	I	3	I
4982	347900	63.6.38	Rosa		chavinii	3.5	I	4	I	4	I	2	I	1	3	I	3	I			3	I	3	I
4983	348300	63.6.25	Rosa		corymbifera	3.5	I	3	I	3	I	2.5	I	1	4	I	3	I			3	I	3	I

	Strategien				Biologisches Verhalten										Vorkommen						Pflanzengesellschaften			Literatur			
LF	BD	WT	RO	KS	DA	VA	FS	MA	BZ	BS	MV	SU	DG	GI	GV	LR	EG	AE	EM	VE	1	2	3	BL	SL	TB	SEN
t	s		–	crr	Dy	Kv	zw		5-10		–		2	e	C2	2.1 2.2	–	A	4	>			2.3	k m			4895
t	s	3.5	–	crr	Dy	Kv	zw		5-10		–	4	2	e	B6	2.1 2.2	7	I?/A	4	>			2.3				4896
t	w s		Sk	crr	Dy At	Kv	zw		5-8	me my ps ca*	2		3	h e	C2b	2.1 2.2 2.9	7	A	4	<			2.3			H	4897
h	s		Wv	crr	Bo	Kv	zw		6-9	en	–		2	e	D4	2.1 2.2 6.2	7	I/A	3	<			5.2				4898
t	s w		–	crr	Bo	Kv	zw	p1	6-9	au en	–		2	e	C2		–	I/A/N	4	<						B	4899
t	s w		–	rrr	Bo	Kv	zw		6-9		–		2	e	C2	2.1 2.2	–	N	4	<			2.3	f k m			4900
t	s w		–	rrr	Bo	Kv	zw		6-9		–		2	e	C2	2.1 2.2	–	I/N	4	=			2.3				4901
t	s w		–	rrr	Bo	Kv	zw		6-9		–		2	e	C2	2.1 2.2	7	I/A	4	=			2.3				4902
h	t		Wv	crs	Me	Sr	zw		3-12		–		1		C2	2.1 2.2 3.2 6.1	–	I	3	=			9.22	k m			4903
k	s w	3	–	crs	Bo My	Ws	zw	p2	6-9	ca my me hm*	–	3	2	e	C2	2.1 2.2 2.5 6.2	7	I/N	4	=			5.11				4904
k	w		–	crs	Bo My	Kv	zw	p3	6-10	au ca me	–	3	1	e	C2	2.1 2.2 2.4 2.5	7	A	4	>			5.111				4905
k-t	t		Wv	rrr	Bo My	Kv	zw	p2	6-9		–		1	e	C2	2.1 2.2 2.5 3.2	7	I/N	4	=?			2.34				4906
g	s	4	Rh	ccc	Me At	Au	ve-di		7-10	my	3		5	e	A4b		–	N/Ns/Jns	3	<					725, 802	B	4907
g	s	4	Rh	ccc	Me	Au	ve-di		7-10		3		5	e	A4b	2.2 2.5 4.2 6.7	–	Jns	3	<			5.1	c			4908
g	s		Rh	ccc	Me At	Au	ve-di		7-10		3		3	e	A4b	2.2 2.9	–	N	3	=			5.1				4909
g	s	4	Rh	ccc	Me At	Au	ve-di	d	7-9		3		5	e	A4b	2.2 2.5 4.2 7.4	7	Ns	3	<			5.1		41		4910
g	s	4	Rh	ccc	Me At	Au	ve-di		8-10		3		3	e	A4b	2.2 2.5 4.2 7.4	7	Ns	3	<			5.1		803		4911
t	s		–	rrr	Me Ep	Kv	zw		3-6		–		1	e	C2	2.1 2.2 6.2 6.7	–	I	2	=			2.3	f k m			4912
n	i		Wh	ccc	En Dy	Kv	di		3-4	en	–		1	mg	C2	3.2 7.6 9.4	–	I/N	2	=			13.6				4913
n	s		Wh	ccs	En Dy	Kv	di		5-6	??	–		1	mg h	E2		–	I	1	=							4914
n	s		Wh	ccs	En Dy	Kv	di		5-6		–		1	mg h	E2b	3.2 3.3 7.4 9.3	2	I	1	=	14.73	14.73119	10.21				4915
n	s		Wh	ccs	En Dy	Kv	di		5-6		–		1	mg h	E2a	3.3 8.1 9.1 9.2	–	I	1	=			14.7	k m			4916
n	s	3	Wh	ccc	En Dy	Ws	di		5-6	my? me?	–		2	mg h	B6	7.4 9.1 9.2 9.3	1	I	2	=	13.31	14.7					4917
z	s		Wh	ccs	En Dy	Kt	di	p50	5-7	hm ca my	–		2	mg	E2b	3.2 3.3	2	I	1	=	3.211						4918
n	s		Wh	ccs	En Dy	Kv	di	p23	4-6	en	–		2	mg	D1	7.3 7.4 9.1 9.3	2	I	1	>	14.2111	13.312	14.811				4919
g	s		Rh	ccs	At Me	Sr	zw		5-6	en	2		2	tg e	A4b	2.9	7	N	4	=			?				4920
t.hp	s	1	–	rrs	Me	Kv	zw		5-9	me le	2		2	tg	D3		–	I/A	2-3	>						B C	4921
t.hp	s	1.5	–	rrs	Me	Kv	zw	p1	5-8		2	2	2	tg	D3a	2.1 6.2 6.3 6.7	5	I/A	3	>	11.2	9.135	10.21		968	A	4922
t.hp	s	1	–	rrs	Me	Kv	zw		7-9		2		2	tg	E4c	6.3 6.5	–	I	3	>			11.242	c			4923
t.hp	s	1	–	rrs	Me	Kv	zw		6-7		2		2	tg	E4c	6.2 6.3	–	I	2	>			9.1221	c		E	4924
t.hp	s	1	–	rrs	Me	Kv	zw		6-9		2		2	tg	F4a*	6.2 6.3	–	I	2	>			9.1221?	k		E	4925
t.hp	s	1	–	rrs	Me	Kv	zw	p1	6-9	le	2		2	tg	E1		–	I	1-2	=>						B C	4926
t.hp	s	1	–	rrs	Me	Kv	zw		6-9		2		2	tg	E4	2.6 6.3	–	I	2	=			11.242				4927
t.hp	s	1	–	rrs	Me	Kv	zw		6-8		2		2	tg	E2c	2.1 2.6 6.2 6.3	–	I	2	=			11.111	k			4928
t.hp	s	1	–	rrs	Me	Kv	zw		7-8		2		3	tg	F4b*	3.1 6.5 7.1 7.2	–	I	1	=			10.4	c			4929
t.hp	s	1	–	rrs	Me	Kv	zw	p1	6-9	me	2		2	tg	E5	6.3 6.5 7.1 7.2	2	I	2	>*	10.212	10.412				A	4930
t.hp	s	1	–	rrs	Me	Kv	zw		6-8		2		2	tg	E2d	3.3 6.2 6.3 6.5	–	I	2	=			11.24	a k			4931
t.hp	s	1	–	rrs	Me	Kv	zw		5-7		2		2	tg	F4b*	6.2 6.7 7.4	–	I	1	=			9.1221	k			4932
t.hp	s	1	–	rrs	Me	Kv	zw		5-9		2		2	tg	E2b	2.1 2.2 6.2 6.3	–	I	3	>			11.24	k			4933
t.hp	s	1	–	rrs	Me	Kv	zw		6-8		2		2	tg	E2c	2.6 3.3 6.2 6.3	–	I	2	>			11.11	a f k			4934
t.hp	s	1	–	rrs	Me	Kv	zw		6-8		2		2	tg	F1		–	I	2	=						B C	4935
t.hp	s	1	–	rrs	Me	Kv	zw		6-8		2		2	tg	F3c	6.3 6.5	2	I	2	=			10.2				4936
t.hp	s	1	–	rrs	Me	Kv	zw		6-8		2		2	tg	F2a*	2.2 3.3 6.5	–	I	2	=			3.312	k			4937
t.hp	s	1	–	rrs	Me	Kv	zw	p1	5-9	au me le	2	2	2	tg	B6b	5.1 6.2 6.3 6.5	5	I/A	2	>*	11.231	10.412				A	4938
t.hp	s	1	–	rrs	Me	Kv	zw		5-8	au? me	2		2	tg	B6b	6.2 6.3	5	I/A	2	>	11.233	9.135				A	4939
h	w		Wv	sss	Me	Sr	zw		7-8		–		2		F4a*	3.2 3.3	–	I	1	=			3.31	c k m			4940
h	s		Rh	ccs	Me	Sr	di	r16	6-8	my	2		2	h e	B5	2.9 3.2 6.5 7.2	2	I	1	=	3.221	10.411					4941
z	i		Wh	ccs	Me	Kv Sw	zw		5-7		–		4	gg	E1		–	I	2	=						B	4942
z	i	1.5	Wh	ccs	Bo Me	Kv Sw	zw	p202	5-7	me au	–		4	gg h	E1	3.3 7.1 8.1 9.1	2	I	2	=	14.312	14.41304					4943
z	i	2.5	Wh	ccs	Bo Me	Kv	zw	p132	5-7	me au	–		3	gg	E4c	3.3 7.1 8.2 9.1	2	I	2	=	12.313	14.21114	13.511				4944
n	i		Wh	ccc	Bo Me	Kv	zw	p6	5-6		–		2	gg	E4	2.9 9.1 9.2	–	I?/N	2	=			3.34	c d m			4945
z	i	1	Wh	ccs	Bo Me	Kv	zw	p11	5-7	en au	–		2	gg	F7	3.2 3.3 7.1 8.2	–	I	1	=			12.321				4946
n-p	s		Wh	ccc	Me	Ws	di	100*	5-7	en	–		4	e	A2c	2.9 7.4 9.5	3	Ns	4	<			14.5				4947
h	s	1	Rs Zw	sss	Ep	Bz Ho	zw		6-8	an	1		3		B3a	5.1 5.2	5	I	2	>	7.211	7.212					4948
h	s	1	Rs	sss	Ep	Au	zw		5-8	an?	1		3		B3a	5.1 5.2	5	I	1	>	7.211	7.212					4949
n	s		Wh	ccc	En	Sr	di	p62	4-6	my me	–		2	e	D5	3.3 7.4 9.1 9.2	2	I	2	=	13.31	14.735	14.73				4950
n	s		Wh	ccc	En	Sr	zw		5-6	me (my)	–		1		A2b	2.9	–	N	5	<			14.5	d l m		H	4951
n	s		Wh	ccc	En	Sr	fa zw		4-5	au (me)	–		1	h e	B6b	2.9 7.4 9.2	1	A/N	3	=	14.611					H	4952
n	s		Wh	ccc	En	Sr	zw		5-6	au	–		1	e	E1a	2.9 8.1 9.1 9.2	2	I	2	=	13.411						4953
n	s		Wh	ccc	En	Sr	(fa) zw		4-5	me hm (au)	–		1	e	D3		–	I/A	3	=					898	B H	4954
n	s		Wh	ccc	En	Kt Sr	fa zw		4-5		–		1	e	D2	2.9 7.4 9.2	3	I/A	3	=	14.72	14.733					4955
n	s		Wh	ccc	En	Sr	zw		4-5		–		1		D4	2.3 2.9 9.2	–	I/A	3	=			14.721	c d l			4956
n	s		Wh	ccc	En	Sr	zw	p3	4-5	me	–		1		A2b	2.3 2.9 9.2	–	N	3	<			13.312?	c d l		H	4957
n	s		Wh	ccc	En	Sr	ve zw		4	my me ve (hm)	–		1	e	B4b	2.9 7.4 9.2	1	I?/A	3	=	13.31					H	4958
t-z	s		Wv	crr	At	Kv Sr	mo	p3	7-10		–		2	mg h	A0a	2.2 2.9	–	N	4	<			2.344?	k m			4959
t	s		–	rrr	Me	Kv	zw		5-8		–		2		C2	2.1 2.2	–	I	3	=			2.3	k m			4960
p	s	4.5	Wh	ccc	Me En	Sr Ws	zw	300*	5-6	me	–	4	4	mg h e	A2a	7.4 9.2 9.3 9.5	1	Ns	3	<			14.5				4961
g	s		Rh	ccs	Bo	Sr	zw	d	6-8		–		3		A4b	2.2 2.5 2.9	–	N	3	<			5.13	g			4962
t	s		–	rrs	My	Kv	zw		5-6		–		2		C2	2.2	–	I	3	=			2.3	k m			4963
g	v		Sk	crs	My Dy	Bz	zw		2-4		2		2		C2	6.2	–	I?	2	=			9.1	k m			4964
h-t	s w		–	crr	Hy En	Sw Ws	sb zw		5-8	au my	–		2	e	B3		–	I	2-3	=					389	B	4965
h-t	s w	3	–	crr	Hy Ep	Sw Ws	sb zw		6-8	au	–	5	2	e	D6	1.4 2.5	5	I	2	=			1.414				4966
h-t	s w	3	–	crr	Hy Ep	Sw Ws	sb zw		5-7	au	–	2	2	e	B3	1.3 1.4 2.2 2.5	5	I	3	=			2.11		425		4967
h	s t		Wv	ccs	Bo	Sr Ws	zw		5-6		–		2	e	D1		–	I	3	>							4968
h	t		Wv	ccs	Bo	Sr	zw		5-6		–		2	e	D1b	1.4 2.2 2.6 6.3	–	I	3	>			9.1?	c k m			4969
h	s		Wv	crs	Bo	Ws	zw		5-6	en	–		2	e	D1	1.4 2.2 2.5 6.3	3	I	3	>			11.24				4970
h	s		Rs	crs	Bo Ep	Au	zw		5-9		–		3	e	B6		–	I/N	2-3	<=						B	4971
a-h	s		Rs	crs	Bo Ep	Ao Au	zw		5-7	au ca my me*	–		3	e	B6	1.3 2.2 2.5	5	I	2	<			6.111				4972
h	s		Rs	crs	Bo Ep	Au Sr	zw		6-9		–		3	e	D3a	1.3 2.2 2.5	5	I	2	=			6.112				4973
h	s		Rs	crs	Bo Ep	Au	zw		6-9		–		3	e	D4	1.4 2.2 2.5	–	N	4	=			11.212	m		E	4974
h	s		Rs	crs	Bo Ep	Au	zw	p4	6-8		–		3	e	B6a	1.4 2.2 2.5	5	I/N	3	<			11.212				4975
h	s	3.5	Rs	crs	Bo Ep	Au	zw		6-9	au my me hm	3	3	3	e	D3	1.4 2.1 2.2 2.5	7	I	3	=			11.212				4976
n.li	s		Wh	ccc	En	Kt	zw		6-7	en	–		4	e	D3	7.4 9.2	1	I	1	=	14.733	14.73601	14.72201				4977
n	s		Wh	ccc	En	Au	zw		6-7		–		2	e	A4a	2.3 2.7 2.9	–	N	3	<			?	d			4978
n	s t		Wh	ccc	En Dy	Sr	zwr		6-7	au me ca my	–		2	e	B6		–	I/Ja	2	=>					926	G H	4979
n	s		Wh	ccc	En Dy	Sr	zwr		6-7		–		2	e	D3	3.3 7.4	–	I	2	=			13.312				4980
n	t		Wh	ccc	En Dy	Sr	zwr	>300*	6-7		–		2	e	B6	7.4 9.1 9.2 9.3	1	I	2	=	13.31						4981
n	s		Wh	ccc	En Dy	Sr	zwr		6-7		–		2	e	F5	3.2 3.3 7.4	2	Ja	2	>			13.312				4982
n	s	4	Wh	ccc	En Dy	Sr	zwr		6-7		–		2	e	B6	3.3 7.4	6	I	2	=			13.31				4983

Nummern			Taxa			Klima						Boden												
SEN	**SIN**	**FAN**	**Gattung**	**Aggregat/Einzelart**	**Kleinart**	**T**	**v**	**K**	**v**	**L**	**v**	**F**	**v**	**W**	**R**	**v**	**N**	**v**	**S**	**M**	**H**	**v**	**D**	**v**
4984	348350	63.6.18	**Rosa**		**dumalis**	3	I	2	I	3	I	2	I	1	3	I	3	I			3	I	3	I
4985	349200	63.6.15	**Rosa**		**montana**	3.5	I	4	I	4	I	1.5	I	1	3	I	3	I			3	I	5	I
4986	–	63.6.17	**Rosa**		**pouzinii**	3.5	I	3	I	4	I	2	I	1	4	I	2	I			3	I	3	I
4987	349800	63.6.23	**Rosa**		**rhaetica**	2.5	I	5	I	3	I	2	I	1	3	I	3	I			3	I	3	I
4988	350300	63.6.13	**Rosa**		**stylosa**	4.5	I	2	I	3	I	2.5	I	1	4	I	3	I			3	I	3	I
4989	350400	63.6.19	**Rosa**		**subcanina**	3	I	3	I	3	II	2.5	I	1	4	I	3	I			3	I	3	I
4990	350500	63.6.22	**Rosa**		**subcollina**	3	I	3	I	3	II	2.5	I	1	4	I	3	I			3	I	3	I
4991	350700	63.6.21	**Rosa**		**uriensis**	2.5	I	4	I	4	I	2	I	1	3	I	3	I			3	I	3	I
4992	348550	63.6.5	**Rosa**	**foetida**		4.5	I	4	I	3	I	2	I	1	3	I	3	I			3	I	3	I
4993	348600	63.6.12	**Rosa**	**gallica**		4.5	II	4	I	3	I	2.5	I	2	4	I	2	I		m	3	I	3	I
4994	348700	63.6.7	**Rosa**	**glauca**		3	II	4	I	3	I	2	I	1	3	I	3	I			1	I	5	I
4995	348800	63.6.14	**Rosa**	**jundzillii**		4	I	4	I	4	I	2.5	I	1	4	I	2	I			3	I	3	I
4996	348900	63.6.6	**Rosa**	**majalis**		4	II	4	I	3	I	2.5	II	3	3	I	3	I			3	I	3	I
4997	349250	63.6.1	**Rosa**	**multiflora**		4.5	I	2	I	3	I	2	I	1	3	I	3	I			3	I	3	I
4998	349500	63.6.10	**Rosa**	**pendulina**		2.5	I	3	I	3	I	3.5	I	2	4	II	3	I		m	3	I	3	I
4999	–	–	**Rosa**	**rubiginosa aggr.**		3.5	II	4	II	4	II	2	II	1	4	II	3	I			3	I	3	II
5000	347500	63.6.34	**Rosa**		**agrestis**	3.5	I	4	I	4	I	2.5	I	1	4	I	3	I			3	I	3	I
5001	348500	63.6.33	**Rosa**		**elliptica**	3.5	I	4	I	4	I	2	I	1	4	I	3	I			3	I	3	I
5002	–	–	**Rosa**		**inodora**	3	I	4	I	4	I	2	I	2	3	I	3	I			3	I	3	I
5003	349000	63.6.35	**Rosa**		**micrantha**	4	I	3	I	4	I	2	I	1	4	I	3	I			3	I	3	I
5004	349900	63.6.32	**Rosa**		**rubiginosa**	4	I	3	I	4	I	2.5	I	2	4	I	3	I			3	I	3	I
5005	–	63.6.37	**Rosa**		**serafinii**	4	II	2	I	4	II	2	I	1	2	I	2	I			3	I	3	II
5006	–	63.6.36	**Rosa**		**sicula**	4	II	3	I	4	I	2	I	1	4	I	2	I			3	I	3	I
5007	350050	63.6.8	**Rosa**	**rugosa**		4.5	I	2	I	4	I	2	I	1	4	I	3	I	s		3	I	3	I
5008	–	63.6.2	**Rosa**	**sempervirens**		5	I	3	I	3	II	2	I	1	3	I	3	I			3	I	3	II
5009	350200	63.6.4	**Rosa**	**spinosissima**		3.5	I	4	I	4	I	2	I	1	4	I	2	I		m	3	I	5	I
5010	–	–	**Rosa**	**tomentella aggr.**		3.5	II	4	I	4	I	2.5	I	1	4	II	3	I			3	I	3	II
5011	347400	63.6.26	**Rosa**		**abietina**	3.5	I	4	I	4	I	2.5	I	1	3	I	3	I			3	I	1	I
5012	350550	63.6.24	**Rosa**		**tomentella**	3	I	4	I	4	I	2.5	I	1	4	I	3	I			3	I	3	I
5013	–	–	**Rosa**	**villosa aggr.**		x	–	x	–	4	II	2	II	1	4	I	3	II			3	I	3	I
5014	349100	63.6.31	**Rosa**		**mollis**	3	I	2	I	4	I	2.5	I	1	4	I	3	I			3	I	3	I
5015	–	63.6.28	**Rosa**		**pseudoscabriuscula**	3	I	3	I	3	II	2	I	1	4	I	2	I			3	I	3	I
5016	350100	63.6.29	**Rosa**		**sherardii**	4	I	2	I	3	I	2.5	I	1	4	I	2	I			3	I	3	I
5017	350600	63.6.27	**Rosa**		**tomentosa**	4	I	2	I	3	I	2.5	II	2	4	I	3	I			3	I	3	I
5018	350800	63.6.30	**Rosa**		**villosa**	2.5	I	4	I	3	I	1.5	I	1	4	I	3	I			3	I	3	I
5019	–	63.6.11	**Rosa**	**virginiana**		3	I	3	I	3	II	2.5	II	2	3	II	3	I			3	I	3	II
5020	351100	108.28.1	**Rosmarinus**	**officinalis**		5	I	2	I	3	I	1.5	I	1	4	I	2	I			3	I	3	I
5021	351200	139.37.1	**Rostraria**	**cristata**		5	I	4	I	5	I	1	I	1	4	I	2	I	s		3	I	3	I
5022	351300	119.6.1	**Rubia**	**peregrina**		5	I	1	I	3	I	2	I	1	3	I	3	I			3	I	3	I
5023	351400	119.6.2	**Rubia**	**tinctorum**		5	I	4	I	4	I	2	I	1	4	I	3	I			3	I	3	I
5024	352200	63.5.6	**Rubus**	**caesius**		3.5	I	3	I	3	II	3.5	I	3	4	II	4	I	s	m	3	I	1	I
5025	353100	63.5.1	**Rubus**	**fruticosus aggr.**		4	II	x	–	3	II	3	II	1	x	–	4	II			3	II	1	II
5026	–	–	**Rubus**		**adscitus**	4	I	2	I	3	I	3	I	1	2	I	4	II			3	II	3	II
5027	–	–	**Rubus**		**albiflorus**	4	I	2	I	4	I	3	I	1	3	I	3	I			3	I	3	I
5028	–	–	**Rubus**		**amphistrophos**	3.5	I	3	I	4	I	3	I	1	3	I	3	I			3	I	3	I
5029	–	–	**Rubus**		**armeniacus**	4.5	I	3	II	4	I	2.5	I	1	3	I	4	I			3	I	3	I
5030	–	–	**Rubus**		**barbeyi**	4	I	2	I	4	I	2.5	I	1	3	I	3	I			3	I	3	I
5031	–	–	**Rubus**		**baruthicus**	4.5	I	4	I	4	I	2.5	I	1	4	I	4	I			3	I	3	I
5032	–	–	**Rubus**		**bavaricus**	3.5	I	2	I	3	I	3	I	1	4	I	4	I			3	I	3	I
5033	–	–	**Rubus**		**bertramii**	3.5	I	2	I	4	I	3	I	1	2	I	2	I			5	I	3	I
5034	352100	–	**Rubus**		**bifrons**	4	I	3	I	4	I	3	I	1	3	I	3	I		m	3	I	3	I
5035	–	–	**Rubus**		**bregutiensis**	4	I	2	I	3	I	2.5	I	1	3	I	3	I			3	I	3	I
5036	–	–	**Rubus**		**caflischii**	3.5	I	3	I	4	I	3	I	1	3	I	4	I			3	I	3	I
5037	–	–	**Rubus**		**canaliculatus**	3.5	I	2	I	3	I	3	I	1	2	I	3	I			3	I	3	I
5038	352400	–	**Rubus**		**canescens**	4.5	II	3	I	4	I	2	I	1	4	I	3	I			3	I	5	I
5039	–	–	**Rubus**		**clusii**	3.5	I	3	I	4	I	3	I	1	3	I	3	I			3	I	3	I
5040	–	–	**Rubus**		**condensatus**	4	I	2	I	4	I	3	I	1	2	I	3	I			3	I	3	I
5041	352500	–	**Rubus**		**conspicuus**	4	I	2	I	4	I	2.5	I	1	3	I	3	I			3	I	3	I
5042	352600	–	**Rubus**		**constrictus**	4	I	2	I	4	I	2.5	I	1	4	I	3	I			3	I	3	I
5043	–	–	**Rubus**		**cuspidatus**	4	I	2	I	4	I	3	I	1	4	I	3	I			3	I	3	I
5044	352800	–	**Rubus**		**distractus**	3.5	I	2	I	4	I	2.5	I	2	2	I	2	I			5	I	3	I
5045	–	–	**Rubus**		**divaricatus**	3.5	I	2	I	3	I	3.5	I	2	2	I	3	I			5	II	3	I
5046	–	–	**Rubus**		**doerrii**	3.5	I	2	I	4	I	3	I	2	3	I	3	I			5	I	3	I
5047	–	–	**Rubus**		**elatior**	3.5	I	3	I	3	I	3	I	1	3	I	3	I			3	I	3	I
5048	–	–	**Rubus**		**elegans**	4	I	2	I	3	I	3.5	I	2	3	I	3	I			5	I	3	I
5049	–	–	**Rubus**		**epipsilos**	3.5	I	2	I	4	I	3	I	1	3	I	4	I			3	I	3	I
5050	–	–	**Rubus**		**fasciculatus**	4	I	2	II	4	I	3	I	1	4	I	4	I			3	I	3	I
5051	–	–	**Rubus**		**ferox**	4	I	3	I	3	I	3.5	I	1	3	I	3	I			3	I	3	I
5052	–	–	**Rubus**		**flaccidus**	4.5	I	2	I	4	I	3	I	1	4	I	3	I			3	I	3	I
5053	–	–	**Rubus**		**flexuosus**	4	I	2	I	3	I	3	I	2	2	I	2	I			5	I	3	I
5054	353000	–	**Rubus**		**foliosus**	4	I	2	I	3	I	2.5	I	2	2	I	2	I			5	I	3	I
5055	–	–	**Rubus**		**glandulosus s. l.**	3.5	I	2	I	3	I	3	II	1	3	II	3	I			3	I	3	I
5056	–	–	**Rubus**		**gothicus**	3.5	I	2	I	4	I	2.5	I	1	4	I	4	I			3	I	3	I
5057	–	–	**Rubus**		**grabowskii**	3.5	I	3	I	4	I	2.5	I	1	4	I	3	I			3	I	3	I
5058	–	–	**Rubus**		**gracilis**	3.5	I	3	I	3	I	3	I	1	2	I	4	I			3	I	3	I
5059	–	–	**Rubus**		**graecensis**	4.5	I	3	I	3	I	3	I	1	2	I	3	I			3	I	3	I
5060	–	–	**Rubus**		**gremlii**	4	I	2	I	4	I	2.5	I	1	3	I	3	I			3	I	3	I
5061	–	–	**Rubus**		**grossus**	4	I	3	I	4	I	2	I	1	4	I	4	I			3	I	3	I
5062	353900	–	**Rubus**		**guentheri**	3.5	I	2	I	4	I	3.5	I	1	3	I	3	I			3	I	3	I
5063	354200	–	**Rubus**		**hirtus s. l.**	3	I	3	I	3	I	2.5	I	1	2	I	3	I		m	3	I	3	I
5064	–	–	**Rubus**		**holosericeus**	4	I	4	I	4	I	2.5	I	1	4	I	3	I			3	I	3	I
5065	–	–	**Rubus**		**hystrix s. l.**	4	I	3	I	3	I	2.5	I	1	3	I	3	I			3	I	3	I
5066	–	–	**Rubus**		**integribasis**	3.5	I	1	I	4	I	2.5	I	1	2	I	2	I			5	I	3	I
5067	–	–	**Rubus**		**juennensis**	4	I	3	I	3	I	3	II	1	4	I	3	I			3	I	3	I
5068	354900	–	**Rubus**		**laciniatus**	4	I	2	I	4	I	2.5	I	1	3	I	3	I			3	I	3	I
5069	–	–	**Rubus**		**landoltii**	4	I	3	I	4	I	3	I	2	3	I	3	I			3	I	3	I
5070	–	–	**Rubus**		**liubensis**	3.5	I	3	I	4	I	3	I	1	4	I	3	I			3	I	3	I
5071	355100	–	**Rubus**		**macrophyllus**	4.5	I	2	I	3	I	3.5	I	1	3	I	4	I			3	I	3	I
5072	355300	–	**Rubus**		**mercieri**	4	I	2	I	4	I	3	I	1	3	I	3	I			3	I	3	I

Strategien					Biologisches Verhalten										Vorkommen						Pflanzengesellschaften			Literatur			
LF	BD	WT	RO	KS	DA	VA	FS	MA	BZ	BS	MV	SU	DG	GI	GV	LR	EG	AE	EM	VE	1	2	3	BL	SL	TB	SEN
n	s		Wh	ccc	En Dy	Sr	zwr		6-7		–		2	e	D3	3.3 7.4 9.2	6	Ja	2	=			13.3124				4984
n	s		Wh	ccc	En	Sr	zwr		6-7		–		2	e	E2	3.2 3.3 7.4	2	I	2	>			13.312				4985
n	s		Wh	ccs	En Dy	Sr	zwr		6-7		–		2	e	E2b	3.3 7.4 7.6 9.3	–	I	2	=			13.315	k			4986
n	s		Wh	ccs	En Dy	Sr	zwr		6-7		–		2	e	F3e	3.3 7.4	6	Ja	2	>?			13.312	c k			4987
n.li	s		Wh	ccc	En	Sr	zwr		6-7		–		2	e	D2	7.4 9.2 9.3	6	I	2	>			13.31				4988
n	s		Wh	ccc	En Dy	Sr	zwr		6-7		–		2	e	D3	3.3 7.4	–	Ja	2	=			13.31	c l			4989
n	s		Wh	ccc	En Dy	Sr	zwr		6-7		–		2	e	D3	3.3 7.4	6	Ja	2	=			13.312	c l			4990
n	s		Wh	ccs	En Dy	Sr	zwr		6-7		–		2	e	F6	3.3 7.4	6	Ja	2	=			13.312	h k			4991
n	s		Wh	ccr	En	Sr	zw		6-7		–		2	e	A4a	2.9 7.4	–	N	2	<			13.312	c k			4992
n	s		Wh	ccc	En	Au	zw		6-7		–		3	h e	D3	6.7 7.4 9.2 9.3	6	I/N	2	>			11.111				4993
n	s	3	Wh	ccc	En	Au Sr	zw		6-7	au en	–		2	e	E1	3.2 3.3 7.4	6	I	2	>			13.312				4994
n	s		Wh	ccc	En	Au	zw		6-7	au en	–		3	e	D3	3.3 7.4 9.1 9.3	6	I	2	>	13.312	14.811					4995
n	s		Wh	ccc	En	Au	zw		5-7	au en	–		3	e	B6	3.2 3.3 7.4 9.2	6	I/N	2	>	13.312						4996
p.li	t		Wh	ccc	At En	Sr	zw		6-7	au en	–		2	e	A4b	7.4	–	N	3	<			?	c d g			4997
n	s		Wh	ccc	En	Au	zw	r12	6-7	me	–		3	h e	E1	8.1 8.2 9.1 9.2	2	I	1	=	13.41	10.212	13.511				4998
n	s		Wh	ccc	En	Au	zw		6-8	au me ca	–		3	e	B6		–	I/N/Ja	2	>					926	G	4999
n	s		Wh	ccc	En	Au Sr	zw		6-7		–		3	e	C1	3.3 7.4 9.2	6	I	2	>			13.312				5000
n-z	s		Wh	ccc	En	Au	zw		6-7		–		3	e	D3	3.2 3.3 7.4	6	I	2	>			13.312				5001
n	s		Wh	ccc	En	Au Sr	zw		6-7		–		3	e	D3	7.4	–	Ja	2	>			13.31	c k l			5002
n	s		Wh	ccc	En	Au	zw		6-7		–		3	e	C1	3.3 7.4 9.1 9.3	6	I	2	>			13.3121				5003
n	s	4	Wh	ccc	En	Au Sr	zw		6-7		–		3	e	D3	3.2 3.3 3.5 7.4	6	I/N	2	>	13.312	13.31					5004
n-z	s		Wh	ccs	En	Au	zw		6-8		–		3	e	E2a	7.4 7.6	–	I	2	=			13.312	k			5005
n-p	s		Wh	ccc	En	Sr	zw		6-7		–		3	e	E2	3.2 3.3 7.4	–	I	2	=			13.312	k			5006
n	t		Wh	ccc	At En	Au	zw		5-8	au en	–		3	e	A4b	2.9 7.4	3	N	3	<			?				5007
n.li	w i		Wh	crs	At En	Sr	zw		5-6		–		2	e	C2	2.9 7.6 9.4	–	N	3	=			14.911	d k			5008
n-z	s		Wh	ccs	En	Au	zw		5-6	au ca my me	–		3	e	B6	3.2 3.3 7.4 9.3	3	I/N	1	=	14.81105	11.111					5009
n	s		Wh	ccc	En Dy	Sr	zw		6-7		–		2	e	D3a		–	I/Ja	2	=>					926		5010
n	s		Wh	ccc	En Dy	Sr	zwr		6-7		–		2	e	F6	3.3 7.4 9.1 9.2	6	Ja	2	>			13.312			G	5011
n	s		Wh	ccc	En Dy	Sr	zwr		6-7		–		2	e	D3a	3.3 7.4 9.2	6	I	2	=			13.312				5012
n	s		Wh	ccc	En	Au Sr	zw		6-7		–		3	e	D3		–	I/N/Ja	2	=>					926	G	5013
n	s		Wh	ccc	En	Au	zw		6	au en	–		3	e	D5	3.3 7.4	2	I	2	>			13.312				5014
n	s		Wh	ccc	En	Sr	zw		6-7	au en	–		2	e	D3a	7.4	–	Ja	2	>			13.312	c l			5015
n	s		Wh	ccc	En	Au Sr	zw		6	au en	–		3	e	D3	3.2 3.3 7.4	6	I	2	>			13.312				5016
n	s		Wh	ccc	En	Sr	zw		6-7	au en	–		2	e	D3	7.4 9.2 9.3	6	I	2	=			13.312				5017
n	s		Wh	ccc	En	Sr	zw		6	au en	–		2	e	E1	3.2 7.4 9.1	6	I/N	2	>			13.312				5018
n	s		Wh	ccc	At En	Sr	zw		6-7	??	–		2	e	A2c	2.5 2.9 9.2	–	N	2	<			?	d			5019
n	i		Wh	ccc	My At	Sr	ve		3-8	me (ve)	–		3	mg h e	C2	2.9 3.2 6.2 7.3	3	I/A	3	<			12.411				5020
t	s		–	rrr	Me	Kv	zw		4-6	an?	–		2		C2	2.1 2.2 6.2 7.3	7	A	4	=			2.342				5021
z.li	w		Wh	ccs	En	Au	zw		5-6	au en	–		3		C2c	7.6 9.1 9.3 9.4	–	I	2	>			13.6	a f k			5022
h.li	s		Rs	ccs	En	Sr	zw		6-7	au hm my	–		2	mg	C2b	2.1 2.2 6.7 7.4	7	A	3	=			5.1				5023
f.li	s	3.5	Wh	ccs	En Dy	Kt Ws	fa zw		6-9	au ca my me*	1	3	4	e	B6	1.4 7.2 7.5 9.2	1	I	2	<	11.3	14.735	14.721				5024
d-f	t		Wh	ccs	En	Kt Ws	fa zw	r11	5-9	ca my me hm*	–	4	3	e	B2		–	I/Ns/Ja/Jn	1-3	<->				e	897	D G H	5025
d?	t		Wh	ccs	En	Kt Ws	fa		6-8		–		3	e	D3a	7.4	–	Ja	2	<			13.314?	k			5026
d	w		Wh	ccs	En	Kt Ws	fa		6-8		–		3	e	D3a	2.6 7.4	–	Ja	1	=			13.314	c g l			5027
d	t		Wh	ccs	En	Kt Ws	fa		7-8		–		3	e	D3a	2.6 7.4	–	Ja	2	=			13.32		902		5028
d	w		Wh	crs	En At	Kt Ws	fa		6-9		1		5	e	E2i	2.3 2.9 7.4	1	Ns	3	<			13.3?	c g l			5029
d	t		Wh	ccs	En	Kt Ws	fa		6-7		–		3	e	F6a*	2.6 7.4 9.1 9.2	–	Ja	1	=			13.32?			E	5030
d	t		Wh	ccs	En	Kt Ws	fa		6-7		–		3	e	D3a	7.4	–	Ja	1	=			13.314	g i l	900		5031
f	t		Wh	ccs	En	Kt Ws	fa		7-8		–		4	e	F7a	2.3 7.4 9.1 9.2	–	Ja	1	<			13.32?	i l			5032
d	s		Wh	ccs	En	Kt Ws	fa		6-7		–		3	e	D2	2.6 7.4 9.2	–	Ja	1	=			13.121	c g l			5033
d	w		Wh	ccs	En	Kt Ws	fa		6-7		–		4	e	D3	2.6 7.4	3	I	1	=			13.314	c g l			5034
f.li	t		Wh	ccs	En	Kt Ws	fa		6-8		–		4	e	F6a	2.6 7.4 9.2	–	Ja	1	<			13.314?	c g l			5035
d	t		Wh	ccs	En	Kt Ws	fa		7-8		–		3	e	F7a	2.6 7.4	–	Ja	1	=			13.32?	i k l			5036
d	s		Wh	ccs	En	Kt Ws	fa		6-7		–		3	e	D3a	7.4 9.2?	–	Ja	1	=			13.121?				5037
f.li	t		Wh	ccs	En	Kt Ws	zw		6-8		–		3	e	C1	7.4 9.2 9.3	3	I	1	=			13.31	c g k			5038
d	t		Wh	ccs	En	Kt Ws	fa		6-7		–		3	e	F7a	2.6 7.4 9.2	–	I	1	=			13.32	c			5039
f	t		Wh	ccs	En	Kt Ws	fa		6-7		–		3	e	D2	2.6 7.4	–	I	1	=			?	i l	900		5040
d	t		Wh	ccs	En	Kt Ws	fa		7-8		–		3	e	D3a	2.6 7.4	–	Ja	1	=			13.31	g i l			5041
d	s t		Wh	ccs	En	Kt Ws	fa		6-8		–		3	e	E5	2.6 7.4 9.2	–	Ja	1	=			13.314?	c i			5042
d	t		Wh	ccs	En	Kt Ws	fa		6-7		–		3	e	E5	7.4	–	Ja	1	=			13.314	l			5043
f.li	t		Wh	ccs	En	Kt Ws	fa		7-8		1		3	e	D3a	2.6 7.4 9.2	1	Ja	1	=			13.314	g i l			5044
d	s		Wh	ccs	En	Kt Ws	fa		6-7		–		3	e	D2	2.6 7.4	–	I	1	=			13.121	i k l			5045
d	t		Wh	ccs	En	Kt Ws	fa		6-7		–		3	e	F6a	7.4	–	Ja	1	=			13.314		903		5046
d	w		Wh	ccs	En	Kt Ws	fa		7-8		–		3	e	F7a	7.4 9.2?	–	Ja	1	=			13.314?	c i l			5047
d	t		Wh	ccs	En	Kt Ws	fa		7-8		–		3	e	D3a	7.4	–	Ja	1	=			13.314				5048
d.li	t		Wh	ccs	En	Kt Ws	fa		7-8		–		4	e	F7a	2.6	–	Ja	1	<			13.314?	c i l			5049
d.li	t		Wh	ccs	En	Kt Ws	fa		7-8		–		3	e	D3a	7.4	–	Ja	1	=			13.314	i l			5050
d	t		Wh	ccs	En	Kt Ws	fa		6-7		–		4	e	F4c	2.6 7.4 9.2	–	Ja	1	=			13.32?	c i			5051
d.li	t		Wh	ccs	En	Kt Ws	fa		7-8		–		3	e	D3a	7.4	–	Ja	1	=			13.314	i l			5052
f.li	t		Wh	ccs	En	Kt Ws	fa		7-8		–		3	e	D2	2.6 7.4 9.1 9.2	–	Ja	1	=			13.314	g i l			5053
f	t		Wh	ccs	En	Kt Ws	fa		7-8		–		3	e	D2	2.6 7.4 9.1 9.2	1	Ja	1	=			13.314?	g i l			5054
d-f	t		Wh	ccs	En	Kt Ws	fa zw		7-8		–		5	e	F6a	2.6 7.4 9.1 9.2	–	I	1	<			?	g i l			5055
d.li	t		Wh	ccs	En	Kt Ws	fa		6-7		–		3	e	D3a	2.6 7.4 9.2	–	Ja	1	=			13.314	g i l			5056
d	w		Wh	ccs	En	Kt Ws	fa		6-7		–		3	e	D3	2.6 7.4 9.2	–	Ja	1	=			13.314	c g l			5057
d	t		Wh	ccs	En	Kt Ws	fa		7-8		–		3	e	D3a	2.3 2.6 7.4 9.2	–	Ja	1	=			13.314?	c i l			5058
d	s		Wh	ccs	En	Kt Ws	fa		6-7		–		3	e	F7a	2.6 7.4 9.2	–	Ja	1	=			13.32?	c			5059
d	t		Wh	ccs	En	Kt Ws	fa		7-8		–		3	e	D3a	2.6 7.4 9.2	–	Ja	1	=			13.314?	g i l	548		5060
d.li	t		Wh	ccs	En	Kt Ws	fa		6-7		–		3	e	D3a	2.6 7.4	–	Ja	1	=			13.314	g l			5061
f	t		Wh	ccs	En	Kt Ws	fa		7-8		–		3	e	D3a	2.6 7.4 9.1 9.2	–	Ja	1	=			13.32	c i l			5062
f	t		Wh	ccs	En	Kt Ws	fa		6-7		–		4	e	D3	2.6 7.4 9.2	1	I	1	<			13.32	c g l			5063
f	t		Wh	ccs	En	Kt Ws	fa		6-7		–		3	e	F7a	2.3 7.4	–	Ja	1	=			13.314?				5064
d-f	t		Wh	ccs	En	Kt Ws	fa		6-7		–		3	e	D3a	2.6 9.2	–	Ja	1	=			13.121?	g i			5065
d	s		Wh	ccs	En	Kt Ws	fa		6-7		–		3	e	D2	7.4	–	Ja	1	=			13.121	i			5066
f	t		Wh	ccs	En	Kt Ws	fa		6-8		–		3	e	F4c	2.6 6.7 7.4 9.1	–	Ja	1	=			13.314?	c			5067
d	t		Wh	ccs	At En	Kt Ws	fa		6-7		–		3	e	D2	2.3 2.6 2.9	1	Jn	3	<			13.321	c g l			5068
d	t		Wh	ccs	En	Kt Ws	fa		6-8		–		3	e	F6a	2.6 7.4	–	Ja	1	=			13.32?	g	901		5069
d	w		Wh	ccs	En	Kt Ws	fa		7		–		3	e	F4b*	2.6 7.4	–	Ja	1	=			13.32?	c			5070
d.li	t		Wh	ccs	En	Kt Ws	fa		7		–		3	e	D2	2.3 4.2 6.7 9.2	1	Ja	1	=			13.314	c g l			5071
d.li	t		Wh	ccs	En	Kt Ws	fa		6-7		–		4	e	F6a	2.6 7.4	1	Ja	1	=			13.314?	g k			5072

Nummern			Taxa			Klima						Boden												
SEN	SIN	FAN	Gattung	Aggregat/Einzelart	Kleinart	T	v	K	v	L	v	F	v	W	R	v	N	v	S	M	H	v	D	v
5073	–	–	Rubus		mollis	4.5	I	4	I	4	I	2.5	I	1	4	I	4	I			3	I	1	I
5074	355500	–	Rubus		montanus	4	I	3	I	4	I	2.5	I	1	4	I	3	I			3	I	3	I
5075	–	–	Rubus		nemoralis	4	I	2	I	4	I	3	I	1	3	I	3	I			3	I	3	I
5076	355700	–	Rubus		nessensis	3.5	I	2	I	3	I	3.5	I	2	2	I	2	I			3	I	3	I
5077	356000	–	Rubus		obtusangulus	3.5	I	2	I	4	I	2.5	I	1	4	I	4	I			3	I	3	I
5078	–	–	Rubus		oenensis	3.5	I	2	I	4	I	3	I	1	3	I	3	I			3	I	3	I
5079	–	–	Rubus		orthostachys	4	I	3	I	4	I	2.5	I	1	4	I	3	I			3	I	3	I
5080	–	–	Rubus		pallidus s. l.	4	I	2	I	3	I	2.5	I	1	2	I	2	I			3	I	3	I
5081	356100	–	Rubus		pedemontanus	3	I	2	I	3	I	2.5	I	1	2	I	2	I			3	I	3	I
5082	–	–	Rubus		phyllostachys	4	I	2	I	4	I	3	I	1	3	I	4	I			3	I	3	I
5083	–	–	Rubus		platycephalus	3.5	I	2	I	3	I	3	I	1	3	I	3	I			5	II	3	I
5084	356500	–	Rubus		plicatus	3	I	2	I	3	I	3.5	I	2	2	I	2	I			5	II	3	I
5085	356600	–	Rubus		praecox	4.5	I	2	I	4	I	2.5	I	1	4	I	4	I			3	I	3	I
5086	–	–	Rubus		pseudinfestus	4	I	2	I	4	I	3	I	1	3	I	3	I			3	I	3	I
5087	–	–	Rubus		pseudopsis	4	I	3	I	4	I	3	I	1	3	I	3	I			3	I	3	I
5088	356900	–	Rubus		radula s. l.	4	I	2	I	4	I	2.5	I	1	3	I	4	I			3	I	3	I
5089	–	–	Rubus		reuteri	4	I	2	I	4	I	3	I	1	3	I	3	I			3	I	3	I
5090	–	–	Rubus		rhombicus	4.5	I	3	I	4	I	3.5	I	2	4	I	4	I			3	I	3	I
5091	–	–	Rubus		rotundifoliatus	3.5	I	1	I	4	I	3	I	1	3	I	3	I			3	I	3	I
5092	357300	–	Rubus		rudis	4	I	3	I	4	I	3	I	1	4	I	4	I			3	I	3	I
5093	–	–	Rubus		salisburgensis	3.5	I	2	I	4	I	3	I	1	3	I	4	I			3	I	3	I
5094	–	–	Rubus		salzmannii	4	I	3	I	4	I	3.5	I	1	3	I	3	I			3	I	3	I
5095	–	–	Rubus		solvensis	4	I	3	I	4	I	3	I	1	3	I	3	I			3	I	3	I
5096	–	–	Rubus		styriacus	3.5	I	3	I	4	I	3	I	1	3	I	3	I		m	3	I	3	I
5097	–	–	Rubus		subcordatus	3.5	I	2	I	3	I	3	I	1	3	I	3	I			3	I	3	I
5098	–	–	Rubus		suevicola	4	I	3	I	4	I	3	I	1	4	I	4	I			3	I	3	I
5099	358000	–	Rubus		sulcatus	3.5	I	2	I	3	I	3.5	I	2	1	I	2	I			5	I	3	I
5100	–	–	Rubus		sylvulicola	3.5	I	2	I	3	I	3	I	3	1	I	3	I			3	I	3	I
5101	358100	–	Rubus		tereticaulis	4	I	2	I	3	I	2.5	I	1	3	I	3	I			3	I	3	I
5102	–	–	Rubus		thelybatos	4	I	3	I	3	I	3	I	1	3	I	4	I			3	I	3	I
5103	358500	–	Rubus		ulmifolius	4.5	II	2	I	4	I	3	I	1	4	I	4	I		m	3	I	3	I
5104	–	–	Rubus		venosus	4.5	I	3	I	3	I	3	I	1	3	I	3	I			3	I	3	I
5105	358600	–	Rubus		vestitus	4	I	2	I	4	I	3	I	1	4	I	4	I			3	I	3	I
5106	–	–	Rubus		villarsianus	4	I	2	I	3	I	2.5	I	1	3	I	3	I			3	I	3	I
5107	–	–	Rubus		villicaulis	4.5	I	3	I	4	I	2.5	I	1	3	I	2	I			3	I	3	I
5108	–	–	Rubus		weizensis	4	I	3	I	3	I	2.5	I	1	2	I	3	I			1	II	1	I
5109	–	–	Rubus		widderi	3	I	3	I	4	I	3	I	1	2	I	2	I			3	I	1	I
5110	354400	63.5.4	Rubus	idaeus		3	II	3	I	3	II	3	II	2	3	II	4	II		m	3	II	3	II
5111	–	63.5.3	Rubus	odoratus		4.5	I	2	I	3	I	3	I	1	3	I	3	I			3	I	3	II
5112	–	–	Rubus	parviflorus		4	I	3	I	4	I	3	I	1	3	I	3	I			3	I	3	I
5113	356200	63.5.5	Rubus	phoenicolasius		4.5	I	2	I	3	I	3.5	I	2	3	I	4	I			3	I	1	I
5114	357400	63.5.2	Rubus	saxatilis		3	II	3	I	2	I	3	II	2	4	II	2	I		m	3	I	3	I
5115	358700	124.24.1	Rudbeckia	hirta		4.5	I	3	I	4	I	3	I	2	4	I	4	I			3	I	3	I
5116	358800	124.24.2	Rudbeckia	laciniata		4.5	I	3	I	3	I	3.5	I	3	4	I	4	I			3	I	1	I
5117	–	–	Rumex	acetosa aggr.		x	–	x	–	4	II	3	II	2	3	II	x	–			3	I	3	II
5118	358900	39.7.6	Rumex		acetosa	3.5	II	3	I	4	I	3	I	2	3	II	4	I		m	3	I	3	I
5119	359300	39.7.4	Rumex		alpestris	2	I	3	I	3	I	3.5	I	2	3	II	4	I			3	I	1	I
5120	–	39.7.8	Rumex		intermedius	5	I	3	I	4	I	2	I	2	4	I	3	I			3	I	3	II
5121	–	39.7.5	Rumex		nebroides	2.5	I	4	I	4	I	2	I	1	4	I	2	I			3	I	3	II
5122	361100	39.7.7	Rumex		thyrsiflorus	3.5	I	5	I	4	I	2.5	I	3	4	I	4	I			3	I	3	I
5123	–	39.7.1	Rumex	acetosella aggr.		3.5	II	3	II	4	II	2	II	1	2	II	3	II			3	II	3	II
5124	359100	–	Rumex		acetosella	3	II	3	I	4	I	3	II	2	2	II	3	II		m	3	II	5	I
5125	–	–	Rumex		acetoselloides	3	II	4	I	4	II	2.5	I	2	2	II	3	I			3	II	3	I
5126	359200	–	Rumex		pyrenaicus	4	II	2	I	3	I	2.5	I	1	2	I	3	I			3	II	3	I
5127	359400	39.7.9	Rumex	alpinus		2	I	2	I	4	I	3.5	I	2	3	I	5	I			3	I	1	I
5128	359600	39.7.10	Rumex	aquaticus		3.5	I	4	I	3	I	4.5	I	3	4	I	4	I			5	II	1	I
5129	–	39.7.23.1	Rumex	bucephalophorus		5	I	3	I	4	I	1.5	I	1	2	I	1	I	ss		3	I	3	II
5130	359800	39.7.17	Rumex	conglomeratus		4	I	3	I	4	I	4	I	3	4	I	4	I	s	m	3	I	1	I
5131	–	–	Rumex	crispus aggr.		4	II	4	II	4	I	4	I	3	3	II	4	I	s		3	I	1	I
5132	359900	39.7.15	Rumex		crispus	3.5	II	3	I	4	I	3.5	I	3	3	I	4	I	s	m	3	I	1	I
5133	–	39.7.16	Rumex		stenophyllus	4.5	I	5	I	4	I	4	I	3	4	I	4	I	s		3	II	1	I
5134	360000	39.7.12	Rumex	hydrolapathum		4.5	I	2	I	3	I	4.5	I	3	4	I	4	I	s		3	I	1	I
5135	360100	39.7.11	Rumex	longifolius		2.5	I	4	I	3	I	3	I	3	3	I	4	I			1	I	1	I
5136	–	–	Rumex	maritimus aggr.		4	II	x	–	4	I	4	I	3	4	I	4	I			1	II	1	I
5137	360200	39.7.22	Rumex		maritimus	4	I	4	I	4	I	4	I	3	4	I	4	I	s		3	I	1	I
5138	360500	39.7.21	Rumex		palustris	4.5	I	2	I	4	I	4	I	3	4	I	4	I			3	I	1	I
5139	360300	39.7.3	Rumex	nivalis		1	I	2	I	5	I	4	I	1	4	I	2	I			1	I	3	I
5140	–	–	Rumex	obtusifolius aggr.		3.5	II	x	–	4	I	3	I	2	3	II	5	I			3	I	3	II
5141	360400	39.7.20.1	Rumex		obtusifolius	3.5	I	2	I	4	I	3	I	2	3	II	5	I	s		3	I	1	I
5142	–	–	Rumex		subalpinus	3	I	4	I	4	I	3	I	2	3	II	5	I			3	I	3	I
5143	–	39.7.20.3	Rumex		sylvestris	3.5	I	3	I	4	I	3	I	1	3	II	5	I			3	I	3	I
5144	–	39.7.20.2	Rumex		transiens	3.5	I	3	I	4	I	3	I	2	3	II	5	I			3	I	3	I
5145	–	–	Rumex	patientia aggr.		4.5	II	x	–	4	I	3	II	1	3	II	4	II			3	I	3	I
5146	–	–	Rumex		cristatus	5	I	2	I	4	I	2.5	I	1	3	I	4	I			3	I	3	I
5147	–	39.7.13	Rumex		kerneri	4	I	4	I	4	I	3	II	1	3	II	3	II			3	I	3	I
5148	360600	39.7.14	Rumex		patientia	4.5	I	4	I	4	I	3	I	1	3	I	4	I			3	I	3	I
5149	360700	39.7.19	Rumex	pulcher		5	I	3	I	4	I	3	I	2	3	I	4	I	ss		3	I	3	I
5150	360800	39.7.18	Rumex	sanguineus		3.5	I	2	I	3	I	4	I	3	4	II	4	I			3	I	1	I
5151	360900	39.7.2	Rumex	scutatus		2.5	I	3	I	4	I	2	I	1	3	II	2	I			1	I	5	I
5152	–	–	Rumex	tuberosus		4.5	I	4	I	4	I	1.5	I	1	4	I	3	I			3	I	3	I
5153	361200	143.30.1	Ruscus	aculeatus		4.5	I	1	I	2	I	2.5	I	1	4	I	2	I			3	I	3	I
5154	–	143.30.2	Ruscus	hypoglossum		3.5	II	3	I	2	I	2.5	I	1	3	I	3	I			3	I	3	I
5155	–	90.1.2	Ruta	angustifolia		5	II	3	I	4	II	1.5	I	1	4	I	2	I			3	I	3	II
5156	–	90.1.3	Ruta	chalepensis		5	I	3	I	5	I	1.5	I	1	4	I	2	I	s		3	I	3	II
5157	361300	90.1.4	Ruta	graveolens		4.5	I	4	I	4	I	1.5	I	1	4	I	3	I			3	I	5	I
5158	–	90.1.1	Ruta	montana		5	I	3	I	5	I	1.5	I	1	4	I	2	I			3	I	5	I
5159	–	–	Saccharum	strictum		4.5	I	4	I	5	I	3	I	1	5	I	3	I			3	I	1	I
5160	–	–	Sagina	apetala aggr.		4	II	2	I	4	I	2	I	3	2	I	3	I	s		1	I	3	I
5161	361500	38.11.7.1	Sagina		ciliata	4.5	I	2	I	4	I	1.5	I	3	2	I	3	I	s		1	I	3	I

Strategien					Biologisches Verhalten										Vorkommen						Pflanzengesellschaften			Literatur			
LF	BD	WT	RO	KS	DA	VA	FS	MA	BZ	BS	MV	SU	DG	GI	GV	LR	EG	AE	EM	VE	1	2	3	BL	SL	TB	SEN
f.li	t		Wh	ccs	En	Kt Ws	fa		6-7		–		3	e	D3a	7.4	–	Ja	1	=			13.312	i l			5073
d.li	w		Wh	ccs	En	Kt Ws	fa		6-7		–		3	e	D3a	2.6 7.4 9.2	1	Ja	1	=			13.314	c g l			5074
d.li	w		Wh	ccs	En	Kt Ws	fa		7-8		–		3	e	D2	2.6 7.4	–	I	1	=			13.121	c i l			5075
d	s		Wh	ccs	En	Kt Ws	fa		5-7		–		2	e	D3	2.6 7.4 9.2	1	I	1	>			13.12	c g l			5076
d	w		Wh	ccs	En	Kt Ws	fa		6-7		–		3	e	F6a	2.6 7.4	1	Ja	1	=			13.314	c g l			5077
f	t		Wh	ccs	En	Kt Ws	fa		7-8		–		3	e	F7a	2.6 7.4	–	Ja	1	=			13.32				5078
d.li	t s		Wh	ccs	En	Kt Ws	fa		6-7		–		3	e	D3a	7.4	–	Ja	1	=			13.314	i l			5079
f.li	t		Wh	ccs	En	Kt Ws	fa		6-7		–		3	e	D2	2.6 7.4 9.2	–	Ja	1	<			13.314	i l			5080
c	t		Wh	ccs	En	Kt Ws	fa		6-7		–		3	e	D3a	2.6 7.4 9.1 9.2	1	Ja	1	=			13.121	c g i			5081
d.li	w		Wh	ccs	En	Kt Ws	fa		6-8		–		3	e	D2	2.6 7.4 7.5	–	Ja	1	<			13.314	c i			5082
d	w		Wh	ccs	En	Ws	fa		7-8		–		3	e	F7a*	2.6 7.4	–	Ja	1	=			13.32		902		5083
d	s		Wh	ccs	En	Sr Ws	fa		6-7		1		3	e	D2	2.6 7.4 9.2	–	I	1	=			13.12	c g l			5084
d	w		Wh	ccs	En	Kt Ws	fa		6-7		–		3	e	D1	2.3 7.4	1	I	1	=			13.314	c g l			5085
f	t		Wh	ccs	En	Kt Ws	fa		6-7		–		3	e	E5b	2.6 7.4	–	Ja	1	=			13.32	l			5086
f	t		Wh	ccs	En	Kt Ws	fa		6-7		–		3	e	F6a	2.6 7.4	–	Ja	1	=			13.314?	g			5087
d	t		Wh	ccs	En	Kt Ws	fa		7-8		–		3	e	D3	2.6 7.4 9.2	1	Ja	1	=			13.314	c g l			5088
d	t		Wh	ccs	En	Ws	fa		6-7		–		3	e	D3a*	2.6 7.4 9.2	–	Ja	1	=			13.121?			E	5089
f	s		Wh	ccs	En	Kt Ws	fa		6-7		–		3	e	D3a	2.3 7.4	–	Ja	1	=			13.312?	g i l	901		5090
d.li	t		Wh	ccs	En	Kt Ws	fa		6-8		–		3	e	E5	7.4	–	Ja	1	=			13.314	i l			5091
d	t		Wh	ccs	En	Kt Ws	fa		7-8		–		4	e	D3a	2.6 7.4 9.2	1	Ja	1	<			13.32?	c g l			5092
f	t		Wh	ccs	En	Ws	fa		6-7		–		3	e	F7a	2.6 7.4 9.2	–	Ja	1	<			13.32?	c l			5093
d	t		Wh	ccs	En	Ws	fa		6-7		–		3	e	F4	2.6 7.4 9.2	–	Ja	1	=			13.32	c			5094
d	t		Wh	ccs	En	Kt Ws	fa		6-8		–		3	e	F4c	2.6 7.4 9.2	–	Ja	1	=			13.32?	c	900		5095
d	t		Wh	ccs	En	Kt Ws	fa		6-7		–		3	e	F7a	2.3 2.6 7.4 9.2	–	Ja	1	=			13.314?	c			5096
f	t		Wh	ccs	En	Kt Ws	fa		7-8		–		3	e	D3a	6.6 7.4	–	Ja	1	=			13.314?	i l			5097
f	t		Wh	ccs	En	Ws	fa		6-7		–		3	e	D3a	2.3 7.4	–	Ja	1	=			13.314	i l	900		5098
d	s		Wh	ccs	En	Sr Ws	fa		5-6		1		2	e	D3	2.6 4.2 7.4	1	I	1	=			13.121?	c g l			5099
d	t		Wh	ccs	En	Ws	fa		7-8		–		3	e	F7a	2.6 7.4	–	Ja	1	=			13.32?				5100
f.li	t		Wh	ccs	En	Kt Ws	fa		7-8		–		3	e	D3a	2.6 7.4 9.2	–	Ja	1	=			13.32	g i l			5101
d	t		Wh	ccs	En	Ws	fa		7-8		–		3	e	D3a	2.6 7.4	–	Ja	1	=			13.314?	i l			5102
d	w		Wh	ccs	En	Kt Ws	zw		6-8		–		4	e	C2a	2.3 3.3 7.4 9.3	3	I	2	=			13.315	c k l			5103
d	t		Wh	ccs	En	Ws	fa		6-8		–		3	e	F7a	2.3 2.6 7.4 9.2	–	Ja	1	=			13.314?	c			5104
d	t		Wh	ccs	En	Kt Ws	fa		6-8		–		3	e	D2	2.6 7.4	1	I	1	=			13.314	c g l			5105
f	s		Wh	ccs	En	Kt Ws	fa		6-7		–		4	e	F6a	2.6 7.4	–	Ja	1	<			13.3	g k l			5106
d	t		Wh	ccs	En	Ws	fa		6-7		–		2	e	F4b	2.6 7.4 9.2	–	I	1	=			13.314?	i l			5107
f	t		Wh	ccs	En	Kt Ws	fa		7-8		–		3	e	F7a	2.6 7.4 9.2	–	Ja	1	=			13.32?	c			5108
d	t		Wh	ccs	En	Ws	fa		7-8		–		3	e	F4b*	2.3 2.6 7.4 9.2	–	Ja	1	<			13.32?	c			5109
d	s	3	Wh	crs	En Dy	Ws	zw	r12	5-6	au my me ps*	1	5	3	e	B6b	2.6 3.3 7.2 9.2	1	I	3	<	13.321	14.7	13.3			H	5110
d	s		Wh	ccs	At En	Ws	zw		5-6	me	–		3		A2	2.7 2.9 7.4	–	N	4	=			?	g i l			5111
d	s		Wh	ccs	At En	Ws	zw		5-6		–		3	e	A2b	2.7 2.9 7.4	–	N	4	=			?	g			5112
d	t		Wh	crs	At En	Kt Ws	zw		6-7	??	–		3	e	A4b	2.9 2.9	1	N	3	=			?	c g l			5113
h	s	3	Rs	css	En	Kt Ws	zw	r28	5-6	au me (my?)	–		3	e	B4b	3.3 3.4 8.2 9.2	1	I	1	=	13.511	11.514	14.731				5114
h-t	s		Wv	ccr	Bo My	Kv	zw		6-10	hm	2		3		A2	2.2 2.9 2.5 7.2	7	N	4	=			5.13			H	5115
g	s		Rh	crs	Bo My	Sr	zw		6-9	me my	2		3	mg e	A2c	2.2 2.9 2.5 7.2	7	N	4	=			11.311			H	5116
h	s w		Rh	crs	Me En	Sr	di	r2	5-9		3		2	tg e	B4		–	I/N	2-4	=						B	5117
h	w	3.5	Rh	crs	Me En	Sr	di		5-8	an me	3	4	3	tg h e	B4	6.3 6.7 7.2 9.2	8	I	3	=	11.241	11.231	11.242				5118
h	s		Rh	crs	Me En	Sr	di	r2	6-8	an	4		3	tg h e	E1	6.3 7.2 8.1 9.2	2	I	4	=	11.242	5.121	11.514				5119
h	t		Rh	crs	Me En	Sr	di		5-7		3		2	tg e	C2a	7.3 7.6	–	I	2	=			13.6	k m			5120
h	t		Rh	crs	Me En	Sr	di		5-7		3		2	tg e	E2	3.2 3.3 6.2 6.5	–	I	2	=			10.211?	f k m			5121
h	w	5	Wv	crs	Me En	Sr	di		7-9		3		2	tg e	A4c	2.2 2.5 6.2 6.3	7	N	4	<			5.2				5122
h	w		Wv	crs	En Dy	Ws	di	p4	5-8	an	2		3	tg e	B4		–	I	3	=					155, 156	B D	5123
h	t	2.5	Wv	crs	En Dy	Ws	di		5-8		2	4	3	tg e	B3a	2.1 2.2 3.1 6.2	7	I	3	=	4.12	12.211	11.411				5124
h	t		Wv	crs	En Dy	Ws	di		5-8		2		3	tg	D1b	2.1 2.2 3.1 6.2	–	I	3	=			4.1	c			5125
h	t		Wv	crs	En Dy	Ws	di		5-8		2		3	tg e	C2c	2.1 2.2 3.1 6.2	7	I	3	=?			4.111			E	5126
h	t	5	Rh	ccc	Me Dy	Sr	zw	p8	6-8	an	3		5	tg h e	E1a	2.4 6.3 6.5 7.2	2	I	2	=	5.121						5127
h	s		Rh	ccs	Me Hy	Sr	zw		7-8	an	–		2	e	B4b	1.4 2.5 4.2	5	I	2	>			6.114				5128
t	s		–	rrr	Me Ep	Kv	zw		4-6		–		1		C2	3.1 3.2 6.1 6.2	–	N	4	=			4.22	k		A	5129
h	w		Wv	crs	Me En	Sr	zw	p3	7-9	au	–	2	2	e	C1	1.3 2.5 2.6 9.2	5	I	2	=	14.72205	11.21	2.111				5130
h	w		Wv	crs	Me En	Sr	zw		7-8	an	2		2	tg h e	B4		–	I/N	4	=						A	5131
h-k	w	4	Wv	crr	Me Dy	Sr	zw	p2	7-8		2	4	2	tg h e	B4	1.4 2.3 2.5 6.3	7	I/N	4	=			11.21				5132
h	w		Wv	crr	Me Dy	Sr	zw		7-8		2		2	tg e	B6	1.4 2.2 6.3 9.2	–	I	3	<			11.21	c i l			5133
h	s		Wv	ccs	Me Hy	Sr	zw	p5	7-8	??	–		2	e	D3	1.3	5	I	2	>			6.1				5134
h	w		Wv	ccr	Me Hy	Sr	zw		7-8	an	2		3	e	B4b	1.4 2.2 2.5 7.5	3	N	2	<			5.113				5135
k-t	s		Wv	rss	Hy Ep	Kv	zw		7-8	au	–		2	e	B4		–	I	2	>							5136
t	s	1.5	Wv	rss	Hy Ep	Kv	zw		7-8		–	3	2	e	B4	1.4 2.2 2.5	7	I	2	>			2.11				5137
k-t	s		Wv	rss	Hy Ep	Kv	zw		7-9		–		2		B6	1.4 2.1 2.2 2.5	5	I	2	=	2.111						5138
h	w		Rh	css	Me	Sr	di	p6	7-8	an	–		2	e	E4	3.2 3.4 6.5 6.6	2	I	1	=	3.321						5139
h	w		Wv	ccr	Me En	Ws	zw		6-8	an (me)	4		3	tg e	B6		–	I	3	<=						B	5140
h	w	4	Wv	ccr	Me En	Ws	zw	p7	6-8		4	4	4	tg h e	D3	2.1 2.2 2.5 6.3	8	I	3	<	5.132	11.241	14.712				5141
h	w		Wv	ccr	Me En	Ws	zw		6-8		3		3	tg h e	E4	2.1 2.2 2.5 6.3	–	I?	3	=			5.113	c k m			5142
h	w		Wv	ccr	Me En	Ws	zw		6-8		4		3	tg e	D4	1.4 2.1 2.2 6.3	–	I	3	=			5.113	c k l			5143
h	w		Wv	ccr	Me En	Ws	zw		6-8		3		3	tg e	D3	2.1 2.2 2.5 6.3	–	I	3	=			5.113	c k l			5144
h	s?		Wv	crs	Me Ep	Kv	zw		6-8	??	–		2	e	C1		–	I/N	4	>						B	5145
h	s?		Wv	crs	Me Ep	Kv	zw		6-8		–		2	e	D4	2.2	–	N	4	>			14.71?	c k m			5146
h	s?		Wv	crs	Me Dy	Kv	zw		6-8		2	4	2	e	D1b	2.2	–	I	3	=			2.34	c m			5147
h	s?		Wv	ccc	Me En	Sr	zw		7-8		–		2	e	C2b	2.9 2.1 2.2 7.4	7	I/N	4	>			5.11				5148
h	s		Wv	crs	Me Ep	Sr	zw		6-8	au	–		1	e	C2c	1.4 2.2	7	I	4	>			5.11				5149
h	s		Wv	ccs	Me En	Sr	zw		7-8	an	–	3	2	e	C1	2.5 2.6 7.5 9.2	1	I	2	=	14.72202	5.13					5150
h	w	4	Rh	css	Me Dy	Au	zw	p8	6-7	an	–		3	e	E1a	3.2 3.3	2	I	1	=	3.3					A	5151
h	s?		Wk	crs	Me	Kv	zw		5-6		–		1	e	C2	6.1	–	I?	3	=			4.2	k m			5152
g-z	i		Rh	ccc	En	Sr	di		3-4	??	–		3	mg e	C1	7.3 7.6 9.3 9.4	1	I	1	=	14.811	14.73601	14.9				5153
g-z	t		Rh	ccc	En	Sr	di		2-4		–		3	mg	C1	3.2 7.4 9.2	–	I	1	=			14.732	c k m			5154
z	t		Wh	ccs	Bo	Sr	zw	p5	5-8		–		2	mg h e	C2	3.2 6.2 7.3	–	I	2	=			12.4	k m			5155
z	t		Wh	ccs	Bo	Sr	zw		5-8		–		2	mg h e	C2	3.2 6.2 7.3 7.4	–	I	2	=			12.4	k m			5156
z	t		Wh	ccs	At	Sr	zw	r7	6-7	my me hm ve	–		2	mg h e	D1b	2.2 2.5 3.2 6.2	6	A	3	=			9.12				5157
z	t		Wh	ccs	Bo	Sr	zw	p4	4-7		–		2	mg h e	E2b	3.2 6.2 7.3 7.4	–	I	2	=			12.4	k m			5158
h	s		Rs	ccr	Bo	Sr	zw		9-11		–		3		D1b	2.5 6.3	–	I?	2	=			?	k m			5159
t	s		–	rrr	Bo	Kv	zw	p1	5-9	au	–		3		C2		–	I/A	5	>						B	5160
t	s		–	rrr	Bo	Kv	zw		5-9		–		3		C2	2.1 2.2 2.7 3.1	7	I/A	5	>			2.351				5161

Nummern			Taxa			Klima						Boden												
SEN	SIN	FAN	Gattung	Aggregat/Einzelart	Kleinart	T	v	K	v	L	v	F	v	W	R	v	N	v	S	M	H	v	D	v
5162	361600	38.11.7.2	**Sagina**		**micropetala**	3.5	I	2	I	4	I	2.5	I	3	3	I	3	I			1	I	3	I
5163	361800	38.11.2	**Sagina**	**glabra**		2	I	3	I	4	I	3	I	1	3	I	3	I			1	I	5	I
5164	362100	38.11.1	**Sagina**	**nodosa**		3.5	I	1	I	4	I	4.5	I	3	4	I	2	I	s		5	I	1	I
5165	–	–	**Sagina**	**procumbens aggr.**		x	–	2	II	4	I	3.5	I	3	3	II	3	II			3	I	3	II
5166	362200	38.11.6	**Sagina**		**procumbens**	3.5	II	3	I	4	I	3.5	I	3	3	II	3	II	s		3	I	3	I
5167	362300	38.11.4	**Sagina**		**saginoides**	1.5	I	2	I	4	I	3.5	I	2	3	I	2	I			3	I	1	I
5168	362400	38.11.3	**Sagina**	**subulata**		4.5	I	2	I	3	I	3	I	1	2	I	3	I			3	I	3	I
5169	362600	126.1.1	**Sagittaria**	**platyphylla**		5	I	1	I	3	I	5	I	3	3	I	4	I			5	II	1	I
5170	–	–	**Sagittaria**	**sagittifolia aggr.**		4.5	I	2	II	3	I	5	I	3	4	I	4	I			5	II	1	I
5171	362500	126.1.3	**Sagittaria**		**latifolia**	4.5	I	2	I	3	I	5	I	3	4	I	4	I			5	II	1	I
5172	362700	126.1.2	**Sagittaria**		**sagittifolia**	4.5	I	3	I	3	I	5	I	3	4	I	4	I			5	II	1	I
5173	–	–	**Salix**	**alba aggr.**		4	I	3	I	3	I	4.5	II	3	4	I	4	I			1	I	1	I
5174	362800	52.1.3.1	**Salix**		**alba**	4	I	3	I	3	I	4.5^	II	3	4	I	4	I			1	I	1	I
5175	–	–	**Salix**		**caerulea**	4	I	3	I	3	I	4	I	3	4	I	4	I			1	I	1	I
5176	–	52.1.3.2	**Salix**		**vitellina**	4	I	3	I	3	I	4	I	3	4	I	4	I			1	I	1	I
5177	–	–	**Salix**	**alpina aggr.**		1.5	II	3	I	4	I	3	II	2	4	II	2	I			1	II	1	II
5178	362900	52.1.10	**Salix**		**alpina**	2	I	3	I	4	I	3	I	2	5	I	2	I			1	I	3	II
5179	363500	52.1.9	**Salix**		**breviserrata**	1.5	I	3	I	4	I	3.5	I	3	4	I	2	I		m	1	I	1	II
5180	–	–	**Salix**	**appendiculata aggr.**		2.5	II	3	I	3	II	3.5	I	3	3	II	3	II			3	II	1	I
5181	363100	52.1.19	**Salix**		**appendiculata**	2.5	II	3	I	3	I	3.5	I	3	3	I	3	I			3	II	1	I
5182	364900	52.1.20	**Salix**		**laggeri**	2	I	3	I	3	I	3.5	I	3	2	I	2	I			3	I	1	I
5183	363200	52.1.22	**Salix**	**aurita**		3.5	I	2	I	4	I	4	I	3	2	I	2	I		m	5	II	1	I
5184	363300	–	**Salix**	**babylonica**		4.5	I	1	I	4	I	3.5	I	2	3	I	3	I			3	I	1	I
5185	363600	52.1.34	**Salix**	**caesia**		2	I	4	I	4	I	4^	I	3	3	I	2	I			1	I	1	I
5186	363700	52.1.23	**Salix**	**caprea**		3	II	3	I	3	I	3	I	3	3	I	3	I		m	3	I	1	I
5187	363800	52.1.21	**Salix**	**cinerea**		3.5	I	3	I	4	I	4	I	3	3	II	2	I			5	II	1	I
5188	363900	52.1.35	**Salix**	**daphnoides**		3.5	I	3	I	4	I	4^	I	3	4	I	2	I			1	I	1	I
5189	–	–	**Salix**	**elaeagnos aggr.**		4	II	3	I	4	I	4^	I	3	4	I	2	I			1	I	1	I
5190	–	52.1.32.2	**Salix**		**angustifolia**	4.5	II	3	I	4	I	4	I	3	4	I	2	I			1	I	1	I
5191	364000	52.1.32.1	**Salix**		**elaeagnos**	3.5	I	3	I	4	I	4^	I	3	4	I	2	I			1	I	1	I
5192	364100	–	**Salix**	**elegantissima**		4.5	I	2	I	4	I	3.5	I	1	3	I	2	I			3	I	3	I
5193	364300	52.1.2	**Salix**	**fragilis**		3.5	I	2	I	4	I	4.5	I	3	3	I	3	I		m	1	I	1	I
5194	364400	52.1.18	**Salix**	**glabra**		2.5	II	3	I	4	I	3	II	3	5	I	3	I			3	II	3	II
5195	364500	52.1.11	**Salix**	**glaucosericea**		1.5	I	2	I	4	I	3.5	I	3	2	I	2	I			3	I	1	II
5196	364600	52.1.29	**Salix**	**hastata**		2	I	3	I	3	I	3.5	I	3	3	I	3	I			3	I	1	II
5197	364700	52.1.30	**Salix**	**helvetica**		1.5	I	2	I	4	I	4	I	3	2	I	2	I			1	II	1	II
5198	364800	52.1.6	**Salix**	**herbacea**		1	I	1	I	5	I	3.5	I	2	2	I	2	I			3	II	1	I
5199	–	–	**Salix**	**myrsinifolia aggr.**		2.5	II	3	I	4	II	4	I	3	3	I	3	I			3	I	1	II
5200	365070	–	**Salix**		**alpicola**	2	I	3	I	4	I	4	I	3	3	I	3	I			3	I	1	I
5201	363000	52.1.16	**Salix**		**apennina**	3	I	3	I	3	I	4	I	3	3	I	3	I			3	I	1	II
5202	–	52.1.17	**Salix**		**mielichhoferi**	2	I	3	I	3	I	4	I	3	3	I	3	I			3	I	1	II
5203	365000	52.1.15	**Salix**		**myrsinifolia**	3.5	II	3	I	3	I	4	I	3	3	I	3	I			3	I	1	I
5204	365100	52.1.24	**Salix**	**myrtilloides**		3	I	2	I	4	I	4	I	3	2	I	2	I			5	I	1	I
5205	365500	52.1.1	**Salix**	**pentandra**		2.5	II	4	I	4	I	4^	I	3	3	I	3	I			3	II	1	II
5206	–	–	**Salix**	**phylicifolia aggr.**		2.5	II	x	–	4	II	4^	II	3	2	II	2	I			3	II	1	II
5207	363400	52.1.13	**Salix**		**bicolor**	2.5	I	2	I	4	I	4^	I	3	2	I	2	I			3	II	1	I
5208	366700	52.1.14	**Salix**		**hegetschweileri**	2.5	I	3	I	4	I	4^	I	3	3	I	2	I			3	I	1	I
5209	365600	52.1.12	**Salix**		**phylicifolia**	2	I	4	I	3	I	4^	I	3	3	I	2	I			3	II	1	II
5210	–	–	**Salix**		**starkeana**	3	I	5	I	4	I	3.5	I	3	2	I	2	I			5	II	1	I
5211	–	52.1.33	**Salix**	**purpurea aggr.**		3	II	3	II	4	I	3.5	I	3	4	I	3	I			1	II	1	I
5212	365900	–	**Salix**		**angustior**	2.5	I	4	I	4	I	3.5^	I	3	4	I	3	I			1	II	1	I
5213	365850	–	**Salix**		**purpurea**	3.5	I	3	I	4	I	3.5	II	3	4	I	3	I			1	II	1	I
5214	–	–	**Salix**	**repens aggr.**		3.5	II	x	–	4	I	4	II	3	x	–	2	I			5	II	1	II
5215	363150	–	**Salix**		**arenaria**	4	I	1	I	4	I	3	I	2	4	I	2	I	s		5	II	3	I
5216	366000	52.1.25	**Salix**		**repens**	3.5	I	2	I	4	I	4	I	3	2	I	2	I			5	I	1	I
5217	–	52.1.26	**Salix**		**rosmarinifolia**	3.5	I	4	I	4	I	4	I	3	3	I	2	I			5	I	1	I
5218	366100	52.1.5	**Salix**	**reticulata**		1.5	I	2	I	4	I	3	I	1	5	I	2	I			3	I	3	I
5219	–	–	**Salix**	**retusa aggr.**		1.5	I	x	–	5	I	3	II	1	4	II	2	I			1	II	5	II
5220	366200	52.1.7	**Salix**		**retusa**	1.5	I	2	I	5	I	3	I	1	4	I	2	I			1	II	5	II
5221	366300	52.1.8	**Salix**		**serpillifolia**	1	I	4	I	5	I	2.5	I	1	4	I	2	I		m	1	I	5	II
5222	–	–	**Salix**	**triandra aggr.**		3.5	II	3	II	4	I	4^	I	3	4	I	3	II			1	II	1	I
5223	366400	–	**Salix**		**amygdalina**	3.5	II	4	I	4	I	4^	I	3	4	I	3	I			1	II	1	I
5224	–	52.1.4	**Salix**		**triandra**	3	I	2	I	4	I	4^	I	3	4	I	2	I		m	1	I	1	I
5225	366500	52.1.31	**Salix**	**viminalis**		3.5	I	2	I	4	I	4	II	3	4	I	3	I			1	I	1	I
5226	–	–	**Salix**	**waldsteiniana aggr.**		2	II	2	I	4	I	4	I	3	3	II	2	I			3	I	1	I
5227	364200	52.1.27	**Salix**		**foetida**	1.5	I	2	I	4	I	4	I	3	3	I	2	I			3	I	1	I
5228	366600	52.1.28	**Salix**		**waldsteiniana**	2	I	2	I	4	I	4	I	3	4	I	2	I			3	I	1	I
5229	–	101.7.1	**Salpichroa**	**origanifolia**		4.5	I	3	I	3	I	1.5	I	1	3	I	3	I			3	I	3	I
5230	367100	35.8.1	**Salsola**	**ruthenica**		4.5	I	5	I	5	I	2.5	II	3	4	I	4	I	s		1	I	3	I
5231	367200	108.32.3	**Salvia**	**aethiopis**		4.5	I	5	I	4	I	2	I	1	4	I	4	II			3	II	3	I
5232	367300	108.32.4	**Salvia**	**glutinosa**		3	I	3	I	2	I	3.5	I	2	4	I	4	I		m	3	I	3	I
5233	367500	108.32.1	**Salvia**	**officinalis aggr.**		4.5	II	4	I	4	I	1.5	II	1	4	I	3	I			3	II	3	II
5234	–	–	**Salvia**		**officinalis**	5	I	4	I	4	I	1	I	1	5	I	2	I			1	I	5	I
5235	–	–	**Salvia**		**tomentosa**	4.5	I	4	I	4	I	2	I	1	4	I	3	I			3	I	3	I
5236	–	–	**Salvia**	**pratensis aggr.**		3.5	II	4	II	4	I	x	–	1	4	II	2	I			3	I	3	I
5237	–	108.32.5.2	**Salvia**		**bertolonii**	4	I	4	I	4	I	2	I	1	4	I	2	I			3	I	3	I
5238	367600	108.32.5.1	**Salvia**		**pratensis**	3.5	I	4	I	4	I	2	I	1	4	II	2	I		m	3	I	3	I
5239	–	108.32.6	**Salvia**		**saccardiana**	3.5	II	4	I	4	I	4	I	1	4	I	2	I			3	I	3	I
5240	367700	108.32.2	**Salvia**	**sclarea**		5	I	4	I	4	I	1	I	1	3	I	3	I			3	I	3	I
5241	367800	108.32.7	**Salvia**	**sylvestris**		4.5	I	5	I	4	I	1.5	I	1	4	I	4	I			3	I	3	I
5242	367900	108.32.8	**Salvia**	**verbenaca**		4.5	I	2	I	4	I	1.5	I	2	3	I	2	I			3	I	1	I
5243	368000	108.32.9	**Salvia**	**verticillata**		4	II	4	I	4	I	2	I	1	4	I	4	I			3	I	3	I
5244	368100	9.1.1	**Salvinia**	**natans**		4.5	I	4	I	4	I	5v	I	1	3	II	2	I			–	–	–	–
5245	368200	120.1.1	**Sambucus**	**ebulus**		4	II	2	I	3	I	3.5	I	2	4	I	4	I		m	3	I	1	II
5246	368300	120.1.2	**Sambucus**	**nigra**		3.5	II	3	I	3	I	3.5	I	2	4	II	4	I		m	3	I	1	II
5247	368400	120.1.3	**Sambucus**	**racemosa**		2.5	I	3	I	3	I	3	I	1	2	II	4	I			3	I	3	II
5248	368500	60.11.1	**Samolus**	**valerandi**		4.5	I	2	I	4	I	4	I	3	4	I	3	I	ss		1	I	1	I
5249	368600	63.9.2	**Sanguisorba**	**dodecandra**		2	I	2	I	4	I	3.5	I	2	2	I	3	I			1	I	5	II
5250	–	–	**Sanguisorba**	**minor aggr.**		4	II	3	I	4	II	2	I	1	3	II	3	II			3	I	3	I

Strategien					Biologisches Verhalten										Vorkommen						Pflanzengesellschaften			Literatur			
LF	BD	WT	RO	KS	DA	VA	FS	MA	BZ	BS	MV	SU	DG	GI	GV	LR	EG	AE	EM	VE	1	2	3	BL	SL	TB	SEN
t	s		–	rrr	Bo	Kv	zw		5-9		–		3		C2c	1.4 2.1 2.2 2.7	7	I/A	5	>			2.2				5162
c	w		Rs	crs	Bo	Kt	zw		7-8		–		2		E2b	6.3 6.5	2	I	1	>			11.244				5163
c	w		Rs	crs	Bo	Sb Sr	zw		6-8	au me	–		2		B3a	1.4 5.1 5.2 6.3	5	I	2	>			2.2				5164
c-t	w s		Rs	crs	Bo En	Kt Po	zw		5-9	au (my) (me)	–		3		B3		–	I/A	1-4	=							5165
h	t	1	Rs	rrs	Bo En	Kt	zw		5-9		–	5	3		B3	2.1 2.2 2.7 3.1	7	A	4	=			2.351				5166
c	w		Rs	css	Bo En	Po	zw	p45	6-8	au my ca	4		2		B5	2.4 4.1 6.5 6.6	2	I	1	=	8.1	11.244					5167
c	w		Rs	ccs	Bo	Kt	zw		6-8	au en	2		3		C2c	2.1 2.2 3.1 6.3	3	I/N	2	>/<			11.21				5168
a-g	s		Rh	css	Bo Hy	Au	zw		7-10		2		2	e	A2a	1.1 1.2 1.3	5	N	2	<			6.11				5169
a-g	s		Rk	css	Bo Hy	Au	mo		6-9	my	2		2	e	B3		–	I/N	2	>							5170
a-g	s		Rk	css	Bo Hy	Au	mo		6-9		2		2	e	A2	1.1 1.2 1.3	4	N	2	=			6.11				5171
a-g	s	2	Rk	css	Bo Hy	Au	mo		6-8		2		2	e	B4a	1.1 1.2 1.3 2.5	4	I/N	2	>			6.11				5172
p	s		Wh	ccc	Me	Sw	di		4-5	me hm my (ve)	–		4	h e	B6a		–	I/N	3	=					490	B	5173
p	s	5	Wh	ccc	Me	Sw	di	120*	4-5		–		4	h e	B6a	2.9 2.5 9.2	1	I	3	=	14.712						5174
p	s		Wh	ccc	Me	Sw	di		4-5		–		4	h e	D1f	2.5 9.2	–	N	1	=			14.712	i k m			5175
p	s		Wh	ccc	Me	Sw	di		4-5		–		4	h e	A4a?	2.9	–	N	1	=			14.712	i k m		E	5176
n	s		Wh	ccs	Me	Sw	di		6-7	en	–		3	e	E1		–	I	1	=							5177
n	s		Wh	ccs	Me	Sw	di		6-7		–		2	e	E4a	2.5 3.3 3.4 8.1	2	I	1	=			13.413				5178
n	s		Wh	ccs	Me	Sw	di		6-7		–		2	e	E3	2.5 3.3 5.1 8.1	2	I	1	=	13.413						5179
n-p	s		Wh	ccc	Me	Sw	di		5-7	en	–		2	e	E1		–	I	2	=						B	5180
n-p	s	3	Wh	ccc	Me	Sw	di		4-7		–		2	e	F1	3.3 4.2 8.1 9.2	2	I	2	=	13.411	13.41	14.72102				5181
n	s		Wh	ccc	Me	Sw	di		5-7		–		1	e	F5	2.5 3.3 8.1	3	I	1	=			13.4		488		5182
n	s	3	Wh	ccs	Me	Sw	di		4-5	my me ps (ca)*	–		2	e	D5	5.1 5.2 7.4 9.2	5	I	2	>	14.611	13.111					5183
p	s		Wh	ccc	Me	Sw	di		4-5		–		1	h e	A4b	2.7 2.9	1	N	4	=			?				5184
n	s		Wh	ccc	Me	Sw	di		6-7	??	–		2	e	F1	2.5 4.1 5.1 8.1	2	I	1	=	13.413						5185
n-p	s	4.5	Wh	ccc	Me	Sw	di	50*	3-5	my me ps (ca)*	–		2	h e	B6	2.6 7.4 7.5 9.2	1	I	3	=	13.321						5186
n	s	3.5	Wh	ccc	Me	Sw	di		3-4	my me ps (ca)*	–		3	h e	B6	5.1 5.2 7.4 9.2	5	I	2	=	14.611	13.111					5187
n-p	s	3	Wh	ccc	Me	Sw	di		3-4	en	–		2	e	D3	2.9 7.5 8.1 9.2	3	I	2	>	13.111	14.712	14.721		490		5188
n-p	s		Wh	ccc	Me	Sw	di		3-6	my	–		2	e	B4		–	I/N	2	=					490	B	5189
n-p	s		Wh	ccc	Me	Sw	di		4-6		–		2	e	E2b	2.5 2.9 7.5 9.2	–	I/N	1	=			13.2	k			5190
n-p	s	4	Wh	ccr	Me	Sw	di		3-5		–		2	e	D3	2.5 7.5 8.1 9.2	3	I	2	=	14.712	14.721					5191
p	s		Wh	ccc	Me	Sw	di		4-5	??	–		2	e	A4b	2.7 2.9	1	N	4	<			?				5192
p	s		Wh	ccc	Me	Sw	di	100*	4-5	ca me	–		2	h e	B6	2.9 9.2	1	I/N	4	=	14.712						5193
n	s	2.5	Wh	ccs	Me	Sw	di		6-7	en	–		2	e	F7	3.3 3.4 8.2 9.1	2	I	1	=	13.413						5194
n	s		Wh	ccs	Me	Sw	di		6-7		–		2	e	F1	3.3 6.5 7.5 8.1	2	I	1	=	13.412						5195
n	s		Wh	ccc	Me	Sw	di		6-8	en	–		2	e	B4b	3.3 3.4 8.1 8.2	2	I	2	=	13.411	10.212					5196
n	s		Wh	ccs	Me	Sw	di		6-7		–		3	e	E1	2.5 3.3 8.1 9.1	2	I	1	=	13.412						5197
g-z	s		Wh	css	Me	Kt	di	r43	7-8	an my me	2		3	e	B5	3.2 6.5 6.6 7.1	2	I	1	=	8.111				40		5198
n	s	3	Wh	ccc	Me	Sw	di		4-7	me	–		2	e	F7		–	I	1	=						B	5199
n	s		Wh	ccc	Me	Sw	di		5-6		–		2	e	F1	2.5 7.5 8.1	–	I	1	=			13.411	i		E	5200
n	s		Wh	ccc	Me	Sw	di		4-7		–		2	e	E2d	5.1 7.4 9.2	1	I	1	=			13.111	a h k			5201
n	s		Wh	ccc	Me	Sw	di		5-7		–		2	e	F7	2.5 8.1	–	I	1	=			13.4	c m			5202
n	s	3	Wh	ccc	Me	Sw	di		4-6		–		2	e	B6b	2.6 7.4 7.5 9.2	1	I	2	>	13.111	13.411	13.2				5203
z	s		Wh	ccs	Me	Sw	di		5-7	en	–		2	e	B3a	5.2 7.4 9.1	5	I	1	>			13.111		490		5204
n-p	s		Wh	ccc	Me	Sw	di	40*	5-7	me	–		3	h e	B6b	7.4 7.5 8.1 9.2	2	I	3	>*	13.413	13.411					5205
n	s		Wh	ccc	Me	Sw	di		4-6	en (au)	–		2	e	B4b		–	I	1	>					490	B	5206
n	s		Wh	ccc	Me	Sw	di		5-6		–		2	e	E5	2.5 3.3 7.2 8.1	2	I	1	>			13.412				5207
n	s		Wh	ccc	Me	Sw	di		5-6		–		2	e	F6	3.3 7.5 8.1	2	I	1	>			13.412		100		5208
n	s		Wh	ccc	Me	Sw	di		5-6		–		2	e	D5	2.5 3.2 7.5 8.1	2	I	1	>			13.4		491		5209
n	s		Wh	ccc	Me	Sw	di		4-5		–		2	e	B4b	5.1 6.3 6.4 7.4	–	I	1	>			13.111	f i l			5210
n	s		Wh	ccr	Me	Sw	di		3-6	ca my me	–		3	h e	B4		–	I	2	=	14.712	14.72102			490	B	5211
n	s		Wh	ccr	Me	Sw	di		4-6		–		3	h e	F1	3.3 7.5 8.1 9.2	–	I	2	=			13.211	h	489	E	5212
n	s	3.5	Wh	ccr	Me	Sw	di		3-5		–		3	h e	B4	7.4 7.5 8.1 9.2	3	I	2	=			13.2				5213
z	s		Wh	css	Me	Kt	di		4-6	me my ca hm*	1		3	e	B4		–	I/N	1	>						B	5214
z	s		Wh	css	Me	Kt	di		4-6		1		3	e	D2	2.9	5	N	1	>			13.3				5215
z	s		Wh	css	Me	Kt	di		4-6		1		3	e	D2	5.1 5.2 6.3 7.4	5	I	1	>	13.111	7.231					5216
n-z	s	1	Wh	css	Me	Kt	di		4-6		1		3	e	B6b	2.5 5.1 6.3	–	I	1	>			13.111	c f i			5217
z	s	2	Wh	css	Me	Kt	di	r47	7-8	le?	2		3	e	B5	3.2 3.3 3.4 6.5	2	I	1	=	3.321	10.311					5218
z	s		Wh	css	Me	Kt	di	r62	6-8	ve	2		3	e	E1		–	I	1	=						B	5219
z	s	3.5	Wh	css	Me	Kt	di		6-7		2		3	e	E3	3.2 3.3 3.4 6.5	2	I	1	=	3.321	3.3	10.21				5220
z	s	1.5	Wh	css	Me	Kt	di	59*	6-8		2		3	e	F1	3.2 3.3 3.4 6.5	2	I	1	=	10.3	10.311	10.21				5221
n-p	s		Wh	ccs	Me	Sw	di		4-6	me my	–		2	h e	B6		1	I	2	=					353, 490	B	5222
n-p	s		Wh	ccs	Me	Sw	di		4-6		–		2	h e	B6	2.5 7.5 9.2	–	I	2	=			13.212				5223
n-p	s		Wh	ccs	Me	Sw	di		4-5		–		2	h e	D3	2.9 7.4 7.5 9.2	–	I	2	=	14.712	13.212					5224
n-p	s	3	Wh	ccc	Me	Sw	di	50*	3-4	my me (hm)	–		1	h e	B4	2.9 7.4 7.5 9.2	1	I/A	3	=	14.712	13.212					5225
n	s		Wh	ccc	Me	Sw	di		5-7	en	–		3	e	E1		–	I	1	=						B	5226
n	s		Wh	ccc	Me	Sw	di		6-7		–		3	e	E3	3.3 4.1 5.1 8.1	2	I	1	=	13.413	7.232	13.41				5227
n	s		Wh	ccc	Me	Sw	di		6-7		–		3		E4	3.3 3.4 8.1 8.2	2	I	1	=	13.411	13.111	13.413				5228
z	s		Wh	crs	En	Kv	zw		7-9		–		2	mg	A1	2.2 3.2 2.9 7.4	–	N	4	<			5.11	k m			5229
t	s	2.5	–	rss	Bo	Kv	zw		7-10	an (au) (my)	–		2	e	A4a	2.1 2.2 2.5	7	N	4	<?			2.344				5230
h-t	w		Wh	crs	Ep	Sr	ve-di		6-7	en	–		1	h e	C2b	2.2 2.9 6.2	–	I/A	2	=			9.11	a f k			5231
h	s		Wv	ccs	Ep	Sr	ve-di	p11	7-9	me	–		3	h e	E1a	2.6 6.7 7.2 9.2	1	I	1	=	11.514	14.73	14.735				5232
z	w i		Wh	ccs	Ep At	Sr	ve-di		5-7	me my	–		1	mg h e	C2		3	I/A	4	=						H	5233
z	w i	3	Wh	ccs	Ep At	Sr	ve-di		5-7		–		1	mg h e	D1	3.2 3.3 6.2 9.1	–	I/A	4	=			9.1				5234
z	w i		Wh	ccs	Ep At	Sr	ve-di		5-7		–		1	mg h e	C2b	2.9	–	A	4	=			?	g k			5235
h	s		Wh	crs	Ep Dy	Sr	ve-di		5-8	au me	2		2	h e	C1		–	I	2	>						B	5236
h	s		Wh	crs	Ep Dy	Sr	ve-di		5-8		2		2	e	E2d	2.1 2.2 6.2 6.3	–	I	2	>			9.12	k			5237
h	s	4	Wh	crs	Ep Dy	Sr	ve-di	p9	5-8		2		2	h e	C1	2.1 2.2 6.2 6.3	6	I/A	2	>	9.1	11.2	11.11				5238
h	s		Wh	crs	Ep Dy	Sr	ve-di		5-7		2		2	e	F4b	3.3 6.2 6.7 7.4	–	I	2	>			9.1	k	150		5239
k	w		Wh	crs	Me	Sr	ve-di	p4	6-7	me	1		1	h e	C2	2.1 2.2 6.1 6.2	7	I	2	>			9.221				5240
h	s	4	Rh	crs	Ep	Sr	ve-di		6-7	au me hm	1		2	e	B6a	2.2 6.2 6.7	6	A/N	3	=			9.1				5241
h	s?		Wh	crs	Ep	Sr	cl ve-di		4-8	au me ps	1		2	e	C2	2.2 6.1 6.2	6	I/N	3	>			9.221				5242
h	s	4	Rh	crs	Ep	Sr	ve-di	p8	6-9	me	1		2	e	C2	2.1 2.2 6.2 6.7	7	I/N	3	>			5.11				5243
s	s t		–	css	Me	As	ve-di		8-10		–		3		A4c	1.1 1.3 2.1	4	N	3	=			1.111				5244
g	s		Wh	ccc	En Dy	Au	zw	r3	7-8	me my le	–		3	gg h	C1	2.1 2.2 2.3 2.6	7	I	2	<	5.132	11.412					5245
n-p	s	4.5	Wh	ccc	En Dy	Sr	zw		5-6	au my hm	–	5	3	mg h e	D3	3.3 7.4 9.2 9.5	1	I	3	<	13.3	14.7			21		5246
n	s	4	Wh	ccc	En Dy	Sr Ws	zw		4-5	au en	–	3	2	mg h e	D3	3.3 7.4 9.1 9.2	1	I	2	=	13.32	14.7	11.4				5247
h	s		Rh	css	Bo Ep	Sr	zw	d	6-9	au	–		2	h e	B1	1.4 3.2 4.1 5.1	5	I/A	2	>			2.211				5248
h	s?		Rh	css	Me Ep	Sr	zw		7-8		–		3	e	F3c	6.5 7.2 8.1 8.2	–	I	1	=			11.5				5249
h	t		Rh Wv	css	Me	Sr	mo zw	p12	5-8	an	2		2	e	B6		–	I/A/N	3	<=							5250

Nummern			Taxa			Klima						Boden												
SEN	SIN	FAN	Gattung	Aggregat/Einzelart	Kleinart	T	v	K	v	L	v	F	v	W	R	v	N	v	S	M	H	v	D	v
5251	368700	63.9.3.1	Sanguisorba		minor	3.5	II	3	I	4	I	2	I	2	4	I	2	I		m	3	I	3	I
5252	368800	63.9.3.3	Sanguisorba		muricata	4.5	I	3	I	3	I	2	I	1	3	I	3	I		m	3	I	3	I
5253	–	63.9.3.2	Sanguisorba		verrucosa	4.5	I	3	I	4	I	1.5	I	1	4	I	2	I			3	I	3	I
5254	–	63.9.1	Sanguisorba	officinalis aggr.		3	II	3	I	4	I	3.5	I	3	3	I	4	II			5	II	1	I
5255	–	–	Sanguisorba		montana	2.5	I	3	I	4	I	3.5	I	3	3	I	3	I			3	II	1	I
5256	369000	–	Sanguisorba		officinalis	3.5	II	3	I	4	I	3.5	I	3	3	I	4	I		m	5	II	1	I
5257	369100	97.2.1	Sanicula	europaea		3.5	II	2	I	2	I	3	I	1	4	II	3	I			5	I	3	I
5258	369200	124.29.1	Santolina	chamaecyparissus		5	I	1	I	4	I	2	I	1	3	I	2	I			1	I	5	I
5259	–	–	Sanvitalia	procumbens		5	I	2	I	4	I	2.5	I	1	3	I	3	I			3	I	3	I
5260	369300	38.26.1	Saponaria	lutea		1.5	I	4	I	4	I	2	I	1	3	I	2	I			1	I	5	I
5261	369400	38.26.3	Saponaria	ocymoides		3	I	4	I	4	I	2	I	1	4	I	2	I		m	1	I	3	I
5262	369500	38.26.4	Saponaria	officinalis		4.5	I	3	I	3	I	2.5	I	2	4	I	4	I			3	I	3	I
5263	–	38.26.2	Saponaria	pumila		1	I	3	I	5	I	2	I	1	2	I	2	I			3	I	3	I
5264	369600	46.1.1	Sarracenia	purpurea		3.5	I	1	I	4	I	4.5	I	2	2	I	2	I			5	I	1	I
5265	370300	108.18.2	Satureja	hortensis		4.5	II	4	I	4	I	1.5	I	1	3	I	4	I			1	I	3	I
5266	–	–	Satureja	montana aggr.		4.5	II	4	I	4	I	1.5	I	1	4	I	2	I			1	I	3	II
5267	370500	108.18.1.1	Satureja		montana	4.5	II	4	I	4	I	1.5	I	1	4	I	2	I		m	1	I	3	I
5268	–	108.18.1.2	Satureja		variegata	4.5	II	4	I	4	I	1.5	I	1	4	I	2	I			1	I	3	II
5269	371000	15.1.1	Saururus	cernuus		5	I	2	I	3	I	5	I	3	3	I	3	I			5	II	1	I
5270	–	–	Saussurea	alpina aggr.		1.5	I	3	II	5	I	2.5	I	1	x	–	2	I			3	II	5	II
5271	371100	124.57.2.1	Saussurea		alpina	1.5	I	4	I	5	I	2.5	I	1	3	I	2	I			5	II	3	II
5272	371200	124.57.2.3	Saussurea		depressa	1.5	I	3	I	5	I	2.5	I	1	4	I	2	I			3	I	5	I
5273	–	124.57.2.2	Saussurea		macrophylla	1.5	I	4	I	5	I	2.5	I	1	3	I	2	I			5	I	3	II
5274	371400	124.57.3	Saussurea	discolor		1.5	I	4	I	4	I	2	I	1	3	II	2	I			3	I	5	I
5275	–	124.57.1	Saussurea	pygmaea		1	I	3	I	5	I	2.5	I	1	4	I	2	I			3	I	3	II
5276	371500	62.1.50	Saxifraga	adscendens		1.5	I	4	I	4	I	3.5	I	1	4	I	4	I			3	I	3	I
5277	371600	62.1.27	Saxifraga	aizoides		2	II	2	I	4	I	4	I	3	4	II	2	I			1	I	1	II
5278	–	–	Saxifraga	androsacea aggr.		1	I	2	I	4	I	3.5	II	1	x	–	2	I			3	I	3	II
5279	371800	62.1.39	Saxifraga		androsacea	1	I	2	I	4	I	3.5	I	1	4	I	2	I			3	I	3	I
5280	–	62.1.40	Saxifraga		depressa	1	I	2	I	4	I	3	I	1	2	I	2	I			3	I	5	I
5281	371900	62.1.47	Saxifraga	aphylla		1	I	2	I	5	I	3.5	I	1	5	I	2	I			1	I	5	I
5282	–	62.1.37	Saxifraga	arachnoidea		2.5	I	2	I	3	I	3	I	1	5	I	3	I			1	I	3	I
5283	–	–	Saxifraga	bryoides aggr.		1.5	II	3	I	5	II	3	II	1	2	I	2	II			1	I	5	I
5284	372000	62.1.25	Saxifraga		aspera	2	I	3	I	5	I	2.5	I	1	2	I	2	I			1	I	5	I
5285	372300	62.1.26	Saxifraga		bryoides	1	I	3	I	5	II	3.5	I	1	2	I	1	I			1	I	5	I
5286	372400	62.1.31	Saxifraga	bulbifera		4	II	4	I	4	I	1	I	1	3	I	2	I			3	I	3	I
5287	–	62.1.11	Saxifraga	burseriana		2	II	4	I	5	I	1.5	I	1	5	I	1	I		m	1	I	5	I
5288	–	–	Saxifraga	caesia aggr.		1.5	II	4	I	5	I	2	II	1	4	II	1	I			1	II	5	I
5289	372500	62.1.7	Saxifraga		caesia	1.5	I	4	I	5	I	2	I	1	5	I	1	I			3	II	5	I
5290	373000	62.1.9	Saxifraga		diapensioides	1.5	I	4	I	5	I	1	I	1	5	I	1	I			1	I	5	I
5291	–	62.1.8	Saxifraga		squarrosa	2	I	4	I	5	I	2	I	1	5	I	1	I			1	I	5	I
5292	376200	62.1.22	Saxifraga		valdensis	1	I	4	I	5	I	2	I	1	4	I	1	I			1	I	5	I
5293	–	62.1.28	Saxifraga	carpatica		1	I	3	I	5	I	3.5	I	2	2	I	2	I			1	I	1	I
5294	372600	62.1.29	Saxifraga	cernua		1.5	I	2	I	4	I	3.5	I	1	4	I	4	I			3	I	5	I
5295	–	62.1.17	Saxifraga	cochlearis		3	II	4	I	4	I	2	I	1	5	I	2	I			1	I	5	I
5296	372700	62.1.21	Saxifraga	cotyledon		2.5	II	3	I	4	I	3	I	1	2	I	2	I			1	I	5	I
5297	–	–	Saxifraga	cuneifolia aggr.		2.5	I	2	II	x	–	3.5	II	1	x	–	2	I			3	I	3	II
5298	–	–	Saxifraga		apennina	2.5	I	3	I	4	I	3	II	1	4	I	2	I			3	I	5	I
5299	372800	62.1.6	Saxifraga		cuneifolia	2.5	I	2	I	2	I	3.5	I	1	2	II	2	I			3	I	3	I
5300	–	–	Saxifraga	exarata aggr.		x	–	4	II	5	II	3	II	1	x	–	1	II			3	I	5	I
5301	–	62.1.33.6	Saxifraga		atropurpurea	1.5	I	3	I	4	I	3	I	1	5	I	2	I			3	I	5	I
5302	–	62.1.33.5	Saxifraga		carniolica	1	I	3	I	4	I	2	I	1	5	I	2	I			3	I	5	I
5303	–	62.1.33.2	Saxifraga		delphinensis	2.5	II	3	I	4	I	2.5	I	1	5	I	2	I			3	I	5	I
5304	373100	62.1.33.1	Saxifraga		exarata	1	I	4	I	5	II	3	I	1	2	I	1	I		m	3	I	5	I
5305	373200	62.1.33.4	Saxifraga		moschata	1	I	4	I	5	II	3	I	1	4	I	1	I			3	I	5	I
5306	373300	62.1.33.3	Saxifraga		pseudoexarata	1	I	4	I	5	II	3	I	1	3	I	1	I			3	I	5	I
5307	–	62.1.43	Saxifraga	facchinii		1	I	3	I	4	I	2.5	I	1	5	I	1	I			1	I	5	I
5308	–	62.1.24	Saxifraga	florulenta		1.5	I	3	I	4	I	2.5	I	1	2	I	2	I			1	I	5	I
5309	373400	62.1.30	Saxifraga	granulata		4	I	2	I	4	I	2.5	II	2	3	I	2	I		m	3	I	3	I
5310	–	62.1.3	Saxifraga	hieraciifolia		1.5	I	3	I	5	I	3.5	I	2	3	I	2	I			3	I	1	I
5311	373600	62.1.2	Saxifraga	hirculus		2.5	I	2	I	4	I	4.5^	I	1	3	I	3	I			5	I	1	I
5312	373700	–	Saxifraga	hirsuta		3	II	1	I	3	I	3.5	I	1	3	I	2	I			3	I	5	I
5313	–	–	Saxifraga	hypnoides aggr.		3	I	x	–	3	II	2.5	II	1	3	I	2	I			3	II	5	I
5314	–	62.1.32	Saxifraga		fragosoi	3	I	3	I	3	II	2	I	1	3	I	2	I			5	I	5	I
5315	374000	–	Saxifraga		hypnoides	3	I	1	II	3	I	2.5	I	1	3	I	2	I			3	I	5	I
5316	374300	62.1.42	Saxifraga	muscoides		1	I	4	I	5	I	3	I	1	2	II	2	I			1	I	5	I
5317	374400	62.1.23	Saxifraga	mutata		2.5	II	2	I	3	I	4	I	3	4	I	2	I			1	I	1	I
5318	–	–	Saxifraga	oppositifolia aggr.		x	–	x	–	5	II	3.5	II	3	x	–	2	I			1	I	5	I
5319	374550	62.1.13.1	Saxifraga		amphibia	4	I	2	I	5	I	4	I	3	4	I	2	I			1	I	5	I
5320	372100	62.1.15.1	Saxifraga		biflora	1	I	2	I	5	I	3.5	I	1	4	I	2	I			1	I	5	I
5321	–	62.1.13.3	Saxifraga		blepharophylla	1	I	3	I	5	I	3.5	I	1	2	I	2	I			1	I	5	I
5322	–	–	Saxifraga		murithiana	1	I	2	I	5	I	3	I	1	3	I	2	I			1	I	5	I
5323	374500	62.1.13.1	Saxifraga		oppositifolia	1	I	4	I	5	II	3.5	I	3	4	II	2	I			1	I	5	I
5324	375100	62.1.14.2	Saxifraga		purpurea	1	I	3	I	5	I	3	I	1	4	I	2	I			1	I	5	I
5325	375000	62.1.14.1	Saxifraga		retusa	1	I	3	I	5	I	3	I	1	2	I	2	I			1	I	5	I
5326	–	62.1.13.2	Saxifraga		rudolphiana	1	I	2	I	5	I	3.5	I	3	4	II	2	I			1	I	5	I
5327	–	–	Saxifraga	paniculata aggr.		2	II	3	II	5	II	2	I	1	4	II	2	I			1	I	5	I
5328	–	62.1.16	Saxifraga		callosa	2.5	II	4	I	4	I	2	I	1	5	I	2	I			1	I	5	I
5329	–	62.1.18	Saxifraga		crustata	2	I	3	I	5	I	2	I	1	5	I	2	I			1	I	5	I
5330	373800	62.1.19.1	Saxifraga		hostii	2	I	3	I	5	I	2	I	1	5	I	2	I			1	I	5	I
5331	374600	62.1.20	Saxifraga		paniculata	2	II	3	I	5	II	2	I	1	4	II	2	I		m	1	I	5	I
5332	373900	62.1.19.2	Saxifraga		rhaetica	2	II	3	I	5	I	2	I	1	5	I	2	I			1	I	5	I
5333	–	62.1.38	Saxifraga	paradoxa		3	I	2	I	2	I	3	I	1	2	I	2	I			3	I	5	I
5334	–	62.1.34	Saxifraga	pedemontana		1.5	I	3	I	5	I	2	I	1	2	I	2	I			1	I	5	I
5335	374700	–	Saxifraga	petraea aggr.		4	II	2	I	3	II	3	II	1	5	I	3	II			1	I	3	II
5336	–	62.1.36	Saxifraga		berica	4.5	I	2	I	1	I	2.5	I	1	5	I	2	I			1	I	5	I
5337	374700	62.1.35	Saxifraga		petraea	3.5	I	2	I	3	I	3	I	1	5	I	3	I			1	I	3	I
5338	374800	62.1.44	Saxifraga	presolanensis		1.5	I	2	I	3	I	3	I	1	5	I	3	I			1	I	5	I
5339	–	–	Saxifraga	rosacea aggr.		3	I	2	I	3	II	2	I	1	2	II	2	I			3	I	3	I

Strategien					Biologisches Verhalten										Vorkommen						Pflanzengesellschaften			Literatur			
LF	BD	WT	RO	KS	DA	VA	FS	MA	BZ	BS	MV	SU	DG	GI	GV	LR	EG	AE	EM	VE	1	2	3	BL	SL	TB	SEN
h	t	4	Rh Wv	css	Me	Sr	zw		5-8		2	4	2	h e	B6	6.1 6.2 6.3 6.7	6	I/A	3	=	9.135	11.241					5251
h	t		Rh Wv	crs	Me At	Sr	zw		5-8		2		2	h e	C2	2.2 6.1 9.3	7	I/N	4	<			9.1				5252
h	t		Rh Wv	css	Me At	Sr	zw		5-8		2		2	h e	C2	6.1 7.3	–	I	3	=			4.211	k m			5253
h	s		Rh	ccs	Me	Sr	zw		6-9	au my le	3		3	h e	B3		–	I	2	>					601	B	5254
h	s		Rh	ccs	Me	Sr	zw		5-7		3		3	h e	F1?	6.3	–	I	2	=			11.2	i		E	5255
h	s	3	Rh	ccs	Me	Sr	zw	p6	7-9		3		3	h e	B3	5.1 5.2 6.3 7.2	5	I	2	>*	11.23	10.212					5256
h	w	2	Rh	crs	Ep	Sr	ve	p7	5-7	my ca me ve	–	2	1	mg h	B6	2.6 9.1 9.2 9.3	1	I	1	=	14.731	14.73601	14.81104				5257
z	i		Wh	ccs	Me	Sr	zw	p2	7-9	??	–		2	h	C2a	2.9 3.2 6.2 7.3	3	I/N	4	<			12.4				5258
t	s		–	crr	Me	Kv	ve		6-10		–		2		A2a	2.2 2.7 2.9	–	N	5	<			2.34?	c g			5259
h	w		Wv	css	Bo	Sr	zw	r20	7-8		–		2		F3a	6.5	2	I	1	=	10.211						5260
c	w	3	Wv	css	My	Kt	zw	p17	5-9	ps (au) (me)	–		3		E3	2.5 3.3 9.1 9.3	1	I	2	=	14.2111	3.31	14.81102				5261
h	s		Rh Wv	ccc	Bo	Au	zw	p2	7-9	sp	–		3	tg h	B6	2.3 2.5 7.2 9.2	7	I/N	3	=	5.11	11.31	13.211				5262
z	w	2	Wv	css	Bo	Po	zw		7-9		–		2		E4a	3.2 3.3 6.5 7.1	–	I	2	=			10.41	k m			5263
h.ff	w		Sk	sss	Bo	Kv	zw	d	6-8	me my	–		1		A2c	5.2	5	N	2	<			12.1				5264
t	s		–	rrr	Me At	Kv	ve-di		7-9	my me ps	–		2	e	C2b	2.2 3.2 6.1 6.2	7	A	4	<			4.2				5265
z	w		Wh	ccr	Bo	Kv	ve-di		7-10	me hm ve le	–		2	e	E2		–	I/N	3-4	<=						H	5266
z	w		Wh	ccr	Bo	Kv	ve-di	r25	7-10		–		2	e	E2	3.2 3.3 6.2 7.3	–	I/N	4	<			9.14	k m			5267
z	w		Wh	ccr	Bo	Kv	ve-di		7-9		–		2	e	E2c	3.2 3.3 6.2 6.7	–	I	3	=			9.12				5268
g	s?		Rh	css	Hy	Au	zw		6-8		–		3		A2c	1.3	–	N	2	<			6.1				5269
h	w		Rh	css	Me	Sr	zw	p3	7-9	my me hm	2		2		B5a		–	I	1	=						B	5270
h	w		Rh	css	Me	Sr	zw		7-9		2		2		B5a	3.2 3.3 4.1 6.5	2	I	1	=	10.21	10.311					5271
h	w		Rh	css	Me	Sr	zw		7-9		2		2		F2	3.2 3.3	2	I	1	=			3.31				5272
h	w		Rh	css	Me	Sr	zw		7-9		2		2		F7	3.2 3.3 6.5	–	I	1	=			10.21	c m			5273
h	w		Rh	css	Me	Sr	zw		7-9	en	2		2		E4	2.5 3.2 3.3 6.5	2	I	1	=	10.211	10.311	3.312				5274
h	w		Rh	css	Me	Sr	zw		7-9	en	–		1		E4a	3.2 3.3 6.5	–	I	1	>			10.211	c k l			5275
t	w		–	rss	Bo	Kv	zw	p10	6-8	(au)	–		1		D6	2.4 3.2 3.3 6.5	2	I	1	=	10.2113						5276
c	i	1	Rs	css	Bo Hy	Kt	zw	p20	6-8	my hm le ca	–		3		B5b	4.1 4.2 5.1 6.5	2	I	1	>*	7.11	3.31					5277
c	i		Rs	sss	Bo	Sr	zw		5-8	au my	–		2		E1		–	I	1	=					892		5278
c	i		Rs	sss	Bo	Sr	zw		6-8		–		2		E1	3.2 3.3 3.4 6.6	2	I	1	=	3.321						5279
c	i		Rs	sss	Bo	Sr	zw		6-8		–		2		F4a*	3.3 6.6	–	I	1	=			3.341	k			5280
c	i		Rs	sss	Bo	Sr	zw		7-9	my	–		2		F7	3.2 3.3	2	I	1	=	3.311						5281
c	i		Rs	sss	Bo	Sr	zw		6-7		–		3		F3d*	3.2	–	I	1	=			3.2113	f k			5282
c	i		Rs	css	Bo	Po Sr	zw	p14	6-8		–		2		E1		–	I	1	=					892	B	5283
c	i		Rs	css	Bo	Sr Sw	zw	d	6-8	my	–		2		E3	3.1 3.2 3.3 6.5	2	I	1	=	3.341	10.421					5284
c	i	1	Rs	css	Bo	Po	zw		7-8	my	–		2		E1	3.2 3.3 6.5	2	I	1	=	3.341	3.221					5285
h	t		Rs	crs	Bo	Sb	zw	p1	4-6		2		2		D1b	3.2 3.3 6.2 9.3	6	I	2	>			9.115				5286
c	i		Rh	sss	Bo	Po	zw		3-6	au	–		2		F7	3.2 3.3	–	I	1	=			3.21	f k l			5287
c	i		Rs	sss	Bo	Po	zw		6-9	my (ca) (hm)*	–		2		E1		–	I	1	=							5288
c	i	1	Rs	sss	Bo	Po	zw	d	6-9		–		2		E1	3.2 3.3 3.4 6.5	2	I	1	=	10.2114	3.211					5289
c	i		Rs	sss	Bo	Po	zw		5-8		–		2		F2	3.2	2	I	1	=	10.2113	3.211					5290
c	i		Rs	sss	Bo	Po	zw		6-8		–		2		F4	3.2 3.3 3.4 6.5	–	I	1	=			3.2111	c f k			5291
c	i		Rs	sss	Bo	Po	zw		7-8		–		2		F2b*	3.2	–	I	1	=			3.2111	a f k			5292
h	t		Rs	sss	Bo	Sr	zw		5-9		–		2		E4	3.2 3.3	–	I	1	=>			3.341	c m	727		5293
h	t		Rs	sss	Bo	Sb	zw		7-8	my	–		2		B5	2.4 3.2 3.4	2	I	1	=			3.321				5294
c	i		Fb	sss	Bo	Po	zw		6-7		–		2		F2a*	3.2	–	I	1	=			3.2114	k m			5295
c	i		Fb	sss	Bo	Ao	zw	p3	6-8	my	–		2		D5	3.2	2	I	1	=	3.221						5296
c	i		Fb	sss	Bo	Ao	zw		5-8	my	–		3		E1		–	I	1	=						B	5297
c	i		Fb	sss	Bo	Ao	zw		5-7		–		3		E2a*	3.2 6.2 9.1 9.2	–	I	1	=			14.73?	k			5298
c	i	1	Fb	css	Bo	Ao	zw		6-8		–		3		E1	7.1 8.1 9.1 9.2	1	I	1	=	14.312	14.41304					5299
c	i		Rh	sss	Bo	Po Sr	zw	p16	7-8	my (hm)	–		2		D2		–	I	1	=					892	A B	5300
c	i		Rs	sss	Bo	Po Sr	zw		7-8		–		2		F4b*	3.2 3.3 6.5	–	I	1	=			10.211				5301
c	i		Rs	sss	Bo	Po Sr	zw		7-8		–		2		F4	3.2 3.3 6.5	–	I	1	=			10.211				5302
c	i		Rs	sss	Bo	Po Sr	zw		7-8		–		2		F2a*	3.2 3.3 6.5	–	I	1	=			3.211				5303
c	i		Rs	sss	Bo	Po Sr	zw		7-8		–		2		E2c	3.2 3.3 6.5	2	I	1	=	3.221	4.122					5304
c	i	1	Rs	sss	Bo	Po Sr	zw		7-8		–		2		E1	3.2 3.3 3.4 6.5	2	I	1	=	3.3	3.211	10.311				5305
c	i		Rs	sss	Bo	Po Sr	zw		7-8		–		2		E2d	3.2 3.3 3.4 6.5	2	I	1	=			10.211	i		E	5306
c	i		Rs	sss	Bo	Po	zw		7-8		–		2		F4a*	3.2 3.3 6.6	–	I	1	=			3.311	c f k			5307
k	i		Fb Rh	sss	Bo	Kv	zw		7-8		–		2		F2a*	3.2 3.3	–	I	1	=			3.2212	k m			5308
h	t	1	–	crs	Bo	Bz	zw		4-6	my	2		2	h e	D2	3.1 6.2 6.7 7.4	6	I	3	>			9.1				5309
h	i		Rh	sss	Bo	Sr	zw		7-8	au	–		2		B5	3.2 5.1 6.5 7.1	–	I	1	=			10.4	c m			5310
c	s	1	Rs	css	Bo	Ao	zw		7-8	my	2		2		B3a	5.1 5.2	5	I	2	>			7.212		867, 892		5311
h	i		Rh	css	Bo	Sr	zw		5-8	??	–		2		E2f	2.9 3.2 7.2 9.2	1	N	3	<			14.731				5312
c	i		Rs	css	Bo	Sr	zw		5-6	my	–		3		D2		–	I/N	2	<					892	B	5313
c	i		Rs	css	Bo	Sr	zw		5-6		–		2		D1a	3.2 3.3 6.2	–	I	1	=			3.22				5314
c	i		Rs	ccs	Bo	Sr	zw		5-6		–		3		E2f	2.7 2.9 3.2	3	N	3	<			3.3				5315
c	w?		Rs	sss	Bo	Po	zw	p20	6-8	my (ca) (hm)*	–		2		E4a	3.2 3.3 6.5	2	I	1	=	3.221	4.122	3.331				5316
k	i		Fb	sss	Bo	Ao	zw	p5	6-8	(au?)	–		2		E4a	3.2 3.3 4.1	3	I	1	>	3.211	3.212					5317
c	i		Rs	css	Bo	Po Sr	zw	p11	2-8	au le (ca)*	–		3		B5		–	I	1	=					892		5318
c	i		Rs	css	Bo	Sr	zw		2-3		–		3		F6a*	1.3	5	I	1	>0			1.411	f i l		D	5319
c	i	1	Rs	css	Bo	Sr	zw		7-8		–		2		F1	3.2 3.3	2	I	1	=	3.311	3.331					5320
c	i		Rs	css	Bo	Po	zw		4-7		–		3		F7*	3.2 3.3	–	I	1	=			3.341	c i k			5321
c	i		Rs	css	Bo	Po	zw		4-7		–		3		E2b	2.5 3.2 3.3 6.5	–	I	1	=			3.3	f k		E	5322
c	i	1	Rs	css	Bo	Po Sr	zw		4-8		–		3		B5	2.5 3.2 3.3 6.5	2	I	1	=	3.3	3.341					5323
c	i		Rs	sss	Bo	Po	zw		6-8		–		2		F2	3.2 3.3	–	I	1	=			3.2111	a f k			5324
c	i		Rs	sss	Bo	Po	zw		5-8		–		2		E1	3.2 3.3	2	I	1	=	10.311	10.411					5325
c	i	1	Rs	css	Bo	Po	zw		4-7		–		3		E4a	3.2 3.3 6.6	–	I	1	=			3.321				5326
c	i	1	Fb	sss	Bo	Ao Sr	zw	p13	5-8	my me le (ca)	–		2		D5		–	I	1	=					892	B	5327
c	i		Fb	sss	Bo	Sr	zw		5-7		–		2		E3	3.2	–	I	1	=			3.21	k m			5328
c	i	1.5	Fb	sss	Bo	Sr	zw		6-8		–		2		E2c	3.2 3.3 6.5	–	I	1	=			3.211	c f k			5329
c	i	1.5	Fb	sss	Bo	Ao	zw		5-7		–		2		F4	3.2 3.3 6.5 7.2	–	I	1	=			3.211	c f k			5330
c	i	1.5	Fb	sss	Bo	Sr	zw		5-7		–		2		D5	3.2 3.3 6.2 6.5	2	I	1	=	3.211	10.211	10.421				5331
c	i		Fb	sss	Bo	Ao Sr	zw		5-7		–		2		F3e	3.2 3.3 6.5	–	I	1	=			3.211	k		E	5332
c-h	i		Rs	sss	Bo	Kt	zw		6-8		–		2		F4b*	3.2 3.3	–	I	1	=			3.223	c f k			5333
c	i		Rs	css	Bo	Po	zw		5-9		–		2		F2	3.2 3.3	–	I	1	=			3.2212	a f k			5334
c-t	i		Rs	sss	Bo	Kv	zw		5-6		–		2		F4		–	I	1	=					892		5335
c-t	i		Rs	sss	Bo	Kv	zw		4-5		–		2		F4c*	3.2	–	I	1	=			3.2113	k m			5336
c-t	i		Rs	sss	Bo	Kv	zw		5-6		–		2		F4	3.2	–	I	1	=			3.2113	c f k			5337
c	i		Rs	sss	Bo	Po	zw		7-8		–		2		F3c*	3.2	–	I	1	=			3.212	a f k			5338
c	i		Rs	ccs	Bo	Po Sr	zw		5-6	au my me	–		3		D5		–	I/N	1	>							5339

Nummern			Taxa			Klima						Boden												
SEN	**SIN**	**FAN**	**Gattung**	**Aggregat/Einzelart**	**Kleinart**	**T**	**v**	**K**	**v**	**L**	**v**	**F**	**v**	**W**	**R**	**v**	**N**	**v**	**S**	**M**	**H**	**v**	**D**	**v**
5340	375200	–	**Saxifraga**		**rosacea**	3	I	2	I	3	II	2	I	1	3	I	2	I		m	3	I	3	I
5341	375300	–	**Saxifraga**		**sternbergii**	3	I	2	I	3	I	2	I	1	2	I	2	I			3	I	3	I
5342	375400	62.1.5	**Saxifraga**	**rotundifolia**		2.5	I	2	I	2	I	4	I	3	3	I	4	I		m	3	I	1	I
5343	–	–	**Saxifraga**	**sedoides aggr.**		1.5	I	2	I	4	II	3.5	II	1	5	I	2	I			3	II	5	I
5344	–	62.1.46	**Saxifraga**		**hohenwartii**	1.5	I	2	I	3	I	3	I	1	5	I	2	I			1	I	5	I
5345	375600	62.1.45	**Saxifraga**		**sedoides**	1.5	I	2	I	5	II	3.5	I	1	5	I	2	I			3	I	5	I
5346	375700	62.1.41	**Saxifraga**	**seguieri**		1	I	2	I	5	I	4	I	1	2	I	2	I			3	I	3	I
5347	–	62.1.4	**Saxifraga**	**stellaris aggr.**		1.5	II	3	II	5	I	4	II	3	3	I	2	I			3	I	1	I
5348	375800	–	**Saxifraga**		**engleri**	1.5	I	3	I	5	I	4	I	3	3	I	2	I		m	3	I	1	II
5349	–	–	**Saxifraga**		**prolifera**	1.5	I	2	I	5	I	4	I	3	3	I	2	I			3	II	1	I
5350	–	–	**Saxifraga**		**stellaris**	2	I	2	I	5	I	4	I	3	3	I	2	I			3	I	1	I
5351	375900	62.1.1	**Saxifraga**	**stolonifera**		4.5	I	1	I	3	I	3	I	1	3	I	3	I			3	I	3	I
5352	–	–	**Saxifraga**	**styriaca**		1.5	I	4	I	4	I	2	I	1	3	I	2	I			3	I	5	II
5353	–	62.1.48	**Saxifraga**	**tenella**		2.5	I	2	I	3	II	3.5	I	1	5	I	2	I			1	II	5	I
5354	–	62.1.10	**Saxifraga**	**tombeanensis**		2	I	4	I	5	I	2	I	1	5	I	1	I			1	I	5	I
5355	376000	62.1.49	**Saxifraga**	**tridactylites**		4.5	I	4	I	4	I	2	I	1	4	I	2	I		m	1	II	5	I
5356	376100	–	**Saxifraga**	**umbrosa**		3.5	I	2	I	2	I	3.5	I	1	2	I	3	I			3	I	3	I
5357	376300	62.1.12	**Saxifraga**	**vandellii**		2	I	4	I	5	I	1.5	I	1	5	I	1	I			1	I	5	I
5358	376400	123.6.2	**Scabiosa**	**canescens**		4.5	I	4	I	4	I	1.5	I	1	4	I	2	I		m	3	I	5	I
5359	–	–	**Scabiosa**	**columbaria aggr.**		x	–	4	II	4	I	2	II	1	x	–	2	II			3	II	3	II
5360	–	–	**Scabiosa**		**achaeta**	4.5	I	4	I	4	I	2	I	1	3	II	2	I			3	I	3	I
5361	376600	123.6.8.1	**Scabiosa**		**columbaria**	4	I	4	I	4	I	2	I	1	4	I	2	I		m	3	I	3	II
5362	–	123.6.3	**Scabiosa**		**hladnikiana**	4	II	4	I	4	I	2	I	2	5	I	2	I			3	I	3	II
5363	–	123.6.4	**Scabiosa**		**holosericea**	3.5	I	4	I	4	I	2	I	1	3	I	2	I		m	3	I	3	I
5364	377100	123.6.7.1	**Scabiosa**		**lucida**	1.5	I	4	I	4	I	2	I	1	4	I	2	I			3	I	3	I
5365	–	123.6.6	**Scabiosa**		**mollissima**	5	II	4	I	4	I	1.5	I	1	3	II	2	I			3	I	3	II
5366	377200	123.6.11	**Scabiosa**		**ochroleuca**	4.5	I	5	I	4	I	2	I	1	4	I	2	I		m	3	I	3	I
5367	376700	123.6.8.2	**Scabiosa**		**portae**	4.5	I	4	I	4	I	2	I	1	3	II	2	I			3	I	3	I
5368	–	123.6.7.2	**Scabiosa**		**stricta**	2.5	I	4	II	4	I	2	II	1	4	I	2	II			3	II	5	II
5369	377500	123.6.5	**Scabiosa**		**triandra**	4.5	I	5	I	4	I	2	I	1	3	I	2	I			3	I	3	I
5370	377600	123.6.9	**Scabiosa**		**velenovskyana**	2.5	I	4	I	4	I	2	I	1	4	I	2	I			3	I	3	I
5371	377800	123.6.10	**Scabiosa**		**vestita**	2.5	I	4	I	4	I	2	I	1	2	I	2	I			3	I	3	I
5372	–	–	**Scabiosa**	**maritima aggr.**		5	I	4	I	4	I	2	I	1	3	I	3	I			3	I	3	I
5373	–	–	**Scabiosa**		**atropurpurea**	5	I	4	I	4	I	2	I	1	3	I	3	I			3	I	3	I
5374	–	–	**Scabiosa**		**maritima**	5	I	4	I	4	I	2	I	1	3	I	3	I			3	I	3	I
5375	377700	123.6.1	**Scabiosa**	**vestina**		2.5	I	4	I	4	I	2	I	1	4	I	2	I			3	I	5	I
5376	–	97.8.2	**Scandix**	**australis**		5	I	3	I	5	I	1.5	I	1	4	I	3	I			3	I	3	II
5377	–	–	**Scandix**	**pecten-veneris aggr.**		4.5	II	4	II	4	I	1.5	I	1	4	I	3	I			3	I	3	II
5378	–	97.8.3.2	**Scandix**		**hispanica**	5	I	3	I	4	I	1.5	I	1	4	I	3	I			3	I	3	II
5379	377900	97.8.3.1	**Scandix**		**pecten-veneris**	4.5	I	4	I	4	I	1.5	I	1	4	I	3	I			3	I	3	I
5380	–	97.8.1	**Scandix**	**stellata**		4.5	I	4	I	4	I	1	I	1	4	I	2	I			1	I	3	I
5381	378000	128.1.1	**Scheuchzeria**	**palustris**		3	II	3	I	4	I	5	I	2	2	I	1	I			5	I	1	I
5382	–	–	**Schoenoplectus**	**lacustris aggr.**		4	II	3	II	4	I	5	I	2	3	II	3	I	s		3	II	1	I
5383	378200	138.3.1	**Schoenoplectus**		**lacustris**	3.5	I	3	I	4	I	5	I	2	4	I	3	I	s		3	II	1	I
5384	378700	138.3.2	**Schoenoplectus**		**tabernaemontani**	4	I	2	I	4	I	4.5	I	3	4	I	3	I	s		3	II	1	I
5385	378300	138.3.3	**Schoenoplectus**	**mucronatus**		4.5	I	2	I	4	I	5	I	3	3	I	4	I			5	II	1	I
5386	378400	–	**Schoenoplectus**	**pungens**		4.5	I	2	I	4	I	5	I	3	3	I	4	I	s		3	I	1	I
5387	378600	138.3.5	**Schoenoplectus**	**supinus**		4.5	I	2	I	4	I	4.5	I	3	3	I	2	I			3	I	1	I
5388	378800	138.3.4	**Schoenoplectus**	**triqueter**		4.5	I	2	I	4	I	4.5	I	3	4	I	4	I	s		3	I	1	I
5389	379000	138.14.2	**Schoenus**	**ferrugineus**		3.5	II	3	I	4	I	4.5	I	2	4	I	2	I			5	I	1	I
5390	379100	138.14.1	**Schoenus**	**nigricans**		3.5	I	2	I	4	I	4.5	II	3	5	I	2	I	s	m	5	I	1	I
5391	379200	143.17.3	**Scilla**	**autumnalis**		5	I	2	I	4	I	1.5	I	1	4	I	1	I			3	I	3	I
5392	–	–	**Scilla**	**bifolia aggr.**		4.5	II	x	–	2	II	3.5	I	2	4	I	3	II			3	I	1	II
5393	379300	143.17.1	**Scilla**		**bifolia**	4.5	II	2	I	2	I	3.5	I	2	4	I	3	I			3	I	1	I
5394	–	–	**Scilla**		**drunensis**	4.5	I	3	I	2	I	3.5	I	2	4	I	3	I			3	I	1	I
5395	–	–	**Scilla**		**vindobonensis**	4.5	I	5	I	2	I	3.5	I	2	4	I	3	I			3	I	1	I
5396	–	143.17.2	**Scilla**	**hyacinthoides**		4.5	I	3	I	3	I	2	I	1	3	I	3	I			3	I	3	I
5397	–	–	**Scilla**	**luciliae aggr.**		4.5	I	3	I	3	I	2.5	II	2	4	I	3	I			3	I	3	I
5398	–	–	**Scilla**		**forbesii**	4.5	I	3	I	3	I	3	I	2	4	I	3	I			3	I	3	I
5399	110260	–	**Scilla**		**luciliae**	4.5	I	3	I	3	I	2.5	I	2	4	I	3	I			3	I	3	I
5400	–	–	**Scilla**		**sardensis**	4.5	I	3	I	3	I	2	I	2	4	I	3	I			3	I	3	I
5401	–	–	**Scilla**	**mischtschenkoana**		5	I	2	I	3	I	2	I	2	3	I	3	I			3	I	3	I
5402	379550	–	**Scilla**	**siberica**		4	I	4	I	3	I	3	I	1	3	I	3	I			3	I	3	I
5403	–	138.4.1	**Scirpoides**	**holoschoenus aggr.**		5	I	2	II	4	I	4	I	3	4	I	4	I	s		3	I	1	I
5404	379560	–	**Scirpoides**		**holoschoenus**	5	I	3	I	4	I	4	I	3	4	I	4	I			3	I	1	I
5405	207000	–	**Scirpoides**		**romanus**	5	I	2	I	4	I	4	I	3	4	I	4	I			3	I	1	I
5406	–	–	**Scirpus**	**atrovirens**		4.5	I	2	I	4	I	3.5	I	3	3	I	4	I			3	I	1	I
5407	–	–	**Scirpus**	**radicans**		4.5	I	4	I	4	I	4.5	I	3	3	I	4	I			5	I	1	I
5408	379700	138.1.1	**Scirpus**	**sylvaticus**		3	I	2	I	3	I	4.5	I	3	3	I	3	I			3	I	1	I
5409	–	–	**Scleranthus**	**annuus aggr.**		x	–	4	I	4	I	2	II	1	2	II	3	I			3	I	5	I
5410	379800	38.12.2.1	**Scleranthus**		**annuus**	3.5	II	4	I	4	I	2.5	II	1	2	II	3	I	ss	m	3	I	5	I
5411	379900	38.12.2.2	**Scleranthus**		**polycarpos**	3	II	4	I	4	I	2	I	1	2	I	3	I		m	3	I	5	I
5412	380000	38.12.2.3	**Scleranthus**		**verticillatus**	5	I	4	I	4	I	1.5	I	1	4	I	3	I	s		3	I	5	I
5413	380200	38.12.1	**Scleranthus**	**perennis**		3.5	I	4	I	5	I	1	I	1	2	II	2	I		m	1	I	5	I
5414	380500	139.8.1	**Sclerochloa**	**dura**		5	I	4	I	5	I	2	I	3	4	I	3	I	s		1	I	1	I
5415	380700	124.73.1	**Scolymus**	**hispanicus**		5	I	3	I	4	I	1	I	1	3	I	4	I	s		3	I	3	I
5416	380800	101.4.1	**Scopolia**	**carniolica**		3.5	I	3	I	2	I	3.5	I	1	4	I	4	I			3	I	3	I
5417	380900	124.85.7	**Scorzonera**	**aristata**		2	I	4	I	4	I	2.5	I	1	4	I	3	I			3	I	3	I
5418	381000	124.85.5	**Scorzonera**	**austriaca**		4.5	I	5	I	3	I	2	I	2	4	I	2	I		m	3	I	3	I
5419	–	124.85.1	**Scorzonera**	**cana**		4.5	I	4	I	5	I	2	II	2	5	I	2	I	s		3	I	1	II
5420	–	124.85.10	**Scorzonera**	**hirsuta**		5	I	4	I	4	I	1	I	1	3	I	2	I			3	I	3	I
5421	381100	124.85.8	**Scorzonera**	**hispanica**		3.5	I	4	I	3	I	2	I	2	4	I	3	I			3	I	1	I
5422	381200	124.85.6	**Scorzonera**	**humilis**		3.5	II	4	I	3	I	3.5	I	3	4	II	2	I			3	II	1	I
5423	–	–	**Scorzonera**	**laciniata aggr.**		4	II	4	II	4	I	2	I	3	4	I	3	I			3	I	1	I
5424	381400	124.85.2.2	**Scorzonera**		**calcitrapifolia**	5	I	3	I	4	I	2	I	3	4	I	3	I			3	I	1	I
5425	381300	124.85.2.1	**Scorzonera**		**laciniata**	4.5	I	5	I	4	I	2	I	3	4	I	3	I	s		3	I	1	I
5426	–	–	**Scorzonera**	**purpurea aggr.**		x	–	4	I	4	I	2	II	1	4	II	3	II			3	I	1	II
5427	–	124.85.3	**Scorzonera**		**purpurea**	4	I	4	I	4	I	1.5	I	1	5	I	2	I			3	I	3	II
5428	381500	124.85.4	**Scorzonera**		**rosea**	2.5	I	4	I	4	I	2	I	1	4	I	3	I			3	I	3	I

Strategien					Biologisches Verhalten										Vorkommen						Pflanzengesellschaften			Literatur			
LF	BD	WT	RO	KS	DA	VA	FS	MA	BZ	BS	MV	SU	DG	GI	GV	LR	EG	AE	EM	VE	1	2	3	BL	SL	TB	SEN
c	i		Rs	ccs	Bo	Sr	zw		5-6		–		3		E5b	2.7 2.9 3.2 3.3	–	I/N	1	>			3.2	a f h			5340
c	i		Rs	ccs	Bo	Po Sr	zw		5-6		–		3		E5b	3.2 3.3	–	I/N	1	>			3.2213	i l m			5341
h	t	2	Rh	ccs	Bo	Kv	zw	r3	6-9	my	2		2		E1	7.2 8.1 9.1 9.2	1	I	2	=	11.514	14.312	14.735				5342
c-h	i		Rs	css	Bo	Po Sr	zw		6-9	??	–		2		E2d		–	I	1	=					354, 892		5343
c-h	i		Rs	css	Bo	Po	zw		6-9		–		2		F4b*	3.2 3.3 3.4	–	I	1	=			3.311	c k m			5344
c-h	i		Rs	css	Bo	Po Sr	zw		6-9		–		2		E2d	3.2 3.3 6.6	–	I	1	=			3.311				5345
c	i		Rs	css	Bo	Sr	zw	d	6-8	my	–		2		F6	3.2 3.3	2	I	1	=	3.341	8.111					5346
c	i		Rs	css	Bo Hy	Ao	zw	d	5-8	my (au?)	–		2		B5		–	I	1	=					816	A B	5347
c	i		Rs	css	Bo Hy	Ao	zw		5-8		–		2		E1	3.2 3.3 4.1 8.1	2	I	1	=	7.23	7.111		c k			5348
c	i		Rs	css	Bo Hy	Ao Sb	zw		5-8		–		2		E4c	3.2 3.3 4.1 8.1	–	I	1	=			7.111	m		E	5349
c	i		Rs	css	Bo Hy	Ao	zw		5-8		–		2		B5	4.1	–	I?	1	=?	3.321	7.111				E	5350
h	w		Rs	ccs	Bo	Ao	zw		5-7		–		3		A4b	2.9 3.2	3	N	4	<			3.241				5351
c	i		Rs	sss	Bo	Sr	zw		5-6		–		2		F8*	3.2 3.3 6.5	–	I	1	=			10.41	c m	435		5352
c	i		Rs	sss	Bo	Sr	zw		6-8		–		2		F4b*	3.2 3.3	–	I	1	=			3.2113	c m			5353
c	i		Rs	sss	Bo	Po	zw		5-7		–		2		F3d*	3.2	–	I	1	=			3.2113	c k m			5354
t	v	1	–	rrs	Bo Ep	Kv	zw	p1	3-6	au	–		2	e	C1	2.2 3.1 6.1 6.2	3	I	4	<	4.131						5355
c	i		Fb	ccs	Bo	Ao	zw		7-8	en	–		3		E2f	2.9 3.2 9.1 9.2	1	N	3	<			14.312	a f h			5356
c	i		Rh	sss	Bo	Po	zw		5-7	en	–		2		F3c	3.2	–	I	1	=			3.2113				5357
h	w	3.5	Rh	css	Me	Sr	ve		8-9	my me	2		2		D3	6.2 6.7 7.4 9.1	–	I	2	>			9.11	a c f			5358
h	w	3.5	Wv	crs	Me My	Sr	(di) zw		6-10		2		2	e	D1		–	I	2	=>					281	B	5359
h	w	3.5	Wv	crs	Me Dy	Sr	zw		6-9		2		2	e	E2c	6.2 6.7 7.4 9.1	–	I	2	>			9.1	k m			5360
h	w	3.5	Wv	crs	Me Dy	Sr	zw	r3	6-9	me my ps	2	2	2	e	D3	6.2 6.7 7.4 9.1	6	I	2	>	9.135	14.211	14.81105				5361
h	w	3.5	Wv	crs	Me Dy	Sr	zw		6-9	my ps	2		2	e	E2c	6.2 6.7 7.4 9.3	–	I	2	>			9.1	k m			5362
h	w	3.5	Wv	crs	Me Dy	Sr	zw		6-8		2		2	e	E2d	3.2 3.3 6.2	–	I	1	>			9.1	k m			5363
h	w	3.5	Wv	crs	Me Dy	Sr	zw	r8	7-9	my me ps	3		2	e	E1	3.3 6.2 6.5 6.7	–	I	2	=	10.211	10.421					5364
h	w	3.5	Wv	crs	Me Dy	Sr	zw		6-10		2		2	e	F2a*	3.2 3.3 6.2 7.3	–	I	2	>			9.1	k			5365
h	w	3.5	Wv	crs	Me Dy	Sr	zw		6-9	me my ps	2		2	e	B6	6.2 6.7 7.4 9.3	6	I	2	>			9.11	c f l			5366
h	w	3.5	Wv	crs	Me Dy	Sr	zw		6-9		3		2	e	E2d	6.2 6.3	6	I	2	>			9.12	a f k			5367
h	w		Wv	crs	Me Dy	Sr	zw		6-8		3		2	e	E2c	3.3 6.2 6.5 6.7	–	I	2	=			10.2	c m		E	5368
h	w	3.5	Wv	crs	Me Dy	Sr	zw	r4	6-9	me	2		2	e	D1a	6.2 6.7 7.4 9.1	6	I	2	>	9.113	14.111					5369
h	w	3.5	Wv	crs	Me Dy	Sr	zw		6-9		2		2	e	E2c	6.2 6.5 7.1 9.1	–	I	2	>			10.2116	a f k			5370
h	w	3.5	Wv	crs	Me Dy	Sr	zw		6-9		2		2	e	F2	3.3 6.2 6.5 9.1	–	I	2	>			9.131	a f k			5371
k	w		–	crr	Me Dy	Kv	zw		4-11		–		2		C2		–	I/N/Jn	3	=							5372
k	w		–	crr	Me Dy	Kv	zw		4-11		–		2		C2	2.2 2.9	–	Jn	4	=			?	k m			5373
k	w		–	crr	Me Dy	Kv	zw		4-11		–		2		C2	2.2	–	I/N	3	=			9.22	k m			5374
h	w	3.5	Rh	css	Me	Sr	zw		6-8		2		2		F3c	3.1 3.3 6.2 6.5	–	I	2	>			10.2113	a f k			5375
t	s		–	rrr	Ep	Kv	ve		4-7		–		1		C2	2.1 2.2	–	I	3	=			4.211	k m			5376
t	s w		–	rrr	Ep	Kv	ve	r1	5-7	au (my) (hm)	–		1	e	C2		–	I/A	4	>							5377
t	s		–	rrr	Ep	Kv	ve		5-7		–		1	e	C2	2.1 2.2 6.1	–	I/A	4	>			2.312	k m			5378
t	s w	2	–	rrr	Ep	Kv	ve		5-7		–	2	1	e	B6	2.1 2.2 6.2 7.3	7	A	4	>			2.312				5379
t	s		–	rrr	Ep	Kv	ve		4-7		–		1		C2	3.2	–	I	3	=			4.131	m			5380
g	w	1.5	Rh	sss	Hy	Au	zw	d	5-7	an	1		3		B4b	5.1 5.2	5	I	1	>	12.111	7.212	7.211				5381
g	w		Rk	css	Ep Dy	Au	zw		6-8	an	–		4	e	B4		–	I	2	>					633		5382
g	w	2	Rk	css	Ep Dy	Au	zw		6-8	an	–		4	e	B4	1.1 1.2	4	I	2	>	6.111						5383
g	w		Rk	css	Ep Dy	Au	zw		6-8	an	–		3	e	B1a	1.3 6.3	4	I	2	>	6.111						5384
h	w		Rs	css	Ep Dy	Sr	zw		7-9	an	–		3	e	B1	1.3 2.1 2.5	4	I	2	=			6.1				5385
g	w		Rs	css	Ep Dy	Au	zw		7-8	an	–		3	e	D2	1.3	4	I	2	>			6.1				5386
t	s		–	crs	Ep Dy	Kv	cl zw		6-10	an	–		3	e	B1a	1.4	5	A	1	>			2.2				5387
g	w		Rs	css	Ep	Au	zw		6-8	an	–		3	e	B1a	1.1 1.2	4	I	2	>			6.11				5388
h	w	2.5	Rs	css	Me	Ho	zw		5-7	an	2		3	e	D3	4.1 5.1 6.3	5	I	2	>	7.231						5389
h	w	2	Rs	css	Me	Ho	zw		5-7	an	2		4	e	B3a	4.1 5.1 6.3 7.3	5	I	2	>	7.231	11.231					5390
g	s		Zw	css	My	Kv	zw		3-4	??	–		2		C2	2.1 3.1 6.2 7.3	3	I	2	>			9.21				5391
g	v		Zw	css	My	Kv	zw		3-4		–		3	mg	D3		–	I/Ja	2	=					272		5392
g	v		Zw	css	My	Kv	zw		3-4	au my	–		3	mg	D3	2.3 2.7 7.4 9.2	1	I	1	=	14.733	14.731			406		5393
g	v		Zw	css	My	Kv	zw		3-4		–		3	mg	F7a	2.8 6.3 9.2	–	Ja	2	=			14.72?	c			5394
g	v		Zw	css	My	Kv	zw		3-4		–		3	mg	D4	9.2	–	I	1	=			14.72	c l			5395
g	v		Zw	css	My	Kv	zw		4-5		–		3	mg	A4a	2.1 2.2 2.9	–	N	3	<			9.221	k m			5396
g	v		Zw	css	My	Kv	zw		3-4		1		3	mg	A4a		–	N	3	<					777, 778	B H	5397
g	v		Zw	css	My	Kv	zw		3-4		1		3	mg	A4a	2.7 2.9	–	N	3	<			?	l			5398
g	v		Zw	css	My	Kv	zw		3-4		1		3	mg	A4a	2.7 2.9 7.4	7	N	3	<			?	c g h			5399
g	v		Zw	css	My	Kv	zw		3-4		1		3	mg	A4a	2.7 2.9	7	N	4	<			?	c g l			5400
g	v		Zw	css	My	Kv	zw		3-4		–		2	mg	A4a	2.7 2.9 7.4	–	N	4	<			?	c g		H	5401
g	v		Zw	css	My	Kv	zw		3-4	me my ps	2		3	mg	A4c	2.7 2.9 7.4 9.2	7	N	4	<			5.132	c g h		H	5402
g	t		Rh	css	Ep	Kr	zw		6-8	an	2		2	e	B6a		–	I/N	2	>						B	5403
g	t	3	Rh	css	Ep	Kr	zw		6-8		2		2	e	B6a	1.4 4.2 5.1 6.3	5	I/N	2	>			11.21				5404
g	t		Rh	css	Ep	Kr	zw		6-8		2		2	e	C2	1.4 4.2 5.1 6.3	5	I/N	2	>			11.221				5405
g	s		Rh	crs	Ep	Au Ho	zw		8-9	an	–		2	e	A2c	2.2 6.3	–	N	2	<			11.21?	f g k	730		5406
h	s		Rh	crs	Ep	Sw	zw		5-7	an	–		3	e	B4a	1.4 2.5	–	I	2	>			6.1	c f l			5407
g	w	4	Rk	ccs	Ep Dy	Au	zw		5-8	an	3		4	e	B4c	2.6 6.3 7.2 9.2	5	I	2	<	11.233	14.721					5408
t	s w		–	rrs	Me En	Kv	zw	p3	4-10	au my	–		2		B6b		–	I/Ja	3	>							5409
t	w s	1	–	rrr	Me En	Kv	zw		4-10		–	4	2		B6b	2.1 2.2 2.5	7	Ja	3	>	2.3211						5410
t	w s		–	rrs	Me En	Kv	zw		4-9		–		2		B6b	2.2 2.3 3.1	3	I	2	>			4.111				5411
t	s		–	rrs	Me En	Kv	zw		4-5		–		2		D1	3.1 6.2	6	I	2	>			4.121				5412
c	w	1	Wh	sss	Me	Sr	zw	p4	5-8	au my ve ps	–		2		B6b	2.1 2.2 3.1 6.2	3	I	2	>	4.13	9.112					5413
t	s		–	rrr	Me En	Kv	zw		5-7	an	–		2		C2	2.1 2.2	7	I/A	4	>			2.351				5414
t	w		Wv	crs	Me	Kv	zw	p3	6-9		–		2	h e	C2	2.1 2.2	–	I/A	3	=			5.11				5415
h	s		Rh	crs	My	Sr	fa zw		4-5	me	–		2	gg h	E4a	7.4 9.2	–	I	1	=			14.732	c k m			5416
h	t		Rh Wv	crs	Me	Sr	zw		6-8		–		2	e	E2	3.2 6.2 6.3 6.5	–	I	2	>			10.2116	a c f			5417
h	s	4	Rh Wv	crs	Me	Sr	zw	d	4-5	en	–		2	e	B6a	3.2 6.2 7.4 9.1	6	I	2	>	9.131	9.113	9.112				5418
h	s		Wv	crs	Me	Kv	zw		6-8		–		2	e	B6a	2.1 2.2 6.2	–	I	3	=			9.1	c k m			5419
h	t		Rh Wv	css	Me	Sr	zw		4-6		–		2	e	D1a	3.1 6.2 7.3 9.3	–	I	2	>			9.144	f k m			5420
h	t		Rh Wv	crs	Me	Sr	zw		5-8	ca me	–		2	e	B6a	6.2 6.7 9.1 9.3	7	I/N	4	>			11.111			H	5421
h	s	3	Rh Wv	ccs	Me	Sr	zw	p3	5-7	ca my me ps	1		2	h e	D3	5.1 6.3 6.4 9.1	5	I	2	>	11.23	10.412					5422
k-t	w		Wv	rrs	Me	Kv	zw		5-7		2		2	e	B6a		–	I/A/N	3	=							5423
k-t	w		Wv	rrs	Me	Kv	zw		5-7		2		2	e	C2	2.1 2.2	–	I/N	3	=			2.3a	a f k		B	5424
k-t	w		Wv	rrs	Me	Kv	zw		5-7		2		2	e	B6a	2.1 2.2 6.2 6.7	7	I/A	3	>			9.2	a c f			5425
h	s		Rh Wv	crs	Me	Sr	zw		5-8	en	2		2	e	B6a		–	I	2	=>							5426
h	s		Rh Wv	crs	Me	Sr	zw		5-7		2		2	e	B6a	6.2 6.7 7.4 9.1	–	I	2	>			9.115	c k m			5427
h	s		Rh Wv	crs	Me	Sr	zw		6-8		2		2	e	E2c	6.3 6.4 6.5 8.2	–	I	2	=			10.2	c f k			5428

Nummern			Taxa			Klima						Boden												
SEN	SIN	FAN	Gattung	Aggregat/Einzelart	Kleinart	T	v	K	v	L	v	F	v	W	R	v	N	v	S	M	H	v	D	v
5429	–	124.85.9	Scorzonera	villosa		4	I	4	I	5	I	2	I	2	4	I	2	I			3	I	3	I
5430	–	–	Scrophularia	auriculata aggr.		4	II	2	II	3	II	4.5^	I	3	3	II	4	I			5	II	1	I
5431	381800	114.6.5	Scrophularia		auriculata	4.5	I	1	I	4	I	4.5^	I	3	3	I	4	I			5	II	1	I
5432	–	–	Scrophularia		neesii	4.5	I	2	I	3	I	4.5^	I	3	4	I	4	I			5	II	1	I
5433	382200	114.6.6	Scrophularia		umbrosa	4	I	2	I	3	I	4.5^	I	3	4	I	4	I			5	II	1	II
5434	–	–	Scrophularia	canina aggr.		x	–	4	I	4	I	2	I	1	5	I	2	II		m	1	I	5	I
5435	381900	114.6.8	Scrophularia		canina	4.5	I	4	I	4	I	2	I	1	5	I	3	I		m	1	I	5	I
5436	382000	114.6.9	Scrophularia		juratensis	3	I	4	I	4	I	2	I	1	5	I	2	I		m	1	I	5	I
5437	–	114.6.7	Scrophularia	lucida		5	II	3	I	5	II	1.5	I	1	4	I	2	I			1	I	5	I
5438	382100	114.6.4	Scrophularia	nodosa		3	II	3	I	2	I	3.5	I	2	3	I	4	I		m	5	I	1	I
5439	–	114.6.2	Scrophularia	peregrina		5	II	3	I	3	II	2	I	1	3	II	4	I			5	I	3	II
5440	–	114.6.3	Scrophularia	scopolii		3.5	II	3	I	3	II	3.5	I	1	3	II	4	I		m	3	I	5	I
5441	382300	114.6.1	Scrophularia	vernalis		4	II	3	I	3	I	3.5	I	1	3	I	4	I			3	I	3	I
5442	382400	108.3.1	Scutellaria	alpina		2	I	4	I	5	I	2	I	1	5	I	2	I		m	1	I	5	I
5443	382500	108.3.2	Scutellaria	altissima		4.5	I	3	I	3	I	3	I	1	3	I	4	I			3	I	3	I
5444	–	–	Scutellaria	galericulata aggr.		4	II	x	–	3	I	4.5	I	3	x	–	3	II			5	II	1	I
5445	382600	108.3.3	Scutellaria		galericulata	3.5	I	3	I	3	I	4.5	I	2	4	I	3	I	s		5	II	1	I
5446	382700	108.3.4	Scutellaria		hastifolia	4.5	I	4	I	3	I	4.5	I	2	4	I	4	I			5	II	1	I
5447	382800	108.3.5	Scutellaria		minor	4	I	1	I	3	I	4.5	I	2	1	I	3	I			5	II	1	I
5448	382900	139.28.1	Secale	cereale		3	II	5	I	5	I	2.5	II	2	4	I	3	I			3	I	3	I
5449	–	–	Securigera	cretica		5	I	4	I	5	I	1.5	I	1	4	I	2	I			3	II	5	I
5450	383000	64.39.1	Securigera	varia		4	I	4	I	3	I	2.5	I	2	4	I	2	I		m	1	I	3	I
5451	383100	61.4.9	Sedum	acre		3	II	4	I	5	I	1	I	3	3	II	2	I	s	m	1	I	5	I
5452	383200	61.4.12	Sedum	album		3	II	4	I	4	I	1	I	3	4	I	2	I	s	m	1	I	5	I
5453	383300	61.4.10	Sedum	alpestre		1.5	I	3	I	5	I	2	I	3	3	I	2	I			3	I	5	I
5454	–	–	Sedum	alsinefolium aggr.		2.5	II	3	II	1	II	3	I	1	x	–	2	I			1	I	5	I
5455	–	61.4.15	Sedum		alsinefolium	2.5	II	3	I	1	II	3	I	1	2	I	2	I			1	I	5	I
5456	–	61.4.16	Sedum		fragrans	3	II	2	I	2	II	3	I	1	5	I	2	I			1	I	5	I
5457	383400	61.4.3	Sedum	anacampseros		1.5	II	3	I	4	I	2	I	3	2	I	2	I			1	I	5	I
5458	383500	61.4.21	Sedum	annuum		2	II	3	I	5	I	1.5	I	3	2	I	2	I			1	I	5	I
5459	–	–	Sedum	atratum aggr.		1.5	II	3	I	5	I	3	I	3	5	I	1	I			1	I	5	I
5460	383700	61.4.20.1	Sedum		atratum	1.5	I	3	I	5	I	3	I	3	5	I	1	I			1	I	5	I
5461	–	61.4.20.2	Sedum		carinthiacum	1	I	3	I	5	I	3	I	3	5	I	1	I			1	I	5	I
5462	383800	61.4.19	Sedum	cepaea		4.5	I	1	I	3	I	2	I	3	2	I	4	I			3	I	5	I
5463	383900	61.4.13	Sedum	dasyphyllum		3.5	II	4	I	4	I	1.5	I	3	3	I	2	I		m	1	I	5	I
5464	384200	61.4.17	Sedum	hirsutum		2.5	II	4	I	4	I	1	I	3	2	I	1	I			1	I	5	I
5465	384300	61.4.23	Sedum	hispanicum		3.5	II	4	I	4	I	2.5	I	3	3	I	3	I		m	3	I	5	I
5466	–	–	Sedum	hybridum		4	I	4	I	4	I	2	I	3	4	I	3	I			3	I	5	I
5467	–	61.4.14	Sedum	monregalense		2.5	II	3	I	4	I	2	I	1	2	II	1	I		m	1	I	5	I
5468	385100	61.4.22	Sedum	rubens		4.5	I	2	I	4	I	1	I	3	2	I	3	I	s		1	I	5	I
5469	–	–	Sedum	rupestre aggr.		x	–	x	–	4	I	1	II	3	3	II	2	I			3	I	5	I
5470	383600	61.4.6	Sedum		anopetalum	4.5	I	4	I	4	I	1	I	3	3	I	2	I			3	I	5	I
5471	–	–	Sedum		forsterianum	4.5	I	1	I	4	I	1	I	3	4	I	2	I			3	I	5	I
5472	384500	61.4.7.1	Sedum		montanum	2.5	II	4	I	4	I	1	I	3	3	I	2	I			3	I	5	I
5473	385200	61.4.8	Sedum		rupestre	4.5	II	4	I	4	I	1.5	I	3	3	II	2	I		m	3	I	3	I
5474	385400	61.4.5	Sedum		sediforme	5	I	2	I	4	I	1	I	3	4	I	2	I		m	3	I	5	I
5475	383600	61.4.7.2	Sedum		thartii	4.5	I	4	I	4	I	1	I	3	4	I	2	I			3	I	5	I
5476	385300	61.4.1	Sedum	sarmentosum		5	I	2	I	4	I	2	I	3	3	I	3	I			1	I	5	I
5477	385500	61.4.11	Sedum	sexangulare		3.5	II	4	I	5	I	1.5	I	3	4	II	3	I		m	1	I	5	I
5478	–	–	Sedum	stoloniferum aggr.		4	II	4	I	4	II	3	II	3	3	I	3	I			3	I	3	II
5479	385600	61.4.4	Sedum		spurium	4	I	4	I	4	II	2	I	3	3	I	3	I			3	I	5	I
5480	–	–	Sedum		stoloniferum	3.5	II	4	I	4	II	3	II	3	3	I	3	I			3	I	3	I
5481	–	–	Sedum	telephium aggr.		3.5	II	x	–	4	I	2	II	3	x	–	3	I			1	II	5	I
5482	385800	61.4.2.2	Sedum		fabaria	3.5	I	2	I	4	I	2.5	I	3	2	II	3	I			1	I	5	I
5483	385900	61.4.2.3	Sedum		maximum	3.5	II	4	I	4	I	2	I	3	3	I	3	I		m	1	II	5	I
5484	385700	61.4.2.1	Sedum		telephium	3.5	I	3	I	4	I	2	I	3	3	II	3	I			1	I	5	I
5485	386000	61.4.18	Sedum	villosum		2	II	2	I	4	I	4	I	3	3	I	2	I			3	II	1	I
5486	–	2.1.3	Selaginella	denticulata		5	II	3	I	3	I	2	II	2	2	I	1	I			1	I	5	II
5487	386200	2.1.2	Selaginella	helvetica		3	I	3	I	3	I	3.5	II	2	4	I	2	I		m	5	II	3	I
5488	386300	2.1.1	Selaginella	selaginoides		2	II	3	I	3	I	3.5	II	2	4	II	2	I		m	5	I	3	I
5489	386400	97.47.1	Selinum	carvifolia		3.5	I	2	I	3	I	4	I	3	3	I	2	I			5	II	1	I
5490	–	–	Sempervivum	arachnoideum aggr.		x	–	4	I	5	I	1	I	1	2	II	1	I			1	I	5	I
5491	386700	61.2.4.1	Sempervivum		arachnoideum	2	I	4	I	5	I	1	I	1	2	II	1	I		m	1	I	5	I
5492	–	61.2.4.2	Sempervivum		tomentosum	3.5	II	4	I	5	I	1	I	1	3	II	1	I			1	I	5	I
5493	–	61.2.6	Sempervivum	dolomiticum		1.5	I	4	I	5	I	2	I	1	5	I	2	I			1	I	5	I
5494	386900	61.2.2	Sempervivum	grandiflorum		1.5	I	4	I	5	I	2	I	1	2	I	2	I			3	I	5	I
5495	–	–	Sempervivum	montanum aggr.		1.5	I	3	I	5	II	2	I	1	2	I	2	I			3	I	5	I
5496	–	61.2.5.2	Sempervivum		burnatii	1.5	I	3	I	5	II	2	I	1	2	I	2	I			3	I	5	I
5497	387000	61.2.5.1	Sempervivum		montanum	1.5	I	3	I	5	II	2	I	1	2	I	2	I		m	3	I	5	I
5498	–	61.2.5.3	Sempervivum		stiriacum	1.5	I	3	I	5	I	2	I	1	2	I	2	I			3	I	5	I
5499	–	61.2.3	Sempervivum	pittonii		3	I	4	I	5	II	2	I	1	3	II	1	I		m	3	II	5	I
5500	–	–	Sempervivum	tectorum aggr.		x	–	4	II	5	II	2	I	1	3	II	2	I			3	II	5	I
5501	387300	61.2.7.2	Sempervivum		alpinum	2	I	4	I	5	I	2	I	1	3	II	2	I			3	I	5	I
5502	–	61.2.8	Sempervivum		calcareum	3	II	3	I	5	II	1.5	I	1	5	II	2	I			3	I	5	I
5503	–	61.2.7.3	Sempervivum		schottii	2	I	4	I	5	I	2	I	1	3	I	2	I			3	I	5	I
5504	387200	61.2.7.1	Sempervivum		tectorum	4	I	4	I	5	II	2	I	1	3	II	2	I			1	I	5	I
5505	387400	61.2.1	Sempervivum	wulfenii		1.5	I	4	I	5	I	2	I	1	2	II	2	I			3	I	5	I
5506	–	–	Senecio	abrotanifolius aggr.		2	I	4	I	4	I	2	I	1	3	II	3	I			3	I	3	I
5507	387500	124.48.22	Senecio		abrotanifolius	2	I	4	I	4	I	2	I	1	4	II	3	I			3	I	3	I
5508	–	–	Senecio		tyrolensis	1.5	I	4	I	4	I	2	I	1	2	I	2	I			3	I	3	I
5509	–	–	Senecio	aconitifolius		4.5	I	2	I	3	I	3.5	I	1	3	I	4	I			3	I	3	I
5510	–	–	Senecio	adonidifolius		3	I	2	I	4	I	2	I	1	2	I	2	I			3	I	3	I
5511	–	–	Senecio	alpinus aggr.		3	II	2	II	3	I	4	I	3	4	II	5	I			3	I	1	I
5512	387600	124.48.15	Senecio		alpinus	2.5	I	2	I	3	I	4	I	3	4	I	5	I			3	I	1	I
5513	–	124.48.16	Senecio		subalpinus	2.5	I	3	I	3	I	4	I	3	3	I	5	I			3	I	1	I
5514	–	–	Senecio	angulatus		5	I	2	I	5	I	2	I	2	4	II	2	I	s		3	I	3	II
5515	–	124.48.1	Senecio	cineraria		4.5	I	1	I	4	I	1.5	I	1	4	I	3	I	s		3	I	5	I
5516	–	–	Senecio	doria aggr.		4	II	4	II	3	II	x	–	3	4	II	x	–			5	II	1	II
5517	–	124.48.10	Senecio		doria	4.5	I	4	I	3	I	4.5	I	3	4	I	4	I			5	I	1	I

Strategien					Biologisches Verhalten										Vorkommen						Pflanzengesellschaften			Literatur			
LF	BD	WT	RO	KS	DA	VA	FS	MA	BZ	BS	MV	SU	DG	GI	GV	LR	EG	AE	EM	VE	1	2	3	BL	SL	TB	SEN
g-h	s	3.5	Rh Wv	ccs	Me	Sr	zw		4-6		–		2	e	E2c	6.2 6.7	–	I	2	>			9.12	k m			5429
h	w		Rh	ccs	Bo Hy	Sr	zw		6-8		1		2	tg h	B6		–	I/A	2	>							5430
h	w		Rh	ccs	Bo Hy	Sr	zw		6-8	ve	1	2	2	tg h e	C2c	1.3 1.4 4.2 7.2	5	I/A	2	>			11.311				5431
h	w		Rh	ccs	Bo Hy	Sr	zw		6-8		1		2	tg h	D3a	1.3 1.4 4.2 7.2	–	I	2	>			6.113	c i l		E	5432
h	w		Rh	ccs	Bo Hy	Sr	zw		6-8	me ve	1		2	tg h	B6	1.3 1.4 4.2 7.2	5	I	2	=			6.113				5433
h	t		Wv	crs	Bo	Sr	zw	p9	6-8		–		2	tg	C1		–	I/N	2	=							5434
h	t		Wv	crs	Bo	Sr	zw		6-8	my	–		3	tg	C2	2.2 2.5 3.3 3.5	3	I/N	2	=	3.351	3.362					5435
h	t		Wv	css	Bo	Sr	zw	p3	6-8	my me	–		3	tg	E2	2.5 3.3 3.5	2	I	1	=			3.362				5436
c-h	w		Wh	crs	Bo	Sr	zw		5-7	??	–		2	tg	E2a	3.2 3.3 6.2 9.1	–	I	1	=			3.362	k m			5437
h	s	1	Rk	ccs	Bo Dy	Sr	zw	r4	6-8	au me my ve	–		2	tg h	B3	2.3 2.5 2.6 9.2	1	I	2	=	14.73	3.351					5438
t	s		–	rrr	Bo	Kv	zw		5-7	au	–		3	tg?	D1	2.2 2.3 2.5 3.2	–	I	3	=			5.13	k m			5439
h	s		Rh	ccs	Bo	Sr	zw		6-9	me	–		2	tg?	B6	2.4 2.6 7.2 9.2	–	I	2	=			11.51	c i k	767		5440
h-k	t		Rh	crr	Bo	Sr	zw		4-6	me	–		2		D1	2.4 2.6 7.4 9.2	7	I	3	=			14.73				5441
g	w?		Rh	css	Me	Au	ve-di	r28	6-8	me	1		3		E2	3.3 6.2 6.5	2	I	1	=	3.312	10.211					5442
g	s		Rh	ccc	Me	Sr	ve-di		6-8	me	–		3		E2g	2.9 7.4 9.2	1	N	3	<			14.73				5443
h	s		Rs	crs	Ep Hy	Ao	ve-di	r5	6-9		1		3		B3		–	I/N	2	>							5444
h	s	1	Rs	crs	Ep Hy	Ao	ve-di		6-9	me ps my	1		3	h	B3	1.3 1.4 6.3 9.2	5	I	2	>	6.112	14.721	14.611				5445
h	s		Rs	crs	Ep Hy	Ao	ve-di		6-9	me	1		3		D4	1.4 6.3 7.2 9.2	–	I	2	>			11.321				5446
h	s		Rs	crs	Ep Hy	Ao	ve-di		6-9	en	1		3		D2	5.2 6.3 7.2 9.2	–	I/N	2	>			11.23				5447
t	w	3	–	crr	At Dy	Kv	zw		5-7	an	–		1	e	B6a	2.1 2.2 2.9	7	Ja	4	>			2.3			H	5448
t	s		–	rrs	Me	Kv	zw		5-6		–		3	mg	D1b	2.2	–	I/N	3	=			2.3	k m			5449
h	s	3	Rh	crs	Me	Ws	zw	p3	6-8	me	2		3	gg h	B6	6.7 7.4 9.1 9.3	6	I/N	3	=	11.1	14.81					5450
c	w	1	Rs	rss	Bo Hy	Au Kt	zw		6-7	my me hm le*	–		3	mg h e	B4	2.5 3.1 6.2 9.1	3	I/N	3	=	4.1	9.1					5451
c	w		Rs	sss	Bo	Sw	zw	p7	6-9	ca my me (le)	–		3	e	C1	3.1 3.2 6.2 9.1	3	I/A	3	=	3.31	3.241	4.1				5452
c	w	1	Fb Rs	sss	Bo	Kt	zw		7-8	hm my le*	–		2	h e	E1	3.1 3.2 6.5 6.6	2	I	1	=	3.341	8.111					5453
h-t	w		Fb Rs	css	Bo	Ao Kv	zw		6-8		–		2	e	F2a		–	I	1	=					296		5454
t	w		Fb Rs	css	Bo	Kv	zw		6-8		–		2	e	F2a*	3.2	–	I	1	=			3.2211	k m			5455
h	w		Fb Rs	css	Bo	Ao Sr	zw		6-8		–		2	e	F2a*	3.2	–	I	1	=			3.2114				5456
c	t		Rh	css	Bo	Sr	zw		7-9		–		2	e	E2b	3.2 3.3 7.1 8.1	2	I	1	=	4.122	3.34					5457
t	s	1	–	sss	Bo	Kv	zw		7-8	au (my) (hm)	–		2	e	D5	2.2 3.1 3.2 3.3	2	I	3	=	4.122	3.221					5458
t	s		Fb	rss	Bo	Kv	zw		6-8	au	–		2	e	E1		–	I	1	=							5459
t	s		Fb	rss	Bo	Kv	zw	r2	6-8		–		2	e	E1	3.2 3.3 6.5 6.6	2	I	1	=	3.331	9.113					5460
t	s		Fb	rss	Bo	Kv	zw		6-8		–		2	e	E2c	3.2 3.3 6.5 6.6	–	I	1	=			3.31	c k l		E	5461
t	s w		–	rrs	Bo	Kv	zw	p2	6-7	??	–		2	e	D1	2.3 3.2 7.4	3	I	3	=			5.13				5462
c	w	1	Fb Rs	sss	Bo	Kt Sw	zw	p5	5-8	au hm my	–		2	e	C2	3.1 3.2 3.3	3	I/A	3	=	3.211	3.241					5463
c-h	w?		Fb Rs	sss	Bo	Sr	zw		5-7		–		1	e	D1a	3.2 3.3	–	I	1	=			3.221				5464
t	w		–	sss	Bo	Kv	zw		6-7	hm my	–		2	e	C2b	2.2 3.2 3.3 9.2	3	I/N	3	<			3.2				5465
c	t		Wh	css	At Bo	Kt	zw		5-9		–		3	e	A4c	2.2 2.5 2.9 3.2	–	N	4	<	3.241			c g m			5466
c	w		Rs	sss	Bo	Kt	zw		6-7		–		2	e	E2d	2.2 3.2 3.3	–	I	2	=			3.22	k m			5467
t	s		–	css	Bo	Kv	zw		6-7	en	–		2	e	C2c	2.1 2.2 3.1 3.2	3	A	3	>			4.1				5468
c	w		Rs	sss	Bo At	Kt	zw	p6	7-9	my me ps (au)	–		3	e	C1		–	I/N	3	=					295	B D	5469
c	w		Rs	sss	Bo At	Kt	zw	p8	7-9		–		3	e	C2b	3.1 3.2 3.3 6.1	3	I	2	=			4.1				5470
c	w		Rs	sss	Bo At	Kt	zw		7-9		–		3	e	D2	3.1 3.2 3.3 6.2	–	I	2	=			4.1				5471
c	w	2	Rs	sss	Bo At	Kt	zw		7-9		–		3	e	E2b	3.1 3.2 3.3 6.2	6	I	3	=	9.1	4.121	3.31				5472
c	w		Rs	sss	Bo At	Kt	zw		7-9		–		3	e	D3a	3.1 3.2 3.3 6.2	6	I	3	=	4.121	4.131					5473
c	w		Rs	sss	Bo	Kt	zw		7-9		–		3	e	C2	3.1 3.2 3.3 6.2	3	I	2	=			4.131				5474
c	w		Rs	sss	Bo At	Kt	zw		7-9		–		3	e	D1b	3.1 3.2 3.3	3	I/N	2	=			4.131	c k		E	5475
c	w	3	Rs	css	Bo At	Kt	zw		6-7		–		3	e	A4b	2.5 2.9 3.2	3	N	3	<			3.241				5476
c	w	1	Rs	sss	Bo	Kt	zw		6-8	en (au)	–		3	e	D3a	3.1 6.2 9.1 9.3	3	I	3	=	4.131						5477
c	t		Rs	css	Bo At	Ao	zw		6-7		4		4	e	A4a		–	N/Nw	3	<					801		5478
c	t		Rs	css	Bo At	Ao	zw		6-7	en	4		4	e	A4a	2.2 2.9 3.2	3	Nw	3	<			4.1			H	5479
c	t		Rs	css	Bo At	Ao	zw		6-7		4		4	e	E2i	2.9 6.3	–	N	3	<			?			H	5480
h	s		Rk Wv	css	Bo	Sr	zw	d	6-9	my me hm	1		2	e	B4		–	I/N	3	=							5481
h	s		Rk Wv	css	Bo	Sr	zw		6-8		1		2	e	E5	2.9 3.2 3.3 9.2	1	I/N	2	>	4.122	11.512				B	5482
h	s	1	Rk Wv	css	Bo	Sr	zw		7-9		1		2	h e	D3a	2.9 3.2 3.3 9.2	3	I	3	=	3.3	14.811					5483
h	s		Rk Wv	css	Bo	Sr	zw		8-9		1		2	h e	B4	2.9 3.2 3.3 9.3	3	I	3	=	3.3	11.112	2.312				5484
t	w		–	rrs	Bo	Kv	zw		6-8	my	–		2	e	D5	3.3 4.1 5.1	5	I	2	>	7.111						5485
c	i		Rs	css	Me	Kt	di		4-8		–		3		C2	3.2 4.2	–	I	2	>			3.2	k m			5486
c	i		Rs	css	Me	Kt	di		6-8		2		3		B4b	3.2 6.5 9.1 9.2	2	I	2	>			10.421				5487
c	i		Rs	css	Me En	Kt	di		6-8		3		2		B3	4.1 5.1 6.5 9.1	2	I	2	>*	11.244	7.2	10.211				5488
h	s	2.5	Wv	css	Me	Sr	ve		7-9	hm	2		2		B6	1.3 6.3 7.4 9.2	6	I/A	2	>	11.23	14.733					5489
c	i		Wv	sss	Bo	Ao	zw		5-9	au my me le	–	1	2		E2b		–	I	2	=							5490
c	i	1	Wv	sss	Bo	Ao	zw	d	6-9		–	1	2		E3	3.1 3.2 6.2 6.5	2	I	1	=	3.341	4.122				B	5491
c	i		Wv	sss	Bo	Ao	zw		5-8		–	1	2		E2b	3.1 3.2 6.2 6.5	–	I	1	=			4.122	c k m			5492
c	i		Wv	sss	Bo	Ao	zw		7-9		–	1	2		F4a*	3.1 3.2 3.3 6.5	–	I	1	=			4.122	c k m			5493
c	i		Wv	sss	Bo	Ao	zw		6-8		–	1	2		F3a	3.1 3.2 6.5	2	I	1	=	4.122						5494
c	i		Wv	sss	Bo	Ao	zw		7-9	au me	–	1	2		E1		–	I	1	=						B	5495
c	i		Wv	sss	Bo	Ao	zw		7-9		–	1	2		E2e	3.1 3.2 3.3 6.5	–	I	1	=			4.122	k m			5496
c	i	4	Wv	sss	Bo	Ao	zw	p4	7-9		–	1	2		E1	3.1 3.2 3.3 6.5	2	I	1	=	4.122	10.4					5497
c	i		Wv	sss	Bo	Ao	zw		7-9		–	1	3		F8	3.1 3.2 3.3 6.5	–	I	1	=			4.122	c m			5498
c	i		Wv	sss	Bo	Ao	zw		6-8		–	1	2		F4b*	3.2 6.2	–	I	1	=			9.117	c m			5499
c	i		Wv	sss	Bo	Ao	zw	d	6-9	ca me le (ca)*	–	1	2	e	E1		–	I/Jn	3	=						B H	5500
c	i	2	Wv	sss	Bo	Ao	zw		7-8		–	1	2	h e	F5	3.1 3.2 6.2 6.5	2	I	2	=	10.211	4.122		f h m			5501
c	i		Wv	sss	Bo	Ao	zw		7-8		–	1	2	e	F2a	3.1 3.2 3.3 6.2	–	I	2	=			9.14	k m			5502
c	i		Wv	sss	Bo	Ao	zw		6-9		–	1	2	e	E2a	3.1 3.2 6.2 6.5	–	I	2	=			4.12			E	5503
c	i		Wv	sss	Bo At	Ao	zw		6-9		–	1	3	h e	D3	3.1 3.2 3.3 6.2	2	Jn	3	=			4.12			E	5504
c	i		Wv	sss	Bo	Ao	zw	d	7-8	me my le (au?)	–	1	2		F7	3.1 3.2 6.2 6.5	2	I	2	=	10.421						5505
c	t		Rh	css	Me	Au	ve		7-9		2		2	mg	E4c		–	I	2	=						B	5506
c	t	1.5	Rh	css	Me En	Au	ve	r9	7-9	le my (ca)	2		2	mg	E4c	6.5 7.1 8.2 9.1	2	I	2	=	10.421	12.313	14.211				5507
c	t		Rh	css	Me	Au	ve		7-9	le	2		2	mg	F4a	3.3 6.5 7.1 8.2	–	I	2	=			12.31	c f k		E	5508
h	s		Rh	ccs	Me	Sr	ve		6-9		2		3	mg	A4b	2.3 2.9 9.2	–	N	3	<			?	g			5509
c	t		Rh	css	Me	Sr	ve		6-8		2		2	mg	D2	2.2 6.4 6.7 7.1	–	I	1	=			10.112	f m			5510
h	t		Rh	ccc	Me Dy	Sr	ve	r3	7-9	my le me	2		3	gg	E4		–	I/N	3	=							5511
h	t		Rh	ccc	Me Dy	Sr	ve		7-9		2		3	gg	F7	2.4 4.1 7.2 8.1	2	I	2	=	5.121						5512
h	t	2.5	Rh	ccc	Me Dy	Sr	ve		7-9		2		3	gg	E4	2.4 4.2 6.3 7.2	–	I/N	3	=			11.5	c f k			5513
z	t		Wh	ccs	Me	Sr	ve		8-10		–		2	mg	A3a	2.2 2.7	–	N	4	<			?	k m			5514
c	i		Wh	ccs	Me	Kv	ve		5-9		–		2	mg h	C2a	2.7 2.9 3.2	–	I/N	4	<			3.2	g k m			5515
h	w		Rh	ccs	Me	Sr	ve		6-9	my me (ca)	–		3	mg	D1		–	I	2	>					283		5516
h	w		Rh	ccs	Me	Sr	ve		7-9		–		3	mg	D1	1.3 1.4 6.3 9.2	–	I	2	>			11.23	c k m			5517

Nummern			Taxa			Klima						Boden												
SEN	SIN	FAN	Gattung	Aggregat/Einzelart	Kleinart	T	v	K	v	L	v	F	v	W	R	v	N	v	S	M	H	v	D	v
5518	–	124.48.11	Senecio		fontanicola	4	I	3	I	3	I	4.5	I	3	5	I	2	I			5	I	1	I
5519	–	124.48.10	Senecio		umbrosus	4	I	4	I	4	I	2.5	II	2	4	I	3	I			3	II	3	II
5520	–	–	Senecio	doronicum aggr.		2	II	4	I	4	I	2.5	I	1	4	I	2	I			3	II	3	I
5521	388200	124.48.14.1	Senecio		doronicum	1.5	I	4	I	4	I	2.5	I	1	4	I	2	I			3	II	3	I
5522	–	124.48.14.2	Senecio		gerardii	2.5	I	4	I	4	I	2.5	I	1	4	I	2	I			3	II	3	I
5523	388700	124.48.4	Senecio	halleri		1	I	5	I	5	I	2	I	1	2	I	2	I			3	I	3	I
5524	389000	124.48.5	Senecio	inaequidens		4.5	II	2	I	4	I	2	II	3	3	I	3	I			3	II	3	I
5525	–	–	Senecio	incanus aggr.		1	II	4	II	5	I	2	II	1	2	I	2	I			3	II	3	II
5526	389200	124.48.2.2	Senecio		carniolicus	1	I	4	I	5	I	2	I	1	2	I	2	I			3	I	3	I
5527	389100	124.48.2.1	Senecio		incanus	1	I	4	I	5	I	2	I	1	2	I	2	I			3	I	3	I
5528	389300	124.48.2.3	Senecio		insubricus	1	I	4	I	5	I	1.5	I	1	2	I	2	I			3	I	5	I
5529	–	124.48.3	Senecio		personii	1.5	I	3	I	5	I	2	I	1	2	I	2	I			1	I	5	I
5530	–	–	Senecio	jacobaea aggr.		4	I	2	II	4	I	x	–	3	x	–	3	II			3	I	1	I
5531	387700	124.48.18	Senecio		aquaticus	4	I	2	I	4	I	4	I	3	3	I	3	I			5	II	1	I
5532	388300	124.48.19	Senecio		erraticus	4	I	2	I	4	I	4	I	3	3	I	3	I			5	II	1	I
5533	388400	124.48.20	Senecio		erucifolius	4	I	3	I	4	I	2.5	I	3	4	I	3	I		m	3	I	1	I
5534	389600	124.48.17	Senecio		jacobaea	4	I	2	I	4	I	3	I	3	3	I	3	I			3	I	1	I
5535	–	–	Senecio	nemorensis aggr.		3	II	x	–	3	II	3	II	1	3	II	4	I			5	II	3	II
5536	–	124.48.8.2	Senecio		alpestris	2.5	I	2	I	4	I	3	I	1	4	I	4	I			3	I	3	I
5537	387800	124.48.9	Senecio		cacaliaster	2.5	I	2	I	3	I	3.5	I	1	3	I	4	I			5	I	3	I
5538	–	124.48.6.2	Senecio		germanicoglabratus	3	I	3	I	3	I	3	I	1	4	I	4	I		m?	5	I	3	I
5539	–	124.48.6.1	Senecio		germanicus	2.5	I	4	I	3	I	3	I	1	4	I	4	I		m	5	I	3	I
5540	388900	124.48.7	Senecio		hercynicus	2	I	2	I	3	I	3.5	I	1	3	I	4	I		m?	5	I	1	I
5541	389800	124.48.8.1	Senecio		ovatus	3	I	2	I	2	I	3.5	II	2	3	I	4	I		m	5	I	3	I
5542	–	–	Senecio	paludosus aggr.		4	II	x	–	4	I	5	I	2	3	I	3	I			5	I	3	II
5543	389900	–	Senecio		immunis	4	I	2	I	4	I	5	I	2	3	I	3	I			5	I	1	I
5544	–	124.48.13	Senecio		paludosus	4	I	4	I	4	I	5	I	2	3	I	3	I			5	I	1	I
5545	–	–	Senecio	rupestris aggr.		x	–	4	II	4	I	2.5	II	1	3	II	4	I			3	I	3	I
5546	–	124.48.23	Senecio		gallicus	4.5	I	4	I	4	I	2	I	1	3	I	4	I			3	I	3	I
5547	390000	124.48.21	Senecio		rupestris	2.5	I	4	I	4	I	3	I	1	3	II	4	I			3	I	3	I
5548	390350	124.48.24	Senecio		vernalis	4	I	5	I	4	I	2	I	1	3	I	4	I	s		3	I	3	I
5549	–	–	Senecio	sarracenicus		4	I	4	I	3	I	5^	I	3	3	I	4	I			3	I	3	I
5550	390200	124.48.25	Senecio	sylvaticus		3.5	II	4	I	3	I	3	I	1	2	I	4	I		m	5	I	3	I
5551	390400	124.48.26	Senecio	viscosus		2.5	II	4	I	4	I	2.5	I	1	3	II	3	I		m	1	I	3	I
5552	390500	124.48.27	Senecio	vulgaris		3.5	I	3	I	4	I	3	I	1	4	II	4	I		m	3	I	3	I
5553	–	–	Serapias	cordigera aggr.		5	I	3	I	5	II	2	II	3	3	II	2	I			3	I	1	II
5554	–	–	Serapias		cordigera	5	I	3	I	5	II	2	II	3	2	I	2	I			3	I	1	II
5555	–	–	Serapias		neglecta	5	I	3	I	5	II	2	II	3	3	I	2	I			3	I	1	II
5556	390600	148.24.2	Serapias	lingua		5	I	2	I	4	I	2.5	I	3	4	I	2	I			3	I	1	I
5557	390700	148.24.1	Serapias	vomeracea		5	I	3	I	4	I	2.5	I	3	3	I	2	II			3	I	1	I
5558	–	124.65.3	Serratula	lycopifolia		4	I	4	I	4	I	2	I	2	4	I	2	I			3	I	1	I
5559	390900	124.65.2	Serratula	nudicaulis		3	I	3	I	4	I	2	I	2	5	I	2	I			3	I	3	I
5560	–	–	Serratula	tinctoria aggr.		x	–	4	I	4	I	3.5	I	3	4	I	2	I			5	II	1	I
5561	391100	124.65.1.2	Serratula		macrocephala	2	I	4	I	4	I	3.5	I	3	4	I	2	I			5	II	1	I
5562	391000	124.65.1.1	Serratula		tinctoria	3.5	I	4	I	4	I	3.5	I	3	4	I	2	I		m	5	II	1	I
5563	–	–	Seseli	annuum aggr.		x	–	4	I	4	I	1	I	1	4	I	2	I			3	I	3	II
5564	391300	97.20.8.1	Seseli		annuum	4.5	I	4	I	4	I	1	I	1	4	I	2	I		m	3	I	5	I
5565	391400	97.20.8.2	Seseli		carvifolium	2.5	I	4	I	4	I	1	I	1	4	I	2	I			3	I	3	I
5566	391600	97.20.11	Seseli	hippomarathrum		4.5	I	5	I	4	I	1	I	1	5	I	2	I			3	I	5	I
5567	391700	97.20.1	Seseli	libanotis		3	I	4	I	4	I	2	I	2	4	I	2	I		m	3	I	5	I
5568	–	–	Seseli	longifolium aggr.		x	–	4	II	4	II	1.5	II	3	4	II	2	I			3	I	1	II
5569	–	97.20.6	Seseli		austriacum	3	I	4	I	4	I	1.5	I	1	5	I	2	I		m	3	I	5	I
5570	–	97.20.5	Seseli		kochii	4	I	4	I	4	I	1	I	1	5	I	2	I			3	I	5	I
5571	–	97.20.4	Seseli		longifolium	4.5	I	3	I	5	I	2	II	3	4	I	2	I			3	I	1	II
5572	–	97.20.7	Seseli		osseum	4.5	I	4	I	4	I	1.5	I	1	4	II	2	I			3	I	5	I
5573	–	–	Seseli	montanum aggr.		4.5	II	4	II	4	I	1.5	II	1	4	II	2	I			3	I	3	II
5574	–	97.20.3	Seseli		galloprovinciale	4.5	I	3	I	4	I	1.5	I	1	5	I	2	I			3	I	3	II
5575	391800	97.20.2	Seseli		montanum	4.5	II	4	II	4	I	2	I	1	4	I	2	I			3	I	3	I
5576	391900	97.20.10	Seseli	pallasii		5	I	4	I	4	I	1	I	1	4	I	2	I			3	I	5	I
5577	–	97.20.9	Seseli	tortuosum		5	I	3	I	5	I	1.5	I	1	4	I	2	I	s		3	I	3	II
5578	–	–	Sesleria	autumnalis aggr.		3.5	II	4	II	x	–	2.5	II	1	4	II	3	II			3	I	3	II
5579	–	139.16.5	Sesleria		argentea	3	II	3	I	4	II	2	I	1	3	II	2	I			3	I	3	II
5580	–	139.16.4	Sesleria		autumnalis	4	II	4	I	2	II	2.5	I	1	4	I	3	I		m	3	I	3	I
5581	–	–	Sesleria	caerulea aggr.		2.5	II	4	II	4	II	x	–	x	4	II	2	II			3	II	x	–
5582	392200	139.16.6	Sesleria		caerulea	2	II	4	I	4	I	2	II	2	4	II	2	I		m	3	I	5	I
5582a	–	–	Sesleria		juncifolia	2.5	II	4	I	4	I	1.5	I	1	5	I	2	I			3	II	5	II
5583	–	–	Sesleria		kalnikensis	3.5	I	3	I	4	I	2	I	1	4	I	2	I			5	I	3	II
5584	–	139.16.3	Sesleria		sadleriana	3	II	4	I	4	II	2	I	1	5	I	3	I			5	I	1	I
5585	–	139.16.7	Sesleria		uliginosa	3	II	4	I	4	I	4	I	3	4	I	2	I	s		5	I	1	I
5586	392400	139.16.1	Sesleria	ovata		1	I	4	I	5	I	2	I	1	5	I	1	I			1	I	5	I
5587	392500	139.16.2	Sesleria	sphaerocephala		1.5	I	4	I	5	I	2	I	1	5	I	1	I			1	II	5	I
5588	–	–	Setaria	geniculata		5	I	3	I	4	I	3.5	II	3	3	I	2	I	s		3	I	1	I
5589	393200	139.76.1	Setaria	pumila		4	I	4	I	4	I	2	I	1	3	I	4	I		m	3	I	3	I
5590	–	–	Setaria	viridis aggr.		4	II	3	II	4	I	2.5	II	1	4	II	4	I			3	II	3	I
5591	–	–	Setaria		adhaerens	5	I	4	I	4	I	2.5	I	2	3	I	4	I			3	I	3	I
5592	–	139.76.2	Setaria		faberi	4.5	I	3	I	4	I	2.5	I	1	3	I	4	I			3	I	3	I
5593	393100	139.76.5	Setaria		italica	5	I	3	I	4	I	2	I	1	4	I	4	I			3	I	3	I
5594	393300	139.76.3	Setaria		verticillata	5	I	4	I	4	I	2.5	I	1	3	I	4	I			3	I	3	I
5595	393400	139.76.6	Setaria		verticilliformis	5	I	3	I	4	I	2	I	1	3	I	4	I			3	I	3	I
5596	393500	139.76.4	Setaria		viridis	4	I	3	I	4	I	2.5	I	1	4	I	4	I			3	II	3	I
5597	393600	119.1.1	Sherardia	arvensis		4	II	4	I	4	I	2.5	I	2	4	I	3	I	s	m	3	I	3	II
5598	393700	63.14.1	Sibbaldia	procumbens		1	I	1	I	4	I	3	I	1	2	I	3	I			3	I	3	I
5599	–	51.8.1	Sicyos	angulatus		5	I	2	I	4	I	4	I	3	3	I	4	I			3	II	1	I
5600	–	–	Sida	spinosa		5	I	1	I	4	I	2	I	3	3	I	4	I			1	I	3	I
5601	–	108.5.1	Sideritis	hirsuta		5	II	3	I	5	II	1.5	I	1	3	II	2	I			3	I	3	II
5602	393800	108.5.2	Sideritis	hyssopifolia		2.5	I	4	I	4	I	2	I	1	5	I	2	I			1	I	5	I
5603	393900	108.5.3	Sideritis	montana		5	I	4	I	4	I	1	I	1	4	I	4	I			3	I	3	I
5604	–	108.5.4	Sideritis	romana		5	I	3	I	5	I	1.5	I	1	4	II	2	I		m	3	I	3	II
5605	394200	97.27.1	Silaum	silaus		3.5	II	3	I	4	I	3.5	I	3	4	I	2	I	s		5	II	1	I

Strategien					Biologisches Verhalten										Vorkommen						Pflanzengesellschaften			Literatur			
LF	BD	WT	RO	KS	DA	VA	FS	MA	BZ	BS	MV	SU	DG	GI	GV	LR	EG	AE	EM	VE	1	2	3	BL	SL	TB	SEN
h	w		Rh	ccs	Me	Sr	ve		6-7		–		3	mg	F4b*	5.1	–	I	2	>			7.2312	c	653		5518
h	w		Rh	ccs	Me	Sr	ve		7-9		–		3	mg	E4	2.6 7.4 9.1 9.2	–	I	2	>			11.513?	c m			5519
h	s		Rh	css	Me	Sr	ve		6-8	my le (hm)*	2		2	mg	E1		–	I	1	=							5520
h	s	3	Rh	css	Me	Sr	ve	r9	7-8		2		2	mg	E1	3.3 6.5 7.1 8.2	2	I	1	=	3.31	10.211	10.421				5521
h	s		Rh	css	Me	Sr	ve		6-8		2		2	mg	E2b	3.2 6.2 6.5 9.3	–	I	1	=			9.141	k m			5522
h	w		Rh	css	Me	Sr	ve		7-9	en?	–		2	mg	F3a	2.5 3.2 3.3 6.5	2	I	1	=	10.411	3.341					5523
c	w		Wh	crs	Me	Kv	ve	p2	4-11	en	2		4	mg	A3a	2.1 2.2 2.5 3.2	7	Ns	3	<			5.1				5524
h	w		Rh	css	Me	Sr	ve	p9	6-9	my	2		2	mg	E1		–	I	1	=							5525
h	w		Rh	css	Me	Sr	ve		7-9	ca my le	2		2	mg	E4a	3.2 3.3 7.1	2	I	1	=	10.412	10.421					5526
h	w		Rh	css	Me	Sr	ve		7-9		2		2	mg	E2d	3.2 3.3 6.5 7.1	2	I	1	=	10.412	10.421					5527
h	w		Rh	css	Me	Sr	ve		7-9		2		2	mg	F3b	3.2 3.3 6.5 7.1	2	I	1	=			10.411				5528
h	w		Rh	css	Me	Sr	ve		6-8		–		2	mg	F2a*	3.2 3.3	–	I	1	=			3.2212	k m			5529
k	s w		Rh	crs	Me	Au Sr	ve		6-10		2		3	gg	B6		–	I	3	<>					678	B	5530
k	w		Rh	crs	Me	Sr	ve		6-10	my	2		3	mg	D2	1.4 5.1 6.3 9.2	5	I	3	=	11.233				625		5531
k	w		Rh	crs	Me	Sr	ve		6-10	en	2		3	mg	D1	4.2 6.3 7.2 9.2	5	I	3	>			11.321				5532
h	s		Rh	crr	Me	Au	ve		6-10	me (my)	2	3	3	mg	B6	2.1 2.6 6.3 6.7	6	I	3	<			5.1				5533
h-k	t	2.5	Rh	crr	Me	Sr	ve		6-10	ca my me ps*	2	3	3	gg	B6	2.2 6.3 6.7 7.4	6	I	3	<	11.241	11.243	9.135				5534
h	s		Rh	ccs	Me	Au Sr	ve		6-9	au my me le*	–		3	mg	B4b		–	I	2	=					329, 608	B	5535
h	s		Rh	ccs	Me	Au	ve		7-9		–		3	mg	E3b	2.6 4.2 6.7 7.2	–	I	2	=			11.41	i l	113		5536
h	s		Rh	ccs	Me	Sr	zw		6-8		–		3	mg	E2	7.2 8.1 9.1 9.2	–	I	2	=			11.5	a f k			5537
h	s		Rh	ccs	Me	Au	ve		7-9		–		3	mg	E4c	2.4 2.6 4.2 7.2	–	I	2	=			11.4	c l			5538
h	s		Rh	ccs	Me	Sr	ve		7-9		–		3	mg	D4	2.6 4.2 6.7 9.2	–	I	2	=			11.4	c l			5539
h	s		Rh	ccs	Me	Au	ve		7-9		–		3	mg h	E5	2.6 7.2 9.1 9.2	2	I	2	=	14.312	14.735	11.514	a c h	113		5540
h	s	3	Rh	ccs	Me	Au	ve		7-9		–		3	mg h	D3a	2.6 4.2 6.7 7.2	1	I	2	=	13.321	14.3122	14.735	a c h			5541
h	s		Rh	css	Me	Au	ve		6-9	my ca	2		3	mg	B6		–	I	1	>					341	B	5542
h	s		Rh	css	Me	Au	ve		6-9		2		3	mg	D2	1.3 2.5 6.3 9.1	5	I	1	>	6.112						5543
h	s		Rh	css	Me	Au	ve		6-9		2		3	mg	D4	1.3 2.5 6.3 9.1	–	I	1	>	11.31	6.112					5544
h-t	w s		–	rrr	Me	Kv	ve	p2	3-11	en au?	–		2	mg	B6		–	I/N/Nw	3	<							5545
t	w s?		–	rrr	Me	Kv	ve		3-6		–		2	mg	C2a	2.1 2.2 2.5 6.2	–	I/N	4	=			2.3	k m			5546
h-t	w s		–	rrs	Me	Kv	ve		6-9		–		2	mg	E4	2.4 2.6 3.2 3.3	7	I/Nw	3	<	2.34	5.121					5547
t	w s	1.5	–	rrr	Me	Kv	ve		5-11	ca my	–		2	mg	A4c	2.1 2.2 6.3 9.1	7	N	3	>			2.3				5548
g	s		Rh	ccs	Me	Au	ve		6-9		2		3	mg	B6	7.2 7.5 9.2	–	I	2	>			11.311	c i l			5549
t	w		–	crr	Me	Kv	ve		6-8	au (my) (hm)	–		3	mg	B6	2.2 2.6 6.7	1	I	2	>	11.411						5550
t	s		–	rrs	Me	Kv	ve		6-9	au (me)	–	3	3	mg	D3	2.2 2.4 2.6 3.3	7	I/N	4	<			3.22				5551
t	w s	1.5	–	rrr	Me	Kv	ve	p1	2-11	au (my) (me)*	–	2	3	gg h	C2b	2.1 2.2 2.5 2.6	7	A	4	=	2.3						5552
g	s		Wk	crs	Me	Kv	zw		3-6		2		1		C2		–	I	2	>							5553
g	s		Wk	crs	Me	Kv	zw		4-6		2		1		C2	2.1 6.1 6.3 7.3	–	I	2	>			4.221	k m			5554
g	s		Wk	crs	Me	Kv	zw		3-4		2		1		C2a	2.1 2.2 6.1 7.3	–	I	2	>			4.22	k m			5555
g	s		Wk	crs	Me	Kv	zw		3-6	en	2		1		C2	2.1 6.2 6.3 7.3	–	I	2	>			4.22				5556
g	s		Wk	crs	Me	Kv	zw		4-6	me	2		1		C2	2.1 6.2 6.3 7.3	6	I	2	>			11.221				5557
h	t		Rh	crs	Me	Au	ve		6-7	??	2		1		D4	6.2 6.3 6.7 7.4	–	I	2	>			11.111	c k m			5558
h	t		Rh	css	Me	Sr	ve		6-7		2		1		E2b	3.2 3.3 6.2	–	I	2	=			9.14	a f k			5559
h	s		Rh	ccs	Me	Sr	ve zw		7-9	me ps my	2		1	h	B6		–	I	2	>							5560
h	s		Rh	ccs	Me	Sr	zw		7-9		2		1	h	E3b	5.1 6.5 7.2 8.2	2	I	1	>			10.212				5561
h	s	2.5	Rh	ccs	Me	Sr	ve		7-9		2		1	h	B6	5.1 6.3 9.2 9.3	5	I	2	>	11.23	14.81101	14.733				5562
k-t	s		Wv	crs	Bo	Kv	zw	p4	6-10	en	2		2	mg	D1		–	I/A	2	>							5563
k-t	s	2.5	Wv	crs	Bo	Kv	zw		7-10		2		2	mg	D1	6.2 6.7 9.1 9.3	6	I/A	2	>			9.1				5564
k-t	s		Wv	crs	Bo	Kv	zw		6-9		2		2	mg	F2	2.2 6.2 6.7 7.4	–	I	2	>			9.1	a f k			5565
h	s	3	Wv	ccs	Bo	Sr	zw	p17	7-9	en	–		2		D4	3.2 6.2	–	I	2	>	9.112	9.131		a f l			5566
h-k	s	3.5	Wv	ccs	Bo	Sr	zw	r16	7-9	ca my	2		2	e	D3	3.2 6.2 6.7 7.3	6	I	2	>	11.111	10.21				A	5567
h-k	t		Wv	ccs	Bo	Sr	zw		7-10		2		2		D1b		–	I	2	=>							5568
h-k	t		Wv	ccs	Bo	Sr	zw		8-10		2		2		E4a	3.2 6.2	–	I	2	=			9.132	c k			5569
h-k	t		Wv	ccs	Bo	Sr	zw		8-10		2		2		E2c	6.2 6.7 7.4 9.2	–	I	2	=			9.1	k m			5570
h-k	t		Wv	ccs	Bo	Sr	zw		7-10		2		2		D1a	6.2 6.3 7.3 7.6	–	I	2	>			11.222	k m			5571
h-k	t		Wv	ccs	Bo	Sr	zw		7-10		2		2		D4	6.2	–	I	1	=			9.133	c m			5572
h	t		Wv	ccs	Bo	Sr	zw	d	7-10	ca my me ve*	2		2		D1		–	I	2	>							5573
h	t		Wv	ccs	Bo	Sr	zw		7-10		2		2		F2a	3.2 3.3 6.2 7.3	–	I	2	=			9.14		676		5574
h	t		Wv	ccs	Bo	Sr	zw		7-10		2		2		D1	6.2 6.7 7.3	6	I	2	>			9.13				5575
h-k	t		Wv	ccs	Bo	Sr	zw		7-9		2		2		D1b	3.2 6.2 6.7 7.4	–	I	2	>			9.11	a f k			5576
h-k	t		Wv	crs	Bo	Kv	zw		7-10		2		2	h	C2	2.2 3.3 6.2 7.3	–	I	2	=			9.221	k m			5577
h	w		Rs	ccs	Me	Au Ho	zw		5-7		2		4		E2		–	I	2	=							5578
h	w		Rs	ccs	Me	Au Ho	zw		5-7	an	2		4		E2b	3.2 3.3 6.2 9.1	–	I	2	=			9.14	k m			5579
h	w		Rs	ccs	Me	Au Ho	zw		5-9	an	2		4		E2a	3.2 6.7 7.4 9.3	–	I	2	=			14.81	k m			5580
h	t		Rs	ccs	Me En	Ho Sr	zw		3-7		2		4		E1		2	I	2	=						B	5581
c-h	t	2.5	Rs	ccs	Me En	Ho Sr	zw		4-7	an	2	3	4		D3	3.2 6.5 9.1 9.2	–	I	2	>*			10.2		168		5582
c-h	t		Rs	ccs	Me En	Ho Sr	zw		4-7	an	2		4		E2d	3.2 3.3 6.2 9.3	–	I	2	=			9.1		166a		5582a
h	t		Rs	ccs	Me	Ho Sr	zw		3-5	an	2		4		E2a	3.1 3.2 6.2 6.7	–	I?	2	=			9.121	k m			5583
h	t		Rs	ccs	Me En	Ho Sr	zw		3-7	an	2		4		E4a	3.2 6.2	–	I	2	=			9.116	c k m			5584
h	t		Rs	ccs	Me En	Ho Sr	zw		4-7	an	2		4		D4	5.1 6.3	–	I	2	>			11.231	c i k			5585
h	w		Rs	css	Me	Au Ho	zw		7-8	an	1		4		F7	3.2 3.3 6.5	–	I	1	=			3.331	c f k			5586
h	w?		Rs	css	Me	Ho Sr	zw		7-8	an	1		3		F4	3.2 3.3 6.5	2	I	1	=	10.211	3.211					5587
h	t		Rh	crs	Dy	Sr	zw		7-9	an	2		3	e	A1	2.2	–	N	4	<			11.21?	c m			5588
t	s	2.5	–	rrr	Dy	Kv	zw		7-10	an	–	4	2	e	A4a	2.1 2.2 2.5 2.7	7	A	4	<			2.322				5589
t	s		–	crr	Dy	Kv	zw		7-9	an	–		2	e	A4		–	I/A/N/Ja	4	=					27	B	5590
t	s		–	crr	Ep	Kv	zw		5-8	an	–		3		C2	2.1 2.2	–	I/N	4	=			2.3		43		5591
t	s		–	rrr	Dy	Kv	zw		6-9	an	–		3	e	A4b	2.1 2.2	–	N	4	<			2.322	c l			5592
t	s		–	crr	Dy At	Kv	zw		7-9	an	–		2	e	C2b	2.1 2.2 2.9	7	Ja	4	=			2.33			H	5593
t	s	2.5	–	crr	Ep	Kv	zw		6-9	an	–	4	2	e	A0	2.1 2.2 2.5 2.7	7	A	4	=			2.322		43		5594
t	s		–	crr	Dy	Kv	zw		7-9	an	–		2	e	C2b?	2.1 2.2 2.7	7	A?	4	=			2.322				5595
t	s	1.5	–	crr	Dy	Kv	zw		7-9	an	–	4	2	e	C2b	2.1 2.2 2.5 2.7	7	A	4	<			2.322				5596
t	s w	1.5	–	rrr	Ep	Kt Kv	di zw	p3	5-10	au my me	3	3	2		C2	2.1 2.2 2.7 6.2	7	I/A	4	>/<			2.31				5597
c-h	w		Rh	css	En Bo	Sr	zw	r24	6-7	au my hm	2		2		B5	3.2 3.3 6.5 6.6	2	I	1	=	8.111						5598
t.li	s		–	crr	Ep	Kv	ve		6-9	me ve my	–		3		A2c	2.5 2.9 7.2 2.9	–	N	4	<			11.311	c i k			5599
t	s		–	rrr	Ep	Kv	zw		6-10		–		2		A1	2.2	–	N	5	<			2.3				5600
z	t		Wh	css	Ep	Sr	zw		7-8		–		3		C2a	2.2 2.5 6.2 7.3	–	I	2	=			12.4	k m			5601
g-z	t		Wh	css	Ep	Sr	zw	p15	7-9	me (le) (my)	–		2		E2b	3.2 3.3 6.2 6.5	3	I	1	=	10.21	9.14					5602
t	s		–	crs	Ep At	Kv	cl zw		7-8	au	–		2		C2b	2.1 2.2 6.1 6.2	6	I	2	=			4.211				5603
t	s		–	crr	Ep	Kv	zw		6-8	??	–		2		C2	2.2 6.1 6.2 7.3	–	I	2	=			4.211	k m			5604
h	s	3	Wv	ccs	Me	Sr	zw		6-9	hm (me)	3		1	h e	D3	5.1 6.3 7.4 9.2	5	I/A	3	>	11.23	9.135					5605

Nummern			Taxa			Klima						Boden												
SEN	**SIN**	**FAN**	**Gattung**	**Aggregat/Einzelart**	**Kleinart**	**T**	**v**	**K**	**v**	**L**	**v**	**F**	**v**	**W**	**R**	**v**	**N**	**v**	**S**	**M**	**H**	**v**	**D**	**v**
5606	–	–	**Silene**	**acaulis aggr.**		1	I	3	II	5	I	2.5	II	1	3	II	1	I			1	I	5	I
5607	394300	38.22.21	**Silene**		**acaulis**	1	I	3	I	5	I	3	I	1	4	II	1	I		m	1	I	5	I
5608	395100	38.22.22	**Silene**		**exscapa**	1	I	4	I	5	I	2	I	1	2	II	1	I		m	1	I	5	I
5609	394500	38.22.28	**Silene**	**armeria**		4	I	4	I	4	I	2	I	1	3	I	2	I		m	3	II	3	I
5610	–	38.22.18	**Silene**	**campanula**		2.5	I	3	I	3	II	2.5	I	1	4	II	2	I			1	I	5	I
5611	–	–	**Silene**	**conica aggr.**		4.5	I	4	II	4	II	1	II	1	3	II	2	II			3	I	3	I
5612	394600	38.22.36	**Silene**		**conica**	4.5	I	4	I	4	I	1	I	1	3	II	2	I	s		3	I	3	I
5613	–	38.22.37	**Silene**		**conoidea**	4.5	I	3	I	5	I	1.5	I	1	3	II	3	I			3	I	3	I
5614	–	38.22.14	**Silene**	**cordifolia**		2	II	4	I	4	II	1.5	I	1	2	I	1	I			3	I	5	I
5615	394700	38.22.1	**Silene**	**coronaria**		4.5	I	4	I	4	I	2.5	I	1	3	I	3	I			3	I	3	I
5616	–	–	**Silene**	**cretica**		5	I	3	I	4	II	2	I	1	3	II	2	I			3	I	3	I
5617	394800	38.22.33	**Silene**	**dichotoma**		5	I	4	I	4	I	2	I	2	4	I	4	I			3	I	3	I
5618	–	–	**Silene**	**dioica aggr.**		x	–	3	II	3	II	x	–	1	3	II	4	II			3	I	3	I
5619	394900	38.22.31	**Silene**		**dioica**	3	II	3	I	3	I	3.5	I	2	3	II	4	II			3	I	3	I
5620	–	–	**Silene**		**latifolia**	5	II	3	I	3	II	2	I	1	3	II	3	I	s	m	3	I	3	I
5621	396400	38.22.30.1	**Silene**		**pratensis**	4	I	4	I	4	I	2.5	I	1	3	I	4	I	s	m	3	I	3	I
5622	395000	38.22.13	**Silene**	**elisabethae**		2	I	3	I	5	I	2	I	1	5	I	2	I			3	I	5	I
5623	395200	38.22.3	**Silene**	**flos-cuculi**		3.5	I	3	I	4	I	4	I	3	3	I	3	I	s		5	II	1	I
5624	395300	38.22.2	**Silene**	**flos-jovis**		2.5	I	4	I	4	I	2	I	1	2	I	3	I			3	I	3	I
5625	395400	38.22.35	**Silene**	**gallica**		5	I	2	I	4	I	1.5	I	1	3	I	4	I			3	I	3	I
5626	–	–	**Silene**	**linicola**		4.5	I	3	I	4	I	2	I	1	3	II	3	I			3	I	3	I
5627	–	38.22.32	**Silene**	**muscipula**		5	I	3	I	4	II	1.5	I	2	4	I	3	I			3	I	3	II
5628	396000	38.22.29	**Silene**	**noctiflora**		4	I	4	I	4	I	2	I	1	4	II	4	I			3	I	1	I
5629	–	38.22.34	**Silene**	**nocturna**		5	II	3	I	4	II	1.5	I	2	4	I	3	I			3	I	3	II
5630	–	–	**Silene**	**nutans aggr.**		x	–	4	II	3	II	2	II	1	3	II	2	II			3	I	3	II
5631	396150	38.22.9.2	**Silene**		**insubrica**	4	I	4	I	3	I	2	I	1	4	I	2	I			3	I	3	I
5632	395700	38.22.6	**Silene**		**italica**	5	I	4	I	3	I	1.5	I	1	3	I	2	I		m	3	I	3	I
5633	–	38.22.11	**Silene**		**multiflora**	4.5	I	4	I	4	I	2.5	II	3	4	I	3	I	s		3	I	1	I
5634	–	38.22.7	**Silene**		**nemoralis**	3.5	I	4	I	4	II	2	I	1	4	II	2	I			3	I	3	II
5635	396100	38.22.9.1	**Silene**		**nutans**	3	II	4	I	3	I	2	I	1	3	I	2	I		m	3	I	3	I
5636	–	38.22.8	**Silene**		**paradoxa**	3.5	I	3	I	3	II	2	I	1	3	II	3	I		m	3	I	3	II
5637	–	38.22.10	**Silene**		**viridiflora**	4	II	4	I	3	I	2.5	I	1	4	I	3	I			3	I	3	I
5638	–	–	**Silene**	**otites aggr.**		4	II	4	II	5	I	1	I	1	4	I	2	I			3	I	5	I
5639	–	–	**Silene**		**colpophylla**	5	I	4	I	5	I	1	I	1	4	I	2	I			3	I	5	I
5640	396300	38.22.12	**Silene**		**otites**	4	II	5	I	5	I	1	I	1	4	I	2	I		m	3	I	5	I
5641	–	–	**Silene**		**pseudotites**	4.5	II	4	I	5	I	1	I	1	4	I	2	I			3	I	5	I
5642	–	–	**Silene**	**pendula**		4.5	I	3	I	4	I	2	I	1	4	I	3	I			3	I	5	II
5643	–	–	**Silene**	**quadrifida aggr.**		2.5	II	2	II	3	II	x	–	x	x	–	2	I			1	II	x	–
5644	–	38.22.25	**Silene**		**pudibunda**	2.5	I	2	I	4	I	4^	I	3	2	I	2	I			3	I	1	I
5645	396600	38.22.24	**Silene**		**pusilla**	2.5	I	2	I	3	I	3.5	I	1	5	I	2	I		m	1	I	5	I
5646	–	38.22.27	**Silene**		**quadrifida**	2.5	I	2	I	3	I	3.5	I	1	5	I	2	I			1	I	5	I
5647	–	38.22.26	**Silene**		**veselskyi**	3	II	3	I	3	II	2	I	1	5	I	2	I			3	I	5	I
5648	396800	38.22.23	**Silene**	**rupestris**		2.5	I	4	I	4	I	1.5	I	1	2	I	2	I		m	3	I	3	I
5649	–	–	**Silene**	**saxifraga aggr.**		2.5	I	3	I	4	II	2	II	1	4	II	2	I			1	I	5	I
5650	–	38.22.20	**Silene**		**hayekiana**	2.5	I	3	I	3	I	2.5	II	1	4	I	2	I			1	I	5	I
5651	396900	38.22.19	**Silene**		**saxifraga**	2.5	I	3	I	4	I	2	I	1	5	I	2	I			1	I	5	I
5652	397000	38.22.5	**Silene**	**suecica**		1	I	4	I	5	I	2	I	1	2	II	1	I			3	I	3	I
5653	–	–	**Silene**	**vallesia aggr.**		2.5	I	4	II	4	I	2	I	1	x	–	2	I			3	I	3	II
5654	–	38.22.17	**Silene**		**petrarchae**	2.5	I	3	I	4	I	2	I	1	5	I	2	I			3	I	5	I
5655	397100	38.22.16	**Silene**		**vallesia**	3	I	4	I	4	I	2	I	1	2	I	2	I			3	I	3	I
5656	397200	38.22.4	**Silene**	**viscaria**		4.5	I	4	I	5	I	2.5	II	1	3	II	2	I		m	3	I	3	I
5657	–	–	**Silene**	**viscosa**		4	I	4	I	4	I	1.5	II	2	3	I	3	I	s		3	I	3	II
5658	–	–	**Silene**	**vulgaris aggr.**		x	–	4	II	4	II	2.5	II	1	3	II	2	I		m	3	II	3	II
5659	397600	38.22.15.3	**Silene**		**alpinoprostrata**	1.5	I	4	I	5	I	2.5	I	1	4	I	2	I		m	1	I	5	I
5660	–	–	**Silene**		**bosniaca**	2	I	3	I	4	I	3	I	1	3	II	2	I		m	3	I	3	I
5661	397400	38.22.15.2	**Silene**		**glareosa**	1.5	I	4	I	5	I	2.5	I	1	4	I	2	I		m	1	I	5	I
5662	397300	38.22.15.1	**Silene**		**vulgaris**	3	II	4	I	4	I	2.5	I	1	3	II	2	I	s	m	3	I	3	I
5663	397800	124.64.1	**Silybum**	**marianum**		5	I	4	I	4	I	2.5	I	3	4	I	4	I			3	I	1	I
5664	–	–	**Sinapis**	**alba aggr.**		4.5	II	4	II	4	I	2.5	II	1	4	I	3	I			3	I	3	I
5665	397900	54.60.2.1	**Sinapis**		**alba**	4.5	I	4	I	4	I	2.5	I	1	4	I	3	I			3	I	3	I
5666	–	54.60.2.2	**Sinapis**		**dissecta**	4	I	3	I	4	I	2	I	1	4	I	3	I			3	I	3	I
5667	398000	54.60.1	**Sinapis**	**arvensis**		4	II	3	I	4	I	3	I	1	4	II	4	I			3	I	3	I
5668	398100	97.40.1	**Sison**	**amomum**		5	I	2	I	3	I	2.5	I	1	4	I	3	I			3	I	3	I
5669	–	54.18.1	**Sisymbrella**	**aspera**		4.5	I	3	I	5	I	2	I	1	4	I	4	I	s		3	I	3	I
5670	398200	54.1.5	**Sisymbrium**	**altissimum**		4.5	I	5	I	4	I	2	I	1	3	I	4	I			1	I	5	I
5671	398300	54.1.4	**Sisymbrium**	**austriacum**		4.5	I	4	I	4	I	2.5	I	1	4	I	4	I			3	I	3	I
5672	398400	54.1.2	**Sisymbrium**	**irio**		4.5	I	3	I	4	I	1.5	I	1	3	I	4	I			3	I	3	I
5673	398500	54.1.3	**Sisymbrium**	**loeselii**		4	I	5	I	4	I	2	I	1	4	I	4	I			3	I	3	I
5674	398600	54.1.8	**Sisymbrium**	**officinale**		3.5	II	4	I	4	I	2	I	2	4	I	4	I			3	I	3	I
5675	398700	54.1.6	**Sisymbrium**	**orientale**		5	I	2	I	4	I	2	I	1	4	I	4	I			3	I	3	I
5676	–	54.1.7	**Sisymbrium**	**polyceratium**		4.5	I	3	I	4	I	2	I	1	4	I	4	I	s		3	I	3	I
5677	398800	54.1.1	**Sisymbrium**	**strictissimum**		4	I	5	I	3	I	3.5	I	1	4	I	4	I			3	I	3	I
5678	398900	–	**Sisymbrium**	**supinum**		3.5	I	2	I	4	I	4	I	3	4	I	3	I			3	I	3	I
5679	–	–	**Sisymbrium**	**volgense**		4.5	I	5	I	4	I	1.5	I	3	3	I	4	I			3	I	3	I
5680	399200	145.1.1	**Sisyrinchium**	**montanum**		4	I	2	I	4	I	4	I	3	3	I	1	I			5	II	1	I
5681	399300	97.18.1	**Sium**	**latifolium**		4.5	I	3	I	3	I	4.5	I	3	4	I	4	I			5	I	1	I
5682	–	143.31.1	**Smilax**	**aspera**		5	I	3	I	3	I	2.5	I	1	3	II	4	I		m	3	I	3	I
5683	–	97.13.1	**Smyrnium**	**olusatrum**		5	I	1	I	3	I	3	I	3	4	I	4	I			3	I	1	I
5684	–	97.13.2	**Smyrnium**	**perfoliatum**		5	I	3	I	3	I	2.5	I	1	3	II	4	I			3	I	3	I
5685	–	–	**Solanum**	**carolinense**		5	I	2	I	4	I	2	I	3	3	I	4	I			1	I	3	I
5686	399450	101.9.2	**Solanum**	**chenopodioides**		4.5	I	2	I	4	I	2.5	II	2	4	I	4	I	s		1	II	5	II
5687	399500	101.9.5	**Solanum**	**dulcamara**		3.5	II	3	I	3	I	3.5	I	3	3	II	4	I	s	m	3	II	1	I
5688	400000	101.9.7	**Solanum**	**melongena**		5	I	1	I	4	I	3	I	1	3	I	4	I			3	I	3	I
5689	–	–	**Solanum**	**nigrum aggr.**		4	II	3	II	4	I	3	II	1	3	II	4	I			3	I	3	I
5690	–	–	**Solanum**		**americanum**	5	I	2	I	4	I	3	I	2	3	I	4	I			3	I	3	I
5691	400470	–	**Solanum**		**miniatum**	5	I	3	I	4	I	2.5	I	1	3	I	4	I			3	I	3	I
5692	400100	101.9.1.1	**Solanum**		**nigrum**	3.5	I	3	I	4	I	3	I	1	4	I	4	I		m	3	I	3	I
5693	–	101.9.1.2	**Solanum**		**schultesii**	4.5	I	3	I	4	I	2.5	I	1	3	I	4	I	s		3	I	3	I
5694	400460	101.9.3.1	**Solanum**		**villosum**	5	I	2	I	4	I	3	I	1	3	I	4	I			3	I	3	I

Strategien					Biologisches Verhalten										Vorkommen						Pflanzengesellschaften			Literatur			
LF	BD	WT	RO	KS	DA	VA	FS	MA	BZ	BS	MV	SU	DG	GI	GV	LR	EG	AE	EM	VE	1	2	3	BL	SL	TB	SEN
c	i	2	Wh	css	Bo	Po Ws	di zw		6-8	ps (me) (my)*	2		3	e	B5		–	I	1	=						B	5606
c	i	2	Wh	css	Bo	Po Ws	di zw	r8	6-8		2		3	e	B5	3.2 3.3 6.5	2	I	1	=	3.3	10.311	3.221				5607
c	i	2	Wh	css	Bo	Po Ws	di zw	p20	7-8		2		3	e	E1	3.2 3.3 6.5	2	I	1	=	3.221	3.3	10.411				5608
k-t	w	1.5	–	rrr	Bo	Kv	zw	p2	6-7	sp ph	2		1	e	D1	3.1 6.2 6.7 7.4	7	I	3	>			4.1				5609
h	w		Rh	crs	Bo	Sr	zw		5-8		–		1	e	F2a*	3.2	–	I	4	>			3.2114	k m			5610
t	s		–	rrr	Bo	Kv	zw		6-7		–		1	e	C2		–	I/A	4	>							5611
t	s	1	–	rrr	Bo	Kv	zw		6-7	au	–		1	e	C2	2.5 3.1 6.1 6.2	6	I	4	>			4.131				5612
t	s		–	rrr	Bo	Kv	zw		6-7		–		1	e	C2	2.1 6.3	–	A	4	>			2.3	c k			5613
h	t		Rs	css	Bo	Sr	zw		6-8		–		1	e	F2a*	3.2 3.3	–	I	1	=			3.2212	k m			5614
h-t	i	1.5	Rh	crs	Bo At	Sr	zw	p3	6-8	ps	–		3	e	B6a	6.2 6.7 7.4 9.3	6	I/N	3	<			11.111				5615
t	s		–	rrr	Bo	Kv	cl zw		5-6	au en	–		1	e	C2b	2.2	–	I?	3	=			2.3	k l m			5616
t	s w	3	–	rrr	Bo	Kv	zw		6-7	au en	–		1	e	D4	2.1 2.2	7	A	4	>			2.343				5617
h-t	w		Wv	ccr	Bo En	Sr Ws	di		5-10		3		2	e	B6		–	I/A	3	=							5618
h-k	w	3	Wv	crs	Bo En	Sr Ws	di	p3; 7*	4-9	ps me	3	3	3	e	D5	6.3 6.7 7.2 9.2	8	I	3	>*	11.241	11.242	11.514				5619
k-t	w	3.5	Wv	crs	Bo En	Ws	di	p9	5-9		3	4	2	e	C2	7.4 9.3	–	I/A	2	=			5.1	k m			5620
k-t	w	3.5	Wv	crs	Bo En	Ws	di		5-10	ph	3		2	e	B6a	2.1 2.2 6.3 7.4	7	I/A	4	=			5.1				5621
c	i		Wh	css	Bo	Sr	zw		7-8	??	–		1	e	F3c	3.2 3.3 6.2	–	I	1	=			3.2113				5622
h	w	1.5	Rs	crs	Bo	Au	zw	r2	5-8	me my hm ps*	3		1	e	B6	1.3 5.1 6.3	5	I	2	=	11.24	11.23					5623
h	w	2	Wd	css	Bo	Sr	zw	r6	6-7	ps (my)	1		2	e	E2d	3.2 6.2 6.7 7.4	2	I	2	=	11.111	10.421					5624
t	s	1	–	rrr	Bo	Kv	zw		5-7	me	–		1	e	C2c	2.1 2.2 6.2	7	A	4	=			2.3				5625
t	s	1	–	rrr	Bo	Kv	zw		5-9	en? (au)	–		2	e	C2b	2.1	–	Ja	2	>0			2.323	c k l			5626
t	s		–	rrr	Bo	Kv	zw		6-7		–		1	e	C2a	2.1 2.2 6.2	–	A	2	=			2.312	k m			5627
t	s w	2.5	–	rrr	Bo	Kv	zw	p1	6-9	ph?	–	3	1	e	B6a	2.1 2.2	7	A	4	>			2.312				5628
t	s		–	rrr	Bo	Kv	zw		5-8		–		1	e	C2	3.1 6.1	–	I	2	=			4.21	k			5629
h	t		Wv	ccs	Bo En	Sr	zw	p15	5-9		2		2	e	B6		–	I	2	>							5630
h	t		Wv	ccs	Bo En	Ao Sr	zw		5-8		1		2	e	E2c	6.7 7.4 9.3	–	I	2	>			11.111				5631
h	t		Wv	ccs	Bo En	Sr	zw		5-8	en	1		2	e	C2	2.6 6.2 6.7 7.4	6	I	2	>			11.111	c f k			5632
h	t		Wv	ccr	Bo En	Sr	zw		5-7		1		2	e	D4	6.3	–	I	2	>			11.21	c k			5633
k	t		Wv	ccr	Bo En	Kv	zw		5-7		1		2	e	E2	2.2 6.2 7.4	–	I	2	>			11.11	c k l			5634
h	t	3.5	Wv	ccs	Bo En	Sr	zw		6-8	ph	2	3*	2	e	B6	6.2 6.7 7.4 9.1	6	I	2	>*	11.111	9.135	14.81104				5635
h	t		Wv	ccs	Bo En	Sr	zw		5-9		1		2	e	E2a	6.2 6.7 7.4 9.3	–	I	2	>			9.1?	k m			5636
h	t		Wv	ccs	Bo	Ao Sr	zw		6-8		1		1	e	C2b	9.2 9.3	–	I	2	>			14.8	c k m			5637
h	w		Wv	css	Bo	Sr Ws	di		5-7	an (ps)	1		2	e	B6		–	I	2	>					948	B	5638
h	w		Wv	css	Bo	Sr Ws	di		5-6		1		2	e	F2a*	3.1 6.2	–	I	2	=			9.134?				5639
h	w	3.5	Wv	css	Bo	Sr Ws	di	p4	6-7		1		2	e	B6	3.1 6.2	6	I	2	>	9.131	9.113					5640
h	w		Wv	css	Bo	Sr Ws	di		5-7		1		2	e	F3	6.2	–	I	2	>			9.11	k m			5641
t	s		–	rrr	Bo	Kv	zw		4-7		–		2	e	E2d	2.2 2.9	–	I?	2	=			2.3				5642
c-h	w	1	Rs	css	Bo	Kt Po	zw		5-9		–		3	e	E1		–	I	1	=					557		5643
c	w	1	Rs	css	Bo	Kt Po	zw		7-9		–		3	e	F7	3.2 3.3 4.1 4.2	–	I	1	=			7.111	e	653	E	5644
c-h	w	1	Rs	css	Bo	Po Sr	zw		7-8		–		3	e	E1	3.2 3.3 4.1	2	I	1	=	3.212						5645
c-h	w	1	Rs	css	Bo	Kt	zw		6-8		–		3	e	E4c	3.2 3.3 8.1 9.1	–	I	1	=			3.312	c k m			5646
c-h	w	1	Rs	css	Bo	Sr	zw		5-7		–		3	e	F4	2.4 3.2	–	I	1	=			3.2113	c k m			5647
h-k	w	1	Wv	css	Bo	Kv	di zw	p8	7-8	my ph me	–		2	e	D5	3.1 3.2 3.3 6.5	2	I	2	=	4.122	14.41101					5648
c-h	w		Wv	css	Bo	Kt	zw		5-8	ph?	–		2	e	E2		–	I	1	=							5649
c-h	w		Wv	css	Bo	Kt	zw		6-8		–		2	e	F4b	3.2 6.2	–	I	1	=			3.2113	k m			5650
c-h	w	2	Wv	css	Bo	Kt	zw		5-8		–		2	e	E2	3.2 3.3	2	I	1	=	3.211						5651
h	w		Wd	css	Bo	Sr	zw	p8	7-8	ps	2		2	e	D6	6.5	2	I	1	=	10.411	10.311					5652
h	w	2	Wv	css	Bo	Kt	zw		6-7	??	–		3	e	F2		–	I	2	=							5653
h	t		Wv	css	Bo	Kt	zw		6-7		–		3	e	F2a*	3.1 3.2 6.2 6.5	–	I	2	=			10.2115	m	220		5654
h	t		Wd	css	Bo	Kt	zw	r5	6-7		–		3	e	E2d	3.2 3.3 6.5	6	I/N	3	=	4.122	10.421					5655
h	w	2.5	Wv	css	Bo	Sr	zw	p6	5-7	me ps	2		2	e	B6	6.2 6.7 7.4 9.3	6	I	2	>			9.136		924		5656
k	w		Wv	crs	Bo	Kv	zw		5-7	??	–		2	e	B6b	2.2 3.1	–	I?	2	=			9.1	c l m			5657
g-h	s		Wv	crs	Bo En	Kt Ws	mo zw	p20	6-9		2		3	e	D3		–	I	3	=					6, 7	A B	5658
g	s		Wv	css	Bo En	Kt Ws	zw		7-9		1		3	e	E2	3.3	2	I	1	=			3.3				5659
g	s		Wv	css	Bo En	Kt Ws	zw		7-9		2		2	e	E2c	6.3 6.7 7.2 8.1	–	I	2	=?			11.513?	m			5660
g	s	4.5	Wv	css	Bo En	Kt Ws	zw		6-9		1		3	e	E1	3.3	2	I	1	=	3.312						5661
h	s	3	Wv	crs	Bo En	Sr Ws	mo zw		6-9	au? ph me (ps)	2	3	3	e	D3	3.3 6.2 6.3 7.2	6	I	3	=	11.241	9.1	10.21				5662
t	w		Wv	crr	Me	Kv	zw		7-9	me	–		2	h e	C2	2.1 2.2 3.2 6.3	7	A	4	>			5.11				5663
t	s		–	crr	Bo At	Kv	zw		6-10	me my?	–		2	mg e	C2		–	A/Ja	4	=							5664
t	s		–	crr	Bo At	Kv	zw		6-10		–	4	2	mg h e	C2b	2.1 2.2 2.9	7	Ja	4	=			2.343				5665
t	s		–	crr	Bo	Kv	zw		6-10		–		2	mg e	C2	2.1 2.2	–	A	4	=			2.323	k m			5666
t	s w	3	–	crr	Bo En	Kv	zw	p3	5-10	au ca my me*	–	4	2	tg e	C2	2.1 2.2	7	A	4	>	14.712	2.31	2.34				5667
t	w		Wv	crs	Bo	Kv	zw		7-8	??	–	3	1	h e	C2	1.4 2.3 7.4	7	I/A	4	=			5.131				5668
h	s?		Wv	crs	Bo	Kv	zw		5-7		–		2		D1a	1.4 2.5	–	I	3	>			2.211?	k m			5669
t	s w		Wv	crr	Bo	Kv	zw		5-8	au? en	–	4	2	e	B6a	2.2	7	N	4	<			2.343				5670
k-t	s w		Wv	crs	Bo	Sr	zw	p3	5-6	my me	–		2	e	D1	2.2 2.4 3.3 6.2	3	I/N	3	=			2.343				5671
t	s w		–	rrr	Bo	Kv	zw	p1	5-7	au en	–		3	e	B6a	2.2	7	A/N	5	<			2.343				5672
t	s w		–	crr	Bo	Kv	zw	p2	6-9	au en	–		2	e	A4a	2.2	7	N	5	<			2.343				5673
t	s t	2	–	crr	Bo	Kv	zw	p2	5-8	au my me ps	–	3	2	tg h e	B6	2.2	7	A	4	=	14.712	2.343	5.132				5674
t	s w		–	rrr	Bo	Kv	zw		5-7	me	–	3	2	e	C2	2.2	7	I/N	5	=			2.343				5675
t	s t		–	crr	Bo	Kv	zw		6-8		–		2	e	C2	2.2 3.2	–	N	5	=			2.343	k m			5676
h	s		Rh	ccc	Bo	Sr	zw	p4	6-8	me	–		2	e	D4	2.2 2.3 7.4 9.2	7	I	3	=			5.13				5677
t	w		Wv	rrr	Bo	Kv	zw		6-9	au en	–		2	e	D2	1.4 2.5	5	I	1	>			2.11		152		5678
h	t		–	crr	Bo	Au Ws	zw		5-8		–		2	e	D4	2.2	–	N	5	=			2.34	c i m	387		5679
h	t		Rh Wd	crs	Bo	Sr	zw		5-6	au me	2		2	mg	A2c	2.2 2.5 2.9 6.3	5	N	2	>			11.231				5680
a	w		Rh	ccs	Hy	Ws	zw		7-8	my hm ca (me)	2		2	mg e	B6	1.3	5	I	2	>			6.111				5681
n.li	i		Wh	ccr	Ep	Kv	zw		9-11		–		2	mg	C2	3.2 6.7 7.4	–	I	2	=			13.6	k m			5682
t	w	2.5	Wv	crs	Me	Kv	ve		1-5	hm	–	2	3	h e	C2	2.2 2.3 6.3 7.4	–	A	4	>			5.131	f k m	671		5683
g	v	1.5	Wk	crs	Me At	Kv	ve		3-5	en	–		3	h e	C2	2.3 2.7 2.9 7.4	–	I/N	4	>			5.132	c k l			5684
t	s		–	rrr	En	Kv	zw		5-9		–		2	mg	A2c	2.2	–	N	4	<			2.34?				5685
t	s		–	rrr	En	Kv	zw		5-9		–		2	mg	A1	2.2 3.2 3.3 9.2	7	N	3	<			2.34				5686
c.li	s		Wh	crs	En Dy	Ws	zw	r14	5-8	my me (ve)*	–	3	3	mg h	B4	2.5 7.2 7.5 9.2	1	I	2	<	14.72102	14.611	14.71				5687
t	s		–	crr	En At	Kv	zw		6-9		–		1	mg	A4b	2.1 2.7 2.9	7	N	5	=			?			H	5688
t	s		–	rrr	En Dy	Kv	zw	p3	6-10	me my	–		2	mg e	B3		–	I/A/N	4	<				c		B	5689
t	s		–	rrr	En	Kv	zw		7-10		–		2	mg e	A2a	2.2	–	N	4	<			2.34?	m			5690
t	s		–	rrr	En Dy	Kv	zw		7-10		–		2	mg e	C2	2.1 2.2	7	N	4	=			2.3				5691
t	s	2.5	–	rrr	En Dy	Kv	zw		6-10		–	4	2	mg e	B3	2.1 2.2 2.5 2.7	7	I/A	4	<	2.3						5692
t	s		–	rrr	En Dy	Kv	zw		6-10		–		2	mg e	E2g	2.2 2.5	–	N	4	<			2.34	c g k			5693
t	s		–	rrr	En Dy	Kv	zw	p3	7-10		–		2	mg e	C2	2.1 2.2	7	N	4	=			2.3				5694

Nummern			Taxa			Klima						Boden												
SEN	**SIN**	**FAN**	**Gattung**	**Aggregat/Einzelart**	**Kleinart**	**T**	**v**	**K**	**v**	**L**	**v**	**F**	**v**	**W**	**R**	**v**	**N**	**v**	**S**	**M**	**H**	**v**	**D**	**v**
5695	–	–	**Solanum**	**rostratum**		5	I	3	I	4	I	2	I	3	3	I	4	I			1	I	3	I
5696	–	–	**Solanum**	**sarrachoides aggr.**		5	II	3	I	4	I	2	II	2	3	II	4	II			3	II	3	I
5697	–	101.9.4	**Solanum**		**nitidibaccatum**	4.5	I	3	I	4	I	2.5	I	1	3	I	4	I			3	I	3	I
5698	–	–	**Solanum**		**sarrachoides**	5	II	3	I	4	I	2	I	2	3	II	3	I			3	II	3	I
5699	400400	101.9.6	**Solanum**	**tuberosum**		3.5	II	2	I	4	I	2.5	I	1	3	I	4	I			3	I	3	I
5700	400600	60.4.4	**Soldanella**	**alpina**		2	II	2	I	4	I	4	I	2	3	I	3	I		m	5	II	1	I
5701	–	–	**Soldanella**	**minima aggr.**		1.5	I	1	I	4	II	4	I	2	x	–	2	I			3	II	1	I
5702	400800	60.4.4	**Soldanella**		**alpicola**	1.5	I	1	I	5	I	4	I	2	2	I	2	I			5	I	1	I
5703	–	60.4.3	**Soldanella**		**austriaca**	1.5	I	1	I	5	I	4	I	2	5	I	2	I			5	I	1	I
5704	400700	60.4.2	**Soldanella**		**minima**	1.5	I	1	I	5	I	4	I	2	5	I	2	I			5	I	1	I
5705	–	–	**Soldanella**	**montana aggr.**		2.5	II	2	I	3	II	3	II	1	2	I	2	I			5	II	1	I
5706	–	60.4.5	**Soldanella**		**major**	2	I	2	I	3	II	3.5	I	1	2	I	2	I			5	II	1	I
5707	–	60.4.6	**Soldanella**		**montana**	3	I	3	I	3	I	3	I	1	2	I	2	I			5	I	1	I
5708	–	–	**Soleirolia**	**soleirolii**		5	I	1	I	3	I	3.5	I	1	4	I	3	I			3	I	3	I
5709	–	–	**Solidago**	**canadensis aggr.**		4	II	3	II	4	II	3.5	II	3	3	II	4	II			5	II	1	II
5710	401000	124.2.2	**Solidago**		**canadensis**	4	I	3	I	4	I	3	I	3	4	I	4	I			3	II	1	II
5711	401100	124.2.3	**Solidago**		**gigantea**	3.5	I	2	I	3	I	3.5	II	3	3	I	4	I			5	II	1	I
5712	–	–	**Solidago**		**rugosa**	3.5	I	2	I	3	I	3.5	I	3	3	I	3	I			5	I	1	I
5713	401200	124.2.4	**Solidago**	**graminifolia**		4.5	I	2	I	3	I	4	I	3	4	I	4	I			3	I	1	I
5714	–	–	**Solidago**	**virgaurea aggr.**		x	–	3	I	3	II	2.5	II	1	3	II	3	I			5	II	3	I
5715	401500	124.2.1.2	**Solidago**		**minuta**	1.5	I	3	I	3	I	3	I	1	2	II	3	I		m	5	II	3	I
5716	401400	124.2.1.1	**Solidago**		**virgaurea**	3.5	I	3	I	2	I	2.5	I	1	3	II	3	I		m	5	II	3	I
5717	–	–	**Sonchus**	**arvensis aggr.**		4	II	3	I	3	I	3.5	I	3	4	I	4	I	s		3	II	1	I
5718	401600	124.88.4.1	**Sonchus**		**arvensis**	3.5	II	3	I	3	I	3.5	I	2	4	I	4	I	s	m	3	I	1	I
5719	401700	124.88.4.2	**Sonchus**		**uliginosus**	4	I	4	I	3	I	3.5	I	3	4	I	4	I	s		5	I	1	I
5720	–	–	**Sonchus**	**oleraceus aggr.**		x	–	3	II	4	II	x	–	1	4	II	4	II			3	II	x	–
5721	401800	124.88.1.1	**Sonchus**		**asper**	3.5	I	3	I	4	II	3.5	I	1	3	II	4	I	s		3	I	x	–
5722	–	124.88.1.2	**Sonchus**		**glaucescens**	5	II	3	I	4	I	2	I	1	4	II	4	I	s		3	I	3	II
5723	401900	124.88.2	**Sonchus**		**oleraceus**	3.5	I	3	I	4	I	3	I	1	4	II	4	I	s		3	I	3	I
5724	–	–	**Sonchus**		**tenerrimus**	5	I	2	I	5	I	2	I	1	4	I	3	I	s		1	I	5	I
5725	402000	124.88.3	**Sonchus**	**palustris**		4.5	I	3	I	3	I	4.5	I	3	4	I	4	I	s		3	I	1	I
5726	–	–	**Sophora**	**japonica**		4.5	I	2	I	4	I	3	I	1	3	I	3	I			3	I	3	I
5727	–	–	**Sorbaria**	**sorbifolia**		3.5	I	4	I	4	I	3.5	I	1	3	I	4	I			5	I	3	I
5728	–	–	**Sorbus**	**aria aggr.**		x	–	3	II	3	II	2	II	1	4	II	2	II			3	II	3	II
5729	402200	63.22.5	**Sorbus**		**aria**	3.5	II	3	I	3	I	2	I	2	3	I	2	I		m	3	I	3	I
5730	–	63.22.8	**Sorbus**		**austriaca**	3	I	3	I	3	II	2	II	1	5	I	2	I		m	3	I	3	II
5731	–	63.22.6	**Sorbus**		**danubialis**	4	I	3	I	4	I	2	I	1	5	I	2	I			3	I	3	I
5732	–	–	**Sorbus**		**graeca**	4	I	3	I	4	I	1.5	I	1	4	II	2	I			3	II	5	I
5733	–	–	**Sorbus**		**intermedia**	3	I	4	I	3	I	2	I	1	4	I	3	I			3	I	3	I
5734	–	–	**Sorbus**		**latifolia**	4	I	4	I	3	II	2	I	1	4	I	2	II			3	I	3	II
5735	402600	63.22.7	**Sorbus**		**mougeotii**	3	I	3	I	3	I	2	I	2	4	I	2	I			3	I	3	I
5736	–	–	**Sorbus**		**pannonica**	4.5	I	4	I	3	I	2	I	1	4	I	2	I			3	I	3	I
5737	–	–	**Sorbus**	**aucuparia aggr.**		3	II	3	I	3	I	3	I	1	3	II	3	I			3	II	3	II
5738	402300	63.22.2.1	**Sorbus**		**aucuparia**	3	II	3	I	3	I	3	I	1	3	II	3	I		m	3	I	3	II
5739	–	63.22.2.2	**Sorbus**		**glabrata**	2.5	I	3	I	3	I	3	I	1	2	II	3	I			3	I	3	I
5740	–	–	**Sorbus**	**chamaemespilus aggr.**		2	I	2	I	3	I	3	I	2	4	I	3	II			5	II	1	I
5741	–	–	**Sorbus**		**algoviensis**	2	I	2	I	3	I	3	I	2	4	I	3	I			5	II	1	I
5742	402400	63.22.4	**Sorbus**		**chamaemespilus**	2	I	2	I	3	I	3	I	2	4	I	3	I			5	II	1	I
5743	–	–	**Sorbus**		**doerriana**	2	I	2	I	3	I	3	I	3	4	I	2	I			3	II	1	I
5744	402500	63.22.1	**Sorbus**	**domestica**		4.5	I	2	I	3	I	3	I	2	4	I	2	I			3	I	3	I
5745	402700	63.22.3	**Sorbus**	**torminalis**		4	I	4	I	3	I	2	I	2	4	I	2	I		m	3	I	3	I
5746	402760	139.78.2	**Sorghum**	**bicolor**		5	I	2	I	4	I	2	I	1	3	I	3	I			3	I	3	I
5747	402800	139.78.1	**Sorghum**	**halepense**		5	I	2	I	4	I	2	I	2	4	I	4	I			3	I	3	I
5748	402900	140.1.3	**Sparganium**	**angustifolium**		2	I	2	I	4	I	5u	I	3	2	I	1	I			5	I	1	I
5749	403000	140.1.2	**Sparganium**	**emersum**		3.5	I	3	I	4	I	5v^	I	2	3	I	4	I			5	I	1	I
5750	–	–	**Sparganium**	**erectum aggr.**		3.5	II	3	I	4	I	5	I	3	x	–	4	II			5	II	1	I
5751	403200	140.1.1.1	**Sparganium**		**erectum**	3.5	I	3	I	4	I	5	I	3	4	II	4	II			5	II	1	I
5752	403300	140.1.1.2	**Sparganium**		**microcarpum**	3	I	3	I	4	I	5	I	3	2	II	4	I			5	II	1	I
5753	403400	140.1.1.3	**Sparganium**		**neglectum**	3.5	I	2	I	4	I	5	I	3	2	II	3	I			5	II	1	I
5754	403500	–	**Sparganium**		**oocarpum**	4	I	3	I	4	I	5	I	3	3	II	4	I			5	II	1	I
5755	–	140.1.5	**Sparganium**	**hyperboreum**		1.5	I	3	I	4	I	5v	I	3	2	I	2	I			5	I	1	I
5756	403700	140.1.4	**Sparganium**	**natans**		3	II	4	I	4	I	5v	I	3	3	I	2	I			5	II	1	I
5757	404200	64.9.1	**Spartium**	**junceum**		4.5	I	2	I	3	I	2	I	1	3	I	3	I			3	I	3	I
5758	404300	38.18.1	**Spergula**	**arvensis**		3.5	II	3	I	3	I	3	I	1	2	II	4	I			3	I	5	I
5759	–	–	**Spergula**	**pentandra aggr.**		4.5	I	2	II	4	I	1.5	I	2	2	I	2	I			1	I	5	I
5760	404400	38.18.2	**Spergula**		**pentandra**	5	I	2	I	4	I	1.5	I	2	2	I	2	I			1	I	5	I
5761	–	38.18.2	**Spergula**		**vernalis**	4	I	1	I	4	I	1.5	I	2	1	I	2	I	s		1	I	5	I
5762	404600	38.19.1	**Spergularia**	**media**		4	I	2	II	4	II	3.5	I	3	3	I	3	I	s		3	I	1	I
5763	–	–	**Spergularia**	**rubra aggr.**		x	–	3	II	4	I	1.5	II	x	3	II	3	II	s		3	I	1	II
5764	–	38.19.5	**Spergularia**		**bocconei**	5	II	2	I	4	I	1.5	I	1	3	I	3	I	s		3	I	3	I
5765	404700	38.19.4	**Spergularia**		**rubra**	3.5	II	3	I	4	I	1.5	II	3	2	I	2	I	s		3	I	1	I
5766	–	38.19.2	**Spergularia**	**salina**		4	I	x	–	4	I	3.5	I	3	5	I	3	I	ss		1	I	5	II
5767	404800	38.19.3	**Spergularia**	**segetalis**		4.5	I	1	I	4	I	4	I	3	2	I	3	I			3	I	1	I
5768	404900	35.5.1	**Spinacia**	**oleracea**		3.5	I	2	I	5	I	3	I	1	3	I	4	I			3	I	3	I
5769	–	63.2.8	**Spiraea**	**cana**		3.5	I	4	I	3	II	2	I	1	5	I	2	I			3	I	5	I
5770	–	63.2.6	**Spiraea**	**chamaedryfolia aggr.**		4	II	4	I	3	I	3	I	1	3	I	4	I			3	I	3	II
5771	–	–	**Spiraea**		**chamaedryfolia**	3.5	I	4	I	3	I	3	I	1	3	I	4	I		m	3	I	3	I
5772	404950	–	**Spiraea**		**ulmifolia**	4	I	4	I	3	I	3	I	1	3	I	4	I			3	I	5	I
5773	–	–	**Spiraea**	**decumbens aggr.**		3	II	4	I	3	II	2	I	1	5	II	2	II			3	I	5	I
5774	–	63.2.4.1	**Spiraea**		**decumbens**	3	II	4	I	3	II	2	I	1	5	I	2	I			3	I	5	I
5775	–	63.2.4.2	**Spiraea**		**hacquetii**	3	II	4	I	3	II	2	I	1	5	I	2	I			3	I	5	I
5776	404960	63.2.5	**Spiraea**	**japonica**		5	I	2	I	3	I	3	I	1	3	I	3	I			3	I	3	I
5777	–	63.2.7	**Spiraea**	**media**		3.5	I	4	I	4	I	2	I	1	4	I	3	I		m	3	II	5	I
5778	404970	–	**Spiraea**	**salicifolia aggr.**		4.5	II	3	II	3	I	3.5	I	3	3	I	4	I			3	I	1	II
5779	–	63.2.2	**Spiraea**		**alba**	4	I	3	I	3	I	3.5	I	3	3	I	4	I			3	I	1	II
5780	–	63.2.3	**Spiraea**		**douglasii**	4.5	I	2	I	3	I	3.5	I	3	3	I	4	I			3	I	1	I
5781	–	–	**Spiraea**		**pseudosalicifolia**	4	I	3	I	3	I	3.5	I	3	3	I	4	I			3	I	1	I
5782	–	63.2.1	**Spiraea**		**salicifolia**	4.5	I	4	I	3	I	3.5^	I	3	3	I	4	I			3	I	3	I
5783	–	–	**Spiraea**	**thunbergii**		4.5	I	2	I	4	I	3	I	1	3	I	3	I			3	I	3	I

	Strategien				Biologisches Verhalten										Vorkommen						Pflanzengesellschaften			Literatur			
LF	BD	WT	RO	KS	DA	VA	FS	MA	BZ	BS	MV	SU	DG	GI	GV	LR	EG	AE	EM	VE	1	2	3	BL	SL	TB	SEN
t	s		–	rrr	En	Kv	zw		7-9	??	–		1	mg	A2a	2.2	–	N	4	<			2.34	k l			5695
t	s		–	rrs	En	Kv	zw		5-9		–		2	mg	A1		–	N	4	<					108, 189		5696
t	s		–	rrs	En	Kv	zw		5-9		–		2	mg	A1	2.2 2.9	–	N	3	<			2.3a	c l			5697
t	s		–	rrs	En	Kv	zw		5-9		–		2	mg	A1	2.2	–	N	4	<			2.34	m			5698
g	s	3.5	Rk	ccr	En At	Au	zw		6-8	au my ca	–		2	mg e	A1	2.1 2.2 2.9	7	Jn	4	=			2.343			H	5699
h	w	1	Rh	css	Bo	Sr	zw	d	3-7	au me le (my)	2		2		E1	6.5 7.1 8.2 9.1	2	I	1	=	11.244	11.242	14.211				5700
h	w	1	Rh	css	Bo	Ao Sr	zw		3-9		2		2		E4		–	I	1	=							5701
h	w	1	Rh	css	Bo	Sr	zw	d	4-9	au me (my)*	1		2		E2d	3.3 6.5 6.6	2	I	1	=	8.111						5702
h	w	1	Rh	css	Bo	Ao	zw		5-7	me	1		4		F8	3.3 6.6	–	I	1	=			3.32	c m			5703
h	w	1	Rh	sss	Bo	Ao	zw		4-7	my (me)	1		2		F7	3.3 4.1 5.1 6.6	–	I	1	=			3.321				5704
h	w		Rh	css	Bo	Ao	zw		3-6	me	1		2		E4a		–	I	1	=							5705
h	w		Rh	css	Bo	Sr	zw		5-6		2		2		E2c	6.5 7.1 8.2 9.1	–	I	1	=			14.312	c m	962		5706
h	w		Rh	css	Bo	Sr	zw		3-6		2		2		F8	9.1	–	I	1	=			14.312	c m	962		5707
c	w		Rs	crs	At	Kt	mo		7-9		–		4		D1e	3.2	–	N	5	<			3.111				5708
h	s		Rh	ccr	Me	Au	ve		8-11	my me hm	2		5	h e	A2		–	N/Ns	2-4	<					876, 894	C	5709
h	s		Rh	ccr	Me	Au	ve		8-10		2		5	h e	A2	1.4 2.2 2.5 2.6	7	Ns	4	<	14.72101	11.321	5.1		894		5710
h	s		Rh	ccr	Me	Au	ve	r3	8-10		2		5	h e	A2c	1.3 1.4 2.5 9.2	5	Ns	3	<	14.72101	7.231	11.311		896		5711
h	s		Rh	ccr	Me	Au	ve		8-11		2		4	h e	A2c	2.9 6.3	–	N	2	<			11.231		478		5712
h	s		Rh	ccr	Me	Au	ve		7-9	ca	2		4		A2	1.3 1.4 2.5 9.2	5	N	2	=			11.311				5713
h	s		Rh	ccs	Me	Sr	ve	r13	7-10	au my me ps*	2		2	tg h e	B3		–	I	2	=						B	5714
h	s	2	Rh	ccs	Me	Sr	ve		8-10		2		2	tg h e	E1	6.5 7.1 7.2 8.2	2	I	2	=	10.412	12.312	12.313				5715
h	s	3	Rh	crs	Me Ep	Sr	ve		7-9		2		2	tg h e	B6	7.4 9.1 9.2 9.3	1	I	2	=	14.7	14.312	14.413				5716
g-h	st		Rh	crr	Me Dy	Ws	zw		7-10	au my me ps*	–		3	e	B6		–	I/A	4	=						B	5717
g-h	st	3.5	Rh	crr	Me Dy	Ws	zw	p3	7-10		–	3	3	e	B6	1.4 2.1 2.2 2.6	7	I/A	4	=			5.2				5718
g-h	st		Rh	crs	Me Dy	Ws	zw		7-10		–		3	e	D4?	1.4 2.5 6.3	7	I/A	2	>			11.31			E	5719
t	st		Wv	crr	Me En	Kv	zw		5-10		–		2	e	B6		–	I/A/N/Ja	3	=							5720
t	st	3	Wv	crr	Me Ep	Kv	zw		6-10	my me (le)	–	4	2	e	B6	2.1 2.2 2.5 2.7	7	I/A	3	=			2.3				5721
t	st		Wv	crr	Me En	Kv	zw		3-6		–		2	e	D1	2.1 2.2 6.3	–	I/A	3	=			2.3	k m			5722
t	st	3	Wv	crr	Me En	Kv	zw	p2	6-10	my me (le)	–	4	2	e	B6	2.1 2.2 2.5 2.7	7	Ja	4	=			2.3				5723
t	st		Wv	crr	Me En	Kv	zw		5-9		–		2	e	C2	2.2 3.2	–	I/N	2	=			3.24	f k m			5724
h	s		Rh	crs	Me En	Ws	zw	r1	7-9	en	–		3	e	D3	1.3 7.2 7.4 9.2	5	I	1	>			11.31				5725
p	s		Wh	ccs	At	Sr	zw	>250*	6-8	??	–		1	mg h	A4b	2.2 2.7 2.9	–	N	5	=			?	d g k			5726
n	s		Wh	ccs	Bo	Au Ws	zw		5-7	en	–		1		A4c	2.2 2.3 2.7 2.9	–	N	3	<			13.3	c k l			5727
p	s		Wh	ccs	En Dy	Sr Ws	fa zw		4-6	en	–		2	e	D3		–	I/N/Ja/Jn	2	=					563, 564		5728
p	s	2.5	Wh	ccs	En Dy	Sr Ws	zw	250*	5		–		2	e	D3	7.4 9.1 9.2 9.3	1	I	2	=	14.7	14.7312	14.2112			G	5729
p	s		Wh	ccs	En Dy	Sr Ws	fa zw		5-6		–		1	e	E4	7.4 9.2	–	I	1	>			14.736				5730
p	s		Wh	ccs	En Dy	Sr Ws	zw		5-6		–		2	e	D4	7.4 9.3	–	I	2	=			14.81	c i l			5731
p	s		Wh	ccs	En Dy	Sr Ws	zw		5-6		–		2	e	D1b	3.2 7.4 9.3	–	I/N?	2	=?			14.81	c			5732
p	s		Wh	ccs	En At	Sr Ws	fa		5		–		1	e	D4	2.3 2.7 2.9 7.4	–	Jn	4	<			14.81	c l			5733
p	s		Wh	ccs	En Dy	Sr Ws	fa		4-5		–		1	e	D2	9.2 9.3	–	Ja	3	=			14.81	i l		A	5734
p	s		Wh	ccs	En Dy	Sr Ws	fa zw		5-6		–		1	e	E1	7.4 9.1 9.2 9.3	1	I/N	2	>	14.811	14.736					5735
p	s		Wh	ccs	En Dy	Sr Ws	fa zw		5		–		2	e	D4	2.6 3.2 7.4 9.3	–	I	2	=			14.81	I			5736
n-p	s		Wh	ccs	En Dy	Sr Ws	zw		5-6	ca my me (ve)*	–		2	mg e	B6		–	I	3	=						B	5737
n-p	s	4	Wh	ccs	En Dy	Sr Ws	zw	150*	5-6		–	3	2	mg e	B6	2.6 7.4 9.1 9.2	1	I	3	=	14.312	14.73121	13.411				5738
n-p	s		Wh	ccs	En Dy	Sr Ws	zw		5-6		–		2	mg e	D5	7.4 8.1 8.2 9.1	–	I	1	=			14.312	c l	528		5739
n	s		Wh	ccs	En Dy	Sr Ws	fa zw		6-7		–		2	e	E1		–	I/Jn	1	=					563	G	5740
n	s		Wh	ccs	En Dy	Sr Ws	fa		6-7		–		1	e	F7a*	8.1 8.2	–	Jn	1	=			13.413	I			5741
n	s	3	Wh	ccs	En Dy	Sr Ws	fa zw		6-7	my ca me ve	–		2	e	E1	3.4 7.4 8.2 9.1	2	I	1	=	13.41	13.511	13.5112				5742
n	s		Wh	ccs	En Dy	Sr Ws	fa		6-7		–		1	e	F7a*	3.2 3.3 8.1 8.2	–	Jn	1	=			13.413	i l			5743
p	s	4.5	Wh	ccs	En At	Sr Ws	zw	500*	5-6	en	–		1	h e	C1	2.9 7.4 9.2 9.3	1	I/A	2	>	14.811	14.7312					5744
p	s	3	Wh	ccs	En Dy	Sr Ws	zw	100*	5	me	–		1	e	C1	2.9 9.2 9.3	1	I	1	>	14.811						5745
t	s		–	crr	Bo	Kv	fa zw		7-9	an?	–		3	e	A3c	2.2 2.9	–	Jn	5	<			?	h i k		H	5746
g	s	3	Rh	ccc	Bo Dy	Au	zw		6-10	an?	–	3	3	e	A4a	2.1 2.2 2.9	7	Jn	4	<			2.322				5747
g	w		Rh	css	Hy En	Au	mo		6-8	an	–		3	e	B3a	1.1 1.3	4	I	1	>			1.4		131		5748
a-g	w	1	Rh	css	Hy En	Au	mo		6-8	an	–		3	e	B3	1.1 1.2 1.3 5.2	4	I	2	>			6.11		131		5749
g	s		Rh	css	Hy En	Au	mo		6-8		2		5	e	B3		–	I	2	>					132	B	5750
g	s	2	Rh	css	Hy En	Au	mo		6-8	an	2		5	e	B6	1.1 1.2 1.3	4	I	3	>	6.111						5751
g	s		Rh	css	Hy En	Au	mo		6-8	an	2		5	e	B6	1.1 1.2 1.3	4	I	3	>			6.113			E	5752
g	s		Rh	css	Hy En	Au	mo		6-8	an	2		5	e	B6	1.1 1.2 1.3	4	I	2	>	6.111						5753
g	s		Rh	css	Hy En	Au	mo		6-8	an	2		5	e	C1	1.1 1.2 1.3	–	I	3	>			6.111			E	5754
g	t		Rh	css	Hy En	Au	mo		7-9	an	–		3	e	B5	1.1	–	I	2	>			1.412	c f k	131		5755
a-g	w	2	Rh	css	Hy En	Au	mo		7-8	an	–		3	e	B3	1.1	4	I	2	>*			1.2		131		5756
n	s		Wh	ccc	Bo My?	Sr	zw		5-8	hm	–		1	mg	C2	2.9 7.3 7.4 7.6	3	I/N	3	=			13.31	a f k			5757
t	s	1.5	–	rrs	Bo En	Kv	zw	d	6-8	au my me	–	5	3	e	C2c	2.1 2.2 2.6 2.7	7	I/N	3	>			2.32				5758
t	sw		–	rrs	Bo En	Kv	zw	d	4-6		–		2		D1		–	I/N	3	>							5759
t	w		–	rrs	Bo En	Kv	zw		4-5	au en	–		2		C2	2.5 3.1 6.2	–	I	3	>			4.121				5760
t	sw		–	rrs	Bo En	Kv	zw		4-6	au en	–		2		D2	2.2 3.1	–	I/N	3	>			4.1	c i k			5761
c	w		Wv	sss	Bo En	Kv	zw	p4	7-9	my	–		2		B4	2.2	–	A	4	=			5.11				5762
k-t	w		Wv	rrr	Bo	Sr	zw		5-8	au my	–		2		B4		–	A	3	=							5763
k-t	w		Wv	rrr	Bo	Sr	zw		5-7		–		2		C2	2.2	–	I	3	=			2.34	k m			5764
k-t	w	1	Wv	rrr	Bo En	Sr	zw	p1	5-9		–	3	2		B4	2.1 2.2 2.5 2.6	7	A	3	>			2.35				5765
t	s		–	rrr	Bo En	Kv	zw		5-7	au me my	–		2		B4	2.2 2.2	–	N	3	>			2.112?	c i k			5766
t	s		–	rrr	Bo	Kv	zw		5-6	au?	–		2		D2	2.1 2.2	7	I	4	>			2.211				5767
t	sw		Wv	crr	En At	Kv	di	d	5-9	an	–		3		B6	2.9	7	Ja	5	=			?				5768
z	s		Wh	ccs	Bo	Sr	zw		4-7		–		2		E2c	3.2	–	I	1	>			3.211	k			5769
n	s		Wh	ccc	Bo At	Sr	zw		5-6	au ca my me*	–		3		B4b		–	I/N	3	<						H	5770
n	s		Wh	ccc	Bo At	Sr	zw		5-6		–		3		A4c	2.2 2.3 2.9	–	N	3	<			13.31	d			5771
n	s		Wh	ccc	Bo At	Sr	zw		5-6		–		3		D1b	2.3 2.9 3.2 7.4	–	I/N	3	<			13.312	d			5772
z	s		Wh	css	Bo	Sr	zw		5-7		–		2		F4b		–	I	1	=				d		B	5773
z	s		Wh	ccc	Bo	Sr	zw		5-7		–		2		F4b*	3.2	–	I	1	=			3.2113	c k			5774
z	s		Wh	ccc	Bo	Sr	zw		5-7		–		2		F4b*	3.2	–	I	1	=			3.2113	d k m			5775
n	t		Wh	ccc	Bo At	Sr	zw		7-8	en	–		2		A4b	2.9 7.4 9.1 9.2	1	N	3	<			13.321?			H	5776
n	s		Wh	ccc	Bo At	Sr	zw		5-6	??	–		2		B4	2.9 3.2 7.4 9.1	–	I	1	=			13.313	c d i			5777
n	s		Wh	ccc	Bo At	Au	zw		7-8	au ca my me*	–		3		B3		1	I/N/Jn	3	<					4, 5	B H	5778
n	s		Wh	crs	Bo At	Au	zw		6-8		–		2		A2c	2.9 7.5 9.2	–	N	3	<			?	d l			5779
n	s		Wh	ccc	Bo At	Au	zw		6-7		–		3		A2b	2.9 7.4 7.5 9.2	–	N	3	<			?	d i l			5780
n	s		Wh	ccc	Bo At	Au	zw		6-10		–		3		A2b	2.9 1.4 2.3 4.2	–	Jn	3	<			13.31?	i			5781
n	s		Wh	ccc	Bo At	Au	zw		6-7		–		3		B4	2.9 7.4 7.5 9.2	–	I/N	3	<			14.721				5782
n	s		Wh	ccc	Bo At	Sr	zw		4-5		–		2		A4b	2.3 2.9	–	N	4	=			?	d g		H	5783

Nummern			Taxa			Klima						Boden												
SEN	**SIN**	**FAN**	**Gattung**	**Aggregat/Einzelart**	**Kleinart**	**T**	**v**	**K**	**v**	**L**	**v**	**F**	**v**	**W**	**R**	**v**	**N**	**v**	**S**	**M**	**H**	**v**	**D**	**v**
5784	405000	148.8.2	**Spiranthes**	**aestivalis**		3.5	I	2	I	4	I	4	I	3	4	I	1	I			5	I	1	I
5785	405100	148.8.1	**Spiranthes**	**spiralis**		3.5	II	3	I	4	I	3.5	II	2	3	I	2	I			5	I	1	I
5786	405200	135.2.1	**Spirodela**	**polyrhiza**		4.5	II	3	II	4	I	5v	I	1	3	I	4	I			–	–	–	–
5787	–	139.65.1	**Sporobolus**	**indicus**		5	I	2	I	4	I	2	I	1	4	I	3	I	s		3	I	3	I
5788	–	139.65.2	**Sporobolus**	**neglectus**		4.5	I	3	I	5	I	2	I	2	4	I	2	I			1	I	5	II
5789	–	–	**Stachys**	**alopecuros aggr.**		2.5	I	3	I	3	II	3	I	1	4	II	3	II			5	II	3	II
5790	405300	108.12.1.1	**Stachys**		**alopecuros**	2.5	I	3	I	3	I	3	I	1	5	I	3	I			5	II	3	I
5791	–	108.12.1.2	**Stachys**		**godronii**	2.5	I	3	I	3	II	3	I	1	4	I	3	I			5	II	3	II
5792	405400	108.12.4	**Stachys**	**alpina**		2.5	I	4	I	3	I	3	I	1	4	I	4	I			5	II	3	I
5793	405500	108.12.12	**Stachys**	**annua**		4	I	4	I	4	I	2.5	I	2	4	I	4	I		m	3	I	1	I
5794	405600	108.12.13	**Stachys**	**arvensis**		4	I	2	I	4	I	3.5	I	1	2	I	4	I			3	I	1	I
5795	–	–	**Stachys**	**germanica aggr.**		4.5	II	3	II	4	II	2	I	1	4	II	3	II			3	I	3	I
5796	405700	108.12.7	**Stachys**		**byzantina**	5	I	4	I	4	I	2	I	1	3	I	4	I			3	I	3	I
5797	405800	108.12.5	**Stachys**		**germanica**	4.5	II	4	I	4	I	2	I	1	4	I	3	I			3	I	3	I
5798	–	108.12.8	**Stachys**		**heraclea**	4.5	II	3	I	5	I	2	I	1	4	II	3	I			3	I	3	I
5799	–	108.12.6	**Stachys**		**salviifolia**	4.5	I	4	I	4	I	2	I	1	4	II	3	I			3	I	3	I
5800	–	–	**Stachys**	**officinalis aggr.**		x	–	2	I	3	I	2.5	II	3	3	II	2	II			5	II	3	I
5801	406100	108.12.3.1	**Stachys**		**officinalis**	3.5	I	2	I	4	I	3	II	3	3	II	3	I		m	5	II	1	I
5802	406500	108.12.2	**Stachys**		**pradica**	2	I	2	I	3	I	2.5	I	2	3	I	2	I			5	II	3	I
5803	406200	108.12.3.2	**Stachys**		**serotina**	4	I	2	I	3	I	2	II	2	4	I	2	I		m	5	II	3	I
5804	–	–	**Stachys**		**stricta**	2.5	I	2	I	3	I	2	I	2	3	I	3	I			5	II	3	I
5805	–	–	**Stachys**	**palustris aggr.**		3.5	II	3	I	3	I	3.5	II	2	3	II	3	I			5	II	3	II
5806	406400	108.12.10	**Stachys**		**palustris**	3.5	I	3	I	3	I	3.5	II	3	3	I	3	I			5	II	3	I
5807	–	–	**Stachys**		**sieboldii**	4	I	3	I	4	I	3.5	II	2	2	I	3	I			5	II	3	I
5808	–	–	**Stachys**	**recta aggr.**		3.5	II	4	I	4	I	1.5	I	1	4	I	2	I			x	–	3	II
5809	406700	108.12.11.2	**Stachys**		**labiosa**	3.5	I	4	I	4	I	1.5	I	1	5	I	2	I			1	I	5	I
5810	406600	108.12.11.1	**Stachys**		**recta**	3.5	II	4	I	4	I	1.5	I	1	4	II	2	I		m	3	I	3	I
5811	–	108.12.11.3	**Stachys**		**subcrenata**	4.5	II	3	I	4	I	1.5	I	1	5	I	2	I			3	I	3	II
5812	406800	108.12.9	**Stachys**	**sylvatica**		3.5	I	3	I	3	I	3.5	I	1	3	II	4	I		m	5	II	3	II
5813	406900	124.58.1	**Staehelina**	**dubia**		5	I	3	I	4	I	1	I	1	3	I	2	I			1	I	3	II
5814	407000	85.1.1	**Staphylea**	**pinnata**		4.5	I	4	I	3	I	2.5	I	1	4	I	3	I			3	I	3	I
5815	407100	38.5.6	**Stellaria**	**alsine**		2.5	II	2	I	3	I	4^	I	3	2	II	3	I			5	II	1	I
5816	407500	38.5.8	**Stellaria**	**graminea**		3.5	I	3	I	3	I	3	I	3	2	II	3	I		m	3	I	1	I
5817	407600	38.5.5	**Stellaria**	**holostea**		4.5	II	3	I	2	I	3	I	1	2	II	3	I		m	3	I	3	I
5818	407700	38.5.9	**Stellaria**	**longifolia**		2	II	3	I	3	I	4	I	2	1	I	1	I			5	I	1	I
5819	–	–	**Stellaria**	**media aggr.**		x	–	3	II	3	I	x	–	1	3	I	4	I			3	I	3	I
5820	407800	38.5.2	**Stellaria**		**media**	3	II	3	I	3	I	3	I	1	3	I	4	I		m	3	I	3	I
5821	408000	38.5.3	**Stellaria**		**neglecta**	5	I	2	I	3	I	3.5	I	2	3	I	4	I			3	I	3	I
5822	408300	38.5.4	**Stellaria**		**pallida**	4	I	3	I	3	I	2	I	1	3	I	4	I	s		3	I	3	I
5823	–	–	**Stellaria**	**nemorum aggr.**		3	II	2	I	2	I	3.5	I	3	2	II	4	I			3	II	1	I
5824	408200	38.5.1.2	**Stellaria**		**montana**	3.5	I	2	I	2	I	3.5	I	3	3	II	4	I			3	II	1	I
5825	408100	38.5.1.1	**Stellaria**		**nemorum**	2.5	II	2	I	2	I	3.5^	I	3	3	II	4	I		m	3	II	1	I
5826	408400	38.5.7	**Stellaria**	**palustris**		3.5	I	3	I	3	I	4	I	3	3	II	3	I			5	I	1	I
5827	–	–	**Stemmacantha**	**rhapontica aggr.**		2	I	3	I	4	I	3.5	II	1	x	–	3	II			3	II	3	II
5828	–	124.67.2.2	**Stemmacantha**		**bicknellii**	2	I	3	I	4	I	2.5	I	1	4	I	3	I			3	I	3	I
5829	–	124.67.2.1	**Stemmacantha**		**heleniifolia**	2	I	3	I	4	I	2.5	I	1	4	I	3	I			3	I	3	I
5830	408800	124.67.1.2	**Stemmacantha**		**lamarckii**	2	I	3	I	4	I	2.5	I	1	2	I	3	I			3	I	3	I
5831	408700	124.67.1.1	**Stemmacantha**		**rhapontica**	2	I	3	I	4	I	3.5	I	1	4	I	2	I			3	I	5	II
5832	–	–	**Stephanandra**	**incisa**		5	I	2	I	2	I	3	I	1	3	I	3	I			3	I	3	I
5833	–	144.1.1	**Sternbergia**	**lutea**		4	I	3	I	3	II	2	I	1	4	I	3	I			3	I	3	I
5834	–	139.56.8	**Stipa**	**bromoides**		5	I	3	I	5	II	1	I	1	4	II	1	I			1	II	3	II
5835	–	–	**Stipa**	**capillata aggr.**		4	II	5	I	5	I	1	I	1	4	I	2	I			1	II	5	II
5836	409000	139.56.6	**Stipa**		**capillata**	3.5	II	5	I	5	I	1	I	1	4	I	2	I			1	II	5	II
5837	–	139.56.7	**Stipa**		**offneri**	4.5	II	5	I	5	I	1	I	1	4	I	2	I			1	II	5	II
5838	–	–	**Stipa**	**pennata aggr.**		4	II	5	II	5	I	1	I	1	4	II	2	I			1	II	5	I
5839	409200	139.56.2.2	**Stipa**		**austriaca**	4	II	5	I	5	I	1	I	1	5	I	2	I			1	II	3	II
5840	–	–	**Stipa**		**bavarica**	4	II	5	I	5	I	1	I	1	4	I	2	I			1	II	5	I
5841	–	139.56.1	**Stipa**		**dvorakyi**	3.5	II	5	I	5	I	1	I	1	5	I	2	I			1	I	5	II
5842	409650	139.56.3.2	**Stipa**		**epilosa**	3.5	II	5	I	5	I	1	I	1	4	I	2	I			1	II	5	I
5843	409100	139.56.2.1	**Stipa**		**eriocaulis**	3.5	II	5	I	5	I	1	I	1	5	I	2	I			1	II	3	II
5844	409500	139.56.1	**Stipa**		**joannis**	3	II	5	I	5	I	1	I	1	4	I	2	I			1	I	5	I
5845	409300	–	**Stipa**		**lutetiana**	4.5	II	5	I	5	I	1	I	1	5	I	2	I			1	II	5	I
5846	409600	139.56.3.1	**Stipa**		**pulcherrima**	4.5	II	5	I	5	I	1	I	1	5	I	2	I		m	1	II	5	I
5847	–	139.56.4	**Stipa**		**styriaca**	3	I	5	I	5	I	1	I	1	4	I	2	I			3	II	3	I
5848	–	–	**Stipa**		**submontana**	3	II	5	I	5	I	1	I	1	5	I	2	I			1	I	3	II
5849	–	139.56.5	**Stipa**		**tirsa**	4	I	5	I	5	I	1	I	1	4	I	2	I			1	II	5	I
5850	409700	127.2.1	**Stratiotes**	**aloides**		3.5	I	4	I	3	I	5u	I	1	2	II	3	I	s		–	–	–	–
5851	409800	143.26.1	**Streptopus**	**amplexifolius**		2.5	I	2	I	3	I	3.5	I	1	2	II	3	I			5	II	1	I
5852	409900	–	**Subularia**	**aquatica**		3	I	2	I	5	I	4.5	I	3	2	I	1	I			3	I	1	I
5853	410100	123.3.1	**Succisa**	**pratensis**		3	II	3	I	3	I	3.5	I	3	4	I	3	II		m	5	II	1	I
5854	410200	123.4.1	**Succisella**	**inflexa**		4.5	I	5	I	3	I	4.5	I	3	3	II	4	I			5	I	1	I
5855	410300	98.6.1	**Swertia**	**perennis**		2.5	I	2	I	4	I	4.5	I	3	4	I	3	I			5	I	1	I
5856	410400	120.3.1	**Symphoricarpos**	**albus**		3.5	I	2	I	3	I	3.5	I	2	3	I	4	I			3	I	1	I
5857	–	–	**Symphoricarpos**	**chenaultii**		4.5	I	2	I	3	I	3	I	1	3	I	3	I			3	I	1	I
5858	–	–	**Symphytum**	**officinale aggr.**		4	II	x	–	3	II	3.5	II	3	3	I	4	I			3	II	1	I
5859	410600	106.11.3	**Symphytum**		**asperum**	4.5	I	3	I	3	II	3	I	2	3	I	4	I			3	I	1	I
5860	–	106.11.1	**Symphytum**		**bohemicum**	4.5	I	3	I	3	II	3.5	I	3	3	I	4	I			3	II	1	I
5861	410800	106.11.1	**Symphytum**		**officinale**	3.5	I	2	I	3	II	3.5	II	3	3	I	4	I		m	3	II	1	I
5862	–	106.11.1	**Symphytum**		**tanaicense**	4.5	I	5	I	3	II	4	I	3	3	I	4	I			5	II	1	I
5863	–	106.11.2	**Symphytum**		**uplandicum**	4	I	2	I	3	II	3.5	I	3	3	I	4	I			3	II	1	I
5864	–	–	**Symphytum**	**tuberosum aggr.**		4	II	2	I	2	I	3.5	II	2	4	I	3	I			5	II	3	I
5865	410900	106.11.4.2	**Symphytum**		**angustifolium**	4	II	2	I	2	I	3.5	I	2	4	I	3	I			5	II	3	I
5866	410700	106.11.5	**Symphytum**		**bulbosum**	4.5	I	1	I	2	I	3	I	1	4	I	3	I			5	II	3	I
5867	–	–	**Symphytum**		**grandiflorum**	4	I	2	I	3	I	3	I	1	3	I	3	I			3	I	3	I
5868	–	106.11.4.1	**Symphytum**		**tuberosum**	4	I	1	I	2	I	3.5	I	2	4	I	3	I		m	5	II	3	I
5869	411100	113.3.1	**Syringa**	**vulgaris**		4.5	I	4	I	3	I	3	I	1	4	I	3	I			3	I	3	I
5870	–	–	**Tagetes**	**patula**		4.5	I	1	I	4	I	3	I	1	3	I	3	I			3	I	3	I
5871	411200	147.1.1	**Tamus**	**communis**		4.5	II	2	I	3	I	3.5	I	1	4	II	3	I			3	I	3	I
5872	411300	124.35.6	**Tanacetum**	**balsamita**		5	I	3	I	3	I	3	I	1	3	I	3	I			3	I	3	I

Strategien					Biologisches Verhalten										Vorkommen						Pflanzengesellschaften			Literatur			
LF	**BD**	**WT**	**RO**	**KS**	**DA**	**VA**	**FS**	**MA**	**BZ**	**BS**	**MV**	**SU**	**DG**	**GI**	**GV**	**LR**	**EG**	**AE**	**EM**	**VE**	**1**	**2**	**3**	**BL**	**SL**	**TB**	**SEN**
g	s	1	Wd	css	Me	Bz	zw		7-8	me my	2		1		C2c	4.1 5.1 6.3	5	I/N	2	>	7.231						5784
g	w*	1	Wd Wk	css	Me	Ws	zw		8-10	me	2		1		C1	6.2 6.3 6.4 9.2	6	I	2	>			9.1				5785
s	s	1	Tu	rss	Hy Ep	As Sb	zw		7-9	mo	–		4	e	B1	1.1 1.2 1.3	4	I	3	<			1.1				5786
h	t		Rs	crs	Me	Ho	zw		6-8		–		3		A2a	2.2 2.5	–	N	4	<			11.21	h k m			5787
t	s		–	crr	Me	Kv	zw		8-9		–		3		A2a	2.2 2.5 3.5	–	N	4	<			4.131	k			5788
h	s		Rh	ccs	Bo	Sr	zw		6-8	me	2		2		E1		–	I	2	=						B	5789
h	s	1.5	Rh	ccs	Bo	Sr	zw		6-8		2		2		E4	6.5 7.1 7.2 8.2	2	I	2	=	10.211	9.135		k			5790
h	s		Rh	ccs	Bo	Sr	zw		6-8		2		2		E3	6.5 7.1 7.2 8.2	–	I	2	=			10.2	k			5791
h	s		Rh	ccs	Ep	Sr	zw	r2	7-9	me	–		2		E1	2.6 7.2 9.1 9.2	2	I	2	=	11.4	5.121	14.731				5792
t	s w	1.5	–	rrr	Dy	Kv	zw	p2	6-10	au me	–	3	2	h	C2b	2.1 2.2 2.7	7	A	4	>			2.312				5793
t	s		–	rrr	Dy	Kv	zw		7-10	au ca me	–	4	2		C2c	2.1 2.2 2.7 6.1	7	A	4	>			2.322				5794
c-h	t		Rh	crs	Bo	Sr	zw		6-8	me	–		3		C1		–	I/N	4	<>							5795
c-h	t		Rh	crs	Bo	Sr	ve-di		6-8		–		3		C2b	2.2 2.7 2.9	7	N	4	<			5.111				5796
h-t	w		Rh	crs	Bo	Sr	ve-di	4	6-8		–		3	h	D1	2.2 6.2 7.4 9.3	6	I/N	4	<	5.11	9.135			180		5797
h	t		Rh	crs	Bo	Sr	ve-di		6-7		–		3		E2b	6.2 6.7 7.4 9.3	–	I	3	=			11.111	k			5798
h	t		Rh	crs	Bo	Sr	ve-di		4-8		–		3		C2b	2.2 2.9 6.2	–	I	4	=			5.111	k			5799
h	t		Rh	ccs	Bo	Sr	zw	r6	6-9	me ps sp (my)	2		2	h	B3		6	I	2	>						B	5800
h	t	3.5	Rh	css	Bo	Sr	zw		6-8		2	2	2	h	C2c	6.2 6.3 9.1 9.2	5	I	2	>	14.811	10.412	11.231				5801
h	t		Rh	css	Bo	Sr	zw		7-8		2		2	h	E3	6.2 6.3 6.5 7.1	2	I	2	>			10.2				5802
h	t	3	Rh	css	Bo	Sr	zw		7-9		2		2	h	E2c	6.2 6.7 7.1 7.4	6	I	2	>			11.111				5803
h	t		Rh	css	Bo	Sr	zw		7-9		2		2	h	E5	6.7 7.2 7.4	–	I	2	>			11.513?	f i		E	5804
g	s		Rk	css	Ep	Au	zw		6-9		–		2	h	B3		–	I/N	3	=							5805
g	s	2.5	Rk	css	Ep Hy	Au	zw		6-9	me au ps ph*	2	4	2	h e	B3	1.4 2.5 6.3 7.2	5	I	2	=			11.321				5806
g	s		Rk	css	Ep At	Au	zw		6-9		–		2	e	A4b	2.9	–	N	4	>			?				5807
h-z	s		Wv	css	Ep Dy	Sr	zw		6-9	me (my)	2		2	h	B6a		–	I	2	>					497		5808
h-z	s?		Wv	css	Ep	Sr	zw		6-9		–		2	h	E2d	3.2 6.2 9.1 9.3	2	I	1	=			9.1				5809
h-z	s	4	Wv	css	Dy	Sr	zw	r10	6-9		2		2	h	D3	3.2 6.2 9.1 9.3	6	I	2	>	9.131	11.111	14.811				5810
h-z	s		Wv	css	Ep Dy	Sr	zw		6-9		2		2	h	E2a	3.2 3.3 6.2	–	I	2	=			9.12	c k			5811
h	s	2	Rs	crs	Ep	Au	zw	r3	6-9	au me (my)	–	3	4	e	B6	2.4 2.6 7.2 9.2	1	I	3	<	14.721	14.735	14.73				5812
z	w?		Wh	ccs	Me	Kv	zw	p9	5-8		–		1		C2	3.2 6.2 7.3	–	I	2	>			12.4	a f k			5813
n	s	2.5	Wh	ccc	En	Kv	zw	r25	5-6	my	–		1	e	B6a	2.9 7.4 9.2 9.3	1	I	2	=	13.312	14.736					5814
h	w		Rs	css	Bo	Ao Sw	zw	p1	5-7	au (my)	2		3	e	B3a	1.4 4.1 4.2 9.2	5	I	3	>*	14.72205	7.1					5815
h	t	1.5	Rs	crs	Bo En	Kt	ve zw	p1	5-7	my me ca (au)	2		3	e	B6	6.2 6.3 6.4 7.4	8	I	2	=	10.412	11.241					5816
c	w	1	Rs	crs	Bo	Ao Au	zw	p1	4-6	au ca my me*	–		4	e	B6a	2.2 6.7 7.4 9.2	1	I	1	=	14.733						5817
h	w		Rs	css	Bo	Ao Sw	zw		6-8	au my	2		2	e	B3	8.1 9.1	7	I	1	=			14.3				5818
t	t w		–	crr	Bo En	Sw	zw	p1	3-12	au my me hm	4		3	e	C1		–	I/A/N	3	=					731	B	5819
t	s w	1.5	–	crr	Bo En	Sw	zw		3-12		4	4	3	e	C1	2.1 2.2 2.5 2.6	7	I/A	4	=	2.3	5.1	14.712		772	A	5820
k-t	w		–	crr	Bo En	Sw	zw		4-7		4		3	e	C2	2.3 2.6 7.2 9.2	1	I/N	3	=			5.131				5821
t	w	1	–	crr	Bo En	Sw	cl zw		3-6		4		3	e	D1	2.1 2.2 6.1 6.2	7	I/A	3	=			2.34				5822
h	w		Rs	crs	Bo En	Ao Au	ve zw		6-9	my ca	–		3	e	D3		–	I	3	=							5823
h	w		Rs	crs	Bo En	Ao Au	ve zw		6-9		–		3	e	D2	2.6 8.1 9.1 9.2	1	I	2	=			11.411				5824
h	w	1.5	Rs	crs	Bo En	Ao Au	ve zw		6-9		–		3	e	D3	2.6 7.2 8.1 9.2	1	I	3	=	14.731	14.73601	11.514				5825
h	w		Rs	crs	Bo	Kt	zw		5-7	en my?	3		2		B6b	1.3 5.1 6.3 7.2	5	I	2	>			7.22				5826
h	s		Rh	ccs	Me	Sr	zw	p10	7-8	??	–		3	h	F1		–	I	1	=						B D	5827
h	s		Rh	ccs	Me	Sr	zw		6-8		–		3	h	F2a*	2.4 6.5	–	I	1	=			11.513	k			5828
h	s		Rh	ccs	Me	Sr	zw		6-8		–		3	h	F2a	3.2 3.3 6.5 7.2	–	I	1	=			11.513	k			5829
h	s		Rh	ccs	Me	Sr	zw		7-8		–		3	h	F5	6.5 7.2 7.4	2	I	1	=			11.513	a h			5830
h	s		Rh	ccs	Me	Sr	zw		7-8		–		3	h	F7	6.5 7.2 8.1 8.2	2	I	1	=	11.514	11.51					5831
z	s		Wh	ccs	En	Sr	zw		5-6		–		3		A4b	2.9 2.3	–	N	5	<			?	d g			5832
g	w		Zw	ccs	My?	Bz	zw		9-11	au	–		3		C2	2.1 2.2 2.9 7.4	–	I	3	=			?	k m			5833
h	t		Rs	css	Me	Au Ho	zw		5-9	an	1		3	e	C2	3.2 7.6 9.3 9.4	–	I	2	>			9.2	k			5834
h	t		Rs	css	Ep Me	Ho	zw		4-8		1		3	e	B6a		–	I	2	>					573		5835
h	t	3.5	Rs	css	Ep Me	Ho	zw		6-8	an	1		3	e	B6a	2.2 3.2 6.2 9.1	6	I	2	>	9.113	9.112					5836
h	t		Rs	css	Ep Me	Ho	zw		4-6	an	1		3	e	C2a	3.2 6.2 7.1 7.3	–	I	2	>			12.411	k			5837
h	t		Rs	css	Me	Ho	zw		5-7	au an	1		3	e	B4		–	I	2	>					541	D	5838
h	t?		Rs	css	Me	Ho	zw		5-7		1		3	e	E4a	2.5 3.2 3.3 6.2	6	I	1	>			9.11	c i k			5839
h	t		Rs	css	Me	Ho	zw		5-7		1		3	e	D3*	6.2	–	I	2	>			9.131	i l			5840
h	t		Rs	css	Me	Ho	zw		6-7		1		3	e	E2c	6.2	–	I	2	>			9.1		573		5841
h	t		Rs	css	Me	Ho	zw		6-8		1		3	e	E2	3.2 6.2	–	I	2	>	9.131	9.113		c			5842
h	t	2	Rs	css	Me	Ho	zw		5-7		1		3	e	E2	3.2 6.2 6.5 7.3	–	I	2	>			9.1	c i k			5843
h	t	2	Rs	css	Me	Ho	zw		5-7		1		3	e	B6	3.2 6.2 6.5 7.1	6	I	2	>			9.11				5844
h	t		Rs	css	Me	Ho	zw		5-7		1		3	e	D1a	3.2 6.2	–	I	2	>			9.131	a k l			5845
h	t		Rs	css	Me	Ho	zw		5-7		1		3	e	B6a	3.2 6.2	–	I	2	>			9.1	a c l			5846
h	t		Rs	css	Me	Ho	zw		5-6		1		3	e	F4b*	3.2 6.2	–	I	2	>			9.112	c			5847
h	t		Rs	css	Me	Ho	zw		6-8		1		3	e	F2	3.2 3.3 6.2	–	I	2	>			9.1		573		5848
h	t		Rs	css	Me	Ho	zw		5-6		1		3	e	B6a	3.2 6.2	–	I	2	>			9.11	c i k			5849
s	w	1	Sk Wd	css	Hy	Au	di	d	5-8	my of	–		3		B4b	1.1 1.2	4	I/N	2	<			1.121				5850
g	s		Rh	ccs	En	Sr	zw	d	5-7	en au	–		1	e	B3a	7.2 8.1 9.1 9.2	1	I	1	=	14.73111	14.73139	13.411				5851
a-t	w		–	rrs	Hy Ep	Kv	zw		6-9	au	–		2	e	B3a	1.4	5	I	2	>0?			1.412				5852
h	w	3.5	Rh	css	Me	Sr	di zw	p2	7-9	my me ps ph*	2	2	2	h e	B6	5.1 6.3 9.1 9.2	5	I	2	>*	7.2	11.23	14.21122				5853
h	t		Rh	css	Me	Au	zw		7-9	??	2		2		D4	1.4 5.1 6.3	–	I	2	>			11.23				5854
h	s?		Rh	css	Bo Me	Sr	zw	d	7-8	my ca (au)	1		2		B3	5.1 6.3	5	I	2	>*	7.231						5855
n	s		Wh	ccc	En At	Au	zw	>30*	6-9	ve me my	–		3	mg h	A2c	2.9 7.4 7.5 9.2	1	N	3	=			14.721		264	H	5856
n-z	t		Wh	ccc	En At	Kt	zw		7-9	me ve	–		3	mg	A2c	2.2 2.7 2.9	–	Jn	5	<			?			H	5857
h	s		Wv	ccr	My	Sr	zw		5-9	me au (my)	2		3	mg e	B6		–	I/N/Jn	3-4	<>					30, 71	B	5858
h	s		Wv	ccr	My	Sr	zw	d	5-8		3		3	mg e	E2i	2.1 2.2 2.9	7	N	4	=			5.113				5859
h	s		Wv	ccr	My	Sr	zw		6-9		2		3	mg e	E2g?	1.4 6.3 7.2 9.2	–	N	4	<			11.3	i l		E	5860
h	s	2.5	Wv	ccr	My	Sr	zw		5-8		2		2	mg h e	B6	1.4 6.3 7.2 9.2	5	I	3	=	11.23	5.132	11.321				5861
h	s		Wv	ccr	My	Sr	zw		4-6		2		2	mg e	D4	6.3 7.2	–	I	4	>			11.32	c l			5862
h	s		Wv	ccr	My	Sr	zw		5-9		2		2	mg	B6	2.2 2.5 2.6 7.4	–	Jn	3	=			5.113				5863
g	s		Rk	ccs	My	Ao Au	zw		3-6	me	–		3	mg e	B6		–	I/N	2-3	=					71		5864
g	s		Rk	ccs	My	Au	zw		3-6		–		3	mg e	D1b	7.2 7.4 9.2 9.3	1	I	2	=	11.311	14.731					5865
g	s		Rk	ccs	My	Au	zw		3-5		–		3	mg e	D1	2.3 2.7 2.8 9.2	1	I/N	2	=			5.132				5866
g	t		Rk	ccs	My	Ao	zw		3-6		–		3	mg e	E2i	2.3 2.9 9.2	–	N	3	<			14.7?	g m			5867
g	s		Rk	ccs	My	Au Sr	zw		3-6		–		3	mg e	D2	2.3 2.5 4.2 9.2	–	I?	2	=			14.71	l			5868
n	s		Wh	ccc	Bo Dy	Au	zw	80*	4-5	au me ps my*	–		2		C2b	2.2 2.9 7.4	3	N	3	<			13.312			H	5869
t	s		–	rrr	At Bo	Kv	ve		5-11	en	–		1	e	A2a	2.2 2.9 3.5	–	N	5	=			?	g k		H	5870
g.li	s		Sk	ccs	En	Sr	di	r6	5-6	me	–		1	mg h e	C2c	2.6 7.4 9.2 9.3	1	I	1	<	14.811	14.72	14.735				5871
h	s		Rs	ccs	Bo My	Au	zw		6-9	en	–		3	h e	B6a	2.2 2.7 2.9 7.4	–	A	5	>			5.1				5872

Nummern			Taxa			Klima						Boden												
SEN	SIN	FAN	Gattung	Aggregat/Einzelart	Kleinart	T	v	K	v	L	v	F	v	W	R	v	N	v	S	M	H	v	D	v
5873	411400	124.35.5	Tanacetum	cinerariifolium		5	I	4	I	4	I	2	I	1	4	I	2	I			3	I	3	I
5874	–	–	Tanacetum	corymbosum aggr.		4	II	4	I	3	I	2.5	II	2	4	I	2	I			3	I	3	II
5875	–	124.35.2.2	Tanacetum		clusii	3.5	II	4	I	3	I	3	I	2	4	I	2	I			3	I	3	II
5876	411500	124.35.2.1	Tanacetum		corymbosum	4	I	4	I	3	I	2	I	2	4	I	2	I		m	3	I	3	II
5877	411600	124.35.4	Tanacetum	macrophyllum		3.5	II	4	I	2	I	3	I	1	3	I	4	I			3	I	3	I
5878	–	–	Tanacetum	parthenium aggr.		4	I	4	I	3	II	3	II	1	3	I	4	II			3	II	3	II
5879	–	–	Tanacetum		partheniifolium	4.5	I	4	I	4	I	2	I	1	3	I	3	I			1	I	5	I
5880	411700	124.35.3	Tanacetum		parthenium	4	I	4	I	3	II	3	I	1	3	I	4	I			3	I	3	I
5881	411800	124.35.1	Tanacetum	vulgare		4.5	II	4	I	4	I	3.5	I	2	3	I	4	I			3	I	3	I
5882	–	–	Taraxacum	officinale aggr.		x	–	x	–	4	II	x	–	1	x	–	x	–	s		3	II	3	II
5883	–	124.93.9	Taraxacum		alpestre s. l.	1.5	I	3	I	4	II	3.5	I	2	3	II	3	I			3	II	3	II
5884	412000	124.93.8	Taraxacum		alpinum s. l.	1.5	I	3	I	4	I	3.5	I	1	3	II	4	I			3	II	3	I
5885	412100	124.93.14	Taraxacum		aquilonare s. l.	1.5	II	4	I	5	I	2	I	1	3	II	2	I			3	I	5	II
5886	412300	124.93.6	Taraxacum		ceratophorum s. l.	1	I	3	I	5	I	4	I	1	4	I	4	I			3	I	3	I
5887	412500	124.93.11	Taraxacum		cucullatum s. l.	1.5	I	2	I	4	I	4	I	1	2	I	4	I			3	I	3	I
5888	412600	124.93.12	Taraxacum		dissectum s. l.	1	I	4	I	5	I	2	I	1	3	I	4	I			1	I	3	I
5889	412700	124.93.10	Taraxacum		fontanum s. l.	2	II	3	I	4	I	4	I	1	3	I	3	I			5	I	1	I
5890	–	124.93.1	Taraxacum		handelii	1	I	4	I	5	I	3	I	1	3	I	3	I			3	I	5	II
5891	412900	124.93.13	Taraxacum		laevigatum s. l.	4.5	II	4	I	4	I	2	I	1	4	I	4	I			3	I	3	I
5892	–	–	Taraxacum		leucospermum	5	I	3	I	5	I	2	I	1	5	I	3	I			3	I	5	I
5893	–	124.93.5	Taraxacum		obovatum	4.5	I	3	I	4	I	2	I	1	4	I	4	I		m	3	I	1	II
5894	413100	124.93.15	Taraxacum		officinale s. l.	3	II	3	I	4	I	3	I	1	3	II	4	I		m	3	I	3	I
5895	413200	124.93.3	Taraxacum		pacheri	1	I	1	I	5	I	4	I	1	4	I	3	I			3	I	5	II
5896	413400	124.93.7	Taraxacum		palustre s. l.	3	I	2	I	4	I	4	I	3	4	I	3	I	ss		5	I	1	I
5897	–	124.93.2	Taraxacum		reichenbachii	1	I	4	I	5	II	2.5	I	1	2	I	2	I			3	I	3	II
5898	413500	124.93.4	Taraxacum		schroeterianum	1.5	I	3	I	4	I	4	I	3	3	I	4	I			5	II	1	I
5899	413600	12.1.1	Taxus	baccata		3.5	I	2	I	2	I	2.5	I	3	4	II	2	I		m	3	II	3	II
5900	–	54.49.2	Teesdalia	coronopifolia		4.5	II	3	I	4	I	1.5	I	1	2	I	2	I			3	I	5	I
5901	413700	54.49.1	Teesdalia	nudicaulis		4.5	II	1	II	4	I	1	I	1	2	I	2	I			3	I	5	I
5902	413800	124.20.1	Telekia	speciosa		3.5	I	3	I	3	I	3.5	I	2	4	I	3	I			3	I	3	I
5903	413900	124.20.2	Telekia	speciosissima		3	II	4	I	4	I	1.5	I	1	5	I	2	I			1	I	5	I
5904	414000	38.20.1	Telephium	imperati		4.5	I	5	I	4	I	1	I	1	3	I	2	I			1	I	5	I
5905	–	–	Tellima	grandiflora		3.5	I	2	I	3	I	3.5	I	1	3	I	4	I			5	I	3	I
5906	–	–	Tephroseris	integrifolia aggr.		x	–	x	–	3	II	x	–	x	4	II	x	–			3	II	1	II
5907	–	124.49.4	Tephroseris		aurantiaca	3	II	3	I	4	II	3	II	1	4	II	3	I			3	I	1	II
5908	–	124.49.5	Tephroseris		balbisiniana	2	I	3	I	4	I	4	I	2	3	I	3	I			5	I	1	I
5909	414100	124.49.3	Tephroseris		capitata	1.5	I	3	I	4	I	2	I	1	4	I	2	I			3	I	3	I
5910	–	124.49.7	Tephroseris		crispa	2.5	II	3	I	4	I	4	I	2	4	I	4	I			5	I	1	I
5911	414200	124.49.6.1	Tephroseris		helenitis	4	I	2	I	3	I	4	I	3	3	I	3	I			5	II	1	I
5912	414300	124.49.1	Tephroseris		integrifolia	3	II	4	I	3	I	2	I	3	4	I	2	I			3	I	1	I
5913	–	124.49.9	Tephroseris		longifolia	2.5	II	3	I	3	II	3	II	2	4	I	4	I			5	I	3	II
5914	–	124.49.8	Tephroseris		pseudocrispa	3	I	3	I	3	I	3	I	2	4	I	4	I			3	I	3	II
5915	–	124.49.6.2	Tephroseris		salisburgensis	4	I	3	I	4	I	4	I	2	3	I	2	I			5	I	1	I
5916	–	124.49.2	Tephroseris		serpentini	4	I	4	I	4	I	2	I	1	3	I	1	I		m	3	I	1	I
5917	414400	124.49.10	Tephroseris		tenuifolia	2	I	2	I	3	I	3.5	I	3	4	I	4	I			3	I	1	I
5918	–	–	Tephroseris	palustris		4	I	4	I	4	I	4	I	3	2	I	4	I			5	II	1	I
5919	414600	33.1.1	Tetragonia	tetragonoides		4	I	2	I	4	I	3	I	2	3	I	4	I	s		3	I	1	I
5920	414900	108.2.4	Teucrium	botrys		4.5	I	4	I	4	I	1.5	II	3	4	II	2	I		m	3	I	3	I
5921	415000	108.2.5	Teucrium	chamaedrys		4.5	II	4	I	3	I	1.5	I	2	4	II	2	I		m	3	I	3	I
5922	–	108.2.7	Teucrium	flavum		5	I	2	I	5	I	1.5	I	1	5	I	1	I			1	I	5	I
5923	–	108.2.1	Teucrium	fruticans		5	I	2	I	5	I	1.5	I	1	4	I	2	I			3	I	3	I
5924	–	108.2.6	Teucrium	lucidum		3	II	3	I	5	II	2	I	1	4	I	2	I			3	I	5	II
5925	–	–	Teucrium	marum		5	I	3	I	4	I	1	I	1	4	I	2	I			1	II	3	I
5926	415100	108.2.9	Teucrium	montanum		3	II	4	I	4	I	1.5	I	3	5	I	2	I		m	3	II	3	II
5927	–	–	Teucrium	polium aggr.		4.5	II	4	I	4	I	1.5	I	1	4	II	2	I			3	II	5	II
5928	–	108.2.11	Teucrium		luteum	4.5	II	4	I	4	I	1.5	I	1	4	II	2	I			3	I	5	II
5929	–	108.2.10	Teucrium		polium	4.5	II	4	I	4	I	1.5	I	1	5	I	2	I			3	I	3	II
5930	–	108.2.8	Teucrium	pyrenaicum		2	II	4	I	4	I	1.5	I	1	4	I	2	I			3	I	3	II
5931	–	–	Teucrium	scordium aggr.		4.5	II	3	II	4	I	4.5	I	3	4	I	3	I			5	I	1	I
5932	–	108.2.3.2	Teucrium		scordioides	5	I	2	I	4	I	4.5	I	3	4	I	3	I	s		5	I	1	I
5933	415200	108.2.3.1	Teucrium		scordium	4	I	3	I	4	I	4.5	I	3	4	I	3	I	s		5	I	1	I
5934	–	–	Teucrium	scorodonia aggr.		3.5	II	2	II	3	I	2.5	II	1	2	II	2	I			5	II	3	I
5935	415300	108.2.2	Teucrium		scorodonia	3.5	II	2	I	3	I	2.5	I	1	2	II	2	I			5	II	3	I
5936	–	–	Teucrium		siculum	4	II	3	I	3	I	2	I	1	2	I	2	I			3	I	3	I
5937	415400	19.20.2	Thalictrum	alpinum		1.5	I	3	I	4	I	3	II	3	3	I	2	I		m	5	I	1	II
5938	415500	19.20.1	Thalictrum	aquilegiifolium		2.5	II	3	I	3	I	4	I	3	4	I	3	I		m	5	II	1	I
5939	–	–	Thalictrum	flavum aggr.		4	II	x	–	3	II	x	–	3	4	I	3	II			5	I	1	I
5940	415800	19.20.7	Thalictrum		flavum	3.5	I	3	I	3	I	4	I	3	4	I	3	I	s		5	I	1	I
5941	–	–	Thalictrum		galioides	4	I	4	I	3	I	3.5	I	3	4	I	3	I			5	I	1	I
5942	416100	19.20.6	Thalictrum		lucidum	4.5	II	4	I	3	I	4	I	3	4	I	4	II	s		5	I	1	I
5943	416600	19.20.7	Thalictrum		simplex	4	II	5	I	4	II	3	II	3	3	I	3	I			5	I	1	I
5944	–	–	Thalictrum		tenuifolium	3.5	I	4	I	4	I	2.5	II	3	4	I	3	I	s		5	I	1	I
5945	–	–	Thalictrum	minus aggr.		x	–	4	II	4	II	1.5	II	1	4	II	2	I			3	I	5	II
5946	415900	19.20.3	Thalictrum		foetidum	2.5	II	5	I	4	I	1.5	I	1	4	II	2	I			3	I	5	II
5947	–	–	Thalictrum		majus	3.5	I	5	I	3	I	1	I	1	5	I	2	I			3	I	5	I
5948	416200	19.20.4.1	Thalictrum		minus	4.5	II	5	I	4	I	2	I	1	3	II	2	I			3	I	5	I
5949	–	–	Thalictrum		pratense	3.5	II	4	I	4	I	2	I	1	5	I	2	I			3	I	5	I
5950	416300	19.20.4.2	Thalictrum		saxatile	2.5	II	4	I	4	II	1	I	1	4	II	2	I			3	I	5	II
5951	417000	7.9.1	Thelypteris	palustris		3.5	I	3	I	3	I	4.5	I	2	3	I	3	I			5	I	5	I
5952	417200	74.2.6	Thesium	alpinum		2	II	3	I	4	I	3	II	2	3	II	2	I		m	3	I	3	II
5953	–	–	Thesium	linophyllon aggr.		4	II	4	II	4	II	1	II	2	3	II	2	I			3	I	3	II
5954	–	74.2.4	Thesium		arvense	4	I	4	I	4	I	1.5	I	1	4	I	2	I			3	I	3	I
5955	417300	74.2.2	Thesium		bavarum	4.5	II	4	I	3	I	1.5	I	2	4	I	2	I			3	I	3	II
5956	417400	74.2.3	Thesium		divaricatum	5	I	3	I	4	I	1	I	2	3	I	2	I			3	I	3	I
5957	417500	–	Thesium		humifusum	3	I	3	I	4	I	1	I	2	4	I	2	I			3	I	3	I
5958	417600	74.2.1	Thesium		linophyllon	3.5	I	4	I	3	I	1	I	2	4	I	2	I		m	3	I	3	I
5959	–	–	Thesium	pyrenaicum aggr.		2	II	3	II	4	I	2	I	1	x	–	2	I			3	I	3	I
5960	417700	74.2.5.1	Thesium		pyrenaicum	2.5	I	3	I	4	I	2	I	1	2	I	2	I			3	I	3	I
5961	–	–	Thesium		refractum	1.5	I	4	I	4	I	2	I	1	4	I	2	I			3	I	3	I

	Strategien				Biologisches Verhalten										Vorkommen						Pflanzengesellschaften			Literatur			
LF	BD	WT	RO	KS	DA	VA	FS	MA	BZ	BS	MV	SU	DG	GI	GV	LR	EG	AE	EM	VE	1	2	3	BL	SL	TB	SEN
h	s		Wv	ccs	Bo Ep	Sr	ve		5-7	??	–		2	tg e	C2b	2.2 2.9 3.2	3	N	5	=			3.2?				5873
h	t		Rh	ccs	Bo My	Sr	ve		6-8	ca my me (hm)*	–		2	e	B6a		–	I	2	>							5874
h	t		Rh	ccs	Bo My	Sr	ve		6-8		–		2	e	E4a	6.3 6.7 9.1 9.2	–	I	2	>			14.732	c k m			5875
h	t	3	Rh	ccs	Bo My	Sr	ve	r5	6-8		–		2	e	D3	6.7 9.1 9.2 9.3	1	I	2	>	14.811	11.111	14.81101				5876
h	t		Rh	ccc	Bo My	Sr	ve		6-8	ca my me ve	–		2	e	D1b	2.6 7.2 7.4 9.2	–	I/N	3	<			11.41				5877
h	t		–	crs	Bo My	Sr	ve	p2	6-10		–		3	e	B6a		–	A/N	3	=							5878
h	t		–	crs	Bo My	Sr	ve		6-9	my me	–		3	e	E2i	2.2 2.3 2.9	–	N	4	=			?	g i l			5879
h	t		–	crs	Bo My	Sr	ve		6-10	me (hm) (sp)	–		3	h e	C2b	2.2 2.5 2.9 7.4	7	A	3	=			5.113				5880
h	s		Rh	ccc	Bo My	Au	zw		6-9	me hm le my*	2		3	gg h e	B6	2.2 2.5 2.6 7.4	7	I/N	3	<			5.11				5881
h	t		Wv	crs	Me En	Ws	fa oa	p4	4-9	au ap me (le)*	4		2	h e	B5		–	I/N	1-4	=>						G	5882
h	t		Wv	crs	Me	Ws	fa oa		5-7		4		2	h e	E4	3.3 4.1 4.2 5.1	–	I	1	=			7.11	c k l			5883
h	t		Wv	crs	Me	Ws	fa oa	p7	6-9		3		2	h e	E1	2.4 3.3 6.3 6.5	2	I	1	=	11.244	5.121					5884
h	t		Wv	crs	Me	Ws	fa oa		5-8		4		2	h e	E3a	3.2 3.3 6.2 6.5	–	I	2	=		10.2	10.4				5885
h	t		Wv	crs	Me	Ws	fa oa		6-8		2		2	h e	B5	2.4 3.3 6.5	2	I	1	=			3.3				5886
h	t		Wv	crs	Me	Ws	fa oa		6-8		2		2	h e	F1	2.4 4.1 6.3 6.5	2	I	1	=	11.244						5887
h	t		Wv	crs	Me	Ws	fa oa		7-8		2		2	h e	E1a	6.5	2	I	1	=			10.41				5888
h	t		Wv	crs	Me	Ws	fa oa		5-8		3		2	h e	E4	4.1 4.2 5.1 6.3	–	I	1	=			7.11				5889
h	t		Wv	crs	Me	Ws	fa oa		7-8		2		2	h e	F4a	3.3 6.5	–	I	1	=			10.41	c k			5890
h	t		Wv	crs	Me	Ws	fa oa	p9	4-6		3		2	h e	B6a	2.2 3.1 6.2 7.3	7	I/N	4	=			9.1				5891
h	t		Wv	crs	Me	Ws	fa oa		5-7		2		2	h e	F2a*	3.2	–	I	2	=			3.2114?				5892
h	t		Wv	crs	Me	Ws	fa oa		5-7		2		2	h e	E2b	2.1 2.2 6.2	–	I	3	=			4.23	k			5893
h	t	4.5	Wv	crs	Me Dy	Ws	fa oa		4-5		4	2?	2	h e	B4	2.1 2.2 2.6 6.3	8	I	3	=	11.2	2.3	5.121				5894
h	t		Wv	crs	Me	Ws	fa oa		7-8		2		2	h e	F1	3.3 6.6	2	I	1	=			3.3				5895
h	t	1	Wv	crs	Me	Ws	fa oa		4-7	my me	2		1	h e	B4b	2.5 4.1 5.1 6.3	5	I	2	>			7.231				5896
h	t		Wv	crs	Me	Ws	fa oa		7-8		2		1	h e	F4a*	6.5	–	I	1	=			10.41	c k			5897
h	t		Wv	crs	Me	Ws	fa oa		7-8		2		1	h e	E2b	4.1 5.1 5.2 6.3	2	I	1	=	8.11	7.221	7.231				5898
p	i	3.5	Wh	ccc	En	Kv	di	r450	3-4	an	–		3	gg e	C1	2.9 9.1 9.2 9.3	1	I	3	=	14.7				499		5899
t	v	1.5	–	rrr	Bo	Kv	zw		3-5		–		2	e	D2	2.1 3.1 6.1	–	I	3	>			4.221	k m			5900
t	v		–	rrr	Bo	Kv	zw		4-5	au ca my me	–		2	e	D2	2.1 2.2 3.1	7	I	3	>			4.111				5901
g-h	s		Rh	ccc	Bo My	Sr	ve	r4	6-8	??	–		3		E2	2.5 6.3 7.2 9.2	1	I?/N	3	<			11.321				5902
h	s		Rh	css	Bo	Sr	ve		6-7		–		2		F3c	3.2 3.3 6.2 7.4	–	I	1	=			3.2113				5903
c	t		Rh	rrr	Bo	Sr	ve		6-7	en	–		1		C2	3.2 3.3 6.2 7.4	7	I	2	=			9.113				5904
h	t		Rh	ccs	At	Sr	zw		6-7	me ps	–		3		A2b	2.7 2.9 9.2	–	N	3	<			5.13	g i			5905
h	t		Rh	ccs	Me	Sr	ve		5-8		2		2	tg	B3		–	I	2	>						B	5906
h	t		Rh	ccs	Me	Sr	ve		6-7		1		2	tg	E4a	6.2 6.3 6.7 7.4	–	I	2	>			11.242	c k			5907
h	t		Rh	ccs	Me	Sr	ve		7-8		2		2	tg	F2a	4.1 4.2 5.1 7.2	–	I	2	>			11.514	k			5908
h	t		Rh	ccs	Me	Sr	ve		6-8		1		2	tg	E4	3.3 6.5	2	I	2	>	10.21			a c k			5909
h	t		Rh	ccs	Me	Sr	ve		5-8	en	1		3	tg	E4d	4.1 4.2 6.3 7.2	–	I	2	>			11.233	c i l			5910
h	t		Rh	ccs	Me	Sr	ve		5-7	en	2		2	tg	D3a	5.1 6.3	5	I	2	>			11.231	c i l			5911
h	t		Rh	ccs	Me	Sr	ve		5-7	en	2		2	tg	D5	6.2 6.7 7.4	5	I	2	>			9.1	a c l			5912
h	t		Rh	ccs	Me	Sr	ve		5-7		1		2	tg	E4c	2.4 6.7 7.4 7.2	–	I	2	>			11.11	c			5913
h	t		Rh	ccs	Me	Sr	ve		6-8		1		2	tg	E2c	4.1 4.2 6.3 7.2	–	I	2	>			11.51	c			5914
h	t		Rh	ccs	Me	Sr	ve		5-7	en	1		2	tg	F7a	5.1 6.3	–	I	2	>			11.231	c i l			5915
h	t		Rh	ccs	Me	Sr	ve		5-6		1		2	tg	F7a*	6.2 9.1	–	I	2	=			9.117	c			5916
h	t		Rh	ccs	Me	Sr	ve		6-8	en	1		2	tg	E2d	2.4 3.4 6.3 7.2	2	I	2	=	11.242	5.121		a c l			5917
t	s		Wv	crs	Me	Kv	ve		6-7	??	1		2	tg	B4b	1.4 2.5	–	I	2	>			2.111	i l m			5918
t	s		–	rrr	Ep	Kv	zw		7-9	??	–		2		C2	2.1 2.2 2.9	7	N	5	<			2.3				5919
t	s		–	rrs	Ep Bo	Kv	zw		6-9	me au	1		2	h	D1	2.2 3.1 3.3 6.2	7	I/A	3	>	9.131	4.131					5920
z	t i	4	Wh	css	En Bo	Au	zw	r9	6-8	me	2	4	3	mg h	C1	6.2 6.7 9.1 9.3	6	I	2	=	14.811	9.1	15.001				5921
z	i		Wh	css	Bo	Sr	zw		5-8	me	1		3	h	C2	3.2 6.2 7.3 7.6	–	I	2	=			3.23	k m			5922
n	i		Wh	ccs	Bo	Sr	zw		2-6		–		3	h	C2	2.9 3.2 7.6	–	I	2	=			13.6	k m			5923
h-z	i		Wv	css	Bo	Sr	zw		6-8		–		3		F2a	3.2 3.3 6.2 9.1	–	I	1	=			3.21	k m			5924
z	i		Wh	ccs	Bo	Sr	zw		5-10		–		2	h	D1e	2.9 3.2	–	N	2	>			12.5	f k m			5925
z	i	3.5	Wh	css	Bo En	Kt	zw	r18	6-8	me (le)	1		3	h	E1	3.2 3.3 6.2 9.1	6	I	2	>*	9.1	10.211	14.211				5926
z	i		Wh	css	Bo	Sr	zw		4-8		–		3	h	C2		–	I/N	3	=							5927
z	i		Wh	css	Bo	Sr	zw	p22	4-8		–		3	h	C2a	3.2 3.3 6.2 9.3	–	I	3	=			9.143	k m			5928
z	i		Wh	css	Bo	Sr	zw		6-8	me hm ve	–		3	h	D1a	3.1 6.2 7.3 9.3	–	I/N	3	=			12.4	k m			5929
h	i?		Wh	css	Bo	Sr	zw		6-8	me	–		3		E3a	3.2 3.3 6.2 6.5	–	I	2	=			9.13	m			5930
h	s		Rs	crs	Bo Hy	Au Sw	zw		6-8	me au	2		2	h	B6		–	I	2	>							5931
h	s		Rs	crs	Bo Hy	Au Sw	zw		6-8		2		2	h	C2a	1.3 1.4 2.5 5.1	–	I	2	>			6.112	k m			5932
h	s		Rs	crs	Bo Hy	Au Sw	zw		7-8		2		2	h	B6	1.3 1.4 2.5 6.3	5	I	2	>	5.21	6.112					5933
h	t		Rs	css	Dy	Au	zw		5-9	me (my) (ps)	–		3	h	D2		–	I	2	>							5934
g	t		Rs	css	Dy	Au	zw	r5	6-9		–	2	3	h e	D2	6.7 7.1 7.4 9.2	1	I	2	>	14.411	14.21112	11.121				5935
g	t		Rs	css	Dy	Au	zw		5-7		–		3	h	E2d	9.3 9.4	–	I	2	>			14.9	k m			5936
h	s?		Rs	css	Me	Sr	zw	r12	6-7	an	2		1	mg	B5	4.1 5.1 6.5 7.1	2	I	1	=	10.311	10.411					5937
h	s	2	Rh	ccs	Me	Sr	zw	r2	5-7	me my ca au	2		2	mg	D3	4.2 7.2 8.1 9.2	5	I	2	>*	11.514	14.73601	14.722				5938
h	s		Rs	ccs	Me	Au Sr	zw		6-7	an me	2		3	mg	B6		–	I	2	>					293	B	5939
h	s		Rs	ccs	Me	Au	zw		6-8		2		3	mg	D3	1.3 6.3 7.2 9.2	5	I	2	>	11.321	6.112					5940
h	s		Rs	ccs	Me	Au	zw		6-7		2		3	mg	D3a	6.2 6.3 6.7 7.4	–	I	2	>			11.231				5941
h	s	1.5	Rs	ccs	Me	Sr	zw		5-7		2		3	mg	D4	6.3 9.2	–	I	2	>	11.231	11.321					5942
h	s		Rs	ccs	Me	Au	zw		6-9		3		3	mg	B4	6.2 6.3 6.7	6	I	2	>			11.231				5943
h	s		Rs	ccs	Me	Au	zw		6-7		2		3	mg	E5	6.2 6.3	–	I	2	>			9.135?	c l			5944
h	s		Rh	css	Me	Au Sr	zw	r2	5-8	an en	2		2	mg	B4		–	I	2	=>					293	B C	5945
h	s		Rh	css	Me	Sr	zw	r2	5-9		2		2	mg	B4b	3.3 6.2 7.4 9.1	2	I	2	=	11.111	9.113					5946
h	s		Rh	css	Me	Sr	zw		5-7		2		2	mg	D4	6.2 6.7 9.1 9.3	–	I	2	>			9.1	c k l		E	5947
h	s	3	Rh	css	Me	Sr	zw		5-7		2		2	mg	B4a	6.7 7.2 7.4 9.3	6	I	2	>*	11.11	14.811	10.21				5948
h	s		Rh	css	Me	Sr	zw		4-6		3		2	mg	D3a	6.2 6.7 9.1 9.3	–	I	2	=			11.112	c l			5949
h	s		Rh	css	Me	Sr	zw		5-7		2		2	mg	C2a	3.3 6.2 6.7 9.1	6	I	2	>	9.1	3.362	11.111				5950
g	s		Rh	ccs	Me	Au	mo		7-9		2		3	e	B3	5.1 7.4 9.2	5	I	1	>	14.611						5951
h.hp	s	1	–	css	My En	Sr	zw	p4	5-7	hm my (ca)	2		1		E1	6.2 6.5 7.1 7.2	2	I	2	>*	10.21	14.21124					5952
g.hp	s		Rs Wv	css	My	Au Sr	zw		5-8	au me my ca*	1		2		B6		–	I	2	>							5953
h.hp	s		–	css	My	Sr	zw	p3	6-8		–	4	2		B6a	2.1 6.2	–	I	2	>			9.1				5954
g.hp	s		Wv	css	My	Ws	zw	p11	5-7		1		2		D1b	6.7 7.4 9.1 9.3	6	I	2	>	11.111	14.811					5955
g.hp	s		Wv	css	My	Sr	zw	p9	5-6		1		2		C2	6.2 7.3	–	I	2	>			9.14	k			5956
g.hp	s		Rs	css	My	Sr	zw		6-8		1		2		D2	6.2 6.7	–	I	2	>			9.135	k			5957
g.hp	s		Rs	css	My	Au	zw		5-7		1		2		D1b	6.2 6.7 7.4 9.3	1	I	2	>			9.1	c k l			5958
h.hp	s		–	css	My	Sr	zw		5-7	au me	1		2		D3		–	I	2	>					328	B	5959
h.hp	s		–	css	My	Sr	zw	p11	5-8		1		2		E4b	6.2 6.4 6.7 7.1	2	I	2	>	9.13	10.412					5960
h.hp	s		–	css	My	Sr	zw		6-8		1		2		F7	3.3 6.2 6.5 7.1	–	I	2	>			10.2	c k		E	5961

Nummern			Taxa			Klima						Boden												
SEN	SIN	FAN	Gattung	Aggregat/Einzelart	Kleinart	T	v	K	v	L	v	F	v	W	R	v	N	v	S	M	H	v	D	v
5962	417800	74.2.7	**Thesium**	**rostratum**		4	I	4	I	4	I	1.5	I	1	4	I	2	I			3	I	3	I
5963	–	51.1.1	**Thladiantha**	**dubia**		3.5	I	5	I	3	I	3	I	2	3	I	4	I			3	I	3	I
5964	417900	54.50.2	**Thlaspi**	**alliaceum**		4.5	I	2	I	3	I	2.5	I	2	4	I	4	I			3	I	3	I
5965	–	–	**Thlaspi**	**alpestre aggr.**		1.5	II	x	–	4	I	x	–	2	3	II	2	II		m	3	II	3	II
5966	–	54.50.11	**Thlaspi**		**alpestre**	2	II	3	I	5	I	2.5	I	1	5	I	2	I		m	1	II	5	I
5967	418300	54.50.4	**Thlaspi**		**brachypetalum**	2	I	2	I	4	I	3.5	I	2	4	I	2	I			3	I	3	I
5968	418400	54.50.5	**Thlaspi**		**caerulescens**	2	I	3	I	4	I	2.5	I	2	2	I	3	I			3	I	3	I
5969	419500	54.50.6	**Thlaspi**		**virens**	1.5	I	4	I	5	I	3.5	I	2	2	I	3	I			3	I	3	I
5970	418200	54.50.1	**Thlaspi**	**arvense**		3.5	I	3	I	4	I	3	I	2	3	I	4	I			3	I	3	I
5971	–	–	**Thlaspi**	**montanum aggr.**		x	–	x	–	4	II	x	–	1	5	II	2	II			1	II	5	II
5972	–	54.50.10.1	**Thlaspi**		**alpinum**	1.5	I	2	I	4	I	3	I	1	5	I	2	I			3	II	5	I
5973	–	54.50.8	**Thlaspi**		**goesingense**	3	I	4	I	4	I	2.5	I	1	4	I	1	I		m	3	I	3	II
5974	418700	54.50.9	**Thlaspi**		**montanum**	3.5	I	2	I	4	I	2.5	I	1	5	I	2	I		m	1	II	5	I
5975	418900	54.50.7	**Thlaspi**		**praecox**	4.5	I	4	I	4	I	2	I	1	5	I	2	I			3	I	3	I
5976	419400	54.50.10.2	**Thlaspi**		**sylvium**	1	I	4	I	5	I	3.5	I	1	3	I	2	I		m	1	I	5	I
5977	418800	54.50.3	**Thlaspi**	**perfoliatum aggr.**		4	II	4	I	4	II	2	II	1	4	I	3	I			3	I	3	I
5978	–	–	**Thlaspi**		**improperum**	4	I	4	I	4	I	2	I	1	4	I	3	I			3	I	3	I
5979	–	–	**Thlaspi**		**perfoliatum**	4.5	I	4	I	3	I	2.5	I	1	4	I	3	I			3	I	3	I
5980	–	–	**Thlaspi**	**rotundifolium aggr.**		1.5	II	3	I	5	I	3	I	1	x	–	2	I			1	I	5	I
5981	–	54.50.12.2	**Thlaspi**		**cepaeifolium**	1.5	II	3	I	5	I	3	I	1	5	I	2	I		m	1	I	5	I
5982	419200	54.50.12.3	**Thlaspi**		**corymbosum**	1	I	3	I	5	I	3	I	1	3	I	2	I			1	I	5	I
5983	–	54.50.12.4	**Thlaspi**		**grignense**	1.5	I	3	I	5	I	3	I	1	5	I	2	I			1	I	5	I
5984	419100	54.50.12.1	**Thlaspi**		**rotundifolium**	1.5	I	3	I	5	I	3	I	1	5	I	2	I		m	1	I	5	I
5985	419600	11.2.1	**Thuja**	**occidentalis**		4.5	I	2	I	3	I	3	II	2	3	I	2	I			3	I	3	I
5986	419700	11.2.2	**Thuja**	**orientalis**		4.5	I	2	I	3	I	2	I	1	3	I	2	I			3	I	3	I
5987	419750	–	**Thuja**	**plicata**		4	I	2	I	3	I	2	I	1	3	I	2	I			3	I	3	I
5988	–	68.2.2	**Thymelaea**	**dioica**		2.5	I	3	I	4	I	2	I	1	4	II	2	I			1	I	5	I
5989	419800	68.2.3	**Thymelaea**	**passerina**		4.5	I	4	I	4	I	2	II	2	4	I	4	I			3	I	3	I
5990	–	68.2.1	**Thymelaea**	**sanamunda**		4.5	I	3	I	4	I	1.5	I	2	4	I	2	I			3	I	1	I
5991	–	–	**Thymus**	**serpyllum aggr.**		x	–	x	–	4	II	1.5	II	1	3	II	2	II			3	II	x	–
5992	–	108.25.7.3	**Thymus**		**britannicus**	4.5	I	3	I	5	I	1.5	I	1	3	I	2	I		m	1	I	5	I
5993	–	108.25.6	**Thymus**		**embergeri**	5	II	3	I	4	I	1.5	I	2	4	I	2	I			3	I	1	II
5994	421100	108.25.10.2	**Thymus**		**froelichianus**	4.5	I	2	I	4	I	1	I	1	4	I	2	I			3	I	5	I
5995	–	108.25.2	**Thymus**		**kosteletzkyanus**	4.5	I	5	I	5	I	1.5	I	1	5	I	2	I			3	II	3	II
5996	420400	108.25.5	**Thymus**		**longicaulis**	4.5	I	5	I	4	I	1.5	I	1	4	I	2	I		m	3	I	5	I
5997	–	108.25.9	**Thymus**		**nervosus**	2	II	5	I	5	I	1.5	I	1	3	II	2	I			3	II	3	II
5998	–	108.25.3	**Thymus**		**odoratissimus**	3	I	4	I	4	II	1.5	I	1	3	II	2	I			3	II	5	I
5999	420500	108.25.4	**Thymus**		**oenipontanus**	4.5	I	5	I	4	I	1.5	I	1	4	I	2	I			3	I	3	I
6000	420900	108.25.7.2	**Thymus**		**polytrichus**	2	II	4	I	4	I	2	I	1	4	II	2	I		m	1	I	5	I
6001	420800	108.25.7.1	**Thymus**		**praecox**	4.5	II	5	I	5	I	1	I	2	4	II	2	I		m	1	I	5	I
6002	421000	108.25.10.1	**Thymus**		**pulegioides**	3	II	4	I	4	I	2	II	2	3	I	2	I		m	3	I	3	I
6003	–	108.25.8	**Thymus**		**widderi**	3	I	4	I	4	I	2	I	1	4	I	1	I		m	3	I	3	I
6004	421300	108.25.1	**Thymus**	**vulgaris**		5	I	3	I	3	I	1	I	1	3	I	2	I		m	3	I	3	I
6005	–	–	**Tilia**	**cordata aggr.**		4	II	x	–	2	I	2.5	I	1	3	II	3	I			3	I	3	I
6006	421400	44.1.2	**Tilia**		**cordata**	4	I	4	I	2	I	2.5	I	1	3	II	2	I		m	3	I	3	I
6007	421500	44.1.1.1	**Tilia**		**platyphyllos**	4	I	2	I	2	I	3	I	1	4	II	3	I		m	3	I	3	I
6008	421550	–	**Tilia**		**tomentosa**	4.5	I	3	I	2	I	2.5	I	1	3	I	3	I			3	I	3	I
6009	421600	143.1.2	**Tofieldia**	**calyculata**		2.5	II	3	I	4	I	3.5	II	3	4	I	2	I			5	II	1	I
6010	421700	143.1.1	**Tofieldia**	**pusilla**		1.5	I	3	I	4	I	3.5	I	3	3	I	2	I			5	II	1	I
6011	421750	–	**Tolpis**	**barbata**		5	I	3	I	4	I	1	I	1	3	II	3	I	s		3	I	3	I
6012	421800	97.57.1	**Tordylium**	**maximum**		5	I	2	I	3	I	2	I	1	4	I	3	I			3	I	3	I
6013	–	–	**Torilis**	**arvensis aggr.**		4.5	I	4	II	4	II	2	I	1	4	I	4	I			1	II	5	II
6014	422000	97.60.2.1	**Torilis**		**arvensis**	4.5	I	4	I	4	I	2	I	1	4	I	4	I		m	1	I	5	I
6015	–	–	**Torilis**		**neglecta**	5	I	3	I	4	II	2	I	1	4	I	4	I	s		3	II	3	II
6016	–	97.60.2.2	**Torilis**		**purpurea**	5	I	3	I	4	II	1.5	I	1	4	I	4	I	s		3	II	3	II
6017	422100	97.60.3	**Torilis**	**japonica**		4	I	3	I	3	I	3	I	1	4	II	4	I			3	I	3	I
6018	422200	97.60.4	**Torilis**	**leptophylla**		5	I	3	I	4	I	2	I	1	3	I	4	I	s		3	I	3	I
6019	422300	97.60.1	**Torilis**	**nodosa**		5	I	2	I	4	I	2	I	1	4	I	3	I	s		3	I	3	I
6020	422400	114.21.1	**Tozzia**	**alpina**		2.5	II	2	I	2	I	4	I	3	4	I	4	I			3	I	1	I
6021	–	–	**Trachelium**	**caeruleum**		5	II	1	I	3	I	1.5	I	1	4	II	2	I			1	I	5	I
6022	422450	133.1.1	**Trachycarpus**	**fortunei**		5	I	1	I	3	I	3	I	3	3	I	3	I			3	I	3	I
6023	–	–	**Trachystemon**	**orientalis**		4	II	3	I	2	I	3	I	1	3	I	3	I			3	I	3	I
6024	–	–	**Tradescantia**	**virginiana**		4.5	II	1	I	4	I	3	I	1	3	I	3	I			3	I	3	I
6025	422500	124.86.2	**Tragopogon**	**crocifolius**		4.5	II	4	I	4	I	2	I	1	3	I	3	I			3	I	3	I
6026	422600	124.86.3	**Tragopogon**	**dubius**		4.5	I	4	I	4	I	1.5	I	1	4	I	4	I	s		1	II	5	I
6027	–	–	**Tragopogon**	**hybridus**		5	I	3	I	5	I	2	I	1	3	I	3	I			3	I	3	II
6028	–	–	**Tragopogon**	**porrifolius aggr.**		5	I	3	II	4	I	2	II	1	3	II	4	I			3	I	3	II
6029	–	124.86.1.2	**Tragopogon**		**australis**	5	I	3	I	4	I	1.5	I	1	4	I	4	I			3	I	3	II
6030	422900	124.86.1.1	**Tragopogon**		**porrifolius**	5	I	4	I	4	I	2	I	1	3	I	4	I			3	I	3	I
6031	–	–	**Tragopogon**	**pratensis aggr.**		4	II	x	–	4	I	2	II	1	3	I	3	I			3	I	3	I
6032	423200	124.86.4.2	**Tragopogon**		**minor**	4.5	I	2	I	4	I	2	I	1	3	I	3	I			3	I	3	I
6033	423300	124.86.4.3	**Tragopogon**		**orientalis**	3.5	II	3	I	4	I	2.5	I	2	4	I	3	I		m	3	I	3	I
6034	423000	124.86.4.1	**Tragopogon**		**pratensis**	4.5	I	4	I	4	I	3	I	1	3	I	3	I			3	I	3	I
6035	–	–	**Tragopogon**	**tommasinii**		4	I	3	I	4	I	2	I	1	4	I	3	I			3	I	3	II
6036	423400	139.69.1	**Tragus**	**racemosus**		5	I	3	I	5	I	1	I	1	4	I	4	I	s		3	I	5	I
6037	423500	69.1.1	**Trapa**	**natans**		4.5	I	4	I	4	I	5v	I	1	2	I	3	I			–	–	–	–
6038	423600	148.19.1	**Traunsteinera**	**globosa**		2	I	3	I	4	I	3.5	I	2	4	I	3	I			5	I	1	I
6039	423700	91.1.1	**Tribulus**	**terrestris**		5	I	3	I	4	I	1	I	1	4	I	2	I	s		3	I	3	I
6040	–	–	**Trichomanes**	**speciosum**		4.5	I	1	I	2	I	4	I	1	2	I	1	I			3	I	5	I
6041	423800	138.6.1	**Trichophorum**	**alpinum**		3	II	3	I	5	I	4	I	2	2	I	1	I			5	I	1	I
6042	–	–	**Trichophorum**	**cespitosum aggr.**		3	II	2	II	4	I	4	II	3	2	I	1	I			5	I	1	I
6043	423900	138.6.2	**Trichophorum**		**cespitosum**	2.5	II	3	I	4	I	4.5	I	3	1	I	1	I			5	I	1	I
6044	424000	–	**Trichophorum**		**germanicum**	3	I	1	I	4	I	4	I	3	1	I	1	I			5	I	1	I
6045	424100	138.6.3	**Trichophorum**	**pumilum**		1.5	I	4	I	4	I	4	I	3	4	I	2	I			5	II	1	I
6046	424200	60.8.1	**Trientalis**	**europaea**		2.5	I	3	I	3	I	3.5	I	3	2	I	2	I			5	I	1	I
6047	424300	64.33.35	**Trifolium**	**alexandrinum**		4.5	I	2	I	4	I	2	I	1	3	I	3	I			3	I	3	I
6048	424400	64.33.29	**Trifolium**	**alpestre**		4	II	4	I	3	I	1.5	I	2	4	I	2	I		m	3	I	3	I
6049	424500	64.33.1	**Trifolium**	**alpinum**		1.5	I	3	I	4	I	2.5	I	1	2	I	2	I		m	3	I	3	I
6050	424600	64.33.31	**Trifolium**	**angustifolium**		5	I	3	I	4	I	1	I	1	2	I	2	I			3	I	3	I

Strategien					Biologisches Verhalten										Vorkommen						Pflanzengesellschaften			Literatur			
LF	BD	WT	RO	KS	DA	VA	FS	MA	BZ	BS	MV	SU	DG	GI	GV	LR	EG	AE	EM	VE	1	2	3	BL	SL	TB	SEN
g.hp	s		Rs	css	My	Sr	zw		5	en	1		2		D3a	6.2 9.1	1	I	2	>	14.2111						5962
h.li	s		Rk	crs	En	Sr	di		5-7		–		3		A4b	2.9	–	N	5	<			?	c k m			5963
t	s w		–	rrr	Me	Kv	zw		3-6	au	–		2	e	C2c	2.1 2.2 2.5	8	I/N	3	<			2.313				5964
c-k	w		Wv	crs	Me	Kv Sr	zw		4-6	my me	3		2	e	E3		–	I	2	=					650	B	5965
k	w		Wv	crs	Me	Kv	zw		4-6		3		2	e	E4	3.3 6.5	–	I	1	=			3.321	c k			5966
k	w		Wv	crs	Me	Kv	zw		4-6		3		2	e	E3	6.3	2	I	2	=			11.242				5967
k	w		Wv	crs	Me	Kv	zw		4-6		3		2	e	E5	6.3	2	I	2	=			11.242				5968
k	w		Wv	crs	Me	Sr	zw		4-6		3		2	e	F5	6.3 6.5	2	I	1	=			11.242				5969
t	w s	2	–	rrr	En Me	Kv	zw	p1	4-6	au my me	–	4	1	e	B6	2.1 2.2	7	A	4	=			2.313				5970
c	w		Wv	css	Me	Au Sr	zw		4-9		–		2	e	E1		–	I	2	=					650	B	5971
c	w		Wv	css	Me	Au Sr	zw		6-9		–		2	e	F8	3.3 6.5 6.6	–	I	1	=			3.321				5972
c	w		Wv	css	Me	Sr	zw		5-6		–		3	e	E2c	3.2 6.2 9.1	–	I	2	=			9.117	c m			5973
c	w		Wv	css	Me	Au Sr	zw		4-5	en	2		2	e	E1	6.2 7.4 9.1 9.3	3	I	1	=	14.811	14.211	3.211				5974
c	w		Wv	css	Me	Sr	zw	p1	4-6	me hm	–		2	e	E2a	6.2 6.5 9.1 9.3	–	I	2	=			9.1				5975
c	w		Wv	css	Me	Au Sr	zw	p28	6-8	en	–		2	e	F2	3.3 6.5	2	I	2	=			3.321				5976
t	v s	1	–	rrs	Me	Kv	zw	p1	4-5	au	2		1	e	B6a		6	I/A/N	3	>	4.131	9.13	2.312		247, 430	B	5977
t	v		–	rrs	Me	Kv	zw		4-5		2		1	e	B6a	2.1 2.2 3.2 6.2	–	I/N	3	>			2.3				5978
t	s		–	rrs	Me	Kv	zw		4-5		1		1	e	D3a	3.1 6.7	–	I/A	3	>			4.131				5979
c	w		Rs Wv	css	Me	Au Sr	zw	p6	5-8		–		3	e	E4		–	I	2	=						B	5980
c	w		Rs Wv	css	Me	Au	zw		5-7		–		3	e	F4b	3.3	–	I	2	=			3.311	c k m			5981
c	w		Rs Wv	css	Me	Sr	zw		6-8	au?	–		3	e	F5	3.3	2	I	1	=			3.341				5982
c	w		Rs Wv	css	Me	Au	zw		6-7		–		3	e	F3c*	3.3	–	I	1	=			3.311	k			5983
c	w	3	Rs Wv	css	Me	Au	cl zw	p6	6-7	ps my	–		3	e	F1	3.3	2	I	1	=	3.311						5984
p	i	3	Wh	ccc	Dy	Sr	mo		3-4	an	–		2	gg	A2c	2.7 2.9 7.4	1	N	5	<			?	c d h			5985
p	i		Wh	ccc	Dy	Sr	mo		3-4	an	–		2	gg	A4b	2.7 2.9 3.2 7.4	1	N	5	<			?	c d h			5986
p	i		Wh	ccc	Dy	Sr	mo		3-4	an	–		2	gg	A2b	2.9	–	N	5	<			?	c d h			5987
z	w?		Wh	css	Dy	Kt	zw?		5-6	??	–		2	gg	E2b	3.2	–	I	1	=			3.21	c m			5988
t	s		–	rrr	Dy	Kv	zw	p17	7-9	au en	–		3	gg	B6a	2.1 2.2 6.1 6.2	7	I/A	4	>			4.2				5989
z	s		Wh	css	Dy	Kv	zw		5-7		–		2	gg	D1a	6.2 7.3	–	I	2	=			12.411	m			5990
c	i		Wh	css	Bo My	Kt Sr	ve-di	p35	4-9	my me ps hm*	2		3	h e	B6		–	I	2	=>					721, 723	B C	5991
c	i		Wh	css	Bo My	Kt	ve-di		5-9		2		3	h e	D2	3.1 6.2 9.1	–	I	2	=			4.12	m			5992
c	i		Wh	css	Bo My	Kt	ve-di		5-8		2		3	h e	D1a	2.2 6.2 7.3	–	I	2	=			9.144	m			5993
c	i		Wh	css	Bo My	Sr	ve-di		4-8		2		3	h e	D2	3.1 6.2	6	I	2	>			9.113				5994
c	i		Wh	css	Bo My	Sr	ve-di		5-8		2		3	h e	D4	3.1 3.2 6.2	–	I	2	>			9.11	c k m			5995
c	i	2	Wh	css	Bo My	Kt	ve-di		4-8		2		3	h e	E2c	3.1 3.2 6.2	6	I	2	=			9.1				5996
c	i		Wh	css	Bo My	Kt	ve-di		7-8		2		3	h e	E2b	3.1 3.2 6.2 6.5	–	I	2	=		10.2	10.4	m			5997
c	i		Wh	css	Bo My	Sr	ve-di		6-8		2		3	h e	E2c	3.1 3.2 6.2	–	I	2	=			9.1				5998
c	i		Wh	css	Bo My	Sr	ve-di		5-8		2		3	h e	E2a	2.2 3.1 6.2 9.1	6	I	2	=			9.11				5999
c	i	2	Wh	css	En My	Kt	ve-di		6-9		2		3	h e	E1	3.1 3.2 6.2 6.5	2	I	1	>*	10.211						6000
c	i	2	Wh	css	Bo My	Kt	ve-di		5-8		2	3*	3	h e	D1b	3.1 3.2 3.3 6.2	6	I	2	=	9.113	9.115	14.111				6001
c	i	2.5	Wh	css	Bo My	Sr	ve-di		4-9		2		3	h e	B6	6.2 6.3 6.5 9.1	6	I	2	>	9.135	4.122	10.412				6002
c	i		Wh	css	Bo My	Kt	ve-di		5-7		2		3	h e	F8	9.1	–	I	2	=			14.211	c m			6003
z	i		Wh	ccs	Bo My	Kv	ve-di	p14	5-10	me my ps hm*	–		2	h e	C2a	3.2 6.2 7.3 9.1	–	I/A	2	=			12.4				6004
p	s		Wh	ccc	Me At	Sr	zw		6-7		–		2	e	D3		–	I/N	2-4	=						B H	6005
p	s	3.5	Wh	ccc	Me Dy	Sr	zw	1000*	6-7	me my	–	3	2	e	D3	9.2	1	I	2	=	14.733	14.73601	14.736		640		6006
p	s	3.5	Wh	ccc	Me Dy	Sr	zw	1000*	6	an me my	–		2	e	D3	2.9 9.2	1	I	2	=	14.73	14.811				A	6007
p	s		Wh	ccc	Me At	Sr	zw		6-7	an en	–		2	e	E2g	2.3 2.7 2.9	–	N	4	=			?				6008
h	w	1	Rh	css	Bo	Sr	zw		6-9	my ca me le*	2		1		D3	4.1 5.1 6.5 7.1	5	I	2	>*	7.23	10.212	14.211				6009
h	w		Rh	css	Bo Hy	Sr	zw		7-8	au my le	2		1		B5b	2.5 4.1 5.1 6.5	2	I	2	=	7.23	7.232					6010
t	s		–	rrr	Me	Kv	zw	p1	4-6		–		1		C2	2.2 2.9	–	I/N	4	=			4.22	f h k			6011
k-t	w		Wv	ccr	Ep Me	Kv	ve		6-8	en	–		2		C2	2.1 2.2 6.2 7.4	7	I/A/N	4	<			2.34				6012
t	w		–	crr	Ep	Kv	ve	p1	5-8	au (my) (hm)	–		2		C2		–	I/A/N	3-4	>							6013
t	w		–	crr	Ep	Kv	ve		5-8		–	2	2		C2	2.1 2.2 3.2 6.7	7	A	4	>			2.312				6014
t	w		–	crr	Ep	Kv	ve		5-8		–		2		C2	2.1 2.2 6.7 7.4	–	I/N	3	>			2.3	c k m			6015
t	w		–	crr	Ep	Kv	ve		5-8		–		2		C2	2.1 2.2 3.2 6.7	–	I	3	>			2.3	k m			6016
k-t	w		–	crr	Ep	Kv	ve	p3	7-8	my hm ph (me)*	–	3	3	e	B4	2.2 2.3 2.6 7.4	1	I	3	=	5.131	11.4					6017
t	s		–	rrr	Ep	Kv	ve		6-7		–		2		C2	2.1 2.2 6.2 7.3	7	I/N	4	=			4.211				6018
t	s		–	rrr	Ep	Kv	ve		4-6	hm	–		2		D1	2.1 2.2 6.2 7.4	7	I/N	3	>			2.34				6019
g-k.hp	s		Rn	css	My	Kv	zw	d	5-7	my	1		2		E1	4.1 4.2 7.1 8.1	2	I	1	=	11.514						6020
c	w		Wh	crs	Bo	Sr	zw		6-9	ps me	–		2		C2a	2.9 3.2	–	N	3	<			3.24	m	157		6021
p	i		Wh	ccc	En At	Kv	mo		4-6		–		3		A4b	2.9 9.2	1	Nw	3	<			14.733	f h m			6022
g	s		Rh	ccs	My At	Au	zw		3-5		–		3		C2b	2.3 2.9 7.4 9.2	–	N	3	<			14.7	g m			6023
c	s		Rh	crs	Bo	Sr	zw		8-9	??	–		2		A2b	2.2 2.3 2.7 2.9	–	N	4	<			5.131	f k m			6024
k	t		Wv	crs	Me	Kv	zw	d	5-7	my me ve	2		2	e	C2	2.1 2.2 6.2 7.3	7	I	2	=			9.22				6025
k	t	3.5	Wv	crs	Me	Kv	zw		5-6	my	–	2	2	e	C2	2.1 2.2 6.2 6.7	7	I/N	3	<	5.211	9.135	5.112				6026
t	t		Wv	crs	Me	Kv	zw		4-6		–		2	e	C2	2.1 2.2 7.3	–	I?/N	3	=			2.31	k m			6027
k	t		Wv	crs	Me	Kv	zw		5-6		2		2	e	C2		–	I/Ja	2-3	>							6028
k	t		Wv	crs	Me	Kv	zw		5-6		2		2	e	C2	2.1 2.2 6.2 7.3	–	I	2	>			9.22	k m			6029
k	t		Wv	crs	Me	Kv	zw		5-6		2		2	e	C2	2.1 2.2 2.9 6.3	7	Ja	3	>			11.24				6030
k	t		Wv	crs	Me	Kv	zw	p4	5-7		3		2	e	B6		–	I/A/N	3	>					185		6031
k	t		Wv	crs	Me	Kv	zw		5-7		–		2	e	D2	2.1 2.2 6.2 6.3	7	I/N	4	>			11.24				6032
k	t	3	Wv	crs	Me	Kv	zw		5-7	my me	3		2	e	B6	2.2 6.2 6.3	8	I/N	3	>	11.241	11.242					6033
k	t		Wv	crs	Me	Kv	zw		5-7	ca my me (ps)	3	2	2	e	D2	2.1 2.2 6.2 6.3	6	I/A	3	>			11.24				6034
k	t		Wv	crs	Me	Kv	zw		5-7		–		2	e	E2c	6.2 6.3	–	I?	2	>			11.2	k m			6035
t	s		–	rrr	Me Ep	Kv	zw		6-8	an	–		2		C2	2.1 2.2 6.2	7	A/N	2	>			2.33				6036
s	s		–	rss	Hy Dy	As	zw	d	6-9	au	–		3	e	B4a	1.1	4	I	2	>	1.312						6037
g	s		Wk	crs	Me	Kv	zw		6-7	ps	2		1		E1	6.3 6.5 7.2 8.2	2	I	2	=	10.212						6038
t	s		–	rrr	Ep	Kv	zw		5-10	??	–		3	tg h	C2	2.1 2.2	7	A	4	=			2.34				6039
h	i		–	css	Me	Kt	mo		7-8		–		2		D2	3.2	–	I	1	=?			3.224?		672, 673		6040
g	w	1	Rh	css	Me	Au	ve-di zw		4-6	an	1		3	e	B3	5.1 5.2	5	I	2	>*	7.2	7.212					6041
h	w		Rh	css	Bo	Ho	ve-di zw		4-7	an	1		3	e	B3		–	I	2	=							6042
h	w		Rh	css	Bo	Ho	ve-di zw		4-7		1		4	e	B3	4.1 5.1 5.2 6.5	5	I	2	=	7.221	12.111	14.31216				6043
h	w		Rh	css	Bo	Ho	ve-di zw		4-6		1		4	e	D2	5.1 5.2	–	I	2	=			12.121	f i l			6044
h	w		Rs	css	Bo	Au	zw		6-8	an	–		3	e	B6b	2.5 4.1 5.1 6.5	5	I	1	>	7.232						6045
g	s	1	Rk	css	Bo	Au	zw		5-8	ca au	–	4	2	e	B3	5.1 5.2 7.1 9.1	1	I	1	>	14.312				812		6046
t	s		–	rrr	Me	Kv	zw	p1	5-10	??	3		1	e	C2b	2.1 2.2 2.9 6.3	8	N	4	<			11.241				6047
h	s	1	Rh	css	Me	Au Ws	zw		5-8	me ps	3		3	e	D3	6.2 6.7 7.4 9.1	1	I	2	>	11.111	14.811					6048
h	w	3	Wv	css	Me	Sr	zw	p50	6-8	me ps	2		1	e	E3	3.2 6.5 7.1 9.1	2	I	2	=	10.412						6049
t	s		–	rrr	Me	Kv	zw	p1	4-7		2		2	e	C2	3.1 6.1 6.2 9.3	–	I	2	=			9.1				6050

Nummern			Taxa			Klima						Boden												
SEN	SIN	FAN	Gattung	Aggregat/Einzelart	Kleinart	T	v	K	v	L	v	F	v	W	R	v	N	v	S	M	H	v	D	v
6051	–	–	Trifolium	arvense aggr.		4	II	4	II	4	I	1.5	I	1	2	I	2	I			1	I	5	I
6052	424700	64.33.20.1	Trifolium		arvense	4	II	4	I	4	I	1.5	I	1	2	I	2	I	s	m	1	I	5	I
6053	–	–	Trifolium		gracile	4	II	3	I	4	I	1.5	I	1	2	I	2	I			1	I	5	I
6054	–	–	Trifolium	aureum aggr.		4	II	x	–	4	I	2.5	II	2	3	II	3	II			3	II	3	II
6055	424800	64.33.15	Trifolium		aureum	3.5	I	4	I	4	I	2.5	II	2	2	I	2	I		m	3	I	3	I
6056	425000	64.33.16	Trifolium		campestre	4	I	3	I	4	I	2.5	II	3	3	I	2	I		m	3	II	3	II
6057	425100	64.33.17	Trifolium		dubium	3.5	II	3	I	4	I	2.5	II	3	3	I	3	I		m	3	I	3	I
6058	426100	64.33.18	Trifolium		micranthum	4.5	II	2	I	4	I	2.5	II	2	4	I	2	I	ss		3	I	3	I
6059	426800	64.33.14	Trifolium		patens	4	I	2	I	4	I	3	II	3	4	I	3	I	s		3	II	1	I
6060	424900	64.33.12	Trifolium	badium		2	I	3	I	4	I	3.5	I	2	4	I	3	I			3	I	3	I
6061	425400	64.33.10	Trifolium	fragiferum		4	I	4	I	4	I	3	I	3	4	I	2	I	s		3	I	1	I
6062	425500	64.33.9	Trifolium	glomeratum		5	I	2	I	4	I	2	I	1	3	I	3	I			3	I	3	I
6063	–	64.33.27	Trifolium	hirtum		5	II	4	I	4	I	1.5	I	1	3	I	2	I		m	3	I	3	II
6064	–	–	Trifolium	hybridum aggr.		4	II	4	I	4	I	3	II	2	x	–	4	I			3	I	1	I
6065	425700	64.33.7.2	Trifolium		elegans	4.5	II	4	II	4	I	2.5	I	2	2	I	3	I			3	I	1	I
6066	425600	64.33.7.1	Trifolium		hybridum	3	II	3	I	4	I	3.5	I	2	4	I	4	I	s		3	I	1	I
6067	–	–	Trifolium	incarnatum aggr.		5	II	2	I	4	I	2	II	2	3	II	3	II			3	I	3	II
6068	425800	64.33.24.1	Trifolium		incarnatum	4.5	I	2	I	4	I	2	I	2	3	I	4	I	s		3	I	1	I
6069	425900	64.33.24.2	Trifolium		molinerii	5	I	2	I	4	I	1	I	1	2	I	2	I			3	I	3	I
6070	426000	64.33.28	Trifolium	medium		3.5	II	3	I	3	I	2.5	I	1	3	I	3	I		m	3	I	3	I
6071	–	–	Trifolium	montanum aggr.		3	II	4	I	4	I	2	I	2	4	II	2	I			3	I	3	I
6072	426300	64.33.3.1	Trifolium		montanum	3	II	4	I	4	I	2	I	2	4	II	2	I		m	3	I	3	I
6073	–	64.33.3.2	Trifolium		rupestre	2	II	4	I	4	I	2	I	1	4	II	2	I			3	I	3	I
6074	426400	64.33.8	Trifolium	nigrescens		5	I	2	I	4	I	1	I	1	3	I	3	I			3	I	3	I
6075	–	–	Trifolium	ochroleucon aggr.		x	–	x	–	4	I	2	I	2	3	II	2	I			3	I	1	I
6076	426600	64.33.33	Trifolium		ochroleucon	4	II	2	I	4	I	2	I	2	3	II	2	I			3	I	1	I
6077	–	64.33.34	Trifolium		pannonicum	2.5	I	4	I	4	I	2	I	2	4	II	2	I			3	I	1	I
6078	426700	64.33.5	Trifolium	pallescens		1.5	I	4	I	5	I	3	I	1	2	I	2	I			1	I	5	I
6079	–	–	Trifolium	pratense aggr.		x	–	3	I	4	I	3	I	1	3	II	3	I	s		3	I	3	I
6080	427000	64.33.25.2	Trifolium		nivale	1.5	I	3	I	4	I	3	I	1	3	I	3	I		m	3	I	3	I
6081	–	64.33.26	Trifolium		noricum	1.5	I	3	I	4	I	2.5	I	1	4	I	3	I			3	I	3	I
6082	426900	64.33.25.1	Trifolium		pratense	3.5	I	3	I	4	I	3	I	1	3	I	3	I		m	3	I	3	I
6083	–	–	Trifolium	repens aggr.		x	–	3	II	4	I	x	–	2	3	II	4	II	s		3	I	3	II
6084	427300	64.33.4.2	Trifolium		biasolettianum	5	I	4	I	4	I	1.5	I	1	4	I	3	I			3	I	3	I
6085	427200	64.33.4.1	Trifolium		repens	3	I	3	I	4	I	3	I	2	3	II	4	I		m	3	I	1	I
6086	–	–	Trifolium	resupinatum aggr.		4.5	II	3	II	4	I	3	I	2	3	I	4	I			3	I	3	II
6087	427400	64.33.11	Trifolium		resupinatum	4.5	II	4	I	4	I	3	I	3	4	I	4	I	s		3	I	1	I
6088	427950	–	Trifolium		suaveolens	4.5	I	3	I	4	I	3	I	2	3	I	4	I			3	I	3	I
6089	427500	64.33.30	Trifolium	rubens		4	II	4	I	3	I	2	I	2	3	I	2	I			3	I	3	I
6090	427600	64.33.21	Trifolium	saxatile		1.5	I	4	I	4	I	1	I	1	3	I	2	I			3	I	5	I
6091	427700	64.33.22	Trifolium	scabrum		5	I	2	I	4	I	1	I	1	4	I	2	I	s		3	I	3	I
6092	427800	64.33.13	Trifolium	spadiceum		2.5	I	3	I	4	I	4	I	3	2	I	2	I			5	II	1	I
6093	–	64.33.23	Trifolium	stellatum		5	I	3	I	5	I	1.5	I	1	3	II	3	I		m	3	I	3	II
6094	427900	64.33.19	Trifolium	striatum		4.5	I	2	I	4	I	1.5	I	1	3	I	2	I	s	m	3	II	3	I
6095	–	64.33.2	Trifolium	strictum		4.5	I	4	I	4	I	2	II	2	3	II	2	I	s		1	II	5	II
6096	428000	64.33.36	Trifolium	subterraneum		5	I	2	I	4	I	1	I	1	3	I	2	I	ss	m	3	II	3	II
6097	–	64.33.32	Trifolium	sylvaticum		5	I	3	I	4	I	1.5	I	1	2	I	2	I			1	II	5	II
6098	428100	64.33.6	Trifolium	thalii		1.5	I	3	I	4	I	3.5	I	1	4	I	3	I			3	I	3	I
6099	428200	129.1.1	Triglochin	palustris		2.5	I	3	I	5	I	4	I	2	4	I	2	I	s		3	II	1	I
6100	428300	64.31.3	Trigonella	caerulea		5	I	4	I	4	I	2.5	I	1	4	I	4	I	s		3	I	3	I
6101	–	64.31.1	Trigonella	esculenta		5	I	3	I	5	I	1.5	I	1	4	II	4	I			3	I	3	II
6102	428400	–	Trigonella	foenum-graecum		5	I	3	I	4	I	2	I	1	3	I	3	I			3	I	3	I
6103	–	64.31.4	Trigonella	gladiata		5	II	3	I	5	I	1.5	I	1	4	II	3	I			3	I	3	II
6104	428500	64.31.2	Trigonella	monspeliaca		5	I	5	I	4	I	1	I	1	3	I	3	I			3	I	3	I
6105	–	–	Trinia	glauca aggr.		x	–	4	II	4	I	2	II	1	4	II	2	I			3	I	3	II
6106	–	97.36.1.2	Trinia		carniolica	2	I	4	I	4	I	2	I	1	5	I	2	I			3	I	3	I
6107	428600	97.36.1.1	Trinia		glauca	4.5	II	4	I	4	I	1	I	1	4	II	2	I		m	3	I	5	I
6108	–	–	Tripleurospermum	maritimum aggr.		3.5	II	4	I	4	I	3	II	1	3	II	4	II	s		3	I	3	I
6109	428800	124.32.2	Tripleurospermum		inodorum	3.5	II	4	I	4	I	3	I	1	3	II	4	I			3	I	3	I
6110	–	124.32.1	Tripleurospermum		tenuifolium	3.5	I	4	I	4	I	2.5	I	1	4	I	3	I			3	I	3	I
6111	429200	139.38.6	Trisetum	cavanillesii		4	I	5	I	4	I	1	I	1	4	I	2	I			3	I	3	I
6112	–	–	Trisetum	distichophyllum aggr.		1.5	II	3	I	5	I	x	–	1	5	I	2	I			1	I	5	I
6113	429100	139.38.2	Trisetum		argenteum	1.5	II	3	I	5	I	2	I	1	5	I	2	I			1	I	5	I
6114	429300	139.38.1	Trisetum		distichophyllum	1.5	II	3	I	5	I	3.5	I	1	5	I	2	I			1	I	5	I
6115	–	–	Trisetum	flavescens aggr.		x	–	3	I	4	I	3	II	1	3	II	x	–			3	I	3	II
6116	429000	139.38.5	Trisetum		alpestre	1.5	I	3	I	4	I	2	I	1	4	I	2	I			3	I	5	II
6117	–	139.38.4.2	Trisetum		candollei	1.5	I	3	I	4	I	3	I	1	4	I	3	I			3	I	5	I
6118	429400	139.38.4.1	Trisetum		flavescens	3	I	3	I	4	I	3	I	1	3	II	4	I		m	3	I	3	I
6119	429500	139.38.3	Trisetum	spicatum		1	I	4	I	5	I	3	I	1	3	I	2	I			3	II	3	II
6120	–	139.38.2	Triticum	aestivum aggr.		4	II	4	I	4	I	2.5	II	1	3	II	3	II			3	I	3	II
6121	429600	–	Triticum		aestivum	4	I	4	I	4	I	2.5	I	1	3	I	4	I			3	I	3	I
6122	429700	–	Triticum		compactum	4	I	4	I	4	I	2.5	I	1	3	I	3	I			3	I	3	I
6123	429800	–	Triticum		dicoccon	4.5	I	4	I	4	I	2.5	I	1	4	I	3	I			3	I	3	I
6124	429900	–	Triticum		durum	4.5	I	4	I	4	I	2	I	1	4	I	3	I			3	I	3	I
6125	430000	–	Triticum		monococcum	4	I	4	I	4	I	2.5	I	1	4	I	2	I			3	I	5	I
6126	430100	–	Triticum		polonicum	4.5	I	4	I	4	I	2.5	I	1	4	I	3	I			3	I	3	I
6127	430200	139.26.1	Triticum		spelta	4	I	4	I	4	I	2	I	1	3	I	3	I			3	I	3	II
6128	430300	–	Triticum		turgidum	4.5	I	4	I	4	I	2.5	I	1	3	I	3	I			3	I	3	I
6129	–	–	Tritonia	crocosmiiflora		5	I	1	I	3	I	2.5	I	1	3	I	3	II			3	I	3	II
6130	430500	97.28.1	Trochiscanthes	nodiflora		3.5	I	2	I	2	I	2	I	1	3	I	3	I			3	I	3	I
6131	430600	19.5.1	Trollius	europaeus		2.5	I	3	I	4	I	4	I	3	3	I	3	I			5	II	1	I
6132	430700	94.1.1	Tropaeolum	majus		5	I	1	I	4	I	3.5	I	1	3	I	4	I			3	I	3	I
6133	430800	48.2.1	Tuberaria	guttata		4.5	I	2	I	4	I	1	I	1	2	I	1	I			1	I	5	I
6134	–	–	Tulipa	clusiana		4.5	I	4	I	4	I	2	I	1	3	I	3	I			3	I	3	I
6135	–	143.13.2	Tulipa	gesneriana aggr.		4.5	II	4	I	4	I	2.5	I	1	3	II	3	I			3	I	3	I
6136	–	–	Tulipa		aximensis	4	I	4	I	4	I	2.5	I	1	4	I	3	I			3	I	3	I
6137	–	–	Tulipa		billietiana	4	I	4	I	4	I	2.5	I	1	3	I	3	I			3	I	3	I
6138	431000	–	Tulipa		didieri	4	I	4	I	4	I	2.5	I	1	3	I	2	I			3	I	3	I
6139	431100	–	Tulipa		gesneriana	3.5	I	4	I	4	I	2.5	I	1	3	I	3	I			3	I	3	I

Strategien					Biologisches Verhalten										Vorkommen						Pflanzengesellschaften			Literatur			
LF	BD	WT	RO	KS	DA	VA	FS	MA	BZ	BS	MV	SU	DG	GI	GV	LR	EG	AE	EM	VE	1	2	3	BL	SL	TB	SEN
t	t		Wv	rrr	Me En	Kv	zw		5-8	au me my ps	2		2	h e	C1		–	I/A/N	3	>							6051
t	t	2	Wv	rrr	Me Ep	Kv	zw	p2	5-8		–	3	2	h e	C1	2.2 3.1 6.1 6.2	7	I/A	3	>			4.1				6052
t	t		Wv	rrs	Me	Kv	zw		5-8		–		2	h e	C2a	2.2 3.1 6.1 6.2	–	I/N	2	=?			4.111				6053
t	s t		–	rrs	Me	Kv	zw		5-10		3		2	e	B6		–	I/A/N	2	<>							6054
k-t	t	1.5	–	rrs	Me	Kv	zw	p2	6-10	au me ps	2		2	e	B6	2.2 6.2 6.7 7.1	6	I/A	2	>			11.112				6055
t	s	1.5	–	rrs	Me En	Kv	zw		5-9	me	3	3	2	e	C2	2.2 3.1 6.2 6.3	7	A	2	>	4.1	9.135					6056
t	t	1.5	–	rrs	Me	Kv	zw		5-9	me	4	4	3	e	C2	2.2 2.7 6.2 6.3	8	I/N	3	<	11.24						6057
t	t		–	rrs	Me	Kv	zw		5-9		2		2	e	C2a	3.1 2.2 6.2	–	N	2	=			11.21?				6058
t	s		–	rrs	Me	Kv	zw		6-9		2		2	e	D1	1.4 2.2 6.3	7	I/N	2	=			11.24				6059
h-k	w	1.5	Wv	crs	Me En	Kv	zw	p4	6-8	au me le	2		2	e	E1	3.3 4.1 6.3 6.5	2	I	2	=	10.21	10.412	11.244				6060
h	s	1	Rs	crs	Me Dy	Au Kt	zw		6-9	me	3		3	e	C1	1.4 2.2 2.5 6.3	6	I/N	2	>			11.21				6061
t	s		–	rrr	Me	Kv	zw		5-7		–		2	e	C2c	2.1 2.2 6.2	–	I	2	=			4.22				6062
t	s		–	rrr	Me	Kv	zw		5-7	au	–		2	e	C2	2.2 3.1 6.1 7.3	–	I	2	=			2.3	m			6063
h	s		Wv	ccr	Me En	Sr	zw		5-9	me	3		2	e	C2c		–	I/N/Jn	3	<>						B	6064
h	s		Wv	ccr	Me En	Sr	zw		5-9		3		2	e	D1b	2.1 2.2 2.5 6.3	8	I/N	3	=			11.212?				6065
h	s	1.5	Wv	ccr	Me En	Kv	zw		5-9		4	4	2	e	C2c	2.1 2.2 2.9 6.3	7	Jn	3	=			11.2			H	6066
t	t		–	crr	Me	Kv	zw	p1	5-7	au me	2		1	e	C2		–	I/Jn	2-4	<>							6067
t	t	1.5	–	crr	Me	Kv	zw		5-7		2	3	1	e	D1a	2.1 2.2 2.9 6.3	8	Jn	4	<			11.2			H	6068
t	t		–	crr	Me	Kv	zw		5-7		2		1	e	C2	2.2 6.2	–	I	2	>			9.1				6069
h	s	3	Wv	ccs	Me En	Au	zw	p5	5-8	me my ps	2		3	e	B6	2.6 6.7 7.4 9.1	1	I	2	=	11.112	14.811					6070
h	s		Rh	ccs	Me En	Sr	zw		5-8	me ps	2		2	e	B6		–	I	2	>*						B	6071
h	s	3	Rh	ccs	Me En	Sr	zw	p8	5-8		2		2	e	B6	6.2 6.5 6.7 9.1	6	I	2	>*	9.135	10.421	14.21122				6072
h	s		Rh	ccs	Me En	Sr	zw		5-7		2		2	e	E2d	6.5	–	I	2	=			9.13?	k			6073
t	s		–	rrr	Me	Kv	zw		4-6	me	2		2	e	C2	2.2 6.2	–	I/N	3	=			4.2				6074
h	s		Rh	ccs	Me En	Sr	zw		5-8		2		2	e	B6		–	I	2	>	9.135	11.11					6075
h	s		Rh	ccs	Me En	Sr	zw		6-8	en	2		2	e	B6	2.1 2.6 6.2 6.7	1	I	2	>			11.11				6076
h	s		Rh	ccs	Me En	Sr	zw		5-6	me	2		2	e	D4	2.9 6.3 6.5	–	I?	2	>			10.421	cim			6077
h	s	1	Wv	css	Me	Sr	zw	p3	7-8	au me ps	2		2	e	E1	2.2 2.5 6.5	2	I	1	=	3.351	3.341					6078
h-t	w		Wv	crs	Me En	Sr	zw	p3	5-10	me (ps) (ph)	4		2	h e	B6		–	I/N	3	=						B	6079
h-k	w	3	Wv	crs	Me En	Sr	zw	r4	6-10		3		2	h e	E1	2.1 2.5 3.3 6.5	2	I	2	=	10.21	11.244				H	6080
h-k	w		Wv	crs	Me En	Sr	zw		7-8		3		2	h e	F4b	3.2 3.3 6.5	–	I	2	=			10.2116	cm			6081
h-t	w	2.5	Wv	crs	My En	Sr	zw		5-10		4	4	2	h e	B6	2.2 6.3 7.2 9.1	8	I/N	3	=	11.2	9.135	10.412			H	6082
h	w		Wv	crs	En Dy	Kt	zw	p2	5-10	my me ps	4	4	3	e	B6		–	I/N	4	=						B	6083
h	w		Wv	crs	En Dy	Kt	zw		5-10		2		3	e	D1	6.2	8	I	3	=			9.1	klm			6084
c-h	w	3	Wv	crs	En Dy	Kt	zw	>60*	5-10		4	5	3	h e	B6	2.1 2.2 2.6 6.3	8	I/N	4	=	11.2	2.3			103	H	6085
t	s w		–	crr	Me At	Kv	zw		4-9	au	3		2	e	C2		–	N	4	<							6086
t	s w		–	crr	Me At	Kv	zw		4-8		3		2	e	C2	2.1 2.2 2.9 6.3	7	N	4	<			11.21				6087
t	s w		–	crr	Me At	Kv	zw		6-9		3		2	e	C2b	2.1 2.2 2.9 6.3	8	N	4	<			11.212?				6088
h	s		Rh	ccs	Me	Au	zw	p6	6-7	me ps sp	3		2	e	D3	6.7 7.4 9.1 9.3	1	I	2	>	11.111	14.811					6089
t	s w		–	rrs	Me	Kv	zw	p1	7-8		–		1	e	F6	2.5 3.1 3.2	3	I	1	=			3.351				6090
t	s		–	rrs	Me	Kv	zw		5-7	en	–		1	e	C2	2.2 3.1 3.2 6.2	6	I	2	>			4.131				6091
k-t	w		Wv	crs	Me	Sr	zw		6-8	au en	2		2	e	D5	1.4 5.1 5.2 6.3	5	I	2	>			11.23				6092
t	s		–	rrr	Me Ep	Kv	zw		5-7	au	2		1	e	C2	2.1 6.1 6.2	–	I	3	=			4.2	km			6093
t	s		–	rrs	Me	Kv	zw		5-8	au? en	1	3	1	e	C2c	2.1 2.2 3.1 6.2	6	I/N	3	>			4.111				6094
t	s		–	rrs	Me	Kv	zw		5-6		1		2	e	C2	2.1 2.2 3.1 6.2	–	N	3	=			4.111	km			6095
t	s	3	Wv	rrr	Au	Kv	zw		3-9	au	3	2	2	e	C2	2.2 6.2 6.3	–	I	2	>			4.221				6096
t	s		–	rrs	Me	Kv	zw		5-7		–		2	e	C2	6.1 6.2	–	I	3	=			4.22	m			6097
h	s	4	Rh Wv	ccs	Me En	Sr	zw	p14	6-8	en	3		2	e	E3	2.4 3.3 6.5 6.6	2	I	2	=	10.21	11.244					6098
h	w	1.5	Rs Zw	sss	Ep Hy	Au Bz	zw		6-8	an	1		2	tg e	B2	4.1 5.1 5.2 6.3	5	I	2	>	7.23	11.233					6099
t	s		–	crr	En At	Kv	zw		6-7	me	–		2	h e	D4	2.1 2.2 6.2 6.3	7	Ja	4	>			2.3				6100
t	s		–	crr	At Dy	Kv	zw		5-6		–		2	h	D1	2.1 2.2 6.2	–	I	4	>			4.2	km			6101
t	w s		–	crr	En At	Kv	zw		4-6	me	–		2	h	A4a	2.1 2.2 2.9	–	A	4	>			2.3				6102
t	s		–	crr	Ep Dy	Kv	zw		4-5		–		2		D1	2.2 6.1 6.2 7.3	–	I	4	=			4.211	km			6103
t	s		–	crs	Ep At	Kv	zw		3-5	au?	–		2	h	C2	2.2 3.1 6.1 6.2	6	I	2	>			4.2				6104
k	s		Wv	crs	Bo	Kv	di		4-7	en	–		2		D1		–	I	2	>							6105
k	s		Wv	crs	Bo	Kv	di		4-6		–		2		E2c	3.2 3.3 6.5	–	I	1	=			10.211	km			6106
k	s	1.5	Wv	crs	Bo	Kv	di		4-7		–		2		D1	6.2 7.3 9.1 9.3	6	I	2	>	9.131						6107
t	w s		–	rrs	Bo	Kv	ve		6-10	my me ps ca	–		2		B6		–	I/A	3	<							6108
h-t	w s	3.5	–	rrs	Bo En	Kv Sr	ve	p1	6-10		–	4	2		B6	2.1 2.2	7	A/N	4	<			2.3		401		6109
t	w s		–	rrs	Bo	Kv	ve		7-10		–		2		C2b	2.1 2.2 6.7	–	N	3	=			2.3	cm			6110
t	t		–	rrr	Me	Kv	zw		4-5	an	–		2	e	C2	2.2 2.5 3.1 6.2	6	I	2	>			4.131				6111
g	t		Rs	css	Me	Ao Sr	zw		7-9	an	–		3	e	E4		–	I	1	=							6112
g	t		Rs	css	Me	Ao Sr	zw		7-9	an	–		3	e	F4	2.5 3.2 3.3 6.5	–	I	1	=			3.31	afk			6113
g	t	2	Rs	css	Me	Ao Sr	zw		7-8	an	–		3	e	E4	3.2 3.3 6.2 6.5	2	I	1	=	3.312	3.311					6114
h	t		Rh	ccs	Me	Kr Sr	zw		5-8	an	4		2	tg e	B6b		8	I/N	2	=						B	6115
h	t		Rh	ccs	Me	Ho Kr	zw		7-8	an	4		2	tg e	E4	3.2 3.3 6.5	–	I	2	=			10.211	afk			6116
h	t		Rh	ccs	Me	Kr Sr	zw		6-8	an	4		2	tg e	E4a	6.5 7.2	–	I/N	2	=			10.21	cm			6117
h	t	2	Rh	crs	Me Ep	Kr Sr	zw		5-9	an	4		2	tg e	B6b	2.4 2.6 6.3 6.7	–	I/N	3	=	11.242	11.241			170		6118
h	s		Rh	css	Me	Ho Sr	zw		7-8	an	–		2	e	B5	2.5 3.2 3.3 6.5	2	I	1	=	3.331	10.311				A	6119
t	s w		–	crr	At Dy	Kv	zw		6-7		–		1	e	C2b		–	Ja	4	>						H	6120
t	s w	4	–	crr	At Dy	Kv	zw		6-7	an au	–		1	e	C2b	2.1 2.2 2.9	7	Ja	4	=			2.3	chi			6121
t	s		–	crr	At Dy	Kv	zw		6-7	an	–		1	e	C2b	2.9	7	Ja	4	>			2.3	chi			6122
t	s		–	crr	At Dy	Kv	zw		6-7	an	–		1	e	C2b	2.2 2.9	7	Ja	4	>			2.3	chi			6123
t	s		–	crr	At Dy	Kv	zw		6-7	an	–		1	e	C2b	2.2 2.9	7	Ja	4	=			2.3	chi			6124
t	w		–	crr	At Dy	Kv	zw		6-7	an au	–		1	e	C2b	2.1 2.2 2.9	7	Ja	4	>			2.3	chi			6125
t	s		–	crr	At Dy	Kv	zw		6-7	au (an)	–		1	e	C2b	2.2 2.9	7	Ja	4	>			2.3	chi			6126
t	s w		–	crr	At Dy	Kv	zw		6-7	an au	–		1	e	C2b	2.2 2.9	7	Ja	4	>			2.3	chi			6127
t	s w		–	crr	At Dy	Kv	zw		6-7	an	–		1	e	C2b	2.2 2.9	7	Ja	4	>			2.3	chi			6128
g	w		Sk	ccs	At My?	Bz	zw		7-8		–		3		A3a	2.2 2.6 2.9	–	N	3	<			?	gm		H	6129
h	s		Rh	ccs	Me	Sr	ve		6-8		–		2		E2d	2.6 7.2 9.1 9.2	1	I	1	=			14.731				6130
h	s	1.5	Rh	ccs	Bo Hy	Sr	zw	d	5-7	au? my hm ca	3		2	mg	B6b	1.3 6.3 6.5 7.2	5	I	2	>*	10.212	11.233	11.242				6131
c-t.li	s w		–	crr	At Dy	Kt	fa zw	p1	6-10	me	–		3	mg e	A1	2.2 2.3 2.9	7	N	5	<			?	cfi		H	6132
t	s w		–	rrs	En	Kv	cl zw	p2	3-5	au en?	–		1		C2c	3.1 6.1 6.2 7.3	–	I	2	>			4.221	afi	481		6133
g	v		Zw	crs	At Bo	Bz	zw		3-5		–		2	mg	C2	2.1 2.2 2.7 2.8	–	N	4	>			2.3				6134
g	v		Zw	crs	At Bo	Bz	zw		3-5		–		2	mg e	A4a		–	Ja	4	=>					627, 663	A H	6135
g	v		Zw	crs	At Bo	Bz	zw		3-5		–		2	mg	F2b*	2.1 2.8 6.2 6.3	–	Ja	4	>			2.31				6136
g	v		Zw	crs	At Bo	Bz	zw		3-5		–		2	mg	F2b*	2.1 2.2 2.7 2.8	–	Ja	4	>			2.3				6137
g	v		Zw	crs	At Bo	Bz	zw		3-5	ca me	–		2	mg	F2b	2.1 2.7 6.2 6.3	6	Ja	4	>			2.31	hk			6138
g	v		Zw	crs	At Bo	Bz	fa zw		3-5	au me	–		2	mg	A4a	2.1 2.7 6.2 6.3	–	Ja	4	=			2.31	k			6139

Nummern			Taxa			Klima						Boden												
SEN	**SIN**	**FAN**	**Gattung**	**Aggregat/Einzelart**	**Kleinart**	**T**	**v**	**K**	**v**	**L**	**v**	**F**	**v**	**W**	**R**	**v**	**N**	**v**	**S**	**M**	**H**	**v**	**D**	**v**
6140	431300	–	**Tulipa**		**grengiolensis**	3.5	I	4	I	4	I	2.5	I	1	3	I	3	I			3	I	3	I
6141	–	–	**Tulipa**		**mauriana**	4	I	4	I	4	I	2.5	I	1	4	I	3	I			3	I	3	I
6142	–	–	**Tulipa**		**montisandrei**	3.5	I	4	I	4	I	2.5	I	1	4	I	3	I			3	I	3	I
6143	–	–	**Tulipa**		**perrieri**	4	I	4	I	4	I	2.5	I	1	4	I	3	I			3	I	3	I
6144	–	–	**Tulipa**		**planifolia**	4	I	4	I	4	I	2.5	I	1	4	I	3	I			3	I	3	I
6145	–	–	**Tulipa**		**platystigma**	3.5	I	4	I	4	I	2.5	I	1	4	I	3	I			3	I	3	I
6146	–	–	**Tulipa**		**rubidusa**	3.5	I	4	I	4	I	2.5	I	1	4	I	3	I			3	I	3	I
6147	–	–	**Tulipa**		**sedunii**	4	I	4	I	4	I	2.5	I	1	4	I	3	I			3	I	3	I
6148	–	–	**Tulipa**		**segusiana**	4	I	4	I	4	I	2.5	I	1	4	I	3	I			3	I	3	I
6149	–	–	**Tulipa**	**raddii**		4.5	I	3	I	4	I	2.5	I	1	4	I	3	I			3	I	3	I
6150	–	–	**Tulipa**	**sylvestris aggr.**		4	II	x	–	4	I	2.5	I	2	4	II	3	I			3	I	3	I
6151	431500	143.13.1.2	**Tulipa**		**australis**	3	II	4	I	4	I	2.5	I	2	3	I	3	I			3	I	3	I
6152	431400	143.13.1.1	**Tulipa**		**sylvestris**	4.5	II	2	I	4	I	2.5	I	2	4	I	3	I			3	I	3	I
6153	431800	97.62.1	**Turgenia**	**latifolia**		4.5	II	4	I	4	I	2.5	I	2	4	I	3	I			1	I	1	I
6154	431900	54.26.1	**Turritis**	**glabra**		3.5	I	4	I	3	I	2.5	I	1	3	I	4	I		m	3	I	3	I
6155	432000	124.41.1	**Tussilago**	**farfara**		3	II	3	I	4	I	3.5	I	1	4	I	3	I		m	1	I	1	I
6156	–	–	**Typha**	**latifolia aggr.**		4	II	3	II	4	I	5	I	3	4	II	4	II			3	II	1	I
6157	432100	141.1.1	**Typha**		**angustifolia**	4	I	3	I	4	I	5	I	3	4	II	4	II	s		3	II	1	I
6158	–	141.1.2	**Typha**		**domingensis**	5	I	3	I	4	I	5	I	3	4	II	4	II	s		3	II	1	I
6159	432200	141.1.5	**Typha**		**latifolia**	4	I	3	I	4	I	5	I	3	4	II	4	II			3	II	1	I
6160	432400	141.1.6	**Typha**		**shuttleworthii**	4.5	I	2	I	4	I	5	I	3	4	II	4	II			3	II	1	I
6161	432250	141.1.4	**Typha**	**laxmannii**		5	I	4	I	4	I	5	I	3	4	I	3	I	s		3	II	1	I
6162	432300	141.1.3	**Typha**	**minima**		4	I	4	I	4	I	4^	I	3	4	I	3	I			1	II	1	I
6163	432600	64.10.1	**Ulex**	**europaeus**		4	I	1	I	3	I	2.5	I	1	2	I	3	I			3	I	3	I
6164	–	–	**Ulex**	**minor**		4.5	I	1	I	3	I	2.5	I	2	1	I	2	I			3	I	3	I
6165	–	64.10.2	**Ulex**	**parviflorus**		5	I	3	I	4	I	1.5	I	1	3	II	2	I			3	I	3	I
6166	–	–	**Ulmus**	**glabra aggr.**		4	II	2	II	2	II	3.5	I	3	3	II	3	II			3	I	1	I
6167	432800	25.1.1	**Ulmus**		**glabra**	3.5	I	2	I	2	I	3.5	I	3	3	I	4	I		m	3	I	1	I
6168	433000	25.1.2	**Ulmus**		**minor**	4.5	I	3	I	3	I	3.5	I	3	4	I	3	I			3	I	1	I
6169	432900	25.1.3	**Ulmus**	**laevis**		4.5	I	4	I	2	I	4	I	3	4	I	4	I			3	I	1	I
6170	–	–	**Umbilicus**	**oppositifolius**		4.5	I	2	I	3	I	3	I	2	3	I	2	I			3	I	5	I
6171	433300	61.1.1	**Umbilicus**	**rupestris**		5	I	1	I	3	I	3	I	2	3	I	2	I			3	I	5	I
6172	–	124.81.1	**Urospermum**	**dalechampii**		5	I	3	I	4	I	2	I	1	3	II	2	I			3	I	3	I
6173	–	124.81.2	**Urospermum**	**picroides**		5	I	3	I	5	I	1.5	I	1	4	II	2	I	ss		3	I	3	II
6174	433400	28.1.1	**Urtica**	**dioica aggr.**		3.5	II	x	–	3	II	3.5	II	3	3	I	5	II			5	II	x	–
6175	–	–	**Urtica**		**dioica**	3	II	3	I	3	II	3.5	II	3	3	I	5	II		m	3	II	1	I
6176	–	–	**Urtica**		**galeopsifolia**	4	I	4	I	3	II	4	I	3	3	I	4	I			5	II	1	I
6177	–	–	**Urtica**		**sondenii**	2.5	II	2	I	2	II	3.5	I	3	3	I	4	I			3	I	5	I
6178	–	–	**Urtica**	**pilulifera**		5	I	2	I	4	I	3	I	2	3	I	5	I			3	I	3	I
6179	433500	28.1.2	**Urtica**	**urens**		3	I	4	I	4	I	2	I	3	4	II	5	I		m	3	I	1	I
6180	–	–	**Utricularia**	**intermedia aggr.**		3.5	I	2	II	4	I	5u	I	1	x	–	2	II			–	–	–	–
6181	433800	117.2.3	**Utricularia**		**intermedia**	3.5	I	3	I	4	I	5u	I	1	4	I	2	I			–	–	–	–
6182	434100	117.2.4	**Utricularia**		**ochroleuca**	3.5	I	2	I	4	I	5u	I	1	2	I	1	I			–	–	–	–
6183	–	117.2.5	**Utricularia**		**stygia**	3.5	I	2	I	4	I	5u	I	1	3	I	2	I			–	–	–	–
6184	–	–	**Utricularia**	**minor aggr.**		x	–	3	II	4	I	5u	I	1	3	II	2	I			–	–	–	–
6185	433700	117.2.2	**Utricularia**		**bremii**	4.5	I	2	I	4	I	5u	I	1	3	I	2	I			–	–	–	–
6186	433900	117.2.1	**Utricularia**		**minor**	3	II	3	I	4	I	5u	I	1	3	I	2	I			–	–	–	–
6187	–	–	**Utricularia**	**vulgaris aggr.**		3.5	I	x	–	4	II	5u	I	1	3	II	3	I			–	–	–	–
6188	433600	117.2.7	**Utricularia**		**australis**	3.5	I	2	I	4	I	5u	I	1	3	I	3	I			–	–	–	–
6189	434200	117.2.6	**Utricularia**		**vulgaris**	3.5	I	4	I	3	I	5u	I	1	3	I	3	I			–	–	–	–
6190	434300	38.27.1	**Vaccaria**	**hispanica**		4	II	4	I	4	I	1.5	I	2	4	I	3	I			3	I	3	I
6191	434600	–	**Vaccinium**	**macrocarpon**		3	I	1	I	4	I	4.5	I	2	1	I	1	I			5	I	1	I
6192	434800	57.9.6	**Vaccinium**	**myrtillus**		2.5	II	3	I	2	I	3	II	3	1	I	2	I		m	5	I	1	I
6193	–	–	**Vaccinium**	**oxycoccos aggr.**		3	II	2	I	4	I	4	I	2	1	I	1	I			5	I	1	I
6194	434700	57.9.2	**Vaccinium**		**microcarpum**	2.5	I	2	I	4	I	4	I	2	1	I	1	I			5	I	1	I
6195	434900	57.9.1	**Vaccinium**		**oxycoccos**	3.5	I	2	I	4	I	4	I	2	1	I	1	I			5	I	1	I
6196	–	–	**Vaccinium**	**uliginosum aggr.**		x	–	3	II	3	I	4	I	2	1	I	2	I			5	I	1	I
6197	434500	57.9.5	**Vaccinium**		**gaultherioides**	1.5	I	3	I	3	I	3.5	I	2	1	I	2	I		m	5	I	1	I
6198	435000	57.9.4	**Vaccinium**		**uliginosum**	3	I	2	I	3	I	4	I	2	1	I	2	I			5	I	1	I
6199	435300	57.9.3	**Vaccinium**	**vitis-idaea aggr.**		2	II	3	II	4	II	2.5	I	2	1	II	2	I			5	II	3	I
6200	–	–	**Vaccinium**		**minus**	1	I	4	I	4	I	2	I	2	1	I	2	I			3	I	3	I
6201	–	–	**Vaccinium**		**vitis-idaea**	2.5	I	3	I	3	I	2.5	II	2	1	II	2	I		m	5	I	3	I
6202	–	–	**Valantia**	**hispida**		5	I	3	I	5	I	1.5	I	1	4	I	3	I	s		1	I	5	I
6203	–	–	**Valantia**	**muralis**		5	I	3	I	5	I	1.5	I	1	4	I	3	I	s		1	I	5	I
6204	–	–	**Valeriana**	**celtica aggr.**		1	II	3	I	4	II	2	I	1	2	I	2	I			3	I	5	II
6205	435400	122.2.14.1	**Valeriana**		**celtica**	1	I	3	I	4	I	2	I	1	2	I	2	I		m	3	I	5	I
6206	–	122.2.14.2	**Valeriana**		**norica**	1.5	I	3	I	5	I	2	I	1	2	I	2	I			3	I	3	I
6207	435600	122.2.9	**Valeriana**	**dioica**		3	II	3	I	3	I	4.5	I	3	3	I	3	I			3	II	1	I
6208	–	122.2.15	**Valeriana**	**elongata**		2	I	2	I	3	II	3.5	I	1	5	I	2	I			1	I	5	I
6209	–	–	**Valeriana**	**montana aggr.**		2	II	3	I	3	II	3	II	1	5	II	2	I			3	II	5	II
6210	435700	122.2.11	**Valeriana**		**montana**	2	I	3	I	3	I	3.5	I	1	5	I	2	I			3	I	5	I
6211	–	122.2.12	**Valeriana**		**rotundifolia**	2	II	3	I	3	II	2.5	I	1	4	I	2	I			3	I	5	II
6212	–	–	**Valeriana**	**officinalis aggr.**		x	–	x	–	3	I	x	–	3	3	II	3	II			3	II	1	I
6213	–	–	**Valeriana**		**nemorensis**	3.5	I	3	I	4	I	2.5	II	3	3	II	3	I			3	I	1	I
6214	435800	122.2.1	**Valeriana**		**officinalis**	4	I	3	I	3	I	4	I	3	4	I	3	I			5	I	1	I
6215	436000	122.2.4	**Valeriana**		**pratensis**	4.5	I	4	I	3	I	3.5	I	3	4	I	3	I			5	I	1	I
6216	436200	122.2.6	**Valeriana**		**repens**	3.5	I	2	I	3	I	3.5	II	3	3	I	4	I			3	II	1	I
6217	436400	122.2.3	**Valeriana**		**sambucifolia**	2.5	I	4	I	3	I	4	I	3	2	II	4	I			3	II	1	I
6218	436900	122.2.5	**Valeriana**		**versifolia**	2.5	I	2	I	3	I	3.5	I	3	3	I	4	I			3	II	1	I
6219	437000	122.2.2	**Valeriana**		**wallrothii**	3	I	3	I	3	I	2.5	I	3	4	I	3	I			3	II	1	I
6220	436150	122.2.8	**Valeriana**	**pyrenaica**		2.5	I	2	I	3	I	3.5	I	1	3	I	3	I			3	I	3	I
6221	436300	122.2.17	**Valeriana**	**saliunca**		1	I	3	I	4	I	2	I	1	4	I	2	I			1	I	5	I
6222	436500	122.2.13	**Valeriana**	**saxatilis**		2.5	I	3	I	4	I	2	I	1	5	I	2	I			3	I	5	I
6223	436600	122.2.16	**Valeriana**	**supina**		1	I	3	I	5	I	3	I	1	5	I	2	I			1	I	3	I
6224	436700	122.2.10	**Valeriana**	**tripteris**		2.5	I	3	I	3	I	3	I	1	3	II	2	I		m	3	I	3	I
6225	436800	122.2.7	**Valeriana**	**tuberosa**		5	I	4	I	4	I	2	I	1	4	I	2	I			3	I	3	I
6226	–	–	**Valerianella**	**locusta aggr.**		4.5	II	2	II	4	II	2.5	II	1	3	II	x	–			3	I	3	I
6227	437100	122.1.5	**Valerianella**		**carinata**	4.5	I	3	I	4	I	2	I	1	4	I	3	I			3	I	3	I
6228	437200	122.1.1	**Valerianella**		**coronata**	5	I	3	I	4	I	2	I	1	4	I	3	I			3	I	3	I

Strategien					Biologisches Verhalten										Vorkommen						Pflanzengesellschaften			Literatur			
LF	BD	WT	RO	KS	DA	VA	FS	MA	BZ	BS	MV	SU	DG	GI	GV	LR	EG	AE	EM	VE	1	2	3	BL	SL	TB	SEN
g	v		Zw	crs	At Bo	Bz	zw		3-5		–		2	mg	F3a*	2.1 2.7 6.2 6.3	6	Ja	4	>			2.31	f h			6140
g	v		Zw	crs	At Bo	Bz	zw		3-5		–		2	mg	F2b*	2.1 2.7 6.2 6.3	–	Ja	4	>			2.31				6141
g	v		Zw	crs	At Bo	Bz	zw		3-5		–		2	mg	F2b*	2.1 6.3	–	Ja	4	>			2.3				6142
g	v		Zw	crs	At Bo	Bz	zw		3-5		–		2	mg	F2b*	2.1 2.2 2.7 6.2	–	Ja	4	>			2.3				6143
g	v		Zw	crs	At Bo	Bz	zw		3-5		–		2	mg	F2b*	2.1 6.3	–	Ja	4	>			2.31		503		6144
g	v		Zw	crs	At Bo	Bz	zw		3-5		–		2	mg	F2b*	2.1 6.3	–	Ja	4	>			2.31				6145
g	v		Zw	crs	At Bo	Bz	zw		3-5		–		2	mg	F2b*	2.1 2.2 6.2	–	Ja	4	>			2.3		503		6146
g	v		Zw	crs	At Bo	Bz	zw		3-5		–		2	mg	F3a*	2.1	–	Ja	4	>			2.3				6147
g	v		Zw	crs	At Bo	Bz	zw		3-5		–		2	mg	D1a	2.1	–	Ja	4	>			2.3				6148
g	v		Zw	crs	At Bo	Bz	zw		3-5		–		2	mg	C2	2.1 2.2	–	Ja	4	>			2.31				6149
g	v		Zw	crs	At Bo	Au Bz	zw		4-6	au me my	2		2	mg e	C2		–	A	3	>							6150
g	v		Zw	crs	At Bo	Au Bz	zw		5-6		2		2	mg	D1a	6.2 6.3 6.5 7.3	6	A	2	>			9.14				6151
g	v		Zw	crs	At Bo	Au Bz	zw		4-5		2		2	mg	C2	2.1 2.3 2.8 6.3	7	A	3	>			2.31				6152
t	s		–	rrr	Ep	Kv	ve		6-8	au en	–		2		C2	2.1 2.2 6.2	7	I/A	4	>			2.312				6153
k	w	2	Wv	crs	Bo	Kv	zw	p2	5-7	au (my)	–		3		B6	2.3 2.6 6.7 7.4	6	I	2	>	11.1	5.131					6154
g	s	3.5	Rh	crs	Me	Au Sr	mo	r1	3-5	me ca my ps*	–	1?	4	tg h e	B6	2.1 2.2 2.5 2.6	3	I	3	=	11.21	3.3	14.31224				6155
g	t		Rh	ccs	Me Hy	Au	mo		6-8		2		4	e	B1		–	I/N	2	<>					444		6156
g	t		Rh	ccs	Me Hy	Au	mo		6-7	an	2		4	e	B3	1.1	4	I	2	=	6.111						6157
g	t		Rh	ccs	Me Hy	Au	mo		6-8	an	2		4	e	A0	1.1	–	N	2	<			6.11	m			6158
g	t	2	Rh	ccs	Me Hy	Au	mo		6-8	an	2		4	e	B3	1.1 1.3 2.5 4.2	4	I	2	=	6.111						6159
g	t		Rh	ccs	Me Hy	Au	mo		6-8	an	2		4	e	C1	1.1 1.3 2.5 5.2	4	I	2	<	6.111						6160
g	t		Rh	ccs	Me Hy	Au	mo		6-9	an	2		3	e	A4a	1.3 2.5 3.5	–	N	2	<			6.11	c h k			6161
g	t		Rh	css	Me Hy	Au	mo		5-6	an	2		3	e	C1	1.3 2.5 7.5 9.2	1	I	1	>	7.232	7.231					6162
n	i		Wh	ccs	My Dy	Sr	zw	p15	4-5	me	–		3	mg e	D2	2.9 7.4 9.2	1	I/N	2	>			12.611				6163
z	i		Wh	ccs	Au Dy	Sr	zw		8-11		–		2	mg	D2	6.7 7.4 9.2	–	I	2	>			12.22	m	794		6164
n	i		Wh	ccs	My Dy	Sr	zw		4-5		–		2	mg	C2a	7.3 7.6	–	I	2	=			12.5	m			6165
p	s		Wh	ccs	Me	Ws	zw		3		–		2	h e	B4c		–	I/N	2	>						B	6166
p	s	3.5	Wh	ccs	Me	Ws	zw	100*	3	an	–		2	h e	D3	2.9 7.4 9.2	1	I/N	2	>	14.72	14.73	14.735				6167
p	s	5	Wh	ccs	Me	Ws	zw	500*	3	an	–		2	h e	C2	2.9 7.4 9.2 9.3	1	I	2	>	14.7						6168
p	s	3.5	Wh	ccs	Me	Ws	zw	100*	3	an	–		2	e	D4	2.9 9.2	1	I/N	2	>	14.72						6169
g	t		Rk	css	My	Sr	zw		5-7		–		2		E2i	2.9 3.2	–	N	4	<			3.2?	g			6170
g	t		Rk	css	My	Sr	zw		5-7		–		2		C2c	3.2 3.3	3	I	4	<			3.2				6171
h	t		Rh	crs	Me	Sr	zw		5-6	me	–		1		C2a	2.1 2.2 6.2	–	I	3	=			9.221	k m			6172
t	s		–	rrr	Me	Kv	zw		5-6		–		1		C2	2.1 2.2 3.2 6.2	–	I	3	=			2.3	k m			6173
h	s		Rh	ccr	Me En	Au	di	r25	6-9	an	2		4	mg h e	B6		7	I	3	=				m	908	B	6174
h	s	3	Rh	ccr	Me En	Au	di		6-9		2	4	5	mg e	B6	2.2 2.4 7.5 9.2	–	I	3	=	5.1	14.721	14.735				6175
h	s		Rh	ccr	Me En	Au	di		6-9		2		4	mg e	D4	2.5 9.2	–	I	2	=?			14.712?	c i l	395, 508		6176
h	s		Rh	ccr	Me En	Au	di		7-9		2		4	mg e	D5	3.3	–	I	2	=			3.342?		395		6177
t	s		–	rrr	Me	Kv	mo		6-10	an	1		3	mg e	C2	2.2	–	N	5	<			2.341	i k l			6178
t	s	2.5	–	rrr	Me En	Kv	mo	r1	6-9	an	–	4	3	mg h e	B6	2.1 2.2 2.4 2.7	7	I/A	4	>			2.3				6179
a-s.ff	s		Tu	sss	Hy Me	As	zw		6-8		–		3		B3		–	I	2	>					815, 827		6180
a-s.ff	s		Tu	sss	Hy Me	As	zw		6-8	en	–		3		B3	1.3 5.1 5.2	4	I	2	>			1.2				6181
a-s.ff	s		Tu	sss	Me Hy	As	nf zw		6-8	en	–		3		B3a	5.1 5.2	4	I	2	>			1.2				6182
a-s.ff	s		Tu	sss	Hy Me	As	nf zw		6-8		–		3		B3	5.1	–	I	2	>			1.2	c i l		E	6183
a-s.ff	s		Tu	sss	Hy	As	zw		6-9		–		3		B3		–	I	2	>					815	D	6184
a-s.ff	s		Tu	sss	Hy Me	As	nf zw		6-9	en	–		3		D3	1.3 5.1 5.2	4	I	2	>			1.2				6185
a-s.ff	s		Tu	sss	Hy Me	As	zw		6-9	en	–		3		B3	5.1 5.2	4	I	2	>			1.2				6186
s.ff	s		Tu	sss	Hy Me	As	zw		6-8		–		3		B2		–	I	2	>					815	D	6187
s.ff	s		Tu	sss	Hy Me	As	nf zw		6-8	me	–		3		B2	1.1 1.2 1.3 5.2	4	I	2	>			1.121				6188
s.ff	s		Tu	sss	Hy Me	As	zw		6-8	my me	–		3		B3	1.1 1.2 1.3 5.2	4	I	2	>			1.121				6189
t	s	3	–	rrs	Me	Kv	zw	p1	6-7	au ps	–	3	1	e	D1d	2.1 2.2	7	I/A	4	>			2.312				6190
z	w		Wh	css	En Dy	Kt	zw		5-7		2		3	e	A2c	5.2	5	N	2	<			12.1				6191
z	s	1.5	Wh	ccs	En Dy	Au	zw	r76	4-7	me (au)	2	3	5	e	B4b	6.5 7.1 9.1 9.2	1	I	2	=	14.3	14.411	14.7				6192
z	i	1	Wh	css	En Dy	Kt	zw	r5	5-7	au? en	2		3	e	B3		–	I	2	>					381, 915	B	6193
z	i	1	Wh	css	En Dy	Kt	zw		5-7		2		3	e	B4b	5.2	5	I	2	>	12.111	12.112					6194
z	i	1	Wh	css	En Dy	Kt	zw		5-7		2		3	e	B3	5.2 9.1	5	I	2	>	12.111	14.31216					6195
z	s	1	Wh	ccs	En Dy	Au	zw	r43	5-7	me my (ps)	2		3	h e	B4-5		–	I	2	=>						D	6196
z	s	1	Wh	ccs	En Dy	Au	zw	50	5-7		2		4	e	B5	3.2 6.5 7.1 9.1	2	I	1	=	12.3	14.31214					6197
z	s	1	Wh	ccs	En Dy	Au	zw		5-6		2		3	h e	B4b	5.2 7.1 9.1	5	I	2	>*	12.111	14.312	12.31				6198
z	i	1.5	Wh	css	En Dy	Au	zw	r52	5-8	me (my)	2		3	mg h e	B4-5		1	I	2	=>						B	6199
z	i	1.5	Wh	css	En Dy	Au	zw		7-8		–	2	3	h e	B5	3.1 3.3 6.5 7.1	–	I	1	=			12.311		476		6200
z	i	1.5	Wh	css	En Dy	Au	zw		5-7		2	3	3	h e	B4b	3.2 5.2 7.1 9.1	–	I	2	>*	14.312	12.313	12.211				6201
t	s		–	rrr	Ep	Kv	ve		3-6		–		2	tg	C2	2.2 3.2	–	I?	2	=			3.361	k m			6202
t	s		–	rrr	Ep	Kv	ve		3-6		–		2	tg	C2	2.2 3.2	–	I?	2	=			4.21	k m			6203
h	w		Rh	css	Me	Sr	di zw		7-8		–		2	h	F1		–	I	1	=							6204
h	w		Rh	css	Me	Sr	di zw		7-8		–		2	h	F2	3.2 3.3 6.5 7.1	2	I	1	=	10.421	10.4					6205
h	w		Rh	css	Me	Sr	di zw		7-8		–		2	h	F7	3.2 3.3 6.5 7.1	–	I	1	=			10.4	c m			6206
g	t	1	Rh	crs	Me	Ao Au	di	d	4-6	me my ps ca	3		3	h e	D3	4.1 5.1 6.3 9.2	5	I	2	=	11.23	14.72202					6207
h	t		Rh	crs	Me	Sr	di zw		7-8		3		2	h	F7	3.2 3.3	–	I	1	=			3.212	c k m			6208
h	s		Rh	css	Me	Au Sr	di zw		4-7	my (ca) (hm)	–		3	h	E1		–	I	1	=							6209
h	s		Rh	css	Me	Au Sr	di zw	r10	5-7		–		3	h	E1	3.2 3.3 6.5 9.1	2	I	1	=	3.31	14.312	14.211				6210
h	s		Rh	crs	Me	Au Sr	di zw		4-7		–		3	h	E2e	2.5 3.2 3.3 6.2	–	I	1	=			3.312	k			6211
h	s		Rh	crs	Me	Ao Au	zw	d	5-8	my ps me	2		3	tg h e	B4b		–	I	2	=					831, 836	A B	6212
h	s		Rh	crs	Me	Au	zw		6-8		2		3	tg h e	F4c	4.2 6.7 9.2 9.3	–	I	3	=			11.11?		653, 845		6213
h	s	1.5	Rh	crs	Me	Au Sr	zw		6-8		2		2	tg h e	D4	2.6 6.3 7.2 9.2	1	I	2	=	14.73	14.312	11.3				6214
h	s		Rh	crs	Me	Au	zw		5-7		2		3	tg h e	D3a	1.4 6.3 7.4 9.2	5	I	2	=			11.23				6215
h	s		Rh	crs	Me	Ao Au	zw		6-8		2		3	tg h e	D2	1.3 2.6 7.2 9.2	5	I	2	=			11.321				6216
h	s		Rh	crs	Me	Ao Au	zw		5-7		2		3	tg	D4	2.3 6.3 7.2 9.2	–	I	2	=			11.321				6217
h	s	2	Rh	crs	Me	Ao Au	zw		5-7		2		3	tg h e	F6?	6.3 7.2 7.4 9.2	2	I	2	=			11.514		835		6218
h	s		Rh	crs	Me	Au	zw		5-6		2		3	tg h e	D3	6.2 6.7 7.4 9.3	5	I	2	=			11.11				6219
h	t		Rh	ccs	Me	Sr	zw		6-8		2		2	h	E2f	7.2 7.4	–	N	2	<			11.514	h m			6220
g	s?		Rh	css	Me	Sr	di zw	p16	7-8	??	–		2	h	E2d	3.2 3.3 6.5	2	I	1	=	10.2113	3.311					6221
h	s		Rh	css	Me	Sr	di zw		6-7	my	–		2	h	E2d	3.2 3.3 6.5	2	I	1	=			3.21				6222
h	s		Rh	css	Me	Ao Au	di zw		7-8	en	–		2	h	F7	3.2 3.3 6.6	2	I	1	=	3.311						6223
h	s	3	Rh	css	Me	Au Sr	di zw	r9	4-7	my (ca) (me) (le)	–		2	h	E1	3.2 3.3 8.2 9.1	2	I	2	>*	3.31	14.312	14.73				6224
g-k	w		Rk	css	Me	Au	zw?		5-6		–		2	h	E2	2.6 3.2 6.2	–	I	2	=			9.14	a f k			6225
t	w	1	–	rrr	Me	Kv	zw		4-7	au my ca hm*	–		3	e	C2		–	I/A/N	2-4	<>					159		6226
t	w	1	–	rrr	Me	Kv	zw	p1	4-5	au en	–		3	e	C2c	2.1 2.2 3.1 6.2	7	I/A/N	3	<			4.1			D	6227
t	w	1	–	rrr	Me	Kv	zw		4-6		–		2	e	C2	2.1 2.2 6.1 6.2	–	I/A	3	>			2.3a	c f k	536		6228

Nummern			Taxa			Klima						Boden												
SEN	SIN	FAN	Gattung	Aggregat/Einzelart	Kleinart	T	v	K	v	L	v	F	v	W	R	v	N	v	S	M	H	v	D	v
6229	437300	122.1.8	Valerianella		dentata	4.5	I	2	I	4	I	2.5	I	1	3	I	3	I		m	3	I	3	I
6230	–	122.1.3	Valerianella		discoidea	5	I	3	I	4	II	1.5	I	1	4	I	2	I	s		3	I	3	I
6231	–	122.1.7	Valerianella		echinata	5	I	3	I	4	I	3	I	1	4	I	3	I			3	I	3	I
6232	437400	122.1.10	Valerianella		eriocarpa	5	I	3	I	4	II	1.5	I	1	3	I	3	I	s		3	I	3	I
6233	437500	122.1.4	Valerianella		locusta	4	I	2	I	4	I	3	I	1	3	I	3	I			3	I	3	I
6234	–	122.1.11	Valerianella		muricata	5	I	3	I	4	II	1.5	I	1	3	I	3	I			3	I	3	I
6235	–	122.1.2	Valerianella		pumila	5	I	3	I	4	II	1.5	I	1	4	II	3	I			3	I	3	I
6236	437600	122.1.9	Valerianella		rimosa	4.5	I	2	I	4	I	2.5	I	1	2	I	3	I		m	3	I	3	I
6237	–	122.1.6	Valerianella		turgida	5	I	4	I	4	II	2	I	1	4	I	3	I			3	I	3	I
6238	437700	127.5.1	Vallisneria	spiralis		5	I	1	I	3	I	5u	I	1	2	I	2	I			3	I	1	I
6239	–	38.30.1	Velezia	rigida		5	I	4	I	5	II	1.5	I	1	3	II	2	II		m	1	II	3	II
6240	437750	139.35.1	Ventenata	dubia		5	I	2	I	4	I	1	I	2	3	I	2	I			3	I	3	I
6241	–	–	Veratrum	album aggr.		2	II	3	II	3	I	4	II	3	3	II	4	I			5	II	1	I
6242	437900	143.2.2.1	Veratrum		album	2.5	I	2	I	3	I	4	I	3	4	I	4	I			5	I	1	I
6243	438000	143.2.2.2	Veratrum		lobelianum	2	I	3	I	3	I	3.5	I	3	3	I	4	I			5	II	1	I
6244	438200	143.2.1	Veratrum	nigrum		4.5	I	4	I	3	I	2	I	1	4	I	3	I			3	I	1	I
6245	438400	114.5.1	Verbascum	blattaria		4.5	I	3	I	4	I	2.5	I	1	4	I	4	I	s		3	I	3	I
6246	–	114.5.7	Verbascum	boerhavii		4.5	II	3	I	4	II	2	I	1	3	I	4	I			3	I	3	I
6247	439000	114.5.11	Verbascum	lychnitis		4	II	4	I	4	I	2	I	1	4	I	4	I		m	3	I	3	I
6248	–	–	Verbascum	nigrum aggr.		4	II	4	I	4	I	2	I	1	3	II	4	I			3	I	3	I
6249	438300	114.5.14	Verbascum		alpinum	3.5	II	4	I	4	I	2	I	1	3	I	4	I			3	I	3	I
6250	438600	114.5.12.2	Verbascum		austriacum	4	II	5	I	4	I	2	I	1	3	I	4	I		m	3	I	3	I
6251	438500	114.5.12.1	Verbascum		chaixii	4.5	II	4	I	4	I	2	I	1	3	I	4	I			3	I	3	I
6252	439100	114.5.13	Verbascum		nigrum	4	II	4	I	4	I	2.5	I	1	4	I	4	I		m	3	I	3	I
6253	439300	114.5.3	Verbascum	phoeniceum		5	I	4	I	4	I	1.5	I	1	4	I	3	I			3	I	3	I
6254	439500	114.5.10	Verbascum	pulverulentum		4.5	II	2	I	4	I	2	I	1	4	I	4	I			3	I	3	I
6255	–	114.5.9	Verbascum	sinuatum		5	I	3	I	4	I	1.5	I	1	3	I	3	I			3	I	3	I
6256	–	114.5.8	Verbascum	speciosum		4.5	I	4	I	4	I	2	I	1	4	I	4	I			3	I	3	I
6257	–	–	Verbascum	thapsus aggr.		x	–	3	II	4	I	2	I	1	3	II	4	II			3	I	3	II
6258	438700	114.5.6.2	Verbascum		crassifolium	2.5	I	4	I	4	I	2	I	1	2	I	3	I			3	I	5	I
6259	438800	114.5.5	Verbascum		densiflorum	4	I	4	I	4	I	2	I	1	4	I	4	I			3	I	3	I
6260	439200	114.5.4	Verbascum		phlomoides	4.5	I	4	I	4	I	2	I	1	4	I	4	I		m	3	I	3	I
6261	439400	114.5.6.2	Verbascum		pseudothapsiforme	3	I	3	I	4	I	2	I	1	3	I	4	I			3	I	3	I
6262	439700	114.5.6.1	Verbascum		thapsus	4	II	3	I	4	I	2.5	I	1	3	I	4	I			3	I	3	I
6263	439900	114.5.2	Verbascum	virgatum		5	I	2	I	4	I	2	I	1	2	I	2	I			3	I	3	I
6264	–	–	Verbena	bonariensis		5	I	2	I	4	I	3.5	I	1	3	I	3	I			3	I	3	I
6265	440000	107.1.1	Verbena	officinalis		3.5	I	3	I	4	I	3	I	2	3	I	4	I			3	I	1	I
6266	–	–	Veronica	agrestis aggr.		3.5	I	x	–	4	I	3	II	1	3	II	4	II			3	I	3	II
6267	440200	114.17.30	Veronica		agrestis	3.5	II	2	I	4	I	3.5	I	1	2	II	4	I			3	I	3	I
6268	441600	114.17.34	Veronica		filiformis	4	I	2	I	4	I	3.5	I	1	3	I	4	I			3	I	3	I
6269	442500	114.17.32	Veronica		opaca	4	I	2	I	4	I	3	I	1	4	I	4	I			3	I	3	I
6270	442700	114.17.33	Veronica		persica	3.5	II	3	I	4	I	3	I	1	4	I	4	I		m	3	I	3	I
6271	442800	114.17.31	Veronica		polita	3.5	II	4	I	4	I	2	I	1	4	I	3	I	s		3	I	1	I
6272	440300	114.17.14	Veronica	allionii		2	I	3	I	3	I	2	I	1	2	I	2	I			5	II	3	I
6273	440400	114.17.3	Veronica	alpina		1.5	I	2	I	4	I	4	I	1	2	I	2	I			5	II	3	I
6274	–	–	Veronica	anagallis-aquatica aggr.		4	II	3	II	4	I	4.5	II	3	3	II	4	I	s		3	I	1	I
6275	440500	114.17.21	Veronica		anagallis-aquatica	3.5	I	3	I	4	I	5^	I	3	3	I	4	I			3	I	1	I
6276	440600	114.17.20	Veronica		anagalloides	5	I	2	I	4	I	4.5	I	3	4	I	4	I			3	I	1	I
6277	441300	114.17.21	Veronica		catenata	4	I	3	I	4	I	4.5	I	3	4	I	4	I			3	I	1	I
6278	–	114.17.19	Veronica		scardica	4	I	4	I	3	I	4.5	II	3	3	I	3	I	s	m	3	I	1	I
6279	440700	114.17.12	Veronica	aphylla		1.5	I	4	I	4	I	3	I	1	5	I	2	I			3	I	5	I
6280	440800	114.17.26	Veronica	arvensis		3.5	II	3	I	3	I	2.5	I	1	4	II	3	II	s	m	3	I	3	I
6281	–	–	Veronica	austriaca aggr.		3.5	II	4	I	4	II	2	II	1	4	II	3	II			3	I	3	I
6282	440900	114.17.10	Veronica		austriaca	3.5	I	5	I	4	I	2	I	1	4	II	2	I		m	3	I	3	I
6283	–	114.17.7	Veronica		jacquinii	4	II	4	I	4	II	2	I	1	4	I	2	I			3	I	3	I
6284	–	114.17.8	Veronica		orsiniana	3.5	I	3	I	4	I	2	I	1	4	I	2	I			3	I	3	I
6285	443000	114.17.11.1	Veronica		prostrata	3.5	I	5	I	4	I	1.5	I	1	4	I	2	I			3	I	3	I
6286	443100	–	Veronica		scheereri	4	I	4	II	4	I	1.5	I	1	4	I	2	I			3	I	3	I
6287	443900	114.17.9	Veronica		teucrium	3.5	I	4	I	3	I	2	I	1	4	I	3	I			3	I	3	I
6288	441000	114.17.18	Veronica	beccabunga		3	II	3	I	3	I	4.5^	II	3	3	I	4	I		m	3	I	1	I
6289	441100	114.17.1	Veronica	bellidioides		1	I	3	I	4	I	2	I	1	1	I	2	I			3	I	3	I
6290	–	–	Veronica	chamaedrys aggr.		x	–	3	II	3	II	2.5	II	1	4	II	3	II			3	I	3	I
6291	441400	114.17.15.1	Veronica		chamaedrys	3	I	3	I	3	I	2.5	I	1	4	II	3	I		m	3	I	3	I
6292	–	114.17.15.3	Veronica		micans	2.5	I	3	I	3	I	2.5	I	1	4	I	3	I			3	I	3	I
6293	–	114.17.15.2	Veronica		vindobonensis	4	I	4	I	4	I	2	I	1	3	I	2	I			3	I	3	I
6294	–	–	Veronica	fruticulosa aggr.		2	II	4	I	4	I	2	I	1	3	II	2	I			1	II	5	I
6295	441700	114.17.4	Veronica		fruticans	1.5	I	4	I	4	I	2	I	1	3	I	2	I			3	I	5	I
6296	441800	114.17.5	Veronica		fruticulosa	2	I	4	I	4	I	2	I	1	5	I	2	I			1	I	5	I
6297	–	–	Veronica	hederifolia aggr.		4	II	x	–	x	–	x	–	1	3	II	4	II			3	II	3	II
6298	–	114.17.36	Veronica		cymbalaria	5	I	2	I	4	I	1.5	I	1	4	I	3	I	s		1	I	5	I
6299	442000	114.17.35.1	Veronica		hederifolia	4	II	3	I	3	I	3	I	1	3	I	4	I			3	I	3	I
6300	442100	114.17.35.3	Veronica		sublobata	3.5	I	2	I	2	I	3.5	I	1	3	I	4	I			3	I	3	I
6301	–	114.17.35.2	Veronica		triloba	4.5	I	5	I	4	I	2	I	1	3	I	4	I			3	I	3	I
6302	442300	114.17.16	Veronica	montana		3.5	I	2	I	2	I	4	I	3	3	II	4	I			3	I	1	I
6303	442400	114.17.13	Veronica	officinalis		3	II	3	I	3	I	2	I	1	2	I	2	I		m	5	II	3	I
6304	442600	114.17.29	Veronica	peregrina		4	I	3	I	4	I	3.5	I	2	3	I	4	I			3	I	1	I
6305	443300	114.17.17	Veronica	scutellata		3.5	I	2	I	4	I	4.5	I	3	2	I	3	I	s		5	I	1	I
6306	–	–	Veronica	serpyllifolia aggr.		3	II	3	II	4	I	3	II	1	3	II	4	II	s		3	I	3	II
6307	443400	114.17.2.1	Veronica		serpyllifolia	3.5	I	3	I	4	I	3	I	1	3	I	4	I			3	I	3	I
6308	443500	114.17.2.2	Veronica		tenella	1.5	I	2	I	4	I	3.5	I	2	3	I	4	I			3	I	1	I
6309	–	–	Veronica	triphyllos aggr.		4.5	II	x	–	4	I	x	–	1	x	–	2	II			3	I	3	II
6310	440100	114.17.23	Veronica		acinifolia	4.5	I	2	I	4	I	4	I	3	2	I	2	I			1	I	1	I
6311	442900	114.17.24	Veronica		praecox	4.5	II	4	I	4	I	1	I	1	4	I	1	I			3	I	3	I
6312	444000	114.17.25	Veronica		triphyllos	4.5	II	3	I	4	I	1	I	1	4	II	2	I			3	I	5	I
6313	444100	114.17.6	Veronica	urticifolia		2.5	II	3	I	3	I	3.5	I	2	4	II	3	I		m	3	I	3	I
6314	–	–	Veronica	verna aggr.		3.5	II	4	II	4	I	1	I	1	2	I	2	II			1	I	5	I
6315	441500	114.17.28	Veronica		dillenii	3.5	II	5	I	4	I	1	I	1	2	I	1	I			1	I	5	I
6316	444200	114.17.27	Veronica		verna	4	I	4	I	4	I	1	I	1	2	I	1	I			1	I	5	I
6317	–	–	Viburnum	farreri		5	I	2	I	3	I	3	I	1	3	I	3	I			3	I	3	I

Strategien					Biologisches Verhalten										Vorkommen						Pflanzengesellschaften			Literatur			
LF	BD	WT	RO	KS	DA	VA	FS	MA	BZ	BS	MV	SU	DG	GI	GV	LR	EG	AE	EM	VE	1	2	3	BL	SL	TB	SEN
t	s w	1	–	rrr	Me	Kv	zw		4-6	au en	–	4	2	e	C2c	2.1 2.2 6.1 6.2	7	A	4	>			4.2				6229
t	w		–	rrr	Me	Kv	zw		4-7		–		2	e	C2	2.1 2.2 6.1 6.2	–	I/A	3	>			4.21	k m			6230
t	w		–	rrr	Me	Kv	zw		4-6		–		2	e	C2	2.1 2.2	–	I/A	4	>			2.31	k m			6231
t	w	1	–	rrr	Me	Kv	zw		4-5	??	–		2	e	C2	2.1 6.1 6.2 7.3	7	A	4	>			4.21				6232
t	w	1	–	rrr	Me At	Kv	zw	p1	3-5	au my ca me*	–		3	e	C2c	2.1 2.2 6.2 6.7	7	I/A	4	=			2.3				6233
t	w		–	rrr	Me	Kv	zw		4-6		–		2	e	C2	2.1 2.2 6.1 7.3	–	I/N	4	>			4.21	k m	536		6234
t	w		–	rrr	Me	Kv	zw		5-6		–		2	e	C2	2.1 2.2 3.1	–	I/A	4	>			2.3a	k m			6235
t	s w	1	–	rrr	Me	Kv	zw		5-9		–		2	e	C2c	2.1 2.2 6.2	7	A	4	>			2.3a				6236
t	w		–	rrr	Me	Kv	zw		4-5		–		2	e	C2	2.1 2.2 6.2	–	A	4	<			2.3	k m			6237
a	w		Rh	sss	Hy	Au	di		6-10	hd	–		3	e	A0	1.1 1.3	4	I?	1	<			1.31				6238
t	s		–	rrr	Bo	Kv	zw		5-7		–		3		C2	2.2 6.1	–	I	3	=			4.211	k m			6239
t	s		–	rrr	Me Ep	Kv	zw		6-7	an	–		1	e	C2c	2.1 2.2 3.1 6.2	–	A	4	>			4.111	c k			6240
h	s		Rh	ccs	Bo	Sr	zw		6-8	my (ca) (hm)*	2		3	gg h	B4b		–	I	2	=							6241
h	s	2.5	Rh	ccs	Bo	Sr	zw		6-8		2		3	gg h	E3	6.3 6.5 7.2 9.1	2	I	2	=			11.514	c h l		E	6242
h	s	2.5	Rh	ccs	Bo	Sr	zw		6-8		2		3	gg h	B4b	6.3 6.5 7.2 8.1	2	I	2	<>*	5.121	10.212	14.731				6243
h	s		Rh	ccs	Bo	Sr	zw		6-7	my	1		2	h e	B4a	2.6 7.4 9.2 9.3	1	I	1	=	14.812	14.7					6244
k	t		Wv	crs	Bo	Kv	zw		6-8	au ca	–	5	2	h e	B6a	2.1 2.2 2.9	7	I/N	3	>			5.111				6245
k	w		Wv	crs	Bo	Kv	zw		4-7		–		2	h e	C2a	2.2 2.6 6.2 7.3	–	I	3	=			5.11				6246
k	t	5	Wv	crs	Bo	Kv	zw	p4	6-9	au ca my me*	2		2	h e	B6a	2.6 6.2 6.7 7.4	6	I	3	>	11.1	5.11	11.4				6247
h-k	w		Wv	crs	Bo	Sr	zw		5-9	ca my me ps	–		2	h e	B6		–	I/N	3	=				k m			6248
h-k	w		Wv	crs	Bo	Sr	zw		5-7		–		2	h e	E2c	2.2 2.6 7.2 7.4	–	I	2	=			11.412				6249
h-k	w		Wv	crs	Bo	Sr	zw		7-9		–		2	h e	D4	2.2 2.6 6.2 7.4	3	I	4	=			11.111	c k m			6250
h-k	w		Wv	crs	Bo	Sr	zw	p2	6-9		–		2	h e	B6a	2.2 2.6 6.2 7.4	7	I	3	=			11.111				6251
h-k	w	4	Wv	crs	Bo	Sr	zw	p2	5-9		–		2	h e	B6	2.2 2.6 6.7 7.4	7	I/N	3	=			11.412				6252
k-t	w		Wv	crs	Bo	Sr	zw	p3	5-8	me my	–		2	h e	B6a	6.2 6.7 7.4 9.3	7	I/N	4	=			9.11				6253
k-t	w		Wv	crs	Bo	Kv	zw		6-8	??	–		2	h e	D1	2.1 2.2 6.2	6	I/N	3	>			5.11				6254
k-t	w		Wv	crs	Bo	Kv	zw		6-10		–		2	h e	C2	2.1 2.2 3.1 6.2	–	I	3	=			5.11	f k m			6255
k-t	t		Wv	crs	Bo	Kv	zw		6-8		–		2	h e	A4a	2.6 6.2 6.7 7.4	–	N	4	<			11.111				6256
k-t	w		Wv	crs	Bo	Kv	zw	p3	6-9		–		2	h e	B4		–	I	3	=	11.4	5.11					6257
k-t	w	3	Wv	crs	Bo	Kv	zw		6-9	??	–		2	h e	E3	2.2 3.2 3.3 6.2	7	I	2	=	5.11	11.411					6258
k-t	w		Wv	crs	Bo	Kv	zw		6-9	my me ve le	–		2	h e	B6a	2.2 2.5 2.6 6.2	7	I	3	=			5.111				6259
k-t	w		Wv	crs	Bo	Kv	zw		6-9	au	–		2	h e	B6a	2.2 2.5 2.6 6.2	7	I	3	>			5.11				6260
k-t	w		Wv	crs	Bo	Kv	zw		6-9		–		2	h e	E3a	3.3 3.5 6.2 6.7	–	I	2	=			5.11	f		E	6261
k-t	w	2	Wv	crs	Bo	Kv	zw		6-9	au me my ca*	–	5	2	h e	B4	2.2 2.5 2.6 6.2	7	I	3	=			11.412				6262
k-t	w		Wv	crs	Bo	Kv	zw		7-10	??	–		2	h e	C2a	2.1 2.2	–	I	4	>			5.11				6263
h-t	s		–	crr	At	Kv	zw		7-10		–		1		A1	2.2 2.7 2.9 3.5	–	N	5	<			5.112?	g m			6264
k-t	s t	1.5	Wv	crr	En	Sr	zw	p6	6-9	me au my ps	2		2	h e	C1	2.1 2.2 2.5 6.3	7	A	4	=	2.351	11.21					6265
h-t	s w		–	crs	My	Kv	zw		2-10		–		3		B6		–	I/A/N	4	<=							6266
t	s w	1	–	crr	En	Kv	zw		3-10	au my me	–	4	2		B6a	2.1 2.2 2.7 6.3	7	A	4	=			2.3a				6267
h	w	1	–	crs	My	Kt	zw		4-6	au ps me my	5		4		E2i	2.1 2.2 2.7 6.3	8	N	4	<			11.243				6268
t	s w	1	–	crr	My	Kv	zw		3-10	me	–		2		D3	2.1 2.7	–	I?/A	4	>			2.313		377		6269
t	s w	1	–	crr	My	Kv	zw		2-10		–	4	2		A4a	2.1 2.2 2.7 2.8	7	N	4	<			2.3				6270
t	s w	1	–	crr	My	Kv	zw		3-10	au ps	–	4	2		C2b	2.1 2.2 2.7 3.2	7	A	4	>			2.31				6271
c	w		Rs	ccs	En	Ao	zw		6-8		–		3		F2	2.6 6.5 6.7 9.1	–	I	1	=			10.41				6272
h	w		Rs	css	Bo	Au	zw		7-8	au (my)	–		2		D6	2.4 3.3 6.5 6.6	2	I	1	=	8.111	3.34	10.412				6273
h-t	w		Rs	crs	Hy Ep	Ao Kv	zw	p1	5-10	au my	–		3	e	B3		–	I	2	=>							6274
h	w		Rs	crs	Hy En	As Sw	zw		6-9		–		4	e	B4	1.2 1.3 2.5 4.2	4	I	2	>			6.113				6275
t	w		–	crs	Hy Ep	Kv	zw		7-10		–		3	e	C2	1.3 1.4 2.1	4	I	2	>?			2.22	c k l		E	6276
h-t	w		–	crs	Hy En	Kv	zw		6-10		–		3	e	B3	1.2 1.3 1.4 4.2	4	I	2	>	2.111	11.212	6.111				6277
h	w		Rs	css	Hy En	Ao Au	zw		6-10		–		3	e	D1b	2.1 4.1 5.1	–	I	2	=			6.113	c m			6278
h	w		Rs	css	Bo	Ao Au	zw	r2	6-8	au my ca	–		2		E1	3.2 3.3 3.4 6.5	2	I	1	=	10.311	10.211					6279
t	w s	1	–	rrs	En	Kv	zw	p2	4-6	au me	4	4	2		C1	2.1 2.2 3.1 6.2	7	I/A	3	<			2.3a				6280
c-h	t w		Rs	css	Bo	Kt Sr	zw		5-7		2		2	e	B6		–	I/A/N	2	>					77	B	6281
c-h	w		Rs	css	Bo	Sr	zw		5-7	au en	2		2	e	D4	2.2 6.2 6.7 9.1	6	I	2	>			9.11				6282
c-h	t		Rs	css	Bo	Sr	zw		5-7	en	2		2	e	F4	6.2 6.7 7.4 9.3	–	I/N	3	>/<			11.111	k l m			6283
c-h	w		Rs	css	Bo	Sr	zw		5-8		2		2	e	E2	6.2	–	I	2	>			9.13	k m			6284
c-h	w		Rs	css	Bo	Kt	zw	p3	5-6	en	2		2	e	D4	6.2 9.1	6	I	2	>			9.11				6285
c-h	w		Rs	css	Bo	Kt	zw		5-6		2		2	e	D3a	3.1 3.4 6.2 9.1	6	I	2	>			9.1				6286
c-h	t		Rs	ccs	Bo	Sr	zw	r5	5-7	me	2		2	e	B6	2.6 6.2 6.7 7.4	6	I	2	>	9.13	9.113	11.111				6287
h	w		Rs	crs	Hy Dy	Ao Au	zw	d	5-8	my au (me)*	–		4	h e	B6	1.3 1.4 2.5 4.1	4	I	2	=	6.113	7.11			222		6288
h	w		Rs	css	Bo En	Ao	zw	r7	7-8	au my ps ph	2		2		E1	6.5 7.1	2	I	2	=	10.411	12.313	10.412				6289
c-h	t		Rs	ccs	Bo	Ao Sr	zw		4-7	my au me ca*	4		2	e	B6		–	I	3	=						B	6290
c-h	t	1.5	Rs	crs	Bo En	Ao Au	zw	r3	4-6		4		3	e	B6	2.6 6.3 6.5 6.7	8	I	3	=	9.13	11.112	14.731				6291
c-h	t		Rs	crs	Bo	Ao Au	zw		4-7		3		3	e	F7a	2.6 7.2 8.2 9.1	–	I	2	=			10.212	c i			6292
c-h	t		Rs	crs	Bo	Sr	zw		4-5		3		3	e	D4	6.2 6.7 7.4 9.3	–	I	2	=			11.111	c i l			6293
z	w		Wh	css	Bo	Ao Au	zw		6-8		1		2	h	D6		–	I	2	=							6294
z	w		Wh	css	Bo	Ao Au	zw	p11	6-8	au my me le	1		2	h	D6	3.1 3.2 6.5 7.1	2	I	2	=	3.211	3.221	10.421				6295
z	w		Wh	css	Bo	Ao Au	zw	r17	6-7		1		2	h	E1	3.2 3.3 6.5	2	I	1	=	3.211	3.311					6296
t	v w	1	–	rrr	My	Kv	zw	p1	3-6	au ca me my*	–		3	e	B6		–	I/A/N	3	<=						B	6297
t	v w	1	–	rrr	Bo	Kv	zw		2-5		–		3	e	C2	2.1 2.2 3.2	–	I/N	4	<			3.241	i k m	374		6298
t	v w	1	–	rrr	My	Kv	zw		3-6		–	4	3	e	B6	2.1 2.3 2.7 9.5	7	I?/A	3	=			2.32				6299
t	v w	1	–	rrr	My	Kv	zw		3-5		–		3	e	D3a	2.3 2.6 9.2 9.5	1	I	3	<			5.131				6300
t	v w	1	–	rrr	My	Kv	zw		3-5		–		3	e	D1b	2.1 6.2	–	I	3	=			2.3a	c k l			6301
c-h	w	1	Rs	crs	Bo	Ao	zw	p1	5-6	me my hm	–	4	3	e	D3	2.3 4.1 9.2	1	I	2	<	14.731	14.721					6302
c	w	1.5	Rs	ccs	En	Ao	zw	r6	5-7	au my me	2	5	3	h e	D3	2.6 6.5 7.1 9.2	1	I	2	=	14.411	14.413	14.3122				6303
t	s w		–	rrr	Bo	Kv	cl zw		4-9	au	–		3		A2	2.1 2.2 2.5 2.7	7	N	4	<			2.111				6304
h	s	1.5	Rs	css	Bo En	Ao	zw		6-9	my	1		2		B3	1.3 1.4 2.5 5.1	5	I/A	2	>			1.4				6305
h	w	1	Rs	crs	En Ep	Ao	zw		5-9	au my	4		3		B5-6		–	I/A	3	=					538	B	6306
h	w	1	Rs	crs	En Ep	Ao	zw		5-9		4	5	3		B6	2.4 2.6 6.3 9.2	7	I/A	3	=	11.212	2.351	11.24				6307
h	w	1	Rs	crs	En Ep	Ao	zw		6-8		4		3		B5	2.2 2.4 4.1 6.3	2	I	2	=	5.121	11.244	11.514				6308
t	v	1	–	rrs	Bo	Kv	zw		3-5	au me	–		3		C2		–	I/A	3	>							6309
t	v	1	–	rrs	Bo	Kv	zw		4-5		–		3		D1	2.1	7	I/A	4	>			2.211				6310
t	v	1	–	rrs	Bo	Kv	zw		2-5		–	3	3		C2	2.1 2.2 3.1 6.2	6	I/A	2	>			4.131				6311
t	v w	1	–	rrs	Bo	Kv	zw		3-5		–	3	3		C2	2.1 2.2 3.1 6.2	7	I/A	4	>			2.3211				6312
h	s	2	Rs	ccs	Bo	Au	zw		5-7	me my	–		2		E1	3.2 7.2 9.1 9.2	1	I	1	=	14.73	14.312	11.514				6313
t	s w		–	rrs	Bo	Kv	zw		4-6	me	–		3		B6a		–	I/A	2	>							6314
t	s w		–	rrs	Bo	Kv	zw		4-6		–		3		B6a	2.2 3.1 3.3 6.2	6	I	2	>			4.121				6315
t	s w		–	rrs	Bo	Kv	zw		4-6		–		3		B6a	2.1 3.1 3.3 6.2	7	I/A	2	>			4.1				6316
n	t		Wh	ccc	At En	Kv	zw		10-4		–		1		A4b	2.3 2.9	–	N	5	<			13.31?	d g			6317

Nummern			Taxa			Klima						Boden												
SEN	SIN	FAN	Gattung	Aggregat/Einzelart	Kleinart	T	v	K	v	L	v	F	v	W	R	v	N	v	S	M	H	v	D	v
6318	444300	120.2.2	**Viburnum**	**lantana**		3.5	II	3	I	3	I	2	I	1	4	I	2	I			3	I	3	I
6319	444400	120.2.1	**Viburnum**	**opulus**		3.5	I	2	I	3	I	3.5	I	3	3	I	3	I		m	5	II	1	I
6320	444450	–	**Viburnum**	**rhytidophyllum**		4.5	I	2	I	3	I	3	I	1	3	I	3	I			3	I	3	I
6321	–	120.2.3	**Viburnum**	**tinus**		5	I	2	I	3	I	1.5	I	2	4	I	2	I			3	I	3	I
6322	–	–	**Vicia**	**articulata**		4.5	I	4	I	4	I	1.5	I	1	2	I	2	I			3	I	3	I
6323	444700	64.25.24	**Vicia**	**bithynica**		5	I	2	I	4	I	2	I	1	3	I	2	I			3	I	3	I
6324	444800	64.25.4	**Vicia**	**cassubica**		4.5	I	5	I	3	I	1.5	I	2	3	I	2	I			3	I	1	I
6325	–	–	**Vicia**	**cracca aggr.**		x	–	3	II	3	II	x	–	x	3	II	3	I			x	–	3	II
6326	445000	64.25.3.1	**Vicia**		**cracca**	3.5	II	3	I	3	I	3	I	3	3	I	3	I			3	I	1	I
6327	–	–	**Vicia**		**dalmatica**	4.5	I	4	I	3	I	1.5	I	2	4	I	3	I			3	I	3	I
6328	445100	64.25.3.3	**Vicia**		**incana**	4.5	II	4	I	3	I	1	I	3	4	I	3	I			3	I	3	I
6329	–	64.25.3.2	**Vicia**		**oreophila**	2	I	4	I	4	I	2.5	I	2	4	I	3	I			1	I	5	I
6330	445200	64.25.3.4	**Vicia**		**tenuifolia**	4.5	I	4	I	3	I	2	I	2	3	I	3	I			3	I	3	I
6331	–	64.25.2	**Vicia**	**cusnae**		2	I	3	I	4	I	2.5	I	1	5	I	2	I			1	I	5	I
6332	445400	64.25.7	**Vicia**	**dumetorum**		3.5	I	4	I	3	I	3.5	I	1	4	I	3	I			3	I	3	I
6333	445500	64.25.9	**Vicia**	**ervilia**		5	I	3	I	4	I	2	I	1	2	I	2	I			3	I	3	I
6334	445600	64.25.26	**Vicia**	**faba**		4.5	II	3	I	3	I	3	I	1	3	I	4	I			3	I	3	I
6335	445700	64.25.16	**Vicia**	**grandiflora**		5	I	4	I	3	I	2	I	1	3	I	4	I			3	I	3	I
6336	–	–	**Vicia**	**hybrida aggr.**		5	II	x	–	3	I	2	I	1	3	I	3	I			3	I	3	I
6337	445900	64.25.23	**Vicia**		**hybrida**	5	II	x	–	3	I	2	I	1	3	II	3	I			3	I	3	I
6338	446600	64.25.17	**Vicia**		**pannonica**	4.5	I	4	I	3	I	2	I	1	4	I	3	I			3	I	3	I
6339	–	–	**Vicia**		**striata**	5	I	3	I	3	I	2	I	1	3	I	3	I			3	I	3	I
6340	446100	64.25.19	**Vicia**	**lathyroides**		4.5	I	2	I	4	I	1	I	1	2	I	1	I			3	I	3	I
6341	446200	64.25.22	**Vicia**	**lutea**		5	I	4	I	3	I	2	I	1	4	I	2	I	s	m	3	I	3	I
6342	–	64.25.21	**Vicia**	**melanops**		4.5	I	3	I	4	I	2	I	1	2	I	3	I			3	I	3	I
6343	–	–	**Vicia**	**narbonensis aggr.**		5	I	3	II	4	I	2.5	I	1	4	I	4	I			3	I	3	II
6344	446300	64.25.25	**Vicia**		**narbonensis**	5	I	3	I	4	I	2.5	I	2	4	I	4	I			3	I	1	I
6345	447500	–	**Vicia**		**serratifolia**	5	I	4	I	4	I	2.5	I	1	4	I	4	I			3	I	3	I
6346	446400	64.25.6	**Vicia**	**onobrychioides**		4.5	I	5	I	4	I	1	I	1	3	I	2	I			3	I	3	I
6347	–	64.25.13	**Vicia**	**oroboides**		3	II	3	I	2	I	2.5	I	1	4	I	3	I			3	I	3	I
6348	446500	–	**Vicia**	**orobus**		3.5	I	1	I	3	I	3	I	1	2	I	2	I			3	I	3	I
6349	446800	64.25.20	**Vicia**	**peregrina**		5	I	3	I	3	I	2	I	1	3	I	3	I			3	I	3	I
6350	446900	64.25.1	**Vicia**	**pisiformis**		4.5	I	4	I	3	I	2	I	1	4	II	2	I			3	I	3	I
6351	–	64.25.14	**Vicia**	**pyrenaica**		2	I	3	I	4	I	2	I	1	5	I	2	I			3	II	5	II
6352	–	–	**Vicia**	**sativa aggr.**		4.5	II	3	II	4	I	x	–	1	3	II	3	I			3	I	3	II
6353	444500	64.25.18.2	**Vicia**		**angustifolia**	4.5	I	4	I	4	I	1.5	I	1	3	I	3	I		m	3	I	5	I
6354	447100	64.25.18.3	**Vicia**		**cordata**	5	I	3	I	4	I	3	I	1	3	I	3	I			3	I	3	I
6355	447000	64.25.18.1	**Vicia**		**sativa**	4.5	I	3	I	4	I	3	I	1	4	I	3	I	s		3	I	3	I
6356	447200	–	**Vicia**		**segetalis**	4.5	I	3	I	4	I	2	I	1	3	I	3	I			3	I	3	I
6357	447400	64.25.15	**Vicia**	**sepium aggr.**		3	II	3	II	3	I	3	I	1	3	I	3	I		m	3	I	3	I
6358	–	–	**Vicia**		**eriocalyx**	3.5	I	2	I	3	I	3	I	1	3	I	3	I			3	I	3	I
6359	–	–	**Vicia**		**montana**	2.5	I	4	I	3	I	3	I	1	3	I	3	I			3	I	3	I
6360	–	–	**Vicia**		**sepium**	3.5	I	3	II	3	I	3	I	1	3	I	3	I			3	I	3	I
6361	447700	64.25.5	**Vicia**	**sylvatica**		2.5	I	4	I	3	I	3.5	I	2	4	I	3	I			3	I	3	I
6362	–	–	**Vicia**	**tetrasperma aggr.**		4	II	3	I	3	I	2.5	I	2	3	II	3	I			3	I	3	I
6363	445800	64.25.10	**Vicia**		**hirsuta**	4	I	3	I	4	I	2.5	I	2	3	II	3	I		m	3	I	3	I
6364	446700	64.25.11	**Vicia**		**parviflora**	4.5	I	3	I	3	I	2	I	2	3	I	2	I			3	I	3	I
6365	448000	64.25.12	**Vicia**		**tetrasperma**	4	I	3	I	3	I	3.5	II	2	3	I	3	I			3	I	3	I
6366	–	–	**Vicia**	**villosa aggr.**		4.5	II	4	II	3	I	2	I	1	3	II	3	II			3	I	3	I
6367	–	–	**Vicia**		**ambigua**	5	I	3	I	4	I	1.5	I	1	3	II	3	I	s		3	I	3	I
6368	448200	64.25.8.2	**Vicia**		**varia**	4.5	II	4	I	3	I	2	I	2	4	I	3	I			3	I	3	I
6369	448100	64.25.8.1	**Vicia**		**villosa**	4.5	II	4	I	3	I	2	I	2	3	II	3	I		m?	3	I	5	I
6370	448300	99.2.2	**Vinca**	**major**		5	I	3	I	3	I	3	I	1	3	I	4	I			3	I	3	I
6371	448400	99.2.1	**Vinca**	**minor**		3.5	I	3	I	2	I	3	I	1	4	I	3	I			3	I	3	I
6372	448500	100.2.1	**Vincetoxicum**	**hirundinaria**		3.5	II	4	I	3	I	2.5	II	2	4	I	2	I		m	3	I	3	II
6373	–	–	**Viola**	**alba aggr.**		4.5	II	3	II	3	I	2.5	II	1	4	II	3	I			3	I	3	I
6374	448800	49.1.3.1	**Viola**		**alba**	4.5	I	3	I	3	I	2.5	I	1	4	I	3	I			3	I	3	I
6375	–	49.1.3.3	**Viola**		**dehnhardtii**	5	II	3	I	3	I	2	I	1	3	II	3	I			3	I	3	I
6376	448900	49.1.3.2	**Viola**		**scotophylla**	4.5	I	4	I	3	I	2	I	1	4	I	3	I			3	I	3	I
6377	–	49.1.25	**Viola**	**alpina**		1.5	I	4	I	5	I	2.5	I	1	5	I	2	I			3	I	5	II
6378	–	49.1.26	**Viola**	**argenteria**		1.5	I	3	I	5	I	3.5	I	1	2	I	1	I			1	I	5	I
6379	–	–	**Viola**	**arvensis aggr.**		x	–	x	–	4	II	x	–	1	3	I	3	II			3	I	3	I
6380	449000	49.1.33	**Viola**		**arvensis**	3.5	II	3	I	3	I	2.5	I	1	3	I	3	I		m	3	I	3	I
6381	450400	49.1.34	**Viola**		**kitaibeliana**	4.5	I	4	I	4	I	1.5	I	1	3	I	2	I	s		3	I	3	I
6382	–	–	**Viola**		**megalantha**	3	I	2	I	4	I	3	I	1	3	I	3	I			3	I	3	I
6383	449100	49.1.21	**Viola**	**biflora**		2	I	3	I	2	II	4	I	2	3	I	4	I		m	5	II	1	I
6384	–	–	**Viola**	**calcarata aggr.**		1.5	II	3	I	5	II	3	II	1	3	II	2	I			3	II	3	II
6385	449200	49.1.27.1	**Viola**		**calcarata**	1.5	I	3	I	5	II	3	I	1	3	I	2	I		m	3	I	3	I
6386	–	49.1.27.4	**Viola**		**cavillieri**	2	I	3	I	5	II	3	I	1	2	I	2	I			3	I	3	I
6387	–	49.1.28	**Viola**		**culminis**	2	I	3	I	5	I	2.5	I	1	3	I	2	I			3	I	3	I
6388	–	49.1.27.3	**Viola**		**villarsiana**	1.5	I	3	I	5	I	3	I	1	3	I	2	I			3	I	3	I
6389	–	49.1.27.2	**Viola**		**zoysii**	1.5	I	3	I	5	I	3	I	1	5	I	2	I			3	II	3	II
6390	–	–	**Viola**	**canina aggr.**		3	II	3	II	4	II	x	–	2	2	I	2	I			5	I	1	I
6391	449300	49.1.13.1	**Viola**		**canina**	3	II	3	I	4	I	2.5	I	2	2	I	2	I			5	I	1	I
6392	449400	49.1.13.2	**Viola**		**montana**	3	II	2	I	3	I	3.5	I	2	2	I	2	I			5	I	1	I
6393	449600	49.1.13.3	**Viola**		**schultzii**	3.5	I	2	I	4	I	4.5	I	2	2	I	2	I			5	I	1	I
6394	–	–	**Viola**	**cenisia aggr.**		1	II	2	II	5	I	3.5	II	1	x	–	1	I			1	I	5	I
6395	449700	49.1.22	**Viola**		**cenisia**	1	I	2	I	5	I	3.5	I	1	5	I	1	I			1	I	5	I
6396	449900	49.1.23	**Viola**		**comollia**	1	I	2	I	5	I	3.5	I	1	2	II	1	I			1	I	5	I
6397	–	49.1.24	**Viola**		**valderia**	1.5	I	3	I	4	I	2.5	I	1	3	I	1	I			1	II	5	II
6398	–	49.1.29	**Viola**	**cornuta**		2.5	I	2	I	3	I	2	I	1	4	I	3	I			3	I	3	I
6399	450000	49.1.20	**Viola**	**cucullata**		5	I	2	I	3	I	4	I	2	3	I	3	I			3	I	1	I
6400	450100	49.1.30	**Viola**	**dubyana**		2.5	I	3	I	4	I	2	I	1	5	I	2	I		m	1	I	5	I
6401	–	–	**Viola**	**hirta aggr.**		x	–	3	II	3	II	2	II	1	x	–	2	II			3	I	3	I
6402	–	49.1.6	**Viola**		**ambigua**	4	I	4	I	4	I	2	I	1	4	I	2	I			3	I	3	I
6403	449800	49.1.5	**Viola**		**collina**	4	II	4	I	3	I	2	II	1	4	I	2	I		m	3	I	3	I
6404	450300	49.1.4	**Viola**		**hirta**	3.5	II	3	I	3	I	2.5	I	1	4	II	2	I		m	3	I	3	I
6405	451000	49.1.1	**Viola**		**odorata**	4	I	3	I	3	I	3	I	1	3	I	4	I			3	I	3	I
6406	451500	49.1.8	**Viola**		**pyrenaica**	2.5	I	3	I	3	I	3	I	1	4	I	3	I			3	I	3	I

Strategien					Biologisches Verhalten										Vorkommen						Pflanzengesellschaften			Literatur			
LF	BD	WT	RO	KS	DA	VA	FS	MA	BZ	BS	MV	SU	DG	GI	GV	LR	EG	AE	EM	VE	1	2	3	BL	SL	TB	SEN
n	s	4	Wh	ccc	En Dy	Kv	zw	p30	4-6	my hm ca (au?)	–		2	mg	B6	7.4 9.1 9.2 9.3	1	I	2	=	14.7	15.001	13.312				6318
n	s	3	Wh	ccc	En Dy	Kv	zw		5-6	au my (me)	–		2	mg h e	B6	7.4 7.5 9.1 9.2	1	I	2	=	14.73	14.72	13.31				6319
n	i		Wh	ccc	En At	Kv	zw		4-5		–		1	mg h	A4b	2.3 2.7 2.9 9.2	1	Nw	3	<			13.31	c g h			6320
n	i		Wh	ccc	En Dy	Kv	zw		2-6		–		1	mg	C2	7.4 7.6 9.3 9.4	1	I/N	2	<			13.6	d k m			6321
t	t		–	rrr	At Dy	Kv	zw		4-8		–		3		C2	2.1 2.2 2.9 6.3	–	N	4	<			2.3a				6322
t	s		–	rrr	Au	Kv	zw		5-6	??	–		2		C2	2.1 2.2 6.7 7.4	–	I/N	3	=			2.3				6323
h.li	s		Rs	crs	Au Dy	Au	zw		5-7	me	–		2		B6a	2.6 6.7 9.1 9.3	–	I	2	>			11.112				6324
h.li	s		Rs	crs	Au En	Au	zw		6-8	me	2		2	tg e	B4		–	I/N	2	=							6325
h.li	s	3	Rs	crs	Au Dy	Au	zw		6-8		2	3	2	tg e	B4	2.6 6.3 6.7 7.4	8	I	2	=	11.2						6326
h.li	s		Rs	crs	Au Dy	Au	zw		6-8		2		2	tg e	C2b	2.2 6.2 6.7 7.4	–	N	3	<			11.111				6327
h.li	s		Rs	crs	Au Dy	Au	zw		6-8		2		2	tg e	D1	6.2 6.7 9.1 9.3	7	I	2	=	14.2111						6328
h	s		Rs	crs	Au Dy	Au	zw		7-8		2		2	tg e	D5	3.2 6.2 6.5	–	I	1	=			11.242?	c l m	960		6329
h.li	s		Rs	crs	Au Dy	Au	zw		6-8		2		2	tg e	C1	2.6 6.2 6.7 7.4	7	I	2	=	11.111						6330
h	s?		Rs	crs	Au	Au?	zw		7-8		–		2	tg	E2d	3.2 3.3	–	I	1	=			3.312		228		6331
h.li	s		Rh	ccs	Au	Au	zw		6-8	me	–		3		D3	2.6 6.7 7.4 9.2	1	I	1	=	11.112						6332
t	s		–	crr	At Dy	Kv	sb zw		4-7	me le	–		2	gg h e	C2b	2.1 2.2 2.9 6.3	7	N	4	=			2.32				6333
t	s		–	crr	At Dy	Kv	zw		6-7	au me (ca)	–		1	mg e	C2	2.1 2.9	7	Ja	4	>			?			H	6334
h-t	s w		–	crr	At Au	Kv	zw		4-7	me le	–		1		C2b	2.1 6.3 6.7 7.4	6	A/N	3	=			14.812				6335
t	s w		–	crr	At Au	Kv	zw		4-7		–		1		C2		–	I/A/N	4	=							6336
t	s w		–	crr	At Au	Kv	zw		5-6	me le	–		1		D1	2.1 2.2 7.4	7	A/N	4	=			2.3				6337
t.li	s w		–	crr	At Au	Kv	zw	p1	5-7	me le	–		1		C2b	2.1 2.2	7	I?/N	4	=			2.31				6338
t	s w		–	crr	At Au	Kv	zw		4-7		–		1		C2	2.1 2.2 6.2	–	A/N	4	=			2.3a	c i k			6339
t	s w		–	rrs	Au	Kv	di zw		4-6	me le	–		3		C2	2.2 3.1 6.1 6.2	6	I/N	2	>			4.121				6340
t.li	s w		–	crr	At Au	Kv	cl zw		5-7	me le	3		1		C2	2.1 2.2 6.2	7	I/N	2	>			2.3				6341
t	s		–	rrr	Au	Kv	zw		5-6	me le	–		2		C2	2.1 6.7 7.4	–	N	3	=			11.111	k m			6342
t	s w		Wv	rrr	Au	Kv	zw		5-6	au me le	–		1		C2		–	N/Jn	2	>							6343
t	s w		Wv	rrr	Au	Kv	cl zw		5-6		–		1		C2	2.1 2.9 6.7 7.4	7	N	2	>			9.221				6344
t	s w		Wv	rrr	Au	Kv	zw		5-6		–		1		C2	2.1 2.2 2.3 2.6	–	Jn	2	>			2.3	a c f			6345
h	t		Rs	ccs	Au	Sr	zw	p2	5-7	me le	2		2		C2	6.2 6.7 9.1 9.3	7	I	2	>			11.111				6346
g	s		Rs	ccs	Au	Sr	zw		5-7	me le	–		1		E2c	6.7 7.2 7.4 9.2	–	I	1	=			14.732	c k l			6347
h	s	4	Rh	ccs	Au	Sr	zw		5-6	me le	–		2		D2	6.7 7.4	1	I	2	>			11.1				6348
t	s		–	rrr	Au	Kv	cl zw		4-6		–		2		C2	2.1 2.2	7	A	4	=			2.3				6349
h.li	s		Rh	ccs	Au Dy	Sr	zw	r3	5-8	me ps	–		2	h e	D4	2.6 6.7 7.4 9.2	1	I	2	>			11.112				6350
h	w		Rs	ccs	Au	Au	cl zw		6-8	au me	–		2		E2b	2.6 3.3 6.2 9.1	–	I	1	=			10.2115	m			6351
t	w		–	crr	Au	Au Kv	zw		5-8		3		2	mg e	C1		–	I/A/Jn	3	<>					348	D H	6352
k	w	2.5	–	crr	Au	Au	cl zw		5-7	au me ps sp	3		2	mg e	C1	2.1 2.2 6.7 7.4	7	I/A	2	>			2.3				6353
t.li	s w		–	crr	Au At	Kv	zw		5-7		3		2	mg e	C2	2.2	7	I/A	4	=			2.3				6354
t.li	s w	2.5	–	crr	Au At	Kv	zw		6-10	au me le	3	4	2	mg e	C2	2.1 2.2 2.9 6.3	7	Jn	4	=			2.3				6355
t	s w		–	crr	Au	Kv	zw		6-8		3		2	mg e	C2	2.1 2.2 2.7 6.2	–	Jn	4	<			2.3a	c f i	516		6356
h.li	w		Rs	ccs	Au En	Au	zw	d	4-6	me le	3		2	e	B6		8	I	3	=					121, 292	B	6357
h.li	w		Rs	ccs	Au En	Au	zw		4-6		3		2	e	D2	2.1 2.3 6.3 6.7	–	I?	3	=			11.24	i		E	6358
h.li	w		Rs	ccs	Au En	Au	zw		6-8		3		2	e	D5	6.3 6.7 9.1	–	I	2	=			11.24	i			6359
h.li	w	1.5	Rs	ccs	Au En	Au	zw		4-8		3	4	2	e	D3	2.1 2.6 6.7 9.2	–	I	3	=	11.1	11.24	14.731				6360
h.li	s	2	Rs	ccc	Au En	Au	zw		6-8	me le	–		3		B6b	2.6 6.7 7.2 9.2	1	I	1	=	11.112	10.212	14.735				6361
t.li	s w		–	crr	Au En	Kv	sb zw		5-10	me le	–		2	mg e	B6		–	A	2	=							6362
t.li	s w	1.5	–	crr	Au En	Kv	sb zw	p1	5-10	au	–	4	2	mg e	C1	2.1 2.2 6.7 7.4	7	A	4	=			2.32				6363
t.li	s w		–	rrr	Au	Kv	sb zw		6-7	au	–		2	mg e	D1b	2.1 2.2	7	A	4	=			2.32				6364
t.li	w	3	–	crr	Au	Kv	sb zw		5-10	au	–	2	2	mg e	B6	2.1 2.2 6.2 6.3	7	A	4	=			2.32				6365
t.li	w		–	crr	Au Dy	Kv	zw		4-8	me le	2		3	tg	C2		–	I/N	4	>					700		6366
t.li	w		–	crr	Au Dy	Kv	zw		4-6		2		3	tg	C2	2.1 2.2	–	N	4	>			2.3	k			6367
t.li	w	2.5	–	crr	Au Dy	Kv	zw		6-8		2		3	tg	C2	2.1 2.2 2.9 6.7	7	I/N	4	=			2.3				6368
t.li	w	3	–	crr	Au Dy	Kv	zw		6-8		2	2	3	tg	C2	2.1 2.2 2.9 7.4	7	I/N	4	>			2.32				6369
z	i		Wh	ccs	My	Ao	zw	r3	4-5	me (hm)	–		3	gg h	C2b	2.3 2.7 2.9 9.2	1	I/A	3	=			5.132				6370
z	i		Wh	ccs	My	Ao	zw	r2	3-5	me my	–		4	gg h	B6	2.3 2.7 6.7 9.2	1	I	3	=	14.811	14.73601	14.731				6371
g.li	s		Rh Wd	ccs	Me	Ws	fa zw	r4	6-8	my	–		3	gg h	B6	3.3 6.2 6.7 9.3	1	I	2	>*	14.811	3.362	14.81101				6372
h	t		Rh	ccs	My	Au	cl zw		2-4	au en	2		3	e	C1		–	I	2	>							6373
h	t		Rh	ccs	My	Au	cl zw		2-4		2		3	e	D3a	2.3 2.6 6.7 7.4	1	I	2	>	14.81104	14.21112	14.733				6374
h	t		Rh	ccs	My	Au	cl zw		2-4		2		3	e	C2	2.3 2.6 6.7 7.4	–	I	2	>			14.9	k m			6375
h	t		Rh	ccs	My	Au	cl zw		3-4		2		3	e	D1b	2.3 2.6 6.7 9.3	1	I	2	>			14.8				6376
h	w		Rh	css	Au My	Sr	zw		6-7		2		2	e	E4a	3.3 3.4 6.5	–	I	1	=			10.2	c m			6377
c	w		Rh	css	Au My	Au	zw		7-9		–		2	e	E2e	3.1	–	I	1	=			3.341	k m	574		6378
k-t	v w		–	rrr	Au My	Kv	zw		3-10		2		2	e	B6		–	I/A/Jn	3	>						B	6379
t	t	1.5	–	rrr	Au My	Kv	zw		3-10		–	4	2	h e	C2b	2.1 2.2 2.5	7	A	4	>			2.3a				6380
t	v	1	–	rrr	Au My	Kv	zw		3-5		2		2	e	D1b	2.1 3.1 6.1 6.2	7	I	2	>			4.121				6381
k-t	w s		–	rrr	Au My	Kv	zw		4-10		2		2	e	E5	2.1 2.2 6.3	–	Jn	4	=			2.32	c i k	590		6382
h	w	1	Rn	css	En My	Au	cl zw	r2	5-8	my au (me) (ps)	–		3	e	B5	3.2 3.4 7.2 8.2	2	I	2	=	11.514	3.212	14.73				6383
h	w		Rs	ccs	En My	Au	zw		5-9	ps ph	2		3	e	E1		–	I	1	=						B	6384
h	w		Rs	ccs	En My	Au	zw	r7	6-9		2		3	e	F5	3.3 6.3 6.5 7.1	2	I	1	=	11.244	10.412	3.311				6385
h	w		Rs	ccs	En My	Au	zw		5-8		2		3	e	E2d	3.3 3.4 6.5 7.1	–	I	1	=			10.4	k			6386
h	w		Rs	ccs	En My	Au	zw		5-7		2		3	e	F3c*	6.4? 6.5	–	I	1	=			10.2116?		218		6387
h	w		Rs	ccs	En My	Au	zw		5-8		2		3	e	F2	3.3 3.4 6.5 7.1	–	I	1	=			10.4	k m			6388
h	w		Rs	ccs	En My	Au	zw		5-6		2		3	e	E4c	3.2 3.3 6.5	–	I	1	=			10.2	c k m			6389
h	w		Rh	css	Au My	Ws	cl zw	p3	4-7		2		2	e	B4c		–	I	2	>*							6390
h	w	1.5	Rh	css	Au My	Ws	cl zw		4-7	au me ps my	2	4	2	e	B4b	5.2 6.4 6.7 9.2	6	I	2	>*	14.411	9.135	14.733				6391
h	w		Rh	css	Au My	Ws	cl zw		5-7	au	2		2	e	B4b	2.6 6.7 7.1 9.2	6	I	2	>*			12.2				6392
h	w		Rh	css	Au My	Ws	cl zw		5-6		2		2	e	D3a	5.1 5.2 6.3	–	I	2	>			11.231				6393
c	w		Rh	css	Au My	Au	zw		6-9		–		3	e	E2b		–	I	1	=							6394
c	w		Rh	css	Au My	Au	zw		6-8	le? me?	–		3	e	F5	3.3	2	I	1	=	3.311						6395
c	w?		Rh	css	Au My	Au	zw		6-8		–		3	e	F3c	3.3 6.5	–	I	1	=			3.341				6396
h	w		Rh	css	Au My	Sr	zw		6-8		–		2	e	F2a	2.5 3.1 3.2 6.5	–	I	1	=			3.34	k m			6397
h	t		Rs	css	Au My	Au	zw		6-8	ph ps me	–		2	e	E2b?	2.9 6.5 7.2	–	I?/N	2	>			10.212	f m			6398
g	t		Rn	ccs	Au My	Sr	cl zw		4-5		–		2	e	A2c	2.2 2.9 6.3 9.3	1	N	3	<			14.8				6399
h	w		Rs	css	Au My	Kt	zw		5-7		–		2	e	F3c	3.2 3.3 6.5	–	I	1	=			10.2116				6400
h	w		Rh	ccs	My	Sr	cl zw	r5	3-6		2		2	e	B6		–	I/N	2	>							6401
h	w		Rh	ccs	My	Sr	cl zw		4-5		2		2	e	D1b	3.2 6.2	–	I	2	>			9.11	c i m			6402
h	w		Rh	ccs	My	Sr	cl zw		3-4	au	2		2	e	B6	6.2 6.7 7.4 9.1	1	I	2	>	14.811	11.111					6403
h	w	1.5	Rh	ccs	My	Sr	cl zw		3-4	au	2		2	e	B6	6.2 6.7 9.2 9.3	1	I	3	>	9.135	11.11	14.81103				6404
h	w		Rh	ccs	My En	Ao	cl zw	r5	3-4		2		3	h e	C1	2.6 2.7 6.7 7.4	1	I/N	3	=	5.131	13.31	14.72				6405
h	w		Rh	ccs	My	Sr	cl zw		4-5	au	2		2	e	E1	3.3 7.4 8.2 9.1	2	I	2	>			14.3123?				6406

Nummern			Taxa			Klima						Boden												
SEN	**SIN**	**FAN**	**Gattung**	**Aggregat/Einzelart**	**Kleinart**	**T**	**v**	**K**	**v**	**L**	**v**	**F**	**v**	**W**	**R**	**v**	**N**	**v**	**S**	**M**	**H**	**v**	**D**	**v**
6407	452200	49.1.2	**Viola**		**suavis**	4.5	I	4	I	3	I	2	I	1	3	I	2	I		m	3	I	3	I
6408	452400	49.1.7	**Viola**		**thomasiana**	2	I	3	I	3	I	2	I	1	2	I	2	I			3	I	3	I
6409	–	–	**Viola**	**lutea aggr.**		2	II	2	II	4	II	2.5	II	1	3	II	2	II		m	3	I	3	II
6410	450500	49.1.31.1	**Viola**		**lutea**	2	I	2	I	4	I	2.5	I	1	3	II	2	I			3	I	3	I
6411	–	49.1.31.2	**Viola**		**sudetica**	2	II	3	I	5	I	3	I	1	3	I	3	I			3	I	3	II
6412	450600	49.1.9	**Viola**	**mirabilis**		3.5	II	4	I	2	I	2.5	II	1	4	I	3	I			3	I	3	I
6413	451100	49.1.18	**Viola**	**palustris**		3	II	2	I	3	I	4.5	I	3	1	I	1	I			5	I	1	I
6414	–	–	**Viola**	**persicifolia aggr.**		4	II	x	–	4	II	x	–	3	x	–	2	II			5	II	1	II
6415	450200	49.1.16	**Viola**		**elatior**	4	I	3	I	4	I	4	I	3	3	I	3	I			5	II	1	I
6416	–	49.1.17	**Viola**		**jordanii**	4.5	I	4	I	3	II	2	I	1	4	I	2	I			3	I	3	I
6417	451200	49.1.14	**Viola**		**persicifolia**	4	I	2	I	4	I	4	I	3	2	I	2	I			5	II	1	I
6418	451400	49.1.15	**Viola**		**pumila**	3.5	I	3	I	4	I	3.5	II	3	3	I	2	I	s		5	I	1	I
6419	451300	49.1.19	**Viola**	**pinnata**		2.5	I	4	I	4	I	1.5	I	1	5	I	2	I		m	1	I	5	I
6420	451800	49.1.10	**Viola**	**rupestris**		3	II	4	I	4	I	1	I	1	4	II	1	I			3	I	5	I
6421	–	–	**Viola**	**sylvestris aggr.**		3	I	x	–	x	–	3	II	1	x	–	3	II			3	II	3	II
6422	–	–	**Viola**		**laricicola**	2	I	4	I	4	I	3	I	1	5	I	2	I			3	II	3	II
6423	451600	49.1.11	**Viola**		**reichenbachiana**	3	II	2	I	2	I	3	I	1	3	I	3	I		m	3	I	3	I
6424	451700	49.1.12	**Viola**		**riviniana**	3	II	4	I	3	I	2.5	II	3	2	II	3	I		m	5	II	1	II
6425	–	–	**Viola**	**tricolor aggr.**		x	–	x	–	4	II	3	II	1	3	II	3	I			3	I	3	I
6426	–	–	**Viola**		**polychroma**	2.5	I	3	I	4	I	3	I	1	4	I	3	I			3	I	3	I
6427	–	–	**Viola**		**saxatilis**	3	I	4	I	4	I	2.5	I	1	3	II	2	I		m	3	I	3	I
6428	452500	49.1.32	**Viola**		**tricolor**	4	I	3	I	4	I	3	I	1	2	II	3	I		m	3	I	3	I
6429	–	–	**Viscum**	**album aggr.**		4	II	x	–	4	I	–	–	–	–	–	–	–			–	–	–	–
6430	452800	75.2.1.2	**Viscum**		**abietis**	3.5	I	2	I	4	I	–	–	–	–	–	–	–			–	–	–	–
6431	452700	75.2.1.1	**Viscum**		**album**	4.5	I	3	I	4	I	–	–	–	–	–	–	–			–	–	–	–
6432	452900	75.2.1.3	**Viscum**		**laxum**	4.5	I	4	I	4	I	–	–	–	–	–	–	–		m	–	–	–	–
6433	453400	82.1.3	**Vitis**	**labrusca**		4.5	I	2	I	3	I	3	I	2	3	I	4	I			3	I	3	I
6434	–	–	**Vitis**	**vinifera aggr.**		4.5	II	2	I	3	II	2.5	I	2	3	II	4	I			3	I	3	I
6435	453500	82.1.2	**Vitis**		**sylvestris**	4.5	I	2	I	3	I	3.5	I	2	4	I	4	I			3	I	3	I
6436	453600	82.1.1	**Vitis**		**vinifera**	4.5	I	2	I	4	I	2.5	I	2	3	I	4	I			3	I	3	I
6437	453700	139.3.1	**Vulpia**	**bromoides**		4.5	I	2	I	4	I	1.5	I	2	2	I	2	I			1	I	3	I
6438	453800	139.3.4	**Vulpia**	**ciliata**		5	I	2	I	4	I	1	I	1	3	I	3	I	s	m	1	I	3	I
6439	–	–	**Vulpia**	**ligustica**		5	I	3	I	4	I	1	I	1	3	I	3	I	s		3	I	3	I
6440	–	139.3.2	**Vulpia**	**muralis**		5	I	3	I	4	I	1.5	I	1	3	I	2	I	s		3	I	3	I
6441	453900	139.3.3	**Vulpia**	**myuros**		4.5	I	3	I	4	I	1	I	2	3	I	3	I	s		1	I	3	I
6442	454000	139.3.5	**Vulpia**	**unilateralis**		5	I	2	I	4	I	1.5	I	1	4	I	2	I			1	I	3	I
6443	454100	–	**Wahlenbergia**	**hederacea**		4	I	1	I	3	I	4.5	I	2	2	I	2	I			5	I	1	I
6444	–	–	**Waldsteinia**	**geoides**		4	I	3	I	3	I	3	I	1	3	I	3	I			3	I	3	I
6445	–	63.12.1	**Waldsteinia**	**ternata**		3.5	I	2	I	3	I	3	I	1	3	I	3	I			3	I	3	I
6446	–	–	**Weigela**	**florida**		4.5	I	2	I	3	I	3	I	1	3	I	3	I			3	I	3	I
6447	454200	124.95.1	**Willemetia**	**stipitata**		2.5	I	2	I	4	I	4.5	I	2	3	I	3	I			5	I	1	I
6448	–	64.14.2	**Wisteria**	**floribunda**		4.5	I	2	I	3	II	2.5	II	1	2	I	3	I			3	I	3	II
6449	454300	64.14.1	**Wisteria**	**sinensis**		4.5	I	2	I	3	II	2.5	I	1	2	I	3	I			3	I	3	II
6450	454400	–	**Wolffia**	**arrhiza**		4.5	I	2	I	4	I	5v	I	1	3	I	3	I			–	–	–	–
6451	–	–	**Woodsia**	**ilvensis aggr.**		2	II	3	II	4	II	x	–	1	x	–	2	I			1	I	5	I
6452	454500	7.15.2	**Woodsia**		**alpina**	1.5	I	3	I	3	I	3.5	I	1	2	I	2	I		m	1	I	5	I
6453	454700	7.15.1	**Woodsia**		**ilvensis**	2.5	I	3	I	4	I	3	II	2	2	I	2	I			1	I	5	I
6454	454800	7.15.3	**Woodsia**		**pulchella**	2	I	2	I	4	II	2	I	1	5	I	2	I			1	I	5	I
6455	–	114.16.1	**Wulfenia**	**carinthiaca**		2	I	3	I	3	II	3	I	2	3	I	3	I			5	II	1	II
6456	455100	124.27.3	**Xanthium**	**spinosum**		4.5	I	4	I	4	I	2	I	1	3	I	5	I	s		3	I	3	I
6457	–	–	**Xanthium**	**strumarium aggr.**		4.5	II	3	I	4	I	3	I	2	3	I	5	I	s		3	I	3	I
6458	454900	124.27.2	**Xanthium**		**italicum**	5	I	3	I	4	I	3	I	2	3	I	5	I	s		3	I	3	I
6459	455000	124.27.4	**Xanthium**		**orientale**	5	I	3	I	4	I	3	I	2	3	I	5	I	s		3	I	3	I
6460	455200	124.27.1	**Xanthium**		**strumarium**	4.5	I	3	I	4	I	3	I	2	3	I	5	I	s		3	I	3	I
6461	455300	124.53.1	**Xeranthemum**	**annuum**		5	I	5	I	4	I	1	I	1	3	I	2	I			3	I	3	I
6462	455400	124.53.3	**Xeranthemum**	**cylindraceum**		5	I	3	I	4	I	1	I	1	4	II	2	I			3	I	3	I
6463	455600	124.53.2	**Xeranthemum**	**inapertum**		5	I	5	I	4	I	1	I	1	3	I	2	I			3	I	3	I
6464	–	–	**Yucca**	**filamentosa**		5	I	1	I	4	I	1.5	I	1	3	I	3	I			3	I	3	I
6465	–	132.1.1	**Zannichellia**	**palustris aggr.**		4.5	II	2	II	3	I	5u	I	1	4	II	4	II	ss		3	II	1	I
6466	455700	–	**Zannichellia**		**palustris**	3.5	I	3	I	3	I	5u	I	1	4	I	4	II	ss		3	II	1	I
6467	–	–	**Zannichellia**		**pedunculata**	5	I	3	I	3	I	5u	I	1	4	I	4	II	ss		3	II	1	I
6468	–	–	**Zannichellia**		**peltata**	4.5	I	1	I	3	I	5u	I	1	3	I	4	II	ss		3	II	1	I
6469	455800	139.84.1	**Zea**	**mays**		5	I	2	I	4	I	2.5	I	1	3	I	4	I			3	I	3	I
6470	–	–	**Zinnia**	**elegans**		5	I	2	I	4	I	3	I	1	3	I	4	I			3	I	3	I

Strategien					Biologisches Verhalten										Vorkommen						Pflanzengesellschaften			Literatur			
LF	BD	WT	RO	KS	DA	VA	FS	MA	BZ	BS	MV	SU	DG	GI	GV	LR	EG	AE	EM	VE	1	2	3	BL	SL	TB	SEN
h	w		Rh	ccs	My	Ao Au	cl zw		3-4		2		3	e	D1b	2.7 2.9 7.4 9.3	2	I	2	>			14.8				6407
h	w	1	Rh	ccs	My	Sr	cl zw		4-6		2		2	e	F5	6.2 6.5 7.1 9.1	2	I	2	>			12.313				6408
h	w		Rs	ccs	Au My	Au	zw		6-8	my me le	2		2	e	E1		–	I	2	>							6409
h	w		Rs	ccs	Au My	Au	zw		6-8		2		2	e	E1	6.2 6.5	2	I	1	=	10.112	10.412	11.244				6410
h	w		Rs	ccs	Au My	Au	zw		6-8		2		2	e	E4	6.3 6.4 6.5 7.1	–	I	2	>			10.113	c m			6411
h	s	1	Rh	ccs	Au My	Sr Ws	cl zw	r4	4-5	au	–		2	e	B6	7.4 9.2 9.3	1	I	1	>	14.7	14.811	14.735				6412
h	w	1	Rh	sss	Au My	Ao	cl zw		4-7	au en	1		3	e	B3a	5.1 5.2 6.3 9.2	5	I	2	>	7.221						6413
h	s		Wv	css	Au My	Ws	cl zw		5-7		2		2	e	B6		–	I	2	>							6414
h	s		Wv	css	Au My	Ws	cl zw		5-6	au	2		2	e	B6	5.1 6.3 7.4 9.2	5	I	2	>			11.232				6415
h	s		Wv	css	Au My	Ws	cl zw		5-7		2		2	e	B6	6.2 6.7 7.4 9.3	–	I	2	>			14.8	k m			6416
h	s		Wv	css	Au My	Ws	cl zw		5-7	au	2		2	e	B6	1.3 5.1 6.3 9.2	5	I	2	>			11.232				6417
h	s?		Wv	css	Au My	Ws	cl zw		5-6	au en	2		2	e	B6	5.1 6.3	5	I	2	>			11.231				6418
h	w?		Rh	css	Au My	Sr	cl zw		5-7	au me?	–		3	e	F1	3.2 3.3 6.2 9.1	2	I	1	=			3.3121				6419
h	s	1	Rh	css	Au My	Sr	cl zw	r17	4-7	au ps	1		2	e	B4	3.2 3.3 6.2 9.1	3	I	2	=	14.111	14.211					6420
h	t		Rh	ccs	Au My	Sr	cl zw		4-6		2		3	e	D3		–	I	2	=						B	6421
h	t		Rh	ccs	Au My	Sr	cl zw		5-6		–		3	e	F2	2.6 3.3 7.1 9.1	–	I	1	=			12.313?		529		6422
h	t	1	Rh	ccs	Au My	Sr Ws	cl zw	r3	4-5	au my le	2		3	e	D3	9.1 9.2	1	I	3	=	14.73	14.312					6423
h	t	2	Rh	ccs	Au My	Sr	cl zw	r3	4-6	au (me)	2		3	e	D3	6.5 7.1 9.1 9.2	1	I	2	=	14.73	14.411					6424
h-t	v w		Rs	crr	Au My	Kv	zw		3-9	me au ca ps*	2		2	mg h e	B6		–	I/N	2-4	=>					589, 591	B	6425
k	t		–	rrr	Au My	Kv	zw		5-8		2		3	mg h e	F1?	2.2 6.3	–	I	3	>			11.242	l		D	6426
h-k	w	1	Rs	crr	Au My	Kv	zw		5-8		2		2	mg h e	D3	6.2 6.3 6.5 7.1	–	I	2	>	11.242			c i l			6427
k-t	w	1.5	–	crr	Au My	Kv	zw	p3	5-8		2	4	2	mg h e	B6	2.1 2.2 6.3	6	I/N	3	>	11.241	11.242					6428
e.hp	i		–	sss	En Dy	Sr	di		3-4	me	–	1	3	mg h	B4		–	I	2	<->					555	D	6429
e.hp	i		–	sss	En Dy	Sr	di		3-4		–		3	mg h	E1	9.1 9.2	1	I	2	<			14.7313	c f h			6430
e.hp	i		–	sss	En Dy	Sr	di		3-4		–		3	mg h	D3	2.8 9.2	1	I	2	>			14.7	c f h			6431
e.hp	i		–	sss	En Dy	Sr	di	10*	3-4		–		3	mg h	B6	8.2 9.1	1	I	2	<			14.1	c f h			6432
p.li	s		Wh	ccc	En	Kv	ve-di		5-6		–		3	h e	A2c	2.9 7.4	7	N	3	<			?			H	6433
p.li	s		Wh	ccc	En	Kv	ve-di		5-7	au me ca my	–		3	h e	B6a		–	I/N/Ja	3	<						B	6434
p.li	s		Wh	ccc	En	Kv	di		5-7		–		3	h e	B6a	3.2 9.2	3	I/N	3	=	14.722	13.312	14.71	c f h			6435
p.li	s	4	Wh	ccc	En	Kv	ve-di	p190	5-7		–		3	h e	B6a	2.9 2.2 7.4 9.2	7	Ja	4	=			14.71			H	6436
t	w		–	rrr	Me	Kv	cl zw		5-7	an	–	2	3	e	D3	2.2 2.5 3.1 6.2	7	A/N	4	=			4.111				6437
t	w		–	rrr	Me	Kv	cl zw		4-7	an	–		3	e	C2	2.2 3.1 6.1 6.2	7	A/N	4	=			4.2				6438
t	w		–	rrr	Me	Kv	zw		5-6	an	–		2	e	C2	2.2 6.1 6.2 7.3	–	A/N	4	=			4.221	f k m			6439
t	w		–	rrr	Me	Kv	cl zw		5-6	an	–		2	e	C2a	2.2 3.1 6.1 6.2	–	A/N	4	<			4.221	k m			6440
t	w		–	rrr	Me	Kv	cl zw		5-7	an	–		3	e	C2	2.2 3.1 6.1 7.3	7	A/N	4	<			4.111				6441
t	w		–	rrr	Me	Kv	cl zw		5-6	an	–		2	e	C2	2.2 3.1 6.1 7.3	7	I	4	=			4.211				6442
c	w		Rs	css	Bo	Kt	zw		6-9	my (au)	–		3		D2	1.4 5.1 5.2 9.2	–	I	2	>			11.234				6443
c-h	t		Rs	ccs	At Bo	Kt Sr	zw		3-5		–		4		C2b	2.2 2.3 2.7 2.9	–	N	3	<			5.132?	g m			6444
h	w		Rs	ccs	At Bo	Au	zw		4-5		–		4		E4	2.6 6.7 7.4 9.1	–	I/N	3	<			5.132?	c g m			6445
n	s		Wh	ccc	At Me	Kv	zw		5-6	me	–		1		A4b	2.2 2.3 2.7 2.9	–	N	4	=			?	d g k			6446
h	w	1.5	Rh	ccs	Me	Sr	zw		6-8	en	3		3		E1	4.1 4.2 5.1 6.3	5	I	2	>*	7.221	11.233					6447
p.li	s		Wh	ccc	At Dy	Kv	zw		4-6	en	–		3	mg	A4b	2.9	–	N	4	=			?	d g k			6448
p.li	s		Wh	ccc	At Dy	Kv	zw	>70*	4-6	me	–		3	mg	A4b	3.2 2.9	7	N	4	=			?	f g k			6449
s	s	–	Tu	sss	Hy Ep	As	zw		7-9	mo	–		4	e	B7	1.1 1.2 1.3	–	I	2	=			1.1	c f k			6450
h	s		Rh	sss	Me	Sr	mo		7-9		–		2		B3		–	I	1	=							6451
h	s		Rh	sss	Me	Sr	mo		7-9		–		2		B5	3.2 3.3	2	I	1	=	3.221						6452
h	s		Rh	sss	Me	Sr	mo		7-8		–		2		B3	3.2 3.3	2	I	1	=	3.221						6453
h	s		Rh	sss	Me	Sr	mo		7-8		–		2		B5	3.2	2	I	1	=			3.21				6454
h	w	3.5	Rh	ccs	Bo	Sr	zw		7-8	??	2		3		E2c	2.4 3.3 6.3 7.2	–	I	1	=			11.514	c k m			6455
t	s		–	crr	Ep	Kv	mo		7-9	an	–		2	tg h	A1	2.2 2.4 2.5 2.7	7	N	4	>			2.34				6456
t	s		–	crr	Ep	Kv	mo		7-10		–		2	tg h	B3		–	I/A/Jn	4	>						D	6457
t	s		–	crr	Ep	Kv	mo	p1	7-10		–		2	tg h	A2a	2.1 2.2 2.5	8	Jn	4	>			2.1				6458
t	s		–	crr	Ep	Kv	mo		7-10	an	–		2	tg h	A2a	2.2 2.5	–	Jn	4	>			2.3				6459
t	s	2.5	–	crr	Ep	Kv	mo		7-10	an	–		2	tg h	B6a	2.1 2.2 2.5	7	I/A	4	>			2.3				6460
t	s		–	rrr	Me	Kv	ve		6-9	??	–		2		C2b	2.2 2.5 2.9 6.2	7	A	2	>			5.1				6461
t	s		–	rrr	Me	Kv	ve	p2	6-8		–		2		D1	2.1 2.2 6.1 6.2	–	I	2	>			4.21				6462
t	s		–	rrr	Me	Kv	ve	p18	6-8		–		2		C2	2.2 6.1 6.2 7.3	7	I	2	>			4.21				6463
c	i		Rh	ccs	Bo	Au	zw		6-8	Yucca-Motte°	–		1	tg	A2a	2.2 2.7 2.9	–	N	5	=			?	f m		H	6464
a	t		Rs	sss	Ep Hy	Ao As	mo		6-10		–		1		B1		–	I	2	=?					806	D	6465
a	t		Rs	sss	Ep Hy	Ao As	mo		6-10	hd	–		3		B2	1.1 1.2 1.3	4	I	2	=	1.311			c i l			6466
a	t		Rs	sss	Ep Hy	Ao As	mo		6-10		–		3		B1	1.1 1.2	–	I	2	=?			1.311	c i l			6467
a	t		Rs	sss	Ep Hy	Ao As	mo		6-10		–		3		C2a	1.1 1.2	–	I	2	=?			1.31				6468
t	s	3.5	–	ccr	At Dy	Kv	mo		7-8	an	–	1	1	e	A2a	2.1 2.9	7	Jn	4	<			?			H	6469
t	s		–	crr	At Me	Kv	ve		7-9		–		1		A2a	2.2 2.9	–	N	5	=			?	c g i		H	6470

Anwendungsmöglichkeiten

T. Wohlgemuth

1 Statistische Analysen mit Zeigerwerten

Zeigerwerte werden in der quantitativen Vegetationsanalyse häufig verwendet, um das ökologische Spektrum von Floren oder von Vegetationsaufnahmen darzustellen und zu vergleichen. Ein oft genannter Einwand gegen den Gebrauch von Zeigerwerten für solche Zwecke ist die Natur von Zeigerwerten: es handelt sich bei ihnen um Ordnungszahlen (oder Ordinalzahlen oder Rangzahlen), d. h. Zahlen, die der Position eines Elements in einer Folge zugeordnet sind. Zeigerwerte sind also keine Grundzahlen bzw. Kardinalzahlen, die durch Summierung entstehen. Ihre Werte entsprechen dem Spektrum der Artvorkommen entlang von ökologischen Faktoren, die jeweils dem Zahlenbereich von 1 bis 5 (Landolt-Skala) oder von 1 bis 9 (Ellenberg-Skala) zugeordnet sind. Besitzt eine Art die Feuchtezahl 4, so bedeutet dies nicht, dass eine andere Art mit der Feuchtezahl 2 auf halb so trockenem Substrat vorkommt. Trotzdem hat sich die Verwendung von mittleren Zeigerwerten und der Vergleich mit gemessenen Standortsvariablen in der Ökologie etabliert. Und trotz offensichtlicher definitorischer Limitierungen werden die Zeigerwerte heute als quasi-kardinal betrachtet. Über Vor- und Nachteile von Zeigerwertanalysen wurde bereits viel geschrieben, z. B. in Abschnitten in Lehrbüchern (DIERSCHKE 1994) oder in Reviews (z. B. DIEKMANN 2003).

Die Zeigerwerte der Arten einer Vegetationsaufnahme können als Verteilung dargestellt werden. Ein Indikator für diese Verteilung ist der Mittelwert. Beim Mittelwert können je nach Zweck und Geschmack Arthäufigkeiten berücksichtigt werden (gewichtet durch Multiplikation der %-Werte mit den Zeigerwerten) oder nicht (ungewichtet).

Im Folgenden zeigen verschiedene Beispiele auf, welche Anwendungsmöglichkeiten Zeigerwertanalysen bieten.

1.1 Vegetationsentwicklung: Beispiel Waldbrand

Der Waldbrand von Leuk (2003) zerstörte rund 300 ha Wald entlang einer Höhe von 900 bis 2100 m ü. M. (WOHLGEMUTH & al. 2005). Von 2004 bis 2007 wurde der Zustand der Wiederbesiedlung mit Pflanzen mittels systematischer Stichprobe regelmässig erhoben. Hierzu dienten 153 permanent verpflockte, quadratische Stichprobeflächen von je 200 m² Grösse. Die Standortsveränderungen wurden anhand von ungewichteten mittleren Zeigerwerten für Feuchtigkeit-, Nährstoff- und Reaktionszahlen eruiert (Abb. 1). Der anfängliche Anstieg des pH-Werts durch die Wirkung der Ascheauflage war ein Jahr nach dem Brandereignis besonders deutlich unterhalb der subalpinen Höhenstufe zu beobachten (R-Wert). Ebenfalls in Lagen zwischen 900 und 1700 m ü. M. zeigten die Pflanzen im dritten Jahr nach dem Brand maximale Nährstoffverhältnisse an. Die relativ tiefen mittleren Feuchtigkeitswerte zeigten ein Jahr nach dem Brand trockenere Verhältnisse an. Die Kurven widerspiegeln die günstigere Bodenfeuchte in höheren Lagen.

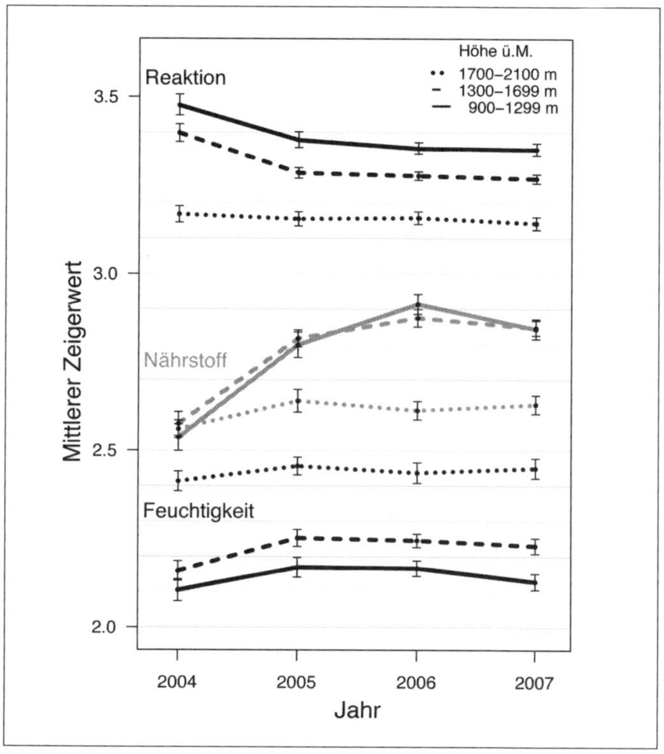

Abb. 1. Mittelwerte der durchschnittlichen Zeigerwertangaben von Gefässpflanzen (ungewichtet) je Aufnahme für Feuchtigkeit (F), Reaktion (R) und Nährstoff (N), nach Höhenstufen und mit Fehlerbalken; n=54 für 900-1299 m ü. M.; n=60 für 1300-1699 m ü. M., n=39 für 1700-2100 m ü. M. (WOHLGEMUTH & MOSER 2009).

1.2 Florenanalyse: Gebiete mit reicher Kalkflora

Neben dem Klima ist der Säuregehalt des Bodens bzw. der Boden-pH ein wichtiger Faktor zur Charakterisierung einer lokalen Flora. Die Flora von Kalkgebieten unterscheidet sich deutlich von jener auf kristallinem Gestein. Wo sind diese Unterschiede besonders ausgeprägt in der Schweiz? Der Verbreitungsatlas der Farn- und Blütenpflanzen der Schweiz (WELTEN & SUTTER 1982) eignet sich bestens für eine derartige Florenanalyse (www.webflora.ch). Auf insgesamt 565 Kartierflächen oberhalb und unterhalb der Waldgrenze (28 Seeflächen ausgeschlossen) wurden in dieser zeitlich begrenzten Stichprobe der Schweizer Flora zwischen 1967 und 1979 Artenlisten erstellt. Nachträge sind in der folgenden Analyse bis ins Jahr 2000 berücksichtigt. In Abb. 2 sind die Anzahl Basenzeiger (R-Zahlen 4 und 5) als Anteil an der Artenvielfalt pro Kartierfläche dargestellt. Dunkel eingefärbte Kartierflächen beherbergen eine reiche Kalkflora, hell eingefärbte Flächen dagegen enthalten nur einen geringen Prozentsatz an so genannten Kalkzeigern.

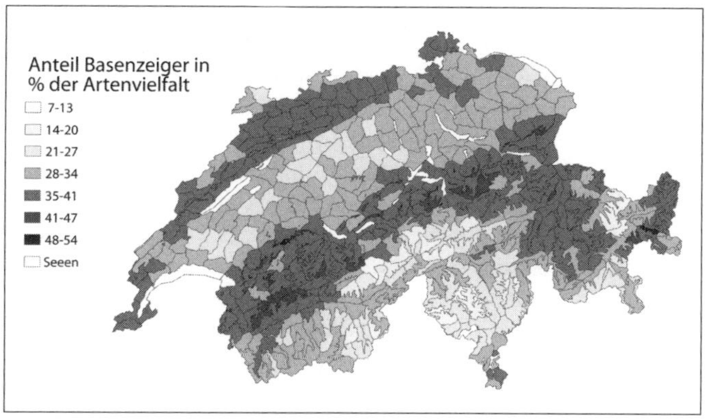

Abb. 2. Anteil der Kalkzeiger in lokalen Floren. In Gebieten mit dunkler Farbe sind über 35 % aller Arten Kalkzeiger.

1.3 Ökologisches Spektrum von Wäldern auf der Alpennordseite

Im Rahmen von verschiedenen Auswertungen zur Schweizer Waldvegetation wurden anhand von vielen Vegetationsaufnahmen verschiedener Autoren Ökogramme errechnet (WOHLGEMUTH & al. 1999). Eine dieser Analysen betraf die submontane und colline Stufe der Alpennordseite. Zur Verfügung standen 1600 Vegetationsaufnahmen aus Schweizer Wäldern. Die Ähnlichkeiten der vielen Vegetationsaufnahmen mit insgesamt rund 600 Pflanzenarten wurden mittels einer Korrespondenzanalyse berechnet und als Ordination dargestellt. In Abb. 3 sind 33 einheimische Baumarten dargestellt. Zur Orientierung ihrer Positionen wurden die mittleren Zeigerwerte der 1600 Vegetationsaufnahmen mit den ersten zwei Achsen der Ordination korreliert. Auf diese Weise entsteht eine ökologische Landkarte der Baumarten für Wälder auf der Alpennordseite in Lagen unterhalb 900 m.

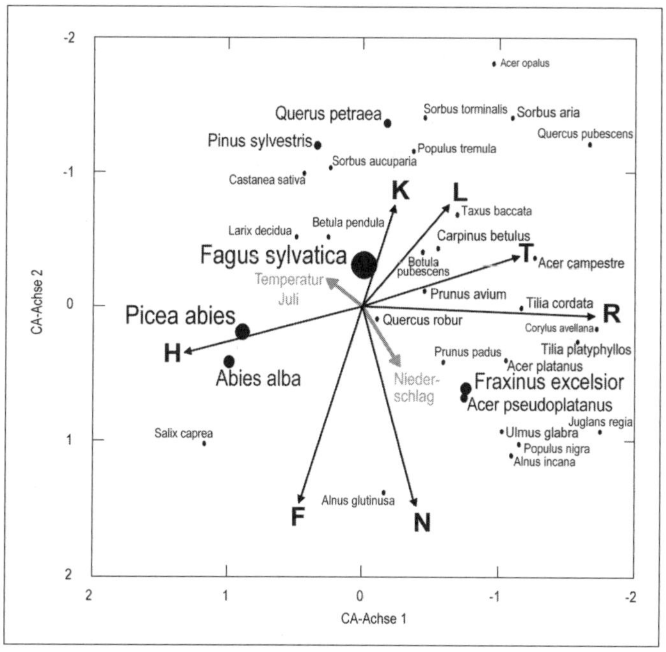

Abb. 3. Position von 33 einheimischen Baumarten entlang der ersten zwei Achsen einer Korrespondenzanalyse von 1600 Wald-Vegetationsaufnahmen zwischen 300 und 900 m ü. M. (submontane Stufe in der Schweiz nördlich der Alpen). Es sind nur Bäume dargestellt, die in den Aufnahmen für die Baumschicht notiert wurden. Der Kreisdurchmesser ist ein Mass für die Häufigkeit der Baumart im gesamten Datensatz (aus WOHLGEMUTH & al. 1999. © Birkhäuser Verlag).

Diese Landkarte entspricht im Wesentlichen dem Ökogramm (ELLENBERG 1996). Nahe beieinander gelegene Baumarten kommen oft zusammen in Waldgesellschaften vor. Die Pfeile zeigen in die Richtung der stärksten Bedeutung (Korrelation) der jeweiligen Faktoren mit den Aufnahmen und mit den Baumarten.

1.4 Mittlere Zeigerwerte als Zustandsindikatoren im Schweizer Moor-Monitoring

Im kürzlich erschienenen Bericht über den Zustand und Entwicklung der Moore in der Schweiz (KLAUS 2007) beruhen die wichtigsten Ergebnisse auf einer breit angelegten Zeigerwertanalyse. Die Zeigerwerte von LANDOLT (1977) wurden zu diesem Zweck auf der Basis von 20 700 Vegetationsaufnahmen kalibriert. Die dadurch verfeinerten Optimalwerte für die Gefässpflanzen und Moose in den Mooren wurden dann für Zustandsbestimmungen der Vegetation durch Mittelwertsberechnungen verwendet. Im Rahmen einer Stichprobe bestehend aus 100 Objekten in der ganzen Schweiz wurden Aussagen zur Zustandsveränderung der Moore in der Schweiz berechnet (Abb. 4). Die Resultate belegen, dass die Schweizer Moore während einer Periode von fünf Jahren dunkler (rund 31 % aller Objekte) und nährstoffreicher (rund 23 % aller Objekte) geworden sind.

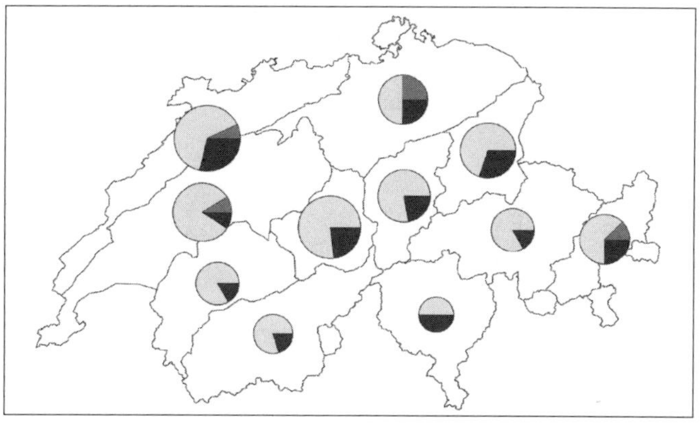

Abb. 4a. Veränderung der Lichtverhältnisse in Schweizer Mooren in der Beobachtungsperiode 1997/2001 bis 2002/2006. ■ dunkler; ■ heller; ■ unverändert (Analyse von U. Graf und M. Küchler, WSL, im Rahmen von KLAUS 2007).

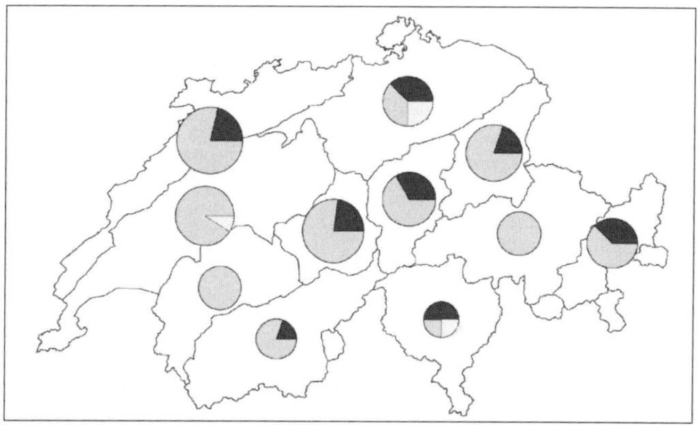

Abb. 4b. Veränderung der Nährstoffverhältnisse in Schweizer Mooren in der Beobachtungsperiode 1997/2001 bis 2002/2006. ■ reicher; ■ ärmer; ■ unverändert (KLAUS 2007. © Bundesamt für Umwelt, Bern).

2 Anwendungen mit Ellenbergs Zeigerwerten

ELLENBERGS *Zeigerwerte für Gefässpflanzen Mitteleuropas* (1974, 1991) sind für viele Studien benutzt worden (Auflistung in DIEKMANN 2003). Die praktische Bedeutung von Zeigerwerten äussert sich darin, dass sie in den angrenzenden Gebieten mit sehr ähnlicher Flora ebenfalls für Analysen herbeigezogen bzw. getestet wurden, so z. B. in Schweden (DIEKMANN 1995), Holland (TER BRAAK & GREMMEN 1987), Grossbritannien (THOMPSON & al. 1993) oder auf den Faröer Inseln (LAWESSON & al. 2003). Das Prinzip der Zeigerpflanzen wurde neu auch auf Pflanzen des Mittelmeerraums ausgeweitet, so für Italien (PIGNATTI & al. 2001) oder für Griechenland (BÖHLING & al. 2002). Einige klassische Beispiele zeigen das Spektrum der Anwendungen.

2.1 Das Kalkrätsel

Ein alt bekanntes Phänomen wurde in der Folia Geobotanica, Vol. 38 (2003) von mehreren Autoren neu beleuchtet: das Vorhandensein einer reichen Kalkflora in einer Landschaft mit überwiegend sauren Böden. Die Diskussion wurde von EWALD (2003b) am Beispiel der Flora von Mitteleuropa angestossen. Mithilfe der Ellenberg-Zeigerwerte für Bodenreaktion demonstrierte er die Diskrepanz zwischen dem hohen Anteil an Kalkpflanzen (mehr als die Hälfte aller Arten; Abb. 5) und der relativen Seltenheit kalkhaltiger Böden mit hohem pH in der Landschaft. Er stellte die Hypothese auf, dass dieses Phänomen mit den im Pleistozän vorherrschenden Kalkböden erklärt werden kann: In den Refugien überlebten mehr Kalkpflanzen als Säurezeiger. Die heutige Flora ist geprägt von dieser einstigen Artenzahl-Flächen-Beziehung.

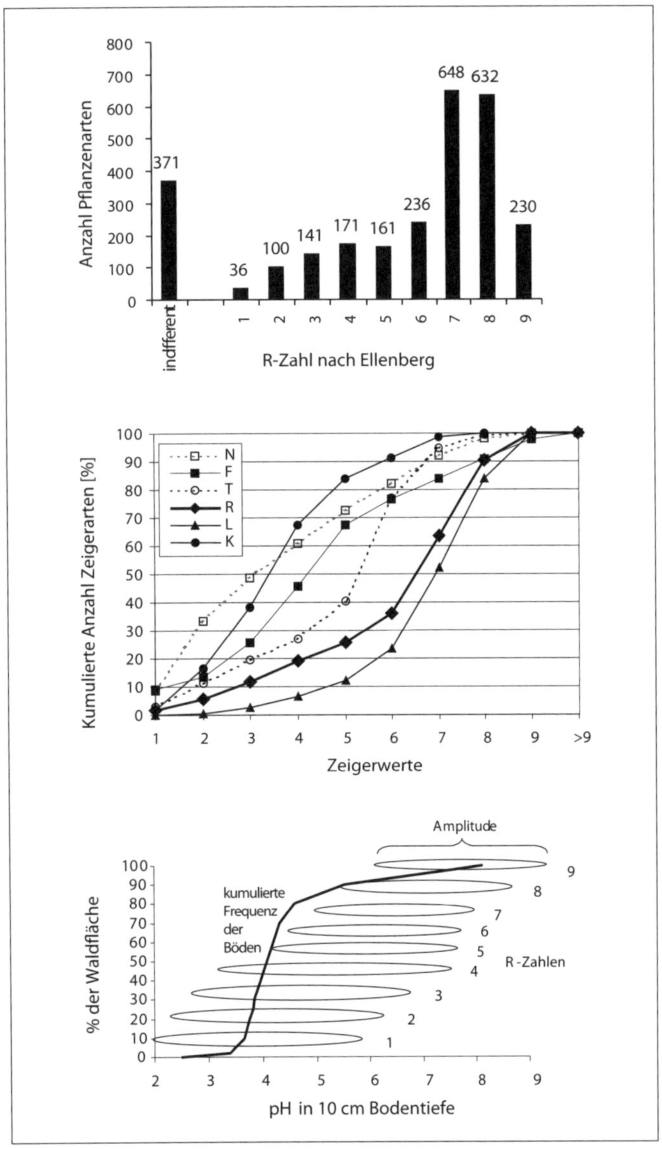

Abb. 5. Reichtum an Arten verschiedener Indikatorgruppen in der Flora Deutschlands sowie pH in Waldböden: Oben: Histogramm der Verteilung für die R-Zahl (Ellenberg-Skala von 1 bis 9). Mitte: kumulierte Verteilungen der Artenzahlen bezüglich Stickstoff (N), Feuchtigkeit (F), Temperatur (T), Reaktion (R), Licht (L) und Kontinentalität (K). Unten: kumulierte Frequenz von pH-Werten im Waldboden-Monitoring Deutschlands (EWALD 2003b. © Opulus Press).

2.2 Das *Park Grass Experiment* in Rothamsted, England

Im ältesten Düngungsexperiment der Welt werden seit 1856 in mehreren Wiesenparzellen verschiedene Dünger ausgebracht. Deren Wirkung auf die Pflanzenzusammensetzung und den Heuertrag (zweimaliger Schnitt pro Jahr) wird seither aufgezeichnet. In einer Studie wurde nun die Vegetationszusammensetzung dieser Parzellen mittels mittlerer Ellenberg-Zeigerwerte mit dem Heuertrag verglichen (Abb. 6, HILL & CAREY 1997). Dabei zeigte sich, dass die mittlere Nährstoffzahl N für Wiesenpflanzen deutlich mit der abgegebenen Düngermenge, hier Phosphat mit und ohne Kalium, korrelierte.

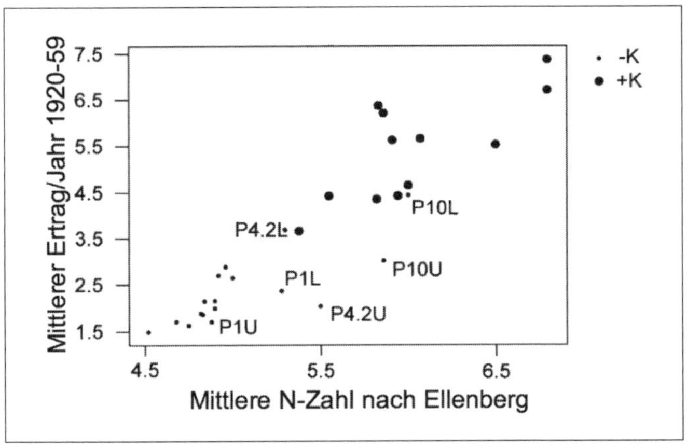

Abb. 6. Jährlicher Heuertrag (t/ha) auf Wiesenflächen mit unterschiedlicher Phosphat- und Kaliumzugabe, aufgetragen gegen mittlere N-Zahlen nach ELLENBERG. Resultate aus dem berühmten britischen *Park Grass Experiment* in Rothmansted (HILL & CAREY 1997. © Opulus Press).

2.3 Waldvegetation und pH-Wert

Der nahe liegende Vergleich von mittleren Reaktionszahlen mit einfach messbaren Boden-pH-Werten wurde erstmals von PERSSON (1981) in schwedischen Wäldern durchgeführt. Für Wälder in Öland hat DIEKMANN (1995) die pH-Werte im Oberboden von 93 Waldvegetationsaufnahmen gemessen und mit den mittleren Zeigerwerten des Unterwuchses verglichen (Abb. 7a). Eine analoge Analyse wurde zum Vergleich auch mit Wäldern der Schweiz durchgeführt (Abb. 7b). Ausgangspunkt bildet hierzu eine systematische Erhebung der Waldvegetation auf dem 4 × 4 km-Netz der Schweizer Landeskarte (KULL unpubl., WOHLGEMUTH & al. 2008). Die mittleren Landolt-Zeigerwerte aus den Pflanzenarten der Krautschicht wurden mit pH-Werten aus dem ersten Schweizerischen Landesforstinventar (EAFV 1988) verglichen. Die Kreisfläche und die Kreisschraffur gibt die Anzahl Gefässpflanzenarten der jeweiligen Vegetationsaufnahme an (Variation zwischen 4 bis 104).

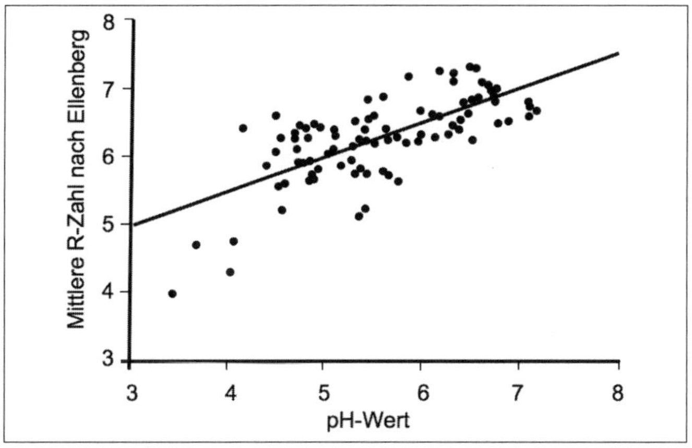

Abb. 7a. Mittlere R-Zahl nach ELLENBERG in 93 Wald-Vegetationsaufnahmen auf der Insel Öland (Schweden), aufgetragen gegen pH-Messungen des Oberbodens (DIEKMANN 1995. © Nordic Society OIKOS).

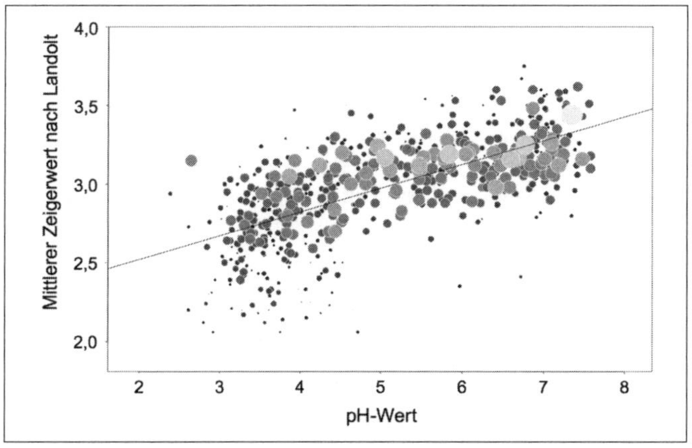

Abb. 7b. Mittlere R-Zahl nach LANDOLT in 663 Wald-Vegetationsaufnahmen der Stichprobe Waldvegetation Schweiz (KULL & al., unpubl., WOHLGEMUTH & al. 2008), aufgetragen gegen pH-Messungen des Oberbodens. Je grösser und heller der Kreis, desto artenreicher die Aufnahme.

Verzeichnisse zu den Gefässpflanzen

1 Literaturverzeichnis

Das Literaturverzeichnis enthält alle im Text oder in den Tabellen des Teils I zitierten Arbeiten. Darüber hinaus ist auch einige Literatur angegeben, die im allgemeinen Text verwendet wurde, sowie regionale «Floren» des Gebietes und allgemeine für einzelne Faktoren oder für die ergänzenden Kapitel benützten ökologischen, soziologischen oder floristischen Werke. Weitere Literatur wurde zwar durchgesehen, lieferte aber für unsere Zwecke nur wenig neue Information und ist deshalb hier nicht angeführt. Besonders ältere bereits in die heutigen *Floren* aufgenommene Arbeiten sind nicht mehr erwähnt.

Die Arbeiten sind alphabetisch nummeriert. Für die Spezialliteratur wird in der Tabelle nur diese Nummer zitiert.

1 ABS C. 2002. Lebensfähigkeitsanalyse der gefährdeten Quellflurenarten *Cochlearia bavarica* Vogt und *Cochlearia pyrenaica* DC. Dissertationes Botanicae 367: 1-131.

2 ADLER W., OSWALD K. & FISCHER R. 1994. Exkursionsflora von Österreich. Ulmer, Stuttgart. 1180 pp.

3 ADOLPHI K. 1981. *Muscari armeniacum* Leichtlin ex Baker, eine verwilderte Zierpflanze. Göttinger floristische Rundbriefe 15: 75-77.

4 ADOLPHI K. 1995. Neophytische Kultur- und Anbaupflanzen als Kulturflüchtige des Rheinlandes. Nardus 2: 271.

5 ADOLPHI K. & NOWACK R. 1983. *Spiraea alba* Du Roi und *Spiraea x billardii* Herincq, zwei häufig mit *Spiraea salicifolia* verwechselte Taxa. Göttinger floristische Rundbriefe 17 (1/2): 1-7.

6 AESCHIMANN D. 1985. Etude biosystématique du *Silene vulgaris* s. l. (Caryophyllaceae) dans le domaine alpin. Essai d'intreprétation évolutif et propositions taxonomiques. Candollea 40 (1): 67-98.

7 AESCHIMANN D. & BOCQUET G. 1983. Etude biosystématique du *Silene vulgaris* s. l. (Caryophyllaceae) dans le domaine alpin. Notes nomenclaturales. Candollea 38: 203-209.

8 AESCHIMANN D. & BURDET H. M. 2005. Flore de la Suisse et des territoires limitrophes – Le nouveau Binz. ed. 3. Haupt, Bern. 603 pp.

9 AESCHIMANN D. & HEITZ C. 2005. Synonymie-Index der Schweizer Flora und der angrenzenden Gebiete (SISF). ed. 2. Documenta Floristicae Helvetiae 2: 1-323.

9a AESCHIMANN D., LAUBER K., MOSER D. M. & THEURILLAT J.-P. 2004. Flora alpina. 3 Bde. Haupt Verlag Bern, Stuttgart, Wien.

10 AGREZZI E., OVATOLI M. & BONGIORNI L. 2007. *Epipactis thesaurensis* Agrezzi, Ovatoli & Bongiorni spec. nov. (Orchidaceae) nel Nord Italia. Journal Europäischer Orchideen 39 (1): 135-147.

11 AL-SHEHBAZ I. A. & O'KANE S. L. J. 2002. Arabidopsis Book. Taxonomy and Phylogeny of *Arabidopsis* (Brassicaceae). American Society of Plant Biologists. Missouri Botanical Garden, Rockville, MD.

12 ALBERS F. 1972. Cytotaxonomie und B-Chromosomen bei *Deschampsia caespitosa* (L.) P. B. und verwandten Arten. Beiträge zur Biologie der Pflanzen 48 (1): 1-62.

13 ALBERTERNST B. & NAWRATH S. 2002. *Lysichiton americanus* Hulten & St. John neu in Kontinental-Europa. Bestehen Chancen für die Bekämpfung in der Frühphase der Einbürgerung? Neobiota 1: 91-99.

14 ALMERS L., NEWGER K. & WENKER D. 1996. Die Gattung *Nigritella* – ein allgemeiner Überblick – sowie einige Funde in den Süd- und Ost-Alpen. Berichte aus den Arbeitskreisen Heimische Orchideen 13 (1): 41-60.

15 AMMANN K. 1981. Bestimmungsschwierigkeiten bei europäischen *Bromus*-Arten. Botanische Jahrbücher für Systematik, Pflanzengeschichte und Pflanzengeographie 102 (1/4): 459-469.

16 ANTONIETTI A. 2005. Flora del Verbanio Cusio Ossola. Quaderni di Natura e Paesaggio del Verbano Cusio Ossola 4: 1-317.

17 APPEL O. & AL-SHEHBAZ I. A. 1997. Generic Limits and Taxonomy of *Hornungia, Pritzelago*, and *Hymenolobus* (Brassicaceae). Novon 7 (4): 338-340.

18 ARNDT S. 2008. Novelties in the *Festuca valesiaca* group (Poaceae) from the central Alps. Plant Systematics and Evolution 271: 129-142.

19 ARNOW L. A. 1994. *Koeleria macrantha* and *K. pyramidata* (Poaceae): Nomenclatural Problems and Biological Distinctions. Systematic Botany 19 (1): 6-20.

20 ATKINSON M. D. 1992. *Betula pendula* Roth *(B. verrucosa* Ehrh.) and *B. pubescens* Ehrh. Journal of Ecology 80 (4): 837-870.

21 ATKINSON M. D. & ATKINSON E. 2002 *Sambucus nigra* L. Journal of Ecology 90 (5): 895-923.

22 BAČIČ T., DOLENC KOCE J. & JOGAN N. 2007a. *Luzula* sect. *Luzula* (Juncaceae) in the South-Eastern Alps: morphology, determination and geographic distribution. Botanica Helvetica 117 (1): 75-88.

23 BAČIČ T., JOGAN N. & DOLENC KOCE J. 2007b. *Luzula* sect. *Luzula* in the south-eastern Alps – karyology and genome size. Taxon 56 (1): 129-136.

24 BAITH. University computer service. Ecological Flora Database.

25 BALTISBERGER M. 1980. Die Artengruppe des *Ranunculus polyanthemos* L. in Europa. Berichte der Schweizerischen botanischen Gesellschaft 90 (3/4): 143-188.

26 BALTISBERGER M. & HESS H. E. 1986. Zur Verbreitung von *Ranunculus polyanthemoides* Boreau und *R. nemorosus* DC. Veröffentlichungen des Geobotanischen Instituts der ETH Zürich, Stiftung Rübel 87: 79-90.

27 BANFI E. 1989. Osservazioni sulle specie Italiane del genere *Setaria* P. Beauv. (Poaceae). Atti della Società Italiana di Scienze Naturali e del Museo Civico di Storia Naturale di Milano 130: 189-196.

28 BANFI E. & FERLINGHETTI R. 1993. *Primula albenensis* sp. nov., una nuova entità del sottogenere *Auriculastrum* nelle Prealpi Bergamasche (Alpi sudorientali, Lombardia). Webbia 47 (1): 203-212.

29 BARBARO A. & KREUTZ C. A. J. 2007. *Epipactis tallosi* A. Molnar & Robatsch subsp. *zaupolensis* Barbaro & Kreutz subsp. nov. (Orchidaceae) in Italia nordorientale (Friulia Venezia Giulia). Journal europäischer Orchideen 39: 3-4.

30 BASLER A. 1972. Zytotaxonomische Untersuchungen an der Boraginaceen-Gattung *Symphytum* L. Botanische Jahrbücher für Systematik, Pflanzengeschichte und Pflanzengeographie 92 (4): 508-593.

31 BÄSSLER M. 1981. Revision von *Lathyrus* L. sect. *Lathyrostylis* (Griseb.) Baessler (Fabaceae). Feddes Repertorium 92 (3): 179-254.

32 BAUM B. R. 1977. Oats: wild and cultivated. – A monograph of the genus *Avena* L. Biosystematic Research Institute, Monograph 14. Ottawa. 463 pp.

33 BAUMANN H. 2005. *Epipactis* Zinn – Stendelwurz (Systematischer Teil). In: Die Orchideen Deutschlands. Arbeitskreise Heimischer Orchideen. 358-431.

34 BAUMANN H., KÜNKELE S. & LORENZ R. 2004. Taxonomische Liste der Orchideen Deutschlands – Nachtrag. Journal europäischer Orchideen 36 (3): 769-780.

35 BAUMBACH H. 2005. Genetische Differenzierung mitteleuropäischer Schwermetallsippen von *Silene vulgaris*, *Minuartia verna* und *Armeria maritima* unter Berücksichtigung biogeographischer, montanhistorischer und physiologischer Aspekte. Dissertationes Botanicae 398: 1-128.

36 BECHI N. & FORNERIS G. 1998. Investigations on the genus *Cerastium* L. (Caryophyllaceae): Typus, locus classicus and distribution of *C. lineare* All. Webbia 53 (1): 13-25.

37 BEDALOV M., BIANCO P., MEDAGLI P. & D'EMERICO S. 1993. Consideracioni tassonomiche su *Arum alpinum* Schott et Kotschy, *Arum cylindraceum* Gasparr. e *Arum lucanum* Cavara et Grande. Webbia 48: 209-212.

38 BEDALOV M. & FISCHER M. A. 1995. *Arum alpinum* (Araceae) and its distribution in the Eastern Mediterranenan. Phyton: annales rei botanicae 35 (1): 103-113.

39 BEDDOWS A. R. 1973. *Lolium multiflorum* Lam. Journal of Ecology 61 (2): 587-600.

40 BEERLING D. J. 1998. *Salix herbacea* L. Journal of Ecology 86 (5): 872-895.

41 BEERLING D. J., BAILEY J. P. & CONOLLY A. P. 1994. *Fallopia japonica* (Houtt.) Ronse Decraene (*Reynoutria japonica* Houtt.; *Polygonum cuspidatum* Sieb. & Zucc.). Journal of Ecology 82 (4): 959-979.

42 BELL J. N. B. & TALLIS J. H. 1973. *Empetrum nigrum* L. Journal of Ecology 61 (1): 289-305.

43 BELO-CORREIA A. L. & COSTA M. F. 1986. *Setaria verticillata* (L.) P. Beauv. e *Setaria adhaerens* (Forssk.) Chiov. I. Revista de Biologia 13: 117-143.

44 BENL G. & ESCHELMÜLLER A. 1983. Zum Vorkommen weniger bekannter *Dryopteris*-Sippen im bayerischen Alpen- und Voralpenraum. Berichte der Bayerischen Botanischen Gesellschaft zur Erforschung der Heimischen Flora 54: 77-102.

45 BENNERT H. W. 1999. Die seltenen und gefährdeten Farnpflanzen Deutschlands. Biologie, Verbreitung, Schutz. Bundesamt für Naturschutz, Bonn-Bad Godesberg. 381 pp.

46 BERGER S. & WALTHER G.-R. 2006. Distribution of evergreen broad-leaved woody species in Insubria in relation to bedrock and precipitation. Botanica Helvetica 116 (1): 65-77.

47 BERGMEIER E. 1994. Bestimmungshilfen zur Flora Deutschlands, Beiheft. Floristische Rundbriefe 4: 3-420.

48 BERNHARDT K.-G. 1991. Zur aktuellen Verbreitung von *Azolla filiculoides* Lam. (1783) und *Azolla caroliniana* Willd. (1810) in Nordwestdeutschland. Floristische Rundbriefe 25: 14-19.

49 BINZ A. & HEITZ C. 1990. Schul- und Exkursionsflora für die Schweiz. ed. 19. Schwabe, Basel. 659 pp.

50 BITTKAU C. & KADEREIT J. W. 2002. Phylogenetic and geographical relationships in *Papaver alpinum* L. (Papaveraceae) based on RAPD data. Botanische Jahrbücher für Systematik, Pflanzengeschichte und Pflanzengeographie 123 (4): 413-508.

51 BJÖRKQVIST I. 1967. Studies in *Alisma* L. – Distribution, variation and germination. Opera Botanica 17: 1-128.

52 BJÖRKQVIST I. 1968. Studies in *Alisma* II. – Chromosome studies, crossing experiments and taxonomy. Opera Botanica 19: 1-138.

53 BLANCHEMAIN J., DELAHAYE T., PÉPIN C. & ROYER J.-M. 2004. Un nouveau *Carex* pour les Alpes: *Carex glacialis* Mackenzie découvert au Mont-Cenis (Savoie – France) lors de la 136e session extraordinaire organisée à l'occasion du 150e anniversaire de la Société Botanique de France. Journal de Botanique de la Société Botanique de France 27: 27-29.

54 BOCK C. 1997. Les arbres. Ed. Liber, Genève. 213 pp.

55 BÖCKER R., ERZBERGER P. & SCHOLZ H. 1990. *Bromus diandrus* Roth – Berliner Populationen. Verhandlung der Berliner Botanischen Vereinigung 8: 93-96.

56 BÖCKER R., KOWARIK I. & BORNKAMM R. 1983. Untersuchungen zur Anwendung der Zeigerwerte nach Ellenberg. Verhandlungen der Gesellschaft für Ökologie 11: 35-56.

57 BÖHLING N., GREUTER W. & RAUS T. 2002. Indicator values for vascular plants in the Southern Aegean (Greece). Braun-Blanquetia 32: 1-109.

58 BOLLIGER M. 1978. Die *Pulmonaria obscura-officinalis*-Gruppe in der Schweiz. Berichte der Schweizerischen botanischen Gesellschaft 88: 30-62.

59 BOLLIGER M. 1982. Die Gattung *Pulmonaria* in Westeuropa. Phanerogamarum Monographiae 8: 1-215.

60 BOLLIGER M. 1993. Systematik und Chorologie der Gattung *Odontites* Ludwig s. l. (Scrophulariaceae). Flora 188: 345-365.

61 BOLLIGER M. 1996. Monographie der Gattung *Odontites* (Scrophulariaceae) sowie der verwandten Gattungen *Macrosyringion*, *Odontitella*, *Bornmuellerantha* und *Bartsiella*. Willdenowia 26: 37-168.

62 BOMBLE F. 2006. Eine neue Taxonomie der Gattung *Erophila* im Rheinland. Dechenia 159: 23-37.

63 BOMBLE W. & SCHOLZ H. 1999. Eine neue Unterart des *Bromus secalinus* (Gramineae) – ein sekundäres Unkraut. Feddes Repertorium 110: 425-438.

64 BONGIORNI L. & GÜNANGER P. 1993. *Epipactis placentina* Bongiorni & Grünanger spec. nov., a new species of *E. muelleri*-group from Northern Italy. Journal Europäischer Orchideen 25 (4): 459-466.

65 BONN S. & POSCHLOD P. 1998. Ausbreitungsbiologie der Pflanzen Mitteleuropas. Meyers Verlag, Wiesbaden. 404 pp.

66 BORATYŃSKA K. & BORATYŃSKI A. 2007. Taxonomic differences among closely related pines *Pinus sylvestris*, *P. mugo*, *P. uncinata*, *P. rotundata* and *P. uliginosa* as reveiled in needle sclerenchyma cells. Flora 202 (7): 555-569.

67 BORCHERS-KOLB E. 1985. *Ranunculus* sect. *Auricomus* in Bayern und den angrenzenden Gebieten II. Spezieller Teil. Mitteilungen der Botanischen Staatssammlung München 21: 49-300.

68 BORHIDI A. 1993. Social behaviour types of the Hungarian flora, its naturalness and relative ecological indicator values. Pecs. 93 pp.

69 BOŞCAIU M., MARHOLD K. & EHRENDORFER F. 1997a. Typification of several names of the *Cerastium alpinum* group (Caryophyllaceae). Willdenowia 27: 39-45.

70 BOŞCAIU M. T., MARHOLD K. & EHRENDORFER F. 1997b. The *Cerastium alpinum* group (Caryophyllaceae) in the high mountains of Poland and Slovakia. Phyton: annales rei botanicae 37: 1-17.

71 BOTTEGA S. & GARBARI F. 2003. Il genere *Symphytum* L. (Boraginaceae) in Italia. Revisione biosistematica. Webbia 58 (2): 243-280.

72 BOUDRIE M. 1991. Problèmes de détermination concernant certains *Dryopteris* apogames français: *Dryopteris affinis* (Lowe) Fraser-Jenkins et ses sous-espèces (Dryopteridaceae: Pteridophyta). Bulletin de la Société botanique de France. Actualités botaniques 138 (2): 127-134.

73 BOUFFORD D. E. 1982. The systematics and evolution of *Circaea* (Onagraceae). Annales of Missouri Botanical Garden 69: 804-994.

74 BOURNÉRIAS M. & PRAT D. 2005. Collection Parthénope. Les Orchidées de France, Belgique et Luxembourg. ed. 2. Mèze Biotope. 504 pp.

74a BOVET J. 1958. Contribution à l'Etude des «Races écologiques» du Frêne, *Fraxinus excelsior* L. Schweizerische Zeitschrift für das Forstwesen 109: 536-546.

75 BRANDES D. 1989. Zur Soziologie einiger Neophyten des insubrischen Gebietes. Tuexenia 9: 267-274.

76 BRANDES D. & JANßEN C. 1991. *Artemisia annua* L. – ein auch in Deutschland eingebürgerter Neophyt. Floristische Rundbriefe 25 (1): 28-36.

77 BRANDT J. P. 1961. Cytotaxonomie et cytogéographie de *Veronica prostrata* L. Bulletin de la Société neuchâteloise des sciences naturelles sér. 3, 84: 35-88.

78 BRAUN J. 1913. Die Vegetationsverhältnisse der Schneestufe in den Rätisch-Lepontinischen Alpen. Neue Denkschriften der Schweizerischen Naturforschenden Gesellschaft 48: 1-348.

79 BRAUN-BLANQUET J. & RÜBEL E. 1932-1936. Flora von Graubünden. Veröffentlichungen des Geobotanischen Instituts der ETH Zürich, Stiftung Rübel 7: 1-1695.

80 BREINER E. & BREINER R. 1993. Beiträge zur Gattung *Nigritella* in den Westalpen. Mitteilungsblatt des Arbeitskreises heimischer Orchideen Baden-Württemberg 25 (4): 467-487.

81 BREISTROFFER M., CHARPIN A. & GREUTER W. 1970. Sur quelques plantes «steppo-continentales» rares et critiques du Sud-Est de la France. Candollea 25 (1): 89-103.

82 BREITFELD M. & HORBACH H.-D. 2006a. Sind *Potamogeton berchtoldii* Fieber und *Potamogeton pusillus* L. zu trennen – Grundsätzliches zur Verbreitung und Erfahrung aus Nordbayern. Berichte der Bayerischen Botanischen Gesellschaft zur Erforschung der Heimischen Flora 76: 111-122.

83 BREITFELD M. & HORBACH H.-D. 2006b. *Minuartia hybrida* (Vill.) Schischk. – Zur Systematik und Verbreitung der Art in Bayern und dem angrenzenden Raum. Berichte der Bayerischen Botanischen Gesellschaft zur Erforschung der Heimischen Flora 76: 123-128.

84 BRIEMLE G. 1986. Vergleich der Stickstoff-Mineralisation mit der N-Zahl Ellenberg's am Beispiel einer Streuwiese im Alpenvorland. – Erste Erfahrungen mit zweijährigen N min-Untersuchungen. Natur und Landschaft 61: 423-427.

85 BRIEMLE G. 1988. Erfolge und Misserfolge bei der Pflege eines Feuchtbiotops. – Anwendbarkeit ökologischer Wertzahlen. Telma 18: 311-332.

86 BRIEMLE G. 1997a. Möglichkeiten und Grenzen der Anwendbarkeit von Wertzahlen im Grünland – Indicator values of grassland and their applicability. Das Wirtschaftseigene Futter 43 (2): 141-164.

87 BRIEMLE G. 1997b. Zur Anwendbarkeit ökologischer Wertzahlen im Grünland. Journal of Applied Botany 71 (5/6): 219-228.

88 BRIEMLE G. & ELLENBERG H. 1994. Zur Mahdverträglichkeit von Grünlandpflanzen. Möglichkeiten der praktischen Anwendung von Zeigerwerten. Natur und Landschaft 69 (4): 139-147.

89 BRIEMLE G., NITSCHE S. & NITSCHE L. 2002. Nutzungswertzahlen für Gefässpflanzen des Grünlandes. In: Klotz, S. & al. Biolflor – Eine Datenbank mit biologisch-ökologischen Merkmalen zur Flora von Deutschland. Schriftenreihe für Vegetationskunde. 38. 203-225.

90 BRODTBECK T. 1988. *Ranunculi auricomi* Helvetici et transhelvetici. 1. Vier Sippen aus der Basler Region. Bauhinia 9 (1): 77-101.

91 BRODTBECK T. 1993. *Ranunculi auricomi* Helvetici et transhelvetici. 2. Einige weitere Sippen aus der Westschweiz. Bauhinia 11: 37-81.

92 BRODTBECK T., ZEMP M., FREI M., KIENZLE U. & KNECHT D. 1997/98. Flora von Basel und Umgebung 1980-1996, Teil I und II. Mitteilungen der Naturforschenden Gesellschaften beider Basel 2/3: 1-543; 546-1003.

93 BROOKER R. W., CARLSSON B. Å. & CALLAGHAN T. V. 2001. *Carex bigelowii* Torrey ex Schweinitz (*C. rigida* Good., non Schrank; *C. hyperborea* Drejer). Journal of Ecology 89 (6): 1072-1095.

94 BROWNSEY P. J. 1976. A biosystematic investigation of the *Asplenium lepidum* complex. Botanical Journal of the Linnean Society 72 (4): 235-267.

95 BRUN-HOOL J. 1990. Zeigerpflanzengruppen in Äckern, Feldern und Gärten. Mitteilungen der Naturforschenden Gesellschaft in Luzern 31: 35-58.

96 BRUNSBERG K. 1977. Biosystematics of the *Lathyrus pratensis* complex. Opera Botanica 41: 1-78.

97 BRUSONI M. 1996. Il ruolo degli indicatori ecologici nella localizzazione di siti interessati da amassi di sostanze tossiche e nocivem. Archivio Geobotanico 2 (1): 19-30.

98 BRÜTSCH J.-P. J. 2000. Die Gattung *Nigritella* Rich. Bauhinia 14: 21-32.

99 BUCHHOLZ A. & WELK E. 2005. *Minuartia stricta* (Swartz) Hiern (Caryophyllaceae). Wiederentdeckung eines in Zentraleuropa verschollen geglaubten Glazialrelikts. Berichte der Bayerischen Botanischen Gesellschaft zur Erforschung der Heimischen Flora 75: 95-108.

100 BÜCHLER W. 1988. *Salix hegetschweileri* Heer und *Salix apennina* Skvortsov im Tessin. Botanica Helvetica 98 (1): 7-14.

101 BÜCKING W. & DIETRICH H. 1981. Beziehungen einiger Standortsweiser-Pflanzen zu chemisch-analytischen Kennwerten des Oberbodens. Mitteilungen des Vereins für forstliche Standortskunde und Forstpflanzenzüchtung 29: 69-74.

102 BUNCE R. G. H., SMART S. M., VAN DE POLL H. M., WATKINS J. W. & SCOTT W. A. 1999. Measuring change in British vegetation. Ecofact 2: 1-144.

103 BURDON J. J. 1983. *Trifolium repens* L. Journal of Ecology 71 (1): 307-330.

104 BURTON P. J., BALISKY A. C., COWARD L. P., CUMMING S. G. & KNEESHAW D. D. 1992. The value of managing for biodiversity. The forestry chronicle 68 (2): 225-237.

105 BUTTLER H. 1999. Erstfund von *Lapsana communis* subsp. *intermedia* (Bieb.) Hayek für Deutschland mit einer Übersicht über die Gattung. Floristische Rundbriefe 33 (1): 3-7.

106 BUTTLER K. P. 1967. Zytotaxonomische Untersuchungen an mittel- und südeuropäischen *Draba*-Arten. Mitteilungen der Botanischen Staatssammlung München 6: 275-362.

107 BUTTLER K. P. 1980. *Dipsacus strigosus* Roemer et Schultes als Neubürger in Frankfurt. Hessische Floristische Briefe 29 (4): 63-65.

108 BUTTLER K. P. 1989. Literaturberichte. A. Floristik und Systematik. Botanik und Naturschutz in Hessen 3: 61-63.

109 BUZAS G. 1998. Provisorischer Schlüssel für die österreichischen Arten von *Campanula* subsect. *Heterophylla*. Florae Austriacae Novitates 5: 19-25.

110 BYATT J. I. 1985. A critical reappraisal of the status of *Crataegus palmstruchii* Lindmann (Rosaceae). Botanical Journal of the Linnean Society 71: 127-139.

111 BYRNE B. K., PULLEN P. D. & FRASER-JENKINS C. R. 2008. Key to the British & Irish *Dryopteris affinis* group (Scaly Male-fern). Botanical Society of the British Isles (BSBI) News 108: 19-24.

112 CALLAGHAN D. A. 1998. *Lythrum hyssopifolium* L. Journal of Ecology 86 (6): 1065-1072.

113 CAMENISCH C. 1991. Autökologische Aspekte bei *Senecio hercynicus* Herborg subsp. *hercynicus* und *S. ovatus* (Gärtner, Meyer & Scherbius) Willdenow subsp. *alpestris* (Gaudin) Herborg (*Senecio nemorensis*-Gruppe, Asteraceae/Compositae). Botanica Helvetica 101 (2): 149-158.

114 CANNE J. M. 1977. A revision of the genus *Galinsoga* (Compositae: Heliantheae). Rhodora 79: 319-389.

115 CARTIER D. 1989. Contribution à l'étude biosystématique du *Plantago atrata* Hoppe. Candollea 44: 249-256.

116 CASPER S. J. 1966. Monographie der Gattung *Pinguicula* L. Bibliotheca Botanica 127/128: 1-209.

117 ÇELEBIOGLU T. & FAVARGER C. 1988. Correlation entre le nombre d'étamines par fleur et le nombre chromosomique chez *Minuartia hybrida* (Vill.) Schischkin. Naturalia monspeliensia. Série botanique 53: 3-15.

118 CENCI C. A., CECCARELLI M., PASQUALINI S., FALCINELLI M. & CIONIONI P. G. 1990. *Festuca arundinacea* Schreber (Gramineae) in Italy: morphological, anatomical, karyological and biochemical analyses. Webbia 44 (2): 255-270.

119 CHRISTENSEN K. I. 1992. Revision of *Crataegus* sect. *Crataegus* and nothosect. *Crataeguineae* (Rosaceae-Maloideae) in the Old World. Systematic botany monographs 35: 1-199.

120 CHRTEK J. & CHRTKOVÁ A. 1979. Taxonomische Bemerkungen zur Art *Trollius europaeus* s. l. in der Tschechoslowakei. Preslia 51: 97-106.

121 CHRTKOVÁ-ŽERTOVÁ A. 1969. Bemerkungen zur Taxonomie von *Vicia sepium* L. Folia Geobotanica & Phytotaxonomica 4: 303-311.

122 CLABBY G. & OSBORNE B. A. 1999. *Mycelis muralis* (L.) Dumort. *[Lactuca muralis* (L.) Gaertner]. Journal of Ecology 87 (1): 156-172.

123 CLARK S. C. 1974. *Catapodium rigidum* (L.) C. E. Hubbard. Journal of Ecology 62 (3): 937-958.

124 CLERMONT A., HILGER H. H. & ZIPPEL E. 2003. Verbreitung und Differenzierung der mitteleuropäischen Unterarten von *Buglossoides arvensis* (L.) I. M. Johnst. (Boraginaceae). Feddes Repertorium 114 (1/2): 56-68.

125 COLES S. M. 1971. The *Ranunculus acris* L. complex in Europe. Watsonia 8: 237-261.

126 COLES S. M. 1973. *Ranunculus bulbosus* L. in Europe. Watsonia 9: 207-228.

127 CONERT H. J. 1998. Hegi, G. Illustrierte Flora von Mitteleuropa. Poaceae. Bd. 1/3. Parey Berlin.

128 CONERT H. J., HAMAN U., SCHULTZE-MOTEL W. & WAGENITZ G. 1984. Hegi, G. Illustrierte Flora von Mitteleuropa. Pteridophyten. Bd. 1/1. ed. 3. Parey Berlin – Hamburg.

129 CONSONNI G. 1997. La Flora insubrica. Nani, Lipono. 235 pp.

130 COOK C. D. K. 1966. A monographic study of *Ranunculus* subgenus *Batrachium* (DC.) A. Gray. Mitteilungen der Botanischen Staatssammlung München 6: 47-237.

131 COOK C. D. K. & NICHOLLS M. S. 1986. A monographic study of the genus *Sparganium*. Part 1. Subgenus *Xanthosparganium* Holmberg. Botanica Helvetica 96: 213-267.

132 COOK C. D. K. & NICHOLLS M. S. 1987. A monographic study of the genus *Sparganium* (Sparganiaceae). Part 2. Subgenus *Sparganium*. Botanica Helvetica 97 (1): 1-44.

133 COOK C. D. K. & URMI-KÖNIG K. 1985. A revision of the genus *Elodea* (Hydrocharitaceae). Aquatic Botany 21: 111-156.

134 COPE T. A. & STACE C. A. 1978. The *Juncus bufonius* L. aggregate in western Europe. Watsonia 12: 113-128.

135 COSSON E. & MORCRETTE P. 1999. Statut de la laiche en touffe *(Carex cespitosa* L.) en Franche-Comté et en Suisse limitrophe. Journal de Botanique de la Société Botanique de France 9: 85-91.

136 COUDERC H. 1975. Contribution à la révision des taxons infraspécifiques de l'*Anthyllis vulneraria* L. en France. Revue générale de botanique 82: 93-118.

137 CRISTOFOLINI G. 1991. Taxonomic revision of *Cytisus* Desf. Sect. *Tubocytisus* DC. (Fabaceae). Webbia 45 (2): 187-219.

138 CRISTOFOLINI G. & CREMA S. 2005. A morphometric study of the *Quercus crenata* species complex (Fagaceae). Botanica Helvetica 115 (2): 155-167.

139 CROWDER A. A., PEARSON M. C., GRUBB P. J. & LANGLOIS P. H. 1990. *Drosera* L. Journal of Ecology 78 (1): 233-267.

140 CUCCUINI P. & FIORINI G. 2004. Il genera *Hainardia* Greuter (Poaceae) in Italia. Note tassonomiche, citologiche ed ecologiche. Webbia 59 (1): 149-175.

141 CULLEN J. 1976. The *Anthyllis vulneraria* complex: a résumé. Notes from the Royal Botanic Garden Edinburgh 35: 1-38.

142 CZARNA A. 1999. New features in taxonomy of *Poa chaixii, P. remota* and *P. hybrida* (Poaceae). Fragmenta Floristica et Geobotanica Suppl. 7: 22-23.

143 DAL VESCO G., GARBARI F. & GIORDANI A. 2003. Il genero *Allium* (Alliaceae) in Italia. XX. *Allium strictum* Schrader. Webbia 58 (2): 401-410.

144 DAVID R. W. 1976. Nomenclature of the British taxa of the *Carex muricata* L. aggregate. Watsonia 11: 59-65.

145 DAVID R. W. & KELCEY J. G. 1985. *Carex muricata* L. aggregate. Journal of Ecology 73: 1021-1039.

146 DAVY A. J. 1980. *Deschampsia caespitosa* (L.) Beauv. Journal of Ecology 68 (3): 1075-1096.

147 DE JONG T. J., KLINKHAMER P. G. L. & BOORMAN L. A. 1990. *Cynoglossum officinale* L. Journal of Ecology 78 (4): 1123-1144.

148 DEGORSKI M. 1982. Usefulness of Ellenberg bioindictators in characteristic plant communities and forest habitats on the basis of data from the range «Grabowy» in Kampinos Forest. Ekologia Polska 30: 453-477.

149 DEGORSKI M. 1985. An investigation into spatial variability of continentality in West and Central Europe by the Ellenberg method. Documents phytosociologiques 9: 337-349.

150 DEL CARRATORE F., GARBARI F. & JARVIS C. 1999. *Salvia saccardiana* (Lamiaceae), an endemic species of NE Italy. Plant Biosystems 133 (2): 157-162.

151 DELARZE R., CALDELARI D. & HAINARD P. 1992. Effects of fire on forest dynamics in southern Switzerland. Journal of Vegetation Science 3: 55-60.

152 DELARZE R., DRUART P., KOZLOWSKI G., MORET J.-L., PRUNIER P. & GMÜR P. 2004. *Arenaria gothica* et autres plantes rares des rives lacustres de la Vallée de Joux (Vaud, Suisse). Quelques observations récentes et premières données autécologiques. Bulletin de la Société vaudoise des sciences naturelles 89 (1): 1-12.

153 DELARZE R., GONSETH Y. & GALLAND P. 1998. Guide des milieux naturels de Suisse. Delachaux & Niestlé, Lausanne. 413 pp.

154 DELFORGE P. 2005. Guide des Orchidées d'Europe, d'Afrique du Nord et du Proche-Orient. ed. 2. Delachaux & Niestlé, Lausanne. 640 pp.

155 DEN NJIS J. C. M. 1976. Biosystematic studies of the *Rumex acetosella* complex. II. The alpine region. Acta Botanica Neerlandica 25: 417-447.

156 DEN NJIS J. C. M. 1984. Biosystematic studies of the *Rumex acetosella* complex (Polygonaceae). VIII. A taxonomic revision. Feddes Repertorium 95: 43-66.

157 DENTERS T. 2006. Halsbloem (*Trachelium caeruleum* L.): weer een nieuwe muurplant in Nederland! Gorteria 31 (6): 142-144.

158 DESFAYES M. 2007. Les opuntias du Valais, un problème épineux: espèces et nomenclature. Bulletin de la Murithienne 125: 29-39.

159 DEVESA J. A., LÒPEZ J. & GONZALO R. 2005. Notas taxonómicas sobre el género *Valerianella* Mill. (Valerianaceae) para la Flora Ibérica. Acta botanica Malacitana 30: 41-48.

160 DEVILLERS P. & DEVILLERS-TERSCHUREN J. 1994. Essai d'analyse systématique du genre *Ophrys*. Les naturalistes belges 75: 273-400.

161 DI ANTONIO M. & VEYA P. 2001. *Epipactis stellifera* Di Antonio & Veya (Orchidaceae), une nouvelle espèce décrite du canton de Vaud (Suisse). Candollea 56: 203-207.

162 DÍAZ LIFANTE Z. & VALDÉS B. 1996. Revisión del género *Asphodelus* L. (Asphodelaceae) en el Mediterráneo Occidental. Boissiera 52: 4-189.

163 DIEKMANN M. 1995. Use and improvement of Ellenberg's indicator values in deciduous forests of the boreo-nemoral zone in Sweden. Ecography 18: 178-189.

164 DIEKMANN M. 1996. Ecological behaviour of deciduous hardwood trees in Boreo-nemoral Sweden in relation to light and soil conditions. Forest Ecology and Management 86 (1/3): 1-14.

165 DIEKMANN M. 2003. Species indicator value as an important tool in applied plant ecology – a review. Basic and Applied Ecology 4 (6): 493-506.

166 DIERSCHKE H. 1994. Pflanzensoziologie: Grundlagen und Methoden. Ulmer, Stuttgart. 683 pp.

166a DI PIETRO R. 2007. Taxonomic features of *Sesleria cantabrica* (Poaceae) a neglected species from Southern Italy. Folia Geobotanica 42 (3): 289-313.

167 DIXON C. J., SCHÖNSWETTER P. & SCHNEEWEISS G. M. 2007. Traces of ancient range shifts in a mountain plant group (*Androcae halleri* complex, Primulaceae). Molecular Ecology 16: 3890-3901.

168 DIXON J. M. 1982. *Sesleria albicans* Kit. ex Schultes (*S. varia* (Jacq.) Wettst., *S. caerulea* (L.) Ard. ssp. *calcarea* (Čelak.) Hegi). Journal of Ecology 70 (2): 667-684.

169 DIXON J. M. 1991. *Avenula* (Dumort.) Dumort. Journal of Ecology 79 (3): 829-865.

170 DIXON J. M. 1995. *Trisetum flavescens* (L.) Beauv. (*T. pratense* Pers., *Avena flavescens* L.). Journal of Ecology 83 (5): 895-909.

171 DIXON J. M. 2000. *Koeleria macrantha* (Ledeb.) Schultes [*K. alpigena* Domin, *K. cristata* (L.) Pers. pro parte, *K. gracilis* Pers., *K. albescens* auct. non DC.]. Journal of Ecology 88 (4): 709-726.

172 DORO D. 2007. *Epipactis autumnalis* D. Doro spec. nova – Una nuova specie di *Epipactis* rinvenuta in Veneto (Italia). Journal europäischer Orchideen 39 (3/4): 567-587.

173 DÖRR E. & LIPPERT W. 2001. Flora des Allgäus und seiner Umgebung. Bd. 1. IHW-Verlag, Eching. 680 pp.

174 DREYER S. 1997. *Luzula divulgata* Kirschner, eine wenig bekannte Art aus dem *Luzula campestris*- *Luzula multiflora*-Komplex. Mitteilungen der Floristischen Kartierung Sachsen-Anhalt 2: 13-19.

175 DUISTERMAAT H. 1996. Monograph of *Arctium* (Asteraceae). Gorteria Suppl. 3: 1-143.

176 DÜLL R. 1961. Die *Sorbus*-Arten und ihre Bastarde in Bayern und Thüringen. Berichte der Bayerischen Botanischen Gesellschaft zur Erforschung der Heimischen Flora 34: 11-65.

177 DUNKEL F.-G. 2005a. Der *Ranunculus auricomus*-Komplex in Südtirol – Artenspektrum, Verbreitung und Gefährdung. Gredleriana 5: 85-102.

178 DUNKEL F.-G. 2005b. Der *Ranunculus auricomus*-Komplex in Bayern. Seltene endemische und vom Aussterben bedrohte oder verschollene Arten. Berichte der Bayerischen Botanischen Gesellschaft zur Erforschung der Heimischen Flora 75: 79-94.

179 DUNKEL F.-G. 2007. Il complesso di *Ranunculus auricomus* nella provincia de Trento. Prospetto delle specie, diffusione minaccia. Annali dei Musei Civici di Rovereto. Sezione: Archeologia, storia, scienze naturali 22: 171-194.

180 DUNN A. J. 1997. *Stachys germanica* L. Journal of Ecology 85 (4): 531-539.

181 DURWEN K. J., BERKHOFF F. W. & WITTIG R. 1984. Zur Auswertung der floristischen Kartierung der Bundesrepublik Deutschland mit Hilfe von Zeigerwerten. Verhandlungen der Gesellschaft für Ökologie 12: 289-294.

182 DUWENSEE H. A. 1999. Zur Unterscheidung von *Phleum bertolonii* DC und *Phleum pratense* L. Gleditschia 27 (1/2): 15-17.

183 DVOŘÁK F. 1991. Study on *Chenopodium borbasii* J. Murr. Feddes Repertorium 102: 351-373.

184 DVOŘÁK F. 1993. Relationships and diagnostic characters in *Chenopodium striatiforme* J. Murr, *C. striatum* (Krašan) J. Murr and *C. strictum* Roth. Feddes Repertorium 104 (7/8): 439-449.

185 DVOŘÁK F., TRNKA P. & DADAKOVA B. 1978. Cytotaxonomic study of *Tragopogon* L. in Czechoslovakia. Folia Geobotanica & Phytotaxonomica 13: 305-330.

186 DVOŘÁKOVÁ M. 1985. *Minuartia glaucina*, eine neue Art aus der *Minuartia verna*-Gruppe. Preslia 57 (1): 1-8.

187 DZWONKO Z. & LOSTER S. 2000. Testing of Ellenberg and Zarzycki indicator values as predictors of soil and light conditions in woodlands. Fragmenta Floristica et Geobotanica 45 (1/2): 49-62.

188 EAFV. 1988. Schweizerisches Landesforstinventar: Ergebnisse der Erstaufnahme 1982-1986. Berichte der Eidgenössischen Anstalt für das forstliche Versuchswesen 305: 1-375.

189 EDMONDS J. M. 1986. Biosystematics of *Solanum sarrachoides* Sendtner and *S. physalifolium* Rusby (*S. nitidibaccatum* Bitter). Botanical Journal of the Linnean Society 92: 1-38.

190 EGGENBERG S. & LANDOLT E. 2007. Für welche Pflanzenarten hat die Schweiz eine internationale Verantwortung? Botanica Helvetica 116 (2): 119-133.

191 EGGENBERG S. & MÖHL A. 2007. Flora Vegetativa. Haupt, Bern. 680 pp.

192 EHRENDORFER F. 1973. Liste der Gefässpflanzen Mitteleuropas. ed. 2. G. Fischer, Stuttgart. 318 pp.

193 EHRENDORFER F. & VITEK E. 1984. Evolution alpiner Populationen von *Euphrasia* (Scrophulariaceae). Entdeckung kleinblütiger diploider Sippen. Plant Systematics and Evolution 144 (11): 25-44.

194 EITEN G. 1963. Taxonomy and regional variation of *Oxalis* section *Corniculatae*. I. Introduction, keys and synopsis of the species. American Midland Naturalist 69 (2): 257-309.

195 EKMAN S. & KNUTSSON T. 1986. The *Polygonum lapathifolium* complex in Sweden. Svensk Botanisk Tidskrift 80: 293-302.

196 ELKINGTON T. T. 1971. *Dryas octopetala* L. Journal of Ecology 59 (3): 887-905.

197 ELLENBERG H. 1974. Zeigerwerte der Gefässpflanzen Mitteleuropas. Scripta Geobotanica 9: 1-97.

198 ELLENBERG H. 1977. Stickstoff als Standortfaktor, insbesondere für mitteleuropäische Pflanzengesellschaften. Oecologia Plantarum 12: 1-22.

199 ELLENBERG H. 1985. Veränderung der Gefässpflanzenflora Mitteleuropas unter dem Einfluss von Düngung und Imissionen. Schweizerische Zeitschrift für Forstwesen 136 (1): 19-39.

200 ELLENBERG H. 1996. Vegetation Mitteleuropas mit den Alpen in ökologischer, dynamischer und historischer Sicht. ed. 5. Ulmer, Stuttgart. 1096 pp.

201 ELLENBERG H. & KLÖTZLI F. 1972. Waldgesellschaften und Waldstandorte der Schweiz. Mitteilungen der Schweizerischen Anstalt für das forstliche Versuchswesen 48 (4): 589-930.

202 ELLENBERG H., WEBER H. E., DÜLL R., WIRTH V., WERNER W. & PAULISSEN D. 1992. Zeigerwerte von Pflanzen in Mitteleuropa. ed. 3. Scripta Geobotanica 18: 1-258.

203 ENDTMANN J. 1964. Zur Verbreitung und Taxonomie der Gattung *Ononis* in Nordost-Deutschland. Feddes Repertorium 69: 103-131.

204 ENGEL K. 1976. Beiträge zur Systematik der Valerianaceae unter besonderer Berücksichtigung cytosystematischer Ergebnisse. Diss., Giessen. 196 pp.

205 ENGLISCH T. 1995. Zur Gattung *Pritzelago* in den Ostalpen. Carinthia II. Sonderheft: Mitteilungen des Naturwissenschaftlichen Vereins für Kärnten 53: 16-18.

206 ENGLISCH T. & KARRER G. 2001. Zeigerwertsysteme in der Vegetationsanalyse – Anwendbarkeit, Nutzen und Probleme in Österreich. Berichte der Rheinhold-Tüxen-Gesellschaft 13: 83-102.

207 ERBEN M. 1985. Cytotaxonomische Untersuchungen an südosteuropäischen *Viola*-Arten der Sektion *Melanium*. Mitteilungen der Botanischen Staatssammlung München 21: 339-740.

208 ERNST W. 1965. Ökologisch-soziologische Untersuchungen der Schwermetall-Pflanzengesellschaften Mitteleuropas unter Einfluss der Alpen. Abhandlungen aus dem Landesmuseum für Naturkunde zu Münster in Westfalen 27: 1-54.

209 ERNST W. H. O. & MALLOCH A. J. C. 1994. *Phleum arenarium* L. Journal of Ecology 82 (2): 403-413.

210 ERTSEN A. C. D., ALKEMADE J. R. M. & WASSEN M. J. 1998. Calibrating Ellenberg indicator values for moisture, acidity and salinity in the Netherlands. Plant Ecology 135: 113-124.

211 EWALD J. 2003a. The sensitivity of Ellenberg indicator values to the completeness of vegetation relevés. Basic and Applied Ecology 4 (6): 507-513.

212 EWALD J. 2003b. The calcareous riddle: why are there so many calciphilous species in the Central European flora? Folia Geobotanica 38: 357-366.

213 FAVARGER C. 1963. Nouvelles recherches sur les populations alpines et carpathiques d'*Arenaria ciliata* L. sens. lat. Berichte der Schweizerischen Botanischen Gesellschaft 73: 161-178.

214 FAVARGER C. & CORREVON P. 1966. Mise en évidence de «raçes chromosomiques» chez l'*Amélanchier*. Bulletin de la Société neuchâteloise des sciences naturelles 90: 215-218.

215 FAVARGER C. & STEARN W. T. 1983. Contribution à la cytotaxonomie de l'*Amelanchier ovalis* Medikus (Rosaceae). Botanical Journal of the Linnean Society 87: 85-103.

216 FEARN G. M. 1973. *Hippocrepis comosa* L. Journal of Ecology 61 (3): 915-926.

217 FELDMEYER-CHRISTE E., ECKER K., KÜCHLER M., GRAF U. & WASER L. 2007. Improving predictive mapping in Swiss mire ecosystems through re-calibration of indicator values. Applied Vegetation Science 10: 183-192.

218 FENAROLI F. & MORALDO B. 2003. *Viola culminis*, una nuova specie delle Prealpi bresciane (Lombardia, N-Italia). Natura Bresciana 33: 21-29.

219 FENAROLI L. & SELLA A. 1961. Riabilitatione del Citiso di Zumaglini *[Chamaecytisus hirsutus* (L.) Link subsp. *proteus* (Zum.) Fenaroli], endemismo pedemontano. Centro Studi Biellesi. Torino. 7-25.

220 FERRARINI E. & CECCHI O. 2001. Nuove specie del genere *«Silene»* (Caryophyllaceae) delle Alpi Apuane, dell'Appennino centrale (Italia) e della Francia meridionale. Webbia 56 (2): 241-263.

221 FIRBANK L. G. 1988. *Agrostemma githago* L. *(Lychnis githago* (L.) Scop.). Journal of Ecology 76 (4): 1232-1246.

222 FISCHER M. A. 1985. *Veronica beccabunga* gliedert sich in drei vikariierende Unterarten. Flora 176: 117-128.

223 FISCHER M. A., ADLER W., OSWALD K. & FISCHER R. 2005. Exkursionsflora für Österreich, Liechtenstein und Südtirol. ed. 2. Ulmer, Stuttgart-Wien. 1380 pp.

224 FITSCHEN J. 1994. Gehölzflora. Ein Buch zum Bestimmen der in Mitteleuropa wildwachsenden und angepflanzten Bäume und Sträucher. ed. 10. Quelle und Meyer, Heidelberg/Wiesbaden.

225 FLEISCHHAUER S. G. 2005. Enzyklopädie der essbaren Wildpflanzen. ed. 3. BlattForm Fachbücher. 413 pp.

226 FLINCK K. E., FRYER J., GARRAUD L., HYLMÖ B. & ZELLER J. 1998. *Cotoneaster raboutensis*, espèce nouvelle de l'ouest des Alpes et révision du genre *Cotoneaster* dans les Alpes françaises. Bulletin mensuel de la Société linnéenne de Lyon 67 (10): 272-282.

227 FOELSCHE W. & ZERNIG K. 2007. *Nigritella minor* spec. nova (Orchidaceae), ein neues Kohlröschen aus der Steiermark. Joannea Botanik 6: 5-21.

228 FOGGI B. & RICCERI C. 1989. *Vicia cusnae* Foggi et Ricceri, sp. nov. (Leguminosae) nell'Appennino. Webbia 43 (1): 25-31.

229 FOGGI B., ROSSI G., PAROLO G. & WALLOSSEK C. 2007. Il genere *Festuca* i generi affini per la nuova «Flora critica d'Italia». I. *Festuca* sect. *Eskia* Willk. (Poaceae). Informatore botanico italiano 39 (1): 199-232.

230 FOURNIER P. 1977. Les quatre flores de la France. ed. 2. Lechevalier, Paris. 1105 pp.

231 FRANK D. & KLOTZ S. 1990. Biologisch-ökologische Daten zur Flora der DDR ed. 2. Wissenschaftliche Beiträge der Martin-Luther-Universität Halle-Wittenberg: 1-167.

232 FRANZÉN R. 1986. *Anthemis cretica* (Asteraceae) and related species in Greece. Willdenowia 16: 35-45.

233 FRASER-JENKINS C. R. 1977. Three species in the *Dryopteris villarii* aggregate (Pteridophyta, Aspidiaceae). Candollea 32: 305-319.

234 FRASER-JENKINS C. R. 1980. *Dryopteris affinis*: a new treatment for a complex species in the European Pteridophyte flora. Willdenowia (10): 107-115.

235 FREY D., BALTISBERGER M. & EDWARDS P. J. 2003. Cytology of *Erigeron annuus* s. l. and its consequences in Europe. Botanica Helvetica 113 (1): 1-14.

236 FREY L. 1991. Taxonomy, karyology and distribution of selected genera of the tribe Aveneae (Poaceae) in Poland: *Avenula*. Fragmenta Floristica et Geobotanica 35: 101-137.

237 FREY R. 1989. Taxonomische Revision der Gattung *Peucedanum*: Sektion *Peucedanum* & Sektion *Palimbioidea* (Umbelliferae). Candollea 44 (1): 257-327.

238 FREY W. & HENSEN I. 1995. Lebensstrategien bei Pflanzen: ein Klassifizierungsvorschlag. Botanische Jahrbücher für Systematik, Pflanzengeschichte und Pflanzengeographie 117: 187-209.

239 FRIESEN N. & HERRMANN N. 1998. Taxonomy, chorology and evolution of *Allium lusitanicum* – the European *«A. senescens»*. Linzer Biologische Beiträge 30 (2): 815-830.

240 FROHNE D. & PFÄNDER H. J. 1997. Giftpflanzen. ed. 4. Wissenschaftliche Verlagsgesellschaft GmbH Stuttgart. 450 pp.

241 FRÖHNER S. E. 1990. Hegi, G. Illustrierte Flora von Mitteleuropa. *Alchemilla*. Bd. 4/2B. ed. 2. 1-248

242 FRÖHNER S. E. 2004. Sechs Kärtner *Alchemilla*-Sippen (Rosacae) neu für Österreich. Wulfenia 11: 29-44.

243 FRÖHNER S. E. 2005. Neue *Alchemilla*-Arten (Rosaceae) aus den südlichen Alpen. Wulfenia 12: 35-51.

244 FRÖHNER S. E., LIPPERT W., URBAN W. & URBAN R. 2004. Einige für Deutschland neue *Alchemilla*-Arten. Berichte der Bayerischen Botanischen Gesellschaft zur Erforschung der Heimischen Flora 73/74: 63-66.

245 FRYER J. 1990. A key to the 20 *Cotoneaster* species most likely to be found naturalized in the British Isles. BSBI News 54: 9-13.

246 GADELLA T. W. J. 1977. Diploid *Ranunculus ficaria* L. in the Netherlands. Proceedings of the Koninklijke Nederlandse Akademie van Wetenschappen. Series C: Biological and Medical Sciences 80: 80-82.

247 GALLAND N. & FAVARGER C. 1988. Un complex polyploïde méconnu: *Thlaspi perfoliatum* L. aggr. (Brassicaceae). Monographiae Instituto Pirenaico de Ecología Jaca 4: 205-211.

248 GALLINO B. & PALLAVICINI G. 2000. La vegetazione delle Alpi Liguri e Marittime. Blu edizioni Peveragno (CN). 223 pp.

249 GALUNDER R. & PATZKE E. 1990. Kritische Anmerkungen zur Florenliste von Nordrhein-Westfalen. Nr. 2: Zur Erkennungsproblematik von *Arctium pubens* Bab. Floristische Rundbriefe 24: 19-23.

250 GANZERT C. & WALENTOWSKI H. 1989. *Glyceria striata* (Lam.) Hitchc. – eine neue Graminee in der Flora Bayerns. Berichte der Bayerischen Botanischen Gesellschaft zur Erforschung der Heimischen Flora 60: 191-194.

251 GARBARI F. 1984. Some karyological and taxonomic remarks on the Italian «*Muscari*» (Liliaceae). Webbia 38: 139-164.

252 GASQUEZ J., COMPOINT J. P., BARRALIS G., CHADOEUF R. & LONCHAMP J. P. 1978. Essai de taxonomie d'une espèce adventice annuelle: *Polygonum aviculare* s. l. Annales de l'amélioration des plantes 28: 567-577.

253 GASSMANN F., KLÖTZLI F. & WALTHER G.-R. 2005. Vegetation change shows generic features of non-linear dynamics. Journal of Vegetation Science 16 (6): 613-616.

254 GÉGOUT J. C. 1994. Etudes des relations entre les ressources minerales du sol et la végétation forestière dans les Vosges. Diss., Université de Nancy, Nancy. 215 pp. & 110 pp.

255 GÉGOUT J. C. & PIERRAT J. C. 1998. Plant species autecology: a non parametric regression approach. Ecologie (Paris) 29(3): 473-482.

256 GEHRMANN J. 2003. Atmosphärische Stoffeinträge und deren Langzeitwirkungen im Wald. LÖBF-Mitteilungen 2: 24-29.

257 GERSTBERGER P. 1985. *Pimpinella peregrina* L. – eine neue Adventivpflanze für die Bundesrepublik Deutschland. Berichte der Bayerischen Botanischen Gesellschaft zur Erforschung der Heimischen Flora 56: 89-93.

258 GERSTBERGER P. 1988. Zur Kenntnis der *Aethusa cynapium* subsp. *cynapioides* (M. Bieb.) Nyman in der Bundesrepuplik Deutschland. Tuexenia 8: 3-12.

259 GERSTBERGER P. 1995. Zur Kenntnis von *Pastinaca sativa* subsp. *urens* (Apiaceae) in Deutschland. Tuexenia 15: 473-480.

260 GERSTBERGER P., HORBACH H.-D. & WURZEL W. 1996. Taxonomie, Verbreitung und Ökologie von *Poa supina* Schrader in Nordostbayern. Berichte der Bayerischen Botanischen Gesellschaft zur Erforschung der Heimischen Flora 66/67: 47-54.

261 GIBSON D. J. & NEWMAN J. A. 2001. *Festuca arundinacea* Schreber (*F. elatior* L. ssp. *arundinacea* (Schreber) Hackel). Journal of Ecology 89 (2): 304-324.

262 GIGON A., LANGENAUER R., MEIER C. & NIEVERGELT B. 1996. «Blaue Listen» der erfolgreich erhaltenen oder geförderten Tier- und Pflanzenarten der Roten Listen. Technology Assessment Schweizerischer Wissenschaftsrat 18: 1-96.

263 GILBERT O. L. 1970. *Dryopteris villarii* (Bellardi) Woynar [*Aspidium rigidum* Sw.; *Lastrea rigida* (Sw.) C. Presl]. Journal of Ecology 58 (1): 301-313.

264 GILBERT O. L. 1995. *Symphoricarpos albus* (L.) S. F. Blake (*S. rivularis* Suksd., *S. racemosus* Michaux). Journal of Ecology 83 (1): 159-166.

265 GIROD C. 2008. Un actualité qui date un peu: *Artemisia insipida*. http://forums.botanique.free.fr/index

266 GÖLZ P. & REINHARD H. R. 1997. Über die Gattung *Dactylorhiza* – Neue Erkenntnisse und neue Fragen. Journal Europäischer Orchideen 29 (4): 585-640.

267 GOTTSCHLICH G. 1999. *Hieracium venostorum* (Zahn) Gottschlich comb. et stat. nov., eine bisher verkannte endemische Hieracien-Art Südtirols. Veröffentlichungen des Tiroler Landesmuseums Ferdinandeum 79: 201-206.

268 GÖTZ E. 1967. Die *Aconitum variegatum*-Gruppe und ihre Bastarde in Europa. Feddes Repertorium 76 (1/2): 1-62.

269 GRAU J. 1964. Die Zytotaxonomie der *Myosotis-alpestris*- und der *Myosotis-silvatica*-Gruppe in Europa. Österreichische botanische Zeitschrift 111: 561-617.

270 GREGOR T. 2004. *Potentilla alsatica* T. Gregor, ein Fingerkraut der *Potentilla-collina*-Gruppe aus der südlichen Oberrheinebene. Bauhinia 18: 5-20.

271 GREGOR T. & KOCH E. 2004. Das frühblühende Fingerkraut (*Potentilla praecox* F. W. Schultz) – ein Endemit des Hochrheingebiets. Berichte der Botanischen Arbeitsgemeinschaft Südwestdeutschland 3: 3-14.

272 GREILHUBER J. & SPETA F. 1977. Giemsa karyotypes and their evolutionary significance in *Scilla bifolia, S. drunensis* and *S. vindobonensis* (Liliaceae). Plant Systematics and Evolution 127: 171-190.

273 GREIMLER J., HERMANOVSKI B. & JANG C.-G. 2004. A re-evaluation of morphological characters in European *Gentianella* section *Gentianella* (Gentianaceae). Plant Systematics and Evolution 248: 143-169.

274 GREIMLER J. & JANG C.-G. 2007. *Gentianella stiriaca*, a case of reticulate evolution in the northeastern and eastern Central Alps. Taxon 56 (3): 857-870.

275 GRÉMAUD M. 1981. Recherche de taxonomie expérimentale sur le *Carduus defloratus* L. s. l., I-IV. Revue de cytologie et de biologie végétales – le Botaniste 4: 1-75; 11-171; 207-268; 341-386.

276 GRENON M. 2006. Redécouverte d'*Anthyllis guyoti* Chodat, une rare endémique des Alpes pennines. Bulletin de la Murithienne 124: 39-46.

277 GRIME J. P. 1979. Plant strategies and vegetation processes. Chichester, New York, Brisbane, Toronto. 220 pp.

277a GRIME J. P. 2001. Plant strategies, vegetation processes and ecosystem properties. John Wiley & Sons, Chichester, New York, Toronto.

278 GRIME J. P., HODGSON J. G. & HUNT R. 1988. Comparative plant ecology. A functional approach to common British species. Unwin, London. 742 pp.

279 GRIME J. P., HODGSON J. G. & HUNT R. 2007. Comparative plant ecology. A functional approach to common British species. ed. 2. Castlepoint Press, Dalbeattie. 748 pp.

280 GROSSMANN A. 1976. *Poa subcaerulea* Smith – neu für Österreich. Linzer Biologische Beiträge 8 (2): 375-381.

281 GROSSMANN F. 1975. Morphologisch-ökologische Untersuchungen an *Scabiosa columbaria* L. s. l. im mittleren und westlichen Alpengebiet. Veröffentlichungen des Geobotanischen Instituts der ETH Zürich, Stiftung Rübel 53: 1-125.

282 GRUBER J. P. 2006. *Juncus arcticus* Willd. (Juncaceae). Dissertationes Botanicae 399: 1-175.

283 GRULICH V. & HODÁLOVÁ I. 1994. The *Senecio doria* Group (Asteraceae-Senecioneae) in Central and Southeastern Europe. Phyton: annales rei botanicae 34: 247-265.

284 GUSTAFSSON M. 1976. Evolutionary trends in the *Atriplex prostrata* group of Scandinavia. Taxonomy and morphological variation. Opera Botanica 39: 1-63.

285 GUTERMANN W. 1974. *Erigeron acris* subsp. *macrophyllus*, eine verkannte Sippe des Alpen-Ostrandes. Phyton: annales rei botanicae 16 (1/4): 75-79.

286 GUTERMANN W. 1979. Systematik und Evolution einer alten, dysploid-polyploiden Oreophyten-Gruppe: *Artemisia mutellina* und ihre Verwandten. Diss., Form.-Naturw. Fak., Wien. 422 pp.

287 GUTERMANN W. 2000. *Campanula barbata* subsp. *strictopedunculata*. Florae Austriacae Novitates 6: 52.

288 GUTERMANN W. 2006. Notulae Nomenclaturales 19-25 (Neue Namen und Kombinationen zur Flora Südtirols). Phyton: annales rei botanicae 46 (2): 71-81.

289 HABERMEHL G. & ZIEMER P. 1999. Mitteleuropäische Giftpflanzen und ihre Wirkstoffe. ed. 2. Springer, Berlin. 258 pp.

290 HAEUPLER H. & MUER T. 2007. Bildatlas der Farn- und Blütenpflanzen Deutschlands. ed. 2. Ulmer, Stuttgart. 784 pp.

291 HAEUPLER H. & SCHÖNFELDER P. 1988. Atlas der Farn- und Blütenpflanzen der Bundesrepublik Deutschland. Ulmer, Stuttgart. 768 pp.

292 HÄMET-AHTI L. 1970. Taxonomy of *Vicia sepium* L. (Leguminosae) in Finland. Annales botanici Fennici 7: 170-176.

293 HAND R. 2001. Revision der in Europa vorkommenden Arten von *Thalictrum* subsectio *Thalictrum* (Ranunculaceae). Botanik und Naturschutz in Hessen, Beiheft 9: 1-358.

294 HARAŠTOVÁ-SOBOTKOVÁ M., JERSÁKOVÁ J., KINDLMANN P. & URN L. 2005. Morphometric and genetic divergence among populations of *Neotina ustulata* (Orchidaceae) with different flowering phenologies. Folia Geobotanica 40: 385-405.

295 HART H't. 1978. Biosystematic studies in the *Acre*-group and the series *Rupestria* Berger of the genus *Sedum* L. (Crassulaceae). Utrecht. 153 pp.

296 HART H't. 1983. Micro-endemism in *Sedum* (Crassulaceae): the sibling species *S. alsinefolium* All. and *S. fragrans* spec. nov. Botanica Helvetica 93 (2): 269-280.

297 HASLAM S. M. 1972. *Phragmites communis* Trin. [*Arundo phragmites* L.? *Phragmites australis* (Cav.) Trin. ex Steudel]. Journal of Ecology 60 (2): 585-610.

298 HAUSER M. 1975. Zytotaxonomische Untersuchungen an *Campanula patula* L. s. l. und *C. Rapunculus* L. in der Schweiz und in Österreich. Veröffentlichungen des Geobotanischen Instituts der ETH Zürich, Stiftung Rübel 52: 1-73.

299 HEDRÉN M. 2002a. Patterns of allozyme and morphological differentiation in the *Carex flava* complex (Cyperacae) in Fennoscandia. Nordic Journal of Botany 22: 257-301.

300 HEDRÉN M. 2002b. Speciation patterns in the *Dactylorhiza incarnata/maculata* polyploid complex (Orchidaceae): evidence from molecular markers. Journal Europäischer Orchideen 34 (4): 707-731.

301 HEGG O. 1995 (Manuskript). Liste von häufigeren und soziologisch und ökologisch bedeutsameren Arten der subalpinen und alpinen Stufe. 9 pp.

302 HEGG O., BÉGUIN C. & ZOLLER H. 1993. Atlas schutzwürdiger Vegetationstypen der Schweiz. BUWAL, Bern. 160 pp.

302a HEGG O., BÉGUIN C. & ZOLLER H. 2001. Atlas schutzwürdiger Vegetationstypen der Schweiz. 2. Aufl. BUWAL, Bern. 160 pp.

303 HEGG O., FELLER U., DÄHLER W. & SCHERRER C. 1999. Long term influence of fertilization in a *Nardetum*. Vegetatio 103: 133-158.

304 HEGI G. 1964. Illustrierte Flora von Mitteleuropa. Labiatae – Solanaceae. Bd. 5/4. ed. 1 (Nachdruck). Parey, Berlin – Hamburg.

305 HEGI G. 1966a. Illustrierte Flora von Mitteleuropa. Linaceae – Violaceae. Bd. 5/1. ed. 2. Lehmann, München.

306 HEGI G. 1966b. Illustrierte Flora von Mitteleuropa. Pirolaceae – Verbenaceae. Bd. 5/3. ed. 1 (Nachdruck). Hanser, München.

307 HEGI G. 1974a. Illustrierte Flora von Mitteleuropa. Nymphaeaceae – Ranunculaceae. Bd. 3/3. ed. 2. Hanser, München.

308 HEGI G. 1974b. Illustrierte Flora von Mitteleuropa. Scrophulariaceae – Plantaginaceae. Bd. 6/1. ed. 2. Hanser, München.

309 HEGI G. 1975a. Illustrierte Flora von Mitteleuropa. Leguminosae – Tropaeolaceae. Bd. 4/3. Parey, Berlin – Hamburg.

310 HEGI G. 1975b. Illustrierte Flora von Mitteleuropa. Cactaceae – Cornaceae. Bd. 5/2. Lehmann, München.

311 HEGI G. 1979a. Illustrierte Flora von Mitteleuropa. Phytolaccaceae – Portulacaceae. Bd. 3/2. ed. 3. Parey, Berlin – Hamburg.

312 HEGI G. 1979b. Illustrierte Flora von Mitteleuropa. Compositae I. Allgemeiner Teil, *Eupatorium – Achillea*. Bd. 5/3. ed. 3. Parey, Berlin – Hamburg.

313 HEGI G. 1980. Illustrierte Flora von Mitteleuropa. Cyperaceae – Juncaceae. Bd. 2/1. ed. 3. Parey, Berlin – Hamburg.

314 HEGI G. 1981a. Illustrierte Flora von Mitteleuropa. Ginkgoaceae – Scheuchzeriaceae. Bd. 1/2. ed. 3. Parey, Berlin – Hamburg.

315 HEGI G. 1981b. Illustrierte Flora von Mitteleuropa. Juglandaceae – Polygonaceae. Bd. 3/1. ed. 3. Parey, Berlin – Hamburg.

316 HEGI G. 1984a. Illustrierte Flora von Mitteleuropa. Pteridophyta. Bd. 1/1. ed. 3. Parey, Berlin – Hamburg.

317 HEGI G. 1984b. Illustrierte Flora von Mitteleuropa. Dioscoraceae – Amaryllidaceae. Bd. 2/2. ed. 2. C. Hansen, München.

318 HEGI G. 1986. Illustrierte Flora von Mitteleuropa. Berberidaceae – Resedaceae. Bd. 4/1. ed. 3. Parey, Berlin – Hamburg.

319 HEGI G. 1987. Illustrierte Flora von Mitteleuropa. Compositae II *(Matricaria – Hieracium)*. Bd. 6/4. ed. 2. Parey, Berlin – Hamburg.

320 HEGI G. 1995a. Illustrierte Flora von Mitteleuropa. Platanaceae – Rosaceae (1). Bd. 4/2A. ed. 3. Parey, Berlin – Hamburg.

321 HEGI G. 1995b. Illustrierte Flora von Mitteleuropa. Rosaceae (2). Bd. 4/2B. ed. 3. Parey, Berlin – Hamburg.

322 HEGI G. 2003. Illustrierte Flora von Mitteleuropa. Rosaceae (3). Bd. 4/2C. ed. 2. Parey, Berlin.

323 HEGI G. 2008. Illustrierte Flora von Mitteleuropa. Cucurbitaceae – Lobeliaceae. Bd. 6/2A. ed. 3. Weissdorn, Jena.

324 HEINKEN T., HANSPACH H. & SCHAUMANN F. 2001. Welche Rolle spielt die endozoochore Ausbreitung von Pflanzen durch wildlebende Säugetiere? Untersuchungen in zwei brandenburgischen Waldgebieten. Hercynia. Neue Folge 34: 237-259.

325 HEINZELMANN P. 1991. Über zwei- und mehrjährige hapaxanthe Pflanzen der mitteleuropäischen Flora. Diplomarbeit, Universität Halle-Wittenberg, Institut für Geobotanik, Halle. 91 pp.

326 HEISELMAYER. 1985. Zur Problematik der Zeigerwerte und deren Anwendung in Pflanzengesellschaften der alpinen Stufe. Stapfia 14: 105-125.

327 HEMP A. 1996. Distribution, ecological parameters and localities of the five glacial relicts *Cardaminopsis petraea, Draba aizoides, Saxifraga decipiens, Arabis alpina* and *Asplenium viride* are investigated in a part of the northern Frankenalb. Berichte der Bayerischen Botanischen Gesellschaft zur Erforschung der Heimischen Flora 66/67: 233-267.

328 HENDRYCH R. 1969. Taxonomy and chorology of *Thesium pyrenaicum*. Acta Universitatis Carolinae. Biologica 1969: 93-117.

329 HERBORG J. 1987. Die Variabilität und Sippenabgrenzung in der *Senecio nemorensis*-Gruppe (Compositae) im europäischen Teilareal. Dissertationes Botanicae 107: 1-252.

330 HERRMANN N., WEISS G. & DURKA W. 2006. Biological Flora of Central Europe: *Muscari tenuiflorum* Tausch. Flora 201: 81-101.

331 HERZBERGER E. & KARRER G. 1992. Test der internen Konsistenz und Verbesserungsmöglichkeiten ökologischer Zeigerwerte mit Hilfe von Daten der Österreichischen Waldboden-Zustandsinventur. FBVA-Berichte 71: 93-102.

332 HESS H. E., LANDOLT E. & HIRZEL R. 1967-1972. Flora der Schweiz und angrenzender Gebiete. 3 Bde. Birkhäuser, Basel.

333 HESS H. E., LANDOLT E. & HIRZEL R. 1976-1980. Flora der Schweiz und angrenzender Gebiete. 3 Bde. ed. 2. Birkhäuser, Basel.

334 HEUBL G. R. 1984. Systematische Untersuchungen an mitteleuropäischen *Polygala*-Arten. Mitteilungen der Botanischen Staatssammlung München 20: 205-428.

335 HIBSCH-JETTER C. 1994. Contributiones Biologiae Arborum. Bd. 6. Birken in den Alpen. Taxonomisch-ökologische Untersuchungen an *Betula pubescens* Ehrh. und *Betula pendula* Roth. Ecomed, Landsberg am Lech. 170 pp.

336 HILL D. J. & PRICE B. 2000. *Ornithogalum pyrenaicum* L. Journal of Ecology 88 (2): 354-365.

337 HILL M. O. & CAREY P. D. 1997. Prediction of yield in the Rothamsted Park Grass Experiment by Ellenberg indicator values. Journal of Vegetation Science 8: 579-586.

338 HILL M. O., MOUNTFORD J. O., ROY D. B. & BUNCE R. G. H. 1999. Ecofact. Ellenberg's indicator values for British plants. Vol. 2. Department of the Environment, Transport and the Regions, London. 46 pp.

339 HILL M. O., ROY D. B., MOUNTFORD J. O. & BUNCE R. G. H. 2000. Extending Ellenberg's indicator values to a new area: an algorithmic approach. Journal of Applied Ecology 37: 3-15.

340 HÖCKER R. & HETZEL G. 2006. *Epilobium brachycarpum* C. Presl, das Kurzfrüchtige Weidenröschen, in Bayern. Floristische Rundbriefe 40: 115-131.

341 HODÁLOVÁ I., GRULICH V. & MARHOLD K. 2002. A multivariable morphometric study of *Senecio paludosus* L. (Asteraceae) in Central and Western Europe. Botanica Helvetica 112 (2): 137-151.

342 HODÁLOVÁ I. & MARHOLD K. 1996. Sympatric populations of *Senecio ovatus* subsp. *ovatus, S. germanicus* subsp. *germanicus* (Compositae) and their hybrid in the Carpathians and the adjacent part of Pannonia. II. Synecological differentiation and distribution. Flora 191: 291-302.

343 HODGSON J. G., MONTSERRAT-MARTI G., CERABOLINI B., CERIANI R. M., MAESTRO-MARTINEZ M., PECO B., WILSON P. J., THOMPSON K., GRIME J. P., BAND S. R., BOGARD A., CASTRO-DIEZ P., CHARLES M., JONES G., PEREZ-RONTOME M. C., CACCIANIGA M., ALARD D., BAKKER J. P., CORNELISSEN J. H. C., DUTOIT T., GROOTJANS A. P., GUERRERO-CAMPO J., GUPTA P. L., HYND A., KAHMEN S., POSCHLOD P., ROMO-DIEZ A., RORISON I. H., ROSEN E., SCHREIBER K. F., TALLOWIN J., ESPUNY L. D. & VILLAR-SALVADOR P. 2005. A functional method for classifying European grasslands for use in joint ecological and economic studies. Basic and Applied Ecology 6 (2): 119-131.

344 HOFFER-MASSARD F., BORNAND C., DROZ J. & VUST M. 2006. Flore de Lausanne et de sa région. Vol. 2. Composition de la flore et repartition des espèces. Rossolis, Bussigny. 192 pp.

345 HOFFMANN A. 1989. Zyto- und ökotaxonomische Untersuchungen über *Bromus ramosus* Huds. und *Bromus benekenii* (Lange) Trimen. Tuexenia 9: 3-28.

346 HOFFMANN M. H. 1996. Die in Zentraleuropa verwilderten und kultivierten nordamerikanischen Astern. Feddes Repertorium 107: 163-188.

347 HOFMANN H. 1993. Zur Verbreitung und Ökologie der Wildbirne *(Pyrus communis* L.) in Süd-Niedersachsen und Nordhessen sowie ihre Abgrenzung von verwilderten Kulturbirnen *(Pyrus domestica* Med.). Mitteilungen der Deutschen Dendrologischen Gesellschaft 81: 27-69.

348 HOLLINGS E. & STACE C. A. 1978. Morphological variation in the *Vicia sativa* L. aggregate. Watsonia 12: 1-14.

349 HOLLIS S. & BRUMMITT R. K. 1992. World geographical scheme for recording plant distributions. Plant taxonomic database standards 2: 72-105.

350 HOLLMANN H. 1972. Verbreitung und Soziologie der Schachblume *Fritillaria meleagris* L. Abhandlungen und Verhandlungen des Naturwissenschaftlichen Vereins in Hamburg. Neue Folge Suppl. 15: 1-82.

351 HOLUB J. 1976. *Juncus minutulus* – a neglected new species of the Czechoslowak flora (in Czech.). Preslia 48: 329-339.

352 HOLUB J. 1993. *Leonurus intermedius*, species nova – with additional notes on some other *Leonurus* taxa. Preslia 65: 97-115.

353 HÖRANDL E. 1992. Die Gattung *Salix* in Österreich (mit Berücksichtigung angrenzender Gebiete). Abhandlungen der Zoologisch-Botanischen Gesellschaft Österreich 26 (1): 1-170.

354 HÖRANDL E. 1993. Revision der *Saxifraga sedoides*-Gruppe (Saxifragaceae) hinsichtlich Systematik, Verbreitung und Vegetationsschluss. Phyton: annales rei botanicae 33: 87-119.

355 HÖRANDL E. 1994. Systematik und Verbreitung von *Papaver dubium* L. s. l. in Österreich. Linzer Biologische Beiträge 26 (1): 407-435.

356 HÖRANDL E. & GUTERMANN W. 1995. *Draba aizoides* subsp. *beckeri* (Brassicaceae), ein Endemit der östlichsten Alpen und Kleinen Karpaten. Phyton: annales rei botanicae 35: 83-101.

357 HÖRANDL E. & GUTERMANN W. 1998. Der *Ranunculus auricomus*-Komplex in Österreich 1. Methodik; Gruppierung der mitteleuropäischen Sippen. Botanisches Jahrbuch für Systematik 120 (1): 1-44.

358 HÖRANDL E. & GUTERMANN W. 1998. Der *Ranunculus auricomus*-Komplex in Österreich 2. Die *R. cassubicus-*, *R. monophyllus-* und *R. fallax*-Sammelgruppe. Botanische Jahrbücher für Systematik, Pflanzengeschichte und Pflanzengeographie 120 (4): 545-598.

359 HÖRANDL E. & GUTERMANN W. 1999. Der *Ranunculus auricomus*-Komplex in Österreich und benachbarten Gebieten 3. Die Arten der *R. latisectus-*, *R. puberulus-*, *R. stricticaulis-* und *R. argoviensis*-Gruppe. Botanisches Jahrbuch für Systematik 121 (1): 99-138.

360 HORN K. 1997. Verbreitung, Ökologie und Gefährdung der Flachbärlappe (*Diphasiastrum* spp., Lycopodiaceae, Pteridophyta) in Niedersachsen und Bremen. Naturschutz und Landschaftspflege Niedersachsens 38: 1-83.

361 HORN K. & KORNECK K. 2003. Die einfache Mondraute (*Botrychium simplex* E. Hitchcock) in Tirol. Wulfenia 10: 145-169.

362 HORRILL A. D. 1972. *Melampyrum cristatum* L. Journal of Ecology 60 (1): 235-244.

363 HOWARTH S. E. & WILLIAMS J. T. 1972. *Chrysanthemum segetum* L. Journal of Ecology 60 (2): 573-584.

364 HROUDOVÁ Z., ZÁKRAVSKY P., DUCHÁ EK M. & MARHOLD K. 2007. Taxonomy, distribution and ecology of *Bolboschoenus* in Europe. Annales botanici Fennici 44 (2): 81-102.

365 HUBER W. 1994. Geographische und ökologische Differenzierung von *Erigeron neglectus* Kerner (Asteraceae) der Alpen. Flora 189 (2): 141-151.

366 HÜGIN G. 1986. Die Verbreitung von *Amaranthus*-Arten in der südlichen und der mittleren Oberrheinebene sowie einigen angrenzenden Gebieten. Phytocoenologia 14: 289-379.

367 HÜGIN G. 1987. Einige Bemerkungen zu wenig bekannten *Amaranthus*-Sippen (Amaranthaceae) Mitteleuropas. Willdenowia 16: 453-478.

368 HÜGIN G. 1998. Die Gattung *Chamaesyce* in Europa. Feddes Repertorium 109 (3/4): 189-223.

369 HÜGIN G. 1999a. Anmerkungen zur Unterscheidung von *Eragrostis multicaulis* und *Eragrostis pilosa*. Botanik und Naturschutz in Hessen 11: 91-93.

370 HÜGIN G. 1999b. Was sind Wärmezeiger? Untersuchungen zum Wärmebedürfnis von Ruderal- und Segetalpflanzen in Mitteleuropa. Tuexenia 19: 425-445.

371 HÜGIN G. 1999c. Verbreitung und Ökologie der Gattung *Chamaesyce* in Mitteleuropa, Oberitalien und Südfrankreich. Feddes Repertorium 110 (3/4): 225-264.

372 HÜGIN G. 2005. Die Hochlagenflora (Farn- und Blütenpflanzen) des Schwarzwalds und der Vogesen. Kritische Anmerkungen zur Reliktfrage und zum Indigenat von «Glazialpflanzen». Berichte der Bayerischen Botanischen Gesellschaft zur Erforschung der Heimischen Flora 75: 109-168.

373 HÜGIN G. & HÜGIN H. 1997. Die Gattung *Chamaesyce* in Deutschland. Bestimmungsschlüssel, Wuchsorte, Fundortskarten und Fragen zur Einbürgerung. Berichte der Bayerischen Botanischen Gesellschaft zur Erforschung der Heimischen Flora 68: 103-121.

374 HÜGIN G. & HÜGIN H. 2001. Die Mittelmeerpflanze *Veronica cymbalaria* nördlich der Alpen – ein Hinweis auf die Klimaänderung. Floristische Rundbriefe 35 (1/2): 1-10.

375 HÜGIN G. & LOHMEYER W. 1993. Bastardbildung und intraspezifische Sippengliederung bei *Echinops sphaerocephalum* (Asteraceae, Cardueae) in Mitteleuropa. Willdenowia 23: 83-89.

376 HÜGIN G., MAZOMEIT J. & WOLFF P. 1995. *Geranium purpureum* – ein weit verbreiteter Neophyt auf Eisenbahnschotter in Südwestdeutschland. Floristische Rundbriefe 29 (1): 37-41.

377 HÜGIN H. & HÜGIN G. 1994. *Veronica opaca* in Mitteleuropa – Erkennungsmerkmale, Verbreitung und standörtliches Verhalten. Flora 189 (1): 7-36.

378 HUSSNER A. 2007. Zur Biologie des aquatischen Neophyten *Hydrocotyle ranunculoides* L. f. (Apiaceae) in Nordrhein-Westfalen. Floristische Rundbriefe 40: 19-24.

379 HUTCHINGS M. J. & PRICE E. A. C. 1999. *Glechoma hederacea* L. [*Nepeta glechoma* Benth., *N. hederacea* (L.) Trev.]. Journal of Ecology 87 (2): 347-364.

380 HUTCHINSON C. S. & SEYMOUR G. B. 1982. *Poa annua* L. Journal of Ecology 70 (3): 887-901.

380a HUTCHINSON G. E. 1957. Concluding remarks. Cold Spring Harbor Symposia on Quantitative Biology 22: 415-427.

381 JACQUEMART A.-L. 1997. *Vaccinium oxycoccos* L. *(Oxycoccus palustris* Pers.) and *Vaccinium microcarpum* (Turcz. ex Rupr.) Schmalh. *(Oxycoccus microcarpus* Turcz. ex Rupr.). Journal of Ecology 85 (3): 381-396.

382 JACQUEMART A.-L. 1998. *Andromeda polifolia* L. Journal of Ecology 86 (3): 527-541.

383 JÄGER E. J. 1991. Verbreitung, Biologie und Wuchsform von *Abutilon theophrasti* Medic. Wissenschaftliche Zeitschrift der Martin-Luther-Universität Halle-Wittenberg. Mathematisch-naturwissenschaftliche Reihe 40 (3): 37-48.

384 JÄGER E. J. 2000. A database on biological trates of the German flora – state of the art and need of investigation of the vegetative structure. Zeitschrift für Ökologie und Naturschutz 9: 53-59.

385 JÄGER E. J. 2000. Wuchsform und Lebensgeschichte der Straussglockenblume *(Campanula thyrsoides* L.) und ihrer subsp. *carniolica* (Sünderm.) Podl. Berichte der Bayerischen Botanischen Gesellschaft zur Erforschung der Heimischen Flora 69/70: 93-100.

386 JANKA V. V. 1866. Die europäischen *Holcus*-Arten. Plant Systematics and Evolution 16: 56-60.

387 JEHLÍK V. 1981. Chorology and ecology of *Sisymbrium volgense* in Czechoslovakia. Folia Geobotanica & Phytotaxonomica 16: 407-421.

388 JONES D. A. & TURKINGTON R. 1986. *Lotus corniculatus* L. Journal of Ecology 74 (4): 1185-1212.

389 JONSELL B. 1969. *Rorippa islandica* und *R. palustris* – 2 scharf getrennte Arten der Alpenländerflora. Berichte des Geobotanischen Institutes der Eidgenössischen Technischen Hochschule, Stiftung Rübel 39: 52-55.

390 KADEREIT J. W. 1986. A revision of *Papaver* L. sect. *Papaver* (Papaveraceae). Botanische Jahrbücher für Systematik, Pflanzengeschichte und Pflanzengeographie 108 (1): 1-16.

391 KADEREIT J. W. 1989. A revision of *Papaver* L. section *Rhoeadium* Spach. Notes from the Royal Botanic Garden Edinburgh 45 (2): 225-286.

392 KADEREIT J. W. 1990. Notes on the taxonomy, distribution, phylogeny and ecology of *Papaver alpinum* L. (Papaveraceae). Botanische Jahrbücher für Systematik, Pflanzengeschichte und Pflanzengeographie 112 (1): 79-97.

393 KADEREIT J. W. 1996. A revision of *Papaver* L. sects. *Pilosa* Prantl and *Pseudopilosa* M. Pop. ex Günther. Edinburgh Journal of Botany 53: 285-309

394 KALHEBER H. 1983. *Centaurea jacea* L. s. l. im mittleren Hessen. Beiträge zur Naturkunde Osthessen 19: 13-20.

395 KALHEBER H. 2000. Über einige wenig beachtete Sippen der hessischen Flora. Schriftenreihe – Umweltamt der Wissenschaftsstadt Darmstadt 16 (3): 26-35.

396 KAPLAN Z. & ŠTEPÁNEK J. 2003. Genetic variation within and between populations of *Potamogeton pusillus* agg. Plant Systematics and Evolution 239: 95-112.

397 KARRER G. 1991. Über die Ermittlung ökologischer Zeigerwerte für die österreichischen Gefässpflanzen. 6. Österr. Botanikertreffen, Graz: 25-25.

398 KARRER G. & EWALD J. 2000. *Euphorbia angulata* Jacq. – eine übersehene Art in den Magerrasen des Ammer-Loisach Hügellandes. Berichte der Bayerischen Botanischen Gesellschaft zur Erforschung der Heimischen Flora 69/70: 133-145.

399 KÄSTNER A., JÄGER E. J. & SCHUBERT R. 2001. Handbuch der Segetalpfanzen Mitteleuropas. Springer, Wien. 609 pp.

400 KAY Q. O. N. 1971. *Anthemis cotula* L. Journal of Ecology 59 (2): 623-636.

401 KAY Q. O. N. 1994. *Tripleurospermum inodorum* (L.) Schultz Bip. Journal of Ecology 82 (3): 681-697.

402 KAZMI S. M. A. 1964a. Revision der Gattung *Carduus*. Teil I. Mitteilungen der Botanischen Staatssammlung München 5: 139-198.

403 KAZMI S. M. A. 1964b. Revision der Gattung *Carduus*. Teil II. Mitteilungen der Botanischen Staatssammlung München 5: 279-550.

404 KELLER W. 1985. Über die soziologische Bindung von *Galanthus nivalis* L. im Aargauer Jura. Botanica Helvetica 95 (2): 291-299.

405 KELLER W. 1991. Vorkommen und soziologische Bindung von *Ornithogalum pyrenaicum* L. am Bözberg. Botanica Helvetica 101 (2): 159-165.

406 KELLER W. 2004a. *Scilla bifolia* L. im zweiten Aargauer Forstkreis- zur soziologischen Bindung eines nicht häufigen Frühlingsgeophyten. Botanica Helvetica 114 (1): 15-34.

407 KELLER W. 2004b. *Galanthus elwesii* Hooker – ein Neubürger im Kanton Aargau. Botanica Helvetica 114 (1): 7-14.

408 KERGUÉLEN M. 1998. Quelques problèmes posés par une révision de la flore de France. E.R.I.C.A.: Echo du Réseau pour l'Inventaire et la Cartographie Armoricaine: bulletin de botanique armoricaine. Conservatoire botanique national de Brest 10: 7-16.

409 KERGUÉLEN M. & PLONKA F. 1989. Les *Festuca* de la flore de France (Corse comprise). Bulletin de la Société botanique du centre-ouest. Nouvelle série. Numéro special. 10: 1-368.

410 KHALAF M. K. & STACE C. A. 2000. Breeding systems and relationships of the *Cerastium tomentosum* group. Preslia (72): 323-344.

411 KIFFE K. 1988. *Juncus ensifolius* Wikström, eine sich einbürgernde Adventivpflanze? Floristische Rundbriefe 21 (2): 86-88.

412 KIRCHNER O. 1911. Blumen und Insekten: Ihre Anpassung aneinander und ihre gegenseitige Abhängigkeit. B. G. Teubner, Leipzig & Berlin. 436 pp.

413 KIRCHNER O., LOEW E. & SCHROETER C. 1908-1942. Lebensgeschichte der Blütenpflanzen Mitteleuropas. Ulmer, Stuttgart.

414 KIRSCHNER J. 1993. Taxonomic survey of *Luzula* sect *Luzula* (Juncaceae) in Europe. Folia Geobotanica & Phytotaxonomica 28: 141-182.

415 KIRSCHNER J., ENGELSKJON T. & KNABEN G. S. 1988. *Luzula alpina* Hoppe, a neglected Alpine species. Preslia 60: 97-108.

416 KIRSCHNER J. & LIPPERT W. 1995. Ein Vorläufiger Überblick über *Luzula* sect. *Luzula* in Bayern. Berichte der Bayerischen Botanischen Gesellschaft zur Erforschung der Heimischen Flora 65: 7-26.

417 KLAPP E., BOEKER P., KÖNIG F. & STAEHLIN A. 1953. Wertzahlen der Grünlandpflanzen. Grünland 2: 38-40.

418 KLAPPROTH H. & KADEREIT J. W. 1995. Variability of isozyme pattern, chromosome number, and latex colour and components in the closely related *Papaver dubium* L. and *P. lecoqii* Lamotte in C Europe. Flora 190 (2): 97-104.

419 KLAUS G. (ed.) 2007. Zustand und Entwicklung der Moore in der Schweiz. Ergebnisse der Erfolgskontrolle Moorschutz. Stand Juni 2007. Bundesamt für Umwelt, Bern. 97 pp.

420 KLEIN E. 1997. *Epipactis helleborine* (L.) Crantz subsp. *orbicularis* (Richter) Klein comb. nova, eine xerophile Unterart (Orchidaceae, Neottieae). Phyton: annales rei botanicae 37: 71-83.

421 KLEIN E. 2000. *Pseudoorchis albida* subsp. *tricuspis* (Beck) Klein stat. nov., eine weitgehend übersehene, calcicole, alpisch-boreale Sippe (Orchidaceae – Orchideae). Phyton: annales rei botanicae 40 (1): 141-159.

422 KLEYER M. 1995. Biological traits of vascular plants. A database. In: Arbeitsberichte Institut für Landschaftsplanung und Ökologie. NF 2, Stuttgart. 1-23.

423 KLIMEŠ L. 1987. Exploitation of tabulated indicator values in the gradient analysis of vegetation (in Czech.). Preslia 59 (1): 15-24.

424 KLIMEŠ L. & KLIMEŠOVÁ J. 1999. CLOPLA2 – A database of clonal plants in central Europe. Plant Ecology 141: 9-19.

425 KLIMEŠOVÁ J., MARTÍNKOVÁ J. & KOČVAROVÁ M. 2004. Biological flora of central Europe: *Rorippa palustris* (L.) Besse. Flora 199 (6): 453-463.

426 KLIPHUIS E. 1984. Cytotaxonomic studies on *Galium verum* L. Botanica Helvetica 94 (2): 269-278.

427 KLIPHUIS E., HERINGA J. & HOGEWEG P. 1986. Cytotaxonomic studies on *Galium palustre* L. Morphological differentiation of diploids, tetraploids and octoploids. Acta botanica Neerlandica 35: 383-392.

428 KLOTZ S., KÜHN I. & DURKA W. 2002. Bioflor – Eine Datenbank mit biologisch-ökologischen Merkmalen zur Flora von Deutschland. Schriftenreihe für Vegetationskunde. 38: 1-334.

429 KNUTH P. 1898-1899. Handbuch der Blütenbiologie. Bd. 2/1+2. Engelmann, Leipzig.

430 KOCH M. 1997. Zur Morphologie, Systematik und Verbreitung des Polyploidkomplexes *Thlaspi perfoliatum* L. *[Microthlaspi perfoliatum* (L.) F. K. Meyer] in Deutschland. Osnabrücker naturwissenschaftliche Mitteilungen 23: 157-168.

431 KOCH M., MUMMENHOF K. & HURKA H. 1996. Chloroplast-DNA restriction site variation and RAPD-analyses in *Cochlearia* (Brassicaceae). Biosystematics and speciation. Nordic Journal of Botany 16: 585-603.

432 KOCH S. D. & SANCHEZ VEGA I. 1985. *Eragrostis mexicana, E. neomexicana, E. orcuttiana*, and *E. virescens*: the resolution of a taxonomique problem. Phytologia 58 (6): 377-381.

433 KOCH W. 1933. Schweizerische Arten aus der Verwandtschaft des *Ranunculus auricomus* L. Studien über kritische Schweizerpflanzen II. Berichte der Schweizerischen botanischen Gesellschaft 42: 740-753.

434 KOCH W. 1939. Zweiter Beitrag zur Kenntnis des Formenkreises von *Ranunculus auricomus* L. Studien über kritische Schweizerpflanzen III. Berichte der Schweizerischen botanischen Gesellschaft 49: 541-554.

435 KÖCKINGER H. 2003. *Saxifraga styriaca* spec. nova (Saxifragaceae) – ein Endemit der östlichen Niederen Tauern (Steiermark, Österreich). Phyton: annales rei botanicae 43: 79-108.

436 KOLLMANN J. & FISCHER A. 2003. Special feature: Vegetation as indicator for habitat quality. Basic and Applied Ecology 4 (6): 489-491.

437 KOLLMANN J. & GRUBB P. J. 2001. Biological Flora of Central Europe: *Cornus sanguinea* L. Flora 196: 161-179.

438 KÖNIG A. 1989. Über die Pontische Quecke *Elymus elongatus* (Host) Runemark subsp. *ponticus* (Podp ra) Melderis in Hessen und angrenzenden Ländern. Botanik und Naturschutz in Hessen 3: 5-13.

439 KORSCH H. 1999. Chorologisch-ökologische Auswertungen der Daten der floristischen Kartierung Deutschlands. Schriftenreihe für Vegetationskunde 30: 1-200.

440 KÖSTLER J. N., BRÜCKNER E. & BIBELRIETHER H. 1968. Die Wurzeln der Waldbäume. Paray, Hamburg, Berlin. 284 pp.

441 KOUTECKÝ P. 2007. Morphological and ploidy level variation of *Centaurea phrygia* agg. (Asteraceae) in the Czech Republic, Slovakia and Ukraine. Folia Geobotanica 42: 77-102.

441a KOWARIK I. 1988. Zum menschlichen Einfluß auf Flora und Vegetation. Landschaftsentwicklung und Umweltforschung 56: 280 pp.

442 KOWARIK I. & SEIDLING W. 1989. Zeigerwertberechnungen nach Ellenberg – Zu Problemen und Einschränkungen einer sinnvollen Methode. Landschaft + Stadt 21 (4): 132-143.

443 KOZLOWSKI G. & EGGENBERG S. 2005. Vorkommen der Kleinen Teichrose *Nuphar pumila* und des Hybrids *N. x intermedia* in der Schweiz. Botanica Helvetica 115 (2): 125-136.

444 KRATTINGER K. 1978. Biosystematische Untersuchungen innerhalb der Gattung *Typha*. Juris Druck + Verlag. 270 pp.

445 KRENDL F. 1967. Cytotaxonomie der *Galium mollugo*-Gruppe in Mitteleuropa (Zur Phylogenie der Gattung *Galium*, VIII.). Österreichische botanische Zeitschrift 114: 508-549.

446 KRENDL F. 2002. *Galium glaucum* L. und *Galium eruptivum* Krendl sp. n. (Rubiaceae). Annalen des Naturhistorischen Museums in Wien 104B: 567-690.

447 KRESS A. 1965. Zur Zytotaxonomie der *Androsace-Vitaliana-Douglasia*-Verwandtschaft. Mitteilungen der Botanischen Staatssammlung München 5: 653-674.

448 KRESS A. 1981a. Primulaceen-Studien 1. Der Formenkreis der *Androsace carnea* L., vorläufiger Überblick, neue Namen. Gröbenzell. 4 pp.

449 KRESS A. 1981b. Primulaceen-Studien 2. *Primula* sectio *Auricula* Subsectio *Erythrodrosum*: Neue Unterarten und Hybriden. Gröbenzell. 4 pp.

450 KRESS A. 1984. Primulaceen-Studien 6. *Androsace carnea* L. s. l.: Eine taxonomische Analyse der *Androsace adfinis* Biroli s. l. und der Sippengruppe um *A. halleri* L. Teil 1 und 2. Gröbenzell. 52 + 52 pp.

451 KRESS A. 1991. Primulaceen-Studien 6. *Androsace carnea* L. s. l.: Eine taxonomische Analyse der *Androsace adfinis* Biroli s. l. und der Sippengruppe um *A. halleri* L. Teil 3. Gröbenzell. 50 pp.

452 KRETZSCHMAR H., ECCARIUS W. & DIETRICH H. 2007. Die Orchideengattungen *Anacamptis, Orchis, Neotinea*. Phylogenie, Taxonomie, Morphologie, Biologie, Verbreitung, Ökologie und Hybridisation. Echinomedia. 544 pp.

453 KROPF M. 2008. Infraspecific patterns of European mountain plants: a morphometric analysis confirms molecular results in the submediterranean oreophyte *Anthyllis montana* L. (Fabaceae). Taxon 57 (2): 511-524.

454 KRUMBIEGEL A. 2001. Vegetative reproduction strategies of pseudoannual plants in central Europe. Beiträge zur Biologie der Pflanzen 72: 287-313.

455 KRUMMBIEGEL A. 2002. Morphologie der vegetativen Organe (ausser Blätter). Schriftenreihe für Vegetationskunde 38: 93-118.

456 KÜCHLER M. 1994. Der Einsatz von ökologischen Zeigerwerten im Rahmen des Projektes Moor-Monitoring Schweiz. In: Interner Bericht. WSL. 107-140.

457 KUHN N., AMIET R. & HUFSCHMID N. 1987. Veränderungen in der Waldvegetation der Schweiz infolge Nährstoffanreicherungen aus der Atmosphäre. Allgemeine Forst- und Jagdzeitung 158: 77-84.

458 KUKKONEN I. & UOTILA P. 1977. On the taxonomy, morphology and distribution of *Asarum europaeum* (Aristolochiaceae). Annales botanici Fennici 14: 131-142.

459 KULL P., SCHÜTZ M. & WOHLGEMUTH T. 1995-1998. Systematische Stichprobe von Schweizer Wäldern auf dem 4x4 km-Netz der Schweizer Landeskarte. unpubl.

460 KULL T. 1999. *Cypripedium calceolus* L. Journal of Ecology 87 (5): 913-924.

461 KUNZMANN G. 1989. Der ökologische Feuchtegrad als Kriterium zur Beurteilung von Grünlandstandorten. Dissertationes Botanicae 134: 1-254.

462 KUNZMANN G. 1990. Die Bestimmung des Ökologischen Feuchtegrades von Grünlandstandorten mit einem modifizierten Zeigerartenverfahren. Zeitschrift für Kulturtechnik und Landentwicklung 31: 368-380.

463 KUNZMANN G., HARRACH T. & VOLLRATH H. 1990. Überprüfung der Ellenberg'schen Feuchtezahlen an Hand bodenkundlicher Parameter auf Grünlandstandorten in Mittelhessen. Verhandlungen der Gesellschaft für Ökologie 19 (2): 386-397.

464 KÜPFER P. 1974. Recherches sur les liens de parenté entre la flore orophile des Alpes et celle des Pyrénées. Boissiera 23: 1-322.

465 KURTTO A. & ERIKSSON T. 2003. Atlas Florae Europaeae notes. 15. Generic delimitation and nomenclatural adjustments in Potentilleae. Annales botanici Fennici 40: 135-141.

465a KURTTO A., FRÖHNER S. E. & LAMPINEN R. 2007. Atlas Florae Europaeae. 14. Rosaceae *(Alchemilla and Aphanes)*. Helsinki. 200 pp.

465b KUTSCHERA L. 1960.Wurzelatlas mitteleuropäischer Ackerunkräuter und Kulturpflanzen. DLG, Frankfurt/Main 574 pp.

466 KUTSCHERA L. & LICHTENEGGER E. 1982. Wurzelatlas mitteleuropäischer Grünlandpflanzen. Bd. 1. Monocotyledonae. DLG-Verlag, Frankfurt a. Main, Stuttgart. 516 pp.

467 KUTSCHERA L. & LICHTENEGGER E. 1992. Wurzelatlas mitteleuropäischer Grünlandpflanzen Bd. 2. Pteridophytae und Dicotyledonae (Magnoliopsida). Fischer, Stuttgart. 851 pp.

468 KUTSCHERA L. & LICHTENEGGER E. 2002. Wurzelatlas-Reihe Bd. 6. Wurzelatlas mitteleuropäischer Waldbäume und Sträucher. Leopold Stocker Verlag, Graz. 604 pp.

469 KUTSCHERA L., LICHTENEGGER E., SOBOTIK M. & HAAS D. 1997. Bewurzelung von Pflanzen in verschiedenen Lebensräumen. Stapfia 49: 1-331.

470 LADEWIG K. 1976. *Eragrostis tef* (Zuccagni) Trotter in der BRD. Göttinger floristische Rundbriefe 10 (2): 24-27.

471 LANDOLT E. 1954. Die Artengruppe des *Ranunculus montanus* Willd. in den Alpen und im Jura. Berichte der Schweizerischen botanischen Gesellschaft 64: 9-83.

472 LANDOLT E. 1977. Ökologische Zeigerwerte zur Schweizer Flora. Veröffentlichungen des Geobotanischen Instituts der ETH Zürich, Stiftung Rübel 64: 1-208.

473 LANDOLT E. 1984. Über die Artengruppe der *Cardamine pratensis* L. in der Schweiz. Dissertationes Botanicae 72: 481-497.

474 LANDOLT E. 1989. Pflanzen als Bodenfeuchtezeiger. ORL-Schriftenreihe 40: 141-155.

475 LANDOLT E. 1993. Die systematische und pflanzensoziologische Stellung von *Alnus brembana* (Betulaceae) in den Südalpen. Fragmenta Floristica et Geobotanica Suppl. 2 (2): 521-537.

476 LANDOLT E. 1996. *Vaccinium vitis-idaea* L. subsp. *minus* (G. Lodd.) Hultén (Ericaceae), an overlooked circumpolar-arctic taxon of the Alps. Anales Jardín Botánico de Madrid 54: 277-284.

477 LANDOLT E. 2001. Flora der Stadt Zürich (1984-1998). Birkhäuser, Basel. 1421 pp.

477a LANDOLT E. 2003. Unsere Alpenflora. 7. Aufl. SAC-Verlag. 341 pp.

478 LANDOLT E. 2006a. *Solidago rugosa*, ein übersehener Neophyt in der Schweiz. Botanica Helvetica 116 (1): 100-104.

479 LANDOLT E. 2006b. Zur Kenntnis der Taxonomie und Verbreitung der Alpenpflanzen. Botanica Helvetica 116 (1): 79-90.

480 LANDOLT E. & HAUSER E. 1981. *Daphne Reichsteinii* sp. nov, eine neue hybridogene *Daphne*-Art aus dem Gardasee-Gebiet. Berichte des Geobotanischen Institutes der Eidgenössischen Technischen Hochschule, Stiftung Rübel 48: 36-47.

481 LANGE D. 1995. Untersuchungen zur Systematik und Taxonomie der Gattung *Helictotrichon* Besser ex J. A. Schultes & J. H. Schultes (Poaceae) in Südosteuropa und Vorderasien. Diss., Bibliotheca Botanica 144: 1-238.

482 LÄNGER R. & SAUKEL J. 1993. Systematics of *Primula veris* (Primulaceae). Plant Systematics and Evolution 188: 31-55.

483 LANGER W. & SAUERBIER H. 1997. Endemische Pflanzen der Alpen und angrenzender Gebiete. Thomae-GmbH, Biberach. 159 pp.

484 LANGER W. & SAUERBIER H. 2005. Alpenpflanzen – Endemiten von den Ligurischen Alpen bis zum Wiener Schneeberg. IHW-Verlag, Eching. 272 pp.

485 LANSDOWN R. V. 2006. Notes on the water-starworts *(Callitriche)* recorded in Europe. Watsonia 26 (2): 105-120.

486 LAUBER K. & WAGNER G. 2001. Flora Helvetica. Flore illustré de Suisse. ed. 2. Haupt, Bern. 1615 pp.

487 LAUBER K. & WAGNER G. 2007. Flora Helvetica. ed. 4. Haupt, Bern.

488 LAUTENSCHLAGER D. & LAUTENSCHLAGER E. 1986. *Salix laggeri* Wimmer, Monographie einer wenig bekannten Weide. Bauhinia 8 (3): 149-156.

489 LAUTENSCHLAGER D. & LAUTENSCHLAGER E. 1987. *Salix purpurea* L. ssp. *angustior* eine neu erfasste subalpine Weidensippe. Bauhinia 8 (4): 209-212.

490 LAUTENSCHLAGER-FLEURY D. & LAUTENSCHLAGER-FLEURY E. 1994. Die Weiden von Mittel- und Nordeuropa. ed. 2. Birkhäuser, Basel. 171 pp.

491 LAUTENSCHLAGER-FLEURY E. & LAUTENSCHLAGER-FLEURY D. 1989. *Salix phylicifolia* Linné ein Neufund in den Schweizer Alpen. Bauhinia 9 (2): 171-173.

492 LAWESON J. E. 2003. pH optima for Danish forest species compared with Ellenberg reaction values. Folia Geobotanica 38: 403-418.

493 LAWESSON J. E., FOSAA A. M. & OLSEN E. 2003. Calibration of Ellenberg indicator values for the Faroe Islands. Applied Vegetation Science 6: 53-62.

494 LEADLAY E. A. & HEYWOOD V. H. 1990. The biology and systematics of the genus *Coincya* Porta & Rigo ex Rouy (Cruciferae). Botanical Journal of the Linnean Society 102: 313-398.

495 LEATHER S. R. 1996. *Prunus padus* L. Journal of Ecology 84 (1): 125-132.

495a LEIBUNDGUT H. 1956. Beitrag zur Rassenfrage bei der Esche. Schweizerische Zeitschrift für das Forstwesen 107: 165-174.

496 LEINS P. 2001. Samenausbreitung – Möglichkeiten und Effizienz. BIONA report 15: 177-186.

497 LENHERR A. 1983. Biosystematische und chemotaxonomische Untersuchungen in der Artengruppe *Stachys recta* L. Diss., ETHZ, Zürich. 131 pp.

498 LETZ R. 1998. Subspecies of *Jovibarba globifera* (L.) J. Parn. (Crassulaceae). Thaiszia 8: 13-16.

499 LEUTHOLD C. 1980. Die ökologische und pflanzensoziologische Stellung der Eibe *(Taxus baccata)* in der Schweiz. Veröffentlichungen des Geobotanischen Instituts der ETH Zürich, Stiftung Rübel 67: 1-217.

500 LEWANDOWSKI A., BORATYŃSKI A. & MEJNARTOWICZ L. 2000. Allocyme investigations on the genetic differentiation between closely related pines – *Pinus sylvestris, P. mugo, P. uncinata* and *P. uliginosa* (Pinaceae). Plant Systematics and Evolution 221: 15-24.

501 LIDÉN M. 1986. Synopsis of Fumarioidea (Papaveraceae) with a monograph of the tribe *Fumarieae.* Opera Botanica 88: 1-133.

502 LIDÉN M. & ZETTERLUND H. 1997. *Corydalis.* A gardener's guide and a monograph of the tuberous species. Worcestershire. 144 pp.

503 LIESER L. 2008. Genre *Tulipa* L.: Deux nouvelles espèces. Iris & Bulbeuses: revue botanique et horticole d'expression française 158: 18-20.

504 LINDACHER R. 1995. PHANART Datenbank der Gefässpflanzen Mitteleuropas. Erklärung der Kennzahlen, Aufbau und Inhalt. Veröffentlichungen des Geobotanischen Instituts der ETH Zürich, Stiftung Rübel 125: 1-436.

505 LIPPERT W. 1978. Zur Gliederung und Verbreitung der Gattung *Crataegus* in Bayern. Berichte der Bayerischen Botanischen Gesellschaft zur Erforschung der Heimischen Flora 49: 165-198.

506 LIPPERT W. 1985. Morphologische und zytologische Untersuchung an *Fragaria*, insbesondere an *Fragaria moschata* in Bayern. Botanische Jahrbücher für Systematik, Pflanzengeschichte und Pflanzengeographie 107 (1/4): 195-202.

507 LIPPERT W. 1986. Beiträge zu kritischen oder wenig beachteten Arten und Artengruppen der bayerischen Flora (Teil 3). Berichte der Bayerischen Botanischen Gesellschaft zur Erforschung der Heimischen Flora 57: 113-120.

508 LIPPERT W. 2000. Auch gewöhnliche Pflanzen bieten Neues. Zum Vorkomen von *«Urtica galeopsifolia»* in Bayern, Hessen und Rheinland-Pfalz. Hoppea, Denkschriften der Regensburger Botanischen Gesellschaft 61: 615-622.

509 LIPPERT W. & TIETZ S. 2005. Beitrag zur Kenntnis des Formenkreises *Leontodon hispidus*. 2. *Leontodon hispidus* ssp. *danubiale* und *L. hispidus* ssp. *hyoseroides*. Hoppea, Denkschriften der Regensburger Botanischen Gesellschaft 66: 77-85.

510 LIPPERT W. & TITZ E. 2000. Beitrag zur Kenntnis des Formenkreises *Leontodon hispidus* L: *Leontodon hispidus* subsp. *dubius* (Hoppe) Pawlowska, eine verkannte Sippe. Preslia 72: 519-528.

511 LOHMEYER W. & SUKOPP H. 1992. Agriophyten in der Vegetation Mitteleuropas. Schriftenreihe für Vegetationskunde 25: 185 pp.

512 LOHMEYER W. & SUKOPP H. 2001. Agriophyten in der Vegetation Mitteleuropas. Erster Nachtrag. Braunschweiger Geobotanische Arbeiten 8: 179-220.

513 LOOS G. H. 1993. Zur Taxonomy von *Pastinaca sativa* L. s. lat. Floristische Rundbriefe 27: 16-19.

514 LOOS G. H. 1994a. Studien und Gedanken zur Taxonomie, Nomenklatur, Ökologie und Verbreitung der Arten und Hybriden aus der Gattung Weissdorn *(Crataegus* L., Rosaceae subfam. Maloideae) im mittleren Westfalen und angrenzenden Gebieten. Abhandlungen aus dem Westfälischen Museum für Naturkunde 56 (2): 1-48.

515 LOOS G. H. 1994b. Bestimmungsschlüssel für die Gruppe des Sumpf-Vergissmeinnicht *(Myosotis* ser. *Palustres* M. Popov) in Nordwestdeutschland. Floristische Rundbriefe 28 (1): 1-5.

516 LOOS G. H. 1995. *Vicia segetalis* Thuill. – Eine verwechselte und verkannte Wickenart. Floristische Rundbriefe 29 (1): 26-29.

517 LOOS G. H. 1996a. Zur Identität von *Carex leersiana* Rauschert, *C. chabertii* F. W. Schultz, *C. polyphylla* Kar. & Kir. und *C. guestphalica* (Boenn. ex Rchb.) Boenn. ex O. F. Lang. Feddes Repertorium 107 (1/2): 61-74.

518 LOOS G. H. 1996b. *Barbarea arcuata* (Opiz ex J. & K. Presl) Rchb. – eine verkannte Winterkressen-Art. Floristische Rundbriefe 30 (1): 4-6.

519 LOOS G. H. 1997. Zur Taxonomie der Goldnesseln *(Lamium* L. subgenus *Galeobdolon* (Adans.) Aschers.). Floristische Rundbriefe 31 (1): 39-50.

520 LOOS G. H. 2007. Zur Kenntnis und Unterscheidung der verkannten Sauerklee-Art *Oxalis repens* Thunb. Floristische Rundbriefe 40: 41-47.

521 LOVIS J. D. 1964. The taxonomy of *Asplenium trichomanes* in Europe. British Fern Gazette 9: 147-160.

522 LÖVKVIST B. 1956. The *Cardamine pratensis* complex – outlines of its cytogenetics and taxonomy. Symbolae botanicae Upsalienses 14: 1-131.

523 LUDWIG W. 1989. Über die Kugeldisteln *(Echinops*-Arten) in Hessen. Hessische Floristische Briefe 38: 2-6.

524 LUDWIG W. 1995. Über die Neophyten *Oxalis dillenii* Jacq. und *Oxalis decaphylla* Kunth in Deutschland. Hessische Floristische Briefe 44 (4): 53-56.

525 LUMARET R. & HANOTTE C. 1987. Mise en évidence d'un écotype de dactyle *(Dactylis glomerata* L.) de pelouse dolomitiques subalpines dans les Grisons (Suisse): origine et échanges géniques avec les dactyles des prairie adjacentes. Acta Oecologica 8: 3-20.

526 LÜÖND B. W. & LÜÖND-SCHLUMPF R. 1979. Biosystematische Untersuchungen an *Ajuga* L. Diss., Universität Zürich. 234 pp.

527 MAIER M. 2001. Flora von Nordtirol, Osttirol und Voralberg. Bd. 5. Tiroler Landesmuseum Ferdinandeum, Innsbruck.

528 MANG F. 1979. Die Verkahlende oder Berg-Vogelbeere in den Elbtal-Mooren und bei Hamburg. Kieler Notizen zur Pflanzenkunde Schleswig-Holstein Hamburg 11: 75-78.

529 MARCUSSEN T. 2003. A new violet species (Violaceae) from the south-west Alps. Botanical Journal of the Linnean Society 142: 119-143.

530 MARHOLD K. 1999. Taxonomic evaluation of the tetraploid populations of *Cardamine amara* (Brassicaceae) from the Eastern Alps and adjacent areas. Botanica Helvetica 109 (1): 67-84.

531 MARHOLD K., GRULICH V. & HODÁLOVÁ I. 2003. Taxonomy and nomenclature of *Senecio paludosus* (Compositae) in Europe. Annales botanici Fennici 40: 373-379.

532 MARHOLD K., HROUDOVÁ Z., DUCHÁČEK M. & ZÁKRAVSKÝ P. 2004. The *Bolboschoenus maritimus* group (Cyperaceae) in central Europe, including *B. laticarpus*, spec. nova. Phyton: annales rei botanicae 44: 1-21.

533 MARHOLD K., JONGEPIEROVÁ I., KRAHULCOVÁ A. & KUČERA J. 2005. Morphological and karyological differentiation of *Gymnadenia densiflora* and *G. conopsea* in the Czech Republic and Slovakia. Preslia 77: 159-176.

534 MARIOTTI M. G. 1988. *Crocus ligusticus* n. sp., a well known species. Candollea 43: 661-680.

535 MARKGRAF-DANNENBERG I. 1981. *Festuca*-Probleme im ökologisch-soziologischen Zusammenhang. In: Nachheft zum Bericht über die Internationale Fachtagung «Bedeutung der Pflanzensoziologie für eine standortgemässe und umweltgerechte Land- und Alpwirtschaft» BVA für alpenländische Landwirtschaft. Gumpenstein (Österreich). 337-386.

536 MARTIN A. & MATHEZ J. 1990. Polymorphisme et taxinomie chez les Valerianaceae: quelques indications sur les valérianelles proches de *Valerianella coronata*. Naturalia monspeliensia. Série botanique 55: 61-75.

537 MARTINČIČ A. & SUŠNIK F. 1984. Mala flora Slovenije. Državna založba Slovenije, Ljubliana. 793 pp.

538 MARTINEZ-ORTEGA M. M. & RICO E. 2001. Taxonomy of *Veronica* subsect. *Serpyllifoliae* (Scrophulariaceae). Botanical Journal of the Linnean Society 135 (2): 179-194.

539 MARTINI F. & FENAROLI F. 2005. *Erucastrum nasturtiifolium* subsp. *benacense* F. Martini & F. Fen. (Cruciferae, Brassicaceae), a new taxon from Northern Italy. Candollea 60 (2): 469-479.

540 MARTINI F. & POLDINI L. 1988. *Gentiana froelichii* ssp. *zenariae* (Gentianaceae), a new subspecies from the Carnic Pre-Alps (NE Italy). Willdenowia 18: 19-27.

541 MARTINOVSKÝ J. O. 1967. Bestimmungstabellen sowie taxonomische, phytogeographische und ökologische Bemerkungen zu den mitteleuropäischen Federgräsern (*Stipa*) (in Czech.). Zpravy Cekoslov. Bot. Spolecn.Ceskoslov. Acd. Ved. 2: 77-97.

542 MARTINOVSKÝ J. O. 1977. Clavis analytica nec non descriptiones breves taxorum generis *Stipa* in Europa centrali provenientium. Preslia 49 (2): 97-113.

543 MÁRTONFI P. 2008. *Hypericum dubium* Leers – new data on taxonomy. Folia geobotanica 43: 69-82.

544 MÁRTONFI P., BRUTOVSKÁ R., ČELLÁROVÁ E. & REPČÁK M. 1996. Apomixis and hybridity in *Hypericum perforatum*. Folia Geobotanica & Phytotaxonomica 31: 389-396.

545 MATHEW B. 1982. The *Crocus*. A revision of the genus *Crocus* (Iridaceae). Timber Press, Portland, Oregon, London. 127 pp.

546 MATHEW B. 1990. Hellebores. Alpine Garden Society, London. 180 pp.

547 MATTHIES D. & POSCHLOD P. 2000. The biological flora of Central Europe – aims and concept. Flora 195: 116-122.

548 MATZKE-HAJEK G. 2004. Was ist *Rubus gremlii* Focke? Berichte der Bayerischen Botanischen Gesellschaft zur Erforschung der Heimischen Flora 73/74: 17-34.

549 MAURER W. & DRESCHER A. 2000. Die Verbreitung einiger Brombeerarten *(Rubus* subgen. *Rubus)* in Österreich und im angrenzenden Slowenien. Mitteilungen des Naturwissenschaftlichen Vereins für die Steiermark 130: 141-168.

550 MAYER E. 1969. Zur Kenntnis der Gattung *Gentianella* Moench in Yugoslawien. I. Der *G. anisodonta* complex. Österreichische botanische Zeitschrift 116: 393-399.

551 MAYOR LÓPEZ M. 1996. Indicadores ecológicos y grupos socioecológicos en el Principado de Asturias (Sierra del Aramo). Universidad de Oviedo, Oviedo. 1-133

552 MEERTS P., BRIANE J.-P. & LEFÈBVRE C. 1990. A numerical taxonomic study of the *Polygonum aviculare* complex (Polygonaceae) in Belgium. Plant Systematics and Evolution 173: 71-89.

553 MEIEROTT L. 1990. Die *Linum perenne*-Gruppe in Nordbayern. Tuexenia 10: 25-40.

554 MEIEROTT L. 2002. Vorläufige Bemerkungen zu *Achillea pratensis* Saukel & Länger in Franken. Berichte der Bayerischen Botanischen Gesellschaft zur Erforschung der Heimischen Flora 72: 125-128.

555 MEJNARTOWICZ L. 2006. Relationship and genetic diversity of mistletoe *(Viscum album* L.) subspecies. Acta Societatis Botanicorum Poloniae 75 (1): 39-49.

556 MELDERIS A. 1978. Taxonomic notes on the tribe *Triticeae* (Gramineae), with special reference to the genera *Elymus* L. sensu lato, and *Agropyron* Gaertner sensu lato. Botanical Journal of the Linnean Society 76: 369-384.

557 MELZHEIMER V. & POLATSCHEK A. 1992. Revision des *Silene (Heliosperma) pusilla* agg. (Caryophyllaceae) für die Flora Österreichs. Phyton: annales rei botanicae 31: 281-306.

558 MENNEMA J. 1989. A taxonomic revision of *Lamium* (Lamiaceae). Leiden Botanical Series 11: 196 pp.

559 MERXMÜLLER H. 1952. Untersuchungen zur Sippengliederung und Arealbildung in den Alpen. Verein zum Schutze der Alpenpflanzen und -Tiere e. V., München. 105 pp.

560 MEUSEL H. & JÄGER E. J. 1992. Vergleichende Chorologie der zentraleuropäischen Flora. Bd. 3. Fischer, Jena. 333 pp.

561 MEUSEL H. & KÄSTNER A. 1990. Lebensgeschichte der Gold- und Silberdisteln. Monographie der mediterran- und mitteleuropäischen Compositen-Gattung *Carlina* Band I. Merkmalsspektren und Lebensräume der Gattung. Denkschriften der Österreichischen Akademie der Wissenschaften. Mathematisch-Naturwissenschaftliche Klasse 127: 1-294.

562 MEYER F. K. 1973. Conspectus der *«Thlaspi»*-Arten Europas, Afrikas und Vorderasiens. Feddes Repertorium 84: 449-470.

563 MEYER N., MEIEROTT L., SCHUHWERK H. & ANGERER O. 2005. Beiträge zur Gattung *Sorbus* in Bayern. Bayerische Botanische Gesellschaft. Sonderband, München. 216 pp.

564 MEYER N. & SCHUHWERK H. 2000. Ergänzende Beobachtungen zu Vorkommen und Verbreitung der Gattung *Sorbus* in Bayern. Teil I. Berichte der Bayerischen Botanischen Gesellschaft zur Erforschung der Heimischen Flora 69/70: 151-175.

565 MILKOVITS I. & BORHIDI A. 1986. Studies of *Molinia caerulea* complexes in Hungary. Acta Universitatis Upsaliensis Symbolae Botanicae Upsalienses 27 (2): 139-145.

566 MIREK Z. 1981. Genus *Camelina* in Poland – taxonomy, distribution and habitats. Fragmenta floristica et geobotanica 27 (3): 445-507.

567 MOKRY F., RASBACH H. & REICHSTEIN T. 1986. *Asplenium adulterinum* Milde subsp. *presolanense* subsp. nova (Aspeliaceae, Pteridophyta). Botanica Helvetica 96 (1): 7-18.

568 MOLINA A., ACEDO C. & LLAMAS F. 2008a. Taxonomy and new taxa in Eurasian *Carex* (Section *Phaestoglochin*, Cyperaceae). Systematic Botany 33: 237-250.

569 MOLINA A., ACEDO C. & LLAMAS F. 2008b. Taxonomy and new taxa of the *Carex divulsa* aggregate in Eurasia (section *Phaestoglochin*, Cyperaceae). Botanical Journal of the Linnean Society 156: 385–409.

570 MÖLLER H. 1987. Wege zur Ansprache der aktuellen Bodenazidität auf der Basis der Reaktionszahlen von Ellenberg ohne arithmetisches Mitteln dieser Werte. Tuexenia 7: 499-505.

571 MÖLLER H. 1992. Zur Verwendung des Medians bei Zeigerwertberechnungen nach Ellenberg. Tuexenia 12: 25-28.

572 MONDINO G. P. 2004. Nuove entità e revisioni per la flora della Valle Grana (Alpi Cozie). Rivista Piemontese di Storia Naturale 25: 193-207.

573 MORALDO B. 1986. Il genere *Stipa* L. (Gramineae) in Italia. Webbia 40 (2): 203-278.

574 MORALDO B. & FORNERIS G. 1987-88. *Viola argenteria* Moraldo et Ferneris, nom. nov. (= *Viola nummularifolia* All. non Vill.). Allionia 28: 51-59.

575 MORET J., FAVEREAU Y. & GORENFLOT R. 1991. A biometric study of the *Ornithogalum umbellatum* (Hyacinthaceae) complex in France. Plant Systematics and Evolution 175: 73-86.

576 MÖSELER B. M. 1987. Zur morphologischen, phänologischen und standörtlichen Charakterisierung von *Gymnadenia conopsea* (L.) R. BR. ssp. *densiflora* (Wahlenb..) K. Richter. Floristische Rundbriefe 21: 8-18.

577 MOSER D. M. 1996. *Pulsatilla alpina* (L.) Delarbre s. l. Sippendifferenzierung und Chorologie in der Holarktis. Diss., Systematisch-Geobotanisches Institut der Universität, Bern. 268 pp.

578 MOSER D. M. 1998. *Primula grignensis*. Candollea 53: 387-393.

579 MOSER D. M. 2003. Sippendifferenzierung der *Pulsatilla alpina* (L.) Delarbre im Alpenraum. Candollea 58 (1): 45-61.

580 MOSER D. M., GYGAX A., BÄUMLER B., WYLER N. & PALESE R. 2002. Rote Liste der gefährdeten Arten der Schweiz. Farn- und Blütenpflanzen. BUWAL, Bern. 118 pp.

581 MOUISSIE A. M., VOS P., VERHAGEN H. M. C. & BAKKER J. P. 2005. Endozoochory by free-ranging large herbivores: ecological correlates and perspectives for restoration. Basic and Applied Ecology 6: 547-558.

582 MOUNTFORD J. O. & CHAPMAN J. M. 1993. Water regime requirements of British wetland vegetation: using the moisture classification of Ellenberg and Londo. Journal of Environmental Management 38: 275-288.

583 MUCHER W. 1993. Systematics and Chorology of *Aconitum* ser. *Toxicum* (Ranunculaceae) in Europe. Phyton: annales rei botanicae 33 (1): 51-76.

584 MÜLLER B. 1996. Verbreitung und aktuelle Gefährdung von *Inula helvetica* Weber und *I. x semiamplexicaulis* Reuter (Asteraceae) in der Schweiz. Botanica Helvetica 106 (2): 177-195.

585 MÜLLER M. & BALTISBERGER M. 1984. Cytotaxonomische Untersuchungen in der Artengruppe des *Ranunculus alpestris* (Ranunculaceae). Plant Systematics and Evolution 145: 269-289.

586 MÜLLER-SCHNEIDER P. 1986. Verbreitungsbiologie der Blütenpflanzen Graubündens. Veröffentlichungen des Geobotanischen Instituts der ETH Zürich, Stiftung Rübel 85: 263 pp.

587 MYERSCOUGH P. J. 1980. *Epilobium angustifolium* L. Journal of Ecology 68 (3): 1047-1074.

588 NARDI E. 1984. The genus *«Aristolochia»* L. (Aristolochiaceae) in Italy. Webbia 38: 221-300.

589 NAUENBURG J. D. 1986. Untersuchungen zur Variabilität, Ökologie und Systematik der *Viola tricolor*-Gruppe in Mitteleuropa. Diss., Georg August-Universität, Göttingen. 124 pp.

590 NAUENBURG J. D. 1990. Eine neue *Viola arvensis*-Sippe aus Mitteleuropa (mit einem Bestimmungsschlüssel für die Artengruppen *Viola tricolor*/*V. lutea*). Bauhinia 9: 233-244.

591 NAUENBURG J. D. 1991. Taxonomie und Korrekturen zur Nomenklatur von *Viola tricolor* s. l. (Violaceae) in Mitteleuropa. Willdenowia 21: 51-56.

592 NAUMOVA T. N. 1993. Apomixis in Angiosperms. Nucellar and Integumentary Embryony. CRC Press. 144 pp.

593 NAYLOR R. E. L. 1972. *Alopecurus myosuroides* Huds. (*A. agrestis* L.). Journal of Ecology 60 (2): 611-622.

594 NELSON L. S., SHIH R. D. & BALICK M. J. 2007. Handbook of poisonous and injurous plants. ed. 2. Springer, Heidelberg. 340 pp.

595 NETIEN G. 1982. La Flore de la Valbonne (Ain). Bulletin mensuel de la Société linnéenne de Lyon 51 (8): 247-249.

596 NEUENSCHWANDER A. 1991. Zytogeographische und biosystematische Untersuchungen an *Arabis pumila* Jacq. s. l. Botanica Helvetica 101 (1): 39-52.

597 NEUROTH R. 1996. Biosystematik and Evolution des *Polypodium vulgare*-Komplexes (Polypodiaceae; Pteridophyta). Dissertationes Botanicae 256: 1-209.

598 NIEDERLE J. 2008. The correct name for *Pulsatilla scherfelii* (*P. alba* auct.) at subspecific level within *P. alpina*. Taxon 57: 630-632.

599 NIESCHALK A. & NIESCHALK C. 1974. Die Felsen-Traubenkirsche, *Padus avium* Mill. subsp. *petraeum* Pawl., am Meissner, Nordhessen. Philippia 2 (3): 147-153.

600 NIKLFELD H. 1969. Über die Gattung *Carduus* und die *C. defloratus*-Gruppe in den Ostalpenländern. Naturwissenschaftlicher Verein für Steiermark. Floristische Arbeitsgemeinschaft, Mitteilungsblatt 14: 1-6.

601 NORDBORG G. 1963. Studies in *Sanguisorba officinalis* L. Botaniska Notiser 116: 267-287.

602 NOUVIANT J. 1997a. Recherches sur *Ephedra* en Europe II: critique de *Ephedra helvetica*. Bulletin de la Murithienne 115: 60-67.

603 NOUVIANT J. 1997b. Recherches sur *Ephedra* en Europe III: entre *Ephedra distachya* et *helvetica*. Bulletin de la Murithienne 115 (4): 68-75.

604 NOUVIANT J. 1998. Recherches sur *Ephedra* en Europe V: typification de *Ephedra monostachya* et clé de determination des *Ephedra* européennes. Bulletin de la Murithienne 116 (81-90).

605 O'KANE S. L. & AL-SHEHBAZ I. A. 1997. A synopsis of *Arabidopsis*. Novon 7: 323-327.

606 OBERDORFER E. 1990. Pflanzensoziologische Exkursionsflora. ed. 6. Ulmer, Stuttgart. 1050 pp.

607 OBERDORFER E. 2001. Pflanzensoziologische Exkursionsflora für Deutschland und angrenzende Gebiete. ed. 8. Ulmer, Stuttgart. 1051 pp.

608 OBERPRIELER C. 1994. Die *Senecio nemorensis*-Gruppe (Compositae, Senecioneae) in Bayern. Berichte der Bayerischen Botanischen Gesellschaft zur Erforschung der Heimischen Flora 64: 7-54.

609 OCHSMANN J. 1996. *Heracleum mantegazzianum* Sommier & Levier (Apiaceae) in Deutschland – Untersuchungen zur Biologie, Verbreitung, Morphologie und Taxonomie. Feddes Repertorium 107 (7-8): 557-595.

610 OCHSMANN J. 2000. Morphologische und molekular-systematische Untersuchungen an der *Centaurea stoebe* L. Gruppe (Asteraceae-Cardueae) in Europa. Dissertationes Botanicae 324: 1-242.

611 OCKENDON D. J. 1971. Taxonomy of the *Linum perenne* group in Europe. Watsonia 8: 205-235.

612 ORLANDI D. & CLEMENTEL F. 1989. Valutazione della produttività di alcuni pascoli alpini sulla base degli indici ecologici di Landolt. Annali dell'Istituto Sperimentale per l'Assestamento Forestale e per l'Alpicoltura 12: 223-245.

613 OTTE A. 1996. Die Kennzeichnung der Vegetation ländlicher Siedlungen in Bayern über ökologische Zeigerwerte. Verhandlungen der Gesellschaft für Ökologie 25: 205-214.

614 PACKHAM J. R. 1978. *Oxalis acetosella* L. Journal of Ecology 66 (2): 669-693.

615 PACKHAM J. R. 1983. *Lamiastrum galeobdolon* (L.) Ehrend. & Polatschek [*Galeobdolon luteum* Hudson; *Lamium galeobdolon* (L.) Nath.]. Journal of Ecology 71 (3): 975-997.

616 PAGITZ K. 2004. Ein Nachweis von *Arnica chamissonis* Less. in Nordtirol. Berichte des Naturwissenschaftlich-Medizinischen Vereins in Innsbruck 91: 103-109.

617 PALLAS J. 1993. *Bromus carinatus* Hooker & Arnott in Deutschland. Floristische Rundbriefe 27: 84-89.

618 PARENT H. G. 1974. Etude écologique et chorologique sur la flora lorraine. I. *Carex praecox* Schreb. en Lorraine orientale et remarques sur *Carex curvata* Knaf (Cyperaceae). Bulletin du Jardin botanique national de Belgique 44: 173-184.

619 PARISOD C. & BESNARD G. 2007. Glacial in situ survival in the Western Alps and polytopic autopolyploidy in *Biscutella laevigata* L. (Brassicaceae). Molecular Ecology 16: 2755-2767.

620 PARKS J. 1995. What is *Cystopteris dickieana?* Pteridologist 2 (6): 290-292.

621 PARNELL J. A. N. 1985. *Jasione montana* L. Journal of Ecology 73 (1): 341-358.

622 PARNELL J. A. N. & SIMPSON D. A. 1988. Hybridization between *Polygonum mite* Schrank, *P. minus* Huds. and *P. hydropiper* L. in Northern Ireland with comments on their distinction. Watsonia 17: 265-272.

623 PARTRIDGE J. W. 2001. *Persicaria amphibia* (L.) Gray (*Polygonum amphibium* L.). Journal of Ecology 89 (3): 487-501.

624 PASSALACQUA N. G. & BERNARDO L. 2004. The genus *Paeonia* L. in Italy. Taxonomic survey and revision. Webbia 59 (2): 215-268.

625 PELSER P. B. & HOUCHIN R. 2004. Taxonomic studies on *Senecio aquaticus* (Asteraceae). A recommendation for the taxonomic status of *Aquaticus* and *Barbareifolius*. Botanical Journal of the Linnean Society 145: 489-498.

626 PENKOVÁ I. 1986. Contribution to the taxonomy of *Plantago major* L. s. l (in Czech.). Preslia 58: 117-139.

627 PERRIER DE LA BATHIE E. 1905. Nouvelles observations sur les tulipes de la Savoie. Bulletin de l'Herbier Boissier sér. 2, 5: 507-509.

628 PERRIER DE LA BATHIE E. & SONGEON A. 1894. Notes sur quelques plantes nouvelles ou intéressantes de la Savoie et des pays voisins. Bulletin de l'Herbier Boissier 2: 425-430.

629 PERSSON S. 1981. Ecological indicator values as an aid in the interpretation of ordination diagrams. Journal of Ecology 69: 71-84.

630 PETER R. 2002. Die Gattung *Epipactis* in der Schweiz. Jahresberichte des Naturwissenschaftlichen Vereins Wuppertal 55: 189-251.

631 PETŘÍK P. 2003. *Cyperus eragrostis* – a new alien species for the Czech Flora and the history of its invasion of Europe. Preslia 75: 17-28.

632 PFENNINGER A. & MOSER D. M. 2003. Eine neue *Aquilegia*-Art aus den Judikarischen Alpen (Valvestino, Prov. Brescia, Italien): *Aquilegia vestinae* Pfenninger und D. M. Moser. Candollea 57 (2): 317-328.

633 PHILIPPI G. 1969. Zur Verbreitung und Soziologie von *Scirpus tabernaemontani, Sc. triqueter, Sc. carinatus*, und *Sc. maritimus* im badischen Oberrheingebiet. Beiträge zur naturkundlichen Forschung in Südwestdeutschland 28 (1): 9-18.

634 PICHLER F. 1991. Vergleich der Reaktions- und Feuchteskala verschiedener Zeigerwertsysteme Mitteleuropas. Diplomarbeit, Univ. Bodenkultur, Wien. 80 pp.

635 PIETERSE A. H., DE LANGHE L. & VAN VLIET J. P. 1977. A comparative study of *Azolla* in the Netherlands. Acta Botanica Neerlandica 26 (6): 433-449.

636 PIETSCH W. 1978. Zur Soziologie, Ökologie und Bioindikation der *Eleocharis multicaulis*-Bestände der Lausitz. Gleditschia 6: 209-264.

637 PIGNATTI S. 1976. Note critiche sulla Flora d'Italia IV. Il gruppo di *Ranunculus auricomus* L. in Italia e sulle montagne adiacenti del Slovenia. Giornale botanico italiano 110: 203-217.

638 PIGNATTI S. 1982. Flora d'Italia. 3 Bde. Edagricole, Bologna.

639 PIGNATTI S., BIANCO P., FANELLI G., GUARINO R., PETERSEN J. & TESCAROLLO P. 2001. Reliability and effectiveness of Ellenberg's indices in checking flora and vegetation changes induced by climatic variations. In: WALTHER G.-R., BURGA C. A. & EDWARDS P. J. [eds.], Fingerprints of climate change, adapted behaviour and shifting species ranges. Kluwer Academic/Plenum Publishers, New York, London. 281-300.

640 PIGOTT C. D. 1991. *Tilia cordata* Miller. Journal of Ecology 79 (4): 1147-1207.

641 PILLON Y., FAY M. F., HEDRÉN M., BATEMAN R. M., DEVEY D. S., SHIPUNOV A. B., VAN DER BANK M. & CHASE M. W. 2007. Evolution and temporal diversification of western European polyploid species complexes in *Dactylorhiza* (Orchidaceae). Taxon 56 (4): 1185-1208.

642 PILS G. 1980. Systematik, Verbreitung und Karyologie der *Festuca violacea*-Gruppe (Poaceae) im Ostalpenraum. Plant Systematics and Evolution 136: 73-124.

643 PILS G. 1981. Karyologische Untersuchungen an der *Festuca halleri*-Gruppe (Poaceae) im Ostalpenraum. Linzer Biologische Beiträge 13 (2): 243-255.

644 PILS G. 1984. Systematik, Karyologie und Verbreitung der *Festuca valesiaca*-Gruppe (Poaceae) in Österreich und Südtirol. Phyton: annales rei botanicae 24: 35-77.

645 PIZARRO J. 1995. Contribution al estudio taxonomico de *Ranunculus* L. subgen. *Batrachium* (DC.) A. Gray (Ranunculaceae). Lazaroa 15: 21-113.

646 PLAŠILOVÁ J. 1970. A study of the root systems and root ecology of perennial herbs in the undergrowth of deciduous forests. Preslia 42 (1): 136-152.

647 PODLECH D. 1964. Die Krainer Straußglockenblume. Berichte der Bayerischen Botanischen Gesellschaft zur Erforschung der Heimischen Flora 37: 111-112.

648 PODLECH D. 1965. Revision der europäischen und nordafrikanischen Vertreter der Subsect. *Heterophylla* (Wit.) Fed. der Gattung *Campanula*. Feddes Repertorium 71: 50-187.

649 POELT J. 1970. *Dipsacus pilosus* und sein verkannter Doppelgänger *Dipsacus strigosus* in Südbayern. Berichte der Bayerischen Botanischen Gesellschaft zur Erforschung der Heimischen Flora 42: 203-206.

650 POLATSCHEK A. 1972. Beitrag zur Zytotaxonomie der Gattung *Thlaspi*. Österreichische Botanische Zeitschrift 120: 201-206.

651 POLATSCHEK A. 1997-2001. Flora von Nordtirol, Osttirol und Voralberg. Tiroler Landesmuseum Ferdinandeum, Innsbruck.

652 POLDINI L. 2002. Nuovo atlante corologico delle piante vascolari nel Friuli Venezia Giulia. Inventario floristico regionale. Regione autonoma Friuli Venezia Giulia, Udine. 529 pp.

653 POLDINI L. & ORIOLO G. 2002. Alcune entità nuove e neglette per la flora italiana. Informatore botanico italiano 34 (1): 105-114.

654 POLIDORI J.-L. 2004. Précisions sur les aires de répartition de *Gentiana burseri* subsp. *villarsii* et de *Gentiana punctata* dans les Alpes sud-occidentales. Saussurea 34: 79-99.

655 POLOMSKI J. & KUHN N. 1998. Wurzelsysteme. Haupt, Bern. 290 pp.

656 POSCHLOD P., KLEYER M. & TACKENBERG O. 2000. Databases on life history traits as a tool for risk assessment in plant species. Zeitschrift für Ökologie und Naturschutz 9: 3-18.

657 POSCHLOD P., MATTHIES D., JORDAN S. & MENGEL C. 1996. The biological flora of Central Europe. Berichte des Geobotanischen Institutes der Eidgenössischen Technischen Hochschule, Stiftung Rübel 62: 89-108.

658 POTT R. 1981. Ökologie und Indikatorwert von Wasserpflanzengesellschaften. Mitteilungen der Landesanstalt für Oekologie, Landschaftsentwicklung und Forstplanung Nordrhein-Westfalen Sonderheft Landestag 1980: 57-64.

659 POTT R. 2002. Invasion and management of Floating Pennyworth (*Hydrocotyle ranunculoides* L. f.) and some other alien species in the Netherlands. 11. EWRS: International Symposium on Aquatic Weeds: 435-438.

660 PÖTTER U. & KLOPFER K. 1990. Mehrdimensionale Varianzanalyse zur Artentrennung von *Galium aparine* L. und *Galium spurium* L. Feddes Repertorium 101: 257-262.

661 PRATI D. & PEINTINGER M. 2000. Biological flora of central Europe: *Ranunculus reptans* L. Flora 195 (2): 135-145.

662 PROSSER F. & SCORTEGAGNA S. 1998. *Primula recubariensis*, a new species of sect. *Auricula* Duby endemic to the SE Prealps, Italy. Willdenowia 28: 27-45.

663 PRUDHOMME J. 1996. Etude des Tulipes de France et de Suisse. Bulletin mensuel de la Société linnéenne de Lyon 65: 284-295.

664 PUNZ W. 1995. Metallophytes in the Eastern Alps with special emphasis on higher plants growing on calamine and copper localities. Phyton: annales rei botanicae 35 (2): 295-309.

665 PUPPI G. & CRISTOFOLINI G. 1996. Systematics of the complex *Pulmonaria saccharata-P. vallarsae* and related species. Webbia 51 (1): 1-20.

666 PURRO C. & KOZLOWSKI G. 2002. Flore de la ville de Fribourg. Editions Universitaires Fribourg Suisse. 608 pp.

667 PYKÄLÄ J. & TOIVONEN H. 1994. Taxonomy of the *Carex flava* complex (Cyperaceae) in Finland. Nordic Journal of Botany 14: 173-191.

668 PYŠEK P. & PYŠEK A. 1995. Invasion by *Heracleum mantegazzianum* in different habitats in the Czech-Republic. Journal of Vegetation Science 6 (5): 711-718.

669 QUEZEL P. & GIRERD B. 1990. *Leucoium fabrei*, espèce nouvelle du flanc sud du Mont Ventoux. Bulletin de la Société botanique de France. Lettres botaniques 137: 77-81.

670 RAFFAELLI M. & BALDOIN L. 1997. Il complesso di *Biscutella laevigata* L. (Cruciferae) in Italia. Webbia 52 (1): 87-128.

671 RANDALL R. E. 2003. *Smyrnium olusatrum* L. Journal of Ecology 91 (2): 325-340.

672 RASBACH H., RASBACH K. & JÉRÔME C. 1993. Über das Vorkommen des Hautfarns *Trichomanes speciosum* (Hymenophyllaceae) in den Vogesen (Frankreich) und dem benachbarten Deutschland. Carolinea 51: 51-52.

673 RASBACH H., RASBACH K. & JÉRÔME C. 1995. Weitere Beobachtungen über das Vorkommen des Hautfarns *Trichomanes speciosum* Willd. (Hymenophyllaceae) in den Vogesen (Frankreich) und dem benachbarten Deutschland. Carolinea 53: 21-32.

674 REBELE F. & LEHMANN C. 2001. Biological Flora of Central Europe: *Calamagrostis epigeios* (L.) Roth. Flora 196: 325-344.

675 RECHINGER K. H. 1979. Hegi, G. Illustrierte Flora von Mitteleuropa. Phytolaccaceae – Portulacaceae. Bd. 3/2. ed. 3 (Nachdruck G. Wagenitz). Parey Berlin – Hamburg.

676 REDURON J.-P. 1993. A propos d'un *Seseli* du sud-est de la France: *Seseli galloprovincialis* spec. nov. Bulletin de la Société pour l'échange des plantes vasculaires de l'Europe occidentale et du bassin méditerranéen 24: 77-82.

677 REDURON J.-P. & SPALIK K. 1995. Le genre *Anthriscus* (Apiaceae) dans la flore française. Acta Botanica Gallica 142 (1): 55-96.

678 REICHERT H. 1977. *Senecio jacobaea* L. und *Senecio erucifolius* L. Ergänzende Hinweise zur Unterscheidung der beiden Arten. Göttinger Floristische Rundbriefe 11 (4): 102-109.

679 REINALTER R. 2006. *Gentiana prostrata*, ein Neufund fürs Engadin. Botanica Helvetica 116 (1): 66-99.

680 REINHARD H. R. 1987. *Dactylorhiza lapponica* (Laest ex Hartmann) Soó (Orchidaceae) im Alpenraum. Botanica Helvetica 97 (1): 75-79.

681 ŘEPKA R. 2003. *Carex muricata* aggr. in the Czech Republic: multivariate analysis of quantitative morphological characters. Preslia 75 (3): 233- 248.

682 REY C. 1990. *Cirsium canum* (L.) All., une nouvelle espèce pour la flore de la Suisse. Bulletin de la Murithienne 108: 3-23.

683 RICCERI C. & ARRIGONI P. V. 2000. L'aggregato di *Portulaca oleracea* L. (Portulacaceae) in Italia. Parlatorea 4: 91-97.

684 RICH T. C. G., RICH M. D. B. & PERRING F. H. 1988. Plant Crib. London. 141 pp.

685 RICHARD J.-L. 1985a. Observations sur la sociology et l'écology de *Ranunculus seguieri* Villars. Botanica Helvetica 95 (1): 25-31.

686 RICHARD J.-L. 1985b. Observations sur la sociology et l'écology de *Carex fimbriata* Schkuhr dans les Alpes. Botanica Helvetica 95 (2): 157-164.

687 RICHARD J.-L. 1985c. Pelouses xérophiles alpines des environs de Zermatt (Valais, Suisse). Botanica Helvetica 95 (2): 193-211.

688 RICHARD J.-L. 1987. Dynamique de la végétation sur les marges glaciaires récentes de la réserve d'Aletsch (Alpes valaisannes, Suisse). 15 ans d'observations dans les placettes-témoin (1971-1986). Botanica Helvetica 97 (2): 265-276.

689 RICHARD J.-L. 1989. Nouvelles observations sur la végétation alpine et subnivale des environs de Zermatt (Valais, Suisse). Botanica Helvetica 99 (1): 1-19.

690 RICHARDSON I. B. K. 1975. A revision of the genus *Centranthus* DC. (Valerianaceae). Botanical Journal of the Linnean Society 71: 211-234.

691 RIEDL H. 1967a. Die Gattung *Ephedra* in Europa. Scientia Pharmaceutica (Austria) 35: 225-228.

692 RIEDL H. 1967b. Die infraspezifischen Einheiten von *Arum maculatum* in Mitteleuropa. Phyton: annales rei botanicae 12: 159-168.

693 ROBATSCH K. 1991. *Epipactis nordeniorum* K. Robatsch, spec. nova, eine neue *Epipactis*-Art aus der Steiermark. Mitteilungen der Abteilung für Botanik am Landesmuseum Joanneum in Graz 20: 1-35.

694 RÖSER M. 1996. Ecogeography of the grass genus *Helictotrichon* (Poaceae: Aveneae) in the Mediterranean and adjacent regions. Plant Systematics and Evolution 203: 181-281.

695 ROSTANSKI K. 2005. *Oenothera* In: ROTHMALER W. [ed.] Exkursionsflora von Deutschland. Bd. 4 (Kritischer Band). Volk und Wissen, Berlin. 479-485.

696 RÖTHLISBERGER J. 2005. Die Gattung *Eragrostis* in der Schweiz – eine Standortbestimmung. Bauhinia 19: 15-28.

697 RÖTHLISBERGER J. 2007. Aktuelle Verbreitung der Gattung *Chamaesyce* (Euphorbiaceae) in der Schweiz. Bauhinia 20: 19-33.

698 ROTHMALER W. 2007. Exkursionsflora von Deutschland. 5. Krautige Zier- und Nutzpflanzen. Spektrum Akademischer Verlag.

699 ROTHMALER W., JÄGER E. J. & WERNER K. 2005. Exkursionsflora von Deutschland. 4. Gefässpflanzen: Kritischer Band. ed. 10. Spektrum Akademischer Verlag, Heidelberg – Berlin. 980 pp.

700 ROTI-MICHELOZZI G. 1986. Biosystematic studies on the *Vicia villosa* complex in Europe. Candollea 41 (2): 399-411.

701 ROUSI A. 1971. The genus *Hippophaë* L. A taxonomic study. Annales botanici Fennici 8: 177-227.

702 ROY D. B., HILL M. O., ROTHERY P. & BUNCE R. G. H. 2000. Ecological indicator values of British species: an application of Gaussian logistic regression. Annales botanici Fennici 37 (3): 219-226.

703 ROYER J.-M. 1988. Observations taxonomiques, phytogéographiques et écologiques sur la flore de la chaîne du Jura français. Bulletin mensuel de la Société linnéenne de Lyon 58: 6-43.

704 SAUER W. 1987. The *Pulmonaria dacica*-group: its affinities with central and south-east European allies and with the genus Paraskevia (Boraginaceae). Plant Systematics and Evolution 155 (1/4): 257-276.

705 SAUER W. & CHMELITSCHEK H. 1976. Beiträge zur Kenntnis ausdauernder Wildhafer: Die Gattung *Avenula* (Dumort.) Dumort. in den Ostalpen. Mitteilungen der Botanischen Staatssammlung München 12: 513-608.

706 SAUER W. & GRUBER G. 1979. Beitrag zur Kenntnis der Gattung *Pulmonaria* in Bayern: Kritische Sippen, Verbreitung und allgemeine Hinweise auf die Arealbildung. Berichte der Bayerischen Botanischen Gesellschaft zur Erforschung der Heimischen Flora 50: 127-160.

707 SAUER W. & THIV M. 1995. Die Gattung *Pulmonaria* (Boraginaceae) in Baden-Württemberg. Jahreshefte der Gesellschaft für Naturkunde in Württemberg 151: 281-344.

708 SAUERBIER H. & LANGER W. 2005. s. Langer & Sauerbier.

709 SAUKEL J. & LÄNGER R. 1992a. *Achillea pratensis* Saukel & Länger, spec. nova, eine tetraploide Sippe der *Achillea millefolium*-Gruppe. Phyton: annales rei botanicae 32 (1): 159-172.

710 SAUKEL J. & LÄNGER R. 1992b. The *Achillea millefolium*-Gruppe (Asteraceae) in Mitteleuropa II. Phyton: annales rei botanicae 32: 47-78.

711 SCACCHI R. & DE ANGELIS G. 1989. Isoenzyme polymorphism in *Gymnadenia conopea* and its interferences for systematics within this species. Biochemical Systematics and Ecology 17: 25-33.

712 SCHAEFTLEIN H. 1969. Beiträge zur Kenntnis einiger mitteleuropäischer Euphrasien II. Der Formenreichtum der *Euphrasia rostkoviana*-Gruppe. Phyton: annales rei botanicae 13: 169-182.

713 SCHAFFERS A. P. & SÝKORA K. V. 2000. Reliability of Ellenberg indicator values for moisture, nitrogen and soil reaction: a comparison with field measurements. Journal of Vegetation Science 11: 225-244.

714 SCHIPPMANN U. 1991. Revision der Europäischen Arten der Gattung *Brachypodium* Palisot de Beauvois (Poaceae). Boissiera 45: 1-250.

715 SCHMID B. 1980. *Carex flava* L. s. l. im Lichte der r-Selektion. Diss., Universität Zürich, Philosophische Fakultät II, Zürich. 360 pp.

716 SCHMID B. 1981. Die Verbreitung der Artengruppe *Carex flava* L. s. l. in der Schweiz. Botanica Helvetica 91: 3-8.

717 SCHMID B. 1983. Notes on the nomenclature and taxonomy of the *Carex flava* group in Europe. Watsonia 14: 309-319.

718 SCHMID K. 1983. Untersuchungen an *Polygonum aviculare* s. l. in Bayern. Mitteilungen der Botanischen Staatssammlung München 19: 29-149.

719 SCHMID-HOLLINGER R. 2007. *Bromopsis riparia* in der Schweiz. Botanica Helvetica 117 (2): 198-201.

720 SCHMIDT M. 2003. Liste der in Deutschland typischen Waldgefässpflanzen. Mitteilungen der Bundesforschungsanstalt für Forst- und Holzwirtschaft 212: 1-68.

721 SCHMIDT P. 1973. Übersicht über die mitteleuropäischen Arten der Gattung *Thymus* L. Feddes Repertorium 83: 663-671.

722 SCHMIDT P. 1974. Das soziologische Verhalten der mitteleuropäischen *Thymus*-Arten als Beispiel für die Bedeutung «kritischer» Sippen in der Geobotanik. Mitteilungen Sekt. Geobot. Phytotaxon. Biol. Ges. DDR: 49-58.

723 SCHMIDT P. 1978. Bestimmungsschlüssel für die mitteleuropäischen Arten und Unterarten der Gattung *Thymus* L. (Labiatae). Mitteilungen zur floristischen Kartierung 4: 2-14.

724 SCHMIDTLEIN S. & EWALD J. 2003. Landscape patterns of indicator plants for soil acidity in the Bavarian Alps. Journal of Biogeography 30 (10): 1493-1503.

725 SCHMITZ J. & STRANK K. J. 1985. Die drei *Reynoutria*-Sippen (Polygonaceae) des Aachener Stadtwaldes. Göttinger floristische Rundbriefe 19: 17-25.

726 SCHNEDLER W. & BÖNSEL D. 1989. Die grosswüchsigen Melde-Arten *Atriplex micrantha* C. A. Meyer in Ledeb. *(= A. heterosperma* Bunge), *Atriplex sagittata* Bernh. *(= A. nitens* Schkuhr *= A. acuminata* W. & K.) und *Atriplex oblongifolia* W. & K. an den hessischen Autobahnen im Sommer 1987. Hessische Floristische Briefe 38: 50-64.

727 SCHNEEWEISS G. M. 1998. *Saxifraga carpatica* (Saxifragaceae) – neu für die Alpen. Phyton: annales rei botanicae 38 (2): 301-305.

728 SCHNEIDER C., SUKOPP C. & SUKOPP H. 1994. Biologisch-ökologische Grundlagen des Schutzes gefährdeter Segetalpflanzen. Schriftenreihe für Vegetationskunde 26: 1-356.

729 SCHNELLER J., HOLDEREGGER R., GUGERLI F., EICHENBERGER K. & LUTZ E. 1998. Patterns of genetic variation detected by RAPDs suggest a single origin with subsequent mutations and long-distance dispersal in the apomictic fern *Dryopteris remota* (Dryopteridaceae). American Journal of Botany 85 (7): 1038-1042.

730 SCHNITTLER M. & NIEDBALA J. 1993. Zur Unterscheidung von *Scirpus atrovirens* Willd., *Scirpus sylvaticus* L. und ähnlichen Cyperaceen. Floristische Rundbriefe 27 (1): 25-31.

731 SCHOLTE G. A. M. 1978. Biosystematic studies in the collective species *Stellaria media* (L.) Vill. (I). Proceedings of the Koninklijke Nederlandse Akademie van Wetenschappen. Series C: Biological and Medical Sciences 81: 442-456.

732 SCHOLZ H. 1970. Zur Systematik der Gattung *Bromus* L. subgenus *Bromus* I (Gramineae). Willdenowia 6 (1): 139-159.

733 SCHOLZ H. 1991. Die Systematik der *Avena sterilis* und *A. fatua* (Gramineae). Eine kritische Studie. Willdenowia 20: 103-112.

734 SCHOLZ H. 1993. *Elytrigia arenosa* (Gramineae) – ein mitteleuropäischer Reliktendemit. Botanisches Jahrbuch für Systematik 115 (3): 351-366.

735 SCHOLZ H. 1995. *Echinochloa muricata*, eine vielfach verkannte und sich einbürgernde Art der deutschen Flora. Floristische Rundbriefe 29 (1): 44-49.

736 SCHOLZ H. 2002. *Panicum riparium* H. Scholz – eine neue indigene Art der Flora Mitteleuropas. Feddes Repertorium 113 (3/4): 273-280.

737 SCHOLZ H. & MIKOLÂŠ V. 1991. The weedy representatives of Proso Millet *(Panicum milleaceum*, Poaceae) in Central Europe. Thaiszia 1: 31-41.

738 SCHÖNFELDER P. & WEGMÜLLER S. 1974. Zur Unterscheidung und Verbreitung der Sippen von *Lamiastrum galeobdolon* agg. in Süddeutschland. Göttinger floristische Rundbriefe 8: 24-34.

739 SCHÖNHAR S. 1993. Die Waldbodenvegetation als Standortsweiser. Allgemeine Forst- und Jagdzeitung 164 (9/10): 173-180.

740 SCHÖNSWETTER P., SCHNEEWEISS G. M., WITTMANN H., TRIBSCH A. & WIEDERMANN M. 2001. *Equisetum arvense* subsp. *boreale* auct eur. (Equisetaceae) – ein bisher übersehenes arktisch-alpines Florenelement der Alpen. Neilreichia 1: 149-164.

741 SCHÖNSWETTER P., TRIBSCH A. & NIKLFELD H. 2004. Amplified fragment length polymorphism (AFLP) reveals no genetic divergence of the eastern alpine endemic *Oxytropis campestris* subsp. *tiroliensis* (Fabaceae) from widespread subsp. *campestris*. Plant Systematics and Evolution 244: 245-255.

742 SCHUARDT W. 1989. *Juncus ensifolius* Wikström, ein fremdes Florenelement in Bayern. Berichte der Bayerischen Botanischen Gesellschaft zur Erforschung der Heimischen Flora 60: 201-202.

743 SCHUHWERK F. 1997. Kommentierte Liste der bayerischen *Hieracium*-Arten. Teil I. Taxonomisches Konzept, Arten des Subgenus *Pilosella* a-f. Berichte der Bayerischen Botanischen Gesellschaft zur Erforschung der Heimischen Flora 66/67: 137-152.

744 SCHUHWERK F. & FISCHER M. A. 2003. Bestimmungsschlüssel der Untergattung *Hieracium* subg. *Pilosella* in Österreich und Südtirol. Neilreichia 2/3: 13-58.

745 SCHULTZE-MOTEL W. & al. 1980. Hegi, G. Illustrierte Flora von Mitteleuropa. Cyperaceae – JuncaceaeHegi, G. Illustrierte Flora von Mitteleuropa. Bd. 2/1. ed. 3. Parey Berlin – Hamburg.

746 SCHÜTZ W. 2000. Ecology of seed dormancy and germination in sedges *(Carex)*. Perspectives in Plant Ecology Evolution and Systematics 3 (1): 67-89.

747 SCHWEINGRUBER F. H. & POSCHLOD P. 2005. Growth rings in herbs and shrubs: life span, age determination and stem anatomy. Forest Snow and Landscape Research 79: 195-415.

748 SEBALD O., SEYBOLD S., PHILIPPI G. & WÖRZ A. 1990-1998. Die Farn- und Blütenpflanzen Baden-Württembergs. 8 Bde. Ulmer, Stuttgart.

749 SEIDLING W. & ROHNER M. 1993. Zusammenhänge zwischen Reaktions-Zeigerwerten und bodenchemischen Parametern am Beispiel von Waldbodenvegetation. Phytocoenologia 23: 301-317.

750 SEIFFERT M. & HOLDEREGGER R. 1995. Morphologische Untersuchungen innerhalb der *Dryopteris carthusiana*-Gruppe in Europa. Farnblätter 26/27: 58-77.

751 SEISER K. 2001. Eine neue Subspezies der *Epipactis greuteri* (Orchidaceae) am Fuss der Rax (Niederösterreich). Neilreichia 1: 137-148.

752 SEITTER H. 1977. Die Flora des Fürstentums Liechtensteins. 2 Bde. Gassner, Vaduz. 573 pp.

753 SEITTER H. 1989. Flora der Kantone St. Gallen und beider Appenzell. 2 Bde. St. Gallische Naturwissenschaftliche Gessellschaft.

754 SEITZ W. 1969. Die Taxonomie der *Aconitum napellus*-Gruppe in Europa. Feddes Repertorium 80: 1-76.

755 SEITZ W. 1972. Beitrag zur Zytotaxonomie von *Ranunculus platanifolius* L. und *R. aconitifolius* L. Beiträge zur Biologie der Pflanzen 48: 255-264.

756 SELVAGGI A., SOLDANO A. & PASCALE M. 2005. Note floristiche Piemontesi N. 1-12. Rivista Piemontese di Storia Naturale 26: 371-375.

757 SEMPLE J. C. & CHMIELEWSKI J. G. 1987. A revision of the *Aster lanceolatus* complex, including *A. simplex* (Compositae: Asteraceae); a multivariate morphometric study. Canadian Journal of Botany 65: 1047-1062.

758 SHEPPARD A. W. 1991. *Heracleum sphondylium* L. Journal of Ecology 79 (1): 235-258.

759 SHIRREFFS D. A. 1985. *Anemone nemorosa* L. Journal of Ecology 73 (3): 1005-1020.

760 ŠIDA O. jun. 1998. Taxonomic problems in *Erigeron* sect. *Trimorpha* (Compositae) in Eurasia. Preslia 70: 259-269.

761 SIMON C. 1974. *Bidens subalternans* DC. in Europa. Bauhinia 5 (2): 105-108.

762 SKALICKÝ V. 1985. Taxonomische und nomenklatorische Bemerkungen zu Gattungen *Aconitum* L. und *Pulsatilla* Mill. Preslia 57 (2): 135-143.

763 SKORNIK M. & WRABER T. 1988. *Papaver victoris*, novi rumenocvetni alpski mak v Julijskih Alpah. Biološki vestnik 36 (2): 79-92.

764 ŠMARDA P., ŠMERDA J., KNOLL A., BUREš P. & DANIHELKA J. 2007. Revision of Central European taxa of *Festuca* ser. *Psammophilae* Pawlus: morphometrical, karyological and AFLP analysis. Plant Systematics and Evolution 266 (3/4): 194-232.

765 SMEJKAL M. 1971. Revision der tschechoslowakischen Arten der Gattung *Camelina* Crantz (Cruciferae). Preslia 43: 318-337.

766 SMEJKAL M. 1975. *Galeobdolon argentatum* sp. nova, ein neuer Vertreter der Kollektivart *Galeobdolon luteum* (Lamiaceae). Preslia 47: 241-248.

767 SMETTAN H. W. 2000. Die Scopoli-Braunwurz (*Scrophularia scopolii* Hoppe), ein Neubürger in den Bayerischen Alpen? Berichte der Bayerischen Botanischen Gesellschaft zur Erforschung der Heimischen Flora 69/70: 127-131.

768 SMITH C. & ASHTON P. A. 2006. Distinction between the sedges *Carex vulpina* L. and *C. otrubae* Podb. and the potential for identifications of hybrids. Watsonia 26 (1): 15-25.

769 SMITH P. M. 1981. Ecotypes and subspecies in annual brome-grasses *(Bromus*, Gramineae). Botanische Jahrbücher für Systematik, Pflanzengeschichte und Pflanzengeographie 102 (1/4): 497-509.

770 SNOGEROP S. & SNOGEROP B. 2001. *Bupleurum* L. (Umbelliferae) in Europe. I. The annuals, B. sect. *Bupleurum* and sect. *Aristata*. Willdenowia 31: 205-308.

771 SNOGERUP B. 1983. Northwest European taxa of *Odontites* (Scrophulariaceae). Acta Botanica Fennica 124 (1-62).

772 SOBEY D. G. 1981. *Stellaria media* (L.) Vill. Journal of Ecology 69 (1): 311-335.

773 SOLDANO A. 1996. Un rango specifico per la *Centaurea* endemica del Biellese-Valesia: *Centaurea bugellensis*. Natura Bresciana 30: 147-153.

774 SOLDANO A. & SELLA A. 2000. Flora spontanea della provincia di Biella. Edizioni del'Orso, Allesandria. 542 pp.

775 SOLIVA M. & WIDMER A. 1999. Genetical and floral divergence among sympatric populations of *Gymnadenia conopsia* L. s. l. (Orchideaceae) with different flowering phenology. International Journal of Plant Sciences 160: 897-905.

776 SONNBERGER B. 1996. *Corydalis claviculata* (L.) DC. im Unterallgäu. Berichte der Bayerischen Botanischen Gesellschaft zur Erforschung der Heimischen Flora 66/67: 209-211.

777 SPETA F. 1971. Beitrag zur Systematik von *Scilla* L. subgen. *Scilla* (inklusive *Chionodoxa)*. Österreichische botanische Zeitschrift 119: 6-18.

778 SPETA F. 1975. Über *Chionodoxa* Boiss., ihre Gliederung und Zugehörigkeit zu *Scilla* L. Naturkundliches Jahrbuch der Stadt Linz 21: 9-79.

779 SPETA F. 1982. Über die Abgrenzung und Gliederung der Gattung *Muscari* und über ihre Beziehungen zu anderen Vertretern der Hyacinthaceae. Botanische Jahrbücher für Systematik, Pflanzengeschichte und Pflanzengeographie 103 (2): 247-291.

780 SPIEGELBERGER T., HEGG O., MATTHIES D., HEDLUND K. & SCHAFFNER U. 2006. Long-term effects of short-term perturbation in a subalpine grassland. Ecology 87 (8): 1939-1944.

781 STACE C. A. 1997. New Flora of the British Isles. ed. 2. Cambridge University Press. 1130 pp.

782 STARMÜHLER A. 1998. *Aconitum* L. (Ranunculaceae). In: WISSKIRCHEN R. & HAEUPLER H. [eds.], Standartliste der Farn- und Blütenpflanzen Deutschlands. Ulmer, Stuttgart. 39-43.

783 STARMÜHLER W. 1996. Beitrag zur Kenntnis des *Aconitum pilipes* (Ranunculaceae) und seiner Hybriden. Willdenowia 26: 169-182.

784 STARMÜHLER W. 2001a. Die Gattung *Aconitum* in Bayern. Berichte der Bayerischen Botanischen Gesellschaft zur Erforschung der Heimischen Flora 71 (99-118).

785 STARMÜHLER W. 2001b. Systematik und Verbreitung der Gattung *Delphinium* (Ranunculaceae) in Österreich. Verhandlungen der Zoologisch-Botanischen Gesellschaft in Österreich 138: 95-118.

786 STECK-BLASER B. 1992. Karyologische Untersuchungen an *Muscari comosum, M. botryoides* und *M. racemosum* im Gebiet der Schweiz. Botanica Helvetica 102: 211-227.

787 STEIN K., KUNZMANN G. & HARRACH T. 1987. Vegetation as an indicator of nutrient supply – a comparison of intensively and extensively fertilized grassland sites. Mitteilungen der Deutschen Bodenkundlichen Gesellschaft 53: 299.

788 STEINBERG C. 1971. Revisione sistematica e distributiva delle *«Adonis»* annuali in Italia. Webbia 25: 299-351.

789 STEINECKE K. & BENNERT H. W. 1993. Biosystematik investigations of the *Asplenium obovatum* complex (Aspleniaceae, Pteridophyta). I. Morphology. Botanisches Jahrbuch für Systematik 114 (4): 481-502.

790 ŠTĚPÁNKOVÁ J. 1993. Ploidy variation in the group of *Myosotis palustris* and *M. laxa* in the Czech Republc and Slovakia. Folia Geobotanica & Phytotaxonomica 28 (2): 113-128.

791 ŠTĚPÁNKOVÁ J. 1994. *Myosotis michaelae*. – A new species of *Myosotis* Ser. *Palustres* (Boraginaceae). Folia Geobotanica & Phytotaxonomica 29 (3): 375-384.

792 STÖHR O., PILSL P., ESSL F., HOHLA M. & VYVERMAN W. 2007. Beiträge zur Flora von Österreich, II. Linzer Biologische Beiträge 39 (1): 155-292.

793 STÖHR O., SCHRÖCK C., ESSL F., BRANDSTÄTTER G., HOHLA M., NIEDERBICHLER C. & KAISER R. 2006. Beiträge zur Flora von Österreich. Neilreichia 4: 139-190.

794 STOKES K. E. J. M., BULLOCK J. M. & WATKINSON A. R. 2003. *Ulex gallii* Planch. and *Ulex minor* Roth. Journal of Ecology 91 (6): 1106-1124.

795 STOLLE J. 2004. Biological flora of central Europe: *Corydalis pumila* (Host) Rchb. Flora 199 (3): 204-217.

796 STOOR A. M., BOUDRIE M., JÉRÔME C., HORN K. & BENNERT W. 1996. *Diphasiastrum oellgaardii* (Lycopodiaceae, Pteridophyta), a new lycopod species from Central Europe and France. Feddes Repertorium 107 (3/4): 149-157.

797 STOTZ J., VON ARX B. & THOMMEN M. 1986. Etude sur *Ophrys holosericea* (Burm.) Greuter subsp. *elatior* (Gumprecht) Gumprecht. Saussurea 17: 1-12.

798 STRID A. & TAN K. 1991. Mountain Flora of Greece. Vol. 2. University Press, Cambridge. 974 pp.

799 STROBL W. & WITTMANN H. 1988. Morphologische, soziologische und karyologische Studien an *Anthriscus nitida* (Wahlenb.) Hazsl., einer häufig übersehenen Art der einheimischen Flora. Berichte der Bayerischen Botanischen Gesellschaft zur Erforschung der Heimischen Flora 59: 51-63.

800 STUDER-EHRENSBERGER K. 1993. Pflanzensoziologische Untersuchungen an extensiv genutzten Rasen des Alpensüdfusses. Diss., Bern. 48-54 (gekürzte Fassung)

801 STUTZ C. J., GAGO R. & HUGUENIN-ELIE O. 2008. *Phedimus stoloniferus* – eine neue Problempflanze im Schweizer Grasland. Botanica Helvetica 118 (1): 77-80.

802 SUKOPP H. & SCHICK B. 1992. Zur Biologie neophytischer *Reynoutria*-Arten in Mitteleuropa. Morphometrie der Laubblätter. Natur und Landschaft 67: 503-505.

803 SUKOPP H. & STARFINGER U. 1995. *Reynoutria sachalinensis* in Europe and in the Far East: A comparison of the species ecology in its native and adventive distribution range. In: PYSEK P., PRACH K., REJMANEK M. & WADE M. [eds.], Plant Invasions – General aspects and special problems. Amsterdam. 151-159.

804 SUTHERLAND W. J. 1990. *Iris pseudacorus* L. Journal of Ecology 78 (3): 833-848.

805 SUTORÝ K. 1988. Variability and distribution of *Cynoglossum germanicum* Jacq. (Boraginaceae) in Western and Central Europe. Acta Musei Moraviae. Scientiae naturales 73: 149-167.

806 TALAVERA S., GARCIA MURILLO P. & SMIT H. 1986. Sobre el género *Zannichellia* L. (Zannichelliaceae). Lagascalia 14 (2): 241-271.

807 TAMURA M. & LAUENER L. A. 1979. A synopsis of *Aconitum* subgenus *Lycoctonum* 2. Notes from the Royal Botanic Garden Edinburgh 37 (3): 430-466.

808 TASKOVA R. M., ALBACH D. C. & GRAYER R. J. 2004. Phylogeny of *Veronica* – a combination of molecular and chemical evidence. Plant Biology (Stuttgart) 6 (6): 673-682.

809 TAYLOR K. 1997a. *Geum urbanum* L. Journal of Ecology 85 (5): 705-720.

810 TAYLOR K. 1997b. *Geum rivale* L. Journal of Ecology 85 (5): 721-731.

811 TAYLOR K. 1999. *Galium aparine* L. Journal of Ecology 87 (4): 713-730.

812 TAYLOR K., HAVIL D. C., PEARSON J. & WOODALL J. 2002. *Trientalis europaea* L. Journal of Ecology 90 (2): 404-418.

813 TAYLOR K. & MARKHAM B. 1978. *Ranunculus ficaria* L. *(Ficaria verna* Huds.; *F. ranunculoides* Moench). Journal of Ecology 66 (3): 1011-1031.

814 TAYLOR K., ROWLAND A. P. & JONES H. E. 2001. *Molinia caerulea* (L.) Moench. Journal of Ecology 89 (1): 126-144.

815 TAYLOR P. 1989. The genus *Utricularia*: A taxonomic monograph. Kew Bulletin Additional Series 14: 1-724.

816 TEMESY E. 1957. Der Formenkreis von *Saxifraga stellaris* L. Phyton: annales rei botanicae 7: 40-141.

817 TEPPNER H., EHRENDORFER F. & PUFF C. 1976. Kryosystematic notes on the *Galium palustre* group (Rubiaceae). Taxon 25 (1): 95-97.

818 TEPPNER H. & KLEIN E. 1990. *Nigritella rhellicana* spec. nova und *N. nigra* s. str. Phyton: annales rei botanicae 31: 5-26.

819 TEPPNER H. & KLEIN E. 1998. Etiam atque etiam – *Nigritella* versus *Gymnadenia*: New combinations and *Gymnadenia dolomitensis* spec. nova (Orchidaceae-Orchideae). Phyton: annales rei botanicae 38 (1): 220-224.

820 TER BRAAK C. J. F. & BARENDREGT L. G. 1986. Weighted averaging of species indicator values: Its efficiency in environmental calibration. Mathematical Biosciences 78 (1): 57-72.

821 TER BRAAK C. J. F. & GREMMEN N. J. M. 1987. Ecological amplitudes of plant species and the internal consistency of Ellenberg's indicator values for moisture. Vegetatio 69 (1/3): 79-87.

822 THEURILLAT J.-P. 1984. Remarques sur la distribution de *Minuartia viscosa* (Schreb.) Sch. & Thell. (Caryophyllaceae) en Suisse. Saussurea 15: 37-43.

822a THEURILLAT J.-P. & al. 1995. The higher vegetation units of the Alps. Colloques Phytosociologiques 23: 189-239.

823 THOMPSON K., BAKKER J. P. & BEKKER R. 1997. The soil seed banks of North West Europe: Methodology, density and longetivity. Cambridge University Press. 1-276.

824 THOMPSON K., BAND S. R. & HODGSON J. G. 1993. Seed size and shape predict persistence in soil. Functional Ecology 7: 236-241.

825 THOMPSON K., HODGSON J. G., GRIME J. P., RORISON I. H., BAND S. R. & SPENCER R. E. 1993. Ellenberg numbers revisited. Phytocoenologia 23: 277-289.

826 THOMSON J. A. 2004. Towards a taxonomic revision of *Pteridium* (Dennstaedtiaceae). Telopea 10 (4): 793-803.

827 THOR G. 1988. The genus *Utricularia* in the Nordic countries, with special emphasis on *U. stygia* and *U. ochroleuca*. Nordic Journal of Botany 8: 213-225.

828 TILEY G. E. D., DODD F. S. & WADE P. M. 1996. *Heracleum mantegazzianum* Sommier & Levier. Journal of Ecology 84 (2): 297-319.

829 TIMBAL-LAGRAVE E. 1882. Essai monographique sur les *Bupleurum* de la Section *Nervosa* Grenier et Godron de la flore française. Mémoires de l'Académie des sciences de Toulouse sér. 8, 4: 124-145.

830 TISON J.-M. 2004. *Gagea polidorii* J. M. Tison, espèce méconnue du sud-ouest des Alpes et des Apennins. Acta Botanica Gallica 151: 319-326.

831 TITZ E. & TITZ W. 1981. Die diploiden und tetraploiden Arznei-Baldriane der Schweiz und angrenzender Regionen (Valerianaceae). Botanica Helvetica 91: 169-188.

832 TITZ W. 1969. Zur Zytotaxonomie von *Arabis hirsuta* aggr. (Cruciferae). 2: Morphologische Analyse österreichischer Populationen und die Abgrenzung der Sippen. 3: Verbreitung, Standorte und Vergesellschaftung der Sippen in Österreich und phylogenetische Hinweise. Österreichische Botanische Zeitschrift 117: 21-53; 87-106.

833 TITZ W. 1976. Die ost- und mitteleuropäische Tieflandsart *Arabis nemorensis* (Hoffm.) Koch ist von *A. planisiliqua* (Pers.) Reichenb. abzutrennen. Linzer Biologische Beiträge 8: 347-356.

834 TITZ W. 1978. Experimentelle Systematik und Genetik der kahlen Sippen in der *Arabis hirsuta*-Gruppe (Brassicaceae). Botanische Jahrbücher für Systematik, Pflanzengeschichte und Pflanzengeographie 100: 110-139.

835 TITZ W. & TITZ E. 1980 (1979). *«Valeriana versifolia»* und andere octoploide Arznei-Baldriane in den Schweizer Alpen und angrenzenden Regionen. Berichte der Schweizerischen botanischen Gesellschaft 89 (3/4): 251-277.

836 TITZ W. & TITZ E. 1982. Analyse der Formenmannigfaltigkeit der *Valeriana officinalis*-Gruppe im zentralen und südlichen Europa. Berichte der Deutschen Botanischen Gesellschaft 95: 155-164.

837 TOFTS R. 1999. *Cirsium eriophorum* (L.) Scop. *[Carduus eriophorus* L.; *Cnicus eriophorus* (L.) Roth]. Journal of Ecology 87 (3): 529-542.

838 TOIVONEN H. 1981. Notes on nomenclature and taxonomy of *Carex canescens* (Cyperaceae). Annales botanici Fennici 18: 91-97.

839 TOMASELLI M., PETRAGLIA A., ROSSI G. & ADORNI M. 2005. Contribution to the environmental ecology of *Cryptogramma crispa* (L.) R. Br. ex Hooker in the Alps. Flora 200 (2): 175-186.

840 TONASCIA N. 1992. Biosystematische Untersuchungen an *Heracleum spondylium* s. l. in der Schweiz. Berichte des Geobotanischen Institutes der Eidgenössischen Technischen Hochschule, Stiftung Rübel 58: 101-120.

841 TORNADORE N. & GARBARI F. 1979. Il genere *«Ornithogalum»* L. (Liliaceae) in Italia. 3. Contributo alla revisione citotassonomica. Webbia 33 (2): 379-423.

842 TREIBER R. 1998. Studies on the acidity tolerance of *Prunella laciniata* L. Floristische Rundbriefe 32 (2): 135-139.

843 TRIBSCH A. 2000. *Lycopodium annotinum* subsp. *alpestre* – auch in den Alpen? Wulfenia 7: 49-56.

844 TRIBSCH A. & SCHÖNSWETTER P. 1999. *Lycopodium clavatum* ssp. *monostachyon (L. lagopus)* in den Ostalpen. Verhandlungen der Zoologisch-Botanischen Gesellschaft in Österreich 136: 235-248.

845 TURK B. 1992. Cytotaxonomy of the *Valeriana officinalis* L. Group in Slovenia (in Slov.). Biološki vestnik 40 (1): 45-54.

845a TUTIN T. G. & al. 1964-1993. Flora Europaea. 5 Bde. Cambridge University Press.

846 UHLICH H., PUSCH J. & BARTHEL K.-J. 1995. Die Sommerwurzarten Europa. Gattung *Orobanche*. Bd. 618. Neue Brehm-Bücherei. 222 pp.

847 UJHELYI J. 1970. Data to the systematics of the sections *Bulbosae* and *Caespitosae* of the genus *Koeleria*. IX. Annales Historico-Naturales Musei Nationalis Hungarici Pars Botanica 62: 175-195.

848 URBANI M. 1992. Ricerche biosistematiche e corologiche sulle Thymelaeaceae in Italia: 1. *Daphne alpina* L. Webbia 46 (2): 203-217.

849 URBANSKA K. & LANDOLT E. 1990. Biologische Kennwerte von Pflanzenarten. Berichte des Geobotanischen Institutes der Eidgenössischen Technischen Hochschule, Stiftung Rübel 56: 61-77.

850 URBANSKA-WORYTKIEWICZ K. 1977. An autoallohexaploid in *Cardamine* L., new to the Swiss flora. Berichte des Geobotanischen Institutes der Eidgenössischen Technischen Hochschule, Stiftung Rübel 44: 86-103.

851 URBANSKA-WORYTKIEWICZ K. & LANDOLT E. 1974. Biosystematic investigations in *Cardamine pratensis* L. s. l. I. Diploid taxa from Central Europe and their fertility relationships. Berichte des Geobotanischen Institutes der Eidgenössischen Technischen Hochschule, Stiftung Rübel 42: 42-139.

852 VAN RAAMSDONK L. W. D. 1982. Biosystematics studies on the *umbellatum/angustifolium* complex in the genus *Ornithogalum* L. I. Typification and taxonomy. Proceedings of the Koninklijke Nederlandse Akademie van Wetenschappen. Series C: Biological and Medical Sciences 85 (4): 563-574.

853 VAN RAAMSDONK L. W. D. 1988. Principal component analysis of ecological indicator value of swiss alpine flora. Botanica Helvetica 98 (2): 195-205.

854 VAN RAAMSDONK L. W. D. 1999. Der *Ornithogalum umbellatum-angustifolium*-Komplex in Deutschland. Floristische Rundbriefe 33 (2): 104-113.

855 VAN RAAMSDONK L. W. D. & DE VRIES T. 1989. Biosystematic studies in European *Gladiolus* species. Plant Systematics and Evolution 165: 189-198.

856 VAN RAAMSDONK L. W. D. & HERINGA J. 1987. Biosystematic studies on the *umbellatum-angustifolium* complex in the genus *Ornithogalum* (Liliaceae). III. Morphological analysis. Nordic Journal of Botany 7 (6): 631-637.

857 VAN SOEST J. L. 1969. Die *Taraxacum*-Arten der Schweiz. Veröffentlichungen des Geobotanischen Instituts der ETH Zürich, Stiftung Rübel 42: 1-255.

858 VAUTHEY M., JEANMONOD D. & CHARLIER P. 2003. La jussie – *Ludwigia grandiflora* (Michx.) Greuter & Burdet – une nouvelle espèce pour la Suisse et un nouvel envahisseur. Saussurea 33: 109-117.

859 VÉLA E. 2007. Révision taxonomique de l'Ophrys de Marseille (Orchidaceae), *Ophrys aranifera* subsp. *massiliensis* (Viglione & Véla) comb. nova: un essai de systématique intégratrice. Candollea 62 (1): 109-122.

860 VELDKAMP J.-F. 2008. Gladde ooievaarsbek, *Geranium aequale* (Bab.) Aedo (Geraniaceae), een niet zo nieuwe soort voor Nederland? Gorteria 33 (2): 50-57.

861 VERLOOVE F. 2001. A revision of the genus *Panicum* (Poaceae, Paniceae) in Belgium. Systematics and Geography of Plants 71: 53-72.

862 VIDA G. 1963. A new *Asplenium* (sectio *Ceterach)* species and the problem of the origine of *Phyllitis hybrida* (Milde) C. Christ. Acta Botanica Scientiae Hungaricae 9: 197-215.

863 VIDA G. 1974. Genome analysis of the European *Cystopteris fragilis* complex. Acta Botanica Academiae Scientiae Hungaricae 20 (1/2): 181-192.

864 VITEK E. 1985. Evolution alpiner Populationen von *Euphrasia* (Scrophulariaceae): Die mittel- bis kleinblütigen drüsenhaarigen Arten. Plant Systematics and Evolution 148: 215-235.

865 VITEK E. 1986. Evolution alpiner Populationen von *Euphrasia* (Scrophulariaceae): Die tetraploide *E. minima*. Plant Systematics and Evolution 151: 241-269.

866 VITEK E. & KIEHN M. 1990. Chromosomenzählungen an *Euphrasia rostkoviana* und verwandten Taxa. Flora 184: 31-41.

867 VITTOZ P., WYSS T. & GOBAT J.-M. 2006. Ecological conditions for *Saxifraga hirculus* in Central Europe: A better understanding for a good protection. Biological Conservation 131: 594-608.

868 VOGEL J. C. & RUMSEY E. F. 1999. On the status of *Diphasiastrum oellgaardii* (Lycopodiaceae, Pteridophyta). Feddes Repertorium 110: 439-445.

869 VOGEL J. C., RUMSEY F. J., SCHNELLER J. J., RUSSELL S. J., HOLMES J. S., BARRETT J. A. & GIBBY M. 1998. The origin, status and distribution of *Asplenium presolanense* spec. nov. (Aspleniaceae, Pteridophyta). Botanica Helvetica 108: 269-288.

870 VOGT R. 1985. Die *Cochlearia pyrenaica*-Gruppe in Zentraleuropa. Berichte der Bayerischen Botanischen Gesellschaft zur Erforschung der Heimischen Flora 56: 5-52.

871 VOLLRATH H. 2005. Über Hohlzähne *(Galeopsis)* am Westrand der Böhmischen Masse, besonders die kritische *Galeopsis pernhofferi*. Blätter zur Flora Nordbayerns 2: 17-41.

872 VON BOTHMER R. 1967. Intraspecific variation in *Clinopodium vulgare* L. (Labiatae). Botaniska notiser 120: 202-208.

873 VON HAGEN K. B. & KADEREIT J. W. 2000. Notes on the systematics and evolution of *Gentiana* sect. *Ciminalis*. Botanische Jahrbücher für Systematik, Pflanzengeschichte und Pflanzengeographie 122 (3): 305-339.

874 VON JANKA V. 1866. Die europäischen *Holcus*-Arten. Plant Systematics and Evolution 16 (2): 56-60.

875 VON LAMPE M. 1999. Vorschlag zur Bezeichnung der Innovations- und Überdauerungsorgane bei den terrestrischen Stauden Zentraleuropas. A proposal for naming of herbaceous plant structures serving perennation and innovation. Beiträge zur Biologie der Pflanzen 71: 335-367.

876 VOSER-HUBER M.-L. 1983. Studien an eingebürgerten Arten der Gattung *Solidago* L. Dissertationes Botanicae 68: 1-97.

877 VOUILLAMOZ J. 1999. Inventaire critique, nombre chromosomique et chorologie d'*Onosma helvetica* (A. DC.) Boissier et *Onosma pseudoarenaria* Schur s. l. (Boraginaceae) en Suisse. Bulletin de la Murithienne 117: 45-59.

878 WAGENITZ G. 1977. Zur Bestimmung der *Leucanthemum*-Arten in Mitteleuropa nördlich der Alpen. Göttinger floristische Rundbriefe 10 (4): 80-85.

879 WAGENITZ G. 1979. Hegi, G. Illustrierte Flora von Mitteleuropa. Compositae I. Allgemeiner Teil, *Eupatorium – Achillea*. Bd. 6/3. Parey, Berlin – Hamburg.

880 WAGENITZ G. 1981. Hegi, G. Illustrierte Flora von Mitteleuropa. Juglandaceae – Polygonaceae. Bd. 3/1. ed. 3. Parey, Berlin – Hamburg.

881 WAGENITZ G. 1983. Die Gattung *Adenostyles* Cass. (Compositae-Senecioneae). Phyton: annales rei botanicae 23: 141-159.

882 WAGENITZ G. 2008. Hegi, G. Illustrierte Flora von Mitteleuropa. Cucurbitaceae – Campanulaceae. Bd. 6/2A. Weissdorn, Jena.

883 WALDIS R. 1987. Unkrautvegetation im Wallis. Beiträge zur geobotanischen Landesaufnahme der Schweiz 63: 1-348.

884 WALLNÖFER B. 1992. Beitrag zur Kenntnis von *Carex oenensis* A. Neumann ex B. Wallnöfer. Linzer Biologische Beiträge 24 (2): 829-849.

885 WALLNÖFER B. 1993. Die Entdeckungsgeschichte von *C. randalpina* B. Wallnöfer spec. nov. (= *«C. oenensis»)* und deren Hybriden. Linzer Biologische Beiträge 25 (2): 709-744.

886 WALLNÖFER B. 1994. Über neue Vorkommen von *Carex randalpina* B. Wallnöfer in Slowenien und in der Schweiz. Linzer Biologische Beiträge 26 (2): 855-860.

887 WALLOSSEK C. 1999. The acidophilous taxa of *Festuca varia* group in the Alps: New studies on taxonomy and phytosociology. Folia Geobotanica 34: 47-75.

888 WALLOSSEK C. 2000. Der Buntschwingel *(Festuca varia* agg., Poaceae) im Alpenraum. Kölner Geographische Arbeiten 74: 1-146.

889 WALTER J. 1995. Zwei bisher in Österreich wenig bekannte Chenopodien: *Chenopodium suecicum* und *Chenopodium album* subsp. *pedunculare*. Florae Austriacae Novitates 2: 28-53.

890 WARNCKE K. 1964. Die europäischen Sippen der *Aconitum lycoctonum*-Gruppe. Diss., Univ. München, München. 66 pp.

891 WARTMANN B. A. 2006. Die Orchideen der Schweiz – Ein Feldführer. Sternenvogel. 253 pp.

892 WEBB D. A. & GORNALL R. J. 1989. Saxifrages of Europe. Christopher Helm, London. 307 pp.

893 WEBER E. 1997a. Phenotypic variation of the introduced perennial *Solidago gigantea* in Europe. Nordic Journal of Botany 17 (6): 631-638.

894 WEBER E. 1997b. Morphological variation of the introduced perennial *Solidago canadensis* L. sensu lato (Asteraceae) in Europe. Botanical Journal of the Linnean Society 123: 197-210.

895 WEBER E. 2000. Biological flora of Central Europe: *Solidago altissima* L. Flora 195: 123-134.

896 WEBER E. & JAKOBS G. 2005. Biological flora of central Europe: *Solidago gigantea* Aiton. Flora 200 (2): 109-118.

897 WEBER H. E. 1987. Beiträge zu einer Revision der Gattung *Rubus* L. in der Schweiz. Botanica Helvetica 97 (1): 117-133.

898 WEBER H. E. 1992. Zur Klärung der als *Ribes rubrum* L. und *Ribes spicatum* Robson bezeichneten Sippen. Floristische Rundbriefe 26 (1): 1-10.

899 WEBER H. E. 1995. Hegi, G. Illustrierte Flora von Mitteleuropa. Platanaceae – Rosaceae (1). Bd. 4/2A. ed. 3. Blackwell Berlin.

900 WEBER H. E. 1996. Neue oder wenig bekannte Brombeer-Arten (Rosaceae, *Rubus* L.) in Bayern und darüber hinausgehenden Verbreitungsgebieten. Berichte der Bayerischen Botanischen Gesellschaft zur Erforschung der Heimischen Flora 66/67: 27-45.

901 WEBER H. E. 1997a. Zwei neue *Rubus*-Arten aus der Schweiz und dem übrigen Mitteleuropa. Botanica Helvetica 107 (2): 211-220.

902 WEBER H. E. 1997b. Untersuchungen zur Gattung *Rubus* L. im Chiemgau. Berichte der Bayerischen Botanischen Gesellschaft zur Erforschung der Heimischen Flora 68: 67-96.

903 WEBER H. E. 2001. Eine neue *Rubus*-Art aus dem Allgäu und Vorarlberg. Berichte der Bayerischen Botanischen Gesellschaft zur Erforschung der Heimischen Flora 71: 7-11.

904 WEBERLING F. & PODLECH D. 2007. Hegi, G. Illustrierte Flora von Mitteleuropa. Campanulaceae. Bd. 6/2A, Lieferung 3. Weissdorn-Verlag. 177-322

905 WEGMÜLLER S. 1971. Zytotaxonomische Untersuchungen an Sippen von *Lamiastrum galeobdolon* (L.) Ehrend. & Polatschek s. l. aus dem Gebiet der Schweiz. Berichte der Schweizerischen botanischen Gesellschaft 83: 274-294.

906 WEGMÜLLER S. 1994. *Cicerbita plumieri* (L.) Kirschl., eine zytologische, arealkundliche und ökologische Studie. Botanische Jahrbücher für Systematik, Pflanzengeschichte und Pflanzengeographie 116 (2): 189-219.

907 WEIDE H. 1962. Systematische Revision der Arten *Pimpinella saxifraga* L. und *Pimpinella nigra* Willd. in Mitteleuropa. Feddes Repertorium 64: 240-268.

908 WEIGEND M. 2005. Die Erben Pokornys – Ein Beitrag zur Abgrenzung der Sippen *Urtica galeopsifolia* und *Urtica pubescens* in Mittel- und Osteuropa. Hoppea, Denkschriften der Regensburger Botanischen Gesellschaft 66: 101-118.

909 WEIHER E., VAN DER WERF A., THOMPSON K., RODERICK M., GARNIER E. & ERIKSSON O. 1999. Challenging Theophrastus: A common core list of plant traits for functional ecology. Journal of Vegetation Science 10: 609-620.

910 WEIMARCK G. 1971. Variation and taxonomy of *Hierochloë* (Gramineae) in the Northern Hemisphere. Botaniska notiser 124: 129-175.

911 WEIN R. W. 1973. *Eriophorum vaginatum* L. Journal of Ecology 61 (2): 601-615.

912 WELLS T. C. E. 1976. *Hypochoeris maculata* L. [*Achyrophorus maculatus* (L.) Scop.]. Journal of Ecology 64 (2): 757-774.

913 WELLS T. C. E. & BARLING D. M. 1971. *Pulsatilla vulgaris* Mill. (*Anemone pulsatilla* L.). Journal of Ecology 59 (1): 275-292.

914 WELTEN M. & SUTTER R. 1982. Verbreitungsatlas der Farn- und Blütenpflanzen der Schweiz. 2 Bde. Birkhäuser, Basel.

915 WENDEROTH C. & WENDEROTH K. 1994. Zur Verbreitung karyologisch untersuchter Moosbeeren *(Vaccinium oxycoccus* s. l.) in Teilen Mitteleuropas (Mittel- und Süddeutschland sowie Österreich). Berichte der Bayerischen Botanischen Gesellschaft zur Erforschung der Heimischen Flora 64: 147-155.

916 WETTSTEIN S. 2001. Der Einfluss abiotischer Faktoren auf die Morphologie der Grünerle. Botanica Helvetica 111 (1): 31-44.

917 WIEGER WAMELINK G. W. & VAN DOBBEN H. F. 2003. Uncertainty of critical loads based on the Ellenberg indicator value for acidity. Basic and Applied Ecology 4 (6): 515-523.

918 WILHALM T. 2007. Aktuelle Bestandesaufnahme des Meerträubels (*Ephedra helvetica*, Ephedraceae, Gnetales) in Südtirol. Gredleriana 7: 69-90.

919 WILHALM T., NIKLFELD H. & GUTERMANN W. 2006. Katalog der Gefässpflanzen Südtirols. Veröffentlichungen des Naturmuseums Südtirol 3: 1-215.

920 WILHALM T. & PAGITZ K. 2001. *Bromus diandrus* Roth in Österreich. Linzer Biologische Beiträge 33 (2): 955-965.

921 WILHALM T. & SCHOLZ H. 2000. Ein bemerkenswertes Vorkommen von *Psathyrostachys juncea* und *Agropyron desertorum* (Poaceae) in der inneralpinen Trockenvegetation. Berichte der Bayerischen Botanischen Gesellschaft zur Erforschung der Heimischen Flora 69/70: 7-17.

922 WILKIN P. 1992. The status of *Amaranthus bouchonii* Thellung within *Amaranthus* L. section *Amaranthus*: new evidence from studies of morphology and isozymes. Botanical Journal of the Linnean Society 108: 253-267.

923 WILSON G. B., HOUSTON L., WHITTINGTON W. J. & HUMPHRIES R. N. 2000. *Veronica spicata* L. ssp. *spicata* and ssp. *hybrida* (L.) Gaudin [*Pseudolysimachium spicatum* (L.) Opiz]. Journal of Ecology 88 (5): 890-909.

924 WILSON G. B., WRIGHT J., LUSBY P., WHITTINGTON W. J. & HUMPHRIES R. N. 1995. *Lychnis viscaria* L. (*Viscaria vulgaris* Bernh.). Journal of Ecology 83 (6): 1039-1051.

925 WIMMER W. 1997. *Myriophyllum heterophyllum* Michaux in Niedersachsen und Bremen sowie eine Bestimmung im vegetativen Zustand. Floristische Rundbriefe 31 (1): 23-31.

926 WISSEMANN V. 2000. Molekulargenetische und morphologisch-anatomische Untersuchungen zur Evolution und Genomzusammensetzung von Wildrosen der Sektion *Caninae* (DC.) Ser. Botanische Jahrbücher für Systematik, Pflanzengeschichte und Pflanzengeographie 122: 357-429.

927 WISSKIRCHEN R. 1991. Zur Biologie und Variabilität von *Polygonum lapathifolium* L. Flora 185: 267-295.

928 WISSKIRCHEN R. 1995. Zur Bestimmung der Unterarten von *Polygonum lapathifolium* L. s. l. Floristische Rundbriefe 29 (1): 1-25.

929 WISSKIRCHEN R. & HAEUPLER H. 1998. Standartliste der Farn- und Blütenpflanzen Deutschlands. Ulmer, Stuttgart. 765 pp.

930 WISSKIRCHEN R. & KRAUSE S. 1994. Zur Verbreitung und Ökologie von *Atriplex sagittata* Borkh. (Glanz-Melde) im nördlichen Rheinland. Tuexenia 14: 425-444.

931 WITSCHEL M. 1986. Zur Ökologie, Verbreitung und Vergesellschaftung von *Daphne cneorum* L. in Baden-Württemberg, unter Berücksichtigung der zönologischen Verhältnisse in den anderen Teilarealen. Jahreshefte der Gesellschaft für Naturkunde in Württemberg 141: 157-200.

932 WITSCHEL M. 1987. Die Verbreitung und Vergesellschaftung der Federgräser *(Stipa* L.) in Baden-Württemberg. Jahreshefte der Gesellschaft für Naturkunde in Württemberg 142: 157-196.

933 WITTIG R., DIESING G. & GÖDDE M. 1985. Urbanophob – urbanoneutral – urbanophil – Das Verhalten der Arten gegenüber dem Lebensraum Stadt. Flora 177: 265-282.

934 WITTIG R. & DURWEN K. J. 1982. Ecological indicator-value spectra of spontaneous urban floras. In: BORNKAMMER R., LEE J. A. & SEAWARD M. R. D. [eds.], Urban ecology. Blackwell, London. 23-31.

935 WITTIG R., WERNER W. & NEITE H. 1985. Der Vergleich alter und neuer pflanzensoziologischer Aufnahmen: Eine geeignete Methode zum Erkennen der Bodenversauerung? VDI Berichte 560: 21-33.

936 WOHLGEMUTH T., DUELLI P., GINZLER C., GÖDICKEMEIER I., HADORN P., HAGEDORN F., KÜTTEL P., LÜSCHER P., MORETTI M., SCHNEITER G., SCIACCA S. & WERMELINGER B. 2005. Ökologische Resilienz nach Feuer: die Waldbrandfläche Leuk als Modellfall. Schweizerische Zeitschrift für Forstwesen 156: 345-352.

937 WOHLGEMUTH T. & MOSER B. 2009 (Im Druck). Phönix aus der Asche: Die rasche Wiederbesiedlung nach dem verheerenden Waldbrand (2003) oberhalb von Leuk. Bulletin de la Murithienne.

938 WOHLGEMUTH T., MOSER B., BRÄNDLI U.-B., SCHÜTZ M. & KULL P. 2008. Diversity of forest plant species at the community and landscape scales in Switzerland. Plant Biosystems 142: 604-613.

939 WOHLGEMUTH T., SCHÜTZ M., KELLER W. & WILDI O. 1999. Errechnete Ökogramme für Schweizer Wälder. Botanica Helvetica 109: 169-191.

940 WOLFF P. 1991. Die Zierliche Wasserlinse, *Lemna minuscula* Herter: Ihre Erkennungsmerkmale und ihre Verbreitung in Deutschland. Floristische Rundbriefe 25 (2): 89-98.

941 WOLFF P. & ORSCHIEDT O. 1993. *Lemna turionifera* Landolt – Eine neue Wasserlinse für Südwestdeutschland, mit den Erstnachweisen für Europa. Carolinea 51: 9-26.

942 WOLFF P. & SCHWARZER A. 1991. *Ranunculus rionii* Lagger – eine neue Wasserpflanze in Deutschland. Floristische Rundbriefe 25 (2): 69-85.

943 WÖRZ A. 1988. Untersuchungen zu Gesellschaftsanschluss und Verbreitung von *Chaerophyllum elegans* Gaudin (Apiaceae). Botanica Helvetica 98 (1): 87-96.

944 WÖRZ A. 1989. Untersuchungen zur Verbreitung und soziologisch-standörtlichen Differenzierung von *Chaerophyllum hirsutum* L. und *Chaerophyllum villarsii* Koch (Apiaceae). Botanische Jahrbücher für Systematik, Pflanzengeschichte und Pflanzengeographie 110 (4): 493-510.

945 WÖRZ A. 1992. Untersuchungen zu Abgrenzung, Verbreitung und Standortswahl von *Anthriscus sylvestris* (L.) Hoffm. ssp. *stenophylla* (Rouy & Camus) Briquet. Botanische Jahrbücher für Systematik, Pflanzengeschichte und Pflanzengeographie 114: 329-348.

946 WÖRZ A. 1999. Systematics and evolution of the genus *Astrantia* L. (Apiaceae-Saniculoideae). Botanische Jahrbücher für Systematik, Pflanzengeschichte und Pflanzengeographie 121: 507-536.

947 WÖRZ A. 2001. On the intraspecific classification of *Astrantia major* L. (Apiaceae – Saniculoideae). Botanische Jahrbücher für Systematik, Pflanzengeschichte und Pflanzengeographie 123 (3): 303-319.

948 WRIGLEY F. 1986. Taxonomy and chorology of *Silene* section *Otites*. Annales botanici Fennici 23: 69-81.

949 WUCHERPFENNIG W. 1999. Die Gattung *Nigritella* L. www.aho-bayern.de/nigritella.pdf

950 WUCHERPFENNIG W. 2002. Neues zu *Pseudorchis albida* s. l. Jahresberichte des Naturwissenschaftlichen Vereins Wuppertal 55: 19-26.

951 YANG Y. C. & ZHAN M. 1988. *Bolboschoenus yagara*. Acta Biologica Plateau Sinica 7: 14.

952 YEO P. F. 1978. A taxonomic revision of *Euphrasia* in Europe. Botanical Journal of the Linnean Society 77 (4): 223-334.

953 ZACHARIAS D. 1988. Vorkommen, Vergesellschaftung und Standortansprüche von *Festuca heterophylla* Lam. in Südost-Niedersachsen. Braunschweiger Naturkundliche Schriften 3: 255-272.

954 ZANDEE M. & SCHEEPEN J. 1981. Studies in the *Holcus lanatus-Holcus mollis* complex (Poaceae = Gramineae). Proceedings of the Koninklijke Nederlandse Akademie van Wetenschappen. Series C: Biological and Medical Sciences 84: 479-491.

955 ZANOTTI A. L. & CRISTOFOLINI G. 1994. Taxonomy and chorology of *Helleborus* L. sect. *Helleborastrum* Spach in Italy. Webbia 49 (1): 1-24.

956 ZARZYCKI K. & GUZIK J. 1975. The crowberry – *Empetrum nigrum* L. and *E. hermaphroditum* (Lange) Hagerup in Poland. Fragmenta Floristica et Geobotanica 21: 423-431.

957 ZARZYCKI K., TRZCIŃSKA-TACIK H., RÓŻAŃSKI W., SZELAG Z., WOŁEK J. & KORZENIAK U. 2002. Ecological Indicator values of vascular plants of Poland. Biodiversity of Poland 2: 1-183.

958 ZELTNER L. 1970. Recherches de biosystématique sur les genres *Blackstonia* Huds. et *Centaurium* Hill. Bulletin de la Société neuchâteloise des sciences naturelles 93: 4-164.

959 ZERNIG K. 2005. *Phleum commutatum* and *Ph. rhaeticum* (Poaceae) in the Eastern Alps: characteristics and distribution. Phyton: annales rei botanicae 45 (1): 65-79.

960 ŽERTOVÁ A. 1962. *Vicia oreophila*, montane Art aus der Gruppe *Vicia cracca* L. Novitates Botanicae Horti Botanici Universitatis Carolinae Pragensis 1962: 51-53.

961 ZETZSCHE H. 2004. Die Phylogeographie des Artkomplexes *Pulsatilla alpina* (Ranunculaceae). Diss., Martin-Luther-Universität Halle-Wittenberg. 171 pp.

962 ZHANG L.-B. & KADEREIT J. W. 2002. *Soldanella* L. (Primulaceae) based on morphological and molecular (ITS, AFLPs) evidence. Nordic Journal of Botany 22 (2): 129-169.

963 ZHANG L.-B. & KADEREIT J. W. 2004. Classification of *Primula* L. sect. *Auricula* Duby (Primulaceae) based on two molecular data sets (ITS, AFLPs) and morphology. Botanical Journal of the Linnean Society 146: 1-26.

964 ZIDORN C. H. 1998. Phytochemie, Pharmakologie, Chemotaxonomie und Morphologie von *Leontodon hispidus* L. s. l. unter Berücksichtigung weiterer Taxa der Gattung *Leontodon*. Diss., Innsbruck. 281 pp.

965 ZIMMERLI S. & SCHÜTZ M. 1995. Zur ökologischen Charakterisierung von Waldgesellschaften am Beispiel des Waldsimsen-Buchenwaldes *(Luzulo silvaticae-Fagetum)*. Schweizerische Zeitschrift für Forstwesen 146 (3): 157-179.

966 ZIMMERMAN A., KNIELY G., MELZER H., MAURER W. & HÖLLRIEGL R. 1989. Atlas gefährdeter Farn- und Blütenpflanzen der Steiermark. Mitteilungen der Abteilung für Botanik am Landesmuseum Joanneum in Graz 18/19: 1-302.

967 ZÓLYOMI B. 1967. Einreihung von 1400 Arten der ungarischen Flora in ökologische Gruppen nach TWR-Zahlen. Fragmenta botanica Musei Historico-Naturalis Hungarici 4: 101-142.

968 ZOPFI H.-J. 1993. Ecotypic variation in *Rhinanthus alectorolophus* (Scopoli) Pollich (Scophulariaceae) in relation to grassland management I. Morphological delimitations and habitats of seasonal ecotypes. II. The genotypic basis of seasonal ecotypes. Flora 188: 15-39; 153-173.

969 ZOPFI H.-J. 1997. Ecotypic variation of *Euphrasia rostkoviana* Hayne (Scrophulariaceae) in relation to grassland management. II. The genotypic basis of seasonal ecotypes. Flora 192: 279.

970 ZUBER D. 2004. Biological flora of central Europe: *Viscum album* L. Flora 199 (3): 181-203.

2 Verzeichnis der wissenschaftlichen Namen von Taxa und Synonymen

Die Anordnung der Namen erfolgt alphabetisch. Auf jeden Namen folgt eine Zahl, die der laufenden Nummer der Taxa in der Tabelle entspricht und dort nachgesehen werden kann. Namen, die in der Tabelle stehen, sind im Verzeichnis fett gedruckt. Synonyme weisen Normalschrift auf. Die Zahl hinter den Synonymen führt in der Tabelle auf den dort für das entsprechende Taxon verwendeten Namen.

Die Grundlage für das Verzeichnis bildete eine Zusammenlegung der beiden *Verzeichnisse des Synonymie-Indexes* (Aeschimann & Heitz 2005) und der *Flora alpina* (Aeschimann & al. 2004), die von den entsprechenden Autoren freundlicherweise zur Verfügung gestellt wurden. Artnamen von Taxa, die in den beiden Verzeichnissen als Unterarten verwendet wurden, und solche von neu aufgenommenen Arten sind zusätzlich angefügt, ebenso einige weitere in der neueren Literatur verwendete Synonyme.

3 Verzeichnis der Gattungen mit Familienzugehörigkeit

Das Verzeichnis der Gattungen umfasst alle Gattungen, die in der Tabelle vorkommen, in alphabetischer Reihenfolge und mit ihrer Familienzugehörigkeit.

Acer	Aceraceae
Aceras	Orchidaceae
Achillea	Asteraceae
Achnatherum	Poaceae
Acinos	Lamiaceae
Aconitum	Ranunculaceae
Acorus	Araceae
Actaea	Ranunculaceae
Actinidia	Actinidiaceae
Adenocarpus	Fabaceae
Adenophora	Campanulaceae
Adenostyles	Asteraceae
Adiantum	Polypodiaceae
Adonis	Ranunculaceae
Adoxa	Adoxaceae
Aegilops	Poaceae
Aegopodium	Apiaceae
Aesculus	Hippocastanaceae
Aethionema	Brassicaceae
Aethusa	Apiaceae
Agave	Agavaceae
Ageratum	Asteraceae
Agrimonia	Rosaceae
Agropyron	Poaceae
Agrostemma	Caryophyllaceae
Agrostis	Poaceae
Ailanthus	Simaroubaceae
Aira	Poaceae
Ajuga	Lamiaceae
Albizia	Fabaceae
Alcea	Malvaceae
Alchemilla	Rosaceae
Aldrovanda	Droseraceae
Alisma	Alismataceae
Alliaria	Brassicaceae
Allium	Liliaceae
Alnus	Betulaceae
Alopecurus	Poaceae
Alternanthera	Amaranthaceae
Althaea	Malvaceae
Alyssoides	Brassicaceae
Alyssum	Brassicaceae
Amaranthus	Amaranthaceae
Ambrosia	Asteraceae
Amelanchier	Rosaceae
Ammannia	Lythraceae
Ammi	Apiaceae
Amorpha	Fabaceae
Anacamptis	Orchidaceae
Anagallis	Primulaceae
Anaphalis	Asteraceae
Anarrhinum	Scrophulariaceae
Anchusa	Boraginaceae
Andromeda	Ericaceae
Andropogon	Poaceae
Androsace	Primulaceae
Andryala	Asteraceae
Anemone	Ranunculaceae
Anethum	Apiaceae
Angelica	Apiaceae
Anoda	Malvaceae
Anogramma	Polypodiaceae
Antennaria	Asteraceae
Anthemis	Asteraceae
Anthericum	Liliaceae
Anthoxanthum	Poaceae
Anthriscus	Apiaceae
Anthyllis	Fabaceae
Antirrhinum	Scrophulariaceae
Apera	Poaceae
Aphanes	Rosaceae
Arctostaphylos	Ericaceae
Aremonia	Rosaceae
Arenaria	Caryophyllaceae
Argyrolobium	Fabaceae
Aristolochia	Aristolochiaceae
Armeria	Plumbaginaceae
Armoracia	Brassicaceae
Arnica	Asteraceae
Arnoseris	Asteraceae
Arrhenatherum	Poaceae
Artemisia	Asteraceae
Arum	Araceae
Aruncus	Rosaceae
Arundo	Poaceae
Asarina	Scrophulariaceae
Asarum	Aristolochiaceae
Asclepias	Asclepiadaceae
Asparagus	Liliaceae
Asperugo	Boraginaceae
Asperula	Rubiaceae
Asphodelus	Liliaceae
Asplenium	Polypodiaceae
Aster	Asteraceae
Asterolinon	Primulaceae
Astilbe	Saxifragaceae
Astragalus	Fabaceae
Astrantia	Apiaceae
Athamanta	Apiaceae
Athyrium	Polypodiaceae
Atriplex	Chenopodiaceae
Atropa	Solanaceae
Aubrieta	Brassicaceae
Aucuba	Cornaceae
Aurinia	Brassicaceae
Avena	Poaceae
Avenella	Poaceae
Azolla	Azollaceae
Baldellia	Alismataceae
Ballota	Lamiaceae
Barbarea	Brassicaceae
Bartsia	Scrophulariaceae
Bassia	Chenopodiaceae
Bellardia	Scrophulariaceae
Bellevalia	Liliaceae
Bellis	Asteraceae
Berardia	Asteraceae
Berberis	Berberidaceae
Bergenia	Saxifragaceae
Berteroa	Brassicaceae
Berula	Apiaceae
Beta	Chenopodiaceae
Betula	Betulaceae
Bidens	Asteraceae
Bifora	Apiaceae
Biscutella	Brassicaceae
Bituminaria	Fabaceae
Blackstonia	Gentianaceae
Blechnum	Polypodiaceae
Blitum	Chenopodiaceae
Blysmus	Cyperaceae
Bolboschoenus	Cyperaceae
Borago	Boraginaceae
Bothriochloa	Poaceae
Botrychium	Ophioglossaceae
Brachypodium	Poaceae
Brassica	Brassicaceae
Braya	Brassicaceae
Briza	Poaceae
Bromus	Poaceae
Broussonetia	Moraceae
Brunnera	Boraginaceae
Buxus	Buxaceae
Cachrys	Apiaceae
Calamagrostis	Poaceae
Calamintha	Lamiaceae
Caldesia	Alismataceae
Calendula	Asteraceae
Calepina	Brassicaceae
Calicotome	Fabaceae
Calla	Araceae
Callianthemum	Ranunculaceae
Callistephus	Asteraceae
Callitriche	Callitrichaceae
Calluna	Ericaceae
Caltha	Ranunculaceae
Calystegia	Convolvulaceae
Camelina	Brassicaceae
Camellia	Theaceae
Campanula	Campanulaceae
Cannabis	Cannabaceae
Capparis	Capparaceae
Capsella	Brassicaceae
Capsicum	Solanaceae
Caragana	Fabaceae
Cardamine	Brassicaceae
Cardaminopsis	Brassicaceae
Cardaria	Brassicaceae
Carduncellus	Asteraceae
Carduus	Asteraceae
Carex	Cyperaceae
Carlina	Asteraceae
Carpesium	Asteraceae
Carpinus	Betulaceae
Carthamus	Asteraceae
Carum	Apiaceae
Caryopteris	Verbenaceae
Cassia	Caesalpiniaceae
Castanea	Fagaceae
Catabrosa	Poaceae
Catalpa	Bignoniaceae
Catananche	Asteraceae
Catapodium	Poaceae
Caucalis	Apiaceae
Cedrus	Pinaceae
Celtis	Ulmaceae
Centaurea	Asteraceae
Centaurium	Gentianaceae
Centranthus	Valerianaceae
Cephalanthera	Orchidaceae
Cephalaria	Dipsacaceae
Cerastium	Caryophyllaceae
Ceratocapnos	Fumariaceae
Ceratophyllum	Ceratophyllaceae
Ceratostigma	Plumbaginaceae
Cercis	Fabaceae
Cerinthe	Boraginaceae
Ceterach	Aspleniaceae
Chaenomeles	Rosaceae
Chaenorrhinum	Scrophulariaceae
Chaerophyllum	Apiaceae
Chamaecereus	Cactaceae
Chamaecyparis	Cupressaceae
Chamaecytisus	Fabaceae
Chamorchis	Orchidaceae
Cheilanthes	Polypodiaceae
Chelidonium	Papaveraceae
Chenopodium	Chenopodiaceae
Chimaphila	Pyrolaceae
Chondrilla	Asteraceae
Chorispora	Brassicaceae
Chrysopogon	Poaceae
Chrysosplenium	Saxifragaceae

Cicendia	Gentianaceae
Cicer	Fabaceae
Cicerbita	Asteraceae
Cichorium	Asteraceae
Cicuta	Apiaceae
Cinnamomum	Lauraceae
Circaea	Onagraceae
Cirsium	Asteraceae
Cistus	Cistaceae
Citrullus	Cucurbitaceae
Cladium	Cyperaceae
Claytonia	Portulacaceae
Cleistogenes	Poaceae
Clematis	Ranunculaceae
Cleome	Capparaceae
Clinopodium	Lamiaceae
Clypeola	Brassicaceae
Cnicus	Asteraceae
Cnidium	Apiaceae
Cochlearia	Brassicaceae
Coeloglossum	Orchidaceae
Coincya	Brassicaceae
Colchicum	Liliaceae
Coleanthus	Poaceae
Coleostephus	Asteraceae
Collomia	Polemoniaceae
Colutea	Fabaceae
Commelina	Commelinaceae
Conioselinum	Apiaceae
Conium	Apiaceae
Conopodium	Apiaceae
Conringia	Brassicaceae
Consolida	Ranunculaceae
Convallaria	Liliaceae
Convolvulus	Convolvulaceae
Conyza	Asteraceae
Corallorhiza	Orchidaceae
Coreopsis	Asteraceae
Coriandrum	Apiaceae
Coriaria	Coriariaceae
Coris	Primulaceae
Corispermum	Chenopodiaceae
Cornus	Cornaceae
Coronilla	Fabaceae
Coronopus	Brassicaceae
Corrigiola	Caryophyllaceae
Cortusa	Primulaceae
Corydalis	Fumariaceae
Corylus	Betulaceae
Corynephorus	Poaceae
Cosmos	Asteraceae
Cotinus	Anacardiaceae
Cotoneaster	Rosaceae
Crataegus	Rosaceae
Crepis	Asteraceae
Crocus	Iridaceae
Crucianella	Rubiaceae
Cruciata	Rubiaceae
Crupina	Asteraceae
Crypsis	Poaceae
Cryptogramma	Polypodiaceae
Cucubalus	Caryophyllaceae
Cucumis	Cucurbitaceae
Cucurbita	Cucurbitaceae
Cupressus	Cupressaceae
Cuscuta	Convolvulaceae
Cyclamen	Primulaceae
Cyclanthera	Cucurbitaceae
Cydonia	Rosaceae
Cylindropuntia	Cactaceae
Cymbalaria	Scrophulariaceae
Cynara	Asteraceae
Cynodon	Poaceae
Cynoglossum	Boraginaceae
Cynoglottis	Boraginaceae
Cynosurus	Poaceae
Cyperus	Cyperaceae
Cypripedium	Orchidaceae
Cyrtomium	Polypodiaceae
Cystopteris	Polypodiaceae
Cytinus	Rafflesiaceae

Cytisophyllum	Fabaceae
Cytisus	Fabaceae
Dactylis	Poaceae
Dactylorhiza	Orchidaceae
Dahlia	Asteraceae
Damasonium	Alismataceae
Danthonia	Poaceae
Daphne	Thymelaeaceae
Darmera	Saxifragaceae
Dasypyrum	Poaceae
Datura	Solanaceae
Daucus	Apiaceae
Delphinium	Ranunculaceae
Deschampsia	Poaceae
Descurainia	Brassicaceae
Deutzia	Saxifragaceae
Dianthus	Caryophyllaceae
Dichondra	Convolvulaceae
Dictamnus	Rutaceae
Digitalis	Scrophulariaceae
Digitaria	Poaceae
Diospyros	Ebenaceae
Dipcadi	Liliaceae
Diphasiastrum	Lycopodiaceae
Diplotaxis	Brassicaceae
Dipsacus	Dipsacaceae
Doronicum	Asteraceae
Dorycnium	Fabaceae
Draba	Brassicaceae
Dracocephalum	Lamiaceae
Dracunculus	Araceae
Drosera	Droseraceae
Dryas	Rosaceae
Dryopteris	Polypodiaceae
Drypis	Caryophyllaceae
Duchesnea	Rosaceae
Ecballium	Cucurbitaceae
Echinacea	Asteraceae
Echinaria	Poaceae
Echinochloa	Poaceae
Echinocystis	Cucurbitaceae
Echinops	Asteraceae
Echium	Boraginaceae
Elaeagnus	Elaeagnaceae
Elatine	Elatinaceae
Eleocharis	Cyperaceae
Eleogiton	Cyperaceae
Eleusine	Poaceae
Elodea	Hydrocharitaceae
Elymus	Poaceae
Elyna	Cyperaceae
Empetrum	Empetraceae
Ephedra	Ephedraceae
Epilobium	Onagraceae
Epimedium	Berberidaceae
Epipactis	Orchidaceae
Epipogium	Orchidaceae
Equisetum	Equisetaceae
Eragrostis	Poaceae
Eranthis	Ranunculaceae
Erechtites	Asteraceae
Erica	Ericaceae
Erigeron	Asteraceae
Erinus	Scrophulariaceae
Eriobotrya	Rosaceae
Eriocaulon	Eriocaulaceae
Eriophorum	Cyperaceae
Eritrichium	Boraginaceae
Erodium	Geraniaceae
Erophila	Brassicaceae
Eruca	Brassicaceae
Erucastrum	Brassicaceae
Eryngium	Apiaceae
Erysimum	Brassicaceae
Erythronium	Liliaceae
Eschscholzia	Papaveraceae
Euclidium	Brassicaceae
Euonymus	Celastraceae
Eupatorium	Asteraceae
Euphorbia	Euphorbiaceae
Euphrasia	Scrophulariaceae

Fagopyrum	Polygonaceae
Fagus	Fagaceae
Falcaria	Apiaceae
Fallopia	Polygonaceae
Fargesia	Poaceae
Ferulago	Apiaceae
Festuca	Poaceae
Fibigia	Brassicaceae
Ficus	Moraceae
Filago	Asteraceae
Filipendula	Rosaceae
Fimbristylis	Cyperaceae
Foeniculum	Apiaceae
Forsythia	Oleaceae
Fourraea	Brassicaceae
Fragaria	Rosaceae
Frangula	Rhamnaceae
Fraxinus	Oleaceae
Fritillaria	Liliaceae
Fuchsia	Onagraceae
Fumana	Cistaceae
Fumaria	Fumariaceae
Gagea	Liliaceae
Gaillardia	Asteraceae
Galanthus	Amaryllidaceae
Galega	Fabaceae
Galeopsis	Lamiaceae
Galinsoga	Asteraceae
Galium	Rubiaceae
Gastridium	Poaceae
Gaudinia	Poaceae
Genista	Fabaceae
Gentiana	Gentianaceae
Geranium	Geraniaceae
Geum	Rosaceae
Gladiolus	Iridaceae
Glaucium	Papaveraceae
Glebionis	Asteraceae
Glechoma	Lamiaceae
Gleditsia	Fabaceae
Globularia	Globulariaceae
Glyceria	Poaceae
Glycine	Fabaceae
Glycyrrhiza	Fabaceae
Gnaphalium	Asteraceae
Goodyera	Orchidaceae
Grafia	Apiaceae
Gratiola	Scrophulariaceae
Groenlandia	Potamogetonaceae
Guizotia	Asteraceae
Gymnadenia	Orchidaceae
Gymnocarpium	Polypodiaceae
Gypsophila	Caryophyllaceae
Hacquetia	Apiaceae
Hainardia	Poaceae
Hammarbya	Orchidaceae
Hedera	Araliaceae
Hedypnois	Asteraceae
Hedysarum	Fabaceae
Helenium	Asteraceae
Helianthemum	Cistaceae
Helianthus	Asteraceae
Helichrysum	Asteraceae
Helictotrichon	Poaceae
Heliotropium	Boraginaceae
Helleborus	Ranunculaceae
Hemerocallis	Liliaceae
Hepatica	Ranunculaceae
Heracleum	Apiaceae
Herminium	Orchidaceae
Hermodactylus	Iridaceae
Herniaria	Caryophyllaceae
Hesperis	Brassicaceae
Heteranthera	Pontederiaceae
Heteropogon	Poaceae
Heuchera	Saxifragaceae
Hibiscus	Malvaceae
Hieracium	Asteraceae
Hierochloë	Poaceae
Himantoglossum	Orchidaceae
Hippocrepis	Fabaceae

Hippophaë	Elaeagnaceae
Hippuris	Hippuridaceae
Hirschfeldia	Brassicaceae
Hladnikia	Apiaceae
Holcus	Poaceae
Holosteum	Caryophyllaceae
Homogyne	Asteraceae
Hordelymus	Poaceae
Hordeum	Poaceae
Horminum	Lamiaceae
Hornungia	Brassicaceae
Hosta	Liliaceae
Hottonia	Primulaceae
Hugueninia	Brassicaceae
Humulus	Cannabaceae
Huperzia	Lycopodiaceae
Hyacinthoides	Liliaceae
Hyacinthus	Liliaceae
Hydrocharis	Hydrocharitaceae
Hydrocotyle	Apiaceae
Hymenolobus	Brassicaceae
Hymenophyllum	Hymenophyllaceae
Hyoscyamus	Solanaceae
Hyoseris	Asteraceae
Hyparrhenia	Poaceae
Hypericum	Hypericaceae
Hypochaeris	Asteraceae
Hyssopus	Lamiaceae
Iberis	Brassicaceae
Ilex	Aquifoliaceae
Illecebrum	Caryophyllaceae
Impatiens	Balsaminaceae
Inula	Asteraceae
Ipomoea	Convolvulaceae
Iris	Iridaceae
Isatis	Brassicaceae
Isoëtes	Isoëtaceae
Isolepis	Cyperaceae
Isopyrum	Ranunculaceae
Iva	Asteraceae
Jasione	Campanulaceae
Jasminum	Oleaceae
Jovibarba	Crassulaceae
Juglans	Juglandaceae
Juncus	Juncaceae
Juniperus	Cupressaceae
Jurinea	Asteraceae
Kalmia	Ericaceae
Kernera	Brassicaceae
Kerria	Rosaceae
Kickxia	Scrophulariaceae
Knautia	Dipsacaceae
Kobresia	Cyperaceae
Koeleria	Poaceae
Koelreuteria	Sapindaceae
Kolkwitzia	Caprifoliaceae
Laburnum	Fabaceae
Lactuca	Asteraceae
Lagarosiphon	Hydrocharitaceae
Lagurus	Poaceae
Lamium	Lamiaceae
Landoltia	Lemnaceae
Lappula	Boraginaceae
Lapsana	Asteraceae
Larix	Pinaceae
Laser	Apiaceae
Laserpitium	Apiaceae
Lathraea	Scrophulariaceae
Lathyrus	Fabaceae
Laurus	Lauraceae
Lavandula	Lamiaceae
Lavatera	Malvaceae
Ledum	Ericaceae
Leersia	Poaceae
Legousia	Campanulaceae
Lemna	Lemnaceae
Lens	Fabaceae
Leontodon	Asteraceae
Leontopodium	Asteraceae
Leonurus	Lamiaceae
Lepidium	Brassicaceae
Leucanthemella	Asteraceae
Leucanthemopsis	Asteraceae
Leucanthemum	Asteraceae
Leucojum	Amaryllidaceae
Leuzea	Asteraceae
Levisticum	Apiaceae
Ligularia	Asteraceae
Ligusticum	Apiaceae
Ligustrum	Oleaceae
Lilium	Liliaceae
Limodorum	Orchidaceae
Limosella	Scrophulariaceae
Linaria	Scrophulariaceae
Lindernia	Scrophulariaceae
Linnaea	Caprifoliaceae
Linum	Linaceae
Liparis	Orchidaceae
Liriodendron	Magnoliaceae
Listera	Orchidaceae
Lithodora	Boraginaceae
Lithospermum	Boraginaceae
Littorella	Plantaginaceae
Lloydia	Liliaceae
Lobelia	Lobeliaceae
Lobularia	Brassicaceae
Loiseleuria	Ericaceae
Lolium	Poaceae
Lomatogonium	Gentianaceae
Lomelosia	Dipsacaceae
Lonicera	Caprifoliaceae
Loranthus	Loranthaceae
Lotus	Fabaceae
Ludwigia	Onagraceae
Lunaria	Brassicaceae
Lupinus	Fabaceae
Luronium	Alismataceae
Luzula	Juncaceae
Lycium	Solanaceae
Lycopersicon	Solanaceae
Lycopodiella	Lycopodiaceae
Lycopodium	Lycopodiaceae
Lycopus	Lamiaceae
Lysichiton	Araceae
Lysimachia	Primulaceae
Lythrum	Lythraceae
Macleya	Papaveraceae
Mahonia	Berberidaceae
Maianthemum	Liliaceae
Malaxis	Orchidaceae
Malcolmia	Brassicaceae
Malus	Rosaceae
Malva	Malvaceae
Mandragora	Solanaceae
Marrubium	Lamiaceae
Marsilea	Marsileaceae
Matricaria	Asteraceae
Matteuccia	Polypodiaceae
Matthiola	Brassicaceae
Mazus	Scrophulariaceae
Meconopsis	Papaveraceae
Medicago	Fabaceae
Melampyrum	Scrophulariaceae
Melica	Poaceae
Melilotus	Fabaceae
Melissa	Lamiaceae
Melittis	Lamiaceae
Mentha	Lamiaceae
Menyanthes	Menyanthaceae
Mercurialis	Euphorbiaceae
Mespilus	Rosaceae
Meum	Apiaceae
Mibora	Poaceae
Micromeria	Lamiaceae
Micropus	Asteraceae
Micropyrum	Poaceae
Milium	Poaceae
Mimulus	Scrophulariaceae
Minuartia	Caryophyllaceae
Mirabilis	Nyctaginaceae
Miscanthus	Poaceae
Misopates	Scrophulariaceae
Mitella	Saxifragaceae
Moehringia	Caryophyllaceae
Moenchia	Caryophyllaceae
Molinia	Poaceae
Mollugo	Molluginaceae
Molopospermum	Apiaceae
Moltkia	Boraginaceae
Moneses	Pyrolaceae
Monotropa	Pyrolaceae
Montia	Portulacaceae
Morus	Moraceae
Muhlenbergia	Poaceae
Murbeckiella	Brassicaceae
Murdannia	Commelinaceae
Muscari	Liliaceae
Myagrum	Brassicaceae
Mycelis	Asteraceae
Myosotis	Boraginaceae
Myosoton	Caryophyllaceae
Myosurus	Ranunculaceae
Myricaria	Tamaricaceae
Myriophyllum	Haloragaceae
Myrrhis	Apiaceae
Myrrhoides	Apiaceae
Myrtus	Myrtaceae
Najas	Najadaceae
Narcissus	Amaryllidaceae
Nardus	Poaceae
Nasturtium	Brassicaceae
Nelumbo	Nymphaeaceae
Neotinea	Orchidaceae
Neottia	Orchidaceae
Nepeta	Lamiaceae
Nerium	Apocynaceae
Neslia	Brassicaceae
Nicandra	Solanaceae
Nicotiana	Solanaceae
Nigella	Ranunculaceae
Nigritella	Orchidaceae
Nonea	Boraginaceae
Notholaena	Polypodiaceae
Nuphar	Nymphaeaceae
Nymphaea	Nymphaeaceae
Nymphoides	Menyanthaceae
Ocimum	Lamiaceae
Odontites	Scrophulariaceae
Oenanthe	Apiaceae
Oenothera	Onagraceae
Olea	Oleaceae
Omphalodes	Boraginaceae
Onobrychis	Fabaceae
Ononis	Fabaceae
Onopordum	Asteraceae
Onosma	Boraginaceae
Ophioglossum	Ophioglossaceae
Ophrys	Orchidaceae
Oplismenus	Poaceae
Opopanax	Apiaceae
Opuntia	Cactaceae
Orchis	Orchidaceae
Oreochloa	Poaceae
Oreopteris	Polypodiaceae
Origanum	Lamiaceae
Orlaya	Apiaceae
Ormenis	Asteraceae
Ornithogalum	Liliaceae
Ornithopus	Fabaceae
Orobanche	Orobanchaceae
Orthilia	Pyrolaceae
Oryza	Poaceae
Osmunda	Osmundaceae
Ostrya	Betulaceae
Osyris	Santalaceae
Oxalis	Oxalidaceae
Oxyria	Polygonaceae
Oxytropis	Fabaceae
Pachysandra	Buxaceae
Paederota	Scrophulariaceae
Paeonia	Paeoniaceae
Paliurus	Rhamnaceae
Pallenis	Asteraceae

Panicum	Poaceae
Papaver	Papaveraceae
Paradisea	Liliaceae
Parentucellia	Scrophulariaceae
Parietaria	Urticaceae
Paris	Liliaceae
Parnassia	Saxifragaceae
Paronychia	Caryophyllaceae
Parthenocissus	Vitaceae
Parvotrisetum	Poaceae
Paspalum	Poaceae
Pastinaca	Apiaceae
Paulownia	Scrophulariaceae
Pedicularis	Scrophulariaceae
Peltaria	Brassicaceae
Pennisetum	Poaceae
Petasites	Asteraceae
Petrocallis	Brassicaceae
Petrorhagia	Caryophyllaceae
Petroselinum	Apiaceae
Petunia	Solanaceae
Peucedanum	Apiaceae
Phacelia	Hydrophyllaceae
Phagnalon	Asteraceae
Phalaris	Poaceae
Phaseolus	Fabaceae
Phegopteris	Polypodiaceae
Philadelphus	Saxifragaceae
Phillyrea	Oleaceae
Phleum	Poaceae
Phlomis	Lamiaceae
Phlox	Polemoniaceae
Phragmites	Poaceae
Phygelius	Scrophulariaceae
Phyllitis	Aspleniaceae
Physalis	Solanaceae
Physocarpus	Rosaceae
Physoplexis	Campanulaceae
Physospermum	Apiaceae
Physostegia	Lamiaceae
Phyteuma	Campanulaceae
Phytolacca	Phytolaccaceae
Picea	Pinaceae
Picnomon	Asteraceae
Picris	Asteraceae
Pilea	Urticaceae
Pilularia	Marsileaceae
Pimpinella	Apiaceae
Pinguicula	Lentibulariaceae
Pinus	Pinaceae
Piptatherum	Poaceae
Pistacia	Anacardiaceae
Pisum	Fabaceae
Pittosporum	Pittosporaceae
Plantago	Plantaginaceae
Platanthera	Orchidaceae
Platanus	Platanaceae
Pleurospermum	Apiaceae
Plumbago	Plumbaginaceae
Poa	Poaceae
Polanisia	Capparaceae
Polemonium	Polemoniaceae
Polycarpon	Caryophyllaceae
Polycnemum	Chenopodiaceae
Polygala	Polygalaceae
Polygonatum	Liliaceae
Polygonum	Polygonaceae
Polypodium	Polypodiaceae
Polypogon	Poaceae
Polystichum	Polypodiaceae
Pontederia	Pontederiaceae
Populus	Salicaceae
Portulaca	Portulacaceae
Potamogeton	Potamogetonaceae
Potentilla	Rosaceae
Prenanthes	Asteraceae
Primula	Primulaceae
Pritzelago	Brassicaceae
Prunella	Lamiaceae
Prunus	Rosaceae
Psathyrostachys	Poaceae
Pseudolysimachion	Scrophulariaceae
Pseudorchis	Orchidaceae
Pseudosasa	Poaceae
Pseudostellaria	Caryophyllaceae
Pseudotsuga	Pinaceae
Psilurus	Poaceae
Pteridium	Polypodiaceae
Pteris	Polypodiaceae
Pterocarya	Juglandaceae
Ptychotis	Apiaceae
Puccinellia	Poaceae
Pueraria	Fabaceae
Pulicaria	Asteraceae
Pulmonaria	Boraginaceae
Pulsatilla	Ranunculaceae
Punica	Punicaceae
Puschkinia	Liliaceae
Pyracantha	Rosaceae
Pyrola	Pyrolaceae
Pyrus	Rosaceae
Quercus	Fagaceae
Radiola	Linaceae
Ranunculus	Ranunculaceae
Raphanus	Brassicaceae
Rapistrum	Brassicaceae
Reichardia	Asteraceae
Reseda	Resedaceae
Reynoutria	Polygonaceae
Rhagadiolus	Asteraceae
Rhamnus	Rhamnaceae
Rheum	Polygonaceae
Rhinanthus	Scrophulariaceae
Rhizobotrya	Brassicaceae
Rhodiola	Crassulaceae
Rhododendron	Ericaceae
Rhodothamnus	Ericaceae
Rhus	Anacardiaceae
Rhynchospora	Cyperaceae
Ribes	Saxifragaceae
Ricinus	Euphorbiaceae
Ridolfia	Apiaceae
Robinia	Fabaceae
Rodgersia	Saxifragaceae
Roemeria	Papaveraceae
Romulea	Iridaceae
Rorippa	Brassicaceae
Rosa	Rosaceae
Rosmarinus	Lamiaceae
Rostraria	Poaceae
Rubia	Rubiaceae
Rubus	Rosaceae
Rudbeckia	Asteraceae
Rumex	Polygonaceae
Ruscus	Liliaceae
Ruta	Rutaceae
Saccharum	Poaceae
Sagina	Caryophyllaceae
Sagittaria	Alismataceae
Salix	Salicaceae
Salpichroa	Solanaceae
Salsola	Chenopodiaceae
Salvia	Lamiaceae
Salvinia	Salviniaceae
Sambucus	Caprifoliaceae
Samolus	Primulaceae
Sanguisorba	Rosaceae
Sanicula	Apiaceae
Santolina	Asteraceae
Sanvitalia	Asteraceae
Saponaria	Caryophyllaceae
Sarracenia	Sarraceniaceae
Satureja	Lamiaceae
Saururus	Saururaceae
Saussurea	Asteraceae
Saxifraga	Saxifragaceae
Scabiosa	Dipsacaceae
Scandix	Apiaceae
Scheuchzeria	Scheuchzeriaceae
Schoenoplectus	Cyperaceae
Schoenus	Cyperaceae
Scilla	Liliaceae
Scirpoides	Cyperaceae
Scirpus	Cyperaceae
Scleranthus	Caryophyllaceae
Sclerochloa	Poaceae
Scolymus	Asteraceae
Scopolia	Solanaceae
Scorzonera	Asteraceae
Scrophularia	Scrophulariaceae
Scutellaria	Lamiaceae
Secale	Poaceae
Securigera	Fabaceae
Sedum	Crassulaceae
Selaginella	Selaginellaceae
Selinum	Apiaceae
Sempervivum	Crassulaceae
Senecio	Asteraceae
Serapias	Orchidaceae
Serratula	Asteraceae
Seseli	Apiaceae
Sesleria	Poaceae
Setaria	Poaceae
Sherardia	Rubiaceae
Sibbaldia	Rosaceae
Sicyos	Cucurbitaceae
Sida	Malvaceae
Sideritis	Lamiaceae
Silaum	Apiaceae
Silene	Caryophyllaceae
Silybum	Asteraceae
Sinapis	Brassicaceae
Sison	Apiaceae
Sisymbrella	Brassicaceae
Sisymbrium	Brassicaceae
Sisyrinchium	Iridaceae
Sium	Apiaceae
Smilax	Liliaceae
Smyrnium	Apiaceae
Solanum	Solanaceae
Soldanella	Primulaceae
Solerirolia	Urticaceae
Solidago	Asteraceae
Sonchus	Asteraceae
Sophora	Fabaceae
Sorbaria	Rosaceae
Sorbus	Rosaceae
Sorghum	Poaceae
Sparganium	Sparganiaceae
Spartium	Fabaceae
Spergula	Caryophyllaceae
Spergularia	Caryophyllaceae
Spinacia	Chenopodiaceae
Spiraea	Rosaceae
Spiranthes	Orchidaceae
Spirodela	Lemnaceae
Sporobolus	Poaceae
Stachys	Lamiaceae
Staehelina	Asteraceae
Staphylea	Staphyleaceae
Stellaria	Caryophyllaceae
Stemmacantha	Asteraceae
Stephanandra	Rosaceae
Sternbergia	Amaryllidaceae
Stipa	Poaceae
Stratiotes	Hydrocharitaceae
Streptopus	Liliaceae
Subularia	Brassicaceae
Succisa	Dipsacaceae
Succisella	Dipsacaceae
Swertia	Gentianaceae
Symphoricarpos	Caprifoliaceae
Symphytum	Boraginaceae
Syringa	Oleaceae
Tagetes	Asteraceae
Tamus	Dioscoreaceae
Tanacetum	Asteraceae
Taraxacum	Asteraceae
Taxus	Taxaceae
Teesdalia	Brassicaceae
Telekia	Asteraceae
Telephium	Caryophyllaceae
Tellima	Saxifragaceae

Tephroseris	Asteraceae
Tetragonia	Aizoaceae
Teucrium	Lamiaceae
Thalictrum	Ranunculaceae
Thelypteris	Polypodiaceae
Thesium	Santalaceae
Thladiantha	Cucurbitaceae
Thlaspi	Brassicaceae
Thuja	Cupressaceae
Thymelaea	Thymelaeaceae
Thymus	Lamiaceae
Tilia	Tiliaceae
Tofieldia	Liliaceae
Tolpis	Asteraceae
Tordylium	Apiaceae
Torilis	Apiaceae
Tozzia	Scrophulariaceae
Trachelium	Campanulaceae
Trachycarpus	Arecaceae
Trachystemon	Boraginaceae
Tradescantia	Commelinaceae
Tragopogon	Asteraceae
Tragus	Poaceae
Trapa	Trapaceae
Traunsteinera	Orchidaceae
Tribulus	Zygophyllaceae
Trichomanes	Hymenophyllaceae
Trichophorum	Cyperaceae
Trientalis	Primulaceae
Trifolium	Fabaceae
Triglochin	Juncaginaceae
Trigonella	Fabaceae
Trinia	Apiaceae
Tripleurospermum	Asteraceae
Trisetum	Poaceae
Triticum	Poaceae
Tritonia	Iridaceae
Trochiscanthes	Apiaceae
Trollius	Ranunculaceae
Tropaeolum	Tropaeolaceae
Tuberaria	Cistaceae
Tulipa	Liliaceae
Turgenia	Apiaceae
Turritis	Brassicaceae
Tussilago	Asteraceae
Typha	Typhaceae
Ulex	Fabaceae
Ulmus	Ulmaceae
Umbilicus	Crassulaceae
Urospermum	Asteraceae
Urtica	Urticaceae
Utricularia	Lentibulariaceae
Vaccaria	Caryophyllaceae
Vaccinium	Ericaceae
Valantia	Rubiaceae
Valeriana	Valerianaceae
Valerianella	Valerianaceae
Vallisneria	Hydrocharitaceae
Velezia	Caryophyllaceae
Ventenata	Poaceae
Veratrum	Liliaceae
Verbascum	Scrophulariaceae
Verbena	Verbenaceae
Veronica	Scrophulariaceae
Viburnum	Caprifoliaceae
Vicia	Fabaceae
Vinca	Apocynaceae
Vincetoxicum	Asclepiadaceae
Viola	Violaceae
Viscum	Loranthaceae
Vitis	Vitaceae
Vulpia	Poaceae
Wahlenbergia	Campanulaceae
Waldsteinia	Rosaceae
Weigela	Caprifoliaceae
Willemetia	Asteraceae
Wisteria	Fabaceae
Wolffia	Lemnaceae
Woodsia	Polypodiaceae
Wulfenia	Scrophulariaceae
Xanthium	Asteraceae
Xeranthemum	Asteraceae
Yucca	Agavaceae
Zannichellia	Zannichelliaceae
Zea	Poaceae
Zinnia	Asteraceae

4 Verzeichnis der Neukombinationen (stat. nov. und comb. nov.)

Da für das vorliegende Werk als niederstes Taxon nur Artnamen verwendet werden, waren relativ viele Umänderungen von Unterarten oder Varietäten zu Arten vorzunehmen. Artnamen, die unseres Wissens bis heute nicht gültig gebildet wurden, finden hier mit dem entsprechenden Basionym Erwähnung. Neue Namen wurden in der Regel nicht aufgestellt. In wenigen Fällen, wo nach meinen Abklärungen keine Namen als Basis für eine legitime Benennung vorhanden waren, wurde ein provisorischer Name gewählt.

Amelanchier embergeri (Favarger & Stearn) stat. nov. Amelanchier ovalis subsp. embergeri Favarger & Stearn in Bot. J. Linn. Soc. (London), 87 (1): 100. 1983

Androsace cinerea (Sünd.) comb. & stat. nov. Gregoria vitaliana var. cinerea Sünd. in Allg. Bot. Z. Syst. 22: 59. 1916

Androsace sesleri (Sünd.) comb. & stat. nov. Gregoria vitaliana var. sesleri Sünd. in Allg. Bot. Z. Syst. 22: 59. 1916

Anthemis columnae (Ten.) stat. nov. Anthemis montana var. columnae Ten. in Syll. Pl. Vasc. Fl. Neap.: 439. 1831

Asarum italicum (Kukkonen & Uotila) stat. nov. Asarum europaeum subsp. italicum Kukkonen & Uotila in Ann. Bot. Fenn. 14 (3): 139. 1977

Asplenium inexpectans (Lovis) stat. nov. Asplenium trichomanes subsp. inexpectans Lovis in Brit. Fern Gaz. 9: 155. 1964

Asplenium pachyrhachis (H. Christ) stat. nov. Asplenium trichomanes sublusus pachyrhachis H. Christ in Beitr. Kryptogamenfl. Schweiz 1 (2): 92

Asplenium quadrivalens (D. E. Mey.) stat. nov. Asplenium trichomanes subsp. quadrivalens D. E. Mey. in Ber. Deutsch. Bot. Ges. 74: 456. 1962

Avenella corsica (Tausch) comb. nov. Aira corsica Tausch in Flora 20: 102. 1837

Biscutella hispidissima (Pospichal) stat. nov. Biscutella laevigata var hispidissima Pospichal in Fl. Österr. Küstenland: 526. 1897

Biscutella ossolana (Raffaelli & Baldoin) stat. nov. Biscutella laevigata subsp. ossolana Raffaelli & Baldoin in Webbia 52: 107. 1997

Bromus decipiens (Bomble & H. Scholz) stat. nov. Bromus secalinus subsp. decipiens Bomble & H. Scholz in Feddes Repert. 110: 427. 1999

Bromus segetalis (H. Scholz) stat. nov. Bromus arvensis subsp. segetalis H. Scholz in Willdenowia 6: 145. 1970

Campanula carniolica (Sünd.) stat. nov. Campanula thyrsoides var. carniolica Sünd. in Allgem. Bot. Z. Syst. 26-27: 23. 1925

Campanula puberula (Podlech) stat. nov. Campanula carnica subsp. puberula Podlech in Feddes Repert. 71: 95. 1965

Campanula strictopedunculata (E. Thomas ex Rchb.) stat. nov. Campanula barbata var. strictopedunculata Rchb. in Icon. XIX: 110. 1859

Cardamine austriaca (Marhold) stat. nov. Cardamine amara subsp. austriaca Marhold in Bot. Helv. 109: 77. 1999

Cardamine pseudorivularis nom. nov. Cardamine rivularis s. Lövkvist: Switzerland, St. Moritzbad, 1800 m. s. m. (UPS) in Lövkvist B., Symbolae Botanicae Upsalienses 14(2). 117. 1956

Carduus horridissimus (Briq. & Cavill.) stat. nov. Carduus litigiosus var. horridissimus Briq. & Cavill. in Burnat, Fl. Alpes Marit. 7: 68. 1931

Carex castaneopsis (Murb.) nom. & stat. nov. Carex ornithopoda var. castanea Murbeck in Beitr. Kenntn. Fl. Südbosn. Hercegov.: 30. 1891

Carex cesanensis (A. Mol. & al.) stat. nov. Carex muricata subsp. cesanensis A. Mol., Acedo & Llamas in Syst. Bot. 33: 248. 2008

Carex pusteriana (Kalela) stat. nov. Carex angarae subsp. pusteriana Kalela in Ann. Bot. Soc. Zool.-Bot. Fenn. «Vanamo» 19 (3): 4. 1944

Centaurea verguinii (Briq. & Cavaill.) stat. nov. Centaurea procumbens var. verguinii Briq. & Cavaill. in Burnat, Fl. Alpes Marit. 7: 123. 1931

Chaerophyllum cicutariiforme (Beauverd) stat. nov. Chaerophyllum villarsii var. cicutariiforme Beauverd in Bulletin de l'Herbier Boissier 2: 731. 1902

Coincya montana (DC.) comb. & stat. nov. Brassica cheiranthos var. montana DC. in Syst. Nat. 2: 601. 1821

Colutea gallica (Browicz) stat. nov. Colutea arborescens subsp. gallica Browicz in Monogr. Bot. 14: 128. 1963

Cynoglossum rotundum (Sutorý) stat. nov. Cynoglossum germanicum subsp. rotundum Sutorý in Acta Mus. Moraviae, Sci. Nat. 73:150. 1988

Daphne scopoliana (Urbani) stat. nov. Daphne alpina subsp. scopoliana Urbani in Webbia 46 (2): 211. 1992

Delphinium helveticum (Pawl.) stat. nov. Delphinium elatum subsp. helveticum Pawl. in Bull. Int. Acad. Polon. Sci., Cl. Sci. Math. Sér. B I, Bot. 1933: 99. 1934

Delphinium macropetalum (Starmühler) stat. nov. Delphinium elatum subsp. macropetalum Starmühler in Verhandlungen der Zoologisch-Botanischen Gesellschaft in Österreich 138: 24. 2001

Delphinium polatschekii (Starmühler) stat. nov. Delphinium elatum subsp. polatschekii Starmühler in Polatschek, Flora von Nordttirol, Osttirol und Vorarlberg. 3: 701. 2000

Delphinium stiriacum (Starmühler) stat. nov. Delphinium austriacum subsp. stiriacum Starmühler in Maurer, Flora der Steiermark 1: 85. 1996

Delphinium tiroliense (A. Kerner) stat. nov. Delphinium elatum subsp. tiroliensis (A. Kerner ex Dalla Torre em. Fritsch) Hegi, Illustrierte Flora von Mitteleuropa. 3: 491. 1912

Deschampsia gaudini (Richt.) stat. nov. Deschampsia caespitosa subsp. gaudini K. Richter in Pl. Europ.: 56. 1890

Dianthus dissimilis (Burnat) stat. nov. Dianthus furcatus var. dissimilis Burnat in Fl. Alpes Marit. 1: 230. 1892

Dianthus lereschii (Burnat) stat. nov. Dianthus furcatus var. lereschii Burnat in Fl. Alpes Marit. 1: 230. 1892

Epipactis preinensis (Seiser) stat. nov. Epipactis greuteri subspecies preinensis K. Seiser in Neilreichia 1: 138. 2001

Epipactis zaupolensis (Barbaro & Kreutz) stat. nov. Epipactis tallosi A. Molnar & Robatsch subsp. zaupolensis Barbaro & Kreutz in Journal europäischer Orchideen 39: 4. 2007

Equisetum alpestre (Wahlenb.) stat. nov. Equisetum arvense var. alpestre Wahlenb. in Flora Lapponica 296. 1812

Erucastrum benacensis F. Martini & F. Fen. stat. nov. Erucastrum nasturtiifolium subsp. benacensis F. Martini & F. Fen. in Candollea 60: 472. 2005

Festuca asperifolia (St.-Yves) stat. nov. Festuca rubra subvar. asperifolia St. Yves in Annuaire Conserv. Jard. Genève 17: 125. 1913

Festuca crassifolia (Gaudin) stat. nov. Festuca glauca var. crassifolia Gaudin in Fl. Helv. 1: 284. 1828

Festuca rhaetica (S. Arndt) stat. nov. Festuca bauzaniana subsp. rhaetica S. Arndt in Pl. Syst. Evol. 271:136. 2008

Gentiana undulatifolia (Sünd.) stat. nov. Gentiana clusii subsp. undulatifolia Sünd. in Allg. Bot. Z. Syst. 26-27: 23. 1925

Gentiana vardjanii (Wraber) stat. nov. Gentiana lutea subsp. vardjanii Wraber in Proteus (Ljubliana) 48: 345. 1986

Gentiana zenariae (F. Martini & Poldini) stat. nov. Gentiana froelichii subsp. zenariae F. Martini & Poldini in Willdenowia 18: 23. 1988

Helictotrichon ausserdorferi (Aschers. & P. Graebn.) comb. & stat. nov. Avena alpina prol. ausserdorferi Aschers. & P. Graebner in Syn. Mitteleurop. Fl. 2: 261. 1899

Helictotrichon hirtifolium (Podb.) comb. & stat. nov. Avenastrum pratense var. hirtifolium Podb. in Čas. Morav. Mus. Zemsk. 12: 272. 1912

Helictotrichon pseudoviolaceum (Dalla Torre) comb. nov. Avena pseudoviolacea Kerner ex Dalla Torre in Anl. wiss. Beob. Alpenreisen 2: 288. 1882

Hippophaë carpatica (Rousi) stat. nov. Hippophaë rhamnoides subsp. carpatica Rousi in Ann. Bot. Fenn. 8: 205. 1971

Holosteum hirsutum (Mutel) stat. nov. Holosteum umbellatum var. hirsutum Mutel in Fl. Franç. 1: 157. 1834

Jovibarba pseudohirta (Leute) comb. & stat. nov. Diopogon arenarius subsp. pseudohirtus Leute in Verh. Zool. Bot. Ges. Wien 105-106: 186. 1966

Lathraea tatrica (Hadac) stat. nov. Lathyrus squamaria subsp. tatrica Hadac in Hadac, E. & Smarda, J. in Rastlinstvo Doliny Siedmich Pramenov: 92. 1960

Lathyrus collinus (J. Ortmann) comb. & stat. nov. Orobus pannonicus var. collinus J. Ortmann in Verh. Zool.-Bot. Ver. Wien 2, Abh.: 13. 1852

Lathyrus velutinus (DC.) stat. nov. Lathyrus pratensis var. velutinus DC. in Lam. & DC., Fl. Franç. (ed. 3) 5: 575. 1815

Luzula candollei (E. Mey.) stat. nov. Luzula spadicea var. candollei E. Mey. in Linnaea 22: 401. 1849

Luzula mutabilis (Chrtek & Krisa) stat. nov. Luzula spicata subsp. mutabilis Chrtek & Krisa in Bot. Not. 115: 302. 1962

Milium alpicolum (Chrtek) stat. nov. Milium effusum subsp. alpicola Chrtek in Čás. Narod. Muz. Sect. Natur. [Praha] 132: 166-168. 1963

Minuartia vaillantiana (DC.) stat. nov. Minuartia tenuifolia var. vaillantia DC. in Prodr. 1: 406. 1824

Montia variabilis (Walters) stat. nov. Montia fontana subsp. variabilis Walters in Watsonia 3: 5. 1953

Nigritella bourneriasii (E. & R. Breiner) stat. nov. Nigritella corneliana subsp. bourneriasii E. & R. Breiner in Mittbl. Arb.kreis heim. Orch. Baden-Württ. 25: 480. 1993

Nigritella gallica (E. & R. Breiner) stat. nov. Nigritella nigra subsp. gallica E. & R. Breiner in Mittbl. Arb.kreis heim. Orch. Baden-Württ. 25: 471. 1993

Odontites provincialis (Bolliger) stat. nov. Odontites lanceolatus subsp. provincialis Bolliger in Bot. Jahrb. Syst. 111: 19. 1989

Onobrychis taurerica (Hand.-Mazz.) stat. nov. Onobrychis arenaria subsp. taurerica Hand.-Mazz. in Repert. Spec. Nov. Regni Veg. Beiheft 100: 53. 1938

Paeonia huthii (Soldano) stat. nov. Paeonia officinalis subsp. huthii Soldano in Atti Soc. Ital. Sci. Nat. Mus. Civico Storia Nat. Milano 133: 114. 1993

Paronychia galloprovincialis (P. Küpfer) stat. nov. Paronychia kapela subsp. galloprovincialis P. Küpfer in Boissiera 23: 148. 1974

Pinguicula rosea (Mutel) stat. nov. Pinguicula grandiflora var. rosea Mutel in Fl. Dauphiné 2: 357. 1830

Polygala subcollina (Rchb.) nom. & stat. nov. Polygala oxyptera Rchb. var. a collina Rchb. in Pl. Crit. 1: 25. 1823

Primula cynoglossifolia (Widmer) stat. nov. Primula latifolia var. cynoglossifolia Widmer in Eur. Art. Gatt. Primula: 40. 1891

Primula infecta (A. Kress) stat. nov. Primula villosa subsp. infecta A. Kress in Primulaceen-Studien 2: 4. 1981

Primula irmingardis (A. Kress) stat. nov. Primula villosa subsp. irmingardis A. Kress in Primulaceen-Studien 2: 3. 1981

Primula widmerae (Pax) stat. nov. Primula auricula var. widmerae Pax in Engler, Pflanzenreich, Primulaceae: 132. 1905

Pritzelago austroalpina (Trpin) comb. & stat. nov. Hutchinsia alpina subsp. austroalpina Trpin in Biol. Vestn. 22: 63. 1975

Pseudorchis tricuspis (Beck) comb. & stat. nov. Gymnadenia albida ß tricuspis Beck von Managetta in Flora von Nieder-Österreich 1: 209. 1890

Pulmonaria alpigena (W. Sauer) stat. nov. Pulmonaria mollis subsp. alpigena W. Sauer in Phyton (Horn) 16: 252. 1974

Pulmonaria cevennensis (Bolliger) stat. nov. Pulmonaria longifolia subsp. cevennensis Bolliger in Phanerog. Monogr. 8: 57. 1982

Pulmonaria delphinensis (Bolliger) stat. nov. Pulmonaria longifolia subsp. delphinensis Bolliger in Phanerog. Monogr. 8: 50. 1982

Pulsatilla austriaca (Aichele & Schwegler) stat. nov. Pulsatilla alpina subsp. austriaca Aichele & Schwegler in Feddes Repert. Spec. Nov Regni Veg. 60: 41. 1957

Pulsatilla austroalpina (D. M. Moser) stat. nov. Pulsatilla alpina subsp. austroalpina D. M. Moser in Candollea 58: 46. 2003

Pulsatilla cottianaea (Beauverd) comb. & stat. nov. Pulsatilla alpina var. cottianaea Beauverd in Bull. Soc. Bot Genève ser. 2, 13: 142. 1921

Pulsatilla schneebergensis (D. M. Moser) stat. nov. Pulsatilla alpina subsp. schneebergensis D. M. Moser in Candollea 58: 55. 2003

Ranunculus fertilis (Clapham ex Laegaard) stat. nov. Ranunculus ficaria subsp. fertilis Laegaard in Nordic J. Bot. 20: 526. 2001

Salix angustior (Lautenschl.) stat. nov. Salix purpurea subsp. angustior Lautenschlager in Bauhinia 8 (4): 211. 1987

Saxifraga prolifera (Sternb.) stat. nov. Saxifraga stellaris subsp. prolifera Sternberg in Rev. Saxifr. Suppl. 2: 13. 1831

Saxifraga pseudoexarata (Br.-Bl.) stat. nov. Saxifraga moschata subsp. pseudoexarata Braun-Blanqu. in Hegi. Fl. Mitteleur. III/4: 609. 1922

Senecio germanicoglabratus (Herborg) nom. & stat. nov. Senecio germanica subsp. glabrata Herborg in Diss. Bot. 107: 119. 1987

Silene alpinoprostratus (Gaudin) nom. & stat. nov. Silene inflata prostrata Gaudin in Fl. Helv. 3: 164. 1828 (= Silene alpina (Lam.) Thomas)

Stachys godronii (Rouy) stat. nov. Stachys alopecuros prol. godronii Rouy in Fl. France 11: 303. 1909

Stemmacantha bicknellii (Briq.) comb. & stat. nov. Centaurea rhapontica var. bicknellii Briq. in Monogr. Centaurées Alpes Marit.: 65. 1902

Stemmacantha lamarckii (Dittrich) stat. nov. Stemmacantha rhapontica subsp. lamarckii Dittrich in Candollea 45: 491. 1990

Stipa dvorakyi (Martinovský & Skaliký) stat. nov. Stipa pennata subsp. dvorakyi Martinovský & Skaliký in Preslia 52: 17. 1980

Stipa lutetiana (Scholz) stat. nov. Stipa eriocaulis subsp. lutetiana Scholz in Willdenowia 4: 305. 1968

Stipa pseudomontana (Moraldo) nom. & stat. nov. Stipa epilosa subsp. montana Moraldo in Webbia 40: 258. 1986.

Thlaspi grignense (F. K. Mey.) stat. nov. Thlaspi rotundifolia subsp. grignensis F. K. Mey. in Feddes Rep. 84: 459. 1973

Valeriana norica (Vierh.) stat. nov. Valeriana celtica subsp. norica Vierh. in Veröff. Geobot. Inst. Rübel Zürich 3: 244. 1925

Veronica micans (M. A. Fisch.) stat. nov. Veronica chamaedrys subsp. micans M. A. Fischer in Oesterr. Bot. Zeitschr. 121: 73. 1973

Vicia eriocalyx (Čelak.) stat. nov. Vicia sepium var. eriocalyx Čelak. in Prodrom. Fl. Böhmen: 910. 1881

Viola megalantha (Nauenb.) stat. nov. Viola arvensis subsp. megalantha Nauenburg in Diss. Göttingen: 85. 1986

5 Übersichtstabelle zu den pflanzensoziologischen Einheiten

Die nachfolgende Erklärung zur Übersichtstabelle ist leicht gekürzt der *Flora alpina* (Bd. 3, S. 301ff.) entnommen:

Die Synsystematik basiert auf THEURILLAT & al. (1995) wenig verändert. Eine erste Unterteilung erfolgt entsprechend den Formationen, welche jeweils eine bestimmte Anzahl phytosoziologischer Klassen enthalten. Die Anordnung der 14 Formationen folgt einer sogenannten soziologischen Progression, ausgehend von einfachen und schwach strukturierten Pflanzengesellschaften (schwache Wechselwirkungen zwischen den Bestandteilen), um mit komplexen und stark strukturierten Gesellschaften (starke Wechselwirkungen zwischen den Bestandteilen) zu enden. Die 15. Einheit entspricht einer Sammelgruppe ohne pflanzensoziologische Definition. Die Klassifikation der Lebensräume in neun grosse ökologische Gruppen (s. Kapitel 7.2) folgt nicht immer der soziologischen Progression, es besteht deshalb nicht notwendigerweise eine Entsprechung zwischen Formationen und Gruppierungen von Lebensraumtypen. Bei den aus ELLENBERG & KLÖTZLI (1972) entnommenen Einheiten sind kleine Autoren angegeben, da sie dort auch fehlen.

Die Nummerierung ist wie folgt definiert: Die ersten Zahlen vor dem Punkt bezeichnen die Formation (1-15). Die erste Ziffer nach dem Punkt gibt die Position der Klassen (Endung *-etea*) innerhalb der Formation an. Die zweite Ziffer nach dem Punkt bezeichnet die Ordnungen (Endung -*etalia)* innerhalb derselben Klasse, die dritte Ziffer die Verbände (Endung *-ion*) innerhalb der gleichen Ordnung. Die vierte Ziffer bezeichnet die Unterverbände (Endung -*enion)* innerhalb desselben Verbandes. Für die Formation 14 werden mit einer fünften Ziffer zusätzlich noch Assoziationen (Endung *-etum*) nach ELLENBERG & KLÖTZLI (1972) angegeben. Als einzige Ausnahme wurde die Klasse der *Stellarietea mediae* in drei Unterklassen unterteilt (gekennzeichnet durch die Endung *-enea* und nach der Ziffer der Klasse mit den Buchstaben a, b oder c).

Ein ? vor dem Namen der soziologischen Einheit deutet darauf hin, dass diese Einheit nicht mit Sicherheit im Untersuchungsgebiet vorkommt.

1. Formation der aquatischen (schwimmenden oder untergetauchten) Gesellschaften

1.1 *Lemnetea* De Bolòs & Masclans 1955
1.11 *Lemnetalia minoris* De Bolòs & Masclans 1955
1.111 *Lemnion minoris* De Bolòs & Masclans 1955
1.112 *Lemnion gibbae* Schwabe & Tüxen in Tüxen 1974
1.12 *Utricularietalia minoris* Den Hartog & Segal 1964
1.121 *Utricularion vulgaris* Passarge 1964

1.2 *Utricularietea intermedio-minoris* Pietsch 1965
1.21 *Utricularietalia intermedii-minoris* Pietsch 1965
1.211 *Sphagno-Utricularion* Müller & Görs 1960
1.212 *Scorpidio-Utricularion minoris* Pietsch 1965

1.3 *Potametea pectinati* Tüxen & Preising ex Oberdorfer 1957
1.31 *Potametalia pectinati* W. Koch ex Oberdorfer 1957
1.311 *Potamion pectinati* (W. Koch 1926) Görs 1977
1.312 *Nymphaeion albae* Oberdorfer 1957
1.313 *Batrachion fluitantis* Neuhäusl 1959

1.4 *Littorelletea uniflorae* Br.-Bl. & Tüxen ex Westhoff, Dijk & Passchier 1946
1.41 *Littorelletalia uniflorae* W. Koch 1926
1.411 *Deschampsion littoralis* Oberdorfer & Dierssen in Dierssen 1975
1.412 ?*Littorellion uniflorae* W. Koch 1926
1.413 *Helodo-Sparganion* Br.-Bl. & Tüxen ex Oberdorfer 1957
(Syn.: *Hydrocotylo-Baldellion* Dierssen & Tüxen in Dierssen 1972)
1.414 *Eleocharition acicularis* Pietsch 1966

2. Formation der stickstoffliebenden therophytischen Pioniergesellschaften

2.1 *Bidentetea tripartitae* Tüxen, Lohmeyer & Preising ex von Rochow 1951
2.11 *Bidentetalia tripartitae* Br.-Bl. & Tüxen ex Klika & Hadac 1944
2.111 *Bidention tripartitae* Nordhagen 1940
2.112 *Chenopodion rubri* (Tüxen 1960) Hilbig & Jage 1972

2.2 *Isoëto-Nanojuncetea* Br.-Bl. & Tüxen ex Westhoff, Dijk & Passchier 1946
2.21 *Nanocyperetalia flavescentis* Klika 1935
2.211 *Nanocyperion flavescentis* W. Koch 1926
2.22 ?*Isoëtalia* Br.-Bl. 1936
2.221 *Isoëtion* Br.-Bl. 1936

2.3 *Stellarietea mediae* Tüxen, Lohmeyer & Preising ex von Rochow 1951
(Syn.: *Chenopodietea* Br.-Bl. in Br.-Bl., Roussine & Nègre 1952)
(Syn.: *Secalietea* Br.-Bl. in Br.-Bl., Gajewski, Wraber & Walas 1936 nom. inval.)
(Syn.: *Plantaginetea majoris* Tüxen & Preising ex von Rochow 1951)
(Syn.: *Polygono-Poetea annuae* Rivas-Martínez 1975)

2.3a *Stellarienea mediae* Hüppe & Hofmeister in Theurillat, Aeschimann, Küpfer & Spichiger 1995
(Syn.: *Violenea arvensis* Hüppe & Hofmeister 1990 nom. inval.)
(Syn.: *Secalienea cerealis* Rivas-Martínez, Báscones, Díaz, Fernández González & Loidi 1991 nom. inval.)
2.31 *Papaveretalia rhoeadis* Hüppe & Hofmeister in Theurillat, Aeschimann, Küpfer & Spichiger 1995
(Syn.: *Secalietalia* Br.-Bl. in Br.-Bl. & al. 1936 nom. inval.)
2.311 *Roemerion hybridae* Br.-Bl. ex Rivas-Martínez, Fernández-González & Loidi 1999
(Syn.: *Secalion* Br.-Bl. in Br.-Bl. Gajewski, Wraber & Walas 1936 nom. inval.)
2.312 *Caucalidion lappulae* J. Tüxen ex von Rochow 1951
2.313 *Veronico-Euphorbion* Sissingh ex Passarge 1964
(Syn.: *Fumario-Euphorbion* Müller ex Görs 1966)
2.3131 *Veronico-Euphorbienion* Theurillat in Theurillat, Aeschimann, Küpfer & Spichiger 1995 nom. prov.
2.3132 *Thlaspio-Anchusenion arvensis* Waldis 1987 nom. prov.
2.32 *Centaureetalia cyani* J. Tüxen, Lohmeyer & Preising ex von Rochow 1951
(Syn.: *Aperetalia spicae-venti* J. Tüxen & R. Tüxen in Malato-Beliz, J. Tüxen & Tüxen 1960)
(Syn.: *Polygono-Chenopodietalia* J. Tüxen in Lohmeyer & al. 1963 nom. inval.)
2.321 *Scleranthion annui* (Kruseman & Vlieger 1939) Sissingh in Westhoff & al. 1946
(Syn.: *Agrostion spicae-venti* Tüxen ex von Rochow 1951)
(Syn.: *Aphanion arvensis* J. Tüxen & R. Tüxen in Malato-Beliz, J. Tüxen & R. Tüxen 1960)
2.3211 *Scleranthenion annui* Kruseman & Vlieger 1939
(Nom. corresp.: *Aphanion arvensis* J. Tüxen & R. Tüxen in Malato-Beliz, J. Tüxen & R. Tüxen 1960)
2.3212 ?*Arnoseridenion* (Malato-Beliz, J. Tüxen & R. Tüxen 1960) Oberdorfer 1983
2.322 *Panico-Setarion* Sissingh in Westhoff & al. 1946
(Syn.: *Digitario-Setarion* auct.)
(Syn.: *Polygono-Chenopodion* Koch 1926 em. Sissingh in Westhoff & al. 1946 nom. ambig. propos.)
2.3221 *Panico-Setarienion* (Sissingh in Westhoff, Dijk, Passchier & Sissingh 1946) Oberdorfer 1957
2.3222 *Eu-Polygono-Chenopodienion* Oberdorfer 1957
2.323 ?*Lolio remoti-Linion* Tüxen 1950
2.33 *Eragrostietalia* J. Tüxen ex Poli 1966
2.331 *Eragrostion* Tüxen in Slavnic 1944
2.332 *Diplotaxion* Br.-Bl. in Br.-Bl. & al. 1936

2.3b *Chenopodio-Stellarienea mediae* Rivas Goday 1956
(Syn.: *Chenopodienea muralis* Rivas-Martínez , Báscones, T. E. Díaz, Fernández-González & Loidi in Theurillat, Aeschimann, Küpfer & Spichiger 1995)
(Syn.: *Sisymbrienea* Pott 1993 nom. inval.)
2.34 *Sisymbrietalia* J. Tüxen ex Matuszkiewicz 1962 nom. cons. propos.
(Syn.: *Chenopodietalia* Br.-Bl. in Br.-Bl. Gajewski, Wraber & Walas 1936)
2.341 *Chenopodion muralis* Br.-Bl. in Br.-Bl. & al. 1936
2.342 *Hordeion murini* Br.-Bl. in Br.-Bl. & al. 1936
2.343 *Sisymbrion* Tüxen, Lohmeyer & Preising ex von Rochow 1951
(Syn.: *Atriplicion nitentis* Passarge 1978)
(Syn.: *Malvion neglectae* (Gutte 1966) Hejny 1978)
(Syn.: *Erysimo wittmannii-Hackelion* Bernátová 1986)
2.344 ?*Salsolion ruthenicae* Philippi 1971

2.3c *Polygono-Poenea annuae* Theurillat in Theurillat, Aeschimann, Küpfer & Spichiger 1995
(Nom. corresp.: *Polygono-Poetea annuae* Rivas-Martínez 1975)
2.35 *Polygono aviculari-Poetalia annuae* Tüxen in Géhu, Richard & Tüxen 1972
2.351 *Polygonion avicularis* Br.-Bl. ex Aichinger 1933
(Syn.: *Saginion procumbentis* Tüxen & Ohba in Géhu, Richard & Tüxen 1972)
(Syn.: *Sclerochloo-Coronopion squamati* Rivas-Martínez 1975)

3. Formation der Felsspalten- (Chasmophyten-) und Schuttgesellschaften

3.1 *Adiantetea* Br.-Bl. 1948
3.11 *Adiantetalia* Br.-Bl. 1948
3.111 *Adiantion* Br.-Bl. ex Horvatic 1939

3.2 *Asplenietea trichomanis* Br.-Bl. in Meier & Br.-Bl. 1934 corr. Oberdorfer 1977
3.21 *Potentilletalia caulescentis* Br.-Bl. in Br.-Bl. & Jenny 1926
3.211 *Potentillion caulescentis* Br.-Bl. in Br.-Bl. & Jenny 1926
3.2111 *Potentillenion caulescentis* Theurillat in Theurillat, Aeschimann, Küpfer & Spichiger 1995
(Nom. corresp.: *Androsaco helveticae-Drabion tomentosae* T. Wraber 1970 nom. illeg.)
3.2112 *Kernero saxatilis-Potentillenion caulescentis* Theurillat in Theurillat, Aeschimann, Küpfer & Spichiger 1995
3.2113 *Physoplexido comosae-Potentillenion caulescentis* Theurillat in Theurillat, Aeschimann, Küpfer & Spichiger 1995
(Syn.: *Phyteumato-Saxifragenion* petraeae Sutter 1969 nom. prov.)
3.2114 *Saxifragenion lingulatae* Rioux & Quézel 1949
3.212 *Cystopteridion fragilis* Richard 1972
3.22 *Androsacetalia vandellii* Br.-Bl. in Meier & Br.-Bl. 1934 corr. Br.-Bl. 1948
3.221 *Androsacion vandellii* Br.-Bl. in Br.-Bl. & Jenny 1926 corr. Br.-Bl. 1948
3.2211 *Androsacenion vandellii* Béguin & Theurillat 1984
3.2212 *Saxifragenion pedemontanae* (Barbero & Bono 1967) Theurillat in Theurillat, Aeschimann, Küpfer & Spichiger 1995
3.2213 *Asplenienion adianti-nigro-ceterach* Béguin & Theurillat 1984
(Nom. corresp.: *Asplenion septentrionalis* Oberdorfer 1938)
(Nom. corresp.: *Asplenion septentrionalis* Focquet 1984)
3.222 *Asplenion serpentini* Br.-Bl. & Tüxen ex Eggler 1955
3.223 *Hypno-Polypodion* Mucina in Grabher & Mucina 1993
3.224 ?*Antirrhinion asarinae* (Br.-Bl. 1934) Br.-Bl. in Br.-Bl., Roussine & Nègre 1952
(Syn.: *Asarinion rupestre* Br.-Bl. in Meier & Br.-Bl. 1934)
3.23 *Asplenietalia glandulosi* Br.-Bl. & Meier 1934 in Meier & Br.-Bl. 1934
(Syn.: *Asplenietalia petrarchae* auct.)
3.231 *Asplenion glandulosi* Br.-Bl. & Meier 1934 in Meier & Br.-Bl. 1934
3.24 *Parietarietalia judaicae* Rivas-Martínez ex Braun-Blanqu & 1963 corr. Oberdorfer 1979
3.241 *Centrantho rubri-Parietarion* Rivas-Martínez 1969 nom. inv. 1975
(Syn.: *Cymbalario-Asplenion* Segal 1969)

3.3 *Thlaspietea rotundifolii* Br.-Bl. 1948
3.31 *Thlaspietalia rotundifolii* Jenny-Lips 1930
3.311 *Thlaspion rotundifolii* Jenny-Lips 1930
3.312 *Petasition paradoxi* Zollitsch ex Lippert 1966
3.3121 *Petasitenion paradoxi* Theurillat in Theurillat, Aeschimann, Küpfer & Spichiger 1995
3.3122 *Arabidenion alpinae* (Béguin 1972) Theurillat in Theurillat, Aeschimann, Küpfer & Spichiger 1995
(Nom. corresp.: *Arabidion alpinae* Béguin in Richard 1972)
3.32 *Arabidetalia caeruleae* Rübel ex Nordhagen 1936
3.321 *Arabidion caeruleae* Br.-Bl. in Br.-Bl. & Jenny 1926
3.33 *Drabetalia hoppeanae* Zollitsch in Merxmüller & Zollitsch 1967
3.331 *Drabion hoppeanae* Zollitsch in Merxmüller & Zollitsch 1967
3.34 *Androsacetalia alpinae* Br.-Bl. in Br.-Bl. & Jenny 1926
3.341 *Androsacion alpinae* Br.-Bl. in Br.-Bl. & Jenny 1926
3.342 *Allosuro-Athyrion alpestris* Nordhagen 1936 nom. inval.
3.35 *Epilobietalia fleischeri* Moor 1958
3.351 *Epilobion fleischeri* G. Br.-Bl. ex Br.-Bl. 1949
(Syn.: *Salicion incanae* sensu Englisch & al. in Grabherr & Mucina 1993 non Aichinger 1933)
3.36 *Stipetalia calamagrostis* Oberdorfer & Seibert in Oberdorfer 1977
3.361 ?*Pimpinello-Gouffeion* Br.-Bl. in Br.-Bl., Roussine & Nègre 1952
3.362 *Stipion calamagrostis* Jenny-Lips ex Quantin 1932
(Syn.: *Scrophularion juratensis* Béguin ex Richard 1971)
3.37 *Galeopsietalia* Oberdorfer & Seibert in Oberdorfer 1977
3.371 *Galeopsion segetum* Oberdorfer 1957
3.3711 ?*Galeopsienion* Theurillat in Theurillat, Aeschimann, Küpfer & Spichiger 1995
3.3712 *Rumici scutatae-Senecionienion viscosi* Theurillat in Theurillat, Aeschimann, Küpfer & Spichiger 1995
(Nom. corresp.: *Senecion leucophyllae* auct. non Br.-Bl. 1948)
3.38 ?*Violetalia calaminariae* Br.-Bl. & Tx. 1943
3.381 *Armerion halleri* Ernst 1965

4. Formation der Pioniergesellschaften mit Therophyten und Sukkulenten

4.1 *Koelerio-Corynephoretea* Klika in Klika & Novak 1941
(Syn.: *Sedo-Scleranthetea* Br.-Bl. 1955)
(Syn.: *Festucetea vaginatae* Soó 1968)
4.11 *Corynephoretalia* Klika 1934
4.111 *Thero-Airion* Oberdorfer 1957
4.12 *Sedo-Scleranthetalia* Br.-Bl. 1955
4.121 *Sedo albi-Veronicion dillenii* Oberdorfer ex Korneck 1974
(Syn.: *Arabidopsion* sensu Kolbek & Mucina in Mucina, Grabherr & Ellmauer 1993 non Passarge 1964)
4.122 *Sedo-Scleranthion* Br.-Bl. 1955
4.13 *Alysso-Sedetalia* Moravec 1967
4.131 *Alysso-Sedion albi* Oberdorfer & Th. Müller in Th. Müller 1961
4.14 ?*Festuco-Sedetalia* Tüxen 1951
4.141 *Koelerion glaucae* Volk 1931
4.142 *Armerion elongatae* Krausch 1962

4.2 *Tuberarietea guttatae* Rivas Goday & Rivas-Martínez 1963 nom. mut. propos.
(= *Helianthemetea guttati* Rivas Goday & Rivas-Martínez 1963)
(Syn.: *Tuberarietea guttatae* Br.-Bl. 1964)
(Syn.: *Stipo-Trachynietea distachyae* Brullo in Brullo, Scelsi & Spampinato 2001)
(Syn.: *Thero-Brachypodietea* Br.-Bl. ex Bolòs y Vayreda 1950 sensu Flora alpina 2004)
4.21 *Brachypodietalia distachyi* Rivas-Martínez 1978
(Syn.; *Thero-Brachypodietalia* Br.-Bl. ex Bolòs y Vayreda 1950 sensu Flora alpina 2004)
(Nom. corresp.: *Stipo-Trachynietea distachyae* Brullo in Brullo, Scelsi & Spampinato 2001)
4.211 *Brachypodion distachyi* Rivas-Mart. 1978 nom. mut. propos.
(Syn.: *Thero-Brachypodion* Br.-Bl. 1931 sensu Flora alpina 2004)
4.22 *Tuberarietalia guttatae* Br.-Bl. in Br.-Bl., Molinier & Wagner 1940 nom. mut. propos.
(= *Helianthemetalia guttati* Br.-Bl. in Br.-Bl., Molinier & Wagner 1940)
(Nom. corresp.: *Tuberarietea guttatae* Br.-Bl. 1964)
4.221 *Tuberarion guttatae* Br.-Bl. in Br.-Bl., Molinier & Wagner 1940 nom. mut. propos.
(= *Helianthemion guttati* Br.-Bl. in Br.-Bl., Molinier & Wagner 1940)
4.23 ?*Poetalia bulbosae* Rivas Goday & Rivas-Martínez in Rivas Goday & Ladero 1970

5. Formation der stickstoffliebenden Ruderalstaudengesellschaften

5.1 *Artemisietea vulgaris* Lohmeyer, Preising & Tüxen ex von Rochow 1951
(Syn.: *Galio-Urticetea* Passarge ex Kopecky 1969)
5.11 *Onopordetalia acanthii* Br.-Bl. & Tüxen ex von Rochow 1951
(Syn.: *Artemisietalia vulgaris* Lohmeyer in Tüxen 1947 nom. inval.)
5.111 *Onopordion acanthii* Br.-Bl. in Br.-Bl., Gajewski, Wraber & Walas 1936
5.112 *Dauco-Melilotion* Görs 1966
5.113 *Arction lappae* Tüxen 1937
5.12 *Rumicetalia alpini* Mucina in Grabherr & Mucina 1993 nom. inval.
5.121 *Rumicion alpini* Scharfetter 1938
(Syn.: *Chenopodion subalpinum* Br.-Bl. 1949 nom. illeg. p.p.)
5.13 *Galio-Alliarietalia* Oberdorfer ex Görs & Müller 1969
(Syn.: *Lamio albi-Chenopodietalia boni-henrici* Kopecky 1969 nom. inval.)
(Syn.: *Glechometalia hederaceae* Tüxen in Tüxen & Brun-Hool 1975)
5.131 *Geo-Alliarion* Lohmeyer & Oberdorfer ex Görs & Müller 1969
5.132 *Aegopodion podagrariae* Tüxen 1967

5.2 *Agropyretea intermedii-repentis* Oberdorfer, Müller & Görs in Müller & Görs 1969
5.21 *Agropyretalia intermedii-repentis* Oberdorfer, Th. Müller & Görs in Müller & Görs 1969
5.211 *Convolvulo-Agropyrion repentis* Görs 1966

5.3 ?*Oryzetea sativae Myawaki 1960*
5.31 *Cypero difformis-Echinochloetalia oryzoidis* Bolòs & Masclans 1955
5.311 *Oryzo sativae-Echinochloion oryzoidis* Bolòs & Masclans 1955

6. Formation der Gesellschaften der Röhrichte und Grossseggensümpfe

6.1 *Phragmito-Magnocaricetea* Klika in Klika & Novác 1941
6.11 *Phragmitetalia communis* Koch 1926
6.111 *Phragmition communis* Koch 1926
6.112 *Magnocaricion* Koch 1926
6.113 *Glycerio-Sparganion* Br.-Bl. & Sissingh in Boer 1946.
6.114 *Phalaridion arundinaceae* Kopecky 1961

6.21 ?*Scirpetalia maritimi* Hejny in Holub, Hejny, Moravec & Neuhäusl 1967
6.211 *Scirpion maritimi* Dahl & Hadac 1941

7. Formation der Gesellschaften der Flachmoore und Quellen

7.1 *Montio-Cardaminetea* Br.-Bl. & Tüxen ex Klika 1948
7.11 *Montio-Cardaminetalia* Pawłowski in Pawłowski, Sokołowski & Wallisch 1928
7.111 *Cardamino-Montion* Br.-Bl. 1926
7.12 *Cardamino-Chrysosplenietalia* Hinterlang 1992
7.121 *Caricion remotae* Kästner 1941
(Syn.: *Cardaminion amarae* Maas 1959)

7.2 *Scheuchzerio-Caricetea fuscae* Tüxen 1937
7.21 *Scheuchzerietalia palustris* Nordhagen 1937
7.211 *Rhynchosporion albae* W. Koch 1926
7.212 *Caricion lasiocarpae* Vanden Berghen in Lebrun, Noirfalise, Heinemann & Vanden Berghen 1949
7.22 *Caricetalia fuscae* W. Koch 1926
7.221 *Caricion fuscae* W. Koch 1926
7.23 *Caricetalia davallianae* Br.-Bl. 1949
7.231 *Caricion davallianae* Klika 1934
7.2311 *Caricenion davallianae* Giugni 1991
7.2312 *Schoenenion nigricantis* Giugni 1991
7.232 *Caricion atrofusco-saxatilis* Nordhagen 1943

8. Formation der alpinen Schneetälchengesellschaften

8.1 *Salicetea herbaceae* Br.-Bl. 1948
8.11 *Salicetalia herbaceae* Br.-Bl. in Br.-Bl. & Jenny 1926
8.111 *Salicion herbaceae* Br.-Bl. in Br.-Bl. & Jenny 1926
8.112 *Salici herbaceae-Caricion lachenalii* Béguin & Theurillat 1982

9. Formation der Gesellschaften mit Hemikryptophyten und Chamaephyten der trockenen Magerrasen und der Garrigue-Rasen

9.1 *Festuco-Brometea* Br.-Bl. & Tüxen in Br.-Bl. 1949
9.11 *Festucetalia valesiacae* Br.-Bl. & Tüxen in Br.-Bl. 1949
9.111 *Fulgension* Br.-Bl. 1961
9.112 *Festucion valesiacae* Klika 1931
9.113 *Stipo-Poion xerophilae* Br.-Bl. & Tüxen ex Br.-Bl. 1950
9.1131 *Stipo-Poenion xerophilae* Theurillat in Theurillat, Aeschimann, Küpfer & Spichiger 1995
(Nom. corresp.: *Stipo-Poion xerophilae* Br.-Bl. & Tüxen ex Br.-Bl. 1950)
9.1132 *Stipo-Poenion perconcinnae* (Br.-Bl. 1961) Theurillat in Theurillat, Aeschimann, Küpfer & Spichiger 1995 corr. Prunier & Theurillat
(Nom. corresp.: *Stipo-Poion perconcinnae* Br.-Bl. 1961 corr. Julve 1993)
9.1133 *Potentillo-Festucenion acuminatae* Béguin & Theurillat 1984
9.114 *Diplachnion* Br.-Bl. 1961
9.115 *Cirsio-Brachypodion* Klika & Hadac in Klika 1948
9.116 *Bromo pannonici-Festucion pallentis* Zólyomi 1966
9.117 *Avenulo adsurgentis-Festucion pallentis* Mucina in Mucina, Grabherr & Ellmauer 1993
9.118 ?*Alysso saxatilis-Festucion pallentis* Moravec in Holub, Hejny, Moravec & Neuhäusl 1967
9.12 *Scorzonero-Chrysopogonetalia* Horvatic & Horvat in Horvatic 1958
9.121 *Saturejion subspicatae* (Horvat 1962) Horvatic 1973
9.1211 *Centaurenion dichroanthae* (Pignatti 1953) Poldini & Feoli Chiapella in Feoli Chiapella & Poldini 1994
9.122 *Scorzonerion villosae* Horvatic 1963
9.1221 *Hypochoeridenion maculatae* (Horvatic 1973) Poldini & Feoli Chiapella in Feoli Chiapella & Poldini 1994

9.13 *Brometalia erecti* Koch 1926
9.131 *Xerobromion* (Br.-Bl. & Moor 1938) Moravec in Holub, Heijny, Moravec & Neuhäusl 1967
9.132 *Seslerio-Xerobromion* (Oberdorfer 1957) Richard 1975
9.133 *Diantho lumnitzeri-Seslerion albicantis* (Soo 1971) Chytry & Mucina in Mucina, Grabherr & Ellmauer 1993
9.134 *Festuco-Bromion* Barbero & Loisel 1972
9.135 *Mesobromion* Zoller 1954
(Syn.: *Bromion* W. Koch 1926 nom. ambig. propos.)
9.136 *Koelerio-Phleion* Korneck 1974
9.14 *Ononidetalia striatae* Br.-Bl. 1952
9.141 *Ononidion striatae* Br.-Bl. & Susplegas 1937
9.142 *Avenion sempervirentis* Barbero 1968
(Syn.: *Avenion montanae* Barbero 1968 p.p.)
(Syn.: *Ononidion cenisiae* Barbero 1968 nom. prov.)
(Nom. corresp.: Astragaletalia sempervirentis Barbero 1968)
9.143 *Genistion lobelii* Molinier 1934
(Syn.: *Seslerion elegantissimae* Quézel 1971 nom. illeg.)
(Syn.: *Potentillion velutinae* Baréro, Loisel & Quézel 1972 nom. illeg. p.p.)
9.144 ?*Aphyllanthion* Br.-Bl. & Pawłowsky 1931 nom. ambig. propos.

9.2 *Lygeo-Stipetea* Rivas-Martínez 1978 nom. cons. propos.
(= *Thero-Brachypodietea ramosi* Br.-Bl. ex O. Bolòs 1950)
9.21 *Lygeo sparti-Stipetalia tenacissimae* Br.-Bl. & Bolòs 1958?
(Syn. *Thero-Brachypodietalia* Br.-Bl. ex Bharucha 1932)
(Syn.: *Brachypodietalia retusi* Julve 1993)
9.211 *Phlomido lychnitis-Brachypodion retusi* G. Mateo 1983
(Syn. *Thero-Brachypodion* Br.-Bl. 1925)
9.22 *Brachypodietalia phoenicoidis* Br.-Bl. 1931
9.221 *Brachypodion phoenicoidis* Br.-Bl. ex Molinier 1934
9.23 ?*Hyparrhenietalia* Rivas-Martínez 1978
9.231 *Bromo-Oryzopsion* Bolòs 1970

10. Formation der Gesellschaften der (kollin-montanen) subalpin-alpinen Rasen dominiert durch Hemikryptophyten

10.1 *Nardetea strictae* Rivas Goday & Borja Carbonell 1961
10.11 *Nardetalia* Preising 1949
10.111 *Nardo-Juncion squarrosi* (Oberdorfer 1957) Passarge 1964
10.112 *Violion* Schwickerath 1944
10.113 *Nardo-Agrostion* Sillinger 1933

10.2 *Elyno-Seslerietea caeruleae* Br.-Bl. 1948
10.21 *Seslerietalia caeruleae* Br.-Bl. in Br.-Bl. & Jenny 1926
10.211 *Seslerion caeruleae* Br.-Bl. in Br.-Bl. & Jenny 1926
(Syn.: *Caricion austroalpinae* Sutter 1962)
10.2111 *Seslerienion caeruleae* Béguin 1974
10.2112 *Agrostio-Seslerienion caeruleae* Béguin 1974
10.2113 *Drabo-Seslerienion caeruleae* Béguin & Ritter in Béguin 1974
10.2114 *Caricenion firmae* (Gams 1936) Theurillat in Theurillat, Aeschimann, Küpfer & Spichiger 1995
10.2115 *Avenenion montanae* (Barbero 1968) Theurillat in Theurillat, Aeschimann, Küpfer & Spichiger 1995
10.2116 *Caricenion austroalpinae* (Sutter 1962) Poldini & Feoli Chiapella in Feoli Chiapella & Poldini 1994
(Syn.: *Ranunculenion hybridi* Poldini & Feoli Chiapella in Feoli Chiapella & Poldini 1994)
(Syn.: *Caricenion austroalpinae* (Sutter 1962) Theurillat in Theurillat, Aeschimann, Küpfer & Spichiger 1995)
10.212 *Caricion ferrugineae* G. Br.-Bl. 1931 nom. cons. propos.
(Syn.: *Calamagrostion variae* Sillinger 1929)

10.3 *Carici rupestris-Kobresietea bellardii* Ohba 1974
10.31 *Oxytropido-Elynetalia* Oberdorfer ex Albrecht 1969
10.311 *Oxytropido-Elynion* Braun-Blanquet 1949

10.4 *Juncetea trifidi* Hadac 1946
(Syn.: *Caricetea curvulae* Br.-Bl. 1948)
10.41 *Caricetalia curvulae* Br.-Bl. in Br.-Bl. & Jenny 1926
10.411 *Caricion curvulae* Br.-Bl. in Br.-Bl. & Jenny 1926
(Syn.: *Juncion trifidi* Krajina 1933)
10.412 *Nardion strictae* Br.-Bl. 1926
10.413 *Agrostion schraderianae* Grabherr in Grabherr & Mucina 1993

10.42 *Festucetalia spadiceae* Barbero 1970
10.421 *Festucion variae* Guinochet 1938
(Syn.: *Festucion spadiceae* Br.-Bl. 1972)

11. Formation der terrestrischen Stauden- und Hochstaudengesellschaften

11.1 *Trifolio-Geranietea sanguinei* Th. Müller 1962
11.11 *Origanetalia vulgaris* Th. Müller 1962
11.111 *Geranion sanguinei* Tüxen in Th. Müller 1962
(Syn.: *Cynancho-Geranion* (Tüxen & Müller 1962) Dierschke 1974)
(Syn.: *Brachypodio pinnati-Geranion sanguinei* (Tüxen & Müller 1962) van Gils & Kozlowska 1977)
(Syn.: *Trifolio-Geranienion* van Gils & Gilissen 1976)
11.112 *Trifolion medii* Th. Müller 1962
11.12 *Melampyro pratensis-Holcetalia mollis* Passarge in Theurillat, Aeschimann, Küpfer & Spichiger 1995
11.121 *Melampyrion pratensis* Passarge 1979
(Syn.: *Teucrion scorodoniae* de Foucault, Rameau & Royer 1983)

11.2 *Molinio-Arrhenatheretea* Tüxen 1937
(Syn. *Plantaginetea majoris* auct. p.p.)
11.21 *Potentillo-Polygonetalia* Tüxen 1947
(Syn.: *Plantaginetalia majoris* Tüxen 1950 nom. inval.)
(Syn.: *Agrostietalia stoloniferae* Müller & Görs in Görs 1968)
(Syn.: *Trifolio fragiferi-Agrostietalia stoloniferae* Tüxen 1970)
(Syn.: *Paspalo-Heleochloetalia* Br.-Bl. in Br.-Bl., Roussine & Nègre 1952)
(Syn.: *Plantaginetea majoris* auct. p.p.)
11.211 *Alchemillo-Ranunculion repentis* Passarge 1979
(Syn.: *Plantagini-Prunellion* Elias 1980)
11.212 *Potentillion anserinae* Tüxen 1947
(Syn.: *Lolio-Potentillion* Tüxen 1947)
(Syn.: *Agrostion stoloniferae* Görs 1966)
(Syn.: *Agropyro-Rumicion* auct. non Nordhagen 1940)
11.213 ?*Paspalo-Agrostion* Br.-Bl. in Br.-Bl., Roussine & Nègre 1952
11.22 ?*Holoschoenetalia* Br.-Bl. 1947
11.221 *Molinio-Holoschoenion* Br.-Bl. 1947
11.222 ?*Deschampsion mediae* Br.-Bl. 1951
11.23 *Molinietalia caeruleae* Koch 1926
11.231 *Molinion* W. Koch 1926
(Syn.: *Molinio-Juncion acutiflori* Duvigneaud 1949 nom. illeg.)
11.232 *Deschampsion cespitosae* Horvatic 1930
(Syn.: *Cnidion dubii* Bálátova-Tuláckova 1966)
11.233 *Calthion palustris* Tüxen 1937
11.234 ?*Juncion acutiflori* Br.-Bl. in Br.-Bl. & al. 1952
11.24 *Arrhenatheretalia elatioris* Tüxen 1931
11.241 *Arrhenatherion elatioris* Koch 1926
11.242 *Triseto-Polygonion bistortae* Br.-Bl. & Tüxen ex Marschall 1947
(Syn.: *Phyteumato-Trisetion* Hundt ex Passarge 1969)
11.2421 *Campanulo rhomboidalis-Trisetenion flavescentis* Dierschke in Theurillat 1992
11.2422 ?*Lathyro linifolii-Trisetenion* Dierschke 1981 nom. inval.
11.243 *Cynosurion* Tüxen 1947
(Nom. corresp.: *Plantaginetalia majoris* auct. p.p.)
11.244 *Poion alpinae* Gams ex Oberdorfer 1950
(Syn.: *Alchemillo-Poion supinae* Ellmauer & Mucina 1993)

11.3 *Filipendulo-Convolvuletea* Géhu & Géhu-Franck 1987 nom. inval.
11.31 *Convolvuletalia* Tüxen 1950 nom. inval.
11.311 *Convolvulion sepium* Tüxen in Oberdorfer 1957
(Syn.: *Senecionion fluviatilis* Tüxen 1950 nom. inval.)
11.32 *Filipenduletalia ulmariae* de Foucault & Géhu 1980
11.321 *Filipendulo-Petasition* Br.-Bl. 1949
(Syn.: *Filipendulion ulmariae* Lohmeyer in Oberdorfer & al. 1967 nom. inval.)

11.4 *Epilobietea angustifolii* Tüxen & Preising ex von Rochow 1951
11.41 *Atropetalia bella-donae* Vlieger 1937
11.411 *Epilobion angustifolii* Tüxen ex Eggler 1950 nom. ambig. propos.
11.412 *Atropion* Aichinger 1933

11.5 *Mulgedio-Aconitetea* Hadac & Klika in Klika 1948
11.51 *Calamagrostietalia villosae* Pawłowski in Pawłowski, Sokołolowski & Wallisch 1928
(Syn.: *Adenostyletalia* G. Br.-Bl. 1931)
11.511 *Arunco-Petasition* Br.-Bl. & Sutter 1977
11.512 *Calamagrostion villosae* Pawłowski in Pawłowski, Sokołolowski & Wallisch 1928
11.513 *Calamagrostion arundinaceae* Oberdorfer 1950
11.514 *Adenostylion* Br.-Bl. 1926

12. Formation der Zwergstrauchgesellschaften und Moorgesellschaften

12.1 *Oxycocco-Sphagnetea* Br.-Bl. & Tüxen ex Westhoff, Dijk & Passchier 1946
12.11 *Sphagnetalia medii* Kästner & Flössner 1933
12.111 *Sphagnion medii* Kästner & Flössner 1933
12.112 *Oxycocco-Empetrion hermaphroditi* Nordhagen ex Hadac & Vána 1967
12.12 ?*Erico tetralicis-Sphagnetalia papillosi* Schwickerath 1940
12.121 *Ericion tetralicis* Schwickerath 1933

12.2 *Calluno-Ulicetea* Br.-Bl. & Tüxen ex Klika 1948
12.21 *Vaccinio-Genistetalia* Schubert 1960
12.211 *Genistion* Böcher 1943
12.22 ?*Ulicetalia minoris* Quantin 1935
12.221 *Genisto-Vaccinion* Br.-Bl. 1926

12.3 *Loiseleurio-Vaccinietea* Eggler ex Schubert 1960
(Syn.: *Loiseleurio-Cetrarietea* Suzuki-Tokio & Umezu 1964)
12.31 *Rhododendro-Vaccinietalia* Br.-Bl. in Br.-Bl. & Jenny 1926
12.311 *Loiseleurio-Vaccinion* Br.-Bl. in Br.-Bl. & Jenny 1926
12.312 *Rhododendro-Vaccinion* Schnyder 1930
(Nom. corresp.: *Rhododendro-Vaccinienion* Br.-Bl. in Br.-Bl., Sissingh & Vlieger 1939)
12.313 *Juniperion nanae* Br.-Bl. in Br.-Bl., Sissingh & Vlieger 1939
12.32 *Rhododendro hirsuti-Ericetalia carneae* Grabherr, Greimler & Mucina in Grabher & Mucina 1993
12.321 *Ericion carneae* Rübel ex Grabherr, Greimler & Mucina in Grabher & Mucina 1993

12.4 *Rosmarinetea* Br.-Bl. 1947
12.41 *Rosmarinetalia* Br.-Bl. 1931
12.411 *Rosmarino-Ericion* Br.-Bl. 1931
12.412 *Lavandulo-Genistion cinereae* Barbero, Loisel & Quézel 1972
(Nom. corresp.: *Lavandulo-Artemisienion* Br.-Bl. 1961)
(Nom. corresp.: *Genistenion cinereae* Guinochet 1975)

12.5 *Cisto-Lavanduletea* Br.-Bl. in Br.-Bl., Molinier & Wagner 1940
12.51 *Lavanduletalia stoechadis* Br.-Bl. in Br.-Bl., Molinier & Wagner 1940
12.511 *Cistion ladaniferi* Br.-Bl. in Br.-Bl., Molinier & Wagner 1940

12.6 ?*Cytisetea scopario-striati* Rivas-Martínez 1975
12.61 ?*Cytisetalia scopario-striati* Rivas-Martínez 1975
12.611 *Sarothamnion* Tüxen 1949

13. Formation der Gebüsch-Gesellschaften

13.1 *Franguletea* Doing ex Westhoff in Westhoff & Den Held 1969
13.11 *Salicetalia auritae* Doing ex Westhoff in Westhoff & Den Held 1969
13.111 *Salicion cinereae* Müller & Görs 1958
(Syn.: *Salicion auritae* Doing 1962 nom. inval.)
13.12 ?*Rubetalia plicati* Weber in Pott 1995
13.121 *Lonicero-Rubion silvatici* Tx. & Neumann ex Wittig 1977

13.2 *Salicetea purpureae* Moor 1958
13.21 *Myricarietalia* Aichinger 1933
(Syn.: *Salicetalia purpureae* Moor 1958)
13.211 *Salicion incanae* Aichinger 1933
(Syn.: *Salicion elaeagni* Moor 1958)
(Syn.: *Salicion eleagno-daphnoidis* (Moor 1958) Grass 1993)
13.212 *Salicion triandrae* Müller & Görs 1958

13.3 *Crataego-Prunetea* Tüxen 1962
(Syn.: *Rhamno-Prunetea spinosae* Rivas Goday & Borja 1961 nom. prov.)
(Syn.: *Sambucetea* Doing 1962 nom. inval.)
13.31 *Prunetalia spinosae* Tüxen 1952
13.311 ?*Cytision sessilifolii* Biondi 1988
13.312 *Berberidion vulgaris* Tüxen 1952
13.3121 *Berberidenion* Géhu, Foucault & Delelis-Dusollier 1983
(Nom. corresp.: *Amelanchierion ovalis* Arlot 1985 nom. inval.)
13.3122 *Fraxino orni-Berberidenion* Poldini & Vidali 1996
13.3123 *Berberido-Juniperenion* sabinae Theurillat in Theurillat, Aeschimann, Küpfer & Spichiger 1995
13.3124 *Ligustro-Prunenion spinosae* Theurillat in Theurillat, Aeschimann, Küpfer & Spichiger 1995
(Nom. corresp.: *Ligustro-Crataegion* Passarge 1978)
(Nom. corresp.: *Carpino-Prunion* Weber 1974)
(Nom. corresp.: *Crataego-Prunion* Müller 1974)
(Nom. corresp.: *Salici cinereae-Viburnion opuli* de Foucault 1992)
13.3125 *Corylo-Populenion* Br.-Bl. ex Theurillat in Theurillat, Aeschimann, Küpfer & Spichiger
(Nom. corresp.: *Corylo-Populion* Br.-Bl. 1961 nom. inval.)
13.313 ?*Prunion spinosae* Sóo 1951
(Syn.: *Prunion fruticosae* Tüxen 1952)
13.314 *Pruno-Rubion radulae* Weber 1974
13.315 *Pruno-Rubion ulmifolii* Bolòs 1954
13.32 *Sambucetalia* Oberdorfer ex Passarge in Scamoni 1963
13.321 *Sambuco-Salicion capreae* Tüxen & Neumann ex Oberdorfer 1957

13.4 *Betulo carpaticae-Alnetea viridis* Rejmánek in Huml, Leps, Prach & Rejmámek 1979
13.41 *Veratro-Salicetalia* Passarge 1978 nom. prov.
13.411 *Alnion viridis* Schnyder 1930
13.412 *Salicion helveticae* Rübel ex Theurillat in Theurillat, Aeschimann, Küpfer & Spichiger 1995
13.413 *Salicion pentandrae* Br.-Bl. 1967
(Syn.: *Salicion waldsteinianae* Oberdorfer 1978)

13.5 *Roso pendulinae-Pinetea mugo* Theurillat in Theurillat, Aeschimann, Küpfer & Spichiger 1995
13.51 *Junipero-Pinetalia mugo* Boscaiu 1971
13.511 *Pinion mugo* Pawłowski in Pawłowski, Sokołowski & Wallisch 1928
13.5111 *Pinenion mugo* Theurillat in Theurillat, Aeschimann, Küpfer & Spichiger 1995
13.5112 *Rhododendro hirsuti-Pinenion mugo* Theurillat in Theurillat, Aeschimann, Küpfer & Spichiger 1995
(Nom. corresp.: *Erico-Pinion mugo* Leibundgut 1948 (p.p.?)
(Nom. corresp.: *Rhododendro hirsuti-Pinion mugo* Rivas-Martínez, Báscones, Díaz, Fernández-González & Loidi 1991 nom. ambig. propos.)

13.6 *Pistacio lentisci-Rhamnetea alaterni* Julve 1993
13.61 *Pistacio-Rhamnetalia alaterni* Rivas-Martínez 1975
13.611 *Rhamno-Quercion cocciferae* Rivas Goday 1964
13.612 ?*Ericion arboreae* (Rivas-Martínez 1975) Rivas-Martínez 1987

14. Formation der Waldgesellschaften

14.1 *Pyrolo-Pinetea* Korneck 1974
14.11 *Astragalo monspessulani-Pinetalia sylvestris* Oberdorfer in Theurillat, Aeschimann, Küpfer & Spichiger 1995
(Syn.: *Astragalo-Pinetalia sylvestris* Oberdorfer 1992 nom. inval.)
14.111 *Ononido-Pinion* Br.-Bl. & Richard 1950
14.1111 *Ononido-Pinenion* Theurillat in Theurillat, Aeschimann, Küpfer & Spichiger 1995
14.1112 *Junipero sabinae-Laricenion* Theurillat in Theurillat, Aeschimann, Küpfer & Spichiger 1995 nom. prov.
14.112 *Deschampsio-Pinion sylvestris* Br.-Bl. 1961
14.11201 *Calluno-Pinetum sylvestris*
14.12 ?*Pulsatillo-Pinetalia* Oberdorfer in Müller 1966
14.121 *Cytiso ruthenici-Pinion* Krausch 1962

14.2 *Erico-Pinetea* Horvat 1959
14.21 *Erico-Pinetalia* Horvat 1959
14.211 *Erico-Pinion* Br.-Bl. in Br.-Bl., Sissingh & Paschier 1939 nom. invers. propos.
14.2111 *Erico-Pinenion* Theurillat in Theurillat, Aeschimann, Küpfer & Spichiger 1995
14.21111 *Erico-Pinetum sylvestris*
14.21112 *Pyrolo-Pinetum sylvestris*
14.21113 *Erico-Pinetum montanae*

14.21114 *Rhododendro hirsuti-Pinetum montanae*
14.2112 *Molinio-Pinenion* Ellenberg & Klötzli ex Theurillat in Theurillat, Aeschimann, Küpfer & Spichiger 1995
14.21121 *Polygalo chamaebuxi-Piceetum*
14.21122 *Molinio-Pinetum sylvestris*
14.21123 *Cephalanthero-Pinetum sylvestris*
14.21124 *Cirsio tuberosi-Pinetum montanae*
14.212 *Erico-Fraxinion orni* Horvat 1959 nom. invers. propos.
(Syn.: *Orno-Ostryon* Tomazic 1940 pp)
(Syn.: *Fraxino orni-Ostryion carpinifoliae* Tomazic 1940 sensu Wallnöfer in Wallnöfer, Mucina & Grass in Mucina, Grabherr & Wallnöfer 1993 pp)

14.3 *Vaccinio-Piceetea excelsae* Br.-Bl. in Br.-Bl., Sissingh & Vlieger 1939
14.31 *Piceetalia excelsae* Pawłowski in Pawłowski, Sokołowski & Wallisch 1928
(Syn.: *Athyrio-Piceetalia* Hadac 1962)
14.311 *Dicrano-Pinion* Matuszkiewicz 1962
14.312 *Piceion excelsae* Pawłowski in Pawłowski, Sokołowski & Wallisch 1928
14.3121 *Piceenion excelsae*
(Syn.: *Eu-Vaccinio-Piceenion* Oberdorfer 1957)
14.31211 *Sphagno-Piceetum typicum*
14.31212 *Sphagno-Piceetum calamagrostietosum villosae*
14.31213 *Larici-Piceetum*
14.31214 *Larici-Pinetum cembrae*
14.31215 *Rhododendro ferruginei-Pinetum montanae*
14.31216 *Sphagno-Pinetum montanae*
14.31217 *Melico-Piceetum*
14.31218 *Veronico latifoliaae-Piceetum*
14.3122 *Abieti-Piceenion* Br.-Bl. in Br.-Bl., Sissingh & Vlieger 1939
(Syn.: *Galio-Abietenion* [Müller?] in Oberdorfer 1992)
(Syn.: *Vaccinio-Abietenion* Frey 1995 nom. inval.)
14.31221 *Bazzanio-Abietetum*
14.31222 *Calamagrostio villosae-Abietetum*
14.31223 *Dryopterido-Abietetum*
14.31224 *Equiseto-Abietetum*
14.31225 *Adenostylo-Abietetum*
14.31226 *Galio-Abietetum*
14.31227 *Carici albae-Abietetum*
14.3123 *Chrysanthemo rotundifoliae-Piceenion* (Krajina 1933) suball. nov. ined.
(Nom. corresp.: *Chrysanthemo rotundifoliae-Piceion* (Krajina 1933) Brezina & Hadac in Hadac 1962)
14.3124 ?*Calamagrostio variae-Abietenion* Horvat 1956
14.32 *Sphagno-Betuletalia* Lohmeyer & Tüxen ex Scamoni & Passarge 1959
14.321 *Ledo-Pinion* Tüxen 1955
(Syn.: *Betulion pubescentis* Lohmeyer & Tüxen ex Scamoni & Passarge 1959)
14.32101 *Pino-Betuletum pubescentis*

14.4 *Quercetea robori-sessiliflorae* Br.-Bl. & Tüxen ex Br.-Bl. 1950
14.41 *Quercetalia robori-sessiliflorae* Quantin 1935
14.411 *Quercion robori-sessiliflorae* Tüxen 1930 corr.
(Syn.: *Quercion* Tüxen 1930)
14.41101 *Phyteumo betonicifoliae-Quercetum castanosum*
14.412 *Genisto germanicae-Quercion* Neuhäusl & Neuhäuslová-Novotná 1967
(Syn.: *Hieracio lachenalii-Quercion petraeae* Pallas 1996)
14.413 *Luzulo-Fagion* Lohmeyer & Tüxen in Tüxen 1954
14.41301 *Luzulo-sylvaticae-Fagetum typicum*
14.41302 *Luzulo-sylvaticae-Fagetum leucobryetosum*
14.41303 *Luzulo niveae-Fagetum typicum*
14.41304 *Luzulo niveae-Fagetum dryopteridetosum*

14.5 *Robinietea* Jurko ex Hadac & Sofron 1980
14.51 *Chelidonio-Robinietalia* Jurko ex Hadac & Sofron 1980
14.511 *Balloto nigrae-Robinion* Hadac & Sofron 1980

14.6 *Alnetea glutinosae* Br.-Bl. & Tüxen ex Westhoff, Dijk & Passchier 1946
14.61 *Alnetalia glutinosae* Tüxen 1937
14.611 *Alnion glutinosae* Malcuit 1929
14.61101 *Carici elongatae-Alnetum glutinosae*

14.7 *Carpino-Fagetea* Jakucs 1967
(Syn.: *Querco-Fagetea* Br.-Bl. & Vlieger in Vlieger 1937 p.p.)
(Syn.: *Fraxino-Fagetea sylvaticae* Moor 1976)
14.71 *Populetalia albae* Br.-Bl. 1931
14.711 ?*Populion albae* Br.-Bl. 1931
14.712 *Salicion albae* Sóo 1930
14.71201 *Salicetum albae*
14.72 *Fraxinetalia* Scamoni & Passarge 1959
(Syn.: *Alno-Fraxinetalia* Moor 1976)
14.721 *Alnion incanae* Pawłowski in Pawłowski, Sokołowski & Wallisch 1928
14.72101 *Equiseto-Alnetum incanae*
14.72102 *Calamagrostio-Alnetum incanae*
14.722 *Fraxinion excelsioris* Moor 1976
14.72201 *Aceri-Fraxinetum*
14.72202 *Carici remotae-Fraxinetum*
14.72203 *Ulmo-Fraxinetum typicum*
14.72204 *Ulmo-Fraxinetum listeretosum*
14.72205 *Pruno-Fraxinetum*
14.73 *Fagetalia sylvaticae* Pawłowski in Pawłowski, Sokołowski & Wallisch 1928
14.731 *Fagion sylvaticae* Luquet 1926
14.7311 *Eu-Fagenion sylvaticae* Oberdorfer 1957
(Syn.: *Galio-Fagenion*)
14.73111 *Streptopo-Fagetum*
14.73112 *Galio-odorati-Fagetum luzuletosum*
14.73113 *Galio-odorati-Fagetum typicum*
14.73114 *Milio-Fagetum*
14.73115 *Pulmonario-Fagetum typicum*
14.73116 *Pulmonario-Fagetum melittetosum*
14.73117 *Aro-Fagetum*
14.73118 *Cardamino-Fagetum typicum*
14.73119 *Cardamino-Fagetum tilietosum*
14.7312 *Cephalanthero-Fagenion* (Tüxen 1955) Tüxen in Tüxen & Oberdorfer 1958
14.73121 *Carici albae-Fagetum typicum*
14.73122 *Carici albae-Fagetum caricetosum montanae*
14.73123 *Seslerio-Fagetum*
14.73124 *Taxo-Fagetum*
14.7313 *Daphno-Fagenion* Müller 1966
(Syn.: *Lonicero alpigenae-Fagenion* Borhidi 1963 em. Oberdorfer & Müller 1984 p.p.)
(Syn.: *Abieti-Fagenion* Ellenberg & Klötzli ex Frey 1995 nom. inval.)
14.73136 *Abieti-Fagetum typicum*
14.73137 *Abieti-Fagetum luzuletosum*
14.73138 *Abieti-Fagetum polystichetosum*
14.73139 *Aceri-Fagetum*
14.7314 *Geranio nodosi-Fagenion* Gentile ex Ubaldi & Speranza 1986
14.7315 *Aceri-Fagenion* Ellenberg 1963 nom. cons. propos.
(Syn.: *Acerenion pseudoplatani* Oberdorfer 1957)
14.7316 *Galio rotundifoliae-Fagenion* Gamisans (1977) 1979
(Syn.: *Luzulo pedemontanae-Fagenion* Rameau 1993 nom. inval.)
14.732 *Aremonio-Fagion* (Borhidi 1963) Török, Podani & Borhidi 1989
(Syn.: *Fagion illyricum* Horvat 1938)
14.733 *Carpinion betuli* Issler 1931
14.73301 *Arunco-Fraxinetum castanosum*
14.73302 *Cruciato glabrae-Quercetum castanosum*
14.73303 *Galio sylvatici-Carpinetum*
14.73304 *Carpino betuli-Ostryetum*
14.73305 *Lathyro-Quercetum*
14.734 *Erythronio-Carpinion* (Horvat 1958) Marincek in Mucina, Grabherr & Wallnöfer 1993
14.735 *Tilio-Acerion* Klika 1955
(Syn.: *Lunario-Acerion* Moor 1973)
14.73501 *Phyllitido-Aceretum*
14.73502 *Sorbo-Aceretum*
14.73503 *Asperulo taurinae-Aceretum*
14.736 *Tilion platyphylli* Moor 1975
14.73601 *Asperulo taurinae-Tilietum*

14.8 *Quercetea pubescentis* Doing-Kraft ex Scamoni & Passarge 1959
14.81 *Quercetalia pubescenti-sessiliflorae* Klika 1933
14.81101 *Fraxino orni-Ostryetum*
14.81102 *Arabidi turritae-Quercetum pubescentis*
14.81103 *Coronillo coronatae-Quercetum*
14.81104 *Sileno nutantis-Quercetum*
14.81105 *Cytiso-Pinetum sylvestris*
14.811 *Quercion pubescenti-sessiliflorae* Br.-Bl. 1932
14.812 *Fraxino orni-Ostryion carpinifoliae* Tomazic 1940
(Syn.: *Carpinion orientalis* Horvat 1958)
(Syn.: *Ostryo-Carpinion orientalis* Horvat 1959)
(Syn.: *Fraxino orni-Ostryion carpinifoliae* Tomazic 1940 sensu Wallnöfer in Wallnöfer, Mucina & Grass in Mucina, Grabherr & Wallnöfer 1993 pp)

14.9 *Quercetea ilicis* Br.-Bl. in Br.-Bl., Roussine & Nègre 1952
14.91 *Quercetalia ilicis* Br.-Bl. 1936
14.911 *Quercion ilicis* Br.-Bl. 1936

15 Landschaftliche Einheiten ohne pflanzensoziologische Definition

15.001 Föhrenwälder trockener Standorte
15.002 Molinio- und Erico-Pineten
15.011 Magere Wiesen und Weiden
15.012 Heiden
15.013 Mauerfluren
15.014 Waldwege

Teil II Bryophyta (Moose)

E. Urmi

Anleitung zum Gebrauch der Zeigerwerte und Kennzeichen

In der folgenden Tabelle sind ausschliesslich Moose aufgeführt, die in der Schweiz vorkommen, also nicht alle der gesamten Alpen.

Die allgemeinen Erläuterungen in der Anleitung im Teil I, Kapitel 1 und 2 gelten weitgehend auch für Moose. Hier wird besprochen, was anders ist als bei Gefässpflanzen.

Auch Moose zeigen Eigenschaften ihres Standortes an, im Gegensatz zu höheren Pflanzen jedoch nur der engsten Umgebung im Zentimeter- oder Dezimeterbereich. Ihre Zeigerwerte bedeuten daher meist etwas Anderes als solche für Gefässpflanzen. Mehr Allgemeines über Zeigerwerte von Moosen ist bei Hill & al. (2007), Stetzka (1993) und Werner (1998) zu erfahren.

In der Schweiz kommen gut *1000 Moosarten* vor. Ein knappes Drittel davon ist so gut bekannt, dass alle Zeigerwerte ziemlich zuverlässig angegeben werden können. Bei etwa gleich vielen weiteren ist die dafür nötige Erfahrung lückenhaft, so dass unsichere Angaben zum Teil weggelassen werden müssen. In beiden Gruppen sind einzelne Werte noch provisorisch. Die übrigen Arten sind so selten und dementsprechend so wenig bekannt, dass sie hier gar nicht behandelt sind und daher nur im Register erscheinen. Es wurde aber darauf geachtet, möglichst wenige pflanzensoziologisch relevante Arten wegzulassen (Landolt 1977, Ellenberg 1996). Die genannten Werte beruhen soweit möglich auf der Erfahrung des Autors und seiner Gewährsleute, hauptsächlich nach Aufsammlungen für das *Naturräumliche Inventar der Schweizer Moosflora* (NISM). Beiträge und Korrekturen verdanke ich Irene Bisang, Heike Hofmann, Helen Küchler-Hafner (nach Daten aus dem Projekt *Wirkungskontrolle Moorbiotope* des BAFU und der WSL), Eva Maier, Niklaus Müller und Norbert Schnyder. Angaben aus der Literatur für das bearbeitete Gebiet wurden ebenfalls verwendet (Amann & Meylan 1918, Meylan 1924, Amann 1928, Greter 1936). Wo es Diskrepanzen gibt zu bestehenden Zeigerwerten für das Gebiet (z. B. Landolt 1977) mag es daran liegen, dass in der vorliegenden Tabelle möglichst alle Substrate berücksichtigt sind und nicht nur der Boden.

Wo möglich wird die *5-stufige Skala* angewandt. Eine 9-stufige, wie bei Düll (1991), wird nicht verwendet, weil mit ihr bei Moosen eine unrealistische Genauigkeit vorgetäuscht würde.

Parameter, welche nur für wenige Arten bekannt oder von Belang sind, werden in der letzten Spalte unter *Besonderes* **(Bes)** aufgeführt. Dort steht auch **(tax)**, wenn es in der betreffenden Gruppe taxonomische Probleme gibt, sei es, dass die Einstufung der Taxa umstritten oder dass mit Bestimmungsschwierigkeiten zu rechnen ist.

Taxonomie und Nomenklatur richten sich bei Horn- und Lebermoosen mit wenigen Korrekturen nach der europäischen Artenliste (Grolle & Long 2000). Die entsprechende Liste für Laubmoose (Hill & al. 2006) scheint noch wenig bewährt. Einer etwas konservativeren Auffassung in Anlehnung an neuere Literatur wurde daher der Vorzug gegeben. Nah verwandte oder sonst wie schwer unterscheidbare Taxa werden zu *Aggregaten* (*aggr.*) zusammengefasst. Die entsprechenden Zeigerwerte sind in diesen Fällen weniger präzise als sie für die untergeordneten Taxa sein könnten.

Angaben über Gesellschaften, in denen die Arten als Kennarten oder häufig vorkommen, müssen hier unterbleiben. Es gibt kein allgemein anerkanntes System der Pflanzengemeinschaften, das sowohl Gesellschaften höherer Pflanzen als auch Moos- und Flechtengesellschaften umfassen würde. Bei der Behandlung der Ersteren werden Moose, Flechten und Algen nur soweit berücksichtigt, als sie am Boden vorkommen und als Makrophyten in Erscheinung treten. Im weit weniger gefestigten System der «Moos-Gesellschaften» wird meist wenig Rücksicht darauf genommen, dass die beschriebenen Gemeinschaften häufig von der umgebenden Vegetation stark abhängig sind. Eine elegante Lösung des Problems mittels eines Systems der *Synusien,* unter Einbezug von gemischten Gemeinschaften, hat sich noch nicht durchsetzen können. Dierssens Versuch (2001) für alle Moosarten Europas entsprechende Angaben zu machen, scheint sehr optimistisch. Die hier gemachten Angaben zu Präferenzen betreffend Klein-Lebensraum sind wohl auch hilfreich und leichter verständlich.

Die Verwendung von Zeigerwerten für Moose setzt die korrekte **Bestimmung der Arten** voraus. Die Schweizer Moosfloren (Amann & Meylan 1918 und Meylan 1924) sind, obwohl immer noch nützlich, nomenklatorisch und taxonomisch veraltet. Hier ist nicht der Ort, für jede Gattung den besten Bestimmungsschlüssel anzugeben. Es empfiehlt sich aber, mehrere Schlüssel zu verwenden, denn alle haben ihre Vor- und Nachteile. Allgemein sind für Horn- und Lebermoose folgende Werke geeignet: Müller (1951-1958) (Hornmoose speziell im Nachtrag von Proskauer, S. 1303-1319), Schumacker & Váňa (2005), Frey & al. (1995) (verbesserte englische Ausgabe Frey & al. 2006) oder Daniels & Eddy (1990); letzteres auch für Laubmoose, sowie Burck (1947); für Torfmoose Huber (1998). Mit der nötigen Vorsicht lassen sich auch gebietsfremde Floren verwenden wie etwa Paton (1999), Smith (2004, korrigierter Nachdruck 2006), Frahm & Frey (2004) und vor allem Nebel & Philippi (2000-2005). Weitere Floren mit Bestimmungsschlüsseln, die mit Gewinn verwendet werden können, sind noch nicht vollständig. Für die sichere Bestimmung von *Grimmia*-Proben aus der Schweiz ist einzig Maier & Geissler (1995) geeignet (traduction française: Maier & Geissler 1999). Unter www.nism.unizh.ch/keys/keys_de.php können einzelne neuere Bestimmungsschlüssel für bestimmte Gattungen direkt aufgerufen werden.

Erklärungen der einzelnen Zeigerwerte und Kennzeichen

Die Kurzformen nach dem Titel der einzelnen Faktoren oder Faktorengruppen beziehen sich auf die Angaben auf dem Kopf der Gesamttabelle.

Die Faktoren der Kapitel 3 *(Klimaindikatoren)* und 4 *(Indikatoren zum Substrat)* gehören zu den quantifizierbaren ökologischen Zeigerwerten, die durch Zahlen charakterisiert werden und auch gewisse numerische Vergleiche gestatten. Ausnahmen aus diesen Kapiteln sind: Kapitel 4.1 *(Art des Substrates* **AS**) und 4.6 *(Weitere Angaben zum Substrat* **WS**). Alle Faktoren der übrigen Kapitel gehören mit Ausnahme des Kapitels 7.2 *(Einfluss des Menschen auf den Standort* **EM**) zu den nicht quantifizierbaren biologischen Indikatoren.

Die **Variationsbreiten v** werden allgemein durch zwei römische Ziffern angezeigt.

I **kleine Variation**
höchstens je eine Klasse über die Grenzen der angegebenen Zahl hinausgehend, bzw. fast nur unter den angegebenen Bedingungen vorkommend

II **grosse Variation**
in mindestens 3 Klassen verbreitet, bzw. oft auch unter anderen als den angegebenen Bedingungen lebend

Leere Stellen in der Tabelle anstelle eines Zeichens oder einer Zahl zeigen an, dass für die betreffende Art keine Angaben zur Verfügung stehen. **Ein x statt einer Zahl** weist darauf hin, dass die Art in Bezug auf den Faktor keine engen Ansprüche stellt und über mehr als 3 Klassen vorkommt.

Ein ? nach einem Wert bedeutet, dass der Wert überprüft werden sollte.

Das Fehlen der Variationsbreite bei seltenen Arten zeigt an, dass die Art nur an wenigen Stellen aufgefunden wurde.

1 Nummer

Die Zahlen in dieser Spalte sind fortlaufende Nummern (Seriennummern **SEN**) und haben keine weitere Bedeutung.

2 Taxa

Hier stehen die heute gebräuchlichen wissenschaftlichen Namen, geordnet nach Gattung und Art, ergänzt mit einem Hinweis auf die Klassen.

2.1 Klasse KL

A = Hornmoose (**A**nthocerotae), H = Lebermoose (**H**epaticae), M = Laubmoose (**M**usci).

2.2 Gattung und Art

Ist ein Name in der Tabelle nicht zu finden, handelt es sich um eine nicht behandelte Art oder um ein Synonym. Beide sind im Verzeichnis der wissenschaftlichen Namen zu finden. Dort sind die nicht behandelten Arten als solche bezeichnet (–), und es wird von den Synonymen auf die in der Zeigerwert-Tabelle verwendeten Namen verwiesen (ggf. in zwei Schritten). Die Abkürzung aggr. bezeichnet Aggregate schwer unterscheidbarer Taxa.

3 Klimaindikatoren (Klima)

Die Definitionen der Werte wie bei den Gefässpflanzen sind für Moose unbefriedigend. Die besiedelten Kleinstandorte sind weitgehend vom Mikroklima geprägt und können von der weiteren Umgebung erheblich abweichen. Daher die hier gegebenen Definitionen. Die genannten Höhenstufen, in denen die Taxa hauptsächlich vorkommen, verstehen sich im Sinne der Schweizer Botaniker (z. B. Hess, Landolt & Hirzel 1967-1972 oder 1976-1980, siehe auch unter der Temperaturzahl im Teil I, S. 14).

Sehr oft besitzen Arten eine grössere oder kleinere Variationsbreite um diesen Mittelwert, **v II** oder **v I**.

3.1 Temperaturzahl T

1 **alpin und/oder nival**
auch kalte Kleinstandorte tieferer Lagen

2 **subalpin**
auch geschützte Kleinstandorte höherer Lagen

3 **montan**

4 **collin**
gelegentlich an geschützten wärmeren Kleinstandorten hoch aufsteigend

5 **collin, nur wärmste Stellen**
nur gelegentlich auch montan

3.2 Kontinentalitätszahl K

1 **ozeanisch**
Kleinstandorte mit sehr hoher relativer Luftfeuchtigkeit; Grossklima mit geringer jährlicher Temperaturamplitude

2 **subozeanisch**
Kleinstandorte mit hoher relativer Luftfeuchtigkeit; Grossklima mit mittlerer jährlicher Temperaturamplitude

3 **subozeanisch bis subkontinental**
Kleinstandorte mit mittlerer relativer Luftfeuchtigkeit; Grossklima mit mittlerer jährlicher Temperaturamplitude

4 **subkontinental**
Kleinstandorte mit niedriger relativer Luftfeuchtigkeit; Grossklima mit mittlerer jährlicher Temperatur-amplitude

5 **kontinental**
Kleinstandorte mit sehr niedriger relativer Luftfeuchtigkeit; Grossklima oft mit grosser jährlicher Temperaturamplitude

3.3 Lichtzahl L

1 **sehr schattig**
z. B. dunkler Nadelwald oder Höhleneingänge (nie direkte Sonnenstrahlung)

2 **schattig**
z. B. lockerer Laubwald oder dichte Gebüsche (direkte Besonnung relativ selten)

3 **halbschattig**
mittlere oder im Tagesgang stark wechselnde Lichtverhältnisse

4 **hell**
z. B. ost- oder westexponierte Hänge über der Waldgrenze (direkte Besonnung relativ häufig)

5 **sehr hell**
fast nur an südexponierte Felsen (bei schönem Wetter tagsüber dauernd von der Sonne beschienen)

4 Indikatoren zum Substrat (Substrat)

Der Begriff *Boden* wird für Moose durch *Substrat* ersetzt, da nur etwa die Hälfte der Moos-Arten hauptsächlich auf dem Boden wachsen. Die Art des Substrates wird also in einer besonderen Spalte **AS** angegeben. Viele Substrate sind extrem wechselfeucht (z. B. die Borke von Trägerbäumen). Ihrer poikilohydrischen Natur entsprechend, wachsen sehr viele Moose unter solchen Bedingungen. Nur bei wenigen Arten von Boden- und Gesteinsmoosen ist daher eine augenfällige Bevorzugung wechselfeuchter Verhältnisse **W** in der Spalte *Weitere Angaben zum Substrat* **WA** angegeben. Das Zeichen für Schwermetalltoleranz **M** steht ebenfalls in dieser Spalte. Bei vielen Moosen ist der Nährstoffbedarf **N** unbekannt, und die gegebenen Werte sind z. T. unsicher. Die Humuszahl **H** ist nur bei Bodenmoosen relevant. Überall eine Durchlüftungszahl **D** anzugeben, stösst bei Moosen auf Schwierigkeiten und ist bei der Kompaktheit mancher Substrate auch wenig sinnvoll. Auffallende Affinität zu schweren Böden wird daher nur bei Bodenmoosen und auch in der letzten Spalte mit dem Zeichen **L** (für Lehm) angegeben.

4.1 Art des Substrates AS

Boden

Be **Erde**

Bg **Gesteins-Rohboden**
oder Feinmaterial über verwittertem Gestein

Bh **Rohhumus**
oder Humusauflage auf Gestein

Bn **nährstoffreiches organisches Substrat**
am Boden, z. B. zersetzter Dung

Bs **Schlamm**
oft im Wasser

Bt **Torf**

Gestein

Gf **festes Gestein**
haftend

Gl **lockeres Gestein**
z. B. Sand

Gt **tätiger Kalktuff**

Pflanzen

Ph **totes Holz**

Pk **Überreste von krautigen Pflanzen**

Pm **Flechten oder andere Moose**

Pr **Borke von Holzgewächsen**
epiphytisch, auch an Wurzeln

Wasser

Ws **im oder auf dem Wasser**
schwimmend

Das *Substrat* umfasst 14 Substratklassen, die in *Boden*, *Gestein*, *Pflanzen* und *Wasser* gruppiert werden. Die Reihenfolge der Faktoren bei den Arten entspricht ihrer Bedeutung für die Art.

4.2 Feuchtezahl F

1 **sehr trocken**
exponierte Substrate in niederschlagsarmen Gebieten oder vor Regen geschützt

2 **trocken**
exponierte Substrate in wenig luftfeuchter Lage (meist Felsen) oder Erde in niederschlagsarmen Gebieten

3 **frisch**
mittlere Feuchtigkeitsverhältnisse

4 **feucht**
Substrate, die selten ganz austrocknen, aber kaum überschwemmt werden

5 **nass**
Substrate, die nie ganz austrocknen, aber häufig oder dauernd überschwemmt sind

4.3 Reaktionszahl R

1 **sehr sauer**
pH des Substrates < ca. 4, z. B. Hochmoortorf

2 **sauer**
pH des Substrates ca. 3.5-5, z. B. morsches Holz

3 **subneutral**
basenarm; pH des Substrates ca. 4.5-6.5, z. B. Silikatgestein unter Kalkeinfluss

4 **± neutral**
pH des Substrates ca. 6-7.5, z. B. viele Laubwald-Böden

5 **basisch**
pH des Substrates > ca. 7, z. B. Kalkfels

4.4 Nährstoffzahl N

1 **nährstoffarm**
z. B. Silikatfels oder Torf

3 **mittlerer Nährstoffgehalt**
z. B. Waldboden oder mässig gedüngter Wiesenboden

5 **nährstoffreich**
z. B. durch Vogelkot gedüngte Felsen oder Baumäste

4.5 Humuszahl H (nur bei Bodenmoosen angegeben)

1 **humusarm**
wenig bis kein Humus im Boden

3 **mittlerer Humusgehalt**
meist in Form von Mull

5 **humusreich**
meist Rohhumus, Moder oder Torf

4.6 Weitere Angaben zum Substrat WA

M **schwermetalltolerant**

L **Affinität zu schweren, schlecht durchlüfteten Böden (meist Lehm)**

LW **Affinität zu schweren schlecht durchlüfteten Böden und zu wechselfeuchten Böden oder Felsen**

W **Affinität zu wechselfeuchten Böden oder Felsen**

Diese Spalte enthält Hinweise auf ausgeprägte Schwermetalltoleranz, ausserdem auf markante Bindungen an Wechselfeuchte und schlechte Durchlüftung. Die einzige einheimische salztolerante Art, *Pottia heimii*, ist hier nicht behandelt.

5 Strategien (Str)

Die Kombination von Wuchsform und Lebensform vermittelt bei Moosen eine ähnlich gute Vorstellung von der Nutzung des Lebensraumes wie bei Gefässpflanzen die Raunkiaersche Lebensform. Für die Wuchsform gibt es kein allgemein anerkanntes detailliertes System. Das moderne Lebensformenkonzept von DURING (1979) setzt sich zwar weit herum durch, erfordert aber eine genaue Kenntnis des Lebenszyklus, die bei den meisten Arten noch fehlt. Die hier verwendete grobe Ad-hoc-Klassifizierung hat den Nachteil, dass sie die meisten Arten einer einzigen

Lebensform-Klasse **(n)** zuordnet. Einzelne Lebensform-Klassen schliessen sich gegenseitig nicht aus, z. B. **k** und **r**. Speicherorgane gibt es bei Moosen, meist in Form von Knöllchen, relativ häufig. Da diese aber gleichzeitig der Ausbreitung dienen können, werden sie im Kapitel 6.1 behandelt.

5.1 Wuchs- und Lebensform WL

Wuchsform

- **B** ± **bäumchenförmig, meist mit kriechendem «Rhizom» und aufrechten Sprösschen**
- **D** ± **dicke Decken bildende, relativ grosse, im Wesentlichen plagiotrope Sprösschen**
- **G** **knospenförmig (gemma)**
- **P** **Polster aus ± aufrechten, dicht zusammenschliessenden Sprösschen**
- **R** **Rasen aus ± locker gestellten aufrechten Sprösschen**
- **T** **thallös, Rosetten oder ± verzweigte Bänder bildend**
- **Ü** ± **dünne Überzüge aus kleinen kriechenden Sprösschen**

Lebensform

- **e** **epiphytisch**
- **k** **kurzlebig (meist < 1Jahr) und oft kleistokarp; einzelne mit ausdauerndem Protonema**
- **n** **«normal», d. h. ausdauernd ohne besondere Strategie**
- **r** **mit ausgesprochenem Pioniercharakter an Sekundärstandorten (Ruderalstrategie)**
- **u** **im Substrat verborgen lebend**
- **w** **Wassermoos**
- **t** **an Kalktuffbildung beteiligt**

Gewöhnlich werden in der Tabelle für jede Art eine der 7 Wuchsformklassen und eine der 7 Lebensformklassen kombiniert.

Beispiel:

T.e thallöse Art, die epiphytisch wächst

6 Biologisches Verhalten (Biol)

Zur *Ausbreitung und Überdauerung von Moossporen* gibt es zwar Untersuchungen, doch nur für ganz wenige Arten. Als Ausbreitungsagens wird meist der Wind genannt, doch spielen Wasserströmungen sicher auch eine Rolle. Transport durch Tiere ist ebenfalls nachgewiesen, z. B. durch Fliegen bei gewissen Splachnaceen. Die bekannten Fakten reichen aber nicht aus für sinnvolle Angaben zu den einzelnen Arten. Nur spezialisierte Organe, die sich leicht von der Pflanze lösen, gelten hier als vegetative Propagula.

Zum *Fortpflanzungs-System:* Eigentliche Heterothallie (also weibliche und männliche Pflanzen aus verschiedenen Sporen entstehend) ist bei den als «diözisch» bezeichneten Arten kaum je nachgewiesen. Bei einzelnen dieser Arten ist es aber sicher, dass weibliche und männliche Pflanzen auf dem gleichen Protonema, also aus einer Spore, entstehen. Dieser Zustand wird gelegentlich als «pseudodiözisch» bezeichnet und müsste eigentlich als Homothallie gelten.

Die *Befruchtung,* als Analogon zur Bestäubung bei Blütenpflanzen, erfolgt bei Moosen immer durch aktive Bewegung von Spermatozoiden im Wasser und braucht daher nicht angegeben zu werden. Eine zusätzliche Vergrösserung des Aktionsradius der Spermatozoide kann durch aktives Ausspritzen des Antheridien-Inhalts, durch Regentropfen (Splash-cup-Prinzip) oder sogar durch kleine Arthropoden erfolgen. Bei den meisten Moosarten ist aber auch hier nichts Näheres bekannt.

Nach meiner Erfahrung ist die *Dominanz im Gelände* bei Moosen nicht artspezifisch. Die meisten Arten können vereinzelt auftreten oder unter bestimmten Bedingungen grosse, fast reine Bestände bilden.

Für Menschen spielen Moose als *Nahrungspflanzen* keine Rolle. Ihre medizinische Bedeutung ist, wenigstens in Europa, gering. Eine *Giftwirkung* ist von keinem einheimischen Moos bekannt. Wenige Arten sind als *Allergene* bekannt; diese sind in der letzten Spalte **(Bes)** mit *all* bezeichnet.

6.1 Vegetative Ausbreitung VA

- **Bb** **mittels leicht abbrechender Brutblätter (sind oft gleichzeitig Speicherorgane)**
- **Bf** **mittels Blattfragmenten (Bruchblätter)**
- **Bk** **mittels ein- bis wenig-zelliger Brutkörper**
- **Bs** **mittels leicht abbrechender Sprösschen (Brutsprösschen; wenn knospenförmig: Bulbillen, dann oft auch Speicherorgane)**
- **Bt** **mittels Brutthalli (spezialisierte, leicht abbrechende Thallusstücke)**
- **Kr** **mittels Rhizoidgemmen (knöllchenförmige Speicherorgane im oder knapp über dem Substrat)**
- **Kt** **mittels Knöllchen, die als Speicherorgane am Thallus entstehen (nicht immer vorhanden)**
- * **neben den genannten noch weitere Brutorgane (oft Rhizoidgemmen)**
- ( ) **nur einzelne Arten des Aggregates bilden vegetative Propagula**
- – **keine vegetative Ausbreitung vorhanden**

6.2 Fortpflanzungssystem FS

- **aut** **autözisch**
  monözisch mit räumlich getrennten Antheridien- und Archegonständen
- **di** **«diözisch»**
- **di*** **pseusodiözisch**
  nachgewiesenermassen männliche und weibliche Pflanzen auf dem gleichen Protonema
- **m/d** **monözisch oder diözisch**
  vor allem bei Aggregaten
- **mo** **monözisch**
- **par** **parözisch**
  monözisch mit Antheridienständen, die unmittelbar an Archegonstände anschliessen
- **syn** **synözisch**
  Archegonien und Antheridien im gleichen Gametangien stand

6.3 Häufigkeit der Bildung von Sporophyten SP

c **häufig und meist in grosser Menge (copiose)**

m **weder besonders häufig noch sehr selten (modice)**

p **ausgesprochen selten (parce)**

– **in der Schweiz noch nie mit Sporophyten gefunden**

6.4 Zeit der Sporenreife SZ

Fr **Frühling**

So **Sommer**

He **Herbst**

Wi **Winter**

st **ohne Sporophyten**
aus dem Gebiet keine sexuelle Fortpflanzung bekannt; in der Tabelle kein entsprechender Fall

? Sporophyten bekannt, aber Kapselreife unbekannt

Die Sporenkapseln sind hauptsächlich in der Spanne der angegebenen Jahreszeiten reif. Lebermoose streuen die Sporen einer Kapsel meist innert Minuten aus, während bei Horn- und Laubmoosen die Entleerung der Kapseln Monate über die angegebene Zeit hinaus dauern kann.

7 Ökologisches und zeitliches Vorkommen (Vorkommen)

Die *allgemeine Verbreitung* vieler Moose ist noch unvollständig bekannt. Weil entsprechende Angaben unkritisch aus der Literatur entnommen werden müssten, sind sie hier weggelassen. Anders als bei Blütenpflanzen, wo die Einwanderung oft pollenanalytisch verfolgt werden kann, ist die Arealgeschichte der Moose fast rein spekulativ.

Die *Veränderungstendenz* wird nur für die wenigen Arten angegeben, bei denen sie genauer bekannt ist. aber dafür gut abgesichert. Die Angaben stehen in der Spalte VE und beruhen auf retrospektivem Monitoring mittels Herbarbelegen (Urmi & al. 2007). Für die übrigen Arten wird auf die Rote Liste verwiesen (Schnyder & al. 2004). Die Bezeichnung *neo* steht bei den wenigen Neophyten unter **Bes**.

7.1 Lebensräume LR

e **exponierte Klein-Standorte**

eE **Pionierstandorte oft gestörter Flächen**
Äcker, Gärten, Kiesplätze, Wege, auch Torfstiche

eG **exponierte Stellen in Gesteinsfluren**
Felswände, Blöcke, Schutthalden, Mauern

eH **Stämme freistehender Bäume**

eK **Lücken krautiger Vegetation**

eL **exponiertes relativ feines Lockergestein**
Kiesbänke, Sand- oder Schlickflächen

eM **von Moosen dominierte Moore**
inkl. Schwingrasen

eQ **Quellfluren**

eS **Schneeböden**

eU **offene Ufer von Gewässern**
meist im Bereich der Wasserstandsschwankung

g **geschützte Klein-Standorte**

gE **Erdüberhänge, Viehtritte, Tierbauten**

gG **Spalten, Nischen, Höhlen, Balmen**
im Fels, oder unter Blöcken

gH **Wald, Gebüsch**
auch Zwergstrauchheiden

gK **krautige Vegetation**
Wiesen (auch nasse), Weiden, Hochstaudenfluren, Röhricht, hochalpine Rasen

gW **Gewässer**
auch Kleingewässer wie Hochmoorschlenken

Die Lebensräume lassen sich in exponierte und geschützte Klein-Standorten mit verschiedenen Unterklassen einteilen.

7.2 Einfluss des Menschen auf den Standort EM

1 **naturnah**
hauptsächlich in ± naturnahen Lebensräumen (z. B. in alpinen Rasen)

3 **indifferent**
in naturnahen und naturfernen Lebensräumen

5 **naturfern**
hauptsächlich in ± naturfernen Lebensräumen (z. B. auf Äckern)

7.3 Veränderungstendenz VE

< **Häufigkeit zunehmend**

= **Häufigkeit ± konstant**

> **Häufigkeit abnehmend**

8 Gefährdung

8.1 Vorkommen in der Roten Liste der Schweiz RL

CR **vom Aussterben bedroht**

EN **stark gefährdet**

RE **in der Schweiz ausgestorben**

RE* **wieder gefunden**

VU **verletzlich**

( ) **nur einzelne Arten des Aggregates sind gefährdet**

Die *Gefährdungskategorien* sind diejenigen der IUCN (für die Beurteilungs-Kriterien s. die Rote Liste von Schnyder & al. 2004). Nicht gefährdete oder nicht beurteilte Arten (LC, NT) sind nicht gekennzeichnet. Wenn Arten eines Aggregates in unterschiedlichem Masse gefährdet sind, wird die höchste Kategorie aufgeführt. Eine Regionalisierung ist derzeit nicht möglich.

9 Besonderes (Bes)

all **mit allergener Wirkung**

neo **Neophyt**

nom **nomenklatorische Schwierigkeiten; z. B. Name auch für ein anderes Taxon verwendet**

tax **taxonomisch schwierige Sippe; möglicherweise schwer zu bestimmen**

Das Kapitel *Besonderes* umfasst Angaben über allergene Wirkung sowie taxonomische und nomenklatorische Schwierigkeiten. Ebenso wird auf Neophyten hingewiesen.

Tabelle der Moos-Taxa

				Klima						Substrat												Biol				Vorkommen					
SEN	KL	Gattung	Art	T	Tv	K	Kv	L	Lv	AS	ASv	F	Fv	R	Rv	N	Nv	H	Hv	WA	WL	VA	FS	SP	SZ	LR	LRv	EM	VE	RL	Bes
1	M	Abietinella	abietina	3	II	3	I	4	I	Be Gf	I	2	I	x		1	I	3	II		D.n	—	di	p	Fr	eK	II	3			
2	M	Acaulon	muticum	3	I			4	II	Be	I	3	II	4	I						G.k	—	m/d	c	He-Fr	eE	II	5	>	CR	
3	M	Aloina	aloides aggr.	4	II			4	I	Be	I	2	I	5	II						R.n	—	di	c	He-Fr	gG	II	3		CR	
4	M	Aloina	rigida	4	II			4	I	Bg Gl	I	2	I	5	II						R.n	—	di	c	He-Fr	gG	II	3			
5	M	Amblyodon	dealbatus	2	II	2	II	3	II	Be Gf	I	4	I	5	II	1	I	3	II		R.n	—	m/d	c	So	eU	II	1		VU	
6	M	Amblystegium	confervoides	3	I			2	I	Gf	I	3	II	4	II						Ü.n	—	aut	p	So-He	gH	I	1			
7	M	Amblystegium	humile	4	I			4	I	Be	I	5	II	3	II						Ü.w	—	aut	m	Fr-So	gW	II	3		VU	
8	M	Amblystegium	serpens	4	II	3	II	3	II	Pr Gf	II	3	II	4	II	3	II				Ü.n	—	aut	c	Fr-So	gH	II	3			tax
9	M	Amblystegium	subtile	3	II	3	II	2	II	Pr Ph	I	3	I	4	II	1	I				Ü.e	—	aut	m	So-He	gH	I	1			tax
10	M	Amblystegium	tenax	4	II			2	II	Gf	II	5	I	2	II						Ü.w	—	aut	p	Fr	gW	II	3			
11	M	Amblystegium	varium	4	II			3	II	Gf Pr	II	3	I	3	II						Ü.n	—	aut	m	Fr	gH	II	3			
12	M	Amphidium	lapponicum aggr.	1	II	3	II	3	II	Gf	I	3	II	3	I	1	I				P.n	(Bb)	m/d	m	So	eG	II	1			
13	H	Anastrepta	orcadensis	2	I	2	II	3	II	Gf Be	II	3	I	2	I						R.n	Bk	di	—		gH	II	1		VU	
14	H	Anastrophyllum	assimile	3	II	2	I	3	II	Gf	II	3	I	2	I						Ü.n	—	di	—		gG	II	1		EN	
15	H	Anastrophyllum	hellerianum	3	I	3	II	3	II	Ph	I	3	II	2	I	1	I				Ü.n	Bk	di	p	So	gH	I	1		EN	
16	H	Anastrophyllum	minutum	2	II	3	II	2	II	Gf Be	II	3	II	2	II	1	I	3	I		Ü.n	Bk	di	p	So-He	gH	II	1			
17	M	Andreaea	heinemannii	1	I	3	II	5	li	Gf	I	2	II	2	I	1	I				R.n	—	?	m	So	eG	II	1		VU	tax
18	M	Andreaea	nivalis	1	II	2	II	4	II	Gf	I	4	I	2	I	1	II				R.n	—	di	p	So	eG	II	1			
19	M	Andreaea	rothii aggr.	1	II	2	II	3	II	Gf	I	3	II	2	I						R.n	—	aut	m	So-He	eG	I	1		VU	
20	M	Andreaea	rupestris aggr.	1	II	2	II	3	II	Gf	I	3	II	2	I	1	I			W	P.n	—	aut	m	Fr-So	eG	II	1			
21	H	Aneura	pinguis aggr.	x		3	I	3	II	Be Bt	II	4	II	4	II	3	I	1	II		T.n	—	di	m	Fr-So	gK	II	1			
22	M	Anoectangium	aestivum	2	I	2	II	2	II	Gf Be	I	3	II	3	II	1	I	3	II		P.n	—	di	p	So-He	gG	II	1			
23	M	Anomobryum	julaceum aggr.	3	II	2	II	2	I	Gf Be	I	4	II	2	II	1	I	1	II		R.n	Bs	di	p	So	eU	II	1			
24	M	Anomodon	attenuatus	4	II	3	I	2	II	Gf Pr	I	2	II	4	I	1	II				B.n	—	di	p	He	gH	I	1			
25	M	Anomodon	longifolius	4	II			2	I	Gf Pr	I	2	I	4	I						B.n	—	di	p	He	gH	I	1			
26	M	Anomodon	viticulosus	4	II	3	I	2	II	Gf Pr	I	3	II	4	I	3	II				B.n	—	di	m	Wi	gH	II	3			
27	H	Anthelia	julacea aggr.	1	I	3	II	4	II	Be Bg	I	4	II	2	II	1	I	3	II		Ü.n	—	m/d	m	So-He	eS	II	1		(EN)	
28	A	Anthoceros	punctatus aggr.	4	I	2	II	4	II	Be	I	3	II	3	II	3	II	1	II	L	T.kr	—	mo	c	So-He	eE	I	5	>		nom
29	M	Antitrichia	curtipendula	3	II	3	II	3	II	Pr Gf	I	2	II	2	II	1	I				B.n	—	di	m	Fr-So	gH	I	3			
30	M	Aongstroemia	longipes	1	II			4	I	Be Bg	I	4	I	2	II						R.n	—	di	m	So	eU	II	1		VU	
31	H	Apometzgeria	pubescens	3	II	3	II	2	I	Gf Pr	II	3	I	5	II	3	I				T.n	—	di	—		gH	II	1			
32	H	Asterella	lindenbergiana	1	I	2	I	4	II	Be	II	3	I	3	II						T.n	—	aut		?	gG	II	1			
33	H	Athalamia	hyalina	1	II	3	II	4	II	Be Bg	I	2	I	x						L	T.n	—	di	c	?	gE	II	1		VU	
34	M	Atrichum	angustatum	4	I			3	II	Be Gl	I	3	I	2	I						R.n	—	di	m	He	gH	II	1			
35	M	Atrichum	undulatum aggr.	3	II	3	II	2	II	Be	I	3	I	2	II	3	II	1	II	L	R.n	—	m/d	c	He-Fr	gH	II	3			
36	M	Aulacomnium	androgynum	3	II	2	I	2	II	Bh Be	II	3	I	2	I						R.n	Bb	di	—		gH	II	1		VU	
37	M	Aulacomnium	palustre	3	II	3	I	4	II	Bt Be	I	4	I	3	II	1	I	5	II		R.n	Bb	di	m	So	eM	II	3			
38	H	Barbilophozia	attenuata	3	II	2	I	2	I	Ph Bh	II	4	II	2	II						Ü.n	Bk	di	p	?	gH	II	1			
39	H	Barbilophozia	barbata	3	II	3	II	2	II	Gf Be	II	3	I	3	II						Ü.n	Bk	di	p	?	gH	II	1			
40	H	Barbilophozia	floerkei	2	I			4	II	Bt Be	II	3	II	2	I						R.n	?	di	p	So-He	gE	II	1			
41	H	Barbilophozia	lycopodioides aggr.	2	I	2	II	2	II	Be Bh	II	3	II	2	I	1	I	5	I		D.n	Bk	di	p	He	gH	II	1			
42	H	Barbilophozia	quadriloba	1	II			4	I	Be Gf	II	3	II	2	I						Ü.n	Bk	di	—		gH	II	1			
43	M	Barbula	convoluta	4	II	3	I	4	I	Be Gl	II	2	II	x		3	II	1	I		R.n	Kr	di	m	So	eE	II	3			
44	M	Barbula	crocea	3	II	2	I	3	II	Be Gf	I	3	II	5	I	1	I	1	I		R.n	Bk	di	m	So-He	gH	II	3			
45	M	Barbula	unguiculata	4	II	3	II	4	I	Be Gl	II	3	II	3	II	3	II	3	II		R.r	—	di	m	Wi-Fr	gK	II	3			
46	M	Bartramia	halleriana	3	II	3	II	1	II	Gf Be	II	3	II	3	II	1	I	5	II		R.n	—	aut	c	Fr-So	gH	II	1			
47	M	Bartramia	ithyphylla	1	II	3	I	3	I	Be Gl	I	3	I	3	I	1	I	3	II		R.n	—	syn	c	Fr-So	eK	II	1			
48	M	Bartramia	pomiformis	3	II			2	I	Gf Be	I	3	I	3	II						R.n	—	aut	m	Fr-So	gH	II	1			
49	H	Bazzania	flaccida	3	II			2	I	Gf Be	II	3	II	2	I						Ü.n	Bb	di	—		gH	I	1			tax
50	H	Bazzania	tricrenata	2	II	3	I	2	I	Gf Be	II	3	II	2	I	1	I	5	I		Ü.n	—	di	—		gH	II	1			tax
51	H	Bazzania	trilobata	3	I	2	II	1	II	Be Ph	II	3	II	2	I	1	I	5	I		D.n	—	di	p	So-He	gH	I	1			
52	H	Blasia	pusilla	2	II	3	II	3	II	Be Bg	I	4	I	1	II	1	I	1	I		T.r	Bk*	di	p	Fr	gK	II	1		VU	
53	H	Blepharostoma	trichophyllum aggr.	2	II	2	II	2	II	Ph Be	II	3	I	2	I	1	I	5	I		Ü.n	Bk	di	c	Fr-He	gH	II	1			
54	M	Blindia	acuta aggr.	2	II	3	I	2	II	Gf Be	I	4	II	3	II	1	I	3	II		R.n	—	m/d	m	So	gH	II	1			
55	M	Brachythecium	albicans	x				3	II	Be Bg	II	2	I	3	I						D.n	—	di	p	Wi	eK	II	3			
56	M	Brachythecium	geheebii	2	I			2	I	Pr	I	2	II	2	I						D.n	—	di	—		gH	II	1		CR	
57	M	Brachythecium	glaciale	1	II			3	II	Bg Be	II	4	II	2	II						Ü.n	—	mo	m	So	gG	II	1			
58	M	Brachythecium	glareosum	3	II			3	II	Be Gl	I	2	II	4	II						D.n	—	di	p	He	eK	II	3			
59	M	Brachythecium	laetum	x		2	II	2	I	Gf Be	I	3	I	5	I						D.n	—	di	m	He	gG	II	1			
60	M	Brachythecium	mildeanum	3	II			4	I	Be Pk	I	4	I	5	I						D.n	—	m/d	p	He	eM	II	3			
61	M	Brachythecium	plumosum	3	II	3	I	2	II	Gf Be	I	4	II	2	II	1	I	3	II		Ü.n	—	aut	m	He-Fr	gH	II	1			
62	M	Brachythecium	populeum	3	II	3	II	2	II	Gf Pr	II	3	II	x		1	II				Ü.n	—	aut	m	Wi-Fr	gH	I	3			
63	M	Brachythecium	reflexum	2	II	3	I	2	II	Be Gf	II	3	II	2	II	3	II	3	II		Ü.n	—	aut	m	Wi	gH	II	1			
64	M	Brachythecium	rutabulum aggr.	3	II	3	II	2	II	Be Gf	II	3	II	x		5	II	x			D.n	—	m/d	c	He-Fr	gH	II	3			
65	M	Brachythecium	salebrosum aggr.	3	II	3	II	2	II	Be Ph	II	3	I	3	II	3	II	5	I		D.n	—	aut	m	Wi-Fr	gH	II	3			tax
66	M	Brachythecium	starkei aggr.	2	II			2	I	Bh Be	II	3	I	2	II						Ü.n	—	aut	c	Wi	gH	II	1			tax
67	M	Brachythecium	trachypodium	1	I			1	II	Gf Bg	II	3	I	4	II						Ü.n	—	mo	m	So-He	eG	II	1		VU	
68	M	Brachythecium	velutinum	3	II	3	II	2	II	Be Ph	II	3	II	x		3	II	3	II		Ü.n	—	m/d	c	Wi-Fr	gH	I	3			
69	M	Braunia	alopecura	5	I			2	I	Gf	I	2	I	2	I						R.n	—	mo	m	Fr	eG	II	1		VU	
70	M	Breutelia	chrysocoma	3	I	1	I	3	II	Be	I	4	II	3	II	1	I	3	II	W	R.n	—	di	p	So	gK	II	3			
71	M	Brotherella	lorentziana	4	II	2	I	2	I	Be Pr	II	3	I	3	I	3	II	3	II		D.n	—	di	p	Wi	gH	I	1		VU	
72	M	Bryoerythrophyllum	ferruginascens	2	I			3	II	Gf Be	I	3	II	4	I						R.n	Kr	di	—		gH	II	3			
73	M	Bryoerythrophyllum	recurvirostrum aggr.	x		3	II	3	II	Gf Be	I	3	I	3	I	3	II	x			R.n	—	syn	c	So-He	gH	II	3		(VU)	tax
74	M	Bryoerythrophyllum	rubrum	2	II			2	I	Be Gf	II	2	II	5	I						R.n	—	di	p	So	eG	II	1		EN	
75	M	Bryum	algovicum	1	II			4	I	Gl Be	II	3	I	4	II						R.n	—	m/d	c	Fr-So	eK	II	3		VU	
76	M	Bryum	alpinum aggr.	x		2	II	4	I	Gf Be	II	4	II	2	II						R.n	(Bs)	di	m	So-He	eG	II	3		(CR)	
77	M	Bryum	archangelicum aggr.	x				4	II	Be Gl	II	3	I	4	II						R.n	—	mo	c	So	gG	II	3		(VU)	tax
78	M	Bryum	argenteum	4	II	3	II	4	II	Be Gl	I	3	II	x		3	II	1	I		R.n	Bs	di	c	Fr-He	eE	II	3	=	(VU)	
79	M	Bryum	bicolor aggr.	4	II	2	II	4	I	Bg Be	I	3	II	4	II	1	II	1	I		R.r	Bs*	di	m	So	eE	II	3		(CR)	
80	M	Bryum	blindii	1	II			4	I	Gl Be	I	4	I	4	II						R.n	—	di	m	So	eG	I	1		VU	
81	M	Bryum	caespiticium aggr.	x				4	II	Be Bg	II	2	II	4	II						R.n	Kr	di	c	Fr-So	eG	II	3			tax
82	M	Bryum	capillare aggr.	3	II	3	II	3	II	Be Gf	II	3	II	4	I	3	II	5	II		R.n	(Bk)	m/d	m	Fr-So	gH	II	3			
83	M	Bryum	creberrimum	3	II			3	II	Gl Be	II	4	I	5	I						R.n	—	mo	c	So	gG	II	3			tax
84	M	Bryum	erythrocarpum aggr.	4	II	3	II	4	II	Be	I	3	II	4	II	5	II	1	I		R.r	Kr	m/d	m	Fr-He	gK	II	3		(VU)	tax
85	M	Bryum	pallens aggr.	x				3	II	Be Gf	II	3	II	4	II						R.n	—	di	m	So	gH	II	3			
86	M	Bryum	pallescens	2	II	3	II	3	II	Be Gf	II	3	II	4	II	3	I	3	I		R.n	—	mo	c	Fr-So	gG	II	3			tax
87	M	Bryum	pseudotriquetrum aggr.	x		3	II	3	II	Be Gf	II	5	II	4	II	1	I	3	II		R.n	(Bk)	m/d	m	So	eM	II	3		(CR)	
88	M	Bryum	turbinatum aggr.	1	II			4	I	Be Bg	II	4	I	4	II						R.n	—	di	m	So	eQ	II	1			tax
89	M	Bryum	weigelii	1	II			4	I	Be Gf	II	4	II	2	II						R.n	—	di	p	So	eQ	II	1			

				Klima						Substrat												Biol				Vorkommen					
SEN	**KL**	**Gattung**	**Art**	**T**	**Tv**	**K**	**Kv**	**L**	**Lv**	**AS**	**ASv**	**F**	**Fv**	**R**	**Rv**	**N**	**Nv**	**H**	**Hv**	**WA**	**WL**	**VA**	**FS**	**SP**	**SZ**	**LR**	**LRv**	**EM**	**VE**	**RL**	**Bes**
90	M	**Buxbaumia**	**aphylla**	4	II			3	II	Bg Be	I	3	I	2	II						G.u	—	di	m	Fr-So	gH	II	1		EN	
91	M	**Buxbaumia**	**viridis**	3	I	2	I	2	II	Ph	I	3	I	2	I	3	I				G.ku	—	di	m	Fr-He	gH	I	1	>		
92	M	**Callicladium**	**haldanianum**	5	I	4	II	2	I	Ph	I	3	I	2	I						Ü.n	—	mo	c	Wi	gH	I	3		VU	
93	M	**Calliergon**	**cordifolium aggr.**	3	II			4	I	Bt Be	I	5	I	4	II						D.w	—	m/d	p	Fr-So	gW	II	3		(VU)	
94	M	**Calliergon**	**sarmentosum**	2	I			3	II	Bt Be	I	5	II	2	I						D.n	—	di	p	So	gW	I	1			
95	M	**Calliergon**	**stramineum**	3	II	3	II	4	II	Bt Be	I	4	II	2	II	1	I	5	I		D.n	—	di	m	Fr-So	eM	II	1			
96	M	**Calliergonella**	**cuspidata**	3	II	3	II	4	II	Be Bt	I	4	II	4	II	3	II	3	II		D.n	—	di	m	Fr-So	gK	II	3			
97	H	**Calypogeia**	**arguta**	4	II	1	II	1	I	Be Bg	I	3	I	2	I						Ü.r	Bk	di	—		gH	I	3			
98	H	**Calypogeia**	**fissa**	4	II	2	II	2	II	Be Bg	I	3	II	1	II						Ü.n	Bk	aut	p	Fr	gH	I	3			tax
99	H	**Calypogeia**	**integristipula**	2	II			2	II	Be Ph	II	3	I								Ü.n	Bk	mo	m	So	gH	II	3			tax
100	H	**Calypogeia**	**muelleriana aggr.**	3	II	3	I	1	II	Be Bh	II	4	II	1	II	1	I	3	II	L	Ü.n	Bk	aut	c	Fr	gH	II	1			
101	H	**Calypogeia**	**neesiana**	3	II			3	II	Be Bt	II	3	II	1	II						Ü.n	Bk	mo	m	Fr	gH	II	1			tax
102	H	**Calypogeia**	**sphagnicola**	3	II	2	I	4	II	Pm Bt	II	5	II	1	I						Ü.n	Bk	aut	m	So-He	eM	II	1		VU	tax
103	H	**Calypogeia**	**suecica**	3	II	2	II	2	I	Ph Bt	I	4	II	2	I						Ü.n	Bk	di	m	Fr	gH	I	1			
104	M	**Campylium**	**calcareum**	x				3	II	Gf Be	I	3	I	3	II						Ü.n	—	aut	c	Fr-So	gH	II	3			
105	M	**Campylium**	**chrysophyllum**	x		3	II	3	II	Be Gf	I	3	II	4	I	1	I	1	I	L	D.n	—	di	m	So	gH	II	3			
106	M	**Campylium**	**halleri**	2	II	3	II	2	II	Gf	I	3	II	5	II	3	II				Ü.n	—	aut	c	So	gH	II	3			
107	M	**Campylium**	**stellatum**	x		3	II	3	II	Be Bt	I	4	I	4	II	3	II	3	I	LW	D.n	—	di	m	So	gK	II	3			
108	M	**Campylopus**	**atrovirens**	4	II	1	II	2	I	Gf Be	I	4	II	2	I						R.n	Bs	di	—		gH	II	1			
109	M	**Campylopus**	**flexuosus**	3	II			3	II	Be Bh	II	2	I	1	I						R.n	Bs	di	m	Fr	gH	II	1			
110	M	**Campylopus**	**fragilis**	3	II	2	II	2	I	Bt Gf	II	2	I	2	I						R.n	Bb*	di	—		gH	II	1			
111	M	**Campylopus**	**introflexus**	4	II	2	I	3	II	Be Bt	II	2	II	2	I	1	I	5	I		R.n	Bb*	?	p	So	gH	II	3	<		neo, nom
112	M	**Campylopus**	**pyriformis**	3	II			2	I	Bt Gl	I	2	I	2	I						R.n	Bs	di	m	Fr	gH	II	1			tax
113	M	**Campylostelium**	**saxicola**	3	I	2	I	1	II	Gf	I	3	I	2	I						R.n	—	aut	c	He	gH	I	1		EN	
114	M	**Catoscopium**	**nigritum**	2	II			4	II	Be Bt	I	4	II	4	II						R.n	—	di	m	So	gK	II	1		VU	
115	H	**Cephalozia**	**bicuspidata aggr.**	2	II	3	I	x		Be Ph	II	3	II	2	I	1	II	x			Ü.n	Bk	aut	c	Fr-So	gH	II	1			
116	H	**Cephalozia**	**catenulata**	3	II	3	II	4	I	Ph Gf	I	5	II	2	I						Ü.n	BK	di	p	So	gH	I	1			
117	H	**Cephalozia**	**connivens**	3	II	2	II	4	I	Bt Pm	I	4	II	1	I						Ü.n	Bk	aut	c	Fr-So	eM	II	1			
118	H	**Cephalozia**	**leucantha**	2	I	2	I	2	II	Ph Bt	I	3	II	2	I						Ü.n	Bk	di	c	Fr-So	gH	I	1		EN	
119	H	**Cephalozia**	**lunulifolia aggr.**	2	II			4	II	Ph Be	II	4	II	1	II						Ü.n	Bk	m/d	m	So	gH	II	3			tax
120	H	**Cephalozia**	**pleniceps**	2	II			2	II	Be Ph	II	3	II	4	II						Ü.n	Bk	aut	c	So-He	gH	II	3			tax
121	H	**Cephaloziella**	**divaricata**	x		3	II	4	I	Be Gf	I	3	II	2	I	1	I	3	II		Ü.n	Bk	di	p	Fr-Wi	eK	II	3			tax
122	H	**Cephaloziella**	**elachista**	4	II	2	II	4	I	Bt	I	5	I	1	I						Ü.n	Bk	aut	m	So	eM	I	1		VU	
123	H	**Cephaloziella**	**massalongi**	2	I	3	I	2	II	Gf Pm	I	3	I	1	I	1	I			M	Ü.n	Bk	aut	c	So-He	gG	II	1		VU	
124	H	**Cephaloziella**	**phyllacantha**	3	II	3	I	2	I	Gf Pm	I	3	I	1	I	1	I			M	Ü.n	Bk	aut	—		gH	II	1		VU	
125	H	**Cephaloziella**	**rubella aggr.**	x		3	I	2	II	Be Bg	II	3	II	2	I	1	I	5	II		Ü.n	Bk	mo	m	Fr-He	gH	II	1		(CR)	tax
126	M	**Ceratodon**	**purpureus aggr.**	x		3	I	4	II	Be Gl	II	2	II	3	II	5	II	3	II		R.r	Bk	di	c	Fr-So	gH	II	3		(VU)	
127	H	**Chiloscyphus**	**polyanthos aggr.**	3	II	3	I	2	li	Be Gf	II	4	II	4	II	3	II	1	II		Ü.n	—	aut	c	Fr-So	gH	II	1			
128	M	**Cinclidium**	**stygium**	2	I			4	I	Be Bt	I	5	II	3	II						R.n	—	syn	m	So	eM	I	1			
129	M	**Cinclidotus**	**danubicus**	4	I			4	II	Gf	I	5	II	5	I						R.w	—	di	—		gW	II	3			
130	M	**Cinclidotus**	**fontinaloides**	4	II	3	I	4	II	Gf	I	4	II	4	II	3	II				R.n	—	di	m	So-He	eU	II	3	>		
131	M	**Cinclidotus**	**riparius**	4	II	3	II	4	II	Gf	I	5	II	5	II	3	I				R.w	—	di	p	So	gW	II	3			
132	M	**Cirriphyllum**	**cirrosum**	1	II			2	II	Gf Be	I	3	I	4	II						D.n	—	di	p	?	eG	II	1			
133	M	**Cirriphyllum**	**crassinervium**	4	II	2	I	2	I	Gf Be	I	3	I	4	I						D.n	—	di	m	Fr	gH	II	1			
134	M	**Cirriphyllum**	**piliferum**	3	II	3	I	3	II	Be Bh	I	3	I	4	II	3	I	5	II		D.n	—	di	m	Fr	gH	II	1			
135	M	**Cirriphyllum**	**tommasinii aggr.**	3	II	2	I	2	I	Gf	I	3	I	5	II						D.n	—	di	m	Fr	gH	II	3		(VU)	
136	H	**Cladopodiella**	**fluitans**	3	II	3	II	4	I	Pm Bt	I	5	I	1	II						Ü.w	—	di	—		eM	I	1			
137	M	**Climacium**	**dendroides**	3	II	3	I	4	II	Be Bt	I	4	II	3	II	3	II	3	II		B.n	—	di	m	He-Wi	gK	II	3			
138	H	**Cololejeunea**	**calcarea**	3	II	2	II	4	I	Gf Pm	I	4	II	5	II	3	II				Ü.n	—	aut	c	Fr-He	gH	II	1			
139	M	**Conardia**	**compacta**	3	II			2	II	Gf Gl	I	3	II	5	I						Ü.n	Bk	mo	—		gG	I	1		VU	
140	H	**Conocephalum**	**conicum aggr.**	3	II	2	II	2	I	Be Gf	I	4	II	4	II	3	II	3	II		T.n	Kt	di	m	Fr	gH	II	3			
141	M	**Conostomum**	**tetragonum**	1	I			4	I	Be Gf	I	3	I	4	II						R.n	—	di	m	So	eG	II	1			
142	H	**Corsinia**	**coriandrina**	5	I			2	II	Be Gl	I	3	li	2	I						T.n	—	aut	m	?	gE	II	3		VU	
143	M	**Coscinodon**	**cribrosus aggr.**	3	II			5	II	Gf	I	1	II	2	II						P.n		di	c	Fr-So	eG	II	3			
144	M	**Cratoneuron**	**filicinum aggr.**	x		3	II	3	II	Be-Gf	II	4	II	5	I	1	II	3	II		D.n	—	di	m	Fr-So	eU	II	3			
145	M	**Crossidium**	**squamiferum**	5	I			5	I	Gf Be	I	1	I	5	I						P.n	—	aut	m	Fr	eK	II	3		VU	
146	M	**Ctenidium**	**molluscum**	3	II	3	II	2	II	Gf Be	I	3	II	4	II	3	II	3	II		D.n	—	di	m	Fr-He	gH	II	3			
147	M	**Cynodontium**	**gracilescens aggr.**	2	II			2	I	Gf Be	I	2	II	2	II						P.n	—	aut	m	So	gH	II	1		(EN)	
148	M	**Cynodontium**	**polycarpon aggr.**	3	II			1	II	Gf Be	I	3	II	2	II						P.n	—	aut	c	So	gH	II	1			
149	M	**Desmatodon**	**latifolius**	1	I			2	I	Be Gl	I	2	I	4	II						R.n	—	mo	c	So-He	eK	II	1			
150	M	**Dialytrichia**	**mucronata aggr.**	4	I	1	II	4	II	Gf	II	4	II	5	II						R.n	—	di	—		eU	II	3		CR	
151	M	**Dichelyma**	**falcatum**	2		5		3	I	Gf Bt	I	5	II	2	I					W	D.w	—	di	m	So	gW		1		VU	
152	M	**Dichodontium**	**palustre**	2	I	3	I	4	I	Be Bg	I	4	I	3	II	1	I	3	II		R.n	—	di	p	He	eQ	II	1			
153	M	**Dichodontium**	**pellucidum aggr.**	x		3	I	2	II	Gf Be	I	4	I	4	II	1	I	1	II		R.n	Bk	di	m	Wi	gH	II	3			
154	M	**Dicranella**	**cerviculata**	3	I			4	II	Bt	I	2	II	2	I						R.n	—	di	c	Fr-He	eE	II	3		EN	
155	M	**Dicranella**	**heteromalla**	3	II	3	I	2	I	Be	I	2	II	2	II	1	I	3	II		P.n	—	di	m	Wi-Fr	gH	I	3	=		
156	M	**Dicranella**	**schreberiana**	3	II			3	II	Be Bg	I	3	I	3	II					L	R.k	—	di	m	He	eE	II	3			
157	M	**Dicranella**	**staphylina**	4	I			4	I	Be	I	3	I	3	II	5	II	3	II		R.k	Kr	di	—		eE	II	5			
158	M	**Dicranella**	**subulata**	2	II			2	I	Be Bg	I	3	I	2	II						R.n	—	di	m	He-Wi	gH	II	3			
159	M	**Dicranella**	**varia aggr.**	3	II			3	II	Be Bg	I	2	II	5	II					L	R.n	—	di	c	Wi	gH	II	3		(VU)	
160	M	**Dicranodontium**	**denudatum**	3	II	3	II	2	I	Ph Bh	II	3	II	2	I	1	I	5	I		R.n	Bb	di	m	Fr	gH	I	1			tax
161	M	**Dicranoweisia**	**cirrata**	4	II			2	I	Pr Ph	I	3	I	2	I						R.n	Bk	aut	c	Wi	gH	I	3			
162	M	**Dicranoweisia**	**crispula aggr.**	1	II	3	I	4	II	Gf Be	I	2	II	3	II	1	I	3	II		P.n	—	aut	c	Fr-So	eG	II	3			
163	M	**Dicranum**	**elongatum**	1	II			3	II	Be Gf	I	2	I	2	II						R.n	—	di	p	So	gG	II	1			
164	M	**Dicranum**	**flagellare**	4	II			2	I	Ph Pr	I	3	I	1	I						R.n	Bs	di	m	So-He	gH	I	3		EN	
165	M	**Dicranum**	**fulvum**	4	II	2	I	2	I	Gf	I	2	II	2	I						R.n	—	di	p	He	gH	I	1			
166	M	**Dicranum**	**fuscescens**	2	II			2	I	Bh Be	II	3	I	2	I						R.n	—	di	p	So-He	gH	II	1			
167	M	**Dicranum**	**majus**	3	II			1	II	Be Bh	II	4	II	2	II						R.n	—	di	m	So-He	gH	I	1			
168	M	**Dicranum**	**montanum**	3	II	3	I	2	I	Pr Ph	I	3	II	1	I	1	I				R.n	Bb	di	p	So	gH	I	1			
169	M	**Dicranum**	**muehlenbeckii aggr.**	1	II			4	II	Be Gf	II	2	I	4	II						R.n	—	di	p	So	gH	II	1			
170	M	**Dicranum**	**polysetum**	3	II			3	II	Bt Be	I	2	II	3	II						R.n	—	di	m	So-He	gH	II	1			nom
171	M	**Dicranum**	**scoparium aggr.**	3	II	3	II	3	II	Be Bh	II	2	II	x		1	I	5	II		R.n	—	di	m	Fr-So	gH	II	3			
172	M	**Dicranum**	**spurium**	3	I	2	I	2	I	Be Bh	I	2	I	2	I						R.n	—	di	—		?		1		VU	
173	M	**Dicranum**	**tauricum**	2	II	2	I	2	I	Pr Ph	I	2	I	2	II						R.n	Bf	di	p	So	gH	I	3			
174	M	**Dicranum**	**undulatum**	3	II			4	I	Bt Be	I	4	I	2	I						R.n	—	di	p	So	eM	II	1			nom
175	M	**Dicranum**	**viride**	4	I	2	I	2	I	Pr	I	3	II	2	I						R.n	Bf	di	—		gH	I	1			
176	M	**Didymodon**	**acutus aggr.**	4	II			4	II	Be Bg	II	2	II	4	II						R.n	—	di	p	Fr-So	eG	II	3		(VU)	
177	M	**Didymodon**	**cordatus**	4	II			4	II	Gf Be	I	2	I	5	I						R.n	Bk	di	—		eG	I	3		VU	
178	M	**Didymodon**	**fallax**	3	II			4	I	Gf Be	I	2	II	4	II						R.n	—	di	m	He-Fr	gH	II	3			tax

				Klima						Substrat												Biol				Vorkommen					
SEN	KL	Gattung	Art	T	Tv	K	Kv	L	Lv	AS	ASv	F	Fv	R	Rv	N	Nv	H	Hv	WA	WL	VA	FS	SP	SZ	LR	LRv	EM	VE	RL	Bes
179	M	**Didymodon**	**ferrugineus**	3	II			4	II	Gf Be	I	2	II	4	II						R.n	—	di	p	Wi-Fr	gH	II	3			
180	M	**Didymodon**	**giganteus**	3	II	3	I	4	I	Be Gf	I	4	I	4	II	1	I	3	II		R.n	—	di	—		eK	II	3			
181	M	**Didymodon**	**rigidulus aggr.**	3	II	3	II	3	II	Gf Be	I	3	II	5	II	3	II	3	II		R.n	Bk	di	m	He	eG	II	3		(VU)	
182	M	**Didymodon**	**spadiceus**	4	II			2	I	Gf Be	I	3	II	4	I						R.n	—	di	c	Fr	gH	II	1			tax
183	M	**Didymodon**	**tophaceus**	4	II			3	II	Gf Gt	I	4	II	5	I						R.n	—	di	m	Wi	eG	II	3			
184	M	**Didymodon**	**vinealis aggr.**	4	II			4	I	Gf	II	2	I	5	I						R.n	—	di	p	Fr-So	eK	II	3		CR	
185	M	**Diphyscium**	**foliosum**	x		2	I	2	II	Be	I	3	I	2	II	1	I	1	I	L	R.n	—	di	m	Fr-So	gH	II	3			
186	H	**Diplophyllum**	**albicans aggr.**	3	II	2	II	2	II	Gf Be	I	3	I	2	I	1	I	1	I		Ü.n	Bk	di	p	Wi-So	gH	II	1			
187	H	**Diplophyllum**	**obtusifolium**	3	II	2	II	2	I	Be Gl	I	3	I	1	II	1	I	1	I		Ü.n	Bk	par	c	Fr-So	gH	II	1			
188	H	**Diplophyllum**	**taxifolium**	1	II	2	II	3	II	Be Gf	I	3	II	2	I	1	I	3	I		Ü.n	Bk	di	p	?	gH	II	1			
189	M	**Distichium**	**capillaceum aggr.**	1	II	3	I	3	II	Gf Be	I	2	II	5	II	1	I	3	II		R.n	—	mo	c	So-He	gG	II	3			
190	M	**Distichophyllum**	**carinatum**	3		1	I	3	II	Gf		5	I	3	I						Ü.n	Bk	di	—		gH		1		RE*	
191	M	**Ditrichum**	**cylindricum**	3	II	3	I	3	II	Be	I	2	II	2	II	3	II	3	II	L	R.r	—	di	m	So	eK	II	3			
192	M	**Ditrichum**	**flexicaule aggr.**	3	II	3	II	3	II	Gf Be	I	2	II	5	II	1	I	3	II		R.n	—	di	p	Fr-So	gK	II	3			
193	M	**Ditrichum**	**heteromallum aggr.**	1	II			4	II	Be Bg	I	2	II	2	II						R.n	Kr	di	c	He-Fr	eG	II	3			
194	M	**Ditrichum**	**pallidum**	4	I			3	II	Be	I	2	I	2	II						R.n	Kr	aut	c	Fr-So	gH	I	3		EN	
195	M	**Ditrichum**	**pusillum**	3	II			3	II	Bg Be	I	2	I	2	I						R.n	Kr	di	p	He-Wi	gG	II	3		EN	
196	M	**Drepanocladus**	**aduncus**	x		3	I	4	II	Be Bt	I	5	II	4	II	3	II	5	II		D.n	—	di	p	So	gK	I	3			
197	M	**Encalypta**	**affinis**	1	II			3	II	Gf Be	II	3	I	4	II						R.n	—	mo	m	So	eG	II	3		(CR)	
198	M	**Encalypta**	**alpina**	1	II			2	I	Be Gf	I	3	II	5	II						R.n	—	mo	c	So-He	gG	II	1			
199	M	**Encalypta**	**ciliata**	2	I			2	I	Gf Be	I	3	I	x							R.n	—	aut	c	So	gG	II	3			
200	M	**Encalypta**	**streptocarpa**	3	II	3	I	2	II	Gf Be	I	3	I	4	II	1	I	x			R.n	Bk	di	m	So	gH	II	3			
201	M	**Encalypta**	**vulgaris aggr.**	1	II			4	II	Be Gl	I	2	II	5	II						R.n	—	aut	c	Fr-So	gG	II	3			
202	M	**Entodon**	**cladorrhizans aggr.**	4	II	2	II	2	I	Gf	I	3	II	5	II						D.n	—	mo	c	Wi	gH	I	3		(RE)	
203	M	**Entodon**	**concinnus**	3	II	3	I	4	II	Be Gf	I	2	II	5	II	1	I	3	I		D.n	—	di	p	He	gK	II	3			
204	M	**Ephemerum**	**cohaerens**	4	I			4	I	Be	I	3	I	x						W	G.k	—	m/d	c	He	eU	I	1		CR	
205	M	**Ephemerum**	**recurvifolium**	4	I			4	I	Be	I	3	I	x							R.k	—	di	c	Wi-Fr	gK	II	3	>	CR	
206	M	**Ephemerum**	**serratum aggr.**	4	II	3	I	4	II	Be Bg	I	3	I	x		3	II	1	I		G.k	—	di*	c	He-Fr	eE	II	5	>	(VU)	
207	M	**Epipterygium**	**tozeri**	5	I	1	II	2	I	Be Bg	I	3	I	2	I					L	R.n	—	di	m		gH	II	1		VU	
208	H	**Eremonotus**	**myriocarpus**	3	II	2	I	3	II	Gf	I	4	I	3	II	3	II				Ü.n	—	di	m	So-He	gH	II	1			
209	M	**Eucladium**	**verticillatum**	4	II	3	I	2	II	Gt Gf	I	5	II	5	I	1	II				R.t	—	di	m	So	gH	II	3			
210	M	**Eurhynchium**	**hians**	4	II	3	II	x		Be Gf	I	3	II	x		5	II	x			D.n	—	di	p	He-Fr	gK	II	3			
211	M	**Eurhynchium**	**praelongum**	4	II	2	I	2	I	Be Ph	II	3	I	x							D.n	—	di	p	Wi	gH	I	1			
212	M	**Eurhynchium**	**pulchellum**	1	II			2	II	Be Gf	I	3	II	x							D.n	—	di	p	Wi	gH	II	1			
213	M	**Eurhynchium**	**speciosum**	4	II	2	II	3	II	Be Gf	II	3	II	x		5	II	3	II		D.n	—	mo	c	Wi-Fr	gH	II	3			
214	M	**Eurhynchium**	**striatulum**	3	II	2	II	2	I	Gf	I	3	II	4	II						D.n	—	di	p	Fr	gH	I	3			
215	M	**Eurhynchium**	**striatum aggr.**	3	II	2	II	2	II	Be Bh	II	3	I	x		1	I	3	II		D.n	—	di	m	Wi	gH	I	3			
216	M	**Fabronia**	**pusilla**	5	I			3	II	Pr	I	2	II	2	II						Ü.e	—	mo	m	Fr	gH	I	3		VU	
217	M	**Fissidens**	**adianthoides aggr.**	3	II	2	I	2	II	Be Gf	I	3	II	4	II	1	I	3	II		R.n	—	m/d	m	He-Fr	gH	II	3			
218	M	**Fissidens**	**bryoides aggr.**	4	II	2	II	3	II	Be Gf	I	3	II	x		1	I	1	I		R.n	—	m/d	c	He-So	gH	II	3		(EN)	tax, nom
219	M	**Fissidens**	**celticus**	?		2	II	2	I	Gf Be	I	3	I	2	I						R.n	—		—		gH	I	1		VU	
220	M	**Fissidens**	**crassipes**	4	II	2	I	4	II	Gf	I	5	II	5	I	3	II				R.n	—	m/d	c	He-Fr	eU	II	3			
221	M	**Fissidens**	**exilis**	3	I			2	I	Be	I	3	I	3	II					L	R.k	—	di	c	He-Fr	gH	II	3			
222	M	**Fissidens**	**fontanus**	4	I			4	I	Gf Pr	I	5	I	2	I						R.w	—	aut	—		gW	I	3		VU	
223	M	**Fissidens**	**grandifrons**	4	I			4	I	Gf	I	5	I	x							R.n	—	di	—		gW	I	1	>	EN	
224	M	**Fissidens**	**osmundoides**	x		2	II	3	II	Be Gf	II	4	II	3	II	1	I	3	II		R.n	—	di	m	So	eU	II	1			
225	M	**Fissidens**	**rivularis**	4	I	1	II	2	I	Gf Be	I	5	I	5	II						R.n	—	aut	m	He	gH	I	1		VU	
226	M	**Fissidens**	**taxifolius aggr.**	3	II	2	i	2	II	Be	I	3	I	x		3	II	x			R.n	—	m/d	m	He-Fr	gH	II	3			
227	M	**Fontinalis**	**antipyretica aggr.**	4	II	3	I	3	II	Gf	I	5	I	x		3	II				D.w	—	di	p	So	gW	II	3			
228	M	**Fontinalis**	**squamosa**	?		2		4		Gf		5	I	2	I						D.w	—	di	—		gW	I	1		VU	
229	H	**Fossombronia**	**pusilla**	4	I	2	II	2	I	Be	I	3	I	3	II					L	T.k	—	syn	c	He-Fr	gH	II	3		VU	tax
230	H	**Fossombronia**	**wondraczekii**	4	I			4	II	Be	I	3	I	3	II					L	T.k	—	aut	c	He	eE	II	3		VU	tax
231	H	**Frullania**	**dilatata aggr.**	3	II	3	II	3	II	Pr	I	2	I	3	I	1	I				Ü.e	Bk	di	c	He-Fr	gH	I	3	=	(CR)	all
232	H	**Frullania**	**fragilifolia**	3	I	2	I	1	II	Pr Gf	I	2	I	3	I	1	I				Ü.e	Bb	di	—		gH	II	1			all
233	H	**Frullania**	**jackii**	3	II	3	II	1	II	Gf Pr	I	3	II	2	II	1	I				Ü.n	—	aut	—		gH	I	1			all
234	H	**Frullania**	**riparia**	5	I			2	I	Gf Pr	I	2	I	4	II	1	I				Ü.n	—	di	—		gH	II	1			all
235	H	**Frullania**	**tamarisci**	3	II	2	II	2	II	Pr Gf	I	3	II	3	II	1	I				Ü.e	—	di	p	Wi-He	gH	II	1			all
236	M	**Funaria**	**fascicularis**	4	I			3	I	Be	I	2	I	4	II					L	R.k	—	aut	c	Fr	eK	II	5		EN	
237	M	**Funaria**	**hygrometrica**	4	II	3	II	3	II	Be Bg	II	3	II	x		5	II	3	II		R.k	—	aut	c	Wi-He	gH	II	3			
238	M	**Funaria**	**microstoma**	2	I			3	II	Gl	I	4	I	5	II						R.k?	—	mo	c	So	eU	I	1		CR	
239	M	**Funaria**	**muehlenbergii**	4	II	2	II	5	II	Be Gf	I	1	II	5	I						R.n	—	aut	c	Fr	eK	I	3		CR	
240	M	**Grimmia**	**alpestris aggr.**	1	II			4	II	Gf	I	2	II	2	II						P.n	—	m/d	m	Fr-He	eG	II	1			
241	M	**Grimmia**	**anodon**	x				5	I	Gf	I	2	I	5	I						P.n	—	aut	m	Fr-So	eG	II	3			
242	M	**Grimmia**	**atrata**	3	II			2	II	Gf Bg	I	4	I	2	I					M	P.n	—	di*	p	So	gH	II	1		VU	
243	M	**Grimmia**	**crinita**	4	I			4	II	Gf	I	1	II	5	I	3	II				P.n	—	aut	m	Fr	eG	I	3	>	EN	
244	M	**Grimmia**	**donniana aggr.**	1	II	3	I	4	II	Gf	I	2	II	2	II	1	I				P.n	—	m/d	m	Fr-He	eG	II	1			tax
245	M	**Grimmia**	**elatior aggr.**	3	II			3	II	Gf	I	2	I	2	II						R.n	—	di	m	Fr-So	gH	II	1			
246	M	**Grimmia**	**funalis**	1	II			4	I	Gf	I	2	I	2	I						P.n	—	di	m	So-He	eG	I	1			
247	M	**Grimmia**	**longirostris**	2	II			3	I	Gf	I	2	I	2	II						P.n	—	m/d	c	Fr-He	eG	II	1			
248	M	**Grimmia**	**orbicularis**	4	I			4	I	Gf	I	2	I	5	I						P.n	—	aut	c	Wi-Fr	eG	II	3			
249	M	**Grimmia**	**ovalis aggr.**	3	II			3	II	Gf	I	2	I	2	II						P.n	—	di	c	Fr	eG	II	3			nom
250	M	**Grimmia**	**pulvinata**	4	II	3	I	4	II	Gf	I	2	I	x		1	II				P.n	—	mo	c	Wi-So	eG	II	3			
251	M	**Grimmia**	**ramondii**	2	II			3	II	Gf	I	2	II	2	I						R.n	—	di	m	He-So	eG	II	1			
252	M	**Grimmia**	**torquata**	2	II			2	II	Gf	I	4	II	2	I						P.n	Bk	di	—		gG	II	1			
253	M	**Grimmia**	**trichophylla aggr.**	3	II			2	II	Gf	I	2	II	2	I						R.n	Bk	di	m	Fr-So	gH	II	1			
254	H	**Gymnocolea**	**inflata**	2	II	2	I	4	I	Bt Be	I	5	II	1	I	1	I	5	II		Ü.n	Bb	di	p	He	eM	II	1			
255	H	**Gymnomitrion**	**apiculatum**	1	I			4	I	Be Bg	I	3	I	2	I						R.n	—	di	p	?	eG	II	1		VU	
256	H	**Gymnomitrion**	**concinnatum**	1	I	2	I	3	II	Gf Be	I	3	II	2	I	1	I	x			R.n	—	di	c	So	gG	II	1			
257	H	**Gymnomitrion**	**corallioides**	1	I	3	II	4	I	Gf Be	I	2	II	2	I	1	I	x			R.n	—	di	p	So-He	eG	II	1			
258	M	**Gymnostomum**	**aeruginosum aggr.**	3	II	x		2	II	Gf Be	I	3	II	5	I	1	I	3	I		P.n	—	di	m	So-He	gH	II	3			
259	M	**Gymnostomum**	**viridulum**	5	I	2	II	3	II	Be	I	2	I	4	II						R.n	Bk	di	—		eL	II	3		VU	
260	M	**Gyroweisia**	**tenuis**	4	II	3	I	3	II	Gf	I	3	II	4	II	1	I				R.n	Bk	di	m	Fr-So	gH	II	1			
261	M	**Hamatocaulis**	**vernicosus**	3	II			4	I	Be Bt	I	5	I	x							D.n	—	di	p	So	eM	I	3			
262	H	**Haplomitrium**	**hookeri**	2	I	2	I	4	I	Bh Be	I	3	II	2	I						R.n	—	di	m	He	eU	II	3		VU	
263	H	**Harpalejeunea**	**molleri**	5	I	1	I	2	I	Gf	I	3	II	2	II						Ü.n	—	di	—		gH	I	1		VU	
264	H	**Harpanthus**	**scutatus**	3	I	2		1	II	Ph Pr	I	3	I	2	I						Ü.n	Bk	di	p	So	gH	I	1		EN	
265	M	**Hedwigia**	**ciliata aggr.**	3	II	3	II	4	I	Gf	I	2	I	2	I	1	I				P.n	—	aut	c	Fr-So	gH	II	3			
266	M	**Herzogiella**	**seligeri**	3	II	2	II	2	I	Ph Be	I	3	I	2	I	1	I	5	I		D.n	—	aut	c	So	gH	I	1			
267	M	**Herzogiella**	**striatella**	2	I			3	II	Be Bh	II	2	II	2	I						D.n	—	di	c	So	gH	II	1		EN	

				Klima						Substrat												Biol				Vorkommen					
SEN	KL	Gattung	Art	T	Tv	K	Kv	L	Lv	AS	ASv	F	Fv	R	Rv	N	Nv	H	Hv	WA	WL	VA	FS	SP	SZ	LR	LRv	EM	VE	RL	Bes
268	M	**Heterocladium**	**dimorphum**	1	II			4	I	Be Gf	I	2	I	2	II						D.n	—	di	m	Fr	gH	II	1			
269	M	**Homalia**	**trichomanoides**	4	II	2	I	2	I	Pr Ph	I	3	I	x		1	I				D.n	—	out	m	He	gH	I	1	>		
270	M	**Homalothecium**	**lutescens**	3	II	2	II	3	II	Gf Be	I	2	II	5	I	1	I	3	I		D.n	—	di	p	Fr	gH	II	3			
271	M	**Homalothecium**	**philippeanum**	3	I	2	II	2	II	Gf Pr	I	2	I	5	I						D.n	—	di	m	Fr	gH	I	3			
272	M	**Homalothecium**	**sericeum**	4	II	x		3	II	Gf Pr	I	2	I	4	I	1	I				Ü.n	—	di	m	Wi	gH	II	3			
273	M	**Homomallium**	**incurvatum**	3	II			2	I	Gf Pr	I	3	I	5	II						Ü.n	—	out	c	Fr-So	gH	II	3			
274	M	**Hookeria**	**lucens**	3	II	2	I	1	II	Be	I	4	II	3	II	1	I	3	II		D.n	—	out	m	So-He	gH	I	1			
275	M	**Hydrogrimmia**	**mollis**	1	I			4	I	Gf Bg	I	5	II	2	II						P.n	—	di	p	So	eU	II	1			
276	H	**Hygrobiella**	**laxifolia**	2	I	2	I	2	I	Gf	I	5	II	2	I	1	I				Ü.n	—	di	m	Fr-So	gH	II	1		VU	
277	M	**Hygrohypnum**	**duriusculum**	1	II			4	I	Gf	I	5	II	2	I						D.w	—	di	m	So	gW	II	1			
278	M	**Hygrohypnum**	**eugyrium**	3	I			3	II	Gf	I	5	I	2	I						Ü.w	—	out	—		gW	I	1		VU	
279	M	**Hygrohypnum**	**luridum**	3	II	2	II	2	I	Gf Be	I	5	II	5	I	3	II	1	I		Ü.n	—	out	c	So	gH	II	1			
280	M	**Hygrohypnum**	**smithii**	2	I			3	II	Gf Be	I	5	I	2	I						P.w	—	out	m	So	gW	II	1		EN	
281	M	**Hylocomium**	**brevirostre**	4	II	2	I	2	I	Be Bh	II	3	I	x							B.n	—	di	m	He-Fr	gH	I	1			
282	M	**Hylocomium**	**pyrenaicum**	2	II	3	I	3	II	Be Bh	I	3	I	x		1	I	3	II		D.n	—	di	p	He-Fr	gH	II	3			
283	M	**Hylocomium**	**splendens**	3	II	3	II	3	II	Be Bh	I	3	I	2	II	1	I	5	I		D.n	—	di	m	Fr	gH	II	1			
284	M	**Hylocomium**	**umbratum**	2	II			1	I	Be Bh	II	3	I	x							B.n	—	di	m	Wi-Fr	gH	I	1			
285	M	**Hymenostylium**	**recurvirostre**	x				3	II	Gf Gt	II	4	II	5	I	1	I				R.n	—	di	m	So	gG	II	1			
286	M	**Hyophila**	**involuta**	4	I			4	II	Gf	I	4	II	5	I	3	II			W	R.n	Bk	di	—		eU	II	3	=	VU	
287	M	**Hypnum**	**bambergeri**	1	II			3	II	Gf Be	I	3	I	4	II						D.n	—	di	—		gK	II	1		EN	
288	M	**Hypnum**	**callichroum**	2	I			2	I	Be Bh	II	3	I	2	II						D.n	—	di	m	So	gH	II	1			
289	M	**Hypnum**	**cupressiforme aggr.**	3	II	3	II	x		Ph Pr	II	3	II	x		3	II				D.n	—	di	m	Wi-Fr	gH	I	3		(VU)	
290	M	**Hypnum**	**fertile**	2	I			2	I	Ph	I	3	I	2	I						Ü.n	—	out	c	So	gH	I	1		VU	
291	M	**Hypnum**	**lindbergii**	3	II			x		Be Bg	I	3	I	4	II					W	D.n	—	di	p	So	gK	II	1			
292	M	**Hypnum**	**pallescens**	3	II			2	I	Pr Ph	I	3	I	2	I						Ü.n	—	out	c	So	gH	I	1			
293	M	**Hypnum**	**pratense**	3	II			4	I	Be	I	4	I	5	I						D.n	—	di	m	Fr	gK	I	3			
294	M	**Hypnum**	**procerrimum**	1	II			4	I	Be Gf	I	3	I	5	I						D.n	—	di	—		eG	II	1		EN	
295	M	**Hypnum**	**recurvatum**	2	I			2	I	Gf Be	I	3	I	5	II						Ü.n	—	mo	m	So	gG	II	1			
296	M	**Hypnum**	**revolutum**	1	II			4	II	Gf Be	II	3	I	5	I						D.n	—	di	—		eG	II	1			
297	M	**Hypnum**	**vaucheri**	1	II			3	II	Gf Be	I	3	I	4	II						Ü.n	—		—		eG	II	1			
298	M	**Isopterygium**	**elegans**	3	II	2	I	2	I	Be Gl	I	3	I	1	I	1	I	1	I		Ü.n	Bs	di	p		gH	I	1			
299	M	**Isopterygium**	**muellerianum**	3	II			2	I	Gf Be	I	3	I	x							Ü.n	—	di	p	So	gH	II	1			
300	M	**Isopterygium**	**pulchellum**	2	II			2	I	Gl Bh	II	3	I	4	II						Ü.n	—	out	c	So	gH	II	1			
301	M	**Isothecium**	**alopecuroides**	3	II	2	I	2	II	Pr Gf	II	3	II	x		1	II				D.e	—	di	m	So-Wi	gH	I	1			
302	M	**Isothecium**	**myosuroides aggr.**	3	II	2	I	2	I	Gf Be	I	3	II	2	I						D.n	—	di	p	Wi	gH	II	1			
303	H	**Jamesoniella**	**autumnalis**	3	II			1	I	Be Gf	II	3	I	2	I						Ü.n	—	di	p	So	Gh	I	1		EN	
304	H	**Jungermannia**	**atrovirens**	3	II	3	I	2	II	Gf Be	I	4	II	5	II	3	I	1	I		Ü.n	—	di	c	Fr-He	gH	II	1			tax
305	H	**Jungermannia**	**confertissima**	1	I	2	I	2	II	Be Gf	II	4	I	3	I	3	II	1	I		Ü.n	—	par	m	So-He	eG	II	1			
306	H	**Jungermannia**	**exsertifolia**	1	II			4	I	Gf Be	I	5	I	2	I						Ü.n	—	di	—		gW	I	1		VU	
307	H	**Jungermannia**	**gracillima**	3	II	3	I	2	II	Be Bg	I	4	I	1	II	1	I	1	I		Ü.n	—	di	c	Fr	gH	II	3			
308	H	**Jungermannia**	**hyalina aggr.**	x		2	II	2	II	Be Gf	I	4	II	2	I						Ü.n	—	m/d	c	Fr-So	gH	II	3		(VU)	tax
309	H	**Jungermannia**	**polaris**	1	II			4	II	Gf Be	II	3	I	2	I						Ü.n	—	par	m	?	gG	II	1			
310	H	**Jungermannia**	**pumila**	3	II	2	I	2	II	Gf	I	4	I	2	II	1	I				Ü.n	—	par	m	Wi-He	gH	II	1		(VU)	tax
311	H	**Jungermannia**	**sphaerocarpa**	1	II	2	I	2	II	Gf Be	II	3	II	2	I	1	I	1	I		Ü.n	—	par	c	Fr-He	eG	II	1			tax
312	H	**Jungermannia**	**subulata aggr.**	3	II			2	I	Ph Bh	I	4	II	3	II						Ü.n	Bk	mo	m	Fr-So	gH	I	3		VU	
313	M	**Kiaeria**	**falcata**	1	I			4	I	Bg Gf	II	3	II	2	I						R.n	—	mo	m	So	eS	II	1			
314	M	**Kiaeria**	**starkei**	1	I			4	I	Bg Gf	II	3	II	2	II						R.n	—	out	c	So	eS	II	1			
315	H	**Kurzia**	**pauciflora**	3	I			4	I	Bt	I	5	I	1	I						Ü.n	—	di	m	He	eM	II	3		EN	
316	H	**Kurzia**	**trichoclados**	2	I			3	II	Gf Be	II	3	II	2	II						Ü.n	—	di	p	He	gH	II	1		VU	
317	H	**Leiocolea**	**badensis**	3	II	3	II	3	II	Gf Bg	II	4	I	3	II	3	I	1	II		Ü.n	—	di	c	Wi-He	gH	II	1			tax
318	H	**Leiocolea**	**bantriensis aggr.**	3	II	3	I	2	II	Gf Be	I	3	II	4	II	3	I	1	II		Ü.n	—	di	c	So	gH	II	3			tax
319	H	**Leiocolea**	**heterocolpos**	2	II	4	II	3	I	Be Gf	II	4	II	2	I	1	II	5	I		Ü.n	Bk	di	—		gH	II	1			
320	H	**Leiocolea**	**turbinata**	5	I	1		2	I	Gt		4	I	5	I			1	I		Ü.n	—	di	—		gH	I	1		EN	
321	H	**Lejeunea**	**cavifolia aggr.**	3	II	3	I	1	II	Pr Gf	II	3	II	3	II	3	II				ü.n	—	out	m	Fr-Wi	gH	I	1		(VU)	
322	H	**Lepidozia**	**reptans**	3	II	3	I	1	II	Ph Be	I	2	II	2	I	1	I	5	I		Ü.n	—	out	c	Fr-So	gH	I	1			
323	M	**Leptobryum**	**pyriforme**	3	II			3	II	Be Gl	I	2	II	x		3	II	3	II		R.r	Kr	m/d	m	So	gH	II	5			
324	M	**Leptodictyum**	**riparium**	4	II	3	I	3	II	Gf Be	II	4	II	x		3	II	3	II	W	Ü.n	—	out	m	Fr	gW	II	3			
325	M	**Leptodon**	**smithii**	5	II	1	II	5	II	Gf	I	2	I	x							B.n	—	di	p	Fr	eG	II	3		VU	
326	M	**Lescuraea**	**mutabilis aggr.**	1	II			3	II	Gf Pr	I	2	II	2	II						D.n	—	di	c	Fr-So	eG	II	1			
327	M	**Leskea**	**polycarpa**	4	II			2	II	Pr Gf	I	3	II	x							Ü.e	—	out	c	So	gH	II	1			
328	M	**Leucobryum**	**glaucum aggr.**	4	II	3	I	2	II	Be Bh	II	3	II	2	I	1	I	5	I		P.n	—	di	p	He	gH	II	1			
329	M	**Leucodon**	**sciuroides**	4	II	3	II	4	II	Pr Gf	I	2	II	x		1	I				D.n	Bs	di	m	Fr	gH	II	3			
330	H	**Lophocolea**	**bidentata**	3	II	3	I	3	II	Be Ph	II	3	II	3	II	3	II	3	I		Ü.n	—	m/d	p	Fr-So	gH	II	3			
331	H	**Lophocolea**	**heterophylla aggr.**	3	II	3	II	2	II	Ph Be	II	3	II	2	II	3	II	5	I		Ü.n	Bk	par	c	Fr-Wi	gH	II	3	<		
332	H	**Lophozia**	**bicrenata**	3	II			4	II	Be Bg	I	2	II	2	I						Ü.n	Bk	mo	c	Fr-Wi	gH	II	3		VU	
333	H	**Lophozia**	**capitata aggr.**	3	II	2	II	4	II	Pm	I	4	I	1	II						Ü.n	Bk	di	—		eM	II	1		EN	
334	H	**Lophozia**	**decolorans**	1	I	3	II	5	II	Bg Be	I	2	I	2	II	1	I	1	I		Ü.n	Bk	di	m	He	eG	II	1			
335	H	**Lophozia**	**excisa**	3	II			3	II	Be Gf	II	3	I	2	I						Ü.n	Bk	par	c	Fr-Wi	gH	II	1			
336	H	**Lophozia**	**grandiretis**	1	I	4	II	3	II	Bh Be	I	4	I	3	II						Ü.n	Bk	di	p	?	gH	II	1		VU	
337	H	**Lophozia**	**incisa aggr.**	1	II	2	I	3	II	Ph Be	II	4	II	2	I	1	I	3	II		Ü.n	Bk	di	c	So	gH	II	1			
338	H	**Lophozia**	**obtusa**	2	I	2	I	2	I	Bh Be	II	3	I	2	I						Ü.n	Bk	di	p	?	gH	II	3			tax
339	H	**Lophozia**	**sudetica**	1	II			4	II	Be Gf	I	3	I	2	I						Ü.n	Bk	di	p	He	eG	II	3			
340	H	**Lophozia**	**ventricosa aggr.**	2	II			2	II	Be Ph	II	3	I	2	II						Ü.n	Bk	di	m	Wi-He	gH	II	1			tax
341	H	**Lophozia**	**wenzelii**	1	II			4	I	Be Gl	II	5	I	2	I						Ü.n	Bk	di	p	?	eK	II	1			tax
342	H	**Lunularia**	**cruciata**	4	I	3	II	2	II	Be Gl	I	3	II	4	II	5	I	3	II		T.n	Bk	di	—		gH	II	5			neo
343	H	**Mannia**	**androgyna**	5	I			5	II	Be	I	1	I	2	I						T.n	—	m/d	m	?	eK	II	1		CR	
344	H	**Marchantia**	**polymorpha**	x		3	II	3	II	Be Gl	II	4	II	4	II	5	I	3	II		T.n	Bk	di	m	So	gH	II	3			
345	H	**Marsupella**	**boeckii**	1	I			3	II	Gf	I	3	I	2	I						R.n	—	di	—		gG	I	1		VU	
346	H	**Marsupella**	**brevissima aggr.**	1	I			4	I	Be Gf	II	3	I	2	I						R.n	—	mo	c	Fr-He	eS	II	1		(VU)	tax
347	H	**Marsupella**	**emarginata**	2	II	3	II	3	II	Gf Be	I	4	II	2	I	1	II	1	II		R.n	—	di	m	Fr	gG	II	1			
348	H	**Marsupella**	**funckii**	2	II			4	II	Be Gf	I			2	I						R.n	—	di	m	Fr-So	gH	II	3			
349	H	**Marsupella**	**sphacelata**	1	II			3	II	Gf Be	I	4	II	2	I						R.n	—	di	p	Fr-So	eU	II	1			
350	H	**Marsupella**	**sprucei**	1	II	2	II	3	II	Be Gf	I	3	II	2	I	1	I	3	II		R.n	—	par	m	So-He	eG	II	1			tax
351	M	**Meesia**	**triquetra**	3	II			4	I	Bt Be	I	5	i	x							R.n	—	di	m	So	eM	I	3		RE	
352	M	**Meesia**	**uliginosa**	1	II	3	II	4	II	Be Gl	II	4	I	5	II	1	I	1	II		R.n	—	mo	c	So	gK	II	1			
353	H	**Metzgeria**	**conjugata**	4	II	3	II	2	II	Pr Gf	II	3	I	2	I	1	II				T.n	—	out	m	Fr-He	gH	I	1			
354	H	**Metzgeria**	**furcata**	3	II	3	II	1	II	Pr Ph	II	3	II	2	I	1	I				T.e	Bt	di	m	Fr-Wi	gH	I	1	=		
355	H	**Metzgeria**	**violacea aggr.**	4	I	2	I	x		Pr	I	3	II	2	I	1	I				T.e	Bk	di	—		gH	I	1			
356	H	**Microlejeunea**	**ulicina**	4	I	2	I	1	I	Pr Pm	I	3	I	2	I	1	I				Ü.n	—	di	—		gH	I	1			

SEN	KL	Gattung	Art	Klima T	Tv	K	Kv	L	Lv	Substrat AS	ASv	F	Fv	R	Rv	N	Nv	H	Hv	WA	WL	Biol VA	FS	SP	SZ	Vorkommen LR	LRv	EM	VE	RL	Bes
357	M	Mielichhoferia	elongata aggr.	2	II	3	I	3	II	Gf Bg	I	3	II	2	I	1	I	1	II	M	R.n	—	di	m	So	gG	II	1		VU	
358	M	Mnium	hornum	4	II	2	I	1	I	Be Ph	II	3	I	x							R.n	—	di	—		gH	I	1			
359	M	Mnium	marginatum	3	II			2	I	Be Gf	I	3	I	x							R.n	—	syn	c	Fr	gH	II	3			
360	M	Mnium	spinosum aggr.	2	II			2	I	Be Bh	II	3	II	x							R.n	—	m/d	m	Fr-Wi	gH	II	1			
361	M	Mnium	stellare	3	II			1	I	Gf Be	II	3	I	4	II						R.n	—	di	p	Fr-So	gH	II	1			
362	M	Mnium	thomsonii	3	II	3	II	2	II	Gf Be	I	3	II	4	II	1	II	3	II		R.n	—	di	p	So	gH	II	1			
363	H	Moerckia	blyttii	1	II	x		4	I	Be Bh	II	4	II	2	I						T.n	—	di	p	So	gK	II	1			
364	H	Moerckia	hibernica	3	I	2	II	3	II	Gf Be	I	4	I	2	I						T.n	—	di	c	Fr	gH	II	1		EN	
365	H	Mylia	anomala	3	II	3	I	3	II	Bt Pm	I	4	I	1	I	1	I	5	I		Ü.n	Bk	di	p	So	eM	II	1			
366	H	Mylia	taylorii	3	I	2	II	2	II	Gf Ph	II	4	I	2	II						Ü.n	Bk	di	p	So	eG	II	1		VU	
367	M	Myurella	julacea	1	II	3	I	3	II	Gf Be	I	3	I	4	II	1	I	5	i		Ü.n	Bk	di	p	So	gG	II	3			
368	M	Myurella	tenerrima	2	I			3	II	Be Gf	I	3	I	x							Ü.n	—	di	p	?	gG	II	1			
369	H	Nardia	breidleri	1	I			4	II	Bg Be	II	4	I	2	I						Ü.n	—	di	m	So	eS	II	1		VU	
370	H	Nardia	compressa	1	II	2	I	4	I	Gf Bt	II	5	I	2	I						Ü.n	—	di	p	Fr-So	eQ	II	1			
371	H	Nardia	geoscyphus	1	II	2	II	4	II	Be Gl	I	3	I	3	I	1	I	3	II		Ü.n	—	par	c	Fr-So	eK	II	1			
372	H	Nardia	insecta	2	I			2	II	Be		3	I	2	I						Ü.n	—	par	c	So-He	gH	II	1		VU	
373	H	Nardia	scalaris	1	II			3	II	Be Bg	II	3	I	2	I						Ü.r	—	di	c	Fr	eK	II	3			
374	M	Neckera	complanata	4	II			2	I	Pr Gf	I	3	I	x							D.n	—	di	p	Fr	gH	I	1			
375	M	Neckera	crispa	3	II	2	I	2	II	Gf Pr	I	3	II	4	I	1	I				D.n	—	di	m	Wi	gH	I	1			
376	H	Nowellia	curvifolia	3	I	2	I	1	II	Ph	I	3	I	2	I	1	II				Ü.n	—	m/d	m	Fr	gH	I	1			
377	H	Odontoschisma	denudatum aggr.	3	II			3	II	Bt Ph	I	4	I	2	I						Ü.n	Bk	di	—		eM	II	1			tax
378	H	Odontoschisma	macounii	2	I	2	I	3	II	Bh Be	I	3	II	2	I						P.n	Bk	di	—		gG	II	1		VU	
379	H	Odontoschisma	sphagni	3	I	2	II	4	I	Pm	I	4	II	1	I						Ü.n	Bk	di	p	So	eM	I	1		VU	tax
380	M	Oligotrichum	hercynicum	1	II	3	I	4	II	Be Bg	I	3	I	1	II	1	I	1	I		R.n	—	di	m	So	eK	II	3			
381	M	Oncophorus	virens	1	II	3	I	4	II	Be Gl	II	5	II	3	II						R.n	—	aut	m	So	eU	II	1			
382	M	Orthothecium	intricatum	3	II	3	I	2	II	Gf Be	I	3	I	4	II	1	II	1	II		Ü.n	—	di	p	So	gH	II	1			
383	M	Orthothecium	rufescens	3	II	3	I	3	II	Gf	I	4	II	5	I	1	I				D.n	—	di	m	So	gH	II	1			
384	M	Orthotrichum	affine	4	II	3	I	3	II	Pr	I	2	II	2	I	1	I				P.e	Bk	aut	m	So	gH	II	3			tax
385	M	Orthotrichum	alpestre	2	II			2	I	Gf Pr	I	2	I	2	I						R.n	—	mo	m	So	gH	II	1		EN	tax
386	M	Orthotrichum	anomalum	4	II	3	I	4	II	Gf	I	2	II	x		3	I				P.n	—	mo	c	Fr	eG	II	3			tax
387	M	Orthotrichum	cupulatum	3	II	x		3	II	Gf	I	2	II	5	I						P.n	—	aut	m	Fr-So	gH	II	1			tax
388	M	Orthotrichum	diaphanum	4	II	2	I	3	II	Pr Gf	I	2	II	4	II	5	II				D.n	Bk	aut	c	Fr	gH	II	5	>		
389	M	Orthotrichum	laevigatum	2	I			3	II	Gf	I	2	I	2	I						R.n	—	mo	m	?	eG	II	5		VU	tax
390	M	Orthotrichum	lyellii	3	I	2	I	3	II	Pr	I	3	II	2	II	1	I				R.n	Bk	di	p	So	gH	I	1	<		
391	M	Orthotrichum	obtusifolium	4	II			3	II	Pr	I	2	I	2	I						R.e	Bk	di	m	Fr	gH	II	3			
392	M	Orthotrichum	pumilum aggr.	3	II			2	II	Pr Ph	I	2	I	2	I						P.e	(Bk)	mo	m	Fr-So	gH	II	3			
393	M	Orthotrichum	rupestre	3	II			2	I	Gf Pr	I	2	I	2	I						R.n	—	aut	m	Fr-So	gH	II	1			tax
394	M	Orthotrichum	speciosum	3	II			2	II	Pr	I	2	I	2	I						R.e	—	aut	m	So	gH	II	1			tax
395	M	Orthotrichum	stramineum	3	I	2	I	3	II	Pr	I	2	I	2	I						P.e	—	aut	m	Fr-So	gH	II	1			tax
396	M	Orthotrichum	striatum	3	II			2	II	Pr	I	2	I	2	I						R.e	—	aut	m	Fr	gH	II	1			tax
397	M	Oxystegus	tenuirostris	3	II	2	I	2	II	Be Gf	I	3	II	3	II	1	I	3	II		R.n	Bk	di	m	He	gH	II	1			
398	M	Paludella	squarrosa	2	I			4	I	Bt Be	II	5	II	x		1	I				R.n	—	di	—		eM	I	1		VU	
399	M	Palustriella	commutata aggr.	3	II	3	II	3	II	Be Gf	II	5	I	5	I	1	II	3	II		D.t	—	di	m	Fr-So	eQ	II	3			
400	M	Palustriella	decipiens	2	II			4	II	Be Bh	I	4	I	3	II						D.n	—	di	p	So	eQ	II	1			
401	M	Paraleucobryum	enerve	1	I			4	II	Be Bh	II	2	I	2	II						P.n	—	di	p	So	gH	II	3			
402	M	Paraleucobryum	longifolium aggr.	3	II			2	I	Gf Pr	I	3	II	2	I						R.n	—	di	m	So	gH	I	1			
403	H	Pedinophyllum	interruptum	3	II			1	II	Gf Be	I	3	II	5	II	3	II	3	II		Ü.n	—	aut	m	Fr	gH	II	1			
404	H	Pellia	endiviifolia	3	II	3	II	2	II	Be Gf	II	4	II	4	II	3	II	3	II	L	T.n	Bt	di	m	Fr-So	gH	I	1			
405	H	Pellia	epiphylla aggr.	3	II	3	II	2	II	Be Bt	I	4	II	2	I	3	II	1	II	L	T.n	—	m/d	c	Fr	gH	I	1			
406	H	Peltolepis	quadrata	1	I	2	II	2	II	Be Gf	I	3	I	4	II	3	I	1	II		T.n	—	aut	m	He	gG	I	1		EN	
407	A	Phaeoceros	carolinianus	4	I	2	I	4	II	Be	I	3	II	3	II						T.kr	—	mo	c	So-He	eE	II	5	>	EN	
408	M	Phascum	cuspidatum	4	II	3	I	4	I	Be	I	2	II	x		5	II	1	I	L	G.k	—	mo	c	Fr	eE	II	3			
409	M	Philonotis	calcarea	3	II			3	II	Be Bt	I	5	I	5	I						R.n	Bs	di	m	Fr-So	eQ	II	1			
410	M	Philonotis	fontana aggr.	1	II			4	I	Be Bg	II	5	II	x							R.n	Bs	di	p	Fr-He	eQ	I	1			tax
411	M	Philonotis	seriata	1	II	4	II	4	I	Be Bh	II	4	II	x							R.k	—	di	p	So	eQ	I	1			
412	M	Physcomitrium	eurystomum	4	I			4	II	Be	I	4	I	5	I					L	R.k	—	di	c	He-Wi	eU	II	3		VU	
413	M	Physcomitrium	patens	4	I			4	II	Be Bs	I	4	I	x						L	R.k	—	mo	c	So-He	eU	II	3		VU	
414	M	Physcomitrium	pyriforme	4	I			4	I	Be	I	4	II	5	I	3	II	1	I		R.kr	—	aut	c	Fr	eK	II	3			
415	M	Plagiobryum	demissum	1	I			4	I	Be Bh	I	2	I	x							R.n	—	di	m	So	eK	II	1		CR	
416	M	Plagiobryum	zieri	3	II			1	II	Gf	I	4	II	x		1	I				R.n	—	di	m	So-He	gH	II	1			
417	H	Plagiochila	asplenioides aggr.	3	II	3	II	2	II	Be Gf	II	3	II	3	II	3	II	x			Ü.n	—	di	m	Fr-So	gH	II	1		(VU)	
418	H	Plagiochila	exigua	4	I	1	I	1	II	Gf Pm	I	3	I	2	I						Ü.n	—	di	—		gH	II	1		VU	
419	M	Plagiomnium	affine aggr.	3	II			2	II	Be Bh	I	4	II	x							R.n	—	m/d	p	Fr-So	gH	II	1			
420	M	Plagiomnium	cuspidatum	3	II			2	II	Be Gf	II	3	I	3	II						R.n	—	syn	m	Fr	gH	II	3			
421	M	Plagiomnium	rostratum	3	I	3	I	3	II	Be Gf	II	3	II	4	II	3	I	3	II		R.n	—	syn	c	Fr-So	gH	II	3			
422	M	Plagiomnium	undulatum	3	I	2	I	2	II	Be	I	3	II	x		5	II	3	II		B.n	—	di	p	Fr-So	gH	II	3			
423	M	Plagiopus	oederianus	3	II	3	I	2	II	Gf Be	I	3	I	x		1	I	1	II		P.n	—	syn	c	So	gH	II	1			
424	M	Plagiothecium	cavifolium aggr.	3	II			1	II	Be Ph	II	3	I	2	II						D.n	Bk	m/d	m	So	gH	I	1			
425	M	Plagiothecium	denticulatum	3	II	3	I	2	II	Be Ph	I	3	II	2	II	1	I	3	II		Ü.n	—	aut	c	Fr-So	gH	I	1		(VU)	tax
426	M	Plagiothecium	laetum	3	II	3	I	2	I	Be Ph	II	3	II	2	II	1	I	5	II		Ü.n	—	aut	c	So	gH	I	1			tax
427	M	Plagiothecium	undulatum	3	I	2	I	1	II	Be Bh	I	3	II	2	II	1	I	3	II		D.n	—	di	p	So	gH	I	1			
428	M	Platydictya	jungermannioides	2	II			2	II	Gf Be	I	4	II	5	I						Ü.n	Bk	di	p	So	gH	II	1			
429	M	Platygyrium	repens	4	II	2	I	3	II	Pr Ph	I	2	I	x		1	I				Ü.n	Bs	di	p	Fr	gH	II	3			
430	M	Pleuridium	nitidum	3	I			3	II	Be Bg	I	4	II	2	II					L	R.k	—	syn	c	So	eK	II	5			
431	M	Pleuridium	subulatum	4	II			4	II	Be	I	3	II	2	II						R.n?	—	aut	c	Fr-So	gH	II	5			nom, tax
432	M	Pleurochaete	squarrosa	4	I			4	II	Be	I	2	I	5	I						R.n	—	di	—		eK	II	3		VU	
433	H	Pleurocladula	albescens	1	I	2	I	4		Be Bh	I	3	II	2	I						Ü.n	Bk	di	p	So	eS	II	1		(VU)	
434	M	Pleurozium	schreberi	2	II	3	I	3	I	Be Bt	I	3	II	2	I	1	I	5	II		D.n	—	di	p	Wi	gH	II	1			
435	M	Pohlia	annotina aggr.	1	II			4	I	Be Bg	I	x		2	II						R.n	Bk	di	m	Fr-So	eS	II	3		(VU)	nom
436	M	Pohlia	cruda	1	II	3	I	2	II	Be Gf	I	3	II	3	II	1	I	3	II		R.n	—	m/d	m	So	gH	II	1			
437	M	Pohlia	elongata	x				3	II	Be Gf	I	3	II	2	II						R.n	—	mo	c	So-He	gH	II	1			tax
438	M	Pohlia	longicolla	2	I			2	I	Gf Be	II	3	I	2	I						R.n	—	par	c	So-He	gH	II	1			
439	M	Pohlia	ludwigii	1	I			4	I	Be Bg	II	5	II	2	II						R.n	—	di	p	So	eU	II	1			
440	M	Pohlia	lutescens	3	II			2	II	Be Bg	I	3	I	4	II						R.n	—	di	m	Fr	gH	II	3			
441	M	Pohlia	melanodon	3	I			3	II	Be Gl	I	4	I	x							R.n	—	di	p	Fr-So	gH	II	5			
442	M	Pohlia	nutans aggr.	1	II	3	I	4	I	Be Bh	I	2	II	2	II	1	I	3	II		R.n	Bk	par	c	Fr-He	gH	II	1			tax
443	M	Pohlia	obtusifolia	1	I			4	I	Be Bg	II	4	II	2	II						R.n	—	mo	m	So-He	eS	II	1			
444	M	Pohlia	wahlenbergii	x		3	I	2	II	Be Bg	II	4	II	4	II	1	I	1	II		R.n	—	di	p	So	eQ	II	1			
445	M	Polytrichum	alpinum	1	II	3	I	4	II	Be Gf	II	3	I	3	II	1	I	3	II		B.n	—	di	m	So	gH	II	1			tax

				Klima						Substrat												Biol				Vorkommen					
SEN	KL	Gattung	Art	T	Tv	K	Kv	L	Lv	AS	ASv	F	Fv	R	Rv	N	Nv	H	Hv	WA	WL	VA	FS	SP	SZ	LR	LRv	EM	VE	RL	Bes
446	M	Polytrichum	commune aggr.	3	II			3	II	Bt Be	I	4	II	2	II						R.n	—	di	m	Fr-So	gH	II	3			
447	M	Polytrichum	formosum aggr.	3	II	3	I	2	II	Be Bh	I	3	I	x		1	I	5	II		R.n	—	di	c	Fr-So	gH	I	3		(VU)	
448	M	Polytrichum	juniperinum aggr.	1	II	3	II	4	II	Be Bh	I	2	II	3	II	1	I	3	II		R.n	—	di	m	Fr-So	eK	II	3			
449	M	Polytrichum	longisetum	3	II			3	II	Bh Be	I	3	I	2	I						R.n	—	di	c	Fr-So	eM	II	3			
450	M	Polytrichum	nanum aggr.	3	II	2	II	2	II	Be	I	3	II	2	II	1	I	1	I		R.n	—	di	c	Wi-Fr	gH	II	1		(CR)	
451	M	Polytrichum	piliferum	1	II	4	II	4	I	Be Bg	I	2	I	2	II	1	I	1	II		R.n	—	di	m	Fr-So	eG	II	3			
452	M	Polytrichum	sexangulare	1	II	3	I	4	I	Be Bg	I	3	I	2	I	1	I	1	I		R.n	—	di	m	So-He	eS	II	1			
453	M	Polytrichum	urnigerum	2	II			2	I	Be Bg	I	3	I	x							R.n	—	di	c	He-Wi	gH	II	1			tax
454	H	Porella	arboris-vitae	3	I			2	I	Gf Pr	I	2	II	3	II						D.n	—	di	—		gH	I	1		VU	
455	H	Porella	cordaeana	2	II			2	II	Gf Pr	I	4	II	3	II						D.n	—	di	m	He	gH	II	1		EN	
456	H	Porella	platyphylla	3	II	3	II	4	II	Pr Gf	I	3	II	3	II	3	II				D.n	Bb	di	m	So-He	gH	II	3			
457	M	Pottia	bryoides	4	I			4	I	Be	I	2	II	5	I						G.kr	—	aut	c	Fr	eE	II	5		CR	
458	M	Pottia	intermedia	4	I			4	I	Be Gl	I	2	I	5	I					L	G.k	—	aut	c	He-Fr	eE	II	5			
459	M	Pottia	starckeana aggr.	4	I			4	I	Be Bg	I	2	I	5	I						G.kr	—	mo	c	Wi-Fr	eE	I	5		EN	
460	M	Pottia	truncata	4	II	3	I	4	I	Be	I	3	II	4	II	3	I	1	I	L	R.kr	—	aut	c	He-Fr	eE	II	5			
461	H	Preissia	quadrata	2	II	3	II	3	II	Be Gl	I	3	II	5	I	3	II	3	II		T.n	—	m/d	m	Fr-So	gH	II	3			
462	M	Pseudocalliergon	lycopodioides	4	II			4	I	Bt Be	I	5	II	4	II						D.n	—	di	p	Fr-So	eM	I	1		VU	
463	M	Pseudocalliergon	trifarium	x				4	I	Bt Be	I	5	I	3	II						D.n	—	di	p	So	eM	I	1			
464	M	Pseudocrossidium	hornschuchianum	4	II	x		4	II	Be Bg	II	2	II	4	I	3	II	1	II	L	R.r	—	di	m	Fr	eE	II	5			
465	M	Pseudoleskea	incurvata	1	II	3	I	4	II	Gf Be	I	2	II	5	I	1	I	3	II		Ü.n	—	di	m	Fr-So	eG	II	1			
466	M	Pseudoleskea	patens	1	II			4	II	Gf Bg	II	2	I	2	I						Ü.n	—	di	p	?	eG	II	1			
467	M	Pseudoleskeella	catenulata	3	II			2	II	Gf	I	2	I	5	I						Ü.n	—	di	p	So	gH	II	1			
468	M	Pseudoleskeella	nervosa	3	II	3	I	2	II	Pr Gf	I	3	II	3	II	1	I				Ü.e	Bs	di	m	Fr-So	gH	II	3			
469	M	Pterigynandrum	filiforme	3	II	3	I	2	II	Pr Gf	I	3	II	2	II	1	I				Ü.e	Bk	di	m	Fr-So	gH	I	1			
470	M	Pterogonium	gracile	3	I	2	II	3	II	Gf	I	2	I	2	II						B.n	—	di	—		gH	II	1		VU	
471	M	Pterygoneurum	ovatum	4	II			3	II	Be Bg	I	1	II	5	I						G.k	—	aut	c	Fr	eG	II	3		VU	
472	H	Ptilidium	ciliare aggr.	3	II	2	II	2	II	Pr Ph	I	3	II	2	II	1	II				D.e	—	di	c	Fr-So	gH	II	1			
473	M	Ptilium	crista-castrensis	3	II	3	I	2	II	Be Bh	I	3	I	2	II	1	I	5	I		D.n	—	di	m	So-He	gH	I	1			
474	M	Ptychodium	plicatum	2	II			2	II	Gf Be	I	3	I	5	I						D.n	—	di	m	Fr	eG	II	1			
475	M	Ptychomitrium	polyphyllum	4	I	1	II	3	II	Gf	I	2	I	2	I						R.n	—	aut	m	Fr	gH	II	1		VU	
476	M	Pylaisia	polyantha	4	II	3	I	2	II	Pr Ph	I	2	I	x		1	I				Ü.e	—	aut	c	He-Wi	gH	II	1			
477	M	Racomitrium	aciculare	2	II			3	II	Gf	I	5	II	3	II						R.n	—	di	m	Fr	eU	II	1			
478	M	Racomitrium	aquaticum	3	II	2	I	3	II	Gf	I	4	II	2	I						R.n	—	di	m	Fr	gH	II	1			
479	M	Racomitrium	canescens aggr.	1	II	3	I	4	I	Gl Be	II	2	II	2	II	1	I	3	II		R.n	—	di	m	Wi-Fr	eL	II	1			
480	M	Racomitrium	heterostichum aggr.	1	II	2	II	3	II	Gf Be	I	x		2	II	1	I	3	II		R.n	—	di	c	Fr-So	eG	II	1			
481	M	Racomitrium	lanuginosum	1	II			5	II	Gf Bg	I	2	I	2	I						R.n	—	di	p	Fr-So	eG	II	1			
482	H	Radula	complanata aggr.	3	II	3	II	2	II	Pr Gf	II	2	II	2	II	1	II				Ü.e	Bk	m/d	c	Wi-Fr	gH	II	1			
483	H	Reboulia	hemisphaerica	x				3	II	Be Gf	I	3	II	4	II						T.n	—	aut	m	Fr-So	gE	II	3		VU	
484	M	Rhabdoweisia	crenulata	3	I	1	II	2	I	Be Gf	I	3	I	2	I						R.n	—	aut	c	So	gH	I	1		VU	
485	M	Rhabdoweisia	crispata	3	II			2	I	Gf Be	II	3	I	2	II						R.n	—	aut	c	So	gH	I	1		EN	tax
486	M	Rhabdoweisia	fugax	x				2	I	Gf Be	I	3	I	2	I						R.n	—	aut	c	So	gH	II	1			tax
487	M	Rhizomnium	pseudopunctatum	2	II			3	II	Be Bt	I	5	II	x							R.n	—	syn	c	Fr	eQ	II	1			tax
488	M	Rhizomnium	punctatum	3	II	3	I	2	I	Be Ph	II	4	II	x		1	I	3	II		R.n	—	di	m	Fr-So	gH	I	1			tax
489	M	Rhodobryum	roseum aggr.	3	II	3	I	3	II	Be Bh	I	3	II	4	II	1	II	3	II		R.n	—	di	m	He-Fr	gH	II	1			
490	M	Rhynchostegiella	tenella	4	I	3	I	3	II	Gf	I	2	I	5	I	1	I				Ü.n	—	aut	m	So-He	eG	II	3			
491	M	Rhynchostegiella	teneriffae	4	I			2	II	Gf Bg	I	4	I	5	II						Ü.n	—	aut	c	He-So	gH	I	1		VU	
492	M	Rhynchostegium	confertum	4	I	2	II	3	II	Gf Pr	II	3	I	x		3	II				Ü.n	—	aut	c	Wi	gH	II	3			
493	M	Rhynchostegium	megapolitanum	4	I			4	I	Be	I	2	I	x							Ü.w	—	aut	p	Wi	eK	II	3			
494	M	Rhynchostegium	murale	3	II	3	I	3	II	Gf Be	I	3	I	4	II	1	II	3	II		Ü.n	—	aut	c	Wi	gH	II	3			
495	M	Rhynchostegium	riparioides	4	II	3	I	x		Gf	I	5	I	4	II	1	I				D.w	—	aut	m	He	gW	II	3			
496	M	Rhynchostegium	rotundifolium	4	I			2	II	Gf	II	3	I	4	II						Ü.n	—	aut	c	Wi	gH	II	3			
497	M	Rhytidiadelphus	loreus	3	I	2	I	2	I	Be Bh	I	3	i	2	II	1	I	3	II		D.n	—	di	m	Wi-Fr	gH	I	1			
498	M	Rhytidiadelphus	squarrosus aggr.	3	II	3	I	x		Be	I	3	II	x		3	II	3	II		D.n	—	di	p	Fr	gK	II	3			
499	M	Rhytidiadelphus	triquetrus	3	II	3	I	x		Be Bh	I	3	I	x		1	II	3	II		D.n	—	di	m	Wi-Fr	gH	II	3			
500	M	Rhytidium	rugosum	3	II	3	I	4	I	Be Gf	I	2	II	x		1	I	3	II		D.n	—	di	—		gH	II	3			
501	H	Riccardia	latifrons	3	I			2	II	Ph Bh	I	5	II	1	II						T.n	Bk	aut	c	So	gH	II	1			tax
502	H	Riccardia	multifida	3	II	3	II	2	II	Be Bh	II	4	II	2	I	1	I	3	II		T.n	Bk	mo	m	Wi-He	gH	II	3			tax
503	H	Riccardia	palmata	3	II	3	I	1	II	Ph	I	4	II	2	I	1	I				T.n	Bk	di	c	So	gH	I	1			tax
504	H	Riccia	breidleri	1	I			4	I	Be Bs	I	4	II	2	I					W	T.k	—	mo	p	So	eL	I	1		VU	tax
505	H	Riccia	crystallina aggr.	4	I			4	I	Bs Be	I	4	I	x						L	T.k	—	mo	c	He	eL	II	3		CR	
506	H	Riccia	fluitans aggr.	4	I			3	II	Ws Be	I	5	II	x							T.w	Kt	di	—		gW	I	3		VU	
507	H	Riccia	glauca	4	I			3	I	Be	I	3	II	3	II					L	T.k	—	mo	c	He-Fr	eE	II	5			tax
508	H	Riccia	huebeneriana	5				4	II	Be		4	II	2	I					L	T.kr	—	mo	m	So-He	eE		3		EN	
509	H	Riccia	sorocarpa	4	II	3	II	3	II	Be	I	3	II	3	II	3	II	1	II		T.k	—	mo	c	He-So	eE	II	3			
510	H	Riccia	subbifurca	3	I			3	I	Be	I	3	II	3	II					L	T.kr	—	mo	c	Fr-Wi	eE	I	5		VU	tax
511	H	Ricciocarpos	natans	4	I			2	I	Ws	I	5	II	5	I	3	II				T.w	—	m/d	p	So	gW	II	1		VU	
512	M	Saelania	glaucescens	2	II	3	I	3	II	Be Gf	I	2	II	4	II	3	II	1	I		R.n	—	aut	m	Fr-So	gE	II	3		EN	
513	M	Sanionia	uncinata	2	II	3	I	3	II	Be Gf	II	3	II	2	II	1	II	3	II		D.n	—	aut	c	Fr-So	gH	II	3			
514	H	Sauteria	alpina	2	I	2	I	2	II	Be Bh	II	3	II	3	II	3	I	3	II		T.n	—	mo	m	So	gG	II	1		VU	
515	H	Scapania	aequiloba	2	II	3	I	2	II	Gf Be	I	2	II	4	II	3	II	3	II		Ü.n	Bk	di	m	?	gH	II	1			tax
516	H	Scapania	aspera	3	II			2	II	Gf Be	I	4	II	4	II						Ü.n	Bk	di	c	Fr-So	gH	II	1			tax
517	H	Scapania	curta	3	II			4	II	Bg Be	II	3	II	2	I						Ü.n	Bk	di	m	So	eG	II	3		EN	tax
518	H	Scapania	irrigua	2	II			4	I	Be Bh	II	4	II	2	I						Ü.n	Bk	di	m	Wi-Fr	gK	II	3			
519	H	Scapania	nemorea aggr.	3	II	2	II	2	II	Be Gf	II	3	II	2	I	1	I	5	II		Ü.n	Bk	di	c	Fr-He	gH	II	1	=	(VU)	
520	H	Scapania	paludicola	2	I	3	II	4	II	Bt Be	I	5	I	2	II						Ü.n	Bk	di	—		eM	I	1			
521	H	Scapania	uliginosa aggr.	2	II	2	II	4	II	Bt Be	I	5	II	2	II						Ü.n	Bk	di	p	So	gW	II	1			tax
522	H	Scapania	umbrosa	3	II	2	I	2	II	Ph Gf	I	3	I	2	I						Ü.n	Bk	di	c	Fr-He	gH	II	1			
523	H	Scapania	undulata aggr.	2	II	3	II	2	II	Gf Be	II	4	II	2	II	3	II	3	II		Ü.n	Bk	di	c	Wi-He	eU	II	1			
524	M	Schistidium	apocarpum aggr.	x		3	II	4	II	Gf	I	2	II	4	II	x					R.n	—	aut	c	Fr	gH	II	3			
525	M	Schistidium	rivulare aggr.	1	II			4	I	Gf	I	4	II	3	II						R.n	—	aut	m		eU	II	1			
526	M	Schistidium	teretinerve	3	I			5	I	Gf	I	1	I	5	I						P.n	—	di	p		eG	I	1		VU	
527	M	Schistostega	pennata	2	II	2	I	1	II	Bg Be	II	3	I	1	I	3	II	1	I		R.n	Bk	di*	m	Fr-So	gH	II	3		VU	
528	M	Scleropodium	purum	3	II	3	I	3	II	Be	I	3	II	x		3	I	3	II	L	D.n	—	di	m	Wi	gK	II	3			
529	M	Scopelophila	ligulata	3	I			3	II	Gf Bg	I	3	I	2	I					M	R.n	Bk	di	—		gH	I	3		VU	
530	M	Scorpidium	revolvens aggr.	3	II			4	I	Be Bt	I	5	I	x							D.w	—	m/d	p	So	eM	I	3			
531	M	Scorpidium	scorpioides	4	II	3	I	4	I	Be Bt	I	5	I	2	I	1	I	5	II		Ü.w	—	di	m	So	eM	I	3		VU	
532	M	Scorpiurium	circinatum	5		1		3		Gf		3		5							Ü.n	—	di	—		gG		3		VU	
533	M	Seligeria	calcarea	3	I	2	II	2	I	Gf Bh	I	3	I	5	I						R.n	—	aut	c	Fr-So	gH	I	1		VU	
534	M	Seligeria	carniolica	4				3		Gf		4		4							R.n	—	mo	m	Fr	eU		1		RE	

				Klima						Substrat												Biol				Vorkommen					
SEN	KL	Gattung	Art	T	Tv	K	Kv	L	Lv	AS	ASv	F	Fv	R	Rv	N	Nv	H	Hv	WA	WL	VA	FS	SP	SZ	LR	LRv	EM	VE	RL	Bes
535	M	Seligeria	donniana	3	I	x		2	I	Gf	I	3	I	5	II	1	I				R.n	—	aut	c	So	gH	II	1			
536	M	Seligeria	pusilla aggr.	3	II			2	I	Gf	I	3	I	5	I						R.n	—	aut	c	So	gH	II	1		(CR)	
537	M	Seligeria	recurvata	3	II	2	I	2	II	Gf	I	3	II	4	II	1	I				R.n	—	aut	c	So	gH	II	3			
538	M	Seligeria	trifaria aggr.	3	II			2	I	Gf	II	4	I	5	I						R.n	—	aut	m	So	gH	II	3		(VU)	
539	M	Sematophyllum	demissum	5	I	1	II	2	I	Gf	I	3	I	2	II						Ü.n	—	mo	m	Wi	gH	I	3		VU	
540	M	Sphagnum	auriculatum aggr.	3	II	2	I	4	I	Bt Gf	II	5	I	3	II	3	II				R.n	—	di	—		eM	II	1			tax
541	M	Sphagnum	capillifolium aggr.	3	II	3	II	3	II	Bt	I	4	II	2	II	1	II				P.n	—	m/d	m	So-He	eM	II	3			tax
542	M	Sphagnum	compactum	2	II	3	II	4	I	Bt	I	4	II	2	II	1	I	5	I		P.n	—	aut	m	So	eM	II	1			
543	M	Sphagnum	contortum	4	II	3	II	4	I	Bt	I	4	II	3	II	3	II				R.n	—	di	—		eM	I	3			
544	M	Sphagnum	cuspidatum	3	I	2	II	4	II	Bt	I	5	II	1	II	1	I	5	I		R.w	—	di	m	?	gW	II	1			
545	M	Sphagnum	fimbriatum	4	I	3	I	2	II	Bt	I	4	I	2	I	1	II	5	I		R.n	—	aut	c	?	gH	II	3	<	VU	
546	M	Sphagnum	fuscum	3	II	4	I	4	I	Bt	I	4	I	1	I	1	I				P.n	—	di	m	?	eM	II	1		VU	
547	M	Sphagnum	girgensohnii	3	II	3	II	2	II	Bt	I	4	I	3	II	3	II				R.n	—	di	—		gH	II	3			tax
548	M	Sphagnum	imbricatum aggr.	3	I	1	II	4	I	Bt	I	4	II	2	II						R.n	—	di	p	?	eM	I	3		VU	
549	M	Sphagnum	magellanicum	3	II	3	II	4	II	Bt	I	4	I	2	I	3	II	5	II		P.n	—	di	p	?	eM	II	1			
550	M	Sphagnum	majus aggr.	2	II	4	I	4	I	Bt Ws	I	5	I	1	I	1	I				R.n	—	di	m	?	eM	I	1			
551	M	Sphagnum	molle	2		2		4		Bt		4		1		1					P.n	—	aut	m	?	eM		?		VU	
552	M	Sphagnum	palustre aggr.	4	II	3	II	3	II	Bt	I	4	II	3	II	3	II				R.n	—	di	p	?	eM	II	3			tax
553	M	Sphagnum	papillosum	3	I	2	II	4	I	Bt	I	4	II	2	II	1	I				R.n	—	di	p	?	eM	II	3			tax
554	M	Sphagnum	platyphyllum	2	II	3	II	4	I	Bt	I	5	I	2	II	3	II				R.w	—	di	—		eM	I	3			
555	M	Sphagnum	quinquefarium	3	I	2	I	2	II	Bh Be	I	4	II	2	II	1	I	5	I		R.n	—	aut	m	?	gH	II	3			tax
556	M	Sphagnum	recurvum aggr.	3	I	3	II	4	I	Bt Ws	I	4	II	2	II	1	II				R.n	—	di	m	?	eM	II	3			
557	M	Sphagnum	riparium	4	I	4		3	II	Bt		5		2							R.w	—	di	—		eM		1			
558	M	Sphagnum	russowii	3	I	3	II	4	I	Bt	I	4	I	2	I	1	II				R.n	—	di	p	So-He	eM	II	3			tax
559	M	Sphagnum	squarrosum	3	I	3	I	2	II	Bt Gf	I	4	II	2	II	1	I	3	II		R.n	—	aut	m	?	gH	II	3			
560	M	Sphagnum	subnitens	4	II	2	II	4	I	Bt	I	4	I	2	II	1	II				R.n	—	aut	p	?	eM	II	1			
561	M	Sphagnum	subsecundum	2	II	3	II	3	II	Bt	I	5	I	3	II	3	II				R.n	—	di	m	?	eM	I	3			
562	M	Sphagnum	tenellum	3	I	2	II	4	II	Bt	I	4	I	2	II	1	I				R.n	—	aut	m	?	eM	II	3			
563	M	Sphagnum	warnstorfii	2	I	3	II	4	I	Bt	I	4	I	3	II	3	II				R.n	—	di	m		eM	II	3			
564	M	Splachnum	sphaericum	2	I			4	II	Bn Be	I	3	II	3	II	5	I				R.k	—	m/d	c	So	eK	II	3			
565	M	Stegonia	latifolia	1	I			4	I	Be Bg	I	2	I	5	II						G.n	—	aut	m	So	eG	II	1			
566	H	Targionia	hypophylla aggr.	5	I	1	II	4	II	Be Gf	I	2	II	5	II						T.n	—	m/d	c	Wi-Fr	eK	II	3		VU	
567	M	Taxiphyllum	wissgrillii	3	I	2	I	1	II	Gf Be	I	3	I	5	II	1	I	3	I		Ü.n	—	di	m	Wi	gH	I	3			
568	M	Tayloria	froelichiana	1	II			1	II	Be Bh	I	3	I	x		3	II				R.n	—	mo	m	So	gG	II	1			
569	M	Tayloria	rudolphiana	2	I			2	I	Pr	I	3	I	2	I	5	I				R.e	—	aut	c	So	eH	II	1		VU	
570	M	Tayloria	serrata aggr.	2	II			2	II	Bn Be	II	3	I	2	II	5	I				R.n	Bk	aut	m	So	gH	II	3			
571	M	Tayloria	splachnoides	2	I			1	II	Bh Ph	I	3	I	2	II	3	II				R.n	—	mo	m	So	gH	I	1		EN	nom
572	M	Tetraphis	pellucida	3	II	3	I	2	II	Ph	I	3	II	1	II	1	I				R.n	Bk	aut	m	Fr-So	gH	I	1			
573	M	Tetrodontium	brownianum aggr.	2	I	3	I	1	I	Gf	I	3	II	2	I	1	I				R.n	—	aut	m	So	gG	II	1		VU	
574	M	Thamnobryum	alopecurum	4	II	2	I	2	II	Gf Be	I	4	II	x		3	II	3	II		B.n	—	di	m	Wi	gH	I	3			
575	M	Thuidium	delicatulum aggr.	3	II	3	II	4	II	Be Bt	I	4	I	x		3	II	3	II	W	D.n	—	di	p	He-Fr	eK	II	5			
576	M	Thuidium	recognitum	3	II			2	I	Be	I	3	II	x							D.n	—	di	m	Wi	eK	II	3			
577	M	Thuidium	tamariscinum	3	II	3	I	2	II	Be Bh	II	3	II	3	II	1	II	5	II		D.n	—	di	m	Wi	gH	I	1			
578	M	Timmia	austriaca	2	II			2	I	Be Bh	II	3	I	5	I						R.n	—	di	m	So	gG	II	1			
579	M	Timmia	bavarica	2	II			2	I	Gl Be	II	3	I	5	II						R.n	—	aut	c	So	gG	II	1			
580	M	Timmiella	anomala	5	I			2	I	Be Gf	I	2	I	5	I						R.n	—	mo	m	So	gG	II	3		VU	
581	M	Tomentypnum	nitens	3	II			4	I	Be Bt	I	5	II	x							D.n	—	di	m	So	gK	I	3			
582	M	Tortella	fragilis	1	II			4	I	Be Gf	I	2	I	4	I						R.n	Bf	di	p	So	eG	II	1			
583	M	Tortella	inclinata	4	II	3	I	4	II	Be Bg	II	2	II	5	I	3	II	1	II		P.n	Bs	di	m	Fr	eE	II	3			
584	M	Tortella	nitida	5		1	I	5	I	Gf	I	1	I	5	I						R.n	—	di	—		eG	I	3		VU	
585	M	Tortella	tortuosa aggr.	3	II	3	I	3	II	Gl Be	I	2	II	4	II	1	II	3	II		R.n	(Bf)	di	m	Fr-So	gH	II	3			
586	M	Tortula	atrovirens	5	I			4	I	Gf Be	I	2	I	5	I						P.n	—	mo	c	Fr	eG	I	3		VU	
587	M	Tortula	intermedia	4	II			5	I	Gf Be	I	2	I	5	I						P.n	—	di	m	Fr	eG	II	3			
588	M	Tortula	muralis	4	II	3	I	3	II	Gf	I	2	II	x		5	II				R.n	—	aut	c	Fr-So	eG	II	3			
589	M	Tortula	papillosa	4	I	2	II	3	I	Pr	I	2	II	2	II	1	II				R.n	Bk	di	—		gH	II	3			
590	M	Tortula	ruralis aggr.	x		3	II	3	II	Gf Be	II	2	II	4	II	3	II	3	II		R.n	—	di	m	Fr	eG	II	3			
591	M	Tortula	subulata aggr.	x		x		2	II	Be Gf	I	3	I	4	II	3	II	3	II		R.n	—	mo	c	Wi-He	gH	II	1			
592	H	Trichocolea	tomentella	3	I	2	II	3	II	Be	I	4	II	3	II	3	I	3	II		Ü.n	—	di	p	Fr-So	gH	II	3	=		
593	M	Trichostomum	brachydontium	3	II	2	II	2	II	Gf Be	I	2	II	5	I	1	I	1	I		R.n	—	di	p	Fr	gH	II	3			
594	M	Trichostomum	crispulum	3	II			3	II	Gf Be	I	2	II	3	II						R.n	—	di	m	Fr-So	gG	II	3			
595	H	Tritomaria	exsecta	3	II	2	I	2	II	Ph Gf	I	3	II	2	I	1	I				Ü.n	Bk	di	p	?	gH	I	1			
596	H	Tritomaria	exsectiformis	2	II			2	I	Ph Gf	II	3	I	2	II						Ü.n	Bk	di	—		gH	II	1			
597	H	Tritomaria	polita	1	I	2	II	4	I	Be Bh	II	4	II	2	I						Ü.n	Bk	di	p	So-He	eU	II	1			
598	H	Tritomaria	quinquedentata	2	II	3	II	3	II	Be Gf	I	3	I	3	II	3	II	5	II		D.n	Bk	di	m	So-He	gH	II	1			
599	H	Tritomaria	scitula	1	II			4	II	Bg Gf	II	3	I	2	II						Ü.n	Bk	di	—		eG	II	1			
600	M	Ulota	coarctata	3	I			2	I	Pr	I	3	I	2	I						R.e	—	mo	c	So-He	gH	I	1		CR	
601	M	Ulota	crispa aggr.	4	I	3	I	2	I	Pr	I	3	II	2	I	1	I				R.e	—	mo	c	So	gH	I	1			
602	M	Ulota	hutchinsiae	3	I	2	I	2	i	Gf	I	2	I	2	I						R.n	—	mo	c	So	gH	II	1		VU	
603	M	Warnstorfia	exannulata	2	II			4	II	Bt Be	I	4	I	2	II						D.n	—	m/d	m	So	eM	I	1			
604	M	Warnstorfia	fluitans	3	II			4	I	Bt	II	5	I	x							D.w	—	aut	m	So	eM	II	3			
605	M	Weissia	brachycarpa	4	II			3	II	Be Gf	I	2	I	4	II						R.n	—	aut	c	Fr	gH	II	5			
606	M	Weissia	condensa	3	I			4	I	Be Gf	I	2	I	4	II						R.n	—	aut	c	Fr	eG	II	3		VU	tax
607	M	Weissia	controversa aggr.	3	II			x		Be Gf	I	2	II	5	II						R.n	—	mo	c	Fr-So	gH	II	3			
608	M	Weissia	longifolia	4	I	3	I	4	I	Be	I	2	II	x		3	II	1	I	L	R.k ?r	—	aut	c	Fr	gK	II	5			
609	M	Zygodon	viridissimus	4	II	2	II	3	II	Pr	I	2	II	3	II	1	I				R.e	Bk	di	—		gH	II	3		(VU)	

Verzeichnisse zu den Moosen

1 Literaturverzeichnis

AMANN J. 1928. Bryogéographie de la Suisse. Beiträge zur Kryptogamenflora der Schweiz 6 (2): 1-453, 432 pl., 451 cartes.

AMANN J. & MEYLAN C. 1918. Flore des Mousses de la Suisse. Genève. 215 + 414 pp., XII pl.

BURCK O. 1947. Die Laubmoose Mitteleuropas. Abhandlungen der Senckenbergischen Naturforschenden Gesellschaft 477: 1-210, 9 Taf.

DANIELS R. E. & EDDY A. 1990. Handbook of European *Sphagna*. ed. 2. Institute of Terrestrial Ecology, London. 262 pp.

DIERSSEN K. 2001. Distribution, ecological amplitude and phytosociological characterization of European bryophytes. Bryophytorum Bibliotheca 56: 1-289.

DÜLL R. 1991. Zeigerwerte von Laub- und Lebermoosen. Scripta Geobotanica 18: 175-214.

DURING H. 1979. Life strategies of Bryophytes: a preliminary review. Lindbergia 5: 2-18.

ELLENBERG H. 1996. Vegetation Mitteleuropas mit den Alpen. ed. 5. Ulmer, Stuttgart. 1096 pp.

FRAHM J.-P. & FREY W. 2004. Moosflora. ed. 4. Ulmer, Stuttgart.

FREY W., FRAHM J.-P., FISCHER E. & LOBIN W. 1995. Die Moos- und Farnpflanzen Europas. ed. 6. In: GAMS H. [ed.], Kleine Kryptogamenflora. 4. Fischer, Stuttgart/Jena. 426 pp.

FREY W., FRAHM J.-P., FISCHER E. & LOBIN W. 2006. The Liverworts, Mosses and Ferns of Europe. Harley Books, Colchester. 512 pp.

GRETER F. 1936. Die Laubmoose des oberen Engelbergertales. Stiftsdruckerei, Engelberg. 311 pp., 1 Karte.

GROLLE R. & LONG D. 2000. An annotated check-list of the Hepaticae and Anthocerotae of Europe and Macaronesia. Journal of Bryology 22 (2): 103-140.

HESS H. E., LANDOLT E. & HIRZEL R. 1976. Flora der Schweiz. Bd. 1. ed. 2. Birkhäuser, Basel.

HILL M. O., BELL N., BRUGGEMAN-NANNENGA M. A. & al. 2006. An annotated Checklist of the mosses of Europe and Macaronesia. Journal of Bryology 28 (3): 198-267.

HILL M. O., PRESTON C. D., BOSANQUET S. D. S. & ROY D. B. 2007. Bryoatt: attributes of British and Irish mosses, liverworts and hornworts. Centre for Ecology and Hydrology, Huntingdon. 88 pp.

HUBER H. 1998. *Sphagnum* in der Schweiz und angrenzenden Gebieten: Bestimmungsschlüssel und Kommentare. Herzogia 13 (1): 1-36.

LANDOLT E. 1977. Ökologische Zeigerwerte zur Schweizer Flora. Veröffentlichungen des Geobotanischen Institutes der Eidg. Techn. Hochschule, Stiftung Rübel in Zürich 64: 1-208.

MAIER E. & GEISSLER P. 1995. *Grimmia* in Mitteleuropa: Ein Bestimmungsschlüssel. Herzogia 11: 1-80.

MAIER E. & GEISSLER P. 1999. *Grimmia* (Musci) en Europe centrale / Clé de détermination. Meylania 16: 22-34.

MEYLAN C. 1924. Les Hépatiques de la Suisse. Beiträge zur Kryptogamenflora der Schweiz 6 (1): 1-318.

MÖNKEMEYER W. 1927. Die Laubmoose Europas. In: Dr. L. Rabenhorst's Kryptogamenflora von Deutschland, Österreich und der Schweiz. 4 (Ergänzungsband). Akademische Verlagsgesellschaft Leipzig (Nachdruck 1963. Cramer, Weinheim).

MÜLLER K. 1951-1958. Die Lebermoose Europas. ed. 3. In: Dr. L. Rabenhorst's Kryptogamenflora von Deutschland, Österreich und der Schweiz. 6, 1-2. Akademische Verlagsgesellschaft Leipzig (Nachdruck 1971. Johnson, New York & London).

NEBEL M. & PHILIPPI G. 2000-2005. Die Moose Baden-Württembergs. 3 Bde. Ulmer, Stuttgart.

PATON J. A. 1999. The liverwort flora of the British Isles. Harley Books, Colchester. 626 pp.

SCHNYDER N., BERGAMINI A., HOFMANN H., MÜLLER N., SCHUBIGER-BOSSARD C. & URMI E. 2004. Rote Liste der gefährdeten Moose der Schweiz. BUWAL-Reihe: Vollzug-Umwelt, Bern. 99 pp.

SCHUMACKER R. & VÁŇA J. 2005. Identification keys to the liverworts and hornworts of Europe and Macaronesia. ed. 2. Sorus, Poznań. 209 pp.

SMITH A. J. E. 2004. The Moss Flora of Britain and Ireland. ed. 2. University Press, Cambridge. 1012 pp.

STETZKA K. M. 1993. Moose als Zeigerpflanzen für Umweltveränderungen: Anwendungen von ökologischen Zeigerwerten. Forstarchiv 64: 226-232.

URMI E., SCHUBIGER BOSSARD C., SCHNYDER N., KÜCHLER M., HOFMANN H. & BISANG I. 2007. Zwei Jahrhunderte Bestandesentwicklung von Moosen in der Schweiz. Bristol-Schriftenreihe 18: 1-139.

WERNER J. 1998. Einige Bemerkungen zu den Zeigerwerten für Moose. Herzogia 13: 101-106.

2 Verzeichnis der wissenschaftlichen Namen von Taxa und Synonymen

Das Register enthält die gegenwärtig akzeptierten Namen aller in der Schweiz heimischen Arten, sowie als Synonyme die in einigen Standard-Werken verwendeten Namen. Akzeptierte Namen sind normal gedruckt, Synonyme kursiv. Die Verweise beziehen sich auf die in der Tabelle verwendeten Namen. Dabei gibt es auch Verweise von akzeptierten Namen auf die Namen von Aggregaten. Die nicht behandelten Arten sind mit dem Zeichen – versehen. Synonyme von nicht behandelten Arten sind ebenfalls, mit Hinweis auf den akzeptierten Namen, aufgeführt. Namen von Unterarten sind nicht als solche, sondern als Art (z. B. *Clevea hyalina* subsp. *suecica* unter *Clevea suecica*) angegeben. Wo «auct.» steht, bedeutet dies, dass es sich um einen Namen handelt, der in der Literatur anders als im Sinne des Autors verwendet wurde und daher als Synonym zu gelten hat. Zwei Aggregate aus der Gattung *Bryum* sind unter einem illegitimen, aber gebräuchlichen Namen aufgeführt:

Bryum erythrocarpum auct. aggr.
(Korrekter Name: *Bryum subapiculatum* Hampe)

Bryum bicolor Dicks. aggr.
(Korrekter Name: *Bryum dichotomum* Hedw.)

Beispiele

Eremonotus myriocarpus (Carrington) Pearson anerkanntes Taxon, das in der Tabelle behandelt wird	
Eucalyx obovatus (Nees) Breidl. Synonym mit Hinweis auf den anerkannten Namen des Taxons (nicht alle in der Tabelle behandelt, bzw. nicht immer unter dem genannten Namen, s. folgendes Beispiel)	Jungermannia obovata
Jungermannia obovata Nees anerkanntes Taxon, das aber in der Tabelle mit anderen zusammen als Aggregat behandelt wird	Jungermannia hyalina aggr.
Fossombronia angulosa (Dicks.) Raddi anerkanntes Taxon, das in der Tabelle nicht behandelt wird	–

Abietinella abietina (Hedw.) M. Fleisch.	
Acaulon muticum (Hedw.) Müll. Hal.	
Acaulon triquetrum (Spruce) Müll. Hal.	–
Acrocladium cuspidatum (Hedw.) Lindb.	Calliergonella cuspidata
Alicularia breidleri Limpr.	Nardia breidleri
Alicularia compressa (Hook.) Nees	Nardia compressa
Alicularia geoscypha auct.	Nardia geoscyphus
Alicularia scalaris (Schrad.) Corda	Nardia scalaris
Aloina aloides (Schultz) Kindb. aggr.	
Aloina ambigua (Bruch & Schimp.) Limpr.	Aloina aloides aggr.
Aloina brevirostris (Hook. & Grev.) Kindb.	–
Aloina ericifolia (Neck.) Kindb.	Aloina aloides
Aloina rigida (Hedw.) Limpr.	
Amblyodon dealbatus (Hedw.) P. Beauv.	
Amblystegium compactum (Müll. Hal.) Austin	Conardia compacta
Amblystegium confervoides (Brid.) Schimp.	
Amblystegium curvicaule Jur.	Cratoneuron curvicaule
Amblystegium fallax (Brid.) Milde	Cratoneuron filicinum

Amblystegium filicinum (Hedw.) De Not.	Cratoneuron filicinum
Amblystegium fluviatile (Hedw.) Schimp.	–
Amblystegium humile (P. Beauv.) Crundw.	
Amblystegium hygrophilum (Jur.) Schimp.	Amblystegium radicale
Amblystegium irriguum (Hook. & Wils.) Schimp.	Amblystegium tenax
Amblystegium jungermannioides (Brid.) A. J. E. Sm.	Platydictya jungermannioides
Amblystegium juratzkanum Schimp.	Amblystegium serpens
Amblystegium kochii Schimp.	Amblystegium humile
Amblystegium pachyrrhizon Par.	Amblystegium serpens
Amblystegium radicale (P. Beauv.) Schimp.	–
Amblystegium rigescens Limpr.	Amblystegium serpens
Amblystegium riparium (Hedw.) Schimp.	Leptodictyum riparium
Amblystegium saxatile Schimp.	Amblystegium radicale
Amblystegium serpens (Hedw.) Schimp.	
Amblystegium sprucei (Bruch) Schimp.	Platydictya jungermannioides
Amblystegium subtile (Hedw.) Schimp.	
Amblystegium tenax (Hedw.) C. E. O. Jensen	
Amblystegium trichopodium (K. F. Schultz) Hartm.	Amblystegium humile
Amblystegium ursorum J. J. Amann	Pseudoleskeella catenulata
Amblystegium varium (Hedw.) Lindb.	
Amphidium lapponicum (Hedw.) Schimp. aggr.	
Amphidium mougeotii (Schimp.) Schimp.	Amphidium lapponicum aggr.
Anacamptodon splachnoides (Brid.) Brid.	–
Anastrepta orcadensis (Hook.) Schiffn.	
Anastrophyllum assimile (Mitt.) Steph.	
Anastrophyllum hellerianum (Lindenb.) R. M. Schust.	
Anastrophyllum minutum (Schreb.) R. M. Schust.	
Anastrophyllum reichardtii (Gottsche) Steph.	Anastrophyllum assimile
Andreaea alpestris (Thed.) Schimp.	Andreaea rupestris aggr.
Andreaea angustata Limpr.	Andreaea heinemannii
Andreaea blyttii auct.	Andreaea heinemannii
Andreaea crassinervia Bruch	Andreaea rothii aggr.
Andreaea falcata Schimp.	Andreaea rothii
Andreaea frigida Huebener	Andreaea rothii aggr.
Andreaea heinemannii Hampe & Müll. Hal. aggr.	
Andreaea huntii Limpr.	Andreaea rothii
Andreaea nivalis Hook.	
Andreaea petrophila Ehrh.	Andreaea rupestris
Andreaea rothii F. Weber & D. Mohr aggr.	
Andreaea rupestris Hedw. aggr.	
Aneura incurvata (Lindb.) Steph.	Riccardia incurvata
Aneura latifrons Lindb.	Riccardia latifrons
Aneura multifida (L.) Dumort.	Riccardia multifida
Aneura palmata (Hedw.) Dumort.	Riccardia palmata
Aneura pinguis (L.) Dumort. aggr.	
Aneura sinuata (Hook.) Dum.	Riccardia chamaedryfolia
Anoectangium aestivum (Hedw.) Mitt.	
Anoectangium compactum Schwägr.	Anoectangium aestivum
Anoectangium hornschuchianum (Hook.) Hornsch. aggr.	–
Anoectangium schliephackei (Schlieph.) Paris	–
Anoectangium sendtnerianum Bruch & Schimp.	Anoectangium hornschuchianum aggr.
Anoectangium tenuinerve (Limpr.) Paris	Anoectangium hornschuchianum aggr.
Anomobryum concinnatum (Spruce) Lindb.	Anomobryum julaceum aggr.
Anomobryum filiforme (Dicks.) Husn.	Anomobryum julaceum
Anomobryum julaceum (P. Gaertn., E. Mey. & Scherb.) Schimp. aggr.	
Anomobryum juliforme Solms	Anomobryum julaceum
Anomodon apiculatus Sull.	Anomodon rugelii
Anomodon attenuatus (Hedw.) Huebener	
Anomodon longifolius (Brid.) Hartm.	
Anomodon rostratus (Hedw.) Schimp.	–
Anomodon rugelii (Müll. Hal.) Keissl.	–
Anomodon tristis (Ces.) Sull. & Lesq.	–
Anomodon viticulosus (Hedw.) Hook. & Taylor	
Anthelia julacea (L.) Dumort. aggr.	
Anthelia juratzkana (Limpr.) Trevis.	Anthelia julacea aggr.
Anthoceros agrestis Paton	Anthoceros punctatus aggr.
Anthoceros crispulus auct.	Anthoceros agrestis
Anthoceros husnotii Steph.	Anthoceros punctatus
Anthoceros levis auct.	Phaeoceros carolinianus
Anthoceros punctatus L. aggr.	
Antitrichia curtipendula (Hedw.) Brid.	
Aongstroemia longipes (Sommerf.) Bruch & Schimp.	
Apomarsupella revoluta (Nees) R. M. Schust.	
Apometzgeria pubescens (Schrank) Kuwah.	
Archidium alternifolium (Hedw.) Mitt.	–
Archidium phascoides Brid.	Archidium alternifolium
Arctoa fulvella (Dicks.) Bruch & Schimp.	–
Asterella gracilis (F. Weber) Underw.	–
Asterella lindenbergiana (Nees) Arnell	
Asterella saccata (Wahlenb.) A. Evans	–
Astomum crispum (Hedw.) Hampe	Weissia longifolia
Athalamia hyalina (Sommerf.) S. Hatt.	
Atractylocarpus alpinus (Milde) Lindb.	–
Atrichum angustatum (Brid.) Bruch & Schimp.	
Atrichum flavisetum Mitt.	Atrichum undulatum aggr.
Atrichum haussknechtii Jur. & Milde	Atrichum flavisetum
Atrichum tenellum (Röhl.) Bruch & Schimp.	–
Atrichum undulatum (Hedw.) P. Beauv. aggr.	
Aulacomnium androgynum (Hedw.) Schwägr.	
Aulacomnium palustre (Hedw.) Schwägr.	
Barbilophozia atlantica (Kaal.) Müll. Frib.	–
Barbilophozia attenuata (Mart.) Loeske	
Barbilophozia barbata (Schreb.) Loeske	
Barbilophozia floerkei (F. Weber & D. Mohr) Loeske	
Barbilophozia gracilis (Steph.) Müll. Frib.	Barbilophozia attenuata
Barbilophozia hatcheri (A. Evans) Loeske	Barbilophozia lycopodioides aggr.
Barbilophozia kunzeana (Huebener) Müll. Frib.	–
Barbilophozia lycopodioides (Wallr.) Loeske aggr.	
Barbilophozia quadriloba (Lindb.) Loeske	
Barbula acuta (Brid.) Brid.	Didymodon acutus
Barbula amplexifolia (Mitt.) A. Jaeger	–
Barbula andreaeoides Kindb.	Didymodon subandreaeoides
Barbula asperifolia Mitt.	Didymodon asperifolius
Barbula bicolor (Bruch & Schimp.) Lindb.	–
Barbula bolleana (Müll. Hal.) Broth.	–
Barbula botelligera Mönk.	Bryoerythrophyllum ferruginascens
Barbula convoluta Hedw.	
Barbula cordata (Jur.) Braithw.	Didymodon cordatus
Barbula crocea (Brid.) F. Weber & D. Mohr	
Barbula cylindrica (Taylor) Schimp.	Didymodon insulanus
Barbula ehrenbergii (Lorentz) M. Fleisch.	Barbula bolleana
Barbula enderesii Garov.	–
Barbula fallax Hedw.	Didymodon fallax
Barbula flavipes Bruch & Schimp.	Barbula enderesii
Barbula gigantea Funck	Didymodon giganteus
Barbula glauca (Ryan) Möll.	Didymodon glaucus
Barbula gracilis (Schleich.) Schwägr.	Didymodon acutus
Barbula hornschuchiana Schultz	Pseudocrossidium hornschuchianum
Barbula icmadophila Müll. Hal.	Didymodon icmadophilus
Barbula johansenii R. S. Williams	Didymodon johansenii
Barbula lurida (Hornsch.) Lindb.	Didymodon luridus
Barbula paludosa Schleich.	Barbula crocea
Barbula poenina J. J. Amann	Didymodon spadiceus
Barbula reflexa (Brid.) Brid.	Didymodon ferrugineus
Barbula revoluta Brid.	Pseudocrossidium revolutum
Barbula rigidula (Hedw.) Mitt.	Didymodon rigidulus
Barbula rufa (Lorentz) Jur.	Didymodon asperifolius
Barbula sinuosa (Mitt.) Garov.	Didymodon sinuosus
Barbula spadicea (Mitt.) Braithw.	Didymodon spadiceus
Barbula tophacea (Brid.) Mitt.	Didymodon tophaceus
Barbula unguiculata Hedw.	
Barbula valida (Limpr.) H. Möller	Didymodon acutus
Barbula vinealis Brid.	Didymodon vinealis
Bartramia halleriana Hedw.	
Bartramia ithyphylla Brid.	
Bartramia norvegica Lindb.	Bartramia halleriana
Bartramia oederi Brid.	Plagiopus oederianus
Bartramia pomiformis Hedw.	
Bartramia subulata Bruch & Schimp.	–
Bartramia viridissima (Brid.) Kindb.	Bartramia subulata
Bazzania denudata auct.	Bazzania flaccida
Bazzania flaccida (Dumort.) Grolle	
Bazzania tricrenata (Wahlenb.) Lindb.	
Bazzania trilobata (L.) Gray	
Blasia pusilla L.	
Blepharostoma trichophyllum (L.) Dumort. aggr.	
Blindia acuta (Hedw.) Bruch & Schimp. aggr.	
Blindia caespiticia (F. Weber & D. Mohr) Müll. Hal.	Blindia acuta aggr.
Blindia trichodes (Braithw.) Lindb.	Blindia acuta
Brachydontium trichodes (F. Weber) Milde	–
Brachysteleum incurvum (Schwägr.) Müll. Hal.	Ptychomitrium incurvum
Brachysteleum polyphyllum (Sw.) Hornsch.	Ptychomitrium polyphyllum
Brachytheciastrum collinum (Müll. Hal.) Ignatov & Huttunen	
Brachytheciastrum trachypodium (Brid.) Ignatov & Huttunen	Brachythecium trachypodium
Brachytheciastrum velutinum (Hedw.) Ignatov & Huttunen	Brachythecium velutinum
Brachythecium albicans (Hedw.) Schimp.	

Brachythecium amoenum Milde	Brachythecium populeum
Brachythecium campestre (Müll. Hal.) Schimp.	–
Brachythecium capillaceum (F. Weber & D. Mohr) Giacom.	Brachythecium salebrosum aggr.
Brachythecium cirrosum (Schwägr.) Schmp.	Cirriphyllum cirrosum
Brachythecium collinum (Müll. Hal.) Schimp.	–
Brachythecium curtum (Lindb.) Limpr.	Brachythecium oedipodium
Brachythecium densum (Milde) Jur.	Conardia compacta
Brachythecium dovrense (Limpr.) J. J. Amann	Brachythecium reflexum
Brachythecium erythrorrhizon Schimp. aggr.	–
Brachythecium fendleri auct.	Brachythecium collinum
Brachythecium geheebii Milde	
Brachythecium gelidum Bryhn	Brachythecium glaciale
Brachythecium glaciale Schimp.	
Brachythecium glareosum (Spruce) Schimp.	
Brachythecium laetum (Brid.) Schimp.	
Brachythecium latifolium Kindb.	–
Brachythecium micropus Schimp.	Brachythecium reflexum
Brachythecium mildeanum (Schimp.) Schimp.	–
Brachythecium oedipodium (Mitt.) A. Jaeger	Brachythecium starkei aggr.
Brachythecium oxycladum auct.	Brachythecium laetum
Brachythecium payotianum Schimp.	Brachythecium trachypodium
Brachythecium plumosum (Hedw.) Schimp.	
Brachythecium populeum (Hedw.) Schimp.	
Brachythecium reflexum (Starke) Schimp.	
Brachythecium rivulare Schimp.	Brachythecium rutabulum aggr.
Brachythecium rotaeanum De Not.	Brachythecium capillaceum
Brachythecium rutabulum (Hedw.) Schimp. aggr.	
Brachythecium salebrosum (F. Weber & D. Mohr) Schimp. aggr.	
Brachythecium salicinum Schimp.	Brachythecium velutinum
Brachythecium starkei (Brid.) Schimp. aggr.	
Brachythecium tauriscorum Mol.	Brachythecium albicans
Brachythecium tommasinii (Boulay) Ignatov & Huttunen	Cirriphyllum tommasinii
Brachythecium trachypodium (Brid.) Schimp.	
Brachythecium tromsoeense (Kaur. & H. Arnell) Limpr.	Brachythecium reflexum
Brachythecium turgidum (Hartm.) Kindb.	–
Brachythecium udum I. Hagen	Brachythecium mildeanum
Brachythecium velutinoides Warnst.	Ctenidium molluscum
Brachythecium velutinum (Hedw.) Schimp.	
Brachythecium venustum De Not.	Brachythecium velutinum
Braunia alopecura (Brid.) Limpr.	
Breidleria pratensis (Spruce) Loeske	Hypnum pratense
Breutelia arcuata (Sw.) Schimp.	Breutelia chrysocoma
Breutelia chrysocoma (Hedw.) Lindb.	
Brotherella lorentziana (Lorentz) M. Fleisch.	
Bryoerythrophyllum alpigenum (Venturi) P. C. Chen	Bryoerythrophyllum recurvirostrum aggr.
Bryoerythrophyllum ferruginascens (Stirt.) Giacom.	
Bryoerythrophyllum recurvirostrum (Hedw.) P. C. Chen aggr.	
Bryoerythrophyllum rubrum (Geh.) P. C. Chen	
Bryum affine F. W. Schultz	Bryum creberrimum
Bryum albulanum J. J. Amann	Bryum intermedium
Bryum algovicum Müll. Hal.	
Bryum alpinum With. aggr.	
Bryum amblyodon Müll. Hal.	Bryum archangelicum aggr.
Bryum appendiculatum J. J. Amann	Bryum pallens
Bryum archangelicum Bruch & Schimp. aggr.	
Bryum arcticum (R. Br.) Bruch & Schimp.	Bryum pallens aggr.
Bryum arctogaeum Hag.	Bryum intermedium
Bryum arcuatum Limpr.	Bryum arcticum
Bryum arduum I. Hag.	Bryum amblyodon
Bryum arenarium Jur.	*Bryum bicolor*
Bryum argenteum Hedw.	
Bryum badium (Brid.) Schimp.	Bryum caespiticium
Bryum barbatum Hunt	Bryum stirtonii
Bryum baurii J. J. Amann	Bryum pseudotriquetrum
Bryum bernense I. Hag.	Bryum amblyodon
Bryum bicolor Dicks. aggr.	(= Bryum dichotomum Hedw.)
Bryum bimum (Schreb.) Turner	Bryum pseudotriquetrum
Bryum blindii Bruch & Schimp. aggr.	
Bryum britanniae J. J. Amann	Bryum alpinum
Bryum caespiticiforme De Not.	Bryum pallescens
Bryum caespiticium Hedw. aggr.	
Bryum callicarpum J. J. Amann	Bryum pallens
Bryum capillare Hedw. aggr.	
Bryum cernuum (Hedw.) Bruch & Schimp.	Bryum uliginosum
Bryum cirrhatum Hoppe & Hornsch.	Bryum pallescens
Bryum cirriferum (De Not.) De Not.	Bryum amblyodon
Bryum clathratum J. J. Amann	Bryum pallescens
Bryum comense Schimp.	Bryum caespiticium
Bryum compactum Hornsch.	Bryum algovicum
Bryum confertum Limpr.	Bryum funckii
Bryum creberrimum Taylor	
Bryum cryophilum Mårtensson	–
Bryum culmannii Limpr.	Bryum caespiticium
Bryum cyclophyllum (Schwägr) Bruch & Schimp.	–
Bryum dichotomum Hedw.	*Bryum bicolor*
Bryum dixonii W. E. Nich.	*Bryum bicolor aggr.*
Bryum donianum Grev.	Bryum capillare aggr.
Bryum dunense A. J. E. Sm. & H. Whitehouse	*Bryum bicolor*
Bryum duvalii Voit	Bryum weigelii
Bryum elegans Nees	Bryum capillare aggr.
Bryum engelbergense Gret. & Meyl.	Bryum intermedium
Bryum erythrocarpum auct. aggr.	(= Bryum subapiculatum Hampe)
Bryum fallax Milde	Bryum pallens
Bryum funckii Schwägr.	–
Bryum geheebii Müll. Hal.	Bryum gemmiparum
Bryum gemmiferum R. Wilczek & Demaret	*Bryum bicolor aggr.*
Bryum gemmiparum De Not.	Bryum alpinum aggr.
Bryum gerwigii (Müll. Hal.) Limpr.	Bryum gemmiparum
Bryum graefianum Schlieph.	Bryum amblyodon
Bryum haistii Schimp.	Bryum elegans
Bryum harrimanii Card. & Thér.	Bryum schleicheri
Bryum helveticum Philib.	Bryum arcticum
Bryum imbricatum (Schwägr.) Bruch & Schimp.	Bryum amblyodon
Bryum inclinatum (Brid.) Turton	Bryum amblyodon
Bryum inflatum Philib.	Bryum arcticum
Bryum intermedium (Brid.) Blandow	–
Bryum juranum J. J. Amann	Bryum intermedium
Bryum kaurinianum Warnst.	Bryum imbricatum
Bryum killiasii J. J. Amann	Bryum archangelicum
Bryum kindbergii Philib.	Bryum arcticum
Bryum klinggraeffii Schimp.	*Bryum erythrocarpum aggr.*
Bryum knowltonii Barnes	–
Bryum kunzei Hornsch.	Bryum caespiticium aggr.
Bryum lacustre (F. Weber & D. Mohr) Blandow	Bryum knowltonii
Bryum languardicum H. Wint. & Janzen	Bryum archangelicum
Bryum limosum I. Hag.	Bryum pallescens
Bryum lindbergii Kaur.	Bryum pallens
Bryum micans Limpr.	Bryum arcticum
Bryum microcaespiticium J. J. Amann	Bryum pallescens
Bryum microlacustre J. J. Amann	Bryum pallescens
Bryum microstegium Bruch & Schimp.	Bryum intermedium
Bryum mildeanum Jur.	Bryum alpinum aggr.
Bryum moravicum Podp.	Bryum capillare aggr.
Bryum muehlenbeckii Bruch & Schimp.	Bryum alpinum
Bryum murale Hunt	Bryum radiculosum
Bryum neodamense Itzigs.	Bryum pseudotriquetrum aggr.
Bryum obconicum auct.	Bryum capillare
Bryum oblongum Lindb.	Bryum blindii aggr.
Bryum obtusifolium Lindb.	Bryum cryophilum
Bryum oeneiforme J. J. Amann	Bryum dixonii
Bryum oeneum Bruch & Schimp.	Bryum pallens
Bryum opsicarpum J. J. Amann	Bryum knowltonii
Bryum orthocarpum J. J. Amann	Bryum algovicum
Bryum ovatum Jur.	Bryum neodamense
Bryum pallens anon. aggr.	
Bryum pallescens Schwägr.	
Bryum pallidocuspidatum J. J. Amann	Bryum pallescens
Bryum pendulum (Hornsch.) Schimp.	Bryum algovicum
Bryum percomatum J. J. Amann	Bryum pseudotriquetrum
Bryum pfefferi De Not.	Bryum elegans
Bryum pseudoargenteum Warnst.	Bryum argenteum
Bryum pseudo-graefianum J. J. Amann	Bryum amblyodon
Bryum pseudokunzei Limpr.	Bryum caespiticium
Bryum pseudotriquetrum (Hedw.) P. Gaertn, E. Mey. & Scherb. aggr.	
Bryum purpureo-aristatum J. J. Amann	Bryum pallescens
Bryum pycnodermum Limpr.	Bryum pallens
Bryum radiculosum Brid.	*Bryum erythrocarpum aggr.*
Bryum restitutum De Not.	Bryum elegans
Bryum rosulatum J. J. Amann	Bryum pseudotriquetrum
Bryum rubens Mitt.	*Bryum erythrocarpum aggr.*
Bryum ruderale Crundw. & Nyholm	*Bryum erythrocarpum aggr.*
Bryum ruebelianum auct.	Bryum caespiticium
Bryum ruedianum J. J. Amann	Bryum pallescens
Bryum rutilans auct.	Bryum pallens
Bryum sagittifolium Culm.	Bryum weigelii
Bryum sauteri Bruch & Schimp.	*Bryum erythrocarpum aggr.*
Bryum schleicheri Schwägr.	Bryum turbinatum aggr.
Bryum septemvasale Roth	Bryum pseudotriquetrum

Bryum stirtonii Schimp.	Bryum capillare aggr.
Bryum subapiculatum Hampe	*Bryum erythrocarpum aggr.*
Bryum subelegans auct.	Bryum moravicum
Bryum subexcurrens Phil.	Bryum pallens
Bryum subglobosum Schlieph.	Bryum pallescens
Bryum subrotundum Brid.	Bryum pallescens
Bryum torquescens Bruch & Schimp.	Bryum capillare aggr.
Bryum turbinatum (Hedw.) Turner aggr.	
Bryum uliginosum (Brid.) Bruch & Schimp.	–
Bryum valesiacum J. J. Amann	Bryum pallescens
Bryum ventricosum Dicks.	Bryum pseudotriquetrum
Bryum veronense De Not.	Bryum argenteum
Bryum versicolor Bruch & Schimp.	*Bryum bicolor aggr.*
Bryum versisporum Bom.	Bryum pallens
Bryum violaceum Crundw. & Nyholm	*Bryum erythrocarpum aggr.*
Bryum weigelii Spreng.	
Buxbaumia aphylla Hedw.	
Buxbaumia indusiata Brid.	Buxbaumia viridis
Buxbaumia viridis (Lam. & DC.) Moug. & Nestl.	
Callialaria curvicaulis (Jur.) Ochyra	Cratoneuron filicinum
Callicladium haldanianum (Grev.) H. A. Crum	
Calliergon cordifolium (Hedw.) Kindb. aggr.	
Calliergon cuspidatum (Hedw.) Kindb.	Calliergonella cuspidata
Calliergon giganteum (Schimp.) Kindb.	Calliergon cordifolium aggr.
Calliergon nivale auct.	Calliergon stramineum
Calliergon richardsonii (Mitt.) Kindb.	–
Calliergon sarmentosum (Wahlenb.) Kindb.	
Calliergon stramineum (Brid.) Kindb.	
Calliergon trifarium (F. Weber & D. Mohr) Kindb.	Pseudocalliergon trifarium
Calliergon turgescens (T. Jensen) Kindb.	Pseudocalliergon turgescens
Calliergonella cuspidata (Hedw.) Loeske	
Calliergonella lindbergii (Mitt.) Hedenäs	Hypnum lindbergii
Calypogeia arguta Nees & Mont.	
Calypogeia azurea Stotler & Crotz	Calypogeia muelleriana aggr.
Calypogeia fissa (L.) Raddi	
Calypogeia integristipula Steph.	
Calypogeia muelleriana (Schiffn.) Müll. Frib. aggr.	
Calypogeia neesiana (C. Massal. & Carestia) Müll. Frib.	
Calypogeia sphagnicola (Arnell & J. Perss.) Warnst. & Loeske	
Calypogeia suecica (Arnell & J. Perss.) Müll. Frib.	
Calypogeia trichomanis auct.	Calypogeia azurea
Camptothecium geheebii (Milde) Kindb.	Brachythecium geheebii
Camptothecium lutescens (Hedw.) Schimp.	Homalothecium lutescens
Camptothecium nitens (Hedw.) Schimp.	Tomentypnum nitens
Camptothecium philippeanum (Spruce) Kindb.	Homalothecium philippeanum
Camptothecium sericeum (Hedw.) Kindb.	Homalothecium sericeum
Camptothecium trichodes Lindb.	Tomentypnum nitens
Campyliadelphus chrysophyllus (Brid.) R. S. Chopra	Campylium chrysophyllum
Campyliadelphus elodes (Lindb.) Kanda	Campylium elodes
Campylium calcareum Crundw. & Nyholm	
Campylium chrysophyllum (Brid.) Lange	
Campylium elodes (Lindb.) Kindb.	–
Campylium halleri (Hedw.) Lindb.	
Campylium polygamum (Schimp.) Lange & C. E. O. Jensen	–
Campylium protensum (Brid.) Kindb.	Campylium stellatum
Campylium sommerfeltii auct.	Campylium calcareum
Campylium stellatum (Hedw.) Lange & C. E. O. Jensen	
Campylophyllum calcareum (Crundw. & Nyholm) Hedenäs	Campylium calcareum
Campylophyllum halleri (Hedw.) M. Fleisch.	Campylium halleri
Campylopus adustus De Not.	Campylopus atrovirens
Campylopus atrovirens De Not.	
Campylopus brevipilus Bruch & Schimp.	–
Campylopus flexuosus (Hedw.) Brid.	
Campylopus fragilis (Brid.) Bruch & Schimp.	
Campylopus gracilis (Mitt.) A. Jaeger	–
Campylopus introflexus (Hedw.) Brid.	
Campylopus introflexus auct. (in älteren Floren)	Campylopus pilifer
Campylopus mildei Limpr.	Campylopus oerstedianus
Campylopus oerstedianus (Müll. Hal.) Mitt.	–
Campylopus pilifer Brid.	–
Campylopus piriformis auct.	Campylopus pyriformis
Campylopus polytrichoides De Not.	Campylopus pilifer
Campylopus pyriformis (Schultz) Brid.	
Campylopus schimperi Milde	Campylopus subulatus aggr.
Campylopus schwarzii Schimp.	Campylopus gracilis
Campylopus subulatus Milde aggr.	–
Campylopus turfaceus auct.	Campylopus pyriformis
Campylostelium saxicola (F. Weber & D. Mohr) Bruch & Schimp.	
Catharinaea angustata (Brid.) Brid.	Atrichum angustatum
Catharinaea hausknechtii (Jur. & Milde) Broth.	Atrichum flavisetum
Catharinaea tenella Röhl.	Atrichum tenellum
Catharinaea undulata (Hedw.) Web. & Mohr	Atrichum undulatum
Catoscopium nigritum (Hedw.) Brid.	
Cephalozia affinis Steph.	Cephalozia lunulifolia aggr.
Cephalozia ambigua C. Massal.	Cephalozia bicuspidata aggr.
Cephalozia bicuspidata (L.) Dumort. aggr.	
Cephalozia catenulata (Huebener) Lindb.	
Cephalozia connivens (Dicks.) Lindb.	
Cephalozia lammersiana (Huebener) F. Lees	Cephalozia bicuspidata
Cephalozia leucantha Spruce	–
Cephalozia loitlesbergeri Schiffn.	–
Cephalozia lunulifolia (Dumort.) Dumort. aggr.	
Cephalozia macrostachya Kaal.	–
Cephalozia media Lindb.	Cephalozia lunulifolia
Cephalozia pleniceps (Austin) Lindb.	
Cephalozia reclusa (Taylor) Dumort.	Cephalozia catenulata
Cephaloziella alpina Douin	Cephaloziella varians
Cephaloziella arctica Bryhn & Douin	Cephaloziella varians
Cephaloziella curnowii Douin	Cephaloziella hampeana
Cephaloziella divaricata (Sm.) Schiffn.	
Cephaloziella elachista (Gottsche & Rabenh.) Schiffn.	
Cephaloziella elegans (Heeg) Schiffn.	Cephaloziella rubella aggr.
Cephaloziella grimsulana (Gottsche & Rabenh.) Lacout.	–
Cephaloziella hampeana (Nees) Schiffn.	Cephaloziella rubella aggr.
Cephaloziella integerrima (Lindb.) Warnst.	–
Cephaloziella limprichtii Warnst.	Cephaloziella stellulifera
Cephaloziella massalongi (Spruce) Müll. Frib.	
Cephaloziella obtusa Culm.	Cephaloziella integerrima
Cephaloziella phyllacantha (C. Massal. & Carestia) Müll. Frib.	
Cephaloziella rubella (Nees) Warnst. aggr.	
Cephaloziella spinigera (Lindb.) Warnst.	–
Cephaloziella starkei auct.	Cephaloziella divaricata
Cephaloziella stellulifera (Spruce) Schiffn.	–
Cephaloziella striatula (C. Jens.) Douin	Cephaloziella spinigera
Cephaloziella subdentata Warnst.	Cephaloziella spinigera
Cephaloziella sullivantii (Austin) A. Evans	Cephaloziella rubella
Cephaloziella varians (Gottsche) Steph.	–
Ceratodon conicus (Müll. Hal.) Lindb.	Ceratodon purpureus aggr.
Ceratodon dimorphus Philib.	Ceratodon purpureus
Ceratodon purpureus (Hedw.) Brid. aggr.	
Chiloscyphus coadunatus (Sw.) J. J. Engel & R. M. Schust.	Lophocolea bidentata
Chiloscyphus minor (Nees) J. J.Engel & R. M. Schust.	Lophocolea minor
Chiloscyphus pallescens (Hoffm.) Dumort.	Chiloscyphus polyanthos aggr.
Chiloscyphus polyanthos (L.) Corda aggr.	
Chiloscyphus profundus (Nees) J. J. Engel & R. M. Schust.	Lophocolea heterophylla
Chrysohypnum chrysophyllum (Brid.) Loeske	Campylium chrysophyllum
Chrysohypnum elodes (Lindb.) Loske	Campylium elodes
Chrysohypnum halleri (Hedw.) G. Roth	Campylium halleri
Chrysohypnum helodes (Lindb.) Loeske	Campylium elodes
Chrysohypnum polygamum (Schimp.) Loeske	Campylium polygamum
Chrysohypnum protensum Brid.	Campylium stellatum
Chrysohypnum sommerfeltii auct.	Campylium calcareum
Chrysohypnum stellatum (Hedw.) Loeske	Campylium stellatum
Cinclidium stygium Sw.	
Cinclidotus aquaticus (Hedw.) Bruch & Schimp.	–
Cinclidotus danubicus Schiffn. & Baumgartner	
Cinclidotus fontinaloides (Hedw.) P. Beauv.	
Cinclidotus mucronatus (Brid.) Mach.	Dialytrichia mucronata
Cinclidotus riparius (Brid.) Arn.	
Cirriphyllum cirrosum (Schwägr.) Grout	
Cirriphyllum crassinervium (Taylor) Loeske & M. Fleisch.	
Cirriphyllum flotowianum (Sendtn.) Ochyra	–
Cirriphyllum germanicum (Grebe) Loeske & M. Fleisch.	Cirriphyllum tommasinii aggr.
Cirriphyllum piliferum (Hedw.) Grout	
Cirriphyllum reichenbachianum (Huebener) Wijk & Margad.	Cirriphyllum flotowianum
Cirriphyllum tenuinerve (Lindb.) Wijk & Margad.	Cirriphyllum tommasinii
Cirriphyllum tommasinii (Boulay) Grout aggr.	
Cirriphyllum vaucheri (Schimp.) Loeske & M. Fleisch.	Cirriphyllum tommasinii
Cirriphyllum velutinoides (Schimp.) Loeske & M. Fleisch.	Cirriphyllum flotowianum
Cladopodiella fluitans (Nees) H. Buch	
Cladopodiella francisci (Hook.) Jørg.	–
Cladopus fluitans (Nees) Meyl.	Cladopodiella fluitans
Cladopus francisci (Hook.) Meyl.	Cladopodiella francisci

Cleistocarpidium palustre (Bruch & Schimp.) Ochyra & Bednarek-Ochyra	Pleuridium palustre
Clevea hyalina (Sommerf.) Lindb.	Athalamia hyalina
Clevea suecica Lindb.	Athalamia hyalina
Climacium dendroides (Hedw.) F. Weber & D. Mohr	
Cnestrum alpestre (Huebener) Mogensen	–
Cnestrum schisti (F. Weber & D. Mohr) I. Hagen	–
Cololejeunea calcarea (Lib.) Schiffn.	
Cololejeunea rossettiana (C. Massal.) Schiffn.	–
Conardia compacta (Müll. Hal.) H. Rob.	
Conocephalum conicum (L.) Dumort. aggr.	
Conocephalum salebrosum Szweyk., Buczk. & Odrzyk.	Conocephalum conicum aggr.
Conostomum boreale Sw.	Conostomum tetragonum
Conostomum tetragonum (Hedw.) Lindb.	
Corsinia coriandrina (Spreng.) Lindb.	
Corsinia marchantioides Raddi	Corsinia coriandrina
Coscinodon cribrosus (Hedw.) Spruce aggr.	
Coscinodon humilis Milde	Coscinodon cribrosus aggr.
Cratoneuron commutatum (Hedw.) G. Roth	Palustriella commutata
Cratoneuron curvicaule (Jur.) G. Roth	Cratoneuron filicinum aggr.
Cratoneuron decipiens (De Not.) Loeske	Palustriella decipiens
Cratoneuron falcatum (Brid.) G. Roth	Palustriella falcata
Cratoneuron filicinum (Hedw.) Spruce aggr.	
Cratoneuron irrigatum (Zett.) G. Roth	Palustriella commutata
Cratoneuron ptychodioides (G. Roth) J. J. Amann	Palustriella commutata
Cratoneuron sulcatum (Lindb.) G. Roth	Palustriella commutata
Crossidium aberrans Holz. & E. B. Bertram	–
Crossidium griseum (Jur.) Jur.	Crossidium squamiferum
Crossidium squamiferum (Viv.) Jur.	
Crossidium squamigerum auct.	Crossidium squamiferum
Crossocalyx hellerianus (Lindenb.) Meyl.	Anastrophyllum hellerianum
Cryphaea arborea (P. Beauv.) Lindb.	Cryphaea heteromalla
Cryphaea heteromalla (Hedw.) D. Mohr	–
Cryphaea lamyana (Mont.) Müll. Hal	
Ctenidium molluscum (Hedw.) Mitt.	
Ctenidium procerrimum (Molendo) Lindb.	Hypnum procerrimum
Ctenidium subplumiferum Kindb.	Ctenidium molluscum
Cylindrothecium cladorrhizans (Hedw.) Schimp.	Entodon cladorrhizans
Cylindrothecium orthocarpum (Brid.) Torre & Sarnth.	Entodon concinnus
Cylindrothecium schleicheri (Schimp.) Schimp.	Entodon schleicheri
Cynodontium alpestre (Huebener) Milde	Cnestrum alpestre
Cynodontium bruntonii (Sm.) Bruch & Schimp.	–
Cynodontium fallax Limpr.	Cynodontium gracilescens aggr.
Cynodontium gracilescens (F. Weber & D. Mohr) Schimp. aggr.	
Cynodontium polycarpon (Hedw.) Schimp. aggr.	
Cynodontium schisti (F. Weber & D. Mohr) I. Hagen	Cnestrum schisti
Cynodontium strumiferum (Hedw.) Lindb.	Cynodontium polycarpon aggr.
Cynodontium tenellum (Schimp.) Limpr.	–
Cynodontium torquescens Limpr.	Cynodontium tenellum
Cynodontium virens (Hedw.) Schimp.	Oncophorus virens
Cynodontium wahlenbergii (Brid.) Hartm.	Oncophorus wahlenbergii
Cyrtomnium hymenophylloides (Huebener) T. J. Koponen	–
Dendrocryphaea lamyana (Mont.) P. Rao	Cryphaea lamyana
Desmatodon cernuus (Huebener) Bruch & Schimp.	–
Desmatodon latifolius (Hedw.) Brid.	
Desmatodon laureri (Schultz) Bruch & Schimp.	–
Desmatodon leucostoma (R. Br.) Berggr.	–
Desmatodon suberectus (Hook.) Limpr.	Desmatodon leucostoma
Desmatodon systylius Schimp.	–
Desmatodon wilczekii Meyl.	–
Dialytrichia brebissonii Schimp.	Dialytrichia mucronata
Dialytrichia mucronata (Brid.) Broth. aggr.	
Dichelyma falcatum (Hedw.) Myrin	
Dichodontium flavescens (Dicks.) Lindb.	Dichodontium pellucidum aggr.
Dichodontium palustre (Dicks.) Stech	
Dichodontium pellucidum (Hedw.) Schimp. aggr.	
Dichodontium serrulatum (Funck) Loeske	Oreoweisia torquescens
Dicranella cerviculata (Hedw.) Schimp.	
Dicranella crispa (Hedw.) Schimp.	–
Dicranella curvata (Hedw.) Schimp.	Dicranella subulata
Dicranella grevilleana (Brid.) Schimp.	–
Dicranella heteromalla (Hedw.) Schimp.	
Dicranella howei Renauld & Cardot	Dicranella varia aggr.
Dicranella rubra Lindb.	Dicranella varia
Dicranella rufescens (Dicks.) Schimp.	–
Dicranella schreberi Schimp.	Dicranella schreberiana
Dicranella schreberiana (Hedw.) Dixon	
Dicranella secunda Lindb.	Dicranella subulata
Dicranella squarrosa (Schrad.) Schimp.	Dichodontium palustre
Dicranella staphylina H. Whitehouse	

Dicranella subulata (Hedw.) Schimp.	
Dicranella varia (Hedw.) Schimp. aggr.	
Dicranodontium alpinum (Schimp.) Giacom.	Dicranodontium denudatum
Dicranodontium aristatum Schimp.	Dicranodontium asperulum
Dicranodontium asperulum (Mitt.) Broth.	–
Dicranodontium circinatum (Wils.) Schimp.	Dicranodontium uncinatum
Dicranodontium denudatum (Brid.) E. Britton	
Dicranodontium longirostre (F. Weber & D. Mohr)	Dicranodontium denudatum
Dicranodontium subfalcatum (Limpr.) Loeske & Osterw.	Dicranodontium uncinatum
Dicranodontium uncinatum (Harv.) A. Jaeger	–
Dicranoweisia cirrata (Hedw.) Lindb.	
Dicranoweisia compacta (Schwägr.) Schimp.	Dicranoweisia crispula aggr.
Dicranoweisia crispula (Hedw.) Milde aggr.	
Dicranoweisia intermedia J. J. Amann	Dicranoweisia crispula
Dicranum acutifolium (Lindb. & Arnell) C. E. O. Jensen	–
Dicranum albicans Schwägr.	Paraleucobryum enerve
Dicranum bergeri Blandow	Dicranum undulatum
Dicranum blyttii Bruch & Schimp.	Kiaeria blyttii
Dicranum bonjeanii De Not.	Dicranum scoparium aggr.
Dicranum brevifolium (Lindb.) Lindb.	–
Dicranum congestum Brid.	Dicranum flexicaule
Dicranum dispersum Engelmark	Dicranum muehlenbeckii aggr.
Dicranum elongatum Schwägr.	
Dicranum falcatum Hedw.	Kiaeria falcata
Dicranum flagellare Hedw.	
Dicranum flexicaule Brid.	Dicranum fuscescens aggr.
Dicranum fulvellum (Dicks.) Sm.	Arctoa fulvella
Dicranum fulvum Hook.	
Dicranum fuscescens Sm.	
Dicranum latifolium J. J. Amann	Dicranum bonjeanii
Dicranum longifolium Hedw.	Paraleucobryum longifolium
Dicranum majus Sm.	
Dicranum montanum Hedw.	
Dicranum muehlenbeckii Bruch & Schimp. aggr.	
Dicranum neglectum De Not.	Dicranum spadiceum
Dicranum polysetum anon.	
Dicranum pumilum Saut.	Kiaeria falcata
Dicranum sauteri Bruch & Schimp.	Paraleucobryum sauteri
Dicranum scoparium Hedw. aggr.	
Dicranum sendtneri Limpr.	Dicranum elongatum
Dicranum spadiceum J. E. Zetterst.	–
Dicranum spurium Hedw.	
Dicranum starkei F. Weber & D. Mohr	Kiaeria starkei
Dicranum strictum D. Mohr	Dicranum tauricum
Dicranum tauricum Sapjegin	
Dicranum transsylvanicum Lüth	Dicranum scoparium aggr.
Dicranum undulatum Brid.	
Dicranum undulatum F. Weber & D. Mohr (z.B. in Burck 1947)	Dicranum polysetum
Dicranum viride (Sull. & Lesq.) Lindb.	
Didymodon acutus (Brid.) K. Saito aggr.	
Didymodon alpigenus auct.	Bryoerythrophyllum alpigenum
Didymodon asperifolius (Mitt.) H. A. Crum, Steere & L. E. Anderson	–
Didymodon cordatus Jur.	
Didymodon fallax (Hedw.) R. H. Zander	
Didymodon ferrugineus (Besch.) M. O. Hill	
Didymodon giganteus (Funck) Jur.	
Didymodon glaucus Ryan	Didymodon rigidulus aggr.
Didymodon icmadophilus (Müll. Hal.) K. Saito	Didymodon acutus aggr.
Didymodon insulanus (De Not.) M. O. Hill	Didymodon vinealis aggr.
Didymodon johansenii (R. S. Williams) H. A. Crum	
Didymodon luridus Hornsch.	–
Didymodon rigidulus Hedw. aggr.	
Didymodon rubellus Bruch & Schimp.	Bryoerythrophyllum recurvirostrum
Didymodon ruber Geh.	Bryoerythrophyllum rubrum
Didymodon sinuosus (Mitt.) Delogne	–
Didymodon spadiceus (Mitt.) Limpr.	
Didymodon subandreaeoides (Kindb.) R. H. Zander	–
Didymodon tophaceus (Brid.) Lisa	
Didymodon verbanus (W. E. Nicolson & Dixon) Loeske	Didymodon rigidulus aggr.
Didymodon vinealis (Brid.) R. H. Zander aggr.	
Diobelon squarrosum (Schrad.) Hampe	Dichodontium palustre
Diphyscium foliosum (Hedw.) D. Mohr	
Diphyscium sessile Lindb.	Diphyscium foliosum
Diplophyllum albicans (L.) Dumort. aggr.	
Diplophyllum gymnostomophilum (Kaal.) Kaal.	Scapania gymnostomophila
Diplophyllum obtusifolium (Hook.) Dumort.	
Diplophyllum taxifolium (Wahlenb.) Dumort.	
Dissodon froelichianus (Hedw.) Grev. & Arnott	Tayloria froelichiana

Dissodon splachnoides Grev. & Arnott	Tayloria lingulata
Distichium capillaceum (Hedw.) Bruch & Schimp. aggr.	
Distichium inclinatum (Hedw.) Bruch & Schimp.	Distichium capillaceum aggr.
Distichium montanum I. Hagen	Distichium capillaceum
Distichophyllum carinatum Dixon & W. E. Nicholson	
Ditrichum crispatissimum (Müll. Hal.) Paris	Ditrichum gracile
Ditrichum cylindricum (Hedw.) Grout	
Ditrichum flexicaule Schwägr.) Hampe aggr.	
Ditrichum glaucescens (Hedw.) Hampe	Saelania glaucescens
Ditrichum gracile (Mitt.) Kuntze	Ditrichum flexicaule aggr.
Ditrichum heteromallum (Hedw.) E. Britton aggr.	
Ditrichum homomallum (Hedw.) Hampe	Ditrichum heteromallum
Ditrichum lineare (Sw.) Lindb.	–
Ditrichum nivale (Müll. Hal.) Limpr.	Ditrichum pusillum
Ditrichum pallidum (Hedw.) Hampe	
Ditrichum pusillum (Hedw.) Hampe	
Ditrichum tenuifolium Lindb.	Ditrichum cylindricum
Ditrichum tortile (Schrad.) Brockm.	Ditrichum pusillum
Ditrichum vaginans (Sull.) Hampe	Ditrichum lineare
Ditrichum zonatum (Brid.) Kindb.	Ditrichum heteromallum aggr.
Drepanium arcuatum C. Jens.	Hypnum lindbergii
Drepanium bambergeri (Schimp.) C. Jens.	Hypnum bambergeri
Drepanium callichroum (Brid.) C. Jens.	Hypnum callichroum
Drepanium cupressiforme (Hedw.) G. Roth	Hypnum cupressiforme
Drepanium dolomiticum (Milde) G. Roth	Hypnum revolutum
Drepanium fastigiatum (Brid.) C. Jens.	Hypnum recurvatum
Drepanium fertile (Sendtn.) G. Roth	Hypnum fertile
Drepanium hamulosum (Schimp.) C. Jens.	Hypnum hamulosum
Drepanium imponens (Hedw.) G. Roth	Hypnum imponens
Drepanium pallescens (Hedw.) G. Roth	Hypnum pallescens
Drepanium pratense (Rabenh.) C. Jens.	Hypnum pratense
Drepanium reptile (Michx.) G. Roth	Hypnum pallescens
Drepanium resupinatum (Taylor) G. Roth	Hypnum cupressiforme
Drepanium revolutum (Mitt.) C. Jens.	Hypnum revolutum
Drepanium sauteri (Schimp.) G. Roth	Hypnum sauteri
Drepanium vaucheri (Lesq.) G. Roth	Hypnum vaucheri
Drepanocladus aduncus (Hedw.) Warnst.	
Drepanocladus aquaticus (Sanio) Warnst.	Drepanocladus aduncus
Drepanocladus contiguus (Nees) Loeske	Sanionia uncinata
Drepanocladus cossonii (Schimp.) Loeske	Scorpidium cossonii
Drepanocladus exannulatus (Schimp.) Warnst.	Warnstorfia exannulata
Drepanocladus fluitans (Hedw.) Warnst.	Warnstorfia fluitans
Drepanocladus hamifolius (Schimp.) G. Roth	Drepanocladus sendtneri
Drepanocladus intermedius (Lindb.) Warnst.	Scorpidium cossonii
Drepanocladus kneiffii (Schimp.) Warnst.	Drepanocladus aduncus
Drepanocladus lycopodioides (Brid.) Warnst.	Pseudocalliergon lycopodioides
Drepanocladus orthophyllus (Milde) Warnst.	Warnstorfia exannulata
Drepanocladus polycarpus (Voit) Warnst.	Drepanocladus aduncus
Drepanocladus polygamus (Schimp.) Hedenäs	Campylium polygamum
Drepanocladus pseudofluitans (Sanio) Warnst.	Drepanocladus aduncus
Drepanocladus pseudostramineus (Müll. Hal.) G. Roth	Warnstorfia pseudostraminea
Drepanocladus purpurascens (Schimp.) Loeske	Warnstorfia exannulata
Drepanocladus revolvens (anon.) Warnst.	Scorpidium revolvens
Drepanocladus rotae De Not.	Warnstorfia exannulata
Drepanocladus schulzei G. Roth	Warnstorfia fluitans
Drepanocladus sendtneri (H. Müll.) Warnst.	–
Drepanocladus sordidus (Müll. Hal.) Hedenäs	–
Drepanocladus tenuis (Limpr.) Warnst.	Drepanocladus aduncus
Drepanocladus uncinatus (Hedw.) Warnst.	Sanionia uncinata
Drepanocladus vernicosus (Mitt.) Warnst.	Hamatocaulis vernicosus
Drepanocladus wilsoni (Lindb.) Loeske	Drepanocladus sendtneri
Dryptodon anomalus (Schimp.) Loeske	Grimmia anomala
Dryptodon atratus (Hoppe & Hornsch.) Limpr.	Grimmia atrata
Dryptodon hartmanii (Schimp.) Limpr.	Grimmia hartmanii
Dryptodon patens (Hedw.) Brid.	Grimmia ramondii
Encalypta affinis R. Hedw.	
Encalypta alpina Sm.	
Encalypta apophysata Nees & Hornsch.	Encalypta affinis
Encalypta ciliata Hedw.	
Encalypta commutata Nees & Hornsch.	Encalypta alpina
Encalypta contorta Lindb.	Encalypta streptocarpa
Encalypta longicolla Bruch	–
Encalypta macounii Austin	Encalypta affinis
Encalypta microstoma Bals.-Criv. & De Not.	–
Encalypta rhabdocarpa auct.	Encalypta rhaptocarpa
Encalypta rhaptocarpa Schwägr.	Encalypta vulgaris aggr.
Encalypta spathulata Müll. Hal.	Encalypta vulgaris aggr.
Encalypta streptocarpa Hedw.	
Encalypta vulgaris Hedw. aggr.	
Enthostodon ericetorum auct.	Funaria obtusa

Enthostodon fascicularis auct.	Funaria fascicularis
Enthostodon templetoni auct.	Funaria attenuata
Entodon cladorrhizans (Hedw.) Müll. Hal. aggr.	
Entodon concinnus (De Not.) Paris	
Entodon orthocarpus (Brid.) Lindb.	Entodon concinnus
Entodon schleicheri (Schimp.) Demet.	Entodon cladorrhizans aggr.
Entodon schreberi (Brid.) Mönk.	Pleurozium schreberi
Entosthodon attenuatus (Dicks.) Bryhn	Funaria attenuata
Entosthodon fascicularis (Hedw.) Müll. Hal.	Funaria fascicularis
Entosthodon muhlenbergii (Turner) Fife	Funaria muehlenbergii
Entosthodon obtusus (Hedw.) Lindb.	Funaria obtusa
Entosthodon pulchellus (H. Philib.) Brugués	Funaria pulchella
Ephemerella recurvifolia (Dicks.) Schimp.	Ephemerum recurvifolium
Ephemerum cohaerens (Hedw.) Hampe	
Ephemerum minutissimum Lindb.	Ephemerum serratum aggr.
Ephemerum recurvifolium (Dicks.) Boulay	
Ephemerum serratum (Hedw.) Hampe aggr.	
Epipterygium tozeri (Grev) Lindb.	
Eremonotus myriocarpus (Carrington) Pearson	
Erythrophyllum rubellum (Hoffm.) Loeske	Bryoerythrophyllum alpigenum
Erythrophyllum rubrum (Jur.) Loeske	Bryoerythrophyllum rubrum
Eucalyx hyalinus (Lyell) Breidl.	Jungermannia hyalina
Eucalyx obovatus (Nees) Breidl.	Jungermannia obovata
Eucalyx subellipticus (Kaal.) Breidl.	Jungermannia subelliptica
Eucladium styriacum Glow.	Eucladium verticillatum
Eucladium verticillatum (With.) Bruch & Schimp.	
Eurhynchiastrum pulchellum (Hedw.) Ignatov & Huttunen	Eurhynchium pulchellum
Eurhynchium angustirete (Broth.) T. J. Kop.	Eurhynchium striatum aggr.
Eurhynchium circinatum (Brid.) Schimp.	Scorpiurium circinatum
Eurhynchium cirrosum (Schimp.) Husn.	Cirriphyllum cirrosum
Eurhynchium crassinervium (Taylor) Schimp.	Cirriphyllum crassinervium
Eurhynchium diversifolium Schimp.	Eurhynchium pulchellum
Eurhynchium flotowianum (Sendtn.) Kartt.	Cirriphyllum flotowianum
Eurhynchium germanicum Grebe	Cirriphyllum germanicum
Eurhynchium hians (Hedw.) Sande Lac.	
Eurhynchium piliferum (Hedw.) Schimp.	Cirriphyllum piliferum
Eurhynchium praelongum (Hedw.) Schimp.	
Eurhynchium pulchellum (Hedw.) Jenn.	
Eurhynchium pumilum (Wils.) Loeske	–
Eurhynchium rusciforme Milde	Rhynchostegium riparioides
Eurhynchium schleicheri (R. Hedw.) Milde	–
Eurhynchium speciosum (Brid.) Jur.	
Eurhynchium stokesii (Turner) Schimp.	Eurhynchium praelongum
Eurhynchium striatulum (Spruce) Schimp.	
Eurhynchium striatum (Hedw.) Schimp. aggr.	
Eurhynchium strigosum (F. Weber & D. Mohr) Schimp.	Eurhynchium pulchellum
Eurhynchium swartzii (Turner) Curn.	Eurhynchium hians
Eurhynchium vaucheri (Lesq.) Schimp.	Cirriphyllum tommasinii
Eurhynchium velutinoides Schimp.	Cirriphyllum flotowianum
Eurhynchium zetterstedtii Størmer	Eurhynchium angustirete
Fabronia ciliaris (Brid.) Brid.	–
Fabronia octoblepharis Schwaegr.	Fabronia ciliaris
Fabronia pusilla Raddi	
Fegatella conica (L.) Corda	Conocephalum conicum
Fimbriaria fragrans (Schleich.) Nees	Asterella saccata
Fimbriaria lindenbergiana Nees	Asterella lindenbergiana
Fimbriaria ludwigii auct.	Asterella gracilis
Fimbriaria pilosa (Wahlenb.) Nees	Asterella gracilis
Fimbriaria saccata (Wahlenb.) Nees	Asterella saccata
Fissidens adianthoides Hedw. aggr.	
Fissidens bambergeri Milde	Fissidens viridulus
Fissidens bryoides Hedw. aggr.	
Fissidens celticus Paton	
Fissidens crassipes Bruch & Schimp.	
Fissidens crispus Mont.	Fissidens bryoides aggr.
Fissidens cristatus Mitt.	Fissidens dubius
Fissidens curnovii Mitt.	Fissidens bryoides
Fissidens decipiens De Not.	Fissidens dubius
Fissidens dubius P. Beauv.	Fissidens adianthoides aggr.
Fissidens exilis Hedw.	
Fissidens fontanus (Bach. Pyl.) Steud.	
Fissidens gracilifolius Brugg. Nann. & Nyholm	Fissidens bryoides aggr.
Fissidens grandifrons Brid.	
Fissidens gymnandrus Büse	Fissidens bryoides aggr.
Fissidens incurvus Röhl.	Fissidens viridulus
Fissidens mildeanus Schimp.	Fissidens crassipes
Fissidens minutulus Sull.	Fissidens crispus
Fissidens osmundoides Hedw.	
Fissidens pusillus (Wils.) Milde	Fissidens bryoides aggr.

Fissidens rivularis (Spruce) Schimp.	
Fissidens rufulus Bruch & Schimp.	–
Fissidens taxifolius Hedw. aggr.	
Fissidens viridulus (anon.) Wahlenb.	Fissidens bryoides aggr.
Fontinalis antipyretica Hedw. aggr.	
Fontinalis arvernica (Ren.) Card.	Fontinalis antipyretica
Fontinalis gigantea Sull.	Fontinalis antipyretica
Fontinalis gracilis Lindb.	Fontinalis antipyretica
Fontinalis hypnoides C. Hartm.	–
Fontinalis kindbergii Renauld & Cardot	Fontinalis antipyretica aggr.
Fontinalis seriata Lindb.	Fontinalis hypnoides
Fontinalis squamosa Hedw.	
Fossombronia angulosa (Dicks.) Raddi	–
Fossombronia caespitiformis Rabenh.	–
Fossombronia dumortieri Lindb.	Fossombronia foveolata
Fossombronia foveolata Lindb.	–
Fossombronia incurva Lindb.	–
Fossombronia pusilla (L.) Nees	
Fossombronia wondraczekii (Corda) Lindb.	
Frullania dilatata (L.) Dumort. aggr.	
Frullania fragilifolia (Tayl.) Gottsche et al.	
Frullania inflata Gottsche	–
Frullania jackii Gottsche	
Frullania parvistipula Steph.	Frullania dilatata aggr.
Frullania riparia Lehm.	
Frullania tamarisci (L.) Dumort.	
Funaria attenuata (Dicks.) Lindb.	–
Funaria dentata Crome	Funaria muehlenbergii
Funaria fascicularis (Hedw.) Lindb.	
Funaria hygrometrica Hedw.	
Funaria mediterranea Lindb.	Funaria muehlenbergii
Funaria microstoma Schimp.	
Funaria muehlenbergii Turner	
Funaria obtusa (Hedw.) Lindb.	–
Funaria pulchella H. Philib.	–
Geheebia gigantea (Funck) Boulay	Didymodon giganteus
Geocalyx graveolens (Schrad.) Nees	–
Georgia pellucida (Hedw.) Rabenh.	Tetraphis pellucida
Grimaldia controversa Meyl.	Mannia fragrans
Grimaldia dichotoma auct.	Mannia androgyna
Grimaldia fragrans (Balb.) Corda	Mannia fragrans
Grimaldia pilosa (Hornem.) Lindb.	Mannia pilosa
Grimaldia rupestris (Scop.) Grolle	Mannia triandra
Grimmia affinis Hornsch.	Grimmia longirostris Hook.
Grimmia alpestris (F. Weber & D. Mohr) Schleich. aggr.	
Grimmia alpicola auct.	Schistidium rivulare
Grimmia andreaeoides Limpr.	Didymodon subandreaeoides
Grimmia anodon Bruch & Schimp.	
Grimmia anomala Schimp.	–
Grimmia apiculata Hornsch.	Grimmia fuscolutea
Grimmia apocarpa Hedw.	Schistidium apocarpum
Grimmia arenaria Hampe	Grimmia donniana
Grimmia atrata Hornsch.	
Grimmia caespiticia (Brid.) Jur.	Grimmia alpestris aggr.
Grimmia calvescens Kindb.	Grimmia funalis
Grimmia campestris Hook.	Grimmia laevigata
Grimmia cardotii Sebille	Grimmia tergestina
Grimmia commutata Huebener	Grimmia ovalis
Grimmia crinita Brid.	
Grimmia decipiens (Schultz) Lindb.	–
Grimmia dissimulata E. Maier	–
Grimmia doniana auct.	Grimmia donniana
Grimmia donniana Sm. aggr.	
Grimmia elatior Bals.-Criv. & De Not. aggr.	
Grimmia elongata Kaulf.	–
Grimmia flaccida (De Not.) Lindb.	Schistidium pulvinatum
Grimmia funalis (Schwägr.) Bruch & Schimp.	
Grimmia fuscolutea Hook.	–
Grimmia hartmanii Schimp.	Grimmia trichophylla aggr.
Grimmia holleri Mol.	Grimmia fuscolutea
Grimmia incurva Schwägr.	Grimmia donniana aggr.
Grimmia laevigata (Brid.) Brid.	–
Grimmia leucophaea Grev.	Grimmia laevigata
Grimmia limprichtii Kern	Grimmia tergestina
Grimmia lisae De Not.	–
Grimmia longirostris Hook.	
Grimmia mollis Bruch & Schimp.	Hydrogrimmia mollis
Grimmia montana Bruch & Schimp.	–
Grimmia muehlenbeckii Schimp.	Grimmia trichophylla aggr.
Grimmia orbicularis Wilson	
Grimmia ovalis (Hedw.) Lindb. aggr.	

Grimmia ovalis auct. (nach Mönkemeyer 1927 und Burck 1947)	Grimmia longirostris
Grimmia ovata Schwägr.	Grimmia longirostris
Grimmia poecilostoma Cardot & Sebille	Grimmia tergestina
Grimmia pulvinata (Hedw.) Sm.	
Grimmia ramondii (DC.) Margad.	
Grimmia reflexidens Müll. Hal.	Grimmia sessitana
Grimmia sessitana De Not.	Grimmia alpestris aggr.
Grimmia sudetica Schwägr.	Grimmia alpestris
Grimmia teretinervis Limpr.	Schistidium teretinerve
Grimmia tergestina Bruch & Schimp.	–
Grimmia tergestinoides Culm.	Grimmia tergestina
Grimmia torquata Drumm.	
Grimmia trichophylla Grev. aggr.	
Grimmia triformis Carestia & De Not.	Grimmia donniana
Grimmia unicolor Hook.	–
Gymnocolea inflata (Huds.) Dumort.	
Gymnomitrion adustum Nees	Marsupella adusta
Gymnomitrion alpinum (Limpr.) Schiffn.	Marsupella alpina
Gymnomitrion apiculatum (Schiffn.) Müll. Frib.	
Gymnomitrion commutatum (Limpr.) Schiffn.	Marsupella commutata
Gymnomitrion concinnatum (Lightf.) Corda	
Gymnomitrion corallioides Nees	
Gymnomitrion obtusum Lindb.	–
Gymnomitrion revolutum (Nees) Philib.	Apomarsupella revoluta
Gymnomitrion varians (Lindb.) Schiffn.	Marsupella brevissima
Gymnostomum aeruginosum Sm. aggr.	
Gymnostomum calcareum Nees & Hornsch.	Gymnostomum aeruginosum aggr.
Gymnostomum rupestre Schwägr.	Gymnostomum aeruginosum
Gymnostomum viridulum Brid.	
Gyroweisia acutifolia Philib.	Gyroweisia tenuis
Gyroweisia tenuis (Hedw.) Schimp.	
Habrodon perpusillus (De Not.) Lindb.	–
Hamatocaulis vernicosus (Mitt.) Hedenäs	
Haplocladium angustifolium (Hampe & Müll. Hal.) Broth.	–
Haplocladium virginianum (Brid.) Broth.	–
Haplohymenium triste (Ces.) Kindb.	Anomodon tristis
Haplomitrium hookeri (Sm.) Nees	
Haplozia atrovirens (Dumort.) Dumort.	Jungermannia atrovirens
Haplozia breidleri Müll. Frib.	Jungermannia confertissima
Haplozia cordifolia Dumort.	Jungermannia exsertifolia
Haplozia crenulata (Sm.) Dumort.	Jungermannia gracillima
Haplozia pumila (With.) Dumort.	Jungermannia pumila
Haplozia riparia (Taylor) Dumort.	Jungermannia atrovirens
Haplozia schiffneri Loitl.	Jungermannia polaris
Haplozia sphaerocarpa (Hook.) Dumort.	Jungermannia sphaerocarpa
Harpalejeunea molleri (Steph.) Grolle	
Harpalejeunea ovata auct.	Harpalejeunea molleri
Harpanthus flotovianus (Nees) Nees	–
Harpanthus scutatus (F. Weber & D. Mohr) Spruce	
Hedwigia albicans Lindb.	Hewigia ciliata
Hedwigia ciliata (Hedw.) P. Beauv. aggr.	
Hedwigia stellata Hedenäs	Hewigia ciliata aggr.
Helodium blandowii (F. Weber & D. Mohr) Warnst.	–
Hennediella heimii (Hedw.) R. H. Zander	Pottia heimii
Herzogiella seligeri (Brid.) Z. Iwats.	
Herzogiella striatella (Brid.) Z. Iwats.	
Heterocladium dimorphum (Brid.) Schimp.	
Heterocladium flaccidum (Schimp.) A. J. E. Sm.	Heterocladium heteropterum
Heterocladium heteropterum (Brid.) Schimp. aggr.	–
Heterocladium squarrosulum Lindb.	Heterocladium dimorphum
Heterophyllium haldanianum (Grev.) M. Fleisch.	Callicladium haldanianum
Heterophyllium lorentzianum (Mol.) G. Roth	Brotherella lorentziana
Heterophyllon haldanianum auct.	Callicladium haldanianum
Homalia besseri Lobarz.	Neckera besseri
Homalia trichomanoides (Hedw.) Brid.	
Homalothecium fallax H. Philib.	Homalothecium lutescens
Homalothecium geheebii (Milde) Wigh	Brachythecium geheebii
Homalothecium lutescens (Hedw.) H. Rob.	
Homalothecium nitens (Hedw.) H. Rob.	Tomentypnum nitens
Homalothecium philippeanum (Spruce) Schimp.	
Homalothecium sericeum (Hedw.) Schimp.	
Homomallium blyttii Schimp.	Homomallium incurvatum
Homomallium incurvatum (Brid.) Loeske	
Hookeria lucens (Hedw.) Sm.	
Hydrogrimmia mollis (Bruch & Schimp.) Loeske	
Hygroamblystegium humile (P. Beauv.) Vanderp., Goffinet & Hedenäs	Amblystegium humile
Hygroamblystegium fluviatile (Hedw.) Loeske	Amblystegium fluviatile
Hygroamblystegium tenax (Hedw.) Jenn.	Amblystegium tenax
Hygroamblystegium varium (Hedw.) Mönk.	Amblystegium varium

Hygrobiella laxifolia (Hook.) Spruce	
Hygrohypnum alpestre (Hedw.) Loeske	–
Hygrohypnum alpinum (Lindb.) Loeske	–
Hygrohypnum arcticum (Somm.) Loeske	Hygrohypnum smithii
Hygrohypnum cochlearifolium (Venturi) Broth.	–
Hygrohypnum dilatatum (Wilson) Loeske	Hygrohypnum duriusculum
Hygrohypnum duriusculum (De Not) D. W. Jamieson	
Hygrohypnum eugyrium (Schimp.) Broth.	
Hygrohypnum luridum (Hedw.) Jenn.	
Hygrohypnum molinarium (G. Roth) J. J. Amann & Meyl.	Hygrohypnum luridum
Hygrohypnum molle (Hedw.) Loeske	–
Hygrohypnum norvegicum (Schimp.) J. J. Amann	–
Hygrohypnum ochraceum (Wilson) Loeske	–
Hygrohypnum palustre Loeske	Hygrohypnum luridum
Hygrohypnum rivulare Broth.	Hygrohypnum alpestre
Hygrohypnum smithii (Sw.) Broth.	
Hygrohypnum styriacum (Limpr.) Broth.	–
Hygrohypnum viridulum Broth.	
Hylocomiastrum pyrenaicum (Spruce) M. Fleisch.	Hylocomium pyrenaicum
Hylocomiastrum umbratum (Hedw.) M. Fleisch.	Hylocomium umbratum
Hylocomium alaskanum (Lesq. & James) Aust.	Hylocomium spendens
Hylocomium brevirostre (Brid.) Schimp.	
Hylocomium calvescens Kindb.	Rhytidiadelphus subpinnatus
Hylocomium loreum (Hedw.) Schimp.	Rhytidiadelphus loreus
Hylocomium proliferum (Brid.) Lindb.	Hylocomium splendens
Hylocomium pyrenaicum (Spruce) M. Fleisch.	
Hylocomium schreberi (Hedw.) De Not.	Pleurozium schreberi
Hylocomium splendens (Hedw.) Schimp.	
Hylocomium squarrosum (Hedw.) Schimp.	Rhytidiadelphus squarrosus
Hylocomium triquetrum (Hedw.) Schimp.	Rhytidiadelphus triquetrus
Hylocomium umbratum (Hedw.) Schimp.	
Hymenostomum meylani J. J. Amann	Weissia brachycarpa
Hymenostomum microstomum (Hedw.) R. Braun	Weissia brachycarpa
Hymenostomum tortile (Schwägr.) Bruch & Schimp.	Weissia condensa
Hymenostylium curvirostre Mitt.	Hymenostylium recurvirostrum
Hymenostylium recurvirostrum (Hedw.) Dixon	
Hyophila involuta (Hook.) A. Jaeger	
Hyophila riparia (Aust.) M. Fleisch.	Hyophila involuta
Hypnum andoi A. J. E. Sm.	Hypnum cupressiforme aggr.
Hypnum arcuatum Lindb.	Hypnum lindbergii
Hypnum bambergeri Schimp.	
Hypnum callichroum Brid.	
Hypnum cupressiforme Hedw. aggr.	
Hypnum ericetorum (Schimp.) Loeske	Hypnum jutlandicum
Hypnum fastigiatum Brid.	Hypnum recurvatum
Hypnum fertile Sendtn.	
Hypnum hamulosum Schimp.	–
Hypnum imponens Hedw.	Hypnum cupressiforme aggr.
Hypnum incurvatum Brid.	Homomallium incurvatum
Hypnum jutlandicum Holmen & E. Warncke	Hypnum cupressiforme aggr.
Hypnum lacunosum (Brid.) Brid.	Hypnum cupressiforme
Hypnum lindbergii Mitt.	
Hypnum mamillatum auct.	Hypnum andoi
Hypnum mammillatum (Brid.) Loeske	Hypnum andoi
Hypnum pallescens (Hedw.) P. Beauv.	
Hypnum pratense Spruce	
Hypnum procerrimum Molendo	
Hypnum recurvatum (Lindb. & Arnell) Kindb.	
Hypnum resupinatum Taylor	Hypnum cupressiforme
Hypnum revolutum (Mitt.) Lindb.	
Hypnum sauteri Schimp.	–
Hypnum vaucheri Lesq.	
Isopaches bicrenatus (Hoffm.) H. Buch	Lophozia bicrenata
Isopaches decolorans (Limpr.) H. Buch	Lophozia decolorans
Isopterygiopsis muelleriana (Schimp.) Z. Iwats.	Isopterygium muellerianum
Isopterygiopsis pulchella (Hedw.) Z. Iwats.	Isopterygium pulchellum
Isopterygium depressum (Brid.) Mitt.	Taxiphyllum wissgrillii
Isopterygium elegans (Brid.) Lindb.	
Isopterygium muellerianum (Schimp.) A. Jaeger	
Isopterygium pulchellum (Hedw.) A. Jaeger	
Isopterygium silesiacum (Web. & Mohr) Kindb.	Herzogiella seligeri
Isothecium alopecuroides (Dubois) Isov.	
Isothecium filescens (Brid.) Mönk.	Eurhynchium striatulum
Isothecium muyurum auct.	Isothecium alopecuroides
Isothecium myosuroides Brid. aggr.	
Isothecium viviparum Lindb.	Isothecium alopecuroides
Jamesoniella autumnalis (DC.) Steph.	
Jamesoniella undulifolia (Nees) Müll. Frib.	–
Jungermannia atrovirens Dumort.	
Jungermannia borealis Damsholt & Váňa	–
Jungermannia confertissima Nees	
Jungermannia cordifolia auct.	Jungermannia exsertifolia
Jungermannia exsertifolia Steph.	
Jungermannia gracillima Sm.	
Jungermannia hyalina Lyell aggr.	
Jungermannia lanceolata auct.	Jungermannia subulata
Jungermannia leiantha Grolle	Jungermannia subulata aggr.
Jungermannia obovata Nees	Jungermannia hyalina aggr.
Jungermannia polaris Lindb.	
Jungermannia polita Nees	Tritomaria polita
Jungermannia pumila With.	
Jungermannia sphaerocarpa Hook.	
Jungermannia subelliptica (Kaal.) Levier	Jungermannia hyalina aggr.
Jungermannia subulata A. Evans aggr.	
Kiaeria blyttii (Bruch & Schimp.) Broth.	–
Kiaeria falcata (Hedw.) I. Hagen	
Kiaeria starkei (F. Weber & D. Mohr) I. Hagen	
Kindbergia praelonga (Hedw.) Ochyra	Eurhynchium praelongum
Kurzia pauciflora (Dicks.) Grolle	
Kurzia trichoclados (Müll. Frib.) Grolle	
Leiocolea badensis (Gottsche) Jørg.	
Leiocolea bantriensis (Hook.) Jørg. aggr.	
Leiocolea collaris (Nees) Schljakov	Leiocolea bantriensis aggr.
Leiocolea gillmanii (Austin) A. Evans	–
Leiocolea heterocolpos (Hartm.) H. Buch	
Leiocolea muelleri (Lindenb.) Jørg.	Leiocolea collaris
Leiocolea turbinata (Raddi) H. Buch	
Lejeunea calcarea Lib.	Cololejeunea calcarea
Lejeunea cavifolia (Ehrh.) Lindb. aggr.	
Lejeunea lamacerina (Steph.) Schiffn.	Lejeunea cavifolia aggr.
Lejeunea ulicina (Taylor) Gottsche et al.	Microlejeunea ulicina
Lepidozia reptans (L.) Dumort.	
Lepidozia setacea auct.	Kurzia pauciflora
Lepidozia trichoclados Müll. Frib.	Kurzia trichoclados
Leptobryum lutescens (Limpr.) Mönk.	Pohlia lutescens
Leptobryum piriforme auct.	Leptobryum pyriforme
Leptobryum pyriforme (Hedw.) Wilson	
Leptodictyum riparium (Hedw.) Warnst.	
Leptodon smithii (Hedw.) F. Weber & D. Mohr	
Leptodontium styriacum (Jur.) Limpr.	–
Leptoscyphus anomalus (Hook.) Lindb.	Mylia anomala
Leptoscyphus taylori (Hook.) Mitt.	Mylia taylorii
Lescuraea atrovirens (Brid.) Kindb.	Pseudoleskea incurvata
Lescuraea denudata (Kindb.) Mönk.	Pseudoleskea radicosa
Lescuraea incurvata (Hedw.) E. Lawton	Pseudoleskea incurvata
Lescuraea mutabilis (Brid.) I. Hagen aggr.	
Lescuraea patens Lindb.	Pseudoleskea patens
Lescuraea radicosa (Mitt.) Mönk.	Pseudoleskea radicosa
Lescuraea saviana (De Not.) E. Lawton	Pseudoleskea saviana
Lescuraea saxicola (Schimp.) Molendo	Lescuraea mutabilis aggr.
Leskea artariae (Thér.) Loeske	Pseudoleskea artariae
Leskea catenulata (Schrad.) Mitt.	Pseudoleskeella catenulata
Leskea nervosa (Brid.) Myrin	Pseudoleskeella nervosa
Leskea polycarpa Hedw.	
Leskea tectorum (Brid.) Lindb.	Pseudoleskeella tectorum
Leskeella nervosa (Brid.) Loeske	Pseudoleskeella nervosa
Lesquereuxia saxicola (Schimp.) Lindb.	Lescuraea saxicola
Lesquereuxia striata (Schwaegr.) Lindb.	Lescuraea mutabilis
Leucobryum albidum auct.	Leucobryum juniperoideum
Leucobryum glaucum (Hedw.) Ångstr. aggr.	
Leucobryum juniperoideum (Brid.) Müll. Hal.	Leucobryum glaucum aggr.
Leucodon sciuroides (Hedw.) Schwägr.	
Liochlaena lanceolata Nees	Jungermannia leiantha
Loeskeobryum brevirostre (Brid.) M. Fleisch.	Hylocomium brevirostre
Lophocolea bidentata (L.) Dumort.	
Lophocolea cuspidata auct.	Lophocolea bidentata
Lophocolea heterophylla (Schrad.) Dumort. aggr.	
Lophocolea minor Nees	Lophocolea heterophylla aggr.
Lophozia alpestris auct.	Lophozia sudetica
Lophozia ascendens (Warnst.) R. M. Schust.	–
Lophozia badensis (Gottsche) Schiffn.	Leiocolea badensis
Lophozia bantriensis (Hook.) Steph.	Leiocolea bantriensis
Lophozia barbata (Schreb.) Dumort.	Barbilophozia barbata
Lophozia bicrenata (Hoffm.) Dumort.	
Lophozia capitata (Hook.) Macoun aggr.	
Lophozia collaris (Nees) Dumort.	Leiocolea collaris
Lophozia confertifolia auct.	Lophozia longiflora
Lophozia decolorans (Limpr.) Steph.	
Lophozia excisa (Dicks.) Dumort.	
Lophozia floerkei (F. Weber & D. Mohr) Schiffn.	Barbilophozia floerkei
Lophozia gillmanii (Austin) R. M. Schust.	Leiocolea gillmanii

Lophozia gracilis Steph.	Barbilophozia attenuata
Lophozia grandiretis (Kaal.) Schiffn.	
Lophozia hatcheri (A. Evans) Steph.	Barbilophozia hatcheri
Lophozia heterocolpos (Hartm.) M. Howe	Leiocolea heterocolpos
Lophozia hornschuchiana (Nees) Macoun	Leiocolea bantriensis
Lophozia incisa (Schrad.) Dumort. aggr.	
Lophozia jurensis Müll. Frib.	Lophozia excisa
Lophozia kaurini (Limpr.) Steph.	Leiocolea gillmanii
Lophozia kunzeana (Huebener) A. Evans	Barbilophozia kunzeana
Lophozia laxa (Lindb.) Grolle	Lophozia capitata aggr.
Lophozia longidens (Lindb.) Macoun	–
Lophozia longiflora (Nees) Schiffn.	Lophozia ventricosa aggr.
Lophozia lycopodioides (Wallr.) Cogn.	Barbilophozia lycopodioides
Lophozia marchica (Limpr.) Steph.	Lophozia laxa
Lophozia mülleri auct.	Leiocolea collaris
Lophozia obtusa (Lindb.) A. Evans	
Lophozia opacifolia Meyl.	Lophozia incisa aggr.
Lophozia perssonii H. Buch & S. W. Arnell	–
Lophozia porphyroleuca auct.	Lophozia longiflora
Lophozia quadriloba (Lindb.) A. Evans	Barbilophozia quadriloba
Lophozia quinquedentata (Huds.) Cogn.	Tritomaria quinquedentata
Lophozia sudetica (Huebener) Grolle	
Lophozia turbinata (Raddi) Steph.	Leiocolea turbinata
Lophozia ventricosa (Dicks.) Dumort. aggr.	
Lophozia wenzelii (Nees) Steph.	
Lunularia cruciata (L.) Lindb.	
Madotheca baueri Schiffn.	Porella ×baueri
Madotheca cordaeana (Huebener) Dumort.	Porella cordaeana
Madotheca levigata (Schrad.) Dumort.	Porella arboris-vitae
Madotheca platyphylla (L.) Dumort.	Porella platyphylla
Madotheca platyphylloidea (Schwein.) Lindb.	Porella platyphylla
Mannia androgyna (L.) A. Evans	
Mannia fragrans (Balbis) Frye & L. Clark	–
Mannia pilosa (Hornem.) Frye & L. Clark	–
Mannia triandra (Scop.) Grolle	–
Marchantia paleacea Bertol.	–
Marchantia polymorpha L.	
Marsupella adusta (Nees) Spruce	Marsupella brevissima aggr.
Marsupella alpina (Husn.) Bernet	–
Marsupella apiculata Schiffn.	Gymnomitrion apiculatum
Marsupella aquatica (Lindenb.) Schiffn.	Marsupella emarginata
Marsupella badensis Schiffn.	Marsupella funckii
Marsupella boeckii (Austin) Kaal.	
Marsupella brevissima (Dumort.) Grolle aggr.	
Marsupella commuata (Limpr.) Bernet	–
Marsupella emarginata (Ehrh.) Dumort.	
Marsupella funckii (F. Weber & D. Mohr) Dumort.	
Marsupella revoluta (Nees) Dumort.	Apomarsupella revoluta
Marsupella sparsifolia (Lindb.) Dumort.	–
Marsupella sphacelata (Lindenb.) Dumort.	
Marsupella sprucei (Limpr.) Bernet	
Marsupella ustulata (Huebener) Pears.	Marsupella sprucei
Marsupella varians (Lindb.) Müll. Frib.	Marsupella brevissima
Meesea trichodes Spruce	Meesia uliginosa
Meesia longiseta Hedw.	–
Meesia triquetra (Jolycl.) Ångstr.	
Meesia uliginosa Hedw.	
Merceya ligulata (Spruce) Schimp.	Scopelophila ligulata
Metaneckera menziesii (Drumm.) Steere	Neckera menziesii
Metzgeria conjugata Lindb.	
Metzgeria fruticulosa (Dicks.) A. Evans	Metzgeria violacea
Metzgeria furcata (L.) Dumort.	
Metzgeria pubescens (Schrank) Raddi	Apometzgeria pubescens
Metzgeria temperata Kuwah.	Metzgeria violacea aggr.
Metzgeria violacea (Ach.) Dumort. aggr.	
Metzleria alpina Milde	Atractylocarpus alpinus
Microbryum curvicollum (Hedw.) R. H. Zander	Phascum curvicollum
Microbryum davallianum (Sm.) R. H. Zander	Pottia davalliana
Microbryum floerkeanum (F. Weber & D. Mohr) Schimp.	Phascum floerkeanum
Microbryum rectum (With.) R. H. Zander	Pottia recta
Microbryum starckeanum (Hedw.) R. H. Zander	Pottia starckeana
Microlejeunea ulicina (Tayl.) A. Evans	
Mielichhoferia elongata (Hook.) Nees & Hornsch. aggr.	
Mielichhoferia mielichhoferi (Hook.) Wijk & Margad.	Mielichhoferia mielichhoferiana
Mielichhoferia mielichhoferiana (Funck) Loeske	Mielichhoferia elongata aggr.
Mielichhoferia nitida Nees & Hornsch.	Mielichhoferia mielichhoferiana
Mildeella bryoides (Dicks.) Limpr.	Pottia bryoides
Mniobryum albicans (Wahlenb.) Limpr.	Pohlia wahlenbergii

Mniobryum carneum (Schimp.) Limpr.	Pohlia melanodon
Mniobryum vexans Limpr.	Pohlia vexans
Mnium affine Blandow	Plagiomnium affine
Mnium ambiguum H. Müll.	Mnium lycopodioides
Mnium cinclidioides Huebener	Pseudobryum cinclidioides
Mnium cuspidatum Hedw.	Plagiomnium cuspidatum
Mnium cynclidioides auct.	Pseudobryum cinclidioides
Mnium hornum Hedw.	
Mnium hymenophylloides Huebener	Cyrtomnium hymenophylloides
Mnium inclinatum Lindb.	Mnium thomsonii
Mnium lycopodioides Schwägr.	–
Mnium marginatum (Dicks.) P. Beauv.	
Mnium medium Bruch & Schimp.	Plagiomnium medium
Mnium nivale J. J. Amann	Mnium lycopodioides
Mnium orthorrhynchum auct.	Mnium thomsonii
Mnium pseudopunctatum Bruch & Schimp.	Rhizomnium pseudopunctatum
Mnium punctatum Hedw.	Rhizomnium punctatum
Mnium riparium Mitt.	Mnium marginatum
Mnium rostratum Schrad.	Plagiomnium rostratum
Mnium seligeri Jur.	Plagiomnium elatum
Mnium serratum Brid.	Mnium marginatum
Mnium spinosum (Voit) Schwägr. aggr.	
Mnium spinulosum Bruch & Schimp.	Mnium spinosum aggr.
Mnium stellare Hedw.	
Mnium subglobosum Bruch & Schimp.	Rhizomnium pseudopunctatum
Mnium thomsonii Schimp.	
Mnium undulatum Hedw.	Plagiomnium undulatum
Moerckia blyttii (Moerch) Brockm.	
Moerckia flotoviana (Nees) Schiffn.	Moerckia hibernica
Moerckia hibernica (Hook.) Gottsche	
Molendoa hornschuchiana (Hook.) Limpr.	Anoectangium hornschuchianum
Molendoa sendtneriana (Bruch & Schimp.) Limpr.	Anoectangium sendtnerianum
Molendoa tenuinervis Limpr.	Anoectangium tenuinerve
Mylia anomala (Hook.) Gray	
Mylia taylorii (Hook.) Gray	
Myurella apiculata (Sommerf.) Schimp.	Myurella tenerrima
Myurella julacea (Schwägr.) Schimp.	
Myurella tenerrima (Brid.) Lindb.	
Nardia breidleri (Limpr.) Lindb.	
Nardia compressa (Hook.) Gray	
Nardia geoscyphus (De Not.) Lindb.	
Nardia insecta Lindb.	
Nardia scalaris Gray aggr.	
Neckera besseri (Lobarz.) Jur.	–
Neckera complanata (Hedw.) Huebener	
Neckera crispa Hedw.	
Neckera jurassica Limpr.	Neckera menziesii
Neckera menziesii Drumm.	–
Neckera pennata Hedw. aggr.	–
Neckera pumila Hedw.	–
Neckera turgida Jur.	Neckera menziesii
Neesiella pilosa (Hornem.) Schiffn.	Mannia pilosa
Neesiella rupestris (Nees) Schiffn.	Mannia triandra
Nowellia curvifolia (Dicks.) Mitt.	
Octodiceras fontanum (Bach. Pyl.) Lindb.	Fissidens fontanus
Octodiceras julianum (Savi) Brid.	Fissidens fontanus
Odontoschisma denudatum (Mart.) Dumort. aggr.	
Odontoschisma elongatum (Lindb.) A. Evans	Odontoschisma denudatum aggr.
Odontoschisma macounii (Austin) Underw.	
Odontoschisma sphagni (Dicks.) Dumort.	
Oligotrichum hercynicum (Hedw.) Lam. & DC.	
Oligotrichum incurvum Lindb.	Oligotrichum hercynicum
Oncophorus virens (Hedw.) Brid.	
Oncophorus wahlenbergii Brid.	–
Oreas martiana (Hoppe & Hornsch.) Brid.	–
Oreoweisia bruntonii (Sm.) Milde	Cynodontium bruntonii
Oreoweisia serrulata (Funck) De Not.	Oreoweisia torquescens
Oreoweisia torquescens (Brid.) Wijk & Margad.	–
Orthodicranum flagellare (Hedw.) Loeske	Dicranum flagellare
Orthodicranum montanum (Hedw.) Loeske	Dicranum montanum
Orthothecium binervulum Molendo	Orthothecium strictum
Orthothecium chryseon (Schwägr.) Schimp.	–
Orthothecium intricatum (Hartm.) Schimp.	
Orthothecium rufescens (Brid.) Schimp.	
Orthothecium strictum Lorentz	–
Orthotrichum affine Brid. aggr.	
Orthotrichum alpestre Bruch & Schimp.	
Orthotrichum anomalum Hedw.	
Orthotrichum arnellii Gronvall	Orthotrichum pallens
Orthotrichum braunii Bruch & Schimp.	Orthotrichum stellatum

Orthotrichum callistomum Bruch & Schimp.	–
Orthotrichum cupulatum Brid.	
Orthotrichum diaphanum Brid.	
Orthotrichum fastigiatum Brid.	Orthotrichum affine
Orthotrichum juranum (Meyl.) G. Roth	Orthotrichum cupulatum
Orthotrichum killiasii Müll. Hal.	Orthotrichum speciosum
Orthotrichum laevigatum J. E. Zetterst.	
Orthotrichum leiocarpum Bruch & Schimp.	Orthotrichum striatum
Orthotrichum leucomitrium Bruch & Schimp.	Orthotrichum scanicum
Orthotrichum limprichtii I. Hagen	Orthotrichum cupulatum
Orthotrichum lyellii Hook. & Taylor	
Orthotrichum microcarpum De Not.	–
Orthotrichum nudum Dicks.	Orthotrichum cupulatum
Orthotrichum obtusifolium Brid.	
Orthotrichum pallens Brid.	Orthotrichum pumilum aggr.
Orthotrichum paradoxum Gronvall	Orthotrichum pallens
Orthotrichum patens Brid.	–
Orthotrichum pulchellum Brunt.	–
Orthotrichum pumilum anon. aggr.	
Orthotrichum rogeri Brid.	–
Orthotrichum rupestre Schwägr.	
Orthotrichum sardagnanum Venturi	Orthotrichum cupulatum
Orthotrichum saxatile Brid.	Orthotrichum anomalum
Orthotrichum scanicum Gronvall	–
Orthotrichum schimperi Hammar	Orthotrichum pumilum
Orthotrichum schubartianum Lorentz	Orthotrichum urnigerum
Orthotrichum shawii Wilson	Orthotrichum striatum
Orthotrichum speciosum Nees	
Orthotrichum stellatum Brid.	–
Orthotrichum stramineum Brid.	
Orthotrichum striatum Hedw.	
Orthotrichum sturmii Hoppe & Hornsch.	Orthotrichum rupestre
Orthotrichum tenellum Brid.	–
Orthotrichum urnigerum Myrin	–
Oxymitra incrassata (Brot.) Sérgio & Sim-Sim	–
Oxymitra paleacea Lindenb.	Oxymitra incrassata
Oxyrrhynchium hians (Hedw.) Loeske	Eurhynchium hians
Oxyrrhynchium pumilum (Wilson) Loeske	Eurhynchium pumilum
Oxyrrhynchium schleicheri (R. Hedw.) Röll	Eurhynchium schleicheri
Oxyrrhynchium speciosum (Brid.) Warnst.	Eurhynchium speciosum
Oxystegus tenuirostris (Hook. & Taylor) A. J. E. Sm.	
Pachyfissidens grandifrons (Brid.) Limpr.	Fissidens grandifrons
Pachyneurum atrovirens (Sm.) J. J. Amann	Tortula atrovirens
Pachyneurum fiorii Vent.	Tortula revolvens
Pachyneurum obtusifolium (Schwägr.) J. J. Amann	Tortula obtusifolia
Paludella squarrosa (Hedw.) Brid.	
Palustriella commutata (Hedw.) Ochyra aggr.	
Palustriella decipiens (De Not.) Ochyra	
Palustriella falcata (Brid.) Hedenäs	Palustriella commutata aggr.
Palustriella pluristratosa M. Stech & J.-P. Frahm	Palustriella commutata
Paraleucobryum albicans auct.	Paraleucobryum enerve
Paraleucobryum enerve (Thed.) Loeske	
Paraleucobryum longifolium (Hedw.) Loeske aggr.	
Paraleucobryum sauteri (Bruch & Schimp.) Loeske	Paraleucobryum longifolium aggr.
Pedinophyllum interruptum (Nees) Kaal.	
Pellia endiviifolia (Dicks.) Dumort.	
Pellia epiphylla (L.) Corda aggr.	
Pellia fabbroniana auct.	Pellia endiviifolia
Pellia neesiana (Gottsche) Limpr.	Pellia epiphylla aggr.
Peltolepis grandis Lindb.	Peltolepis quadrata
Peltolepis quadrata (Saut.) Müll. Frib.	
Phaeoceros carolinianus (Michx.) Proskauer	Phaeoceros laevis aggr.
Phaeoceros laevis (L.) Prosk. aggr.	
Phascum acaulon With.	Phascum cuspidatum
Phascum curvicollum Hedw.	–
Phascum cuspidatum Hedw.	
Phascum floerkeanum F. Weber & D. Mohr	–
Phascum mitraeforme (Limpr.) Warnst.	Phascum cuspidatum
Philonotis alpicola auct.	Philonotis tomentella
Philonotis arnellii Husn.	–
Philonotis caespitosa Jur.	–
Philonotis calcarea (Bruch & Schimp.) Schimp.	
Philonotis capillaris auct.	Philonotis arnellii
Philonotis fontana (Hedw.) Brid. aggr.	
Philonotis marchica (Hedw.) Brid.	–
Philonotis rigida Brid.	–
Philonotis seriata Mitt.	
Philonotis tomentella Molendo	Philonotis fontana aggr.
Physcomitrella patens (Hedw.) Bruch & Schimp.	Physcomitrium patens
Physcomitrium acuminatum Bruch & Schimp.	Physcomitrium eurystomum
Physcomitrium eurystomum Sendtn.	
Physcomitrium patens (Hedw.) Mitt.	
Physcomitrium piriforme auct.	Physcomitrium pyriforme
Physcomitrium pyriforme (Hedw.) Bruch & Schimp.	
Physcomitrium sphaericum (Schkuhr) Brid.	–
Plagiobryum demissum (Hook.) Lindb.	
Plagiobryum zieri (Hedw.) Lindb.	
Plagiochasma rupestre (J. R. Forst. & G. Forst.) Steph.	–
Plagiochila asplenioides (L.) Dumort. aggr.	
Plagiochila britannica Paton	Plagiochila asplenioides aggr.
Plagiochila exigua (Taylor) Taylor	
Plagiochila porelloides (Nees) Lindenb.	Plagiochila asplenioides aggr.
Plagiochila tridenticulata auct.	Plagiochila exigua
Plagiomnium affine (Funck) T. J. Kop. aggr.	
Plagiomnium cuspidatum (Hedw.) T. J. Kop.	
Plagiomnium elatum (Bruch & Schimp.) T. J. Kop.	Plagiomnium affine aggr.
Plagiomnium ellipticum (Brid.) T. J. Kop.	Plagiomnium affine aggr.
Plagiomnium medium (Bruch & Schimp.) T. J. Kop.	Plagiomnium affine aggr.
Plagiomnium rostratum (Schrad.) T. J. Kop.	
Plagiomnium undulatum (Hedw.) T. J. Kop.	
Plagiopus oederi (Brid.) Limpr.	Plagiopus oederianus
Plagiopus oederianus (Sw.) H. A. Crum & L. E. Anderson	
Plagiothecium cavifolium (Brid.) Z. Iwats. aggr.	
Plagiothecium curvifolium Limpr.	Plagiothecium laetum
Plagiothecium denticulatum (Hedw.) Schimp.	
Plagiothecium depressum (Brid.) Spruce	Taxiphyllum wissgrillii
Plagiothecium elegans (Brid.) Sull.	Isopterygium elegans
Plagiothecium laetum Schimp.	
Plagiothecium muellerianum Schimp.	Isopterygium muellerianum
Plagiothecium neckeroideum Schimp.	–
Plagiothecium neglectum Mönk.	Plagiothecium nemorale
Plagiothecium nemorale (Mitt.) A. Jaeger	Plagiothecium cavifolium aggr.
Plagiothecium piliferum (Sw.) Schimp.	–
Plagiothecium platyphyllum Mönk.	Plagiothecium cavifolium aggr.
Plagiothecium pseudo-laetum (Meyl.) Meyl.	Plagiothecium denticulatum
Plagiothecium pulchellum (Hedw.) Schimp.	Isopterygium pulchellum
Plagiothecium roeseanum Schimp.	Plagiothecium cavifolium
Plagiothecium ruthei Limpr.	Plagiothecium denticulatum
Plagiothecium silesiacum (F. Weber & D. Mohr) Schimp.	Herzogiella seligeri
Plagiothecium silvaticum auct.	Plagiothecium nemorale
Plagiothecium striatellum (Brid.) Lindb.	Herzogiella striatella
Plagiothecium succulentum (Wils.) Lindb.	Plagiothecium cavifolium aggr.
Plagiothecium undulatum (Hedw.) Schimp.	
Plasteurhynchium striatulum (Spruce) M. Fleisch.	Eurhynchium striatulum
Platydictya jungermannioides (Brid.) H. A. Crum	
Platygyrium repens (Brid.) Schimp.	
Platyhypnidium riparioides (Hedw.) Dixon	Rhynchostegium riparioides
Plectocolea hyalina (Lyell) Mitt.	Jungermannia hyalina
Plectocolea obovata (Nees) Mitt.	Jungermannia obovata
Plectocolea subelliptica (Kaal.) A. Evans	Jungermannia subelliptica
Pleuridium acuminatum Lindb.	–
Pleuridium alternifolium auct.	Pleuridium subulatum
Pleuridium nitidum (Hedw.) Rabenh.	
Pleuridium palustre (Bruch & Schimp.) Bruch & Schimp.	–
Pleuridium subulatum (Hedw.) Rabenh.	
Pleuridium subulatum auct. (z.B. in Amann & Meylan 1918)	Pleuridium acuminatum
Pleurochaete squarrosa (Brid.) Lindb.	
Pleuroclada albescens (Hook.) Spruce	Pleurocladula albescens
Pleurocladula albescens (Hook.) Grolle	
Pleurocladula islandica (Nees) Grolle	Pleurocladula albescens
Pleuroschisma implexum Nees	Bazzania flaccida
Pleuroschisma tricrenatum (Wahlenb.) Dumort.	Bazzania tricrenata
Pleuroschisma trilobatum (L.) Dumort.	Bazzania trilobata
Pleuroweisia schliephackei Schlieph.	Anoectangium schliephackei
Pleurozium schreberi (Brid.) Mitt.	
Pogonatum aloides (Hedw.) P. Beauv.	Polytrichum aloides
Pogonatum nanum (Hedw.) P. Beauv.	Polytrichum nanum
Pogonatum urnigerum (Hedw.) P. Beauv.	Polytrichum urnigerum
Pohlia acuminata Hornsch.	Pohlia elongata
Pohlia ambigua (Limpr.) Broth.	Pohlia elongata
Pohlia andalusica (Höhn.) Broth.	Pohlia annotina aggr.
Pohlia andrewsii A. J. Shaw.	Pohlia annotina aggr.
Pohlia annotina (Hedw.) Lindb. aggr.	
Pohlia annotina auct. (z.B. nach Burck 1947)	Pohlia filum
Pohlia bulbifera (Warnst.) Warnst.	Pohlia annotina aggr.
Pohlia camptotrachela (Renauld & Cardot) Broth.	Pohlia annotina aggr.
Pohlia carinata auct.	Pohlia drummondii
Pohlia commutata Lindb.	Pohlia drummondii
Pohlia cruda (Hedw.) Lindb.	
Pohlia cucullata (Schwägr.) Lindb.	Pohlia obtusifolia

Pohlia drummondii (Müll. Hal.) A. L. Andrews	Pohlia annotina aggr.
Pohlia elongata Hedw.	
Pohlia filum (Schimp.) Martensson	Pohlia annotina aggr.
Pohlia flexuosa Hook.	Pohlia annotina aggr.
Pohlia gracilis (Bruch & Schimp.) Lindb.	Pohlia filum
Pohlia grandiflora H. Lindb.	Pohlia annotina
Pohlia lescuriana (Sull.) Ochi	–
Pohlia longicolla (Hedw.) Lindb.	
Pohlia ludwigii (Schwägr.) Broth.	
Pohlia lutescens (Limpr.) H. Lindb.	
Pohlia melanodon (Brid.) A. J. Shaw	
Pohlia muyldermansii R. Wilczek & Demaret	Pohlia flexuosa
Pohlia nutans (Hedw.) Lindb. aggr.	
Pohlia obtusifolia (Brid.) L. F. Koch	
Pohlia polymorpha Hornsch.	Pohlia elongata
Pohlia proligera (Kindb.) Broth.	Pohlia annotina aggr.
Pohlia pulchella (Hedw.) Lindb.	Pohlia lescuriana
Pohlia rothii auct.	Pohlia filum
Pohlia rubella (H. Philib.) H. Möller	Pohlia lescuriana
Pohlia sphagnicola (Bruch & Schimp.) Broth.	–
Pohlia vexans (Limpr.) H. Lindb.	–
Pohlia wahlenbergii (F. Weber & D. Mohr) A. L. Andrews	
Polytrichastrum alpinum (Hedw.) G. L. Sm.	Polytrichum alpinum
Polytrichastrum formosum (Hedw.) G. L. Sm.	Polytrichum formosum
Polytrichastrum longisetum (Brid.) G. L. Sm.	Polytrichum longisetum
Polytrichastrum pallidisetum (Funck) G. L. Sm.	Polytrichum pallidisetum
Polytrichastrum sexangulare (Brid.) G. L. Sm.	Polytrichum sexangulare
Polytrichum aloides Hedw.	Polytrichum nanum aggr.
Polytrichum alpinum Hedw.	
Polytrichum attenuatum Menz.	Polytrichum formosum
Polytrichum commune Hedw. aggr.	
Polytrichum decipiens Limpr.	Polytrichum pallidisetum
Polytrichum formosum Hedw. aggr.	
Polytrichum gracile Dicks.	Polytrichum longisetum
Polytrichum juniperinum Hedw. aggr.	
Polytrichum longisetum Brid.	
Polytrichum nanum Hedw. aggr.	
Polytrichum ohioense Renauld & Cardot	Polytrichum pallidisetum
Polytrichum pallidisetum Funck	Polytrichum formosum aggr.
Polytrichum perigoniale Michx.	Polytrichum commune
Polytrichum piliferum Hedw.	
Polytrichum sexangulare Hedw.	
Polytrichum strictum Brid.	Polytrichum juniperinum aggr.
Polytrichum uliginosum (Wallr.) Schriebl	Polytrichum commune aggr.
Polytrichum urnigerum Hedw.	
Porella arboris-vitae (With.) Grolle	
Porella cordaeana (Huebener) Moore	
Porella platyphylla (L.) Pfeiff.	
Porella platyphylloidea (Schwein.) Lindb.	Porella platyphylla
Porella ×baueri (Schiffn.) C. E. O. Jensen	–
Pottia bryoides (Dicks.) Mitt.	
Pottia davalliana (Sm.) C. E. O. Jensen	Pottia starckeana aggr.
Pottia heimii (Hedw.) Hampe	–
Pottia intermedia (Turner) Fürnr.	
Pottia lanceolata (Hedw.) Müll. Hal.	–
Pottia latifolia (Schwägr.) Müll. Hal.	Stegonia latifolia
Pottia minutula (Schwägr.) Hampe	Pottia davalliana
Pottia mutica Venturi	Pottia davalliana
Pottia recta (With.) Mitt.	–
Pottia rufescens (Schultz) Warnst.	Pottia davalliana
Pottia starckeana (Hedw.) Müll. Hal. aggr.	
Pottia truncata (Hedw.) Bruch & Schimp.	
Pottia truncatula (With.) Büse	Pottia truncata
Prasanthus suecicus (Gottsche) Lindb.	–
Preissia commutata (Lindenb.) Nees	Preissia quadrata
Preissia quadrata (Scop.) Nees	
Protobryum bryoides (Dicks.) J. Guerra & M. J. Cano	Pottia bryoides
Pseudephemerum axillare (Dicks.) I. Hagen	Pleuridium nitidum
Pseudephemerum nitidum (Hedw.) Loeske	Pleuridium nitidum
Pseudobryum cinclidioides (Huebener) T. J. Kop.	–
Pseudocalliergon lycopodioides (Brid.) Hedenäs	
Pseudocalliergon trifarium (F. Weber & D. Mohr) Loeske	
Pseudocalliergon turgescens (T. Jensen) Loeske	–
Pseudocrossidium hornschuchianum (Schultz) R. H. Zander	
Pseudocrossidium revolutum (Brid.) R. H. Zander	–
Pseudoleskea artariae Thér.	–
Pseudoleskea catenulata (Schrad.) Schimp.	Psedoleskeella catenulata
Pseudoleskea decipiens (Limpr.) Kindb.	Lescuraea saxicola
Pseudoleskea denudata (Kindb.) Best	Pseudoleskea radicosa
Pseudoleskea filamentosa (With.) C. Jens.	Pseudoleskea incurvata
Pseudoleskea incurvata (Hedw.) Loeske	

Pseudoleskea patens (Lindb.) Kindb.	
Pseudoleskea plicata (F. Weber & D. Mohr) Kindb.	Ptychodium plicatum
Pseudoleskea radicosa (Mitt.) Macoun & Kindb.	–
Pseudoleskea rupestris (Berggr.) Kindb.	Pseudoleskeella rupestris
Pseudoleskea saviana (De Not.) Latzel	–
Pseudoleskeella catenulata (Schrad.) Kindb.	
Pseudoleskeella nervosa (Brid.) Nyholm	
Pseudoleskeella rupestris (Berggr.) Hedenäs & L. Söderstr.	–
Pseudoleskeella tectorum (Brid.) Broth.	–
Pseudoscleropodium purum (Hedw.) M. Fleisch.	Scleropodium purum
Pseudostereodon procerrimus (Molendo) M. Fleisch.	Hypnum procerrimum
Pseudotaxiphyllum elegans (Brid.) Z. Iwats.	Isopterygium elegans
Pterigynandrum filiforme Hedw.	
Pterogonium gracile (Hedw.) Sm.	
Pterogonium ornithopodioides (F. Weber & D. Mohr) Lindb.	Pterogonium gracile
Pterygoneurum cavifolium Jur.	Pterygoneurum ovatum
Pterygoneurum lamellatum (Lindb.) Jur.	–
Pterygoneurum ovatum (Hedw.) Dixon	
Pterygoneurum pusillum (Lindb.) C. E. O. Jensen	Pterygoneurum ovatum
Pterygoneurum sampaianum (Guim.) Guim.	–
Pterygoneurum subsessile (Brid.) Jur.	–
Pterygophyllum lucens (Hedw.) Brid.	Hookeria lucens
Pterygynyndrum filiforme auct.	Pterigynandrum filiforme
Ptilidium ciliare (L.) Hampe aggr.	
Ptilidium pulcherrimum (Weber) Vain.	Ptilidium ciliare aggr.
Ptilium crista-castrensis (Hedw.) De Not.	
Ptychodium affine Limpr.	Brachythecium salebrosum
Ptychodium plicatum (F. Weber & D. Mohr) Schimp.	
Ptychodium trisulcatum J. J. Amann	Brachythecium glaciale
Ptychomitrium glyphomitrioides (Bals.-Criv. & De Not.) Venturi & Bott.	Ptychomitrium incurvum
Ptychomitrium incurvum (Schwägr.) Spruce	–
Ptychomitrium polyphyllum (Sw.) Bruch & Schimp.	
Pylaiea polyantha auct.	Pylaisia polyantha
Pylaisia polyantha (Hedw.) Schimp.	
Pyramidula tetragona (Brid.) Brid.	–
Racomitrium aciculare (Hedw.) Brid.	
Racomitrium affine (F. Weber & D. Mohr) Lindb.	Racomitrium heterostichum aggr.
Racomitrium aquaticum (Schrad.) Brid.	
Racomitrium canescens (Hedw.) Brid. aggr.	
Racomitrium elongatum Frisvoll	Racomitrium canescens aggr.
Racomitrium ericoides (Brid.) Brid.	Racomitrium canescens aggr.
Racomitrium fasciculare (Hedw.) Brid.	–
Racomitrium heterostichum (Hedw.) Brid. aggr.	
Racomitrium lanuginosum (Hedw.) Brid.	
Racomitrium macounii Kindb.	–
Racomitrium microcarpon (Hedw.) Brid.	Racomitrium heterostichum aggr.
Racomitrium obtusum (Brid.) Brid.	Racomitrium heterostichum aggr.
Racomitrium protensum (R. Br.) Huebener	Racomitrium aquaticum
Racomitrium sudeticum (Funck) Bruch & Schimp.	Racomitrium heterostichum aggr.
Radula complanata (L.) Dumort. aggr.	
Radula lindenbergiana C. Hartm.	Radula complanata aggr.
Raphidostegium demissum (Wils.) De Not.	Sematophyllum demissum
Reboulia hemisphaerica (L.) Raddi	
Rhabdoweisia crenulata (Mitt.) H. Jameson	
Rhabdoweisia crispata (Dicks.) Lindb.	
Rhabdoweisia denticulata (Brid.) Bruch & Schimp.	Rhabdoweisia crispata
Rhabdoweisia fugax (Hedw.) Bruch & Schimp.	
Rhabdoweisia schisti (F. Weber & D. Mohr) Schimp.	Cnestrum schisti
Rhabdoweisia striata (Schrad.) Lindb.	Rhabdoweisia fugax
Rhacomitrium aciculare auct.	Racomitrium aciculare
Rhacomitrium canescens auct.	Racomitrium canescens
Rhacomitrium fasciculare auct.	Racomitrium fasciculare
Rhacomitrium heterostichum auct.	Racomitrium heterostichum
Rhacomitrium hypnoides auct.	Racomitrium lanuginosum
Rhacomitrium lanuginosum auct.	Racomitrium lanuginosum
Rhacomitrium microcarpum auct.	Racomitrium microcarpon
Rhacomitrium mollissimum auct.	Racomitrium canescens
Rhacomitrium patens auct.	Grimmia ramondii
Rhacomitrium protensum auct.	Racomitrium aquaticum
Rhacomitrium sudeticum auct.	Racomitrium sudeticum
Rhaphidostegium demissum (Wilson) De Not.	Sematophyllum demissum
Rhizomnium magnifolium (Horik.) T. J. Kop.	–
Rhizomnium pseudopunctatum (Bruch & Schimp.) T. J. Kop.	
Rhizomnium punctatum (Hedw.) T. J. Kop.	
Rhodobryum ontariense (Kindb.) Kindb.	Rhodobryum roseum aggr.
Rhodobryum roseum (Hedw.) Limpr. aggr.	
Rhynchostegiella algiriana (P. Beauv.) Warnst.	Rhynchostegiella tenella

Rhynchostegiella compacta (C. Müller) Loeske	Conardia compacta
Rhynchostegiella curviseta (Brid.) Limpr.	–
Rhynchostegiella jacquinii (Garov.) Limpr.	Rhynchostegiella teneriffae
Rhynchostegiella pallidirostra (Brid.) Loeske	Eurhynchium pumilum
Rhynchostegiella pumila (Wilson) E. F. Warb.	Eurhynchium pumilum
Rhynchostegiella teesdalei (Milde) Limpr.	Rhynchostegiella teneriffae
Rhynchostegiella tenella (Dicks.) Limpr.	
Rhynchostegiella teneriffae (Mont.) Dirkse & Bouman	
Rhynchostegiella tenuicaulis (Spruce) Kartt.	Cirriphyllum germanicum
Rhynchostegiella ticinensis (Kindb.) J. J. Amann	Rhynchostegiella teneriffae
Rhynchostegium confertum (Dicks.) Schimp.	
Rhynchostegium megapolitanum (F. Weber & D. Mohr) Schimp.	
Rhynchostegium murale (Hedw.) Schimp.	
Rhynchostegium riparioides (Hedw.) Cardot	
Rhynchostegium rotundifolium (Brid.) Schimp.	
Rhynchostegium rusciforme Schimp.	Rhynchostegium riparioides
Rhytidiadelphus calvescens (Kindb.) Broth.	Rhytidiadelphus subpinnatus
Rhytidiadelphus loreus (Hedw.) Warnst.	
Rhytidiadelphus squarrosus (Hedw.) Warnst. aggr.	
Rhytidiadelphus subpinnatus (Lindb.) T. J. Kop.	Rhytidiadelphus squarrosus aggr.
Rhytidiadelphus triquetrus (Hedw.) Warnst.	
Rhytidium rugosum (Hedw.) Kindb.	
Riccardia chamaedryfolia (With.) Grolle	–
Riccardia incurvata Lindb.	–
Riccardia latifrons (Lindb.) Lindb.	
Riccardia multifida (L.) Gray	
Riccardia palmata (Hedw.) Carruth.	
Riccardia pinguis (L.) Gray	Aneura pinguis
Riccardia sinuata (Hook.) Trevis.	Riccardia chamaedryfolia
Riccia bifurca Hoffm.	–
Riccia bischoffii Huebener	Riccia ciliifera
Riccia breidleri Steph.	
Riccia canaliculata Hoffm.	–
Riccia canescens Steph.	Riccia crinita
Riccia cavernosa Hoffm.	Riccia crystallina aggr.
Riccia ciliata Hoffm. aggr.	–
Riccia ciliifera Lindenb.	–
Riccia crinita Taylor	Riccia ciliata aggr.
Riccia crozalsii Levier	–
Riccia crystallina L. aggr.	
Riccia fluitans L. aggr.	
Riccia glauca L.	
Riccia gougetiana Durieu & Mont.	–
Riccia huebeneriana Lindenb.	
Riccia ligula Steph.	–
Riccia michelii Raddi	–
Riccia nigrella DC.	–
Riccia rhenana Müll. Frib.	Riccia fluitans aggr.
Riccia sorocarpa Bisch.	
Riccia subbifurca Croz.	
Riccia trichocarpa M. Howe	Riccia crinita
Riccia warnstorfii Warnst.	–
Ricciocarpos natans (L.) Corda	–
Riella notarisii (Mont.) Mont.	–
Riella reuteri Mont.	Riella notarisii
Saccobasis polita (Nees) H. Buch	Tritomaria polita
Saelania caesia Lindb.	Saelania glaucescens
Saelania glaucescens (Hedw.) Broth.	
Sanionia uncinata (Hedw.) Loeske	
Sauteria alpina (Nees) Nees	
Scapania aequiloba (Schwägr.) Dumort.	
Scapania apiculata Spruce aggr.	–
Scapania aspera Bernet & M. Bernet	
Scapania brevicaulis Taylor	–
Scapania calcicola (Arnell & J. Perss.) Ingham	–
Scapania carinthiaca Lindb.	Scapania apiculata aggr.
Scapania compacta (A. Roth) Dumort.	–
Scapania crassiretis Bryhn	Scapania nemorea aggr.
Scapania curta (Mart.) Dumort.	
Scapania cuspiduligera (Nees) Müll. Frib.	–
Scapania degenii Schiffn.	Scapania brevicaulis
Scapania dentata Dumort.	Scapania undulata
Scapania glaucocephala (Taylor) Austin aggr.	–
Scapania gymnostomophila Kaal.	–
Scapania helvetica Gottsche	–
Scapania hyperborea Jørg.	–
Scapania intermedia (Husn.) Lamy	Scapania undulata
Scapania irrigua (Nees) Nees	
Scapania massalongi (Müll. Frib.) Müll. Frib.	Scapania carinthiaca
Scapania mucronata H. Buch aggr.	–

Scapania nemorea (L.) Grolle aggr.	
Scapania nemorosa (L.) Dumort.	Scapania nemorea
Scapania obliqua (Arnell) Schiffn.	Scapania uliginosa
Scapania obscura (Arnell & C. Jens.) Schiffn.	Scapania undulata aggr.
Scapania paludicola Loeske & Müll. Frib.	
Scapania paludosa (Müll. Frib.) Müll. Frib.	Scapania uliginosa aggr.
Scapania praetervisa Meyl.	Scapania mucronata aggr.
Scapania scandica (Arnell & H. Buch) Macvicar	–
Scapania scapanioides (C. Massal.) Grolle	Scapania glaucocephala aggr.
Scapania subalpina (Lindenb.) Dumort.	Scapania undulata aggr.
Scapania uliginosa (Lindenb.) Dumort. aggr.	
Scapania umbrosa (Schrad.) Dumort.	
Scapania undulata (L.) Dumort. aggr.	
Scapania verrucosa Heeg	–
Schistidium agassizii Sull. & Lesq.	–
Schistidium alpicola auct.	Schistidium rivulare
Schistidium apocarpum (Hedw.) Bruch & Schimp. aggr.	
Schistidium atrofuscum (Schimp.) Limpr.	Schistidium apocarpum aggr.
Schistidium brunnescens Limpr.	Schistidium apocarpum aggr.
Schistidium confertum (Funck) Bruch & Schimp.	Schistidium apocarpum aggr.
Schistidium dupretii (Thér.) W. A. Weber	Schistidium apocarpum
Schistidium flaccidum (De Not.) Ochyra	–
Schistidium gracile auct.	Schistidium trichodon
Schistidium helveticum (Schkuhr) Deguchi	Schistidium apocarpum
Schistidium latifolium (Zett.) auct.	Schistidium rivulare
Schistidium papillosum Culm.	Schistidium apocarpum
Schistidium platyphyllum (Mitt.) H. Perss.	Schistidium rivulare aggr.
Schistidium pulvinatum (Hedw.) Brid.	Schistidium flaccidum
Schistidium rivulare (Brid.) Podp. aggr.	
Schistidium sordidum I. Hagen	–
Schistidium sphaericum (Schimp.) G. Roth	Schistidium flaccidum
Schistidium teretinerve (Limpr.) Limpr.	
Schistidium trichodon (Brid.) Poelt	Schistidium apocarpum aggr.
Schistostega osmundacea D. Mohr	Schistostega pennata
Schistostega pennata (Hedw.) F. Weber & D. Mohr	
Sciuro-Hypnum glaciale (Schimp.) Ignatov & Huttunen	Brachythecium glaciale
Sciuro-Hypnum latifolium (Kindb.) Ignatov & Huttunen	Brachythecium latifolium
Sciuro-Hypnum oedipodium (Mitt.) Ignatov & Huttunen	Brachythecium oedipodium
Sciuro-Hypnum plumosum (Hedw.) Ignatov & Huttunen	Brachythecium plumosum
Sciuro-Hypnum populeum (Hedw.) Ignatov & Huttunen	Brachythecium populeum
Sciuro-Hypnum reflexum (Starke) Ignatov & Huttunen	Brachythecium reflexum
Sciuro-Hypnum starkei (Brid.) Ignatov & Huttunen	Brachythecium starkei
Scleropodium purum (Hedw.) Limpr.	
Scopelophila ligulata (Spruce) Spruce	
Scorpidium cossonii (Schimp.) Hedenäs	Scorpidium revolvens aggr.
Scorpidium revolvens (anon.) Rubers aggr.	
Scorpidium scorpidioides auct.	Scorpidium scorpioides
Scorpidium scorpioides (Hedw.) Limpr.	
Scorpidium turgescens (T. Jensen) Loeske	Pseudocalliergon turgescens
Scorpiurium circinatum (Bruch) M. Fleisch. & Loeske	
Seligeria austriaca T. Schauer	Seligeria trifaria aggr.
Seligeria brevifolia (Lindb.) Lindb.	Seligeria pusilla aggr.
Seligeria calcarea (Hedw.) Bruch & Schimp.	
Seligeria carniolica (Breidl. & Beck) Nyholm	
Seligeria diversifolia auct.	Seligeria recurvata
Seligeria doniana auct.	Seligeria donniana
Seligeria donniana (Sm.) Müll. Hal.	
Seligeria erecta Philib.	Seligeria recurvata
Seligeria oelandica C. E. O. Jensen & Medelius	–
Seligeria patula (Lindb.) I. Hagen	Seligeria trifaria aggr.
Seligeria pusilla (Hedw.) Bruch & Schimp. aggr.	
Seligeria recurvata (Hedw.) Bruch & Schimp.	
Seligeria setacea Lindb.	Seligeria recurvata
Seligeria trifaria (Brid.) Lindb. aggr.	
Seligeria tristicha (Brid.) Bruch & Schimp.	Seligeria trifaria
Sematophyllum demissum (Wilson) Mitt.	
Solenostoma atrovirens (Dumort.) Müll. Frib.	Jungermannia atrovirens
Solenostoma cordifolium (Dumort.) Steph.	Jungermannia exsertifolia
Solenostoma crenulatum Mitt.	Jungermannia gracillima
Solenostoma levieri (Steph.) Steph.	Jungermannia cofertissima
Solenostoma oblongifolum (Müll. Frib.) Müll. Frib.	Jungermannia pumila
Solenostoma pumilum (With.) Müll. Frib.	Jungermannia pumila
Solenostoma schiffneri (Loitl.) Müll. Frib.	Jungermannia polaris

Solenostoma sphaerocarpum (Hook.) Steph.	Jungermannia sphaerocarpa
Solenostoma triste (Nees) Müll. Frib.	Jungermannia atrovirens
Sphaerocarpos texanus Austin	–
Sphagnum acutifolium Ehrh.	Sphagnum capillifolium
Sphagnum affine Renauld & Cardot	Sphagnum imbricatum
Sphagnum amblyphyllum (Russow) Zick.	Sphagnum flexuosum
Sphagnum angustifolium (Russow) C. E. O. Jensen	Sphagnum recurvum aggr.
Sphagnum auriculatum Schimp. aggr.	
Sphagnum austinii Sull.	Sphagnum imbricatum
Sphagnum balticum (Russow) C. E. O. Jensen	Sphagnum recurvum aggr.
Sphagnum capillifolium (Ehrh.) Hedw. aggr.	
Sphagnum centrale C. E. O. Jensen	Sphagnum palustre aggr.
Sphagnum compactum Lam. & DC.	
Sphagnum contortum Schultz	
Sphagnum cuspidatum Hoffm.	
Sphagnum cymbifolium Ehrh.	Sphagnum palustre
Sphagnum denticulatum Brid.	Sphagnum auriculatum
Sphagnum fallax (H. Klinggr.) H. Klinggr.	Sphagnum recurvum aggr.
Sphagnum fimbriatum Wilson	
Sphagnum flexuosum Dozy & Molk.	Sphagnum recurvum aggr.
Sphagnum fuscum (Schimp.) H. Klinggr.	
Sphagnum girgensohnii Russow	
Sphagnum imbricatum Russow aggr.	
Sphagnum inundatum Russow	Sphagnum auriculatum aggr.
Sphagnum laricinum (Wils.) Spruce	Sphagnum contortum
Sphagnum lescurii Sull.	Sphagnum auriculatum
Sphagnum magellanicum Brid.	
Sphagnum majus (Russow) C. E. O. Jensen	
Sphagnum medium Limpr.	Sphagnum magellanicum
Sphagnum molle Sull.	
Sphagnum molluscum Bruch	Sphagnum tenellum
Sphagnum mucronatum auct.	Sphagnum fallax
Sphagnum obtusum Warnst.	–
Sphagnum palustre L.	
Sphagnum papillosum Lindb.	
Sphagnum parvifolium (Warnst.) Warnst.	Sphagnum angustifolium
Sphagnum platyphyllum (Braithw.) Warnst.	
Sphagnum quinquefarium (Braithw.) Warnst.	
Sphagnum recurvum P. Beauv. aggr.	
Sphagnum riparium Ångstr.	
Sphagnum rubellum Wils.	Sphagnum capillifolium aggr.
Sphagnum rufescens (Nees & Hornsch.) Warnst.	Sphagnum auriculatum
Sphagnum russowii Warnst.	
Sphagnum squarrosum Crome	
Sphagnum subbicolor Hampe	Sphagnum centrale
Sphagnum subfulvum Sjörs	–
Sphagnum subnitens Russow & Warnst.	
Sphagnum subsecundum Nees	
Sphagnum tenellum (Brid.) Brid.	
Sphagnum teres (Schimp.) Ångstr.	–
Sphagnum warnstorfii Russow	
Sphenolobus hellerianus (Lindenb.) Steph.	Anastrophyllum hellerianum
Sphenolobus minutus (Schreb.) Berggr.	Anastrophyllum minutum
Splachnum ampullaceum Hedw.	–
Splachnum pedunculatum Lindb.	Splachnum sphaericum
Splachnum sphaericum Hedw.	
Sporledera palustris (Bruch & Schimp.) Hampe	Pleuridium palustre
Stegonia latifolia (Schwägr.) Broth.	
Straminergon stramineum (Brid.) Hedenäs	Calliergon stramineum
Streblotrichum bicolor (Bruch & Schimp.) Loeske	Barbula bicolor
Streblotrichum convolutum (Hedw.) P. Beauv.	Barbula convoluta
Streblotrichum flavipes (Bruch & Schimp.) J. J. Amann	Barbula enderesii
Streblotrichum paludosum (F. Weber & D. Mohr) J. J. Amann	Barbula crocea
Stylostegium caespiticium (F. Weber & D. Mohr) Bruch & Schimp.	Blindia caespiticia
Syntrichia aciphylla (Bruch & Schimp.) Jur.	Tortula norvegica
Syntrichia alpina (Bruch & Schimp.) Bruch	Tortula sinensis
Syntrichia calcicola J. J. Amann	Tortula calcicola
Syntrichia caninervis Mitt.	Tortula caninervis
Syntrichia fragilis (Taylor) Ochyra	Tortula fragilis
Syntrichia inermis (Brid.) Mont.	Tortula inermis
Syntrichia laevipila Brid.	Tortula laevipila
Syntrichia latifolia (Hartm.) Huebener	Tortula latifolia
Syntrichia levipila auct.	Tortula laevipila
Syntrichia montana Nees	Tortula intermedia
Syntrichia mucronifolia (Schwägr.) Brid.	Tortula mucronifolia
Syntrichia norvegica F. Weber	Tortula norvegica
Syntrichia pagorum (Milde) J. J. Amann	Tortula pagorum
Syntrichia papillosa (Wilson) Jur.	Tortula papillosa
Syntrichia pulvinata (Jur.) Jur.	Tortula virescens
Syntrichia ruraliformis (Besch.) Cardot	Tortula ruraliformis

Syntrichia ruralis (Hedw.) F. Weber & D. Mohr	Tortula ruralis
Syntrichia sinensis (Müll. Hal.) Ochyra	Tortula sinensis
Syntrichia spuria J. J. Amann	Tortula caninervis
Syntrichia subulata (Hedw.) F. Weber & D. Mohr	Tortula subulata
Syntrichia virescens (De Not.) Ochyra	Tortula virescens
Targionia hypophylla L. aggr.	
Taxiphyllum wissgrillii (Garov.) Wijk & Margad.	
Tayloria acuminata Hornsch.	–
Tayloria froelichiana (Hedw.) Broth.	
Tayloria hornschuchii (Grev. & Arn.) Broth.	–
Tayloria lingulata (Dicks.) Lindb.	–
Tayloria rudolphiana (Garov.) Bruch & Schimp.	
Tayloria serrata (Hedw.) Bruch & Schimp.) aggr.	
Tayloria splachnoides (Schwägr.) Hook.	*(Dissodon splachnoides)*
Tayloria tenuis (Dicks.) Schimp.	Tayloria serrata aggr.
Telaranea setacea auct.	Kurzia pauciflora
Telaranea trichoclados (Müll. Frib.) Müll. Frib.	Kurzia trichoclados
Tessellina pyramidata auct.	Oxymitra incrassata
Tetraphis pellucida Hedw.	
Tetraplodon angustatus (Hedw.) Bruch & Schimp.	–
Tetraplodon bryoides Lindb.	Tetraplodon mnioides
Tetraplodon mnioides (Hedw.) Bruch & Schimp.	–
Tetraplodon urceolatus (Hedw.) Bruch & Schimp.	–
Tetrodontium brownianum (Dicks.) Schwägr. aggr.	
Tetrodontium ovatum (Funck) Schwägr.	Tetrodontium brownianum aggr.
Tetrodontium repandum (Funck) Schwägr.	Tetrodontium brownianum aggr.
Thamnium alopecurum Hedw.	Thamnobryum alopecurum
Thamnium lemani Schnetzl.	Thamnobryum alopecurum
Thamnobryum alopecurum (Hedw.) Gangulee	
Thuidium abietinum (Hedw.) Schimp.	Abietinella abietina
Thuidium angustifolium (Hampe & Müll. Hal.) Broth.	Haplocladium angustifolium
Thuidium assimile (Mitt.) A. Jaeger	Thuidium delicatulum aggr.
Thuidium blandowii (F. Weber & D. Mohr) Schimp.	Helodium blandowii
Thuidium delicatulum (Hedw.) Schimp. aggr.	
Thuidium erectum Duby	Thuidium delicatulum
Thuidium histricosum auct.	Abietinella abietina
Thuidium lanatum (Brid.) I. Hagen	Helodium blandowii
Thuidium philibertii Limpr.	Thuidium assimile
Thuidium pulchellum De Not.	Haplocladium angustifolium
Thuidium punctulatum (Bals. & De Not.) De Not.	Haplocladium virginianum
Thuidium recognitum (Hedw.) Lindb.	
Thuidium tamariscifolium Lindb.	Thuidium tamariscinum
Thuidium tamariscinum (Hedw.) Schimp.	
Thuidium virginianum (Brid.) Schimp.	Haplocladium virginianum
Timmia austriaca Hedw.	
Timmia bavarica Hessl.	
Timmia comata Lindb. & Arnell	Timmia norvegica aggr.
Timmia norvegica J. E. Zetterst. aggr.	–
Timmiella anomala (Bruch & Schimp.) Limpr.	
Tomentypnum nitens (Hedw.) Loeske	
Tortella bambergeri (Schimp.) Broth.	Tortella tortuosa aggr.
Tortella caespitosa (Schwägr.) Limpr.	Tortella humilis
Tortella cylindrica (Brid.) Loeske	Oxystegus tenuirostris
Tortella densa (Lorentz & Molendo) Crundw. & Nyholm	Tortella inclinata
Tortella fragilis (Hook. & Wilson) Limpr.	
Tortella humilis (Hedw.) Jenn.	–
Tortella inclinata (R. Hedw.) Limpr.	
Tortella nitida (Lindb.) Broth.	
Tortella tortuosa (Hedw.) Limpr. aggr.	
Tortula aestiva (Hedw.) P. Beauv.	Tortula muralis
Tortula atrovirens (Sm.) Lindb.	
Tortula brevissima Schiffn.	–
Tortula calcicola Grebe	Tortula ruralis aggr.
Tortula canescens Mont.	–
Tortula caninervis (Mitt.) Broth.	–
Tortula cernua (Huebener) Lindb.	Desmatodon cernuus
Tortula fragilis Taylor	–
Tortula hoppeana (Schultz) Ochyra	Desmatodon latifolius
Tortula inermis (Brid.) Mont.	–
Tortula intermedia (Brid.) De Not.	
Tortula laevipila (Brid.) Schwägr. aggr.	–
Tortula lanceola R. H. Zander	Pottia lanceolata
Tortula latifolia Hartm.	–
Tortula laureri (Schultz) Lindb.	Desmatodon laureri
Tortula leucostoma (R. Br.) Hook. & Grev.	Desmatodon leucostoma
Tortula modica R. H. Zander	Pottia intermedia
Tortula mucronifolia Schwägr.	Tortula subulata aggr.
Tortula muralis Hedw.	
Tortula norvegica (F. Weber) Lindb.	Tortula ruralis aggr.

Tortula obtusifolia (Schwägr.) Mathieu	–
Tortula pagorum (Milde) De Not.	Tortula laevipila aggr.
Tortula papillosa Wilson	
Tortula revolvens (Schimp.) G.Roth	–
Tortula rhodonia R. H. Zander	Desmatodon wilczekii
Tortula ruraliformis (Besch.) Ingham	Tortula ruralis aggr.
Tortula ruralis (Hedw.) P. Gaertn., B. Mey. & Scherb. aggr.	
Tortula schimperi M. J. Cano, O. Werner & J. Guerra	Tortula subulata aggr.
Tortula sinensis (Müll. Hal.) Broth.	–
Tortula spuria J. J. Amann	Tortula caninervis
Tortula subulata Hedw. aggr.	
Tortula systylia (Schimp.) Lindb.	Desmatodon systylius
Tortula truncata (Hedw.) Mitt.	Pottia truncata
Tortula virescens (De Not.) De Not.	–
Trematodon ambiguus (Hedw.) Hornsch.	–
Trematodon brevicollis Hornsch.	–
Trichocolea tomentella (Ehrh.) Dumort.	
Trichodon cylindricus (Hedw.) Schimp.	Ditrichum cylindricum
Trichostomum bambergeri Schimp.	Tortella bambergeri
Trichostomum brachydontium Bruch	
Trichostomum crispulum Bruch	
Trichostomum cuspidatum auct.	Trichostomum brachydontium
Trichostomum cylindricum (Brid.) Müll. Hal.	Oxystegus tenuirostris
Trichostomum hammerschmidii Loeske & H. K. G. Paul	Trichostomum crispulum
Trichostomum mutabile Bruch	Trichostomum brachydontium
Trichostomum nitidum (Lindb.) Schimp.	Tortella nitida
Trichostomum triumphans De Not.	Weissia triumphans
Trichostomum viridulum Bruch	Trichostomum crispulum
Tritomaria exsecta (Schmidel) Loeske	
Tritomaria exsectiformis (Breidl.) Loeske	
Tritomaria polita (Nees) Jørg.	
Tritomaria quinquedentata (Huds.) H. Buch	
Tritomaria scitula (Tayl.) Jørg.	
Trochobryum carniolicum Breidl. & Beck	Seligeria carniolica
Ulota americana (P. Beauv.) Limpr.	Ulota hutchinsiae
Ulota bruchii Brid.	Ulota crispa aggr.
Ulota coarctata (P. Beauv.) Hammar	
Ulota crispa (Hedw.) Brid. aggr.	
Ulota crispula Brid.	Ulota crispa
Ulota drummondii (Hook. & Grev.) Brid.	–
Ulota hutchinsiae (Sm.) Hammar	
Ulota intermedia Schimp.	Ulota crispa
Ulota ludwigii (Brid.) Brid.	Ulota coarctata
Ulota macrospora E. Bauer & Warnst.	Ulota rehmannii aggr.
Ulota rehmannii Jur. aggr.	–
Ulota ulophylla Broth.	Ulota crispa
Voitia nivalis Hornsch.	–
Warnstorfia exannulata (Schimp.) Loeske	
Warnstorfia fluitans (Hedw.) Loeske	
Warnstorfia pseudostraminea (Müll. Hal.) Tuom. & T. J. Kop.	–
Warnstorfia sarmentosa (Wahlenb.) Hedenäs	Calliergon sarmentosum
Weissia brachycarpa (Nees & Hornsch.) Jur.	
Weissia condensa (Voit) Lindb.	
Weissia controversa Hedw. aggr.	
Weissia crispata (Nees & Hornsch.) Müll. Hal.	Weissia controversa
Weissia fallax Sehlm.	Weissia controversa
Weissia ganderi Jur.	Weissia rutilans
Weissia gymnostoma (G. Roth) Culm.	Weissia wimmeriana
Weissia longifolia Mitt.	
Weissia meylanii (J. J. Amann) Mönk. p.p.	Weissia squarrosa
Weissia microstoma (Hedw.) Müll. Hal.	Weissia brachycarpa
Weissia rostellata (Brid.) Lindb.	–
Weissia rutilans (Hedw.) Lindb.	–
Weissia squarrosa (Nees & Hornsch.) Müll. Hal.	–
Weissia tortilis (Schwägr.) Müll. Hal.	Weissia condensa
Weissia triumphans (De Not.) M. O. Hill	–
Weissia viridula Brid.	Weissia controversa
Weissia wimmeriana (Sendtn.) Bruch & Schimp.	Weissia controversa aggr.
Zygodon conoideus (Dicks.) Hook. & Taylor	–
Zygodon dentatus (Limpr.) Kartt.	Zygodon viridissimus aggr.
Zygodon forsteri (Dicks.) Mitt.	–
Zygodon gracilis Wilson	–
Zygodon rupestris Lorentz	Zygodon viridissimus aggr.
Zygodon viridissimus (Dicks.) Brid. aggr.	

Teil III Lichenes (Flechten)

M. Vust

Anleitung zum Gebrauch der Zeigerwerte und Kennzeichen

Im Folgenden sind nur Flechten charakterisiert, die in der Schweiz vorkommen und vorwiegend auf dem Bodensubstrat wachsen *(terricole Flechten, Bodenflechten)*.

Die allgemeinen Angaben zur Anleitung, die im ersten Teil stehen, sind auch für Flechten gültig. Es wird hier nur auf flechtenbezogene Besonderheiten eingegangen. Verschiedene Werte sind nicht immer auf Flechten oder auf Moose anwendbar. Es wurde versucht, die Angaben für Flechten und Moose soweit möglich aneinander anzupassen. Auch wenn das Konzept der ökologischen Zeigerwerte schon seit einigen Jahrzehnten besteht, gibt es in dieser Hinsicht nur wenige Bearbeitungen der Flechten. WIRTH (1992) hat Zeigerwerte für Licht, Temperatur, Kontinentalität, Feuchtigkeit, pH, Nährstoffe und Gifttoleranz für die häufigsten Bodenflechten von Zentraleuropa aufgestellt. Weitere, aber nicht numerische Angaben stehen in *Die Flechten Baden-Württembergs* (WIRTH 1995). Seit ungefähr dem Jahre 2000 geben NIMIS & MARTELLOS auf ihrer Homepage über die Flechten von Italien (http://dbiodbs.univ.trieste.it) eine Beschreibung von Flechtenarten, die 5 ökologische Werte enthalten (pH, Licht, Wasser, Eutrophierung und Höhenverbreitung, daneben Angaben über bevorzugtes Substrat, Photosymbionten, Wuchs und Reproduktion). Während Wirth 9 Stufen unterscheidet, verwenden die italienischen Wissenschafter nur 5. In beiden Fällen sind die Zeigewerte auf Grund der grossen eigenen Erfahrung zusammengestellt.

Die Schweiz beherbergt gemäss dem bibliographischen Katalog von CLERC (2004) etwa 1700 Flechtenarten. Die in der Schweiz vorkommenden Arten können dieser Liste entnommen werden. Zusätzlich bildet sie die Grundlage für die Nomenklatur der Namen.

Informationen über Wuchsform, Photobiont, Ausbreitung und Verbreitung stehen auch in WIRTH (1992) und NIMIS & MARTELLOS. Solche Angaben sind neulich in STOFER & al. (2006) für 768 Arten aufgeführt.

Eine erste *Rote Liste* der epiphytischen und terricolen Schweizer Flechten stammt von SCHEIDEGGER & CLERC (2002). Die Unterlagen zu dieser Liste können im Internet unter www.swisslichens.ch eingesehen werden. Sie enthalten auch ökologische Informationen zur Höhenverbreitung und zum Substrat. Die saxicolen und lignicolen Flechten der Schweiz sind noch wenig bekannt und in ihren ökologischen Ansprüchen kaum erfasst.

Es wäre möglich gewesen, ökologische Information aus weiteren Werken und dem Internet zu gewinnen, aber ohne Gewähr. Es wurde deshalb vorgezogen, nur jene neuen Ergebnisse zu benützen, die der Autor selbst erarbeitet hat. Das für die Rote Liste erarbeitete Inventar der terricolen Flechten (VUST 2002b) erlaubt eine neue Bearbeitung der ökologischen Zeigerwerte (VUST 2002a).

Die Definition einer «terricolen» Flechte wurde von NIMIS & MARTELLOS (2004) diskutiert. Der Begriff wird hier ähnlich weit gefasst wie bei den beiden italienischen Autoren. Darunter fallen alle Arten, die hauptsächlich auf dem «Boden» wachsen, also auf der Erde, auf dem Moos, auf abgestorbenen pflanzlichen Resten, aber auch auf Moos über Felsen und in Felsenritzen.

Methodik der Bewertung

Um einseitige ökologische Bewertungen durch den einzigen Autor zu vermeiden, wurden die vollständigen ökologischen Aufnahmen in denen die Arten wuchsen, bewertet: Vegetationslandschaften, Lebensräume und Strukturen. Diese drei Gruppen entsprechen drei verschiedenen Stufen.

Die *Vegetationslandschaften*, die von HEGG & al. (1993) für die Schweiz definiert wurden, verhalten sich homogen für *Temperatur, Niederschläge* und der damit zusammenhängenden *Kontinentalität.*

Die *Lebensräume,* wie sie durch DELARZE & GONSETH (2008) zusammengestellt wurden, sind homogen in Bezug auf *Licht* und erlauben einen Wert für die *Hemerobie* (Einfluss des Menschen) aufzustellen.

Die *Strukturen*, die die Kleinstandorte beschreiben, erlauben eine Bewertung der *pH-Verhältnisse* (Reaktionszahl). Für die Details der Bewertungen vergleiche man die Kapitel über die einzelnen ökologischen Faktoren.

Das Mittel der Werte von allen Stationen, an denen die Art angetroffen wird, gibt einen objektiven Hinweis auf die Ökologie der Art. Die Breite des Vorkommens deutet auf die Variationsbreite. Auf Grund der rohen Mittelwerte, der Variationsbreiten, der Literaturhinweise, den Angaben aus dem Internet und der eigenen Felderfahrung wurden die Zeigerwerte aller Arten aufgestellt.

Die qualitativen Werte über die Biologie der Arten sind der Literatur entnommen (WIRTH 1992, NIMIS & MARTELLOS 2002, Stand 2007).

Insgesamt sind *192 Arten* berücksichtigt. Die Listen stammen aus VUST (2002a) und BEAUCHAMP & al. (2007).

Erklärungen der einzelnen Zeigerwerte und Kennzeichen

Die Zeigerwerte des Kapitels 3 *(Klimaindikatoren)* und 4 *(Indikatoren zum Substrat)* sind quantifizierbar und gehören alle zu den **ökologischen Zeigerwerten** mit Ausnahme jener aus Kaptiel 4.1 *(Art des Substrates* **AS**). Jene aus den übrigen Kapiteln sind ausser jenen des Kapitels 7.2 *(Einfluss des Menschen auf den Standort* **EM**) nicht quantifizierbar. Die ökologischen Zeigerwerte sind mit Zahlen charakterisiert und können mit gewissen Vorbehalten statistisch ausgewertet werden. Die biologischen Kennzeichen sind durch Buchstaben umschrieben und lassen sich nicht numerisch vergleichen.

Die **Variationsbreiten v** werden allgemein durch zwei römische Ziffern angezeigt.

I kleine Variation
höchstens je eine Klasse über die Grenzen der angegebenen Zahl hinausgehend, bzw. fast nur unter den angegebenen Bedingungen vorkommend

II grosse Variation
in mindestens 3 Klassen verbreitet, bzw. oft auch unter anderen als den angegebenen Bedingungen lebend

1 Nummer

Die Zahlen in dieser Spalte sind fortlaufende Nummern (Seriennummern, **SEN**) und haben keine weitere Bedeutung.

2 Taxa

Die Taxa richten sich in der Nomenklatur nach CLERC (2004). Auf den *wissenschaftlichen Namen der Gattung und der Art* folgt der Name des *Autors*, der die Art zuerst unter dem angeführten Namen beschrieben hat.

3 Klimaindikatoren (Klima)

Die Flechten sind den gleichen klimatischen Bedingungen unterworfen, wie alle anderen Organismen, aber sie sind wie die Moose an Kleinstandorte von wenigen Quadratzentimetern gebunden. So kann eine Bodenflechte, die in der alpinen Stufe häufig auf windigen Graten wächst, auch in Steppenwiesen der Tieflagen vorkommen, wenn sie sich im ständigen kalten Schatten im Norden eines Felsens befindet. Ihre Indikatoren des Grossklimas können deshalb sehr unterschiedlich sein.

3.1 Temperaturzahl T

1 **alpin und nival**
auch kalte Kleinstandorte tieferer Lagen
VL 30, 31

2 **subalpin**
auch geschützte Kleinstandorte höherer Lagen
VL 25, 26, 27, 28, 29

3 **montan**
VL 9

4 **collin**
VL 10, 11, 12, 13

5 **sehr warm collin**
VL 5, 7, 8, 14, 17, 20, 23
auch geschützte wärmere Standorte
VL 1, 6, 16, 18, 19, 24
VL 2, 3, 4
nur wärmste Stellen
VL 15, 21

Die *Temperaturzahl* zeigt die mittlere Temperatur an, unter der die Flechte wächst. Sie deutet in erster Linie auf die Höhenverbreitung. Niedrige Werte kennzeichnen Taxa, die in kalten hohen Lagen wachsen, hohe Werte Taxa, die in warmen unteren Lagen gedeihen. Die einzelnen Stufen (collin bis nival) sind im Teil I, Kapitel 3.1 (S. 16) erklärt.

Um den einzelnen Arten Werte zuzuordnen, wurden die *Vegetationslandschaften (VL),* in denen die Art gut wächst, beigezogen, ebenso die Beschreibungen in HEGG & al. (1993) und die Temperaturkarten des Atlas der Schweiz (IMHOF 1965-1978).

Vegetationslandschaften (VL) nach HEGG & al. (1993)

1	VL der Auen
2-3	VL der Eichen-Hainbuchenwälder
2	Gebiet mit Rebbau
3	Gebiet mit Hopfenbuchenwald
4-7	VL der Braunerdewälder
4	Gebiet mit Eichen-Hainbuchenwald
5	Gebiet mit Zahnwurz-Buchenwald
6	Gebiet mit Waldmeister-Buchenwald
7	Gebiet mit Tannenwald
8-18	VL der Kalk-Buchenwälder
8-13	Gebiet mit Zahnwurz-Buchenwald
8	Sektor mit Tannenwald
9	Sektor mit Ahorn-Buchenwald
10	Sektor mit Wytweide
11	Sektor mit Tannen-Buchenwald
12	Sektor mit Schluchtwald
13	Sektor mit Föhrenwald
14-18	Gebiet mit Eichen-Hainbuchenwald
14	Sektor mit Eichen-Hainbuchenwald
15	Sektor mit Flaumeichenwald
16	Sektor mit Geissklee-Föhrenwald
17	Sektor mit Lindenmischwald
18	Sektor mit Orchideen-Buchenwald
19-22	VL der Föhrenwälder
19-20	Gebiet mit Tannenwald
19	Sektor mit Orchideen-Buchenwald
20	Sektor mit Perlgras-Fichtenwald
21-22	Gebiet mit Steppenrasen
21	Sektor mit Flaumeichenwald
22	Sektor mit Erika-Föhrenwald
23	VL der Hopfenbuchenwälder
24	VL der Kastanienwälder
25-29	VL der subalpinen Nadelwälder
25	Gebiet mit Heidelbeer-Fichtenwald
26	Gebiet mit Arvenwald
27	Gebiet mit Lärchenwald
28	Gebiet mit Hainsimsen-Buchenwald
29	Gebiet mit Steppenrasen
30	VL der alpinen Rasen
31	VL der Gletscher und Firne

3.2 Kontinentalitätszahl K

1 **ozeanisch**
Kleinstandorte mit sehr hoher relativer Luftfeuchtigkeit; Grossklima oft mit geringer jährlicher Temperatur
amplitude VL 3, 7, 17, 23, 24

2 **subozeanisch**
Kleinstandorte mit hoher relativer Luftfeuchtigkeit; Grossklima mit mittlerer jährlicher Temperaturamplitude
VL 8, 10, 11, 13, 28

3 **subozeanisch bis subkontinental**
Kleinstandorte mit mittlerer relativer Luftfeuchtigkeit; Grossklima mit mittlerer jährlicher Temperaturamplitude
VL 2, 4, 6, 9, 12, 14, 15, 18, 25

4 **subkontinental**
Kleinstandorte mit niedriger relativer Luftfeuchtigkeit; Grossklima mit mittlerer jährlicher Temperaturamplitude
VL 16, 19, 20, 30, 31

5 **kontinental**
Kleinstandorte mit sehr niedriger relativer Luftfeuchtigkeit; Grossklima oft mit grosser jährlicher Temperaturamplitude
VL 21, 22, 26, 29

Die *Kontinentalitätszahl* richtet sich nach den Vegetationslandschaften *(VL),* in denen die Art gut wächst. Sie charakterisiert vor allem die jährlichen und täglichen Temperaturunterschiede und die Luftfeuchtigkeit. Niedere Zahlen deuten auf kleine Temperaturunterschiede und auf grosse Luftfeuchtigkeit, hohe Zahlen dagegen auf grosse Temperaturunterschiede und auf niedere Luftfeuchtigkeit. Die Kontinentalitätszahl wurde den Vegetationslandschaften zugeteilt nach den Formeln und den Angaben von PACHE & al. (1996). Der Kontinentalitätsindex geht zurück auf GAMS (1932) und bezeichnet den Winkel der Tangente eines rechtwinkligen Dreiecks, dessen einer Schenkel durch die Niederschlagsmenge und der andere durch die Höhe über Meer gegeben ist. Diese Formel wurde durch MICHALET (1991) für Höhen unter 900 m modifiziert. Auf der Basis der Höhe über Meer und der mittleren jährlichen Niederschläge wurde für jede Vegetationslandschaft ein Kontinentalitätsindex aufgestellt und fünf Gruppen gebildet.

Einzelne Vegetationen weisen grosse geographische Unterschiede auf: *VL 27* deutet im Wallis auf eine Kontinentalitätszahl von **5**, im Tessin und in Graubünden von **4**. Für *VL 5* gilt auf den jurassischen Höhen die Zahl **2**, in der Ajoie und am Neuenburgersee die Zahl **3**.

3.3 Lichtzahl L

1 **sehr schattig**
dichte Wälder; bis unter 3 % der relativen Beleuchtungsstärke

2 **schattig**
eher lockere Wälder; kaum unter 3 %, aber oft unter 10 % der relativen Beleuchtungsstärke

3 **halbschattig**
offene Wälder, Waldränder, Waldwege; meist nicht unter 10 % der relativen Beleuchtungsstärke

4 **hell**
wenig beschattete Rasen: nur gelegentlich oder kurzzeitig leicht beschattet

5 **sehr hell**
Steppen, alpine Rasen: nur offene, sonnige Standorte

Die *Lichtzahl* ist abhängig von den Umweltbedingungen. Sie ist charakteristisch für die mittlere Lichtintensität des Standortes, an dem die Flechten angetroffen werden. Tiefe Werte zeigen geringen Lichteinfall, hohe Werte eine starke Sonneneinstrahlung. Die Lichtzahlen der einzelnen Arten wurden auf Grund der Standorte, an denen sie angetroffen werden, erarbeitet. Die Bezeichnung dieser Standorte richtet sich nach DELARZE & GONSETH (2008).

Codes der Lebensräume	Lebensraum	Lichtzahl
2.4	Hochmoore	4
3.2.1.0	Alluvionen ohne Vegetation	5
3.2.1.1	Alluvionen mit krautiger Pioniervegetation	5
3.3.1.2	Kalkgeröll höherer Lagen, harte Felsen	5
3.3.2.1	Silikatgeröll höherer Lagen ohne Vegetation	5
3.3.2.2	Silikatgeröll höherer Lagen	5
3.4.1.2	besonnte Kalkfelsen mit Gefässpflanzen	5
3.4.1.3	schattige Kalkfelsen mit Gefässpflanzen	2
3.4.2.2	Silikatfelsen mit Gefässpflanzen	3
4.0.2	künstliche Rasen	4
4.1	Kalksteinplatten und Karrenfelder	5
4.1.1	Kalkvegetationen der unteren Lagen	5
4.1.2	Vegetationen auf Kalksteinplatten und Karrenfeldern	5
4.1.3	Vegetationen auf Silikatfelsplatten tieferer Lagen	5
4.1.4	Vegetationen auf Silikatfelsplatten höherer Lagen	5
4.2	trockene thermophile Rasen	5
4.2.1	kontinentale Rasen	5
4.2.1.1	Steppenrasen	5
4.2.1.2	halbtrockene kontinentale Rasen	5
4.2.2	mitteleuropäische Trockenrasen	5
4.2.3	insubrische Trockenrasen	4
4.2.4	mitteleuropäische Halbtrockenrasen	4
4.3	magere Rasen höherer Lagen	5
4.3.1	trockene Kalkrasen mit *Sesleria*	5
4.3.2	trockene Kalkrasen mit *Carex firma*	5
4.3.3	frische Kalkrasen	5
4.3.4	Rasen auf Windkanten	5
4.3.5	saure magere Weiden	5
4.3.6	saure felsige Rasen	5
4.3.7	saure Rasen der oberen alpinen Stufe	5
4.4	Schneetälchen	3
4.4.1	kalkreiche Schneetälchen	3
4.4.2	saure Schneetälchen	3
4.5	Fettwiesen	4
4.5.1	Mähwiesen der unteren Lagen	4
4.5.2	Mähwiesen der höheren Lagen	4
4.5.3	Weiden der tieferen und mittleren Lagen	5
4.5.4	Weiden der subalpinen und alpinen Stufe	5
4.6	Brachland mit Gräsern	4
5.2.1	Waldschläge und –lichtungen über neutralem bis basischem Boden	3
5.2.2	Waldschläge und Lichtungen über saurem Boden	3
5.2.5	Hochstaudenfluren mit *Pteridium*	3
5.3.1	thermophile Gebüsche über saurem Boden	2
5.3.2	thermophile Gebüsche über neutralem bis basischem Boden	2
5.3.5	aufwachsende Wälder	2
5.3.8	subalpine Weidegebüsche	3
5.3.9	Grünerlengebüsche	1
5.4	Heiden	4
5.4.1	subatlantische saure Heiden	4
5.4.2	kontinentale Heiden mit *Juniperus sabina*	5
5.4.3	subalpine Heiden über Kalkboden	5
5.4.4	subalpine xerophile Heiden über saurem Boden	5
5.4.5	subalpine feuchtere Heiden über saurem Boden	4
5.4.6	alpine Windheiden	5
6.	Wegböschungen im Wald	3
6.1	überschwemmte Wälder	2
6.1.3	flussbegleitende Erlenwälder	2
6.1.4	feuchte Eschenwälder	2
6.2	Buchenwälder	1
6.2.1	xerothermophile Buchenwälder	2
6.2.2	saure Buchenwälder	1
6.2.3	mesophile Buchenwälder tieferer Lagen	1
6.2.4	mesophile Buchenwälder der unteren montanen Stufe	1

6.2.5	Fichten-Buchenwälder der montanen Stufe	1
6.3	andere Laubwälder	2
6.3.1	feuchte Ahorn-Schluchtwälder	1
6.3.2	thermophile Lindenwälder über Geröll und Karren	2
6.3.3	Ulmen-Eichenwälder	2
6.3.4	Eichen-Buschwälder	2
6.3.5	Ostrya- Niederwälder der Südalpen	2
6.3.6	saure Eichenwälder	1
6.3.7	Kastanienwälder	1
6.3.8	Wälder mit lorbeerblättrigem Unterwuchs	1
6.3.9	Sekundärwälder mit *Robinia*	2
6.4	thermophile Föhrenwälder	3
6.4.1	subatlantische Föhrenwälder von Mergelhängen	3
6.4.2	basophile subkontinentale Föhrenwälder	3
6.4.3	xerophile kontinentaler Föhrenwälder	3
6.4.4	mesophile Föhrenwälder über Silikat	3
6.5	Moorwälder	3
6.5.1	Birkenmoorwälder	3
6.5.1	Föhrenmoorwälder	3
6.5.3	Fichtenmoorwälder	3
6.6	Nadelwälder der oberen Lagen	2
6.6.1	Fichten-Tannenwälder	1
6.6.2	Fichtenwälder	1
6.6.3	Lärchen-Arvenwälder	3
6.6.4	Lärchenwälder	3
6.6.5	Föhrenwälder der Berge	3
7.1	Tritt- und Ruderalstellen	5
7.1.2	stark betretene Stellen	5
7.1.6	mesophile mehrjährige Ruderalvegetationen	4
7.2	anthropogene felsige Orte	4
8.1.6	Rebberge	5
8.2	Kulturen von Krautpflanzen	4
9.2	Gebäude	3
9.2.4.5	Friedhöfe	3
9.3	begrünte Flächen	5
9.3.1	begrünte Sport- und Parkplätze	5
9.3.2	Strassen	5
9.3.3	unversiegelte Wege ohne Vegetation	5
9.4	Eisenbahn-Trassees	5

3.4 Niederschlagszahl NS

1 **sehr trocken**
< 600 mm/Jahr: VL 21

2 **trocken**
600-800 mm/Jahr: VL 22, 29
bis mässig trocken
800-1000 mm/Jahr: VL 16, 19, 20, 26

3 **eher trocken bis mittel**
1000-1200 mm/Jahr: VL 1, 2, 4, 6, 14, 15, 18
1200-1400 mm/Jahr: VL 5, 8, 12, 13

4 **mässig feucht**
1400-1600 mm/Jahr: VL 7, 10, 11, 17
bis feucht
1600-2000 mm/Jahr: VL 3, 9, 24, 25

5 **nass**
2000-2400 mm/Jahr: VL 23, 28, 30
bis sehr nass
> 2400 mm/Jahr: VL 31

Die *Niederschlagszahl* richtet sich nach den Vegetationslandschaften, in denen die Art gut wächst. Sie zeigt die jährliche mittlere Niederschlagssumme des Klimas an. Tiefe Werte bedeuten wenig, hohe Werte viel Niederschlag.

Die Niederschlagszahlen der folgenden VL ändern stark mit der geographischen Lage: *VL 27* zeigt im Wallis den Wert **2**, im Tessin den Wert **3.5** und in Graubünden den Wert **4**, *VL 26* im Wallis **1.5** und in Graubünden **2**, *VL 5* in den Juraschluchten den Wert **3** und in der Ajoie und an den Ufern des Neuenburgersees den Wert **2.5**. Für *VL 6, 7* und *30* können die Extremwerte die angegebene Variationsbreite (in mm/Jahr) überschreiten.

4 Indikatoren zum Substrat (Substrat)

4.1 Art des Substrates AS

a **felsig**
b **felsig, aber zerklüftet**
c **steinig (flachgründiger Boden)**
d **kiesig, mit Feinerde gemischt**
e **entwickelt**
f **humusreich**
g **moosig über Felsen**
h **moosig über organischem Material**
i **Torfmoos *(Sphagnum)***

In der Tabelle sind keine Arten typisch für die Substrate **a** und **i**.

Die Angabe für die *Art des Substrates* charakterisiert die Struktur der Unterlage. Die *Variationsbreite* I deutet darauf hin, dass das Taxon vorwiegend auf der betreffenden Substratart vorkommt, ein II, dass sie auch auf andere Substratarten übergeht.

4.2 Feuchtezahl F

1 **sehr rasch austrocknende Felsen**

2 **rasch austrocknende Gesteine**
Felsspalten, Felsabstürze, Pflaster

2.5 **kurze Zeit feucht bleibend**
Rohhumus, Erdhügel

3 **langsam austrocknende Erde**
unter Felsen, Wurzeln oder Stützmauern; Böschungen, nackte Erde

4 **lang andauernde Feuchtigkeit**
moosiger Felsen, moosiger Boden

5 **dauernde Feuchtigkeit**
Torfmoose *(Sphagnum)*

In der Tabelle sind keine Arten typisch für die Feuchtezahlen **1** und **5**.

Die *Feuchtezahl* des Substrates ist von der Struktur der Unterlage abhängig. Hohe Zahlen weisen auf ausdauernd feuchte, niedere auf rasch austrocknende Unterlage.

Für Details der zugeteilten Werte für die Strukturen vergleiche man die nachstehende Tabelle. Die Mittelwerte für die Strukturen, innerhalb denen eine Art gedeiht, erlauben, dieser die entsprechenden Feuchte- und Reaktionszahlen zuzuordnen.

Strukturen	Feuchtezahl	Reaktionszahl
geschützt unter Felsen oder Wurzeln	3	unterschiedlich
Erdhügel	4	unterschiedlich
abgestorbene Pflanzenreste	4	3
Kalkhänge	2	5
Kalkfelswände	2	5
Silikatfelswände	2	1
Konglomeratfelswände	2	4
gelber Kalkschotterfels	2.5	5
körniger Kalkfels	2.5	5
Gips 2.5		
	5	
Trockenmauer	unterschiedlich	4
Stützmauer	3	unterschiedlich
Pflaster	2	4
Kalkfels	2.5	5
Silikatfels	2.5	2
Serpentinfels	2.5	4
mit Moos bedecktes Kalkgestein	4	4
mit Moos bedecktes Silikatgestein	4	2
anderes mit Moss bedecktes Gestein	4	4
Moosiger Boden	4	3
Bahn- und Wegböschung	3	unterschiedlich
senkrechte Böschung	3	unterschiedlich
senkrechte Wegböschung	3	unterschiedlich
felsige Wegböschung	2.5	unterschiedlich
Steinhaufen	2.5	unterschiedlich
nackte Erde an flachen Stellen	3	unterschiedlich
nackte Erde am Hang	3	unterschiedlich

4.3 Reaktionszahl R

1 **sehr sauer**
Böden humos bis torfig

2 **sauer**
tiefgründige Böden über saurem Gestein oder ausgewaschene Böden über basischem Gestein

3 **schwach sauer bis neutral**

4 **neutral bis basenreich**

5 **sehr basenreich**
oberflächliche Salzausblühungen über basischem Gestein

In der Tabelle sind keine Arten typisch für die Reaktionszahl **1**.

Die *Reaktionszahl* ist an die Struktur des Bodens gebunden. Sie deutet auf den Gehalt von freien H^{+}-Ionen im Boden hin. Tiefe Werte weisen auf saure Böden mit geringem Basengehalt oder auf saures Gestein, hohe Werte entsprechen einem hohen Basengehalt des Bodens oder des Gesteins.

4.4 Nährstoffzahl N

1 **nährstoffarm**
z. B. Silikatfels

3 **mittlerer Nährstoffgehalt**
z. B. Waldboden oder mässig gedüngter Wiesenboden

5 **nährstoffreich**
z. B. durch Vogelkot gedüngte Felsen oder Baumäste

Die *Nährstoffzahl* charakterisiert den Gehalt an zugänglichen Nährstoffen für die Flechten.

Die Flechten bevorzugen kein bestimmtes Substrat. Die Menge der Nährstoffe hängt weniger vom Nährstoffgehalt des Substrates, als von der äusseren Zufuhr von Nährstoffen durch Dünger (z. B. Kot), Staub, Regenwasser oder Rieselwasser ab. Dies betrifft vor allem epiphytische und felsbewohnende (saxicole) Flechten.

5 Strategien (Str)

5.1 Wuchs- und Lebensform WL

Krustenflechten

Ab Aussenkruste vom *Baeomyces*-Typ (mit gestielten Fruchtkörpern)

Ak Aussenkruste; Krustenflechten mit deutlich auf dem Substrat entwickeltem Lager (z. B. *Lecanora, Lecidea)*

Cr Krustenflechten mit gestielten, stecknadelartigen Fruchtkörpern (z. B. *Calicium)*

Ik Innenkruste; Krustenflechten, deren Lager hauptsächlich im Substrat – Holz, Rinde, Gestein – entwickelt ist (z. B. viele *Verrucaria*-Arten)

Le leprös

Rw Krustenflechten mit rosettigem Wuchs und angedeuteten Randlappen *(«Placodium*-Wuchsform», z. B. viele *Caloplaca*-Arten)

Sf Flechten mit schuppigem Lager (z. B. *Toninia)*

Laubflechten

Lf Laubflechten, gewöhnlich an vielen Stellen am Substrat angewachsen, teilweise mit besonderen Haftorganen, randlich in der Regel gelappt (z. B. *Parmelia, Peltigera, Physcia)*

Nf Nabelflechten, meist ± zentral mit einem «Nabel» angewachsen (z. B. *Umbilicaria)*

Strauchflechten

Ba Bandflechten; Lager hängend bis abstehend, Lagerschnitte bandartig verflacht (z. B. *Evernia, Ramalina*-Arten)

Be Strauchflechten vom *Cladonia*-Typ, mit grundständigem kleinblättrigem Lager und aufrechten stift-, gabel- bis becherförmigen Lagerabschnitten (viele *Cladonia*-Arten, *Stereocaulon* spec.)

Bf Bartflechten; Lager hängend bis abstehend, Lagerschnitte schmal, meist stielrund bis oval, allseits gleichgebaut (z. B. *Usnea, Bryoria)*

Ce Strauchflechten vom *Cetraria*-Typ, aufrecht strauchig, Lagerabschnitte rinnig bis bandartig verflacht (z. B. Isländisch Moos)

Cl Strauchflechten vom *Cladina*-Typ, aufrecht strauchig bis selten niederliegend aufsteigend, röhrig oder fest, oft reich verästelt, lockere Polster und «Rasen» bildend, ohne grundständiges Lager (z. B. Rentierflechten)

St Strauchflechten ohne nähere Spezifizierung

Haarflechten

Hf Haarflechten

Die Nomenklatur der *Wuchs- und Lebensformen* richtet sich nach Wirth (1992). In der Tabelle sind nicht für alle Wuchs- und Lebensformtypen Beispiele vorhanden.

5.2 Photobionten PB

Cb Cyanobakterien

Ga Grünalgen

Gc sowohl Grünalgen wie auch Cyanobakterien

Als Photobionten werden die mit den Flechtenpilzen zusammenlebenden Mikroorganismen bezeichnet, die den Flechten durch Photosynthese die Energie liefern. Neben Grünalgen sind auch Cyanobakterien (Blaualgen) als Photobionten verbreitet.

6 Biologisches Verhalten

6.1 Fortpflanzungssystem FS

ap mit sexuellen Ausbreitungseinheiten (Apothecien oder Perithecien)

is vegetative Ausbreitung mit Isidien

so vegetative Ausbreitung mit Soredien

st wenigstens aus dem Gebiet keine Fortpflanzung bekannt, steril

7 Vorkommen (Vork)

7.1 Geographische Gesamtverbreitung GV

Aw Alte Welt
Bi bipolar
Eu ganz Europa
Ho holarktisch
Ko kosmopolitisch (mit oder ohne Antarktis)
Me Mitteleuropa
Ne Nordeuropa
Oe Osteuropa
Pa paläoarktisch
Se Südeuropa
We Westeuropa

Die Flechten sind im Allgemeinen sehr weit verbreitet. Es gibt nur wenige Endemiten, in der Schweiz gar keine. In der Tabelle sind nicht für alle Verbreitungseinheiten Beispiele vorhanden.

7.2 Einfluss des Menschen auf den Standort EM

1 naturnah
hauptsächlich in ± naturnahen Lebensräumen (z. B. in alpinen Rasen)

3 indifferent
in naturnahen und naturfernen Lebensräumen

5 naturfern
hauptsächlich in ± naturfernen Lebensräumen (z. B. auf Äckern)

Es werden nur 3 Gruppen aufgestellt, die das hauptsächliche Vorkommen der Taxa in Bezug auf den menschlichen Einfluss darlegen

Die Zahl für den menschlichen Einfluss ist charakteristisch für die Urbanität (Hemerobie) eines Standortes. Niedere Werte deuten auf grössere Natürlichkeit des Standortes, hohe Werte auf starken menschlichen Einfluss.

8 Gefährdung

8.1 Vorkommen in der Roten Liste der Schweiz RL

CR vom Aussterben bedroht
DD ungenügende Datengrundlage
EN stark gefährdet
LC nicht gefährdet
NT potentiell gefährdet
RE ausgestorben (in der Schweiz)
VU verletzlich

Die Gefährdungskategorien sind jene der IUCN. Die Angaben stammen aus der aktuellen Roten Liste (Scheidegger & Clerc 2002). Dort stehen auch die Beurteilungskriterien. Eine Regionalisierung ist derzeit nicht möglich.

9 Besonderes (Bes)

In dieser Spalte werden besondere Eigenschaften angegeben, die nur bei ganz wenigen Arten ausgeprägt sind.

selten die Art ist höchstens von drei Fundorten bekannt

Verzeichnisse zu den Flechten

1 Literaturverzeichnis

BEAUCHAMP H., VUST M. & CLERC P. 2007. Notes on selected terricolous lichens of Switzerland: Distributional, ecological and Red List data. Herzogia 20: 115-144.

CLERC P. (2004). Les champignons lichénisés de Suisse, catalogue bibliographique complété par des données sur la distribution et l'écologie des espèces. Cryptogamica helvetica 19: 320 pp.

DELARZE R. & GONSETH J. 2008. Lebensräume der Schweiz. HEP Ott Verlag. Bern. 420 pp.

GAMS H. 1932. Die klimatische Begrenzung von Pflanzenarealen und die Verteilung der hygrischen Kontinentalität in den Alpen. Zeitschrift der Gesellschaft für Erdkunde Berlin 52-68: 178-198.

HEGG O., BEGUIN C. & ZOLLER H. 1993. Atlas schutzwürdiger Vegetationstypen der Schweiz. Bundesamt für Umwelt, Wald und Landschaft. Bern. 160 pp.

IMHOF E. & al. 1965-1978. Atlas de la Suisse. Ed. du Service topographique fédéral. Wabern-Bern.

MICHALET R. 1991. Une approche synthétique biopédoclimatique des montagnes méditéranéennes, l'exemple du Maroc septentrional. Thèse, Université J. Fourier, Grenoble. 273 pp. + 271 carte.

NIMIS P.-L. & MARTELLOS S. 2002. ITALIC, the Information System on Italian Lichens.

NIMIS P.-L. & MARTELLOS S. 2004. I. Terricolous species. Le Guide di Dryades 1. Keys to the lichens of Italy. Goliardiche, Trieste.

PACHE G., MICHALET R. & AIMÉ S. 1996. A seasonal application of the Gams (1932) method, modified by Michalet (1991): The example of the distribution of some important forest species in the Alps. Dissertationes Botanicae 258, Volume jubilaire J.-L. Richard.

SCHEIDEGGER C. & CLERC P. 2002. Rote Liste der gefährdeten baum- und erdbewohnenden Flechten der Schweiz. Bundesamt für Umwelt, Wald und Landschaft, Bern, und Eidgenössische Forschungsanstalt WSL, Birmensdorf.

STOFER S., BERGAMINI A., ARAGÓN G., CARVALHO P., COPPINS B. J., DAVEY S., DIETRICH M., FARKAS E., KÄRKKÄINEN K., KELLER C., LÖKÖS L., LOMMI S., MÁGUAS C., MITCHELL R., PINHO P., RICO V. J., TRUSCOTT A.-M., WOLSELEY P. A., WATT A. & SCHEIDEGGER C. (2006). Species richness of lichen functional groups in relation to land use intensity. Lichenologist 38(4): 331-353.

VUST M. 2002a. Les lichens terricoles de Suisse. Diversité, écologie, répartition et précarité. Thèse, Faculté des sciences de l'Université de Genève.

VUST M. 2002b. Cartographie des lichens terricoles de Suisse. Mémoires de la Société Botanique de Genève 3: 27-41.

WIRTH V. 1992. Zeigerwerte von Flechten. In: ELLENBERG H., WEBER H. E., DÜLL R., WIRTH V., WERNER W. & PAULISSEN D. Indicator values of plants in Central Europe. Scripta Geobotanica 18: 1-258.

WIRTH V. 1995. Die Flechten Baden-Württembergs. I + II Ulmer, Stuttgart.

Tabelle der Flechten-Taxa

				Klima								Substrat								Str			Vork				
SEN	**Gattung**	**Art**	**Autor**	**T**	**Tv**	**K**	**Kv**	**L**	**Lv**	**NS**	**NSv**	**AS**	**ASv**	**F**	**Fv**	**R**	**Rv**	**N**	**Nv**	**WL**	**PB**	**FS**	**GV**	**EM**	**EMv**	**RL**	**Bes**
1	**Acarospora**	**schleicheri**	(Ach.) A. Massal.	5	I	5	I	5	I	1	I	c	I	2.5	I	5	I	1	I	Ak	Ga	ap	Se	1	I	VU	selten
2	**Alectoria**	**nigricans**	(Ach.) Nyl.	1	I	4	I	5	I	4	I	c	I	2.5	I	2	I	1	I	Cl	Ga	st	Bi	1	I	LC	selten
3	**Alectoria**	**ochroleuca**	(Hoffm.) A. Massal.	1	I	4	I	5	I	4	I	c	I	2.5	I	2	II	1	I	Cl	Ga	st	Ho	1	I	LC	
4	**Arthrorhaphis**	**alpina**	(Schaer.) R. Sant.	1	I	4	I	5	I	4	I	e	I	3	I	4	II	1	I	Ak	Ga	so	Bi	1	I	LC	
5	**Arthrorhaphis**	**citrinella**	(Ach.) Poelt	1	II	4	I	4	II	4	II	e	I	3	I	2	II	1	I	Ak	Ga	so	Bi	1	II	LC	
6	**Aspicilia**	**verrucosa**	(Ach.) Körb.	2	II	4	I	5	II	4	II	g	I	4	I	5	II	3	I	Ak	Ga	ap	Ho	1	I	LC	
7	**Bacidia**	**bagliettoana**	(A. Massal. & De Not.) Jatta	4	II	3	II	4	I	3	II	g	I	4	I	4	II	3	II	Ak	Ga	ap	Ho	3	II	VU	
8	**Baeomyces**	**placophyllus**	Ach.	2	I	3	I	4	I	4	I	e	I	3	I	2	I	1	I	Ab	Ga	ap	Eu	1	II	LC	
9	**Baeomyces**	**rufus**	(Huds.) Rebent.	3	II	3	II	3	II	3	II	e	I	3	I	2	I	1	I	Ab	Ga	ap	Eu	3	II	LC	
10	**Bilimbia**	**lobulata**	(Sommerf.) Hafellner & Coppins	4	II	4	I	4	I	3	II	g	I	4	I	4	II	1	II	Ak	Ga	ap	Ho	1	II	LC	
11	**Bilimbia**	**microcarpa**	(Th. Fr.) Th. Fr.	3	II	3	I	3	II	4	I	g	I	4	I	4	I	5	I	Ak	Ga	ap	Ho	1	I	LC	
12	**Bilimbia**	**sabuletorum**	(Schreb.) Arnold	2	II	5	I	3	II	2	I	g	I	4	I	4	II	3	II	Ak	Ga	ap	Ho	1	II	LC	
13	**Bryonora**	**castanea**	(Hepp) Poelt	1	I	4	I	4	II	4	II	g	I	4	I	2	II	1	I	Ak	Ga	ap	Ho	1	I	DD	
14	**Buellia**	**elegans**	Poelt	1	I	4	I	5	I	4	II	e	I	3	I	5	I	1	I	Rw	Ga	ap	Se	1	I	VU	
15	**Buellia**	**epigaea**	(Pers.) Tuck.	2	II	4	I	5	I	3	II	e	I	3	I	4	I	1	I	Rw	Ga	ap	Eu	3	II	EN	
16	**Buellia**	**hypophana**	(Nyl.) Zahlbr.	2	II	5	I	5	I	1	II	g	I	4	I	2	I	5	I	Ak	Ga	ap	Ho	1	I	EN	
17	**Buellia**	**papillata**	(Sommerf.) Tuck.	1	I	4	I	4	I	3	II	g	I	4	I	2	I	1	I	Ak	Ga	ap	Pa	1	I	DD	selten
18	**Caloplaca**	**ammiospila**	(Wahlenb.) H. Olivier	2	II	4	I	5	I	4	I	g	I	4	I	3	II	3	II	Ak	Ga	ap	Ho	1	I	LC	
19	**Caloplaca**	**aurea**	(Schaer.) Zahlbr.	1	I	4	I	5	I	4	I	c	I	2	I	5	I	5	I	Ak	Ga	ap	Eu	3	I	NT	selten
20	**Caloplaca**	**jungermanniae**	(Vahl) Th. Fr.	1	II	4	I	5	I	3	II	g	I	4	I	4	II	3	II	Ak	Ga	ap	Pa	1	I	NT	
21	**Caloplaca**	**livida**	(Hepp) Jatta	2	I	4	I	4	I	3	II	g	I	4	I	2	II	1	I	Ak	Ga	ap	Pa	1	I	LC	
22	**Caloplaca**	**saxifragarum**	Poelt	2	II	4	I	5	I	3	II	g	I	4	I	4	I	5	I	Ak	Ga	ap	Pa	1	I	LC	
23	**Caloplaca**	**sinapisperma**	(Lam. & DC.) Maheu & A. Gillet	2	II	4	II	4	II	3	II	g	I	4	I	4	II	5	II	Ak	Ga	ap	Ho	3	II	LC	
24	**Caloplaca**	**tiroliensis**	Zahlbr.	1	I	4	I	5	I	4	II	g	I	4	I	4	II	3	II	Ak	Ga	ap	Ho	1	I	LC	
25	**Caloplaca**	**xanthostigmoidea**	(Räsänen) Zahlbr.	1	I	4	I	5	I	4	I	e	I	3	I	4	II	1	I	Ak	Ga	ap	Eu	1	I	NT	selten
26	**Catapyrenium**	**cinereum**	(Pers.) Körb.	2	II	4	I	5	I	4	II	e	I	2.5	I	4	II	1	II	Sf	Ga	ap	Ho	1	I	LC	
27	**Catapyrenium**	**daedaleum**	(Kremp.) Stein	3	II	5	I	4	I	3	II	e	I	2.5	I	4	II	1	II	Sf	Ga	ap	Ho	1	II	VU	
28	**Catapyrenium**	**squamulosum**	(Ach.) Breuss	3	II	3	II	5	I	2	II	e	I	2.5	I	4	I	3	II	Sf	Ga	ap	Ho	3	II	DD	
29	**Catolechia**	**wahlenbergii**	(Ach.) Körb.	2	I	2	I	4	I	4	I	e	I	2.5	I	2	II	1	I	Sf	Ga	ap	Ho	1	I	VU	selten
30	**Cetraria**	**aculeata**	(Schreb.) Fr.	2	II	4	I	5	I	3	II	d	I	2.5	I	2	II	1	I	Cl	Ga	st	Ho	1	I	LC	
31	**Cetraria**	**cucullata**	(Bellardi) Ach.	1	I	4	I	5	I	4	II	e	II	3	II	3	II	1	I	Ce	Ga	st	Ho	1	I	LC	
32	**Cetraria**	**ericetorum**	Opiz	1	I	4	I	5	I	3	II	e	II	3	II	2	II	1	I	Ce	Ga	st	Ho	1	I	LC	
33	**Cetraria**	**islandica**	(L.) Ach.	2	II	4	I	4	II	3	II	e	II	3	II	3	II	1	II	Ce	Ga	st	Ho	1	II	LC	
34	**Cetraria**	**nivalis**	(L.) Ach.	1	I	4	I	5	I	4	I	e	II	3	II	3	II	1	I	Ce	Ga	st	Ho	1	I	LC	
35	**Cetraria**	**tubulosa**	(Schaer.) Zopf	1	I	4	I	5	I	4	I	e	II	3	II	4	II	1	I	Ce	Ga	st	Ho	1	I	NT	
36	**Chromatochlamys**	**muscorum**	(Fr.) H. Mayrhofer & Poelt	4	II	4	I	3	I	2	I	g	I	4	I	5	I	1	I	Ak	Ga	ap	Eu	1	I	DD	selten
37	**Cladonia**	**acuminata**	(Ach.) Norrl.	2	I	5	I	5	II	3	II	e	II	3	II	4	II	1	I	Be	Ga	so	Ho	3	I	VU	selten
38	**Cladonia**	**amaurocraea**	(Flörke) Schaer.	2	I	4	I	4	II	3	II	e	II	2.5	II	2	II	1	I	Be	Ga	ap	Ho	1	II	LC	
39	**Cladonia**	**arbuscula**	s. l.	2	II	4	II	4	II	3	II	e	II	3	II	2	II	1	I	Cl	Ga	st	Ho	1	I	LC	
40	**Cladonia**	**bellidiflora**	(Ach.) Schaer.	2	I	4	II	4	II	3	II	f	I	3	II	2	II	1	I	Be	Ga	ap	Ho	1	II	LC	
41	**Cladonia**	**borealis**	S. Stenroos	2	II	4	I	5	II	3	II	e	I	3	I	2	II	1	I	Be	Ga	so	?	1	I	LC	
42	**Cladonia**	**caespiticia**	(Pers.) Flörke	3	II	1	II	3	II	4	I	e	I	3	I	2	II	1	I	Be	Ga	ap	Ne	3	II	VU	
43	**Cladonia**	**cariosa**	(Ach.) Spreng.	3	II	5	I	4	II	3	II	c	II	2.5	II	3	II	3	II	Be	Ga	ap	Ho	1	II	VU	
44	**Cladonia**	**carneola**	(Fr.) Fr.	2	I	4	II	4	I	3	II	f	II	3	II	2	I	1	I	Be	Ga	so	Ho	1	I	LC	
45	**Cladonia**	**cervicornis**	(Ach.) Flot.	2	I	3	II	4	II	3	II	c	I	2.5	I	2	I	1	I	Be	Ga	ap	Ho	1	I	VU	
46	**Cladonia**	**chlorophaea**	(Sommerf.) Spreng.	3	II	3	II	3	II	3	II	e	II	3	II	3	II	3	II	Be	Ga	ap	Ho	3	II	LC	
47	**Cladonia**	**ciliata**	Stirt.	5	I	3	I	5	I	3	I	e	I	3	I	5	I	1	I	Cl	Ga	ap	Ne	1	I	EN	
48	**Cladonia**	**coccifera**	(L.) Willd.	2	II	3	II	4	II	3	II	e	I	3	I	2	I	3	II	Be	Ga	so	Ho	1	II	LC	
49	**Cladonia**	**cornuta**	(L.) Hoffm.	2	II	4	II	3	II	3	II	e	I	3	I	2	II	1	I	Be	Ga	so	Ho	1	II	LC	
50	**Cladonia**	**crispata**	(Ach.) Flot.	2	II	4	I	4	II	4	II	e	II	3	II	2	I	1	I	Cl	Ga	ap	Ho	1	II	LC	
51	**Cladonia**	**cyanipes**	(Sommerf.) Nyl.	2	I	4	I	3	I	3	I	e	II	3	II	2	I	1	I	Be	Ga	so	Eu	1	II	LC	selten
52	**Cladonia**	**decorticata**	(Flörke) Spreng.	2	II	4	II	4	II	3	II	c	II	2.5	II	2	I	1	I	Be	Ga	so	Ho	1	II	VU	
53	**Cladonia**	**deformis**	(L.) Hoffm.	2	II	4	II	5	II	3	II	e	II	2.5	II	3	II	1	I	Be	Ga	so	Ho	1	II	LC	
54	**Cladonia**	**ecmocyna**	Leight.	2	I	4	I	4	I	4	II	e	I	3	I	2	I	1	I	Be	Ga	ap	Ho	1	I	LC	
55	**Cladonia**	**foliacea**	(Huds.) Willd.	5	I	4	II	5	I	2	II	e	I	2.5	I	5	II	1	I	Be	Ga	st	Se	1	I	VU	
56	**Cladonia**	**furcata ssp. furcata**	(Huds.) Schrad.	3	II	3	II	3	II	3	II	f	I	4	I	3	II	1	II	Be	Ga	ap	Ho	3	II	LC	
57	**Cladonia**	**furcata ssp. subrangiformis**	(Sandst.) Abbayes	5	I	3	I	5	I	3	I	e	I	2.5	I	5	I	3	II	Be	Ga	st	Se	1	I	EN	
58	**Cladonia**	**macilenta**	Hoffm.	3	II	3	II	3	II	3	II	e	II	3	II	2	I	1	II	Be	Ga	ap	Ho	3	II	LC	
59	**Cladonia**	**macroceras**	(Delise) Hav.	2	I	4	I	4	II	3	II	e	II	2.5	II	2	II	1	I	Be	Ga	ap	Ho	1	I	LC	
60	**Cladonia**	**macrophylla**	(Schaer.) Stenh.	1	I	4	I	5	I	4	I	e	I	2.5	I	2	I	1	I	Be	Ga	ap	Ne	1	I	LC	selten
61	**Cladonia**	**macrophyllodes**	Nyl.	2	II	4	II	4	II	3	II	e	II	3	II	2	I	1	I	Be	Ga	ap	Ho	1	I	LC	
62	**Cladonia**	**phyllophora**	Hoffm.	2	I	5	I	4	II	2	II	c	I	2.5	I	2	I	1	I	Be	Ga	ap	Eu	1	I	LC	
63	**Cladonia**	**pleurota**	(Flörke) Schaer.	2	II	4	II	4	II	3	II	e	II	3	II	2	II	3	II	Be	Ga	so	Ho	1	II	LC	
64	**Cladonia**	**pocillum**	(Ach.) Grognot	3	II	3	II	5	II	3	II	e	II	2.5	I	4	I	3	II	Be	Ga	ap	Ho	1	II	LC	
65	**Cladonia**	**polycarpoides**	Nyl.	4	I	3	II	5	I	3	II	e	I	2.5	I	3	II	1	I	Be	Ga	ap	Se	1	II	CR	
66	**Cladonia**	**pseudopityrea**	Vain.	4	I	1	I	3	I	4	I	e	II	3	II	2	I	1	I	Be	Ga	ap	Se	3	II	LC	selten
67	**Cladonia**	**pyxidata**	(L.) Hoffm.	3	II	3	II	4	II	3	II	e	II	3	II	4	II	3	II	Be	Ga	ap	Ho	3	II	LC	
68	**Cladonia**	**rangiferina**	(L.) F. H. Wigg.	2	I	4	I	4	II	3	II	e	II	3	II	2	II	1	I	Cl	Ga	st	Ho	1	II	LC	
69	**Cladonia**	**rangiformis**	Hoffm.	4	II	3	II	5	I	3	II	e	I	2.5	I	4	II	1	I	Cl	Ga	ap	Se	1	II	EN	
70	**Cladonia**	**rei**	Schaer.	4	I	3	II	5	I	3	II	d	I	2.5	I	3	II	1	I	Be	Ga	so	Ne	3	II	VU	
71	**Cladonia**	**stellaris**	(Opiz) Pouzar & Vezda	2	I	4	I	4	II	3	I	e	II	3	II	2	II	1	I	Cl	Ga	ap	Ho	1	I	VU	
72	**Cladonia**	**strepsilis**	(Ach.) Grognot	2	I	4	I	5	I	3	II	e	II	2.5	I	2	II	1	I	Be	Ga	ap	Ne	1	I	EN	selten
73	**Cladonia**	**subulata**	(L.) F. H. Wigg.	2	I	4	II	3	II	3	II	e	II	3	II	3	II	1	I	Be	Ga	so	Ne	3	II	LC	
74	**Cladonia**	**sulphurina**	(Michx.) Fr.	2	I	4	I	3	II	3	II	f	II	3	II	2	I	1	I	Be	Ga	so	Ho	1	II	LC	
75	**Cladonia**	**symphycarpa**	(Flörke) Fr.	3	II	4	II	5	II	3	II	e	I	2.5	I	5	II	1	II	Be	Ga	ap	Ho	1	I	LC	
76	**Cladonia**	**trassii**	Ahti	2	I	5	I	5	I	2	I	d	I	2.5	I	2	I	1	I	Be	Ga	ap	?	1	I	LC	selten
77	**Cladonia**	**uncialis**	(L.) F. H. Wigg.	1	II	4	I	5	II	3	II	e	II	2.5	II	2	I	1	I	Cl	Ga	st	Ho	1	II	LC	
78	**Collema**	**auriforme**	(With.) Coppins & J. R. Laundon	3	II	3	II	3	II	3	II	g	I	4	I	4	I	1	II	Lf	Cb	is	Ho	3	II	LC	
79	**Collema**	**ceraniscum**	Nyl.	1	I	4	I	5	I	4	I	e	I	3	I	2	I	1	I	Lf	Cb	ap	Pa	1	I	NT	selten
80	**Collema**	**coccophorum**	Tuck.	4	I	3	I	4	I	3	I	e	I	3	I	4	I	1	I	Lf	Cb	ap	Se	5	I	LC	
81	**Collema**	**crispum**	(Huds.) F. H. Wigg.	4	I	3	I	4	I	2	I	e	I	3	I	4	I	3	II	Lf	Cb	ap	Se	5	II	LC	
82	**Collema**	**limosum**	(Ach.) Ach.	4	I	3	I	4	II	3	I	e	I	3	I	4	I	3	I	Lf	Cb	ap	Se	5	I	LC	
83	**Collema**	**tenax**	(Swartz) Ach.	4	II	3	II	4	II	2	II	e	I	3	I	4	I	3	II	Lf	Cb	ap	Ho	5	II	LC	
84	**Dactylina**	**madreporiformis**	(Ach.) Tuck.	1	I	4	I	5	I	4	I	e	I	3	I	4	II	1	I	Cl	Cb	st	Ho	1	I	LC	
85	**Dibaeis**	**baeomyces**	(L. fil.) Rambold & Hertel	2	II	4	I	5	II	4	II	e	I	3	I	2	I	3	II	Ab	Ga	ap	Ne	1	II	LC	
86	**Diploschistes**	**muscorum**	(Scop.) R. Sant.	3	II	4	II	5	II	2	II	g	I	4	I	4	II	3	II	Ak	Ga	ap	Ho	1	II	LC	
87	**Diplotomma**	**geophilum**	(Sommerf.) D. D. Awasthi & S. R. Singh	2	II	3	II	5	I	4	I	g	I	4	I	3	II	5	I	Ak	Ga	ap	Ho	1	I	NT	selten
88	**Endocarpon**	**adscendens**	(Anzi) Müll. Arg.	3	II	5	II	5	I	2	II	g	II	4	II	4	II	3	II	Sf	Ga	ap	Se	1	II	NT	
89	**Endocarpon**	**pusillum**	Hedw.	3	II	4	II	5	II	3	II	e	II	3	II	4	II	1	I	Sf	Ga	ap	Se	1	II	NT	

				Klima								Substrat								Str			Vork				
SEN	Gattung	Art	Autor	T	Tv	K	Kv	L	Lv	NS	NSv	AS	ASv	F	Fv	R	Rv	N	Nv	WL	PB	FS	GV	EM	EMv	RL	Bes
90	Epilichen	scabrosus	(Ach.) Clem.	2	I	4	I	4	I	3	I	e	I	3	I	2	II	1	I	Ak	Ga	ap	Ne	1	I	LC	selten
91	Evernia	perfragilis	Llano	1	I	4	I	5	I	4	I	d	II	2.5	II	3	II	1	I	Ba	Ga	st	Pa	1	I	LC	
92	Fulgensia	bracteata	(Hoffm.) Räsänen s. l.	3	II	4	I	5	I	3	II	e	I	2.5	I	5	I	3	II	Sf	Ga	ap	Ne	1	II	LC	
93	Fulgensia	fulgens	(Sw.) Elenkin	5	I	5	I	5	I	2	I	e	I	2.5	I	5	I	3	I	Lf	Ga	ap	Se	1	I	VU	
94	Fulgensia	schistidii	(Anzi) Poelt	2	I	4	I	4	I	3	I	g	I	4	I	5	I	3	I	Ak	Ga	ap	Se	1	I	LC	selten
95	Fulgensia	subbracteata	(Nyl.) Poelt	5	I	5	I	5	II	1	I	e	I	2.5	I	5	I	3	I	Ak	Ga	is	Se	1	II	EN	
96	Fuscopannaria	praetermissa	(Nyl.) M. Jørg.	2	II	4	I	4	II	3	II	e	II	3	II	3	II	1	I	Sf	Cb	ap	Ho	1	II	LC	
97	Gyalecta	foveolaris	(Ach.) Schaer.	1	I	4	I	5	I	4	I	e	II	3	II	5	I	1	I	Ak	Ga	ap	Ho	1	I	VU	selten
98	Gyalidea	asteriscus	(Anzi) Aptroot & Lücking	5	I	5	I	5	I	1	I	d	I	2.5	I	5	I	1	I	Ak	Ga	ap	Se	1	I	EN	
99	Helocarpon	crassipes	Th. Fr.	2	I	4	I	5	I	4	I	g	I	4	I	2	I	5	I	Ak	Ga	ap	Ho	1	I	LC	selten
100	Heppia	adglutinata	(Kremp.) A. Massal.	3	II	3	II	5	I	2	I	e	II	2.5	II	5	I	1	II	Ak	Cb	ap	Ne	1	II	VU	
101	Lecanora	epibryon	(Ach.) Ach.	1	I	4	I	5	I	4	I	g	I	4	I	5	I	1	I	Ak	Ga	ap	Ho	1	I	LC	
102	Lecidea	berengeriana	(A.Massal.) Th. Fr.	3	II	4	II	3	II	3	II	g	I	4	I	4	I	1	II	Ak	Ga	ap	Ho	1	II	LC	
103	Lecidea	hypnorum	Lib.	2	I	4	I	4	II	3	II	h	I	4	I	3	II	1	II	Ak	Ga	ap	Ho	1	II	LC	
104	Lecidea	rufofusca	(Anzi) Nyl.	1	I	4	I	5	I	4	I	g	I	4	I	4	I	5	I	Ak	Ga	ap	Ho	1	I	LC	selten
105	Lecidea	sanguineoatra	auct. ad int. non (Wulfen) Ach.	2	II	5	II	4	II	2	II	g	I	4	I	3	II	1	I	Ak	Ga	ap	Se	1	I	DD	
106	Lecidella	wulfenii	(Hepp) Körb.	1	I	4	I	5	I	4	I	g	I	4	I	4	I	5	I	Ak	Ga	ap	Ho	1	I	LC	
107	Lecidoma	demissum	(Rutstr.) Gotth.Schneid. & Hertel	1	I	4	I	5	II	4	II	e	I	3	I	2	II	1	I	Ak	Ga	ap	Ho	1	II	LC	
108	Leprocaulon	microscopicum	(Vill.) Gams	4	II	4	II	3	II	2	II	d	I	3	I	2	I	3	II	Be	Ga	so	Se	3	II	VU	
109	Leptochidium	albociliatum	(Desm.) M. Choisy	3	II	5	I	5	I	2	I	e	I	2.5	I	3	II	1	I	Lf	Cb	st	Pa	1	II	VU	
110	Leptogium	gelatinosum	(With.) J. R. Laundon	3	II	4	II	3	II	3	II	g	I	4	I	4	II	1	I	Lf	Cb	ap	Ho	3	II	LC	
111	Leptogium	imbricatum	M. Jørg.	1	I	4	I	5	I	4	I	e	I	2.5	I	5	I	1	I	Lf	Cb	st	?	1	II	LC	
112	Leptogium	intermedium	(Arnold) Arnold	2	II	4	II	4	II	3	II	e	I	2.5	I	3	II	1	I	Lf	Cb	ap	Ne	3	II	NT	
113	Leptogium	lichenoides	(L.) Zahlbr.	3	II	3	II	4	II	3	II	g	I	4	II	4	I	3	II	Lf	Cb	ap	Ho	3	II	LC	
114	Leptogium	subtile	(Schrad.) Torss.	3	I	5	I	3	I	2	I	e	II	3	II	3	I	3	I	Lf	Cb	ap	Ne	1	I	LC	
115	Lobaria	linita	(Ach.) Rabenh.	2	I	4	I	4	II	4	II	e	II	4	I	2	II	1	I	Lf	Ga	so	Ho	1	I	LC	
116	Lopadium	pezizoideum	(Ach.) Körb.	2	I	5	I	4	I	2	I	g	I	4	I	2	I	1	I	Ak	Ga	ap	Eu	1	I	LC	
117	Massalongia	carnosa	(Dicks.) Körb.	2	I	4	I	4	II	2	I	g	I	4	I	2	I	3	I	Lf	Cb	ap	Ho	1	II	CR	
118	Micarea	lignaria var. lignaria	(Ach.) Hedl.	3	II	2	I	3	II	4	I	g	I	4	I	2	I	5	I	Ak	Ga	ap	Ho	1	I	LC	
119	Moelleropsis	nebulosa	(Hoffm.) Gyeln.	2	I	5	I	3	II	2	I	e	I	3	I	2	II	1	I	Sf	Cb	ap	Se	1	I	VU	selten
120	Mycobilimbia	tetramera	(De Not.) Hafellner & Türk	2	I	5	I	3	I	3	II	g	I	4	I	3	II	1	II	Ak	Ga	ap	?	1	I	DD	
121	Nephroma	expallidum	(Nyl.) Nyl.	1	I	4	I	5	I	4	I	e	II	3	II	5	I	1	I	Lf	Ga	ap	Pa	1	I	VU	selten
122	Ochrolechia	upsaliensis	(L.) A. Massal.	1	I	4	I	5	I	4	I	g	I	4	I	5	I	1	II	Ak	Ga	ap	Pa	1	I	LC	
123	Peltigera	aphthosa	(L.) Willd.	2	I	5	II	3	II	3	II	g	I	4	I	3	II	1	I	Lf	Gc	ap	Ho	1	I	LC	
124	Peltigera	canina	(L.) Willd.	3	II	3	II	3	II	3	II	g	I	4	I	4	II	1	I	Lf	Cb	ap	Ne	3	II	LC	
125	Peltigera	degenii	Gyeln.	3	II	4	II	3	II	3	II	g	II	4	II	4	II	1	I	Lf	Cb	ap	Ne	1	I	LC	
126	Peltigera	didactyla	(With.) J. R. Laundon	3	II	4	II	4	II	3	II	e	I	3	I	3	II	5	II	Lf	Cb	so	Me	3	II	LC	
127	Peltigera	elisabethae	Gyeln.	3	II	4	II	3	II	3	II	g	II	3	II	4	II	1	I	Lf	Cb	ap	Ho	1	I	LC	
128	Peltigera	horizontalis	(Huds.) Baumg.	3	II	3	II	2	II	3	II	g	I	4	I	4	II	1	I	Lf	Cb	ap	Ne	1	I	NT	
129	Peltigera	kristinssonii	Vitik.	2	II	5	I	3	I	2	I	g	I	4	I	3	I	1	I	Lf	Cb	ap	Ho	1	I	VU	selten
130	Peltigera	lepidophora	(Vain.) Bitter	2	II	4	I	5	I	3	II	e	I	3	I	4	II	1	II	Lf	Cb	is	Ho	1	I	NT	
131	Peltigera	leucophlebia	(Nyl.) Gyeln.	2	I	4	II	3	II	3	II	g	I	4	I	4	II	1	I	Lf	Gc	ap	Ho	1	I	LC	
132	Peltigera	malacea	(Ach.) Funck	2	I	5	I	4	II	2	II	g	II	3	II	2	I	1	I	Lf	Ga	ap	Ho	1	I	LC	
133	Peltigera	membranacea	(Ach.) Nyl.	3	II	4	II	2	II	3	I	g	I	4	I	4	II	1	I	Lf	Cb	ap	Ne	1	I	NT	
134	Peltigera	monticola	Vitik.	2	II	4	I	4	II	3	II	e	I	3	I	4	II	1	I	Lf	Cb	ap	?	1	I	LC	
135	Peltigera	neckeri	Müll. Arg.	3	II	3	II	3	II	3	II	g	I	4	I	4	II	1	I	Lf	Cb	ap	Me	1	I	LC	
136	Peltigera	neopolydactyla	(Gyeln.) Gyeln.	2	I	4	II	2	II	3	II	g	I	4	I	3	II	1	I	Lf	Cb	ap	Ho	1	I	LC	
137	Peltigera	polydactylon	(Neck.) Hoffm.	3	I	3	II	3	II	3	II	e	II	3	II	4	II	1	I	Lf	Cb	ap	Ne	1	I	LC	
138	Peltigera	ponojensis	Gyeln.	3	II	3	I	5	II	3	II	e	II	3	II	5	I	1	I	Lf	Cb	ap	Ne	3	II	LC	
139	Peltigera	praetextata	(Sommerf.) Zopf	3	II	3	II	2	II	3	II	g	I	4	I	4	II	1	I	Lf	Cb	ap	Me	3	II	LC	
140	Peltigera	rufescens	(Weiss) Humb.	3	II	4	II	4	II	3	II	e	II	3	II	4	II	5	II	Lf	Cb	ap	Me	3	II	LC	
141	Peltigera	venosa	(L.) Hoffm.	2	II	5	I	3	II	3	II	e	I	3	I	3	II	1	I	Lf	Ga	ap	Ho	3	II	LC	
142	Pertusaria	geminipara	(Th. Fr.) Brodo	2	I	5	I	3	I	2	I	e	I	3	I	2	II	1	I	Sf	Ga	so	Pa	1	I	LC	selten
143	Pertusaria	oculata	(Dicks.) Th. Fr.	4	I	4	I	4	I	3	I	g	I	4	I	2	I	1	I	Sf	Ga	is	Pa	1	I	CR	selten
144	Phaeophyscia	constipata	(Norrl. & Nyl.) Moberg	4	I	5	I	5	I	2	I	e	I	2.5	I	5	I	1	I	Lf	Ga	ap	Ho	1	II	LC	
145	Phaeorrhiza	nimbosa	(Fr.) H. Mayrhofer & Poelt	2	I	4	I	5	I	4	I	e	I	3	I	4	I	1	I	Sf	Ga	ap	Pa	1	I	LC	
146	Physconia	muscigena	(Ach.) Poelt	3	II	5	I	5	II	3	II	e	II	3	II	4	II	1	I	Lf	Ga	ap	Pa	1	I	LC	
147	Placidiopsis	pseudocinerea	Breuss	1	I	4	I	5	I	4	I	e	I	3	I	3	I	1	I	Ak	Ga	ap	?	1	I	DD	selten
148	Placynthiella	oligotropha	(J. R. Laundon) Coppins & P.James	2	I	4	I	4	I	3	II	f	I	3	I	2	I	1	I	Ak	Ga	ap	Ne	3	II	NT	
149	Placynthiella	uliginosa	(Schrad.) Coppins & P. James	2	I	4	I	4	II	3	II	f	I	3	I	2	I	1	I	Ak	Ga	ap	Me	1	I	LC	
150	Polyblastia	sendtneri	Kremp.	1	I	4	I	5	I	4	I	e	I	3	I	4	I	1	I	Ak	Ga	ap	Pa	1	I	LC	selten
151	Polychidium	muscicola	(Sw.) Gray	2	I	5	I	1	I	2	I	g	I	4	I	2	I	1	I	St	Cb	ap	Ne	1	I	VU	selten
152	Protoblastenia	terricola	(Anzi) Lynge	2	I	5	I	5	I	2	I	e	I	3	I	4	I	1	I	Ak	Ga	ap	?	1	I	NT	selten
153	Protomicarea	limosa	(Ach.) Hafellner	2	II	4	II	1	I	3	II	e	II	3	II	2	II	5	I	Ak	Ga	ap	Ho	1	I	LC	
154	Protopannaria	pezizoides	(Weber) M. Jørg. & S. Ekman	2	I	4	I	3	II	3	II	e	II	3	II	3	II	1	I	Ak	Cb	ap	Ho	1	I	LC	
155	Psora	decipiens	(Hedw.) Hoffm.	3	II	4	I	5	I	3	II	e	I	3	I	4	I	1	I	Sf	Ga	ap	Me	1	I	LC	
156	Psora	globifera	(Ach.) A. Massal.	3	II	4	I	4	II	3	II	e	I	2.5	I	5	II	1	I	Sf	Ga	ap	?	3	II	NT	
158	Psora	testacea	Hoffm.	1	I	4	I	5	I	4	I	e	I	2.5	I	5	I	1	I	Sf	Ga	ap	Se	1	I	LC	selten
157	"Psora"	lurida	(Ach.) DC.	3	II	3	I	5	I	3	II	c	I	2.5	I	5	I	3	II	Sf	Ga	ap	Se	1	II	NT	
159	Psoroma	hypnorum	(Vahl) Gray	1	I	5	I	4	II	3	II	f	I	3	I	2	II	1	I	Sf	Ga	ap	Pa	3	II	LC	
160	Pycnothelia	papillaria	(Ehrh.) Dufour	2	I	4	I	5	I	4	I	e	I	3	I	2	I	1	I	Ab	Ga	ap	Ne	1	I	LC	
161	Pyrenocollema	minutulum	(Bom.) Puym.	5	I	5	I	5	I	1	I	e	I	3	I	4	I	1	I	Lf	Cb	ap	?	1	I	DD	selten
162	Rinodina	mniaraea	(Ach.) Körb.	1	I	4	I	4	I	4	II	g	I	4	I	3	II	1	I	Ak	Ga	ap	Pa	1	I	NT	
163	Rinodina	mucronatula	H. Magn.	2	I	5	I	4	I	2	I	g	I	4	I	2	I	1	I	Ak	Ga	ap	?	1	I	VU	selten
164	Rinodina	roscida	(Sommerf.) Arnold	1	I	4	I	5	I	4	I	e	II	3	II	5	I	1	I	Ak	Ga	ap	Pa	1	I	NT	selten
165	Rinodina	turfacea	(Wahlenb.) Körb.	1	I	4	I	5	I	5	I	e	II	2.5	II	5	I	1	I	Ak	Ga	ap	Ho	1	I	LC	selten
166	Santessoniella	arctophila	(Th. Fr.) Henssen	2	I	5	I	5	I	2	I	e	I	3	I	2	I	1	I	Ak	Cb	ap	Pa	1	I	NT	selten
167	Solorina	bispora	Nyl.	1	I	4	I	5	I	4	I	e	I	3	I	4	II	1	I	Lf	Ga	ap	Pa	1	I	LC	
168	Solorina	crocea	(L.) Ach.	1	I	4	I	4	I	4	II	e	I	3	I	2	I	1	I	Lf	Gc	ap	Pa	1	I	LC	
169	Solorina	octospora	(Arnold) Arnold	1	I	4	I	4	I	5	I	e	I	3	I	3	II	1	I	Lf	Ga	ap	Ho	1	I	LC	
170	Solorina	saccata	(L.) Ach.	2	II	4	I	3	II	3	II	e	I	3	I	4	I	1	I	Lf	Ga	ap	Ho	1	I	LC	
171	Solorina	spongiosa	(Ach.) Anzi	2	I	5	I	3	II	3	II	e	I	3	I	4	II	1	I	Lf	Gc	ap	Pa	1	I	LC	
172	Squamarina	cartilaginea	(With.) P. James	3	II	4	I	5	I	3	II	e	I	2.5	I	5	I	1	I	Sf	Ga	ap	Se	1	I	NT	
173	Squamarina	lentigera	(Weber) Poelt	5	I	5	I	5	I	2	I	g	I	4	I	5	I	1	I	Rw	Ga	ap	Se	1	I	VU	
174	Stereocaulon	alpinum	Laurer	1	I	4	I	4	I	4	II	c	I	2.5	I	3	II	1	I	St	Gc	ap	Ho	1	I	LC	
175	Stereocaulon	capitellatum	H. Magn.	1	I	4	I	5	I	4	I	c	I	2.5	I	2	I	1	I	St	Gc	ap	?	1	I	VU	selten
176	Stereocaulon	incrustatum	Flörke	4	I	2	I	4	I	3	I	c	I	2.5	I	2	I	1	I	St	Gc	ap	Ho	1	I	CR	selten
177	Stereocaulon	rivulorum	H. Magn.	1	I	4	I	4	I	4	I	c	I	3	I	3	II	1	I	St	Gc	ap	?	1	I	VU	selten
178	Thamnolia	vermicularis	(Sw.) Schaer.	1	I	4	I	5	I	4	II	e	I	2.5	I	3	II	1	I	St	Ga	st	Pa	1	I	LC	

				Klima								Substrat								Str			Vork				
SEN	**Gattung**	**Art**	**Autor**	**T**	**Tv**	**K**	**Kv**	**L**	**Lv**	**NS**	**NSv**	**AS**	**ASv**	**F**	**Fv**	**R**	**Rv**	**N**	**Nv**	**WL**	**PB**	**FS**	**GV**	**EM**	**EMv**	**RL**	**Bes**
179	**Thelidium**	**zwackhii**	(Hepp) A. Massal.	2	I	5	I	3	I	2	I	e	I	3	I	4	I	1	I	Ak	Ga	ap	Se	1	I	DD	selten
180	**Thelopsis**	**melathelia**	Nyl.	1	I	4	I	5	I	4	I	g	I	4	I	3	I	1	I	Ak	Ga	ap	Pa	1	I	DD	selten
181	**Thrombium**	**epigaeum**	(Pers.) Wallr.	2	II	4	I	5	I	4	II	e	I	3	I	4	I	5	II	Ik	Ga	ap	Ne	3	II	DD	
182	**Toninia**	**albilabra**	(Dufour) H. Olivier	5	II	5	I	5	I	2	I	b	I	2.5	I	5	I	1	I	Sf	Ga	ap	?	1	I	LC	
183	**Toninia**	**alutacea**	(Anzi) Jatta	2	I	4	I	4	I	3	II	b	I	2.5	I	4	I	1	I	Sf	Ga	ap	Pa	1	I	DD	
184	**Toninia**	**coelestina**	(Anzi) Vezda	1	I	4	I	5	I	4	I	b	I	2.5	I	5	I	1	I	Sf	Ga	ap	?	1	I	VU	selten
185	**Toninia**	**physaroides**	(Oppiz) Zahlbr.	5	I	4	I	5	I	2	I	e	I	3	I	5	I	1	I	Sf	Ga	ap	Se	1	I	VU	
186	**Toninia**	**rosulata**	(Anzi) H. Olivier	1	I	4	I	5	I	4	I	b	I	2.5	I	5	I	1	I	Rw	Ga	ap	Pa	1	I	LC	
187	**Toninia**	**sedifolia**	(Scop.) Timdal	3	II	4	I	5	I	3	II	e	II	3	II	5	I	1	I	Sf	Ga	ap	Me	3	II	LC	
188	**Toninia**	**squalida**	(Ach.) A. Massal.	4	II	5	I	5	I	2	I	e	I	2.5	I	5	I	1	I	Sf	Ga	ap	Se	1	I	LC	
189	**Toninia**	**taurica**	(Szatala) Oksner	3	I	4	I	5	I	2	II	b	I	2.5	I	5	I	1	I	Sf	Ga	ap	Se	3	II	NT	
190	**Trapeliopsis**	**gelatinosa**	(Flörke) Coppins & P. James	3	I	3	II	1	I	3	II	e	I	3	I	3	I	1	I	Ak	Ga	ap	Ne	3	I	LC	
191	**Trapeliopsis**	**pseudogranulosa**	Coppins & P. James	5	I	5	I	3	I	1	I	e	I	3	I	2	I	1	I	Ak	Ga	so	Se	3	I	LC	selten
192	**Vezdaea**	**retigera**	Poelt & Döbbeler	4	I	3	I	3	I	3	I	e	I	2.5	I	4	I	1	I	Ak	Ga	ap	Ne	3	II	DD	selten

Software

M. Nobis

Die umfangreichen Tabellen der vorliegenden Arbeit erschweren in der gedruckten Version den raschen Zugriff auf Informationen. Ferner stehen die Daten nicht direkt für computergestützte Auswertungen zur Verfügung. Aus diesem Grund wird mit der gedruckten Version eine Software angeboten, welche die Suche in den Tabellen wie auch die Datenanalyse erleichtert. Die Software zur «Flora indicativa» kann über die Internetseite **www.flora-indicativa.ch** bezogen werden. Hierfür wird ein Zugangscode benötigt, der im gedruckten Werk angegeben ist. Die Software wurde für Windows®-Rechner entwickelt, doch können die Daten nach Datenexport auch mit anderen Betriebssystemen genutzt werden.

Ausgangspunkt der Anwendung sind die drei Haupttabellen für Gefässpflanzen, Moose und Flechten. Zusätzliche Verzeichnisse und Tabellen, welche sich auf die Haupttabellen beziehen, stehen ebenfalls zur Verfügung und sind mit diesen verknüpft. Über eine Eingabezeile können Taxa anhand ihres Namens oder ihrer Merkmale gesucht werden. Dabei ist auch die Abfrage von Merkmalskombinationen möglich. Für einfache Auswertungen eigener Daten besteht die Möglichkeit, Artenlisten einzulesen und zusammen mit Daten der «Flora indicativa» zu analysieren.

Die Haupttabellen können in verschiedenen Dateiformaten exportiert und ihre Daten auf diese Weise auch mit anderen Computerprogrammen und Betriebssystemen genutzt werden. Darüber hinaus enthält das Programm eine Schnittstelle zur weit verbreiteten und frei erhältlichen Statistiksoftware «R» (R: A Language and Environment for Statistical Computing; **www.R-project.org**). Über diese Schnittstelle führt die Software «Flora indicativa» unmittelbar in «R» aus. Für weitere Analysen stehen die Haupttabellen auch direkt in «R» zur Verfügung.

Durch die Anbindung an «R» sind Auswertungen mit Angaben der «Flora indicativa» kaum Grenzen gesetzt. Dennoch sei für das Datenmanagement sowie bestimmte, teilweise spezifisch vegetationskundliche Analysen auf entsprechende Software verwiesen: CANOCO (C. J. F. ter Braak & P. Šmilauer), JUICE (L. Tichy), MULVA (O. Wildi), PC-ORD (B. McCune & M. J. Mefford), TURBOVEG (S. M. Hennekens & J. H. J. Schaminée), SYN-TAX (J. Podani), VEGEDAZ (M. Küchler).

Eine detaillierte Anleitung zur Nutzung der Software «Flora indicativa» einschliesslich Anwendungsbeispielen sind auf der Internetseite **www.flora-indicativa.ch** aufgeführt.

Verzeichnis von Fachwörtern für alle drei Teile

In diesem Verzeichnis sind einzelne Fachwörter mit Seitenhinweisen aufgelistet, die im Buch erwähnt werden. Falls sie auch kurz erklärt werden, ist die entsprechende Seitenzahl kursiv geschrieben.

Zusammenfassung

Das Werk *Ökologische Zeigerwerte und biologische Kennzeichen zur Flora der Schweiz und der Alpen* charakterisiert in Tabellenform ökologische Faktoren am Standort des Vorkommens und biologische Eigenschaften von 5500 Arten von Gefässpflanzen (zusätzlich 900 Aggregate), 650 Moosen (Bryophyta) und 200 Bodenflechten (Lichenes) aus der Schweiz und dem Alpengebiet.

Klima- und Bodenfaktoren sind meist als Zahlen aufgenommen (Zeigerwerte), die übrigen Kennzeichen als Buchstaben. Die meisten Charakterisierungen sind Erfahrungswerte, die zum Teil auch aus der Literatur stammen. Es sind aber darüber hinaus zahlreiche neue Werte erhoben worden, z. B. Wurzeltiefe, maximales Alter, Bestäubungsart, pflanzensoziologische Schwerpunkte, Angaben zu den Moosen und Flechten.

Aufgeführte ökologische Faktoren und biologische Kennzeichen:

Gefässpflanzen

Klimaindikatoren: Temperatur, Kontinentalität, Licht

Bodenindikatoren: Feuchte, Wechselfeuchte, Reaktion, Nährstoffe, Salz, Schwermetall, Humus, Durchlüftung

Strategien: Lebensform, Blattdauer, Wurzeltiefe, Reserveorgane, Konkurrenzstrategie

Biologisches Verhalten: Diasporenausbreitung, vegetative Ausbreitung, Fortpflanzungssystem, maximales Alter, Blütezeit, Bestäubungsart, Mahdverträglichkeit, Samenüberdauerung, Dominanz im Gelände, Gift- und Heilwirkung und Essbarkeit

Ökologisches, geographisches und zeitliches Vorkommen: geographische Gesamtverbreitung, Lebensräume, ökologische Gruppen, Einwanderung und invasives Verhalten; Einfluss des Menschen, Veränderungstendenz, pflanzensoziologisches Vorkommen

Gefährdung: Rote Listen der Schweiz

Moose

Klimaindikatoren: Temperatur, Kontinentalität, Licht

Indikatoren zum Substrat: Art des Substrates, Feuchte, Reaktion, Nährstoffe

Strategien: Wuchs- und Lebensform

Biologisches Verhalten: vegetative Ausbreitung, Fortpflanzungssystem, Bildung von Sporophyten

Ökologisches Vorkommen: Lebensräume, Einfluss des Menschen, Veränderungstendenz

Gefährdung: Rote Liste der Schweiz

Flechten

Klimaindikatoren: Temperatur, Kontinentalität, Licht, Niederschläge

Indikatoren zum Substrat: Art des Substrates, Feuchte, Reaktion, Nährstoffe

Strategien: Wuchs- und Lebensform, Photobionten

Biologisches Verhalten: Fortpflanzungssystem

Geographisches und ökologisches Vorkommen: geographische Gesamtverbreitung; Einfluss des Menschen

Gefährdung: Rote Liste der Schweiz

Die Angaben können zur groben Analyse von Standorten und zur biologisch-ökologischen Charakterisierung der Vegetationen an den verschiedenen Standorten verwendet werden. Resultate mögen Veränderungen in den Standortsbedingungen aufdecken und eignen sich für vielseitige Vergleiche im Naturschutz und in der ökologischen Beurteilung von Standortseigenschaften.

Anwendungsbeispiele und Software zur Auswertung werden aufgezeigt.

Flora indicativa

Ecological Indicator Values and Biological Attributes of the Flora of Switzerland and the Alps

2nd newly revised and expanded edition of
Ökologische Zeigerwerte zur Flora der Schweiz (1977)

Elias Landolt

Co-authors:
Beat Bäumler, Andreas Erhardt, Otto Hegg, Frank Klötzli, Walter Lämmler, Michael Nobis, Katrin Rudmann-Maurer, Fritz H. Schweingruber, Jean-Paul Theurillat, Edwin Urmi, Mathias Vust and Thomas Wohlgemuth

Preface

The first edition of *Ökologische Zeigerwerte zur Schweizer Flora* was obsolete and a new edition was planned a long time ago. Meanwhile, I received so many suggestions and wishes for a new edition that I asked for assistance from different colleagues. In many meetings we have developed a new integrated concept. Members of the group edited different chapters and aspects. The new edition that eventually resulted is essentially a new, independent work.

The advisory board consisted of the following collaborators who not only guided the creative process and reviewed texts and tables but also performed the following tasks:

Prof. Dr. Elias Landolt
Institut für Integrative Biologie ETHZ, CHN, CH-8092 Zürich
elias.landolt@env.ethz.ch

Responsible for the whole edition and in particular for the compilation of vascular plants; configuration and systematics of the new species table for vascular plants; definition and editing of indicator values and biological attributes except the referenced contributions of collaborators.

Dr. Edwin Urmi
Institut für Systematische Botanik der Universität Zürich, Zollikerstr. 107, CH-8008 Zürich
ed.urmi@systbot.unizh.ch

Treatment of bryophytes.

Dr. Mathias Vust
Rue Montolieu 5, CH-1030 Bussigny.
lichens.vust@rossolis.ch

Treatment of lichens.

Prof. Dr. Jean-Paul Theurillat
Centre alpien de Phytogéographie, Fondation J.-M. Aubert, CH-1938 Champex-Lac
Dipartimento di Biologia, Università degli Studi Roma Tre, Viale G. Marconi 446, I-00146 Roma
Section de Biologie, Université de Genève, case postale 60, CH-1292 Chambésy
jean-paul.theurillat@unige.ch

Compilation of climate and soil indicators as well as plant sociology of those vascular plants listed in "Flora alpina" that grow outside the range considered in the first edition, i.e. the study area of Switzerland and adjacent regions, and compilation of habitats for all plants.

Prof. Dr. Otto Hegg
Landorfstr. 55, CH-3098 Köniz
hegg@ips.unibe.ch
and
Prof. Dr. Frank Klötzli
Gartenstr. 13, CH-8304 Wallisellen

Treatment of plant community memberships for frequent plant species and editing of the chapter on the importance of phytosociology.

Prof. Dr. Andreas Erhardt
Institut für Natur-, Landschafts- und Umweltschutz der Universität Basel, St. Johanns-Vorstadt 10, CH-4056 Basel
andreas.erhardt@unibas.ch
and
Dr. Katrin Rudmann-Maurer
Botanisches Institut der Universität Basel, Schönbeinstr. 6, CH-4056 Basel
Katrin.Rudmann@unibas.ch

Compilation of pollination types for vascular plants

Prof. Dr. Fritz H. Schweingruber
WSL, Zürcherstr. 111, CH-8903 Birmensdorf
fritz.schweingruber@wsl.ch

Compilation of maximum ages of vascular plants

Dr. Thomas Wohlgemuth
WSL, Zürcherstr. 111, CH-8903 Birmensdorf
thomas.wohlgemuth@wsl.ch

Developing of the chapter «Applications»; English translation; computer consulting

Dr. Michael Nobis
WSL, Zürcherstr. 111, CH-8903 Birmensdorf
michael.nobis@wsl.ch

Editing of the software «Flora indicativa»; computer consulting

Beat Bäumler
CRSF/ZDSF, case postale 60, CH-1292 Chambésy
Beat.Baumler@ville-ge.ch

Link to the data centre for the Swiss flora and to the Conservatoire et Jardin Botaniques de Genève (book layout)

Walter Lämmler
Institut für Integrative Biologie ETHZ, CHN, CH-8092 Zürich
walter.laemmler@env.ethz.ch

Creation and support of the database; computing advice; compilation of the literature for vascular plants; compilation of many indices and in particular the literature index of vascular plants.

Chapters without indication of an author name were compiled by the first author.

I am very grateful to the generous and selfless labour of the members of the group, which was essential to the success of the work and to the completion in due time. Many additional colleagues and friends helped with valuable suggestions and corrections: D. Aeschimann, M. Baltisberger, C. Carraro, F. Cordillot, W. Dietl, S. Eggenberg, A. Gigon, A. Gygax, M. Isenschmid, M. Küchler, J.-L. Richard, Ch. Scheidegger, J. Schneller, J.-M. Tison, S. Zimmerli.

Financial support to produce the book was generously provided by the following institutions:

Bundesamt für Umwelt BAFU
ETH Zürich
Stiftung Rübel.

In particular, my thanks go to the heads of the **Institute of Integrative Biology, ETH Zurich** (Prof. Dr. P. J. Edwards), the **Swiss Federal Institute for Forest, Snow and Landscape Research WSL, Birmensdorf** (Prof. Dr. J. W. Kirchner) and the **Conservatoire et Jardin Botaniques de la Ville de Genève CJBG** (Dr. P.-A. Loizeau), who made essential contributions to the creation of this work by providing their infrastructure. Among others, the CJBG covered the costs for the layout. Both the ETH Zurich and the Rübel foundation already sponsored the first edition. All data provided by this work and additional, i.e. not printed information are available in digital form on the website of the WSL and can be downloaded by the owner of this work (www.flora-indicativa.ch).

In summary, this new work is based on the scientific and technical collaboration of the ETH Zurich, the WSL Birmensdorf and the CJBG. In addition, colleagues of the universities of Zurich, Basle, Bern, Lausanne and Genève contributed valuable parts.

My special thanks go to **Ken Thompson**, University of Sheffield, England, for the revision of the English translation, to **Patrick Perret, Beat Bäumler & Gérard Schilling**, Conservatoire et Jardin Botaniques de la Ville de Genève, for the layout, and to **Matthias Haupt**, publisher, and **René Tschirren**, designer, both Haupt Verlag, Bern.

The present work covers not only Switzerland and adjacent regions but also the whole Alpine arc and thus encompasses an area three times larger than the first edition. In addition to listing ecological and biological traits of the species, emphasis is put on the complex systematic relation among the taxa that are scarcely treated in the literature. I find it always astonishing how little is known about specific taxa in Central Europe and how many ecological and taxonomic studies would be needed if a complete picture of the response of our flora to the environment were to emerge.

Roughly 5500 species are listed of which several are additionally joined into aggregates (ca. 900). Certainly, the table is not complete. On the other hand, taxa are considered here that cannot be assigned to a discrete unit and that may be disregarded after careful examination. Despite the use of a broad literature several data are incomplete or incorrect. They may be improved by new knowledge. We are happy to receive feedback on obvious mistakes, suggestions for changes or simply corrections (see www.flora-indicativa.ch).

Having had in mind a simple new edition of the "Zeigerwerte zur Flora der Schweiz", the present work is now a benchmark on ecological and biological indicators and attributes that not only includes a summary of newly collected information but also encompasses several new assessments for the factors. The work builds a new standard upon which the documentation of the ecology and biology of the lowland and mountain flora in Central Europe can further evolve.

The short title *Flora indicativa* expresses the content of the work that is a compilation of indications on ecological conditions and important traits attributed to all species of a region (Switzerland and the Alps) – which is different from a compilation of species and their morphological traits. «Indicative» is not used as a grammatical term here but means that indicator traits of plants are the centre of interest.

We hope that this new work will be of use and that its application may further promote research on the ecology and taxonomy of plants.

Elias Landolt

Changes in the second edition

Following changes and adaptations were performed for the new edition of *Ökologische Zeigerwerte zur Schweizer Flora* (LANDOLT 1977):

Extension of the study area

The former indicator values of vascular plants in Switzerland applied to Switzerland and adjacent regions (i.e. including a buffer of ca. 30 km), in analogy to the *Flora der Schweiz* (HESS & al. 1967-1972). In the new edition, regions of the Alps with similar habitats have been added to Switzerland, following the perimeter of *Flora alpina* (AESCHIMANN & al. 2004). With respect to species, the extension in particular concerns a few hundred taxa of the Eastern and Western Alps having a geographically small distribution area, as well as numerous Mediterranean taxa that grow also on the Southern front ranges of the Alps. The new edition roughly covers Western Middle Europe, and therefore completes the *Zeigerwerte von Mitteleuropa* (ELLENBERG & al. 1992). The latter work relates primarily to the northern and eastern parts of Middle Europe and generally neglects the Alps and the Mediterranean.

Extension of the taxa table for Tracheophyta (vascular plants)

Since the first edition numerous new species have been added to the taxa table, either due to modern taxonomic considerations or because of new sightings in Switzerland and adjacent regions. Many of the new species are neophytes. Of the new names many refer to taxa that had already been distinguished earlier but had not been approved by the broader community. I am convinced that several of these taxa are distinct from all the other taxa, for others more knowledge is needed. In cases of doubt both kinds of these taxa were considered in order to encourage further observation and clarification. Difficulties in the systematics of aggregates are indicated in column *Taxonomic evaluation*, and in the column *Special literature*, relevant references are given.

Aggregation of closely related species

Closely related and difficult-to-detect taxa are joined to aggregates that are attributed with indicator values and biological attributes. Occasionally, easy-to-detect taxa are also listed in aggregates if the detection in some of the regions is difficult due to the co-occurrence of hybrids. A characterisation of aggregates has the advantage that difficult taxa need not be detected in too much detail considering that such detection is time-consuming or that decisive morphological attributes are missing. Nevertheless, we keep in mind that ecological indicator values for aggregates are of reduced significance. Species within a genus are not consistently brought into alphabetical order. Alphabetic order is only guaranteed within aggregates. In cases of uncertainties, consult the species index. Aggregates indicate the relationships within a genus.

Alphabetical order of species

Species are now ordered alphabetically, starting with genus, aggregate/species and microspecies (species within aggregates). This is in contrast to the taxonomic order used in the first edition. The family affiliation of the various genera is given in the index of genera.

Adaptation of nomenclature to the synonymy index (for vascular plants)

Plant names and indications follow the *Synonymy Index of the Swiss flora* (SISF; AESCHIMANN & HEITZ, 2nd ed., 2005) and of *Flora alpina* (AESCHIMANN & al. 2004). Exceptions are noted in Part 1, *Selection of taxa; systematics and nomenclature.*

Changes of the earlier indicator values and factors

The factors distinguished so far are further applied with the following changes:

The strict scale of 5 units is partly replaced with better adapted scales: For moisture (F) and temperature (T) the scales are extended to 9 units (1, 1.5, 2, 2.5, 3, 3.5, 4, 4.5, 5), for aeration (D) and humus (H) scales are reduced to 3 units (1, 3, 5). The scale remains unchanged (1, 2, 3, 4, 5) for continentality (K), light (L), nutrients (N) and soil reaction (R).

Each climate and soil factor (except for W) is completed by an attribute that indicates the range of variation of sites or niches in which species can actually occur, using the following notation: Tv, Kv, Lv, Fv, Rv, Nv, Sv, Hv, Dv; and following values: I: small variation; II: large variation.

The sign for moisture variability (W) is separated from moisture (F) and is defined in the new edition individually using a scale of three units: 1: little; 2: moderate; 3: strong.

The previously used indication for dispersion (deficiency of aeration) is newly defined on a positive scale, i.e. as aeration indicator D using the following scale: 1: badly aerated; 3: moderately aerated; 5: well aerated. Previously badly aerated soils were rated as 5 and well aerated soils as 1, 2 or 3.

Growth form is subdivided into life form LF in the strict sense and into leaf duration (BD).

New values and factors

Previous and new values and factors can be subdivided into two groups: a) **ecological indicators**, i.e. values that indicate habitat conditions and having a range along an ordinal scale that makes quantitative comparisons possible, and b) **biological attributes**, i.e. terms that point to a clear qualitative attribute such as geographical or ecological distribution, diaspore type or dominance in situ.

The following values and factors are new:

- indication of heavy metal tolerance, new in column M, separated from salt tolerance S
- five different indications of growth and life history strategies
- ten different attributes of biological behaviour
- six different indications of geographic, ecological and temporal occurences
- information on threat in Switzerland (only accessible on the internet version)
- information on occurrence in plant communities.

New consideration of Bryophyta (mosses) and Lichenes (lichens)

Species of mosses and terricolous lichens are listed in separate tables, and indications explicitly refer to the region of Switzerland. The listed indicator values and biological attributes are specific to the two plant groups and do not exactly fit with those defined for the vascular plants.

Part I Tracheophyta (vascular plants)

E. Landolt

Tracheophyta (vascular plants) consist of Pteridophyta (ferns) and Spermatophyta (seed plants). In contrast to other plant taxa, they are characterised by having an internal system of vessels, mostly lignified, to transport water and nutrients. Considering the physical plant, they are named Cormophyta (stem plants) consisting of roots, stem axes and leaves and encompassing Pteridophyta and Spermatophyta. Pteridophyta reproduce by releasing spores, Spermatophyta by releasing seeds.

Instructions for the use of indicators and attributes

1 Indicative range of indicators and attributes

A plant's niche in natural communities is defined by its physiological growth limits and competitive abilities. Indicator values and additional attributes referring to the ecology and biology of species aim at characterising these conditions and growth reactions.

Such indicators are superior to descriptions because of better and quicker comparability. As a trade-off, indicator values are not as precise and unique as suggested by the numbers. Also, many ecological peculiarities cannot be reduced to numbers or symbols.

In general, indicator values can neither be properly measured nor experimentally tested. They rely widely on expert knowledge that is based on extensive field experience of botanists and ecologists. Responses of physiologically well-defined species to environmental conditions can differ with respect to different localities within its distribution range. Since there are no two places on earth with an exact similar species composition, interspecific competition results in different species composition in different regions. Often, ecological factors do not affect plant growth independently. For instance, plants can grow under varying climatic conditions on different soils as long as moisture demands are sufficiently satisfied. In addition, a species is usually most competitive in the centre of its distribution area and hence occurs on a wide array of soils. This holds e.g. for downy oak *(Quercus pubescens)* that grows exclusively on limestone north of the Alps and on all substrates in the Mediterranean region. Calcareous soils are physically dry and hence are less colonised by competitive species. Species can grow differently when arriving on substrate without vegetation such as ruderal soils, raw soils or rock than presumed by ecological indicator values. These values do not refer to a plant's physiological plasticity in response to physical and biological conditions (fundamental niche) but to the narrower niche (realised niche) where a species grows as a result of pressure from, and interaction with, other species (Hutchinson 1957).

To characterise the conditions of a site by means of ecological indicator values, consider as many plant species as possible growing at that site. According to my experience in the field, at least 11 species are needed to guarantee a reliable site characterisation. Given the fact that often fewer than 11 species grow at a site, the situation can be called stressful. In such a case, it is difficult to properly estimate the whole spectrum of factors.

The proposed new ranges of ecological indicator values allow us to characterise site conditions more exactly. Due to the range expansion of both moisture and temperature indicator values, sites can be distinguished more precisely now. By using root depth as a new indicator, sites can be described by different soil horizons (e.g., < 20 cm, 20-50 cm, > 50 cm). The new biological attributes defined for all species broaden the catalogue as given in the first edition. Equally for the ecological indicator values, the attribute information refers to an average response or trait of the species concerned. For example, every species can bloom in seasons other than indicated due to unseasonable climatic conditions or extreme nutrient conditions. Annual species can grow perennially in heavily grazed pastures or if the weather is unfavourable. Other biological attributes such as growth value, reproduction value, population size value, population density value, population distribution value (suggestion Urbanska & Landolt 1990) are difficult to quantify because basic information for many taxa is lacking or attributes highly vary with respect to different site conditions.

A taxon is given an **x** instead a number if it highly varies with respect to one or several factors. It means that the respective factor does not limit the species. Due to exclusion by more competitive plants, a species with low demands on water or nutrients often grows at the margins of the potential growth range where competitive species are limited. A wide variation may also mean that a taxon consists of different ecological units that are morphologically undistinguishable or have unknown differences. As an example, common ash *(Fraxinus excelsior)* grows on dry calcareous slopes *(limestone ash)* on the one hand, and on deep rich soils with varying moisture content *(water ash)* on the other hand. With respect to soil moisture and aeration, these sites are quite distinct. According to studies of Leibundgut (1956) and Bovet (1958), the two ash types can be distinguished neither morphologically nor cytologically, and they behave similarly in culture under the same growth conditions. It is supposed that the species tolerates both bad aeration and temporal desiccation. On dry calcareous substrate the species needs to root at great depth to ensure adequate water supply. This attribute is indicated by a high value for root depth **(WT4).** The tree regenerates on almost all sites below 1200 m a.s.l. but mostly becomes overgrown and outcompeted particularly by beech *(Fagus sylvatica)* that colonised the study area 6000 years ago. As a result, ash occurs either at sites with increased moisture variability or in dry places where beech is absent due to site limitation or management. The reason why common ash has not evolved specific ecological varieties, i.e. morphologically distinct taxa may be simple: the time between today and the time of having been out-competed by European beech was probably too short. Also, beech-dominated stands may have been repeatedly disturbed by extreme events – reoccurring windows of opportunity for regenerating ash that eventually reproduced. The distinction between *water ash* and *limestone ash* in the first edition is thus unnatural. By merging the values of both site types for moisture and for dispersion/aeration, increased variation results in a lower significance for the site evaluation. The moisture value is **F 3.5 II (II** means a wider but not extreme variation) with moisture variability value **W 3** which differs from the former indications **4 w** *(water ash)* and **2 w** *(limestone ash)*. The new aeration value is set to **D x**.

Even more extreme are the indications of the Scots pine *(Pinus sylvestris)* that is widely out-competed by shade-tolerant and fast-growing trees on mesic soils and is found on either acid or calcareous places (reaction value). The species grows on wet acid mires and on dry limestone outcrops. Again, it is not realistic to distinguish between *"wetland" pine* (bog pine) and *limestone pine* since they cannot be separated by ecological-morphological differences.

Another difficulty is to distinguish the variation of growth responses of taxa in different geographic/climatic regions. For example, *Molinia arundinacea* grows on slopes with calcareous substrate and increased moisture variability in northern Switzerland. In contrast, the same species is widespread on acid humus soils over Gneis in the southern Ticino. It is supposed that the roots of this species may penetrate the leached humus soil in this rainy region (root depth value **WT 3** and aeration value **D1**) and contact the only slightly acid mineral soil. On the other hand, it is possible that a new taxon has evolved there that has not yet been separated by morphological attributes. In Hungary it can be shown that several microspecies of *M. arundinacea* s. l. exist there in a limited ecological range (Milkowitz & Borhidi 1986). In the present work, a tetraploid *M. arundinacea* on acid soil is distinguished from an octoploid *M. litoralis* that corresponds to the taxon growing in the north of the Alps. In addition, the new hexaploid *M. pocsii* is recorded. This species is supposed to grow also in Switzerland in spring swamp communities on silicate. I have tentatively adopted this systematic treatment in order to trigger studies on that subject. These plants in our region might be tested with respect to their morphology, cytology, and molecular structure.

In general, site comparisons on the basis of averaged ecological indicator values need to be treated with caution. Such values are rough guesses that are important when considering a temporal (time series) or spatial (vegetation inventories) context. For a more sophisticated characterisation of climatic and soil conditions of a site physical parameters need to be considered.

2 Selection of taxa, systematics and nomenclature

In addition to the taxa listed in the first edition, the following new taxa are considered

- taxa occurring in the expanded region of the Western and the Eastern Alps, i.e., taxa listed in the *Flora alpina* (Aeschimann & al. 2004)
- newly observed neophytes
- taxa of critical aggregates that are distinguished in the literature but not yet generally accepted or confirmed by recent studies.

Basic units and selection criteria

The basic units in the tables are *taxa that a) grow in discrete niches (sites) or are discretely distributed if compared to the next related taxa, and b) are morphologically distinct.* These taxa are exclusively given binary names even if there are various transitions to closely related taxa. This definition is in particular due to the fact that the description of many taxa seems arbitrary to me. Both hybridisation and genetic introgression are common in closely related taxa. Delimitations between taxa with broad transitions and taxa having no gene transfer at all are blurred in the plant kingdom. Even in taxa with undoubted species rank gene transfer can be common, e.g., European deciduous oaks *(Quercus)*. Casually apomictic (asexual reproducing) taxa show gene transfer. These taxa are also given binary names, although they differ only little in morphology and niche breadth. The assignment of many taxa in the literature is quite differently handled and remains discretionary – even when many studies are considered.

The selection criterion to list a taxon was its originality with respect to site, distribution and gestalt. Often there are no objective studies to verify originality. If I was not convinced of the reasons to reject a taxa, it was put in the table. Therefore taxa may be in the table that cannot be delimited after careful examination of the whole aggregate. In summary, the selection turns out to be slightly subjective. Indeed, this work is intended to highlight the need for additional scientific investigations to better understand the systematics and ecology of the flora of one of the best-examined regions in Europe. Readers are invited to check the quality of the taxa by using their experience, and to report lacking taxa. In the column Taxonomic consideration **TB** summary hints are given for single difficult-to-define or questionable taxa. I am grateful for advice in respect to wrong taxa assignments.

Critical and difficult-to-define taxa

Closely related taxa were grouped into aggregates. Such aggregates generally correspond to groups of taxa that are difficult to distinguish due to many transitions, only few and not always identifiable attributes, or insufficient information. Aggregate ranks may differ among each other.

Because many taxa of the lowest level are not considered or insufficiently characterised in various floras, users may not be aware of the concerning taxa definition. Therefore hints for further reading are given in the column *Determination keys* **BL** and *Special literature* **SL.**

Apomictic microspecies, i.e., taxa that produce seeds without sexual reproduction and whose offspring are genetically identical to the parent plants are only partly listed. They can often be separated into local or regional groups, but they mostly lack a precise examination. In particular, this holds for microspecies from the genus *Taraxacum* and *Hieracium* where it is often unclear whether the defined microspecies occur locally, repeatedly and independently evolving into new morphological types, or whether they have an original and extended geographic-ecological distribution.

Hybrids that newly evolve again and again are not listed because their indicator values would be unstable and lie somewhere between the values of the parental species. In contrast, hybrids that propagate independently are given a binary name without using the hybrid sign ×. Hybridisation is a very abundant origin of species evolution. However, hybridogenesis is only rarely detected, and hence, the decision to attribute a taxon with an × is often arbitrary.

Nomenclature of taxa

The names of the taxa widely correspond with the names listed in both *Synonymie-Index der Schweizer Flora* (abbr. *Synonymy Index;* Aeschimann & Heitz, 2nd Aufl. 2005) and *Flora alpina* (Aeschimann & al. 2004). Names that have changed since these books appeared are mostly not considered and merely listed as synonyms in the taxa index.

Exceptions of the nomenclature in comparison to the Synonymy Index:

- Only species names are listed. Taxa that are assigned to subspecies or varieties in the Synonymy Index are given a binary name if they can be distinguished by both distribution and ecology. Several species are given names whose nomenclatural validity could not be verified due to time constraints. Frequently and for better comparability, a name listed in the *Synonymy Index* was simply adopted, but upgraded to species level. New combinations of names are explained and validated in the respective index.
- Ambivalent names, i.e., names that today refer to taxa that differ from taxa labelled earlier in the region are not adopted as species names (but occasionally as aggregate names) in the table. This is to avoid confusion, e.g., *Amaranthus hybridus, Amaranthus hypochondriacus, Arabis bellidifolia, Leucanthemum vulgaris, Muscari neglecta, Phleum alpinum, Potamogeton pusillus, Ranunculus breyninus, Rhinanthus angustifolius, Sagina apetala, Stipa pennata.* However, especially when using old phytosociologial relevés this mix-up of names is hardly avoidable. It is out of all reason why such *nomina confusa* are not excluded more rigorously. In the index of plant names, such names are especially marked by "nom. confusum" (in quotes) following the name's author. This is to indicate that later botanists have used the respective name for other species and the name became ambivalent.
- Names that are fully inappropriate to describe a taxon and that also cannot be explained by a wrong observation, i.e., species whose names were certainly not intended by the author are not tabled, e.g. *Epipactis viridiflora, Ranunculus tuberosus.*
- The hybrid sign × preceding a species name is omitted (see last section). A great deal of today's species have certainly or presumably evolved from hybridisation without having been signed by × in the literature.

Description of indicators and attributes

Short forms after the title of the single factors or factor groups refer to the terms given in the head of the species table.

Factors described in chapters 3 and 4 are called **ecological indicators**, i.e. the values refer to an ordinal range. **Biological attributes** are 'Salt and heavy metal tolerance S' and three attributes completing the moisture value (chapter 4.1).

In contrast, factors in chapters 5-9 ranging from growth and life strategies to occurrence in plant communities, can generally neither be quantified nor numerically compared, i.e. they are either termed biological attributes or they cannot be categorized at all. Again, there are a few exceptions: the factors *root depth* **WT** (chapter 5.3), *mowing tolerance* **MV** (chapter 6.7), *seed longevity* **SU** (chapter 6.8) and *dominance in situ* **DG** (chapter 6.9) are described in numbers or values.

Empty spaces in the table, i.e. where a value or an attribute for a species is lacking, are subdivided into three categories:

- **-** the attribute cannot be given for the particular species under the given conditions
- **–** the attribute is not present in the particular species
- **empty** the attribute has, to our knowledge, not yet been carefully studied for the particular species
- **?** a question mark following a value indicates that the value needs to be checked

1 Numbers

SEN **serial number (sequential number)**
Beyond species and microspecies, also aggregates are numbered sequentially. Number 3157 was deleted as a duplicate (synonym). Numbers followed by **a** refer to taxa newly added to the list.

The *serial number* **SEN** is again listed in the last column of the species table where it stands for the Latin name due to space restrictions.

SIN **taxon number of *Synonymy Index***
Aeschimann & Heitz, 2nd Aufl. 2005. Numbers are mostly concordant with numbers from the Red List of ferns and vascular plants of Switzerland (Moser & al. 2002). Taxa attributed by - are not listed in the *Synonymy Index*.

FAN **taxon number of *Flora alpina***
Aeschimann & al. 2004. Taxa attributed by - are not listed in the *Flora alpina.*

FHN **taxon number of *Flora Helvetica***
Lauber & Wagner 2007. Taxa attributed by - are not listed in the *Flora helvetica.* Only in the Internet version!

ZWN **taxon number of *Ökologische Zeigerwerte zur Schweizer Flora***
Landolt 1977. Taxa attributed by - are not listed in the *Ökologische Zeigerwerte.* Only in the Internet version!

WSN **taxon number of *Verbreitungsatlas der Farn- und Blütenpflanzen der Schweiz***
Welten & Sutter 1982. Taxa attributed by - are not listed in the *Distribution Atlas of Pteridophytes and Phanerogams.* Only in the Internet version!

The *serial number* **SEN** is again listed in the last column of the species table **Nr** where it stands for the Latin name due to space restrictions.

If one number shows up more than once in the table, the respective taxon is split up into more than one species.

2 Taxa

Taxa are listed in the three columns **genus**, **aggregate/species** and **microspecies**. Names are in alphabetical order. In the index of genus names, classification into families are given. Families are adopted from the *Flora alpina.* Today often published subdivisions of certain families such as *Polypoliaceae, Liliaceae* and *Scrophulariaceae* were so far not considered.

3 and 4 Climate and soil indicators

Indicator values in chapters 3 and 4 define the average occurrence of the species in an ecosystem with respect to the factors. Most often, species vary largely or moderately around the values.

The ***range of variation*** **v** is given in two roman numerals.

- **I** **small variation**
  Range of variation at most ± 1
- **II** **large variation**
  Range of variation at least ± 1.5, but at most covering 2/3 of the value range
- **x** **indifferent**
  Instead of a value; range of variation is very large and cannot be distinctly characterised by an average value.

Species with high or low indicator values mostly have only a small range of variation, and species with medium values (2.5, 3, 3.5) tend to have a wider range. Species occurring in the majority of a factor's value range, such as *Pinus sylvestris* with respect to moisture and reaction, are given the sign **x** instead of a number. It indicates that such species in analyses of species tables are not significant. In contrast, indicator values having a range of variation of **II** may be used for average indicator analyses. Their significance may be low-weighted in comparison to species having ranges of variation of **I**.

All taxa are attributed either with numbers or with **x** for indicator values and range of variation. If the indicator value varies widely **x**, no range of variation is indicated **-**.

3 Climate indicators (Klima)

E. Landolt & J.-P. Theurillat

The three climate values – temperature, continentality and light – are not independent from each other. For example, high solar radiation also means intensive warmth, large temperature variation and partly low relative air humidity. Species that grow particularly in open or light exposed places and hence are given a high light value tend to have higher values for temperature and continentality than species that grow in the same place but in the shade.

Indications are based on our own experiences and on the literature; they should preferably cover all species.

3.1 Temperature T

- **1** **alpine and nival**
- **1.5** **lower alpine, supra subalpine and upper subalpine**
- **2** **subalpine**
- **2.5** **lower subalpine and upper montane**
- **3** **montane**
- **3.5** **lower montane and upper colline**
- **4** **colline**
- **4.5** **warm colline**
- **5** **very warm colline**

The *temperature value* characterises the average air temperature during the growth period of a plant. It largely corresponds with the average altitudinal distribution of species along the Alpine Arc. Low values point to a distribution in high elevations, high values refer to plant of lower elevations.

The terms of altitudinal zones follows Landolt (2003):

nival	zone of vegetation patches and single plants between grassland vegetation and the perennial snow zone
alpine	zone of grassland vegetation above the treeline
supra subalpine	zone of arolla-larch forests
subalpine	zone of Norway spruce forests without European beech ranging to the upper limit of Norway spruce (in the front ranges up to the timberline, in the central ranges up to the lower limit of arolla forests)
montane	zone of deciduous and coniferous forests with European beech and silver fir but without oaks, in the central parts of the Alps also with Scots pine
colline	zone of deciduous mixed forests including oaks

A temperature value of **3 I** means that the species particularly grows in the montane zone, and occasionally also can be found in the colline and in the subalpine zone. A value of **3 II** indicates that the species ranges from the colline to the alpine zone with its centre of distribution lying in the montane zone.

Species with high continentality values generally have a larger range of altitudinal distribution **Tv** than species with low numbers.

3.2 Continentality K

- **1** **oceanic**
  very high relative air humidity; very small daily and annual variation in temperature, relatively mild winters
- **2** **suboceanic**
  high relative air humidity; small daily and annual variation in temperature, rather mild winters
- **3** **suboceanic to subcontinental**
  medium relative air humidity; moderate daily and annual variation of temperature; medium winter temperatures
- **4** **subcontinental**
  low relative air humidity; large daily and annual variation of temperature; rather cool winters
- **5** **continental**
  very low relative air humidity; very large daily and annual variation in temperature; relatively cold winters

The *continentality value* characterises the occurrence of a species with respect to the continentality of the climate, i.e., solar radiation, winter temperatures and air humidity. It indicates whether there is dry air and a large variation in temperature (high values), or humid air and small ranges of temperature (small values). Species having high values grow in regions with continental-like climate (here central alpine valleys) and locally south-exposed slopes that are often snow-free in wintertime. Species with small values are distributed in regions with oceanic-like climate, i.e. along the front ranges of the Alps, along the Jura mountains, along the foothills of the Pre-Alps in the Central Plateau, and in shaded, humid and north-facing places that are rich in snow in winter time.

Continentality also relates to temperature, i.e. plants with high temperature values and continentality value **1** are not or only slightly frost hardy. On the other hand, species with low temperature values are less sensitive to strong frosts.

Climate factors air humidity, range of temperatures and winter temperatures are not always correlated. It would make sense to subdivide the continentality value into three values winter temperatures, radiation in summer and air humidity; but further investigation would be needed for this. If there are big differences between these three factors, extreme values are weighted.

To estimate the continentality value of Mediterranean species is difficult because climate in the Mediterranean is oceanic in winter and continental-like in summer. Clearly continental species are hence more summer active and oceanic species more winter active. Most Mediterranean species are given medium continentality values.

3.3 Light L

1 **deep shade**
plant tolerates even less than 3% of relative illumination

2 **shade**
plant rarely tolerates below 3%, but often below 10% of relative illumination

3 **semi-shade**
plant rarely tolerates below 10% of relative illumination

4 **well lit places**
plant tolerates light shade only occasionally or for short periods

5 **full light**
plant grows only in open and sunny places

The *light value* of a species indicates the average light quantity received in the respective habitats. Species with high light values particularly grow in places with full light, and species with low values are found in the shade. Values for trees and shrubs refer to the shade tolerance of seedlings and saplings.

The values describe average light conditions of species in habitats where they are found most frequently. Because there are only few comparative light measurements in situ, the values are based on experience.

Examples	L	v	T	v	K	v
Soleirolia soleirolii	4	I	4.5	I	1	I
Phyllitis scolopendrium	2	I	3	I	1	II
Fagus sylvatica	1	II	3.5	I	2	I
Fraxinus excelsior	3	II	3.5	II	3	II
Dryopteris filix-mas	2	II	3	II	3	I
Poa nemoralis	3	II	3	II	3	II
Salvia pratensis	4	I	3.5	II	4	I
Pulsatilla halleri	4	I	1.5	I	5	I

Soleirolia soleirolii is not frost hardy and demands high air humidity. The species only grows in a few winter-mild and humid places, in particular in yards in cities that represent warmth islands where locally high air humidity and level temperatures predominate. The species indicates extreme oceanic climate.

Phyllitis scolopendrium lacks the continental regions in Switzerland and in the remaining it grows in humid and rather cool sites. In open and sunny places the species shows stunted growth.

Fagus sylvatica has a suboceanic distribution and avoids continental regions. The tree is undemanding for light, or in other words shade-tolerant. In air-dry and south-exposed, sunny places it grows well as long as soil moisture is guaranteed.

Fraxinus excelsior has similar climatic demands as *Fagus*, but in addition it grows also in more continental and winter-cool regions with sufficient soil moisture.

Dryopteris filix-mas is a fern species tolerating a wide range of temperature extremes. But it avoids very air-dry locations.

In an even wider range grows *Poa nemoralis,* colonising humid and winter mild places as well as continental-like habitats.

Salvia pratensis is frequent in the region but restricted to sunny places that tend to heat up. It represents locally continental habitats.

Pulsatilla halleri occurs in the region only in the most continental places such as the valleys of Visp, Mt. Cenis and the Aosta valley between 1500 and 3000 m a.s.l. in subalpine and alpine zones.

4 Soil indicators (Boden)

E. Landolt & J.-P. Theurillat

In analogy to climate factors soil factors are also not independent. For example, a higher moisture value mostly corresponds to better nutrient supply because plants on soils with good water capacity absorb not only water but also soluble nutrients. A high humus value is usually coupled with bad soil aeration; and a low reaction value is almost always linked with a low nutrient value.

Soil values were assigned by experience or based on information from the literature. Rarely, the values are verified by measurements.

4.1 Moisture F

1 **very dry**
1.5 **dry**
2 **moderately dry**
2.5 **fresh**
3 **moderately moist**
3.5 **moist**
4 **very moist**
4.5 **wet**
5 **flooded, i.e. submerged**
^ **in contact with flowing water**
u **only submerged organs except flowers and fruits**
v **with floating leaves on the water surface**
\- no indication for species that grow neither in the water nor on the soil or plants attributed by **x** (wide range of variation)

The *moisture value* signifies an average soil moisture during the growth period in places where the species most frequently occurs. Low values indicate low soil moisture, and high values high soil moisture. Moisture variability, earlier assigned by the additional **w** is now listed as an independent value (moisture variability value **W**).

Freely floating species (Pleustophytes) can be recognized by the fact that they lack values for humus and aeration. They constitute their own group that is characterised by a special life form **LF**.

4.2 Moisture variability W

1 **moisture little varying**
at most ± 0.5 of the moisture value

2 **moisture moderately varying**
between ± 0.5-1.0 of the moisture value

3 **moisture strongly varying**
more than ± 1.0 of the moisture value

\- no indication for species that do not thrive in water or on soil

The *moisture variability value* indicates the variability of moisture in the soil during a year.

Examples	F	v	W
Ceterach officinarum	1	I	1
Ononis spinosa	2	II	2
Melampyrum sylvaticum	3	II	1
Trifolium badium	3.5	II	1
Phragmites australis	4.5	II	3
Potamogeton coloratus	5u	I	1
Ranunculus fluitans	5u^	I	1

Ceterach officinarum mostly grows in very dry places that remain ± dry during the whole year.

Phragmites australis can be found in places that are mostly wet, moderately moist or flooded. During one year, the soils may have a wide range of moisture content.

Ranunculus fluitans grows predominantly in flowing water.

4.3 Reaction R

1 **extremely acid**
pH 2.5-5.5 (exclusively having range **I**)

2 **acid**
pH 3.5-6.5 (ranging between 2.5-7.5)

3 **weakly acid to weakly neutral**
pH 4.5-7.5 (ranging between 3.5-8.5)

4 **neutral or alkaline**
pH 5.5-8.5 (ranging between 4.5-8.5)

5 **alkaline, high pH**
pH 6.5-8.5 (exlusively having range **I**)

\- no indication for species that do not thrive in water or on soil, or species having a wide variation range **x**

The *reaction value* characterises the content of free H-ions in the soils. Low reaction values indicate acid soils poor in bases, high values correspond to soils rich in bases.

Roman numerals in the right column specify the approximate pH range of the root space. Range value **II** corresponds to the pH range in brackets.

Examples	R	v
Vaccinium myrtillus	1	I
Stellaria alsine	3	I
Petasites albus	3	II
Arum maculatum	4	II
Petasites paradoxus	5	I

Vaccinium myrtillus grows exclusively on acid soils.

Arum maculatum is predominantly found on neutral soils or weakly alkaline soils; but it can also grow on moderately acid soils.

4.4 Nutrients N

1 **very infertile**

2 **infertile**

3 **medium infertile to medium fertile**

4 **fertile**

5 **very fertile and over-rich**

– no indication for species that grow neither in the water nor on the soil or plants attributed by **x** (wide range of variation)

The *nutrient value* characterises the nutrient content in the soil, referring mostly to nitrogen and often also to phosphorus. Low values correspond to poor nutrient situations, high numbers to rich nutrient contents in the soil.

Examples	N	v
Vaccinium oxycoccos	1	I
Avenella flexuosa	2	I
Anthoxanthum odoratum	3	II
Bromus hordeaceus	4	II
Urtica dioica	5	II

Vaccinium oxycoccos grows exclusively on soils that are very poor during the whole year.

Urtica dioica generally grows on very rich soils and rarely on soils with moderate nutrient content.

4.5 Salt tolerance S and heavy metal tolerance M

s **salt tolerant**
indicates that a taxon can thrive also on weakly salty soil or in strongly diluted salt water (brackish water); soils with increased salt content are found at over-fertilised places or on roadsides as an effect of using de-icing salt in the winter time. In addition, such soils also evolve in very dry continental regions (e.g. inner-alpine valleys)

ss **salt dependent**
specifies that a taxon mostly depends on places with increased salt content in the soil

m **heavy metal tolerant**
indicates a certain tolerance to heavy metals in the soil. In the study region data refer predominantly to serpentine tolerance, i.e. the tolerance to nickel (Ni) and chromium (Cr); an assembly of heavy metal tolerant species indicates a possible soil contamination with heavy metals.

Empty spaces indicate that no information on respective tolerances are available

Attributes for *salt* or *heavy metal tolerance* indicates that species tolerate an increased salt or heavy metal content in the soil.

Soils with increased salt and heavy metal content are rare in the study region. A fine gradation is hence not necessary. For the attribute table, we newly consulted Ellenberg & al. (1996) and Zarzycki & al. (2002), for salt tolerance also Böhling & al. (2002) and Hill & al. (1999), and Ernst (1965) for heavy metal tolerance. In many cases where taxa are attributed by a salt or heavy metal character, the tolerance refers merely to regionally evolved and specialised physiological races. In such cases, the tolerance character does not hold for the whole taxon. If the characters m or s are attributed to aggregates, then it is unknown which of the subordinate taxa are tolerant and which races of the concerning taxa have evolved tolerant physiological races, respectively. J.-P. Theurillat put many characters of these two groups to the table only at the end of this study.

4.6 Humus H

1 **little or no humus**

3 **moderate humus content**
mostly as mull

5 **high humus content**
mostly as raw humus, moder or peat

\- no indication for species that do not root in the soil or plants attributed by **x** (wide range of variation)

The *humus value* characterises the humus content, i.e. the totality of dead organic material in or on the soil. High values indicate much humus, low values little humus. Humus types are not distinguished.

Examples	H	v
Epilobium dodonaei	1	I
Arrhenatherum elatius	3	II
Vaccinium myrtillus	5	I
Dryopteris filix-mas	5	II

Epilobium dodonaei exclusively grows on soils poor in humus, i.e. raw soils.

Dryopteris filix-mas is mostly found on soils rich in humus; incidentally it can also thrive on scree and rocks showing raw soil conditions.

4.7 Aeration D

1 **bad aeration**
compacted or wet soil

3 **moderate aeration**

5 **good aeration**
loose, often rocky or sandy soil

\- no indication for species that do not root in the soil or plants attributed by **x** (wide range of variation)

The *aeration value* specifies the oxygen supply of the soil. Low values indicate bad aeration, high values good aeration. The range of the aeration value corresponds to the inverted range of the dispersion value (deficiency of aeration) of the first edition (LANDOLT 1977), i.e. a dispersion value of **5** in the first edition becomes an aeration value **1** in the new edition.

Examples	D	v
Lythrum salicaria	1	II
Daphne mezereum	3	II
Pritzelago alpina	5	I

Lythrum salicaria grows mostly but not always on badly aerated soils.

Pritzelago alpina only grows on well aerated soils.

5 Growth and life strategies (Strategien)

5.1 Growth forms LF

a **hydrophyte**
plant with resting buds in the soil being submerged under water

c **herbaceous chamaephyte**
herbaceous plant with resting buds on persistent shoots above the ground

d **nanophanerophyte-hemicryptophyte**
plant (restricted to *Rubus)* with biennial, over 0.4 m tall shoots having buds that behave like nanophanerophytes; but new shoots grow, similarly to hemicryptophytes, each year from the base of the plant on the ground

e **epiphyte**
plant growing on trees or shrubs

f **chamaephyte-hemicryptophyte**
plant (restricted to *Rubus)* with biennial, over 0.4 m tall shoots having buds that behave like chamaephytes; but new shoots grow, similarly to hemicryptophytes, each year from the base of the plant on the ground

g **geophyte**
plant with resting buds below the ground (e.g. with rhizomes, tubers, bulbs, below-ground runners)

h **hemicryptophyte (long-lived)**
plant with resting buds on or directly below the ground (rosettes, tussocks) and flowering and fructifying for several to many years (pollacanthic species)

k **hemicryptophyte (short-lived)**
plant with resting buds for several years at or near the ground (rosette) and dying back after flowering once without building expanding lateral organs (hapaxanthic species)

k* **biennial to several-year old hapaxanthic species**
plant resting in the soil as geophyte or hemicryptophyte

n **nanophanerophyte**
woody plant growing as a shrub, 0.4-4 m tall

p **phanerophyte**
woody plant growing as a shrub or tree, taller than 4 m

s **pleustophyte**
floating plant swimming on or below the water without rooting in the soil; plants resting as bud (turion) or shoot in the water or at the bottom of the water

t **therophyte**
plant thriving during only one vegetation period, dying back after flowering and enduring the cold season as seed (summer annuals) or as rosette or hemicryptophyte (winter annuals and biennials)

z **woody chamaephyte**
dwarf shrub resting with buds above the ground, with wooden parts usually smaller than 0.4 m

ff **carnivorous plants**
plant deriving some of their nutrients (nitrogen and phosphorous) from consuming animals

hp **hemiparasite**
plant obtaining water and nutrients from host plants although being photosynthetic (green leaves) and making sugar

li **climber**
plant (also non-woody) climbing over other plants or objects

sp **saprophyte**
plant obtaining energy with the help of micro-organisms by the decomposition of dead organic matter (mostly humus)

vp **full parasite**
plant obtaining not only water and nutrients but also sugar from other plants; plants without chlorophyll (i.e. no green leaves!)

The *attributes for life forms* following Raunkiaer describe the location of plant's growth-point (bud) during the season with adverse conditions. In contrast to the first edition ,life form' was preferred over ,growth form'. In addition, leaf duration was given a separate attribute **BD** and the life form categories were modified. For example, water plants are subdivided into hydrophytes and pleustophytes, and hemicryptophytes are found in the two categories *hapaxanthic hemicryptophytes* **k** (dying back after flowering) and *pollacanthic hemicryptophytes* **h** (flowering for several years). In addition to hapaxanthic hemicryptophytes, also therophytes are hapaxanthic. All other plants are pollacanthic.

Additional attributes regarding growth forms are separated by a point **(.)**, e.g.: *Vicia dumetorum* **(LF: h.li)**. The species grows as hemicryptophyte and also climbs over other plants.

Attributes are given for all taxa.

5.2 Leaf duration BD

i **evergreen**
plants having leaves or needles all year round, the leaves/needles being older than one year; the group can be subdivided into a) plants having strict xeromorphic leaves that are mostly small, hard and tough, and resist drought, and b) plants having laurophyllous (laurel-like) leaves that are larger and leathery, and c) plants having malacophyllous leaves that are smooth, densely hairy and tough (not distinguished in the table).

s **deciduous**
plants having leaves that die off after having been green during summer, the consistency of the leaves/needles being soft and thin; leaves are also termed mesophyllous; rarely some leaves may remain green during mild winters; annual species germinating and flowering during the same season have deciduous leaves, too. For parasitic plants deciduous means that the non-green leaves are fresh and fleshy only during the vegetation period.

t **partly wintergreen**
plants with some leaves (up to 70%) remaining green during winter, and with other leaves dying off in autumn or during winter; if temperatures are very low or during extreme drought all leaves may die off. In mild winters most of the leaves remain green until next spring.

v **pre-summergreen**
plants building leaves at the end of the winter or early in spring, the leaves remaining green until spring end or pre-summer; plants normally flowering in spring.

w **wintergreen**
plants building leaves (more than 70%) during the vegetation period, the leaves remaining green until the next leaf unfolding in spring unless they are exposed to very low temperatures or extreme drought; in some species, leaves die off only during the early vegetation period, e.g. all winter annuals that germinate in summer or autumn and flower only in the next spring or summer

w* **green only from autumn to springtime**

– **without green leaves**
plants building leaves in autumn, the leaves remaining until plants flower in spring full parasites, saprophytes

The *attributes for leaf duration* notify both the length and the seasons with respect to the ability of the leaves to assimilate. In years with climatic anomalies a leaf may remain green for a longer or shorter period. As well, plants with deciduous leaves may have winter green leaves under mild winter climate. For example, the leaves of downy oak *(Quercus pubescens)* in South Italy remain green occasionally until leaf unfolding in spring. Single leaves that are protected in a rosette may be wintergreen even though the majority of the leaves, especially the stem leaves, die off in autumn. Climatic variability and the plant's various responses result in quite different indications of leaf duration in the literature. Responses may even be different for races of single taxa. In cases where green leaves are either absent or present only for a short period the stem leaves that functionally replace normal leaves are categorised according to the same criteria.

In general, the leaves listed from *evergreen* to *pre-summergreen* are decreasingly xeromorphic – an attribute that may be indicated by reduced leaf thickness and lignification.

The categorisation into groups is based on a) winter excursions in the Swiss Central Plateau and in the foothills of the Northern Pre-Alps, and b) winter observations in the botanical gardens of Berne and Zurich. In addition, I consulted in particular the 4th edition of the Exkursionsflora von Deutschland (ROTHMALER & al. 2005). Exceptions such as the wintergreen downy oak or the wintergreen behaviour of individuals of species such as bilberry *(Vaccinium myrtillus)* in mild winters remained unconsidered. For many species there are no indications or the indications are contradictory. In such cases, attributes were derived by the behaviour of closely related taxa.

Between the distinguished leaf duration categories there are many transitions, and many species may behave differently under varying climatic conditions.

All taxa are classified.

5.3 Root depth WT

1 **< 25 cm**
1.5 at most 20% of the root depth in class 2
2 **25-50 cm**
2.5 at most 20% of the root depth in class 3
3 **50-100 cm**
3.5 at most 10% of the root depth in class 4
4 **100-200 cm**
4.5 at most 5% of the root depth in class 5
5 **> 200 cm**
- no roots present

The *value for root depth* specifies the depth of the root penetration in the soil. Small values indicate superficial and high values deep root penetration. For water plants only the root length in the soil is considered. Floating species with roots are given the value **1**.

The root depth depends on soil aeration and permeability. Therefore, the indications refer only to moderately permeable (sandy-clayey) soils. Species having high root depth values in normal permeable soils may root only superficially in badly aerated soils because of oxygen deficit. For example, Norway spruce *(Picea abies)* that normally roots quite deeply, builds a merely flat root system on wet soils (exploitation of the topsoil rich in oxygen) and is hence despite a high root depth value **(WT 4.5)** vulnerable to uprooting during storm winds. Root depth should therefore be cross-checked with the aeration value. Species with high aeration values **(3** or **5)** only superficially root in compacted soil, though having high root depth values.

The majority of the information for the definition of root depth derives from the root atlasses of Kutschera (1960), Kutschera & Lichtenegger (1982-2002), Kutschera & al. (1997), as well as from Polomski & Kuhn (1998). For many years root depth of plants was measured in the frame of student excursions and field weeks (with special reference for forest and mountain plants). Nevertheless, root depth of many plants remained unknown. For these species, root depth was not estimated (no indication).

5.4 Reserve or storage organs RO

Fb **fleshy basal leaves**

Rh **thick rhizome**
mostly markedly thicker than the main stem

Rk **rhizome tuber**

Rn **rhizome with fleshy organ**
e.g. basic leaves or petiole

Rs **inconspicuous reserve organ**
e.g thin rhizome, below-ground or above-ground runners that creep in mud or moss, or below-ground stem, and tussocks close to the ground

Sk **hypocotyl tuber**
stem swelling on the ground and succulent shoot

Tu **turion**
starchy buds in water plants, often wrapped by leaf parts that loosen from the stock plant in order to sink to the bottom of the water in unfavourable times

Wd **many thick non-lignified roots**

Wh **thick lignified main roots**

Wk **root tuber**

Wv **root swelling**
main root markedly thicker than the stem, often in the form of a carrot or a spindle; occasionally the upper part as a rhizome

Zw **bulb**
tuber-like shape formed by thick and densely arranged, non-green leaf blades

– no special organ to store energy

( ) storage organ not always developed

In addition to seeds and fruits, vegetative organs often also serve to store carbohydrates and rarely also lipids. Such organs mostly build at the base of the shoot or in below-ground organs. While stored carbohydrates in summer-green annuals and hemiparasites are hardly ever visible, reserves in perennial species are located in rhizomes, i.e. below-ground, swollen shoots **(Rh)** or swollen roots. Here, lateral roots **(Wd)** are distinguished from main or taproots **(Wv)**. Lignified roots **(Wh)** are built predominantly by woody species. Also leaves can serve as storage organs: fleshy basal leaves **(Fb)**; fleshy cataphylls, tuberously thickened fleshy cataphylls or bulbs **(Zw)**. Tubers are typically formed from either above-ground stems **(Sk)**, rhizomes **(Rk)**, or roots **(Wk)**. Many perennial species store reserves in stems creeping closely above or below ground, or in only slightly swollen stem bases wrapped by leaves **(Rs)**. Turions **(Tu)** are special buds of water plants sinking to the ground where they rest. For definitions of storage organs see von Lampe (1999).

5.5 Life strategies KS

ccc
competitive strategists

rrr
ruderal strategists

sss
stress-tolerant strategists

ccr and **crr**
competitive ruderals

ccs and **css**
stress-tolerant competitors

rrs and **rss**
stress-tolerant ruderals

crs
C-R-S strategists

Attributes for life strategies indicate the major adaptive strategies in plant taxa with respect to competition in the established phase. Information was partly adapted from Grime (1979, 2001) and Frank & Klotz (1990) and adjusted to the current scale. There are three life strategies:

1. competitive strategists **(c):** highly competitive species: long-lived, often woody species that can temporarily grow under reduced light conditions.

2. ruderal strategists **(r):** pioneer species: short-lived, small, light-demanding and rarely woody species producing large amounts of seeds that are able to rapidly spread all over.

3. stress-tolerant strategists **(s):** species adapted to harsh environmental conditions. In most cases, plants are small and slow-growing, having small and often evergreen leaves. In comparison to Grime (2001) anaerobic conditions have been emphasised as stress factors, too.

Most species cannot be distinctly categorized into one of the three primary strategy groups. Therefore, the species in the table are given three characters indicating also secondary strategies. Characters are given for all taxa.

6 Life history (Biologisches Verhalten)

6.1 Dispersal of diaspores DA

At **anthropochory**
dispersal by man

Au **autochory**
self-dispersal; especially fruit and seed dispersal by physical expulsion, often explosively, but also by resprouting from vegetative parts that touch the ground

Bo **boleochory**
dispersal by wind gusts: wind dispersers

Dy **dysochory**
dispersal by animals; seeds being cached and forgotten

En **endochory**
dispersal by animals; seeds passing through the intestines

Ep **epichory**
dispersal by animals; seeds clinging to animals (or to means of transport)

Hy **hydrochory**
dispersal by water transport

Kd **unknown**

Me **meteorochory**
dispersal by air currents

My **myrmecochory**
dispersal by ants

Diaspores are dispersal units containing seeds, i.e. singular seeds, singular fruits or infructescences. Vegetative dispersal units are described in chapter 6.2 *Vegetative dispersal*. For fern and fern-like plants, spores are considered instead of seeds. The information listed here is based on indications given by Müller (1986) and completed by Frank & Klotz (1990), Rothmaler & al. (2005), additional literature and personal observations. The following dispersal types were distinguished by Müller (1986); for simplification reasons several of these are joined in the table:

Anemochory
dispersal by wind

Boleochory
dispersal by wind gusts: wind dispersers

Meteorochory
dispersal by wind transport: diaspores are equipped with features that facilitate wind transport over long distances

Cystometeorochory
diaspores contain air-filled cavities or they are very small and light

Pterometeorochory
diaspores have specially formed devices for flying

Trichometeorochory
diaspores have hairs for flying

Anthropochory or *Hemerochory*
dispersal by man

Agochory
unintentional dispersal by man

Ethelochory
dispersal with traded plants or seeds

Speirochory
dispersal with crop seeds

Autochory i.e. self-dispersal
dispersal by dropping off, by physical expulsion

Ballochory
dispersal by physical expulsion from the host plant

Blastochory
dispersal by growing and depositing seeds as far as possible

Zoochory
dispersal by animals

Dysochory bzw. *Dyszoochory*
seeds are cached by animals and eventually lost or forgotten

Endo(zoo)chory
seeds are eaten by animals and deposited after having passed the intestines

Epi(zoo)chory
seeds cling to fur, feathers, hooves (or to parts of other means of transport)

Myrmecochory
dispersal by ants

Hydrochory
dispersal by water transport

Bythisochory
dispersal by water running downwards or in rivulets, river

Nautochory
dispersal by transport on the water surface

Ombrochory
dispersal by rain drops hitting fruits or capsules

In general, a species can spread in several ways. In such cases only the two most important dispersal types are listed. The following widely used and therefore less characteristic dispersal types are not mentioned in the table.

Under wet conditions, diaspores of most species can stick to animals (especially birds) and to man, to his tools or to the items he carries along *(mucous obstruction)*. In that way seeds are dispersed over long distances. This long-distance dispersal type is only mentioned if it is characteristic or if there is no other way to disperse. For example, according to my own observations, little Robin *(Geranium purpureum)* could spread over the whole of Switzerland along rail tracks from 1990 to 1998, although this species disperses its seeds by physical expulsion (ballochory). Dispersal progress by the latter method would not exceed 50 m. In contrast, the rapid spread of little Robin can only be explained by the assumption that the seeds have stuck to parts of wagons and been carried in that way. It is listed as **At** (dispersal by man).

In addition, *self-dispersal* **Au** by diaspores dropping off or by stems with diaspores lying on the ground exist in most species. Self-dispersal is only mentioned if species have evolved special features (physical expulsion; ballochory).

Dispersal by man **At** such as with crop seeds, with gardening, with means of transport or by intentional seeding is only indicated if this dispersal type has played an important role in the current distribution.

Dispersal by hitting raindrops (ombrochory) is not considered here because it is a general dispersal trait and effective only over very short distances. The same holds for washing away diaspores by rain.

If a species has no indications on diaspore dispersal, it disperses only by dropping off or by laying diaspores on the ground, by water transport after heavy rainfall or by sticking to animals or mobile parts during wet conditions. Nevertheless, dispersal mechanisms need further clarification for many species. All taxa are attributed by at least one character.

6.2 Vegetative dispersal VA

Ao **above-ground runners**
above-ground creeping stems that root at nodes and resprout

Au **below-ground runners**
long below-ground or submerged creeping runners and rhizomes (stolons); nodes are more than twice as long as thick

As **parts breaking off**
dispersal by water or animals (only water plants)

Bz **bulbs**
one or several lateral bulbs at stem base, lateral tubers, or shoots wrapped by basal leaves (small leaves without chlorophyll)

Ho **tussocks, tufts**
densely crowded basal branching of shoots that are often wrapped by basal leaves or sheaths; shoots rarely root and therefore rarely disperse in that way

Kr **creeping rhizome**
Short below-ground or submerged creeping rhizome that gives rise to rows of consecutive rooting shoots

Kt **creeping shoots or espaliers**
above-ground shoots that grow and root directly on the ground; shoot ends of *Rubus* and *Buglossoides purpurocaerulea* sink to the ground, root and build regeneration shoots (bow shoots); separating parts (gemmae) of *Trichomanes* lie directly on the substrate (without roots)

Kv **no vegetative dispersal parts**
dispersal in general by seeds or spores

Po **cushions**
bushily branched, with short and densely crowded leafy stems lying on the ground; stems only rarely root laterally

Sb **bulbils**
bulbils on the stem, leaves or inflorescence; bulbils fall off or touch the ground when stem lies down

Sr **basal lateral shoots**
dispersal with basal lateral buds, shoots or rosettes that often or only rarely root; gramineous plants build loose or dense swards and non-gramineous plants form tufted life forms or groups of rosettes; shrubs or trees with basal lateral shoots or stump sprouts are also listed here

Sw **above-ground shoots**
rooting shoots, stems or leaves that lie down or break off

Ws **root shoots**
shoots from lateral roots, often distant to main shoot

The *attributes for vegetative dispersal* indicate the possible propagation by vegetative parts. In contrast to the dispersal of diaspores that is categorised according to the dispersal agent, the focus in vegetative dispersal lies in the specific vegetative parts of the plant. Dispersal is mainly autochorous (see preceding chapter). Bulbils and bulbs can be also dispersed dysochorously or myrmecochorously, rooting parts often epizoochorously or anthropochorously, and water plants predominantly hydrochorously. Only the two most important vegetative dispersal types are listed. There are transitions between singular types, as well. For detailed definitions of the types consult von Lampe (1999). Attributes are given for all taxa.

6.3 Reproduction FS

cl **cleistogamous**
in addition to normal flowers, also self-pollinating and less conspicuous flowers emerge at certain seasons

di **unisexual and dioecious**
individuals either have only male or only female organs; pteridophyte species have male and female organs on different prothalli (heterosporous)

fa **facultatively apomictic**
in addition to sexual reproduction in normal bisexual flowers, there are also flowers reproducing asexually, i.e. asexual embryos arise in the nucellus or in the integuments resulting in offspring that are at least partly genetically identical to the parent plant because there is no pollination of the ovule; in pteridophyte species a sporophyte arises from female gametophyte without fertilization; information stems primarily from Naumova (1993)

mo **unisexual and monoecious**
both male and female flowers are present on one plant body; in addition also bisexual flowers may occur; in pteridophyte species male and female organs are on the same prothallus (homosporous)

nf **flowering organs not functional**
exclusively vegetative dispersal

oa **obligate apomictic**
flowers are mostly bisexual, but fertilization is necessary at the most for the development of the endosperm; offspring identical to parent plant

sb **self-pollinating**
offspring mostly identical to parent plant

ve **polysexual**
male and/or female and bisexual flowers on the same plant body

ve-di **polysexual and dioecious**
in addition to individuals with bisexual flowers also individuals with only male or only female flowers; rarely singular flowers of a plant body are only unisexual

zw **hermaphroditic and normal sexual**
pollination is necessary to reproduce

zwr **bivalent heterogam**
hermaphroditic and sexual, but with special arrangement of chromosome sets during meiotic division; only in genus *Rosa*, section *Caninae*

zwk **complex heterozygote**
genes in ovules and pollen grain do not mix; arising offspring remain genetically constant (complex heterozygote); only known in *Oenothera*

( ) occasionally present

The *attributes for reproduction* indicate whether a plant reproduces sexually and show the position of male (staminate) and female (carpellate) flowers. Often, individual flowers differ from the assigned attribute. Inflorescences consisting of densely arranged small male and female florets and functionally behaving as a flower are denoted as hermaphroditic; this holds especially for spikelets in *Poaceae*, for several species in *Carex,* and in *Eriocaulon.*

Reproductive attributes are listed for all taxa.

6.4 Maximum age MA

F. H. Schweingruber

- d **growth rings indistinct or lacking**
- p **root collar**
  transition between taproot and stem
- r **oldest part of rhizome**

The *maximum known age* of species is indicated in number of annual rings. Additional attributes indicate the location of age determination.

Ring counts in taproots mirror the ontogenetic age, counts in rhizomes the age of the oldest preserved part. If there is information on several individuals, the age of the oldest is listed (maximum age). Species with very distinct, distinct or barely distinct growth ring delimitations are considered. In species with only barely distinct delimitations, true ages may deviate from indicated counts by several years.

No indications for:

- *monocotyledons and pteridophytes:* species of these taxa do not form growth rings
- *shrubs:* above-ground parts close to the surface correspond to the age of the shoot, not to the whole plant; species are considered only if growth rings were counted in the rootstock
- *trees:* we made no new observations; information from the literature rarely refers to tree ring counts and is hence not very trustworthy. However, as far as approximate indications are mentioned in publications, such information was listed with reservation by the first author. Such counts are attributed by * and lack a preceding character **(p, r, d)**. In that way, the counts are separated from the precise growth ring counts of F. Schweingruber that refer to microscopic analyses of thin sections (ca. 15 µm). Most of the reference counts are derived from Bock (1997). Note that these numbers are generally based on counts of very old individual trees. If old ages are listed, the average of maximum ages of the species concerned may be markedly lower and depends also on environmental conditions. Other numbers lacking both * and a preceding character are derived from recent literature. Empty spaces indicate that no information was found on the age of the respective taxa.

Examples

Rhododendron ferrugineum **p202:** 202 counted growth rings in the collar of the taproot

Viola hirta **r5:** 5 growth rings at the oldest part of the rhizome

Verbascum nigrum **d:** growth rings are not visible

6.5 Flowering period BZ

The *numbers for flowering period* define the months during which a species mainly flowers. If two numbers are given, the first refer to a species' phenology at low elevations and the second to its phenology at higher or high elevations. A majority of species listed in that way flower at the beginning of the vegetation period. Note that many spring flowering plants may flower for a second time in autumn (not listed). Climatically anomalous years may extend the flowering period at the beginning or at the end, or a second flowering period may result. Individual species may generate additional cleistogamous flowers; the effect of such flowers on flowering period is not considered.

Attributes of the flowering period are given for all taxa.

- \- flowering not regularly

6.6. Pollination agents BS

A. Erhardt & K. Rudmann-Maurer

- **am** pollinated by ants
- **an** **anemogamous**
  pollinated by wind
- **ap** **apogamous**
  seeds are produced asexually
- **au** **autogamous**
  self-pollinating
- **ca** **cantharophilous**
  pollinated by beetles
- **en** **entomogamous**
  pollinated by insects
- **hd** **hydrogamous**
  pollinated by water
- **hm** **hymenopterophilous**
  pollinated by hymenopterans
- **le** **lepidopterophilous**
  pollinated by lepidoptera
- **me** **melittophilous**
  pollinated by bees and bumble-bees
- **mo** mostly without flowers
- **my** **myophilous**
  pollinated by flies
- **of** mostly without ripe fruits
- **or** **ornithophilous**
  pollinated by birds
- **ph** **phalaenophilous**
  pollinated by moths
- **ps** **psychophilous**
  pollinated by butterflies
- **sn** pollinated by snails
- **sp** **sphingophilous**
  pollinated by hawk moths
- **ve** **vespidophilous**
  pollinated by wasps
- **wa** pollinated by heteroptera (bugs)
- ( ) inferior importance
- ? doubtful information
- ?? species mentioned in at least one of the three works Knuth (1898, 1899), Oberdorfer (2001) and Rothmaler & al. (2005), though lacking information on pollination
- * additional information and comments in the internet version
- ° not observed in the area

The *attributes for pollination agents* indicate the agent by which flowers are pollinated. They are listed in order of their importance for the particular species. In the printed version only 4 indications are given (only 3 if indications are in brackets). Complete indications are available in the Internet version.

As a first source of information we used KNUTH (1898, 1899), still the only synthetic work on pollination biology of the European and extra-European flora. If the information in KNUTH was deficient for a species, OBERDORFER (2001) and ROTHMALER & al. (2005) were consulted. In cases where no information was found in the three listed standard works, we checked the Web of Science and the Floraweb (www.floraweb.de) for species listed in LAUBER & WAGNER (2007), i.e. species that occur in Switzerland. In addition, the works of KIRCHNER (1911) and especially HEGI (including the most recent volumes) were consulted in order to cover a potential gap of information between the publication of the older standard works and recent papers listed in the Web of Science. For more detailed information contact A. Erhardt.

Altogether the indicated pollination agents represent the compiled information traceable with a reasonable effort. A general problem was the fact that the available information was often unspecific. In addition, for many species indications are fully lacking or imprecise. For species pollinated by several agents the question arises whether in fact all or only a few of the indicated pollinators are really efficient. This is a great gap of information that can only be reduced by thorough investigations of the capacity for pollen transfer and the pollination efficiency of the pollinators.

The fact that taxa reproduce apogamously is not always indicated. Additional information on apogamous (apomictic) taxa is given in column **FS**. Note that for many of these apogamous taxa pollination and therefore also pollinators are obligatory for the development of an endosperm (pseudogamy).

The many neophytes that have appeared during recent decades in Europe and particularly also in Switzerland pose a special problem. These species have often well-known pollinators in the region of their origin (e.g. *Yucca*-moths in *Yucca* species) that are lacking in the areas in which they have immigrated. Pollinators of neophytes in Switzerland and in Europe are hardly known except for species that have become invasive (e.g. *Impatiens glandulifera).* However, to indicate the pollinators of a species' origin would have been of little use, as they do not occur in Europe. To provide this information would have caused an additional extraordinary effort. We have therefore not attempted to provide this information, but point out that the study of pollination agents of neophytes is a research area highly relevant to determine a species' invasive potential.

The gaps uncovered here (empty space) may encourage, last but not least, also laypersons to do research in this fascinating field. As a closing remark, note that even in species whose pollination biology seems to be well-known, surprising discoveries may be still made by careful and specific field observations.

6.7 Mowing tolerance MV

1 **bad**
species does not tolerate major damage during the vegetation period and can only exist if mowing takes place once in several years or only in autumn; tolerates grazing only for a short period or only after September 15

2 **little**
species occurs in places mown once or twice a year or in places mown or grazed only late in the vegetation period

3 **moderate**
species tolerates two mowings after end of May at low elevations and after beginning of July at higher elevations, and does not tolerate intensive grazing

4 **good**
species grows in mown grassland and in pastures that are used several times a year

5 **very good**
species tolerates several mowings or intensive grazing; species are also listed here that are small and hence unaffected by mowing

- species hardly grows in grassland; does not tolerate annual cut or grazing; also woody species are listed in this category even though they may resprout but nevertheless cannot persist under periodic cutting (or grazing/browsing)

For grassland species an *attribute for mowing tolerance* is listed. The indications are based on the study of BRIEMLE & ELLENBERG (1994). Plants that cannot tolerate early or frequent mowing are generally also vulnerable to early and frequent grazing. Because grazing is often selective (poisonous and inedible species are not selected in contrast to especially nutritious and tasty plants), the influence of grazing disturbance does not exactly correspond with the influence of mowing disturbance. In addition grazing also includes disturbance effects by trampling. BRIEMLE & al. (2002) therefore uses additional numbers for tolerance of both trampling and grazing. For practical reasons the number of factors was reduced as much as possible and hence, grazing and trampling was incorporated in mowing tolerance.

An indicator occasionally used in agriculture is the fodder value (e.g. KLAPP 1953, BRIEMLE 1997, BRIEMLE & al. 2002) indicating the value of fodder for cattle (poisonous, little, medium, high). However, the value is known only for a minority of the flora. In addition the values concerned should be distinguished with respect to different animal species and races. Therefore, a listing of such values was abandoned. For poisonousness of the species see chapter 6.10.

6.8 Seed longevity SU

1 **up to one year**

2 **1 to 5 years**

3 **5 to 20 years**

4 **20 to 100 years**

5 **more than 100 years**

The *value for seed longevity* indicates the known durability of seeds buried in the soil under favourable conditions. It refer to the minimum period of germination capacity. Accordingly there are great differences with respect to storage conditions (soil type, moisture).

A majority of the indications derive from the compilation of THOMPSON & al. (1997). In a coarse summary of seed longevity THOMPSON & al. (1993) only distinguish periods of less and more than 5 years. These indications were adopted and marked with an asterisk where the species concerned are not listed in THOMPSON & al. (1997), having values **2** for less than 5 years and **3** for more than 5 years. BONN & POSCHLOD (1998) published a list of species with seeds that germinated in a forest area after 30-40 years. These indications were attributed by the value **4** as long as the number of germinated seedlings amounted to at least **10**. For segetal species (weeds) SCHNEIDER & al. (1994) served as a source. The literature used in the mentioned studies sometimes shows quite different results. Only longest longevities were considered where this was the case. However, for many species still no information exists (indicated by empty spaces).

6.9 Dominance in situ DG

1 **scattered**

2 **scattered or in small groups**

3 **in larger groups**

4 **in larger stands**

5 **in large areas, dominating**

By *dominance in situ* ELLENBERG & al. (1992) indicated the accumulation of plant individuals at the place where they occur. The level of dominance is not constant if conditions change and may also vary regionally. The attributes point to the competitive ability at the place where the species predominantly grows. In particular, a species at the edge of its distribution is less competitive than in its distribution centre. In general, the indications given to the species refer to their competitiveness in their optimum niches. A species is attributed with the number that corresponds to its occurrence in that region within the whole study region where it is most abundant. In contrast to ELLENBERG & al. (1992), only 5 (instead of 9) categories are used. Rooting parts of plants that are interconnected by runners are also defined as individuals.
Attributes were given for all taxa.

6.10 Poisoning and medicinal effects, edibility GI

gg **very poisonous**
parts or whole plant poisonous, especially for humans

mg **weakly to moderately poisonous**
parts or whole plant weakly to moderately poisonous when either touched, eaten or inhaled

tg **poisonous for individual animal species**
as fodder plant poisonous for grazing/browsing species, especially when fresh; in general such plants are ignored by animals, but accidental intake may result in serious effects; these plants may also be poisonous for humans; however, they are neither used nor eaten

h **medicinal**
parts of the plant are eaten raw or specially prepared against afflictions and sickness, though often being poisonous (medicinal plant)

e **edible**
at least in parts edible at certain seasons or after special treatment (edible plant); often not any longer used today

The *attributes for poisoning action* describe how poisonous the species is for humans when fresh, as a whole plant or in parts. It may be that only individual parts of the plant are poisonous, and others edible. If the poisonous parts are very local and if there is only little danger of poisoning, no indications are listed. For example, the apple tree *(Malus)* is not indicated as poisonous even though apple seed that are hardly ever chewed contain the alkaloid amygdalin. Species that cause allergies in some people when touched or when pollen is inhaled were generally not considered in the table. In addition, for many species the possible poisoning action for humans is only poorly known.

In many species that are poisonous there are also races or individuals that are little or not at all poisonous, e.g. in cannabis, *Cannabis sativa.* If poisoning action is not indicated this does not mean that the species or all parts are digestible.

In selecting medicinal and edible plants many species were also considered that were often collected in former times but today are only rarely or locally used. For most of these species, only small parts such as flowers, fruits, receptacles or juvenile leaves are actually used. Medicinal effect h is indicated always before edibility e even though edibility nowadays is of greater importance.

Many medicinal and edible plants are poisonous in great quantities or digestible only after special treatment. For example, the poison in beans needs to be decomposed by cooking or drying. Plants specified as edible are often not poisonous only in parts (e.g. red aril, a berry-like structure coating the seeds of yew, or the aggregate fruit of fig). Species used to season meals or to produce beverages are also indicated as edible plants.

In general be cautious! Medicinal plants should be applied only after checking reliable books or consulting experts such as pharmacists. Inquiries are also necessary before using digestible plants. Before collecting plants in the wild it is necessary to check whether the plants are abundant or whether they are protected (consult the regional Red Lists) or endangered when collected in large quantities. Often, seeds or juvenile plants can be bought in nurseries or in market gardens.

Information on poisoning action was derived from studies of HABERMEHL & ZIEMER (1999), NELSON & al. (2007) and FROHNE & PFÄNDER (1997), and was completed by indications in HEGI *(Flora von Mitteleuropa),* FRANK & KLOTZ (1990) and ROTHMALER & al. (2005). Poisoning action in cattle refers to the study of KLAPP & al. (1953). For several species that have not been examined but are closely related to poisonous species, poisoning action was assumed. To check the importance of medicinal effects and edibility of plants I also consulted the illustrated guide of HAEUPLER & MUER (2000) and the work of FLEISCHHAUER (2005).Empty spaces indicate that no reliable information was found for the particular taxon.

7 Distribution in space and time (Vorkommen)

7.1 Geographical distribution GV

A areas outside Europe

A0 tropical-subtropical and warm-temperate zones, worldwide

A0a tropical-subtropical and warm-temperate zones of the Old World

A1 South America and Central America
distributed regionally or all over whole continent, rarely also in the South of North America

A2 North America
distributed over the majority of the continent

A2a North America, South
mainly distributed in Southern States of USA and in Mexico

A2b North America, West
mainly distributed in the Western continent

A2c North America, East
mainly distributed in the Eastern continent

A2d North America and East Asia

A1-2 warm-temperate to tropical zones of the Americas

A3 Africa
distributed over large areas of the continent

A3a South Africa
mainly distributed in Southern States of Africa

A3b West and Central Africa
mainly distributed in Central and Western parts of Africa

A3c East Africa
mainly distributed in Eastern States of Africa

A3d North-West Africa
mainly distributed from Tunisia to Morocco

A4 Asia
distributed over large areas in Asia

A4a South West Asia
mainly distributed in the South West and central parts of Asia (subcontinental to continental climate), rarely also in South East Europe

A4b East and Southeast Asia
mainly distributed in East and South East Asia from South East Siberia to the Himalayas (suboceanic to oceanic climate)

A4c North and Central Asia
mainly distributed in North Asia and in North Central Asia (continental climate), rarely also in East Europe

A5 Australia
mainly distributed in Australia, partly also in New Zealand

B large areas including Europe and other continents

B1 warm zones, worldwide
mainly distributed in warm-temperate to tropical zones, in large parts of the world

B1a warm zones, worldwide except Americas

B2 cold zones, worldwide
mainly distributed in temperate and cold zones of large parts of the world

B3 Eurasia and North America
mainly distributed in zones with boreal and deciduous forests in Eurasia and North America

B3a Eurasia and North America without continental Asia
Mostly suboceanic areas

B4 Eurasia, eastward to East Asia
mainly distributed in large parts of the area

B4a Eurasia, South
mainly distributed in zones of warm-temperate broadleaved forests or warm steppe

B4b Eurasia, Central and North
mainly distributed in zones of boreal and cold deciduous forests, rarely also in cold steppe zones

B4c Eurasia, oceanic and suboceanic
mainly distributed in West Eurasia and in East Asia

B5 Arctic and mountains to the South (arctic-alpine)
mainly distributed in arctic zones, i.e. circumpolar in timberline zones and northwards, and south of the Polar Circle in subalpine and alpine zones of mountains

B5a Arctic and mountains to the South in Eurasia

B5b Arctic and mountains to the South in North America

B6 Europe, West- and Central Asia
mainly distributed in Europe (especially in the East) and in Asia (without East Asia); rarely also in North Africa

B6a Europe, West- and Central Asia, South
mainly distributed in zones of warm-temperate broadleaved forests and warm steppe

B6b Europe, West- and Central Asia, Central and North
mainly distributed in cool to cold subcontinental to suboceanic areas with boreal, cold deciduous forests or cold steppe

B7 Europe and Africa
mainly distributed in South Europe and in Africa

C areas spanning several continents in the Mediterranean

C1 Mediterranean sensu lato
mainly distributed in areas with mediterranean and submediterranean climate around the Mediterranean; originally largely covered with warm deciduous forests: Central and South Europe, West Asia, North Africa

C2 Mediterranean sensu stricto
mainly distributed in large parts of the Mediterranean Basin, rarely also eastwards to Central Asia; originally largely covered by hardwood forests and Mediterranean steppe

C2a Mediterranean, West
mainly distributed in mediterranean and submediterranean zones of the West Mediterranean Basin, partly also along the southern Atlantic coast northwards

C2b Mediterranean, East
mainly distributed in the mediterranean and submediterranean zones of the East Mediterranean Basin

C2c Mediterranean and West Europe
mainly distributed in the Mediterranean Basin and in atlantic areas of West Europe

D areas in Europe without mountains

D1 South Europe
mainly distributed in the mediterranean and submediterranean zones of the majority of South Europe; rarely also in the Atlas mountains and in Asia Minor

D1a South West Europe
mainly distributed in mediterranean and submediterranean zones of South West Europe

D1b South East Europe
mainly distributed in mediterranean and submediterranean zones of South East Europe

D1c South Europe, Central
mainly distributed between the West of the Balkan peninsula and South France

D1d Canary Islands, Madeira, Azores

D1e Spain, Portugal

D1f Corsica, Sardinia

D1g South Italy, Sicily

D2 West Europe
mainly distributed in subatlantic and atlantic zones of West and North West Europe, rarely disjunct to the Black Sea coast

D3 Central Europe
distribution centre in Central Europe and in western East Europe; mainly distributed in zones of European deciduous forests; the area encompasses also adjacent parts of West, South, East and North Europe, partly also Asia Minor, Caucasus and Ural, but does not reach the Arctic and the Mediterranean Basin

D3a Central Europe sensu stricto
distributed exclusively in Central Europe or in parts

D4 East Europe
mainly distributed in subcontinental to continental areas of East Europe

D5 Nord Europe (boreal)
mainly distributed in North Europe and in Central and South European mountains

D6 arctic Europe and Central and South European mountains

E areas encompassing several European mountains

E1 Central and South European mountains
mainly distributed in Central and South European mountains (e.g. eastwards to Caucasus and southwards to Atlas mountains), rarely isolated also in North Europe

E1a Central and South European mountains sensu lato
eastwards to the Central Asiatic mountains

E2 Central and South European mountains, South
mainly distributed in the South Alps and in several mountains southwards, e.g. Pyrenees, Spanish mountains, Corsica, Apennine, mountains of the Balkan pensinsula, East Carpathians, rarely also Caucasus and Atlas mountains

E2a South European mountains, without Pyrenees and Spanish mountains

E2b South Alps and Pyrenees
partly also North Spanish mountains, Corsica, Apennine or Atlas mountains

E2c South(East) Alps and mountains of the Balkan pensinsula
rarely also South Carpathians or Apennine

E2d South Alps (or parts of them) and Apennine

E2e South(West) Alps

E2f Pyrenees
and partly other mountains of the Iberian Pensinsula

E2g mountains of the Balkan pensinsula
partly to Caucasus and North Anatolia

E2h Carpathians

E2i Caucasus
and adjacent mountains

E3 Central and South European mountains, West
mainly distributed in the Alps and several mountains westwards (especially Pyrenees and North Apennine)

E3a West Alps and Pyrenees

E3b Alps, Pyrenees and West European low mountain ranges
rarely to Ireland

E3c Pyrenees and West European low mountain ranges (without Alps)
rarely to Ireland

E4 Central and South European mountains, East
mainly distributed in the East Alps and several mountains eastwards, e.g. Carpathians, mountains of the Balkan peninsula, rarely Sudeten areas, North Apennine or Caucasus; also isolated in North Europe

E4a East Alps and Carpathians

E4b East Alps and eastern low mountain ranges

E4c East Alps and mountains of northern Balkan pensinsula

E4d Alps and West Carpathians
rarely also isolated in the Sudeten areas and in North Europe

E5 Central European mountains
mainly distributed in the Alps and in low mountains ranges northwards, occasionally to South Scandinavia

E5a Vosges, Black Forest

E5b eastern French to Czech low mountain ranges

F areas of the Alps

F1 Alpine Arc
mainly distributed over a large area of the Alps and the Jura mountains, rarely also isolated in North Apennine, in adjacent most northern mountains of the Balkan peninsula, in the Auvergne, in the Vosges or in Black Forest

F2 South West Alps
mainly distributed in the southwestern part of the Alps between Aosta valley and Maritime Alps, rarely also in the northern part of the Apennine or in the Massif Central

F2a South West Alps, South
mainly distributed in the southernmost part of the South West Alps

F2b South West Alps, North
mainly distributed in the Cottian Alps, northwards partly to the Valais

F3 South Alps
mainly distributed in the southern front ranges between the South West and the South East Alps

F3a Graian and Penninic Alps
mainly distributed in the southern and the northern ranges of the Aosta valley and in the Valais

F3b Insubric Alps
mainly distributed between the lower Aosta valley and the Lake Como region

F3c Bergamasc Alps
mainly distributed between the Lake Como region and the Brescia Alps, northwards rarely to the Raetic Alps

F3d Brescia and JudicariaAlps
mainly distributed between the Val Camino and Lake Garda

F3e Lower Engadine and Adamello Alps
mainly distributed in the northern South Alps between the upper Valtelina and Vintschgau valley

F3f South Alps, foothills
mainly distributed in the foothills of the southern front ranges of the Alps (between the South West and the South East Alps)

F4 South East Alps
mainly distributed in the South Alps eastwards of the Ticino (rarely also in the adjacent northern mountain ranges of the Balkan peninsula)

F4a South Alps from Lake Garda to Friuli
mainly distributed between Lake Garda and Friuli

F4b Julian Alps
mainly distributed between Friuli and North East Slovenia

F4c South East Alps, foothills

F5 West Alps
mainly distributed eastwards to the line Lake Como – Lake Constance, rarely also in the Jura mountains and in the North Apennine

F6 central North Alps
mainly distributed between Savoy and Tyrol; often also in Jura mountains

F6a central North Alps, foothills
mainly distributed between Vaud and Allgäu

F6b Savoy Alps and adjacent regions
e.g. Dauphiné, South Jura mountains, Romandie

F7 East Alps
mainly distributed in the eastern part of the Alps, mostly westwards to the Valais Alps, rarely also in patches in the adjacent mountain ranges of the North Balkan peninsula and/or in the North Apennine

F7a East Alps, foothills
mainly distributed between Lake Constance and Styria

F8 North East Alps
mainly distributed in the North East Alps between East Tyrol, Styria and Upper Austria

F8a North East Alps and rarely West Carpathians
beyond North East Alps rarely and locally in the West Carpathians

F9 Jura mountains
mainly distributed in the Jura mountains and in the adjacent Alps, rarely also in the French low mountain ranges

- a hyphen between characters for geographical distribution (in most cases only in aggregates) indicates that a taxon occurs in both areas

***** **endemics with small distribution area**
areas encompassing less than 5000 km^2

The *attributes of geographical distribution* specify the species's area before the extensive impact of man on nature. A later expansion of the area is only considered if plants can persist in a new region without special measures for a very long time. For neophytes (immigration only after 1500 AD), the assumed original distribution is indicated.

The indications only refer to the main distribution of a taxon sensu stricto (without microspecies that do not occur in the area). Patches and isolated occurrences outside of the main distribution are not specially mentioned. Within the distribution categories **A** to **F**, the areas are generally arranged according to range size and exposition (from South and from West). Small areas can indicate relicts or more recently evolved taxa with only small range size.

The subdivision of taxa into distribution areas is difficult for two reasons:

1. There are rarely two areas that are congruent. Between the here listed groups any kind of transitions exist. Allocations to groups may be to a certain degree arbitrary.
2. Indications from literature are not always reliable because given species names may often refer to different taxa. In addition, it is often unclear whether a name specifies an aggregate or a taxon on a low level.

Attributes for geographical distribution were given for all taxa.

7.2 Habitat LR

J.-P. Theurillat

1 waterbodies sensu lato (permanent or temporary)

1.1 still waters: lakes, small lakes
1.2 flowing water
1.3 aquatic habitat: banks, ponds, ditches, backwater, reedbeds, tall-sedge dominated wetlands, bog pools
1.4 temporary flooded habitats with strongly varying moisture levels: pools, ditches, banks, cart tracks, wallows

2 eutrophic terrestrial vegetation, natural or anthropogenic

2.1 fields, cultivation, vineyards, olive groves, fallows
2.2 ruderal and semi-ruderal places: tracks, dumpsites, landfill sites, dungheaps, claddings of walls and buildings, railway areas, embankments, trodden places, pavements
2.3 hedges, forest edges, clearing edges
2.4 livestock resting places, barns, sheepfolds, shallow caves

2.5 river banks, river edges, alluvium, gravel bars
2.6 clearings, forest roads, burned places
2.7 parks, lawns, gardens, alleys, cemeteries, playing fields
2.8 orchards, Chestnut plantations: Hochstamm (standard tree) and Niederstamm (bush tree) stands
2.9 cultivated plants

3 outcrops, sand, tuff, rocks, screes, gravel-pits, quarries
3.1 sandy outcrops
3.2 rocks and walls: rock faces, cliffs, walls, shallow caves, caves, bottom of rock faces
3.3 screes sensu lato: screes, moraines, landslides, block screes
3.4 grikes, karst places
3.5 gravel-pits, quarries, clay-pits

4 water sources, streams
4.1 water sources, spring communities, rills, tufa, waterfalls, cascades
4.2 stream banks

5 mires
5.1 fens and transitional mires
5.2 raised bogs

6 grasslands, meadows, swards, snow beds, herbaceous forest edges
6.1 mediterranean dry swards (annual swards)
6.2 dry and semi-dry swards, meadows and pastures from the colline to the subalpine zone, steppe sward, rock swards, rock fields
6.3 mesotrophic to eutrophic moist meadows and pastures
6.4 meadows, pastures and swards on moist, acidic, nutrient-poor substrate
6.5 subalpine/alpine swards sensu lato, also rock swards
6.6 snow beds
6.7 thermophilous forest edges

7 dwarf shrub stands, tall herb communities, garrigues, shrubberies sensu lato
7.1 dwarf shrub stands sensu lato
7.2 tall herb communities, nitrophilous communities, fern stands
7.3 low garrigue, low maquis
7.4 shrubberies, hedges, forest edges, scrub, early successional forest stages
7.5 short willow scrub along rivers
7.6 tall mediterranean shrubs

8 shrubland sensu lato
8.1 green alder scrub, subalpine widow scrubs
8.2 dwarf (Swiss) mountain pine stands

9 forests
9.1 coniferous forests
9.2 mesophyllous deciduous forests
9.3 submediterranean thermophilous oak and hop-hornbeam forests
9.4 mediterranean evergreen oak forests
9.5 plantations of and secondary forests with black locust

The characterisation of the habitats where a taxon grows most abundantly completes the indications defined by indicator values and results in a vivid synthesis of various site conditions.

The occurrence of a taxon in habitats was based on the indications of Theurillat in *Flora alpina* (Aeschimann & al. 2004); at most four of the main habitats are given, listed in numerical order. For a more detailed characterisation of a taxon both indicator values and phytosociological attributes can be used. For the species that are not listed in *Flora alpina,* the habitats were attributed by J.-P. Theurillat according to the literature, mainly recently published *floras* for Central Europe and floristic studies. In addition, information was supported from several experts who are greatly acknowledged, in particular from Jean-Marc Tison (L'Isle-d'Abeau, France).
A ? means that the indication is doubtful.

7.3 Ecological groups EG

1 **forest plants**
2 **mountain plants**
3 **pioneer plants of low elevations**
4 **water plants**
5 **wetland plants**
6 **unfertilized dry meadow plants**
7 **weeds and ruderal plants**
8 **fertilized meadow plants**
\- **not listed in the Red List**

The ecological groups derived from the *Red List* (Moser & al. 2002) of Switzerland indicate a rough classification of sites where the taxa predominantly grow. In addition the numbers show which taxa are listed in the Red List and which not -.

7.4 Type and time of immigration; invasiveness of neophytes AE

I idiochorophytes or indigenes
species immigrated naturally or endured the last Ice Age in the region

A archaeophytes
species introduced by man before 1500 AD and naturalized

N neophytes
species introduced by man after 1500 AD

- **Ns invasive neophytes ("aggressive")**
  neophytes spreading rapidly in certain regions and out-competing indigenous species, causing economic damage or negatively influencing human health; in Switzerland these species are put on a *Black List* totalling 24 species (update 2008)
- **Nw invasive neophytes (potentially "aggressive")**
  neophytes that may strongly spread in certain regions and may eventually be put on the Black List; currently on the Swiss *Watch List* totalling 21 species (update 2008)

J young species
Species evolved during the postglacial, partly by influence of man; e.g. cultivated plants, weeds or new taxa that adapted to sites influenced or created by man

- **Ja young species (archaeophytes)**
  evolved in or introduced into the region presumably before 1500 AD

Jn young species (neophytes)
evolved in or introduced into the region presumably after 1500 AD

Jns young species (neophytes)
being invasive and part of the *Black List*

I/A presumably indigenous in some areas of the study region (e.g. Valais or South West Alps) and widely spread later but before 1500 AD

I/N presumably indigenous in some areas of the study region and widely spread later but after 1500 AD

By expanding the study region to the whole Alpine Arc (including mediterranean regions) many taxa formerly listed as archaephytes or neophytes in Switzerland are now indigenous plants **I/A** or **I/N**.

Often a classification remains unclear because information on the time of immigration of the respective taxon is missing. In general, taxa that do not colonise natural sites are classified as archaeophytes or neophytes. *Archaeophytes* are those species occurring as weeds in fields or dense meadows. In contrast, *neophytes* tend to be those taxa that have naturalised from gardens or grow in ruderal places, especially also taxa colonising primarily transport networks.

For *neophytes* a special indication is given with respect to invasiveness and to the affiliation in the Swiss Black and Watch lists. The *Black List* is a compilation of invasive neophytic species that have strongly spread (being "aggressive") in certain regions of Switzerland, i.e. having outcompeted indigenous species or having caused economic damage or having negatively influenced human health. The *Watch List* contains invasive neophytic species that may strongly propagate in the near future. Both lists are continuously updated (www.cps-skew.ch).

All taxa were given attributes.

7.5 Influence of man on site conditions EM

1 close to nature (strictly urbanophobous)
most often only in close-to-nature vegetation or at most in extensive agriculture

2 moderately close to nature (moderately urbanophobous)
in particular in close-to-nature or in extensively managed vegetation; mostly absent in places heavily influenced by man

3 indifferent (urbanoneutral)
present in both close-to-nature and man-impacted vegetation

4 moderately hemerobic (moderately urbanophilous)
in particular present in man-impacted and occasionally also in extensively managed vegetation

5 hemerobic (strictly urbanophilous)
most often only in places heavily impacted by man

The *values of the influence of man on site conditions* specify the ability of species to tolerate human impact on growth conditions. Values are based on the levels of urbanity of WITTIG & al. (1985). Definitions are adopted from urbanity values in LANDOLT (2001). In principle, the levels of urbanity correspond to a simplified hemeroby index following KOWARIK (1988).

Also here, more than one attribute can be given for individual species. However, a regional distinction was avoided because this would be too complicated. If a species is present in a region due to introduction by man (e.g. in gardens) though not able to naturalise, it is not considered.

All taxa were given attributes for the influence of man.

7.6 Change tendency VE

> abundance decreasing

>* abundance decreasing in particular at low elevations of the distribution area
but more or less stable at higher elevations

= abundance unchanged
apart from local presence

< abundance increasing

>0 probably no longer present in the study region

</> during the last 50 years initially increasing, but then decreasing

>/< during the last 50 years decreasing, but then again increasing due to colonisation of either new regions or habitats influenced by man, or newly naturalised from gardens

<->, <-=, =->
Range of variation in change tendency within an aggregate or a taxon (e.g. regional differences)

The *attributes of change tendency* indicate the dimension of change during the last five decades for the respective species. Species with decreasing abundance need to be monitored even though they may not be specially mentioned in the *Red List.* Species that could be stopped from further declining or even recovered by measures of nature conservation (species of the *Blue List,* GIGON & al. 1996) are nevertheless indicated as decreasing because their survival strongly depends on management. Negligence will eventually result in a new decline of such species. Beyond our own experience, comparison of new field mapping in the Swiss Central plateau with old information from the literature and from herbaria, and also additional literature was consulted: ROTHMALER (2005), SEBALD & al. (1990-1998) and ZIMMERMANN & al. (1989).

Species that have been repeatedly introduced but failed to regionally establish were attributed by unchanged abundance.

Population fluctuations of various species in different regions are possible though not considered here. Attributes are given for all taxa.

8 Threat

Geographic regions

CH Switzerland

JU Jura mountains

JU1 Jura mountains, South West

JU2 Jura mountains, North East

MP Central Plateau

MP1 Central Plateau West

MP2 Central Plateau East

NA North Alps

NA1 North Alps West

NA2 North Alps East

WA Central Alps West

EA Central Alps Ost

SA South Alps

SA1 Ticino/Misox

SA2 Val Bregaglia

SA3 Poschiavo

Degree of threat

CR critically endangered

DD data deficient

EN endangered

EX extinct

LC least concern

NT near threatened

RE regionally extinct

VU vulnerable

\- not occurring in the study region

* also endangered worldwide

( ) neophyte with origin outside Europe

The attributes on *threat* are derived from the new *Red List of ferns and phanerogams of Switzerland* (Moser & al. 2002; see also for exact definitions) and exclusively refer to Switzerland.

Note that the attributes are not listed in the print version; they are, however, listed in the Internet version. Indications on ecological groups **EG** (chapter 7.3) point to the taxa listed in the *Red List.*

9 Occurrence in plant communities (Pflanzengesellschaften)

A list of plant communities is appended in the chapter *Indices of vascular plants* at the end of Part I, p. 271.

9.1 Importance of phytosociology to detect site conditions

O. Hegg & F. Klötzli

Plants are assembled into communities together with animals and micro-organisms. Communities are adapted to environmental conditions, i.e. to all factors defining growth conditions.

Important terms in phytosociology (vegetation science, plant sociology)

association
basic abstract unit in phytosociology
superordinate units are: **alliance, order, class,** (formation)
subordinate units are: **subassociation, variant, facies**

character species
present only or almost only in one distinct association (alliance, order, class)

differential species
present only in one unit of associations (alliances, orders, classes); apart from this, the species can occur also in other units

stand
concrete plot of homogenous vegetation; described by a "relevé", i.e. a list of present species attributed by an estimation of their abundances

vegetation unit
vegetation type: summary of stands without ranking

Plant sociology, more frequently called **phytosociology**, was introduced by J. Braun (1913): He intuitively assessed the plant communities of the Grisons. He then characterised these units with the plant species growing in several similar stands. To specify the most typical species he used the term "character species".

Regarding the today more than 700 associations defined for Switzerland (170 alliances, 90 orders, 50 classes) and the roughly 3000 plant species growing there, it is almost impossible that clear character species exist for all these associations. Many species have a wide ecological amplitude and therefore grow in more than one association. An increasing amount of detail on vegetation and the growing number of new associations based on more and more relevés led to the conviction that single species alone are not decisive to detect an association but the total of all species including their abundances in the stand. This holds especially for associations growing in favourable sites. Under limited growth conditions more specialised species serve as character species. For superordinate units (alliance, order, class) there are more species that fit the criterion of character species.

Because early plant sociologists described the vegetation carefully, botanists could later on notice that vegetation on a plot is not constant. Vegetation is influenced by soil succession, land-use, climatic changes and other extrinsic or intrinsic changes proceeding slowly. Species composition at one place can therefore often change during time (compare e.g. Hegg & al. 2001, Gassmann & al. 2005, Spiegelberger & al. 2006).

The phytosociological approach proposed by Braun-Blanquet is valid and valuable for both research and practice. Most often, a community is defined by its vegetation, which points to many important ecological processes. In most ecosystems vegetation is the part that gives the ecosystem its characteristic appearance and is most persistent.

The **association** is the basic unit of the phytosociological classification. Today, an association is no longer thought as an invariant, clearly delineated unit but as a *"node"* in a multidimensional continuum. Each stand found in the field and defined by a species list can be attached to one or many nodes. "Atypical" species may indicate possible past and future succession tracks or deviating ecological conditions. Species characteristic of other units may help to more precisely describe a stand. Such deviations from characteristic units enable the detection of special ecological conditions. However, any stand can be clearly characterised by a complete species list with abundances even if it does not closely resemble any existing association.

In principle an arbitrary number of units can be defined within a region, be it on the level of associations, subassociations, variants or facies. However, in any workable system the number of units should be limited. It is also reasonable to adopt the phytosociological system.

9.2 Classification of frequent Swiss forest and mountain plant species to plant communities

O. Hegg & F. Klötzli

For roughly 1500 species, (1-)3 phytosociological units from an astonishingly great variety are listed with respect to the importance of occurrence. Here the long time field experience of the two authors is implicated, sometimes after intense discussion.

Forest species

Frank Klötzli treated the species with most relevance in forests, using the tables in ELLENBERG & KLÖTZLI (1972) as important information. All of the defined 71 forest associations in this study were considered. Often, only a superordinate unit could be considered.

Open land, especially mountain species

Otto Hegg classified a great number of species occurring primarily in open land. The *Exkursionsflora* (OBERDORFER 2001), the *Flora von Graubünden* (BRAUN-BLANQUET & RÜBEL 1932-1936), the *Flora Vegetativa* (EGGENBERG & MÖHL 2007, according to the system from DELARZE & al. 1998) were used for comparisons. The phytosociological database of **Robert PANTKE** was a rich source of information although it was not always easy to interpret. Pantke has joined vegetation tables from all published phytosociological studies in Switzerland in an electronic database. Species occurring with a minimum steadiness of at least 25% in an association table were linked to the association name. The database contains 25,025 such links. In total, 2603 species are referenced.

The first step in the use of this source meant a concentration of phytosociological notations for associations to alliances and superordinate units. To some degree, this work could be done by automatic selection. However, to define a unit in which a species predominantly occurs was often possible by considering literature and our own data. In some cases, a choice had to be made from a high number of up to 125 associations in 22 alliances for one single species. We aimed to give precise information by indicating as-small-as-possible units.

Explanation of the indications

In the table we listed only the number of the phytosociological units according to the sociological system published in *Flora alpina,* completed by the forest associations given in ELLENBERG & KLÖTZLI (1972). The number before the dot gives the formation (1 to 2 digits), followed by class, order, alliance, suballiance and association (1 digit each). Respective names are referenced in the index table at the end of Part I, p. 271. In formation 15, some "landscape units" are listed (e.g. heaths, forest paths etc) not being defined phytosociologically.

For possible analyses see the Software *Flora indicativa* of M. Nobis (chapter "Software").

9.3 Additional phytosociological classification of all species not treated in chapter 9.2 according to *Flora alpina*

J.-P. Theurillat

Taxa that are not classified by O. Hegg and F. Klötzli were attributed by phytosociological characterisations derived from *Flora alpina*. Attributes only refer to one unit and are listed in the third column of phytosociological references. In rare exceptions a second attribute is placed into the second column. Indications are based on the field experience of J.-P. Theurillat. Additional information for species not listed in *Flora alpina* derived mainly from the literature. In addition, the data collection *Baseflor* was consulted: JULVE, P. (2003). Index botanique, écologique et chorologique de la flore de France. Version: 8 septembre 2003.

http://perso.wanadoo.fr/philippe.julve/catminat.htm

10 Bibliography (Literatur)

10.1 Determination floras BL

a AESCHIMANN & BURDET (2005)
b BINZ & HEITZ (1990)
c FISCHER & al. (2005)
d FITSCHEN (1994)
e HEGI (newest editions)
f HESS & al. (1976-1980)
g LANDOLT (2001)
h LAUBER & WAGNER (2007)
i OBERDORFER (2001)
k PIGNATTI (1982)
l ROTHMALER & al. (2005)
m TUTIN & al. (1964-1993)

In the column *determination floras* **BL**, a lower case letter refers to the determination flora used for those species of the study region that do not grow in Switzerland and also for many neophytes or critical species for which determination is not possible by Swiss determination floras (AESCHIMANN & BURDET 1994, BINZ & HEITZ, HESS & al. 1976-1980, HESS & al. 2006, LAUBER & WAGNER 2007). If a species is lacking in more than two of the four widely used latter floras, an attribute points to the flora in the reference list where determination keys can be found. At most three attributes are listed. Pictures for many species are given in *Flora alpina* (AESCHIMANN & al. 2004). However, the work lacks determination keys. For herbaceous ornamental plants or agricultural crops see ROTHMALER 5 (2007) that was not considered in this study.

Partly, species are listed by differing names in the different floras. Such names can be scanned in the index of taxa names and synonyms at the end of Part I, p. 208. In cases where attributes for determination floras are lacking (empty spaces) consult the special literature mentioned.

10.2 Special literature SL

For particular species or aggregates *special literature* is indicated that partly also served to decide whether to integrate taxa in the table. In the respective studies those taxa mostly are precisely described and separated from other closely related taxa. The table is fairly incomplete because many taxa have been characterised in the course of comprehensive studies where particular species may have been overlooked. Opinions of those authors do not always correspond with the ones represented in this book. This is to give the user more information on difficult taxa or aggregates. Notifications on new sightings of species occurring in the study region were not considered because of space limitation. In addition, literature older than 1970 was in most cases not referenced.

Citations refer to at most two numbers referenced in the literature index. Many taxa are totally insufficiently studied or not captured by our literature search.

11 Taxonomic evaluation (TB)

A The taxa encompass different biological, seasonal, geographical or site-specific races/taxa that are, according to the current knowledge, difficult to separate by means of morphology.

B Taxa of an aggregate are related by many morphological transition forms or hybrids and hence cannot always be clearly keyed out.

C Differing classifications of the taxon by different experts.

D Morphological differences between the taxa are often small or detectable only by great effort.

E Independence of the taxon or of the occurrence of typical relatives in the region is not proven. Probably, the plants termed by this name only have a special attribute combination that lies in the genetic range of variation of the respective aggregate. Alternatively, the taxon may reflect site-specific modifications or cultivation races or hybrid populations

F Taxa are partly offspring of repeatedly, newly developed hybrids that propagate by vegetative reproduction but in the long term cannot establish.

G Aggregate with taxa reproducing fully or partly apomicticly by self-pollination or by producing otherwise offspring that are genetically identical to the parent plants. Many of the distinguished taxa in these groups are partly little known or difficult to separate and hence cannot all be mentioned. Partly, such taxa evolve repeatedly and independently.

H The taxon encompasses (also) cultivated plants (ornamental plants and crops) with many different varieties

Many taxa are difficult to distinguish because morphological separation is unclear, characterisation is insufficient or determination is time consuming. A modern monographic and comprehensive study is only available for few taxa. In this column attributes may point to difficult, badly separated and questionable taxa. Empty spaces indicate that the taxon either can be well determined and separated if suitable methods are used and the decisive parts of the plants are available, or that the first author is not aware of taxonomic difficulties.

Species table of vascular plants

See German text p. 37

Applications

T. Wohlgemuth

1 Statistical analyses using indicator values

Indicator values are often used to quantitatively analyse vegetation data, i.e. to display or to compare ecological spectra of floras or vegetation relevés. The use of indicator values for such analyses has been often questioned because of the nature of numbers: indicator values are ordinal numbers, i.e. ranks of a well-ordered set. Indicator values, therefore, are not cardinal numbers or cardinals that arise by addition. Their values correspond to the spectrum of species occurrences along ecological factors, with standard scales ranging between 1 and 5 (Landolt scale) or between 1 and 9 (Ellenberg scale). For example, a species having a moisture value of 4 indicates very moist soils. Another species with moisture value of 2 grows mainly on moderately dry substrate. It does not mean that the latter species grows on a substrate that is half as moist as 'very moist soils'. Nevertheless, the use of average indicator values and the comparison with measured site variables is established in ecological research. And despite obvious limitations with respect to the use of ordinals, ecological values are today viewed as quasi-cardinal. There are many studies discussing pros and cons of analysing indicator values, e.g. sections in textbooks (e.g. Dierschke 1994) or in review articles (e.g. Diekmann 2003).

Indicator values of species in a vegetation relevé can be displayed as histograms. An indicator of such a graph is the mean value. Mean values can be either unweighted (when considering a species' presence or absence) or weighted (when highlighting the importance of abundant species by multiplication of species cover with the indicator values). In the following, several examples demonstrate applications of indicator value analyses.

1.1 Vegetation succession after forest fire

A forest fire above Leuk (Valais, Switzerland) in 2003 destroyed an area of 300 ha forest on a hill that ranges from 900 to 2100 m (Wohlgemuth & al. 2005). Recolonisation with plant species was monitored annually during the years 2004 to 2007 on 153 permanent plots (200 m^2) arranged on a systematic sample net. Changes of site conditions were detected by comparing unweighted means of indicator values for moisture, nutrients and reaction (Fig. 1).

One year after the forest fire, the effect of ash accumulation was clearly observable in particular below the subalpine zone by an initial rise of pH values (R value). In elevations between 900 and 1700 m, the plants also indicated maximum nutrient supply three years after the fire. Average moisture values pointed to dryer conditions one year after the fire in comparison to subsequent years. The lines generally demonstrate more moist conditions in elevated zones.

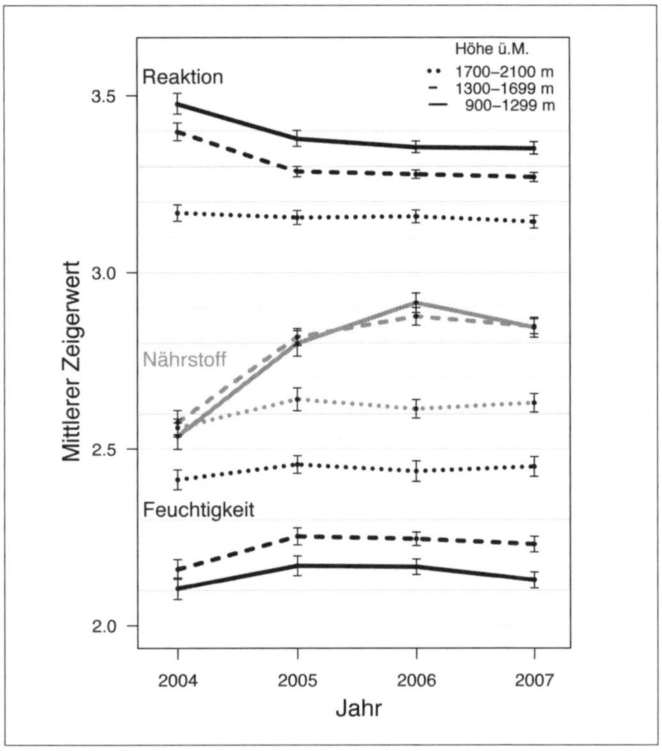

Fig. 1. Mean of averaged indicator values of unweighted plant species per permanent plot, for moisture F, reaction R, and nutrients N, arranged in altidudinal belts and attributed by error bars: n=54 for 900-1299 m; n=60 for 1300-1699 m; n=39 for 1700-2100 m (Wohlgemuth & Moser 2009).

1.2 Flora analysis: regions with rich calcareous flora

Beyond climate acidity of soils, i.e. soil pH, is an important factor characterising a local flora. The flora of limestone landscapes clearly differs from floras on mainly crystalline substrates. Where are such differences pronounced in Switzerland? The distribution atlas of pteridophytes and phanerogams of Switzerland (Welten & Sutter 1982) is a good basis for such a flora analysis (www.webflora.ch). For a total of 565 mapping units above and below the timberline (excluding 28 lake units), the flora of Switzerland was assessed between 1967 and 1979 applying a temporally limited sampling effort. The following analysis included also supplementary information reported until the year 2000. Numbers of calcicole species (R values 4 and 5) are displayed in Fig. 2 as proportion of the total species richness per mapping unit. Dark shaded mapping units host a rich calcareous flora, and light shaded units only contain a small percentage of so-called calcicole species.

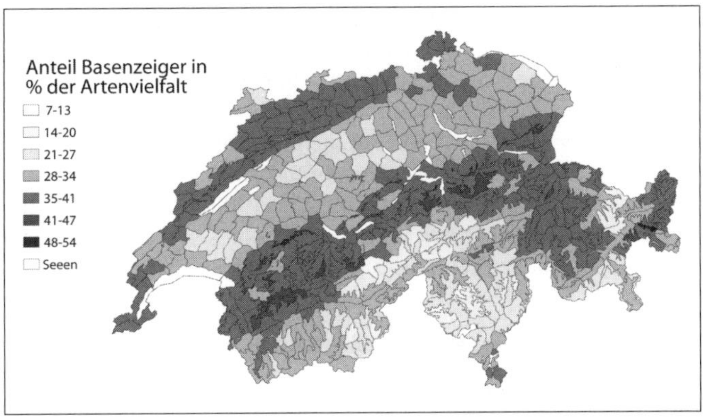

Fig. 2. Proportion of calcicole species in local floras. In dark shaded polygons more than 35 % of the species are calcicole.

1.3 Ecological spectra of Swiss forest in the North of the Alps

In the context of several analyses on Swiss forest vegetation, ecograms were computed by using many forest relevés of different authors (WOHLGEMUTH & al. 1999). One ecogram analysis concerned forests of the submontane and colline zones north of the Alps on the basis of 1600 relevés. Similarities of these relevés that roughly consisted of 600 plant species were analysed by correspondence analysis and displayed as ordination (Fig. 3) showing 33 indigenous tree species. In order to describe their positions in ordination space, average indicator values of the 1600 relevés were correlated with the first two ordination axes.

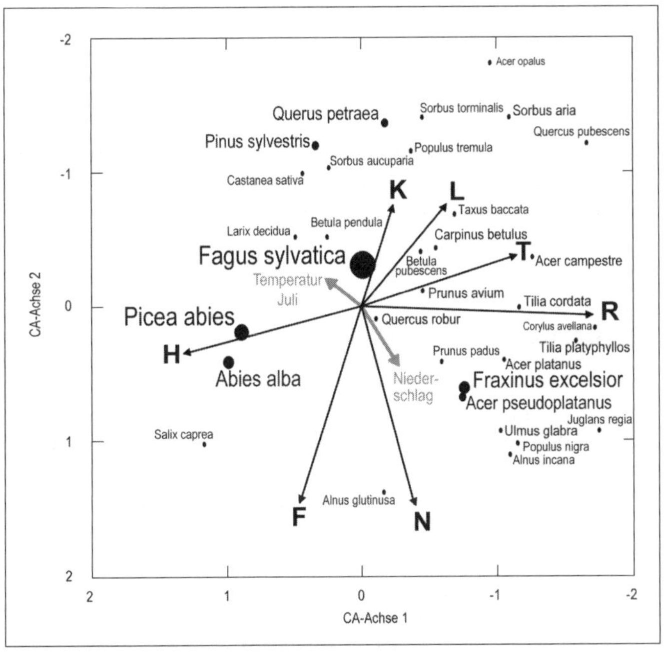

Fig. 3. Position of 33 indigenous tree species along the first two axes of a correspondence analysis based on 1600 forest relevés with an altidudinal range between 300 and 900 m. (submontane and colline zone in the north of the Swiss Alps). Displayed trees occur in the tree layer. Bubble sizes (diameter) correspond with the importance of tree species in the data set (from WOHLGEMUTH & al. 1999. © Birkhäuser Verlag).

The result of this analysis is an ecological map of the occurrence of tree species in forests in the North of the Alps below 900 m. This map corresponds well with the ecogram of ELLENBERG (1996). Tree species located in proximity coexist in forest communities. Arrows point in the direction of the strongest correspondence (correlation) of the individual factors with relevés and tree species.

1.4 Average indicator values as state indicators in Swiss mire monitoring

In the recently published report on the state and development of mires in Switzerland (KLAUS 2007), most important results refer to an extensive analysis of indicator values. The indicator values of LANDOLT (1977) were therefore calibrated on the basis of 20'700 mire relevés. Resulting refined optimum values for vascular plants and mosses found in mires were then used to define the vegetation state on the basis of mean indicator values. Conclusions on vegetation change were derived from the analysis of a nationwide sample consisting of 100 mires (Fig. 4). Results confirm that – for an observation period of only 5 years – Swiss mires have become shadier (31 % of all mires) and richer in nutrients (23 % of all mires).

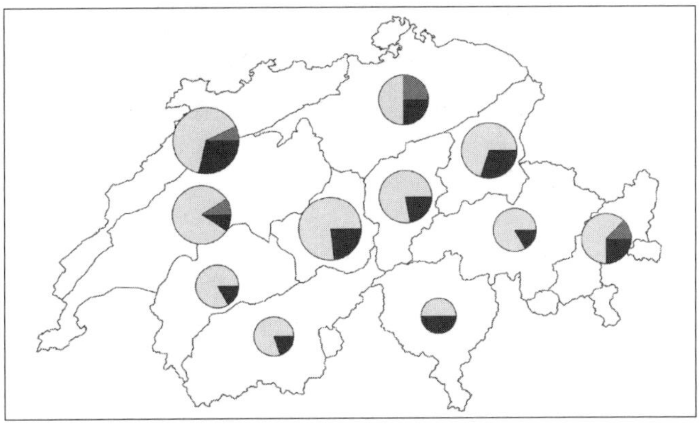

Fig. 4a. Change of light conditions in Swiss mires during the monitoring period 1997/2001 to 2002/2006. ■ darker; ■ brighter; ■ unchanged (analysis of U. Graf & M. Küchler, WSL, in the frame of KLAUS 2007).

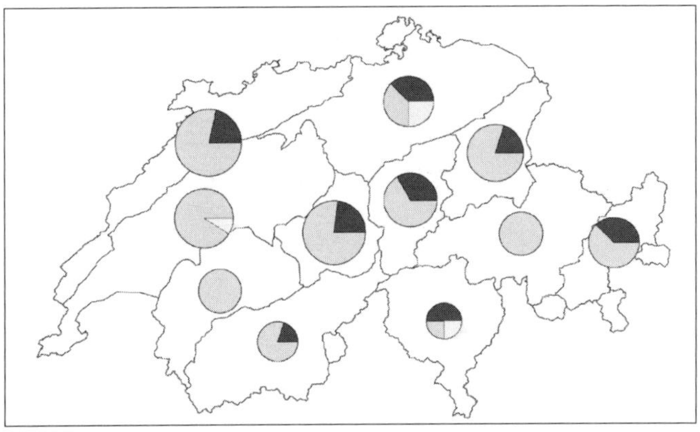

Fig. 4b. Change of nutrient conditions in Swiss mires during the monitoring period 1997/2001 to 2002/2006. ■ richer; ■ poorer; ■ unchanged; (KLAUS 2007. © Bundesamt für Umwelt, Bern).

2 Applications using Ellenberg indicator values

Ellenberg's indicator values for vascular plants of Central Europe (ELLENBERG 1974, ELLENBERG & al. 1992) have been applied in many studies (reviewed in DIEKMANN 2003). The practical importance of indicator values is highlighted by the fact that these indicators have been adopted in regions adjacent to Central Europe that host floras that resemble the Central European flora, e.g in Sweden (DIEKMANN 1995), the Netherlands (TER BRAAK & GREMMEN 1987), United Kingdom (THOMPSON & al. 1993) or on the Faroe Islands (LAWESSON & al. 2003). The principle of indicator plants was also extended to plants of the Mediterranean, e.g. in Italy (PIGNATTI & al. 2001) and in Greece (BÖHLING & al. 2002). Again, a few classical examples may illustrate the range of applications.

2.1 The calcareous riddle

Indicator values proved to be a useful tool in re-assessing the calcicole-calcifuge phenomenon in a forum discussion in Folia Geobotanica Vol. 38 (2003): Based on the table of Ellenberg values for soil reaction, EWALD (2003b) pointed out the striking disparity between the large proportion of calcicoles in the species pool (more than half of the Central European flora, Fig. 5) and the relative rarity of high pH soils in the landscape. He hypothesised that this could be an effect of the prevalence of calcareous soils in the pleistocene refugia of the flora, i.e. that the modern imbalance between calcicoles and calcifuges is a species-area relationship inherited from the past.

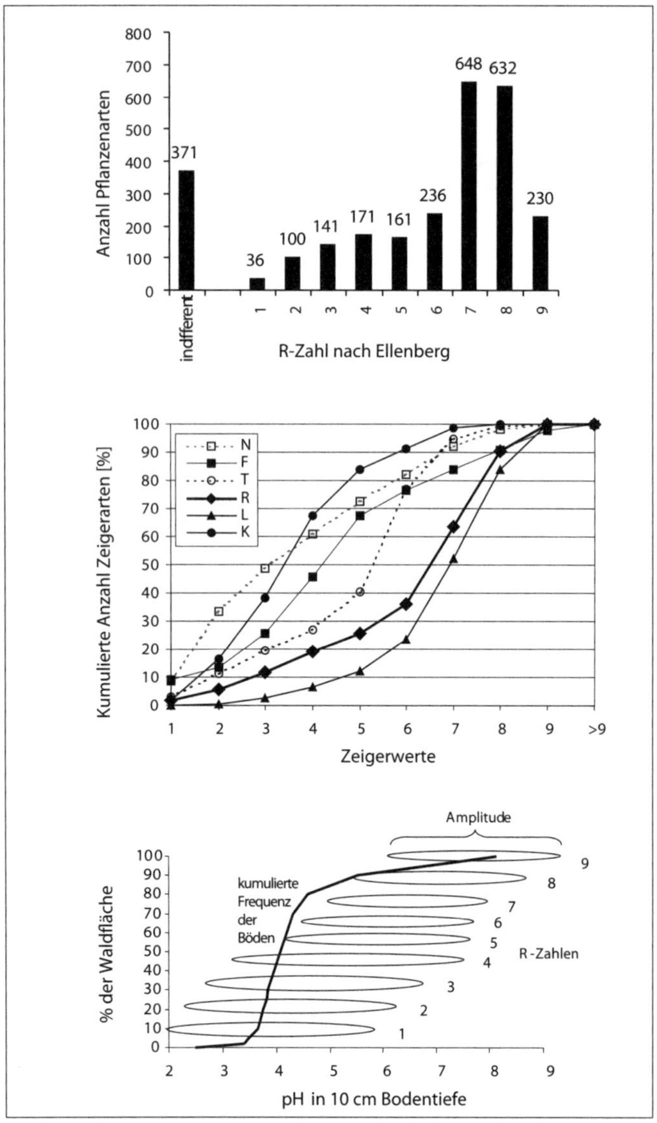

Fig. 5. Richness of species in different indicator value groups in the flora of Germany and pH of forest soils. Upper graph: histogram of R values (Ellenberg scale ranging from 1 to 9). Middle graph: cumulated number of species with respect to indicator values nutrients (N), moisture (F), temperature (T), reaction (R), light (L), and continentality (K). Lower graph: cumulated frequency of pH-values in the forest soil monitoring of Germany (EWALD 2003b. © Opulus Press).

2.2 The *Park Grass* Experiment in Rothamsted, England

In the oldest fertilisation experiment in the world, several grassland plots have been differently treated since 1856. Since then, effects on plant species composition and hay yield (twice yearly-cutting) have been assessed. In a study of HILL & CAREY (1997; Fig. 6), species composition of the plots was compared with yields by using averaged Ellenberg indicator values. Results showed that mean nutrient values N of grassland species correlated well with fertilizer application rates (phosphorus with and without potassium).

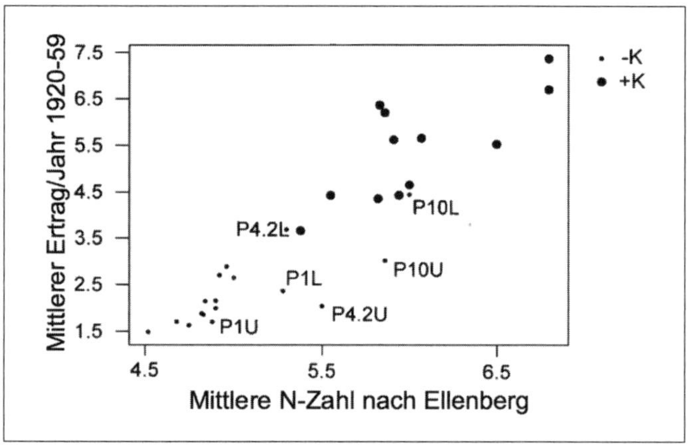

Fig. 6. Mean annual yield of herbage (t/ha) in grassland plots of different phosphorous and potassium fertilizer addition against mean Ellenberg N. Results from the famous English Park Grass Experiment in Rothamsted (HILL & CAREY 1997. © Opulus Press).

2.3 Forest vegetation and pH value

The obvious comparison of mean reaction R with easy-to-measure soil pH was firstly published by PERSSON (1980) using Swedish forest communities. For a similar study, DIEKMANN (1995) compared pH values measured in the topsoil of 93 forest relevés on the island of Öland (Sweden) with mean reaction R of the understorey vegetation of these relevés (Fig. 7a). An analogous analysis is also performed for Swiss forest communities that were assessed in a systematic sample using the 4 × 4 km net of the Swiss national map (KULL & al., unpubl, WOHLGEMUTH & al. 2008). Mean Landolt **R** from plant species of the herbaceous layer are compared with pH values derived from the first Swiss national forest inventory (EAFV 1988). Bubbles and shading correspond to number of species in the relevés (range: 4-104 species).

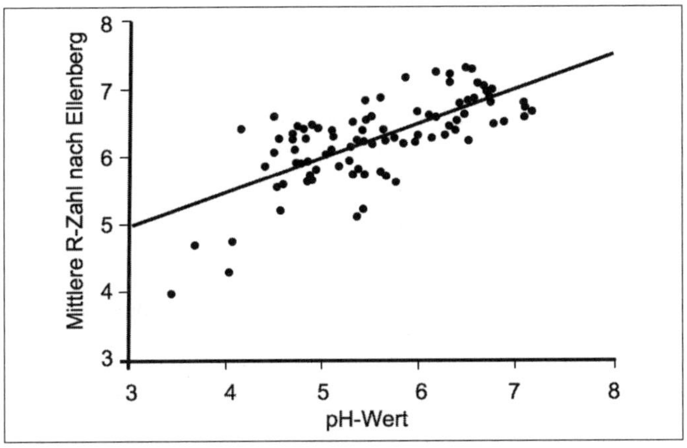

Fig. 7a. Mean Ellenberg R in 93 forest relevés of the island of Öland (Sweden) vs. pH values of the topsoil (DIEKMANN 1995. © Nordic society OIKOS).

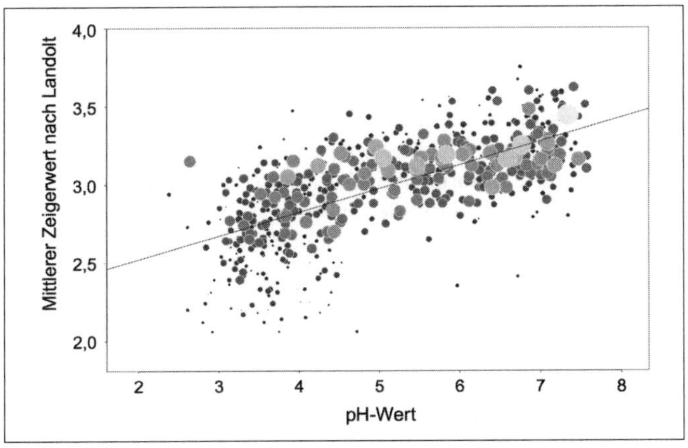

Fig. 7b. Mean Landolt R in 663 Swiss forest relevés assessed on a systematic sample (KULL & al., unpubl., WOHLGEMUTH & al. 2008) vs. pH values of the topsoil; poor species richness in small and dark bubbles, high richness in light and large bubbles.

Indices for vascular plants

1 Bibliography

The literature section contains all references that are cited in the text or in the tables of Part I. In addition references are given that are cited in the general text, as well as regional "floras" of the study region and general additional studies on particular factors or on ecological, phytosociological or floristic subjects. Other literature was consulted but not further integrated. In particular, older studies that had been consecutively integrated in more recent floras are not listed.

References are numbered in alphabetical order. In column *Special literature* **SL** only these numbers are cited.

See German text, p. 188

2 Index of taxa names and synonyms

The names are arranged alphabetically. Every name follows a number that corresponds to the serial number (SEN) of the taxon in the species table. Names listed in the species table are printed in bold in the index. Synonyms are given in regular type. The number after the synonyms refers to the name of the respective taxon listed in the species table.

The index is basically a merger of the *Indices of the synonymy Index* (Aeschimann & Heitz 2005) and the *Flora alpina* (Aeschimann & al. 2004) that was kindly made available by the authors. Species names of taxa that served as subspecies in the two indices are added. Names of newly included species and several synonyms used in more recent publications are integrated as well.

See German text, p. 208

3 Index of genera names and family affiliation

The index of genera names encompasses all genera listed in the table in alphabetic order. Genera names are followed by the family affiliation.

See German text, p. 263

4 Index of new taxonomic combinations (stat. nov. and comb. nov.)

Because the present work considers species names as the taxon's lowest classification level, many subspecies or varieties needed to be changed into species. Therefore, species names that have not yet been correctly defined to our knowledge are listed here by mentioning the corresponding basionym. In general, new names were not created. Nevertheless, there are a few cases where I chose a provisional name after personal investigations failed to find a basis for a legitimate term.

See German text, p. 268

5 List of phytosociological units

The following explanation of the table is adopted from the *Flora alpina* (3, p. 301ff.) and shortened:

The system of plant communities is based on Theurillat & al. (1995) and is slightly changed. A first subdivision refers to different formations with a specific number of phytosociological classes. The order of the 14 formations corresponds, to a so-called phytosociological progression starting with simple and weakly structured plant communities (weak interrelation between the components) and ends with complex and highly structured communities (strong interrelations between components). The classification of habitats in nine large ecological groups (see chapter 7.2) does not always follow the phytosociological progression. That is why groups of formations and habitat do not necessarily correspond.

The numbering is defined as follows: the first numbers before the dot specify formations (1-15). The first digit after the dot indicates the position of classes (extension *-etea)* within a formation, the second digit after the dot the order (extension *-etalia)* within a class, the third digit the alliance (extension *-ion)* within an order, and the fourth digit after the dot the sub-alliance (extension *-enion)* within an alliance. In addition, associations (extension *-etum)* according to Ellenberg & Klötzli (1972) are indicated with a fifth digit within formation 14. Exceptionally, class *Stellarietea mediae* is sub-divided into three sub-classes (extension *-enea* and indicated by a, b, or c following the class digit).

A question mark before the phytosociological unit specifies that its occurrence in the study region is not granted.

The following units are distinguished:

1. formation of aquatic (floating or submerged) plant communities
2. formation of nitrophilous therophytic pioneer communities
3. formation of crevices (chasmophytes-) and scree communities
4. formation of pioneer communities with therophytes and succulents
5. formation of nitrophilous ruderal tallherb weed communities
6. formation of reeds and tall-sedge wetlands
7. formation of fens and spring communities
8. formation of alpine snow beds
9. formation of communities with hemicryptophytes and chamaephytes of dry oligotrophic grasslands and Garrique-swards
10. formation of (colline-montane) subalpine-alpine sward communities dominated by hemicryptophytes
11. formation of shrubs and tallherb communities
12. formation of dwarf shrub heath and mire communities
13. formation of scrub communities
14. formation of forest communities
15. landscape units without phytosociological definition

See German text, p. 271

Part II Bryophyta (bryophytes)

E. Urmi

Instructions for the use of indicator values and attributes

In the following table only those bryophytes are mentioned that grow in Switzerland, i.e. the list does not include all mosses that occur along the Alpine Arc.

General statements given in the instructions in Part 1, chapters 1 and 2, are largely valid also for mosses. In part II I focus on things that are different from vascular plants.

Bryophytes also indicate habitat conditions. In contrast to vascular plants they indicate the qualities of their microsite at a scale of centimetres or decimetres. Therefore, the information from bryophyte indicators is mostly different from that of vascular plants. More general remarks on this subject can be found in HILL & al. (2007), STETZKA (1993) and WERNER (1998).

About *1000 bryophytes* thrive in Switzerland. A scant third of this number are sufficiently well known that reliable values for all indicators can be defined. For another third, knowledge is so fragmentary that unreliable indications had to be omitted. In both groups some values are still tentative. All other species are so rare and therefore little known that they remained untreated. Their names appear only in the index. However, much emphasis was put on the inclusion of as many as possible bryophyte species relevant in phytosociology (LANDOLT 1977, ELLENBERG 1996). The indicators and attributes listed are based as far as possible on the experience of the author and his colleagues and in particular on the information from the *National Inventory of the Swiss Bryophyte Flora* (NISM). I am grateful for contributions and corrections to Irene Bisang, Heike Hofmann, Helen Küchler-Hafner (data from the project *Wirkungskontrolle Moorbiotope* of BAFU and WSL), Eva Maier, Niklaus Müller and Norbert Schnyder. In addition, indications referring to the study region were adopted also from the literature (AMANN & MEYLAN 1918, MEYLAN 1924, AMANN 1928, GRETER 1936). Because in the current list not only soil, but possibly all substrates are considered, new indicator values may partly differ from values formerly defined (e.g. LANDOLT 1977).

Where possible the *5-level scale* is applied. A 9-level scale such as used in DÜLL (1991) is not considered because in bryophytes this would represent unrealistic precision.

Parameters known or relevant for only few species are referenced in the last column *Special attributes* **Bes.** The notation **tax** refers to taxonomic problems in the respective species group, either related to classification or to difficulties in determination.

Taxonomy and nomenclature in hornworts and liverworts refers, except for a few corrections, to the European species list (GROLLE & LONG 2000). The corresponding list of mosses (HILL & al. 2006) seems to be little established. A more conservative view based on recent literature was preferred. Closely related or otherwise difficult taxa are joined to *aggregates* (aggr.). In such cases, respective indicator values are less precise than they would be for subordinate taxa.

No information on **plant communities** in which the species occur frequently or as differential species is given. There is no generally accepted scheme combining vascular plant and bryophyte or lichen communities. Most treatments consider bryophytes, lichens, and algae only if they occur as macrophytes on the ground. In the much less consolidated system of "bryophyte communities" there is little regard for the fact that the described communities often strongly depend on the surrounding vegetation. An elegant solution of the problem using a system of synousiae that integrates mixed communities has not yet been established. In a very optimistic attempt, DIERSSEN (2001) published respective indications for all European moss species. Indications given in the present table point to preferences for microhabitats and may also be helpful and are perhaps more comprehensible.

The use of indicator values for bryophytes requires the correct **determination of species**. The Swiss bryophyte floras (AMANN & MEYLAN 1918 and MEYLAN 1924), though still useful, are outdated with respect to nomenclature and taxonomy. This is not the place for citing the best determinative key for each genus. However, it is worthwhile to use several keys because all have advantages and drawbacks. In general, for hornworts and liverworts best suited are: MÜLLER (1951-1958; hornworts especially in the appendix of PROSKAUER, p. 1303-1319), SCHUMACKER & VÁŇA (2005), FREY & al. (1995; improved English edition FREY & al. 2006); the latter also for liverworts, as well as BURCK (1947); for peat mosses HUBER (1998) or DANIELS & EDDY (1990). By acting with caution floras from other European countries may be used as well, e.g. PATON (1999), SMITH (2004; corrected reprint 2006), FRAHM & FREY (2004), and first above all NEBEL & PHILIPPI (2000-2005). Other "floras" with useful determination keys are not yet complete. The only key for correctly identifying specimens of *Grimmia* is MAIER & GEISSLER (1995; traduction française: MAIER & GEISSLER 1999). Consult www.nism.unizh.ch/keys/keys_de.php about modern determination keys for particular genera.

Explanations of indicator values and attributes

The abbreviation following the title of a factor or of a group of factors refer to the short title in the header of the species table.

The factors in chapter 3 *(climate)* and 4 *(substrate)* belong to the quantifiable ecological indicators that are characterised by numbers and may be used for numeric comparisons. Note the following exceptions: chapter 4.1 *(Substrate type* **AS**) and 4.6 *(Additional information on the substrate* **WA**). All other factors in the remaining chapters except chapter 7.2 *(Influence of man on site conditions* **EM**) are attributes that cannot be quantified.

Ranges of variation v are generally indicated by roman numerals.

I small variation
ranging at most by one class around a given value, i.e. values indicating precise site conditions

II large variation
growing in at least three classes, i.e. often also growing under ecological conditions different from those indicated

Empty spaces in columns indicate that no information is available for the respective species. **Character x instead of a number** means that the species is not limited by the respective factor, and that it grows in more than three classes.

A ? following a value indicates that the value needs to be checked

Rare species sometimes lack a variation range; this specifies that the species has been found only at a few places.

1 Number

Numbers in this column are serial numbers **(SEN).** They do not refer to anything else.

2 Taxa

In this column modern scientific names are listed, ordered by genus and species, and completed by a character indicating the class affiliation.

2.1 Class Kl

A = hornworts (**A**nthocerotae), H = liverworts (**H**epaticae), M = mosses (**M**usci).

2.2 Genus and species

If a name cannot be found in the column, the respective taxon is not treated or the name is a synonym. Both cases are listed in the *Index of scientific names*. There, species not treated are marked by (–). From synonyms the user is referred to names used in the table (if needed in two steps). The abbreviation "aggr." indicates aggregates of taxa that are difficult to separate.

3 Climate (Klima)

Definitions of climate indicators like those used for vascular plants are not satisfactory. Microsites colonized by bryophytes are largely characterized by a microclimate that may markedly differ from the climate of the larger environment. This fact resulted in the definitions listed below.

3.1 Temperature T

1 **alpine and/or nival**
also in cold microsites at low altitudes

2 **subalpine**
also in locally sheltered microsites at higher altitudes

3 **montane**

4 **colline**
occasionally in sheltered warm microsites reaching to high altitudes

5 **colline, only warmest places**
only occasionally also montane

For definitions of altitudinal zones see Part 1, chapter 3.1.

3.2 Continentality K

1 **oceanic**
microsites with very high relative air humidity macroclimate with low annual temperature range

2 **suboceanic**
microsites with high relative air humidity macroclimate with medium annual temperature range

3 **suboceanic to subcontinental**
microsites with medium relative air humidity macroclimate with medium annual temperature range

4 **subcontinental**
microsites with low relative air humidity macroclimate with medium annual temperature range

5 **continental**
microsites with very low relative air humidity macroclimate often with wide annual temperature range

3.3 Light L

1 **deep shade**
e.g. dark conifer forests or cave entrances (never direct sunlight)

2 **shade**
e.g. light deciduous forests or dense scrub (direct sunlight relatively rare)

3 **semi-shade**
medium or during the day strongly changing light conditions

4 **well lit places**
e.g. east- or west-exposed slopes above the timberline (direct sunlight relatively frequent)

5 **full light**
almost exclusively on south-exposed rocks (permanently sunlit during cloudless days)

4 Substrate (Substrat)

For bryophytes the term *soil* needs to be replaced by *substrate* because only about half of our bryophytes grow mainly on the ground. The type of substrate is specified in column **AS.** Many substrates are characterized by extremely varying moisture conditions (e.g. the bark of host trees). According to their poikilohydric nature, many bryophytes thrive under such conditions. In column *Additional indications on substrate* **WA,** an obvious preference of varying moisture conditions **W** is therefore only indicated for few species of ground and rock bryophytes. An indicator for heavy metal tolerance **M** is also listed in this last column. For many bryophytes nutrient requirements **N** are unknown, and the values listed are partly imprecise. The humus value **H** is only relevant in ground mosses. It is difficult to give aeration values **D** for all bryophytes, and regarding the compactness of certain substrates such an evaluation would be of little use. Hence, an obvious affinity to compact soil is indicated, for ground bryophytes only, in the last column **WA** by the character **L** (for loam).

4.1 Substrate type AS

ground

Be **earth**

Bg **mineral soil**
or fine material over weathered rock

Bh **raw humus**
or humus layer over rock

Bn **nutrient-rich organic substrate**
on the ground, e.g. decomposed dung

Bs **mud**
often submerged in water

Bt **peat**

rock

Gf **hard rock**
adherent

Gl **loose sand or gravel**

Gt **active calcareous tufa**

plants

Ph **deadwood**

Pk **decaying herbaceous vegetation**

Pm **lichens or bryophytes**

Pr **bark of woody plants**
epiyphytic, also on roots

water

Ws **in or on water**
floating

The substrate encompasses 14 substrate classes grouped into the categories soil, rocks, plants and water. The order of substrate types corresponds to the importance for the particular species.

4.2 Moisture F

1 **very dry**
exposed substrates in regions with low precipitation or in places protected from rain

2 **dry**
exposed substrates in places with low humidity (mostly rocks) or ground in regions with low precipitation

3 **mesic**
medium moisture conditions

4 **moist**
substrate drying out only rarely, though hardly ever submerged

5 **wet**
substrate never dry but frequently or permanently submerged

4.3 Reaction R

1 **very acid**
substrate pH < ca. 4, e.g. raised bog peat

2 **acid**
substrate pH ca. 3.5-5, e.g. rotten wood

3 **subneutral**
base-poor; substrate pH ca. 4.5-6.5, e.g. silicious rock affected by lime

4 **± neutral**
substrate pH ca. 6-7.5, e.g. many soils in deciduous forests

5 **alkaline**
substrate pH > ca. 7, e.g. limestone

4.4 Nutrients N

1 **infertile substrates**
poor in nutrients, e.g. silicious rock or peat

3 **intermediate substrates**
e.g. forest soil or moderately fertilized meadow soil

5 **fertile substrates**
rich in nutrients, e.g. rock or tree branches fertilized by birds

4.5 Humus H (only given for ground bryophytes)

1 **humus-poor**
little or no humus in the soil

3 **moderate humus content**
mostly mull

5 **humus-rich**
mostly raw humus, moder or peat

4.6 Additional indications about the substrate WA

M **heavy metal tolerant**

L **affinity to compact, little aerated soils (mostly loam)**

LW **affinity to heavy and badly aerated soils and to soils and rocks having varying moisture conditions**

W **affinity to soils or rock of changing moisture**

This column indicates distinct heavy metal tolerance, extreme moisture variation, and poor aeration. The only indigenous salt tolerant species, *Pottia heimii,* is not evaluated.

5 Strategies (Str)

The combination of growth form and life strategy in bryophytes gives a similarly good idea about the use of the niches as Raunkiaer's life-forms do in vascular plants. There is no generally accepted and detailed scheme of growth forms. The modern life form concept of During (1979) is widely established, but it requires good knowledge on the life cycle. This is missing for most of the species. The present ad-hoc classification has the disadvantage that most of the species belong to one single life strategy class **n**. However, particular life strategy classes do not exclude each other, e.g. **k** and **r**. Storage organs, mostly rhizoid gemmae, are relatively frequent in bryophytes. Because such tubers are propagules, too, they are mentioned in chapter 6.1. *Vegetative dispersal.*

5.1 Growth form and life strategy WL

growth form

B **± dendroid, mostly with creeping "rhizome" and erect shoots**

D **relatively large and essentially plagiotropic shoots in deep mat**

G **bud-like (gemma)**

P **cushion of ± erect, densely arranged shoots**

R **turf from ± loosely growing, erect shoots**

T **thalloid, forming rosettes or ± branched bands**

Ü **± thin mat of small, creeping shoots**

life strategy

e **epiphytic**

k **short-lived (mostly < 1 year) and often cleistocarp; some with persistent protonema**

n **"normal", i.e. perennial without particular strategy**

r **with distinct pioneer character in secondary sites (ruderal strategist)**

u **living hidden in the substrate**

w **aquatic**

t **involved in tufa formation**

Usually, one out of the seven growth form classes and one out of the seven strategy classes are combined for each species.

Example:

T.e thalloid species growing as an epiphyte.

6 Life history (Biol)

There are studies on the *dispersal and viability of bryophyte spores*, though treating only very few species. Wind is mostly mentioned as dispersal agent, but running water is surely also important. Transport by animals has been proved as well, e.g. by flies in certain taxa of Splachnaceae. However, there are too few facts to attribute particular agents to particular species. Only specialized organs that break off easily from the plant are considered as vegetative propagules.

Reproduction system: True heterothallism (i.e. female and male plants arisen from different spores) have hardly ever been proved in so-called "dioecious" species. For a few particular species, however, it is known that both female and male plants develop from the same protonema, i.e. stemming from one spore. This state is occasionally termed "pseudodioecious". The correct term for this should be homothallism.

In analogy to pollination in vascular plants, *fertilization* always functions by active movement of spermatozoids in water. Therefore, this process needs not to be mentioned.

The operating range of spermatozoids may be expanded by actively squirting the antheridia content, by raindrops (splash-cup mechanism) or even with the help of small arthropods. Nevertheless, for most bryophyte species, no detailed information is at hand.

In my experience, *dominance in situ* is not specific in bryophyte species. Most species may grow scattered or, depending on certain ecological conditions, in large and pure stands.

Bryophytes are not at all suitable as *food plants for man.* Their medical use is also very limited, at least in Europe. No bryophyte is known to have any *effect of poison.* Few species may act as *allergens.* Such effects are indicated by *all* in the last column **Bes**.

6.1 Vegetative dispersal VA

Bb **by brood leaves breaking off easily (often storage organs at the same time)**

Bf **by fragments of leaves**

Bk **by single- to few-celled brood bodies**

Bs **by shoots breaking off easily (deciduous branches); if bud-like: bulbils, which then are often also storage organs)**

Bt **by brood thalli (specialized thallus branches breaking off easily)**

Kr **by rhizoid gemmae (tuber-like storage organs in or shortly above the substrate)**

Kt **by tubers arising as storage organs on the thallus (not always present)**

* **additional propagules known (often rhizoid gemmae)**

( ) **not all species of the aggregate form vegetative propagules**

– **no vegetative dispersal known**

6.2 Reproduction system FS

aut **autoecious**
monoecious with spatially separated androecia and gynoecia

di **"dioecious"**

di* **pseudodioecious**
male and female plants on the same protonema

m/d **monoecious or dioecious**
mainly in aggregates

mo **monoecious**

par **paroecious**
monoecious with androecia adjacent to gynoecia

syn **synoecious**
antheridia and archegonia in the same gametoecium

6.3 Frequency of sporophyte production SP

c **frequent and mostly in great quantities**

m **neither very frequent nor very rare**

p **extremely rare**

– **hitherto not found with sporophytes in Switzerland**

6.4 Period of spore maturity SZ

Fr **spring**

So **summer**

He **autumn**

Wi **winter**

st **no sporophytes**
no sexual reproduction known from the study region

? sporophyte known but time of capsule maturity unknown.

The spore capsules are ripe in the indicated seasons. Liverworts release the spores of a capsule within minutes whereas the same process in hornworts and mosses may exceed the given period by months.

7 Ecological and temporal occurrence (Vorkommen)

The knowledge of the *general occurrence* of many bryophytes is incomplete. The relevant information would be uncritically compiled from the literature and is therefore omitted here. In contrast to vascular plants where migration can be traced back by pollen analysis, the areal dynamics of bryophytes are almost purely speculative.

The *change tendency* is only specified for those few species for which reliable data are available. This is derived from retrospective monitoring based on herbarium specimens (Urmi & al. 2007). The results are given in column VE. Relevant information for the remaining species can be found in the Red List (Schnyder & al. 2004). In the same column the few neophytic species are marked by *neo*.

7.1 Habitats LR

- **e** **exposed microsites**
- **eE** **pioneer sites in frequently disturbed places** arable fields, gardens, gravel yards, tracks, also patches of peat
- **eG** **exposed rocky places** cliffs, boulders, screes, walls
- **eH** **trunks of isolated trees**
- **eK** **gaps in herbaceous vegetation**
- **eL** **exposed stony ground** gravel banks, sandy places or silt expanses
- **eM** **bryophyte-dominated mires** incl. floating mats
- **eQ** **spring communities**
- **eS** **snow patch areas**
- **eU** **open banks and shores** mostly in zones of fluctuating water level

- **g** **sheltered microsites**
- **gE** **ground overhangs, cattle tracks, animal burrows**
- **gG** **crevices, niches, overhangs, and caves** in rock or beneath boulders
- **gH** **woodland, scrub** also dwarf shrub heath
- **gK** **herbaceous vegetation** Meadows (even wet), pastures, tall herb communities, reedbeds, high alpine grassland
- **gW** **waters** including bog pools

The habitats may be roughly categorised into exposed and sheltered microsites with different subclasses.

7.2 Influence of man on site conditions EM

- **1** **near-natural** mainly in primary habitats (e.g. alpine grassland)
- **3** **indifferent**
- **5** **hemerobic** mainly in secondary habitats (e.g. arable fields)

7.3 Change tendency VE

- **<** **frequency increasing**
- **=** **frequency ± constant**
- **>** **frequency decreasing**

8 Threat

8.1 Status in Swiss Red List RL

- **CR** **critically endangered**
- **EN** **endangered**
- **RE** **extinct in Switzerland**
- **RE*** **recently refound**
- **VU** **vulnerable**
- **( )** **not all species of the aggregate are endangered**

The *Red List references* are those used by the IUCN (for detailed criteria see *Red List of rare and endangered bryophytes of Switzerland* (SCHNYDER & al. 2004). Species that are not threatened or not listed in the latter publication (LC, NT) are not marked. In cases where species of an aggregate have different Red List references, the highest category is given. At present differentiation as to different parts of Switzerland is not possible.

9 Special attributes (Bes)

- **all** **allergen**
- **neo** **neophyte**
- **nom** **nomenclatural problems e. g. name also used for another taxon**
- **tax** **taxonomically problematic species; probably difficult to identify**

The chapter *special attributes* encompasses indications on allergenic effects, taxonomic and nomenclatural problems, and neophytes.

Species table of bryophytes

See German text p. 289

Indices for bryophytes

1 Bibliography

See German text, p. 297

2 Index of taxa names and synonyms

The index contains the currently accepted names of all species that are native in Switzerland, as well as other names used in several standard floras and checklists. The latter are treated here as synonyms. Accepted names are printed in regular type, synonyms in *italics*. References refer to the names in the main table. In addition, accepted names can also refer to the names of aggregates. Species not treated are marked by –. Synonyms of species not treated are also listed with reference to accepted names. Names of subspecies are not listed as such but as species (e.g. *Clevea hyalina* subsp. *suecica* as *Clevea suecica).* The term "auct." means in most cases that a name has been used in a sense differing from the original intention of the author. It has therefore to be considered as a synonym. Two aggregates from the genus *Bryum* are listed with illegitimate but currently used names:

Bryum erythrocarpum auct. aggr.
(correct name: *Bryum subapiculatum* Hampe)

Bryum bicolor Dicks. aggr.
(correct name: *Bryum dichotomum* Hedw.)

Examples

Eremonotus myriocarpus (Carrington) Pearson accepted taxon treated in the table	
Eucalyx obovatus (Nees) Breidl. synonym with reference to the accepted name (not all treated in the table, and some not under their accepted name, but under the name of an aggregate; see next example)	*Jungermannia obovata*
Jungermannia obovata Nees accepted taxon that is not separately treated in the table, but as part of an aggregate	*Jungermannia hyalina* aggr.
Fossombronia angulosa (Dicks.) Raddi accepted taxon that is not treated in the table	–

Entire list, see German text, p. 297

Part III Lichenes (lichens)

M. Vust

On the use of indicator values and attributes

In the following species table only those lichens are mentioned that occur in Switzerland and grow mainly on soil substrate *(terricolous lichens).*

General statements given in the instructions in Part 1 are also valid for lichens. In this section only those traits are considered that are special for lichens. Several indicators are not always applicable in lichens or in mosses. It was attempted to harmonise the indications for lichens and mosses. Even though the concept of ecological indicators has existed for several decades, there is only little respective knowledge on lichens. WIRTH (1992) has compiled indicator values for the most abundant lichens in central Europe with respect to light, temperature, continentality, moisture, pH, nutrients and pollution tolerance. In addition, non-numerical indications are listed in *Die Flechten Baden-Württembergs* (WIRTH 1995). Since about 2000, NIMIS & MARTELLOS offer a characterisation of lichens in Italy on their homepage (http://dbiodbs.univ.trieste.it) using five ecological indicator values (pH, light, water, eutrophication and altitudinal distribution, beyond attributes on preferred substrate, photosymbionts, growth and reproduction). While Wirth distinguishes 9 levels, the Italian scientists use only 5. In both cases, the indicator values are based on extensive personal knowledge.

Information on growth form, photobiont, dispersal and distribution is also available in WIRTH (1992) and NIMIS & MARTELLOS. Such indications were newly listed in STOFER & al. (2006) for 768 species.

According to the bibliographic catalogue of CLERC (2004), Switzerland hosts about 1700 lichen species. The list serves as a reference for species present in Switzerland as well as current nomenclature.

A first Red List of epiphytic and terricolous lichens in Switzerland was published by SCHEIDEGGER & CLERC (2002). Details of this list can be looked up on the Internet (www.swisslichens.ch) where also ecological information on altitudinal distribution and substrate can be found. Both saxicolous and lignicolous lichens of Switzerland are only little known and their ecological demands hardly captured.

It would have been possible to adopt ecological information from other works and from the Internet, but its reliability is uncertain. Therefore, only new results derived from the author's personal compilation were considered. The inventory of terricolous lichens (VUST 2002b) that was assessed to define the Red List served to derive ecological indicators (VUST 2002a).

The definition of a "terricolous" lichen was discussed in NIMIS & MARTELLOS (2004). The term is adopted in this compilation in its similar wide sense as the two Italian authors suggested. It encompasses all species that mainly grow on the "ground", i.e. on soil, on moss, on dead plant material, but also on moss over rock in rock cracks.

Valuation method

To avoid author-biased ecological values, complete ecological plots in which the particular species occurred were evaluated: vegetation landscapes, habitats and structures. The three categories correspond to three different levels.

The *vegetation landscapes* defined by HEGG & al. (1993; *Vegetationslandschaften)* reflect homogenous areas of *temperature*, *precipitation* and hence of *continentality* derived from these factors.

The *habitats* compiled by DELARZE & GONSETH (2008) reflect *light* conditions and also *hemeroby* (influence of man on site conditions).

From *structures* that specify the microsites a value for *pH* (reaction) can be derived. For details of valuation see the chapter on the particular ecological factors.

The mean of values of all locations where a species was encountered indicates, in an objective way, the ecology of the species including their ranges of variation. Indicator values for all species were given on the basis of raw means, ranges of variation, information from the literature, indications from the Internet, and my own field experience.

Qualitative values on the biology of the species were adopted from the literature (WIRTH 1992, NIMIS & MARTELLOS 2002, state 2007).

In total, *192 species* were considered using the lists of VUST (2002a) and BEAUCHAMP & al. (2007).

Explanations of indicator values and attributes

Indicators in chapter 3 *(Climate)* and 4 *(Substrate)* are quantitative and hence belong to the **ecological indicators** except indicator *Substrate type* **AS** (chapter 4.1). The remaining chapters contain biological attributes that are not quantitative, except chapter 7.2 *(Influence of man on site conditions* **EM**). Indicators are characterised by numbers and may be statistically analysed under certain conditions. In contrast, attributes are given in letters that cannot be compared numerically.

Ranges of variation v are generally indicated by roman numerals.

I **small variation**
ranging at most by one class around a given value, i.e. values indicating precise site conditions

II **large variation**
growing in at least three classes, i.e. often also growing under different ecological conditions than indicated

1 Number

Numbers in this column are serial **(SEN)** and do not refer to anything else.

2 Taxa

Taxa names are adopted from the nomenclature of CLERC (2004). The *scientific names of genus and species* are followed by the name of the *author* who described the species with the respective name for the first time.

3 Climate (Klima)

Lichens are limited by the same climatic conditions as all other organisms, but like mosses they indicate microsites of a few square centimetres. This means that a terricolous lichen abundant on windy ridges in the alpine zone can also grow at low elevations, say in steppe grassland located in the permanently cold shadow on the north of a rock. Therefore, indications for macroclimate would be quite different.

3.1 Temperature T

1 **alpine and nival**
also cold microsites at low elevations
VL 30, 31

2 **subalpine**
also sheltered microsites at higher elevations
VL 25, 26, 27, 28, 29

3 **montane**
VL 9

4 **colline**
VL 10, 11, 12, 13

5 **very warm colline**
VL 5, 7, 8, 14, 17, 20, 23
also sheltered warmer sites
VL 1, 6, 16, 18, 19, 24
VL 2, 3, 4
only warmest places
VL 15, 21

The *temperature value* indicates the mean temperature of lichen growth. In particular it specifies the altitudinal distribution of a species. Low values represent taxa thriving in cold, higher elevated zones, high values those taxa growing at lower elevations. The particular zones (colline to nival) are explained in Part 1, chapter 3.1.

To allocate values to the particular species, *vegetation landscapes* (VL) were considered in which a species mainly grows, as well as the descriptions in Hegg & al. (1993) and the temperature maps in the *Atlas of Switzerland* (Imhof 1965-1978).

Vegetation landscapes (VL) after Hegg & al. (1993)

1 VL of floodplains
2-3 VL oak-hornbeam forests
2 area with vineyard
3 area with hophornbeam forest
4-7 VL of brown soil forests
4 area with oak-hornbeam forest
5 area with *Cardamine*-beech forest
6 area with woodruff-beech forest
7 area with fir forest
8-18 VL of calcareous beech forests
8-13 area with *Cardamine*-beech forest
8 sector with fir forest
9 sector with sycamore-beech forest
10 sector with forest pasture ("Wytweide")
11 sector with fir-beech forest
12 sector with ravine forest
13 sector with Scots pine forest
14-18 area with oak-hornbeam forest
14 sector with oak-hornbeam forest
15 sector with downy oak forest
16 sector with *Cytisus*-Scots pine forest
17 sector with lime mixed forest
18 sector with *Cephalanthero*-beech forests
19-22 VL of Scots pine forests
19-20 area with fir forest
19 sector with *Cephalanthero*-beech forest
20 sector with mountain melick-Norway spruce forest
21-22 area with steppe grassland
21 sector with downy oak forest
22 sector with winter heath-Scots pine forest
23 VL of hophornbeam forests
24 VL of chestnut forests
25-29 VL of subalpine coniferous forests
25 area of bilberry-Norway spruce forest
26 area of Swiss pine forest
27 area of larch forest
28 area of woodrush-beech forest
29 area of steppe grassland
30 VL of alpine swards
31 VL of glaciers and firns

3.2 Continentality K

1 **oceanic**
microsites with very high relative air humidity macroclimate often with low annual temperature range
VL 3, 7, 17, 23, 24

2 **suboceanic**
microsites with high relative air humidity macroclimate with medium annual temperature range
VL 8, 10, 11, 13, 28

3 **suboceanic to subcontinental**
microsites with medium relative air humidity macroclimate with medium annual temperature range
VL 2, 4, 6, 9, 12, 14, 15, 18, 25

4 **subcontinental**
microsites with low relative air humidity macroclimate with medium annual temperature range
VL 16, 19, 20, 30, 31

5 **continental**
microsites with very low relative air humidity macroclimate often with wide annual temperature range
VL 21, 22, 26, 29

The *continentality value* is derived from vegetation landscapes (VL) in which the species grows well. In general, it specifies the annual and daily temperature ranges and the air humidity. Low values indicate low temperature variations and high air humidity, high values in contrast high temperature variation and low air humidity. Continentality values were allocated to vegetation landscapes by using the equations and indications in Pache & al. (1996). The continentality index traces back to Gams (1932) who defined it as the angle of the tangent of a right-angled triangle whose one side corresponds to the precipitation sum and the other side corresponds to altitude. This equation was modified by MICHALET (1991) for altitudes below 900 m a.s.l. Based on altitude and mean annual precipitation, each vegetation landscape was given a continentality index and eventually the vegetation landscapes were categorised into five groups.

Particular vegetations reflect large geographical differences: *VL 27* indicates a continentality value of **5** in the Valais, but only a **4** in the Ticino and in the Grisons. *VL 5* represents a continentality value of **2** in higher altitudes of the Jura mountains, but a **3** in the Ajoie and in the Lake Neuchâtel region.

3.3 Light L

1 **deep shade**
dense forests; less than 3% of relative illumination

2 **shade**
more open forests; rarely below 3% but often below 10% of relative illumination

3 **semi-shade**
open forests, forest edges, forest tracks; mostly not below 10% of relative illumination

4 **well lit places**
little shaded grasslands: only occasionally or momentarily shaded

5 **full light**
steppe, grassland, alpine swards: only open, sunny places

The *light value* depends on environmental conditions. It characterises the average light intensity of the site where lichens are found. Low values indicate low incidence of light, high values indicate strong solar radiation. The light values of the particular species were defined on the basis of the habitats where they grow. Habitat names were adopted from DELARZE & GONSETH (2008).

Code	Habitat	Light value
2.4	raised bogs	4
3.2.1.0	alluvial zones without vegetation	5
3.2.1.1	alluvial zones with herbaceous pioneer vegetation	5
3.3.1.2	calcareous screes at higher elevations, rock outcrops	5
3.3.2.1	siliceous screes at higher elevations without vegetation	5
3.3.2.2	siliceous screes at higher elevations	5
3.4.1.2	sun-exposed limestone outcrops with vascular plants	5
3.4.1.3	shady limestone outcrops with vascular plants	2
3.4.2.2	siliceous rocks with vascular plants	3
4.0.2	artificial swards	4
4.1	limestone slabs and grikes	5
4.1.1	limestone vegetation at lower elevations	5
4.1.2	vegetation on limestone slabs and grikes	5
4.1.3	vegetation on siliceous rock tables at lower elevations	5
4.1.4	vegetation on siliceous rock tables at higher elevations	5
4.2	dry thermophilous grasslands	5
4.2.1	continental grasslands	5
4.2.1.1	steppe grasslands	5
4.2.1.2	semi-dry continental grasslands	5
4.2.2	central European dry grasslands	5
4.2.3	insubric dry grasslands	4
4.2.4	central European semi-dry grasslands	4
4.3	unfertilised grasslands at higher elevations	5
4.3.1	dry calcareous grasslands with *Sesleria*	5
4.3.2	dry calcareous grasslands with *Carex firma*	5
4.3.3	fresh calcareous grasslands	5
4.3.4	grasslands on windy ridges	5
4.3.5	acid unfertilised pastures	5
4.3.6	acid rocky grasslands	5
4.3.7	acid grasslands in the upper alpine zone	5
4.4	snow-bed	3
4.4.1	calcareous snow-bed	3
4.4.2	acid snow-bed	3
4.5	fertilised meadows	4
4.5.1	fertilised meadows at lower elevations	4
4.5.2	fertilised meadows at higher elevations	4
4.5.3	pastures in colline and montane zones	5
4.5.4	pastures in subalpine and alpine zones	5
4.6	fallow land with grasses	4
5.2.1	forest clearings and openings on neutral to alkaline ground	3
5.2.2	forest clearings and openings on acid ground	3
5.2.5	tall herb communities with *Pteridium*	3
5.3.1	thermophilous scrub on acid ground	2
5.3.2	thermophilous scrub on neutral to alkaline ground	2
5.3.5	early successional forest stages	2
5.3.8	subalpine willow scrub	3
5.3.9	green alder scrub	1
5.4	heaths	4
5.4.1	subatlantic acid heaths	4
5.4.2	continental heaths with *Juniperus sabina*	5
5.4.3	subalpine heaths on calcareous ground	5
5.4.4	subalpine xerophilous heaths on acid ground	5
5.4.5	subalpine moist heaths on acid ground	4
5.4.6	alpine wind heaths	5
6.	forest track verges	3
6.1	flooded forests	2
6.1.3	riparian alder forests	2
6.1.4	moist ash forests	2
6.2	beech forests	1
6.2.1	xerothermophilous beech forests	2
6.2.2	acid beech forests	1
6.2.3	mesophilous beech forests at lower elevations	1
6.2.4	mesophilous beech forests in the lower montane zone	1
6.2.5	Norway spruce-beech forest in the montane zone	1
6.3	other deciduous forests	2
6.3.1	humid sycamore-ravine forests	1
6.3.2	thermophilous lime forests on screes and grikes	2
6.3.3	elm-oak forests	2
6.3.4	oak scrub	2
6.3.5	*Ostrya*-coppice forests of the South Alps	2
6.3.6	acid oak forests	1
6.3.7	chestnut forests	1

6.3.8	forests with laurel-leaved understorey	1
6.3.9	secondary forests with *Robinia*	2
6.4	thermophilous pine forests	3
6.4.1	subatlantic pine forests on marl slopes	3
6.4.2	basiphilous subcontinental pine forests	3
6.4.3	xerophilous continental pine forests	3
6.4.4	mesophilous pine forests on silicate	3
6.5	bog forests	3
6.5.1	bog forests with birch	3
6.5.2	bog forests with pine	3
6.5.3	Norway spruce-mire forests	3
6.6	conifer forests of higher elevations	2
6.6.1	Norway spruce-fir forests	1
6.6.2	Norway spruce forests	1
6.6.3	larch-Swiss pine forests	3
6.6.4	larch forests	3
6.6.5	pine forests in the mountains	3
7.1	trodden and ruderal places	5
7.1.2	strongly trampled places	5
7.1.6	mesophilous perennial ruderal vegetation	4
7.2	anthropogenic rocky places	4
8.1.6	vineyards	5
8.2	cultivated herbaceous plants	4
9.2	buildings	3
9.2.4.5	cemeteries	3
9.3	vegetated areas	5
9.3.1	vegetated sport fields and car parks	5
9.3.2	roads	5
9.3.3	unsealed tracks without vegetation	5
9.4	railway tracks	5

3.4 Precipitation NS

1 **very dry**
< 600 mm/yr: VL 21

2 **dry to**
600-800 mm/yr: VL 22, 29
moderately dry
800-1000 mm/yr: VL 16, 19, 20, 26

3 **moderately dry to medium**
1000-1200 mm/yr: VL 1, 2, 4, 6, 14, 15, 18
1200-1400 mm/yr: VL 5, 8, 12, 13

4 **moderately moist to**
1400-1600 mm/yr: VL 7, 10, 11, 17
moist
1600-2000 mm/yr: VL 3, 9, 24, 25

5 **wet to**
2000-2400 mm/yr: VL 23, 28, 30
very wet
> 2400 mm/yr: VL 31

The *precipitation values* are derived from the vegetation landscapes (VL) in which the species grows well. They specify the annual mean precipitation sum. Low values indicate low precipitation, high values indicate high precipitation.

Precipitation values of the following VL strongly change with geographical position: *VL 27* indicates value **2** in the Valais, value **3.5** in the Ticino and value **4** in the Grisons; *VL 26* indicates value **1.5** in the Valais and value **2** in the Grisons; *VL 5* indicates value **3** in gorges of the Jura mountains and value **2.5** in the Ajoie and at the shores of Lake Neuchâtel. In *VL 6, 7* and *30*, the extreme values can exceed the range of variation listed (in mm/yr).

4 Substrate (Substrat)

4.1 Substrate type AS

a **rocky**
b **rocky, but craggy**
c **stony (on flat ground)**
d **gravel, mixed with fine soil**
e **developed**
f **rich in humus**
g **mossy over rocks**
h **mossy over organic material**
i **peat moss (*Sphagnum*)**

No taxon in the table is characterised by the values **a** and **i**.

The *substrate type* specifies the structure of the ground where the lichens thrive. A *range of variation* **I** indicates that the taxon mainly grows on the particular substrate type, and II means that the species can also grow on other substrates.

4.2 Moisture F

1 **rocks that dry out very rapidly**

2 **rocks that dry out rapidly**
crevices, rockfalls, pavements

2.5 **moist for a short time**
raw humus, mounds

3 **slowly drying out soil**
below rocks, roots or retaining walls; banks, bare soil

4 **long-lasting moisture**
mossy rocks, mossy ground

5 **permanent moisture**
peat moss *(Sphagnum)*

No taxon in the table is characterised by the values **1** and **5**.

The *moisture value* of the substrate depends on the structure of the ground. High values indicate permanently moist substrates, low values indicate substrates drying out rapidly.
In the following table, details on structures and the respectively assigned values are listed. An average occurrence of a particular species on these structures enables respective moisture and reaction values to be assigned.

Structures	Moisture value	Reaction value
sheltered below rock or roots	3	variable
mound	4	variable
dead plant material	4	3
limestone outcrops	2	5
limestone rock faces	2	5
siliceous rock faces	2	1
conglomerate rock face	2	4
limestone crushed rock	2.5	5
granular limestone	2.5	5
gypsum	2.5	5
dry stone wall	variable	4
retaining wall	3	variable
pavement	2	4
limestone	2.5	5

siliceous rock	2.5	2
serpentine rock	2.5	4
limestone covered with moss	4	4
siliceous rock covered with moss	4	2
other rock covered with moss	4	4
mossy ground	4	3
railways and roadside verges	3	variable
vertical banks	3	variable
vertical roadside banks	3	variable
rocky roadside banks	2.5	variable
stone cairns	2.5	variable
bare soil on flat places	3	variable
bare soil on slopes	3	variable

4.3 Reaction R

1 **very acid**
soils rich in humus to peaty

2 **acid**
deep soils over siliceous bedrock or leached soils over limestone

3 **weakly acid to neutral**

4 **neutral to alkaline**

5 **very alkaline**
superficial salt efflorescence over alkaline rock

No taxon in the table is characterised by the value **1**.

The *reaction value* depends on the ground structure. It specifies the concentration of dissolved hydrogen ions (H^+) in the soil. Low values indicate acid soils with low content of basic cations or acid rocks, high values correspond to high content of basic cations of the substrate (soil or rock).

4.4 Nutrients N

1 **infertile**
e.g. siliceous rock

3 **intermediate**
e.g. forest soil or moderately fertilised meadow soil

5 **fertile**
e.g. rocks or tree branches fertilised by birds

The *nutrient value* characterises the content of nutrients accessible for lichens.
Lichens do not prefer a specific substrate. The amount of available nutrients does not strongly depend on the substrate but much more on the external sources of nutrients from fertilization (e.g. excrement), dust, rain or trickling water. This holds especially for epiphytic and rock dwelling (saxicolous) lichens.

5 Strategies (Str)

5.1 Growth and life forms WL

Crustose lichens

Ab external crust thallus of *Baeomyces*-type (with stipitate fruitbodies)

Ak external crust; crustose lichens with thallus clearly developed on the substrate (e.g. *Lecanora, Lecidea)*

Cr crustose lichens with petiolated, pin-like fruitbodies (e.g. *Calicium)*

Ik internal crust; crustose lichens whose thallus mainly develop in the substrate: wood, bark, rock (e.g. many *Verrucaria*-species)

Le leprose lichen

Rw crustose lichens with radiating growth and rudimentary marginal lobes *("Placodium*-growth form", e.g. many *Caloplaca*-species)

Sf squamulose lichen (e.g. *Toninia)*

Foliose lichens

Lf foliose lichens, usually attached at many locations of the substrate, partly with special rhizines, normally lobed at margin (e.g. *Parmelia, Peltigera, Physcia)*

Nf navel lichens, mostly ± centrally attached with "navel" (single attachment point; e.g. *Umbilicaria)*

Fruticose lichens

Ba shrubby lichens; hanging ascending, thallus band-like, flattened in section (e.g. *Evernia, Ramalina*-species)

Be fruticose lichens of *Cladonia*-type, with basal small-leaved primary thallus and erect brad-, fork- to cup-formed secondary thallus segments (many *Cladonia*-species, *Stereocaulon* spec.)

Bf beard lichens; hanging to ascending, thallus mostly round to oval in section, uniformly built on all sides (e.g. *Usnea, Bryoria)*

Ce fruticose lichens of *Cetraria*-type, shrubby, with lobes canaliculate to flattened (e.g. Iceland moss)

Cl fruticose lichens of *Cladina*-type, shrubby to rarely procumbent ascending, pipe-like or firm, often richly branched, forming loose cushions and "swards", without primary thallus (e.g. reindeer lichen)

St fruticose lichens without detailed specification

Filamentous lichens

Hf filamentous lichens

The nomenclature of *growth and life forms* follows Wirth (1992)

In the table not all growth and life forms are represented by example

5.2 Photobionts PB

Cb cyanobacteria

Ga green algae

Gc both green algae as well as cyanobacteria

The microorganisms living in symbiosis with lichen fungi (mycobionts) are termed *photobionts.* They supply mycobionts with energy from photosynthesis. Beyond green algae, also cyanobacteria (blue-green algae) are abundant as photobionts.

6 Biology

6.1 Reproduction FS

ap sexual propagation by apothecia or perithecia

is vegetative propagation by isidia

so vegetative propagation by soredia

st reproduction unknown at least in the study area, sterile

7 Distribution (Vork)

7.1 Geographical distribution GV

Aw **Old world**
Bi **bipolar**
Eu **whole Europe**
Ho **holarctic**
Ko **cosmopolitan** (with or without Antarctica)
Me **Central Europe**
Ne **North Europe**
Oe **East Europe**
Pa **palaearctic**
Se **South Europe**
We **West Europe**

In general, lichens are very widely distributed. There are only a few endemic species worldwide, and none in Switzerland.

In the table not all distribution units are represented by examples.

7.2 Influence of man on site conditions EM

1 **close to nature**
mainly in ± close to nature habitats (e.g. alpine swards)

3 **indifferent**
in both close to nature and hemerobic habitats

5 **hemerobic**
mainly in ± hemerobic habitats (e.g. fields)

There are only three categories indicating the main occurrence of the species in regard to the influence of man.

The *value for the influence of man on site conditions* characterises the urbanity (hemeroby) of the site. Low values indicate increase closeness to nature, high values indicate strong influence of man.

8 Threat

8.1 Status in Swiss Red List RL

CR **critically endangered**
DD **data deficient**
EN **endangered**
LC **least concern**
NT **near threatened**
RE **extinct (in Switzerland)**
VU **vulnerable**

The *categories of threat* are those of the IUCN. The indications refer to the current Red List where also the exact definitions are given (SCHEIDEGGER & CLERC 2002). A regionalisation of indications is currently not possible.

9 Special attributes (Bes)

In this column special attributes are listed that are attributed to only very few species.

selten (= rare) the particular species is known from at most three places

Indices for lichens

1 Bibliography

See German text, p. 316

Species table of lichens

See German text, p. 317

Software

M. Nobis

In the printed version, it is difficult to rapidly look up information in the three large species tables. Because the data are not directly available for computer processing, the printed version is complemented by software that enables searching and analysis of the data. The Software *Flora indicativa* is downloadable via Internet: **www.flora-indicativa.ch**. The download site requires a security code that is placed inside the book cover of the printed version. The software was developed for Windows® computers. However, exported data can also be used with other computer systems (e.g. Apple MacIntosh, Linux).

All applications refer to the three species tables, i.e. vascular plants, bryophytes and lichens. Additional indices and tables relating to these species tables are also available. Taxa information can be searched with the help of an edit line where information such as names, indicators or traits can be typed in. It is possible to combine several indicator or plant traits in a query. For simple analyses using information from the *Flora indicativa,* it is possible to import and to analyse one's own species lists.

Species tables can be exported in different file formats; accordingly, it is possible to use the exported data in different software and computer systems. In addition, the software uses an interface to the widely used free statistical software "R" (R: A Language and Environment for Statistical Computing; **www.R-project.org**). By using this interface, the Software *Flora indicativa* directly performs analyses. For further analyses, the three species tables are offered as R-data frames.

The direct connection of the information in *Flora indicativa* with the R-format enables almost unlimited analyses to be performed. Nevertheless, for data management and for certain, partly specific analyses in vegetation science, the following software is recommended: CANOCO (C. J. F. ter Braak & P. Šmilauer), JUICE (L. Tichy), MULVA (O. Wildi), PC-ORD (B. McCune & M. J. Mefford), TURBOVEG (S. M. Hennekens & J. H. J. Schaminée), SYN-TAX (J. Podani), VEGEDAZ (M. Küchler).

A detailed manual on the use of the Software *Flora indicativa* including application examples can be found on the Internet: **www.flora-indicativa.ch**.

Index of technical terms for all three parts

In this index the technical terms with page references are listed. Brief definitions of respective terms are indicated in italic page numbers.

Abstract

The work *Ecological indicators and biological attributes of the flora of Switzerland and the Alps* characterizes ecological factors of the place of occurrence as well as biological traits of 5500 vascular plant species (additional 900 aggregates), 650 bryophytes (hornworts, liverworts and mosses) and 200 terricolous lichens (lichenized fungi) growing in Switzerland and along the Alpine Arc.

Climate and soil/substrate factors are mostly characterised by numbers (ecological indicator values), all other characters as letters. Most indications are based on field experience and partly from information in the literature. In addition, many new attributes have been assessed, e.g. root depth, maximum age, pollination agent, occurrence in plant communities, indications on bryophytes and on lichens.

Listed ecological indicators and biological attributes

Vascular plants

Climate indicators: temperature, continentality, light

Soil indicators: moisture, moisture variability, reaction, nutrients, salt, heavy metal, humus, aeration

Strategies: life form, leaf duration, root depth, reserve organs, life strategies sensu Grime

Life history: diaspore dispersal, vegetative dispersal, reproduction, maximum age, flowering period, pollination agent, mowing tolerance, seed longevity, dominance in situ, poisoning and medicinal effects, edibility

Distribution in space and time: geographical distribution, habitats, ecological groups, immigration and invasiveness, influence of man, change tendency, occurrence in plant communities

Threat: Red List of Switzerland

Bryophytes

Climate indicators: temperature, continentality, light

Substrate indicators: substrate type, moisture, reaction, nutrients

Strategies: growth form and life strategy

Life history: vegetative dispersal, reproduction, sporophyte production

Occurrence: habitats, influence of man, change tendency

Threat: Red List of Switzerland

Lichens

Climate indicators: temperature, continentality, light, precipitation

Substrate indicators: substrate type, moisture, reaction, nutrients

Strategies: growth and life forms, photobionts

Biology: reproduction

Distribution: geographical distribution, influence of man

Threat: Red List of Switzerland

Indicators and characters serve to coarsely analyse environmental conditions and to describe biological-ecological traits of the vegetation at different sites. Results may detect spatial and temporal changes of site conditions; therefore species indicators and characters are suitable for various comparisons in nature protection and in research.

Application examples as well as software to analyse the data are provided.

Abkürzungen der ökologischen Zeigerwerte und der biologischen Kennzeichen

AE	Art und Zeit der Einwanderung, invasives Verhalten
AS	Art des Substrates
BD	Blattdauer
Bes	Besonderes
BL	Bestimmungsliteratur
BS	Bestäubungsart
BZ	Blütezeit
D	Durchlüftungszahl
DA	Diasporenausbreitung
DG	Dominanz im Gelände
EG	Ökologische Gruppen
EM	Einfluss des Menschen auf den Standort
F	Feuchtezahl
FAN	Nummer des Taxons in der *Flora alpina*
FHN	Nummer des Taxons in der *Flora Helvetica*
FS	Fortpflanzungssystem
GI	Gift- und Heilwirkungen, Essbarkeit
GV	Geographische Gesamtverbreitung
H	Humuszahl
K	Kontinentalitätszahl
KS	Konkurrenzstrategie
L	Lichtzahl
LF	Lebensform
LR	Lebensräume
M	Schwermetalltoleranz
MA	Maximales Alter
MV	Mahdverträglichkeit
N	Nährstoffzahl
NS	Niederschlagszahl
PB	Photobiont
R	Reaktionszahl
RL	Vorkommen in der *Roten Liste der Schweiz*
RO	Reserve- oder Speicherorgane
S	Salztoleranz
SEN	Seriennummer (fortlaufende Nummer)
SIN	Nummer des Taxons im *Synonymie-Index*
SL	Spezialliteratur
SP	Häufigkeit der Bildung von Sporophyten
SU	Samenüberdauerung
SUB	Substrat
SZ	Zeit der Sporenreife
T	Temperaturzahl
TB	Taxonomische Beurteilung
VA	Vegetative Ausbreitung
VE	Veränderungstendenz
W	Wechselfeuchtezahl
WA	Weitere Angaben zum Substrat
WSN	Nummer des Taxons im *Verbreitungsatlas der Farn- und Blütenpflanzen der Schweiz*
WT	Wurzeltiefe
ZWN	Nummer des Taxons in *Ökologische Zeigerwerte zur Schweizer Flora*

Abbreviations of the Ecological Indicator Values and Biological Attributes

AE	type and time of immigration; invasiveness of neophytes
AS	substrate type
BD	leaf duration
Bes	special characters
BL	determination floras
BS	pollination agent
BZ	flowering period
D	aeration
DA	diaspore dispersal
DG	dominance in situ
EG	ecological groups
EM	influence of man on site conditions
F	moisture
FAN	taxon number in *Flora alpina*
FHN	taxon number in *Flora Helvetica*
FS	reproduction
GI	poisoning and medicinal effects, edibility
GV	geographical distribution
H	humus
K	continentality
KS	life strategy sensu Grime
L	light
LF	life-form
LR	habitat
M	heavy metal tolerance
MA	maximum age
MV	mowing tolerance
N	nutrients
NS	precipitation
PB	photobionts
R	reaction
RL	status in the *Red List of Switzerland*
RO	reserve or storage organs
S	salt tolerance
SEN	serial number (sequential number)
SIN	taxon number in *Synonymy Index*
SL	special literature
SP	frequency of sporophyte production
SU	seed longevity
SZ	time of spore maturity
T	temperature
TB	taxonomic evaluation
VA	vegetative dispersal
VE	change tendency
W	moisture variability
WA	additional indications on substrate
WSN	taxon number in *Distribution atlas of pteridophytes and phanerogams of Switzerland*
WT	root depth
ZWN	taxon number in *Ökologische Zeigerwerte zur Schweizer Flora*

Bitte beachten Sie auch die folgenden Seiten

Konrad Lauber / Gerhart Wagner

Flora Helvetica

3773 Farbfotos von 3000 wildwachsenden Blüten- und Farnpflanzen, einschliesslich wichtiger Kulturpflanzen, Artbeschreibungen und Bestimmungsschlüssel

4., vollständig überarbeitete Auflage 2007. 1632 + 280 Seiten, 3773 Farbfotos, 2500 Karten, 150 Zeichnungen, gebunden
CHF 148.– (UVP) / € 96.–
ISBN 978-3-258-07205-0

Seit mehr als einem Jahrzehnt ist die «Flora Helvetica» das Standardwerk zur Botanik der Schweiz. Das Werk wurde nun komplett überarbeitet, aktualisiert und u. a. um den Wissensstand der «Flora alpina» ergänzt. Praktisch alle in der Schweiz wild wachsenden Blüten- und Farnpflanzen werden – jede Art einzeln – durch ein oder zwei hervorragende Farbfotos abgebildet und durch einen genauen Text beschrieben. Die Artbeschreibung enthält den lateinischen, deutschen, französischen, italienischen und neu auch rätoromanischen Namen, die für das schnelle Bestimmen der Art wichtigsten Merkmale, die ökologischen Ansprüche, die Häufigkeit und das Vorkommen in der Schweiz (mit Verbreitungskärtchen) und weitere Informationen wie Gefährdungsgrad, Giftigkeit, pharmazeutische Anwendung, gesetzlichen Schutz u.a.. Ein vollständiger Bestimmungsschlüssel erleichtert die Identifizierung der Arten. Obschon streng wissenschaftlich aufgebaut, wird das Werk auch den Ansprüchen weniger geschulter Pflanzenfreunde gerecht.

David Aeschimann / Konrad Lauber / Daniel Martin Moser /
Jean-Paul Theurillat

Flora alpina

Ein Atlas sämtlicher 4500 Gefässpflanzen der Alpen

2004. 2670 Seiten, 5933 Farbfotos, 4662 Verbreitungskarten, 10 Abb.,
6 Karten, 5 Tabellen,
gebunden im Schuber
CHF 286.– (UVP) / € 190.–
ISBN 978-3-258-06600-4

Wie viele Gefässpflanzen umfasst die Flora der Alpen? Wie sehen sie aus? Wie werden sie korrekt benannt? Welche Arten sind einjährig, mehrjährig oder verholzt? Wann blühen sie? Wo kann man ihnen begegnen? Welche Ökologie charakterisiert die einzelne Art?

Die Flora alpina behandelt erstmals in einem Werk sämtliche Blüten- und Farnpflanzen des ganzen Alpenraumes, von Nizza bis Wien, von den Talböden bis zum ewigen Schnee, und gibt damit Antwort auf all diese Fragen. Alle ursprünglichen Arten und eine Auswahl von Einwanderern (Neophyten) werden mit einer ausführlichen und mehrsprachigen Nomenklatur mit Literaturhinweisen, Symbolen und Zahlen zu Biologie und Ökologie, einer Verbreitungskarte und ein bis zwei Farbfotografien von hoher Qualität präsentiert.

Die Autoren – in Zusammenarbeit mit weiteren renommierten Botanikern aus verschiedenen Ländern – legen mit der Flora alpina ein sprachunabhängiges Referenzwerk von internationaler Bedeutung vor, das die Kommunikation zwischen Wissenschaftlern und Amateuren wesentlich erleichtern wird. Das Buch schliesst eine empfindliche Lücke in der botanischen Literatur.

Stefan Eggenberg / Adrian Möhl

Flora Vegetativa

Ein Bestimmungsbuch für Pflanzen der Schweiz im blütenlosen Zustand

2., vollständig überarbeitete Auflage 2009. 680 Seiten, über 3000 Abbildungen, kartoniert
CHF 68.– (UVP) / € 44.–
ISBN 978-3-258-07472-6

Wie unterscheidet sich das Blatt des begehrten Bärlauchs von demjenigen des giftigen Maiglöckchens? Beide Arten sind sich nur entfernt verwandt; sie stammen aus verschiedenen Gattungen der Liliengewächse und haben aber, zumindest auf den ersten Blick, sehr ähnliche Blätter. Eine Verwechslung kann fatal sein. Wenn die Blüten unserer einheimischen Pflanzen verblüht oder noch nicht sichtbar sind, ist es oft sehr schwierig herauszufinden, um welche Art es sich handelt.

Dieses neuartige Bestimmungsbuch mit über 3000 Zeichnungen hilft, in den langen, blütenlosen Monaten die Gefässpflanzen der Schweiz zu bestimmen. Die kommentierten Zeichnungen von Wuchsformen, Blättern und Spross ermöglichen es auch Laien, die Pflanzen im blütenlosen Zustand rasch zu erkennen. Praktische Übersichtstabellen und vegetative Bestimmungsschlüssel machen das Buch zu einem wichtigen Begleiter auf Exkursionen während des ganzen Jahres.

Heinz Staffelbach

Handbuch Schweizer Alpen

Pflanzen, Tiere, Gesteine und Wetter. Der Naturführer

2008. 656 Seiten, über 1500 Farbfotos, 270 Zeichnungen, 40 Grafiken u. Tabellen, kartoniert
CHF 66.– (UVP) / € 39.90
ISBN 978-3-258-06895-4

Ob Pflanzen, Tiere, Gesteine oder Wetterlagen: Die Alpen warten mit einer erstaunlich reichen Naturvielfalt auf. Heinz Staffelbach präsentiert mit diesem Buch einen fundierten und praxisorientierten Naturführer, der zum ersten Mal alle wichtigen Elemente der Natur über die Schweizer Alpen in einem Buch vereint. Das «Handbuch Schweizer Alpen» ist also ein komplettes Nachschlagewerk für unterwegs.

Die reichhaltigen Informationen zu den rund 800 Pflanzenarten (mit Moosen, Flechten und Pilzen), circa 180 Tierarten und 35 verschiedenen Gesteinen sind durch einen übersichtlichen Aufbau klar gegliedert und erlauben ein rasches Bestimmen der Arten. Die Beschreibung von 37 Wolkenarten und Wetterlagen ermöglicht eine Einschätzung der Wetterentwicklung, was in den Bergen sehr hilfreich ist. Jeder Teil beginnt mit einer Einleitung, die Hintergrundinformationen über die Alpen liefert und Zusammenhänge sichtbar macht. Das Buch wendet sich an alle, die sich mit der Natur und den Bergen verbunden fühlen und mehr darüber wissen wollen.